THE ASTRONOMICAL ALMANAC

FOR THE YEAR

1986

Data for Astronomy, Space Sciences, Geodesy,
Surveying, Navigation and other applications

WASHINGTON	LONDON
Issued by the	Issued by
Nautical Almanac Office	Her Majesty's
United States	Nautical Almanac Office
Naval Observatory	Royal Greenwich Observatory
by direction of the	on behalf of the
Secretary of the Navy	Science and Engineering
and under the	Research
authority of Congress	Council

WASHINGTON: U.S. GOVERNMENT PRINTING OFFICE
LONDON: HER MAJESTY'S STATIONERY OFFICE

For sale by the Superintendent of Documents, U.S. Government Printing Office, Washington, D.C. 20402

ISBN 0 11 886923 X

UNITED STATES

For sale by the
Superintendent of Documents
U.S. GOVERNMENT PRINTING OFFICE
Washington, D.C., 20402

UNITED KINGDOM

© *Crown copyright 1985*

For sale by
HER MAJESTY'S STATIONERY OFFICE

Available from Government Bookshops at

49 High Holborn, London WC1V 6HB
13a Castle Street, Edinburgh EH2 3AR
Brazennose Street, Manchester M60 8AS
Southey House, Wine Street, Bristol BS1 2BQ
258 Broad Street, Birmingham B1 2HE
80 Chichester Street, Belfast BT1 4JY

and through booksellers

Overseas Orders to:
The Government Bookshop
P.O. Box 276, London SW8 5DT

NOTE

Every care is taken to prevent errors in the production of this publication. As a final precaution it is recommended that the sequence of pages in this copy be examined on receipt. If faulty it should be returned for replacement.

Printed in the United States of America
by the U.S. Government Printing Office

H.M.S.O.
£18·00

PREFACE, 1986

Beginning with the edition for 1981, the title *The Astronomical Almanac* replaced both the title *The American Ephemeris and Nautical Almanac* and the title *The Astronomical Ephemeris*. The changes in title symbolise the unification of the two series, which until 1980 were published separately in the United States of America since 1855 and in the United Kingdom since 1767. *The Astronomical Almanac* is prepared jointly by the Nautical Almanac Office, United States Naval Observatory, and H.M. Nautical Almanac Office, Royal Greenwich Observatory, and is published jointly by the United States Government Printing Office and Her Majesty's Stationery Office; it is printed only in the United States of America but some of the reproducible material that is used is prepared in the United Kingdom.

The principal ephemerides in this Almanac have been computed from fundamental ephemerides of the planets and the Moon prepared at the Jet Propulsion Laboratory, California, in cooperation with the U.S. Naval Observatory. They are in general accord with the recommendations of the International Astronomical Union and are consistent with the IAU (1976) system of astronomical constants apart from minor modifications introduced to permit a better fit to observations; in particular, dynamical time-scales and the standard reference system of J2000·0 are used where appropriate. A brief description of the use of each ephemeris is given with it, and the bases and additional notes are given in the Explanation at the end of the volume. Additional information about the IAU recommendations and the ephemerides is given in the *Supplement to the Astronomical Almanac for 1984*. A new Explanatory Supplement to the Astronomical Almanac is in preparation and will be published as soon as possible.

By international agreement the tasks of computation and publication of astronomical ephemerides are shared between the ephemeris offices of a number of countries. The sources of the basic data for this Almanac are indicated in the list of contributors on page vii. This volume was designed in consultation with other astronomers of many countries, and is intended to provide current, accurate astronomical data for use in the making and reduction of observations and for general purposes. (The other publications listed on pages viii–ix give astronomical data for particular applications, such as navigation and surveying.) Any changes introduced since the previous volume are listed on page iv. Suggestions for further improvement of this Almanac would be welcomed; they should be sent to the Director, Nautical Almanac Office, United States Naval Observatory or to the Superintendent, H.M. Nautical Almanac Office, Royal Greenwich Observatory.

CHARLES K. ROBERTS,
Captain, U.S. Navy,
Superintendent, U.S. Naval Observatory,
Washington, D.C. 20390,
U.S.A.

ALEXANDER BOKSENBERG,
Director,
Royal Greenwich Observatory,
Herstmonceux Castle, Hailsham,
East Sussex, BN27 1RP, England

May 1984

CORRECTIONS TO RECENT VOLUMES

Astronomical Almanac 1984

Page K11, Examples, line 1   *for* $6^h 23^m 14^s \cdot 8$ *read* $16^h 23^m 14^s \cdot 8$

Page L7, Section D, lines 9 and 10

for   It is derived by dividing $8\overset{\prime\prime}{.}794\,148$ by the true distance in units of the Earth's equatorial radius.

read   It is derived from $\sin^{-1}(1/r)$ where r is the true distance in units of the Earth's equatorial radius.

Page L9, line 24   *for* clockwise   *read* counterclockwise

Page S26, line −11   *for* Banberga   *read* Bamberga

Page S30, Earth   In the expression for W
for $100 \cdot 21$ *read* $190 \cdot 17$

Page S31, Deimos   In the equations for α_0, δ_0 and W for Deimos
for M_1 *read* M_3, where $M_3 = 53° \cdot 48 - 0° \cdot 018\,151\,d$

Page S34, line −6   Insert closing parenthesis at end of this line.

Astronomical Almanac 1985

Page L9, line 12   *for* clockwise   *read* counterclockwise

CONTENTS, 1986

PRELIMINARIES	PAGE		PAGE
Preface	iii	Staff Lists	vi
Corrections to recent volumes	iv	List of contributors	vii
Contents	v	Related publications	viii

Section A PHENOMENA
Seasons; Moon's phases; planetary phenomena; principal occultations; visibility of planets; elongations and magnitudes of planets; diary of phenomena; times of sunrise, sunset, twilight, moonrise and moonset; eclipses.

Section B TIME-SCALES AND COORDINATE SYSTEMS
Calendar; chronological cycles and eras; religious calendars; relationships between time scales; universal and sidereal times; reduction of celestial coordinates; proper motion, annual parallax, aberration, light-deflection, precession and nutation; Besselian day numbers; second-order day numbers; rigorous formulae for apparent place reduction; position and velocity of the Earth; matrix elements for precession and nutation; mean place conversion from B1950·0 to J2000·0; polar motion; diurnal parallax and aberration; altitude, azimuth; refraction; pole star table and formulae.

Section C SUN
Mean orbital elements, elements of rotation; ecliptic and equatorial coordinates; heliographic coordinates, horizontal parallax, semi-diameter and time of transit; geocentric rectangular coordinates; low-precision formulae for coordinates of the Sun and the equation of time.

Section D MOON
Phases; perigee and apogee; mean elements of orbit and rotation; lengths of mean months; geocentric, topocentric and selenographic coordinates; formulae for libration; ecliptic and equatorial coordinates, distance, horizontal parallax, semi-diameter and time of transit; physical ephemeris; daily polynomial coefficients; low-precision formulae for geocentric and topocentric coordinates.

Section E MAJOR PLANETS
Osculating orbital elements for Mercury, Venus, Earth, Mars, Jupiter, Saturn, Uranus, Neptune and Pluto; rotation elements; heliocentric ecliptic coordinates; geocentric equatorial coordinates; times of transit; physical ephemerides.

Section F SATELLITES OF THE PLANETS
Ephemerides and phenomena of the satellites of Mars, Jupiter, Saturn (including the rings), Uranus, Neptune and Pluto.

Section G MINOR PLANETS AND COMETS
Geocentric equatorial coordinates and time of transit for Ceres, Pallas, Juno and Vesta; orbital elements, magnitudes and dates of opposition of the larger minor planets; perihelion passages of comets; geocentric ephemeris for Halley's comet.

Section H STARS AND STELLAR SYSTEMS
Lists of bright stars, *UBVRI* standard stars, *uvby* and Hβ standard stars, radial velocity standard stars, bright galaxies, astrometric radio source positions, radio telescope flux calibrators, X-ray sources, variable stars, quasars and pulsars.

Section J OBSERVATORIES
Index of observatory name and place; lists of optical and radio observatories; lists of instruments.

Section K TABLES AND DATA
Julian dates of Gregorian calendar dates; IAU system of astronomical constants; reduction of time scales; interpolation methods.

Section L EXPLANATION   Section M GLOSSARY   Section N INDEX

The pagination within each section is given in full on the first page of each section.

STAFF LISTS, 1986

U.S. NAVAL OBSERVATORY

Captain Charles K. Roberts, *U.S.N.*, *Superintendent*

ASTRONOMICAL COUNCIL

Captain Charles K. Roberts, *U.S.N.*, *Superintendent*
Commander James J. Galvin, *U.S.N.*, *Deputy Superintendent*
Gart Westerhout, *Scientific Director*
Gernot M. R. Winkler, *Director, Time Service Division*
P. Kenneth Seidelmann, *Director, Nautical Almanac Office*
James A. Hughes, *Director, Astrometry Division*

NAUTICAL ALMANAC OFFICE

P. Kenneth Seidelmann, *Director*

Paul M. Janiczek	Richard E. Schmidt
Alan D. Fiala	Ernest J. Santoro
Dan Pascu	Tim S. Carroll
Jean B. Dudley	Arthur B. Robinson
LeRoy E. Doggett	Wanda L. Jenkins
George H. Kaplan	James A. De Young
Marta R. Goldblatt	Rosa E. Trainham
Peter Espenschied	Charlotte S. James
Marie R. Lukac	Diane Diggs

ROYAL GREENWICH OBSERVATORY

Alexander Boksenberg, Ph.D., F.R.S., *Director*

HER MAJESTY'S NAUTICAL ALMANAC OFFICE

G. A. Wilkins, B.Sc., Ph.D., *Superintendent*

B. D. Yallop, B.Sc., Ph.D.	Miss C. Y. Hohenkerk, B.Sc.
A. T. Sinclair, B.Sc., Ph.D.	Mrs. A. F. Strong
G. E. Taylor	M. T. White
G. G. C. Raymond-Barker	Mrs. G. A. Gibbs
D. B. Taylor, B.Sc., Ph.D.	

Mrs. B. M. Herbert, *Secretary*

In addition, the following persons have assisted in the preparation and proof-reading of the publications of the Office:
Mrs. M. J. Everest, Mrs. P. V. Long and Mrs. R. A. Yallop.

May 1984

CONTRIBUTORS, 1986

The data in this volume have been prepared as follows:—

By H.M. Nautical Almanac Office, Royal Greenwich Observatory:

Section A—phenomena, rising and setting of Sun and Moon; B—ephemerides and tables relating to time-scales and coordinate reference frames; C—rectangular coordinates of the Sun; D—daily polynomial coefficients of the Moon; E—geocentric coordinates and transit times of the major planets; H—lists of radial velocity standard stars, variable stars, quasars and pulsars.

By the Nautical Almanac Office, United States Naval Observatory:

Section A—eclipses of Sun and Moon; C, D, E—physical ephemerides and geocentric coordinates of Sun, Moon and major planets; F—ephemerides of satellites, except Jupiter I-IV; H—data for lists of bright stars, lists of photometric standard stars, bright galaxies, radio source positions, radio flux calibrators and X-ray sources; J—information on observatories; K—tables and data; L—explanation; M—glossary; N—index.

By the Service des Calculs, Bureau des Longitudes, Paris:

Section F—ephemerides of satellites I-IV of Jupiter.

By the Institute of Theoretical Astronomy, Leningrad:

Section G—orbital elements of minor planets.

In general the Office responsible for the preparation of the data has drafted the related explanatory notes and auxiliary material, but both have contributed to the final form of the material. The preliminaries and the explanatory material and short tabulations in sections A to E, G and H have been composed in the United Kingdom, while the rest of the material has been composed in the United States; computer programs developed at the U.S. Naval Observatory have been used for the composition of all extensive tabulations. The work of proofreading has been shared, but no attempt has been made to eliminate the differences in spelling and style between the contributions of the two Offices.

RELATED PUBLICATIONS

Joint publications of the Royal Greenwich Observatory and the United States Naval Observatory

Except for the *Explanatory Supplement*, these publications are available from Her Majesty's Stationery Office at the addresses listed on page ii of this volume and from the Superintendent of Documents, U.S. Government Printing Office, Washington, D.C. 20402.

The Nautical Almanac contains ephemerides at an interval of one hour and auxiliary astronomical data for marine navigation.

The Air Almanac is issued in two six-monthly parts and contains ephemerides at an interval of ten minutes and auxiliary astronomical data for air navigation.

Astronomical Phenomena contains extracts from *The Astronomical Almanac* and is published annually in advance of the main volume. It contains the dates and times of planetary and lunar phenomena and other astronomical data of general interest.

Planetary and Lunar Coordinates, 1984–2000 provides low-precision astronomical data for use in advance of the annual ephemerides and for other purposes. It contains heliocentric, geocentric, spherical and rectangular coordinates of the Sun, Moon and planets, eclipse data, and auxiliary data, such as orbital elements and precessional constants.

Explanatory Supplement to The Astronomical Ephemeris and The American Ephemeris and Nautical Almanac contains detailed explanations of the basis and derivation of each ephemeris in the *AE* in the edition for 1960; it also contains other useful material that is relevant to positional and dynamical astronomy and to chronology. Footnotes indicate the changes that have been introduced since 1960 and it contains a reprint of *The Supplement to A.E. 1968*, which gives an account of the introduction of the IAU (1964) system of astronomical constants. It was published by Her Majesty's Stationery Office but is now out of print. A new Explanatory Supplement to the Astronomical Almanac is in preparation.

Other publications of the United States Naval Observatory

Except for *The Ephemeris*, these publications are available from the Nautical Almanac Office, U.S. Naval Observatory, Washington, D.C. 20390.

Almanac for Computers contains short mathematical series which are used to represent the positions of the Sun, Moon and planets for efficient evaluation with small computers or programmable calculators. Data for both astronomical and navigational applications are included.

Astronomical Papers of the American Ephemeris are issued irregularly and contain reports of research in celestial mechanics with particular relevance to ephemerides.

U.S. Naval Observatory Circulars are issued irregularly to disseminate astronomical data concerning ephemerides or astronomical phenomena.

The Ephemeris is prepared annually for the Bureau of Land Management, U.S. Department of the Interior and contains astronomical data for use in land surveying. This volume is available from the Superintendent of Documents, U.S. Government Printing Office, Washington, D.C. 20402.

RELATED PUBLICATIONS

Other publications of the Royal Greenwich Observatory

The Star Almanac for Land Surveyors contains tabulations of R, declination and E for the Sun for every 6 hours, and right ascension to $0^s \cdot 1$ and declination to $1''$ of all stars brighter than magnitude 4·0 for each month. In addition the ephemerides of R, declination and E for the Sun are represented by polynomial series for each month. This volume is available from Her Majesty's Stationery Office and from Kraus-Thompson Organization Ltd., Route 100, Millwood, New York, 10546.

Interpolation and Allied Tables contains tables, formulae and explanatory notes on the techniques for numerical interpolation, differentiation and integration; in particular, it contains extensive tables of Bessel and Everett interpolation coefficients. This booklet is available from Her Majesty's Stationery Office and Kraus-Thomson Organization Ltd., Route 100, Millwood, New York, 10546. The companion booklet *Subtabulation* contains tables of Lagrange interpolation coefficients at intervals of 1/20 and 1/24, as well as details for two other techniques of systematic interpolation.

Royal Observatory Bulletins (Nos. 21–181) and *Royal Greenwich Observatory Bulletins* (Nos. 1–20 and from No. 182) are issued irregularly and contain details of current astronomical research; of particular interest are: No. 185, "Compact Data for Navigation and Astronomy, 1981–1985" and No. 186, "Catalogue of Observations of Occultations of Stars by the Moon, 1623–1942 and Solar Eclipses, 1621–1806". These publications may be obtained, subject to availability, from the Royal Greenwich Observatory, Herstmonceux Castle, Hailsham, East Sussex BN27 1RP.

Publications of other countries

Apparent Places of Fundamental Stars is prepared annually by the Astronomisches Rechen-Institut in Heidelberg and contains mean and apparent coordinates of 1535 stars of the *Fifth Fundamental Catalogue* (FK5). This volume is available from Verlag G. Braun, Karl-Friedrich-Strasse 14–18, Karlsruhe, Germany.

Ephemerides of Minor Planets is prepared annually by the Institute of Theoretical Astronomy, and published by the Academy of Sciences of the U.S.S.R. Included in this volume are elements, opposition dates and opposition ephemerides of all numbered minor planets. This volume is available from the Institute of Theoretical Astronomy, Leningrad.

PHENOMENA, 1986

CONTENTS OF SECTION A

	PAGE
Principal phenomena of Sun, Moon and planets	A1
Elongations and magnitudes of planets at 0^h UT	A4
Visibility of planets	A6
Diary of phenomena	A9
Risings, settings and twilights	A12
Examples of rising and setting phenomena	A13
Sunrise and sunset	A14
Beginning and end of civil twilight	A22
Beginning and end of nautical twilight	A30
Beginning and end of astronomical twilight	A38
Moonrise and moonset	A46
Eclipses of Sun and Moon	A78
Transit of Mercury	A87

NOTE: All the times in this section are expressed in universal time (UT).

THE SUN

	d h			d h m			d h m
Perigee	Jan. 2 05		Equinoxes	Mar. 20 22 03	…	Sept.	23 07 59
Apogee	July 5 10		Solstices	June 21 16 30	…	Dec.	22 04 02

PHASES OF THE MOON

Lunation	New Moon	First Quarter	Full Moon	Last Quarter
	d h m	d h m	d h m	d h m
779				Jan. 3 19 47
780	Jan. 10 12 22	Jan. 17 22 13	Jan. 26 00 31	Feb. 2 04 41
781	Feb. 9 00 55	Feb. 16 19 55	Feb. 24 15 02	Mar. 3 12 17
782	Mar. 10 14 52	Mar. 18 16 39	Mar. 26 03 02	Apr. 1 19 30
783	Apr. 9 06 08	Apr. 17 10 35	Apr. 24 12 46	May 1 03 22
784	May 8 22 10	May 17 01 00	May 23 20 45	May 30 12 55
785	June 7 14 00	June 15 12 00	June 22 03 42	June 29 00 53
786	July 7 04 55	July 14 20 10	July 21 10 40	July 28 15 34
787	Aug. 5 18 36	Aug. 13 02 21	Aug. 19 18 54	Aug. 27 08 38
788	Sept. 4 07 10	Sept. 11 07 41	Sept. 18 05 34	Sept. 26 03 17
789	Oct. 3 18 55	Oct. 10 13 28	Oct. 17 19 22	Oct. 25 22 26
790	Nov. 2 06 02	Nov. 8 21 11	Nov. 16 12 12	Nov. 24 16 50
791	Dec. 1 16 43	Dec. 8 08 01	Dec. 16 07 04	Dec. 24 09 17
792	Dec. 31 03 10			

ECLIPSES AND TRANSIT OF MERCURY

Partial eclipse of the Sun	Apr. 9	Part of Indonesia, Australia, New Guinea, S. of New Zealand, part of Antarctica
Total eclipse of the Moon	Apr. 24	W. of N. America, Australasia, Antarctica, E. Asia
Annular-total eclipse of the Sun	Oct. 3	Extreme N.E. Asia, N. America except extreme S.W., arctic regions, Greenland, Iceland, N. of S. America
Total eclipse of the Moon	Oct. 17	Australasia, Asia, Africa, Europe, Iceland, E. of Greenland, arctic regions
Transit of Mercury	Nov. 13	Australasia, Asia, part of Antarctica, Africa except N.W., E. Europe

LUNAR PHENOMENA, 1986

MOON AT PERIGEE

d h	d h	d h
Jan. 8 07	May 24 03	Oct. 7 10
Feb. 4 16	June 21 13	Nov. 4 02
Mar. 1 10	July 19 20	Dec. 2 11
Mar. 28 14	Aug. 16 17	Dec. 30 23
Apr. 25 18	Sept. 12 00	

MOON AT APOGEE

d h	d h	d h
Jan. 20 01	June 7 02	Oct. 23 06
Feb. 16 22	July 4 08	Nov. 19 22
Mar. 16 19	July 31 21	Dec. 17 05
Apr. 13 12	Aug. 28 15	
May 10 23	Sept. 25 10	

OCCULTATIONS OF PLANETS AND BRIGHT STARS BY THE MOON

Date d h	Body	Area of Visibility
Mar. 30 13	Antares	N.W. of N. America
Apr. 26 21	Antares	N. and Central Asia
May 24 08	Antares	W. and Central N. America
June 20 19	Antares	N. and Central Asia
June 23 13	Mars	S.W. tip of Australia, Tasmania, S. New Zealand, Antarctica
July 18 04	Antares	N. America
July 20 13	Mars	E. Asia
Aug. 14 11	Antares	E. Europe, Asia, Philippines
Aug. 16 16	Mars	N.E. and Central Africa, S. Asia
Sept. 10 17	Antares	S.W. and W. Europe, N. and Central Africa, S.W. Asia
Sept. 13 10	Mars	Antarctica
Oct. 5 07	Mercury	E. Europe, S.W. Asia, Indonesia, N. Australia
Oct. 7 23	Antares	W. of N. America, Central America, N.W. of S. America
Nov. 3 14	Mercury	Antarctica, S. of S. America
Nov. 4 07	Antares	S.W. and Central Asia, Philippines
Dec. 1 17	Antares	N. America, N. of S. America
Dec. 29 05	Antares	E. Europe, S. Asia, Philippines

OCCULTATIONS OF X-RAY SOURCES BY THE MOON

Occultations occur at intervals of a lunar month between the dates given below:

Source	Dates	Source	Dates	Source	Dates
4U1621−23	Jan. 7–Mar. 3	GX359+1	Feb. 5–Dec. 30	GX3+1	May 25–July 19
A1704−25	Jan. 8 only	GX+1·1−1·0	Feb. 5–Dec. 30	2A2302−088	June 27–Dec. 8
MXB1743−28	Jan. 8–Dec. 30	MKN372	Mar. 15–Dec. 13	4U0548+29	Aug. 2–Dec. 16
GX3+1	Jan. 8–Mar. 4	A1742−28	Mar. 31–Dec. 30	4U1438−18	Aug. 12–Dec. 27
OSO−8 Burst	Jan. 9–Dec. 30	4U0548+29	Apr. 15–May 12	GCX	Aug. 15–Dec. 30
H0123+075	Jan. 17–Aug. 24	4U1621−23	May 24 only	GX+0·2−1·2	Sept. 11–Dec. 30
4U0538+26	Jan. 22–Feb. 19				

AVAILABILITY OF PREDICTIONS OF LUNAR OCCULTATIONS

The International Lunar Occultation Centre, Astronomical Division, Hydrographic Department, Tsukiji-5, Chuo-ku, Tokyo, 104 JAPAN is responsible for the predictions and for the reductions of timings of occultations of stars by the Moon.

PLANETARY PHENOMENA, 1986

GEOCENTRIC PHENOMENA

MERCURY

	d h		d h		d h
Superior conjunction ...	Feb. 1 01	May	23 01	Sept.	5 18
Greatest elongation East	Feb. 28 16 (18°)	June	25 20 (25°)	Oct.	21 22 (24°)
Stationary	Mar. 6 23	July	9 01	Nov.	2 12
Inferior conjunction ...	Mar. 16 20	July	23 11	Nov.	13 04*
Stationary	Mar. 29 06	Aug.	2 15	Nov.	22 05
Greatest elongation West	Apr. 13 15 (28°)	Aug.	11 16 (19°)	Nov.	30 03 (20°)

* Transit of Sun's disk visible from Australasia, Asia, Antarctica, Africa except N.W., E. Europe

VENUS

	d h		d h
Superior conjunction ... Jan.	19 16	Inferior conjunction ... Nov.	5 10
Greatest elongation East Aug.	27 09 (46°)	Stationary ... ... Nov.	24 04
Greatest brilliancy ... Oct.	1 10	Greatest brilliancy ... Dec.	11 20
Stationary ... ... Oct.	15 12		

SUPERIOR PLANETS

	Stationary	Opposition	Stationary	Conjunction
	d h	d h	d h	d h
Mars	June 10 00	July 10 05	Aug. 12 12	—
Jupiter	July 13 09	Sept. 10 21	Nov. 8 20	Feb. 18 10
Saturn	Mar. 19 14	May 28 01	Aug. 7 16	Dec. 04 16
Uranus	Mar. 27 14	June 11 15	Aug. 27 21	Dec. 14 21
Neptune	Apr. 7 12	June 26 08	Sept. 14 19	Dec. 27 14
Pluto	Feb. 13 21	Apr. 26 13	July 21 10	Oct. 31 01

OCCULTATIONS BY PLANETS AND SATELLITES

Predictions of occultations of stars and radio sources by planets, minor planets and satellites are distributed separately as soon as adequate data are available; details of these are given in *The Handbook of the British Astronomical Association*. Included in this list is an occultation of the star AGK3 +23°1108 by Ceres on April 26·69. Preliminary predictions indicate the area of visibility as the West Siberian Plain, Kazakhstan, W. China, India and the Indian Ocean.

HELIOCENTRIC PHENOMENA

	Aphelion	Perihelion	Descending Node	Greatest Lat. South	Ascending Node	Greatest Lat. North
Mercury	Jan. 13	Feb. 26	Jan. 3	Feb. 2	Feb. 21	Mar. 8
	Apr. 11	May 25	Apr. 1	May 1	May 20	June 4
	July 8	Aug. 21	June 28	July 28	Aug. 16	Aug. 31
	Oct. 4	Nov. 17	Sept. 24	Oct. 24	Nov. 12	Nov. 27
	Dec. 31	—	Dec. 21	—	—	—
Venus	Jan. 27	May 19	—	Feb. 18	Apr. 15	June 10
	Sept. 8	Dec. 30	Aug. 5	Oct. 1	Nov. 26	—
Mars	—	Sept. 25	Mar. 26	Aug. 30	—	—

Jupiter, Saturn, Uranus, Neptune, Pluto: None in 1986

PHENOMENA, 1986

ELONGATIONS AND MAGNITUDES OF PLANETS AT 0^h UT

Date	Mercury Elong.	Mercury Mag.	Venus Elong.	Venus Mag.	Date	Mercury Elong.	Mercury Mag.	Venus Elong.	Venus Mag.
Jan. −5	W. 20°	−0.4	W. 6°	−3.9	June 29	E. 25°	+0.8	E. 38°	−4.0
0	18	0.4	5	3.9	July 4	23	1.2	39	4.0
5	16	0.4	4	3.9	9	20	1.8	40	4.1
10	13	0.5	2	3.9	14	15	2.7	41	4.1
15	11	0.6	W. 1	3.9	19	E. 9	4.0	42	4.1
20	W. 8	−0.8	E. 1	−3.9	24	W. 5	+4.8	E. 43	−4.1
25	5	1.0	2	3.9	29	10	3.4	44	4.1
30	W. 3	1.3	3	3.9	Aug. 3	15	1.9	44	4.2
Feb. 4	E. 3	1.4	4	3.9	8	18	+0.7	45	4.2
9	6	1.3	5	3.9	13	19	−0.1	45	4.2
14	E. 10	−1.2	E. 6	−3.9	18	W. 17	−0.7	E. 46	−4.3
19	14	1.1	7	3.9	23	13	1.2	46	4.3
24	17	0.9	9	3.9	28	9	1.4	46	4.3
Mar. 1	18	−0.3	10	3.9	Sept. 2	W. 4	1.7	46	4.4
6	16	+0.8	11	3.9	7	E. 2	1.7	46	4.4
11	E. 11	+2.5	E. 12	−3.9	12	E. 6	−1.2	E. 45	−4.5
16	E. 4	4.8	13	3.9	17	9	0.8	44	4.5
21	W. 8	3.7	15	3.9	22	13	0.5	43	4.5
26	16	2.2	16	3.9	27	16	0.4	41	4.6
31	W. 22	1.3	17	3.9	Oct. 2	19	0.2	39	4.6
Apr. 5	W. 26	+0.8	E. 18	−3.9	7	E. 21	−0.2	E. 36	−4.6
10	27	0.5	20	3.9	12	23	0.1	32	4.6
15	28	0.3	21	3.9	17	24	0.1	28	4.5
20	27	+0.2	22	3.9	22	24	−0.1	22	4.4
25	25	0.0	23	3.9	27	24	0.0	16	4.3
30	W. 22	−0.2	E. 25	−3.9	Nov. 1	E. 21	+0.4	E. 9	−4.1
May 5	19	0.5	26	3.9	6	15	1.4	W. 5	4.0
10	15	0.8	27	3.9	11	E. 5	4.0	10	4.1
15	9	1.3	28	3.9	16	W. 7	3.4	17	4.3
20	W. 4	1.9	29	3.9	21	15	+0.8	23	4.5
25	E. 2	−2.1	E. 31	−4.0	26	W. 19	−0.2	W. 29	−4.6
30	9	1.5	32	4.0	Dec. 1	20	0.5	33	4.6
June 4	14	1.0	33	4.0	6	19	0.6	37	4.7
9	18	0.6	34	4.0	11	17	0.6	40	4.7
14	22	−0.2	35	4.0	16	15	0.6	42	4.6
19	E. 24	+0.1	E. 36	−4.0	21	W. 13	−0.6	W. 44	−4.6
24	25	0.4	37	4.0	26	10	0.6	45	4.6
29	E. 25	+0.8	E. 38	−4.0	31	W. 7	−0.8	W. 46	−4.6

MINOR PLANETS

	Stationary	Opposition	Stationary	Conjunction
Ceres	Jan. 19	Feb. 27	Apr. 19	Nov. 2
Pallas	Feb. 1	—	—	Sept. 23
Juno	Apr. 6	May 30	July 29	—
Vesta	Aug. 19	Oct. 3	Nov. 22	Jan. 16

PHENOMENA, 1986

ELONGATIONS AND MAGNITUDES OF PLANETS AT 0^h UT

Date		Mars		Jupiter		Saturn		Uranus	Neptune	Pluto
		Elong.	Mag.	Elong.	Mag.	Elong.	Mag.	Elong.	Elong.	Elong.
Jan.	0	W. 59°	+1·4	E. 39°	−2·1	W. 34°	+0·5	W. 20°	W. 6°	W. 64°
	10	63	1·4	31	2·0	43	0·6	29	16	73
	20	68	1·3	23	2·0	53	0·6	39	25	83
	30	72	1·1	15	2·0	62	0·6	49	35	92
Feb.	9	76	1·0	E. 7	2·0	71	0·5	58	45	102
	19	W. 80	+0·9	W. 1	−2·0	W. 81	+0·5	W. 68	W. 55	W. 112
Mar.	1	85	0·7	8	2·0	91	0·5	78	65	121
	11	89	0·5	16	2·0	100	0·4	88	75	131
	21	94	0·4	23	2·0	110	0·4	98	84	140
	31	99	+0·1	31	2·0	120	0·3	108	94	149
Apr.	10	W. 104	−0·1	W. 39	−2·1	W. 130	+0·3	W. 118	W. 104	W. 156
	20	109	0·3	46	2·1	141	0·2	127	114	W. 162
	30	115	0·6	54	2·1	151	0·2	137	124	E. 163
May	10	121	0·9	62	2·2	161	+0·1	147	134	158
	20	128	1·2	70	2·2	W. 171	0·0	157	143	151
	30	W. 136	−1·5	W. 78	−2·3	E. 177	0·0	W. 167	W. 153	E. 143
June	9	145	1·8	87	2·4	167	+0·1	W. 177	163	134
	19	155	2·1	95	2·4	157	0·1	E. 173	W. 173	125
	29	165	2·4	104	2·5	147	0·2	163	E. 177	116
July	9	W. 174	2·6	114	2·6	137	0·3	153	168	107
	19	E. 168	−2·6	W. 123	−2·7	E. 127	+0·3	E. 143	E. 158	E. 98
	29	157	2·4	133	2·7	118	0·4	133	148	89
Aug.	8	146	2·2	143	2·8	108	0·4	123	138	80
	18	137	2·0	154	2·8	98	0·5	114	128	71
	28	129	1·7	165	2·9	89	0·5	104	119	62
Sept.	7	E. 122	−1·5	W. 175	−2·9	E. 80	+0·5	E. 94	E. 109	E. 53
	17	115	1·2	E. 173	2·9	71	0·6	85	99	44
	27	110	1·0	162	2·9	61	0·6	75	89	36
Oct.	7	105	0·8	151	2·8	52	0·6	66	80	28
	17	101	0·6	140	2·8	43	0·6	56	70	21
	27	E. 97	−0·4	E. 130	−2·7	E. 35	+0·6	E. 47	E. 60	E. 16
Nov.	6	93	0·3	120	2·6	26	0·5	37	50	W. 17
	16	90	−0·1	110	2·6	17	0·5	28	41	22
	26	87	+0·1	100	2·5	E. 8	0·5	18	31	29
Dec.	6	83	0·2	91	2·4	W. 2	0·4	E. 8	21	38
	16	E. 80	+0·4	E. 82	−2·4	W. 10	+0·5	W. 1	E. 11	W. 47
	26	77	0·5	73	2·3	19	0·5	11	E. 2	56
	36	E. 73	+0·6	E. 64	−2·2	W. 28	+0·5	W. 20	W. 8	W. 66

Magnitudes at opposition: Uranus 5·5 Neptune 7·9 Pluto 13·7

VISUAL MAGNITUDES OF MINOR PLANETS

	Jan. 0	Feb. 9	Mar. 21	Apr. 30	June 9	July 19	Aug. 28	Oct. 7	Nov. 16	Dec. 26
Ceres	7·4	6·7	6·8	7·4	8·0	8·3	8·4	8·4	8·3	8·5
Pallas	7·6	7·7	8·1	8·5	8·8	9·0	9·0	9·0	9·3	9·4
Juno	11·5	11·4	11·0	10·5	10·2	10·6	11·1	11·3	11·3	11·0
Vesta	7·7	7·8	8·0	8·0	7·8	7·4	6·8	6·4	7·1	7·8

PHENOMENA, 1986

VISIBILITY OF PLANETS

The planet diagram on page A7 shows, in graphical form for any date during the year, the local mean times of meridian passage of the Sun, of the five planets, Mercury, Venus, Mars, Jupiter and Saturn, and of every 2^h of right ascension. Intermediate lines, corresponding to particular stars, may be drawn in by the user if he so desires. The diagram is intended to provide a general picture of the availability of planets and stars for observation during the year.

On each side of the line marking the time of meridian passage of the Sun, a band 45^m wide is shaded to indicate that planets and most stars crossing the meridian within 45^m of the Sun are generally too close to the Sun for observation.

For any date the diagram provides immediately the local mean times of meridian passage of the Sun, planets and stars, and thus the following information:
  (a) whether a planet or star is too close to the Sun for observation;
  (b) visibility of a planet or star in the morning or evening;
  (c) location of a planet or star during twilight;
  (d) proximity of planets to stars or other planets.

When the meridian passage of a body occurs at midnight, it is close to opposition to the Sun and is visible all night, and may be observed in both morning and evening twilights. As the time of meridian passage decreases, the body ceases to be observable in the morning, but its altitude above the eastern horizon during evening twilight gradually increases until it is on the meridian at evening twilight. From then onwards the body is observable above the western horizon, its altitude at evening twilight gradually decreasing, until it becomes too close to the Sun for observation. When it again becomes visible, it is seen in the morning twilight, low in the east. Its altitude at morning twilight gradually increases until meridian passage occurs at the time of morning twilight, then as the time of meridian passage decreases to 0^h, the body is observable in the west in the morning twilight with a gradually decreasing altitude, until it once again reaches opposition.

Notes on the visibility of the principal planets, except Pluto, are given on page A8. Further information on the visibility of planets may be obtained from the diagram below which shows, in graphical form for any date during the year, the declinations of the bodies plotted on the planet diagram on page A7.

DECLINATIONS OF SUN AND PLANETS, 1986

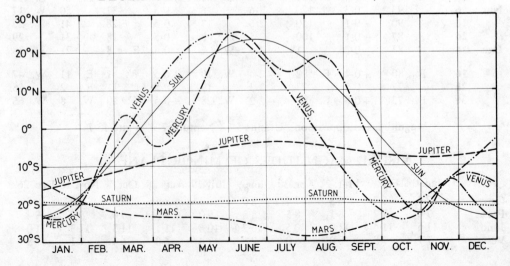

PLANETS, 1986

LOCAL MEAN TIME OF MERIDIAN PASSAGE

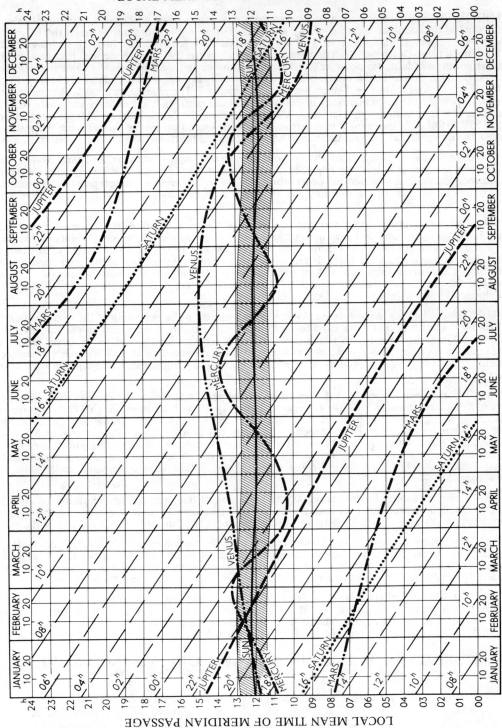

PHENOMENA, 1986

VISIBILITY OF PLANETS

MERCURY can only be seen low in the east before sunrise, or low in the west after sunset (about the time of beginning or end of civil twilight). It is visible in the mornings between the following approximate dates: January 1 to January 17, March 24 to May 15, July 31 to August 28, November 19 to December 27. The planet is brighter at the end of each period, (the best conditions in northern latitudes occur in late November and early December, and in southern latitudes in April). It is visible in the evenings between the following approximate dates: February 13 to March 10, May 31 to July 16, September 17 to November 7. The planet is brighter at the beginning of each period, (the best conditions in northern latitudes occur in late February and early March, and in southern latitudes in October). Mercury transits the Sun's disk on November 13 from $01^h 43^m$ to $06^h 31^m$; the event is visible from the Pacific Ocean except the eastern part, Australasia, Asia, the Indian Ocean, part of Antarctica, Africa except the north-western part and eastern Europe.

VENUS is too close to the Sun for observation from the beginning of the year until early March, and can then be seen as a brilliant object in the evening sky until early November, when it again becomes too close to the Sun for observation. Before mid-November it reappears as a morning star and can be seen in the morning sky for the rest of the year. Venus is in conjunction with Mercury on March 8 and October 18.

MARS rises well after midnight at the beginning of the year in Libra. Its westward elongation gradually increases, and in February and March it moves through Scorpius, Ophiuchus (passing 5°N. of *Antares* on February 17) and into Sagittarius, and is at opposition on July 10 when it can be seen throughout the night. It remains in Sagittarius until early October and then moves through Capricornus, Aquarius and into Pisces in late December. From mid-November until the end of the year it can only be seen in the evening sky. Mars is in conjunction with Saturn on February 18 and with Jupiter on December 19.

JUPITER can be seen in the evening sky in Capricornus from the beginning of the year until early February, when it becomes too close to the Sun for observation. It reappears in the morning sky early in March in Aquarius, in which constellation it remains for the rest of the year. Jupiter is at opposition on September 10 when it can be seen throughout the night, and from early December until the end of the year it can only be seen in the evening sky. Jupiter is in conjunction with Mars on December 19.

SATURN rises before sunrise at the beginning of the year in Scorpius and moves into Ophiuchus in mid-January, (passing 7°N. of *Antares* on February 10 and again on April 26). It returns to Scorpius in late May, is at opposition on May 28 when it can be seen throughout the night, and in mid-October returns to Ophiuchus, in which constellation it remains for the rest of the year, (passing 6°N. of *Antares* on November 3). From late August until shortly after mid-November it can only be seen in the evening sky and then becomes too close to the Sun for observation until late December, when it reappears in the morning sky. Saturn is in conjunction with Mars on February 18.

URANUS rises shortly before sunrise at the beginning of the year in Ophiuchus and remains in this constellation throughout the year. It is at opposition on June 11, when it can be seen throughout the night, and is too close to the Sun for observation from late November until the end of the year.

NEPTUNE is too close to the Sun for observation from the beginning of the year until mid-January, when it can be seen in the morning sky in Sagittarius, in which constellation it remains throughout the year. Neptune is at opposition on June 26 when it can be seen throughout the night, and from early December until the end of the year it is again too close to the Sun for observation.

DO NOT CONFUSE (1) Mars with Saturn in February and with Jupiter in December; on both occasions Mars is the fainter object. The reddish tint of Mars should assist in its identification. (2) Venus with Mercury in early March and late October; on both occasions Venus is the brighter object. (3) Mercury with Saturn in late December when Mercury is the brighter object.

VISIBILITY OF PLANETS IN MORNING AND EVENING TWILIGHT

	MORNING		EVENING	
VENUS	November 12	— December 31	March 2	— October 31
MARS	January 1	— July 10	July 10	— December 31
JUPITER	March 4	— September 10	January 1	— February 5
			September 10	— December 31
SATURN	January 1	— May 28	May 28	— November 17
	December 22	— December 31		

DIARY OF PHENOMENA, 1986

CONFIGURATIONS OF SUN, MOON AND PLANETS

	d	h		
Jan.	2	05	Earth at perihelion	
	3	20	LAST QUARTER	
	6	01	Mars 1°·7 N. of Moon	
	7	14	Saturn 4° N. of Moon	
	8	07	Moon at perigee	
	8	10	Mercury 1°·7 S. of Neptune	
	8	12	Uranus 3° N. of Moon	
	10	12	NEW MOON	
	12	14	Jupiter 4° N. of Moon	
	16	12	Vesta in conjunction with Sun	
	17	22	FIRST QUARTER	
	19	16	Venus in superior conjunction	
	19	19	Ceres stationary	
	20	01	Moon at apogee	
	26	01	FULL MOON	
Feb.	1	01	Mercury in superior conjunction	
	1	18	Pallas stationary	
	2	05	LAST QUARTER	
	3	12	Mars 3° N. of Moon	
	4	01	Saturn 5° N. of Moon	
	4	16	Moon at perigee	
	4	22	Uranus 4° N. of Moon	
	5	20	Neptune 5° N. of Moon	
	9	01	NEW MOON	
	10	03	Saturn 7° N. of Antares	
	13	21	Pluto stationary	
	16	20	FIRST QUARTER	
	16	22	Moon at apogee	
	17	06	Mars 5° N. of Antares	
	18	00	Mars 1°·3 S. of Saturn	
	18	10	Jupiter in conjunction with Sun	
	24	15	FULL MOON	
	27	18	Ceres at opposition	
	28	16	Mercury greatest elong. E. (18°)	
Mar.	1	10	Moon at perigee	
	3	08	Saturn 5° N. of Moon	
	3	12	LAST QUARTER	
	3	20	Mars 4° N. of Moon	
	4	05	Uranus 4° N. of Moon	
	5	03	Neptune 6° N. of Moon	
	6	23	Mercury stationary	
	8	13	Mercury 5° N. of Venus	
	10	15	NEW MOON	
	11	15	Venus 1°·3 N. of Moon	
	13	09	Mars 0°·3 N. of Uranus	
	16	19	Moon at apogee	
	16	20	Mercury in inferior conjunction	
	18	17	FIRST QUARTER	

	d	h		
Mar.	19	14	Saturn stationary	
	20	22	Equinox	
	26	03	FULL MOON	
	27	14	Uranus stationary	
	28	14	Moon at perigee	
	29	06	Mercury stationary	
	30	13	Antares 1°·2 S. of Moon	Occⁿ.
	30	15	Saturn 5° N. of Moon	
	31	11	Uranus 4° N. of Moon	
Apr.	1	03	Mars 5° N. of Moon	
	1	09	Neptune 6° N. of Moon	
	1	19	LAST QUARTER	
	6	02	Jupiter 3° N. of Moon	
	6	08	Juno stationary	
	6	21	Mercury 2° N. of Moon	
	7	12	Neptune stationary	
	8	22	Mars 1°·4 S. of Neptune	
	9	06	NEW MOON	Eclipse
	11	02	Venus 1°·3 S. of Moon	
	13	12	Moon at apogee	
	13	15	Mercury greatest elong. W. (28°)	
	17	11	FIRST QUARTER	
	19	23	Ceres stationary	
	24	13	FULL MOON	Eclipse
	25	18	Moon at perigee	
	26	13	Pluto at opposition	
	26	21	Saturn 5° N. of Moon	
	26	21	Antares 1°·1 S. of Moon	Occⁿ.
	26	22	Saturn 7° N. of Antares	
	27	18	Uranus 4° N. of Moon	
	28	16	Neptune 6° N. of Moon	
	29	06	Mars 4° N. of Moon	
May	1	03	LAST QUARTER	
	3	18	Jupiter 3° N. of Moon	
	4	03	Vesta 0°·9 S. of Moon	Occⁿ.
	5	11	Venus 6° N. of Aldebaran	
	7	11	Mercury 2° S. of Moon	
	8	22	NEW MOON	
	10	23	Moon at apogee	
	11	11	Venus 3° S. of Moon	
	17	01	FIRST QUARTER	
	23	01	Mercury in superior conjunction	
	23	21	FULL MOON	
	24	03	Moon at perigee	
	24	05	Saturn 5° N. of Moon	
	24	08	Antares 1°·2 S. of Moon	Occⁿ.
	25	03	Uranus 4° N. of Moon	
	26	00	Neptune 6° N. of Moon	
	27	03	Mars 3° N. of Moon	

DIARY OF PHENOMENA, 1986

CONFIGURATIONS OF SUN, MOON AND PLANETS

	d	h			d	h	
May	28	01	Saturn at opposition	Aug.	2	15	Mercury stationary
	30	13	LAST QUARTER		4	06	Mercury 8° S. of Moon
	30	16	Juno at opposition		5	19	NEW MOON
	31	08	Jupiter 2° N. of Moon		7	16	Saturn stationary
June	7	02	Moon at apogee		9	11	Venus 2° S. of Moon
	7	14	NEW MOON		11	16	Mercury greatest elong. W. (19°)
	9	06	Mercury 3° S. of Moon		12	12	Mars stationary
	10	00	Mars stationary		13	02	FIRST QUARTER
	10	14	Venus 5° S. of Pollux		14	02	Saturn 5° N. of Moon
	10	16	Venus 3° S. of Moon		14	11	Antares 0°·8 S. of Moon Occ^n.
	11	15	Uranus at opposition		15	03	Uranus 4° N. of Moon
	15	12	FIRST QUARTER		16	03	Neptune 6° N. of Moon
	20	13	Saturn 5° N. of Moon		16	16	Mars 0°·5 S. of Moon Occ^n.
	20	19	Antares 1°·1 S. of Moon Occ^n.		16	17	Moon at perigee
	20	23	Mercury 6° S. of Pollux		19	19	FULL MOON
	21	12	Uranus 4° N. of Moon		19	22	Vesta stationary
	21	13	Moon at perigee		21	11	Jupiter 1°·4 N. of Moon
	21	16	Solstice		27	09	LAST QUARTER
	22	04	FULL MOON		27	09	Venus greatest elong. E. (46°)
	22	10	Neptune 6° N. of Moon		27	21	Uranus stationary
	23	13	Mars 0°·5 N. of Moon Occ^n.		28	15	Moon at apogee
	25	20	Mercury greatest elong. E. (25°)		31	15	Venus 0°·5 S. of Spica
	26	08	Neptune at opposition	Sept.	4	07	NEW MOON
	27	20	Jupiter 1°·9 N. of Moon		5	18	Mercury in superior conjunction
	29	01	LAST QUARTER		7	20	Venus 3° S. of Moon
July	4	08	Moon at apogee		10	09	Saturn 5° N. of Moon
	5	10	Earth at aphelion		10	17	Antares 0°·7 S. of Moon Occ^n.
	7	05	NEW MOON		10	21	Jupiter at opposition
	8	20	Mercury 8° S. of Moon		11	08	FIRST QUARTER
	9	01	Mercury stationary		11	09	Uranus 4° N. of Moon
	10	05	Mars at opposition		12	00	Moon at perigee
	10	17	Venus 3° S. of Moon		12	08	Neptune 6° N. of Moon
	11	01	Venus 1°·1 N. of Regulus		13	10	Mars 0°·9 N. of Moon Occ^n.
	13	09	Jupiter stationary		14	19	Neptune stationary
	14	20	FIRST QUARTER		17	14	Jupiter 1°·6 N. of Moon
	16	11	Mars closest approach		18	06	FULL MOON
	17	20	Saturn 5° N. of Moon		23	08	Equinox
	18	04	Antares 1°·0 S. of Moon Occ^n.		23	15	Pallas in conjunction with Sun
	18	20	Uranus 4° N. of Moon		25	10	Moon at apogee
	19	19	Neptune 6° N. of Moon		26	03	LAST QUARTER
	19	20	Moon at perigee		29	08	Mercury 1°·5 N. of Spica
	20	13	Mars 0°·9 S. of Moon Occ^n.	Oct.	1	10	Venus greatest brilliancy
	21	10	Pluto stationary		3	06	Vesta at opposition
	21	11	FULL MOON		3	19	NEW MOON Eclipse
	23	11	Mercury in inferior conjunction		5	07	Mercury 0°·4 S. of Moon Occ^n.
	25	06	Jupiter 1°·5 N. of Moon		6	10	Venus 4° S. of Moon
	28	16	LAST QUARTER		7	10	Moon at perigee
	29	18	Juno stationary		7	18	Saturn 5° N. of Moon
	31	21	Moon at apogee		7	23	Antares 0°·6 S. of Moon Occ^n.

DIARY OF PHENOMENA, 1986

CONFIGURATIONS OF SUN, MOON AND PLANETS

d	h		d	h	
Oct. 8	15	Uranus 4° N. of Moon	Nov. 22	03	Vesta stationary
9	14	Neptune 6° N. of Moon	22	05	Mercury stationary
10	13	FIRST QUARTER	24	04	Venus stationary
11	13	Mars 2° N. of Moon	24	17	LAST QUARTER
14	16	Jupiter 1°·9 N. of Moon	29	11	Venus 2° N. of Moon
15	12	Venus stationary	30	03	Mercury greatest elong. W. (20°)
17	19	FULL MOON Eclipse	30	09	Mercury 5° N. of Moon
18	14	Mercury 4° N. of Venus	Dec. 1	17	NEW MOON
21	22	Mercury greatest elong. E. (24°)	1	17	Antares 0°·6 S. of Moon Occ^n.
23	06	Moon at apogee	2	11	Moon at perigee
25	22	LAST QUARTER	3	08	Neptune 6° N. of Moon
31	01	Pluto in conjunction with Sun	4	16	Saturn in conjunction with Sun
Nov. 2	06	NEW MOON	7	16	Mars 3° N. of Moon
2	10	Ceres in conjunction with Sun	8	04	Jupiter 1°·8 N. of Moon
2	12	Mercury stationary	8	08	FIRST QUARTER
3	14	Saturn 6° N. of Antares	11	20	Venus greatest brilliancy
3	14	Mercury 0°·8 N. of Moon Occ^n.	14	21	Uranus in conjunction with Sun
4	02	Moon at perigee	16	01	Mercury 5° N. of Antares
4	07	Saturn 6° N. of Moon	16	07	FULL MOON
4	07	Antares 0°·6 S. of Moon Occ^n.	17	05	Moon at apogee
5	01	Uranus 4° N. of Moon	19	07	Mars 0°·5 N. of Jupiter
5	10	Venus in inferior conjunction	19	15	Mercury 1°·3 S. of Saturn
5	22	Neptune 6° N. of Moon	22	04	Solstice
8	20	Jupiter stationary	24	09	LAST QUARTER
8	21	FIRST QUARTER	25	14	Mercury 0°·4 S. of Uranus
9	00	Mars 3° N. of Moon	27	14	Neptune in conjunction with Sun
10	19	Jupiter 2° N. of Moon	28	01	Venus 7° N. of Moon
13	04	Mercury in inferior conjunction, transit over Sun	29	05	Antares 0°·6 S. of Moon Occ^n.
16	12	FULL MOON	29	15	Saturn 6° N. of Moon
19	22	Moon at apogee	30	23	Moon at perigee
			31	03	NEW MOON

A12 RISINGS, SETTINGS AND TWILIGHTS, 1986

Arrangement and basis of the tabulations

The tabulations of risings, settings and twilights on pages A14–A77 refer to the instants when the true geocentric zenith distance of the central point of the disk of the Sun or Moon takes the value indicated in the following table. The tabular times are in universal time (UT) for selected latitudes on the meridian of Greenwich; the times for other latitudes and longitudes may be obtained by interpolation as described below and as exemplified on page A13.

	Phenomena	*Zenith distance*	*Pages*
SUN (interval 4 days):	sunrise and sunset	90° 50′	A14–A21
	civil twilight	96°	A22–A29
	nautical twilight	102°	A30–A37
	astronomical twilight	108°	A38–A45
MOON (interval 1 day):	moonrise and moonset	90° 34′ $+ s - \pi$	A46–A77

(s = semidiameter, π = horizontal parallax)

The zenith distance at the times for rising and setting is such that under normal conditions the upper limb of the Sun and Moon appears to be on the horizon of an observer at sea-level. The parallax of the Sun is ignored. The observed time may differ from the tabular time because of a variation of the atmospheric refraction from the adopted value (34′) and because of a difference in height of the observer and the actual horizon.

Use of tabulations

The following procedure may be used to obtain times of the phenomena for a non-tabular place and date.

Step 1: Interpolate linearly for latitude. The differences between adjacent values are usually small and so the required interpolates can often be obtained by inspection.

Step 2: Interpolate linearly for date and longitude in order to obtain the local mean times of the phenomena at the longitude concerned. For the Sun the variations with longitude of the local mean times of the phenomena are small, but to obtain better precision the interpolation factor for date should be increased by

$$\text{west longitude in degrees} / 1440$$

since the interval of tabulation is 4 days. For the Moon, the interpolating factor to be used is simply

$$\text{west longitude in degrees} / 360$$

since the interval of tabulation is 1 day; backward interpolation should be carried out for east longitudes.

Step 3: Convert the times so obtained (which are on the scale of local mean time for the local meridian) to universal time (UT) or to the appropriate clock time, which may differ from the time of the nearest standard meridian according to the customs of the country concerned. The UT of the phenomenon is obtained from the local mean time by applying the longitude expressed in time measure (1 hour for each 15° of longitude), adding for west longitudes and subtracting for east longitudes. The times so obtained may require adjustment by 24^h; if so, the corresponding date must be changed accordingly.

Approximate formulae for direct calculation

The approximate UT of rising or setting of a body with right ascension α and declination δ at latitude φ and *east* longitude λ may be calculated from

$$\text{UT} = 0 \cdot 997\,27 \; \{\alpha - \lambda \pm \cos^{-1}(-\tan \varphi \tan \delta) - (\text{GMST at } 0^h \text{UT})\}$$

where each term is expressed in time measure and the GMST at 0^hUT is given in the tabulations on pages B8–B15. The negative sign corresponds to rising and the positive sign to setting. The formula ignores refraction, semi-diameter and any changes in α and δ during the day. If $\tan \varphi \tan \delta$ is numerically greater than 1, there is no phenomenon.

RISINGS, SETTINGS AND TWILIGHTS, 1986   A13

Examples

The following examples of the calculations of the times of rising and setting phenomena use the procedure described on page A12.

1. To find the times of sunrise and sunset for Paris on 1986 July 20. Paris is at latitude N 48° 52' (= +48°·87), longitude E 2° 20' (= E 2°·33 = E $0^h 09^m$), and in the summer the clocks are kept two hours in advance of UT. The relevant portions of the tabulation on page A19 and the results of the interpolation for latitude are as follows, where the interpolation factor is $(48·87 - 48)/2 = 0·44$:

	Sunrise			Sunset		
	+48°	+50°	+48°·87	+48°	+50°	+48°·87
	h m	h m	h m	h m	h m	h m
July 17	04 18	04 09	04 14	19 54	20 02	19 58
July 21	04 22	04 14	04 18	19 50	19 58	19 54

The interpolation factor for date and longitude is $(20 - 17)/4 - 2·33/1440 = 0·75$

	Sunrise	Sunset
	d h m	d h m
Interpolate to obtain local mean time:	20 04 17	20 19 55
Subtract $0^h 09^m$ to obtain universal time:	20 04 08	20 19 46
Add 2^h to obtain clock time:	20 06 08	20 21 46

2. To find the times of beginning and end of astronomical twilight for Canberra, Australia on 1986 November 15. Canberra is at latitude S 35° 18' (= -35°·30), longitude E 149° 08' (= E 149°·13 = E $9^h 57^m$), and in the summer the clocks are kept eleven hours in advance of UT. The relevant portions of the tabulation on page A44 and the results of the interpolation for latitude are as follows, where the interpolation factor is $(-35·30 - (-40))/5 = 0·94$:

	Astronomical Twilight					
	beginning			end		
	-40°	-35°	-35°·3	-40°	-35°	-35°·3
	h m	h m	h m	h m	h m	h m
Nov. 14	02 47	03 09	03 08	20 43	20 20	20 21
Nov. 18	02 41	03 05	03 04	20 50	20 26	20 27

The interpolation factor for date and longitude is $(15 - 14)/4 - 149·13/1440 = 0·15$

	Astronomical Twilight	
	beginning	end
	d h m	d h m
Interpolation to obtain local mean time:	15 03 07	15 20 22
Subtract $9^h 57^m$ to obtain universal time:	14 17 10	15 10 25
Add 11^h to obtain clock time:	15 04 10	15 21 25

3. To find the times of moonrise and moonset for Washington, D.C. on 1986 February 2. Washington is at latitude N 38° 55' (= +38°·92), longitude W 77° 00' (= W 77°·0 = W $5^h 08^m$), and in the winter the clocks are kept five hours behind UT. The relevant portions of the tabulation on page A48 and the results of the interpolation for latitude are as follows, where the interpolation factor is $(38·92 - 35)/5 = 0·78$:

	Moonrise			Moonset		
	+35°	+40°	+38°·92	+35°	+40°	+38°·92
	h m	h m	h m	h m	h m	h m
Feb. 2	00 30	00 40	00 38	11 13	11 02	11 04
Feb. 3	01 41	01 55	01 52	11 52	11 38	11 41

The interpolation factor for longitude is $77·0/360 = 0·21$

	Moonrise	Moonset
	d h m	d h m
Interpolate to obtain local mean time:	2 00 54	2 11 12
Add $5^h 08^m$ to obtain universal time:	2 06 02	2 16 20
Subtract 5^h to obtain clock time:	2 01 02	2 11 20

SUNRISE AND SUNSET, 1986
UNIVERSAL TIME FOR MERIDIAN OF GREENWICH
SUNRISE

Lat.	−55°	−50°	−45°	−40°	−35°	−30°	−20°	−10°	0°	+10°	+20°	+30°	+35°	+40°
	h m	h m	h m	h m	h m	h m	h m	h m	h m	h m	h m	h m	h m	h m
Jan. −2	03 22	03 52	04 14	04 32	04 47	05 00	05 22	05 41	05 58	06 16	06 34	06 55	07 07	07 21
2	03 27	03 56	04 18	04 36	04 50	05 03	05 24	05 43	06 00	06 17	06 35	06 56	07 08	07 22
6	03 32	04 01	04 22	04 39	04 53	05 06	05 27	05 45	06 02	06 19	06 37	06 57	07 09	07 22
10	03 39	04 06	04 26	04 43	04 57	05 09	05 30	05 47	06 04	06 20	06 37	06 57	07 09	07 22
14	03 45	04 11	04 31	04 47	05 01	05 12	05 32	05 49	06 05	06 21	06 38	06 57	07 08	07 21
18	03 53	04 18	04 36	04 52	05 05	05 16	05 35	05 51	06 07	06 22	06 38	06 56	07 07	07 19
22	04 01	04 24	04 42	04 57	05 09	05 19	05 38	05 53	06 08	06 22	06 38	06 55	07 05	07 17
26	04 09	04 31	04 48	05 01	05 13	05 23	05 40	05 55	06 09	06 23	06 37	06 54	07 03	07 14
30	04 18	04 38	04 53	05 06	05 17	05 27	05 43	05 57	06 10	06 23	06 36	06 52	07 01	07 11
Feb. 3	04 26	04 45	04 59	05 11	05 21	05 30	05 45	05 58	06 10	06 22	06 35	06 49	06 58	07 07
7	04 35	04 52	05 05	05 16	05 25	05 34	05 47	06 00	06 11	06 22	06 33	06 47	06 54	07 03
11	04 44	04 59	05 11	05 21	05 29	05 37	05 50	06 01	06 11	06 21	06 32	06 44	06 51	06 58
15	04 52	05 06	05 17	05 26	05 33	05 40	05 52	06 02	06 11	06 20	06 29	06 40	06 46	06 53
19	05 01	05 13	05 23	05 31	05 37	05 43	05 53	06 02	06 11	06 19	06 27	06 37	06 42	06 48
23	05 09	05 20	05 28	05 35	05 41	05 46	05 55	06 03	06 10	06 17	06 24	06 33	06 37	06 43
27	05 18	05 27	05 34	05 40	05 45	05 49	05 57	06 03	06 09	06 15	06 22	06 29	06 33	06 37
Mar. 3	05 26	05 33	05 39	05 44	05 48	05 52	05 58	06 04	06 09	06 14	06 19	06 24	06 27	06 31
7	05 34	05 40	05 45	05 49	05 52	05 55	06 00	06 04	06 08	06 12	06 15	06 20	06 22	06 25
11	05 42	05 47	05 50	05 53	05 55	05 57	06 01	06 04	06 07	06 09	06 12	06 15	06 17	06 19
15	05 50	05 53	05 55	05 57	05 59	06 00	06 02	06 04	06 06	06 07	06 09	06 10	06 11	06 12
19	05 58	06 00	06 01	06 01	06 02	06 03	06 03	06 04	06 05	06 05	06 05	06 06	06 06	06 06
23	06 06	06 06	06 06	06 05	06 05	06 05	06 04	06 04	06 03	06 03	06 02	06 01	06 00	05 59
27	06 14	06 12	06 11	06 10	06 08	06 07	06 06	06 04	06 02	06 00	05 58	05 56	05 54	05 53
31	06 22	06 18	06 16	06 14	06 12	06 10	06 07	06 04	06 01	05 58	05 55	05 51	05 49	05 46
Apr. 4	06 29	06 25	06 21	06 18	06 15	06 12	06 08	06 04	06 00	05 56	05 51	05 46	05 43	05 40

SUNSET

Lat.	−55°	−50°	−45°	−40°	−35°	−30°	−20°	−10°	0°	+10°	+20°	+30°	+35°	+40°
	h m	h m	h m	h m	h m	h m	h m	h m	h m	h m	h m	h m	h m	h m
Jan. −2	20 41	20 12	19 49	19 32	19 17	19 04	18 42	18 23	18 06	17 49	17 30	17 09	16 57	16 43
2	20 40	20 12	19 50	19 32	19 18	19 05	18 43	18 25	18 08	17 51	17 33	17 12	17 00	16 46
6	20 39	20 10	19 49	19 32	19 18	19 05	18 44	18 26	18 10	17 53	17 35	17 15	17 03	16 50
10	20 36	20 09	19 48	19 32	19 18	19 06	18 45	18 28	18 11	17 55	17 38	17 18	17 07	16 54
14	20 32	20 06	19 46	19 30	19 17	19 05	18 46	18 29	18 13	17 57	17 40	17 21	17 10	16 58
18	20 27	20 02	19 44	19 28	19 16	19 05	18 46	18 29	18 14	17 59	17 43	17 25	17 14	17 02
22	20 21	19 58	19 41	19 26	19 14	19 03	18 45	18 30	18 15	18 01	17 46	17 28	17 18	17 07
26	20 15	19 53	19 37	19 23	19 12	19 02	18 45	18 30	18 16	18 03	17 48	17 32	17 22	17 12
30	20 08	19 48	19 32	19 20	19 09	19 00	18 44	18 30	18 17	18 04	17 51	17 35	17 26	17 16
Feb. 3	20 00	19 42	19 28	19 16	19 06	18 57	18 42	18 29	18 17	18 05	17 53	17 39	17 30	17 21
7	19 52	19 36	19 22	19 12	19 02	18 54	18 41	18 29	18 18	18 07	17 55	17 42	17 34	17 26
11	19 44	19 29	19 17	19 07	18 59	18 51	18 39	18 28	18 18	18 08	17 57	17 45	17 38	17 31
15	19 35	19 21	19 11	19 02	18 54	18 48	18 36	18 27	18 18	18 09	17 59	17 48	17 42	17 35
19	19 26	19 14	19 04	18 57	18 50	18 44	18 34	18 25	18 17	18 09	18 01	17 52	17 46	17 40
23	19 16	19 06	18 58	18 51	18 45	18 40	18 31	18 24	18 17	18 10	18 03	17 55	17 50	17 45
27	19 06	18 58	18 51	18 45	18 40	18 36	18 28	18 22	18 16	18 10	18 04	17 57	17 54	17 49
Mar. 3	18 57	18 50	18 44	18 39	18 35	18 31	18 25	18 20	18 15	18 11	18 06	18 00	17 57	17 54
7	18 47	18 41	18 37	18 33	18 30	18 27	18 22	18 18	18 14	18 11	18 07	18 03	18 01	17 58
11	18 37	18 33	18 29	18 27	18 24	18 22	18 19	18 16	18 13	18 11	18 08	18 06	18 04	18 02
15	18 26	18 24	18 22	18 20	18 19	18 18	18 15	18 14	18 12	18 11	18 10	18 08	18 07	18 06
19	18 16	18 15	18 14	18 14	18 13	18 13	18 12	18 12	18 11	18 11	18 11	18 11	18 11	18 11
23	18 06	18 06	18 07	18 07	18 08	18 08	18 09	18 09	18 10	18 11	18 12	18 13	18 14	18 15
27	17 56	17 58	17 59	18 01	18 02	18 03	18 05	18 07	18 09	18 11	18 13	18 15	18 17	18 19
31	17 46	17 49	17 52	17 54	17 56	17 58	18 02	18 05	18 08	18 11	18 14	18 18	18 20	18 23
Apr. 4	17 36	17 41	17 45	17 48	17 51	17 53	17 58	18 02	18 06	18 10	18 15	18 20	18 23	18 27

SUNRISE AND SUNSET, 1986
UNIVERSAL TIME FOR MERIDIAN OF GREENWICH
SUNRISE

Lat.	+40°	+42°	+44°	+46°	+48°	+50°	+52°	+54°	+56°	+58°	+60°	+62°	+64°	+66°
	h m	h m	h m	h m	h m	h m	h m	h m	h m	h m	h m	h m	h m	h m
Jan. −2	07 21	07 28	07 34	07 42	07 50	07 59	08 08	08 19	08 32	08 46	09 03	09 25	09 52	10 33
2	07 22	07 28	07 35	07 42	07 50	07 59	08 08	08 19	08 31	08 45	09 02	09 22	09 49	10 27
6	07 22	07 28	07 35	07 42	07 49	07 58	08 07	08 17	08 29	08 43	08 59	09 19	09 44	10 18
10	07 22	07 28	07 34	07 41	07 48	07 56	08 05	08 15	08 27	08 40	08 55	09 14	09 37	10 08
14	07 21	07 26	07 32	07 39	07 46	07 54	08 02	08 12	08 23	08 35	08 50	09 07	09 29	09 57
18	07 19	07 24	07 30	07 36	07 43	07 51	07 59	08 08	08 18	08 30	08 43	08 59	09 19	09 45
22	07 17	07 22	07 27	07 33	07 40	07 47	07 54	08 03	08 13	08 23	08 36	08 51	09 09	09 32
26	07 14	07 19	07 24	07 29	07 36	07 42	07 49	07 57	08 06	08 16	08 28	08 42	08 58	09 18
30	07 11	07 15	07 20	07 25	07 31	07 37	07 44	07 51	07 59	08 09	08 19	08 32	08 46	09 04
Feb. 3	07 07	07 11	07 16	07 20	07 26	07 31	07 37	07 44	07 52	08 00	08 10	08 21	08 34	08 50
7	07 03	07 07	07 11	07 15	07 20	07 25	07 31	07 37	07 44	07 51	08 00	08 10	08 22	08 36
11	06 58	07 02	07 05	07 09	07 14	07 18	07 23	07 29	07 35	07 42	07 50	07 59	08 09	08 21
15	06 53	06 57	07 00	07 03	07 07	07 11	07 16	07 21	07 26	07 32	07 39	07 47	07 56	08 07
19	06 48	06 51	06 54	06 57	07 00	07 04	07 08	07 12	07 17	07 22	07 28	07 35	07 43	07 52
23	06 43	06 45	06 48	06 50	06 53	06 56	07 00	07 03	07 07	07 12	07 17	07 23	07 29	07 37
27	06 37	06 39	06 41	06 43	06 46	06 48	06 51	06 54	06 57	07 01	07 05	07 10	07 15	07 22
Mar. 3	06 31	06 33	06 34	06 36	06 38	06 40	06 42	06 45	06 47	06 50	06 54	06 57	07 02	07 07
7	06 25	06 26	06 27	06 29	06 30	06 32	06 33	06 35	06 37	06 39	06 42	06 45	06 48	06 51
11	06 19	06 19	06 20	06 21	06 22	06 23	06 24	06 26	06 27	06 28	06 30	06 32	06 34	06 36
15	06 12	06 13	06 13	06 14	06 14	06 15	06 15	06 16	06 16	06 17	06 18	06 19	06 20	06 21
19	06 06	06 06	06 06	06 06	06 06	06 06	06 06	06 06	06 06	06 06	06 06	06 06	06 06	06 06
23	05 59	05 59	05 59	05 58	05 58	05 57	05 57	05 56	05 55	05 55	05 54	05 53	05 52	05 50
27	05 53	05 52	05 51	05 50	05 49	05 48	05 47	05 46	05 45	05 43	05 42	05 40	05 37	05 35
31	05 46	05 45	05 44	05 43	05 41	05 40	05 38	05 36	05 34	05 32	05 29	05 27	05 23	05 19
Apr. 4	05 40	05 38	05 37	05 35	05 33	05 31	05 29	05 26	05 24	05 21	05 17	05 14	05 09	05 04

SUNSET

	+40°	+42°	+44°	+46°	+48°	+50°	+52°	+54°	+56°	+58°	+60°	+62°	+64°	+66°
	h m	h m	h m	h m	h m	h m	h m	h m	h m	h m	h m	h m	h m	h m
Jan. −2	16 43	16 37	16 30	16 23	16 15	16 06	15 56	15 45	15 33	15 18	15 01	14 40	14 12	13 32
2	16 46	16 40	16 33	16 26	16 18	16 10	16 00	15 49	15 37	15 23	15 06	14 46	14 19	13 42
6	16 50	16 44	16 37	16 30	16 22	16 14	16 05	15 54	15 43	15 29	15 13	14 53	14 28	13 54
10	16 54	16 48	16 41	16 35	16 27	16 19	16 10	16 00	15 49	15 36	15 20	15 02	14 39	14 07
14	16 58	16 52	16 46	16 40	16 33	16 25	16 16	16 07	15 56	15 43	15 29	15 12	14 50	14 22
18	17 02	16 57	16 51	16 45	16 38	16 31	16 23	16 14	16 03	15 52	15 38	15 22	15 02	14 37
22	17 07	17 02	16 56	16 50	16 44	16 37	16 29	16 21	16 11	16 00	15 48	15 33	15 15	14 52
26	17 12	17 07	17 02	16 56	16 50	16 44	16 36	16 28	16 20	16 09	15 58	15 44	15 28	15 08
30	17 16	17 12	17 07	17 02	16 56	16 50	16 44	16 36	16 28	16 19	16 08	15 56	15 41	15 23
Feb. 3	17 21	17 17	17 13	17 08	17 03	16 57	16 51	16 44	16 37	16 28	16 19	16 07	15 54	15 38
7	17 26	17 22	17 18	17 14	17 09	17 04	16 58	16 52	16 46	16 38	16 29	16 19	16 08	15 54
11	17 31	17 27	17 24	17 20	17 16	17 11	17 06	17 00	16 54	16 48	16 40	16 31	16 21	16 08
15	17 35	17 32	17 29	17 26	17 22	17 18	17 13	17 09	17 03	16 57	16 50	16 43	16 34	16 23
19	17 40	17 37	17 35	17 32	17 28	17 25	17 21	17 17	17 12	17 07	17 01	16 54	16 46	16 37
23	17 45	17 42	17 40	17 37	17 35	17 31	17 28	17 25	17 21	17 16	17 11	17 05	16 59	16 51
27	17 49	17 47	17 45	17 43	17 41	17 38	17 35	17 32	17 29	17 26	17 21	17 17	17 11	17 05
Mar. 3	17 54	17 52	17 50	17 49	17 47	17 45	17 43	17 40	17 38	17 35	17 32	17 28	17 24	17 19
7	17 58	17 57	17 56	17 54	17 53	17 51	17 50	17 48	17 46	17 44	17 42	17 39	17 36	17 32
11	18 02	18 01	18 01	18 00	17 59	17 58	17 57	17 56	17 54	17 53	17 52	17 50	17 48	17 46
15	18 06	18 06	18 06	18 05	18 05	18 04	18 04	18 03	18 03	18 02	18 01	18 01	18 00	17 59
19	18 11	18 11	18 11	18 11	18 11	18 11	18 11	18 11	18 11	18 11	18 11	18 11	18 12	18 12
23	18 15	18 15	18 16	18 16	18 17	18 17	18 18	18 18	18 19	18 20	18 21	18 22	18 23	18 25
27	18 19	18 20	18 20	18 21	18 22	18 23	18 25	18 26	18 27	18 29	18 31	18 33	18 35	18 38
31	18 23	18 24	18 25	18 27	18 28	18 30	18 31	18 33	18 36	18 38	18 41	18 44	18 47	18 51
Apr. 4	18 27	18 28	18 30	18 32	18 34	18 36	18 38	18 41	18 44	18 47	18 50	18 54	18 59	19 04

SUNRISE AND SUNSET, 1986
UNIVERSAL TIME FOR MERIDIAN OF GREENWICH
SUNRISE

Lat.	−55°	−50°	−45°	−40°	−35°	−30°	−20°	−10°	0°	+10°	+20°	+30°	+35°	+40°
	h m	h m	h m	h m	h m	h m	h m	h m	h m	h m	h m	h m	h m	h m
Mar. 31	06 22	06 18	06 16	06 14	06 12	06 10	06 07	06 04	06 01	05 58	05 55	05 51	05 49	05 46
Apr. 4	06 29	06 25	06 21	06 18	06 15	06 12	06 08	06 04	06 00	05 56	05 51	05 46	05 43	05 40
8	06 37	06 31	06 26	06 22	06 18	06 15	06 09	06 04	05 59	05 54	05 48	05 42	05 38	05 34
12	06 45	06 37	06 31	06 26	06 21	06 17	06 10	06 04	05 58	05 51	05 45	05 37	05 33	05 27
16	06 52	06 43	06 36	06 30	06 24	06 19	06 11	06 04	05 57	05 49	05 42	05 33	05 27	05 21
20	07 00	06 49	06 41	06 34	06 27	06 22	06 12	06 04	05 56	05 47	05 39	05 28	05 22	05 15
24	07 08	06 55	06 46	06 38	06 31	06 24	06 14	06 04	05 55	05 46	05 36	05 24	05 17	05 10
28	07 15	07 02	06 51	06 42	06 34	06 27	06 15	06 04	05 54	05 44	05 33	05 20	05 13	05 04
May 2	07 23	07 08	06 55	06 45	06 37	06 29	06 16	06 05	05 54	05 42	05 30	05 17	05 09	04 59
6	07 30	07 13	07 00	06 49	06 40	06 32	06 18	06 05	05 53	05 41	05 28	05 13	05 05	04 55
10	07 37	07 19	07 05	06 53	06 43	06 34	06 19	06 06	05 53	05 40	05 26	05 10	05 01	04 50
14	07 44	07 25	07 10	06 57	06 46	06 37	06 21	06 06	05 53	05 39	05 24	05 07	04 58	04 46
18	07 51	07 30	07 14	07 01	06 49	06 39	06 22	06 07	05 53	05 38	05 23	05 05	04 55	04 42
22	07 57	07 35	07 18	07 04	06 52	06 42	06 24	06 08	05 53	05 38	05 22	05 03	04 52	04 39
26	08 03	07 40	07 22	07 08	06 55	06 44	06 25	06 09	05 53	05 38	05 21	05 01	04 50	04 37
30	08 09	07 45	07 26	07 11	06 58	06 46	06 27	06 10	05 54	05 38	05 20	05 00	04 48	04 34
June 3	08 14	07 49	07 29	07 13	07 00	06 48	06 28	06 11	05 54	05 38	05 20	04 59	04 47	04 33
7	08 18	07 52	07 32	07 16	07 02	06 50	06 30	06 12	05 55	05 38	05 20	04 58	04 46	04 31
11	08 22	07 55	07 35	07 18	07 04	06 52	06 31	06 13	05 56	05 39	05 20	04 58	04 45	04 31
15	08 24	07 57	07 37	07 20	07 06	06 54	06 32	06 14	05 57	05 39	05 20	04 58	04 45	04 30
19	08 26	07 59	07 38	07 21	07 07	06 55	06 34	06 15	05 58	05 40	05 21	04 59	04 46	04 31
23	08 27	08 00	07 39	07 22	07 08	06 56	06 34	06 16	05 58	05 41	05 22	05 00	04 47	04 32
27	08 27	08 00	07 39	07 23	07 09	06 56	06 35	06 17	05 59	05 42	05 23	05 01	04 48	04 33
July 1	08 26	08 00	07 39	07 23	07 09	06 56	06 36	06 17	06 00	05 43	05 24	05 02	04 49	04 35
5	08 24	07 58	07 38	07 22	07 08	06 56	06 36	06 18	06 01	05 44	05 25	05 04	04 51	04 37

SUNSET

Lat.	−55°	−50°	−45°	−40°	−35°	−30°	−20°	−10°	0°	+10°	+20°	+30°	+35°	+40°
	h m	h m	h m	h m	h m	h m	h m	h m	h m	h m	h m	h m	h m	h m
Mar. 31	17 46	17 49	17 52	17 54	17 56	17 58	18 02	18 05	18 08	18 11	18 14	18 18	18 20	18 23
Apr. 4	17 36	17 41	17 45	17 48	17 51	17 53	17 58	18 02	18 06	18 10	18 15	18 20	18 23	18 27
8	17 26	17 32	17 37	17 42	17 45	17 49	17 55	18 00	18 05	18 10	18 16	18 23	18 27	18 31
12	17 16	17 24	17 30	17 36	17 40	17 44	17 52	17 58	18 04	18 10	18 17	18 25	18 30	18 35
16	17 06	17 16	17 23	17 30	17 35	17 40	17 48	17 56	18 03	18 11	18 18	18 28	18 33	18 39
20	16 57	17 08	17 16	17 24	17 30	17 36	17 45	17 54	18 02	18 11	18 20	18 30	18 36	18 43
24	16 48	17 00	17 10	17 18	17 25	17 32	17 43	17 52	18 02	18 11	18 21	18 33	18 39	18 47
28	16 39	16 53	17 04	17 13	17 21	17 28	17 40	17 51	18 01	18 11	18 22	18 35	18 43	18 51
May 2	16 31	16 46	16 58	17 08	17 17	17 24	17 38	17 49	18 00	18 12	18 24	18 38	18 46	18 55
6	16 23	16 39	16 52	17 03	17 13	17 21	17 35	17 48	18 00	18 12	18 25	18 40	18 49	18 59
10	16 15	16 33	16 47	16 59	17 09	17 18	17 33	17 47	18 00	18 13	18 27	18 43	18 52	19 03
14	16 08	16 27	16 43	16 55	17 06	17 15	17 32	17 46	18 00	18 14	18 28	18 46	18 56	19 07
18	16 01	16 22	16 38	16 52	17 03	17 13	17 30	17 46	18 00	18 14	18 30	18 48	18 59	19 11
22	15 55	16 17	16 35	16 49	17 01	17 11	17 29	17 45	18 00	18 15	18 32	18 51	19 02	19 14
26	15 50	16 13	16 31	16 46	16 59	17 10	17 28	17 45	18 01	18 16	18 33	18 53	19 04	19 18
30	15 46	16 10	16 29	16 44	16 57	17 08	17 28	17 45	18 01	18 17	18 35	18 55	19 07	19 21
June 3	15 42	16 07	16 27	16 42	16 56	17 07	17 28	17 45	18 02	18 18	18 36	18 57	19 10	19 24
7	15 39	16 05	16 25	16 41	16 55	17 07	17 28	17 45	18 02	18 19	18 38	18 59	19 12	19 26
11	15 37	16 04	16 24	16 41	16 55	17 07	17 28	17 46	18 03	18 21	18 39	19 01	19 14	19 29
15	15 36	16 03	16 24	16 41	16 55	17 07	17 28	17 47	18 04	18 22	18 40	19 02	19 15	19 30
19	15 36	16 03	16 24	16 41	16 55	17 08	17 29	17 47	18 05	18 23	18 42	19 04	19 17	19 32
23	15 37	16 04	16 25	16 42	16 56	17 09	17 30	17 48	18 06	18 23	18 42	19 04	19 17	19 33
27	15 39	16 06	16 26	16 43	16 57	17 10	17 31	17 49	18 07	18 24	18 43	19 05	19 18	19 33
July 1	15 42	16 08	16 28	16 45	16 59	17 11	17 32	17 50	18 07	18 25	18 43	19 05	19 18	19 33
5	15 45	16 11	16 31	16 47	17 01	17 13	17 33	17 51	18 08	18 25	18 44	19 05	19 18	19 32

SUNRISE AND SUNSET, 1986
UNIVERSAL TIME FOR MERIDIAN OF GREENWICH
SUNRISE

Lat.	+40°	+42°	+44°	+46°	+48°	+50°	+52°	+54°	+56°	+58°	+60°	+62°	+64°	+66°
	h m	h m	h m	h m	h m	h m	h m	h m	h m	h m	h m	h m	h m	h m
Mar. 31	05 46	05 45	05 44	05 43	05 41	05 40	05 38	05 36	05 34	05 32	05 29	05 27	05 23	05 19
Apr. 4	05 40	05 38	05 37	05 35	05 33	05 31	05 29	05 26	05 24	05 21	05 17	05 14	05 09	05 04
8	05 34	05 32	05 30	05 27	05 25	05 23	05 20	05 17	05 13	05 10	05 05	05 01	04 55	04 49
12	05 27	05 25	05 23	05 20	05 17	05 14	05 11	05 07	05 03	04 59	04 53	04 48	04 41	04 33
16	05 21	05 19	05 16	05 13	05 10	05 06	05 02	04 58	04 53	04 48	04 42	04 35	04 27	04 17
20	05 15	05 12	05 09	05 06	05 02	04 58	04 53	04 48	04 43	04 37	04 30	04 22	04 13	04 02
24	05 10	05 06	05 03	04 59	04 55	04 50	04 45	04 39	04 33	04 26	04 18	04 09	03 59	03 46
28	05 04	05 01	04 57	04 52	04 48	04 43	04 37	04 31	04 24	04 16	04 07	03 57	03 45	03 31
May 2	04 59	04 55	04 51	04 46	04 41	04 35	04 29	04 22	04 15	04 06	03 56	03 45	03 31	03 15
6	04 55	04 50	04 45	04 40	04 35	04 28	04 22	04 14	04 06	03 56	03 46	03 33	03 18	02 59
10	04 50	04 45	04 40	04 35	04 29	04 22	04 15	04 07	03 58	03 47	03 35	03 21	03 04	02 43
14	04 46	04 41	04 35	04 30	04 23	04 16	04 08	04 00	03 50	03 38	03 25	03 10	02 51	02 27
18	04 42	04 37	04 31	04 25	04 18	04 11	04 02	03 53	03 42	03 30	03 16	02 59	02 39	02 11
22	04 39	04 34	04 27	04 21	04 14	04 06	03 57	03 47	03 36	03 23	03 08	02 49	02 26	01 55
26	04 37	04 31	04 24	04 17	04 10	04 01	03 52	03 42	03 30	03 16	03 00	02 40	02 15	01 39
30	04 34	04 28	04 21	04 14	04 06	03 58	03 48	03 37	03 25	03 10	02 53	02 32	02 04	01 22
June 3	04 33	04 26	04 19	04 12	04 04	03 55	03 45	03 33	03 20	03 05	02 47	02 24	01 54	01 05
7	04 31	04 25	04 18	04 10	04 02	03 52	03 42	03 30	03 17	03 01	02 42	02 18	01 45	00 46
11	04 31	04 24	04 17	04 09	04 00	03 51	03 40	03 28	03 14	02 58	02 38	02 13	01 38	00 23
15	04 30	04 24	04 16	04 09	04 00	03 50	03 39	03 27	03 13	02 56	02 36	02 10	01 33	** **
19	04 31	04 24	04 17	04 09	04 00	03 50	03 39	03 27	03 13	02 56	02 35	02 09	01 31	** **
23	04 32	04 25	04 17	04 09	04 01	03 51	03 40	03 28	03 13	02 57	02 36	02 10	01 31	** **
27	04 33	04 26	04 19	04 11	04 02	03 52	03 42	03 29	03 15	02 58	02 38	02 12	01 35	** **
July 1	04 35	04 28	04 21	04 13	04 04	03 55	03 44	03 32	03 18	03 02	02 42	02 16	01 40	00 14
5	04 37	04 30	04 23	04 15	04 07	03 57	03 47	03 35	03 22	03 06	02 46	02 22	01 48	00 45

SUNSET

	+40°	+42°	+44°	+46°	+48°	+50°	+52°	+54°	+56°	+58°	+60°	+62°	+64°	+66°
	h m	h m	h m	h m	h m	h m	h m	h m	h m	h m	h m	h m	h m	h m
Mar. 31	18 23	18 24	18 25	18 27	18 28	18 30	18 31	18 33	18 36	18 38	18 41	18 44	18 47	18 51
Apr. 4	18 27	18 28	18 30	18 32	18 34	18 36	18 38	18 41	18 44	18 47	18 50	18 54	18 59	19 04
8	18 31	18 33	18 35	18 37	18 40	18 42	18 45	18 48	18 52	18 56	19 00	19 05	19 11	19 18
12	18 35	18 37	18 40	18 43	18 45	18 49	18 52	18 56	19 00	19 05	19 10	19 16	19 23	19 31
16	18 39	18 42	18 45	18 48	18 51	18 55	18 59	19 03	19 08	19 14	19 20	19 27	19 35	19 45
20	18 43	18 46	18 50	18 53	18 57	19 01	19 06	19 11	19 16	19 23	19 30	19 38	19 47	19 59
24	18 47	18 51	18 54	18 58	19 03	19 07	19 12	19 18	19 24	19 32	19 40	19 49	20 00	20 13
28	18 51	18 55	18 59	19 04	19 08	19 14	19 19	19 26	19 33	19 41	19 50	20 00	20 12	20 27
May 2	18 55	18 59	19 04	19 09	19 14	19 20	19 26	19 33	19 41	19 49	19 59	20 11	20 25	20 42
6	18 59	19 04	19 09	19 14	19 20	19 26	19 33	19 40	19 49	19 58	20 09	20 22	20 38	20 57
10	19 03	19 08	19 13	19 19	19 25	19 32	19 39	19 47	19 57	20 07	20 19	20 33	20 51	21 13
14	19 07	19 12	19 18	19 24	19 30	19 37	19 45	19 54	20 04	20 16	20 29	20 45	21 04	21 28
18	19 11	19 16	19 22	19 29	19 35	19 43	19 51	20 01	20 12	20 24	20 38	20 55	21 17	21 45
22	19 14	19 20	19 26	19 33	19 40	19 48	19 57	20 07	20 19	20 32	20 47	21 06	21 29	22 01
26	19 18	19 24	19 30	19 37	19 45	19 53	20 03	20 13	20 25	20 39	20 56	21 16	21 42	22 19
30	19 21	19 27	19 34	19 41	19 49	19 58	20 08	20 19	20 31	20 46	21 03	21 25	21 53	22 37
June 3	19 24	19 30	19 37	19 45	19 53	20 02	20 12	20 24	20 37	20 52	21 10	21 33	22 04	22 56
7	19 26	19 33	19 40	19 48	19 56	20 06	20 16	20 28	20 41	20 57	21 16	21 41	22 14	23 16
11	19 29	19 35	19 43	19 50	19 59	20 08	20 19	20 31	20 45	21 01	21 21	21 47	22 22	23 44
15	19 30	19 37	19 44	19 52	20 01	20 11	20 22	20 34	20 48	21 05	21 25	21 51	22 28	** **
19	19 32	19 39	19 46	19 54	20 03	20 12	20 23	20 36	20 50	21 07	21 27	21 54	22 32	** **
23	19 33	19 39	19 47	19 55	20 03	20 13	20 24	20 36	20 51	21 07	21 28	21 54	22 33	** **
27	19 33	19 40	19 47	19 55	20 04	20 13	20 24	20 36	20 50	21 07	21 27	21 53	22 30	** **
July 1	19 33	19 39	19 47	19 54	20 03	20 13	20 23	20 35	20 49	21 05	21 25	21 50	22 26	23 43
5	19 32	19 39	19 46	19 53	20 02	20 11	20 21	20 33	20 47	21 03	21 22	21 46	22 19	23 19

(** **) indicates Sun continuously above horizon.

SUNRISE AND SUNSET, 1986
UNIVERSAL TIME FOR MERIDIAN OF GREENWICH
SUNRISE

Lat.	−55°	−50°	−45°	−40°	−35°	−30°	−20°	−10°	0°	+10°	+20°	+30°	+35°	+40°
	h m	h m	h m	h m	h m	h m	h m	h m	h m	h m	h m	h m	h m	h m
July 1	08 26	08 00	07 39	07 23	07 09	06 56	06 36	06 17	06 00	05 43	05 24	05 02	04 49	04 35
5	08 24	07 58	07 38	07 22	07 08	06 56	06 36	06 18	06 01	05 44	05 25	05 04	04 51	04 37
9	08 22	07 56	07 37	07 21	07 08	06 56	06 36	06 18	06 01	05 45	05 27	05 06	04 53	04 39
13	08 18	07 54	07 35	07 19	07 06	06 55	06 35	06 18	06 02	05 46	05 28	05 08	04 56	04 42
17	08 13	07 50	07 32	07 17	07 05	06 54	06 35	06 18	06 02	05 47	05 30	05 10	04 58	04 45
21	08 08	07 46	07 29	07 15	07 03	06 52	06 34	06 18	06 03	05 48	05 31	05 12	05 01	04 48
25	08 02	07 41	07 25	07 12	07 00	06 50	06 33	06 17	06 03	05 48	05 33	05 14	05 04	04 52
29	07 56	07 36	07 21	07 08	06 57	06 48	06 31	06 17	06 03	05 49	05 34	05 17	05 07	04 55
Aug. 2	07 49	07 30	07 16	07 04	06 54	06 45	06 29	06 16	06 03	05 50	05 36	05 19	05 10	04 59
6	07 41	07 24	07 11	07 00	06 50	06 42	06 27	06 15	06 02	05 50	05 37	05 22	05 13	05 03
10	07 33	07 18	07 05	06 55	06 46	06 39	06 25	06 13	06 02	05 51	05 38	05 24	05 16	05 06
14	07 25	07 11	06 59	06 50	06 42	06 35	06 23	06 12	06 01	05 51	05 40	05 26	05 19	05 10
18	07 16	07 03	06 53	06 45	06 37	06 31	06 20	06 10	06 01	05 51	05 41	05 29	05 22	05 14
22	07 07	06 55	06 47	06 39	06 33	06 27	06 17	06 08	06 00	05 51	05 42	05 31	05 25	05 18
26	06 57	06 48	06 40	06 33	06 28	06 23	06 14	06 06	05 59	05 51	05 43	05 33	05 28	05 22
30	06 48	06 39	06 33	06 27	06 22	06 18	06 11	06 04	05 57	05 51	05 44	05 36	05 31	05 25
Sept. 3	06 38	06 31	06 26	06 21	06 17	06 13	06 07	06 02	05 56	05 51	05 45	05 38	05 34	05 29
7	06 28	06 22	06 18	06 15	06 11	06 09	06 04	05 59	05 55	05 50	05 46	05 40	05 37	05 33
11	06 18	06 14	06 11	06 08	06 06	06 04	06 00	05 57	05 53	05 50	05 46	05 42	05 40	05 37
15	06 07	06 05	06 03	06 02	06 00	05 59	05 56	05 54	05 52	05 50	05 47	05 44	05 43	05 40
19	05 57	05 56	05 56	05 55	05 54	05 54	05 53	05 52	05 51	05 49	05 48	05 46	05 45	05 44
23	05 47	05 48	05 48	05 48	05 49	05 49	05 49	05 49	05 49	05 49	05 49	05 49	05 48	05 48
27	05 37	05 39	05 40	05 42	05 43	05 44	05 45	05 47	05 48	05 49	05 50	05 51	05 51	05 52
Oct. 1	05 26	05 30	05 33	05 35	05 37	05 39	05 42	05 44	05 46	05 49	05 51	05 53	05 54	05 56
5	05 16	05 21	05 25	05 29	05 31	05 34	05 38	05 42	05 45	05 48	05 52	05 55	05 57	06 00

SUNSET

Lat.	−55°	−50°	−45°	−40°	−35°	−30°	−20°	−10°	0°	+10°	+20°	+30°	+35°	+40°
	h m	h m	h m	h m	h m	h m	h m	h m	h m	h m	h m	h m	h m	h m
July 1	15 42	16 08	16 28	16 45	16 59	17 11	17 32	17 50	18 07	18 25	18 43	19 05	19 18	19 33
5	15 45	16 11	16 31	16 47	17 01	17 13	17 33	17 51	18 08	18 25	18 44	19 05	19 18	19 32
9	15 49	16 14	16 34	16 49	17 03	17 15	17 35	17 52	18 09	18 25	18 43	19 04	19 17	19 31
13	15 54	16 18	16 37	16 52	17 05	17 17	17 36	17 53	18 09	18 26	18 43	19 03	19 15	19 29
17	15 59	16 22	16 40	16 55	17 08	17 19	17 38	17 54	18 10	18 25	18 42	19 02	19 14	19 27
21	16 05	16 27	16 44	16 58	17 10	17 21	17 39	17 55	18 10	18 25	18 41	19 00	19 11	19 24
25	16 11	16 32	16 48	17 02	17 13	17 23	17 40	17 56	18 10	18 24	18 40	18 58	19 09	19 21
29	16 18	16 37	16 53	17 05	17 16	17 25	17 42	17 56	18 10	18 24	18 38	18 56	19 06	19 17
Aug. 2	16 24	16 43	16 57	17 09	17 19	17 28	17 43	17 57	18 10	18 23	18 37	18 53	19 02	19 13
6	16 31	16 48	17 01	17 12	17 22	17 30	17 45	17 57	18 09	18 21	18 35	18 50	18 58	19 09
10	16 38	16 54	17 06	17 16	17 25	17 33	17 46	17 58	18 09	18 20	18 32	18 46	18 54	19 04
14	16 46	16 59	17 11	17 20	17 28	17 35	17 47	17 58	18 08	18 18	18 30	18 42	18 50	18 59
18	16 53	17 05	17 15	17 24	17 31	17 37	17 48	17 58	18 07	18 17	18 27	18 38	18 45	18 53
22	17 00	17 11	17 20	17 27	17 34	17 39	17 49	17 58	18 06	18 15	18 24	18 34	18 40	18 47
26	17 07	17 17	17 25	17 31	17 37	17 42	17 50	17 58	18 05	18 13	18 21	18 30	18 35	18 41
30	17 15	17 23	17 29	17 35	17 39	17 44	17 51	17 58	18 04	18 10	18 17	18 25	18 30	18 35
Sept. 3	17 22	17 29	17 34	17 38	17 42	17 46	17 52	17 57	18 03	18 08	18 14	18 21	18 24	18 29
7	17 29	17 35	17 39	17 42	17 45	17 48	17 53	17 57	18 01	18 06	18 10	18 16	18 19	18 23
11	17 37	17 40	17 43	17 46	17 48	17 50	17 54	17 57	18 00	18 03	18 07	18 11	18 13	18 16
15	17 44	17 46	17 48	17 50	17 51	17 52	17 54	17 57	17 59	18 01	18 03	18 06	18 08	18 09
19	17 52	17 52	17 53	17 53	17 54	17 54	17 55	17 56	17 57	17 58	17 59	18 01	18 02	18 03
23	17 59	17 58	17 58	17 57	17 57	17 57	17 56	17 56	17 56	17 56	17 56	17 56	17 56	17 56
27	18 07	18 04	18 03	18 01	18 00	17 59	17 57	17 56	17 54	17 53	17 52	17 51	17 50	17 50
Oct. 1	18 14	18 11	18 08	18 05	18 03	18 01	17 58	17 55	17 53	17 51	17 48	17 46	17 45	17 43
5	18 22	18 17	18 13	18 09	18 06	18 03	17 59	17 55	17 52	17 48	17 45	17 41	17 39	17 37

SUNRISE AND SUNSET, 1986
UNIVERSAL TIME FOR MERIDIAN OF GREENWICH
SUNRISE

Lat.	+40°	+42°	+44°	+46°	+48°	+50°	+52°	+54°	+56°	+58°	+60°	+62°	+64°	+66°
	h m	h m	h m	h m	h m	h m	h m	h m	h m	h m	h m	h m	h m	h m
July 1	04 35	04 28	04 21	04 13	04 04	03 55	03 44	03 32	03 18	03 02	02 42	02 16	01 40	00 14
5	04 37	04 30	04 23	04 15	04 07	03 57	03 47	03 35	03 22	03 06	02 46	02 22	01 48	00 45
9	04 39	04 33	04 26	04 18	04 10	04 01	03 51	03 39	03 26	03 11	02 52	02 29	01 58	01 06
13	04 42	04 36	04 29	04 22	04 14	04 05	03 55	03 44	03 31	03 17	02 59	02 37	02 09	01 25
17	04 45	04 39	04 32	04 25	04 18	04 09	04 00	03 49	03 37	03 23	03 07	02 46	02 20	01 42
21	04 48	04 42	04 36	04 29	04 22	04 14	04 05	03 55	03 44	03 30	03 15	02 56	02 32	01 59
25	04 52	04 46	04 40	04 34	04 27	04 19	04 11	04 01	03 50	03 38	03 24	03 06	02 45	02 16
29	04 55	04 50	04 44	04 38	04 32	04 24	04 16	04 08	03 58	03 46	03 33	03 17	02 57	02 32
Aug. 2	04 59	04 54	04 49	04 43	04 37	04 30	04 23	04 14	04 05	03 54	03 42	03 28	03 10	02 48
6	05 03	04 58	04 53	04 48	04 42	04 36	04 29	04 21	04 13	04 03	03 52	03 38	03 23	03 03
10	05 06	05 02	04 58	04 53	04 47	04 42	04 35	04 28	04 20	04 11	04 01	03 49	03 35	03 18
14	05 10	05 06	05 02	04 58	04 53	04 47	04 42	04 35	04 28	04 20	04 11	04 00	03 48	03 32
18	05 14	05 10	05 07	05 03	04 58	04 53	04 48	04 42	04 36	04 29	04 20	04 11	04 00	03 47
22	05 18	05 15	05 11	05 08	05 04	04 59	04 55	04 50	04 44	04 37	04 30	04 22	04 12	04 00
26	05 22	05 19	05 16	05 13	05 09	05 05	05 01	04 57	04 52	04 46	04 40	04 32	04 24	04 14
30	05 25	05 23	05 20	05 18	05 15	05 11	05 08	05 04	04 59	04 55	04 49	04 43	04 36	04 27
Sept. 3	05 29	05 27	05 25	05 23	05 20	05 17	05 14	05 11	05 07	05 03	04 59	04 53	04 47	04 40
7	05 33	05 31	05 29	05 28	05 26	05 23	05 21	05 18	05 15	05 12	05 08	05 04	04 59	04 53
11	05 37	05 35	05 34	05 33	05 31	05 29	05 27	05 25	05 23	05 20	05 17	05 14	05 10	05 06
15	05 40	05 40	05 39	05 38	05 36	05 35	05 34	05 32	05 31	05 29	05 27	05 25	05 22	05 19
19	05 44	05 44	05 43	05 43	05 42	05 41	05 40	05 40	05 39	05 37	05 36	05 35	05 33	05 31
23	05 48	05 48	05 48	05 48	05 47	05 47	05 47	05 47	05 46	05 46	05 46	05 45	05 45	05 44
27	05 52	05 52	05 52	05 53	05 53	05 53	05 54	05 54	05 54	05 55	05 55	05 56	05 56	05 57
Oct. 1	05 56	05 56	05 57	05 58	05 59	05 59	06 00	06 01	06 02	06 03	06 05	06 06	06 08	06 09
5	06 00	06 01	06 02	06 03	06 04	06 06	06 07	06 08	06 10	06 12	06 14	06 16	06 19	06 22

SUNSET

	+40°	+42°	+44°	+46°	+48°	+50°	+52°	+54°	+56°	+58°	+60°	+62°	+64°	+66°
	h m	h m	h m	h m	h m	h m	h m	h m	h m	h m	h m	h m	h m	h m
July 1	19 33	19 39	19 47	19 54	20 03	20 13	20 23	20 35	20 49	21 05	21 25	21 50	22 26	23 43
5	19 32	19 39	19 46	19 53	20 02	20 11	20 21	20 33	20 47	21 03	21 22	21 46	22 19	23 19
9	19 31	19 37	19 44	19 52	20 00	20 09	20 19	20 30	20 43	20 59	21 17	21 40	22 10	23 00
13	19 29	19 35	19 42	19 49	19 57	20 06	20 16	20 27	20 39	20 54	21 11	21 32	22 01	22 43
17	19 27	19 33	19 39	19 46	19 54	20 02	20 12	20 22	20 34	20 48	21 04	21 24	21 50	22 26
21	19 24	19 30	19 36	19 43	19 50	19 58	20 07	20 17	20 28	20 41	20 56	21 15	21 38	22 10
25	19 21	19 26	19 32	19 38	19 45	19 53	20 01	20 11	20 21	20 34	20 48	21 05	21 26	21 54
29	19 17	19 22	19 28	19 34	19 40	19 47	19 55	20 04	20 14	20 25	20 39	20 54	21 13	21 38
Aug. 2	19 13	19 18	19 23	19 29	19 35	19 41	19 49	19 57	20 06	20 17	20 29	20 43	21 00	21 22
6	19 09	19 13	19 18	19 23	19 29	19 35	19 42	19 49	19 58	20 07	20 19	20 31	20 47	21 06
10	19 04	19 08	19 12	19 17	19 22	19 28	19 34	19 41	19 49	19 58	20 08	20 20	20 33	20 50
14	18 59	19 02	19 06	19 11	19 16	19 21	19 27	19 33	19 40	19 48	19 57	20 07	20 20	20 34
18	18 53	18 57	19 00	19 04	19 09	19 13	19 18	19 24	19 30	19 38	19 46	19 55	20 06	20 19
22	18 47	18 50	18 54	18 57	19 01	19 05	19 10	19 15	19 21	19 27	19 34	19 42	19 52	20 03
26	18 41	18 44	18 47	18 50	18 54	18 57	19 01	19 06	19 11	19 16	19 22	19 30	19 38	19 47
30	18 35	18 38	18 40	18 43	18 46	18 49	18 52	18 56	19 01	19 05	19 11	19 17	19 24	19 32
Sept. 3	18 29	18 31	18 33	18 35	18 38	18 41	18 43	18 47	18 50	18 54	18 59	19 04	19 10	19 16
7	18 23	18 24	18 26	18 28	18 30	18 32	18 34	18 37	18 40	18 43	18 47	18 51	18 55	19 01
11	18 16	18 17	18 19	18 20	18 22	18 23	18 25	18 27	18 29	18 32	18 34	18 38	18 41	18 45
15	18 09	18 10	18 11	18 12	18 13	18 14	18 16	18 17	18 19	18 20	18 22	18 24	18 27	18 30
19	18 03	18 03	18 04	18 04	18 05	18 06	18 06	18 07	18 08	18 09	18 10	18 11	18 13	18 14
23	17 56	17 56	17 56	17 56	17 57	17 57	17 57	17 57	17 57	17 58	17 58	17 58	17 59	17 59
27	17 50	17 49	17 49	17 49	17 48	17 48	17 48	17 47	17 47	17 46	17 46	17 45	17 45	17 44
Oct. 1	17 43	17 42	17 42	17 41	17 40	17 39	17 38	17 37	17 36	17 35	17 34	17 32	17 30	17 28
5	17 37	17 36	17 34	17 33	17 32	17 31	17 29	17 28	17 26	17 24	17 22	17 19	17 16	17 13

SUNRISE AND SUNSET, 1986
UNIVERSAL TIME FOR MERIDIAN OF GREENWICH
SUNRISE

Lat.	−55°	−50°	−45°	−40°	−35°	−30°	−20°	−10°	0°	+10°	+20°	+30°	+35°	+40°
	h m	h m	h m	h m	h m	h m	h m	h m	h m	h m	h m	h m	h m	h m
Oct. 1	05 26	05 30	05 33	05 35	05 37	05 39	05 42	05 44	05 46	05 49	05 51	05 53	05 54	05 56
5	05 16	05 21	05 25	05 29	05 31	05 34	05 38	05 42	05 45	05 48	05 52	05 55	05 57	06 00
9	05 06	05 13	05 18	05 22	05 26	05 29	05 35	05 40	05 44	05 48	05 53	05 58	06 01	06 04
13	04 56	05 04	05 11	05 16	05 21	05 25	05 32	05 38	05 43	05 48	05 54	06 00	06 04	06 08
17	04 46	04 56	05 04	05 10	05 15	05 20	05 28	05 36	05 42	05 49	05 55	06 03	06 07	06 12
21	04 37	04 48	04 57	05 04	05 10	05 16	05 25	05 34	05 41	05 49	05 57	06 06	06 11	06 16
25	04 27	04 40	04 50	04 59	05 06	05 12	05 23	05 32	05 41	05 49	05 58	06 08	06 14	06 21
29	04 18	04 33	04 44	04 53	05 01	05 08	05 20	05 31	05 40	05 50	06 00	06 11	06 18	06 25
Nov. 2	04 09	04 25	04 38	04 48	04 57	05 05	05 18	05 30	05 40	05 51	06 02	06 14	06 22	06 30
6	04 01	04 19	04 32	04 44	04 53	05 02	05 16	05 29	05 40	05 52	06 04	06 17	06 25	06 34
10	03 53	04 12	04 27	04 40	04 50	04 59	05 15	05 28	05 40	05 53	06 06	06 21	06 29	06 39
14	03 46	04 06	04 23	04 36	04 47	04 57	05 13	05 28	05 41	05 54	06 08	06 24	06 33	06 44
18	03 39	04 01	04 18	04 32	04 44	04 55	05 12	05 27	05 42	05 56	06 10	06 27	06 37	06 48
22	03 33	03 57	04 15	04 30	04 42	04 53	05 12	05 28	05 42	05 57	06 13	06 31	06 41	06 53
26	03 28	03 53	04 12	04 28	04 41	04 52	05 11	05 28	05 44	05 59	06 15	06 34	06 45	06 57
30	03 23	03 50	04 10	04 26	04 40	04 51	05 11	05 29	05 45	06 01	06 18	06 37	06 48	07 01
Dec. 4	03 20	03 47	04 08	04 25	04 39	04 51	05 12	05 30	05 46	06 03	06 20	06 40	06 52	07 05
8	03 17	03 46	04 07	04 24	04 39	04 52	05 13	05 31	05 48	06 05	06 23	06 43	06 55	07 09
12	03 16	03 45	04 07	04 25	04 39	04 52	05 14	05 33	05 50	06 07	06 25	06 46	06 58	07 12
16	03 15	03 45	04 08	04 26	04 40	04 53	05 15	05 34	05 52	06 09	06 28	06 49	07 01	07 15
20	03 16	03 46	04 09	04 27	04 42	04 55	05 17	05 36	05 54	06 11	06 30	06 51	07 03	07 18
24	03 18	03 48	04 11	04 29	04 44	04 57	05 19	05 38	05 56	06 13	06 32	06 53	07 05	07 20
28	03 21	03 51	04 14	04 31	04 46	04 59	05 21	05 40	05 58	06 15	06 34	06 55	07 07	07 21
32	03 25	03 55	04 17	04 34	04 49	05 02	05 24	05 42	06 00	06 17	06 35	06 56	07 08	07 22
36	03 31	03 59	04 21	04 38	04 52	05 05	05 26	05 45	06 02	06 18	06 36	06 57	07 09	07 22

SUNSET

Lat.	−55°	−50°	−45°	−40°	−35°	−30°	−20°	−10°	0°	+10°	+20°	+30°	+35°	+40°
	h m	h m	h m	h m	h m	h m	h m	h m	h m	h m	h m	h m	h m	h m
Oct. 1	18 14	18 11	18 08	18 05	18 03	18 01	17 58	17 55	17 53	17 51	17 48	17 46	17 45	17 43
5	18 22	18 17	18 13	18 09	18 06	18 03	17 59	17 55	17 52	17 48	17 45	17 41	17 39	17 37
9	18 30	18 23	18 18	18 13	18 09	18 06	18 00	17 55	17 51	17 46	17 42	17 36	17 34	17 30
13	18 38	18 29	18 23	18 17	18 13	18 08	18 01	17 55	17 50	17 44	17 38	17 32	17 28	17 24
17	18 46	18 36	18 28	18 22	18 16	18 11	18 03	17 55	17 49	17 42	17 35	17 28	17 23	17 18
21	18 54	18 43	18 33	18 26	18 19	18 14	18 04	17 56	17 48	17 40	17 32	17 23	17 18	17 12
25	19 02	18 49	18 39	18 30	18 23	18 17	18 06	17 56	17 47	17 39	17 30	17 19	17 14	17 07
29	19 11	18 56	18 44	18 35	18 27	18 20	18 07	17 57	17 47	17 37	17 27	17 16	17 09	17 02
Nov. 2	19 19	19 03	18 50	18 40	18 31	18 23	18 09	17 58	17 47	17 36	17 25	17 12	17 05	16 57
6	19 28	19 10	18 56	18 44	18 34	18 26	18 11	17 59	17 47	17 36	17 23	17 09	17 02	16 52
10	19 36	19 17	19 01	18 49	18 38	18 29	18 14	18 00	17 47	17 35	17 22	17 07	16 58	16 48
14	19 44	19 23	19 07	18 54	18 42	18 33	18 16	18 01	17 48	17 35	17 21	17 05	16 55	16 45
18	19 52	19 30	19 13	18 58	18 46	18 36	18 18	18 03	17 49	17 35	17 20	17 03	16 53	16 42
22	20 00	19 36	19 18	19 03	18 50	18 39	18 21	18 05	17 50	17 35	17 19	17 01	16 51	16 39
26	20 08	19 43	19 23	19 07	18 54	18 43	18 23	18 06	17 51	17 35	17 19	17 00	16 50	16 37
30	20 15	19 48	19 28	19 12	18 58	18 46	18 26	18 08	17 52	17 36	17 19	17 00	16 49	16 36
Dec. 4	20 21	19 54	19 33	19 16	19 02	18 49	18 28	18 10	17 54	17 37	17 20	17 00	16 48	16 35
8	20 27	19 58	19 37	19 19	19 05	18 52	18 31	18 13	17 56	17 39	17 21	17 00	16 48	16 35
12	20 32	20 03	19 40	19 23	19 08	18 55	18 33	18 15	17 57	17 40	17 22	17 01	16 49	16 35
16	20 36	20 06	19 44	19 26	19 11	18 58	18 36	18 17	17 59	17 42	17 23	17 02	16 50	16 36
20	20 39	20 09	19 46	19 28	19 13	19 00	18 38	18 19	18 01	17 44	17 25	17 04	16 52	16 37
24	20 41	20 11	19 48	19 30	19 15	19 02	18 40	18 21	18 03	17 46	17 27	17 06	16 54	16 39
28	20 41	20 12	19 49	19 31	19 16	19 03	18 42	18 23	18 05	17 48	17 29	17 08	16 56	16 42
32	20 41	20 12	19 50	19 32	19 17	19 05	18 43	18 24	18 07	17 50	17 32	17 11	16 59	16 45
36	20 39	20 11	19 49	19 32	19 18	19 05	18 44	18 26	18 09	17 52	17 34	17 14	17 02	16 48

SUNRISE AND SUNSET, 1986
UNIVERSAL TIME FOR MERIDIAN OF GREENWICH
SUNRISE

Lat.	+40°	+42°	+44°	+46°	+48°	+50°	+52°	+54°	+56°	+58°	+60°	+62°	+64°	+66°
	h m	h m	h m	h m	h m	h m	h m	h m	h m	h m	h m	h m	h m	h m
Oct. 1	05 56	05 56	05 57	05 58	05 59	05 59	06 00	06 01	06 02	06 03	06 05	06 06	06 08	06 09
5	06 00	06 01	06 02	06 03	06 04	06 06	06 07	06 08	06 10	06 12	06 14	06 16	06 19	06 22
9	06 04	06 05	06 07	06 08	06 10	06 12	06 14	06 16	06 18	06 21	06 24	06 27	06 31	06 35
13	06 08	06 10	06 12	06 14	06 16	06 18	06 21	06 23	06 26	06 30	06 34	06 38	06 43	06 48
17	06 12	06 14	06 17	06 19	06 22	06 24	06 28	06 31	06 35	06 39	06 43	06 49	06 55	07 02
21	06 16	06 19	06 22	06 24	06 28	06 31	06 35	06 39	06 43	06 48	06 53	07 00	07 07	07 15
25	06 21	06 24	06 27	06 30	06 34	06 37	06 42	06 46	06 51	06 57	07 03	07 11	07 19	07 29
29	06 25	06 28	06 32	06 36	06 40	06 44	06 49	06 54	07 00	07 06	07 14	07 22	07 32	07 43
Nov. 2	06 30	06 33	06 37	06 41	06 46	06 51	06 56	07 02	07 08	07 16	07 24	07 33	07 44	07 58
6	06 34	06 38	06 43	06 47	06 52	06 57	07 03	07 10	07 17	07 25	07 34	07 45	07 57	08 12
10	06 39	06 43	06 48	06 53	06 58	07 04	07 10	07 17	07 25	07 34	07 44	07 56	08 10	08 27
14	06 44	06 48	06 53	06 59	07 04	07 11	07 18	07 25	07 34	07 43	07 55	08 08	08 23	08 42
18	06 48	06 53	06 58	07 04	07 10	07 17	07 24	07 33	07 42	07 52	08 05	08 19	08 36	08 57
22	06 53	06 58	07 03	07 10	07 16	07 23	07 31	07 40	07 50	08 01	08 14	08 30	08 49	09 13
26	06 57	07 03	07 08	07 15	07 22	07 29	07 38	07 47	07 57	08 10	08 24	08 40	09 01	09 28
30	07 01	07 07	07 13	07 20	07 27	07 35	07 44	07 54	08 05	08 17	08 32	08 50	09 13	09 42
Dec. 4	07 05	07 11	07 18	07 24	07 32	07 40	07 49	08 00	08 11	08 25	08 40	08 59	09 23	09 56
8	07 09	07 15	07 22	07 29	07 36	07 45	07 54	08 05	08 17	08 31	08 47	09 07	09 33	10 09
12	07 12	07 18	07 25	07 32	07 40	07 49	07 59	08 10	08 22	08 36	08 53	09 14	09 41	10 20
16	07 15	07 21	07 28	07 36	07 44	07 53	08 02	08 13	08 26	08 41	08 58	09 19	09 47	10 29
20	07 18	07 24	07 31	07 38	07 46	07 55	08 05	08 16	08 29	08 44	09 01	09 23	09 51	10 34
24	07 20	07 26	07 33	07 40	07 48	07 57	08 07	08 18	08 31	08 46	09 03	09 25	09 53	10 36
28	07 21	07 27	07 34	07 41	07 50	07 58	08 08	08 19	08 32	08 46	09 04	09 25	09 53	10 34
32	07 22	07 28	07 35	07 42	07 50	07 59	08 08	08 19	08 31	08 46	09 03	09 23	09 50	10 29
36	07 22	07 28	07 35	07 42	07 50	07 58	08 07	08 18	08 30	08 44	09 00	09 20	09 45	10 21

SUNSET

Lat.	+40°	+42°	+44°	+46°	+48°	+50°	+52°	+54°	+56°	+58°	+60°	+62°	+64°	+66°
	h m	h m	h m	h m	h m	h m	h m	h m	h m	h m	h m	h m	h m	h m
Oct. 1	17 43	17 42	17 42	17 41	17 40	17 39	17 38	17 37	17 36	17 35	17 34	17 32	17 30	17 28
5	17 37	17 36	17 34	17 33	17 32	17 31	17 29	17 28	17 26	17 24	17 22	17 19	17 16	17 13
9	17 30	17 29	17 27	17 26	17 24	17 22	17 20	17 18	17 15	17 13	17 10	17 06	17 02	16 58
13	17 24	17 22	17 20	17 18	17 16	17 14	17 11	17 08	17 05	17 02	16 58	16 54	16 49	16 43
17	17 18	17 16	17 14	17 11	17 08	17 06	17 02	16 59	16 55	16 51	16 46	16 41	16 35	16 28
21	17 12	17 10	17 07	17 04	17 01	16 58	16 54	16 50	16 45	16 41	16 35	16 29	16 21	16 13
25	17 07	17 04	17 01	16 58	16 54	16 50	16 46	16 41	16 36	16 30	16 24	16 16	16 08	15 58
29	17 02	16 58	16 55	16 51	16 47	16 43	16 38	16 33	16 27	16 20	16 13	16 04	15 55	15 43
Nov. 2	16 57	16 53	16 49	16 45	16 41	16 36	16 30	16 25	16 18	16 11	16 02	15 53	15 42	15 28
6	16 52	16 48	16 44	16 40	16 35	16 29	16 23	16 17	16 10	16 01	15 52	15 42	15 29	15 14
10	16 48	16 44	16 39	16 34	16 29	16 23	16 17	16 10	16 02	15 53	15 43	15 31	15 17	15 00
14	16 45	16 40	16 35	16 30	16 24	16 18	16 11	16 03	15 54	15 45	15 33	15 20	15 05	14 46
18	16 42	16 37	16 31	16 26	16 20	16 13	16 05	15 57	15 48	15 37	15 25	15 11	14 54	14 32
22	16 39	16 34	16 28	16 22	16 16	16 08	16 00	15 52	15 42	15 30	15 17	15 02	14 43	14 19
26	16 37	16 32	16 26	16 19	16 12	16 05	15 56	15 47	15 36	15 24	15 10	14 54	14 33	14 06
30	16 36	16 30	16 24	16 17	16 10	16 02	15 53	15 43	15 32	15 19	15 04	14 47	14 24	13 54
Dec. 4	16 35	16 29	16 22	16 16	16 08	16 00	15 51	15 40	15 29	15 15	15 00	14 41	14 17	13 44
8	16 35	16 28	16 22	16 15	16 07	15 58	15 49	15 38	15 26	15 12	14 56	14 36	14 10	13 34
12	16 35	16 29	16 22	16 15	16 07	15 58	15 48	15 38	15 25	15 11	14 54	14 33	14 06	13 27
16	16 36	16 30	16 23	16 15	16 07	15 58	15 49	15 38	15 25	15 10	14 53	14 32	14 04	13 22
20	16 37	16 31	16 24	16 17	16 09	16 00	15 50	15 39	15 26	15 11	14 54	14 32	14 04	13 21
24	16 39	16 33	16 26	16 19	16 11	16 02	15 52	15 41	15 28	15 13	14 56	14 34	14 06	13 23
28	16 42	16 36	16 29	16 22	16 14	16 05	15 55	15 44	15 31	15 17	14 59	14 38	14 10	13 29
32	16 45	16 39	16 32	16 25	16 17	16 08	15 59	15 48	15 36	15 21	15 04	14 44	14 17	13 38
36	16 48	16 42	16 36	16 29	16 21	16 13	16 03	15 53	15 41	15 27	15 11	14 51	14 25	13 50

CIVIL TWILIGHT, 1986
UNIVERSAL TIME FOR MERIDIAN OF GREENWICH
MORNING CIVIL TWILIGHT

Lat.	−55°	−50°	−45°	−40°	−35°	−30°	−20°	−10°	0°	+10°	+20°	+30°	+35°	+40°
	h m	h m	h m	h m	h m	h m	h m	h m	h m	h m	h m	h m	h m	h m
Jan. −2	02 25	03 08	03 37	04 00	04 18	04 33	04 58	05 18	05 36	05 53	06 10	06 29	06 39	06 51
2	02 30	03 12	03 41	04 03	04 21	04 36	05 00	05 20	05 38	05 55	06 11	06 30	06 40	06 52
6	02 37	03 17	03 45	04 07	04 24	04 39	05 03	05 22	05 40	05 56	06 13	06 31	06 41	06 52
10	02 44	03 23	03 50	04 11	04 28	04 42	05 05	05 25	05 41	05 57	06 14	06 31	06 41	06 52
14	02 53	03 29	03 55	04 16	04 32	04 46	05 08	05 27	05 43	05 59	06 14	06 31	06 40	06 51
18	03 02	03 36	04 01	04 20	04 36	04 49	05 11	05 29	05 45	06 00	06 14	06 31	06 39	06 49
22	03 12	03 44	04 07	04 25	04 40	04 53	05 14	05 31	05 46	06 00	06 14	06 30	06 38	06 47
26	03 21	03 51	04 13	04 31	04 45	04 57	05 17	05 33	05 47	06 01	06 14	06 28	06 36	06 45
30	03 31	03 59	04 20	04 36	04 49	05 01	05 19	05 35	05 48	06 01	06 13	06 27	06 34	06 42
Feb. 3	03 42	04 07	04 26	04 41	04 54	05 04	05 22	05 36	05 49	06 00	06 12	06 24	06 31	06 39
7	03 52	04 15	04 33	04 47	04 58	05 08	05 24	05 38	05 49	06 00	06 11	06 22	06 28	06 35
11	04 01	04 23	04 39	04 52	05 03	05 12	05 27	05 39	05 50	05 59	06 09	06 19	06 24	06 30
15	04 11	04 30	04 45	04 57	05 07	05 15	05 29	05 40	05 50	05 58	06 07	06 16	06 21	06 26
19	04 21	04 38	04 51	05 02	05 11	05 19	05 31	05 41	05 49	05 57	06 05	06 12	06 16	06 21
23	04 30	04 46	04 58	05 07	05 15	05 22	05 33	05 42	05 49	05 56	06 02	06 09	06 12	06 15
27	04 39	04 53	05 03	05 12	05 19	05 25	05 34	05 42	05 49	05 54	05 59	06 04	06 07	06 10
Mar. 3	04 48	05 00	05 09	05 17	05 23	05 28	05 36	05 43	05 48	05 52	05 57	06 00	06 02	06 04
7	04 57	05 07	05 15	05 21	05 26	05 31	05 38	05 43	05 47	05 51	05 53	05 56	05 57	05 58
11	05 06	05 14	05 21	05 26	05 30	05 33	05 39	05 43	05 46	05 48	05 50	05 51	05 52	05 52
15	05 14	05 21	05 26	05 30	05 33	05 36	05 40	05 43	05 45	05 46	05 47	05 47	05 46	05 45
19	05 22	05 27	05 31	05 34	05 37	05 39	05 41	05 43	05 44	05 44	05 43	05 42	05 41	05 39
23	05 30	05 34	05 36	05 38	05 40	05 41	05 43	05 43	05 43	05 42	05 40	05 37	05 35	05 32
27	05 38	05 40	05 42	05 43	05 43	05 44	05 44	05 43	05 42	05 39	05 36	05 32	05 29	05 26
31	05 46	05 46	05 47	05 47	05 46	05 46	05 45	05 43	05 40	05 37	05 33	05 27	05 23	05 19
Apr. 4	05 53	05 52	05 52	05 51	05 49	05 48	05 46	05 43	05 39	05 35	05 29	05 22	05 18	05 13

EVENING CIVIL TWILIGHT

Lat.	−55°	−50°	−45°	−40°	−35°	−30°	−20°	−10°	0°	+10°	+20°	+30°	+35°	+40°
	h m	h m	h m	h m	h m	h m	h m	h m	h m	h m	h m	h m	h m	h m
Jan. −2	21 39	20 56	20 27	20 04	19 46	19 31	19 07	18 46	18 28	18 11	17 54	17 35	17 25	17 13
2	21 37	20 55	20 27	20 05	19 47	19 32	19 08	18 48	18 30	18 13	17 57	17 38	17 28	17 16
6	21 34	20 54	20 26	20 04	19 47	19 33	19 09	18 49	18 32	18 16	17 59	17 41	17 31	17 20
10	21 29	20 51	20 24	20 04	19 47	19 33	19 09	18 50	18 33	18 18	18 01	17 44	17 34	17 24
14	21 24	20 48	20 22	20 02	19 46	19 32	19 10	18 51	18 35	18 20	18 04	17 47	17 38	17 28
18	21 17	20 43	20 19	20 00	19 44	19 31	19 10	18 52	18 36	18 21	18 07	17 51	17 42	17 32
22	21 10	20 38	20 15	19 57	19 42	19 30	19 09	18 52	18 37	18 23	18 09	17 54	17 45	17 36
26	21 02	20 33	20 11	19 54	19 40	19 28	19 08	18 52	18 38	18 25	18 11	17 57	17 49	17 41
30	20 53	20 26	20 06	19 50	19 37	19 25	19 07	18 52	18 39	18 26	18 14	18 00	17 53	17 45
Feb. 3	20 44	20 19	20 01	19 46	19 33	19 23	19 05	18 51	18 39	18 27	18 16	18 04	17 57	17 50
7	20 35	20 12	19 55	19 41	19 29	19 20	19 04	18 51	18 39	18 28	18 18	18 07	18 01	17 54
11	20 25	20 05	19 49	19 36	19 25	19 16	19 02	18 49	18 39	18 29	18 20	18 10	18 05	17 59
15	20 15	19 57	19 42	19 31	19 21	19 13	18 59	18 48	18 39	18 30	18 22	18 13	18 08	18 03
19	20 05	19 48	19 35	19 25	19 16	19 09	18 57	18 47	18 38	18 31	18 23	18 16	18 12	18 08
23	19 55	19 40	19 28	19 19	19 11	19 05	18 54	18 45	18 38	18 31	18 25	18 19	18 16	18 12
27	19 45	19 31	19 21	19 13	19 06	19 00	18 51	18 43	18 37	18 31	18 26	18 22	18 19	18 16
Mar. 3	19 34	19 23	19 14	19 07	19 01	18 56	18 48	18 41	18 36	18 32	18 28	18 24	18 22	18 21
7	19 24	19 14	19 06	19 00	18 55	18 51	18 44	18 39	18 35	18 32	18 29	18 27	18 26	18 25
11	19 13	19 05	18 59	18 54	18 50	18 46	18 41	18 37	18 34	18 32	18 30	18 29	18 29	18 29
15	19 03	18 56	18 51	18 47	18 44	18 41	18 37	18 35	18 33	18 32	18 32	18 32	18 33	18 33
19	18 52	18 47	18 44	18 41	18 38	18 37	18 34	18 32	18 32	18 32	18 33	18 34	18 36	18 38
23	18 42	18 39	18 36	18 34	18 33	18 32	18 30	18 30	18 31	18 32	18 34	18 37	18 39	18 42
27	18 32	18 30	18 29	18 28	18 27	18 27	18 27	18 28	18 29	18 32	18 35	18 39	18 42	18 46
31	18 22	18 21	18 21	18 21	18 22	18 22	18 24	18 26	18 28	18 32	18 36	18 42	18 46	18 50
Apr. 4	18 12	18 13	18 14	18 15	18 16	18 17	18 20	18 23	18 27	18 32	18 37	18 44	18 49	18 54

CIVIL TWILIGHT, 1986 A23
UNIVERSAL TIME FOR MERIDIAN OF GREENWICH
MORNING CIVIL TWILIGHT

Lat.	+40°	+42°	+44°	+46°	+48°	+50°	+52°	+54°	+56°	+58°	+60°	+62°	+64°	+66°
	h m	h m	h m	h m	h m	h m	h m	h m	h m	h m	h m	h m	h m	h m
Jan. −2	06 51	06 56	07 01	07 07	07 13	07 20	07 28	07 36	07 45	07 55	08 06	08 20	08 35	08 55
2	06 52	06 57	07 02	07 08	07 14	07 20	07 28	07 36	07 44	07 54	08 05	08 18	08 34	08 53
6	06 52	06 57	07 02	07 08	07 13	07 20	07 27	07 35	07 43	07 53	08 04	08 16	08 31	08 49
10	06 52	06 56	07 01	07 07	07 12	07 19	07 25	07 33	07 41	07 50	08 01	08 13	08 27	08 43
14	06 51	06 55	07 00	07 05	07 11	07 17	07 23	07 30	07 38	07 47	07 57	08 08	08 21	08 37
18	06 49	06 54	06 58	07 03	07 08	07 14	07 20	07 27	07 34	07 42	07 51	08 02	08 14	08 29
22	06 47	06 51	06 56	07 00	07 05	07 11	07 16	07 22	07 29	07 37	07 46	07 55	08 07	08 20
26	06 45	06 49	06 53	06 57	07 02	07 06	07 12	07 17	07 24	07 31	07 39	07 48	07 58	08 10
30	06 42	06 45	06 49	06 53	06 57	07 02	07 07	07 12	07 18	07 24	07 31	07 39	07 49	08 00
Feb. 3	06 39	06 42	06 45	06 49	06 52	06 57	07 01	07 06	07 11	07 17	07 23	07 30	07 39	07 48
7	06 35	06 38	06 41	06 44	06 47	06 51	06 55	06 59	07 04	07 09	07 14	07 21	07 28	07 36
11	06 30	06 33	06 36	06 38	06 41	06 45	06 48	06 52	06 56	07 00	07 05	07 10	07 17	07 24
15	06 26	06 28	06 30	06 33	06 35	06 38	06 41	06 44	06 47	06 51	06 55	07 00	07 05	07 11
19	06 21	06 23	06 24	06 26	06 29	06 31	06 33	06 36	06 39	06 42	06 45	06 49	06 53	06 57
23	06 15	06 17	06 18	06 20	06 22	06 23	06 25	06 27	06 29	06 32	06 34	06 37	06 40	06 44
27	06 10	06 11	06 12	06 13	06 14	06 16	06 17	06 18	06 20	06 22	06 23	06 25	06 27	06 30
Mar. 3	06 04	06 05	06 05	06 06	06 07	06 08	06 08	06 09	06 10	06 11	06 12	06 13	06 14	06 15
7	05 58	05 58	05 59	05 59	05 59	05 59	06 00	06 00	06 00	06 00	06 00	06 01	06 01	06 00
11	05 52	05 52	05 52	05 51	05 51	05 51	05 51	05 50	05 50	05 49	05 49	05 48	05 47	05 45
15	05 45	05 45	05 44	05 44	05 43	05 42	05 42	05 41	05 39	05 38	05 37	05 35	05 33	05 30
19	05 39	05 38	05 37	05 36	05 35	05 34	05 32	05 31	05 29	05 27	05 24	05 22	05 18	05 15
23	05 32	05 31	05 30	05 28	05 27	05 25	05 23	05 21	05 18	05 15	05 12	05 08	05 04	04 59
27	05 26	05 24	05 22	05 20	05 18	05 16	05 13	05 11	05 07	05 04	05 00	04 55	04 49	04 43
31	05 19	05 17	05 15	05 13	05 10	05 07	05 04	05 00	04 56	04 52	04 47	04 41	04 34	04 26
Apr. 4	05 13	05 10	05 08	05 05	05 02	04 58	04 54	04 50	04 45	04 40	04 34	04 27	04 19	04 09

EVENING CIVIL TWILIGHT

	+40°	+42°	+44°	+46°	+48°	+50°	+52°	+54°	+56°	+58°	+60°	+62°	+64°	+66°
	h m	h m	h m	h m	h m	h m	h m	h m	h m	h m	h m	h m	h m	h m
Jan. −2	17 13	17 08	17 03	16 57	16 51	16 44	16 37	16 29	16 20	16 10	15 58	15 45	15 29	15 10
2	17 16	17 11	17 06	17 00	16 54	16 48	16 41	16 33	16 24	16 14	16 03	15 50	15 34	15 16
6	17 20	17 15	17 10	17 04	16 58	16 52	16 45	16 37	16 29	16 19	16 08	15 56	15 41	15 23
10	17 24	17 19	17 14	17 09	17 03	16 57	16 50	16 43	16 34	16 25	16 15	16 03	15 49	15 32
14	17 28	17 23	17 18	17 13	17 08	17 02	16 55	16 48	16 41	16 32	16 22	16 11	15 58	15 42
18	17 32	17 27	17 23	17 18	17 13	17 07	17 01	16 55	16 47	16 39	16 30	16 19	16 07	15 53
22	17 36	17 32	17 28	17 23	17 18	17 13	17 07	17 01	16 54	16 47	16 38	16 29	16 17	16 04
26	17 41	17 37	17 33	17 29	17 24	17 19	17 14	17 08	17 02	16 55	16 47	16 38	16 28	16 16
30	17 45	17 42	17 38	17 34	17 30	17 25	17 21	17 15	17 10	17 03	16 56	16 48	16 39	16 28
Feb. 3	17 50	17 46	17 43	17 40	17 36	17 32	17 27	17 23	17 18	17 12	17 06	16 58	16 50	16 41
7	17 54	17 51	17 48	17 45	17 42	17 38	17 34	17 30	17 26	17 21	17 15	17 09	17 02	16 53
11	17 59	17 56	17 54	17 51	17 48	17 45	17 41	17 38	17 34	17 29	17 25	17 19	17 13	17 06
15	18 03	18 01	17 59	17 56	17 54	17 51	17 48	17 45	17 42	17 38	17 34	17 30	17 25	17 19
19	18 08	18 06	18 04	18 02	18 00	17 58	17 55	17 53	17 50	17 47	17 44	17 40	17 36	17 32
23	18 12	18 11	18 09	18 08	18 06	18 04	18 03	18 01	17 59	17 56	17 54	17 51	17 48	17 45
27	18 16	18 15	18 14	18 13	18 12	18 11	18 10	18 08	18 07	18 05	18 04	18 02	18 00	17 58
Mar. 3	18 21	18 20	18 19	18 19	18 18	18 17	18 17	18 16	18 15	18 14	18 13	18 12	18 12	18 11
7	18 25	18 25	18 24	18 24	18 24	18 24	18 24	18 23	18 23	18 23	18 23	18 23	18 23	18 24
11	18 29	18 29	18 29	18 30	18 30	18 30	18 31	18 31	18 32	18 32	18 33	18 34	18 35	18 37
15	18 33	18 34	18 34	18 35	18 36	18 37	18 38	18 39	18 40	18 41	18 43	18 45	18 47	18 50
19	18 38	18 38	18 39	18 41	18 42	18 43	18 45	18 46	18 48	18 50	18 53	18 56	18 59	19 03
23	18 42	18 43	18 44	18 46	18 48	18 50	18 52	18 54	18 57	19 00	19 03	19 07	19 11	19 17
27	18 46	18 48	18 49	18 51	18 54	18 56	18 59	19 02	19 05	19 09	19 13	19 18	19 24	19 31
31	18 50	18 52	18 54	18 57	19 00	19 03	19 06	19 09	19 14	19 18	19 23	19 29	19 37	19 45
Apr. 4	18 54	18 57	18 59	19 02	19 06	19 09	19 13	19 17	19 22	19 28	19 34	19 41	19 50	20 00

CIVIL TWILIGHT, 1986
UNIVERSAL TIME FOR MERIDIAN OF GREENWICH
MORNING CIVIL TWILIGHT

Lat.	−55°	−50°	−45°	−40°	−35°	−30°	−20°	−10°	0°	+10°	+20°	+30°	+35°	+40°
	h m	h m	h m	h m	h m	h m	h m	h m	h m	h m	h m	h m	h m	h m
Mar. 31	05 46	05 46	05 47	05 47	05 46	05 46	05 45	05 43	05 40	05 37	05 33	05 27	05 23	05 19
Apr. 4	05 53	05 52	05 52	05 51	05 49	05 48	05 46	05 43	05 39	05 35	05 29	05 22	05 18	05 13
8	06 01	05 58	05 56	05 54	05 53	05 51	05 47	05 42	05 38	05 32	05 26	05 17	05 12	05 06
12	06 08	06 04	06 01	05 58	05 56	05 53	05 48	05 42	05 37	05 30	05 22	05 13	05 07	05 00
16	06 15	06 10	06 06	06 02	05 59	05 55	05 49	05 42	05 36	05 28	05 19	05 08	05 01	04 53
20	06 23	06 16	06 11	06 06	06 02	05 58	05 50	05 42	05 35	05 26	05 16	05 04	04 56	04 47
24	06 30	06 22	06 15	06 10	06 05	06 00	05 51	05 42	05 34	05 24	05 13	04 59	04 51	04 41
28	06 37	06 28	06 20	06 14	06 08	06 02	05 52	05 43	05 33	05 22	05 10	04 55	04 46	04 35
May 2	06 44	06 33	06 25	06 17	06 11	06 05	05 53	05 43	05 32	05 21	05 07	04 51	04 41	04 30
6	06 50	06 39	06 29	06 21	06 14	06 07	05 55	05 43	05 32	05 19	05 05	04 48	04 37	04 25
10	06 57	06 44	06 34	06 24	06 17	06 09	05 56	05 44	05 31	05 18	05 03	04 44	04 33	04 20
14	07 03	06 49	06 38	06 28	06 19	06 12	05 57	05 44	05 31	05 17	05 01	04 41	04 30	04 16
18	07 09	06 54	06 42	06 31	06 22	06 14	05 59	05 45	05 31	05 16	04 59	04 39	04 26	04 12
22	07 15	06 59	06 46	06 35	06 25	06 16	06 00	05 46	05 31	05 15	04 58	04 36	04 23	04 08
26	07 20	07 03	06 49	06 38	06 28	06 18	06 02	05 46	05 31	05 15	04 57	04 35	04 21	04 05
30	07 25	07 07	06 53	06 41	06 30	06 20	06 03	05 47	05 32	05 15	04 56	04 33	04 19	04 02
June 3	07 29	07 11	06 56	06 43	06 32	06 22	06 05	05 48	05 32	05 15	04 56	04 32	04 17	04 00
7	07 33	07 14	06 59	06 46	06 34	06 24	06 06	05 49	05 33	05 15	04 55	04 31	04 16	03 59
11	07 36	07 17	07 01	06 48	06 36	06 26	06 07	05 50	05 33	05 16	04 55	04 31	04 16	03 58
15	07 39	07 19	07 03	06 49	06 38	06 27	06 08	05 51	05 34	05 16	04 56	04 31	04 16	03 58
19	07 41	07 20	07 04	06 51	06 39	06 28	06 10	05 52	05 35	05 17	04 56	04 31	04 16	03 58
23	07 41	07 21	07 05	06 52	06 40	06 29	06 10	05 53	05 36	05 18	04 57	04 32	04 17	03 59
27	07 42	07 22	07 06	06 52	06 40	06 30	06 11	05 54	05 37	05 19	04 58	04 33	04 18	04 00
July 1	07 41	07 21	07 05	06 52	06 41	06 30	06 12	05 55	05 38	05 20	04 59	04 35	04 20	04 02
5	07 39	07 20	07 05	06 52	06 40	06 30	06 12	05 55	05 38	05 21	05 01	04 37	04 22	04 04

EVENING CIVIL TWILIGHT

Lat.	−55°	−50°	−45°	−40°	−35°	−30°	−20°	−10°	0°	+10°	+20°	+30°	+35°	+40°
	h m	h m	h m	h m	h m	h m	h m	h m	h m	h m	h m	h m	h m	h m
Mar. 31	18 22	18 21	18 21	18 21	18 21	18 22	18 22	18 24	18 26	18 28	18 32	18 36	18 42	18 46	18 50
Apr. 4	18 12	18 13	18 14	18 15	18 16	18 17	18 20	18 23	18 27	18 32	18 37	18 44	18 49	18 54
8	18 02	18 04	18 07	18 09	18 11	18 13	18 17	18 21	18 26	18 32	18 38	18 47	18 52	18 59
12	17 53	17 56	18 00	18 03	18 06	18 08	18 14	18 19	18 25	18 32	18 40	18 50	18 56	19 03
16	17 43	17 49	17 53	17 57	18 01	18 04	18 11	18 17	18 24	18 32	18 41	18 52	18 59	19 07
20	17 34	17 41	17 46	17 51	17 56	18 00	18 08	18 15	18 23	18 32	18 42	18 55	19 03	19 12
24	17 26	17 34	17 40	17 46	17 51	17 56	18 05	18 14	18 23	18 32	18 44	18 58	19 06	19 16
28	17 17	17 27	17 34	17 41	17 47	17 52	18 03	18 12	18 22	18 33	18 45	19 00	19 10	19 20
May 2	17 10	17 20	17 29	17 36	17 43	17 49	18 00	18 11	18 22	18 34	18 47	19 03	19 13	19 25
6	17 02	17 14	17 24	17 32	17 39	17 46	17 58	18 10	18 22	18 34	18 49	19 06	19 17	19 29
10	16 55	17 08	17 19	17 28	17 36	17 43	17 57	18 09	18 22	18 35	18 50	19 09	19 20	19 33
14	16 49	17 03	17 14	17 24	17 33	17 41	17 55	18 08	18 22	18 36	18 52	19 12	19 24	19 38
18	16 43	16 58	17 10	17 21	17 30	17 39	17 54	18 08	18 22	18 37	18 54	19 14	19 27	19 42
22	16 38	16 54	17 07	17 18	17 28	17 37	17 53	18 08	18 22	18 38	18 56	19 17	19 30	19 46
26	16 33	16 50	17 04	17 16	17 26	17 35	17 52	18 07	18 23	18 39	18 57	19 20	19 33	19 50
30	16 29	16 47	17 02	17 14	17 25	17 34	17 52	18 08	18 23	18 40	18 59	19 22	19 36	19 53
June 3	16 26	16 45	17 00	17 13	17 24	17 34	17 51	18 08	18 24	18 41	19 01	19 24	19 39	19 56
7	16 24	16 43	16 59	17 12	17 23	17 33	17 51	18 08	18 25	18 42	19 02	19 27	19 41	19 59
11	16 23	16 42	16 58	17 11	17 23	17 33	17 52	18 09	18 26	18 44	19 04	19 28	19 43	20 01
15	16 22	16 42	16 58	17 11	17 23	17 33	17 52	18 09	18 27	18 45	19 05	19 30	19 45	20 03
19	16 22	16 42	16 58	17 12	17 23	17 34	17 53	18 10	18 27	18 46	19 06	19 31	19 46	20 05
23	16 23	16 43	16 59	17 13	17 24	17 35	17 54	18 11	18 28	18 46	19 07	19 32	19 47	20 05
27	16 24	16 44	17 00	17 14	17 25	17 36	17 55	18 12	18 29	18 47	19 08	19 32	19 48	20 06
July 1	16 27	16 46	17 02	17 15	17 27	17 37	17 56	18 13	18 30	18 48	19 08	19 32	19 48	20 05
5	16 30	16 49	17 04	17 17	17 29	17 39	17 57	18 14	18 31	18 48	19 08	19 32	19 47	20 05

CIVIL TWILIGHT, 1986

UNIVERSAL TIME FOR MERIDIAN OF GREENWICH
MORNING CIVIL TWILIGHT

Lat.	+40°	+42°	+44°	+46°	+48°	+50°	+52°	+54°	+56°	+58°	+60°	+62°	+64°	+66°
	h m	h m	h m	h m	h m	h m	h m	h m	h m	h m	h m	h m	h m	h m
Mar. 31	05 19	05 17	05 15	05 13	05 10	05 07	05 04	05 00	04 56	04 52	04 47	04 41	04 34	04 26
Apr. 4	05 13	05 10	05 08	05 05	05 02	04 58	04 54	04 50	04 45	04 40	04 34	04 27	04 19	04 09
8	05 06	05 03	05 00	04 57	04 53	04 49	04 45	04 40	04 35	04 28	04 21	04 13	04 03	03 52
12	05 00	04 56	04 53	04 49	04 45	04 40	04 35	04 30	04 24	04 16	04 08	03 59	03 48	03 34
16	04 53	04 50	04 46	04 42	04 37	04 32	04 26	04 20	04 13	04 05	03 55	03 44	03 31	03 16
20	04 47	04 43	04 39	04 34	04 29	04 23	04 17	04 10	04 02	03 53	03 42	03 30	03 15	02 57
24	04 41	04 37	04 32	04 27	04 21	04 15	04 08	04 00	03 51	03 41	03 29	03 15	02 58	02 37
28	04 35	04 31	04 25	04 20	04 13	04 07	03 59	03 50	03 40	03 29	03 16	03 00	02 40	02 15
May 2	04 30	04 25	04 19	04 13	04 06	03 59	03 50	03 41	03 30	03 17	03 03	02 45	02 22	01 51
6	04 25	04 19	04 13	04 06	03 59	03 51	03 42	03 32	03 20	03 06	02 50	02 29	02 03	01 23
10	04 20	04 14	04 07	04 00	03 52	03 44	03 34	03 23	03 10	02 55	02 36	02 13	01 41	00 45
14	04 16	04 09	04 02	03 55	03 46	03 37	03 26	03 14	03 00	02 44	02 23	01 57	01 17	// //
18	04 12	04 05	03 58	03 49	03 41	03 31	03 19	03 07	02 51	02 33	02 10	01 40	00 46	// //
22	04 08	04 01	03 53	03 45	03 35	03 25	03 13	02 59	02 43	02 23	01 58	01 21	// //	// //
26	04 05	03 58	03 50	03 41	03 31	03 20	03 07	02 53	02 35	02 14	01 45	01 00	// //	// //
30	04 02	03 55	03 46	03 37	03 27	03 15	03 02	02 47	02 28	02 05	01 33	00 33	// //	// //
June 3	04 00	03 52	03 44	03 34	03 24	03 12	02 58	02 42	02 22	01 57	01 21	// //	// //	// //
7	03 59	03 51	03 42	03 32	03 21	03 09	02 54	02 38	02 17	01 50	01 10	// //	// //	// //
11	03 58	03 50	03 41	03 31	03 20	03 07	02 52	02 35	02 13	01 45	01 01	// //	// //	// //
15	03 58	03 49	03 40	03 30	03 19	03 06	02 51	02 33	02 11	01 42	00 53	// //	// //	** **
19	03 58	03 50	03 40	03 30	03 19	03 06	02 50	02 32	02 10	01 40	00 49	// //	// //	** **
23	03 59	03 50	03 41	03 31	03 19	03 06	02 51	02 33	02 11	01 41	00 49	// //	// //	** **
27	04 00	03 52	03 42	03 32	03 21	03 08	02 53	02 35	02 13	01 43	00 54	// //	// //	** **
July 1	04 02	03 54	03 44	03 34	03 23	03 10	02 56	02 38	02 16	01 48	01 02	// //	// //	// //
5	04 04	03 56	03 47	03 37	03 26	03 14	02 59	02 42	02 21	01 54	01 13	// //	// //	// //

EVENING CIVIL TWILIGHT

Lat.	+40°	+42°	+44°	+46°	+48°	+50°	+52°	+54°	+56°	+58°	+60°	+62°	+64°	+66°
	h m	h m	h m	h m	h m	h m	h m	h m	h m	h m	h m	h m	h m	h m
Mar. 31	18 50	18 52	18 54	18 57	19 00	19 03	19 06	19 09	19 14	19 18	19 23	19 29	19 37	19 45
Apr. 4	18 54	18 57	18 59	19 02	19 06	19 09	19 13	19 17	19 22	19 28	19 34	19 41	19 50	20 00
8	18 59	19 01	19 05	19 08	19 12	19 16	19 20	19 25	19 31	19 37	19 45	19 53	20 03	20 15
12	19 03	19 06	19 10	19 14	19 18	19 22	19 28	19 33	19 40	19 47	19 55	20 05	20 17	20 31
16	19 07	19 11	19 15	19 19	19 24	19 29	19 35	19 41	19 49	19 57	20 07	20 18	20 31	20 47
20	19 12	19 16	19 20	19 25	19 30	19 36	19 42	19 50	19 58	20 07	20 18	20 31	20 46	21 05
24	19 16	19 20	19 25	19 31	19 36	19 43	19 50	19 58	20 07	20 17	20 30	20 44	21 01	21 24
28	19 20	19 25	19 31	19 36	19 43	19 50	19 58	20 06	20 16	20 28	20 41	20 58	21 18	21 45
May 2	19 25	19 30	19 36	19 42	19 49	19 57	20 05	20 15	20 26	20 38	20 54	21 12	21 36	22 08
6	19 29	19 35	19 41	19 48	19 55	20 03	20 13	20 23	20 35	20 49	21 06	21 27	21 55	22 37
10	19 33	19 40	19 46	19 53	20 01	20 10	20 20	20 31	20 45	21 00	21 19	21 43	22 16	23 21
14	19 38	19 44	19 51	19 59	20 07	20 17	20 27	20 40	20 54	21 11	21 32	21 59	22 41	// //
18	19 42	19 49	19 56	20 04	20 13	20 23	20 35	20 48	21 03	21 22	21 45	22 17	23 17	// //
22	19 46	19 53	20 01	20 09	20 19	20 29	20 41	20 55	21 12	21 32	21 58	22 37	// //	// //
26	19 50	19 57	20 05	20 14	20 24	20 35	20 48	21 03	21 20	21 42	22 12	22 59	// //	// //
30	19 53	20 01	20 09	20 18	20 29	20 40	20 54	21 09	21 28	21 52	22 25	23 32	// //	// //
June 3	19 56	20 04	20 13	20 22	20 33	20 45	20 59	21 15	21 35	22 01	22 38	// //	// //	// //
7	19 59	20 07	20 16	20 26	20 37	20 49	21 04	21 21	21 41	22 09	22 50	// //	// //	// //
11	20 01	20 10	20 19	20 29	20 40	20 53	21 07	21 25	21 47	22 15	23 00	// //	// //	// //
15	20 03	20 12	20 21	20 31	20 42	20 55	21 10	21 28	21 50	22 20	23 09	// //	// //	** **
19	20 05	20 13	20 22	20 32	20 44	20 57	21 12	21 30	21 53	22 23	23 14	// //	// //	** **
23	20 05	20 14	20 23	20 33	20 45	20 58	21 13	21 31	21 53	22 23	23 14	// //	// //	** **
27	20 06	20 14	20 23	20 33	20 45	20 58	21 13	21 31	21 53	22 22	23 11	// //	// //	** **
July 1	20 05	20 14	20 23	20 33	20 44	20 57	21 11	21 29	21 50	22 19	23 03	// //	// //	// //
5	20 05	20 13	20 22	20 31	20 42	20 55	21 09	21 26	21 47	22 14	22 54	// //	// //	// //

(** **) indicates Sun continuously above horizon.
(// //) indicates continuous twilight.

CIVIL TWILIGHT, 1986
UNIVERSAL TIME FOR MERIDIAN OF GREENWICH
MORNING CIVIL TWILIGHT

Lat.	−55°	−50°	−45°	−40°	−35°	−30°	−20°	−10°	0°	+10°	+20°	+30°	+35°	+40°
	h m	h m	h m	h m	h m	h m	h m	h m	h m	h m	h m	h m	h m	h m
July 1	07 41	07 21	07 05	06 52	06 41	06 30	06 12	05 55	05 38	05 20	04 59	04 35	04 20	04 02
5	07 39	07 20	07 05	06 52	06 40	06 30	06 12	05 55	05 38	05 21	05 01	04 37	04 22	04 04
9	07 37	07 19	07 04	06 51	06 40	06 30	06 12	05 55	05 39	05 22	05 02	04 39	04 24	04 07
13	07 34	07 16	07 02	06 49	06 39	06 29	06 12	05 56	05 40	05 23	05 04	04 41	04 27	04 10
17	07 30	07 13	06 59	06 47	06 37	06 28	06 11	05 56	05 40	05 24	05 06	04 43	04 29	04 13
21	07 26	07 10	06 56	06 45	06 35	06 26	06 10	05 55	05 41	05 25	05 07	04 46	04 32	04 17
25	07 21	07 05	06 53	06 42	06 33	06 25	06 09	05 55	05 41	05 26	05 09	04 48	04 35	04 21
29	07 15	07 01	06 49	06 39	06 30	06 22	06 08	05 55	05 41	05 27	05 11	04 51	04 39	04 24
Aug. 2	07 08	06 55	06 45	06 35	06 27	06 20	06 06	05 54	05 41	05 28	05 12	04 53	04 42	04 29
6	07 01	06 50	06 40	06 31	06 24	06 17	06 04	05 53	05 41	05 28	05 14	04 56	04 45	04 33
10	06 54	06 43	06 34	06 27	06 20	06 14	06 02	05 51	05 40	05 29	05 15	04 59	04 49	04 37
14	06 46	06 37	06 29	06 22	06 16	06 10	06 00	05 50	05 40	05 29	05 17	05 01	04 52	04 41
18	06 38	06 30	06 23	06 17	06 11	06 07	05 57	05 48	05 39	05 29	05 18	05 04	04 55	04 45
22	06 29	06 22	06 17	06 11	06 07	06 03	05 54	05 47	05 38	05 30	05 19	05 06	04 58	04 49
26	06 20	06 15	06 10	06 06	06 02	05 58	05 51	05 45	05 38	05 30	05 20	05 09	05 02	04 53
30	06 11	06 07	06 03	06 00	05 57	05 54	05 48	05 43	05 36	05 30	05 21	05 11	05 05	04 57
Sept. 3	06 01	05 59	05 56	05 54	05 52	05 49	05 45	05 40	05 35	05 29	05 22	05 13	05 08	05 01
7	05 52	05 50	05 49	05 48	05 46	05 45	05 42	05 38	05 34	05 29	05 23	05 16	05 11	05 05
11	05 42	05 42	05 41	05 41	05 41	05 40	05 38	05 36	05 33	05 29	05 24	05 18	05 14	05 09
15	05 31	05 33	05 34	05 35	05 35	05 35	05 34	05 33	05 31	05 29	05 25	05 20	05 17	05 13
19	05 21	05 24	05 26	05 28	05 29	05 30	05 31	05 31	05 30	05 28	05 26	05 22	05 20	05 17
23	05 11	05 15	05 19	05 21	05 23	05 25	05 27	05 28	05 29	05 28	05 27	05 25	05 23	05 21
27	05 00	05 06	05 11	05 15	05 18	05 20	05 23	05 26	05 27	05 28	05 28	05 27	05 26	05 25
Oct. 1	04 50	04 57	05 03	05 08	05 12	05 15	05 20	05 23	05 26	05 28	05 29	05 29	05 29	05 29
5	04 39	04 48	04 56	05 01	05 06	05 10	05 16	05 21	05 24	05 27	05 30	05 32	05 32	05 33

EVENING CIVIL TWILIGHT

Lat.	−55°	−50°	−45°	−40°	−35°	−30°	−20°	−10°	0°	+10°	+20°	+30°	+35°	+40°
	h m	h m	h m	h m	h m	h m	h m	h m	h m	h m	h m	h m	h m	h m
July 1	16 27	16 46	17 02	17 15	17 27	17 37	17 56	18 13	18 30	18 48	19 08	19 32	19 48	20 05
5	16 30	16 49	17 04	17 17	17 29	17 39	17 57	18 14	18 31	18 48	19 08	19 32	19 47	20 05
9	16 33	16 52	17 07	17 20	17 31	17 41	17 58	18 15	18 31	18 48	19 08	19 31	19 46	20 03
13	16 38	16 55	17 10	17 22	17 33	17 43	18 00	18 16	18 32	18 48	19 07	19 30	19 44	20 01
17	16 42	16 59	17 13	17 25	17 35	17 45	18 01	18 17	18 32	18 48	19 06	19 29	19 42	19 58
21	16 47	17 04	17 17	17 28	17 38	17 47	18 02	18 17	18 32	18 48	19 05	19 27	19 40	19 55
25	16 53	17 08	17 20	17 31	17 40	17 49	18 04	18 18	18 32	18 47	19 04	19 24	19 37	19 52
29	16 59	17 13	17 24	17 34	17 43	17 51	18 05	18 18	18 32	18 46	19 02	19 22	19 34	19 48
Aug. 2	17 05	17 18	17 28	17 38	17 46	17 53	18 06	18 19	18 31	18 45	19 00	19 19	19 30	19 43
6	17 11	17 23	17 33	17 41	17 48	17 55	18 08	18 19	18 31	18 43	18 58	19 15	19 26	19 38
10	17 18	17 28	17 37	17 44	17 51	17 57	18 09	18 19	18 30	18 42	18 55	19 12	19 22	19 33
14	17 24	17 33	17 41	17 48	17 54	17 59	18 10	18 19	18 29	18 40	18 53	19 08	19 17	19 28
18	17 31	17 39	17 46	17 51	17 57	18 02	18 11	18 19	18 28	18 38	18 50	19 03	19 12	19 22
22	17 38	17 44	17 50	17 55	17 59	18 04	18 12	18 19	18 27	18 36	18 46	18 59	19 07	19 16
26	17 45	17 50	17 54	17 58	18 02	18 06	18 12	18 19	18 26	18 34	18 43	18 54	19 01	19 10
30	17 51	17 55	17 59	18 02	18 05	18 08	18 13	18 19	18 25	18 32	18 40	18 50	18 56	19 03
Sept. 3	17 59	18 01	18 03	18 06	18 08	18 10	18 14	18 19	18 24	18 29	18 36	18 45	18 50	18 57
7	18 06	18 07	18 08	18 09	18 11	18 12	18 15	18 18	18 22	18 27	18 32	18 40	18 44	18 50
11	18 13	18 13	18 13	18 13	18 13	18 14	18 16	18 18	18 21	18 24	18 29	18 35	18 39	18 43
15	18 20	18 19	18 17	18 17	18 16	18 16	18 16	18 18	18 19	18 22	18 25	18 30	18 33	18 37
19	18 28	18 25	18 22	18 20	18 19	18 18	18 17	18 17	18 18	18 19	18 21	18 25	18 27	18 30
23	18 35	18 31	18 27	18 24	18 22	18 20	18 18	18 17	18 16	18 17	18 18	18 20	18 21	18 23
27	18 43	18 37	18 32	18 28	18 25	18 23	18 19	18 17	18 15	18 14	18 14	18 15	18 15	18 17
Oct. 1	18 51	18 43	18 37	18 32	18 28	18 25	18 20	18 16	18 14	18 12	18 10	18 10	18 10	18 10
5	18 59	18 50	18 42	18 36	18 32	18 28	18 21	18 16	18 13	18 09	18 07	18 05	18 04	18 04

CIVIL TWILIGHT, 1986

UNIVERSAL TIME FOR MERIDIAN OF GREENWICH
MORNING CIVIL TWILIGHT

Lat.	+40°	+42°	+44°	+46°	+48°	+50°	+52°	+54°	+56°	+58°	+60°	+62°	+64°	+66°
	h m	h m	h m	h m	h m	h m	h m	h m	h m	h m	h m	h m	h m	h m
July 1	04 02	03 54	03 44	03 34	03 23	03 10	02 56	02 38	02 16	01 48	01 02	// //	// //	// //
5	04 04	03 56	03 47	03 37	03 26	03 14	02 59	02 42	02 21	01 54	01 13	// //	// //	// //
9	04 07	03 59	03 50	03 41	03 30	03 18	03 04	02 47	02 27	02 02	01 24	// //	// //	// //
13	04 10	04 02	03 54	03 44	03 34	03 22	03 09	02 53	02 34	02 10	01 37	00 26	// //	// //
17	04 13	04 06	03 58	03 49	03 39	03 27	03 15	03 00	02 42	02 20	01 50	01 01	// //	// //
21	04 17	04 10	04 02	03 53	03 44	03 33	03 21	03 07	02 50	02 30	02 03	01 24	// //	// //
25	04 21	04 14	04 06	03 58	03 49	03 39	03 27	03 14	02 59	02 40	02 16	01 43	00 39	// //
29	04 24	04 18	04 11	04 03	03 55	03 45	03 34	03 22	03 08	02 50	02 29	02 01	01 17	// //
Aug. 2	04 29	04 22	04 16	04 08	04 00	03 51	03 41	03 30	03 17	03 01	02 42	02 18	01 43	00 29
6	04 33	04 27	04 21	04 14	04 06	03 58	03 49	03 38	03 26	03 12	02 54	02 33	02 05	01 20
10	04 37	04 31	04 26	04 19	04 12	04 05	03 56	03 46	03 35	03 22	03 07	02 48	02 24	01 50
14	04 41	04 36	04 31	04 25	04 18	04 11	04 03	03 54	03 44	03 32	03 19	03 02	02 41	02 14
18	04 45	04 41	04 36	04 30	04 24	04 18	04 11	04 02	03 53	03 43	03 30	03 15	02 57	02 34
22	04 49	04 45	04 41	04 36	04 30	04 24	04 18	04 10	04 02	03 53	03 42	03 29	03 13	02 53
26	04 53	04 50	04 46	04 41	04 36	04 31	04 25	04 18	04 11	04 02	03 53	03 41	03 27	03 11
30	04 57	04 54	04 50	04 46	04 42	04 37	04 32	04 26	04 20	04 12	04 03	03 53	03 41	03 27
Sept. 3	05 01	04 58	04 55	04 52	04 48	04 44	04 39	04 34	04 28	04 22	04 14	04 05	03 55	03 43
7	05 05	05 03	05 00	04 57	04 54	04 50	04 46	04 42	04 37	04 31	04 24	04 17	04 08	03 58
11	05 09	05 07	05 05	05 02	04 59	04 56	04 53	04 49	04 45	04 40	04 34	04 28	04 21	04 12
15	05 13	05 12	05 10	05 07	05 05	05 03	05 00	04 57	04 53	04 49	04 44	04 39	04 33	04 26
19	05 17	05 16	05 14	05 13	05 11	05 09	05 06	05 04	05 01	04 58	04 54	04 50	04 45	04 39
23	05 21	05 20	05 19	05 18	05 16	05 15	05 13	05 11	05 09	05 07	05 04	05 01	04 57	04 53
27	05 25	05 24	05 24	05 23	05 22	05 21	05 20	05 19	05 17	05 15	05 14	05 11	05 09	05 06
Oct. 1	05 29	05 29	05 28	05 28	05 28	05 27	05 27	05 26	05 25	05 24	05 23	05 22	05 20	05 18
5	05 33	05 33	05 33	05 33	05 33	05 33	05 33	05 33	05 33	05 33	05 33	05 32	05 32	05 31

EVENING CIVIL TWILIGHT

Lat.	+40°	+42°	+44°	+46°	+48°	+50°	+52°	+54°	+56°	+58°	+60°	+62°	+64°	+66°
	h m	h m	h m	h m	h m	h m	h m	h m	h m	h m	h m	h m	h m	h m
July 1	20 05	20 14	20 23	20 33	20 44	20 57	21 11	21 29	21 50	22 19	23 03	// //	// //	// //
5	20 05	20 13	20 22	20 31	20 42	20 55	21 09	21 26	21 47	22 14	22 54	// //	// //	// //
9	20 03	20 11	20 20	20 29	20 40	20 52	21 06	21 22	21 42	22 07	22 43	// //	// //	// //
13	20 01	20 09	20 17	20 26	20 37	20 48	21 02	21 17	21 36	21 59	22 32	23 34	// //	// //
17	19 58	20 06	20 14	20 23	20 33	20 44	20 57	21 11	21 29	21 51	22 19	23 06	// //	// //
21	19 55	20 02	20 10	20 19	20 28	20 39	20 51	21 05	21 21	21 41	22 07	22 44	// //	// //
25	19 52	19 59	20 06	20 14	20 23	20 33	20 44	20 57	21 13	21 31	21 54	22 26	23 22	// //
29	19 48	19 54	20 01	20 09	20 17	20 27	20 37	20 49	21 04	21 20	21 41	22 08	22 49	// //
Aug. 2	19 43	19 49	19 56	20 03	20 11	20 20	20 30	20 41	20 54	21 09	21 28	21 52	22 24	23 25
6	19 38	19 44	19 50	19 57	20 04	20 13	20 22	20 32	20 44	20 58	21 15	21 36	22 03	22 44
10	19 33	19 38	19 44	19 50	19 57	20 05	20 13	20 23	20 34	20 47	21 02	21 20	21 43	22 15
14	19 28	19 33	19 38	19 44	19 50	19 57	20 05	20 14	20 24	20 35	20 49	21 05	21 25	21 51
18	19 22	19 26	19 31	19 37	19 42	19 49	19 56	20 04	20 13	20 23	20 35	20 50	21 07	21 29
22	19 16	19 20	19 24	19 29	19 34	19 40	19 47	19 54	20 02	20 11	20 22	20 35	20 50	21 09
26	19 10	19 13	19 17	19 22	19 26	19 32	19 37	19 44	19 51	20 00	20 09	20 20	20 34	20 50
30	19 03	19 06	19 10	19 14	19 18	19 23	19 28	19 34	19 40	19 48	19 56	20 06	20 17	20 31
Sept. 3	18 57	19 00	19 03	19 06	19 10	19 14	19 18	19 24	19 29	19 36	19 43	19 51	20 01	20 13
7	18 50	18 52	18 55	18 58	19 01	19 05	19 09	19 13	19 18	19 24	19 30	19 37	19 46	19 56
11	18 43	18 45	18 48	18 50	18 53	18 56	18 59	19 03	19 07	19 12	19 17	19 23	19 31	19 39
15	18 37	18 38	18 40	18 42	18 44	18 47	18 50	18 53	18 56	19 00	19 04	19 10	19 15	19 22
19	18 30	18 31	18 33	18 34	18 36	18 38	18 40	18 42	18 45	18 48	18 52	18 56	19 01	19 06
23	18 23	18 24	18 25	18 26	18 28	18 29	18 31	18 32	18 34	18 37	18 39	18 42	18 46	18 50
27	18 17	18 17	18 18	18 18	18 19	18 20	18 21	18 22	18 24	18 25	18 27	18 29	18 32	18 35
Oct. 1	18 10	18 10	18 10	18 11	18 11	18 11	18 12	18 12	18 13	18 14	18 15	18 16	18 18	18 19
5	18 04	18 03	18 03	18 03	18 03	18 03	18 03	18 03	18 03	18 03	18 03	18 03	18 04	18 04

(// //) indicates continuous twilight.

CIVIL TWILIGHT, 1986
UNIVERSAL TIME FOR MERIDIAN OF GREENWICH
MORNING CIVIL TWILIGHT

Lat.	−55°	−50°	−45°	−40°	−35°	−30°	−20°	−10°	0°	+10°	+20°	+30°	+35°	+40°
	h m	h m	h m	h m	h m	h m	h m	h m	h m	h m	h m	h m	h m	h m
Oct. 1	04 50	04 57	05 03	05 08	05 12	05 15	05 20	05 23	05 26	05 28	05 29	05 29	05 29	05 29
5	04 39	04 48	04 56	05 01	05 06	05 10	05 16	05 21	05 24	05 27	05 30	05 32	05 32	05 33
9	04 29	04 40	04 48	04 55	05 00	05 05	05 13	05 19	05 23	05 27	05 31	05 34	05 35	05 37
13	04 18	04 31	04 41	04 48	04 55	05 00	05 09	05 16	05 22	05 27	05 32	05 36	05 38	05 41
17	04 08	04 22	04 33	04 42	04 49	04 56	05 06	05 14	05 21	05 27	05 33	05 39	05 42	05 45
21	03 57	04 13	04 26	04 36	04 44	04 51	05 03	05 12	05 20	05 28	05 34	05 41	05 45	05 49
25	03 47	04 05	04 19	04 30	04 39	04 47	05 00	05 11	05 20	05 28	05 36	05 44	05 48	05 53
29	03 37	03 57	04 12	04 24	04 35	04 43	04 57	05 09	05 19	05 28	05 37	05 47	05 52	05 57
Nov. 2	03 27	03 49	04 06	04 19	04 30	04 40	04 55	05 08	05 19	05 29	05 39	05 50	05 55	06 02
6	03 17	03 42	04 00	04 14	04 26	04 36	04 53	05 07	05 19	05 30	05 41	05 53	05 59	06 06
10	03 08	03 34	03 54	04 10	04 22	04 33	04 51	05 06	05 19	05 31	05 43	05 56	06 03	06 10
14	02 59	03 28	03 49	04 05	04 19	04 31	04 50	05 05	05 19	05 32	05 45	05 59	06 06	06 15
18	02 51	03 22	03 44	04 02	04 16	04 28	04 49	05 05	05 20	05 33	05 47	06 02	06 10	06 19
22	02 43	03 16	03 40	03 59	04 14	04 27	04 48	05 05	05 20	05 35	05 49	06 05	06 14	06 23
26	02 36	03 11	03 37	03 56	04 12	04 25	04 47	05 05	05 21	05 37	05 52	06 08	06 17	06 27
30	02 30	03 07	03 34	03 54	04 11	04 24	04 47	05 06	05 23	05 38	05 54	06 11	06 21	06 31
Dec. 4	02 25	03 04	03 32	03 53	04 10	04 24	04 48	05 07	05 24	05 40	05 57	06 14	06 24	06 35
8	02 21	03 02	03 30	03 52	04 10	04 24	04 48	05 08	05 26	05 42	05 59	06 17	06 27	06 39
12	02 19	03 01	03 30	03 52	04 10	04 25	04 49	05 10	05 27	05 44	06 01	06 20	06 30	06 42
16	02 18	03 01	03 30	03 53	04 11	04 26	04 51	05 11	05 29	05 46	06 04	06 22	06 33	06 45
20	02 18	03 02	03 31	03 54	04 12	04 28	04 53	05 13	05 31	05 48	06 06	06 25	06 35	06 47
24	02 20	03 04	03 33	03 56	04 14	04 30	04 55	05 15	05 33	05 50	06 08	06 27	06 37	06 49
28	02 23	03 07	03 36	03 59	04 17	04 32	04 57	05 17	05 35	05 52	06 09	06 28	06 39	06 50
32	02 28	03 11	03 40	04 02	04 20	04 35	04 59	05 19	05 37	05 54	06 11	06 30	06 40	06 51
36	02 35	03 15	03 44	04 05	04 23	04 38	05 02	05 22	05 39	05 56	06 12	06 30	06 41	06 52

EVENING CIVIL TWILIGHT

Lat.	−55°	−50°	−45°	−40°	−35°	−30°	−20°	−10°	0°	+10°	+20°	+30°	+35°	+40°
	h m	h m	h m	h m	h m	h m	h m	h m	h m	h m	h m	h m	h m	h m
Oct. 1	18 51	18 43	18 37	18 32	18 28	18 25	18 20	18 16	18 14	18 12	18 10	18 10	18 10	18 10
5	18 59	18 50	18 42	18 36	18 32	18 28	18 21	18 16	18 13	18 09	18 07	18 05	18 04	18 04
9	19 07	18 56	18 48	18 41	18 35	18 30	18 22	18 16	18 11	18 07	18 04	18 00	17 59	17 57
13	19 16	19 03	18 53	18 45	18 38	18 33	18 24	18 16	18 10	18 05	18 00	17 56	17 54	17 51
17	19 25	19 10	18 59	18 50	18 42	18 36	18 25	18 17	18 10	18 03	17 57	17 52	17 49	17 45
21	19 34	19 17	19 04	18 54	18 46	18 38	18 27	18 17	18 09	18 02	17 55	17 48	17 44	17 40
25	19 43	19 24	19 10	18 59	18 50	18 42	18 28	18 18	18 09	18 00	17 52	17 44	17 39	17 35
29	19 52	19 32	19 16	19 04	18 54	18 45	18 30	18 19	18 08	17 59	17 50	17 40	17 35	17 30
Nov. 2	20 02	19 39	19 22	19 09	18 58	18 48	18 32	18 20	18 08	17 58	17 48	17 37	17 31	17 25
6	20 12	19 47	19 29	19 14	19 02	18 52	18 35	18 21	18 09	17 57	17 46	17 34	17 28	17 21
10	20 21	19 55	19 35	19 19	19 06	18 55	18 37	18 22	18 09	17 57	17 45	17 32	17 25	17 17
14	20 31	20 02	19 41	19 24	19 10	18 59	18 39	18 24	18 10	17 57	17 44	17 30	17 22	17 14
18	20 41	20 10	19 47	19 29	19 15	19 02	18 42	18 25	18 11	17 57	17 43	17 28	17 20	17 11
22	20 50	20 17	19 53	19 34	19 19	19 06	18 45	18 27	18 12	17 57	17 43	17 27	17 18	17 09
26	21 00	20 24	19 59	19 39	19 23	19 09	18 47	18 29	18 13	17 58	17 43	17 26	17 17	17 07
30	21 08	20 31	20 04	19 44	19 27	19 13	18 50	18 31	18 15	17 59	17 43	17 26	17 16	17 06
Dec. 4	21 16	20 37	20 09	19 48	19 31	19 16	18 53	18 33	18 16	18 00	17 44	17 26	17 16	17 05
8	21 23	20 42	20 14	19 52	19 34	19 20	18 55	18 36	18 18	18 01	17 45	17 26	17 16	17 05
12	21 29	20 47	20 18	19 55	19 38	19 22	18 58	18 38	18 20	18 03	17 46	17 27	17 17	17 05
16	21 34	20 51	20 21	19 58	19 40	19 25	19 00	18 40	18 22	18 05	17 47	17 29	17 18	17 06
20	21 37	20 53	20 24	20 01	19 43	19 27	19 02	18 42	18 24	18 07	17 49	17 30	17 20	17 08
24	21 39	20 55	20 25	20 03	19 45	19 29	19 04	18 44	18 26	18 09	17 51	17 32	17 22	17 10
28	21 39	20 56	20 27	20 04	19 46	19 31	19 06	18 46	18 28	18 11	17 53	17 35	17 24	17 13
32	21 38	20 56	20 27	20 05	19 47	19 32	19 07	18 47	18 30	18 13	17 56	17 37	17 27	17 15
36	21 35	20 54	20 26	20 05	19 47	19 33	19 09	18 49	18 31	18 15	17 58	17 40	17 30	17 19

CIVIL TWILIGHT, 1986
UNIVERSAL TIME FOR MERIDIAN OF GREENWICH
MORNING CIVIL TWILIGHT

Lat.	+40°	+42°	+44°	+46°	+48°	+50°	+52°	+54°	+56°	+58°	+60°	+62°	+64°	+66°
	h m	h m	h m	h m	h m	h m	h m	h m	h m	h m	h m	h m	h m	h m
Oct. 1	05 29	05 29	05 28	05 28	05 28	05 27	05 27	05 26	05 25	05 24	05 23	05 22	05 20	05 18
5	05 33	05 33	05 33	05 33	05 33	05 33	05 33	05 33	05 33	05 33	05 33	05 32	05 32	05 31
9	05 37	05 37	05 38	05 38	05 39	05 39	05 40	05 40	05 41	05 42	05 42	05 43	05 43	05 44
13	05 41	05 42	05 43	05 44	05 45	05 46	05 47	05 48	05 49	05 50	05 51	05 53	05 55	05 56
17	05 45	05 46	05 47	05 49	05 50	05 52	05 53	05 55	05 57	05 59	06 01	06 03	06 06	06 09
21	05 49	05 51	05 52	05 54	05 56	05 58	06 00	06 02	06 05	06 07	06 10	06 14	06 17	06 21
25	05 53	05 55	05 57	05 59	06 02	06 04	06 07	06 10	06 13	06 16	06 20	06 24	06 29	06 34
29	05 57	06 00	06 02	06 05	06 07	06 10	06 14	06 17	06 21	06 25	06 29	06 34	06 40	06 46
Nov. 2	06 02	06 04	06 07	06 10	06 13	06 17	06 20	06 24	06 29	06 33	06 39	06 44	06 51	06 59
6	06 06	06 09	06 12	06 16	06 19	06 23	06 27	06 32	06 36	06 42	06 48	06 55	07 02	07 11
10	06 10	06 14	06 17	06 21	06 25	06 29	06 34	06 39	06 44	06 50	06 57	07 05	07 13	07 24
14	06 15	06 18	06 22	06 26	06 31	06 35	06 40	06 46	06 52	06 58	07 06	07 14	07 24	07 36
18	06 19	06 23	06 27	06 31	06 36	06 41	06 47	06 53	06 59	07 06	07 15	07 24	07 35	07 48
22	06 23	06 27	06 32	06 36	06 41	06 47	06 53	06 59	07 06	07 14	07 23	07 33	07 45	07 59
26	06 27	06 32	06 36	06 41	06 47	06 52	06 59	07 06	07 13	07 21	07 31	07 42	07 55	08 10
30	06 31	06 36	06 41	06 46	06 52	06 58	07 04	07 11	07 19	07 28	07 38	07 50	08 04	08 20
Dec. 4	06 35	06 40	06 45	06 50	06 56	07 03	07 09	07 17	07 25	07 35	07 45	07 57	08 12	08 29
8	06 39	06 44	06 49	06 54	07 00	07 07	07 14	07 22	07 30	07 40	07 51	08 04	08 19	08 37
12	06 42	06 47	06 52	06 58	07 04	07 11	07 18	07 26	07 35	07 45	07 56	08 09	08 25	08 44
16	06 45	06 50	06 55	07 01	07 07	07 14	07 21	07 30	07 39	07 49	08 00	08 14	08 30	08 49
20	06 47	06 52	06 58	07 04	07 10	07 17	07 24	07 32	07 41	07 52	08 03	08 17	08 33	08 53
24	06 49	06 54	07 00	07 06	07 12	07 19	07 26	07 34	07 43	07 54	08 05	08 19	08 35	08 55
28	06 50	06 56	07 01	07 07	07 13	07 20	07 27	07 35	07 44	07 55	08 06	08 20	08 36	08 55
32	06 51	06 57	07 02	07 08	07 14	07 20	07 28	07 36	07 45	07 54	08 06	08 19	08 34	08 53
36	06 52	06 57	07 02	07 08	07 14	07 20	07 27	07 35	07 44	07 53	08 04	08 17	08 32	08 50

EVENING CIVIL TWILIGHT

Lat.	+40°	+42°	+44°	+46°	+48°	+50°	+52°	+54°	+56°	+58°	+60°	+62°	+64°	+66°
	h m	h m	h m	h m	h m	h m	h m	h m	h m	h m	h m	h m	h m	h m
Oct. 1	18 10	18 10	18 10	18 11	18 11	18 11	18 12	18 12	18 13	18 14	18 15	18 16	18 18	18 19
5	18 04	18 03	18 03	18 03	18 03	18 03	18 03	18 03	18 03	18 03	18 03	18 03	18 04	18 04
9	17 57	17 57	17 56	17 56	17 55	17 54	17 54	17 53	17 53	17 52	17 51	17 51	17 50	17 49
13	17 51	17 50	17 49	17 48	17 47	17 46	17 45	17 44	17 43	17 41	17 40	17 38	17 37	17 35
17	17 45	17 44	17 43	17 41	17 40	17 38	17 37	17 35	17 33	17 31	17 29	17 26	17 24	17 20
21	17 40	17 38	17 36	17 35	17 33	17 31	17 28	17 26	17 24	17 21	17 18	17 15	17 11	17 07
25	17 35	17 33	17 30	17 28	17 26	17 23	17 21	17 18	17 15	17 11	17 07	17 03	16 58	16 53
29	17 30	17 27	17 25	17 22	17 19	17 16	17 13	17 10	17 06	17 02	16 57	16 52	16 46	16 40
Nov. 2	17 25	17 22	17 19	17 16	17 13	17 10	17 06	17 02	16 58	16 53	16 48	16 42	16 35	16 27
6	17 21	17 18	17 15	17 11	17 08	17 04	17 00	16 55	16 50	16 45	16 39	16 32	16 24	16 15
10	17 17	17 14	17 10	17 06	17 02	16 58	16 53	16 48	16 43	16 37	16 30	16 22	16 13	16 03
14	17 14	17 10	17 06	17 02	16 58	16 53	16 48	16 42	16 36	16 30	16 22	16 14	16 04	15 52
18	17 11	17 07	17 03	16 58	16 54	16 49	16 43	16 37	16 30	16 23	16 15	16 05	15 55	15 42
22	17 09	17 04	17 00	16 55	16 50	16 45	16 39	16 32	16 25	16 17	16 08	15 58	15 46	15 32
26	17 07	17 02	16 58	16 53	16 47	16 42	16 35	16 28	16 21	16 12	16 03	15 52	15 39	15 24
30	17 06	17 01	16 56	16 51	16 45	16 39	16 33	16 25	16 17	16 08	15 58	15 47	15 33	15 17
Dec. 4	17 05	17 00	16 55	16 50	16 44	16 37	16 31	16 23	16 15	16 05	15 55	15 42	15 28	15 11
8	17 05	17 00	16 55	16 49	16 43	16 36	16 29	16 22	16 13	16 03	15 52	15 39	15 24	15 06
12	17 05	17 00	16 55	16 49	16 43	16 36	16 29	16 21	16 12	16 02	15 51	15 38	15 22	15 03
16	17 06	17 01	16 56	16 50	16 44	16 37	16 29	16 21	16 12	16 02	15 50	15 37	15 21	15 02
20	17 08	17 03	16 57	16 51	16 45	16 38	16 31	16 23	16 13	16 03	15 51	15 38	15 22	15 02
24	17 10	17 05	16 59	16 53	16 47	16 40	16 33	16 25	16 16	16 05	15 54	15 40	15 24	15 04
28	17 13	17 07	17 02	16 56	16 50	16 43	16 36	16 28	16 19	16 08	15 57	15 43	15 28	15 08
32	17 15	17 10	17 05	16 59	16 53	16 47	16 39	16 31	16 22	16 13	16 01	15 48	15 33	15 14
36	17 19	17 14	17 09	17 03	16 57	16 51	16 44	16 36	16 27	16 18	16 07	15 54	15 39	15 21

NAUTICAL TWILIGHT, 1986
UNIVERSAL TIME FOR MERIDIAN OF GREENWICH
BEGINNING NAUTICAL TWILIGHT

Lat.	−55°	−50°	−45°	−40°	−35°	−30°	−20°	−10°	0°	+10°	+20°	+30°	+35°	+40°
	h m	h m	h m	h m	h m	h m	h m	h m	h m	h m	h m	h m	h m	h m
Jan. −2	// //	02 03	02 48	03 18	03 41	03 59	04 28	04 51	05 10	05 26	05 43	05 59	06 08	06 17
2	00 15	02 08	02 52	03 22	03 44	04 02	04 31	04 53	05 12	05 28	05 44	06 00	06 09	06 18
6	00 44	02 15	02 57	03 26	03 48	04 06	04 34	04 55	05 14	05 30	05 45	06 01	06 09	06 18
10	01 05	02 23	03 03	03 31	03 52	04 09	04 37	04 58	05 16	05 31	05 46	06 01	06 09	06 18
14	01 23	02 31	03 09	03 36	03 56	04 13	04 40	05 00	05 17	05 33	05 47	06 02	06 09	06 17
18	01 40	02 40	03 16	03 41	04 01	04 17	04 43	05 02	05 19	05 34	05 47	06 01	06 08	06 16
22	01 56	02 49	03 23	03 47	04 06	04 21	04 46	05 05	05 20	05 34	05 48	06 01	06 07	06 14
26	02 11	02 59	03 30	03 53	04 11	04 25	04 49	05 07	05 22	05 35	05 47	05 59	06 06	06 12
30	02 25	03 09	03 37	03 59	04 16	04 30	04 52	05 09	05 23	05 35	05 47	05 58	06 03	06 09
Feb. 3	02 39	03 18	03 45	04 05	04 21	04 34	04 54	05 10	05 24	05 35	05 46	05 56	06 01	06 06
7	02 53	03 28	03 52	04 11	04 26	04 38	04 57	05 12	05 24	05 35	05 44	05 53	05 58	06 03
11	03 05	03 37	03 59	04 17	04 30	04 42	05 00	05 14	05 25	05 34	05 43	05 51	05 55	05 58
15	03 18	03 46	04 07	04 22	04 35	04 46	05 02	05 15	05 25	05 34	05 41	05 48	05 51	05 54
19	03 29	03 55	04 14	04 28	04 40	04 49	05 04	05 16	05 25	05 32	05 39	05 44	05 47	05 49
23	03 41	04 03	04 20	04 33	04 44	04 53	05 06	05 17	05 25	05 31	05 36	05 41	05 42	05 44
27	03 51	04 12	04 27	04 39	04 48	04 56	05 08	05 17	05 24	05 30	05 34	05 37	05 38	05 38
Mar. 3	04 02	04 20	04 33	04 44	04 52	04 59	05 10	05 18	05 24	05 28	05 31	05 33	05 33	05 33
7	04 11	04 27	04 39	04 49	04 56	05 02	05 12	05 18	05 23	05 26	05 28	05 28	05 28	05 27
11	04 21	04 35	04 45	04 54	05 00	05 05	05 13	05 19	05 22	05 24	05 25	05 24	05 22	05 20
15	04 30	04 42	04 51	04 58	05 04	05 08	05 15	05 19	05 21	05 22	05 21	05 19	05 17	05 14
19	04 39	04 49	04 57	05 03	05 07	05 11	05 16	05 19	05 20	05 20	05 18	05 14	05 11	05 07
23	04 47	04 56	05 02	05 07	05 11	05 13	05 17	05 19	05 19	05 17	05 14	05 09	05 05	05 01
27	04 55	05 02	05 07	05 11	05 14	05 16	05 18	05 19	05 18	05 15	05 11	05 04	04 59	04 54
31	05 03	05 09	05 13	05 15	05 17	05 18	05 18	05 18	05 16	05 13	05 07	04 59	04 54	04 47
Apr. 4	05 11	05 15	05 18	05 19	05 20	05 21	05 20	05 18	05 15	05 10	05 03	04 54	04 48	04 40

ENDING NAUTICAL TWILIGHT

	−55°	−50°	−45°	−40°	−35°	−30°	−20°	−10°	0°	+10°	+20°	+30°	+35°	+40°
	h m	h m	h m	h m	h m	h m	h m	h m	h m	h m	h m	h m	h m	h m
Jan. −2	// //	22 01	21 16	20 46	20 23	20 05	19 36	19 13	18 55	18 38	18 22	18 05	17 57	17 47
2	23 44	21 59	21 16	20 46	20 23	20 05	19 37	19 15	18 56	18 40	18 24	18 08	17 59	17 50
6	23 22	21 56	21 14	20 45	20 23	20 06	19 38	19 16	18 58	18 42	18 26	18 11	18 02	17 54
10	23 06	21 51	21 12	20 44	20 23	20 05	19 38	19 17	18 59	18 44	18 29	18 14	18 06	17 57
14	22 52	21 46	21 08	20 42	20 21	20 04	19 38	19 18	19 01	18 45	18 31	18 17	18 09	18 01
18	22 38	21 39	21 04	20 39	20 19	20 03	19 38	19 18	19 02	18 47	18 33	18 20	18 13	18 05
22	22 25	21 32	20 59	20 35	20 17	20 01	19 37	19 18	19 03	18 49	18 36	18 23	18 16	18 09
26	22 11	21 24	20 54	20 31	20 14	19 59	19 36	19 18	19 03	18 50	18 38	18 26	18 20	18 13
30	21 58	21 16	20 48	20 27	20 10	19 56	19 35	19 18	19 04	18 51	18 40	18 29	18 23	18 18
Feb. 3	21 46	21 08	20 42	20 22	20 06	19 53	19 33	19 17	19 04	18 53	18 42	18 32	18 27	18 22
7	21 33	20 59	20 35	20 17	20 02	19 50	19 31	19 16	19 04	18 54	18 44	18 35	18 31	18 26
11	21 21	20 50	20 28	20 11	19 57	19 46	19 28	19 15	19 04	18 54	18 46	18 38	18 34	18 31
15	21 08	20 41	20 21	20 05	19 53	19 42	19 26	19 13	19 03	18 55	18 48	18 41	18 38	18 35
19	20 56	20 31	20 13	19 59	19 47	19 38	19 23	19 12	19 03	18 55	18 49	18 44	18 42	18 39
23	20 44	20 22	20 05	19 52	19 42	19 33	19 20	19 10	19 02	18 56	18 51	18 47	18 45	18 44
27	20 32	20 12	19 58	19 46	19 37	19 29	19 17	19 08	19 01	18 56	18 52	18 49	18 48	18 48
Mar. 3	20 21	20 03	19 50	19 39	19 31	19 24	19 14	19 06	19 00	18 56	18 53	18 52	18 52	18 52
7	20 09	19 53	19 42	19 33	19 25	19 19	19 10	19 04	18 59	18 56	18 55	18 55	18 55	18 56
11	19 58	19 44	19 34	19 26	19 19	19 14	19 07	19 01	18 58	18 56	18 56	18 57	18 59	19 01
15	19 46	19 35	19 26	19 19	19 14	19 09	19 03	18 59	18 57	18 56	18 57	19 00	19 02	19 05
19	19 35	19 25	19 18	19 12	19 08	19 04	19 00	18 57	18 56	18 56	18 58	19 02	19 05	19 09
23	19 25	19 16	19 10	19 06	19 02	18 59	18 56	18 55	18 55	18 56	18 59	19 05	19 09	19 14
27	19 14	19 07	19 03	18 59	18 56	18 55	18 53	18 52	18 53	18 56	19 01	19 07	19 12	19 18
31	19 04	18 59	18 55	18 53	18 51	18 50	18 49	18 50	18 52	18 56	19 02	19 10	19 16	19 22
Apr. 4	18 54	18 50	18 48	18 46	18 45	18 45	18 46	18 48	18 51	18 56	19 03	19 13	19 19	19 27

(// //) indicates continuous twilight.

NAUTICAL TWILIGHT, 1986
UNIVERSAL TIME FOR MERIDIAN OF GREENWICH
BEGINNING NAUTICAL TWILIGHT

Lat.	+40°	+42°	+44°	+46°	+48°	+50°	+52°	+54°	+56°	+58°	+60°	+62°	+64°	+66°
	h m	h m	h m	h m	h m	h m	h m	h m	h m	h m	h m	h m	h m	h m
Jan. −2	06 17	06 21	06 25	06 29	06 34	06 39	06 44	06 49	06 56	07 02	07 10	07 18	07 27	07 38
2	06 18	06 22	06 26	06 30	06 34	06 39	06 44	06 50	06 56	07 02	07 09	07 17	07 26	07 37
6	06 18	06 22	06 26	06 30	06 34	06 39	06 44	06 49	06 55	07 01	07 08	07 16	07 24	07 35
10	06 18	06 22	06 25	06 29	06 33	06 38	06 43	06 48	06 53	06 59	07 06	07 13	07 21	07 31
14	06 17	06 21	06 24	06 28	06 32	06 36	06 41	06 45	06 50	06 56	07 02	07 09	07 17	07 26
18	06 16	06 19	06 23	06 26	06 30	06 34	06 38	06 42	06 47	06 52	06 58	07 04	07 11	07 20
22	06 14	06 17	06 21	06 24	06 27	06 31	06 35	06 39	06 43	06 48	06 53	06 59	07 05	07 12
26	06 12	06 15	06 18	06 21	06 24	06 27	06 30	06 34	06 38	06 42	06 47	06 52	06 58	07 04
30	06 09	06 12	06 14	06 17	06 20	06 23	06 26	06 29	06 32	06 36	06 40	06 45	06 49	06 55
Feb. 3	06 06	06 08	06 11	06 13	06 15	06 18	06 20	06 23	06 26	06 29	06 33	06 36	06 40	06 45
7	06 03	06 04	06 06	06 08	06 10	06 12	06 15	06 17	06 19	06 22	06 25	06 27	06 31	06 34
11	05 58	06 00	06 02	06 03	06 05	06 06	06 08	06 10	06 12	06 14	06 16	06 18	06 20	06 23
15	05 54	05 55	05 56	05 58	05 59	06 00	06 01	06 03	06 04	06 05	06 06	06 08	06 09	06 11
19	05 49	05 50	05 51	05 52	05 52	05 53	05 54	05 55	05 55	05 56	05 57	05 57	05 58	05 58
23	05 44	05 44	05 45	05 45	05 46	05 46	05 46	05 46	05 46	05 46	05 46	05 46	05 45	05 45
27	05 38	05 39	05 39	05 39	05 39	05 38	05 38	05 38	05 37	05 36	05 35	05 34	05 33	05 31
Mar. 3	05 33	05 32	05 32	05 32	05 31	05 30	05 30	05 28	05 27	05 26	05 24	05 22	05 19	05 16
7	05 27	05 26	05 25	05 24	05 23	05 22	05 ·21	05 19	05 17	05 15	05 12	05 09	05 05	05 01
11	05 20	05 19	05 18	05 17	05 15	05 14	05 12	05 09	05 07	05 04	05 00	04 56	04 51	04 45
15	05 14	05 12	05 11	05 09	05 07	05 05	05 02	04 59	04 56	04 52	04 48	04 43	04 36	04 29
19	05 07	05 05	05 03	05 01	04 59	04 56	04 53	04 49	04 45	04 40	04 35	04 29	04 21	04 12
23	05 01	04 58	04 56	04 53	04 50	04 47	04 43	04 39	04 34	04 28	04 22	04 14	04 05	03 54
27	04 54	04 51	04 48	04 45	04 41	04 37	04 33	04 28	04 22	04 16	04 08	03 59	03 49	03 36
31	04 47	04 44	04 40	04 37	04 33	04 28	04 23	04 17	04 10	04 03	03 54	03 44	03 31	03 16
Apr. 4	04 40	04 37	04 33	04 28	04 24	04 18	04 13	04 06	03 58	03 50	03 40	03 28	03 13	02 55

ENDING NAUTICAL TWILIGHT

Lat.	+40°	+42°	+44°	+46°	+48°	+50°	+52°	+54°	+56°	+58°	+60°	+62°	+64°	+66°
	h m	h m	h m	h m	h m	h m	h m	h m	h m	h m	h m	h m	h m	h m
Jan. −2	17 47	17 43	17 39	17 35	17 30	17 26	17 20	17 15	17 09	17 02	16 55	16 46	16 37	16 26
2	17 50	17 47	17 42	17 38	17 34	17 29	17 24	17 19	17 13	17 06	16 59	16 51	16 42	16 31
6	17 54	17 50	17 46	17 42	17 38	17 33	17 28	17 23	17 17	17 11	17 04	16 56	16 48	16 38
10	17 57	17 54	17 50	17 46	17 42	17 37	17 33	17 28	17 22	17 16	17 10	17 03	16 54	16 45
14	18 01	17 58	17 54	17 50	17 46	17 42	17 38	17 33	17 28	17 23	17 16	17 10	17 02	16 53
18	18 05	18 02	17 58	17 55	17 51	17 47	17 43	17 39	17 34	17 29	17 23	17 17	17 10	17 02
22	18 09	18 06	18 03	18 00	17 56	17 53	17 49	17 45	17 41	17 36	17 31	17 25	17 19	17 12
26	18 13	18 11	18 08	18 05	18 02	17 59	17 55	17 52	17 48	17 44	17 39	17 34	17 28	17 22
30	18 18	18 15	18 13	18 10	18 07	18 04	18 02	17 58	17 55	17 51	17 47	17 43	17 38	17 33
Feb. 3	18 22	18 20	18 18	18 15	18 13	18 11	18 08	18 05	18 02	17 59	17 56	17 52	17 48	17 44
7	18 26	18 24	18 23	18 21	18 19	18 17	18 15	18 12	18 10	18 08	18 05	18 02	17 59	17 55
11	18 31	18 29	18 28	18 26	18 24	18 23	18 21	18 20	18 18	18 16	18 14	18 12	18 10	18 07
15	18 35	18 34	18 33	18 31	18 30	18 29	18 28	18 27	18 26	18 24	18 23	18 22	18 21	18 19
19	18 39	18 38	18 38	18 37	18 36	18 35	18 35	18 34	18 34	18 33	18 33	18 32	18 32	18 32
23	18 44	18 43	18 43	18 42	18 42	18 42	18 42	18 42	18 42	18 42	18 42	18 43	18 43	18 44
27	18 48	18 48	18 48	18 48	18 48	18 48	18 49	18 49	18 50	18 51	18 52	18 53	18 55	18 57
Mar. 3	18 52	18 52	18 53	18 53	18 54	18 55	18 56	18 57	18 58	19 00	19 02	19 04	19 07	19 10
7	18 56	18 57	18 58	18 59	19 00	19 01	19 03	19 04	19 06	19 09	19 12	19 15	19 19	19 23
11	19 01	19 02	19 03	19 04	19 06	19 08	19 10	19 12	19 15	19 18	19 22	19 26	19 31	19 37
15	19 05	19 06	19 08	19 10	19 12	19 14	19 17	19 20	19 24	19 28	19 32	19 38	19 44	19 51
19	19 09	19 11	19 13	19 16	19 18	19 21	19 24	19 28	19 32	19 37	19 43	19 49	19 57	20 06
23	19 14	19 16	19 18	19 21	19 24	19 28	19 32	19 36	19 41	19 47	19 54	20 02	20 11	20 22
27	19 18	19 21	19 24	19 27	19 31	19 35	19 39	19 45	19 50	19 57	20 05	20 14	20 25	20 38
31	19 22	19 26	19 29	19 33	19 37	19 42	19 47	19 53	20 00	20 08	20 17	20 27	20 40	20 56
Apr. 4	19 27	19 31	19 34	19 39	19 44	19 49	19 55	20 02	20 10	20 18	20 29	20 41	20 56	21 15

NAUTICAL TWILIGHT, 1986
UNIVERSAL TIME FOR MERIDIAN OF GREENWICH
BEGINNING NAUTICAL TWILIGHT

Lat.	−55°	−50°	−45°	−40°	−35°	−30°	−20°	−10°	0°	+10°	+20°	+30°	+35°	+40°
	h m	h m	h m	h m	h m	h m	h m	h m	h m	h m	h m	h m	h m	h m
Mar. 31	05 03	05 09	05 13	05 15	05 17	05 18	05 19	05 18	05 16	05 13	05 07	04 59	04 54	04 47
Apr. 4	05 11	05 15	05 18	05 19	05 20	05 21	05 20	05 18	05 15	05 10	05 03	04 54	04 48	04 40
8	05 19	05 21	05 22	05 23	05 23	05 23	05 21	05 18	05 14	05 08	05 00	04 49	04 42	04 33
12	05 26	05 27	05 27	05 27	05 26	05 25	05 22	05 18	05 12	05 05	04 56	04 44	04 36	04 26
16	05 33	05 33	05 32	05 31	05 29	05 27	05 23	05 18	05 11	05 03	04 53	04 39	04 30	04 20
20	05 40	05 39	05 37	05 34	05 32	05 30	05 24	05 18	05 10	05 01	04 49	04 34	04 25	04 13
24	05 47	05 44	05 41	05 38	05 35	05 32	05 25	05 18	05 09	04 59	04 46	04 30	04 19	04 07
28	05 54	05 50	05 45	05 42	05 38	05 34	05 26	05 18	05 08	04 57	04 43	04 25	04 14	04 00
May 2	06 00	05 55	05 50	05 45	05 41	05 36	05 27	05 18	05 07	04 55	04 40	04 21	04 09	03 54
6	06 07	06 00	05 54	05 49	05 43	05 38	05 28	05 18	05 07	04 53	04 38	04 17	04 04	03 48
10	06 13	06 05	05 58	05 52	05 46	05 41	05 30	05 18	05 06	04 52	04 35	04 13	04 00	03 43
14	06 19	06 10	06 02	05 55	05 49	05 43	05 31	05 19	05 06	04 51	04 33	04 10	03 56	03 38
18	06 24	06 14	06 06	05 58	05 51	05 45	05 32	05 19	05 05	04 50	04 31	04 07	03 52	03 33
22	06 29	06 19	06 10	06 02	05 54	05 47	05 33	05 20	05 05	04 49	04 30	04 04	03 49	03 29
26	06 34	06 23	06 13	06 04	05 56	05 49	05 35	05 20	05 05	04 48	04 28	04 02	03 46	03 25
30	06 39	06 27	06 16	06 07	05 59	05 51	05 36	05 21	05 06	04 48	04 27	04 00	03 43	03 22
June 3	06 43	06 30	06 19	06 10	06 01	05 53	05 37	05 22	05 06	04 48	04 27	03 59	03 41	03 20
7	06 46	06 33	06 22	06 12	06 03	05 54	05 39	05 23	05 07	04 48	04 26	03 58	03 40	03 18
11	06 49	06 35	06 24	06 14	06 05	05 56	05 40	05 24	05 07	04 49	04 26	03 58	03 39	03 17
15	06 51	06 37	06 26	06 15	06 06	05 57	05 41	05 25	05 08	04 49	04 27	03 58	03 39	03 16
19	06 53	06 39	06 27	06 17	06 07	05 59	05 42	05 26	05 09	04 50	04 27	03 58	03 39	03 16
23	06 54	06 40	06 28	06 18	06 08	05 59	05 43	05 27	05 10	04 51	04 28	03 59	03 40	03 17
27	06 54	06 40	06 28	06 18	06 09	06 00	05 44	05 27	05 11	04 52	04 29	04 00	03 41	03 18
July 1	06 54	06 40	06 28	06 18	06 09	06 00	05 44	05 28	05 11	04 53	04 30	04 02	03 43	03 20
5	06 52	06 39	06 28	06 18	06 09	06 00	05 44	05 29	05 12	04 54	04 32	04 04	03 45	03 23

ENDING NAUTICAL TWILIGHT

	−55°	−50°	−45°	−40°	−35°	−30°	−20°	−10°	0°	+10°	+20°	+30°	+35°	+40°
	h m	h m	h m	h m	h m	h m	h m	h m	h m	h m	h m	h m	h m	h m
Mar. 31	19 04	18 59	18 55	18 53	18 51	18 50	18 49	18 50	18 52	18 56	19 02	19 10	19 16	19 22
Apr. 4	18 54	18 50	18 48	18 46	18 45	18 45	18 46	18 48	18 51	18 56	19 03	19 13	19 19	19 27
8	18 44	18 42	18 41	18 40	18 40	18 41	18 42	18 46	18 50	18 56	19 04	19 16	19 23	19 32
12	18 34	18 34	18 34	18 34	18 35	18 36	18 39	18 44	18 49	18 57	19 06	19 18	19 26	19 36
16	18 25	18 26	18 27	18 28	18 30	18 32	18 36	18 42	18 49	18 57	19 07	19 21	19 30	19 41
20	18 17	18 19	18 21	18 23	18 25	18 28	18 34	18 40	18 48	18 57	19 09	19 24	19 34	19 46
24	18 08	18 11	18 15	18 18	18 21	18 24	18 31	18 39	18 47	18 58	19 11	19 27	19 38	19 51
28	18 00	18 05	18 09	18 13	18 17	18 21	18 29	18 37	18 47	18 58	19 12	19 30	19 42	19 56
May 2	17 53	17 58	18 04	18 08	18 13	18 17	18 27	18 36	18 47	18 59	19 14	19 33	19 46	20 01
6	17 46	17 53	17 59	18 04	18 09	18 15	18 25	18 35	18 47	19 00	19 16	19 37	19 50	20 06
10	17 39	17 47	17 54	18 00	18 06	18 12	18 23	18 34	18 47	19 01	19 18	19 40	19 54	20 11
14	17 33	17 42	17 50	17 57	18 03	18 10	18 22	18 34	18 47	19 02	19 20	19 43	19 58	20 16
18	17 28	17 38	17 46	17 54	18 01	18 08	18 21	18 34	18 47	19 03	19 22	19 46	20 01	20 20
22	17 23	17 34	17 43	17 51	17 59	18 06	18 20	18 33	18 48	19 04	19 24	19 49	20 05	20 25
26	17 19	17 31	17 40	17 49	17 57	18 05	18 19	18 33	18 49	19 06	19 26	19 52	20 09	20 29
30	17 16	17 28	17 38	17 48	17 56	18 04	18 19	18 34	18 49	19 07	19 28	19 55	20 12	20 33
June 3	17 13	17 26	17 37	17 46	17 55	18 03	18 19	18 34	18 50	19 08	19 30	19 57	20 15	20 37
7	17 11	17 24	17 36	17 46	17 55	18 03	18 19	18 34	18 51	19 09	19 31	20 00	20 18	20 40
11	17 10	17 24	17 35	17 45	17 54	18 03	18 19	18 35	18 52	19 11	19 33	20 02	20 20	20 43
15	17 09	17 23	17 35	17 45	17 55	18 03	18 20	18 36	18 53	19 12	19 34	20 03	20 22	20 45
19	17 10	17 24	17 35	17 46	17 55	18 04	18 20	18 37	18 54	19 13	19 35	20 04	20 23	20 46
23	17 10	17 24	17 36	17 47	17 56	18 05	18 21	18 38	18 55	19 14	19 36	20 05	20 24	20 47
27	17 12	17 26	17 38	17 48	17 57	18 06	18 22	18 38	18 55	19 14	19 37	20 06	20 24	20 47
July 1	17 14	17 28	17 39	17 49	17 59	18 07	18 23	18 39	18 56	19 15	19 37	20 06	20 24	20 47
5	17 17	17 30	17 41	17 51	18 00	18 09	18 25	18 40	18 57	19 15	19 37	20 05	20 23	20 46

NAUTICAL TWILIGHT, 1986
UNIVERSAL TIME FOR MERIDIAN OF GREENWICH
BEGINNING NAUTICAL TWILIGHT

Lat.	+40°	+42°	+44°	+46°	+48°	+50°	+52°	+54°	+56°	+58°	+60°	+62°	+64°	+66°
	h m	h m	h m	h m	h m	h m	h m	h m	h m	h m	h m	h m	h m	h m
Mar. 31	04 47	04 44	04 40	04 37	04 33	04 28	04 23	04 17	04 10	04 03	03 54	03 44	03 31	03 16
Apr. 4	04 40	04 37	04 33	04 28	04 24	04 18	04 13	04 06	03 58	03 50	03 40	03 28	03 13	02 55
8	04 33	04 29	04 25	04 20	04 15	04 09	04 02	03 55	03 46	03 36	03 25	03 11	02 54	02 32
12	04 26	04 22	04 17	04 12	04 06	03 59	03 52	03 43	03 34	03 23	03 09	02 53	02 33	02 07
16	04 20	04 15	04 09	04 03	03 57	03 50	03 41	03 32	03 21	03 09	02 53	02 35	02 11	01 36
20	04 13	04 08	04 02	03 55	03 48	03 40	03 31	03 20	03 08	02 54	02 37	02 15	01 45	00 53
24	04 07	04 01	03 54	03 47	03 39	03 30	03 20	03 09	02 55	02 39	02 19	01 52	01 12	// //
28	04 00	03 54	03 47	03 39	03 31	03 21	03 10	02 57	02 42	02 23	02 00	01 27	00 04	// //
May 2	03 54	03 47	03 40	03 32	03 22	03 12	03 00	02 45	02 28	02 07	01 39	00 52	// //	// //
6	03 48	03 41	03 33	03 24	03 14	03 03	02 49	02 34	02 14	01 50	01 14	// //	// //	// //
10	03 43	03 35	03 27	03 17	03 06	02 54	02 39	02 22	02 00	01 31	00 40	// //	// //	// //
14	03 38	03 30	03 20	03 10	02 59	02 45	02 29	02 10	01 45	01 09	// //	// //	// //	// //
18	03 33	03 25	03 15	03 04	02 51	02 37	02 20	01 58	01 30	00 41	// //	// //	// //	// //
22	03 29	03 20	03 10	02 58	02 45	02 29	02 11	01 47	01 13	// //	// //	// //	// //	// //
26	03 25	03 16	03 05	02 53	02 39	02 22	02 02	01 36	00 54	// //	// //	// //	// //	// //
30	03 22	03 12	03 01	02 48	02 34	02 16	01 54	01 25	00 30	// //	// //	// //	// //	// //
JUNE 3	03 20	03 09	02 58	02 45	02 29	02 11	01 47	01 14	// //	// //	// //	// //	// //	// //
7	03 18	03 07	02 55	02 42	02 25	02 06	01 41	01 04	// //	// //	// //	// //	// //	// //
11	03 17	03 06	02 54	02 39	02 23	02 03	01 36	00 56	// //	// //	// //	// //	// //	// //
15	03 16	03 05	02 53	02 38	02 21	02 01	01 33	00 49	// //	// //	// //	// //	// //	** **
19	03 16	03 05	02 52	02 38	02 21	02 00	01 32	00 45	// //	// //	// //	// //	// //	** **
23	03 17	03 06	02 53	02 39	02 22	02 01	01 33	00 45	// //	// //	// //	// //	// //	** **
27	03 18	03 07	02 55	02 40	02 23	02 03	01 35	00 50	// //	// //	// //	// //	// //	** **
July 1	03 20	03 09	02 57	02 43	02 26	02 06	01 39	00 57	// //	// //	// //	// //	// //	// //
5	03 23	03 12	03 00	02 46	02 30	02 10	01 45	01 07	// //	// //	// //	// //	// //	// //

ENDING NAUTICAL TWILIGHT

Lat.	+40°	+42°	+44°	+46°	+48°	+50°	+52°	+54°	+56°	+58°	+60°	+62°	+64°	+66°
	h m	h m	h m	h m	h m	h m	h m	h m	h m	h m	h m	h m	h m	h m
Mar. 31	19 22	19 26	19 29	19 33	19 37	19 42	19 47	19 53	20 00	20 08	20 17	20 27	20 40	20 56
Apr. 4	19 27	19 31	19 34	19 39	19 44	19 49	19 55	20 02	20 10	20 18	20 29	20 41	20 56	21 15
8	19 32	19 36	19 40	19 45	19 50	19 56	20 03	20 11	20 20	20 30	20 42	20 56	21 14	21 36
12	19 36	19 41	19 46	19 51	19 57	20 04	20 11	20 20	20 30	20 41	20 55	21 12	21 33	22 01
16	19 41	19 46	19 51	19 57	20 04	20 12	20 20	20 30	20 41	20 54	21 09	21 29	21 54	22 31
20	19 46	19 51	19 57	20 04	20 11	20 19	20 29	20 39	20 52	21 07	21 25	21 47	22 19	23 21
24	19 51	19 57	20 03	20 10	20 18	20 27	20 38	20 50	21 03	21 20	21 41	22 09	22 53	// //
28	19 56	20 02	20 09	20 17	20 26	20 36	20 47	21 00	21 16	21 35	21 59	22 35	// //	// //
May 2	20 01	20 08	20 15	20 24	20 33	20 44	20 56	21 11	21 28	21 50	22 20	23 13	// //	// //
6	20 06	20 13	20 21	20 30	20 41	20 52	21 06	21 22	21 42	22 07	22 45	// //	// //	// //
10	20 11	20 19	20 27	20 37	20 48	21 01	21 15	21 33	21 56	22 26	23 25	// //	// //	// //
14	20 16	20 24	20 33	20 44	20 55	21 09	21 25	21 45	22 10	22 49	// //	// //	// //	// //
18	20 20	20 29	20 39	20 50	21 03	21 17	21 35	21 57	22 26	23 21	// //	// //	// //	// //
22	20 25	20 34	20 44	20 56	21 10	21 25	21 44	22 09	22 44	// //	// //	// //	// //	// //
26	20 29	20 39	20 50	21 02	21 16	21 33	21 54	22 21	23 05	// //	// //	// //	// //	// //
30	20 33	20 43	20 55	21 07	21 22	21 40	22 02	22 33	23 34	// //	// //	// //	// //	// //
June 3	20 37	20 47	20 59	21 12	21 28	21 47	22 11	22 45	// //	// //	// //	// //	// //	// //
7	20 40	20 51	21 03	21 17	21 33	21 52	22 18	22 56	// //	// //	// //	// //	// //	// //
11	20 43	20 54	21 06	21 20	21 37	21 57	22 24	23 05	// //	// //	// //	// //	// //	// //
15	20 45	20 56	21 08	21 23	21 40	22 01	22 28	23 13	// //	// //	// //	// //	// //	** **
19	20 46	20 57	21 10	21 25	21 42	22 03	22 31	23 18	// //	// //	// //	// //	// //	** **
23	20 47	20 58	21 11	21 25	21 42	22 03	22 31	23 18	// //	// //	// //	// //	// //	** **
27	20 47	20 58	21 11	21 25	21 42	22 03	22 30	23 15	// //	// //	// //	// //	// //	** **
July 1	20 47	20 58	21 10	21 24	21 41	22 01	22 27	23 09	// //	// //	// //	// //	// //	// //
5	20 46	20 56	21 08	21 22	21 38	21 58	22 23	23 00	// //	// //	// //	// //	// //	// //

(** **) indicates Sun continuously above horizon.
(// //) indicates continuous twilight.

NAUTICAL TWILIGHT, 1986
UNIVERSAL TIME FOR MERIDIAN OF GREENWICH
BEGINNING NAUTICAL TWILIGHT

Lat.	−55°	−50°	−45°	−40°	−35°	−30°	−20°	−10°	0°	+10°	+20°	+30°	+35°	+40°
	h m	h m	h m	h m	h m	h m	h m	h m	h m	h m	h m	h m	h m	h m
July 1	06 54	06 40	06 28	06 18	06 09	06 00	05 44	05 28	05 11	04 53	04 30	04 02	03 43	03 20
5	06 52	06 39	06 28	06 18	06 09	06 00	05 44	05 29	05 12	04 54	04 32	04 04	03 45	03 23
9	06 50	06 38	06 27	06 17	06 08	06 00	05 45	05 29	05 13	04 55	04 33	04 06	03 48	03 26
13	06 48	06 35	06 25	06 16	06 07	05 59	05 44	05 30	05 14	04 56	04 35	04 08	03 51	03 30
17	06 44	06 33	06 23	06 14	06 06	05 58	05 44	05 30	05 15	04 57	04 37	04 11	03 54	03 33
21	06 40	06 29	06 20	06 12	06 04	05 57	05 43	05 30	05 15	04 59	04 39	04 13	03 57	03 38
25	06 36	06 26	06 17	06 09	06 02	05 55	05 42	05 29	05 15	05 00	04 41	04 16	04 01	03 42
29	06 30	06 21	06 13	06 06	06 00	05 53	05 41	05 29	05 16	05 01	04 43	04 19	04 05	03 47
Aug. 2	06 24	06 16	06 09	06 03	05 57	05 51	05 40	05 28	05 16	05 02	04 44	04 22	04 08	03 51
6	06 18	06 11	06 05	05 59	05 54	05 48	05 38	05 27	05 16	05 02	04 46	04 25	04 12	03 56
10	06 11	06 05	06 00	05 55	05 50	05 45	05 36	05 26	05 16	05 03	04 48	04 28	04 16	04 01
14	06 03	05 59	05 54	05 50	05 46	05 42	05 34	05 25	05 15	05 04	04 50	04 31	04 20	04 06
18	05 55	05 52	05 48	05 45	05 42	05 38	05 31	05 24	05 15	05 04	04 51	04 34	04 23	04 10
22	05 47	05 45	05 42	05 40	05 37	05 35	05 29	05 22	05 14	05 04	04 53	04 37	04 27	04 15
26	05 38	05 37	05 36	05 34	05 32	05 30	05 26	05 20	05 13	05 05	04 54	04 40	04 31	04 20
30	05 29	05 29	05 29	05 28	05 27	05 26	05 23	05 18	05 12	05 05	04 55	04 42	04 34	04 24
Sept. 3	05 20	05 21	05 22	05 22	05 22	05 22	05 19	05 16	05 11	05 05	04 56	04 45	04 37	04 28
7	05 10	05 13	05 15	05 16	05 17	05 17	05 16	05 14	05 10	05 05	04 57	04 47	04 41	04 33
11	05 00	05 04	05 08	05 10	05 11	05 12	05 12	05 11	05 09	05 05	04 58	04 50	04 44	04 37
15	04 49	04 55	05 00	05 03	05 06	05 07	05 09	05 09	05 07	05 04	04 59	04 52	04 47	04 41
19	04 39	04 46	04 52	04 57	05 00	05 02	05 05	05 06	05 06	05 04	05 00	04 55	04 50	04 45
23	04 28	04 37	04 44	04 50	04 54	04 57	05 01	05 04	05 05	05 04	05 01	04 57	04 54	04 49
27	04 17	04 28	04 36	04 43	04 48	04 52	04 58	05 01	05 03	05 03	05 02	04 59	04 57	04 53
Oct. 1	04 06	04 19	04 28	04 36	04 42	04 47	04 54	04 59	05 02	05 03	05 03	05 01	05 00	04 57
5	03 54	04 09	04 20	04 29	04 36	04 42	04 50	04 56	05 00	05 03	05 04	05 04	05 03	05 01

ENDING NAUTICAL TWILIGHT

Lat.	−55°	−50°	−45°	−40°	−35°	−30°	−20°	−10°	0°	+10°	+20°	+30°	+35°	+40°
	h m	h m	h m	h m	h m	h m	h m	h m	h m	h m	h m	h m	h m	h m
July 1	17 14	17 28	17 39	17 49	17 59	18 07	18 23	18 39	18 56	19 15	19 37	20 06	20 24	20 47
5	17 17	17 30	17 41	17 51	18 00	18 09	18 25	18 40	18 57	19 15	19 37	20 05	20 23	20 46
9	17 20	17 33	17 44	17 53	18 02	18 10	18 26	18 41	18 57	19 15	19 37	20 04	20 22	20 44
13	17 24	17 36	17 47	17 56	18 04	18 12	18 27	18 42	18 57	19 15	19 36	20 03	20 20	20 41
17	17 28	17 40	17 50	17 58	18 06	18 14	18 28	18 43	18 58	19 15	19 35	20 01	20 18	20 38
21	17 33	17 44	17 53	18 01	18 09	18 16	18 29	18 43	18 58	19 14	19 34	19 59	20 15	20 34
25	17 38	17 48	17 56	18 04	18 11	18 18	18 31	18 44	18 57	19 13	19 32	19 56	20 11	20 30
29	17 43	17 52	18 00	18 07	18 14	18 20	18 32	18 44	18 57	19 12	19 30	19 53	20 08	20 25
Aug. 2	17 49	17 57	18 04	18 10	18 16	18 22	18 33	18 44	18 57	19 11	19 28	19 50	20 03	20 20
6	17 55	18 02	18 08	18 13	18 19	18 24	18 34	18 44	18 56	19 09	19 25	19 46	19 59	20 15
10	18 01	18 07	18 12	18 17	18 21	18 26	18 35	18 45	18 55	19 07	19 22	19 42	19 54	20 09
14	18 07	18 12	18 16	18 20	18 24	18 28	18 36	18 44	18 54	19 06	19 20	19 38	19 49	20 03
18	18 13	18 17	18 20	18 23	18 26	18 30	18 37	18 44	18 53	19 03	19 16	19 33	19 44	19 57
22	18 20	18 22	18 24	18 27	18 29	18 32	18 37	18 44	18 52	19 01	19 13	19 28	19 38	19 50
26	18 27	18 27	18 29	18 30	18 32	18 34	18 38	18 44	18 51	18 59	19 09	19 23	19 32	19 43
30	18 33	18 33	18 33	18 34	18 34	18 36	18 39	18 43	18 49	18 56	19 06	19 18	19 27	19 36
Sept. 3	18 40	18 39	18 37	18 37	18 37	18 38	18 40	18 43	18 48	18 54	19 02	19 13	19 21	19 29
7	18 48	18 44	18 42	18 41	18 40	18 40	18 40	18 43	18 46	18 51	18 58	19 08	19 15	19 23
11	18 55	18 50	18 47	18 44	18 43	18 42	18 41	18 42	18 45	18 49	18 55	19 03	19 09	19 16
15	19 03	18 56	18 52	18 48	18 46	18 44	18 42	18 42	18 43	18 46	18 51	18 58	19 03	19 09
19	19 10	19 02	18 56	18 52	18 49	18 46	18 43	18 42	18 42	18 44	18 47	18 53	18 57	19 02
23	19 18	19 09	19 01	18 56	18 52	18 48	18 44	18 41	18 40	18 41	18 43	18 47	18 51	18 55
27	19 27	19 15	19 07	19 00	18 55	18 51	18 45	18 41	18 39	18 38	18 40	18 42	18 45	18 48
Oct. 1	19 35	19 22	19 12	19 04	18 58	18 53	18 46	18 41	18 38	18 36	18 36	18 38	18 39	18 41
5	19 44	19 29	19 18	19 09	19 02	18 56	18 47	18 41	18 37	18 34	18 33	18 33	18 34	18 35

NAUTICAL TWILIGHT, 1986

A35

UNIVERSAL TIME FOR MERIDIAN OF GREENWICH
BEGINNING NAUTICAL TWILIGHT

Lat.	+40°	+42°	+44°	+46°	+48°	+50°	+52°	+54°	+56°	+58°	+60°	+62°	+64°	+66°
	h m	h m	h m	h m	h m	h m	h m	h m	h m	h m	h m	h m	h m	h m
July 1	03 20	03 09	02 57	02 43	02 26	02 06	01 39	00 57	// //	// //	// //	// //	// //	// //
5	03 23	03 12	03 00	02 46	02 30	02 10	01 45	01 07	// //	// //	// //	// //	// //	// //
9	03 26	03 16	03 04	02 50	02 35	02 16	01 52	01 18	// //	// //	// //	// //	// //	// //
13	03 30	03 19	03 08	02 55	02 40	02 22	02 00	01 29	00 24	// //	// //	// //	// //	// //
17	03 33	03 24	03 13	03 00	02 46	02 29	02 08	01 41	00 56	// //	// //	// //	// //	// //
21	03 38	03 28	03 18	03 06	02 53	02 37	02 18	01 53	01 17	// //	// //	// //	// //	// //
25	03 42	03 33	03 23	03 12	02 59	02 45	02 27	02 05	01 34	00 36	// //	// //	// //	// //
29	03 47	03 38	03 29	03 18	03 06	02 53	02 36	02 16	01 50	01 10	// //	// //	// //	// //
Aug. 2	03 51	03 43	03 34	03 25	03 14	03 01	02 46	02 28	02 05	01 33	00 26	// //	// //	// //
6	03 56	03 49	03 40	03 31	03 21	03 09	02 55	02 39	02 19	01 53	01 12	// //	// //	// //
10	04 01	03 54	03 46	03 38	03 28	03 17	03 04	02 50	02 32	02 09	01 38	00 39	// //	// //
14	04 06	03 59	03 52	03 44	03 35	03 25	03 14	03 00	02 44	02 25	01 59	01 22	// //	// //
18	04 10	04 04	03 58	03 50	03 42	03 33	03 22	03 10	02 56	02 39	02 18	01 49	01 00	// //
22	04 15	04 09	04 03	03 57	03 49	03 41	03 31	03 20	03 08	02 53	02 34	02 10	01 36	00 18
26	04 20	04 14	04 09	04 03	03 56	03 48	03 40	03 30	03 19	03 05	02 49	02 29	02 02	01 22
30	04 24	04 19	04 14	04 09	04 03	03 56	03 48	03 39	03 29	03 17	03 03	02 46	02 24	01 54
Sept. 3	04 28	04 24	04 20	04 15	04 09	04 03	03 56	03 48	03 39	03 29	03 16	03 01	02 43	02 19
7	04 33	04 29	04 25	04 21	04 16	04 10	04 04	03 57	03 49	03 40	03 29	03 16	03 00	02 41
11	04 37	04 34	04 30	04 26	04 22	04 17	04 11	04 05	03 58	03 50	03 41	03 30	03 16	03 00
15	04 41	04 38	04 35	04 32	04 28	04 24	04 19	04 13	04 07	04 00	03 52	03 43	03 31	03 17
19	04 45	04 43	04 40	04 37	04 34	04 30	04 26	04 22	04 16	04 10	04 03	03 55	03 45	03 34
23	04 49	04 47	04 45	04 43	04 40	04 37	04 33	04 29	04 25	04 20	04 14	04 07	03 59	03 49
27	04 53	04 52	04 50	04 48	04 46	04 43	04 40	04 37	04 33	04 29	04 24	04 18	04 12	04 03
Oct. 1	04 57	04 56	04 55	04 53	04 52	04 50	04 47	04 45	04 42	04 38	04 34	04 30	04 24	04 18
5	05 01	05 01	05 00	04 59	04 57	04 56	04 54	04 52	04 50	04 47	04 44	04 41	04 36	04 31

ENDING NAUTICAL TWILIGHT

Lat.	+40°	+42°	+44°	+46°	+48°	+50°	+52°	+54°	+56°	+58°	+60°	+62°	+64°	+66°
	h m	h m	h m	h m	h m	h m	h m	h m	h m	h m	h m	h m	h m	h m
July 1	20 47	20 58	21 10	21 24	21 41	22 01	22 27	23 09	// //	// //	// //	// //	// //	// //
5	20 46	20 56	21 08	21 22	21 38	21 58	22 23	23 00	// //	// //	// //	// //	// //	// //
9	20 44	20 54	21 06	21 19	21 35	21 53	22 17	22 50	// //	// //	// //	// //	// //	// //
13	20 41	20 51	21 02	21 15	21 30	21 48	22 10	22 40	23 37	// //	// //	// //	// //	// //
17	20 38	20 48	20 59	21 11	21 25	21 42	22 02	22 29	23 11	// //	// //	// //	// //	// //
21	20 34	20 44	20 54	21 06	21 19	21 34	21 53	22 17	22 52	// //	// //	// //	// //	// //
25	20 30	20 39	20 49	21 00	21 12	21 27	21 44	22 06	22 35	23 27	// //	// //	// //	// //
29	20 25	20 34	20 43	20 53	21 05	21 19	21 35	21 54	22 19	22 57	// //	// //	// //	// //
Aug. 2	20 20	20 28	20 37	20 47	20 58	21 10	21 25	21 42	22 05	22 35	23 30	// //	// //	// //
6	20 15	20 22	20 30	20 39	20 50	21 01	21 15	21 31	21 50	22 15	22 53	// //	// //	// //
10	20 09	20 16	20 24	20 32	20 41	20 52	21 04	21 19	21 36	21 58	22 27	23 18	// //	// //
14	20 03	20 09	20 16	20 24	20 33	20 43	20 54	21 07	21 23	21 41	22 06	22 41	// //	// //
18	19 57	20 02	20 09	20 16	20 24	20 33	20 44	20 55	21 09	21 26	21 46	22 14	22 58	// //
22	19 50	19 55	20 01	20 08	20 15	20 24	20 33	20 44	20 56	21 11	21 29	21 51	22 23	23 22
26	19 43	19 48	19 54	20 00	20 06	20 14	20 22	20 32	20 43	20 56	21 12	21 31	21 56	22 33
30	19 36	19 41	19 46	19 51	19 57	20 04	20 12	20 20	20 30	20 42	20 56	21 12	21 33	22 01
Sept. 3	19 29	19 34	19 38	19 43	19 48	19 55	20 01	20 09	20 18	20 28	20 40	20 54	21 12	21 35
7	19 23	19 26	19 30	19 35	19 39	19 45	19 51	19 58	20 06	20 15	20 25	20 37	20 53	21 11
11	19 16	19 19	19 22	19 26	19 30	19 35	19 41	19 47	19 53	20 01	20 10	20 21	20 34	20 50
15	19 09	19 11	19 14	19 18	19 21	19 26	19 30	19 36	19 42	19 48	19 56	20 06	20 17	20 30
19	19 02	19 04	19 07	19 09	19 13	19 16	19 20	19 25	19 30	19 36	19 43	19 51	20 00	20 11
23	18 55	18 57	18 59	19 01	19 04	19 07	19 10	19 14	19 18	19 23	19 29	19 36	19 44	19 53
27	18 48	18 49	18 51	18 53	18 55	18 58	19 01	19 04	19 07	19 11	19 16	19 22	19 28	19 36
Oct. 1	18 41	18 42	18 44	18 45	18 47	18 49	18 51	18 54	18 56	19 00	19 04	19 08	19 13	19 20
5	18 35	18 36	18 37	18 38	18 39	18 40	18 42	18 44	18 46	18 48	18 51	18 55	18 59	19 04

(// //) indicates continuous twilight.

NAUTICAL TWILIGHT, 1986
UNIVERSAL TIME FOR MERIDIAN OF GREENWICH
BEGINNING NAUTICAL TWILIGHT

Lat.		−55°	−50°	−45°	−40°	−35°	−30°	−20°	−10°	0°	+10°	+20°	+30°	+35°	+40°
		h m	h m	h m	h m	h m	h m	h m	h m	h m	h m	h m	h m	h m	h m
	1	04 06	04 19	04 28	04 36	04 42	04 47	04 54	04 59	05 02	05 03	05 03	05 01	05 00	04 57
	5	03 54	04 09	04 20	04 29	04 36	04 42	04 50	04 56	05 00	05 03	05 04	05 04	05 03	05 01
	9	03 43	04 00	04 12	04 22	04 30	04 37	04 47	04 54	04 59	05 03	05 05	05 06	05 06	05 05
	13	03 31	03 50	04 04	04 15	04 24	04 32	04 43	04 52	04 58	05 03	05 06	05 08	05 09	05 09
	17	03 19	03 40	03 56	04 09	04 19	04 27	04 40	04 49	04 57	05 03	05 07	05 11	05 12	05 13
	21	03 07	03 31	03 49	04 02	04 13	04 22	04 37	04 47	04 56	05 03	05 09	05 13	05 15	05 17
	25	02 55	03 21	03 41	03 56	04 08	04 18	04 33	04 45	04 55	05 03	05 10	05 16	05 19	05 21
	29	02 43	03 12	03 33	03 50	04 03	04 14	04 31	04 44	04 54	05 03	05 11	05 19	05 22	05 25
Nov.	2	02 30	03 03	03 26	03 44	03 58	04 10	04 28	04 42	04 54	05 04	05 13	05 21	05 25	05 30
	6	02 18	02 54	03 19	03 38	03 53	04 06	04 26	04 41	04 54	05 05	05 15	05 24	05 29	05 34
	10	02 05	02 45	03 12	03 33	03 49	04 02	04 24	04 40	04 54	05 05	05 16	05 27	05 32	05 38
	14	01 52	02 37	03 06	03 28	03 45	04 00	04 22	04 39	04 54	05 07	05 18	05 30	05 36	05 42
	18	01 39	02 29	03 00	03 24	03 42	03 57	04 21	04 39	04 54	05 08	05 20	05 33	05 39	05 46
	22	01 26	02 21	02 55	03 20	03 39	03 55	04 20	04 39	04 55	05 09	05 22	05 36	05 43	05 50
	26	01 12	02 14	02 51	03 17	03 37	03 53	04 19	04 39	04 56	05 11	05 25	05 39	05 46	05 54
	30	00 58	02 08	02 47	03 14	03 35	03 52	04 19	04 39	04 57	05 12	05 27	05 42	05 49	05 58
Dec.	4	00 43	02 03	02 44	03 12	03 34	03 51	04 19	04 40	04 58	05 14	05 29	05 45	05 53	06 01
	8	00 25	01 59	02 42	03 11	03 33	03 51	04 19	04 41	05 00	05 16	05 32	05 47	05 56	06 05
	12	// //	01 57	02 41	03 11	03 33	03 52	04 20	04 43	05 01	05 18	05 34	05 50	05 59	06 08
	16	// //	01 56	02 41	03 11	03 34	03 53	04 22	04 44	05 03	05 20	05 36	05 52	06 01	06 11
	20	// //	01 56	02 42	03 12	03 36	03 54	04 23	04 46	05 05	05 22	05 38	05 55	06 04	06 13
	24	// //	01 58	02 44	03 14	03 37	03 56	04 25	04 48	05 07	05 24	05 40	05 57	06 05	06 15
	28	// //	02 01	02 47	03 17	03 40	03 59	04 28	04 50	05 09	05 26	05 42	05 58	06 07	06 16
	32	// //	02 06	02 51	03 20	03 43	04 01	04 30	04 52	05 11	05 28	05 44	06 00	06 08	06 17
	36	00 37	02 13	02 55	03 24	03 47	04 05	04 33	04 55	05 13	05 29	05 45	06 01	06 09	06 18

ENDING NAUTICAL TWILIGHT

		−55°	−50°	−45°	−40°	−35°	−30°	−20°	−10°	0°	+10°	+20°	+30°	+35°	+40°
		h m	h m	h m	h m	h m	h m	h m	h m	h m	h m	h m	h m	h m	h m
Oct.	1	19 35	19 22	19 12	19 04	18 58	18 53	18 46	18 41	18 38	18 36	18 36	18 38	18 39	18 41
	5	19 44	19 29	19 18	19 09	19 02	18 56	18 47	18 41	18 37	18 34	18 33	18 33	18 34	18 35
	9	19 54	19 36	19 23	19 13	19 05	18 59	18 48	18 41	18 36	18 32	18 29	18 28	18 28	18 29
	13	20 04	19 44	19 29	19 18	19 09	19 01	18 50	18 41	18 35	18 30	18 26	18 24	18 23	18 23
	17	20 14	19 52	19 36	19 23	19 13	19 04	18 51	18 42	18 34	18 28	18 23	18 19	18 18	18 17
	21	20 24	20 00	19 42	19 28	19 17	19 08	18 53	18 42	18 34	18 26	18 21	18 16	18 13	18 11
	25	20 35	20 08	19 49	19 33	19 21	19 11	18 55	18 43	18 33	18 25	18 18	18 12	18 09	18 06
	29	20 47	20 17	19 55	19 39	19 26	19 15	18 57	18 44	18 33	18 24	18 16	18 09	18 05	18 01
Nov.	2	20 59	20 26	20 02	19 44	19 30	19 18	19 00	18 45	18 33	18 23	18 14	18 06	18 01	17 57
	6	21 12	20 35	20 09	19 50	19 35	19 22	19 02	18 46	18 34	18 23	18 12	18 03	17 58	17 53
	10	21 25	20 44	20 17	19 56	19 39	19 26	19 05	18 48	18 34	18 22	18 11	18 01	17 55	17 50
	14	21 39	20 54	20 24	20 02	19 44	19 30	19 07	18 50	18 35	18 22	18 10	17 59	17 53	17 46
	18	21 54	21 03	20 31	20 07	19 49	19 34	19 10	18 52	18 36	18 22	18 10	17 57	17 51	17 44
	22	22 09	21 12	20 38	20 13	19 54	19 38	19 13	18 54	18 37	18 23	18 10	17 56	17 49	17 42
	26	22 26	21 22	20 45	20 19	19 58	19 42	19 16	18 56	18 39	18 24	18 10	17 55	17 48	17 40
	30	22 43	21 30	20 51	20 24	20 03	19 46	19 19	18 58	18 40	18 25	18 10	17 55	17 47	17 39
Dec.	4	23 02	21 38	20 57	20 29	20 07	19 49	19 22	19 00	18 42	18 26	18 11	17 55	17 47	17 39
	8	23 24	21 45	21 02	20 33	20 11	19 53	19 24	19 02	18 44	18 28	18 12	17 56	17 48	17 39
	12	// //	21 51	21 07	20 37	20 14	19 56	19 27	19 05	18 46	18 29	18 13	17 57	17 49	17 39
	16	// //	21 56	21 11	20 40	20 17	19 58	19 29	19 07	18 48	18 31	18 15	17 59	17 50	17 40
	20	// //	21 59	21 13	20 43	20 20	20 01	19 32	19 09	18 50	18 33	18 17	18 00	17 51	17 42
	24	// //	22 01	21 15	20 45	20 21	20 03	19 34	19 11	18 52	18 35	18 19	18 02	17 53	17 44
	28	// //	22 01	21 16	20 46	20 23	20 04	19 35	19 13	18 54	18 37	18 21	18 05	17 56	17 47
	32	23 56	22 00	21 16	20 46	20 23	20 05	19 37	19 14	18 56	18 39	18 23	18 07	17 59	17 49
	36	23 28	21 57	21 15	20 46	20 23	20 06	19 38	19 16	18 57	18 41	18 26	18 10	18 02	17 53

(// //) indicates continuous twilight.

NAUTICAL TWILIGHT, 1986 A37
UNIVERSAL TIME FOR MERIDIAN OF GREENWICH
BEGINNING NAUTICAL TWILIGHT

Lat.	+40°	+42°	+44°	+46°	+48°	+50°	+52°	+54°	+56°	+58°	+60°	+62°	+64°	+66°
	h m	h m	h m	h m	h m	h m	h m	h m	h m	h m	h m	h m	h m	h m
Oct. 1	04 57	04 56	04 55	04 53	04 52	04 50	04 47	04 45	04 42	04 38	04 34	04 30	04 24	04 18
5	05 01	05 01	05 00	04 59	04 57	04 56	04 54	04 52	04 50	04 47	04 44	04 41	04 36	04 31
9	05 05	05 05	05 04	05 04	05 03	05 02	05 01	05 00	04 58	04 56	04 54	04 51	04 48	04 44
13	05 09	05 09	05 09	05 09	05 09	05 08	05 08	05 07	05 06	05 05	05 03	05 02	05 00	04 57
17	05 13	05 14	05 14	05 14	05 14	05 14	05 14	05 14	05 14	05 13	05 13	05 12	05 11	05 09
21	05 17	05 18	05 19	05 19	05 20	05 20	05 21	05 21	05 22	05 22	05 22	05 22	05 22	05 22
25	05 21	05 22	05 23	05 24	05 25	05 26	05 27	05 28	05 29	05 30	05 31	05 32	05 33	05 34
29	05 25	05 27	05 28	05 30	05 31	05 32	05 34	05 35	05 37	05 38	05 40	05 42	05 44	05 46
Nov. 2	05 30	05 31	05 33	05 35	05 37	05 38	05 40	05 42	05 44	05 47	05 49	05 51	05 54	05 57
6	05 34	05 36	05 38	05 40	05 42	05 44	05 47	05 49	05 52	05 55	05 58	06 01	06 05	06 09
10	05 38	05 40	05 43	05 45	05 48	05 50	05 53	05 56	05 59	06 02	06 06	06 10	06 15	06 20
14	05 42	05 45	05 47	05 50	05 53	05 56	05 59	06 03	06 06	06 10	06 14	06 19	06 24	06 30
18	05 46	05 49	05 52	05 55	05 58	06 02	06 05	06 09	06 13	06 17	06 22	06 28	06 34	06 41
22	05 50	05 53	05 56	06 00	06 03	06 07	06 11	06 15	06 20	06 25	06 30	06 36	06 43	06 50
26	05 54	05 57	06 01	06 04	06 08	06 12	06 16	06 21	06 26	06 31	06 37	06 44	06 51	07 00
30	05 58	06 01	06 05	06 09	06 13	06 17	06 22	06 26	06 32	06 37	06 44	06 51	06 59	07 08
Dec. 4	06 01	06 05	06 09	06 13	06 17	06 22	06 26	06 31	06 37	06 43	06 50	06 57	07 06	07 16
8	06 05	06 09	06 12	06 17	06 21	06 26	06 31	06 36	06 42	06 48	06 55	07 03	07 12	07 22
12	06 08	06 12	06 16	06 20	06 25	06 29	06 35	06 40	06 46	06 53	07 00	07 08	07 17	07 28
16	06 11	06 15	06 19	06 23	06 28	06 33	06 38	06 43	06 50	06 56	07 04	07 12	07 22	07 33
20	06 13	06 17	06 21	06 26	06 30	06 35	06 40	06 46	06 52	06 59	07 07	07 15	07 25	07 36
24	06 15	06 19	06 23	06 27	06 32	06 37	06 42	06 48	06 54	07 01	07 09	07 17	07 27	07 38
28	06 16	06 20	06 25	06 29	06 34	06 38	06 44	06 49	06 55	07 02	07 10	07 18	07 27	07 38
32	06 17	06 21	06 25	06 30	06 34	06 39	06 44	06 50	06 56	07 02	07 09	07 18	07 27	07 38
36	06 18	06 22	06 26	06 30	06 34	06 39	06 44	06 49	06 55	07 01	07 08	07 16	07 25	07 35

ENDING NAUTICAL TWILIGHT

	+40°	+42°	+44°	+46°	+48°	+50°	+52°	+54°	+56°	+58°	+60°	+62°	+64°	+66°
	h m	h m	h m	h m	h m	h m	h m	h m	h m	h m	h m	h m	h m	h m
Oct. 1	18 41	18 42	18 44	18 45	18 47	18 49	18 51	18 54	18 56	19 00	19 04	19 08	19 13	19 20
5	18 35	18 36	18 37	18 38	18 39	18 40	18 42	18 44	18 46	18 48	18 51	18 55	18 59	19 04
9	18 29	18 29	18 29	18 30	18 31	18 32	18 33	18 34	18 35	18 37	18 39	18 42	18 45	18 48
13	18 23	18 23	18 23	18 23	18 23	18 24	18 24	18 25	18 26	18 27	18 28	18 29	18 31	18 34
17	18 17	18 16	18 16	18 16	18 16	18 16	18 16	18 16	18 16	18 16	18 17	18 17	18 18	18 20
21	18 11	18 11	18 10	18 09	18 09	18 08	18 08	18 07	18 07	18 06	18 06	18 06	18 06	18 06
25	18 06	18 05	18 04	18 03	18 02	18 01	18 00	17 59	17 58	17 57	17 56	17 55	17 54	17 53
29	18 01	18 00	17 59	17 57	17 56	17 54	17 53	17 51	17 50	17 48	17 46	17 44	17 42	17 40
Nov. 2	17 57	17 55	17 54	17 52	17 50	17 48	17 46	17 44	17 42	17 40	17 37	17 35	17 32	17 29
6	17 53	17 51	17 49	17 47	17 45	17 42	17 40	17 37	17 35	17 32	17 29	17 25	17 22	17 17
10	17 50	17 47	17 45	17 42	17 40	17 37	17 34	17 31	17 28	17 24	17 21	17 17	17 12	17 07
14	17 46	17 44	17 41	17 38	17 35	17 32	17 29	17 26	17 22	17 18	17 14	17 09	17 03	16 57
18	17 44	17 41	17 38	17 35	17 32	17 28	17 25	17 21	17 17	17 12	17 07	17 02	16 56	16 49
22	17 42	17 39	17 35	17 32	17 28	17 25	17 21	17 17	17 12	17 07	17 02	16 55	16 49	16 41
26	17 40	17 37	17 33	17 30	17 26	17 22	17 18	17 13	17 08	17 03	16 57	16 50	16 43	16 34
30	17 39	17 36	17 32	17 28	17 24	17 20	17 15	17 10	17 05	16 59	16 53	16 46	16 38	16 29
Dec. 4	17 39	17 35	17 31	17 27	17 23	17 18	17 14	17 08	17 03	16 57	16 50	16 42	16 34	16 24
8	17 39	17 35	17 31	17 27	17 22	17 18	17 13	17 07	17 01	16 55	16 48	16 40	16 31	16 21
12	17 39	17 35	17 31	17 27	17 22	17 18	17 13	17 07	17 01	16 54	16 47	16 39	16 30	16 19
16	17 40	17 36	17 32	17 28	17 23	17 18	17 13	17 08	17 01	16 55	16 47	16 39	16 29	16 18
20	17 42	17 38	17 34	17 29	17 25	17 20	17 15	17 09	17 03	16 56	16 48	16 40	16 30	16 19
24	17 44	17 40	17 36	17 31	17 27	17 22	17 17	17 11	17 05	16 58	16 50	16 42	16 32	16 21
28	17 47	17 43	17 38	17 34	17 29	17 25	17 19	17 14	17 08	17 01	16 54	16 45	16 36	16 25
32	17 49	17 46	17 41	17 37	17 33	17 28	17 23	17 17	17 11	17 05	16 58	16 49	16 40	16 30
36	17 53	17 49	17 45	17 41	17 36	17 32	17 27	17 21	17 16	17 09	17 02	16 55	16 46	16 35

ASTRONOMICAL TWILIGHT, 1986
UNIVERSAL TIME FOR MERIDIAN OF GREENWICH
BEGINNING ASTRONOMICAL TWILIGHT

Lat.	−55°	−50°	−45°	−40°	−35°	−30°	−20°	−10°	0°	+10°	+20°	+30°	+35°	+40°
	h m	h m	h m	h m	h m	h m	h m	h m	h m	h m	h m	h m	h m	h m
Jan. −2	// //	// //	01 43	02 30	03 01	03 24	03 58	04 23	04 43	05 00	05 15	05 30	05 37	05 44
2	// //	// //	01 48	02 34	03 04	03 27	04 01	04 26	04 45	05 02	05 17	05 31	05 38	05 45
6	// //	// //	01 55	02 39	03 08	03 31	04 04	04 28	04 47	05 04	05 18	05 32	05 39	05 45
10	// //	// //	02 03	02 44	03 13	03 35	04 07	04 31	04 49	05 05	05 19	05 33	05 39	05 45
14	// //	00 51	02 11	02 50	03 18	03 39	04 10	04 33	04 51	05 07	05 20	05 33	05 39	05 45
18	// //	01 13	02 20	02 57	03 23	03 43	04 13	04 36	04 53	05 08	05 21	05 33	05 38	05 44
22	// //	01 32	02 30	03 04	03 29	03 48	04 17	04 38	04 55	05 09	05 21	05 32	05 37	05 42
26	// //	01 48	02 39	03 11	03 34	03 52	04 20	04 40	04 56	05 09	05 21	05 31	05 36	05 40
30	// //	02 03	02 48	03 18	03 40	03 57	04 23	04 42	04 58	05 10	05 20	05 29	05 34	05 38
Feb. 3	00 47	02 17	02 58	03 25	03 46	04 02	04 26	04 44	04 59	05 10	05 20	05 28	05 31	05 34
7	01 24	02 31	03 07	03 32	03 51	04 06	04 29	04 46	04 59	05 10	05 18	05 25	05 28	05 31
11	01 49	02 43	03 16	03 39	03 57	04 11	04 32	04 48	05 00	05 09	05 17	05 23	05 25	05 27
15	02 09	02 55	03 24	03 45	04 02	04 15	04 35	04 49	05 00	05 09	05 15	05 20	05 21	05 23
19	02 26	03 06	03 32	03 52	04 07	04 19	04 37	04 51	05 00	05 08	05 13	05 17	05 17	05 18
23	02 42	03 17	03 40	03 58	04 12	04 23	04 40	04 52	05 00	05 07	05 11	05 13	05 13	05 13
27	02 56	03 26	03 48	04 04	04 17	04 27	04 42	04 52	05 00	05 05	05 08	05 09	05 08	05 07
Mar. 3	03 09	03 36	03 55	04 10	04 21	04 30	04 44	04 53	05 00	05 04	05 05	05 05	05 03	05 01
7	03 21	03 45	04 02	04 15	04 25	04 34	04 46	04 54	04 59	05 02	05 02	05 00	04 58	04 55
11	03 32	03 53	04 09	04 20	04 30	04 37	04 47	04 54	04 58	05 00	04 59	04 56	04 53	04 49
15	03 43	04 02	04 15	04 25	04 33	04 40	04 49	04 54	04 57	04 58	04 56	04 51	04 47	04 42
19	03 53	04 09	04 21	04 30	04 37	04 43	04 50	04 54	04 56	04 55	04 52	04 46	04 41	04 35
23	04 02	04 17	04 27	04 35	04 41	04 45	04 51	04 54	04 55	04 53	04 49	04 41	04 35	04 28
27	04 11	04 24	04 33	04 39	04 44	04 48	04 52	04 54	04 53	04 50	04 45	04 36	04 29	04 21
31	04 20	04 31	04 38	04 44	04 48	04 50	04 54	04 54	04 52	04 48	04 41	04 30	04 23	04 14
Apr. 4	04 28	04 37	04 43	04 48	04 51	04 53	04 55	04 54	04 51	04 45	04 37	04 25	04 17	04 07

ENDING ASTRONOMICAL TWILIGHT

Lat.	−55°	−50°	−45°	−40°	−35°	−30°	−20°	−10°	0°	+10°	+20°	+30°	+35°	+40°
	h m	h m	h m	h m	h m	h m	h m	h m	h m	h m	h m	h m	h m	h m
Jan. −2	// //	// //	22 21	21 34	21 03	20 40	20 06	19 41	19 21	19 04	18 49	18 35	18 28	18 20
2	// //	// //	22 19	21 34	21 03	20 41	20 07	19 42	19 23	19 06	18 51	18 37	18 30	18 23
6	// //	// //	22 15	21 32	21 03	20 41	20 08	19 43	19 24	19 08	18 53	18 40	18 33	18 26
10	// //	23 49	22 11	21 30	21 02	20 40	20 08	19 44	19 25	19 10	18 56	18 43	18 36	18 30
14	// //	23 22	22 05	21 27	21 00	20 39	20 08	19 45	19 27	19 11	18 58	18 46	18 40	18 34
18	// //	23 03	21 59	21 23	20 57	20 37	20 07	19 45	19 28	19 13	19 00	18 49	18 43	18 37
22	// //	22 48	21 52	21 18	20 54	20 35	20 06	19 45	19 28	19 14	19 02	18 52	18 46	18 41
26	// //	22 34	21 44	21 13	20 50	20 32	20 05	19 45	19 29	19 16	19 04	18 54	18 50	18 45
30	// //	22 20	21 36	21 07	20 46	20 29	20 03	19 44	19 29	19 17	19 06	18 57	18 53	18 50
Feb. 3	23 30	22 08	21 28	21 01	20 41	20 25	20 01	19 43	19 29	19 18	19 08	19 00	18 57	18 54
7	22 58	21 55	21 20	20 55	20 36	20 21	19 59	19 42	19 29	19 19	19 10	19 03	19 00	18 58
11	22 35	21 43	21 11	20 49	20 31	20 17	19 56	19 40	19 29	19 19	19 12	19 06	19 04	19 02
15	22 16	21 31	21 03	20 42	20 26	20 13	19 53	19 39	19 28	19 20	19 13	19 09	19 07	19 06
19	21 58	21 20	20 54	20 35	20 20	20 08	19 50	19 37	19 27	19 20	19 15	19 12	19 11	19 11
23	21 42	21 08	20 45	20 28	20 14	20 03	19 47	19 35	19 26	19 20	19 16	19 14	19 14	19 15
27	21 27	20 57	20 36	20 20	20 08	19 58	19 43	19 33	19 26	19 21	19 18	19 17	19 18	19 19
Mar. 3	21 13	20 46	20 27	20 13	20 02	19 53	19 40	19 31	19 24	19 21	19 19	19 20	19 21	19 24
7	20 59	20 36	20 19	20 06	19 56	19 48	19 36	19 28	19 23	19 21	19 20	19 22	19 25	19 28
11	20 46	20 25	20 10	19 59	19 50	19 43	19 33	19 26	19 22	19 21	19 21	19 25	19 28	19 32
15	20 33	20 15	20 02	19 52	19 44	19 38	19 29	19 24	19 21	19 21	19 23	19 28	19 32	19 37
19	20 21	20 05	19 53	19 45	19 38	19 32	19 25	19 21	19 20	19 21	19 24	19 30	19 35	19 41
23	20 09	19 55	19 45	19 38	19 32	19 27	19 22	19 19	19 19	19 21	19 25	19 33	19 39	19 46
27	19 58	19 46	19 37	19 31	19 26	19 22	19 18	19 17	19 17	19 21	19 26	19 36	19 42	19 51
31	19 47	19 37	19 29	19 24	19 20	19 18	19 15	19 14	19 16	19 21	19 28	19 39	19 46	19 56
Apr. 4	19 36	19 28	19 22	19 18	19 15	19 13	19 11	19 12	19 15	19 21	19 29	19 42	19 50	20 01

(// //) indicates continuous twilight.

ASTRONOMICAL TWILIGHT, 1986
UNIVERSAL TIME FOR MERIDIAN OF GREENWICH
BEGINNING ASTRONOMICAL TWILIGHT

Lat.	+40°	+42°	+44°	+46°	+48°	+50°	+52°	+54°	+56°	+58°	+60°	+62°	+64°	+66°
	h m	h m	h m	h m	h m	h m	h m	h m	h m	h m	h m	h m	h m	h m
Jan. −2	05 44	05 47	05 50	05 53	05 56	05 59	06 03	06 06	06 10	06 14	06 18	06 23	06 28	06 34
2	05 45	05 48	05 51	05 54	05 57	06 00	06 03	06 07	06 10	06 14	06 18	06 23	06 27	06 33
6	05 45	05 48	05 51	05 54	05 57	06 00	06 03	06 06	06 10	06 13	06 17	06 21	06 26	06 31
10	05 45	05 48	05 51	05 53	05 56	05 59	06 02	06 05	06 08	06 11	06 15	06 19	06 23	06 28
14	05 45	05 47	05 50	05 52	05 55	05 57	06 00	06 03	06 06	06 09	06 12	06 15	06 19	06 23
18	05 44	05 46	05 48	05 51	05 53	05 55	05 58	06 00	06 03	06 05	06 08	06 11	06 14	06 18
22	05 42	05 44	05 46	05 48	05 50	05 52	05 55	05 57	05 59	06 01	06 03	06 06	06 08	06 11
26	05 40	05 42	05 44	05 45	05 47	05 49	05 51	05 52	05 54	05 56	05 58	06 00	06 02	06 04
30	05 38	05 39	05 41	05 42	05 43	05 45	05 46	05 48	05 49	05 50	05 51	05 53	05 54	05 55
Feb. 3	05 34	05 36	05 37	05 38	05 39	05 40	05 41	05 42	05 43	05 44	05 44	05 45	05 45	05 46
7	05 31	05 32	05 33	05 34	05 34	05 35	05 35	05 36	05 36	05 36	05 36	05 36	05 36	05 35
11	05 27	05 28	05 28	05 29	05 29	05 29	05 29	05 29	05 29	05 28	05 28	05 27	05 25	05 24
15	05 23	05 23	05 23	05 23	05 23	05 23	05 22	05 22	05 21	05 20	05 18	05 17	05 14	05 12
19	05 18	05 18	05 17	05 17	05 17	05 16	05 15	05 14	05 12	05 11	05 08	05 06	05 03	04 59
23	05 13	05 12	05 12	05 11	05 10	05 09	05 07	05 05	05 03	05 01	04 58	04 54	04 50	04 45
27	05 07	05 06	05 05	05 04	05 03	05 01	04 59	04 57	04 54	04 51	04 47	04 42	04 37	04 30
Mar. 3	05 01	05 00	04 59	04 57	04 55	04 53	04 50	04 47	04 44	04 40	04 35	04 29	04 22	04 14
7	04 55	04 53	04 52	04 49	04 47	04 44	04 41	04 37	04 33	04 28	04 22	04 16	04 07	03 58
11	04 49	04 47	04 44	04 42	04 39	04 35	04 32	04 27	04 22	04 16	04 09	04 01	03 52	03 40
15	04 42	04 40	04 37	04 34	04 30	04 26	04 22	04 17	04 11	04 04	03 56	03 46	03 35	03 21
19	04 35	04 32	04 29	04 25	04 21	04 17	04 12	04 06	03 59	03 51	03 41	03 30	03 17	03 00
23	04 28	04 25	04 21	04 17	04 12	04 07	04 01	03 54	03 46	03 37	03 26	03 13	02 57	02 37
27	04 21	04 17	04 13	04 08	04 03	03 57	03 50	03 42	03 33	03 23	03 10	02 55	02 36	02 10
31	04 14	04 10	04 05	03 59	03 53	03 47	03 39	03 30	03 20	03 08	02 53	02 35	02 12	01 38
Apr. 4	04 07	04 02	03 56	03 50	03 44	03 36	03 27	03 17	03 06	02 52	02 35	02 13	01 43	00 49

ENDING ASTRONOMICAL TWILIGHT

Lat.	+40°	+42°	+44°	+46°	+48°	+50°	+52°	+54°	+56°	+58°	+60°	+62°	+64°	+66°
	h m	h m	h m	h m	h m	h m	h m	h m	h m	h m	h m	h m	h m	h m
Jan. −2	18 20	18 17	18 14	18 11	18 08	18 05	18 02	17 58	17 54	17 50	17 46	17 42	17 36	17 31
2	18 23	18 20	18 18	18 15	18 11	18 08	18 05	18 02	17 58	17 54	17 50	17 46	17 41	17 36
6	18 26	18 24	18 21	18 18	18 15	18 12	18 09	18 06	18 02	17 59	17 55	17 51	17 46	17 41
10	18 30	18 27	18 25	18 22	18 19	18 16	18 14	18 11	18 07	18 04	18 01	17 57	17 53	17 48
14	18 34	18 31	18 29	18 26	18 24	18 21	18 18	18 16	18 13	18 10	18 07	18 03	18 00	17 56
18	18 37	18 35	18 33	18 31	18 28	18 26	18 24	18 21	18 19	18 16	18 13	18 10	18 07	18 04
22	18 41	18 39	18 37	18 35	18 33	18 31	18 29	18 27	18 25	18 23	18 21	18 18	18 16	18 13
26	18 45	18 44	18 42	18 40	18 38	18 37	18 35	18 33	18 32	18 30	18 28	18 26	18 25	18 23
30	18 50	18 48	18 47	18 45	18 44	18 42	18 41	18 40	18 39	18 37	18 36	18 35	18 34	18 33
Feb. 3	18 54	18 53	18 51	18 50	18 49	18 48	18 47	18 47	18 46	18 45	18 44	18 44	18 44	18 44
7	18 58	18 57	18 56	18 55	18 55	18 54	18 54	18 53	18 53	18 53	18 53	18 53	18 54	18 55
11	19 02	19 02	19 01	19 01	19 00	19 00	19 00	19 00	19 01	19 01	19 02	19 03	19 05	19 06
15	19 06	19 06	19 06	19 06	19 06	19 07	19 07	19 08	19 09	19 10	19 11	19 13	19 16	19 19
19	19 11	19 11	19 11	19 12	19 12	19 13	19 14	19 15	19 17	19 19	19 21	19 24	19 27	19 31
23	19 15	19 15	19 16	19 17	19 18	19 19	19 21	19 23	19 25	19 27	19 31	19 34	19 39	19 44
27	19 19	19 20	19 21	19 22	19 24	19 26	19 28	19 30	19 33	19 37	19 41	19 45	19 51	19 58
Mar. 3	19 24	19 25	19 26	19 28	19 30	19 32	19 35	19 38	19 42	19 46	19 51	19 57	20 04	20 12
7	19 28	19 30	19 32	19 34	19 36	19 39	19 42	19 46	19 51	19 56	20 02	20 09	20 17	20 27
11	19 32	19 34	19 37	19 40	19 43	19 46	19 50	19 55	20 00	20 06	20 13	20 21	20 31	20 44
15	19 37	19 39	19 42	19 45	19 49	19 53	19 58	20 03	20 09	20 16	20 25	20 34	20 46	21 01
19	19 41	19 44	19 48	19 51	19 56	20 00	20 06	20 12	20 19	20 27	20 37	20 48	21 02	21 20
23	19 46	19 49	19 53	19 58	20 02	20 08	20 14	20 21	20 29	20 39	20 50	21 03	21 20	21 41
27	19 51	19 55	19 59	20 04	20 09	20 16	20 23	20 31	20 40	20 51	21 04	21 19	21 39	22 07
31	19 56	20 00	20 05	20 10	20 17	20 24	20 31	20 40	20 51	21 03	21 18	21 37	22 02	22 39
Apr. 4	20 01	20 06	20 11	20 17	20 24	20 32	20 41	20 51	21 03	21 17	21 35	21 58	22 30	23 39

ASTRONOMICAL TWILIGHT, 1986
UNIVERSAL TIME FOR MERIDIAN OF GREENWICH
BEGINNING ASTRONOMICAL TWILIGHT

Lat.	−55°	−50°	−45°	−40°	−35°	−30°	−20°	−10°	0°	+10°	+20°	+30°	+35°	+40°
	h m	h m	h m	h m	h m	h m	h m	h m	h m	h m	h m	h m	h m	h m
Mar. 31	04 20	04 31	04 38	04 44	04 48	04 50	04 54	04 54	04 52	04 48	04 41	04 30	04 23	04 14
Apr. 4	04 28	04 37	04 43	04 48	04 51	04 53	04 55	04 54	04 51	04 45	04 37	04 25	04 17	04 07
8	04 36	04 43	04 48	04 52	04 54	04 55	04 56	04 54	04 49	04 43	04 34	04 20	04 11	03 59
12	04 44	04 50	04 53	04 56	04 57	04 57	04 56	04 53	04 48	04 40	04 30	04 15	04 03	03 52
16	04 51	04 55	04 58	04 59	05 00	05 00	04 57	04 53	04 47	04 38	04 26	04 09	03 58	03 44
20	04 58	05 01	05 03	05 03	05 03	05 02	04 58	04 53	04 46	04 36	04 22	04 04	03 52	03 37
24	05 05	05 07	05 07	05 07	05 05	05 04	04 59	04 53	04 44	04 33	04 19	03 59	03 46	03 30
28	05 12	05 12	05 11	05 10	05 08	05 06	05 00	04 53	04 43	04 31	04 16	03 54	03 40	03 23
May 2	05 18	05 17	05 16	05 13	05 11	05 08	05 01	04 53	04 42	04 29	04 13	03 50	03 35	03 16
6	05 24	05 22	05 20	05 17	05 14	05 10	05 02	04 53	04 41	04 27	04 10	03 45	03 29	03 09
10	05 30	05 27	05 24	05 20	05 16	05 12	05 03	04 53	04 41	04 26	04 07	03 41	03 24	03 03
14	05 36	05 32	05 28	05 23	05 19	05 14	05 04	04 53	04 40	04 24	04 04	03 37	03 19	02 56
18	05 41	05 36	05 31	05 26	05 21	05 16	05 06	04 54	04 40	04 23	04 02	03 34	03 15	02 51
22	05 46	05 40	05 35	05 29	05 24	05 18	05 07	04 54	04 40	04 22	04 00	03 31	03 11	02 45
26	05 51	05 44	05 38	05 32	05 26	05 20	05 08	04 55	04 40	04 22	03 59	03 28	03 07	02 41
30	05 55	05 48	05 41	05 34	05 28	05 22	05 09	04 55	04 40	04 21	03 58	03 26	03 04	02 37
June 3	05 59	05 51	05 44	05 37	05 30	05 24	05 10	04 56	04 40	04 21	03 57	03 24	03 02	02 33
7	06 02	05 54	05 46	05 39	05 32	05 25	05 12	04 57	04 40	04 21	03 56	03 23	03 00	02 30
11	06 05	05 56	05 48	05 41	05 34	05 27	05 13	04 58	04 41	04 21	03 56	03 22	02 59	02 29
15	06 07	05 58	05 50	05 42	05 35	05 28	05 14	04 59	04 42	04 22	03 56	03 22	02 59	02 28
19	06 08	05 59	05 51	05 44	05 36	05 29	05 15	05 00	04 42	04 22	03 57	03 22	02 59	02 27
23	06 09	06 00	05 52	05 45	05 37	05 30	05 16	05 00	04 43	04 23	03 58	03 23	03 00	02 28
27	06 10	06 01	05 53	05 45	05 38	05 31	05 16	05 01	04 44	04 24	03 59	03 24	03 01	02 30
July 1	06 09	06 01	05 53	05 45	05 38	05 31	05 17	05 02	04 45	04 25	04 00	03 26	03 03	02 32
5	06 08	06 00	05 52	05 45	05 38	05 31	05 17	05 03	04 46	04 26	04 02	03 28	03 05	02 35

ENDING ASTRONOMICAL TWILIGHT

Lat.	−55°	−50°	−45°	−40°	−35°	−30°	−20°	−10°	0°	+10°	+20°	+30°	+35°	+40°
	h m	h m	h m	h m	h m	h m	h m	h m	h m	h m	h m	h m	h m	h m
Mar. 31	19 47	19 37	19 29	19 24	19 20	19 18	19 15	19 14	19 16	19 21	19 28	19 39	19 46	19 56
Apr. 4	19 36	19 28	19 22	19 18	19 15	19 13	19 11	19 12	19 15	19 21	19 29	19 42	19 50	20 01
8	19 26	19 19	19 15	19 11	19 09	19 08	19 08	19 10	19 14	19 21	19 31	19 45	19 54	20 06
12	19 16	19 11	19 08	19 05	19 04	19 04	19 05	19 08	19 14	19 21	19 32	19 48	19 58	20 11
16	19 07	19 03	19 01	19 00	18 59	19 00	19 02	19 07	19 13	19 22	19 34	19 51	20 02	20 16
20	18 58	18 56	18 55	18 54	18 55	18 56	18 59	19 05	19 12	19 22	19 36	19 54	20 07	20 22
24	18 50	18 49	18 49	18 49	18 50	18 52	18 57	19 03	19 12	19 23	19 38	19 58	20 11	20 28
28	18 42	18 42	18 43	18 44	18 46	18 49	18 55	19 02	19 12	19 24	19 40	20 01	20 16	20 33
May 2	18 35	18 36	18 38	18 40	18 43	18 46	18 53	19 01	19 12	19 25	19 42	20 05	20 20	20 39
6	18 28	18 30	18 33	18 36	18 39	18 43	18 51	19 00	19 12	19 26	19 44	20 09	20 25	20 45
10	18 22	18 25	18 29	18 32	18 36	18 40	18 49	19 00	19 12	19 27	19 46	20 12	20 30	20 51
14	18 16	18 20	18 25	18 29	18 33	18 38	18 48	18 59	19 12	19 28	19 49	20 16	20 34	20 57
18	18 11	18 16	18 21	18 26	18 31	18 36	18 47	18 59	19 13	19 30	19 51	20 20	20 39	21 03
22	18 06	18 12	18 18	18 24	18 29	18 35	18 46	18 59	19 14	19 31	19 53	20 23	20 43	21 09
26	18 03	18 09	18 16	18 22	18 28	18 34	18 46	18 59	19 14	19 33	19 55	20 26	20 47	21 14
30	18 00	18 07	18 14	18 20	18 26	18 33	18 46	19 00	19 15	19 34	19 57	20 29	20 51	21 19
June 3	17 57	18 05	18 12	18 19	18 26	18 32	18 46	19 00	19 16	19 35	19 59	20 32	20 55	21 24
7	17 55	18 04	18 11	18 18	18 25	18 32	18 46	19 01	19 17	19 37	20 01	20 35	20 58	21 28
11	17 54	18 03	18 11	18 18	18 25	18 32	18 46	19 01	19 18	19 38	20 03	20 37	21 00	21 31
15	17 54	18 03	18 11	18 18	18 25	18 33	18 47	19 02	19 19	19 39	20 04	20 39	21 02	21 33
19	17 54	18 03	18 11	18 19	18 26	18 33	18 48	19 03	19 20	19 40	20 06	20 40	21 04	21 35
23	17 55	18 04	18 12	18 20	18 27	18 34	18 48	19 04	19 21	19 41	20 06	20 41	21 05	21 36
27	17 56	18 05	18 13	18 21	18 28	18 35	18 49	19 05	19 22	19 42	20 07	20 41	21 05	21 36
July 1	17 58	18 07	18 15	18 22	18 29	18 36	18 50	19 05	19 22	19 42	20 07	20 41	21 04	21 35
5	18 01	18 09	18 17	18 24	18 31	18 38	18 52	19 06	19 23	19 42	20 07	20 40	21 03	21 33

ASTRONOMICAL TWILIGHT, 1986 A41
UNIVERSAL TIME FOR MERIDIAN OF GREENWICH
BEGINNING ASTRONOMICAL TWILIGHT

Lat.	+40°	+42°	+44°	+46°	+48°	+50°	+52°	+54°	+56°	+58°	+60°	+62°	+64°	+66°
	h m	h m	h m	h m	h m	h m	h m	h m	h m	h m	h m	h m	h m	h m
Mar. 31	04 14	04 10	04 05	03 59	03 53	03 47	03 39	03 30	03 20	03 08	02 53	02 35	02 12	01 38
Apr. 4	04 07	04 02	03 56	03 50	03 44	03 36	03 27	03 17	03 06	02 52	02 35	02 13	01 43	00 49
8	03 59	03 54	03 48	03 41	03 34	03 25	03 16	03 04	02 51	02 35	02 15	01 48	01 05	// //
12	03 52	03 46	03 39	03 32	03 24	03 14	03 03	02 51	02 35	02 17	01 52	01 16	// //	// //
16	03 44	03 38	03 31	03 23	03 13	03 03	02 51	02 36	02 19	01 57	01 25	00 15	// //	// //
20	03 37	03 30	03 22	03 13	03 03	02 51	02 38	02 21	02 01	01 33	00 47	// //	// //	// //
24	03 30	03 22	03 13	03 04	02 53	02 40	02 24	02 06	01 41	01 04	// //	// //	// //	// //
28	03 23	03 14	03 05	02 54	02 42	02 28	02 10	01 48	01 18	00 03	// //	// //	// //	// //
May 2	03 16	03 07	02 56	02 45	02 31	02 15	01 56	01 29	00 47	// //	// //	// //	// //	// //
6	03 09	02 59	02 48	02 36	02 21	02 03	01 40	01 07	// //	// //	// //	// //	// //	// //
10	03 03	02 52	02 40	02 26	02 10	01 50	01 23	00 36	// //	// //	// //	// //	// //	// //
14	02 56	02 45	02 32	02 17	01 59	01 36	01 03	// //	// //	// //	// //	// //	// //	// //
18	02 51	02 39	02 25	02 09	01 49	01 22	00 37	// //	// //	// //	// //	// //	// //	// //
22	02 45	02 33	02 18	02 00	01 38	01 07	// //	// //	// //	// //	// //	// //	// //	// //
26	02 41	02 27	02 12	01 53	01 28	00 50	// //	// //	// //	// //	// //	// //	// //	// //
30	02 37	02 23	02 06	01 45	01 18	00 27	// //	// //	// //	// //	// //	// //	// //	// //
June 3	02 33	02 18	02 01	01 39	01 08	// //	// //	// //	// //	// //	// //	// //	// //	// //
7	02 30	02 15	01 57	01 33	00 59	// //	// //	// //	// //	// //	// //	// //	// //	// //
11	02 29	02 13	01 54	01 29	00 51	// //	// //	// //	// //	// //	// //	// //	// //	// //
15	02 28	02 12	01 52	01 26	00 45	// //	// //	// //	// //	// //	// //	// //	// //	** **
19	02 27	02 11	01 51	01 25	00 42	// //	// //	// //	// //	// //	// //	// //	// //	** **
23	02 28	02 12	01 52	01 26	00 42	// //	// //	// //	// //	// //	// //	// //	// //	** **
27	02 30	02 14	01 54	01 28	00 46	// //	// //	// //	// //	// //	// //	// //	// //	** **
July 1	02 32	02 16	01 57	01 32	00 53	// //	// //	// //	// //	// //	// //	// //	// //	// //
5	02 35	02 20	02 01	01 38	01 02	// //	// //	// //	// //	// //	// //	// //	// //	// //

ENDING ASTRONOMICAL TWILIGHT

	+40°	+42°	+44°	+46°	+48°	+50°	+52°	+54°	+56°	+58°	+60°	+62°	+64°	+66°
	h m	h m	h m	h m	h m	h m	h m	h m	h m	h m	h m	h m	h m	h m
Mar. 31	19 56	20 00	20 05	20 10	20 17	20 24	20 31	20 40	20 51	21 03	21 18	21 37	22 02	22 39
Apr. 4	20 01	20 06	20 11	20 17	20 24	20 32	20 41	20 51	21 03	21 17	21 35	21 58	22 30	23 39
8	20 06	20 11	20 17	20 24	20 32	20 40	20 50	21 02	21 16	21 32	21 53	22 22	23 12	// //
12	20 11	20 17	20 24	20 31	20 40	20 49	21 01	21 14	21 29	21 49	22 15	22 55	// //	// //
16	20 16	20 23	20 30	20 39	20 48	20 59	21 11	21 26	21 44	22 08	22 41	// //	// //	// //
20	20 22	20 29	20 37	20 46	20 57	21 09	21 23	21 39	22 01	22 30	23 25	// //	// //	// //
24	20 28	20 36	20 44	20 54	21 06	21 19	21 35	21 54	22 20	23 00	// //	// //	// //	// //
28	20 33	20 42	20 52	21 02	21 15	21 30	21 48	22 10	22 43	// //	// //	// //	// //	// //
May 2	20 39	20 49	20 59	21 11	21 25	21 41	22 01	22 29	23 17	// //	// //	// //	// //	// //
6	20 45	20 55	21 06	21 19	21 35	21 53	22 17	22 52	// //	// //	// //	// //	// //	// //
10	20 51	21 02	21 14	21 28	21 45	22 06	22 34	23 28	// //	// //	// //	// //	// //	// //
14	20 57	21 09	21 22	21 37	21 55	22 19	22 55	// //	// //	// //	// //	// //	// //	// //
18	21 03	21 15	21 29	21 46	22 06	22 34	23 24	// //	// //	// //	// //	// //	// //	// //
22	21 09	21 22	21 37	21 54	22 17	22 50	// //	// //	// //	// //	// //	// //	// //	// //
26	21 14	21 28	21 44	22 03	22 28	23 09	// //	// //	// //	// //	// //	// //	// //	// //
30	21 19	21 33	21 50	22 11	22 39	23 36	// //	// //	// //	// //	// //	// //	// //	// //
June 3	21 24	21 38	21 56	22 19	22 50	// //	// //	// //	// //	// //	// //	// //	// //	// //
7	21 28	21 43	22 01	22 25	23 00	// //	// //	// //	// //	// //	// //	// //	// //	// //
11	21 31	21 47	22 06	22 31	23 10	// //	// //	// //	// //	// //	// //	// //	// //	// //
15	21 33	21 50	22 09	22 35	23 17	// //	// //	// //	// //	// //	// //	// //	// //	** **
19	21 35	21 51	22 11	22 37	23 21	// //	// //	// //	// //	// //	// //	// //	// //	** **
23	21 36	21 52	22 12	22 38	23 22	// //	// //	// //	// //	// //	// //	// //	// //	** **
27	21 36	21 52	22 12	22 37	23 19	// //	// //	// //	// //	// //	// //	// //	// //	** **
July 1	21 35	21 51	22 10	22 34	23 13	// //	// //	// //	// //	// //	// //	// //	// //	// //
5	21 33	21 48	22 07	22 30	23 05	// //	// //	// //	// //	// //	// //	// //	// //	// //

(** **) indicates Sun continuously above horizon.
(// //) indicates continuous twilight.

ASTRONOMICAL TWILIGHT, 1986
UNIVERSAL TIME FOR MERIDIAN OF GREENWICH
BEGINNING ASTRONOMICAL TWILIGHT

Lat.	−55°	−50°	−45°	−40°	−35°	−30°	−20°	−10°	0°	+10°	+20°	+30°	+35°	+40°
	h m	h m	h m	h m	h m	h m	h m	h m	h m	h m	h m	h m	h m	h m
1	06 09	06 01	05 53	05 45	05 38	05 31	05 17	05 02	04 45	04 25	04 00	03 26	03 03	02 32
5	06 08	06 00	05 52	05 45	05 38	05 31	05 17	05 03	04 46	04 26	04 02	03 28	03 05	02 35
9	06 06	05 58	05 51	05 44	05 38	05 31	05 18	05 03	04 47	04 28	04 04	03 31	03 08	02 39
13	06 04	05 57	05 50	05 43	05 37	05 31	05 18	05 04	04 48	04 29	04 05	03 33	03 12	02 44
17	06 01	05 54	05 48	05 42	05 36	05 30	05 17	05 04	04 49	04 30	04 08	03 36	03 16	02 48
21	05 57	05 51	05 45	05 40	05 34	05 28	05 17	05 04	04 49	04 32	04 10	03 40	03 20	02 54
25	05 53	05 47	05 42	05 37	05 32	05 27	05 16	05 04	04 50	04 33	04 12	03 43	03 24	02 59
29	05 48	05 43	05 39	05 34	05 30	05 25	05 15	05 03	04 50	04 34	04 14	03 46	03 28	03 05
Aug. 2	05 42	05 38	05 35	05 31	05 27	05 23	05 13	05 03	04 50	04 35	04 16	03 50	03 32	03 10
6	05 36	05 33	05 30	05 27	05 24	05 20	05 12	05 02	04 51	04 36	04 18	03 53	03 37	03 16
10	05 29	05 27	05 25	05 23	05 20	05 17	05 10	05 01	04 51	04 37	04 20	03 57	03 41	03 22
14	05 21	05 21	05 20	05 19	05 16	05 14	05 08	05 00	04 50	04 38	04 22	04 00	03 46	03 28
18	05 13	05 14	05 14	05 14	05 12	05 10	05 05	04 59	04 50	04 39	04 24	04 03	03 50	03 33
22	05 05	05 07	05 08	05 08	05 08	05 07	05 03	04 57	04 49	04 39	04 25	04 07	03 54	03 39
26	04 56	05 00	05 02	05 03	05 03	05 03	05 00	04 55	04 49	04 40	04 27	04 10	03 58	03 44
30	04 47	04 52	04 55	04 57	04 58	04 58	04 57	04 53	04 48	04 40	04 29	04 13	04 02	03 49
Sept. 3	04 37	04 44	04 48	04 51	04 53	04 54	04 54	04 51	04 47	04 40	04 30	04 16	04 06	03 54
7	04 27	04 35	04 41	04 45	04 48	04 49	04 50	04 49	04 46	04 40	04 31	04 18	04 10	03 59
11	04 17	04 26	04 33	04 38	04 42	04 44	04 47	04 47	04 45	04 40	04 32	04 21	04 13	04 04
15	04 06	04 17	04 25	04 32	04 36	04 39	04 43	04 44	04 43	04 40	04 34	04 24	04 17	04 08
19	03 54	04 08	04 17	04 25	04 30	04 34	04 40	04 42	04 42	04 40	04 35	04 26	04 20	04 13
23	03 43	03 58	04 09	04 18	04 24	04 29	04 36	04 39	04 41	04 39	04 36	04 29	04 24	04 17
27	03 31	03 48	04 01	04 10	04 18	04 24	04 32	04 37	04 39	04 39	04 37	04 31	04 27	04 21
Oct. 1	03 18	03 38	03 52	04 03	04 12	04 18	04 28	04 34	04 38	04 39	04 38	04 34	04 30	04 26
5	03 05	03 27	03 44	03 56	04 06	04 13	04 24	04 32	04 36	04 39	04 39	04 36	04 33	04 30

ENDING ASTRONOMICAL TWILIGHT

	−55°	−50°	−45°	−40°	−35°	−30°	−20°	−10°	0°	+10°	+20°	+30°	+35°	+40°
	h m	h m	h m	h m	h m	h m	h m	h m	h m	h m	h m	h m	h m	h m
July 1	17 58	18 07	18 15	18 22	18 29	18 36	18 50	19 05	19 22	19 42	20 07	20 41	21 04	21 35
5	18 01	18 09	18 17	18 24	18 31	18 38	18 52	19 06	19 23	19 42	20 07	20 40	21 03	21 33
9	18 04	18 12	18 19	18 26	18 33	18 39	18 53	19 07	19 23	19 42	20 06	20 39	21 01	21 30
13	18 08	18 15	18 22	18 28	18 35	18 41	18 54	19 08	19 23	19 42	20 06	20 38	20 59	21 27
17	18 12	18 19	18 25	18 31	18 37	18 43	18 55	19 08	19 24	19 42	20 04	20 35	20 56	21 23
21	18 16	18 22	18 28	18 33	18 39	18 45	18 56	19 09	19 23	19 41	20 03	20 33	20 52	21 18
25	18 21	18 26	18 31	18 36	18 41	18 46	18 57	19 09	19 23	19 40	20 01	20 29	20 48	21 13
29	18 26	18 30	18 35	18 39	18 44	18 48	18 58	19 09	19 23	19 38	19 59	20 26	20 44	21 07
Aug. 2	18 31	18 35	18 38	18 42	18 46	18 50	18 59	19 10	19 22	19 37	19 56	20 22	20 39	21 01
6	18 37	18 39	18 42	18 45	18 48	18 52	19 00	19 10	19 21	19 35	19 53	20 18	20 34	20 54
10	18 43	18 44	18 46	18 48	18 51	18 54	19 01	19 10	19 20	19 33	19 50	20 13	20 29	20 48
14	18 49	18 49	18 50	18 51	18 53	18 56	19 02	19 09	19 19	19 31	19 47	20 09	20 23	20 41
18	18 55	18 54	18 54	18 55	18 56	18 58	19 03	19 09	19 18	19 29	19 44	20 04	20 17	20 33
22	19 02	18 59	18 58	18 58	18 58	19 00	19 03	19 09	19 16	19 26	19 40	19 59	20 11	20 26
26	19 09	19 05	19 03	19 01	19 01	19 01	19 04	19 08	19 15	19 24	19 36	19 53	20 05	20 19
30	19 16	19 10	19 07	19 05	19 04	19 03	19 05	19 08	19 13	19 21	19 32	19 48	19 58	20 11
Sept. 3	19 23	19 16	19 12	19 08	19 06	19 05	19 05	19 08	19 12	19 19	19 28	19 43	19 52	20 04
7	19 30	19 22	19 16	19 12	19 09	19 07	19 06	19 07	19 10	19 16	19 25	19 37	19 46	19 56
11	19 38	19 28	19 21	19 16	19 12	19 10	19 07	19 07	19 09	19 13	19 21	19 32	19 39	19 49
15	19 46	19 35	19 26	19 20	19 15	19 12	19 08	19 06	19 07	19 11	19 17	19 26	19 33	19 41
19	19 55	19 41	19 31	19 24	19 18	19 14	19 08	19 06	19 06	19 08	19 13	19 21	19 27	19 34
23	20 04	19 48	19 37	19 28	19 22	19 16	19 09	19 06	19 04	19 05	19 09	19 16	19 20	19 27
27	20 14	19 56	19 43	19 33	19 25	19 19	19 10	19 05	19 03	19 03	19 05	19 10	19 14	19 20
Oct. 1	20 24	20 03	19 48	19 37	19 29	19 22	19 12	19 05	19 02	19 00	19 02	19 05	19 09	19 13
5	20 34	20 11	19 55	19 42	19 32	19 24	19 13	19 05	19 01	18 58	18 58	19 00	19 03	19 06

ASTRONOMICAL TWILIGHT, 1986
UNIVERSAL TIME FOR MERIDIAN OF GREENWICH
BEGINNING ASTRONOMICAL TWILIGHT

Lat.	+40°	+42°	+44°	+46°	+48°	+50°	+52°	+54°	+56°	+58°	+60°	+62°	+64°	+66°
	h m	h m	h m	h m	h m	h m	h m	h m	h m	h m	h m	h m	h m	h m
July 1	02 32	02 16	01 57	01 32	00 53	// //	// //	// //	// //	// //	// //	// //	// //	// //
5	02 35	02 20	02 01	01 38	01 02	// //	// //	// //	// //	// //	// //	// //	// //	// //
9	02 39	02 24	02 06	01 44	01 12	// //	// //	// //	// //	// //	// //	// //	// //	// //
13	02 44	02 29	02 12	01 51	01 23	00 22	// //	// //	// //	// //	// //	// //	// //	// //
17	02 48	02 35	02 19	01 59	01 33	00 52	// //	// //	// //	// //	// //	// //	// //	// //
21	02 54	02 41	02 26	02 08	01 44	01 11	// //	// //	// //	// //	// //	// //	// //	// //
25	02 59	02 47	02 33	02 16	01 55	01 27	00 33	// //	// //	// //	// //	// //	// //	// //
29	03 05	02 53	02 40	02 25	02 06	01 42	01 05	// //	// //	// //	// //	// //	// //	// //
Aug. 2	03 10	03 00	02 47	02 33	02 16	01 55	01 26	00 24	// //	// //	// //	// //	// //	// //
6	03 16	03 06	02 55	02 42	02 26	02 08	01 43	01 06	// //	// //	// //	// //	// //	// //
10	03 22	03 13	03 02	02 50	02 36	02 19	01 58	01 30	00 36	// //	// //	// //	// //	// //
14	03 28	03 19	03 09	02 58	02 46	02 30	02 12	01 49	01 14	// //	// //	// //	// //	// //
18	03 33	03 25	03 16	03 06	02 55	02 41	02 25	02 05	01 38	00 54	// //	// //	// //	// //
22	03 39	03 31	03 23	03 14	03 03	02 51	02 37	02 19	01 57	01 27	00 16	// //	// //	// //
26	03 44	03 37	03 30	03 21	03 12	03 01	02 48	02 33	02 14	01 50	01 13	// //	// //	// //
30	03 49	03 43	03 36	03 28	03 20	03 10	02 58	02 45	02 29	02 09	01 41	00 57	// //	// //
Sept. 3	03 54	03 48	03 42	03 35	03 27	03 19	03 08	02 56	02 42	02 25	02 03	01 32	00 32	// //
7	03 59	03 54	03 48	03 42	03 35	03 27	03 18	03 07	02 55	02 40	02 22	01 58	01 22	// //
11	04 04	03 59	03 54	03 48	03 42	03 35	03 27	03 17	03 07	02 54	02 38	02 18	01 52	01 11
15	04 08	04 04	04 00	03 55	03 49	03 43	03 35	03 27	03 18	03 06	02 53	02 36	02 15	01 46
19	04 13	04 09	04 05	04 01	03 56	03 50	03 44	03 36	03 28	03 18	03 06	02 52	02 35	02 12
23	04 17	04 14	04 11	04 07	04 02	03 57	03 52	03 45	03 38	03 29	03 19	03 07	02 52	02 34
27	04 21	04 19	04 16	04 12	04 09	04 04	03 59	03 54	03 47	03 40	03 31	03 21	03 08	02 53
Oct. 1	04 26	04 23	04 21	04 18	04 15	04 11	04 07	04 02	03 57	03 50	03 43	03 34	03 23	03 10
5	04 30	04 28	04 26	04 23	04 21	04 18	04 14	04 10	04 05	04 00	03 54	03 46	03 37	03 26

ENDING ASTRONOMICAL TWILIGHT

	+40°	+42°	+44°	+46°	+48°	+50°	+52°	+54°	+56°	+58°	+60°	+62°	+64°	+66°
	h m	h m	h m	h m	h m	h m	h m	h m	h m	h m	h m	h m	h m	h m
July 1	21 35	21 51	22 10	22 34	23 13	// //	// //	// //	// //	// //	// //	// //	// //	// //
5	21 33	21 48	22 07	22 30	23 05	// //	// //	// //	// //	// //	// //	// //	// //	// //
9	21 30	21 45	22 03	22 25	22 56	// //	// //	// //	// //	// //	// //	// //	// //	// //
13	21 27	21 41	21 58	22 19	22 46	23 39	// //	// //	// //	// //	// //	// //	// //	// //
17	21 23	21 36	21 52	22 11	22 36	23 16	// //	// //	// //	// //	// //	// //	// //	// //
21	21 18	21 31	21 46	22 03	22 26	22 58	// //	// //	// //	// //	// //	// //	// //	// //
25	21 13	21 25	21 39	21 55	22 15	22 43	23 30	// //	// //	// //	// //	// //	// //	// //
29	21 07	21 18	21 31	21 46	22 05	22 28	23 03	// //	// //	// //	// //	// //	// //	// //
Aug. 2	21 01	21 12	21 24	21 37	21 54	22 15	22 43	23 33	// //	// //	// //	// //	// //	// //
6	20 54	21 04	21 15	21 28	21 43	22 02	22 25	22 59	// //	// //	// //	// //	// //	// //
10	20 48	20 57	21 07	21 19	21 33	21 49	22 09	22 36	23 22	// //	// //	// //	// //	// //
14	20 41	20 49	20 59	21 09	21 22	21 37	21 54	22 17	22 49	// //	// //	// //	// //	// //
18	20 33	20 41	20 50	21 00	21 11	21 25	21 40	22 00	22 25	23 04	// //	// //	// //	// //
22	20 26	20 33	20 41	20 50	21 01	21 13	21 27	21 43	22 05	22 34	23 26	// //	// //	// //
26	20 19	20 25	20 33	20 41	20 50	21 01	21 14	21 28	21 46	22 10	22 43	// //	// //	// //
30	20 11	20 17	20 24	20 32	20 40	20 50	21 01	21 14	21 30	21 49	22 15	22 55	// //	// //
Sept. 3	20 04	20 09	20 15	20 22	20 30	20 39	20 48	21 00	21 14	21 30	21 51	22 20	23 10	// //
7	19 56	20 01	20 07	20 13	20 20	20 28	20 36	20 47	20 59	21 13	21 31	21 54	22 26	23 37
11	19 49	19 53	19 58	20 04	20 10	20 17	20 25	20 34	20 45	20 57	21 12	21 31	21 56	22 33
15	19 41	19 45	19 50	19 55	20 00	20 06	20 13	20 22	20 31	20 42	20 55	21 11	21 31	21 59
19	19 34	19 38	19 41	19 46	19 51	19 56	20 02	20 10	20 18	20 27	20 39	20 52	21 09	21 31
23	19 27	19 30	19 33	19 37	19 41	19 46	19 52	19 58	20 05	20 13	20 23	20 35	20 49	21 07
27	19 20	19 22	19 25	19 29	19 32	19 37	19 41	19 47	19 53	20 00	20 09	20 19	20 31	20 46
Oct. 1	19 13	19 15	19 18	19 20	19 24	19 27	19 31	19 36	19 41	19 47	19 55	20 03	20 14	20 26
5	19 06	19 08	19 10	19 12	19 15	19 18	19 22	19 25	19 30	19 35	19 41	19 49	19 57	20 08

(// //) indicates continuous twilight.

ASTRONOMICAL TWILIGHT, 1986
UNIVERSAL TIME FOR MERIDIAN OF GREENWICH
BEGINNING ASTRONOMICAL TWILIGHT

Lat.	−55°	−50°	−45°	−40°	−35°	−30°	−20°	−10°	0°	+10°	+20°	+30°	+35°	+40°
	h m	h m	h m	h m	h m	h m	h m	h m	h m	h m	h m	h m	h m	h m
Oct. 1	03 18	03 38	03 52	04 03	04 12	04 18	04 28	04 34	04 38	04 39	04 38	04 34	04 30	04 26
5	03 05	03 27	03 44	03 56	04 06	04 13	04 24	04 32	04 36	04 39	04 39	04 36	04 33	04 30
9	02 51	03 17	03 35	03 49	03 59	04 08	04 21	04 29	04 35	04 38	04 40	04 38	04 37	04 34
13	02 37	03 06	03 26	03 41	03 53	04 03	04 17	04 27	04 34	04 38	04 41	04 41	04 40	04 38
17	02 23	02 55	03 17	03 34	03 47	03 57	04 13	04 24	04 33	04 38	04 42	04 43	04 43	04 42
21	02 07	02 43	03 08	03 27	03 41	03 52	04 10	04 22	04 31	04 38	04 43	04 46	04 46	04 46
25	01 50	02 32	02 59	03 19	03 35	03 48	04 06	04 20	04 30	04 38	04 44	04 48	04 49	04 50
29	01 32	02 20	02 51	03 12	03 29	03 43	04 03	04 18	04 30	04 39	04 45	04 51	04 53	04 54
Nov. 2	01 11	02 08	02 42	03 06	03 24	03 38	04 00	04 17	04 29	04 39	04 47	04 53	04 56	04 58
6	00 44	01 56	02 33	02 59	03 19	03 34	03 58	04 15	04 29	04 40	04 48	04 56	04 59	05 02
10	// //	01 43	02 25	02 53	03 14	03 30	03 55	04 14	04 28	04 40	04 50	04 59	05 02	05 06
14	// //	01 30	02 17	02 47	03 09	03 27	03 53	04 13	04 28	04 41	04 52	05 01	05 06	05 10
18	// //	01 16	02 09	02 41	03 05	03 24	03 52	04 12	04 29	04 42	04 54	05 04	05 09	05 14
22	// //	01 01	02 02	02 37	03 02	03 21	03 50	04 12	04 29	04 43	04 56	05 07	05 12	05 18
26	// //	00 45	01 55	02 32	02 59	03 19	03 50	04 12	04 30	04 45	04 58	05 10	05 16	05 22
30	// //	00 24	01 49	02 29	02 56	03 17	03 49	04 12	04 31	04 46	05 00	05 13	05 19	05 25
Dec. 4	// //	// //	01 44	02 26	02 55	03 16	03 49	04 13	04 32	04 48	05 02	05 16	05 22	05 29
8	// //	// //	01 39	02 24	02 53	03 16	03 49	04 14	04 33	04 50	05 05	05 18	05 25	05 32
12	// //	// //	01 37	02 23	02 53	03 16	03 50	04 15	04 35	04 52	05 07	05 21	05 28	05 35
16	// //	// //	01 35	02 23	02 54	03 17	03 51	04 17	04 37	04 54	05 09	05 23	05 30	05 38
20	// //	// //	01 35	02 24	02 55	03 18	03 53	04 18	04 39	04 56	05 11	05 25	05 33	05 40
24	// //	// //	01 37	02 26	02 57	03 20	03 55	04 20	04 41	04 58	05 13	05 27	05 35	05 42
28	// //	// //	01 41	02 28	03 00	03 23	03 57	04 23	04 43	05 00	05 15	05 29	05 36	05 43
32	// //	// //	01 46	02 32	03 03	03 26	04 00	04 25	04 45	05 02	05 17	05 31	05 38	05 45
36	// //	// //	01 53	02 37	03 07	03 29	04 03	04 27	04 47	05 03	05 18	05 32	05 38	05 45

ENDING ASTRONOMICAL TWILIGHT

Lat.	−55°	−50°	−45°	−40°	−35°	−30°	−20°	−10°	0°	+10°	+20°	+30°	+35°	+40°
	h m	h m	h m	h m	h m	h m	h m	h m	h m	h m	h m	h m	h m	h m
Oct. 1	20 24	20 03	19 48	19 37	19 29	19 22	19 12	19 05	19 02	19 00	19 02	19 05	19 09	19 13
5	20 34	20 11	19 55	19 42	19 32	19 24	19 13	19 05	19 01	18 58	18 58	19 00	19 03	19 06
9	20 46	20 20	20 01	19 47	19 36	19 27	19 15	19 06	19 00	18 56	18 55	18 56	18 57	19 00
13	20 58	20 29	20 08	19 53	19 40	19 31	19 16	19 06	18 59	18 54	18 52	18 51	18 52	18 54
17	21 11	20 38	20 15	19 58	19 45	19 34	19 18	19 07	18 58	18 53	18 49	18 47	18 47	18 48
21	21 26	20 48	20 23	20 04	19 49	19 38	19 20	19 07	18 58	18 51	18 46	18 43	18 43	18 43
25	21 42	20 58	20 30	20 10	19 54	19 41	19 22	19 08	18 58	18 50	18 44	18 40	18 38	18 38
29	22 00	21 10	20 39	20 16	19 59	19 45	19 25	19 09	18 58	18 49	18 42	18 36	18 34	18 33
Nov. 2	22 22	21 21	20 47	20 23	20 04	19 50	19 27	19 11	18 58	18 48	18 40	18 34	18 31	18 29
6	22 51	21 34	20 56	20 29	20 10	19 54	19 30	19 12	18 59	18 48	18 39	18 31	18 28	18 25
10	// //	21 47	21 05	20 36	20 15	19 58	19 33	19 14	18 59	18 48	18 37	18 29	18 25	18 21
14	// //	22 02	21 14	20 43	20 20	20 03	19 36	19 16	19 00	18 48	18 37	18 27	18 23	18 18
18	// //	22 17	21 23	20 50	20 26	20 07	19 39	19 18	19 02	18 48	18 36	18 26	18 21	18 16
22	// //	22 34	21 32	20 57	20 31	20 12	19 42	19 20	19 03	18 49	18 36	18 25	18 19	18 14
26	// //	22 54	21 41	21 03	20 37	20 16	19 45	19 23	19 05	18 50	18 36	18 24	18 18	18 13
30	// //	23 20	21 50	21 09	20 42	20 20	19 48	19 25	19 06	18 51	18 37	18 24	18 18	18 12
Dec. 4	// //	// //	21 58	21 15	20 46	20 24	19 51	19 27	19 08	18 52	18 38	18 25	18 18	18 11
8	// //	// //	22 05	21 21	20 51	20 28	19 54	19 30	19 10	18 54	18 39	18 25	18 18	18 12
12	// //	// //	22 11	21 25	20 54	20 31	19 57	19 32	19 12	18 55	18 40	18 26	18 19	18 12
16	// //	// //	22 16	21 29	20 58	20 34	20 00	19 34	19 14	18 57	18 42	18 28	18 21	18 13
20	// //	// //	22 20	21 32	21 00	20 37	20 02	19 37	19 16	18 59	18 44	18 29	18 22	18 15
24	// //	// //	22 21	21 33	21 02	20 38	20 04	19 39	19 18	19 01	18 46	18 32	18 24	18 17
28	// //	// //	22 21	21 34	21 03	20 40	20 05	19 40	19 20	19 03	18 48	18 34	18 27	18 20
32	// //	// //	22 20	21 34	21 04	20 41	20 07	19 42	19 22	19 05	18 50	18 36	18 29	18 22
36	// //	// //	22 17	21 33	21 03	20 41	20 07	19 43	19 24	19 07	18 53	18 39	18 32	18 25

(// //) indicates continuous twilight.

ASTRONOMICAL TWILIGHT, 1986

UNIVERSAL TIME FOR MERIDIAN OF GREENWICH
BEGINNING ASTRONOMICAL TWILIGHT

Lat.	+40°	+42°	+44°	+46°	+48°	+50°	+52°	+54°	+56°	+58°	+60°	+62°	+64°	+66°
	h m	h m	h m	h m	h m	h m	h m	h m	h m	h m	h m	h m	h m	h m
Oct. 1	04 26	04 23	04 21	04 18	04 15	04 11	04 07	04 02	03 57	03 50	03 43	03 34	03 23	03 10
5	04 30	04 28	04 26	04 23	04 21	04 18	04 14	04 10	04 05	04 00	03 54	03 46	03 37	03 26
9	04 34	04 32	04 31	04 29	04 27	04 24	04 21	04 18	04 14	04 09	04 04	03 58	03 50	03 41
13	04 38	04 37	04 36	04 34	04 33	04 31	04 28	04 26	04 22	04 19	04 14	04 09	04 03	03 55
17	04 42	04 41	04 40	04 39	04 38	04 37	04 35	04 33	04 30	04 28	04 24	04 20	04 15	04 09
21	04 46	04 46	04 45	04 45	04 44	04 43	04 42	04 40	04 38	04 36	04 34	04 30	04 27	04 22
25	04 50	04 50	04 50	04 50	04 49	04 49	04 48	04 47	04 46	04 45	04 43	04 41	04 38	04 34
29	04 54	04 54	04 55	04 55	04 55	04 55	04 55	04 54	04 54	04 53	04 52	04 51	04 49	04 46
Nov. 2	04 58	04 59	04 59	05 00	05 00	05 01	05 01	05 01	05 01	05 01	05 01	05 01	05 00	04 59	04 58
6	05 02	05 03	05 04	05 05	05 06	05 07	05 07	05 08	05 09	05 09	05 09	05 09	05 09	05 09
10	05 06	05 07	05 09	05 10	05 11	05 12	05 13	05 15	05 16	05 17	05 17	05 18	05 19	05 20
14	05 10	05 12	05 13	05 15	05 16	05 18	05 19	05 21	05 22	05 24	05 25	05 27	05 28	05 30
18	05 14	05 16	05 18	05 20	05 21	05 23	05 25	05 27	05 29	05 31	05 33	05 35	05 37	05 40
22	05 18	05 20	05 22	05 24	05 26	05 28	05 31	05 33	05 35	05 38	05 40	05 43	05 46	05 49
26	05 22	05 24	05 26	05 29	05 31	05 33	05 36	05 39	05 41	05 44	05 47	05 50	05 54	05 57
30	05 25	05 28	05 30	05 33	05 35	05 38	05 41	05 44	05 47	05 50	05 53	05 57	06 01	06 05
Dec. 4	05 29	05 31	05 34	05 37	05 40	05 42	05 45	05 49	05 52	05 55	05 59	06 03	06 07	06 12
8	05 32	05 35	05-38	05 40	05 43	05 46	05 50	05 53	05 56	06 00	06 04	06 08	06 13	06 18
12	05 35	05 38	05 41	05 44	05 47	05 50	05 53	05 57	06 01	06 04	06 09	06 13	06 18	06 24
16	05 38	05 41	05 44	05 47	05 50	05 53	05 57	06 00	06 04	06 08	06 12	06 17	06 22	06 28
20	05 40	05 43	05 46	05 49	05 52	05 56	05 59	06 03	06 07	06 11	06 15	06 20	06 25	06 31
24	05 42	05 45	05 48	05 51	05 54	05 58	06 01	06 05	06 09	06 13	06 17	06 22	06 27	06 33
28	05 43	05 46	05 49	05 53	05 56	05 59	06 02	06 06	06 10	06 14	06 18	06 23	06 28	06 34
32	05 45	05 47	05 50	05 53	05 57	06 00	06 03	06 07	06 10	06 14	06 18	06 23	06 28	06 33
36	05 45	05 48	05 51	05 54	05 57	06 00	06 03	06 06	06 10	06 13	06 17	06 22	06 26	06 31

ENDING ASTRONOMICAL TWILIGHT

Lat.	+40°	+42°	+44°	+46°	+48°	+50°	+52°	+54°	+56°	+58°	+60°	+62°	+64°	+66°
	h m	h m	h m	h m	h m	h m	h m	h m	h m	h m	h m	h m	h m	h m
Oct. 1	19 13	19 15	19 18	19 20	19 24	19 27	19 31	19 36	19 41	19 47	19 55	20 03	20 14	20 26
5	19 06	19 08	19 10	19 12	19 15	19 18	19 22	19 25	19 30	19 35	19 41	19 49	19 57	20 08
9	19 00	19 01	19 03	19 05	19 07	19 09	19 12	19 15	19 19	19 24	19 29	19 35	19 42	19 51
13	18 54	18 55	18 56	18 57	18 59	19 01	19 03	19 06	19 09	19 12	19 17	19 22	19 28	19 35
17	18 48	18 49	18 50	18 50	18 52	18 53	18 55	18 57	18 59	19 02	19 05	19 09	19 14	19 20
21	18 43	18 43	18 43	18 44	18 45	18 45	18 47	18 48	18 50	18 52	18 54	18 57	19 01	19 05
25	18 38	18 37	18 37	18 38	18 38	18 38	18 39	18 40	18 41	18 42	18 44	18 46	18 49	18 52
29	18 33	18 32	18 32	18 32	18 32	18 32	18 32	18 32	18 33	18 33	18 34	18 36	18 37	18 39
Nov. 2	18 29	18 28	18 27	18 26	18 26	18 25	18 25	18 25	18 25	18 25	18 25	18 26	18 27	18 28
6	18 25	18 24	18 23	18 22	18 21	18 20	18 19	18 18	18 18	18 17	18 17	18 17	18 17	18 17
10	18 21	18 20	18 19	18 17	18 16	18 15	18 14	18 12	18 11	18 10	18 09	18 08	18 08	18 07
14	18 18	18 17	18 15	18 13	18 12	18 10	18 09	18 07	18 06	18 04	18 02	18 01	17 59	17 58
18	18 16	18 14	18 12	18 10	18 08	18 06	18 04	18 02	18 01	17 58	17 56	17 54	17 52	17 50
22	18 14	18 12	18 10	18 08	18 05	18 03	18 01	17 59	17 56	17 54	17 51	17 48	17 46	17 42
26	18 13	18 10	18 08	18 05	18 03	18 01	17 58	17 55	17 53	17 50	17 47	17 44	17 40	17 36
30	18 12	18 09	18 07	18 04	18 01	17 59	17 56	17 53	17 50	17 47	17 43	17 40	17 36	17 31
Dec. 4	18 11	18 09	18 06	18 03	18 00	17 57	17 54	17 51	17 48	17 44	17 41	17 37	17 32	17 28
8	18 12	18 09	18 06	18 03	18 00	17 57	17 54	17 50	17 47	17 43	17 39	17 35	17 30	17 25
12	18 12	18 09	18 06	18 03	18 00	17 57	17 54	17 50	17 47	17 43	17 38	17 34	17 29	17 23
16	18 13	18 10	18 07	18 04	18 01	17 58	17 54	17 51	17 47	17 43	17 39	17 34	17 29	17 23
20	18 15	18 12	18 09	18 06	18 03	17 59	17 56	17 52	17 48	17 44	17 40	17 35	17 30	17 24
24	18 17	18 14	18 11	18 08	18 05	18 01	17 58	17 54	17 50	17 46	17 42	17 37	17 32	17 26
28	18 20	18 17	18 14	18 10	18 07	18 04	18 01	17 57	17 53	17 49	17 45	17 40	17 35	17 30
32	18 22	18 19	18 17	18 14	18 10	18 07	18 04	18 00	17 57	17 53	17 49	17 44	17 39	17 34
36	18 25	18 23	18 20	18 17	18 14	18 11	18 08	18 04	18 01	17 57	17 53	17 49	17 45	17 39

MOONRISE AND MOONSET, 1986
UNIVERSAL TIME FOR MERIDIAN OF GREENWICH
MOONRISE

Lat.	−55°	−50°	−45°	−40°	−35°	−30°	−20°	−10°	0°	+10°	+20°	+30°	+35°	+40°
	h m	h m	h m	h m	h m	h m	h m	h m	h m	h m	h m	h m	h m	h m
Jan. 0	23 16	23 01	22 50	22 40	22 31	22 24	22 11	22 00	21 49	21 39	21 27	21 14	21 07	20 58
1	23 25	23 17	23 11	23 05	23 00	22 56	22 48	22 42	22 36	22 30	22 23	22 15	22 11	22 06
2	23 34	23 32	23 30	23 29	23 28	23 27	23 25	23 23	23 21	23 20	23 18	23 16	23 15	23 14
3	23 42	23 47	23 50	23 53	23 55	23 57	.. ..	.. ..	.. ..	.. ..	.. ..	.. ..	.. ..	.. ..
4	23 52	.. ..	.. ..	.. ..	.. ..	.. ..	00 01	00 05	00 08	00 11	00 15	00 19	00 21	00 24
5	.. ..	00 03	00 11	00 18	00 25	00 30	00 40	00 48	00 56	01 04	01 13	01 23	01 29	01 36
6	00 04	00 22	00 36	00 48	00 58	01 06	01 22	01 35	01 48	02 01	02 15	02 31	02 40	02 51
7	00 21	00 47	01 07	01 23	01 37	01 49	02 09	02 27	02 45	03 02	03 20	03 42	03 54	04 09
8	00 48	01 22	01 47	02 07	02 24	02 39	03 04	03 25	03 46	04 06	04 28	04 54	05 09	05 27
9	01 31	02 11	02 40	03 02	03 21	03 37	04 05	04 28	04 50	05 12	05 36	06 04	06 20	06 39
10	02 37	03 17	03 46	04 08	04 27	04 43	05 10	05 33	05 55	06 17	06 40	07 07	07 23	07 41
11	04 03	04 36	05 01	05 21	05 38	05 52	06 17	06 38	06 57	07 16	07 37	08 01	08 15	08 31
12	05 35	06 01	06 20	06 36	06 50	07 01	07 21	07 38	07 54	08 10	08 27	08 46	08 58	09 10
13	07 06	07 23	07 37	07 49	07 58	08 07	08 21	08 34	08 46	08 57	09 10	09 24	09 32	09 42
14	08 31	08 42	08 50	08 57	09 03	09 08	09 17	09 25	09 33	09 40	09 48	09 57	10 02	10 08
15	09 52	09 56	09 59	10 02	10 04	10 06	10 10	10 13	10 16	10 19	10 22	10 26	10 28	10 30
16	11 09	11 07	11 05	11 04	11 03	11 02	11 00	10 59	10 57	10 56	10 55	10 53	10 52	10 51
17	12 24	12 17	12 10	12 05	12 00	11 56	11 50	11 44	11 38	11 32	11 27	11 20	11 16	11 12
18	13 40	13 26	13 15	13 05	12 58	12 51	12 39	12 29	12 19	12 09	11 59	11 48	11 41	11 34
19	14 57	14 36	14 20	14 07	13 55	13 46	13 29	13 15	13 01	12 48	12 34	12 18	12 09	11 58
20	16 14	15 46	15 25	15 08	14 54	14 42	14 21	14 03	13 46	13 30	13 12	12 51	12 40	12 26
21	17 30	16 56	16 30	16 10	15 53	15 39	15 15	14 53	14 34	14 14	13 54	13 30	13 16	12 59
22	18 41	18 01	17 33	17 10	16 52	16 36	16 09	15 45	15 25	15 03	14 40	14 14	13 58	13 40
23	19 39	18 58	18 29	18 06	17 47	17 31	17 03	16 39	16 17	15 55	15 32	15 04	14 48	14 29
24	20 22	19 44	19 17	18 55	18 37	18 22	17 55	17 33	17 11	16 50	16 27	16 01	15 45	15 27

MOONSET

	−55°	−50°	−45°	−40°	−35°	−30°	−20°	−10°	0°	+10°	+20°	+30°	+35°	+40°
	h m	h m	h m	h m	h m	h m	h m	h m	h m	h m	h m	h m	h m	h m
Jan. 0	07 35	07 54	08 10	08 22	08 33	08 42	08 58	09 12	09 25	09 37	09 51	10 06	10 15	10 25
1	09 00	09 12	09 22	09 30	09 37	09 44	09 54	10 03	10 12	10 20	10 29	10 39	10 45	10 51
2	10 25	10 30	10 35	10 38	10 42	10 45	10 49	10 54	10 57	11 01	11 05	11 10	11 13	11 16
3	11 50	11 49	11 48	11 47	11 47	11 46	11 45	11 44	11 43	11 42	11 42	11 40	11 40	11 39
4	13 18	13 10	13 03	12 58	12 53	12 49	12 42	12 36	12 30	12 25	12 19	12 12	12 08	12 04
5	14 49	14 34	14 21	14 11	14 03	13 55	13 42	13 31	13 20	13 10	12 59	12 46	12 39	12 31
6	16 25	16 01	15 43	15 28	15 15	15 04	14 46	14 29	14 14	13 59	13 43	13 25	13 14	13 02
7	18 02	17 29	17 05	16 46	16 30	16 16	15 52	15 32	15 13	14 54	14 34	14 11	13 57	13 42
8	19 31	18 52	18 24	18 02	17 43	17 27	17 01	16 38	16 16	15 55	15 32	15 05	14 49	14 31
9	20 41	20 01	19 32	19 10	18 51	18 34	18 07	17 43	17 21	16 59	16 35	16 08	15 51	15 32
10	21 27	20 52	20 26	20 06	19 48	19 33	19 08	18 46	18 25	18 04	17 42	17 16	17 00	16 42
11	21 55	21 28	21 07	20 50	20 36	20 23	20 02	19 43	19 25	19 07	18 48	18 25	18 12	17 57
12	22 13	21 54	21 38	21 25	21 14	21 05	20 48	20 33	20 19	20 05	19 50	19 33	19 23	19 11
13	22 25	22 13	22 02	21 54	21 46	21 40	21 28	21 18	21 09	20 59	20 49	20 37	20 30	20 22
14	22 34	22 28	22 22	22 18	22 14	22 10	22 04	21 59	21 54	21 49	21 43	21 37	21 33	21 29
15	22 42	22 41	22 40	22 40	22 39	22 39	22 38	22 37	22 36	22 35	22 34	22 33	22 33	22 32
16	22 49	22 54	22 57	23 01	23 03	23 06	23 10	23 13	23 17	23 20	23 24	23 28	23 31	23 33
17	22 57	23 07	23 15	23 22	23 28	23 33	23 42	23 50	23 58	.. ..	.. ..	.. ..	.. ..	.. ..
18	23 05	23 21	23 34	23 45	23 54	.. ..	.. ..	.. ..	.. ..	00 05	00 13	00 23	00 28	00 34
19	23 17	23 39	23 56	.. ..	.. ..	00 02	00 16	00 28	00 39	00 51	01 03	01 17	01 25	01 35
20	23 32	.. ..	.. ..	00 10	00 23	00 33	00 52	01 08	01 23	01 38	01 54	02 13	02 24	02 36
21	23 55	00 01	00 23	00 41	00 56	01 09	01 31	01 51	02 09	02 27	02 47	03 09	03 23	03 38
22	.. ..	00 31	00 57	01 18	01 35	01 50	02 15	02 37	02 58	03 19	03 41	04 07	04 22	04 39
23	00 31	01 11	01 40	02 02	02 21	02 37	03 04	03 28	03 50	04 12	04 35	05 03	05 19	05 37
24	01 23	02 03	02 33	02 56	03 14	03 31	03 58	04 22	04 43	05 05	05 29	05 56	06 12	06 30

(.. ..) indicates phenomenon will occur the next day.

MOONRISE AND MOONSET, 1986

UNIVERSAL TIME FOR MERIDIAN OF GREENWICH

MOONRISE

Lat.	+40°	+42°	+44°	+46°	+48°	+50°	+52°	+54°	+56°	+58°	+60°	+62°	+64°	+66°
	h m	h m	h m	h m	h m	h m	h m	h m	h m	h m	h m	h m	h m	h m
Jan. 0	20 58	20 54	20 50	20 45	20 40	20 35	20 29	20 23	20 16	20 08	19 58	19 48	19 35	19 20
1	22 06	22 04	22 01	21 59	21 56	21 53	21 50	21 46	21 42	21 38	21 33	21 27	21 20	21 13
2	23 14	23 14	23 13	23 13	23 12	23 11	23 10	23 10	23 09	23 08	23 07	23 05	23 04	23 02
3	.. ..	.. ..	.. ..	.. ..	.. ..	.. ..	.. ..	.. ..	.. ..	.. ..	.. ..	.. ..	.. ..	.. ..
4	00 24	00 25	00 26	00 28	00 29	00 31	00 33	00 34	00 37	00 39	00 42	00 45	00 48	00 52
5	01 36	01 39	01 42	01 45	01 49	01 53	01 58	02 03	02 08	02 14	02 21	02 29	02 38	02 49
6	02 51	02 56	03 01	03 07	03 13	03 19	03 27	03 35	03 44	03 55	04 07	04 21	04 38	05 00
7	04 09	04 15	04 23	04 30	04 39	04 48	04 59	05 10	05 24	05 40	05 59	06 23	06 56	07 51
8	05 27	05 35	05 43	05 53	06 03	06 15	06 28	06 44	07 02	07 24	07 52	08 34	-- --	-- --
9	06 39	06 48	06 57	07 08	07 19	07 32	07 47	08 04	08 24	08 50	09 25	10 35	-- --	-- --
10	07 41	07 50	07 59	08 09	08 20	08 32	08 46	09 02	09 21	09 44	10 14	11 00	-- --	-- --
11	08 31	08 39	08 46	08 55	09 04	09 14	09 26	09 39	09 54	10 11	10 33	11 00	11 39	-- --
12	09 10	09 16	09 22	09 29	09 36	09 44	09 53	10 03	10 13	10 26	10 40	10 57	11 18	11 45
13	09 42	09 46	09 50	09 55	10 00	10 06	10 12	10 18	10 26	10 34	10 43	10 54	11 07	11 22
14	10 08	10 10	10 13	10 16	10 19	10 22	10 26	10 30	10 34	10 39	10 45	10 51	10 58	11 06
15	10 30	10 31	10 32	10 33	10 35	10 36	10 37	10 39	10 41	10 43	10 45	10 47	10 50	10 53
16	10 51	10 51	10 50	10 50	10 49	10 49	10 48	10 47	10 47	10 46	10 45	10 44	10 43	10 41
17	11 12	11 10	11 08	11 06	11 04	11 01	10 59	10 56	10 53	10 49	10 45	10 41	10 35	10 29
18	11 34	11 31	11 27	11 23	11 19	11 15	11 10	11 05	10 59	10 53	10 45	10 37	10 28	10 16
19	11 58	11 53	11 48	11 43	11 37	11 31	11 24	11 16	11 08	10 58	10 47	10 34	10 19	10 01
20	12 26	12 20	12 13	12 06	11 59	11 50	11 41	11 31	11 19	11 06	10 50	10 31	10 08	09 37
21	12 59	12 52	12 44	12 36	12 27	12 16	12 05	11 52	11 37	11 19	10 57	10 30	09 50	** **
22	13 40	13 32	13 23	13 13	13 03	12 51	12 37	12 22	12 04	11 42	11 13	10 31	** **	** **
23	14 29	14 21	14 11	14 01	13 50	13 37	13 23	13 06	12 46	12 22	11 48	10 49	** **	** **
24	15 27	15 18	15 09	15 00	14 49	14 37	14 23	14 07	13 48	13 25	12 54	12 05	** **	** **

MOONSET

	+40°	+42°	+44°	+46°	+48°	+50°	+52°	+54°	+56°	+58°	+60°	+62°	+64°	+66°
	h m	h m	h m	h m	h m	h m	h m	h m	h m	h m	h m	h m	h m	h m
Jan. 0	10 25	10 29	10 34	10 39	10 44	10 50	10 57	11 04	11 12	11 21	11 31	11 43	11 57	12 14
1	10 51	10 54	10 57	11 00	11 04	11 08	11 12	11 16	11 21	11 27	11 33	11 40	11 48	11 58
2	11 16	11 17	11 18	11 20	11 21	11 23	11 25	11 27	11 29	11 31	11 34	11 37	11 41	11 45
3	11 39	11 39	11 38	11 38	11 38	11 37	11 37	11 36	11 36	11 35	11 35	11 34	11 33	11 32
4	12 04	12 02	12 00	11 57	11 55	11 52	11 50	11 46	11 43	11 39	11 35	11 31	11 25	11 19
5	12 31	12 27	12 23	12 19	12 14	12 09	12 04	11 58	11 52	11 45	11 37	11 27	11 16	11 04
6	13 02	12 57	12 51	12 45	12 38	12 31	12 23	12 14	12 04	11 53	11 39	11 24	11 06	10 42
7	13 42	13 35	13 27	13 19	13 10	13 00	12 49	12 37	12 23	12 06	11 46	11 21	10 48	09 51
8	14 31	14 23	14 14	14 04	13 53	13 41	13 28	13 12	12 54	12 32	12 03	11 20	-- --	-- --
9	15 32	15 23	15 14	15 03	14 52	14 39	14 24	14 07	13 47	13 21	12 46	11 36	-- --	-- --
10	16 42	16 34	16 25	16 15	16 05	15 53	15 39	15 23	15 05	14 42	14 12	13 26	-- --	-- --
11	17 57	17 50	17 43	17 35	17 26	17 16	17 05	16 52	16 38	16 21	16 00	15 34	14 56	-- --
12	19 11	19 06	19 00	18 54	18 48	18 40	18 32	18 23	18 13	18 01	17 48	17 32	17 12	16 46
13	20 22	20 18	20 15	20 10	20 06	20 01	19 56	19 50	19 44	19 36	19 28	19 18	19 07	18 53
14	21 29	21 27	21 25	21 22	21 20	21 18	21 15	21 12	21 08	21 05	21 00	20 56	20 50	20 43
15	22 32	22 32	22 31	22 31	22 31	22 30	22 30	22 29	22 29	22 28	22 27	22 27	22 26	22 25
16	23 33	23 35	23 36	23 37	23 39	23 41	23 42	23 44	23 46	23 49	23 52	23 55	23 58	.. ..
17	.. ..	.. ..	.. ..	.. ..	.. ..	.. ..	.. ..	.. ..	.. ..	.. ..	.. ..	.. ..	.. ..	00 02
18	00 34	00 37	00 40	00 43	00 46	00 50	00 54	00 58	01 03	01 09	01 15	01 22	01 30	01 40
19	01 35	01 39	01 44	01 48	01 54	01 59	02 06	02 13	02 21	02 30	02 40	02 52	03 06	03 23
20	02 36	02 42	02 48	02 55	03 02	03 10	03 18	03 28	03 39	03 52	04 07	04 25	04 48	05 18
21	03 38	03 45	03 53	04 01	04 10	04 20	04 31	04 44	04 58	05 16	05 37	06 04	06 43	** **
22	04 39	04 47	04 56	05 06	05 16	05 28	05 41	05 56	06 14	06 36	07 04	07 46	** **	** **
23	05 37	05 46	05 55	06 05	06 17	06 29	06 44	07 00	07 20	07 45	08 18	09 17	** **	** **
24	06 30	06 38	06 48	06 58	07 09	07 21	07 35	07 51	08 10	08 33	09 04	09 54	** **	** **

(.. ..) indicates phenomenon will occur the next day.
(-- --) indicates Moon continuously below horizon.
(** **) indicates Moon continuously above horizon.

A48   MOONRISE AND MOONSET, 1986
UNIVERSAL TIME FOR MERIDIAN OF GREENWICH
MOONRISE

Lat.	−55°	−50°	−45°	−40°	−35°	−30°	−20°	−10°	0°	+10°	+20°	+30°	+35°	+40°
	h m	h m	h m	h m	h m	h m	h m	h m	h m	h m	h m	h m	h m	h m
23	19 39	18 58	18 29	18 06	17 47	17 31	17 03	16 39	16 17	15 55	15 32	15 04	14 48	14 29
24	20 22	19 44	19 17	18 55	18 37	18 22	17 55	17 33	17 11	16 50	16 27	16 01	15 45	15 27
25	20 51	20 20	19 56	19 37	19 21	19 08	18 44	18 24	18 05	17 46	17 25	17 01	16 47	16 31
26	21 10	20 46	20 28	20 13	20 00	19 49	19 29	19 12	18 56	18 41	18 23	18 04	17 52	17 39
27	21 23	21 07	20 54	20 43	20 33	20 25	20 11	19 58	19 46	19 34	19 21	19 07	18 58	18 48
28	21 34	21 24	21 16	21 09	21 03	20 58	20 49	20 41	20 34	20 26	20 18	20 09	20 04	19 58
29	21 42	21 39	21 36	21 33	21 31	21 29	21 26	21 23	21 20	21 17	21 14	21 11	21 09	21 07
30	21 51	21 53	21 55	21 57	21 58	22 00	22 02	22 04	22 06	22 08	22 10	22 13	22 14	22 16
31	22 00	22 08	22 16	22 22	22 27	22 31	22 39	22 47	22 53	23 00	23 08	23 16	23 21	23 27
Feb. 1	22 10	22 26	22 38	22 49	22 58	23 06	23 20	23 32	23 43	23 55	.. ..	.. ..	.. ..	.. ..
2	22 25	22 48	23 06	23 21	23 34	23 45	.. ..	.. ..	.. ..	.. ..	00 07	00 22	00 30	00 40
3	22 47	23 18	23 42	.. ..	.. ..	.. ..	00 04	00 21	00 37	00 53	01 10	01 30	01 41	01 55
4	23 22	.. ..	.. ..	00 01	00 17	00 30	00 54	01 15	01 34	01 54	02 15	02 39	02 54	03 11
5	.. ..	00 00	00 28	00 50	01 08	01 24	01 51	02 14	02 36	02 57	03 21	03 48	04 04	04 23
6	00 17	00 57	01 27	01 50	02 09	02 25	02 53	03 17	03 39	04 01	04 25	04 52	05 09	05 28
7	01 33	02 10	02 37	02 59	03 17	03 32	03 58	04 20	04 41	05 01	05 24	05 49	06 04	06 22
8	03 02	03 32	03 54	04 12	04 27	04 40	05 02	05 21	05 39	05 57	06 16	06 37	06 50	07 05
9	04 34	04 56	05 12	05 26	05 37	05 47	06 04	06 19	06 33	06 47	07 01	07 18	07 28	07 39
10	06 03	06 17	06 28	06 37	06 44	06 51	07 03	07 13	07 22	07 32	07 42	07 53	07 59	08 07
11	07 27	07 34	07 39	07 44	07 48	07 51	07 57	08 03	08 08	08 12	08 18	08 24	08 27	08 31
12	08 47	08 47	08 48	08 48	08 49	08 49	08 49	08 50	08 50	08 51	08 51	08 52	08 52	08 53
13	10 04	09 59	09 54	09 51	09 48	09 45	09 40	09 36	09 32	09 28	09 24	09 19	09 17	09 14
14	11 21	11 09	11 00	10 52	10 46	10 40	10 30	10 21	10 13	10 05	09 57	09 47	09 41	09 35
15	12 38	12 20	12 06	11 54	11 44	11 35	11 20	11 07	10 55	10 43	10 31	10 16	10 08	09 58
16	13 56	13 31	13 12	12 56	12 43	12 31	12 12	11 55	11 39	11 24	11 07	10 48	10 37	10 25

MOONSET

Lat.	−55°	−50°	−45°	−40°	−35°	−30°	−20°	−10°	0°	+10°	+20°	+30°	+35°	+40°
	h m	h m	h m	h m	h m	h m	h m	h m	h m	h m	h m	h m	h m	h m
Jan. 23	00 31	01 11	01 40	02 02	02 21	02 37	03 04	03 28	03 50	04 12	04 35	05 03	05 19	05 37
24	01 23	02 03	02 33	02 56	03 14	03 31	03 58	04 22	04 43	05 05	05 29	05 56	06 12	06 30
25	02 32	03 09	03 35	03 57	04 14	04 29	04 55	05 17	05 37	05 57	06 19	06 44	06 59	07 16
26	03 53	04 23	04 45	05 03	05 18	05 31	05 53	06 12	06 30	06 47	07 06	07 27	07 40	07 54
27	05 19	05 41	05 58	06 12	06 24	06 34	06 51	07 06	07 20	07 34	07 49	08 06	08 16	08 27
28	06 46	07 00	07 12	07 21	07 29	07 37	07 49	07 59	08 09	08 19	08 29	08 40	08 47	08 55
29	08 12	08 20	08 26	08 31	08 35	08 39	08 45	08 51	08 56	09 01	09 06	09 12	09 16	09 20
30	09 38	09 39	09 39	09 40	09 40	09 40	09 41	09 41	09 42	09 42	09 43	09 43	09 43	09 44
31	11 05	10 59	10 54	10 50	10 46	10 43	10 38	10 33	10 28	10 24	10 19	10 14	10 11	10 07
Feb. 1	12 34	12 21	12 10	12 01	11 54	11 47	11 36	11 26	11 17	11 08	10 58	10 47	10 40	10 33
2	14 07	13 45	13 29	13 15	13 04	12 54	12 37	12 22	12 08	11 54	11 40	11 23	11 13	11 02
3	15 41	15 11	14 49	14 31	14 16	14 03	13 41	13 21	13 04	12 46	12 27	12 05	11 52	11 38
4	17 12	16 34	16 07	15 46	15 28	15 12	14 46	14 24	14 03	13 42	13 20	12 54	12 39	12 22
5	18 28	17 47	17 18	16 55	16 36	16 19	15 52	15 28	15 06	14 43	14 20	13 52	13 35	13 16
6	19 22	18 44	18 16	17 54	17 36	17 20	16 53	16 30	16 09	15 47	15 24	14 56	14 40	14 21
7	19 56	19 25	19 01	18 42	18 27	18 13	17 49	17 28	17 09	16 50	16 29	16 04	15 50	15 33
8	20 17	19 54	19 36	19 21	19 08	18 57	18 38	18 21	18 05	17 50	17 32	17 13	17 01	16 48
9	20 31	20 15	20 02	19 52	19 43	19 35	19 21	19 09	18 57	18 45	18 33	18 18	18 10	18 00
10	20 41	20 32	20 24	20 18	20 12	20 07	19 59	19 51	19 44	19 37	19 29	19 20	19 15	19 09
11	20 49	20 46	20 43	20 41	20 39	20 37	20 34	20 31	20 28	20 26	20 23	20 19	20 17	20 15
12	20 56	20 59	21 00	21 02	21 03	21 05	21 07	21 09	21 10	21 12	21 14	21 16	21 17	21 19
13	21 03	21 11	21 18	21 23	21 28	21 32	21 39	21 46	21 52	21 58	22 04	22 11	22 16	22 20
14	21 12	21 25	21 36	21 45	21 53	22 00	22 13	22 23	22 33	22 43	22 54	23 07	23 14	23 22
15	21 21	21 41	21 57	22 10	22 21	22 31	22 48	23 02	23 16	23 30	23 45	.. ..	.. ..	.. ..
16	21 35	22 01	22 22	22 38	22 53	23 05	23 26	23 44	.. ..	.. ..	.. ..	00 02	00 12	00 24

(.. ..) indicates phenomenon will occur the next day.

MOONRISE AND MOONSET, 1986
UNIVERSAL TIME FOR MERIDIAN OF GREENWICH
MOONRISE

Lat.	+40°	+42°	+44°	+46°	+48°	+50°	+52°	+54°	+56°	+58°	+60°	+62°	+64°	+66°
	h m	h m	h m	h m	h m	h m	h m	h m	h m	h m	h m	h m	h m	h m
Jan. 23	14 29	14 21	14 11	14 01	13 50	13 37	13 23	13 06	12 46	12 22	11 48	10 49	** **	** **
24	15 27	15 18	15 09	15 00	14 49	14 37	14 23	14 07	13 48	13 25	12 54	12 05	** **	** **
25	16 31	16 23	16 15	16 07	15 57	15 47	15 35	15 21	15 05	14 47	14 23	13 52	13 02	** **
26	17 39	17 33	17 26	17 19	17 12	17 03	16 54	16 44	16 32	16 18	16 02	15 42	15 16	14 41
27	18 48	18 44	18 39	18 34	18 29	18 23	18 16	18 09	18 00	17 51	17 40	17 28	17 13	16 54
28	19 58	19 55	19 52	19 49	19 45	19 42	19 38	19 34	19 29	19 23	19 17	19 10	19 02	18 52
29	21 07	21 06	21 05	21 03	21 02	21 01	20 59	20 58	20 56	20 54	20 52	20 50	20 47	20 44
30	22 16	22 17	22 18	22 18	22 19	22 20	22 21	22 23	22 24	22 25	22 27	22 29	22 31	22 34
31	23 27	23 29	23 32	23 35	23 38	23 41	23 45	23 49	23 54	23 59	.. ..	.. ..	.. ..	.. ..
Feb. 1	.. ..	.. ..	.. ..	.. ..	.. ..	.. ..	.. ..	.. ..	.. ..	.. ..	00 04	00 11	00 19	00 28
2	00 40	00 44	00 49	00 54	00 59	01 05	01 11	01 19	01 27	01 36	01 46	01 59	02 13	02 32
3	01 55	02 01	02 07	02 15	02 22	02 31	02 40	02 51	03 03	03 17	03 34	03 55	04 21	04 59
4	03 11	03 18	03 26	03 35	03 45	03 56	04 09	04 23	04 40	05 00	05 25	06 00	07 07	-- --
5	04 23	04 32	04 41	04 51	05 03	05 15	05 30	05 47	06 07	06 32	07 06	08 10	-- --	-- --
6	05 28	05 37	05 46	05 56	06 08	06 20	06 35	06 52	07 12	07 37	08 11	09 14	-- --	-- --
7	06 22	06 30	06 38	06 47	06 57	07 09	07 21	07 36	07 53	08 13	08 39	09 13	10 17	-- --
8	07 05	07 11	07 18	07 26	07 34	07 43	07 53	08 04	08 17	08 32	08 49	09 10	09 37	10 16
9	07 39	07 44	07 49	07 54	08 01	08 07	08 14	08 22	08 31	08 42	08 53	09 07	09 23	09 42
10	08 07	08 10	08 13	08 17	08 21	08 26	08 30	08 35	08 41	08 48	08 55	09 03	09 12	09 24
11	08 31	08 32	08 34	08 36	08 38	08 41	08 43	08 46	08 48	08 52	08 55	08 59	09 04	09 09
12	08 53	08 53	08 53	08 53	08 53	08 54	08 54	08 54	08 55	08 55	08 55	08 56	08 56	08 57
13	09 14	09 12	09 11	09 10	09 08	09 06	09 04	09 02	09 00	08 58	08 55	08 52	08 48	08 44
14	09 35	09 32	09 30	09 26	09 23	09 19	09 15	09 11	09 06	09 01	08 55	08 48	08 41	08 32
15	09 58	09 54	09 50	09 45	09 40	09 34	09 28	09 21	09 14	09 05	08 56	08 45	08 32	08 16
16	10 25	10 19	10 13	10 07	10 00	09 52	09 44	09 34	09 24	09 12	08 58	08 41	08 21	07 56

MOONSET

Lat.	+40°	+42°	+44°	+46°	+48°	+50°	+52°	+54°	+56°	+58°	+60°	+62°	+64°	+66°
	h m	h m	h m	h m	h m	h m	h m	h m	h m	h m	h m	h m	h m	h m
Jan. 23	05 37	05 46	05 55	06 05	06 17	06 29	06 44	07 00	07 20	07 45	08 18	09 17	** **	** **
24	06 30	06 38	06 48	06 58	07 09	07 21	07 35	07 51	08 10	08 33	09 04	09 54	** **	** **
25	07 16	07 23	07 32	07 41	07 50	08 01	08 14	08 28	08 44	09 03	09 27	09 58	10 49	** **
26	07 54	08 01	08 08	08 15	08 23	08 32	08 42	08 53	09 05	09 20	09 37	09 57	10 24	11 00
27	08 27	08 32	08 37	08 43	08 49	08 55	09 03	09 11	09 20	09 30	09 42	09 55	10 11	10 31
28	08 55	08 58	09 02	09 05	09 09	09 14	09 19	09 24	09 30	09 36	09 44	09 52	10 02	10 13
29	09 20	09 22	09 23	09 25	09 27	09 30	09 32	09 35	09 38	09 41	09 45	09 49	09 53	09 59
30	09 44	09 44	09 44	09 44	09 44	09 44	09 44	09 45	09 45	09 45	09 45	09 45	09 46	09 46
31	10 07	10 06	10 04	10 03	10 01	09 59	09 57	09 54	09 52	09 49	09 46	09 42	09 38	09 33
Feb. 1	10 33	10 30	10 27	10 23	10 19	10 15	10 10	10 05	10 00	09 53	09 46	09 38	09 29	09 18
2	11 02	10 58	10 52	10 47	10 41	10 34	10 27	10 19	10 10	10 00	09 48	09 35	09 19	08 59
3	11 38	11 31	11 24	11 17	11 08	10 59	10 49	10 38	10 25	10 10	09 53	09 31	09 04	08 25
4	12 22	12 14	12 05	11 56	11 46	11 34	11 22	11 07	10 50	10 29	10 04	09 28	08 21	-- --
5	13 16	13 08	12 58	12 48	12 36	12 24	12 09	11 52	11 32	11 07	10 32	09 28	-- --	-- --
6	14 21	14 13	14 03	13 53	13 42	13 29	13 15	12 58	12 38	12 13	11 39	10 37	-- --	-- --
7	15 33	15 26	15 18	15 09	14 59	14 48	14 36	14 21	14 05	13 45	13 20	12 46	11 43	-- --
8	16 48	16 41	16 35	16 28	16 20	16 12	16 02	15 52	15 40	15 25	15 09	14 48	14 22	13 45
9	18 00	17 56	17 51	17 46	17 41	17 35	17 28	17 21	17 13	17 03	16 53	16 40	16 26	16 07
10	19 09	19 07	19 04	19 01	18 58	18 54	18 50	18 46	18 41	18 36	18 30	18 23	18 15	18 05
11	20 15	20 14	20 13	20 12	20 11	20 09	20 08	20 06	20 05	20 03	20 01	19 58	19 55	19 52
12	21 19	21 19	21 20	21 20	21 21	21 22	21 23	21 24	21 25	21 26	21 27	21 29	21 31	21 33
13	22 20	22 22	22 25	22 27	22 30	22 33	22 36	22 39	22 43	22 48	22 52	22 58	23 04	23 12
14	23 22	23 26	23 30	23 34	23 38	23 43	23 49	23 55	.. ..	.. ..	.. ..	.. ..	.. ..	.. ..
15	.. ..	.. ..	.. ..	.. ..	.. ..	.. ..	.. ..	.. ..	00 02	00 09	00 18	00 28	00 40	00 54
16	00 24	00 29	00 35	00 40	00 47	00 54	01 02	01 11	01 21	01 32	01 45	02 01	02 20	02 44

(.. ..) indicates phenomenon will occur the next day.
(-- --) indicates Moon continuously below horizon.
(** **) indicates Moon continuously above horizon.

A50 MOONRISE AND MOONSET, 1986
UNIVERSAL TIME FOR MERIDIAN OF GREENWICH
MOONRISE

Lat.	−55°	−50°	−45°	−40°	−35°	−30°	−20°	−10°	0°	+10°	+20°	+30°	+35°	+40°
	h m	h m	h m	h m	h m	h m	h m	h m	h m	h m	h m	h m	h m	h m
Feb. 15	12 38	12 20	12 06	11 54	11 44	11 35	11 20	11 07	10 55	10 43	10 31	10 16	10 08	09 58
16	13 56	13 31	13 12	12 56	12 43	12 31	12 12	11 55	11 39	11 24	11 07	10 48	10 37	10 25
17	15 14	14 41	14 17	13 58	13 42	13 28	13 05	12 45	12 26	12 07	11 47	11 24	11 11	10 56
18	16 27	15 49	15 21	14 59	14 41	14 25	13 59	13 36	13 15	12 54	12 32	12 06	11 51	11 33
19	17 31	16 49	16 19	15 56	15 37	15 20	14 53	14 29	14 07	13 45	13 21	12 54	12 37	12 19
20	18 19	17 39	17 10	16 48	16 29	16 13	15 46	15 22	15 00	14 38	14 15	13 47	13 31	13 12
21	18 53	18 18	17 53	17 33	17 16	17 01	16 36	16 14	15 54	15 34	15 12	14 46	14 31	14 14
22	19 15	18 48	18 27	18 11	17 56	17 44	17 23	17 04	16 47	16 29	16 10	15 49	15 36	15 21
23	19 30	19 11	18 56	18 43	18 32	18 22	18 06	17 51	17 38	17 24	17 09	16 52	16 42	16 31
24	19 42	19 29	19 19	19 11	19 03	18 57	18 46	18 36	18 27	18 18	18 08	17 56	17 50	17 42
25	19 51	19 45	19 40	19 36	19 32	19 29	19 24	19 19	19 15	19 10	19 05	19 00	18 57	18 53
26	19 59	20 00	20 00	20 00	20 00	20 01	20 01	20 02	20 02	20 02	20 03	20 03	20 04	20 04
27	20 08	20 15	20 20	20 25	20 29	20 33	20 39	20 45	20 50	20 55	21 01	21 08	21 12	21 16
28	20 18	20 31	20 42	20 52	21 00	21 07	21 19	21 30	21 40	21 50	22 01	22 14	22 22	22 30
Mar. 1	20 31	20 52	21 09	21 22	21 34	21 44	22 02	22 18	22 33	22 48	23 04	23 22	23 33	23 46
2	20 50	21 19	21 41	21 59	22 15	22 28	22 51	23 11	23 29	23 48	.. ..	.. ..	.. ..	.. ..
3	21 19	21 56	22 23	22 45	23 03	23 18	23 45	.. ..	.. ..	.. ..	00 08	00 32	00 46	01 02
4	22 06	22 48	23 17	23 41	.. ..	.. ..	.. ..	00 08	00 29	00 50	01 14	01 40	01 56	02 15
5	23 15	23 55	.. ..	.. ..	00 00	00 16	00 44	01 08	01 31	01 53	02 17	02 45	03 02	03 21
6	.. ..	.. ..	00 23	00 46	01 04	01 20	01 47	02 10	02 32	02 53	03 16	03 43	03 59	04 17
7	00 39	01 12	01 37	01 56	02 13	02 27	02 50	03 11	03 30	03 49	04 09	04 33	04 47	05 02
8	02 09	02 34	02 53	03 09	03 22	03 33	03 52	04 09	04 24	04 40	04 56	05 15	05 26	05 38
9	03 38	03 55	04 08	04 19	04 29	04 37	04 51	05 03	05 14	05 25	05 37	05 51	05 59	06 08
10	05 03	05 13	05 21	05 27	05 33	05 38	05 46	05 53	06 00	06 07	06 14	06 23	06 27	06 33
11	06 25	06 28	06 30	06 33	06 34	06 36	06 39	06 41	06 44	06 46	06 49	06 52	06 53	06 55

MOONSET

Lat.	−55°	−50°	−45°	−40°	−35°	−30°	−20°	−10°	0°	+10°	+20°	+30°	+35°	+40°
	h m	h m	h m	h m	h m	h m	h m	h m	h m	h m	h m	h m	h m	h m
Feb. 15	21 21	21 41	21 57	22 10	22 21	22 31	22 48	23 02	23 16	23 30	23 45	.. ..	.. ..	.. ..
16	21 35	22 01	22 22	22 38	22 53	23 05	23 26	23 44	.. ..	.. ..	.. ..	00 02	00 12	00 24
17	21 54	22 28	22 52	23 12	23 29	23 44	.. ..	.. ..	00 01	00 19	00 37	00 59	01 11	01 26
18	22 24	23 03	23 31	23 54	.. ..	.. ..	.. ..	00 08	00 29	00 49	01 09	01 31	01 56	02 10	02 27
19	23 08	23 50	.. ..	.. ..	00 12	00 28	00 55	01 18	01 40	02 02	02 25	02 52	03 08	03 27
20	.. ..	.. ..	00 20	00 43	01 02	01 19	01 46	02 10	02 32	02 55	03 18	03 46	04 02	04 21
21	00 11	00 50	01 19	01 41	01 59	02 15	02 42	03 05	03 26	03 47	04 10	04 36	04 52	05 10
22	01 28	02 01	02 26	02 46	03 02	03 16	03 40	04 00	04 19	04 38	04 59	05 22	05 35	05 51
23	02 54	03 19	03 39	03 54	04 08	04 19	04 39	04 56	05 11	05 27	05 43	06 02	06 13	06 26
24	04 22	04 40	04 54	05 05	05 15	05 23	05 37	05 50	06 01	06 13	06 25	06 39	06 47	06 56
25	05 51	06 01	06 09	06 16	06 22	06 27	06 35	06 43	06 50	06 57	07 04	07 12	07 17	07 22
26	07 19	07 22	07 25	07 27	07 29	07 30	07 33	07 35	07 37	07 39	07 41	07 44	07 45	07 47
27	08 48	08 44	08 41	08 38	08 36	08 34	08 31	08 27	08 25	08 22	08 19	08 15	08 13	08 11
28	10 19	10 08	09 59	09 51	09 45	09 39	09 30	09 21	09 13	09 05	08 57	08 48	08 42	08 36
Mar. 1	11 52	11 33	11 18	11 06	10 55	10 46	10 31	10 17	10 05	09 52	09 39	09 23	09 15	09 05
2	13 28	13 00	12 39	12 22	12 08	11 55	11 34	11 16	10 59	10 42	10 24	10 04	09 52	09 38
3	15 00	14 24	13 58	13 37	13 20	13 05	12 39	12 18	11 57	11 37	11 15	10 51	10 36	10 19
4	16 21	15 40	15 10	14 47	14 28	14 12	13 44	13 20	12 58	12 36	12 12	11 45	11 28	11 09
5	17 21	16 40	16 11	15 49	15 30	15 14	14 46	14 22	14 00	13 38	13 14	12 46	12 29	12 10
6	17 59	17 25	17 00	16 39	16 22	16 07	15 42	15 20	15 00	14 40	14 17	13 52	13 36	13 19
7	18 23	17 57	17 36	17 20	17 06	16 53	16 32	16 14	15 56	15 39	15 20	14 58	14 46	14 31
8	18 38	18 20	18 05	17 52	17 42	17 32	17 16	17 02	16 49	16 35	16 21	16 04	15 54	15 43
9	18 49	18 37	18 27	18 19	18 12	18 06	17 55	17 46	17 37	17 27	17 18	17 06	17 00	16 52
10	18 58	18 52	18 47	18 43	18 39	18 36	18 31	18 26	18 21	18 17	18 12	18 06	18 03	17 59
11	19 05	19 05	19 05	19 04	19 04	19 04	19 04	19 04	19 04	19 04	19 04	19 04	19 03	19 03

(.. ..) indicates phenomenon will occur the next day.

MOONRISE AND MOONSET, 1986
UNIVERSAL TIME FOR MERIDIAN OF GREENWICH
MOONRISE

Lat.	+40°	+42°	+44°	+46°	+48°	+50°	+52°	+54°	+56°	+58°	+60°	+62°	+64°	+66°
	h m	h m	h m	h m	h m	h m	h m	h m	h m	h m	h m	h m	h m	h m
Feb. 15	09 58	09 54	09 50	09 45	09 40	09 34	09 28	09 21	09 14	09 05	08 56	08 45	08 32	08 16
16	10 25	10 19	10 13	10 07	10 00	09 52	09 44	09 34	09 24	09 12	08 58	08 41	08 21	07 56
17	10 56	10 49	10 41	10 33	10 25	10 15	10 04	09 52	09 38	09 22	09 03	08 38	08 06	07 13
18	11 33	11 25	11 17	11 07	10 57	10 46	10 33	10 18	10 01	09 40	09 13	08 37	07 10	** **
19	12 19	12 10	12 01	11 50	11 39	11 27	11 12	10 56	10 36	10 11	09 38	08 40	** **	** **
20	13 12	13 04	12 55	12 44	12 33	12 20	12 06	11 49	11 29	11 04	10 31	09 28	** **	** **
21	14 14	14 06	13 58	13 48	13 38	13 27	13 14	12 59	12 41	12 20	11 53	11 14	** **	** **
22	15 21	15 15	15 07	15 00	14 51	14 42	14 31	14 19	14 06	13 50	13 30	13 06	12 33	11 36
23	16 31	16 26	16 21	16 15	16 08	16 01	15 54	15 45	15 35	15 24	15 11	14 56	14 37	14 13
24	17 42	17 39	17 35	17 31	17 27	17 22	17 17	17 12	17 06	16 59	16 51	16 42	16 31	16 19
25	18 53	18 51	18 50	18 48	18 46	18 44	18 41	18 39	18 36	18 33	18 29	18 25	18 20	18 15
26	20 04	20 04	20 05	20 05	20 05	20 05	20 05	20 06	20 06	20 06	20 07	20 07	20 08	20 08
27	21 16	21 18	21 20	21 23	21 25	21 28	21 31	21 34	21 37	21 41	21 46	21 51	21 57	22 04
28	22 30	22 34	22 38	22 42	22 47	22 52	22 58	23 04	23 12	23 20	23 29	23 39	23 52	.. ..
Mar. 1	23 46	23 51	23 57	.. ..	.. ..	.. ..	.. ..	.. ..	.. ..	.. ..	.. ..	.. ..	.. ..	00 07
2	.. ..	.. ..	.. ..	00 04	00 11	00 19	00 28	00 38	00 49	01 01	01 16	01 35	01 57	02 28
3	01 02	01 09	01 17	01 25	01 35	01 45	01 57	02 11	02 26	02 45	03 08	03 39	04 27	-- --
4	02 15	02 23	02 33	02 43	02 54	03 06	03 21	03 37	03 57	04 21	04 54	05 52	-- --	-- --
5	03 21	03 30	03 40	03 50	04 02	04 15	04 30	04 47	05 08	05 35	06 12	-- --	-- --	-- --
6	04 17	04 25	04 34	04 44	04 55	05 07	05 21	05 37	05 55	06 18	06 47	07 31	-- --	-- --
7	05 02	05 09	05 17	05 25	05 34	05 44	05 56	06 08	06 23	06 39	07 00	07 26	08 01	09 06
8	05 38	05 44	05 50	05 56	06 03	06 11	06 19	06 29	06 39	06 51	07 05	07 21	07 41	08 06
9	06 08	06 12	06 16	06 20	06 25	06 31	06 36	06 43	06 50	06 58	07 07	07 17	07 29	07 43
10	06 33	06 35	06 38	06 40	06 43	06 46	06 50	06 53	06 57	07 02	07 07	07 13	07 19	07 27
11	06 55	06 56	06 57	06 58	06 59	07 00	07 01	07 02	07 03	07 05	07 07	07 09	07 11	07 13

MOONSET

Lat.	+40°	+42°	+44°	+46°	+48°	+50°	+52°	+54°	+56°	+58°	+60°	+62°	+64°	+66°
	h m	h m	h m	h m	h m	h m	h m	h m	h m	h m	h m	h m	h m	h m
Feb. 15	.. ..	.. ..	.. ..	.. ..	.. ..	.. ..	.. ..	.. ..	00 02	00 09	00 18	00 28	00 40	00 54
16	00 24	00 29	00 35	00 40	00 47	00 54	01 02	01 11	01 21	01 32	01 45	02 01	02 20	02 44
17	01 26	01 32	01 39	01 47	01 56	02 05	02 15	02 27	02 40	02 56	03 15	03 38	04 10	05 03
18	02 27	02 35	02 43	02 53	03 03	03 14	03 26	03 41	03 58	04 18	04 44	05 21	06 47	** **
19	03 27	03 35	03 44	03 54	04 06	04 18	04 32	04 49	05 08	05 33	06 06	07 04	** **	** **
20	04 21	04 30	04 39	04 50	05 01	05 14	05 28	05 45	06 05	06 30	07 04	08 06	** **	** **
21	05 10	05 18	05 26	05 36	05 47	05 58	06 11	06 27	06 44	07 06	07 33	08 13	** **	** **
22	05 51	05 58	06 05	06 14	06 23	06 32	06 43	06 56	07 10	07 27	07 46	08 11	08 45	09 43
23	06 26	06 31	06 37	06 44	06 51	06 58	07 07	07 16	07 27	07 38	07 52	08 08	08 28	08 53
24	06 56	07 00	07 04	07 08	07 13	07 19	07 24	07 31	07 38	07 46	07 55	08 05	08 17	08 31
25	07 22	07 24	07 27	07 30	07 32	07 35	07 39	07 42	07 46	07 51	07 56	08 02	08 08	08 15
26	07 47	07 47	07 48	07 49	07 50	07 50	07 51	07 52	07 54	07 55	07 56	07 58	08 00	08 02
27	08 11	08 10	08 09	08 08	08 06	08 05	08 04	08 02	08 00	07 58	07 56	07 54	07 51	07 48
28	08 36	08 33	08 31	08 27	08 24	08 21	08 17	08 12	08 08	08 03	07 57	07 50	07 42	07 34
Mar. 1	09 05	09 00	08 55	08 50	08 45	08 39	08 32	08 25	08 17	08 08	07 58	07 46	07 32	07 15
2	09 38	09 32	09 25	09 18	09 10	09 02	08 53	08 42	08 30	08 17	08 01	07 42	07 18	06 46
3	10 19	10 11	10 03	09 54	09 44	09 33	09 21	09 07	08 51	08 32	08 08	07 37	06 48	-- --
4	11 09	11 01	10 52	10 41	10 30	10 17	10 03	09 46	09 26	09 02	08 28	07 30	-- --	-- --
5	12 10	12 01	11 52	11 41	11 30	11 17	11 02	10 44	10 23	09 57	09 20	-- --	-- --	-- --
6	13 19	13 11	13 02	12 52	12 42	12 30	12 17	12 01	11 43	11 21	10 52	10 08	-- --	-- --
7	14 31	14 24	14 17	14 09	14 00	13 51	13 40	13 28	13 14	12 58	12 38	12 13	11 39	10 35
8	15 43	15 38	15 32	15 26	15 20	15 13	15 05	14 57	14 47	14 36	14 23	14 08	13 49	13 25
9	16 52	16 49	16 45	16 42	16 37	16 33	16 28	16 22	16 16	16 09	16 01	15 52	15 42	15 29
10	17 59	17 57	17 56	17 54	17 52	17 49	17 47	17 44	17 41	17 38	17 34	17 30	17 25	17 19
11	19 03	19 03	19 03	19 03	19 03	19 03	19 03	19 03	19 03	19 03	19 02	19 02	19 02	19 02

(.. ..) indicates phenomenon will occur the next day.
(-- --) indicates Moon continuously below horizon.
(** **) indicates Moon continuously above horizon.

MOONRISE AND MOONSET, 1986
UNIVERSAL TIME FOR MERIDIAN OF GREENWICH
MOONRISE

Lat.	−55°	−50°	−45°	−40°	−35°	−30°	−20°	−10°	0°	+10°	+20°	+30°	+35°	+40°
	h m	h m	h m	h m	h m	h m	h m	h m	h m	h m	h m	h m	h m	h m
Mar. 9	03 38	03 55	04 08	04 19	04 29	04 37	04 51	05 03	05 14	05 25	05 37	05 51	05 59	06 08
10	05 03	05 13	05 21	05 27	05 33	05 38	05 46	05 53	06 00	06 07	06 14	06 23	06 27	06 33
11	06 25	06 28	06 30	06 33	06 34	06 36	06 39	06 41	06 44	06 46	06 49	06 52	06 53	06 55
12	07 43	07 40	07 38	07 36	07 34	07 33	07 30	07 28	07 26	07 24	07 22	07 19	07 18	07 16
13	09 01	08 52	08 44	08 38	08 33	08 29	08 21	08 14	08 07	08 01	07 54	07 47	07 42	07 37
14	10 19	10 03	09 51	09 41	09 32	09 24	09 11	09 00	08 49	08 39	08 28	08 15	08 08	08 00
15	11 37	11 15	10 57	10 43	10 31	10 20	10 03	09 47	09 33	09 18	09 03	08 46	08 36	08 25
16	12 56	12 26	12 03	11 45	11 30	11 17	10 55	10 36	10 18	10 01	09 42	09 20	09 08	08 53
17	14 12	13 35	13 08	12 47	12 29	12 14	11 49	11 27	11 06	10 46	10 25	10 00	09 45	09 28
18	15 20	14 38	14 09	13 46	13 26	13 10	12 43	12 19	11 57	11 35	11 12	10 44	10 28	10 10
19	16 14	15 32	15 03	14 39	14 20	14 03	13 35	13 11	12 49	12 27	12 03	11 35	11 18	10 59
20	16 53	16 16	15 48	15 26	15 08	14 53	14 26	14 03	13 42	13 21	12 58	12 31	12 15	11 57
21	17 19	16 48	16 25	16 07	15 51	15 37	15 14	14 54	14 35	14 15	13 55	13 31	13 17	13 01
22	17 37	17 13	16 55	16 41	16 28	16 17	15 58	15 41	15 26	15 10	14 53	14 34	14 23	14 09
23	17 49	17 33	17 21	17 10	17 01	16 53	16 39	16 27	16 16	16 04	15 52	15 38	15 29	15 20
24	17 59	17 50	17 42	17 36	17 31	17 26	17 18	17 11	17 04	16 57	16 50	16 42	16 37	16 31
25	18 07	18 05	18 03	18 01	18 00	17 58	17 56	17 54	17 52	17 50	17 48	17 46	17 45	17 43
26	18 16	18 20	18 23	18 26	18 28	18 30	18 34	18 38	18 41	18 44	18 48	18 52	18 54	18 57
27	18 25	18 36	18 45	18 52	18 59	19 04	19 14	19 23	19 31	19 40	19 49	19 59	20 05	20 12
28	18 37	18 55	19 10	19 22	19 32	19 42	19 57	20 11	20 25	20 38	20 52	21 09	21 19	21 30
29	18 53	19 20	19 41	19 57	20 12	20 24	20 45	21 04	21 22	21 39	21 58	22 21	22 34	22 49
30	19 19	19 54	20 20	20 41	20 58	21 13	21 39	22 01	22 22	22 43	23 06	23 32	23 47	.. ..
31	20 01	20 42	21 11	21 35	21 54	22 10	22 38	23 02	23 25	23 47	.. ..	.. ..	.. ..	00 06
Apr. 1	21 03	21 45	22 14	22 37	22 57	23 13	23 41	.. ..	.. ..	.. ..	00 11	00 39	00 56	01 16
2	22 24	23 00	23 26	23 47	.. ..	.. ..	.. ..	00 04	00 26	00 49	01 12	01 40	01 56	02 15

MOONSET

Lat.	−55°	−50°	−45°	−40°	−35°	−30°	−20°	−10°	0°	+10°	+20°	+30°	+35°	+40°
	h m	h m	h m	h m	h m	h m	h m	h m	h m	h m	h m	h m	h m	h m
Mar. 9	18 49	18 37	18 27	18 19	18 12	18 06	17 55	17 46	17 37	17 27	17 18	17 06	17 00	16 52
10	18 58	18 52	18 47	18 43	18 39	18 36	18 31	18 26	18 21	18 17	18 12	18 06	18 03	17 59
11	19 05	19 05	19 05	19 04	19 04	19 04	19 04	19 04	19 04	19 04	19 04	19 04	19 03	19 03
12	19 12	19 17	19 22	19 25	19 29	19 32	19 37	19 41	19 46	19 50	19 54	20 00	20 03	20 06
13	19 19	19 30	19 39	19 47	19 54	20 00	20 10	20 19	20 27	20 36	20 45	20 55	21 01	21 08
14	19 28	19 45	19 59	20 11	20 21	20 29	20 44	20 58	21 10	21 23	21 36	21 51	22 00	22 11
15	19 39	20 03	20 22	20 37	20 50	21 02	21 21	21 38	21 54	22 11	22 28	22 48	23 00	23 13
16	19 56	20 26	20 50	21 09	21 25	21 38	22 02	22 22	22 41	23 00	23 21	23 45	23 59	.. ..
17	20 20	20 57	21 25	21 47	22 05	22 20	22 47	23 09	23 31	23 52	.. ..	.. ..	.. ..	00 15
18	20 57	21 39	22 09	22 32	22 51	23 08	23 36	.. ..	.. ..	.. ..	.. ..	00 15	00 41	00 57	01 15
19	21 51	22 33	23 03	23 26	23 45	.. ..	.. ..	00 00	00 22	00 44	01 08	01 36	01 53	02 12
20	23 02	23 39	.. ..	.. ..	.. ..	00 01	00 29	00 53	01 15	01 37	02 00	02 27	02 44	03 02
21	.. ..	.. ..	00 06	00 27	00 44	01 00	01 25	01 47	02 07	02 28	02 49	03 14	03 29	03 46
22	00 24	00 53	01 16	01 33	01 48	02 01	02 23	02 42	02 59	03 17	03 35	03 56	04 09	04 23
23	01 51	02 13	02 29	02 43	02 54	03 04	03 21	03 36	03 50	04 03	04 18	04 34	04 44	04 54
24	03 20	03 34	03 45	03 54	04 01	04 08	04 20	04 30	04 39	04 48	04 58	05 09	05 15	05 22
25	04 50	04 56	05 01	05 06	05 09	05 12	05 18	05 22	05 27	05 31	05 36	05 41	05 44	05 47
26	06 20	06 19	06 19	06 18	06 18	06 17	06 16	06 16	06 15	06 14	06 13	06 12	06 12	06 12
27	07 53	07 45	07 38	07 32	07 28	07 24	07 16	07 10	07 04	06 59	06 52	06 45	06 41	06 37
28	09 28	09 12	08 59	08 49	08 40	08 32	08 19	08 07	07 56	07 45	07 34	07 21	07 13	07 05
29	11 07	10 42	10 23	10 07	09 54	09 43	09 24	09 07	08 51	08 36	08 19	08 00	07 49	07 37
30	12 45	12 11	11 46	11 26	11 09	10 55	10 30	10 10	09 50	09 31	09 10	08 46	08 32	08 16
31	14 12	13 32	13 02	12 40	12 21	12 05	11 37	11 14	10 52	10 30	10 06	09 39	09 23	09 04
Apr. 1	15 20	14 38	14 08	13 45	13 26	13 09	12 41	12 17	11 54	11 32	11 08	10 39	10 22	10 03
2	16 04	15 27	15 00	14 39	14 21	14 05	13 39	13 16	12 55	12 34	12 11	11 44	11 28	11 10

(.. ..) indicates phenomenon will occur the next day.

MOONRISE AND MOONSET, 1986
UNIVERSAL TIME FOR MERIDIAN OF GREENWICH
MOONRISE

Lat.	+40°	+42°	+44°	+46°	+48°	+50°	+52°	+54°	+56°	+58°	+60°	+62°	+64°	+66°
	h m	h m	h m	h m	h m	h m	h m	h m	h m	h m	h m	h m	h m	h m
Mar. 9	06 08	06 12	06 16	06 20	06 25	06 31	06 36	06 43	06 50	06 58	07 07	07 17	07 29	07 43
10	06 33	06 35	06 38	06 40	06 43	06 46	06 50	06 53	06 57	07 02	07 07	07 13	07 19	07 27
11	06 55	06 56	06 57	06 58	06 59	07 00	07 01	07 02	07 03	07 05	07 07	07 09	07 11	07 13
12	07 16	07 15	07 15	07 14	07 13	07 12	07 11	07 10	07 09	07 08	07 06	07 05	07 03	07 01
13	07 37	07 35	07 33	07 30	07 28	07 25	07 22	07 18	07 15	07 10	07 06	07 01	06 55	06 48
14	08 00	07 56	07 52	07 48	07 44	07 39	07 33	07 28	07 21	07 14	07 06	06 57	06 46	06 33
15	08 25	08 20	08 14	08 08	08 02	07 55	07 47	07 39	07 30	07 19	07 07	06 53	06 36	06 15
16	08 53	08 47	08 40	08 33	08 24	08 16	08 06	07 54	07 42	07 27	07 10	06 49	06 22	05 44
17	09 28	09 20	09 12	09 03	08 53	08 42	08 30	08 16	08 00	07 41	07 17	06 45	05 54	** **
18	10 10	10 01	09 52	09 42	09 31	09 18	09 04	08 48	08 29	08 05	07 33	06 42	** **	** **
19	10 59	10 51	10 41	10 31	10 19	10 06	09 51	09 34	09 14	08 48	08 12	06 49	** **	** **
20	11 57	11 49	11 40	11 30	11 19	11 06	10 53	10 36	10 17	09 54	09 22	08 31	** **	** **
21	13 01	12 54	12 46	12 37	12 28	12 17	12 05	11 52	11 36	11 18	10 55	10 24	09 35	** **
22	14 09	14 04	13 57	13 50	13 43	13 35	13 26	13 15	13 04	12 50	12 34	12 15	11 50	11 17
23	15 20	15 16	15 11	15 06	15 01	14 55	14 49	14 42	14 34	14 25	14 15	14 03	13 49	13 31
24	16 31	16 29	16 26	16 23	16 20	16 17	16 13	16 09	16 05	16 00	15 55	15 48	15 41	15 32
25	17 43	17 43	17 42	17 41	17 41	17 40	17 39	17 38	17 37	17 35	17 34	17 32	17 30	17 28
26	18 57	18 58	18 59	19 01	19 02	19 04	19 06	19 07	19 10	19 12	19 15	19 18	19 21	19 26
27	20 12	20 15	20 19	20 22	20 26	20 30	20 35	20 40	20 46	20 52	20 59	21 08	21 17	21 29
28	21 30	21 35	21 40	21 46	21 53	21 59	22 07	22 16	22 25	22 36	22 49	23 04	23 23	23 47
29	22 49	22 56	23 03	23 11	23 20	23 30	23 40	23 53	.. ..	.. ..	.. ..	.. ..	.. ..	.. ..
30	.. ..	.. ..	.. ..	.. ..	.. ..	.. ..	.. ..	.. ..	00 07	00 24	00 44	01 10	01 47	03 10
31	00 06	00 14	00 23	00 33	00 43	00 55	01 09	01 25	01 44	02 07	02 38	03 27	-- --	-- --
Apr. 1	01 16	01 25	01 34	01 45	01 57	02 10	02 25	02 43	03 04	03 31	04 10	-- --	-- --	-- --
2	02 15	02 24	02 33	02 43	02 55	03 07	03 22	03 38	03 58	04 23	04 56	05 52	-- --	-- --

MOONSET

Lat.	+40°	+42°	+44°	+46°	+48°	+50°	+52°	+54°	+56°	+58°	+60°	+62°	+64°	+66°
	h m	h m	h m	h m	h m	h m	h m	h m	h m	h m	h m	h m	h m	h m
Mar. 9	16 52	16 49	16 45	16 42	16 37	16 33	16 28	16 22	16 16	16 09	16 01	15 52	15 42	15 29
10	17 59	17 57	17 56	17 54	17 52	17 49	17 47	17 44	17 41	17 38	17 34	17 30	17 25	17 19
11	19 03	19 03	19 03	19 03	19 03	19 03	19 03	19 03	19 03	19 02	19 02	19 02	19 02	19 02
12	20 06	20 08	20 09	20 11	20 13	20 15	20 17	20 19	20 22	20 25	20 29	20 32	20 37	20 42
13	21 08	21 11	21 15	21 18	21 22	21 26	21 31	21 36	21 41	21 48	21 55	22 03	22 12	22 24
14	22 11	22 15	22 20	22 25	22 31	22 38	22 44	22 52	23 01	23 11	23 22	23 35	23 51	.. ..
15	23 13	23 19	23 26	23 33	23 40	23 49	23 58	.. ..	.. ..	.. ..	.. ..	.. ..	.. ..	00 11
16	.. ..	.. ..	.. ..	.. ..	.. ..	.. ..	.. ..	00 09	00 21	00 35	00 52	01 12	01 38	02 16
17	00 15	00 23	00 30	00 39	00 49	00 59	01 11	01 25	01 41	01 59	02 23	02 54	03 45	** **
18	01 15	01 24	01 33	01 43	01 54	02 06	02 20	02 36	02 55	03 18	03 50	04 41	** **	** **
19	02 12	02 20	02 30	02 40	02 52	03 05	03 20	03 37	03 57	04 23	04 59	06 22	** **	** **
20	03 02	03 11	03 20	03 30	03 41	03 53	04 08	04 24	04 43	05 07	05 39	06 31	** **	** **
21	03 46	03 53	04 02	04 11	04 20	04 31	04 43	04 57	05 13	05 32	05 56	06 27	07 17	** **
22	04 23	04 29	04 36	04 43	04 51	05 00	05 10	05 20	05 33	05 47	06 03	06 24	06 49	07 24
23	04 54	04 59	05 04	05 10	05 16	05 22	05 29	05 37	05 46	05 55	06 07	06 20	06 35	06 54
24	05 22	05 25	05 28	05 32	05 36	05 40	05 44	05 49	05 55	06 01	06 08	06 16	06 25	06 35
25	05 47	05 49	05 50	05 52	05 54	05 56	05 58	06 00	06 02	06 05	06 08	06 11	06 15	06 20
26	06 12	06 11	06 11	06 11	06 11	06 10	06 10	06 10	06 09	06 09	06 09	06 08	06 07	06 06
27	06 37	06 35	06 33	06 30	06 28	06 25	06 23	06 19	06 16	06 12	06 08	06 03	05 58	05 51
28	07 05	07 01	06 57	06 52	06 48	06 43	06 37	06 31	06 24	06 17	06 08	05 59	05 47	05 34
29	07 37	07 31	07 25	07 19	07 12	07 04	06 56	06 46	06 36	06 24	06 10	05 54	05 34	05 09
30	08 16	08 09	08 01	07 53	07 43	07 33	07 22	07 09	06 54	06 36	06 15	05 49	05 11	03 47
31	09 04	08 56	08 47	08 37	08 26	08 13	07 59	07 43	07 24	07 00	06 29	05 40	-- --	-- --
Apr. 1	10 03	09 54	09 44	09 34	09 22	09 09	08 53	08 36	08 14	07 47	07 09	-- --	-- --	-- --
2	11 10	11 01	10 52	10 42	10 31	10 19	10 04	09 48	09 29	09 04	08 32	07 35	-- --	-- --

(.. ..) indicates phenomenon will occur the next day.
(-- --) indicates Moon continuously below horizon.
(** **) indicates Moon continuously above horizon.

A54 MOONRISE AND MOONSET, 1986
UNIVERSAL TIME FOR MERIDIAN OF GREENWICH
MOONRISE

Lat.	−55°	−50°	−45°	−40°	−35°	−30°	−20°	−10°	0°	+10°	+20°	+30°	+35°	+40°
	h m	h m	h m	h m	h m	h m	h m	h m	h m	h m	h m	h m	h m	h m
1	21 03	21 45	22 14	22 37	22 57	23 13	23 41	.. ..	.. ..	.. ..	00 11	00 39	00 56	01 16
2	22 24	23 00	23 26	23 47	.. ..	.. ..	.. ..	00 04	00 26	00 49	01 12	01 40	01 56	02 15
3	23 53	.. ..	.. ..	.. ..	00 04	00 19	00 44	01 06	01 26	01 46	02 07	02 32	02 46	03 03
4	.. ..	00 21	00 41	00 58	01 12	01 25	01 46	02 04	02 20	02 37	02 55	03 15	03 27	03 41
5	01 21	01 41	01 56	02 09	02 19	02 28	02 44	02 58	03 11	03 23	03 37	03 52	04 01	04 12
6	02 46	02 59	03 08	03 16	03 23	03 29	03 40	03 49	03 57	04 06	04 14	04 25	04 30	04 37
7	04 08	04 13	04 18	04 21	04 25	04 27	04 32	04 37	04 41	04 45	04 49	04 54	04 56	05 00
8	05 26	05 26	05 25	05 25	05 24	05 24	05 23	05 23	05 22	05 22	05 22	05 21	05 21	05 21
9	06 44	06 37	06 31	06 27	06 23	06 19	06 13	06 08	06 04	05 59	05 54	05 48	05 45	05 41
10	08 01	07 48	07 37	07 29	07 21	07 15	07 04	06 54	06 45	06 36	06 27	06 16	06 10	06 03
11	09 19	08 59	08 44	08 31	08 20	08 11	07 55	07 41	07 28	07 15	07 01	06 46	06 37	06 27
12	10 38	10 11	09 51	09 34	09 20	09 08	08 47	08 29	08 13	07 56	07 39	07 19	07 07	06 54
13	11 56	11 22	10 56	10 36	10 19	10 05	09 40	09 19	09 00	08 40	08 20	07 56	07 42	07 26
14	13 08	12 28	11 59	11 36	11 17	11 01	10 34	10 11	09 49	09 28	09 05	08 38	08 23	08 04
15	14 08	13 25	12 55	12 31	12 12	11 55	11 27	11 03	10 41	10 18	09 54	09 26	09 10	08 51
16	14 52	14 12	13 43	13 20	13 02	12 46	12 18	11 55	11 33	11 11	10 47	10 20	10 03	09 44
17	15 22	14 48	14 23	14 03	13 46	13 31	13 06	12 45	12 24	12 04	11 43	11 17	11 02	10 45
18	15 42	15 16	14 55	14 38	14 24	14 12	13 51	13 32	13 15	12 58	12 39	12 18	12 05	11 50
19	15 56	15 37	15 21	15 09	14 58	14 49	14 32	14 18	14 04	13 51	13 36	13 19	13 10	12 58
20	16 06	15 54	15 44	15 36	15 29	15 22	15 11	15 01	14 52	14 43	14 33	14 22	14 15	14 08
21	16 15	16 09	16 05	16 01	15 57	15 54	15 49	15 44	15 40	15 35	15 31	15 25	15 22	15 18
22	16 23	16 24	16 24	16 25	16 25	16 26	16 26	16 27	16 28	16 28	16 29	16 30	16 30	16 31
23	16 32	16 39	16 45	16 50	16 55	16 59	17 05	17 12	17 17	17 23	17 29	17 37	17 41	17 46
24	16 42	16 57	17 09	17 19	17 27	17 35	17 48	17 59	18 10	18 21	18 33	18 47	18 55	19 04
25	16 57	17 20	17 37	17 52	18 05	18 16	18 35	18 51	19 07	19 23	19 40	20 00	20 11	20 25

MOONSET

	−55°	−50°	−45°	−40°	−35°	−30°	−20°	−10°	0°	+10°	+20°	+30°	+35°	+40°
	h m	h m	h m	h m	h m	h m	h m	h m	h m	h m	h m	h m	h m	h m
Apr. 1	15 20	14 38	14 08	13 45	13 26	13 09	12 41	12 17	11 54	11 32	11 08	10 39	10 22	10 03
2	16 04	15 27	15 00	14 39	14 21	14 05	13 39	13 16	12 55	12 34	12 11	11 44	11 28	11 10
3	16 30	16 02	15 39	15 21	15 06	14 53	14 31	14 11	13 52	13 34	13 14	12 50	12 37	12 21
4	16 47	16 26	16 09	15 56	15 44	15 33	15 15	15 00	14 45	14 30	14 14	13 56	13 45	13 32
5	16 59	16 45	16 33	16 23	16 15	16 08	15 55	15 44	15 33	15 23	15 11	14 58	14 50	14 41
6	17 07	16 59	16 53	16 47	16 43	16 38	16 31	16 24	16 18	16 12	16 05	15 57	15 53	15 48
7	17 15	17 12	17 11	17 09	17 08	17 06	17 04	17 03	17 01	16 59	16 57	16 55	16 53	16 52
8	17 21	17 25	17 27	17 30	17 32	17 34	17 37	17 39	17 42	17 45	17 47	17 51	17 52	17 55
9	17 28	17 37	17 45	17 51	17 56	18 01	18 09	18 16	18 23	18 30	18 38	18 46	18 51	18 57
10	17 36	17 51	18 03	18 13	18 22	18 30	18 43	18 55	19 05	19 17	19 28	19 42	19 50	19 59
11	17 46	18 08	18 25	18 39	18 50	19 01	19 19	19 34	19 49	20 04	20 20	20 38	20 49	21 01
12	18 00	18 29	18 50	19 08	19 23	19 36	19 58	20 17	20 35	20 53	21 13	21 35	21 49	22 04
13	18 21	18 56	19 22	19 43	20 00	20 15	20 41	21 03	21 24	21 44	22 06	22 32	22 47	23 05
14	18 52	19 33	20 02	20 25	20 44	21 01	21 28	21 52	22 14	22 36	23 00	23 28	23 44	.. ..
15	19 39	20 21	20 52	21 15	21 35	21 51	22 19	22 43	23 06	23 28	23 52	.. ..	.. ..	00 03
16	20 42	21 22	21 50	22 13	22 31	22 47	23 14	23 36	23 58	.. ..	.. ..	00 20	00 36	00 55
17	21 59	22 32	22 56	23 16	23 32	23 46	.. ..	.. ..	.. ..	00 19	00 42	01 08	01 23	01 41
18	23 23	23 48	.. ..	.. ..	.. ..	.. ..	00 10	00 30	00 49	01 08	01 28	01 51	02 04	02 20
19	.. ..	.. ..	00 07	00 23	00 36	00 47	01 07	01 23	01 39	01 54	02 11	02 29	02 40	02 53
20	00 49	01 07	01 20	01 31	01 41	01 49	02 03	02 16	02 27	02 39	02 51	03 04	03 12	03 21
21	02 17	02 27	02 35	02 41	02 47	02 52	03 01	03 08	03 15	03 22	03 29	03 37	03 42	03 47
22	03 46	03 49	03 51	03 53	03 54	03 56	03 58	04 00	04 02	04 04	04 06	04 08	04 10	04 11
23	05 17	05 13	05 09	05 06	05 04	05 01	04 57	04 54	04 51	04 48	04 44	04 40	04 38	04 36
24	06 52	06 40	06 30	06 22	06 16	06 10	05 59	05 50	05 42	05 33	05 25	05 14	05 09	05 02
25	08 32	08 11	07 55	07 42	07 31	07 21	07 04	06 50	06 36	06 23	06 09	05 53	05 43	05 33

(.. ..) indicates phenomenon will occur the next day.

MOONRISE AND MOONSET, 1986
UNIVERSAL TIME FOR MERIDIAN OF GREENWICH
MOONRISE

Lat.	+40°	+42°	+44°	+46°	+48°	+50°	+52°	+54°	+56°	+58°	+60°	+62°	+64°	+66°
	h m	h m	h m	h m	h m	h m	h m	h m	h m	h m	h m	h m	h m	h m
Apr. 1	01 16	01 25	01 34	01 45	01 57	02 10	02 25	02 43	03 04	03 31	04 10	-- --	-- --	-- --
2	02 15	02 24	02 33	02 43	02 55	03 07	03 22	03 38	03 58	04 23	04 56	05 52	-- --	-- --
3	03 03	03 11	03 19	03 28	03 37	03 48	04 00	04 14	04 30	04 49	05 12	05 42	06 29	-- --
4	03 41	03 47	03 54	04 01	04 08	04 17	04 26	04 36	04 48	05 02	05 17	05 36	06 00	06 31
5	04 12	04 16	04 21	04 26	04 32	04 38	04 44	04 52	05 00	05 09	05 19	05 32	05 46	06 03
6	04 37	04 40	04 43	04 46	04 50	04 54	04 58	05 03	05 08	05 13	05 20	05 27	05 35	05 45
7	05 00	05 01	05 02	05 04	05 06	05 07	05 09	05 12	05 14	05 17	05 19	05 23	05 26	05 31
8	05 21	05 20	05 20	05 20	05 20	05 20	05 20	05 19	05 19	05 19	05 19	05 19	05 18	05 18
9	05 41	05 40	05 38	05 36	05 34	05 32	05 30	05 27	05 25	05 22	05 18	05 14	05 10	05 05
10	06 03	06 00	05 56	05 53	05 49	05 45	05 41	05 36	05 30	05 24	05 18	05 10	05 01	04 51
11	06 27	06 22	06 17	06 12	06 06	06 00	05 54	05 46	05 38	05 29	05 18	05 06	04 52	04 34
12	06 54	06 48	06 41	06 34	06 27	06 19	06 10	06 00	05 48	05 35	05 20	05 02	04 39	04 10
13	07 26	07 19	07 11	07 02	06 53	06 43	06 31	06 18	06 03	05 46	05 25	04 57	04 19	** **
14	08 04	07 56	07 47	07 37	07 27	07 15	07 01	06 46	06 27	06 05	05 36	04 53	** **	** **
15	08 51	08 42	08 32	08 22	08 10	07 57	07 43	07 25	07 05	06 39	06 03	04 44	** **	** **
16	09 44	09 36	09 26	09 16	09 05	08 52	08 38	08 21	08 00	07 35	07 00	05 51	** **	** **
17	10 45	10 37	10 29	10 19	10 09	09 58	09 45	09 30	09 13	08 52	08 25	07 46	** **	** **
18	11 50	11 44	11 37	11 29	11 21	11 11	11 01	10 49	10 36	10 20	10 01	09 37	09 05	08 10
19	12 58	12 53	12 48	12 42	12 36	12 29	12 21	12 13	12 03	11 52	11 39	11 24	11 06	10 42
20	14 08	14 04	14 01	13 57	13 53	13 48	13 43	13 38	13 32	13 25	13 17	13 08	12 58	12 45
21	15 18	15 17	15 15	15 13	15 11	15 09	15 07	15 05	15 02	14 59	14 55	14 51	14 47	14 41
22	16 31	16 31	16 31	16 32	16 32	16 32	16 33	16 33	16 33	16 34	16 35	16 35	16 36	16 37
23	17 46	17 48	17 50	17 53	17 55	17 58	18 01	18 05	18 09	18 13	18 18	18 23	18 30	18 37
24	19 04	19 08	19 12	19 17	19 22	19 28	19 34	19 41	19 48	19 57	20 07	20 19	20 32	20 49
25	20 25	20 31	20 37	20 44	20 52	21 00	21 10	21 21	21 33	21 47	22 03	22 24	22 50	23 28

MOONSET

Lat.	+40°	+42°	+44°	+46°	+48°	+50°	+52°	+54°	+56°	+58°	+60°	+62°	+64°	+66°
	h m	h m	h m	h m	h m	h m	h m	h m	h m	h m	h m	h m	h m	h m
Apr. 1	10 03	09 54	09 44	09 34	09 22	09 09	08 53	08 36	08 14	07 47	07 09	-- --	-- --	-- --
2	11 10	11 01	10 52	10 42	10 31	10 19	10 04	09 48	09 29	09 04	08 32	07 35	-- --	-- --
3	12 21	12 14	12 06	11 57	11 48	11 38	11 26	11 13	10 57	10 39	10 17	09 47	09 01	-- --
4	13 32	13 27	13 21	13 14	13 07	12 59	12 50	12 41	12 29	12 17	12 02	11 44	11 21	10 51
5	14 41	14 37	14 33	14 29	14 24	14 18	14 13	14 06	13 59	13 50	13 41	13 30	13 17	13 01
6	15 48	15 46	15 43	15 41	15 38	15 35	15 31	15 28	15 24	15 19	15 14	15 08	15 01	14 53
7	16 52	16 51	16 51	16 50	16 49	16 48	16 47	16 46	16 45	16 44	16 42	16 40	16 39	16 36
8	17 55	17 55	17 56	17 57	17 59	18 00	18 01	18 03	18 04	18 06	18 08	18 10	18 13	18 16
9	18 57	18 59	19 02	19 05	19 08	19 11	19 15	19 19	19 23	19 28	19 34	19 40	19 47	19 56
10	19 59	20 03	20 07	20 12	20 17	20 22	20 28	20 35	20 42	20 51	21 00	21 12	21 25	21 41
11	21 01	21 07	21 13	21 19	21 26	21 34	21 42	21 52	22 03	22 15	22 30	22 47	23 09	23 38
12	22 04	22 11	22 18	22 26	22 35	22 45	22 56	23 09	23 23	23 40	.. ..	.. ..	.. ..	.. ..
13	23 05	23 13	23 22	23 31	23 42	23 54	.. ..	.. ..	.. ..	.. ..	00 01	00 28	01 06	** **
14	.. ..	.. ..	.. ..	.. ..	.. ..	.. ..	00 07	00 22	00 40	01 03	01 31	02 14	** **	** **
15	00 03	00 12	00 21	00 32	00 43	00 56	01 11	01 28	01 48	02 14	02 50	04 08	** **	** **
16	00 55	01 04	01 14	01 24	01 35	01 48	02 03	02 20	02 40	03 06	03 41	04 50	** **	** **
17	01 41	01 49	01 58	02 07	02 18	02 30	02 43	02 58	03 16	03 37	04 04	04 43	** **	** **
18	02 20	02 27	02 34	02 42	02 51	03 01	03 12	03 24	03 38	03 54	04 14	04 39	05 12	06 07
19	02 53	02 58	03 04	03 11	03 17	03 25	03 33	03 42	03 53	04 05	04 18	04 34	04 54	05 18
20	03 21	03 25	03 29	03 34	03 39	03 44	03 50	03 56	04 03	04 11	04 20	04 30	04 42	04 56
21	03 47	03 49	03 52	03 54	03 57	04 00	04 03	04 07	04 11	04 15	04 20	04 26	04 32	04 39
22	04 11	04 12	04 12	04 13	04 14	04 15	04 16	04 17	04 18	04 19	04 20	04 21	04 23	04 25
23	04 36	04 35	04 33	04 32	04 31	04 29	04 28	04 26	04 24	04 22	04 20	04 17	04 14	04 11
24	05 02	04 59	04 56	04 53	04 49	04 46	04 41	04 37	04 32	04 26	04 20	04 13	04 05	03 55
25	05 33	05 28	05 23	05 17	05 11	05 05	04 58	04 50	04 42	04 32	04 21	04 08	03 53	03 35

(.. ..) indicates phenomenon will occur the next day.
(-- --) indicates Moon continuously below horizon.
(** **) indicates Moon continuously above horizon.

MOONRISE AND MOONSET, 1986
UNIVERSAL TIME FOR MERIDIAN OF GREENWICH
MOONRISE

Lat.	−55°	−50°	−45°	−40°	−35°	−30°	−20°	−10°	0°	+10°	+20°	+30°	+35°	+40°
	h m	h m	h m	h m	h m	h m	h m	h m	h m	h m	h m	h m	h m	h m
Apr. 24	16 42	16 57	17 09	17 19	17 27	17 35	17 48	17 59	18 10	18 21	18 33	18 47	18 55	19 04
25	16 57	17 20	17 37	17 52	18 05	18 16	18 35	18 51	19 07	19 23	19 40	20 00	20 11	20 25
26	17 19	17 50	18 14	18 33	18 49	19 04	19 28	19 48	20 08	20 28	20 49	21 14	21 29	21 46
27	17 54	18 33	19 02	19 25	19 43	19 59	20 27	20 50	21 12	21 35	21 58	22 26	22 43	23 02
28	18 51	19 33	20 03	20 26	20 46	21 02	21 30	21 55	22 17	22 40	23 04	23 32	23 49	.. ..
29	20 08	20 47	21 14	21 36	21 54	22 09	22 36	22 58	23 19	23 40	.. ..	.. ..	.. ..	00 08
30	21 38	22 08	22 30	22 49	23 04	23 17	23 39	23 59	.. ..	.. ..	00 03	00 28	00 44	01 01
May 1	23 08	23 29	23 46	.. ..	.. ..	.. ..	.. ..	.. ..	00 17	00 34	00 54	01 15	01 28	01 43
2	.. ..	.. ..	.. ..	00 00	00 12	00 22	00 39	00 55	01 09	01 23	01 38	01 55	02 04	02 16
3	00 34	00 48	00 59	01 09	01 17	01 24	01 36	01 46	01 56	02 06	02 16	02 28	02 35	02 42
4	01 55	02 03	02 09	02 14	02 18	02 22	02 29	02 35	02 40	02 45	02 51	02 58	03 01	03 05
5	03 14	03 15	03 16	03 17	03 18	03 19	03 20	03 21	03 22	03 23	03 24	03 25	03 26	03 27
6	04 31	04 26	04 22	04 19	04 16	04 14	04 09	04 06	04 03	03 59	03 56	03 52	03 49	03 47
7	05 47	05 36	05 27	05 20	05 14	05 08	04 59	04 51	04 43	04 36	04 28	04 19	04 14	04 08
8	07 05	06 47	06 33	06 22	06 12	06 04	05 50	05 37	05 25	05 14	05 02	04 48	04 40	04 31
9	08 23	07 59	07 40	07 24	07 12	07 00	06 41	06 25	06 09	05 54	05 38	05 19	05 09	04 56
10	09 42	09 10	08 46	08 27	08 11	07 57	07 34	07 14	06 56	06 37	06 17	05 55	05 42	05 27
11	10 56	10 18	09 50	09 28	09 10	08 54	08 28	08 05	07 44	07 24	07 01	06 35	06 20	06 03
12	12 01	11 18	10 48	10 25	10 06	09 49	09 21	08 57	08 35	08 13	07 49	07 21	07 05	06 46
13	12 50	12 09	11 39	11 16	10 57	10 41	10 13	09 49	09 27	09 04	08 41	08 13	07 56	07 37
14	13 24	12 48	12 21	12 00	11 43	11 27	11 01	10 39	10 18	09 57	09 35	09 09	08 53	08 35
15	13 47	13 18	12 56	12 37	12 22	12 09	11 46	11 27	11 08	10 50	10 30	10 07	09 53	09 38
16	14 03	13 41	13 23	13 09	12 57	12 46	12 28	12 12	11 57	11 42	11 26	11 07	10 56	10 43
17	14 14	13 59	13 46	13 36	13 28	13 20	13 07	12 55	12 44	12 33	12 21	12 07	11 59	11 50
18	14 23	14 14	14 07	14 01	13 56	13 51	13 43	13 37	13 30	13 23	13 16	13 08	13 04	12 58

MOONSET

Lat.	−55°	−50°	−45°	−40°	−35°	−30°	−20°	−10°	0°	+10°	+20°	+30°	+35°	+40°
	h m	h m	h m	h m	h m	h m	h m	h m	h m	h m	h m	h m	h m	h m
Apr. 24	06 52	06 40	06 30	06 22	06 16	06 10	05 59	05 50	05 42	05 33	05 25	05 14	05 09	05 02
25	08 32	08 11	07 55	07 42	07 31	07 21	07 04	06 50	06 36	06 23	06 09	05 53	05 43	05 33
26	10 14	09 44	09 21	09 03	08 48	08 35	08 13	07 53	07 35	07 18	06 59	06 37	06 24	06 09
27	11 51	11 13	10 45	10 23	10 04	09 49	09 22	09 00	08 38	08 17	07 55	07 29	07 13	06 55
28	13 10	12 28	11 58	11 34	11 15	10 58	10 30	10 06	09 43	09 21	08 56	08 28	08 11	07 52
29	14 04	13 25	12 57	12 34	12 16	12 00	11 33	11 09	10 47	10 25	10 02	09 34	09 17	08 58
30	14 36	14 05	13 41	13 22	13 05	12 51	12 28	12 07	11 47	11 28	11 06	10 42	10 27	10 10
May 1	14 56	14 32	14 14	13 59	13 46	13 34	13 15	12 58	12 42	12 26	12 09	11 48	11 37	11 23
2	15 09	14 52	14 39	14 28	14 19	14 11	13 56	13 44	13 32	13 20	13 07	12 52	12 43	12 33
3	15 18	15 08	15 00	14 53	14 47	14 42	14 33	14 25	14 17	14 10	14 02	13 52	13 47	13 41
4	15 25	15 21	15 18	15 15	15 13	15 10	15 07	15 03	15 00	14 57	14 54	14 50	14 47	14 45
5	15 32	15 33	15 35	15 36	15 37	15 37	15 39	15 40	15 41	15 43	15 44	15 45	15 46	15 47
6	15 38	15 45	15 51	15 56	16 00	16 04	16 11	16 17	16 22	16 28	16 33	16 40	16 44	16 48
7	15 46	15 59	16 09	16 18	16 25	16 32	16 44	16 54	17 03	17 13	17 23	17 35	17 42	17 50
8	15 55	16 14	16 29	16 42	16 53	17 02	17 19	17 33	17 46	18 00	18 14	18 31	18 41	18 52
9	16 07	16 33	16 53	17 10	17 24	17 36	17 56	18 14	18 31	18 48	19 07	19 28	19 40	19 55
10	16 25	16 58	17 23	17 43	17 59	18 14	18 38	18 59	19 19	19 39	20 00	20 25	20 40	20 56
11	16 53	17 32	18 00	18 22	18 41	18 57	19 24	19 47	20 09	20 30	20 54	21 21	21 37	21 56
12	17 34	18 16	18 46	19 10	19 29	19 45	20 14	20 38	21 00	21 22	21 46	22 14	22 31	22 50
13	18 31	19 12	19 41	20 04	20 23	20 39	21 06	21 30	21 52	22 13	22 37	23 03	23 19	23 38
14	19 43	20 18	20 44	21 05	21 22	21 36	22 01	22 23	22 43	23 02	23 23	23 48	.. ..	.. ..
15	21 03	21 31	21 52	22 09	22 23	22 36	22 57	23 15	23 32	23 49	.. ..	.. ..	00 02	00 18
16	22 26	22 46	23 02	23 15	23 26	23 36	23 52	.. ..	.. ..	.. ..	00 07	00 27	00 39	00 53
17	23 51	.. ..	.. ..	.. ..	.. ..	.. ..	.. ..	00 06	00 20	00 33	00 47	01 02	01 11	01 22
18	.. ..	00 04	00 14	00 23	00 30	00 36	00 47	00 57	01 06	01 15	01 24	01 35	01 41	01 48

(.. ..) indicates phenomenon will occur the next day.

MOONRISE AND MOONSET, 1986
UNIVERSAL TIME FOR MERIDIAN OF GREENWICH
MOONRISE

Lat.	+40°	+42°	+44°	+46°	+48°	+50°	+52°	+54°	+56°	+58°	+60°	+62°	+64°	+66°
	h m	h m	h m	h m	h m	h m	h m	h m	h m	h m	h m	h m	h m	h m
Apr. 24	19 04	19 08	19 12	19 17	19 22	19 28	19 34	19 41	19 48	19 57	20 07	20 19	20 32	20 49
25	20 25	20 31	20 37	20 44	20 52	21 00	21 10	21 21	21 33	21 47	22 03	22 24	22 50	23 28
26	21 46	21 54	22 02	22 11	22 21	22 32	22 45	23 00	23 17	23 37	.. ..	.. ..	.. ..	.. ..
27	23 02	23 11	23 20	23 31	23 43	23 56					00 04	00 41	-- --	-- --
28	.. ..	.. ..	.. ..	.. ..	.. ..	.. ..	00 10	00 28	00 49	01 15	01 52	-- --	-- --	-- --
29	00 08	00 17	00 27	00 37	00 49	01 02	01 17	01 34	01 55	02 21	02 58	04 24	-- --	-- --
30	01 01	01 09	01 18	01 27	01 38	01 49	02 02	02 17	02 34	02 55	03 21	03 58	05 15	-- --
May 1	01 43	01 49	01 57	02 04	02 13	02 22	02 32	02 43	02 56	03 11	03 29	03 51	04 19	04 59
2	02 16	02 21	02 26	02 32	02 38	02 45	02 52	03 00	03 10	03 20	03 32	03 46	04 02	04 23
3	02 42	02 46	02 49	02 53	02 58	03 02	03 07	03 12	03 18	03 25	03 33	03 41	03 51	04 03
4	03 05	03 07	03 09	03 11	03 14	03 16	03 19	03 22	03 25	03 28	03 32	03 37	03 42	03 48
5	03 27	03 27	03 27	03 28	03 28	03 29	03 29	03 30	03 30	03 31	03 32	03 32	03 33	03 35
6	03 47	03 46	03 45	03 43	03 42	03 41	03 39	03 37	03 35	03 33	03 31	03 28	03 25	03 22
7	04 08	04 05	04 03	04 00	03 57	03 53	03 49	03 45	03 41	03 36	03 30	03 24	03 17	03 09
8	04 31	04 27	04 22	04 18	04 13	04 07	04 01	03 55	03 48	03 40	03 30	03 20	03 08	02 53
9	04 56	04 51	04 45	04 39	04 32	04 24	04 16	04 07	03 57	03 45	03 32	03 16	02 57	02 32
10	05 27	05 20	05 12	05 04	04 56	04 46	04 36	04 24	04 10	03 54	03 35	03 12	02 40	01 51
11	06 03	05 55	05 46	05 37	05 27	05 15	05 02	04 48	04 31	04 10	03 44	03 08	01 50	** **
12	06 46	06 38	06 28	06 18	06 07	05 54	05 39	05 23	05 03	04 38	04 04	03 03	** **	** **
13	07 37	07 28	07 19	07 09	06 57	06 44	06 29	06 12	05 52	05 26	04 50	03 26	** **	** **
14	08 35	08 27	08 18	08 08	07 58	07 46	07 32	07 17	06 58	06 35	06 05	05 19	** **	** **
15	09 38	09 31	09 23	09 15	09 06	08 56	08 44	08 31	08 16	07 59	07 37	07 09	06 27	** **
16	10 43	10 38	10 32	10 25	10 18	10 10	10 01	09 52	09 40	09 28	09 13	08 55	08 32	08 02
17	11 50	11 46	11 42	11 37	11 32	11 27	11 21	11 14	11 06	10 58	10 48	10 37	10 23	10 07
18	12 58	12 56	12 53	12 51	12 48	12 44	12 41	12 37	12 33	12 28	12 23	12 17	12 10	12 01

MOONSET

Lat.	+40°	+42°	+44°	+46°	+48°	+50°	+52°	+54°	+56°	+58°	+60°	+62°	+64°	+66°
	h m	h m	h m	h m	h m	h m	h m	h m	h m	h m	h m	h m	h m	h m
Apr. 24	05 02	04 59	04 56	04 53	04 49	04 46	04 41	04 37	04 32	04 26	04 20	04 13	04 05	03 55
25	05 33	05 28	05 23	05 17	05 11	05 05	04 58	04 50	04 42	04 32	04 21	04 08	03 53	03 35
26	06 09	06 03	05 56	05 48	05 40	05 31	05 21	05 09	04 57	04 42	04 24	04 03	03 35	02 57
27	06 55	06 47	06 39	06 29	06 19	06 07	05 54	05 39	05 21	05 00	04 33	03 56	-- --	-- --
28	07 52	07 43	07 33	07 23	07 11	06 58	06 43	06 25	06 04	05 38	05 00	-- --	-- --	-- --
29	08 58	08 50	08 40	08 30	08 18	08 05	07 51	07 33	07 13	06 47	06 10	04 44	-- --	-- --
30	10 10	10 03	09 54	09 45	09 35	09 24	09 12	08 57	08 40	08 20	07 54	07 18	06 02	-- --
May 1	11 23	11 17	11 10	11 03	10 55	10 47	10 37	10 26	10 14	10 00	09 42	09 22	08 54	08 15
2	12 33	12 29	12 24	12 19	12 13	12 07	12 01	11 53	11 45	11 35	11 24	11 11	10 56	10 37
3	13 41	13 38	13 35	13 32	13 28	13 24	13 20	13 16	13 11	13 05	12 59	12 51	12 43	12 33
4	14 45	14 44	14 42	14 41	14 40	14 38	14 36	14 34	14 32	14 30	14 27	14 24	14 21	14 17
5	15 47	15 47	15 48	15 48	15 49	15 49	15 50	15 51	15 51	15 52	15 53	15 54	15 55	15 56
6	16 48	16 50	16 52	16 55	16 57	17 00	17 03	17 06	17 09	17 13	17 17	17 22	17 28	17 35
7	17 50	17 53	17 57	18 01	18 05	18 10	18 15	18 21	18 28	18 35	18 43	18 52	19 03	19 17
8	18 52	18 57	19 02	19 08	19 15	19 21	19 29	19 38	19 47	19 58	20 11	20 26	20 44	21 07
9	19 55	20 01	20 08	20 16	20 24	20 33	20 43	20 55	21 08	21 23	21 41	22 04	22 35	23 23
10	20 56	21 04	21 12	21 22	21 32	21 43	21 55	22 10	22 26	22 47	23 12	23 48	.. ..	.. ..
11	21 56	22 04	22 13	22 24	22 35	22 47	23 02	23 18	23 38	.. ..	.. ..	.. ..	01 05	** **
12	22 50	22 59	23 08	23 19	23 30	23 43	23 58	.. ..	.. ..	.. ..	00 03	00 36	01 37	** **	** **
13	23 38	23 46	23 55	.. ..	.. ..	.. ..	.. ..	.. ..	00 15	00 36	01 02	01 38	03 02	** **	** **
14	.. ..	.. ..	.. ..	00 05	00 16	00 28	00 42	00 58	01 16	01 39	02 10	02 56	** **	** **
15	00 18	00 26	00 34	00 42	00 52	01 02	01 14	01 27	01 43	02 01	02 23	02 52	03 34	** **
16	00 53	00 59	01 05	01 12	01 20	01 28	01 38	01 48	02 00	02 13	02 29	02 48	03 11	03 42
17	01 22	01 26	01 31	01 37	01 42	01 48	01 55	02 03	02 11	02 20	02 31	02 43	02 58	03 16
18	01 48	01 51	01 54	01 57	02 01	02 05	02 09	02 14	02 19	02 25	02 32	02 39	02 48	02 58

(.. ..) indicates phenomenon will occur the next day.
(-- --) indicates Moon continuously below horizon.
(** **) indicates Moon continuously above horizon.

A58 MOONRISE AND MOONSET, 1986
UNIVERSAL TIME FOR MERIDIAN OF GREENWICH
MOONRISE

Lat.	−55°	−50°	−45°	−40°	−35°	−30°	−20°	−10°	0°	+10°	+20°	+30°	+35°	+40°
	h m	h m	h m	h m	h m	h m	h m	h m	h m	h m	h m	h m	h m	h m
May 17	14 14	13 59	13 46	13 36	13 28	13 20	13 07	12 55	12 44	12 33	12 21	12 07	11 59	11 50
18	14 23	14 14	14 07	14 01	13 56	13 51	13 43	13 37	13 30	13 23	13 16	13 08	13 04	12 58
19	14 31	14 28	14 26	14 25	14 23	14 22	14 20	14 18	14 16	14 14	14 12	14 10	14 09	14 07
20	14 39	14 43	14 46	14 49	14 51	14 53	14 57	15 00	15 03	15 07	15 10	15 14	15 16	15 19
21	14 48	14 59	15 08	15 15	15 21	15 27	15 37	15 45	15 54	16 02	16 11	16 21	16 27	16 34
22	15 00	15 19	15 33	15 45	15 56	16 05	16 21	16 35	16 48	17 02	17 16	17 33	17 42	17 53
23	15 18	15 45	16 06	16 23	16 37	16 50	17 11	17 30	17 48	18 06	18 25	18 47	19 00	19 16
24	15 47	16 22	16 49	17 10	17 27	17 43	18 08	18 31	18 52	19 13	19 36	20 03	20 18	20 37
25	16 34	17 15	17 45	18 08	18 28	18 44	19 12	19 36	19 59	20 22	20 46	21 14	21 31	21 51
26	17 45	18 26	18 55	19 18	19 36	19 52	20 20	20 43	21 05	21 27	21 50	22 17	22 33	22 52
27	19 14	19 48	20 13	20 32	20 49	21 03	21 27	21 47	22 07	22 26	22 46	23 10	23 24	23 40
28	20 48	21 13	21 32	21 47	22 00	22 11	22 30	22 47	23 03	23 18	23 34	23 53	.. ..	.. ..
29	22 18	22 35	22 48	22 59	23 08	23 16	23 30	23 42	23 53	.. ..	.. ..	.. ..	00 04	00 17
30	23 43	23 52	.. ..	.. ..	.. ..	.. ..	.. ..	.. ..	.. ..	00 04	00 16	00 29	00 37	00 46
31	.. ..	.. ..	00 00	00 06	00 12	00 16	00 25	00 32	00 39	00 45	00 52	01 01	01 05	01 10
June 1	01 03	01 06	01 08	01 10	01 12	01 14	01 17	01 19	01 21	01 24	01 26	01 29	01 30	01 32
2	02 20	02 17	02 14	02 12	02 11	02 09	02 07	02 04	02 02	02 00	01 58	01 56	01 54	01 53
3	03 36	03 27	03 20	03 14	03 08	03 04	02 56	02 49	02 43	02 37	02 30	02 23	02 18	02 13
4	04 53	04 37	04 25	04 15	04 06	03 59	03 46	03 35	03 24	03 14	03 03	02 51	02 44	02 35
5	06 11	05 48	05 31	05 17	05 05	04 55	04 37	04 22	04 07	03 53	03 38	03 21	03 11	03 00
6	07 29	06 59	06 37	06 19	06 04	05 51	05 29	05 10	04 53	04 35	04 17	03 55	03 43	03 29
7	08 45	08 08	07 42	07 21	07 03	06 48	06 23	06 01	05 41	05 21	04 59	04 34	04 20	04 03
8	09 53	09 12	08 42	08 19	08 00	07 44	07 16	06 53	06 31	06 09	05 46	05 19	05 03	04 44
9	10 47	10 06	09 36	09 12	08 53	08 37	08 09	07 45	07 23	07 00	06 36	06 09	05 52	05 33
10	11 26	10 48	10 21	09 59	09 41	09 25	08 58	08 36	08 14	07 53	07 30	07 03	06 47	06 29

MOONSET

Lat.	−55°	−50°	−45°	−40°	−35°	−30°	−20°	−10°	0°	+10°	+20°	+30°	+35°	+40°
	h m	h m	h m	h m	h m	h m	h m	h m	h m	h m	h m	h m	h m	h m
May 17	23 51	.. ..	.. ..	.. ..	.. ..	.. ..	.. ..	.. ..	00 06	00 20	00 33	00 47	01 02	01 11	01 22
18	.. ..	00 04	00 14	00 23	00 30	00 36	00 47	00 57	01 06	01 15	01 24	01 35	01 41	01 48
19	01 16	01 22	01 27	01 31	01 35	01 38	01 43	01 47	01 52	01 56	02 00	02 05	02 08	02 11
20	02 43	02 42	02 42	02 41	02 41	02 40	02 40	02 39	02 38	02 38	02 37	02 36	02 36	02 35
21	04 14	04 06	04 00	03 54	03 50	03 46	03 39	03 33	03 27	03 21	03 15	03 08	03 04	03 00
22	05 51	05 35	05 22	05 11	05 02	04 55	04 41	04 30	04 19	04 08	03 57	03 44	03 36	03 28
23	07 32	07 07	06 48	06 32	06 19	06 08	05 48	05 31	05 16	05 00	04 43	04 24	04 13	04 01
24	09 15	08 40	08 15	07 54	07 38	07 23	06 59	06 37	06 18	05 58	05 37	05 13	04 59	04 42
25	10 46	10 05	09 36	09 13	08 54	08 37	08 10	07 46	07 24	07 02	06 38	06 10	05 54	05 35
26	11 54	11 13	10 44	10 21	10 01	09 45	09 17	08 53	08 31	08 08	07 44	07 16	06 59	06 40
27	12 36	12 01	11 36	11 15	10 58	10 43	10 18	09 56	09 35	09 14	08 52	08 26	08 10	07 52
28	13 01	12 34	12 14	11 57	11 43	11 31	11 10	10 51	10 34	10 17	09 58	09 36	09 23	09 08
29	13 16	12 57	12 43	12 30	12 20	12 11	11 55	11 40	11 27	11 14	10 59	10 43	10 33	10 22
30	13 27	13 15	13 05	12 57	12 50	12 44	12 34	12 24	12 15	12 06	11 56	11 45	11 39	11 31
31	13 35	13 29	13 24	13 20	13 17	13 14	13 09	13 04	12 59	12 55	12 50	12 44	12 41	12 37
June 1	13 42	13 42	13 42	13 41	13 41	13 41	13 41	13 41	13 41	13 41	13 41	13 41	13 41	13 40
2	13 48	13 54	13 58	14 02	14 05	14 08	14 13	14 18	14 22	14 26	14 31	14 36	14 39	14 42
3	13 55	14 07	14 16	14 23	14 30	14 36	14 46	14 54	15 03	15 11	15 20	15 30	15 36	15 43
4	14 04	14 21	14 35	14 46	14 56	15 05	15 20	15 33	15 45	15 57	16 11	16 26	16 35	16 45
5	14 15	14 39	14 58	15 13	15 26	15 37	15 56	16 13	16 29	16 45	17 02	17 22	17 34	17 47
6	14 31	15 02	15 25	15 44	16 00	16 13	16 37	16 57	17 16	17 35	17 55	18 19	18 33	18 49
7	14 55	15 33	16 00	16 21	16 39	16 55	17 21	17 44	18 05	18 26	18 49	19 15	19 31	19 49
8	15 32	16 13	16 43	17 06	17 26	17 42	18 10	18 34	18 56	19 18	19 42	20 10	20 26	20 45
9	16 24	17 06	17 36	17 59	18 18	18 34	19 02	19 26	19 48	20 10	20 33	21 00	21 17	21 35
10	17 32	18 09	18 36	18 58	19 15	19 31	19 56	20 18	20 39	20 59	21 21	21 46	22 01	22 18

(.. ..) indicates phenomenon will occur the next day.

MOONRISE AND MOONSET, 1986
UNIVERSAL TIME FOR MERIDIAN OF GREENWICH
MOONRISE

Lat.	+40°	+42°	+44°	+46°	+48°	+50°	+52°	+54°	+56°	+58°	+60°	+62°	+64°	+66°
	h m	h m	h m	h m	h m	h m	h m	h m	h m	h m	h m	h m	h m	h m
May 17	11 50	11 46	11 42	11 37	11 32	11 27	11 21	11 14	11 06	10 58	10 48	10 37	10 23	10 07
18	12 58	12 56	12 53	12 51	12 48	12 44	12 41	12 37	12 33	12 28	12 23	12 17	12 10	12 01
19	14 07	14 07	14 06	14 05	14 05	14 04	14 03	14 02	14 01	14 00	13 58	13 57	13 55	13 53
20	15 19	15 20	15 21	15 23	15 24	15 26	15 28	15 29	15 32	15 34	15 37	15 40	15 43	15 47
21	16 34	16 37	16 41	16 44	16 48	16 52	16 57	17 02	17 07	17 14	17 21	17 29	17 39	17 50
22	17 53	17 59	18 04	18 10	18 16	18 23	18 31	18 39	18 49	19 00	19 13	19 28	19 47	20 11
23	19 16	19 23	19 30	19 38	19 47	19 57	20 08	20 21	20 35	20 52	21 13	21 40	22 19	.. ..
24	20 37	20 45	20 54	21 04	21 15	21 28	21 42	21 58	22 17	22 41	23 13	.. ..	-- --	-- --
25	21 51	21 59	22 09	22 20	22 32	22 45	23 00	23 18	23 39	.. ..	.. ..	00 06	-- --	-- --
26	22 52	23 00	23 09	23 19	23 30	23 42	23 56	.. ..	.. ..	.. ..	00 06	00 45	-- --	-- --
27	23 40	23 47	23 54	.. ..	.. ..	.. ..	.. ..	00 12	00 31	00 55	01 25	02 12	-- --	-- --
28	.. ..	.. ..	.. ..	00 03	00 12	00 22	00 33	00 46	01 00	01 17	01 38	02 04	02 40	03 48
29	00 17	00 22	00 28	00 34	00 41	00 49	00 57	01 07	01 17	01 29	01 43	01 59	02 18	02 43
30	00 46	00 50	00 54	00 58	01 03	01 08	01 14	01 20	01 27	01 35	01 44	01 54	02 06	02 20
31	01 10	01 13	01 15	01 18	01 21	01 24	01 27	01 31	01 35	01 39	01 44	01 50	01 56	02 04
June 1	01 32	01 33	01 34	01 35	01 36	01 37	01 38	01 39	01 41	01 42	01 44	01 46	01 48	01 50
2	01 53	01 52	01 51	01 51	01 50	01 49	01 48	01 47	01 46	01 44	01 43	01 41	01 40	01 38
3	02 13	02 11	02 09	02 07	02 04	02 01	01 58	01 55	01 51	01 47	01 43	01 37	01 32	01 25
4	02 35	02 32	02 28	02 24	02 20	02 15	02 10	02 04	01 58	01 50	01 42	01 33	01 23	01 10
5	03 00	02 55	02 50	02 44	02 38	02 31	02 23	02 15	02 06	01 55	01 43	01 29	01 13	00 52
6	03 29	03 22	03 15	03 08	03 00	02 51	02 41	02 30	02 18	02 03	01 46	01 26	00 59	00 22
7	04 03	03 55	03 47	03 38	03 28	03 18	03 05	02 52	02 36	02 17	01 53	01 22	00 33	** **
8	04 44	04 36	04 27	04 17	04 06	03 53	03 39	03 23	03 04	02 40	02 09	01 19	** **	** **
9	05 33	05 24	05 15	05 04	04 53	04 40	04 25	04 08	03 48	03 22	02 46	01 28	** **	** **
10	06 29	06 21	06 11	06 02	05 51	05 38	05 24	05 08	04 49	04 25	03 53	03 01	** **	** **

MOONSET

Lat.	+40°	+42°	+44°	+46°	+48°	+50°	+52°	+54°	+56°	+58°	+60°	+62°	+64°	+66°
	h m	h m	h m	h m	h m	h m	h m	h m	h m	h m	h m	h m	h m	h m
May 17	01 22	01 26	01 31	01 37	01 42	01 48	01 55	02 03	02 11	02 20	02 31	02 43	02 58	03 16
18	01 48	01 51	01 54	01 57	02 01	02 05	02 09	02 14	02 19	02 25	02 32	02 39	02 48	02 58
19	02 11	02 13	02 14	02 16	02 18	02 20	02 22	02 24	02 26	02 29	02 32	02 35	02 39	02 43
20	02 35	02 35	02 35	02 34	02 34	02 34	02 33	02 33	02 32	02 32	02 31	02 31	02 30	02 29
21	03 00	02 58	02 56	02 53	02 51	02 48	02 46	02 43	02 39	02 35	02 31	02 27	02 21	02 15
22	03 28	03 24	03 20	03 16	03 11	03 06	03 00	02 54	02 48	02 40	02 32	02 22	02 11	01 58
23	04 01	03 55	03 49	03 43	03 36	03 28	03 20	03 10	03 00	02 48	02 34	02 17	01 58	01 33
24	04 42	04 35	04 27	04 19	04 09	03 59	03 47	03 34	03 19	03 01	02 40	02 12	01 33	-- --
25	05 35	05 27	05 17	05 07	04 56	04 43	04 29	04 12	03 53	03 29	02 56	02 03	-- --	-- --
26	06 40	06 31	06 21	06 10	05 59	05 45	05 30	05 12	04 51	04 24	03 46	-- --	-- --	-- --
27	07 52	07 44	07 35	07 26	07 15	07 03	06 49	06 34	06 15	05 52	05 22	04 36	-- --	-- --
28	09 08	09 01	08 54	08 46	08 37	08 28	08 17	08 05	07 51	07 35	07 15	06 50	06 15	05 07
29	10 22	10 17	10 11	10 05	09 59	09 52	09 45	09 36	09 26	09 15	09 02	08 47	08 29	08 05
30	11 31	11 28	11 25	11 21	11 17	11 12	11 07	11 02	10 56	10 49	10 41	10 32	10 22	10 10
31	12 37	12 36	12 34	12 32	12 30	12 28	12 25	12 23	12 20	12 17	12 13	12 09	12 04	11 58
June 1	13 40	13 40	13 40	13 40	13 40	13 40	13 40	13 40	13 40	13 40	13 40	13 39	13 39	13 39
2	14 42	14 44	14 45	14 47	14 49	14 51	14 53	14 55	14 58	15 01	15 04	15 08	15 12	15 17
3	15 43	15 46	15 49	15 53	15 57	16 01	16 05	16 10	16 16	16 22	16 29	16 37	16 46	16 57
4	16 45	16 49	16 54	16 59	17 05	17 11	17 18	17 26	17 34	17 44	17 55	18 08	18 24	18 43
5	17 47	17 53	17 59	18 06	18 14	18 22	18 32	18 42	18 54	19 08	19 24	19 44	20 10	20 46
6	18 49	18 56	19 04	19 13	19 22	19 33	19 45	19 58	20 14	20 32	20 55	21 26	22 15	** **
7	19 49	19 58	20 07	20 16	20 27	20 39	20 53	21 09	21 28	21 51	22 22	23 12	.. ..	** **
8	20 45	20 54	21 04	21 14	21 25	21 38	21 53	22 10	22 31	22 56	23 32	.. ..	** **	** **
9	21 35	21 44	21 53	22 03	22 14	22 27	22 41	22 57	23 17	23 41	.. ..	00 51	** **	** **
10	22 18	22 26	22 34	22 43	22 53	23 04	23 16	23 30	23 47	.. ..	00 13	01 05	** **	** **

(.. ..) indicates phenomenon will occur the next day.
(-- --) indicates Moon continuously below horizon.
(** **) indicates Moon continuously above horizon.

MOONRISE AND MOONSET, 1986
UNIVERSAL TIME FOR MERIDIAN OF GREENWICH
MOONRISE

Lat.	−55°	−50°	−45°	−40°	−35°	−30°	−20°	−10°	0°	+10°	+20°	+30°	+35°	+40°
	h m	h m	h m	h m	h m	h m	h m	h m	h m	h m	h m	h m	h m	h m
June 8	09 53	09 12	08 42	08 19	08 00	07 44	07 16	06 53	06 31	06 09	05 46	05 19	05 03	04 44
9	10 47	10 06	09 36	09 12	08 53	08 37	08 09	07 45	07 23	07 00	06 36	06 09	05 52	05 33
10	11 26	10 48	10 21	09 59	09 41	09 25	08 58	08 36	08 14	07 53	07 30	07 03	06 47	06 29
11	11 52	11 21	10 57	10 38	10 22	10 08	09 44	09 24	09 05	08 45	08 25	08 01	07 47	07 30
12	12 09	11 45	11 26	11 11	10 58	10 46	10 27	10 09	09 53	09 37	09 20	09 00	08 48	08 34
13	12 21	12 04	11 50	11 39	11 29	11 20	11 06	10 52	10 40	10 28	10 14	09 59	09 50	09 40
14	12 31	12 20	12 11	12 04	11 57	11 52	11 42	11 33	11 25	11 17	11 08	10 58	10 53	10 46
15	12 39	12 34	12 30	12 27	12 24	12 22	12 17	12 13	12 10	12 06	12 02	11 58	11 55	11 53
16	12 46	12 48	12 49	12 50	12 51	12 51	12 53	12 54	12 55	12 56	12 57	12 59	13 00	13 01
17	12 55	13 02	13 09	13 14	13 19	13 23	13 30	13 36	13 42	13 48	13 55	14 02	14 07	14 12
18	13 05	13 20	13 31	13 41	13 50	13 57	14 10	14 22	14 33	14 44	14 56	15 09	15 17	15 26
19	13 19	13 42	13 59	14 14	14 26	14 37	14 56	15 13	15 28	15 44	16 01	16 21	16 32	16 45
20	13 41	14 13	14 36	14 55	15 11	15 25	15 49	16 10	16 30	16 49	17 10	17 35	17 50	18 07
21	14 18	14 57	15 25	15 48	16 07	16 23	16 50	17 13	17 35	17 58	18 21	18 49	19 06	19 25
22	15 18	16 00	16 30	16 53	17 12	17 29	17 57	18 21	18 43	19 06	19 30	19 58	20 14	20 33
23	16 42	17 19	17 46	18 07	18 25	18 40	19 06	19 28	19 49	20 09	20 31	20 57	21 12	21 29
24	18 18	18 46	19 08	19 25	19 40	19 52	20 14	20 32	20 49	21 06	21 25	21 46	21 58	22 12
25	19 53	20 13	20 28	20 41	20 52	21 01	21 17	21 31	21 44	21 57	22 10	22 26	22 35	22 45
26	21 23	21 35	21 44	21 52	21 59	22 05	22 15	22 24	22 33	22 41	22 50	23 00	23 06	23 12
27	22 47	22 52	22 56	23 00	23 03	23 05	23 10	23 14	23 18	23 22	23 26	23 30	23 33	23 36
28	.. ..	.. ..	.. ..	.. ..	.. ..	.. ..	.. ..	.. ..	.. ..	.. ..	.. ..	23 59	23 58	23 58	23 57
29	00 06	00 05	00 04	00 04	00 03	00 03	00 02	00 01	00 00	00 00	.. ..	.. ..	.. ..	.. ..
30	01 24	01 17	01 11	01 06	01 02	00 58	00 52	00 47	00 42	00 37	00 31	00 25	00 22	00 18
July 1	02 41	02 27	02 16	02 08	02 00	01 53	01 42	01 32	01 23	01 14	01 04	00 53	00 47	00 40
2	03 58	03 38	03 22	03 09	02 59	02 49	02 33	02 19	02 06	01 52	01 39	01 23	01 14	01 03

MOONSET

Lat.	−55°	−50°	−45°	−40°	−35°	−30°	−20°	−10°	0°	+10°	+20°	+30°	+35°	+40°
	h m	h m	h m	h m	h m	h m	h m	h m	h m	h m	h m	h m	h m	h m
June 8	15 32	16 13	16 43	17 06	17 26	17 42	18 10	18 34	18 56	19 18	19 42	20 10	20 26	20 45
9	16 24	17 06	17 36	17 59	18 18	18 34	19 02	19 26	19 48	20 10	20 33	21 00	21 17	21 35
10	17 32	18 09	18 36	18 58	19 15	19 31	19 56	20 18	20 39	20 59	21 21	21 46	22 01	22 18
11	18 50	19 20	19 43	20 01	20 16	20 29	20 51	21 11	21 28	21 46	22 05	22 27	22 39	22 54
12	20 11	20 34	20 52	21 06	21 18	21 28	21 46	22 02	22 16	22 30	22 45	23 03	23 13	23 24
13	21 34	21 49	22 02	22 12	22 20	22 28	22 40	22 51	23 02	23 12	23 23	23 35	23 42	23 50
14	22 57	23 05	23 12	23 18	23 23	23 27	23 34	23 41	23 47	23 52	23 59	.. ..	.. ..	.. ..
15	.. ..	.. ..	.. ..	.. ..	.. ..	.. ..	.. ..	.. ..	.. ..	.. ..	.. ..	00 06	00 10	00 14
16	00 20	00 22	00 24	00 25	00 26	00 27	00 28	00 30	00 31	00 32	00 34	00 35	00 36	00 37
17	01 46	01 41	01 37	01 34	01 31	01 29	01 24	01 21	01 17	01 13	01 10	01 05	01 03	01 00
18	03 17	03 05	02 55	02 47	02 40	02 34	02 23	02 14	02 06	01 57	01 48	01 38	01 32	01 25
19	04 53	04 33	04 17	04 03	03 52	03 43	03 26	03 12	02 58	02 45	02 31	02 15	02 05	01 55
20	06 34	06 04	05 42	05 24	05 09	04 56	04 34	04 14	03 57	03 39	03 20	02 58	02 46	02 31
21	08 12	07 34	07 06	06 44	06 26	06 10	05 44	05 21	05 00	04 39	04 17	03 51	03 35	03 18
22	09 33	08 52	08 22	07 58	07 39	07 22	06 54	06 30	06 08	05 45	05 21	04 53	04 36	04 17
23	10 28	09 50	09 23	09 01	08 42	08 27	08 00	07 37	07 15	06 53	06 30	06 02	05 46	05 27
24	11 01	10 31	10 08	09 50	09 34	09 21	08 57	08 37	08 18	07 59	07 39	07 15	07 00	06 44
25	11 21	10 59	10 42	10 28	10 16	10 05	09 47	09 31	09 16	09 01	08 44	08 25	08 14	08 02
26	11 33	11 19	11 08	10 58	10 50	10 42	10 30	10 18	10 08	09 57	09 45	09 32	09 24	09 16
27	11 43	11 35	11 28	11 23	11 18	11 14	11 07	11 01	10 55	10 49	10 42	10 34	10 30	10 25
28	11 50	11 48	11 47	11 45	11 44	11 43	11 41	11 40	11 38	11 37	11 35	11 33	11 32	11 31
29	11 57	12 01	12 04	12 09	12 11	12 14	12 17	12 20	12 23	12 26	12 29	12 31	12 34
30	12 04	12 13	12 21	12 28	12 33	12 38	12 47	12 54	13 01	13 08	13 16	13 25	13 30	13 36
July 1	12 12	12 28	12 40	12 50	12 59	13 07	13 20	13 32	13 43	13 54	14 06	14 20	14 28	14 37
2	12 23	12 44	13 01	13 15	13 27	13 38	13 56	14 12	14 27	14 42	14 58	15 16	15 27	15 39

(.. ..) indicates phenomenon will occur the next day.

MOONRISE AND MOONSET, 1986
UNIVERSAL TIME FOR MERIDIAN OF GREENWICH
MOONRISE

Lat.	+40°	+42°	+44°	+46°	+48°	+50°	+52°	+54°	+56°	+58°	+60°	+62°	+64°	+66°
	h m	h m	h m	h m	h m	h m	h m	h m	h m	h m	h m	h m	h m	h m
June 8	04 44	04 36	04 27	04 17	04 06	03 53	03 39	03 23	03 04	02 40	02 09	01 19	** **	** **
9	05 33	05 24	05 15	05 04	04 53	04 40	04 25	04 08	03 48	03 22	02 46	01 28	** **	** **
10	06 29	06 21	06 11	06 02	05 51	05 38	05 24	05 08	04 49	04 25	03 53	03 01	** **	** **
11	07 30	07 23	07 15	07 06	06 56	06 46	06 34	06 20	06 04	05 45	05 21	04 49	03 56	** **
12	08 34	08 28	08 22	08 15	08 07	07 58	07 49	07 38	07 26	07 12	06 55	06 35	06 08	05 30
13	09 40	09 35	09 31	09 25	09 20	09 13	09 06	08 59	08 50	08 40	08 29	08 16	08 00	07 41
14	10 46	10 43	10 40	10 37	10 33	10 29	10 25	10 20	10 14	10 09	10 02	09 54	09 45	09 34
15	11 53	11 51	11 50	11 48	11 47	11 45	11 43	11 41	11 39	11 37	11 34	11 30	11 27	11 22
16	13 01	13 01	13 02	13 02	13 03	13 03	13 04	13 05	13 05	13 06	13 07	13 08	13 10	13 11
17	14 12	14 14	14 16	14 19	14 21	14 24	14 28	14 31	14 35	14 40	14 45	14 51	14 57	15 05
18	15 26	15 30	15 35	15 40	15 45	15 50	15 56	16 03	16 11	16 20	16 29	16 41	16 55	17 12
19	16 45	16 51	16 58	17 05	17 12	17 21	17 30	17 41	17 53	18 07	18 23	18 43	19 09	19 46
20	18 07	18 14	18 23	18 32	18 42	18 53	19 06	19 20	19 37	19 57	20 23	20 59	22 17	-- --
21	19 25	19 34	19 43	19 54	20 05	20 18	20 33	20 50	21 11	21 37	22 14	23 44	-- --	-- --
22	20 33	20 42	20 52	21 02	21 14	21 27	21 41	21 59	22 19	22 45	23 20	.. ..	-- --	-- --
23	21 29	21 37	21 45	21 54	22 04	22 15	22 28	22 42	22 59	23 19	23 43	00 28	-- --	-- --
24	22 12	22 18	22 25	22 32	22 40	22 49	22 58	23 09	23 21	23 35	23 51	00 16	01 12	-- --
25	22 45	22 50	22 55	23 00	23 06	23 12	23 18	23 26	23 34	23 43	23 54	00 11	00 36	01 09
26	23 12	23 15	23 18	23 22	23 25	23 29	23 33	23 38	23 43	23 49	23 55	00 06	00 21	00 38
27	23 36	23 37	23 38	23 40	23 42	23 43	23 45	23 47	23 49	23 52	23 55	00 02	00 10	00 20
28	23 57	23 57	23 57	23 56	23 56	23 56	23 56	23 55	23 55	23 55	23 54	23 54	00 01	00 05
29	.. ..	.. ..	.. ..	.. ..	.. ..	.. ..	.. ..	.. ..	.. ..	.. ..	23 57	23 54	23 50	23 45	23 40
30	00 18	00 16	00 15	00 13	00 11	00 08	00 06	00 03	00 00	.. ..	23 53	23 46	23 37	23 26
July 1	00 40	00 37	00 33	00 30	00 26	00 22	00 17	00 12	00 07	00 00	23 54	23 42	23 27	23 09
2	01 03	00 59	00 54	00 49	00 43	00 37	00 30	00 23	00 14	00 05	23 56	23 38	23 15	22 45

MOONSET

Lat.	+40°	+42°	+44°	+46°	+48°	+50°	+52°	+54°	+56°	+58°	+60°	+62°	+64°	+66°
	h m	h m	h m	h m	h m	h m	h m	h m	h m	h m	h m	h m	h m	h m
June 8	20 45	20 54	21 04	21 14	21 25	21 38	21 53	22 10	22 31	22 56	23 32	.. ..	** **	** **
9	21 35	21 44	21 53	22 03	22 14	22 27	22 41	22 57	23 17	23 41	.. ..	00 51	** **	** **
10	22 18	22 26	22 34	22 43	22 53	23 04	23 16	23 30	23 47	.. ..	00 13	01 05	** **	** **
11	22 54	23 00	23 07	23 15	23 23	23 32	23 42	23 53	.. ..	00 06	00 30	01 03	01 57	** **
12	23 24	23 29	23 35	23 40	23 47	23 54	.. ..	.. ..	00 06	00 21	00 38	00 59	01 27	02 05
13	23 50	23 54	23 58	.. ..	.. ..	.. ..	.. ..	00 01	00 09	00 19	00 29	00 41	00 55	01 12	01 33
14	.. ..	.. ..	.. ..	00 02	00 06	00 11	00 16	00 22	00 28	00 35	00 43	00 52	01 02	01 14
15	00 14	00 16	00 18	00 20	00 23	00 25	00 28	00 31	00 35	00 39	00 43	00 48	00 53	00 59
16	00 37	00 37	00 38	00 38	00 39	00 39	00 40	00 40	00 41	00 42	00 43	00 43	00 45	00 46
17	01 00	00 59	00 58	00 56	00 55	00 53	00 51	00 49	00 47	00 45	00 42	00 39	00 36	00 32
18	01 25	01 22	01 19	01 16	01 12	01 08	01 04	01 00	00 54	00 49	00 42	00 35	00 27	00 17
19	01 55	01 50	01 45	01 40	01 34	01 27	01 21	01 13	01 04	00 55	00 44	00 31	00 16	23 22
20	02 31	02 25	02 18	02 10	02 02	01 53	01 43	01 32	01 19	01 04	00 47	00 26	23 02	-- --
21	03 18	03 10	03 01	02 52	02 41	02 30	02 17	02 02	01 44	01 23	00 57	00 20	-- --	-- --
22	04 17	04 08	03 58	03 48	03 36	03 23	03 08	02 50	02 29	02 03	01 26	.. ..	-- --	-- --
23	05 27	05 18	05 09	04 59	04 47	04 35	04 20	04 03	03 43	03 17	02 42	01 35	-- --	-- --
24	06 44	06 37	06 29	06 20	06 10	05 59	05 47	05 34	05 17	04 58	04 34	04 02	03 07	-- --
25	08 02	07 56	07 50	07 43	07 36	07 28	07 19	07 09	06 57	06 44	06 28	06 10	05 46	05 14
26	09 16	09 12	09 07	09 03	08 58	08 52	08 46	08 40	08 32	08 24	08 15	08 03	07 50	07 34
27	10 25	10 23	10 20	10 18	10 15	10 12	10 09	10 05	10 01	09 57	09 52	09 46	09 39	09 31
28	11 31	11 30	11 29	11 29	11 28	11 27	11 26	11 26	11 25	11 23	11 22	11 21	11 19	11 17
29	12 34	12 35	12 36	12 37	12 38	12 40	12 41	12 43	12 44	12 46	12 49	12 51	12 54	12 58
30	13 36	13 38	13 41	13 44	13 47	13 50	13 54	13 58	14 03	14 08	14 14	14 21	14 28	14 37
July 1	14 37	14 41	14 46	14 51	14 56	15 01	15 07	15 14	15 22	15 30	15 40	15 52	16 05	16 22
2	15 39	15 45	15 51	15 57	16 05	16 12	16 21	16 30	16 41	16 54	17 09	17 26	17 48	18 17

(.. ..) indicates phenomenon will occur the next day.
(-- --) indicates Moon continuously below horizon.
(** **) indicates Moon continuously above horizon.

MOONRISE AND MOONSET, 1986
UNIVERSAL TIME FOR MERIDIAN OF GREENWICH
MOONRISE

Lat.	−55°	−50°	−45°	−40°	−35°	−30°	−20°	−10°	0°	+10°	+20°	+30°	+35°	+40°
	h m	h m	h m	h m	h m	h m	h m	h m	h m	h m	h m	h m	h m	h m
July 1	02 41	02 27	02 16	02 08	02 00	01 53	01 42	01 32	01 23	01 14	01 04	00 53	00 47	00 40
2	03 58	03 38	03 22	03 09	02 59	02 49	02 33	02 19	02 06	01 52	01 39	01 23	01 14	01 03
3	05 17	04 49	04 28	04 12	03 58	03 45	03 25	03 07	02 50	02 34	02 16	01 56	01 44	01 31
4	06 34	05 59	05 34	05 13	04 57	04 42	04 18	03 57	03 37	03 18	02 57	02 33	02 19	02 03
5	07 45	07 04	06 36	06 13	05 54	05 39	05 12	04 48	04 27	04 05	03 42	03 16	03 00	02 42
6	08 44	08 02	07 32	07 08	06 49	06 32	06 05	05 41	05 18	04 56	04 32	04 04	03 48	03 29
7	09 27	08 48	08 19	07 57	07 38	07 22	06 55	06 32	06 10	05 48	05 25	04 58	04 42	04 23
8	09 56	09 23	08 58	08 38	08 22	08 07	07 43	07 21	07 02	06 42	06 20	05 55	05 40	05 23
9	10 16	09 50	09 30	09 13	08 59	08 47	08 26	08 08	07 51	07 34	07 16	06 54	06 42	06 27
10	10 29	10 10	09 55	09 42	09 32	09 22	09 06	08 52	08 38	08 25	08 11	07 54	07 44	07 33
11	10 39	10 27	10 16	10 08	10 01	09 54	09 43	09 33	09 24	09 14	09 04	08 53	08 46	08 39
12	10 47	10 41	10 36	10 31	10 27	10 24	10 18	10 13	10 08	10 03	09 58	09 52	09 48	09 44
13	10 55	10 54	10 54	10 53	10 53	10 53	10 53	10 52	10 52	10 52	10 51	10 51	10 51	10 51
14	11 02	11 08	11 12	11 16	11 20	11 23	11 28	11 33	11 37	11 42	11 46	11 52	11 55	11 59
15	11 11	11 23	11 33	11 41	11 49	11 55	12 06	12 16	12 25	12 34	12 44	12 55	13 02	13 10
16	11 23	11 42	11 58	12 11	12 22	12 31	12 48	13 02	13 16	13 30	13 45	14 03	14 13	14 24
17	11 41	12 08	12 29	12 47	13 01	13 14	13 36	13 55	14 13	14 31	14 51	15 13	15 27	15 42
18	12 09	12 45	13 11	13 32	13 50	14 05	14 32	14 54	15 15	15 36	15 59	16 26	16 42	17 00
19	12 56	13 38	14 07	14 31	14 50	15 06	15 34	15 59	16 21	16 44	17 08	17 36	17 53	18 13
20	14 09	14 49	15 18	15 40	15 59	16 15	16 42	17 06	17 28	17 49	18 13	18 40	18 55	19 14
21	15 41	16 14	16 38	16 58	17 14	17 28	17 51	18 12	18 31	18 50	19 10	19 33	19 47	20 03
22	17 19	17 43	18 01	18 16	18 28	18 39	18 58	19 14	19 29	19 44	20 00	20 18	20 29	20 41
23	18 53	19 09	19 21	19 31	19 40	19 47	20 00	20 11	20 22	20 32	20 43	20 56	21 03	21 11
24	20 22	20 30	20 37	20 42	20 47	20 51	20 58	21 04	21 10	21 15	21 21	21 28	21 32	21 37
25	21 46	21 47	21 48	21 49	21 50	21 51	21 52	21 53	21 54	21 55	21 56	21 58	21 58	21 59

MOONSET

Lat.	−55°	−50°	−45°	−40°	−35°	−30°	−20°	−10°	0°	+10°	+20°	+30°	+35°	+40°
	h m	h m	h m	h m	h m	h m	h m	h m	h m	h m	h m	h m	h m	h m
July 1	12 12	12 28	12 40	12 50	12 59	13 07	13 20	13 32	13 43	13 54	14 06	14 20	14 28	14 37
2	12 23	12 44	13 01	13 15	13 27	13 38	13 56	14 12	14 27	14 42	14 58	15 16	15 27	15 39
3	12 37	13 06	13 27	13 45	14 00	14 13	14 35	14 54	15 13	15 31	15 50	16 13	16 26	16 42
4	12 58	13 34	14 00	14 21	14 38	14 53	15 18	15 40	16 01	16 22	16 44	17 10	17 25	17 43
5	13 31	14 11	14 40	15 03	15 22	15 38	16 06	16 30	16 52	17 14	17 37	18 05	18 21	18 40
6	14 18	15 00	15 30	15 54	16 13	16 29	16 57	17 21	17 43	18 06	18 29	18 57	19 13	19 32
7	15 23	16 01	16 29	16 51	17 10	17 25	17 51	18 14	18 35	18 56	19 19	19 44	20 00	20 17
8	16 39	17 11	17 35	17 54	18 10	18 24	18 47	19 07	19 26	19 44	20 04	20 27	20 40	20 55
9	18 00	18 25	18 44	18 59	19 12	19 23	19 42	19 59	20 14	20 29	20 46	21 04	21 15	21 27
10	19 23	19 40	19 53	20 05	20 14	20 22	20 37	20 49	21 00	21 12	21 24	21 38	21 45	21 54
11	20 45	20 55	21 03	21 10	21 16	21 21	21 30	21 38	21 45	21 52	22 00	22 08	22 13	22 18
12	22 07	22 11	22 14	22 16	22 18	22 20	22 23	22 26	22 29	22 31	22 34	22 37	22 39	22 41
13	23 30	23 27	23 25	23 23	23 21	23 20	23 17	23 15	23 13	23 11	23 09	23 06	23 05	23 03
14	.. ..	.. ..	.. ..	.. ..	.. ..	.. ..	.. ..	.. ..	23 59	23 52	23 45	23 37	23 32	23 27
15	00 56	00 46	00 39	00 32	00 27	00 22	00 13	00 06	.. ..	.. ..	.. ..	.. ..	.. ..	23 54
16	02 27	02 10	01 56	01 45	01 35	01 27	01 13	01 00	00 49	00 37	00 25	00 11	00 03	.. ..
17	04 03	03 37	03 17	03 01	02 48	02 36	02 16	01 59	01 43	01 27	01 10	00 50	00 39	00 26
18	05 40	05 06	04 40	04 19	04 03	03 48	03 23	03 02	02 42	02 22	02 01	01 37	01 22	01 06
19	07 09	06 28	05 58	05 35	05 16	05 00	04 32	04 08	03 46	03 24	03 00	02 33	02 17	01 58
20	08 16	07 35	07 06	06 43	06 23	06 07	05 39	05 15	04 53	04 30	04 06	03 38	03 21	03 02
21	08 57	08 23	07 58	07 38	07 21	07 06	06 41	06 19	05 58	05 38	05 15	04 49	04 34	04 16
22	09 23	08 57	08 37	08 21	08 07	07 55	07 34	07 16	06 59	06 42	06 24	06 02	05 49	05 35
23	09 38	09 21	09 07	08 55	08 45	08 36	08 21	08 07	07 55	07 42	07 28	07 12	07 03	06 52
24	09 49	09 39	09 30	09 23	09 17	09 11	09 02	08 53	08 45	08 37	08 28	08 18	08 12	08 06
25	09 57	09 53	09 50	09 47	09 44	09 42	09 38	09 35	09 31	09 28	09 24	09 20	09 17	09 15

(.. ..) indicates phenomenon will occur the next day.

MOONRISE AND MOONSET, 1986
UNIVERSAL TIME FOR MERIDIAN OF GREENWICH
MOONRISE

Lat.	+40°	+42°	+44°	+46°	+48°	+50°	+52°	+54°	+56°	+58°	+60°	+62°	+64°	+66°
	h m	h m	h m	h m	h m	h m	h m	h m	h m	h m	h m	h m	h m	h m
July 1	00 40	00 37	00 33	00 30	00 26	00 22	00 17	00 12	00 07	00 00	23 54	23 42	23 27	23 09
2	01 03	00 59	00 54	00 49	00 43	00 37	00 30	00 23	00 14	00 05	23 56	23 38	23 15	22 45
3	01 31	01 25	01 18	01 11	01 04	00 56	00 46	00 36	00 25	00 12	.. ..	23 34	22 55	** **
4	02 03	01 56	01 48	01 40	01 30	01 20	01 09	00 56	00 41	00 23	00 02	23 31	** **	** **
5	02 42	02 34	02 25	02 15	02 05	01 53	01 39	01 24	01 05	00 43	00 14	23 33	** **	** **
6	03 29	03 20	03 11	03 00	02 49	02 36	02 21	02 04	01 44	01 18	00 43	.. ..	** **	** **
7	04 23	04 15	04 05	03 55	03 44	03 31	03 17	03 00	02 41	02 16	01 42	00 41	** **	** **
8	05 23	05 16	05 07	04 58	04 48	04 37	04 24	04 10	03 53	03 32	03 06	02 30	01 02	** **
9	06 27	06 21	06 14	06 06	05 58	05 49	05 39	05 27	05 14	04 59	04 40	04 17	03 46	02 57
10	07 33	07 28	07 23	07 17	07 11	07 04	06 56	06 48	06 38	06 27	06 15	06 00	05 42	05 19
11	08 39	08 35	08 32	08 28	08 24	08 19	08 14	08 09	08 02	07 55	07 47	07 38	07 28	07 15
12	09 44	09 43	09 41	09 39	09 37	09 34	09 32	09 29	09 26	09 22	09 19	09 14	09 09	09 03
13	10 51	10 51	10 51	10 50	10 50	10 50	10 50	10 50	10 50	10 50	10 50	10 49	10 49	10 49
14	11 59	12 00	12 02	12 04	12 06	12 08	12 11	12 13	12 16	12 19	12 23	12 27	12 32	12 38
15	13 10	13 13	13 17	13 21	13 25	13 30	13 35	13 40	13 47	13 54	14 02	14 11	14 22	14 35
16	14 24	14 30	14 35	14 41	14 48	14 55	15 03	15 12	15 23	15 34	15 48	16 04	16 24	16 50
17	15 42	15 49	15 57	16 05	16 14	16 24	16 36	16 48	17 03	17 21	17 42	18 10	18 51	-- --
18	17 00	17 09	17 18	17 28	17 39	17 51	18 05	18 22	18 41	19 05	19 37	20 31	-- --	-- --
19	18 13	18 22	18 31	18 42	18 54	19 07	19 22	19 40	20 01	20 28	21 06	-- --	-- --	-- --
20	19 14	19 22	19 31	19 41	19 52	20 04	20 18	20 34	20 53	21 16	21 46	22 31	-- --	-- --
21	20 03	20 10	20 17	20 26	20 35	20 44	20 56	21 08	21 22	21 39	21 59	22 24	22 58	23 56
22	20 41	20 46	20 52	20 58	21 05	21 12	21 20	21 29	21 39	21 50	22 03	22 19	22 37	23 00
23	21 11	21 15	21 19	21 23	21 27	21 32	21 37	21 43	21 50	21 57	22 05	22 14	22 25	22 38
24	21 37	21 39	21 41	21 43	21 45	21 48	21 51	21 54	21 57	22 01	22 05	22 10	22 15	22 21
25	21 59	22 00	22 00	22 00	22 01	22 01	22 02	22 03	22 03	22 04	22 05	22 06	22 07	22 08

MOONSET

Lat.	+40°	+42°	+44°	+46°	+48°	+50°	+52°	+54°	+56°	+58°	+60°	+62°	+64°	+66°
	h m	h m	h m	h m	h m	h m	h m	h m	h m	h m	h m	h m	h m	h m
July 1	14 37	14 41	14 46	14 51	14 56	15 01	15 07	15 14	15 22	15 30	15 40	15 52	16 05	16 22
2	15 39	15 45	15 51	15 57	16 05	16 12	16 21	16 30	16 41	16 54	17 09	17 26	17 48	18 17
3	16 42	16 48	16 56	17 04	17 13	17 23	17 34	17 47	18 01	18 18	18 39	19 06	19 44	** **
4	17 43	17 51	17 59	18 09	18 19	18 31	18 44	19 00	19 18	19 40	20 08	20 51	** **	** **
5	18 40	18 49	18 58	19 08	19 20	19 33	19 47	20 04	20 24	20 50	21 25	22 35	** **	** **
6	19 32	19 41	19 50	20 00	20 12	20 24	20 39	20 56	21 16	21 41	22 14	23 15	** **	** **
7	20 17	20 25	20 34	20 43	20 54	21 05	21 18	21 33	21 50	22 11	22 37	23 14	** **	** **
8	20 55	21 02	21 09	21 17	21 26	21 36	21 46	21 58	22 12	22 28	22 47	23 11	00 42	** **
9	21 27	21 33	21 38	21 45	21 51	21 59	22 07	22 16	22 26	22 38	22 52	23 07	23 26	00 33
10	21 54	21 58	22 02	22 07	22 12	22 17	22 23	22 29	22 36	22 44	22 53	23 03	23 15	23 29
11	22 18	22 21	22 23	22 26	22 29	22 32	22 36	22 40	22 44	22 48	22 54	22 59	23 06	23 14
12	22 41	22 42	22 43	22 44	22 45	22 46	22 47	22 49	22 50	22 52	22 53	22 55	22 58	23 00
13	23 03	23 03	23 02	23 01	23 00	22 59	22 58	22 57	22 56	22 55	22 53	22 51	22 49	22 47
14	23 27	23 25	23 22	23 19	23 17	23 13	23 10	23 06	23 02	22 58	22 53	22 47	22 41	22 33
15	23 54	23 50	23 45	23 41	23 36	23 30	23 24	23 18	23 11	23 02	22 53	22 43	22 30	22 16
16	.. ..	.. ..	.. ..	.. ..	.. ..	.. ..	23 52	23 43	23 33	23 22	23 10	22 55	22 38	22 17	21 50
17	00 26	00 20	00 14	00 07	00 00	.. ..	.. ..	23 57	23 41	23 23	23 01	22 33	21 51	-- --
18	01 06	00 59	00 51	00 42	00 32	00 22	00 10	.. ..	.. ..	23 51	23 18	22 24	-- --	-- --
19	01 58	01 49	01 40	01 30	01 18	01 06	00 51	00 35	00 15	.. ..	.. ..	-- --	-- --	-- --
20	03 02	02 53	02 43	02 33	02 21	02 08	01 53	01 35	01 14	00 47	00 09	-- --	-- --	-- --
21	04 16	04 08	03 59	03 50	03 39	03 27	03 14	02 58	02 40	02 17	01 48	01 03	-- --	-- --
22	05 35	05 28	05 21	05 13	05 05	04 55	04 45	04 33	04 20	04 04	03 44	03 20	02 47	01 50
23	06 52	06 47	06 42	06 37	06 31	06 24	06 17	06 09	05 59	05 49	05 37	05 23	05 05	04 44
24	08 06	08 03	07 59	07 56	07 52	07 48	07 44	07 39	07 34	07 27	07 21	07 13	07 03	06 52
25	09 15	09 13	09 12	09 11	09 09	09 08	09 06	09 04	09 02	08 59	08 56	08 53	08 50	08 45

(.. ..) indicates phenomenon will occur the next day.
(-- --) indicates Moon continuously below horizon.
(** **) indicates Moon continuously above horizon.

MOONRISE AND MOONSET, 1986
UNIVERSAL TIME FOR MERIDIAN OF GREENWICH
MOONRISE

Lat.	−55°	−50°	−45°	−40°	−35°	−30°	−20°	−10°	0°	+10°	+20°	+30°	+35°	+40°
	h m	h m	h m	h m	h m	h m	h m	h m	h m	h m	h m	h m	h m	h m
July 24	20 22	20 30	20 37	20 42	20 47	20 51	20 58	21 04	21 10	21 15	21 21	21 28	21 32	21 37
25	21 46	21 47	21 48	21 49	21 50	21 51	21 52	21 53	21 54	21 55	21 56	21 58	21 58	21 59
26	23 06	23 01	22 57	22 54	22 51	22 48	22 44	22 40	22 37	22 33	22 30	22 26	22 23	22 21
27	.. ..	.. ..	.. ..	23 57	23 51	23 45	23 35	23 27	23 19	23 11	23 03	22 54	22 48	22 42
28	00 25	00 13	00 04	.. ..	.. ..	.. ..	.. ..	.. ..	.. ..	23 50	23 37	23 23	23 15	23 06
29	01 43	01 25	01 11	01 00	00 50	00 41	00 26	00 14	00 02	.. ..	.. ..	23 55	23 44	23 32
30	03 02	02 37	02 18	02 02	01 49	01 38	01 18	01 02	00 46	00 30	00 14	.. ..	.. ..	.. ..
31	04 21	03 48	03 24	03 05	02 49	02 35	02 11	01 51	01 32	01 14	00 54	00 31	00 18	00 02
Aug. 1	05 34	04 56	04 27	04 05	03 47	03 32	03 05	02 42	02 21	02 00	01 38	01 12	00 57	00 39
2	06 38	05 56	05 26	05 02	04 43	04 26	03 59	03 35	03 12	02 50	02 26	01 59	01 42	01 23
3	07 27	06 46	06 16	05 53	05 34	05 18	04 50	04 27	04 04	03 42	03 18	02 51	02 34	02 15
4	08 00	07 25	06 58	06 37	06 20	06 05	05 39	05 17	04 56	04 35	04 13	03 47	03 32	03 14
5	08 22	07 54	07 32	07 14	06 59	06 46	06 24	06 05	05 47	05 29	05 09	04 47	04 33	04 18
6	08 37	08 16	07 59	07 45	07 34	07 23	07 06	06 50	06 35	06 21	06 05	05 47	05 36	05 24
7	08 48	08 33	08 22	08 12	08 04	07 56	07 44	07 32	07 22	07 11	07 00	06 47	06 39	06 31
8	08 56	08 48	08 42	08 36	08 31	08 27	08 20	08 13	08 07	08 01	07 54	07 47	07 42	07 37
9	09 04	09 02	09 00	08 58	08 57	08 56	08 54	08 53	08 51	08 49	08 48	08 46	08 45	08 44
10	09 11	09 15	09 18	09 21	09 23	09 25	09 29	09 33	09 36	09 39	09 42	09 46	09 49	09 51
11	09 19	09 29	09 38	09 45	09 51	09 56	10 06	10 14	10 22	10 30	10 39	10 48	10 54	11 01
12	09 29	09 47	10 00	10 12	10 22	10 31	10 46	10 59	11 11	11 24	11 38	11 53	12 02	12 13
13	09 44	10 09	10 29	10 45	10 58	11 10	11 30	11 48	12 05	12 22	12 40	13 01	13 14	13 28
14	10 07	10 40	11 05	11 25	11 42	11 57	12 22	12 43	13 03	13 24	13 46	14 11	14 27	14 44
15	10 44	11 25	11 54	12 17	12 36	12 52	13 20	13 44	14 06	14 29	14 53	15 21	15 37	15 57
16	11 45	12 27	12 57	13 20	13 40	13 56	14 24	14 48	15 11	15 33	15 57	16 25	16 42	17 01
17	13 08	13 45	14 12	14 33	14 51	15 06	15 32	15 54	16 14	16 35	16 57	17 22	17 37	17 54

MOONSET

	h m	h m	h m	h m	h m	h m	h m	h m	h m	h m	h m	h m	h m	h m
July 24	09 49	09 39	09 30	09 23	09 17	09 11	09 02	08 53	08 45	08 37	08 28	08 18	08 12	08 06
25	09 57	09 53	09 50	09 47	09 44	09 42	09 38	09 35	09 31	09 28	09 24	09 20	09 17	09 15
26	10 05	10 06	10 08	10 09	10 10	10 11	10 12	10 13	10 15	10 16	10 17	10 19	10 20	10 21
27	10 12	10 19	10 25	10 30	10 35	10 39	10 45	10 51	10 57	11 03	11 09	11 16	11 20	11 24
28	10 19	10 33	10 44	10 53	11 00	11 07	11 19	11 30	11 39	11 49	12 00	12 12	12 19	12 27
29	10 29	10 49	11 04	11 17	11 28	11 38	11 54	12 09	12 23	12 37	12 51	13 08	13 18	13 30
30	10 42	11 08	11 29	11 45	11 59	12 12	12 33	12 51	13 08	13 25	13 44	14 05	14 18	14 32
31	11 00	11 34	11 59	12 19	12 35	12 50	13 14	13 36	13 56	14 16	14 37	15 02	15 17	15 34
Aug. 1	11 28	12 08	12 36	12 59	13 17	13 33	14 01	14 24	14 46	15 08	15 31	15 58	16 14	16 33
2	12 11	12 53	13 23	13 47	14 06	14 23	14 51	15 15	15 37	16 00	16 24	16 52	17 08	17 27
3	13 10	13 51	14 20	14 43	15 01	15 17	15 45	16 08	16 29	16 51	17 14	17 41	17 57	18 15
4	14 24	14 58	15 24	15 44	16 01	16 16	16 40	17 01	17 21	17 40	18 01	18 25	18 39	18 55
5	15 45	16 12	16 33	16 49	17 03	17 16	17 36	17 54	18 10	18 27	18 44	19 04	19 16	19 29
6	17 09	17 28	17 44	17 56	18 07	18 16	18 32	18 45	18 58	19 11	19 24	19 39	19 48	19 58
7	18 32	18 45	18 54	19 03	19 10	19 16	19 26	19 35	19 44	19 52	20 01	20 11	20 17	20 23
8	19 55	20 01	20 05	20 09	20 12	20 15	20 20	20 24	20 28	20 32	20 36	20 40	20 43	20 46
9	21 18	21 17	21 17	21 16	21 15	21 15	21 14	21 13	21 12	21 11	21 10	21 09	21 09	21 08
10	22 43	22 36	22 29	22 24	22 20	22 16	22 09	22 03	21 57	21 52	21 46	21 39	21 35	21 31
11	.. ..	23 57	23 45	23 35	23 26	23 19	23 06	22 55	22 45	22 35	22 24	22 11	22 04	21 56
12	00 12	.. ..	.. ..	.. ..	.. ..	.. ..	.. ..	23 51	23 36	23 22	23 06	22 48	22 37	22 26
13	01 45	01 21	01 03	00 49	00 36	00 25	00 07	.. ..	.. ..	.. ..	.. ..	23 54	23 31	23 17	23 02
14	03 20	02 48	02 24	02 04	01 48	01 35	01 11	00 51	00 32	00 14	.. ..	.. ..	.. ..	23 47
15	04 50	04 10	03 42	03 19	03 01	02 45	02 18	01 54	01 33	01 11	00 48	00 22	00 06	.. ..
16	06 04	05 22	04 52	04 28	04 09	03 52	03 24	02 59	02 37	02 14	01 50	01 21	01 05	00 45
17	06 54	06 16	05 49	05 27	05 09	04 53	04 26	04 03	03 41	03 20	02 56	02 29	02 13	01 54

(.. ..) indicates phenomenon will occur the next day.

MOONRISE AND MOONSET, 1986
UNIVERSAL TIME FOR MERIDIAN OF GREENWICH
MOONRISE

Lat.	+40°	+42°	+44°	+46°	+48°	+50°	+52°	+54°	+56°	+58°	+60°	+62°	+64°	+66°
	h m	h m	h m	h m	h m	h m	h m	h m	h m	h m	h m	h m	h m	h m
July 24	21 37	21 39	21 41	21 43	21 45	21 48	21 51	21 54	21 57	22 01	22 05	22 10	22 15	22 21
25	21 59	22 00	22 00	22 00	22 01	22 01	22 02	22 03	22 03	22 04	22 05	22 06	22 07	22 08
26	22 21	22 20	22 18	22 17	22 16	22 14	22 12	22 11	22 09	22 07	22 04	22 01	21 58	21 55
27	22 42	22 40	22 37	22 34	22 31	22 27	22 23	22 19	22 15	22 09	22 04	21 57	21 50	21 41
28	23 06	23 01	22 57	22 52	22 47	22 42	22 36	22 29	22 22	22 13	22 04	21 53	21 40	21 25
29	23 32	23 26	23 20	23 14	23 07	22 59	22 51	22 41	22 31	22 19	22 05	21 49	21 29	21 04
30	.. ..	23 55	23 48	23 40	23 31	23 21	23 11	22 59	22 45	22 28	22 09	21 45	21 12	20 19
31	00 02	.. ..	.. ..	.. ..	.. ..	.. ..	23 51	23 38	23 23	23 06	22 45	22 18	21 41	** **
Aug. 1	00 39	00 31	00 22	00 13	00 03	.. ..	.. ..	23 59	23 39	23 14	22 40	21 36	** **	** **
2	01 23	01 14	01 05	00 55	00 43	00 31	00 16	.. ..	.. ..	.. ..	23 28	22 10	** **	** **
3	02 15	02 06	01 57	01 47	01 35	01 22	01 08	00 50	00 30	00 04	.. ..	.. ..	** **	** **
4	03 14	03 06	02 57	02 48	02 37	02 25	02 12	01 56	01 38	01 16	00 47	00 03	** **	** **
5	04 18	04 11	04 03	03 55	03 46	03 36	03 25	03 13	02 58	02 41	02 20	01 54	01 15	** **
6	05 24	05 19	05 13	05 06	04 59	04 52	04 43	04 34	04 23	04 11	03 57	03 39	03 18	02 50
7	06 31	06 27	06 23	06 18	06 13	06 08	06 02	05 56	05 49	05 41	05 31	05 21	05 08	04 53
8	07 37	07 35	07 33	07 30	07 27	07 24	07 21	07 18	07 14	07 09	07 04	06 58	06 52	06 44
9	08 44	08 43	08 43	08 42	08 41	08 41	08 40	08 39	08 38	08 37	08 36	08 35	08 33	08 31
10	09 51	09 52	09 54	09 55	09 56	09 58	10 00	10 02	10 04	10 06	10 09	10 11	10 15	10 19
11	11 01	11 04	11 07	11 10	11 14	11 18	11 22	11 27	11 32	11 38	11 45	11 53	12 02	12 12
12	12 13	12 18	12 23	12 28	12 34	12 41	12 48	12 56	13 05	13 15	13 27	13 41	13 58	14 19
13	13 28	13 35	13 42	13 49	13 58	14 07	14 17	14 29	14 42	14 58	15 16	15 40	16 11	17 03
14	14 44	14 52	15 01	15 10	15 21	15 33	15 46	16 01	16 19	16 41	17 10	17 52	-- --	-- --
15	15 57	16 06	16 16	16 26	16 38	16 51	17 06	17 24	17 45	18 12	18 51	-- --	-- --	-- --
16	17 01	17 10	17 19	17 30	17 41	17 54	18 09	18 26	18 47	19 13	19 48	20 57	-- --	-- --
17	17 54	18 02	18 10	18 19	18 29	18 40	18 53	19 07	19 23	19 43	20 07	20 40	21 33	-- --

MOONSET

Lat.	+40°	+42°	+44°	+46°	+48°	+50°	+52°	+54°	+56°	+58°	+60°	+62°	+64°	+66°
	h m	h m	h m	h m	h m	h m	h m	h m	h m	h m	h m	h m	h m	h m
July 24	08 06	08 03	08 01	07 59	07 56	07 52	07 48	07 44	07 39	07 34	07 27	07 21	07 13	07 03	06 52
25	09 15	09 13	09 12	09 11	09 09	09 08	09 06	09 04	09 02	08 59	08 56	08 53	08 50	08 45
26	10 21	10 21	10 21	10 22	10 22	10 23	10 24	10 24	10 25	10 26	10 27	10 28	10 29	10 30
27	11 24	11 26	11 28	11 31	11 33	11 36	11 39	11 42	11 46	11 50	11 54	12 00	12 06	12 13
28	12 27	12 31	12 35	12 39	12 43	12 48	12 53	12 59	13 06	13 13	13 22	13 32	13 43	13 57
29	13 30	13 35	13 40	13 46	13 53	14 00	14 08	14 16	14 26	14 38	14 51	15 06	15 25	15 49
30	14 32	14 39	14 46	14 54	15 02	15 11	15 22	15 33	15 47	16 03	16 21	16 45	17 17	18 10
31	15 34	15 42	15 50	16 00	16 10	16 21	16 34	16 48	17 05	17 26	17 52	18 29	** **	** **
Aug. 1	16 33	16 42	16 51	17 01	17 13	17 25	17 40	17 56	18 16	18 41	19 15	20 19	** **	** **
2	17 27	17 36	17 46	17 56	18 08	18 21	18 35	18 52	19 13	19 39	20 15	21 34	** **	** **
3	18 15	18 23	18 32	18 42	18 53	19 05	19 18	19 34	19 53	20 15	20 45	21 29	** **	** **
4	18 55	19 03	19 10	19 19	19 28	19 39	19 50	20 03	20 18	20 36	20 57	21 24	22 04	** **
5	19 29	19 35	19 41	19 48	19 56	20 04	20 13	20 23	20 34	20 47	21 02	21 20	21 42	22 11
6	19 58	20 02	20 07	20 12	20 18	20 24	20 30	20 37	20 45	20 54	21 04	21 16	21 30	21 46
7	20 23	20 26	20 29	20 32	20 36	20 39	20 44	20 48	20 53	20 59	21 05	21 12	21 20	21 29
8	20 46	20 47	20 49	20 50	20 52	20 53	20 55	20 57	20 59	21 02	21 05	21 08	21 11	21 15
9	21 08	21 08	21 08	21 07	21 07	21 07	21 06	21 06	21 05	21 05	21 04	21 03	21 03	21 02
10	21 31	21 29	21 27	21 25	21 23	21 20	21 17	21 14	21 11	21 08	21 04	20 59	20 54	20 48
11	21 56	21 53	21 49	21 45	21 40	21 36	21 30	21 25	21 18	21 11	21 03	20 54	20 44	20 32
12	22 26	22 20	22 15	22 09	22 02	21 55	21 47	21 38	21 28	21 17	21 04	20 49	20 31	20 09
13	23 02	22 55	22 47	22 39	22 30	22 21	22 10	21 58	21 44	21 27	21 08	20 44	20 11	19 19
14	23 47	23 39	23 30	23 20	23 10	22 58	22 44	22 28	22 10	21 47	21 18	20 35	-- --	-- --
15	.. ..	.. ..	.. ..	.. ..	.. ..	23 50	23 35	23 17	22 56	22 29	21 50	-- --	-- --	-- --
16	00 45	00 36	00 26	00 16	00 04	.. ..	.. ..	.. ..	.. ..	23 44	23 09	22 00	-- --	-- --
17	01 54	01 45	01 36	01 25	01 14	01 01	00 47	00 30	00 09	.. ..	.. ..	.. ..	23 36	-- --

(.. ..) indicates phenomenon will occur the next day.
(-- --) indicates Moon continuously below horizon.
(** **) indicates Moon continuously above horizon.

MOONRISE AND MOONSET, 1986
UNIVERSAL TIME FOR MERIDIAN OF GREENWICH
MOONRISE

Lat.	−55°	−50°	−45°	−40°	−35°	−30°	−20°	−10°	0°	+10°	+20°	+30°	+35°	+40°
	h m	h m	h m	h m	h m	h m	h m	h m	h m	h m	h m	h m	h m	h m
Aug. 16	11 45	12 27	12 57	13 20	13 40	13 56	14 24	14 48	15 11	15 33	15 57	16 25	16 42	17 01
17	13 08	13 45	14 12	14 33	14 51	15 06	15 32	15 54	16 14	16 35	16 57	17 22	17 37	17 54
18	14 44	15 12	15 33	15 50	16 05	16 17	16 38	16 57	17 14	17 31	17 49	18 10	18 22	18 36
19	16 20	16 40	16 55	17 07	17 17	17 27	17 42	17 56	18 09	18 21	18 35	18 50	18 59	19 09
20	17 52	18 04	18 13	18 20	18 27	18 32	18 42	18 51	18 59	19 07	19 15	19 25	19 30	19 36
21	19 19	19 24	19 27	19 30	19 33	19 35	19 39	19 42	19 45	19 48	19 52	19 55	19 58	20 00
22	20 43	20 40	20 38	20 37	20 36	20 35	20 33	20 31	20 29	20 28	20 26	20 24	20 23	20 22
23	22 04	21 55	21 48	21 42	21 37	21 33	21 25	21 18	21 12	21 06	21 00	20 53	20 49	20 44
24	23 24	23 08	22 56	22 46	22 37	22 30	22 17	22 06	21 56	21 45	21 34	21 22	21 15	21 07
25	.. ..	.. ..	.. ..	23 50	23 38	23 27	23 10	22 54	22 40	22 26	22 10	21 53	21 43	21 32
26	00 44	00 22	00 04	.. ..	.. ..	.. ..	.. ..	23 44	23 26	23 08	22 49	22 28	22 15	22 01
27	02 04	01 34	01 11	00 53	00 38	00 25	00 03	.. ..	.. ..	23 54	23 32	23 07	22 52	22 35
28	03 21	02 44	02 17	01 55	01 38	01 22	00 57	00 35	00 14	.. ..	.. ..	23 51	23 35	23 16
29	04 29	03 47	03 17	02 54	02 35	02 18	01 50	01 27	01 04	00 42	00 19	.. ..	.. ..	.. ..
30	05 24	04 41	04 11	03 47	03 28	03 11	02 43	02 19	01 56	01 34	01 09	00 41	00 25	00 05
31	06 02	05 24	04 56	04 34	04 15	04 00	03 33	03 10	02 48	02 27	02 03	01 36	01 20	01 02
Sept. 1	06 28	05 56	05 32	05 13	04 57	04 43	04 19	03 59	03 39	03 20	02 59	02 35	02 21	02 04
2	06 45	06 21	06 02	05 46	05 33	05 22	05 02	04 45	04 29	04 13	03 55	03 35	03 24	03 10
3	06 56	06 39	06 26	06 15	06 05	05 56	05 42	05 29	05 17	05 04	04 51	04 36	04 27	04 17
4	07 06	06 55	06 47	06 40	06 34	06 28	06 19	06 11	06 03	05 55	05 47	05 37	05 31	05 25
5	07 13	07 09	07 06	07 03	07 00	06 58	06 54	06 51	06 48	06 45	06 41	06 38	06 35	06 33
6	07 20	07 22	07 24	07 25	07 27	07 28	07 30	07 31	07 33	07 35	07 37	07 39	07 40	07 41
7	07 28	07 36	07 43	07 49	07 54	07 58	08 06	08 13	08 19	08 26	08 33	08 41	08 46	08 51
8	07 37	07 53	08 05	08 15	08 24	08 32	08 45	08 57	09 08	09 20	09 32	09 46	09 54	10 04
9	07 50	08 13	08 31	08 46	08 58	09 09	09 29	09 45	10 01	10 17	10 34	10 54	11 05	11 19

MOONSET

Lat.	−55°	−50°	−45°	−40°	−35°	−30°	−20°	−10°	0°	+10°	+20°	+30°	+35°	+40°
	h m	h m	h m	h m	h m	h m	h m	h m	h m	h m	h m	h m	h m	h m
Aug. 16	06 04	05 22	04 52	04 28	04 09	03 52	03 24	02 59	02 37	02 14	01 50	01 21	01 05	00 45
17	06 54	06 16	05 49	05 27	05 09	04 53	04 26	04 03	03 41	03 20	02 56	02 29	02 13	01 54
18	07 24	06 55	06 32	06 14	05 59	05 45	05 22	05 02	04 43	04 24	04 04	03 40	03 26	03 10
19	07 43	07 22	07 05	06 51	06 39	06 29	06 11	05 55	05 40	05 25	05 09	04 51	04 40	04 27
20	07 56	07 42	07 31	07 21	07 13	07 06	06 54	06 43	06 33	06 23	06 11	05 59	05 51	05 42
21	08 05	07 58	07 52	07 47	07 43	07 39	07 32	07 27	07 21	07 16	07 10	07 03	06 59	06 54
22	08 12	08 11	08 10	08 10	08 09	08 09	08 08	08 07	08 06	08 06	08 05	08 04	08 03	08 02
23	08 19	08 24	08 28	08 32	08 35	08 37	08 42	08 46	08 50	08 54	08 58	09 03	09 05	09 08
24	08 26	08 37	08 46	08 54	09 00	09 06	09 16	09 25	09 33	09 41	09 50	10 00	10 06	10 13
25	08 35	08 52	09 06	09 18	09 27	09 36	09 51	10 04	10 17	10 29	10 42	10 58	11 07	11 17
26	08 46	09 10	09 29	09 44	09 57	10 09	10 29	10 46	11 02	11 18	11 35	11 55	12 07	12 20
27	09 02	09 33	09 57	10 16	10 32	10 46	11 09	11 30	11 49	12 08	12 29	12 53	13 07	13 23
28	09 26	10 04	10 32	10 53	11 12	11 27	11 54	12 17	12 38	13 00	13 23	13 50	14 05	14 24
29	10 02	10 45	11 15	11 38	11 58	12 15	12 43	13 07	13 29	13 52	14 16	14 44	15 01	15 20
30	10 55	11 38	12 08	12 31	12 51	13 07	13 35	13 59	14 21	14 44	15 07	15 35	15 51	16 10
31	12 04	12 42	13 10	13 31	13 49	14 04	14 30	14 52	15 13	15 34	15 56	16 21	16 36	16 53
Sept. 1	13 24	13 54	14 17	14 36	14 51	15 04	15 26	15 46	16 03	16 21	16 40	17 02	17 15	17 29
2	14 48	15 11	15 28	15 42	15 54	16 05	16 22	16 38	16 52	17 06	17 21	17 38	17 48	18 00
3	16 13	16 28	16 40	16 50	16 58	17 05	17 18	17 29	17 39	17 49	17 59	18 11	18 18	18 26
4	17 38	17 46	17 52	17 57	18 02	18 06	18 13	18 19	18 24	18 30	18 36	18 42	18 46	18 50
5	19 03	19 04	19 05	19 05	19 06	19 07	19 08	19 08	19 09	19 10	19 11	19 12	19 12	19 13
6	20 29	20 23	20 18	20 15	20 11	20 08	20 03	19 59	19 55	19 51	19 46	19 41	19 39	19 35
7	21 58	21 45	21 34	21 26	21 18	21 12	21 01	20 51	20 42	20 33	20 24	20 13	20 07	20 00
8	23 30	23 09	22 53	22 39	22 28	22 18	22 01	21 47	21 33	21 19	21 05	20 48	20 39	20 28
9	.. ..	.. ..	.. ..	23 55	23 40	23 27	23 05	22 45	22 28	22 10	21 51	21 29	21 16	21 02

(.. ..) indicates phenomenon will occur the next day.

MOONRISE AND MOONSET, 1986

UNIVERSAL TIME FOR MERIDIAN OF GREENWICH

MOONRISE

Lat.	+40°	+42°	+44°	+46°	+48°	+50°	+52°	+54°	+56°	+58°	+60°	+62°	+64°	+66°
	h m	h m	h m	h m	h m	h m	h m	h m	h m	h m	h m	h m	h m	h m
Aug. 16	17 01	17 10	17 19	17 30	17 41	17 54	18 09	18 26	18 47	19 13	19 48	20 57	-- --	-- --
17	17 54	18 02	18 10	18 19	18 29	18 40	18 53	19 07	19 23	19 43	20 07	20 40	21 33	-- --
18	18 36	18 42	18 48	18 56	19 03	19 12	19 21	19 32	19 44	19 58	20 14	20 33	20 57	21 29
19	19 09	19 13	19 18	19 23	19 29	19 35	19 41	19 48	19 56	20 05	20 16	20 28	20 42	20 58
20	19 36	19 39	19 42	19 45	19 48	19 52	19 56	20 00	20 05	20 10	20 16	20 23	20 31	20 40
21	20 00	20 01	20 02	20 04	20 05	20 06	20 08	20 09	20 11	20 13	20 16	20 18	20 21	20 25
22	20 22	20 22	20 21	20 21	20 20	20 19	20 19	20 18	20 17	20 16	20 15	20 14	20 12	20 11
23	20 44	20 42	20 40	20 37	20 35	20 32	20 29	20 26	20 22	20 19	20 14	20 09	20 04	19 57
24	21 07	21 03	20 59	20 55	20 51	20 46	20 41	20 35	20 29	20 22	20 14	20 05	19 54	19 42
25	21 32	21 27	21 21	21 15	21 09	21 02	20 55	20 46	20 37	20 26	20 14	20 00	19 43	19 23
26	22 01	21 54	21 47	21 40	21 32	21 23	21 13	21 01	20 49	20 34	20 17	19 55	19 28	18 50
27	22 35	22 27	22 19	22 10	22 00	21 49	21 37	21 23	21 06	20 47	20 22	19 50	18 56	** **
28	23 16	23 08	22 58	22 48	22 37	22 25	22 10	21 54	21 34	21 10	20 37	19 42	** **	** **
29	.. ..	23 56	23 47	23 36	23 25	23 11	22 56	22 39	22 18	21 51	21 13	** **	** **	** **
30	00 05	.. ..	.. ..	.. ..	.. ..	.. ..	23 56	23 40	23 20	22 56	22 23	21 25	** **	** **
31	01 02	00 53	00 44	00 34	00 23	00 11	.. ..	.. ..	.. ..	.. ..	.. ..	23 53	23 21	22 24	** **
Sept. 1	02 04	01 57	01 49	01 40	01 30	01 19	01 07	00 53	00 37	00 18	.. ..	.. ..	.. ..	** **
2	03 10	03 04	02 57	02 50	02 43	02 34	02 24	02 14	02 02	01 47	01 31	01 10	00 44	00 06
3	04 17	04 13	04 08	04 03	03 57	03 51	03 44	03 37	03 28	03 19	03 08	02 55	02 39	02 20
4	05 25	05 22	05 19	05 16	05 12	05 09	05 05	05 00	04 55	04 49	04 43	04 35	04 27	04 16
5	06 33	06 32	06 31	06 29	06 28	06 26	06 25	06 23	06 21	06 19	06 16	06 14	06 10	06 07
6	07 41	07 42	07 43	07 43	07 44	07 45	07 46	07 47	07 48	07 49	07 51	07 52	07 54	07 56
7	08 51	08 54	08 56	08 59	09 02	09 05	09 09	09 13	09 17	09 22	09 27	09 34	09 41	09 50
8	10 04	10 08	10 13	10 18	10 23	10 29	10 35	10 42	10 50	10 59	11 09	11 21	11 36	11 53
9	11 19	11 25	11 31	11 38	11 46	11 55	12 04	12 15	12 27	12 41	12 58	13 18	13 44	14 22

MOONSET

Lat.	+40°	+42°	+44°	+46°	+48°	+50°	+52°	+54°	+56°	+58°	+60°	+62°	+64°	+66°
	h m	h m	h m	h m	h m	h m	h m	h m	h m	h m	h m	h m	h m	h m
Aug. 16	00 45	00 36	00 26	00 16	00 04	.. ..	.. ..	.. ..	.. ..	23 44	23 09	22 00	-- --	-- --
17	01 54	01 45	01 36	01 25	01 14	01 01	00 47	00 30	00 09	.. ..	.. ..	.. ..	23 36	-- --
18	03 10	03 02	02 54	02 45	02 36	02 25	02 13	02 00	01 44	01 25	01 01	00 29	.. ..	-- --
19	04 27	04 21	04 15	04 09	04 02	03 54	03 45	03 35	03 24	03 11	02 56	02 37	02 14	01 43
20	05 42	05 39	05 35	05 30	05 25	05 20	05 14	05 08	05 01	04 53	04 44	04 33	04 20	04 05
21	06 54	06 52	06 50	06 48	06 45	06 42	06 39	06 36	06 32	06 28	06 24	06 19	06 12	06 05
22	08 02	08 02	08 02	08 01	08 01	08 01	08 00	08 00	07 59	07 59	07 58	07 57	07 56	07 55
23	09 08	09 10	09 11	09 13	09 14	09 16	09 18	09 20	09 23	09 25	09 28	09 32	09 36	09 40
24	10 13	10 16	10 19	10 22	10 26	10 30	10 35	10 39	10 45	10 51	10 58	11 06	11 15	11 26
25	11 17	11 21	11 26	11 32	11 37	11 44	11 50	11 58	12 07	12 17	12 28	12 41	12 57	13 17
26	12 20	12 27	12 33	12 40	12 48	12 56	13 06	13 17	13 29	13 43	14 00	14 20	14 46	15 24
27	13 23	13 31	13 39	13 47	13 57	14 08	14 20	14 33	14 49	15 09	15 32	16 04	16 58	** **
28	14 24	14 32	14 41	14 51	15 02	15 15	15 29	15 45	16 05	16 29	17 01	17 56	** **	** **
29	15 20	15 29	15 39	15 49	16 01	16 14	16 29	16 46	17 07	17 34	18 12	** **	** **	** **
30	16 10	16 19	16 28	16 38	16 50	17 02	17 17	17 33	17 53	18 18	18 51	19 49	** **	** **
31	16 53	17 01	17 09	17 18	17 28	17 39	17 52	18 06	18 23	18 43	19 07	19 41	20 38	** **
Sept. 1	17 29	17 36	17 43	17 50	17 58	18 08	18 18	18 29	18 42	18 56	19 14	19 35	20 02	20 41
2	18 00	18 05	18 10	18 16	18 22	18 29	18 36	18 45	18 54	19 04	19 16	19 30	19 47	20 07
3	18 26	18 30	18 33	18 37	18 41	18 46	18 51	18 56	19 03	19 09	19 17	19 26	19 36	19 47
4	18 50	18 52	18 54	18 56	18 58	19 01	19 03	19 06	19 09	19 13	19 17	19 21	19 26	19 32
5	19 13	19 13	19 13	19 13	19 14	19 14	19 14	19 15	19 15	19 15	19 16	19 16	19 17	19 18
6	19 35	19 34	19 33	19 31	19 29	19 27	19 25	19 23	19 21	19 18	19 15	19 12	19 08	19 04
7	20 00	19 57	19 54	19 50	19 46	19 42	19 38	19 33	19 27	19 21	19 15	19 07	18 58	18 48
8	20 28	20 23	20 18	20 13	20 07	20 00	19 53	19 45	19 36	19 26	19 15	19 02	18 46	18 27
9	21 02	20 55	20 48	20 41	20 32	20 23	20 13	20 02	19 49	19 34	19 17	18 56	18 28	17 50

(.. ..) indicates phenomenon will occur the next day.
(-- --) indicates Moon continuously below horizon.
(** **) indicates Moon continuously above horizon.

MOONRISE AND MOONSET, 1986
UNIVERSAL TIME FOR MERIDIAN OF GREENWICH
MOONRISE

Lat.	−55°	−50°	−45°	−40°	−35°	−30°	−20°	−10°	0°	+10°	+20°	+30°	+35°	+40°
	h m	h m	h m	h m	h m	h m	h m	h m	h m	h m	h m	h m	h m	h m
8	07 37	07 53	08 05	08 15	08 24	08 32	08 45	08 57	09 08	09 20	09 32	09 46	09 54	10 04
9	07 50	08 13	08 31	08 46	08 58	09 09	09 29	09 45	10 01	10 17	10 34	10 54	11 05	11 19
10	08 09	08 41	09 04	09 24	09 40	09 54	10 17	10 38	10 58	11 17	11 39	12 03	12 18	12 35
11	08 41	09 20	09 48	10 11	10 30	10 46	11 13	11 36	11 59	12 21	12 44	13 12	13 29	13 48
12	09 32	10 15	10 46	11 09	11 29	11 46	12 14	12 39	13 01	13 24	13 49	14 17	14 34	14 54
13	10 47	11 27	11 55	12 18	12 36	12 52	13 19	13 42	14 04	14 25	14 48	15 15	15 31	15 49
14	12 17	12 49	13 13	13 32	13 48	14 01	14 25	14 45	15 03	15 22	15 42	16 04	16 18	16 33
15	13 52	14 15	14 33	14 47	15 00	15 10	15 28	15 44	15 59	16 13	16 29	16 46	16 57	17 08
16	15 25	15 39	15 51	16 01	16 09	16 16	16 29	16 39	16 49	16 59	17 10	17 22	17 29	17 37
17	16 53	17 00	17 06	17 11	17 16	17 19	17 26	17 31	17 37	17 42	17 47	17 54	17 57	18 02
18	18 17	18 18	18 19	18 19	18 19	18 20	18 20	18 21	18 21	18 22	18 22	18 23	18 24	18 24
19	19 40	19 34	19 29	19 25	19 22	19 19	19 13	19 09	19 05	19 01	18 56	18 52	18 49	18 46
20	21 01	20 48	20 38	20 30	20 23	20 17	20 06	19 57	19 48	19 40	19 31	19 20	19 15	19 08
21	22 22	22 03	21 47	21 35	21 24	21 15	20 59	20 45	20 32	20 20	20 06	19 51	19 42	19 32
22	23 44	23 17	22 56	22 39	22 25	22 13	21 53	21 35	21 18	21 02	20 44	20 24	20 13	19 59
23	.. ..	.. ..	.. ..	23 43	23 26	23 11	22 47	22 26	22 06	21 46	21 26	21 02	20 48	20 31
24	01 03	00 29	00 03	.. ..	.. ..	.. ..	23 41	23 18	22 56	22 34	22 11	21 44	21 28	21 10
25	02 17	01 36	01 06	00 43	00 24	00 08	.. ..	.. ..	23 47	23 24	23 00	22 32	22 15	21 56
26	03 17	02 34	02 03	01 39	01 19	01 02	00 34	00 10	.. ..	.. ..	23 53	23 25	23 08	22 49
27	04 02	03 21	02 51	02 28	02 09	01 53	01 25	01 01	00 39	00 17	.. ..	.. ..	.. ..	23 49
28	04 32	03 57	03 31	03 10	02 53	02 38	02 12	01 51	01 30	01 09	00 47	00 22	00 06	.. ..
29	04 51	04 24	04 02	03 45	03 31	03 18	02 56	02 38	02 20	02 02	01 43	01 21	01 08	00 53
30	05 04	04 44	04 28	04 15	04 04	03 54	03 37	03 22	03 08	02 54	02 39	02 21	02 11	01 59
Oct. 1	05 14	05 01	04 50	04 41	04 33	04 27	04 15	04 04	03 55	03 45	03 34	03 22	03 15	03 07
2	05 22	05 15	05 10	05 05	05 01	04 57	04 51	04 45	04 40	04 35	04 29	04 23	04 19	04 15

MOONSET

Sept.	−55°	−50°	−45°	−40°	−35°	−30°	−20°	−10°	0°	+10°	+20°	+30°	+35°	+40°
	h m	h m	h m	h m	h m	h m	h m	h m	h m	h m	h m	h m	h m	h m
8	23 30	23 09	22 53	22 39	22 28	22 18	22 01	21 47	21 33	21 19	21 05	20 48	20 39	20 28
9	.. ..	.. ..	.. ..	23 55	23 40	23 27	23 05	22 45	22 28	22 10	21 51	21 29	21 16	21 02
10	01 05	00 36	00 13	.. ..	.. ..	.. ..	23 47	23 26	23 05	22 43	22 17	22 02	21 44
11	02 38	02 00	01 32	01 10	00 52	00 36	00 10	.. ..	.. ..	.. ..	23 41	23 13	22 56	22 37
12	03 57	03 14	02 44	02 20	02 00	01 44	01 15	00 51	00 28	00 06	.. ..	.. ..	.. ..	23 40
13	04 53	04 13	03 44	03 21	03 02	02 45	02 18	01 54	01 31	01 09	00 45	00 17	00 00	.. ..
14	05 28	04 55	04 30	04 10	03 54	03 39	03 14	02 53	02 33	02 12	01 51	01 25	01 10	00 52
15	05 50	05 25	05 06	04 50	04 36	04 25	04 05	03 47	03 30	03 13	02 55	02 34	02 22	02 08
16	06 03	05 46	05 33	05 22	05 12	05 03	04 49	04 36	04 23	04 11	03 58	03 42	03 33	03 23
17	06 13	06 03	05 55	05 48	05 42	05 37	05 28	05 20	05 12	05 05	04 56	04 47	04 41	04 35
18	06 21	06 17	06 14	06 12	06 09	06 07	06 04	06 01	05 58	05 55	05 52	05 49	05 46	05 44
19	06 28	06 30	06 32	06 34	06 35	06 36	06 38	06 40	06 42	06 44	06 46	06 48	06 49	06 51
20	06 34	06 43	06 50	06 55	07 05	07 12	07 19	07 26	07 32	07 39	07 47	07 51	07 56
21	06 42	06 57	07 09	07 18	07 27	07 34	07 47	07 59	08 09	08 20	08 31	08 45	08 52	09 01
22	06 52	07 13	07 30	07 44	07 56	08 06	08 24	08 40	08 54	09 09	09 25	09 43	09 54	10 06
23	07 06	07 34	07 56	08 13	08 28	08 41	09 04	09 23	09 41	09 59	10 19	10 41	10 55	11 10
24	07 26	08 01	08 28	08 49	09 06	09 21	09 47	10 09	10 30	10 51	11 13	11 39	11 54	12 12
25	07 56	08 38	09 07	09 31	09 50	10 06	10 34	10 58	11 20	11 43	12 07	12 35	12 51	13 11
26	08 42	09 25	09 56	10 20	10 40	10 57	11 25	11 49	12 12	12 35	12 59	13 27	13 44	14 03
27	09 45	10 25	10 54	11 17	11 36	11 52	12 19	12 42	13 04	13 25	13 48	14 15	14 30	14 49
28	11 00	11 34	11 59	12 19	12 36	12 50	13 14	13 35	13 54	14 13	14 34	14 57	15 11	15 27
29	12 23	12 49	13 09	13 25	13 38	13 50	14 10	14 27	14 43	14 59	15 16	15 35	15 47	15 59
30	13 47	14 06	14 20	14 32	14 42	14 51	15 05	15 18	15 30	15 42	15 55	16 09	16 18	16 27
Oct. 1	15 12	15 23	15 32	15 40	15 46	15 51	16 01	16 09	16 16	16 24	16 32	16 41	16 46	16 52
2	16 38	16 42	16 45	16 48	16 50	16 52	16 56	16 59	17 02	17 05	17 08	17 11	17 13	17 15

(.. ..) indicates phenomenon will occur the next day.

MOONRISE AND MOONSET, 1986   A69
UNIVERSAL TIME FOR MERIDIAN OF GREENWICH
MOONRISE

Lat.	+40°	+42°	+44°	+46°	+48°	+50°	+52°	+54°	+56°	+58°	+60°	+62°	+64°	+66°
	h m	h m	h m	h m	h m	h m	h m	h m	h m	h m	h m	h m	h m	h m
Sept. 8	10 04	10 08	10 13	10 18	10 23	10 29	10 35	10 42	10 50	10 59	11 09	11 21	11 36	11 53
9	11 19	11 25	11 31	11 38	11 46	11 55	12 04	12 15	12 27	12 41	12 58	13 18	13 44	14 22
10	12 35	12 42	12 51	13 00	13 10	13 21	13 34	13 48	14 05	14 25	14 51	15 27	16 46	-- --
11	13 48	13 57	14 06	14 17	14 28	14 42	14 56	15 14	15 35	16 01	16 39	-- --	-- --	-- --
12	14 54	15 03	15 13	15 23	15 35	15 49	16 04	16 22	16 43	17 11	17 50	-- --	-- --	-- --
13	15 49	15 57	16 06	16 16	16 27	16 39	16 52	17 08	17 26	17 48	18 17	18 59	-- --	-- --
14	16 33	16 40	16 47	16 55	17 04	17 14	17 24	17 36	17 50	18 06	18 25	18 49	19 20	20 10
15	17 08	17 13	17 19	17 25	17 31	17 38	17 46	17 55	18 04	18 15	18 28	18 43	19 00	19 22
16	17 37	17 40	17 44	17 48	17 52	17 57	18 02	18 08	18 14	18 21	18 28	18 37	18 47	18 59
17	18 02	18 03	18 05	18 07	18 10	18 12	18 15	18 17	18 21	18 24	18 28	18 32	18 37	18 43
18	18 24	18 24	18 24	18 25	18 25	18 25	18 25	18 26	18 26	18 26	18 27	18 27	18 28	18 29
19	18 46	18 44	18 43	18 41	18 40	18 38	18 36	18 34	18 31	18 29	18 26	18 23	18 19	18 15
20	19 08	19 05	19 02	18 59	18 55	18 51	18 47	18 42	18 37	18 31	18 25	18 18	18 10	18 00
21	19 32	19 28	19 23	19 18	19 12	19 06	19 00	18 52	18 44	18 35	18 25	18 13	17 59	17 42
22	19 59	19 53	19 47	19 40	19 33	19 25	19 16	19 05	18 54	18 41	18 26	18 08	17 45	17 16
23	20 31	20 24	20 16	20 08	19 58	19 48	19 37	19 24	19 09	18 51	18 29	18 02	17 23	** **
24	21 10	21 02	20 53	20 43	20 32	20 20	20 06	19 50	19 32	19 09	18 39	17 54	** **	** **
25	21 56	21 47	21 37	21 27	21 15	21 02	20 47	20 29	20 08	19 41	19 04	** **	** **	** **
26	22 49	22 40	22 31	22 20	22 09	21 56	21 41	21 23	21 03	20 36	19 59	** **	** **	** **
27	23 49	23 41	23 32	23 23	23 12	23 00	22 47	22 32	22 14	21 52	21 24	20 41	** **	** **
28	.. ..	.. ..	.. ..	.. ..	.. ..	.. ..	.. ..	23 50	23 36	23 19	22 59	22 34	21 58	20 49
29	00 53	00 46	00 39	00 31	00 22	00 13	00 02	.. ..	.. ..	.. ..	.. ..	.. ..	.. ..	23 35
30	01 59	01 54	01 49	01 43	01 36	01 29	01 21	01 12	01 02	00 50	00 36	00 20	00 01	.. ..
Oct. 1	03 07	03 03	03 00	02 55	02 51	02 46	02 41	02 35	02 28	02 21	02 12	02 03	01 51	01 37
2	04 15	04 13	04 11	04 09	04 07	04 04	04 02	03 59	03 55	03 52	03 47	03 43	03 37	03 31

MOONSET

Lat.	+40°	+42°	+44°	+46°	+48°	+50°	+52°	+54°	+56°	+58°	+60°	+62°	+64°	+66°
	h m	h m	h m	h m	h m	h m	h m	h m	h m	h m	h m	h m	h m	h m
Sept. 8	20 28	20 23	20 18	20 13	20 07	20 00	19 53	19 45	19 36	19 26	19 15	19 02	18 46	18 27
9	21 02	20 55	20 48	20 41	20 32	20 23	20 13	20 02	19 49	19 34	19 17	18 56	18 28	17 50
10	21 44	21 36	21 27	21 18	21 07	20 56	20 43	20 28	20 11	19 50	19 24	18 47	17 28	-- --
11	22 37	22 28	22 18	22 07	21 56	21 42	21 27	21 10	20 49	20 22	19 44	-- --	-- --	-- --
12	23 40	23 31	23 22	23 11	22 59	22 46	22 31	22 13	21 52	21 24	20 45	-- --	-- --	-- --
13	.. ..	.. ..	.. ..	.. ..	.. ..	.. ..	23 51	23 36	23 18	22 56	22 28	21 46	-- --	-- --
14	00 52	00 44	00 36	00 26	00 16	00 04	.. ..	.. ..	.. ..	.. ..	.. ..	23 59	23 28	22 40
15	02 08	02 02	01 55	01 47	01 39	01 30	01 20	01 08	00 55	00 40	00 21	.. ..	.. ..	.. ..
16	03 23	03 18	03 13	03 08	03 02	02 56	02 49	02 41	02 32	02 22	02 10	01 57	01 40	01 20
17	04 35	04 32	04 29	04 26	04 22	04 18	04 14	04 10	04 05	03 59	03 52	03 45	03 36	03 26
18	05 44	05 43	05 42	05 41	05 39	05 38	05 36	05 35	05 33	05 31	05 28	05 25	05 22	05 19
19	06 51	06 51	06 52	06 53	06 54	06 54	06 55	06 56	06 57	06 59	07 00	07 02	07 03	07 06
20	07 56	07 59	08 01	08 04	08 06	08 10	08 13	08 17	08 21	08 25	08 30	08 36	08 43	08 51
21	09 01	09 05	09 09	09 14	09 19	09 24	09 30	09 36	09 44	09 52	10 01	10 12	10 25	10 40
22	10 06	10 11	10 17	10 24	10 31	10 38	10 47	10 56	11 07	11 19	11 34	11 51	12 12	12 41
23	11 10	11 17	11 24	11 33	11 42	11 51	12 03	12 15	12 30	12 47	13 08	13 35	14 13	** **
24	12 12	12 20	12 29	12 39	12 49	13 01	13 15	13 30	13 49	14 11	14 41	15 26	** **	** **
25	13 11	13 19	13 29	13 39	13 51	14 04	14 19	14 37	14 58	15 24	16 02	** **	** **	** **
26	14 03	14 12	14 22	14 32	14 44	14 57	15 12	15 29	15 50	16 17	16 54	** **	** **	** **
27	14 49	14 57	15 06	15 16	15 26	15 38	15 52	16 07	16 26	16 48	17 17	17 59	** **	** **
28	15 27	15 34	15 42	15 50	15 59	16 09	16 21	16 33	16 48	17 05	17 25	17 51	18 27	19 38
29	15 59	16 05	16 11	16 18	16 25	16 33	16 41	16 51	17 02	17 14	17 29	17 45	18 06	18 33
30	16 27	16 31	16 36	16 41	16 46	16 51	16 57	17 04	17 12	17 20	17 29	17 40	17 53	18 08
Oct. 1	16 52	16 54	16 57	17 00	17 03	17 07	17 10	17 14	17 19	17 24	17 29	17 35	17 43	17 51
2	17 15	17 16	17 17	17 18	17 19	17 20	17 22	17 23	17 25	17 26	17 28	17 31	17 33	17 36

(.. ..) indicates phenomenon will occur the next day.
(-- --) indicates Moon continuously below horizon.
(** **) indicates Moon continuously above horizon.

MOONRISE AND MOONSET, 1986
UNIVERSAL TIME FOR MERIDIAN OF GREENWICH
MOONRISE

Lat.	−55°	−50°	−45°	−40°	−35°	−30°	−20°	−10°	0°	+10°	+20°	+30°	+35°	+40°
	h m	h m	h m	h m	h m	h m	h m	h m	h m	h m	h m	h m	h m	h m
1	05 14	05 01	04 50	04 41	04 33	04 27	04 15	04 04	03 55	03 45	03 34	03 22	03 15	03 07
2	05 22	05 15	05 10	05 05	05 01	04 57	04 51	04 45	04 40	04 35	04 29	04 23	04 19	04 15
3	05 29	05 29	05 28	05 28	05 28	05 27	05 27	05 26	05 26	05 26	05 25	05 25	05 24	05 24
4	05 37	05 43	05 47	05 51	05 55	05 58	06 03	06 08	06 13	06 17	06 22	06 28	06 31	06 35
5	05 45	05 58	06 08	06 17	06 24	06 31	06 42	06 52	07 02	07 11	07 22	07 34	07 41	07 49
6	05 57	06 17	06 33	06 46	06 58	07 08	07 25	07 40	07 54	08 09	08 24	08 42	08 53	09 05
7	06 14	06 43	07 05	07 22	07 37	07 51	08 13	08 33	08 51	09 10	09 30	09 53	10 07	10 23
8	06 41	07 18	07 46	08 07	08 25	08 41	09 08	09 30	09 52	10 14	10 37	11 04	11 20	11 39
9	07 26	08 09	08 39	09 03	09 23	09 39	10 08	10 32	10 55	11 18	11 43	12 11	12 28	12 48
10	08 34	09 16	09 45	10 09	10 28	10 44	11 12	11 36	11 58	12 20	12 44	13 12	13 28	13 47
11	10 00	10 35	11 01	11 21	11 38	11 52	12 17	12 38	12 58	13 18	13 39	14 03	14 17	14 33
12	11 33	11 59	12 19	12 35	12 49	13 00	13 20	13 38	13 54	14 10	14 27	14 46	14 57	15 10
13	13 05	13 23	13 37	13 48	13 58	14 06	14 20	14 33	14 45	14 56	15 09	15 23	15 31	15 40
14	14 33	14 43	14 51	14 58	15 04	15 09	15 17	15 25	15 32	15 39	15 46	15 55	16 00	16 05
15	15 57	16 00	16 03	16 05	16 07	16 09	16 12	16 14	16 16	16 19	16 21	16 24	16 26	16 28
16	17 19	17 15	17 13	17 11	17 09	17 07	17 04	17 02	17 00	16 57	16 55	16 52	16 51	16 49
17	18 40	18 30	18 22	18 15	18 10	18 05	17 57	17 49	17 42	17 36	17 29	17 21	17 16	17 11
18	20 01	19 44	19 31	19 20	19 11	19 03	18 49	18 37	18 26	18 15	18 03	17 50	17 42	17 34
19	21 23	20 59	20 40	20 25	20 12	20 01	19 43	19 26	19 11	18 56	18 40	18 22	18 12	18 00
20	22 44	22 12	21 48	21 29	21 14	21 00	20 37	20 17	19 58	19 40	19 20	18 58	18 45	18 30
21	.. ..	23 22	22 54	22 32	22 13	21 58	21 31	21 09	20 48	20 27	20 04	19 38	19 23	19 06
22	00 01	.. ..	23 53	23 30	23 10	22 53	22 25	22 01	21 39	21 16	20 52	20 24	20 08	19 48
23	01 07	00 24	.. ..	.. ..	.. ..	23 45	23 17	22 53	22 30	22 07	21 43	21 15	20 58	20 39
24	01 58	01 15	00 45	00 21	00 02	.. ..	.. ..	23 42	23 21	23 00	22 37	22 10	21 54	21 36
25	02 33	01 55	01 28	01 06	00 48	00 32	00 05	.. ..	.. ..	23 52	23 31	23 08	22 54	22 37

MOONSET

Oct.		−55°	−50°	−45°	−40°	−35°	−30°	−20°	−10°	0°	+10°	+20°	+30°	+35°	+40°
		h m	h m	h m	h m	h m	h m	h m	h m	h m	h m	h m	h m	h m	h m
	1	15 12	15 23	15 32	15 40	15 46	15 51	16 01	16 09	16 16	16 24	16 32	16 41	16 46	16 52
	2	16 38	16 42	16 45	16 48	16 50	16 52	16 56	16 59	17 02	17 05	17 08	17 11	17 13	17 15
	3	18 05	18 02	18 00	17 58	17 56	17 55	17 52	17 50	17 48	17 46	17 44	17 41	17 40	17 38
	4	19 35	19 25	19 16	19 10	19 04	18 59	18 50	18 43	18 36	18 29	18 21	18 12	18 08	18 02
	5	21 09	20 51	20 36	20 25	20 15	20 06	19 51	19 38	19 26	19 14	19 02	18 47	18 39	18 29
	6	22 46	22 19	21 59	21 42	21 28	21 16	20 55	20 37	20 21	20 04	19 47	19 27	19 15	19 02
	7	.. ..	23 47	23 20	22 59	22 42	22 27	22 02	21 40	21 20	21 00	20 38	20 13	19 58	19 41
	8	00 23	.. ..	.. ..	.. ..	23 53	23 37	23 09	22 44	22 22	22 00	21 35	21 07	20 51	20 32
	9	01 49	01 07	00 36	00 13	.. ..	.. ..	.. ..	23 48	23 25	23 03	22 38	22 09	21 52	21 33
	10	02 53	02 11	01 41	01 17	00 57	00 41	00 12	.. ..	.. ..	.. ..	23 43	23 17	23 01	22 42
	11	03 33	02 57	02 31	02 10	01 52	01 37	01 11	00 48	00 27	00 06	.. ..	.. ..	.. ..	23 56
	12	03 57	03 30	03 08	02 51	02 37	02 24	02 02	01 43	01 25	01 07	00 48	00 25	00 12	.. ..
	13	04 12	03 53	03 37	03 24	03 13	03 04	02 47	02 32	02 18	02 04	01 49	01 32	01 22	01 10
	14	04 23	04 10	04 00	03 52	03 44	03 38	03 27	03 17	03 08	02 58	02 48	02 36	02 29	02 22
	15	04 30	04 24	04 20	04 15	04 12	04 09	04 03	03 58	03 53	03 49	03 44	03 38	03 34	03 30
	16	04 37	04 37	04 37	04 37	04 37	04 37	04 37	04 37	04 37	04 37	04 37	04 37	04 37	04 37
	17	04 44	04 50	04 55	04 59	05 02	05 05	05 11	05 16	05 20	05 25	05 29	05 35	05 38	05 42
	18	04 51	05 03	05 13	05 21	05 28	05 34	05 45	05 54	06 03	06 12	06 22	06 33	06 39	06 47
	19	05 00	05 18	05 33	05 45	05 56	06 05	06 21	06 34	06 48	07 01	07 15	07 31	07 40	07 51
	20	05 11	05 37	05 57	06 13	06 27	06 39	06 59	07 17	07 34	07 51	08 09	08 30	08 42	08 56
	21	05 28	06 01	06 26	06 46	07 02	07 17	07 41	08 02	08 22	08 42	09 03	09 28	09 43	10 00
	22	05 54	06 34	07 02	07 25	07 44	08 00	08 27	08 50	09 12	09 34	09 58	10 25	10 41	11 00
	23	06 33	07 17	07 47	08 11	08 31	08 48	09 16	09 41	10 03	10 26	10 50	11 19	11 36	11 55
	24	07 29	08 12	08 42	09 05	09 24	09 41	10 09	10 33	10 55	11 17	11 41	12 08	12 24	12 43
	25	08 39	09 16	09 43	10 05	10 22	10 37	11 03	11 25	11 45	12 06	12 27	12 52	13 07	13 24

(.. ..) indicates phenomenon will occur the next day.

MOONRISE AND MOONSET, 1986
UNIVERSAL TIME FOR MERIDIAN OF GREENWICH
MOONRISE

Lat.	+40°	+42°	+44°	+46°	+48°	+50°	+52°	+54°	+56°	+58°	+60°	+62°	+64°	+66°
	h m	h m	h m	h m	h m	h m	h m	h m	h m	h m	h m	h m	h m	h m
Oct. 1	03 07	03 03	03 00	02 55	02 51	02 46	02 41	02 35	02 28	02 21	02 12	02 03	01 51	01 37
2	04 15	04 13	04 11	04 09	04 07	04 04	04 02	03 59	03 55	03 52	03 47	03 43	03 37	03 31
3	05 24	05 24	05 24	05 24	05 24	05 24	05 23	05 23	05 23	05 23	05 23	05 23	05 22	05 22
4	06 35	06 37	06 39	06 40	06 43	06 45	06 47	06 50	06 53	06 56	07 00	07 05	07 10	07 15
5	07 49	07 52	07 56	08 00	08 04	08 09	08 15	08 20	08 27	08 34	08 43	08 53	09 04	09 18
6	09 05	09 10	09 16	09 23	09 29	09 37	09 45	09 55	10 06	10 18	10 32	10 49	11 11	11 39
7	10 23	10 30	10 38	10 46	10 56	11 06	11 18	11 31	11 47	12 05	12 28	12 58	13 45	-- --
8	11 39	11 48	11 57	12 07	12 18	12 31	12 46	13 02	13 23	13 48	14 22	15 29	-- --	-- --
9	12 48	12 57	13 07	13 18	13 30	13 44	13 59	14 18	14 40	15 08	15 50	-- --	-- --	-- --
10	13 47	13 55	14 05	14 15	14 26	14 39	14 53	15 10	15 29	15 54	16 26	17 21	-- --	-- --
11	14 33	14 41	14 49	14 57	15 07	15 17	15 29	15 42	15 57	16 15	16 37	17 05	17 46	-- --
12	15 10	15 16	15 22	15 29	15 36	15 44	15 53	16 03	16 14	16 26	16 41	16 58	17 19	17 46
13	15 40	15 44	15 49	15 53	15 58	16 04	16 10	16 16	16 24	16 32	16 41	16 52	17 04	17 19
14	16 05	16 08	16 10	16 13	16 16	16 19	16 23	16 27	16 31	16 35	16 41	16 47	16 53	17 01
15	16 28	16 29	16 29	16 30	16 31	16 33	16 34	16 35	16 36	16 38	16 40	16 42	16 44	16 46
16	16 49	16 48	16 48	16 47	16 46	16 45	16 44	16 43	16 41	16 40	16 39	16 37	16 35	16 33
17	17 11	17 08	17 06	17 03	17 01	16 58	16 54	16 51	16 47	16 42	16 38	16 32	16 26	16 18
18	17 34	17 30	17 26	17 22	17 17	17 12	17 06	17 00	16 53	16 46	16 37	16 27	16 16	16 02
19	18 00	17 54	17 49	17 42	17 36	17 28	17 20	17 12	17 02	16 50	16 37	16 22	16 04	15 41
20	18 30	18 23	18 16	18 08	17 59	17 50	17 39	17 27	17 14	16 58	16 40	16 16	15 46	14 59
21	19 06	18 58	18 49	18 40	18 29	18 18	18 05	17 50	17 33	17 12	16 46	16 09	14 47	** **
22	19 48	19 40	19 30	19 20	19 08	18 55	18 41	18 24	18 03	17 38	17 03	15 52	** **	** **
23	20 39	20 30	20 20	20 09	19 58	19 44	19 29	19 12	18 50	18 23	17 44	** **	** **	** **
24	21 36	21 27	21 18	21 08	20 57	20 45	20 31	20 14	19 55	19 31	18 58	18 03	** **	** **
25	22 37	22 30	22 22	22 13	22 04	21 53	21 41	21 28	21 12	20 53	20 30	19 59	19 08	** **

MOONSET

Lat.	+40°	+42°	+44°	+46°	+48°	+50°	+52°	+54°	+56°	+58°	+60°	+62°	+64°	+66°
	h m	h m	h m	h m	h m	h m	h m	h m	h m	h m	h m	h m	h m	h m
Oct. 1	16 52	16 54	16 57	17 00	17 03	17 07	17 10	17 14	17 19	17 24	17 29	17 35	17 43	17 51
2	17 15	17 16	17 17	17 18	17 19	17 20	17 22	17 23	17 25	17 26	17 28	17 31	17 33	17 36
3	17 38	17 37	17 36	17 36	17 35	17 34	17 33	17 32	17 30	17 29	17 27	17 26	17 24	17 21
4	18 02	18 00	17 57	17 54	17 51	17 48	17 45	17 41	17 37	17 32	17 27	17 21	17 14	17 06
5	18 29	18 25	18 21	18 16	18 11	18 05	17 59	17 52	17 44	17 36	17 26	17 15	17 02	16 47
6	19 02	18 56	18 49	18 42	18 35	18 26	18 17	18 07	17 56	17 43	17 27	17 09	16 47	16 17
7	19 41	19 34	19 26	19 17	19 07	18 56	18 44	18 30	18 14	17 55	17 32	17 01	16 14	-- --
8	20 32	20 23	20 13	20 03	19 51	19 38	19 24	19 07	18 46	18 21	17 46	16 39	-- --	-- --
9	21 33	21 24	21 14	21 03	20 51	20 37	20 22	20 04	19 41	19 13	18 31	-- --	-- --	-- --
10	22 42	22 34	22 25	22 15	22 04	21 52	21 38	21 21	21 02	20 38	20 06	19 12	-- --	-- --
11	23 56	23 49	23 42	23 34	23 25	23 15	23 04	22 51	22 36	22 19	21 58	21 30	20 50	-- --
12	.. ..	.. ..	.. ..	.. ..	.. ..	.. ..	.. ..	.. ..	.. ..	.. ..	.. ..	23 47	23 31	23 11	22 45
13	01 10	01 05	00 59	00 53	00 47	00 39	00 31	00 22	00 12	00 00	.. ..	.. ..	.. ..	.. ..
14	02 22	02 18	02 15	02 11	02 06	02 01	01 56	01 51	01 44	01 37	01 29	01 19	01 08	00 55
15	03 30	03 29	03 27	03 25	03 23	03 20	03 18	03 15	03 12	03 08	03 05	03 00	02 55	02 49
16	04 37	04 37	04 37	04 37	04 37	04 36	04 36	04 36	04 36	04 36	04 36	04 36	04 36	04 36
17	05 42	05 43	05 45	05 47	05 49	05 51	05 54	05 56	05 59	06 02	06 06	06 10	06 15	06 20
18	06 47	06 50	06 53	06 57	07 01	07 05	07 10	07 16	07 21	07 28	07 36	07 44	07 55	08 07
19	07 51	07 56	08 01	08 07	08 13	08 20	08 27	08 35	08 45	08 55	09 07	09 22	09 39	10 01
20	08 56	09 02	09 09	09 17	09 25	09 34	09 44	09 55	10 08	10 23	10 41	11 04	11 34	12 20
21	10 00	10 07	10 16	10 25	10 35	10 46	10 58	11 13	11 30	11 50	12 16	12 52	14 14	** **
22	11 00	11 09	11 18	11 28	11 40	11 52	12 07	12 24	12 44	13 09	13 41	14 25	** **	** **
23	11 55	12 04	12 14	12 24	12 36	12 49	13 05	13 22	13 44	14 11	14 50	** **	** **	** **
24	12 43	12 52	13 01	13 11	13 22	13 35	13 49	14 06	14 25	14 50	15 22	16 18	** **	** **
25	13 24	13 32	13 40	13 49	13 59	14 10	14 22	14 36	14 52	15 11	15 35	16 07	16 58	** **

(.. ..) indicates phenomenon will occur the next day.
(-- --) indicates Moon continuously below horizon.
(** **) indicates Moon continuously above horizon.

MOONRISE AND MOONSET, 1986
UNIVERSAL TIME FOR MERIDIAN OF GREENWICH
MOONRISE

Lat.	−55°	−50°	−45°	−40°	−35°	−30°	−20°	−10°	0°	+10°	+20°	+30°	+35°	+40°
	h m	h m	h m	h m	h m	h m	h m	h m	h m	h m	h m	h m	h m	h m
Oct. 24	01 58	01 15	00 45	00 21	00 02	.. ..	.. ..	23 42	23 21	23 00	22 37	22 10	21 54	21 36
25	02 33	01 55	01 28	01 06	00 48	00 32	00 05	.. ..	.. ..	23 52	23 31	23 08	22 54	22 37
26	02 56	02 25	02 02	01 43	01 27	01 14	00 50	00 30	00 11	.. ..	.. ..	.. ..	23 55	23 42
27	03 11	02 48	02 29	02 14	02 02	01 51	01 31	01 15	00 59	00 43	00 26	00 06	.. ..	.. ..
28	03 22	03 06	02 52	02 41	02 32	02 24	02 10	01 57	01 45	01 33	01 21	01 06	00 57	00 48
29	03 30	03 20	03 12	03 06	03 00	02 55	02 46	02 38	02 30	02 23	02 15	02 06	02 00	01 54
30	03 38	03 34	03 31	03 29	03 26	03 24	03 21	03 18	03 15	03 13	03 10	03 06	03 04	03 02
31	03 45	03 48	03 50	03 51	03 53	03 54	03 57	03 59	04 01	04 03	04 06	04 08	04 10	04 12
Nov. 1	03 53	04 02	04 10	04 16	04 21	04 26	04 35	04 42	04 49	04 57	05 04	05 13	05 19	05 24
2	04 03	04 20	04 33	04 44	04 53	05 02	05 16	05 29	05 41	05 54	06 07	06 22	06 31	06 41
3	04 18	04 43	05 02	05 18	05 31	05 43	06 03	06 21	06 38	06 55	07 13	07 34	07 46	08 01
4	04 41	05 15	05 40	06 00	06 17	06 32	06 57	07 19	07 39	08 00	08 22	08 48	09 03	09 21
5	05 19	06 00	06 30	06 53	07 13	07 29	07 57	08 21	08 44	09 07	09 31	09 59	10 16	10 36
6	06 21	07 04	07 34	07 58	08 17	08 34	09 02	09 27	09 49	10 12	10 36	11 04	11 21	11 41
7	07 45	08 22	08 49	09 10	09 28	09 43	10 09	10 31	10 52	11 13	11 35	12 00	12 15	12 32
8	09 18	09 47	10 08	10 26	10 40	10 53	11 14	11 33	11 50	12 07	12 25	12 46	12 58	13 12
9	10 51	11 11	11 26	11 39	11 50	11 59	12 15	12 29	12 42	12 55	13 09	13 25	13 34	13 44
10	12 20	12 32	12 41	12 50	12 56	13 02	13 13	13 22	13 30	13 39	13 48	13 58	14 04	14 10
11	13 43	13 49	13 53	13 57	14 00	14 02	14 07	14 11	14 15	14 19	14 23	14 28	14 30	14 33
12	15 04	15 03	15 02	15 02	15 01	15 00	14 59	14 59	14 58	14 57	14 56	14 55	14 55	14 54
13	16 24	16 16	16 10	16 05	16 01	15 57	15 51	15 45	15 40	15 35	15 29	15 23	15 20	15 16
14	17 44	17 30	17 18	17 09	17 01	16 54	16 43	16 32	16 23	16 13	16 03	15 52	15 45	15 38
15	19 05	18 43	18 27	18 13	18 02	17 52	17 35	17 20	17 07	16 53	16 39	16 22	16 13	16 02
16	20 26	19 57	19 35	19 18	19 03	18 50	18 29	18 10	17 53	17 36	17 17	16 57	16 44	16 30
17	21 45	21 08	20 42	20 21	20 03	19 48	19 23	19 02	18 41	18 21	18 00	17 35	17 21	17 04

MOONSET

Lat.	−55°	−50°	−45°	−40°	−35°	−30°	−20°	−10°	0°	+10°	+20°	+30°	+35°	+40°
	h m	h m	h m	h m	h m	h m	h m	h m	h m	h m	h m	h m	h m	h m
Oct. 24	07 29	08 12	08 42	09 05	09 24	09 41	10 09	10 33	10 55	11 17	11 41	12 08	12 24	12 43
25	08 39	09 16	09 43	10 05	10 22	10 37	11 03	11 25	11 45	12 06	12 27	12 52	13 07	13 24
26	09 58	10 28	10 50	11 08	11 23	11 36	11 58	12 17	12 34	12 52	13 10	13 32	13 44	13 58
27	11 21	11 43	12 00	12 13	12 25	12 35	12 52	13 07	13 21	13 35	13 50	14 06	14 16	14 27
28	12 44	12 59	13 10	13 20	13 28	13 35	13 47	13 57	14 07	14 17	14 27	14 38	14 45	14 53
29	14 08	14 16	14 22	14 27	14 31	14 35	14 41	14 47	14 52	14 57	15 02	15 08	15 12	15 16
30	15 34	15 34	15 35	15 35	15 35	15 36	15 36	15 37	15 37	15 37	15 38	15 38	15 38	15 38
31	17 02	16 55	16 50	16 46	16 42	16 39	16 33	16 28	16 24	16 19	16 14	16 09	16 05	16 02
Nov. 1	18 35	18 21	18 10	18 00	17 52	17 46	17 34	17 23	17 13	17 04	16 54	16 42	16 35	16 28
2	20 14	19 51	19 33	19 19	19 06	18 56	18 38	18 22	18 07	17 53	17 37	17 20	17 10	16 58
3	21 55	21 22	20 58	20 39	20 23	20 09	19 45	19 25	19 06	18 48	18 28	18 04	17 51	17 36
4	23 30	22 49	22 20	21 57	21 38	21 22	20 55	20 31	20 10	19 48	19 25	18 57	18 41	18 23
5	.. ..	.. ..	23 31	23 08	22 48	22 31	22 03	21 38	21 15	20 52	20 28	19 59	19 42	19 22
6	00 45	00 02	.. ..	.. ..	23 48	23 32	23 05	22 41	22 20	21 58	21 34	21 07	20 50	20 31
7	01 34	00 56	00 28	00 06	.. ..	.. ..	23 59	23 39	23 20	23 01	22 40	22 17	22 02	21 46
8	02 03	01 33	01 10	00 52	00 36	00 23	.. ..	.. ..	.. ..	.. ..	23 44	23 25	23 14	23 01
9	02 20	01 59	01 42	01 27	01 15	01 05	00 47	00 31	00 15	00 00	.. ..	.. ..	.. ..	.. ..
10	02 32	02 18	02 06	01 56	01 48	01 41	01 28	01 16	01 06	00 55	00 43	00 30	00 22	00 13
11	02 40	02 33	02 26	02 21	02 16	02 12	02 05	01 58	01 52	01 46	01 39	01 32	01 27	01 22
12	02 47	02 46	02 44	02 43	02 42	02 41	02 39	02 37	02 36	02 34	02 32	02 30	02 29	02 28
13	02 54	02 58	03 01	03 04	03 06	03 08	03 12	03 15	03 18	03 21	03 24	03 28	03 30	03 32
14	03 01	03 11	03 19	03 25	03 31	03 36	03 45	03 53	04 00	04 08	04 16	04 25	04 30	04 36
15	03 09	03 25	03 38	03 48	03 58	04 06	04 20	04 32	04 44	04 55	05 08	05 22	05 30	05 40
16	03 19	03 42	04 00	04 15	04 27	04 38	04 57	05 13	05 29	05 44	06 01	06 20	06 31	06 44
17	03 34	04 04	04 27	04 45	05 01	05 14	05 37	05 57	06 16	06 35	06 55	07 18	07 32	07 48

(.. ..) indicates phenomenon will occur the next day.

MOONRISE AND MOONSET, 1986
UNIVERSAL TIME FOR MERIDIAN OF GREENWICH
MOONRISE

Lat.	+40°	+42°	+44°	+46°	+48°	+50°	+52°	+54°	+56°	+58°	+60°	+62°	+64°	+66°
	h m	h m	h m	h m	h m	h m	h m	h m	h m	h m	h m	h m	h m	h m
Oct. 24	21 36	21 27	21 18	21 08	20 57	20 45	20 31	20 14	19 55	19 31	18 58	18 03	** **	** **
25	22 37	22 30	22 22	22 13	22 04	21 53	21 41	21 28	21 12	20 53	20 30	19 59	19 08	** **
26	23 42	23 36	23 29	23 23	23 15	23 07	22 57	22 47	22 35	22 22	22 05	21 46	21 21	20 46
27	.. ..	.. ..	.. ..	.. ..	.. ..	.. ..	.. ..	.. ..	.. ..	23 51	23 40	23 28	23 13	22 55
28	00 48	00 43	00 39	00 34	00 28	00 22	00 16	00 08	00 00	.. ..	.. ..	.. ..	.. ..	.. ..
29	01 54	01 52	01 49	01 46	01 42	01 39	01 35	01 30	01 25	01 20	01 14	01 07	00 59	00 49
30	03 02	03 01	03 00	02 59	02 58	02 56	02 55	02 53	02 52	02 50	02 48	02 45	02 42	02 39
31	04 12	04 12	04 13	04 14	04 15	04 16	04 17	04 19	04 20	04 22	04 23	04 25	04 28	04 30
Nov. 1	05 24	05 27	05 30	05 33	05 36	05 40	05 44	05 48	05 53	05 58	06 04	06 11	06 19	06 29
2	06 41	06 46	06 50	06 56	07 01	07 08	07 15	07 22	07 31	07 41	07 52	08 06	08 22	08 42
3	08 01	08 07	08 14	08 22	08 30	08 39	08 50	09 01	09 14	09 30	09 49	10 12	10 44	11 35
4	09 21	09 29	09 38	09 47	09 58	10 10	10 23	10 39	10 57	11 20	11 49	12 35	-- --	-- --
5	10 36	10 45	10 55	11 06	11 18	11 31	11 46	12 05	12 26	12 54	13 35	-- --	-- --	-- --
6	11 41	11 49	11 59	12 10	12 21	12 34	12 49	13 07	13 28	13 54	14 30	15 53	-- --	-- --
7	12 32	12 40	12 48	12 58	13 08	13 19	13 31	13 46	14 02	14 22	14 47	15 20	16 17	-- --
8	13 12	13 19	13 25	13 33	13 41	13 49	13 59	14 09	14 22	14 36	14 52	15 12	15 37	16 10
9	13 44	13 49	13 54	13 59	14 05	14 11	14 18	14 25	14 33	14 43	14 53	15 06	15 20	15 38
10	14 10	14 13	14 16	14 20	14 23	14 27	14 31	14 36	14 41	14 47	14 53	15 00	15 09	15 18
11	14 33	14 35	14 36	14 37	14 39	14 41	14 43	14 45	14 47	14 49	14 52	14 55	14 59	15 03
12	14 54	14 54	14 54	14 54	14 53	14 53	14 53	14 52	14 52	14 52	14 51	14 51	14 50	14 49
13	15 16	15 14	15 12	15 10	15 08	15 05	15 03	15 00	14 57	14 54	14 50	14 46	14 41	14 36
14	15 38	15 34	15 31	15 27	15 23	15 19	15 14	15 09	15 03	14 57	14 49	14 41	14 32	14 21
15	16 02	15 57	15 52	15 47	15 41	15 34	15 27	15 19	15 11	15 01	14 50	14 36	14 21	14 02
16	16 30	16 24	16 18	16 10	16 02	15 54	15 44	15 34	15 21	15 07	14 51	14 31	14 07	13 33
17	17 04	16 57	16 48	16 40	16 30	16 19	16 07	15 54	15 38	15 19	14 56	14 26	13 39	** **

MOONSET

Lat.	+40°	+42°	+44°	+46°	+48°	+50°	+52°	+54°	+56°	+58°	+60°	+62°	+64°	+66°
	h m	h m	h m	h m	h m	h m	h m	h m	h m	h m	h m	h m	h m	h m
Oct. 24	12 43	12 52	13 01	13 11	13 22	13 35	13 49	14 06	14 25	14 50	15 22	16 18	** **	** **
25	13 24	13 32	13 40	13 49	13 59	14 10	14 22	14 36	14 52	15 11	15 35	16 07	16 58	** **
26	13 58	14 04	14 11	14 19	14 27	14 36	14 45	14 56	15 09	15 23	15 40	16 00	16 26	17 02
27	14 27	14 32	14 37	14 43	14 49	14 55	15 03	15 11	15 20	15 30	15 41	15 55	16 11	16 30
28	14 53	14 56	14 59	15 03	15 07	15 12	15 16	15 22	15 28	15 34	15 41	15 50	15 59	16 11
29	15 16	15 18	15 19	15 21	15 23	15 26	15 28	15 31	15 34	15 37	15 41	15 45	15 50	15 55
30	15 38	15 39	15 39	15 39	15 39	15 39	15 39	15 39	15 39	15 40	15 40	15 40	15 40	15 41
31	16 02	16 00	15 59	15 57	15 55	15 53	15 50	15 48	15 45	15 42	15 39	15 35	15 31	15 26
Nov. 1	16 28	16 24	16 21	16 17	16 13	16 08	16 03	15 58	15 52	15 46	15 38	15 30	15 20	15 09
2	16 58	16 53	16 47	16 41	16 35	16 28	16 20	16 12	16 02	15 51	15 39	15 24	15 07	14 46
3	17 36	17 29	17 21	17 13	17 04	16 54	16 44	16 31	16 17	16 01	15 42	15 17	14 45	13 53
4	18 23	18 15	18 05	17 56	17 45	17 32	17 19	17 03	16 44	16 21	15 51	15 05	-- --	-- --
5	19 22	19 13	19 03	18 52	18 40	18 27	18 11	17 53	17 31	17 03	16 22	-- --	-- --	-- --
6	20 31	20 23	20 13	20 03	19 51	19 38	19 24	19 07	18 46	18 20	17 44	16 22	-- --	-- --
7	21 46	21 39	21 30	21 22	21 12	21 01	20 49	20 35	20 19	20 00	19 36	19 03	18 07	-- --
8	23 01	22 55	22 49	22 42	22 35	22 27	22 18	22 08	21 56	21 43	21 28	21 09	20 45	20 12
9	.. ..	.. ..	.. ..	.. ..	.. ..	23 55	23 50	23 44	23 37	23 30	23 21	23 12	23 01	22 47	22 31
10	00 13	00 09	00 05	00 00	.. ..	.. ..	.. ..	.. ..	.. ..	.. ..	.. ..	.. ..	.. ..	.. ..
11	01 22	01 20	01 17	01 15	01 12	01 09	01 06	01 02	00 58	00 53	00 48	00 42	00 36	00 28
12	02 28	02 27	02 27	02 26	02 25	02 25	02 24	02 23	02 22	02 21	02 20	02 18	02 16	02 14
13	03 32	03 33	03 35	03 36	03 37	03 38	03 40	03 42	03 44	03 46	03 48	03 51	03 54	03 57
14	04 36	04 39	04 42	04 45	04 48	04 52	04 56	05 00	05 05	05 10	05 16	05 23	05 31	05 41
15	05 40	05 44	05 49	05 54	05 59	06 05	06 11	06 19	06 27	06 36	06 46	06 58	07 12	07 30
16	06 44	06 50	06 56	07 03	07 11	07 19	07 28	07 38	07 49	08 03	08 18	08 37	09 01	09 34
17	07 48	07 55	08 03	08 12	08 21	08 31	08 43	08 56	09 12	09 30	09 53	10 22	11 08	** **

(.. ..) indicates phenomenon will occur the next day.
(-- --) indicates Moon continuously below horizon.
(** **) indicates Moon continuously above horizon.

MOONRISE AND MOONSET, 1986
UNIVERSAL TIME FOR MERIDIAN OF GREENWICH
MOONRISE

Lat.	−55°	−50°	−45°	−40°	−35°	−30°	−20°	−10°	0°	+10°	+20°	+30°	+35°	+40°
	h m	h m	h m	h m	h m	h m	h m	h m	h m	h m	h m	h m	h m	h m
Nov. 16	20 26	19 57	19 35	19 18	19 03	18 50	18 29	18 10	17 53	17 36	17 17	16 57	16 44	16 30
17	21 45	21 08	20 42	20 21	20 03	19 48	19 23	19 02	18 41	18 21	18 00	17 35	17 21	17 04
18	22 55	22 14	21 44	21 21	21 02	20 45	20 18	19 54	19 32	19 10	18 46	18 19	18 03	17 44
19	23 52	23 09	22 39	22 15	21 55	21 38	21 10	20 46	20 23	20 01	19 36	19 08	18 51	18 32
20	.. ..	23 53	23 24	23 02	22 43	22 27	22 00	21 36	21 14	20 53	20 29	20 02	19 45	19 26
21	00 33	.. ..	.. ..	23 41	23 25	23 10	22 46	22 24	22 04	21 44	21 23	20 58	20 43	20 26
22	00 59	00 26	00 01	.. ..	.. ..	23 48	23 27	23 09	22 52	22 35	22 17	21 56	21 43	21 29
23	01 17	00 51	00 31	00 14	00 00	.. ..	.. ..	23 52	23 38	23 25	23 10	22 54	22 44	22 33
24	01 29	01 10	00 55	00 42	00 31	00 22	00 06	.. ..	.. ..	.. ..	.. ..	23 52	23 45	23 37
25	01 38	01 25	01 15	01 07	00 59	00 53	00 42	00 32	00 22	00 13	00 03	.. ..	.. ..	.. ..
26	01 45	01 39	01 34	01 29	01 26	01 22	01 16	01 11	01 06	01 01	00 56	00 50	00 46	00 42
27	01 52	01 52	01 52	01 51	01 51	01 51	01 51	01 50	01 50	01 50	01 50	01 49	01 49	01 49
28	02 00	02 06	02 10	02 14	02 18	02 21	02 26	02 31	02 36	02 41	02 46	02 51	02 55	02 58
29	02 09	02 21	02 32	02 40	02 47	02 54	03 05	03 15	03 25	03 35	03 45	03 57	04 04	04 12
30	02 21	02 41	02 57	03 10	03 22	03 30	03 49	04 04	04 19	04 33	04 49	05 07	05 17	05 30
Dec. 1	02 39	03 08	03 30	03 49	04 04	04 17	04 40	05 00	05 18	05 37	05 57	06 21	06 35	06 51
2	03 10	03 48	04 15	04 37	04 56	05 11	05 38	06 01	06 23	06 45	07 08	07 36	07 52	08 11
3	04 02	04 45	05 15	05 39	05 58	06 15	06 44	07 08	07 31	07 54	08 18	08 47	09 04	09 24
4	05 20	06 00	06 29	06 51	07 10	07 26	07 53	08 16	08 38	08 59	09 22	09 49	10 05	10 23
5	06 54	07 26	07 50	08 09	08 25	08 38	09 01	09 21	09 40	09 58	10 18	10 41	10 54	11 09
6	08 32	08 54	09 12	09 26	09 38	09 49	10 06	10 22	10 36	10 51	11 06	11 24	11 34	11 45
7	10 04	10 19	10 30	10 40	10 48	10 55	11 07	11 17	11 27	11 37	11 47	11 59	12 06	12 14
8	11 31	11 38	11 44	11 49	11 53	11 57	12 03	12 08	12 14	12 19	12 24	12 30	12 34	12 38
9	12 53	12 54	12 54	12 55	12 55	12 56	12 56	12 57	12 57	12 58	12 58	12 59	12 59	13 00
10	14 13	14 07	14 03	13 59	13 55	13 53	13 48	13 43	13 39	13 35	13 31	13 27	13 24	13 21

MOONSET

Lat.	−55°	−50°	−45°	−40°	−35°	−30°	−20°	−10°	0°	+10°	+20°	+30°	+35°	+40°
	h m	h m	h m	h m	h m	h m	h m	h m	h m	h m	h m	h m	h m	h m
Nov. 16	03 19	03 42	04 00	04 15	04 27	04 38	04 57	05 13	05 29	05 44	06 01	06 20	06 31	06 44
17	03 34	04 04	04 27	04 45	05 01	05 14	05 37	05 57	06 16	06 35	06 55	07 18	07 32	07 48
18	03 56	04 33	05 01	05 22	05 40	05 55	06 22	06 44	07 06	07 27	07 50	08 16	08 32	08 50
19	04 30	05 12	05 42	06 06	06 25	06 42	07 10	07 34	07 57	08 19	08 43	09 11	09 28	09 47
20	05 20	06 03	06 33	06 57	07 17	07 33	08 01	08 26	08 48	09 10	09 34	10 02	10 19	10 38
21	06 25	07 04	07 32	07 55	08 13	08 28	08 55	09 18	09 39	10 00	10 22	10 48	11 04	11 21
22	07 41	08 13	08 37	08 56	09 12	09 26	09 49	10 09	10 28	10 46	11 06	11 29	11 42	11 57
23	09 01	09 25	09 44	10 00	10 12	10 24	10 43	10 59	11 15	11 30	11 46	12 05	12 15	12 28
24	10 22	10 39	10 53	11 04	11 13	11 22	11 36	11 48	12 00	12 11	12 23	12 37	12 45	12 54
25	11 43	11 53	12 02	12 08	12 14	12 20	12 28	12 36	12 43	12 50	12 58	13 07	13 11	13 17
26	13 05	13 09	13 12	13 14	13 16	13 18	13 21	13 24	13 27	13 30	13 32	13 35	13 37	13 39
27	14 29	14 26	14 24	14 22	14 20	14 19	14 16	14 14	14 12	14 09	14 07	14 04	14 03	14 01
28	15 58	15 48	15 39	15 33	15 27	15 22	15 13	15 06	14 59	14 52	14 44	14 36	14 31	14 25
29	17 32	17 14	17 00	16 48	16 38	16 30	16 15	16 02	15 50	15 38	15 25	15 11	15 02	14 53
30	19 13	18 46	18 25	18 08	17 54	17 42	17 21	17 03	16 46	16 30	16 12	15 52	15 40	15 26
Dec. 1	20 54	20 17	19 50	19 29	19 12	18 57	18 31	18 09	17 48	17 28	17 06	16 41	16 26	16 09
2	22 23	21 40	21 10	20 46	20 27	20 10	19 42	19 18	18 55	18 33	18 08	17 40	17 23	17 04
3	23 26	22 45	22 16	21 53	21 34	21 17	20 49	20 25	20 03	19 40	19 16	18 48	18 31	18 11
4	.. ..	23 30	23 06	22 46	22 29	22 14	21 50	21 28	21 08	20 48	20 26	20 00	19 45	19 27
5	00 03	.. ..	23 42	23 27	23 13	23 02	22 42	22 24	22 08	21 51	21 33	21 12	21 00	20 46
6	00 26	00 01	.. ..	23 59	23 49	23 41	23 26	23 13	23 01	22 49	22 36	22 21	22 12	22 02
7	00 40	00 23	00 10	.. ..	.. ..	.. ..	.. ..	23 57	23 50	23 42	23 34	23 25	23 19	23 13
8	00 49	00 39	00 32	00 25	00 19	00 14	00 05	.. ..	.. ..	.. ..	.. ..	.. ..	.. ..	.. ..
9	00 57	00 53	00 50	00 48	00 46	00 44	00 40	00 37	00 35	00 32	00 29	00 25	00 23	00 21
10	01 03	01 06	01 08	01 09	01 11	01 12	01 14	01 16	01 17	01 19	01 21	01 23	01 24	01 26

(.. ..) indicates phenomenon will occur the next day.

MOONRISE AND MOONSET, 1986 — A75
UNIVERSAL TIME FOR MERIDIAN OF GREENWICH
MOONRISE

Lat.	+40°	+42°	+44°	+46°	+48°	+50°	+52°	+54°	+56°	+58°	+60°	+62°	+64°	+66°
	h m	h m	h m	h m	h m	h m	h m	h m	h m	h m	h m	h m	h m	h m
Nov. 16	16 30	16 24	16 18	16 10	16 02	15 54	15 44	15 34	15 21	15 07	14 51	14 31	14 07	13 33
17	17 04	16 57	16 48	16 40	16 30	16 19	16 07	15 54	15 38	15 19	14 56	14 26	13 39	** **
18	17 44	17 36	17 27	17 17	17 06	16 53	16 39	16 23	16 04	15 40	15 08	14 17	** **	** **
19	18 32	18 23	18 13	18 03	17 51	17 38	17 23	17 05	16 44	16 17	15 39	** **	** **	** **
20	19 26	19 18	19 08	18 58	18 47	18 34	18 20	18 03	17 43	17 17	16 42	15 32	** **	** **
21	20 26	20 18	20 10	20 01	19 51	19 40	19 27	19 12	18 55	18 35	18 08	17 31	** **	** **
22	21 29	21 22	21 15	21 08	21 00	20 50	20 40	20 29	20 15	20 00	19 42	19 18	18 48	17 58
23	22 33	22 28	22 23	22 17	22 10	22 04	21 56	21 48	21 38	21 27	21 15	21 00	20 42	20 19
24	23 37	23 34	23 30	23 26	23 22	23 18	23 13	23 07	23 01	22 54	22 46	22 37	22 26	22 13
25	.. ..	.. ..	.. ..	.. ..	.. ..	.. ..	.. ..	.. ..	.. ..	.. ..	.. ..	.. ..	.. ..	.. ..
26	00 42	00 41	00 39	00 37	00 35	00 32	00 30	00 27	00 24	00 20	00 16	00 12	00 07	00 01
27	01 49	01 49	01 49	01 49	01 49	01 49	01 49	01 49	01 48	01 48	01 48	01 48	01 48	01 48
28	02 58	03 00	03 02	03 04	03 06	03 08	03 11	03 13	03 16	03 20	03 24	03 28	03 33	03 39
29	04 12	04 15	04 19	04 23	04 28	04 32	04 38	04 44	04 50	04 58	05 06	05 16	05 27	05 41
30	05 30	05 35	05 41	05 47	05 54	06 02	06 10	06 20	06 31	06 43	06 58	07 15	07 37	08 05
Dec. 1	06 51	06 58	07 06	07 15	07 24	07 35	07 47	08 00	08 16	08 35	08 58	09 29	10 19	-- --
2	08 11	08 20	08 29	08 40	08 51	09 04	09 19	09 36	09 56	10 22	10 57	12 12	-- --	-- --
3	09 24	09 33	09 42	09 53	10 05	10 19	10 34	10 52	11 14	11 41	12 21	-- --	-- --	-- --
4	10 23	10 31	10 40	10 50	11 01	11 13	11 27	11 42	12 01	12 23	12 52	13 34	-- --	-- --
5	11 09	11 16	11 24	11 32	11 40	11 50	12 01	12 12	12 26	12 42	13 01	13 24	13 55	14 43
6	11 45	11 50	11 56	12 02	12 08	12 15	12 23	12 31	12 41	12 51	13 04	13 18	13 35	13 56
7	12 14	12 17	12 21	12 25	12 29	12 34	12 39	12 44	12 50	12 57	13 04	13 13	13 23	13 35
8	12 38	12 40	12 42	12 44	12 46	12 48	12 51	12 54	12 57	13 00	13 04	13 08	13 13	13 18
9	13 00	13 00	13 00	13 01	13 01	13 01	13 01	13 02	13 02	13 02	13 03	13 03	13 04	13 05
10	13 21	13 20	13 18	13 17	13 15	13 13	13 11	13 09	13 07	13 05	13 02	12 59	12 55	12 51

MOONSET

Lat.	+40°	+42°	+44°	+46°	+48°	+50°	+52°	+54°	+56°	+58°	+60°	+62°	+64°	+66°
	h m	h m	h m	h m	h m	h m	h m	h m	h m	h m	h m	h m	h m	h m
Nov. 16	06 44	06 50	06 56	07 03	07 11	07 19	07 28	07 38	07 49	08 03	08 18	08 37	09 01	09 34
17	07 48	07 55	08 03	08 12	08 21	08 31	08 43	08 56	09 12	09 30	09 53	10 22	11 08	** **
18	08 50	08 58	09 07	09 17	09 28	09 40	09 54	10 10	10 29	10 53	11 24	12 15	** **	** **
19	09 47	09 56	10 06	10 16	10 28	10 41	10 56	11 14	11 35	12 02	12 40	** **	** **	** **
20	10 38	10 47	10 56	11 07	11 18	11 31	11 46	12 03	12 23	12 49	13 24	14 34	** **	** **
21	11 21	11 29	11 38	11 47	11 58	12 09	12 22	12 37	12 54	13 15	13 42	14 19	** **	** **
22	11 57	12 04	12 11	12 19	12 28	12 38	12 48	13 00	13 14	13 30	13 49	14 13	14 44	15 35
23	12 28	12 33	12 39	12 45	12 52	12 59	13 08	13 17	13 27	13 38	13 52	14 08	14 27	14 51
24	12 54	12 58	13 02	13 06	13 11	13 16	13 22	13 29	13 36	13 44	13 52	14 03	14 15	14 29
25	13 17	13 19	13 22	13 25	13 28	13 31	13 34	13 38	13 42	13 47	13 52	13 58	14 05	14 13
26	13 39	13 40	13 41	13 42	13 43	13 44	13 45	13 46	13 48	13 50	13 51	13 53	13 56	13 58
27	14 01	14 00	14 00	13 59	13 58	13 57	13 56	13 55	13 53	13 52	13 50	13 49	13 47	13 44
28	14 25	14 23	14 20	14 17	14 14	14 11	14 08	14 04	14 00	13 55	13 50	13 44	13 37	13 29
29	14 53	14 48	14 44	14 39	14 34	14 28	14 22	14 15	14 08	13 59	13 50	13 39	13 26	13 10
30	15 26	15 20	15 14	15 07	14 59	14 51	14 42	14 31	14 20	14 07	13 51	13 33	13 10	12 40
Dec. 1	16 09	16 01	15 53	15 44	15 34	15 23	15 11	14 57	14 40	14 21	13 57	13 25	12 34	-- --
2	17 04	16 55	16 46	16 35	16 23	16 10	15 55	15 38	15 17	14 51	14 15	13 01	-- --	-- --
3	18 11	18 02	17 53	17 42	17 30	17 17	17 01	16 44	16 22	15 54	15 15	-- --	-- --	-- --
4	19 27	19 19	19 11	19 01	18 51	18 39	18 26	18 11	17 53	17 31	17 02	16 20	-- --	-- --
5	20 46	20 39	20 33	20 25	20 17	20 08	19 58	19 46	19 33	19 18	19 00	18 38	18 07	17 21
6	22 02	21 57	21 52	21 47	21 41	21 35	21 28	21 20	21 12	21 02	20 51	20 37	20 21	20 01
7	23 13	23 10	23 07	23 04	23 01	22 57	22 53	22 49	22 44	22 38	22 32	22 24	22 16	22 06
8	.. ..	.. ..	.. ..	.. ..	.. ..	.. ..	.. ..	.. ..	.. ..	.. ..	.. ..	.. ..	.. ..	23 56
9	00 21	00 20	00 19	00 17	00 16	00 15	00 13	00 11	00 10	00 08	00 05	00 03	00 00	.. ..
10	01 26	01 26	01 27	01 28	01 28	01 29	01 30	01 31	01 32	01 33	01 34	01 36	01 38	01 40

(.. ..) indicates phenomenon will occur the next day.
(-- --) indicates Moon continuously below horizon.
(** **) indicates Moon continuously above horizon.

MOONRISE AND MOONSET, 1986
UNIVERSAL TIME FOR MERIDIAN OF GREENWICH
MOONRISE

Lat.	−55°	−50°	−45°	−40°	−35°	−30°	−20°	−10°	0°	+10°	+20°	+30°	+35°	+40°
	h m	h m	h m	h m	h m	h m	h m	h m	h m	h m	h m	h m	h m	h m
Dec. 9	12 53	12 54	12 54	12 55	12 55	12 56	12 56	12 57	12 57	12 58	12 58	12 59	12 59	13 00
10	14 13	14 07	14 03	13 59	13 55	13 53	13 48	13 43	13 39	13 35	13 31	13 27	13 24	13 21
11	15 32	15 20	15 10	15 02	14 55	14 49	14 39	14 30	14 22	14 13	14 05	13 55	13 49	13 43
12	16 51	16 32	16 18	16 05	15 55	15 46	15 31	15 17	15 05	14 52	14 39	14 24	14 16	14 06
13	18 12	17 45	17 25	17 09	16 55	16 44	16 23	16 06	15 50	15 34	15 17	14 57	14 46	14 33
14	19 31	18 57	18 32	18 12	17 56	17 41	17 17	16 57	16 37	16 18	15 58	15 34	15 20	15 04
15	20 45	20 04	19 36	19 13	18 54	18 38	18 12	17 48	17 27	17 06	16 43	16 16	16 01	15 42
16	21 46	21 03	20 33	20 09	19 50	19 33	19 05	18 41	18 18	17 56	17 32	17 04	16 47	16 28
17	22 32	21 51	21 22	20 59	20 40	20 23	19 56	19 32	19 10	18 47	18 24	17 56	17 39	17 20
18	23 02	22 27	22 01	21 40	21 23	21 08	20 43	20 21	20 00	19 39	19 17	18 52	18 36	18 19
19	23 22	22 54	22 33	22 15	22 00	21 48	21 26	21 06	20 49	20 31	20 11	19 49	19 36	19 20
20	23 36	23 15	22 58	22 44	22 33	22 22	22 05	21 49	21 35	21 20	21 04	20 46	20 36	20 24
21	23 46	23 31	23 19	23 09	23 01	22 54	22 41	22 29	22 19	22 08	21 57	21 44	21 36	21 27
22	23 53	23 45	23 38	23 32	23 27	23 23	23 15	23 08	23 02	22 55	22 48	22 40	22 36	22 31
23	.. ..	23 57	23 55	23 53	23 52	23 50	23 48	23 46	23 44	23 42	23 40	23 37	23 36	23 34
24	00 00	.. ..	.. ..	.. ..	.. ..	.. ..	.. ..	.. ..	.. ..	.. ..	.. ..	.. ..	.. ..	.. ..
25	00 07	00 10	00 13	00 15	00 17	00 19	00 22	00 25	00 27	00 30	00 33	00 36	00 38	00 40
26	00 15	00 24	00 32	00 38	00 44	00 49	00 58	01 06	01 13	01 20	01 28	01 37	01 43	01 49
27	00 25	00 41	00 54	01 05	01 15	01 23	01 38	01 50	02 02	02 15	02 28	02 43	02 52	03 02
28	00 39	01 03	01 23	01 38	01 52	02 03	02 23	02 41	02 57	03 14	03 32	03 53	04 05	04 19
29	01 02	01 35	02 00	02 20	02 37	02 52	03 17	03 38	03 58	04 19	04 41	05 07	05 22	05 39
30	01 42	02 22	02 52	03 15	03 34	03 50	04 18	04 42	05 05	05 27	05 52	06 20	06 37	06 57
31	02 47	03 29	03 59	04 23	04 42	04 59	05 27	05 51	06 13	06 36	07 00	07 28	07 45	08 04
32	04 17	04 53	05 20	05 40	05 58	06 13	06 38	07 00	07 20	07 40	08 02	08 27	08 41	08 58
33	05 58	06 24	06 45	07 01	07 15	07 27	07 47	08 05	08 22	08 38	08 55	09 15	09 27	09 40

MOONSET

Lat.	−55°	−50°	−45°	−40°	−35°	−30°	−20°	−10°	0°	+10°	+20°	+30°	+35°	+40°
	h m	h m	h m	h m	h m	h m	h m	h m	h m	h m	h m	h m	h m	h m
Dec. 9	00 57	00 53	00 50	00 48	00 46	00 44	00 40	00 37	00 35	00 32	00 29	00 25	00 23	00 21
10	01 03	01 06	01 08	01 09	01 11	01 12	01 14	01 16	01 17	01 19	01 21	01 23	01 24	01 26
11	01 10	01 18	01 25	01 30	01 35	01 39	01 47	01 53	02 00	02 06	02 12	02 20	02 24	02 29
12	01 18	01 32	01 43	01 53	02 01	02 08	02 21	02 32	02 42	02 53	03 04	03 17	03 24	03 32
13	01 27	01 48	02 04	02 18	02 29	02 39	02 57	03 12	03 26	03 41	03 56	04 14	04 24	04 36
14	01 41	02 08	02 30	02 47	03 01	03 14	03 36	03 55	04 12	04 30	04 49	05 12	05 25	05 40
15	02 00	02 35	03 01	03 21	03 39	03 53	04 19	04 41	05 01	05 22	05 44	06 09	06 24	06 42
16	02 30	03 11	03 40	04 03	04 22	04 38	05 06	05 29	05 52	06 14	06 38	07 05	07 22	07 41
17	03 15	03 58	04 28	04 52	05 11	05 28	05 56	06 21	06 43	07 06	07 30	07 58	08 14	08 34
18	04 16	04 56	05 25	05 48	06 06	06 22	06 49	07 13	07 34	07 56	08 19	08 45	09 01	09 19
19	05 28	06 03	06 28	06 48	07 05	07 19	07 43	08 04	08 24	08 43	09 04	09 27	09 41	09 57
20	06 47	07 14	07 34	07 51	08 05	08 17	08 37	08 55	09 11	09 27	09 45	10 05	10 16	10 29
21	08 07	08 27	08 42	08 54	09 05	09 14	09 30	09 43	09 56	10 09	10 22	10 37	10 46	10 56
22	09 27	09 39	09 49	09 58	10 05	10 11	10 22	10 31	10 39	10 48	10 57	11 07	11 13	11 20
23	10 46	10 52	10 57	11 01	11 05	11 08	11 13	11 18	11 22	11 26	11 30	11 35	11 38	11 42
24	12 06	12 06	12 06	12 06	12 05	12 05	12 05	12 05	12 04	12 04	12 04	12 03	12 03	12 03
25	13 30	13 23	13 17	13 12	13 08	13 05	12 59	12 53	12 49	12 44	12 38	12 32	12 29	12 25
26	14 58	14 44	14 32	14 23	14 15	14 08	13 56	13 46	13 36	13 26	13 16	13 04	12 57	12 50
27	16 33	16 10	15 52	15 38	15 26	15 16	14 58	14 42	14 28	14 13	13 58	13 41	13 30	13 19
28	18 12	17 40	17 16	16 57	16 41	16 28	16 04	15 44	15 26	15 07	14 47	14 24	14 11	13 56
29	19 48	19 08	18 39	18 16	17 58	17 42	17 15	16 51	16 30	16 08	15 45	15 18	15 02	14 43
30	21 06	20 23	19 53	19 29	19 10	18 53	18 25	18 00	17 37	17 15	16 50	16 21	16 04	15 45
31	21 56	21 19	20 52	20 30	20 12	19 57	19 30	19 07	18 46	18 24	18 01	17 33	17 17	16 58
32	22 26	21 58	21 36	21 18	21 03	20 50	20 28	20 08	19 50	19 31	19 11	18 48	18 35	18 19
33	22 44	22 24	22 08	21 55	21 44	21 35	21 18	21 03	20 49	20 34	20 19	20 01	19 51	19 39

(.. ..) indicates phenomenon will occur the next day.

MOONRISE AND MOONSET, 1986
UNIVERSAL TIME FOR MERIDIAN OF GREENWICH
MOONRISE

Lat.	+40°	+42°	+44°	+46°	+48°	+50°	+52°	+54°	+56°	+58°	+60°	+62°	+64°	+66°
	h m	h m	h m	h m	h m	h m	h m	h m	h m	h m	h m	h m	h m	h m
Dec. 9	13 00	13 00	13 00	13 01	13 01	13 01	13 01	13 02	13 02	13 02	13 03	13 03	13 04	13 05
10	13 21	13 20	13 18	13 17	13 15	13 13	13 11	13 09	13 07	13 05	13 02	12 59	12 55	12 51
11	13 43	13 40	13 37	13 34	13 30	13 26	13 22	13 18	13 13	13 07	13 01	12 54	12 46	12 37
12	14 06	14 02	13 57	13 52	13 47	13 41	13 35	13 28	13 20	13 11	13 01	12 50	12 36	12 20
13	14 33	14 27	14 21	14 14	14 07	13 59	13 50	13 40	13 29	13 17	13 02	12 45	12 24	11 56
14	15 04	14 57	14 50	14 41	14 32	14 22	14 11	13 58	13 44	13 27	13 06	12 40	12 04	10 51
15	15 42	15 34	15 25	15 16	15 05	14 53	14 40	14 24	14 06	13 44	13 16	12 34	** **	** **
16	16 28	16 19	16 09	15 59	15 47	15 34	15 20	15 02	14 42	14 16	13 40	12 16	** **	** **
17	17 20	17 12	17 02	16 52	16 40	16 27	16 12	15 55	15 35	15 09	14 32	** **	** **	** **
18	18 19	18 11	18 02	17 52	17 42	17 30	17 17	17 02	16 44	16 22	15 53	15 10	** **	** **
19	19 20	19 14	19 06	18 58	18 49	18 40	18 29	18 16	18 02	17 45	17 25	16 58	16 21	** **
20	20 24	20 18	20 12	20 06	19 59	19 52	19 43	19 34	19 23	19 11	18 57	18 40	18 19	17 51
21	21 27	21 23	21 19	21 15	21 10	21 04	20 59	20 52	20 45	20 37	20 28	20 17	20 04	19 49
22	22 31	22 28	22 26	22 23	22 20	22 17	22 14	22 10	22 06	22 01	21 56	21 50	21 43	21 35
23	23 34	23 34	23 33	23 32	23 31	23 30	23 29	23 28	23 27	23 26	23 24	23 22	23 20	23 18
24	.. ..	.. ..	.. ..	.. ..	.. ..	.. ..	.. ..	.. ..	.. ..	.. ..	.. ..	.. ..	.. ..	.. ..
25	00 40	00 41	00 42	00 43	00 44	00 46	00 47	00 49	00 50	00 52	00 54	00 57	01 00	01 03
26	01 49	01 51	01 54	01 57	02 01	02 04	02 08	02 13	02 18	02 23	02 29	02 37	02 45	02 55
27	03 02	03 06	03 11	03 16	03 22	03 28	03 35	03 43	03 51	04 01	04 13	04 26	04 42	05 01
28	04 19	04 26	04 33	04 40	04 48	04 57	05 07	05 19	05 32	05 47	06 06	06 28	06 59	07 46
29	05 39	05 47	05 56	06 06	06 16	06 28	06 41	06 57	07 15	07 37	08 06	08 49	-- --	-- --
30	06 57	07 06	07 15	07 26	07 38	07 51	08 07	08 24	08 46	09 14	09 53	-- --	-- --	-- --
31	08 04	08 13	08 22	08 33	08 44	08 57	09 12	09 29	09 50	10 15	10 50	11 56	-- --	-- --
32	08 58	09 06	09 14	09 23	09 33	09 43	09 56	10 09	10 25	10 44	11 07	11 38	12 24	-- --
33	09 40	09 46	09 52	09 59	10 07	10 15	10 24	10 34	10 45	10 58	11 13	11 31	11 52	12 21

MOONSET

Lat.	+40°	+42°	+44°	+46°	+48°	+50°	+52°	+54°	+56°	+58°	+60°	+62°	+64°	+66°
	h m	h m	h m	h m	h m	h m	h m	h m	h m	h m	h m	h m	h m	h m
Dec. 9	00 21	00 20	00 19	00 17	00 16	00 15	00 13	00 11	00 10	00 08	00 05	00 03	00 00	.. ..
10	01 26	01 26	01 27	01 28	01 28	01 29	01 30	01 31	01 32	01 33	01 34	01 36	01 38	01 40
11	02 29	02 31	02 34	02 36	02 39	02 42	02 45	02 49	02 53	02 57	03 02	03 08	03 14	03 22
12	03 32	03 36	03 40	03 45	03 49	03 55	04 00	04 06	04 13	04 21	04 30	04 41	04 53	05 08
13	04 36	04 41	04 47	04 53	05 00	05 07	05 16	05 25	05 35	05 47	06 01	06 17	06 38	07 04
14	05 40	05 46	05 54	06 02	06 10	06 20	06 31	06 43	06 57	07 14	07 34	07 59	08 35	09 47
15	06 42	06 50	06 58	07 08	07 18	07 30	07 43	07 58	08 16	08 38	09 06	09 47	** **	** **
16	07 41	07 49	07 59	08 09	08 21	08 34	08 48	09 05	09 26	09 52	10 28	11 51	** **	** **
17	08 34	08 42	08 52	09 02	09 14	09 27	09 42	09 59	10 20	10 46	11 22	** **	** **	** **
18	09 19	09 27	09 36	09 46	09 57	10 09	10 22	10 38	10 56	11 18	11 47	12 30	** **	** **
19	09 57	10 05	10 12	10 21	10 30	10 40	10 51	11 04	11 19	11 36	11 57	12 24	13 02	** **
20	10 29	10 35	10 41	10 48	10 56	11 04	11 13	11 22	11 34	11 47	12 01	12 19	12 41	13 10
21	10 56	11 01	11 05	11 10	11 16	11 22	11 28	11 36	11 44	11 53	12 03	12 15	12 28	12 45
22	11 20	11 23	11 26	11 29	11 33	11 37	11 41	11 46	11 51	11 56	12 03	12 10	12 18	12 28
23	11 42	11 43	11 45	11 46	11 48	11 50	11 52	11 54	11 56	11 59	12 02	12 05	12 09	12 14
24	12 03	12 03	12 03	12 03	12 02	12 02	12 02	12 02	12 02	12 01	12 01	12 01	12 01	12 00
25	12 25	12 23	12 21	12 20	12 17	12 15	12 13	12 10	12 07	12 04	12 00	11 56	11 52	11 46
26	12 50	12 46	12 43	12 39	12 35	12 30	12 25	12 20	12 14	12 07	12 00	11 51	11 42	11 30
27	13 19	13 14	13 08	13 02	12 56	12 49	12 41	12 33	12 24	12 13	12 01	11 46	11 29	11 08
28	13 56	13 49	13 42	13 34	13 25	13 15	13 04	12 52	12 39	12 23	12 04	11 40	11 09	10 20
29	14 43	14 35	14 26	14 16	14 05	13 53	13 40	13 24	13 05	12 43	12 14	11 30	-- --	-- --
30	15 45	15 36	15 26	15 15	15 03	14 50	14 34	14 16	13 55	13 27	12 47	-- --	-- --	-- --
31	16 58	16 50	16 40	16 30	16 19	16 06	15 52	15 35	15 15	14 49	14 15	13 09	-- --	-- --
32	18 19	18 11	18 04	17 55	17 46	17 36	17 24	17 11	16 55	16 37	16 15	15 45	14 59	-- --
33	19 39	19 34	19 28	19 22	19 15	19 07	18 59	18 50	18 40	18 28	18 13	17 57	17 36	17 09

(.. ..) indicates phenomenon will occur the next day.
(-- --) indicates Moon continuously below horizon.
(** **) indicates Moon continuously above horizon.

ECLIPSES, 1986

There are four eclipses, two of the Sun and two of the Moon.

I	April 9	Partial eclipse of the Sun
II	April 24	Total eclipse of the Moon
III	October 3	Annular-Total eclipse of the Sun
IV	October 17	Total eclipse of the Moon

No correction has been applied to the tabular latitude or longitude of the Moon to allow for the offset of center of figure.

The arguments are given provisionally in universal time, using $\Delta T(A) = +56^s$.

Define $\delta T = \Delta T - \Delta T(A)$. Once the value of ΔT is known, the data on these pages may be expressed in universal time as follows:

Convert all arguments in provisional universal time by subtracting δT.

Apply the correction $1.0027\, \delta T$ to μ and the longitudes in such a way that if δT is positive, μ decreases and the longitudes shift to the east.

Leave all other quantities unchanged.

I.—*Partial Eclipse of the Sun,* April 9.

ELEMENTS OF CONJUNCTION

U.T. of geocentric conjunction in right ascension April $9^d\,05^h\,13^m\,54\overset{s}{.}089$

JD 2446529.7179871441

	h m s		s s
R.A. of Sun and Moon	1 10 21.872	Hourly motions	9.171 and 109.976
	° ′ ″		′ ″
Declination of Sun	+7 27 58.71	Hourly motion	+ 0 55.91
Declination of Moon	+6 20 46.39	Hourly motion	+14 12.22
Equatorial hor. par. of Sun	8.78	True semidiameter of Sun	15 58.1
Equatorial hor. par. of Moon	55 02.44	True semidiameter of Moon	14 59.9

CIRCUMSTANCES OF THE ECLIPSE

	U.T.		Longitude	Latitude
	d h m		° ′	° ′
Eclipse begins	April 9 4 09.7		+ 49 38.4	− 70 27.2
Greatest Eclipse	9 6 20.4		+161 23.7	− 61 21.7
Eclipse ends	9 8 31.7		+140 20.5	− 15 51.5

Magnitude of greatest eclipse 0.824

II.—*Total Eclipse of the Moon,* April 24; the beginning of the umbral phase visible in the western half of North America, the Pacific Ocean, eastern U.S.S.R. and Asia, southeast Asia, Australia, New Zealand, eastern Indian Ocean, and Antarctica except the Atlantic coast; the end visible in western Alaska, the Pacific Ocean, the Indian Ocean except the eastern edge, Antarctica except Palmer Peninsula and Princess Margaret Coast, Australia, New Zealand, and central, eastern, and southeast Asia.

ECLIPSES, 1986

Total Eclipse of the Moon, April 24 (continued).

ELEMENTS OF THE ECLIPSE

U.T. of geocentric opposition in right ascension, April $24^d 13^h 00^m 45\overset{s}{.}734$

J.D. 2446545.0421959914

	h m s		s
R.A. of Sun	2 07 12.639	Hourly motion	9.400
R.A. of Moon	14 07 12.639	Hourly motion	139.552

	° ′ ″		′ ″
Declination of Sun	+12 52 20.76	Hourly motion	+ 0 49.38
Declination of Moon	−13 17 07.80	Hourly motion	−15 51.60
Equatorial hor. par. of Sun	8.74	True semidiameter of Sun	15 54.1
Equatorial hor. par. of Moon	60 48.27	True semidiameter of Moon	16 34.1

CIRCUMSTANCES OF THE ECLIPSE

	d h m
Moon enters penumbra	April 24 10 04.7
Moon enters umbra	24 11 02.8
Moon enters totality	24 12 10.3
Middle of the eclipse	24 12 42.6
Moon leaves totality	24 13 14.9
Moon leaves umbra	24 14 22.3
Moon leaves penumbra	24 15 20.4

Contacts of Umbra with Limb of Moon	Position Angles from the North Point	The Moon being in the Zenith in Longitude	Latitude
	°	° ′	° ′
First	94.4 to E.	−167 13.7	−12 45.8
Last	43.6 to W.	+144 41.8	−13 38.6

Magnitude of the eclipse 1.208

III.—*Annular-Total Eclipse of the Sun,* October 3.

ELEMENTS OF THE ECLIPSE

U.T. of geocentric conjunction in right ascension, October $3^d 18^h 06^m 26\overset{s}{.}134$

JD 2446707.2544691369

	h m s		s s
R.A. of Sun and Moon	12 37 36.909	Hourly Motions	9.082 and 122.924

	° ′ ″		′ ″
Declination of Sun	−4 03 09.79	Hourly motion	− 0 57.99
Declination of Moon	−2 56 58.87	Hourly motion	−16 31.01
Equatorial hor. par. of Sun	8.79	True semidiameter of Sun	15 59.2
Equatorial hor. par. of Moon	58 35.35	True semidiameter of Moon	15 57.9

CIRCUMSTANCES OF THE ECLIPSE

	U.T.	Longitude	Latitude
	d h m	° ′	° ′
Eclipse begins	October 3 16 57.4	−156 45.6	+68 31.1
Annular eclipse begins	3 18 55.5	− 25 56.9	+66 18.2
Total eclipse begins	3 18 56.9	− 32 15.8	+64 59.8
Total eclipse ends	3 19 14.8	− 31 34.9	+55 50.5
Annular eclipse ends	3 19 15.7	− 27 40.6	+55 41.7
Eclipse ends	3 21 13.5	− 51 57.6	+11 16.4

IV.—*Total Eclipse of the Moon,* October 17; the beginning of the umbral phase visible in New Zealand, Australia, western Pacific Ocean, eastern Antarctica, Asia, Europe except extreme west, Africa except the western extremity; the end visible in extreme western Australia, eastern Antarctica, Indian Ocean, Asia except the extreme eastern parts, Europe, Africa, Greenland, extreme northeastern North America, eastern South America, and the Atlantic Ocean.

ELEMENTS OF THE ECLIPSE

U.T. of geocentric opposition in right ascension, October $17^d19^h36^m51\overset{s}{.}057$

J.D. 2446721.3172576011

	h m s		s
R.A. of Sun	13 29 23.054	Hourly motion	9.350
R.A. of Moon	1 29 23.054	Hourly motion	114.624

	° ′ ″		′ ″
Declination of Sun	−9 21 43.42	Hourly motion	− 0 54.76
Declination of Moon	+9 41 45.20	Hourly motion	+14 18.43
Equatorial hor. par. of Sun	8.83	True semidiameter of Sun	16 03.1
Equatorial hor. par. of Moon	55 48.72	True semidiameter of Moon	15 12.5

CIRCUMSTANCES OF THE ECLIPSE

	d h m
Moon enters penumbra	October 17 16 19.7
Moon enters umbra	17 17 29.2
Moon enters totality	17 18 40.7
Middle of the eclipse	17 19 18.0
Moon leaves totality	17 19 55.2
Moon leaves umbra	17 21 06.7
Moon leaves penumbra	17 22 16.3

Contacts of Umbra with Limb of Moon	Position Angle from the North point	The Moon being in the Zenith in Longitude	Latitude
	°	° ′	° ′
First	81.2 to E.	+93 06.4	+ 9 11.2
Last	135.9 to W.	+40 19.4	+10 03.1

Magnitude of the eclipse 1.250

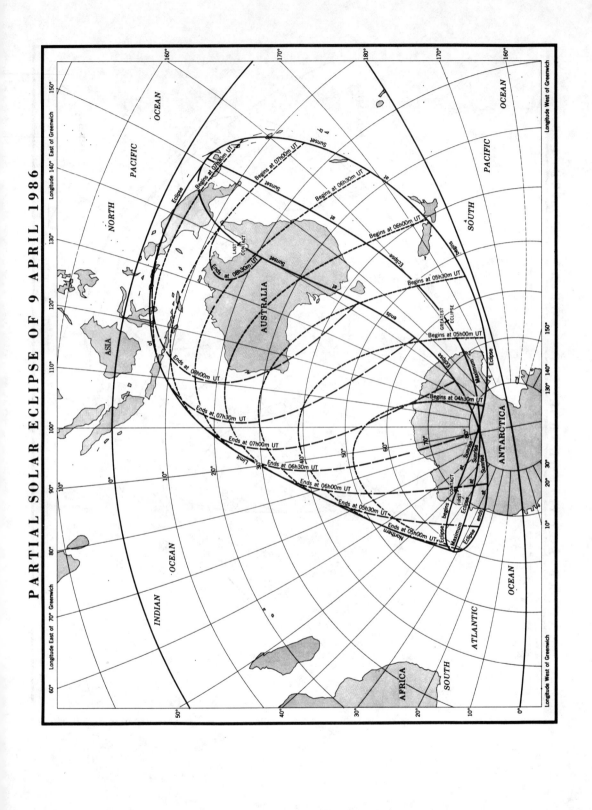

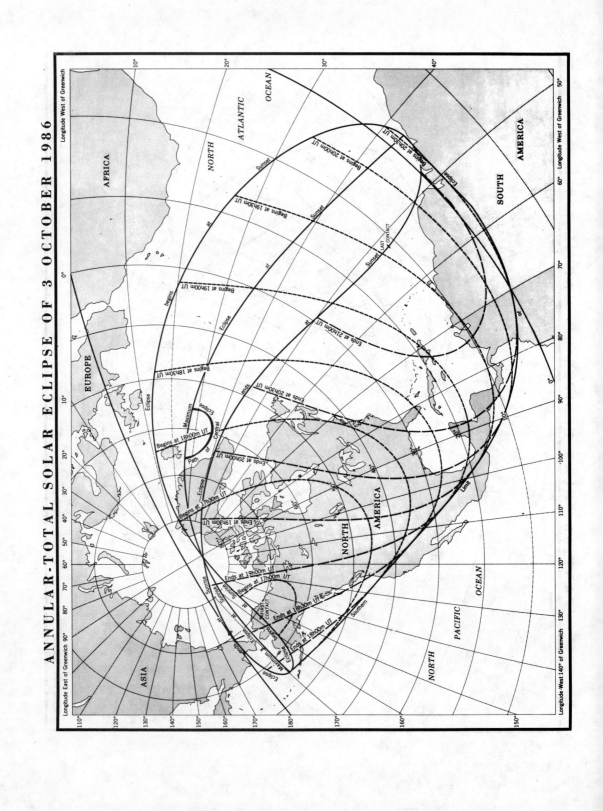

ECLIPSES, 1986

BESSELIAN ELEMENTS OF THE PARTIAL ECLIPSE OF THE SUN APRIL 9

U.T.		Intersection of Axis of Shadow with Fundamental Plane		Direction of Axis of Shadow			Radius of Shadow on Fundamental Plane
		x	y	sin d	cos d	μ	Penumbra
h	m					°	
4	00	−0.561998	−1.521519	+0.129676	0.991556	239.56289	0.563942
	10	0.485954	1.481295	.129719	.991551	242.06356	.563963
	20	0.409909	1.441070	.129763	.991545	244.56422	.563984
	30	0.333863	1.400844	.129806	.991539	247.06488	.564004
	40	0.257816	1.360617	.129849	.991534	249.56555	.564024
	50	0.181768	1.320390	.129892	.991528	252.06621	.564043
5	00	−0.105720	−1.280163	+0.129935	0.991523	254.56687	0.564062
	10	−0.029671	1.239934	.129978	.991517	257.06754	.564080
	20	+0.046379	1.199706	.130021	.991511	259.56820	.564097
	30	0.122429	1.159477	.130064	.991506	262.06886	.564114
	40	0.198478	1.119247	.130107	.991500	264.56953	.564131
	50	0.274528	1.079018	.130150	.991494	267.07019	.564146
6	00	+0.350577	−1.038789	+0.130193	0.991489	269.57085	0.564162
	10	0.426627	0.998559	.130237	.991483	272.07151	.564176
	20	0.502675	0.958330	.130280	.991477	274.57218	.564190
	30	0.578723	0.918101	.130323	.991472	277.07284	.564204
	40	0.654770	0.877872	.130366	.991466	279.57350	.564217
	50	0.730816	0.837643	.130409	.991460	282.07417	.564229
7	00	+0.806861	−0.797415	+0.130452	0.991455	284.57483	0.564241
	10	0.882905	0.757187	.130495	.991449	287.07549	.564252
	20	0.958947	0.716960	.130538	.991443	289.57615	.564263
	30	1.034988	0.676734	.130581	.991438	292.07681	.564273
	40	1.111027	0.636509	.130624	.991432	294.57748	.564282
	50	1.187064	0.596284	.130667	.991426	297.07814	.564291
8	00	+1.263100	−0.556060	+0.130710	0.991421	299.57880	0.564300
	10	1.339133	0.515837	.130753	.991415	302.07946	.564307
	20	1.415164	0.475615	.130796	.991409	304.58013	.564315
	30	1.491192	0.435395	.130840	.991404	307.08079	.564321
	40	1.567218	0.395176	.130883	.991398	309.58145	.564328
	50	+1.643241	−0.354958	+0.130926	0.991392	312.08211	0.564333

$\tan f_1$ 0.004669
μ' 0.261869 radians per hour
d' +0.000261 radians per hour

BESSELIAN ELEMENTS OF THE ANNULAR-TOTAL ECLIPSE OF THE SUN OCTOBER 3

U.T.		Intersection of Axis of Shadow with Fundamental Plane		Direction of Axis of Shadow			Radius of Shadow on Fundamental Plane	
		x	y	$\sin d$	$\cos d$	μ	Penumbra	Umbra
h	m					°		
16	40	−0.700578	+1.516264	−0.070335	0.997523	72.73843	0.546796	+0.000408
	50	0.619535	1.471865	.070380	.997520	75.23916	.546786	.000398
17	00	−0.538489	+1.427464	−0.070424	0.997517	77.73990	0.546776	+0.000338
	10	0.457441	1.383059	.070469	.997514	80.24064	.546765	.000377
	20	0.376390	1.338652	.070514	.997511	82.74137	.546753	.000366
	30	0.295337	1.294242	.070559	.997508	85.24211	.546741	.000354
	40	0.214282	1.249829	.070604	.997504	87.74285	.546728	.000341
	50	0.133225	1.205414	.070649	.997501	90.24358	.546715	.000327
18	00	−0.052167	+1.160996	−0.070694	0.997498	92.74432	0.546701	+0.000313
	10	+0.028894	1.116576	.070738	.997495	95.24506	.546686	.000299
	20	0.109955	1.072154	.070783	.997492	97.74579	.546670	.000283
	30	0.191017	1.027730	.070828	.997489	100.24653	.546654	.000267
	40	0.272081	0.983304	.070873	.997485	102.74726	.546637	.000250
	50	0.353145	0.938876	.070918	.997482	105.24800	.546620	.000233
19	00	+0.434209	+0.894446	−0.070963	0.997479	107.74874	0.546602	+0.000215
	10	0.515274	0.850015	.071008	.997476	110.24947	.546583	.000197
	20	0.596339	0.805582	.071052	.997473	112.75021	.546564	.000177
	30	0.677403	0.761148	.071097	.997469	115.25094	.546544	.000157
	40	0.758468	0.716712	.071142	.997466	117.75168	.546523	.000137
	50	0.839532	0.672275	.071187	.997463	120.25242	.546502	.000115
20	00	+0.920595	+0.627837	−0.071232	0.997460	122.75315	0.546480	+0.000094
	10	1.001657	0.583399	.071277	.997457	125.25389	.546457	.000071
	20	1.082719	0.538959	.071322	.997453	127.75462	.546434	.000048
	30	1.163779	0.494519	.071366	.997450	130.25536	.546410	+0.000024
	40	1.244837	0.450078	.071411	.997447	132.75609	.546385	0.000000
	50	1.325894	0.405636	.071456	.997444	135.25683	.546360	−0.000025
21	00	+1.406949	+0.361195	−0.071501	0.997441	137.75756	0.546334	−0.000051
	10	1.488002	0.316752	.071546	.997437	140.25830	.546308	.000078
	20	+1.569053	+0.272310	−0.071591	0.997434	142.75903	0.546280	−0.000105

$\tan f_1$ 0.004673
$\tan f_2$ 0.004650
μ' 0.261877 radians per hour
d' −0.000270 radians per hour

ECLIPSES, 1986

PATH OF CENTRAL PHASE DURING THE ECLIPSE OF THE SUN OCTOBER 3

U.T.	Annular Southern Limit / Total Northern Limit		Central Line		Annular Northern Limit / Total Southern Limit		Central Line	
	Latitude	Longitude	Latitude	Longitude	Latitude	Longitude	Duration of Central Phase	Altitude
	° ′	° ′	° ′	° ′	° ′	° ′	m s	°
Limits	+66 10	−25 57	+66 18	−25 57	+66 26	−25 57	0 03.0	
h m								
18 56	+65 44.9	−29 26.2	+65 40.0	−30 16.2	+65 41.9	−29 56.6	0 01.0 *	2
18 57	+64 53.7	−32 32.5	+64 54.1	−32 29.5	+64 53.9	−32 30.9	0 00.1	3
58	64 10.2	34 10.5	64 12.4	33 53.4	64 11.4	34 01.4	0 01.0	4
18 59	63 30.0	35 16.2	63 33.3	34 52.4	63 31.8	35 03.7	0 01.6	4
19 00	+62 52.1	−36 02.8	+62 56.1	−35 35.3	+62 54.2	−35 48.4	0 02.1	5
01	62 15.9	36 36.2	62 20.4	36 06.5	62 18.2	36 20.7	0 02.5	5
02	61 41.2	36 59.6	61 46.0	36 28.4	61 43.7	36 43.4	0 02.7	5
03	61 07.7	37 14.8	61 12.7	36 42.8	61 10.3	36 58.2	0 03.0	5
04	60 35.3	37 23.0	60 40.4	36 50.7	60 38.0	37 06.3	0 03.1	5
19 05	+60 04.0	−37 25.2	+60 09.2	−36 52.7	+60 06.7	−37 08.4	0 03.2	5
06	59 33.6	37 21.7	59 38.8	36 49.4	59 36.3	37 05.0	0 03.3	5
07	59 04.2	37 12.8	59 09.2	36 40.9	59 06.8	36 56.3	0 03.2	5
08	58 35.6	36 58.5	58 40.5	36 27.2	58 38.2	36 42.3	0 03.1	5
09	58 08.0	36 38.7	58 12.6	36 08.3	58 10.4	36 22.9	0 03.0	5
19 10	+57 41.2	−36 12.8	+57 45.5	−35 43.7	+57 43.5	−35 57.6	0 02.7	5
11	57 15.4	35 39.9	57 19.3	35 12.6	57 17.4	35 25.7	0 02.4	5
12	56 50.6	34 58.6	56 54.0	34 33.9	56 52.4	34 45.6	0 02.0	4
13	56 27.1	34 05.7	56 29.7	33 45.1	56 28.5	33 54.8	0 01.5	4
14	56 05.3	32 54.6	56 06.8	32 41.5	56 06.1	32 47.5	0 00.8 *	3
19 15	+55 46.9	−31 03.0	+55 46.2	−31 10.6	+55 46.5	−31 07.4	0 00.1	2
Limits	+55 49	−27 39	+55 42	−27 41	+55 35	−27 42	0 02.5	

*Total phase begins at 18ʰ56ᵐ.9 and ends at 19ʰ14ᵐ.8 UT.

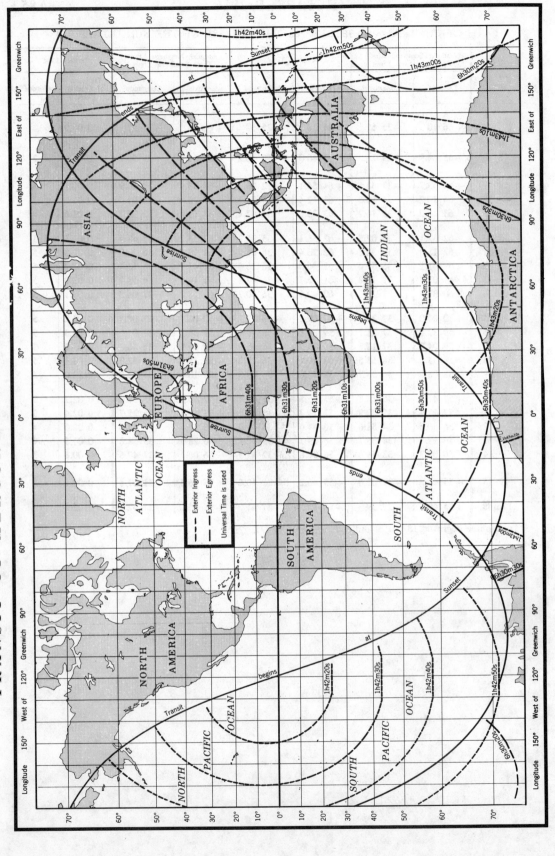

TRANSIT OF MERCURY, 1986

A transit of Mercury over the disk of the Sun will occur on November 13.

ELEMENTS OF THE TRANSIT

U.T. of conjunction in apparent geocentric longitude, November $13^d04^h18^m38\!\!^s\!2$

GEOCENTRIC PHASES

	U.T.				Position Angle P	Mercury being in the Zenith in	
		d	h	m	s	°	Longitude ° ′	Latitude ° ′
Ingress, exterior contact	Nov. 13	1	43	01.5	84.9	150 35	−17 49
Ingress, interior contact		1	44	56.5	84.6	150 06	−17 49
Least angular distance		4	07	00.4		114 22	−17 45
Egress, interior contact		6	29	08.1	322.9	78 36	−17 41
Egress, exterior contact		6	31	03.2	322.6	78 07	−17 41

Least angular distance $7'\,50\!\!^{\prime\prime}\!6$

The arguments are given provisionally in Universal Time, using $\Delta T(A) = +56^s$.

Define $\delta T = \Delta T - \Delta T(A)$. Once the value of ΔT is known, the data on these pages may be expressed in Universal Times as follows:

Convert all arguments in provisional Universal Time by subtracting δT.

Apply the correction $1.0027\delta T$ to μ and the longitudes in such a way that if δT is positive, μ decreases and the longitudes shift to the east.

Leave all other quantities unchanged.

The Universal Times of the four contacts for any point on the surface of the Earth may be computed from the four following formulae, in which ρ denotes the radius of the Earth at that point, ϕ' the geocentric latitude, and λ the longitude east from Greenwich; T^I and T^{II} are respectively the times of exterior and interior contacts at ingress, T^{III} and T^{IV} at egress.

$$T^I = 1^h\,43^m\,01\!\!^s\!5 - 4\!\!^s\!08\,\rho\sin\phi' + 47\!\!^s\!51\,\rho\cos\phi'\cos(59°\,00.0 - \lambda - 1.0027\delta T) - \delta T$$
$$T^{II} = 1\;\;44\;\;56.5 - 4.36\,\rho\sin\phi' + 47.63\,\rho\cos\phi'\cos(58°\,25.1 - \lambda - 1.0027\delta T) - \delta T$$
$$T^{III} = 6\;\;29\;\;08.1 + 36.21\,\rho\sin\phi' + 30.91\,\rho\cos\phi'\cos(10°\,32.8 - \lambda - 1.0027\delta T) - \delta T$$
$$T^{IV} = 6\;\;31\;\;03.1 + 35.94\,\rho\sin\phi' + 31.00\,\rho\cos\phi'\cos(09°\,50.0 - \lambda - 1.0027\delta T) - \delta T$$

The position angle P of the point of contact, reckoned from the north point of the limb of the Sun toward the east, may be taken as equal to its geocentric value given above. The position angle V of the point of contact, reckoned from the vertex of the limb of the Sun toward the east, is found by

$$V = P - C,$$

where C, the parallactic angle, is given by

$$\tan C = \frac{\cos\phi\sin h}{\sin\phi\cos\delta - \cos\phi\sin\delta\cos h}$$

in which ϕ is the latitude of the place, δ is the declination of the Sun and h is the local hour angle of the Sun; $\sin C$ has the same algebraic sign as $\sin h$.

Accurate local circumstances may be calculated as follows.

Let the quantities u, u', v, v' and L be expressed in the form

$$A + B\rho \sin \phi' + \rho \cos \phi' (C \sin t + D \cos t),$$

where A, B, C, D and t are tabulated below, with subscripts 1, 2, 3, 4 for the four contacts.

Let T_0 be the provisional Universal Time of geocentric contact. The corresponding Universal Time T of local contact will be given by

$$T = T_0 + \tau,$$

where

$$\tau = 3600 \left[\frac{L \cos \psi}{n} - \frac{uu' + vv'}{n^2} \right],$$

$$n^2 = u'^2 + v'^2,$$

$$\sin \psi = \frac{1}{nL}(uv' - u'v);$$

$\cos \psi$ is negative for ingress, positive for egress; τ is in seconds. If δT is used, the Universal Time of local contact is $T - \delta T$.

	u	u'	v	v'	L
A_1	−3.57410	−0.54140	−9.54428	+3.67603	10.19152
B_1	+0.03953	0.0	−0.01093	+0.00001	0.00006
C_1	−0.01714	0.0	−0.02520	−0.00869	0.00014
D_1	0.0	−0.00450	+0.03319	−0.00660	0.00013
A_2	−3.59139	−0.54141	−9.42683	+3.67613	10.08775
B_2	+0.03953	0.0	−0.01093	+0.00001	0.00006
C_2	−0.01714	0.0	−0.02520	−0.00869	0.00014
D_2	0.0	−0.00450	+0.03319	−0.00660	0.00013
A_3	−6.15898	−0.54271	+8.01993	+3.69066	10.11195
B_3	+0.03953	0.0	−0.01088	+0.00001	0.00006
C_3	−0.01714	0.0	−0.02510	−0.00872	0.00014
D_3	0.0	−0.00450	+0.03329	−0.00657	0.00013
A_4	−6.17633	−0.54272	+8.13786	+3.69076	10.21621
B_4	+0.03953	0.0	−0.01088	+0.00001	0.00006
C_4	−0.01714	0.0	−0.02510	−0.00872	0.00014
D_4	0.0	−0.00450	+0.03329	−0.00657	0.00013

$$t_1 = 77° \; 38.5' + \lambda + 1.00278 T$$
$$t_2 = 78° \; 07.4' + \lambda + 1.00278 T$$
$$t_3 = 149° \; 22.0' + \lambda + 1.00278 T$$
$$t_4 = 149° \; 50.8' + \lambda + 1.00278 T$$

In general, the times of local contacts computed with this table will differ very little from those obtained with the formulae on the preceding page. However, for transits in which the least angular distance of Mercury and the Sun is almost equal to the semidiameter of the Sun, the difference may amount to several seconds.

TIME-SCALES AND COORDINATE SYSTEMS, 1986

CONTENTS OF SECTION B

	PAGE
Calendar	
Days of week, month and year; chronological cycles; religious calendars	B2
Time-scales	
Julian date; notation for time-scales	B4
Relationships between time-scales	B5
Relationships between universal time, sidereal time, and hour angle	B6
Examples of conversions between universal and sidereal times	B7
Universal and sidereal times—daily ephemeris	B8
Reduction of celestial coordinates	
Purpose and arrangement; notation and units	B16
Approximate reduction for proper motion and annual parallax	B16
Approximate reduction for annual aberration and light-deflection	B17
Classical reduction for planetary aberration	B17
Reduction for precession—rigorous formulae	B18
Reduction for precession—approximate formulae	B19
Approximate reduction for nutation, and for precession and nutation	B20
Differential precession, nutation and aberration; astrometric positions	B21
Formulae and examples using day numbers	B22
Nutation, obliquity and Besselian day numbers—daily ephemeris	B24
Second-order day numbers	B32
Planetary reduction; rigorous formulae, method and example	B36
Solar reduction; rigorous formulae and method	B39
Stellar reduction; rigorous formulae, method and example	B39
Rectangular coordinates and velocity components of the Earth	B42
Matrix coefficients for reduction of direction cosines—daily ephemeris	B43
Conversion of stellar position from B1950·0 to J2000·0	B58
Reduction for polar motion	B59
Reduction for diurnal parallax and diurnal aberration	B60
Conversion to altitude and azimuth	B60
Correction for refraction	B61
Pole star table and formulae	
Use of Polaris table	B61
Polaris table	B62
Pole star formulae	B66

NOTE

The tables and formulae in this section were revised in 1984 to bring them into accordance with the recommendations of the International Astronomical Union at its General Assemblies in 1976, 1979 and 1982. They are intended for use with the new dynamical time-scales, the new FK5 celestial reference system and the new standard epoch of J2000·0, and formulae are given for the computation of relativistic effects in the reduction from mean to apparent place. Except when the highest precision is required it is possible, however, to continue to use the classical methods (e.g. to use day numbers), but the catalogue position should be reduced to the FK5 system and to the standard equinox of J2000·0 as explained in the Supplement to the Almanac for 1984, and precession should be applied to give the mean place for the *middle* of the year as the starting point for the reduction from mean to apparent place when day numbers are to be used.

Background information about the new time and coordinate reference systems, and about the changes in the procedures, are given in the Explanation and in the Supplement to the Almanac for 1984.

CALENDAR, 1986

Day of Month	JANUARY Day of Week	Day of Year	FEBRUARY Day of Week	Day of Year	MARCH Day of Week	Day of Year	APRIL Day of Week	Day of Year	MAY Day of Week	Day of Year	JUNE Day of Week	Day of Year
1	Wed.	1	Sat.	32	Sat.	60	Tue.	91	Thu.	121	Sun.	152
2	Thu.	2	Sun.	33	Sun.	61	Wed.	92	Fri.	122	Mon.	153
3	Fri.	3	Mon.	34	Mon.	62	Thu.	93	Sat.	123	Tue.	154
4	Sat.	4	Tue.	35	Tue.	63	Fri.	94	Sun.	124	Wed.	155
5	Sun.	5	Wed.	36	Wed.	64	Sat.	95	Mon.	125	Thu.	156
6	Mon.	6	Thu.	37	Thu.	65	Sun.	96	Tue.	126	Fri.	157
7	Tue.	7	Fri.	38	Fri.	66	Mon.	97	Wed.	127	Sat.	158
8	Wed.	8	Sat.	39	Sat.	67	Tue.	98	Thu.	128	Sun.	159
9	Thu.	9	Sun.	40	Sun.	68	Wed.	99	Fri.	129	Mon.	160
10	Fri.	10	Mon.	41	Mon.	69	Thu.	100	Sat.	130	Tue.	161
11	Sat.	11	Tue.	42	Tue.	70	Fri.	101	Sun.	131	Wed.	162
12	Sun.	12	Wed.	43	Wed.	71	Sat.	102	Mon.	132	Thu.	163
13	Mon.	13	Thu.	44	Thu.	72	Sun.	103	Tue.	133	Fri.	164
14	Tue.	14	Fri.	45	Fri.	73	Mon.	104	Wed.	134	Sat.	165
15	Wed.	15	Sat.	46	Sat.	74	Tue.	105	Thu.	135	Sun.	166
16	Thu.	16	Sun.	47	Sun.	75	Wed.	106	Fri.	136	Mon.	167
17	Fri.	17	Mon.	48	Mon.	76	Thu.	107	Sat.	137	Tue.	168
18	Sat.	18	Tue.	49	Tue.	77	Fri.	108	Sun.	138	Wed.	169
19	Sun.	19	Wed.	50	Wed.	78	Sat.	109	Mon.	139	Thu.	170
20	Mon.	20	Thu.	51	Thu.	79	Sun.	110	Tue.	140	Fri.	171
21	Tue.	21	Fri.	52	Fri.	80	Mon.	111	Wed.	141	Sat.	172
22	Wed.	22	Sat.	53	Sat.	81	Tue.	112	Thu.	142	Sun.	173
23	Thu.	23	Sun.	54	Sun.	82	Wed.	113	Fri.	143	Mon.	174
24	Fri.	24	Mon.	55	Mon.	83	Thu.	114	Sat.	144	Tue.	175
25	Sat.	25	Tues.	56	Tues.	84	Fri.	115	Sun.	145	Wed.	176
26	Sun.	26	Wed.	57	Wed.	85	Sat.	116	Mon.	146	Thu.	177
27	Mon.	27	Thu.	58	Thu.	86	Sun.	117	Tue.	147	Fri.	178
28	Tue.	28	Fri.	59	Fri.	87	Mon.	118	Wed.	148	Sat.	179
29	Wed.	29			Sat.	88	Tue.	119	Thu.	149	Sun.	180
30	Thu.	30			Sun.	89	Wed.	120	Fri.	150	Mon.	181
31	Fri.	31			Mon.	90			Sat.	151		

CHRONOLOGICAL CYCLES AND ERAS

Dominical Letter	E	Julian Period (year of)	6699
Epact	19	Roman Indiction	9
Golden Number (Lunar Cycle)	XI	Solar Cycle	7

All dates are given in terms of the Gregorian calendar in which
1986 January 14 corresponds to 1986 January 1 of the Julian calendar.

ERA	YEAR	BEGINS	ERA	YEAR	BEGINS
Byzantine	7495	Sept. 14	Grecian (Seleucidæ)	2298	Sept. 14
Jewish (A.M.)*	5747	Oct. 3			(or Oct. 14)
Chinese	(4623)	Feb. 9	Indian (Saka)	1908	Mar. 22
Roman (A.U.C.)	2739	Jan. 14	Diocletian	1703	Sept. 11
Nabonassar	2735	Apr. 27	Islamic (Hegira)*	1407	Sept. 5
Japanese	2646	Jan. 1			

*Year begins at sunset.

CALENDAR, 1986

Day of Month	JULY Day of Week	Day of Year	AUGUST Day of Week	Day of Year	SEPTEMBER Day of Week	Day of Year	OCTOBER Day of Week	Day of Year	NOVEMBER Day of Week	Day of Year	DECEMBER Day of Week	Day of Year
1	Tue.	182	Fri.	213	Mon.	244	Wed.	274	Sat.	305	Mon.	335
2	Wed.	183	Sat.	214	Tue.	245	Thu.	275	Sun.	306	Tue.	336
3	Thu.	184	Sun.	215	Wed.	246	Fri.	276	Mon.	307	Wed.	337
4	Fri.	185	Mon.	216	Thu.	247	Sat.	277	Tue.	308	Thu.	338
5	Sat.	186	Tue.	217	Fri.	248	Sun.	278	Wed.	309	Fri.	339
6	Sun.	187	Wed.	218	Sat.	249	Mon.	279	Thu.	310	Sat.	340
7	Mon.	188	Thu.	219	Sun.	250	Tue.	280	Fri.	311	Sun.	341
8	Tue.	189	Fri.	220	Mon.	251	Wed.	281	Sat.	312	Mon.	342
9	Wed.	190	Sat.	221	Tue.	252	Thu.	282	Sun.	313	Tue.	343
10	Thu.	191	Sun.	222	Wed.	253	Fri.	283	Mon.	314	Wed.	344
11	Fri.	192	Mon.	223	Thu.	254	Sat.	284	Tue.	315	Thu.	345
12	Sat.	193	Tue.	224	Fri.	255	Sun.	285	Wed.	316	Fri.	346
13	Sun.	194	Wed.	225	Sat.	256	Mon.	286	Thu.	317	Sat.	347
14	Mon.	195	Thu.	226	Sun.	257	Tue.	287	Fri.	318	Sun.	348
15	Tue.	196	Fri.	227	Mon.	258	Wed.	288	Sat.	319	Mon.	349
16	Wed.	197	Sat.	228	Tue.	259	Thu.	289	Sun.	320	Tue.	350
17	Thu.	198	Sun.	229	Wed.	260	Fri.	290	Mon.	321	Wed.	351
18	Fri.	199	Mon.	230	Thu.	261	Sat.	291	Tue.	322	Thu.	352
19	Sat.	200	Tue.	231	Fri.	262	Sun.	292	Wed.	323	Fri.	353
20	Sun.	201	Wed.	232	Sat.	263	Mon.	293	Thu.	324	Sat.	354
21	Mon.	202	Thu.	233	Sun.	264	Tue.	294	Fri.	325	Sun.	355
22	Tue.	203	Fri.	234	Mon.	265	Wed.	295	Sat.	326	Mon.	356
23	Wed.	204	Sat.	235	Tue.	266	Thu.	296	Sun.	327	Tue.	357
24	Thu.	205	Sun.	236	Wed.	267	Fri.	297	Mon.	328	Wed.	358
25	Fri.	206	Mon.	237	Thu.	268	Sat.	298	Tue.	329	Thu.	359
26	Sat.	207	Tue.	238	Fri.	269	Sun.	299	Wed.	330	Fri.	360
27	Sun.	208	Wed.	239	Sat.	270	Mon.	300	Thu.	331	Sat.	361
28	Mon.	209	Thu.	240	Sun.	271	Tue.	301	Fri.	332	Sun.	362
29	Tue.	210	Fri.	241	Mon.	272	Wed.	302	Sat.	333	Mon.	363
30	Wed.	211	Sat.	242	Tue.	273	Thu.	303	Sun.	334	Tue.	364
31	Thu.	212	Sun.	243			Fri.	304			Wed.	365

RELIGIOUS CALENDARS

Epiphany	Jan. 6
Ash Wednesday	Feb. 12
Palm Sunday	Mar. 23
Good Friday	Mar. 28
Easter Day	Mar. 30
Ascension Day	May 8
Whit Sunday—Pentecost	May 18
Trinity Sunday	May 25
First Sunday in Advent	Nov. 30
Christmas Day (Thursday)	Dec. 25
First Day of Passover (Pesach)	Apr. 24
Feast of Weeks (Shavuot)	June 13
Jewish New Year (tabular) (Rosh Hashanah)	Oct. 4
Day of Atonement (Yom Kippur)	Oct. 13
First day of Tabernacles (Succoth)	Oct. 18
Islamic New Year (tabular)	Sept. 6
First day of Ramadân (tabular)	May 10

The Jewish and Islamic dates above are tabular dates, which begin at sunset on the previous evening and end at sunset on the date tabulated. In practice, the dates of Islamic fasts and festivals are determined by an actual sighting of the appropriate new moon.

Julian date

A tabulation of Julian date (JD) at 0^h UT against calendar date is given with the ephemeris of universal and sidereal times on pages B8–B15. The following relationship holds during 1986:

Julian date = 244 6430·5 + day of year + fraction of day from 0^h UT

where the day of the year for the current year of the Gregorian calendar is given on pages B2–B3. The following table gives the Julian dates at day 0 of each month of 1986:

0^h UT	JD	0^h UT	JD	0^h UT	JD	0^h UT	JD
Jan. 0	244 6430·5	Apr. 0	244 6520·5	July 0	244 6611·5	Oct. 0	244 6703·5
Feb. 0	244 6461·5	May 0	244 6550·5	Aug. 0	244 6642·5	Nov. 0	244 6734·5
Mar. 0	244 6489·5	June 0	244 6581·5	Sept. 0	244 6673·5	Dec. 0	244 6764·5

Tabulations of Julian date against calendar date for other years are given on pages K2–K4. Other relevant dates are:

400-day date, JD 244 6800·5 = 1987 January 5·0

Standard epoch, 1900 January 0, 12^h UT = JD 241 5020·000
B1950·0 = 1950 Jan. 0·923 = JD 243 3282·423
B1986·0 = 1986 Jan. 0·643 = JD 244 6431·143
J1986·5 = 1986 July 2·625 = JD 244 6614·125
J2000·0 = 2000 Jan. 1·5 = JD 245 1545·0

The fraction of the year from 1986·5 is tabulated with the Besselian day numbers on pages B24–B31.

The "*modified Julian date*" (MJD) is the Julian date minus 240 0000·5 and in 1986 is given by: MJD = 4 6430·0 + day of year + fraction of day from 0^h UT.

A date may also be expressed in years as a Julian epoch, or for some purposes as a Besselian epoch using:

Julian epoch = J[2000·0 + (JD − 245 1545·0)/365·25]
Besselian epoch = B[1900·0 + (JD − 241 5020·313 52)/365·242 198 781]

where JD is the Julian date; the prefixes J and B may be omitted only where the context, or precision, make them superfluous.

Notation for time-scales

A summary of the notation for time-scales and related quantities used in this Almanac is given below. Additional information is given in the Glossary, in the Explanation and in the Supplement to the Almanac for 1984.

UT = UT1; universal time; counted from 0^h at midnight; unit is mean solar day
UT0 local approximation to universal time; not corrected for polar motion
GMST Greenwich mean sidereal time; GHA of mean equinox of date
GAST Greenwich apparent sidereal time; GHA of true equinox of date
TAI international atomic time; unit is the SI second
UTC coordinated universal time; differs from TAI by an integral number of seconds, and is the basis of most radio time signals and legal time systems
ΔUT = UT − UTC; increment to be applied to UTC to give UT
DUT = predicted value of ΔUT, rounded to $0^s \cdot 1$, given in some radio time signals

Notation for time-scales (continued)

ET ephemeris time; was used in dynamical theories and in the Almanac from 1960–1983; but is now replaced by TDT and TDB

TDT terrestrial dynamical time; used as time-scale of ephemerides for observations from the Earth's surface. TDT = TAI + $32^s \cdot 184$

TDB barycentric dynamical time; used as time-scale of ephemerides referred to the barycentre of the solar system

ΔT = ET − UT (prior to 1984); increment to be applied to UT to give ET

ΔT = TDT − UT (1984 onwards); increment to be applied to UT to give TDT

ΔT = TAI + $32^s \cdot 184$ − UT

ΔAT = TAI − UTC; increment to be applied to UTC to give TAI

ΔET = ET − UTC; increment to be applied to UTC to give ET

ΔTT = TDT − UTC; increment to be applied to UTC to give TDT

For most purposes, ET up to 1983 December 31 and TDT from 1984 January 1 can be regarded as a continuous time-scale. Values of ΔT for the years 1620 onwards are given on pages K8–K9.

The name Greenwich mean time (GMT) is not used in this Almanac since it is ambiguous and is now used, although not in astronomy, in the sense of UTC in addition to the earlier sense of UT; prior to 1925 it was reckoned for astronomical purposes from Greenwich mean noon (12^h UT).

Relationships between time-scales

The relationships between universal and sidereal times are described on page B6 and a daily ephemeris is given on pages B8–B15; examples of the use of the ephemeris are given on page B7.

The scale of coordinated universal time (UTC) contains step adjustments of exactly one second (leap seconds) so that universal time (UT) may be obtained directly from it with an accuracy of 1 second or better and so that international atomic time (TAI) may be obtained by the addition of an integral number of seconds. The step adjustments are usually inserted after the 60th second of the last minute of December 31 or June 30. Values of the differences ΔAT for 1972 onwards are given on page K9. Accurate values of the increment ΔUT to be applied to UTC to give UT are derived from observations, but predicted values are transmitted in code in some time signals.

The differences between the terrestrial and barycentric dynamical time-scales (due to the variations in gravitational potential around the Earth's orbit) are given by:

$$\text{TDB} = \text{TDT} + 0^s \cdot 001\,658 \sin g + 0^s \cdot 000\,014 \sin 2g$$
$$g = 357^\circ \cdot 53 + 0^\circ \cdot 985\,600\,28\,(\text{JD} - 245\,1545 \cdot 0)$$

where higher-order terms are neglected and g is the mean anomaly of the Earth in its orbit around the Sun. For the current year

$$g = 356^\circ \cdot 68 + 0^\circ \cdot 985\,600\,28 d$$

where d is the day of the year tabulated on pages B2–B3.

Relationships between universal and sidereal time

The ephemeris of universal and sidereal times on pages B8–B15 is primarily intended to facilitate the conversion of universal time to local apparent sidereal time, and vice versa, for use in the computation and reduction of quantities dependent on local hour angle. Numerical examples of such conversions using the ephemeris and other tables are given opposite on page B7. Alternatively, such conversions may be carried out using the basic formulae and numerical coefficients given below.

Universal time is defined in terms of Greenwich mean sidereal time, (i.e. the Greenwich hour angle (GHA) of the mean equinox of date), by:

$$\text{GMST at } 0^h \text{ UT} = 24\,110^s\!\cdot\!548\,41 + 8640\,184^s\!\cdot\!812\,866\, T_U \\ + 0^s\!\cdot\!093\,104\, T_U^2 - 6^s\!\cdot\!2 \times 10^{-6}\, T_U^3$$

where $T_U = (\text{JD} - 245\,1545\!\cdot\!0)/36\,525$

T_U is the interval of time, measured in Julian centuries of 36 525 days of universal time (mean solar days), elapsed since the epoch 2000 January $1^d\,12^h$ UT.

The following relationship holds during 1986:

on day of year d at t^h UT, GMST $= 6^h\!\cdot\!624\,4781 + 0^h\!\cdot\!065\,709\,8242\, d + 1^h\!\cdot\!002\,737\,91\, t$

where the day of year d is tabulated on pages B2–B3. Add or subtract multiples of 24^h as necessary.

In 1986: 1 mean solar day = $1\!\cdot\!002\,737\,909\,34$ mean sidereal days
  $= 24^h\,03^m\,56^s\!\cdot\!555\,37$ of mean sidereal time
 1 mean sidereal day = $0\!\cdot\!997\,269\,566\,34$ mean solar days
  $= 23^h\,56^m\,04^s\!\cdot\!090\,53$ of mean solar time

Greenwich apparent sidereal time (i.e. the Greenwich hour angle of the true equinox of date) is given by:

$$\text{GAST} = \text{GMST} + \text{equation of equinoxes}$$

The equation of the equinoxes is tabulated on pages B8–B15 at 0^h UT for each day and should be interpolated to the required time if full precision is required; it is equal to the total nutation in longitude multiplied by the cosine of the true obliquity of the ecliptic.

Relationships with local time and hour angle

The following general relationships are used:

local mean solar time = universal time + east longitude
local mean sidereal time = Greenwich mean sidereal time + east longitude
local apparent sidereal time = local mean sidereal time + equation of equinoxes
 = Greenwich apparent sidereal time + east longitude
local hour angle = local apparent sidereal time − apparent right ascension
 = local mean sidereal time
  − (apparent right ascension − equation of equinoxes)

A further small correction for the effect of polar motion is required in the reduction of very precise observations; for details see page B59.

Examples of the use of the ephemeris of universal and sidereal times

1. *Conversion of universal time to local sidereal time*

To find the local apparent sidereal time at $09^h\ 44^m\ 30^s$ UT on 1986 July 8 in longitude $80°\ 22'\ 55''\cdot79$ west.

	h m s
Greenwich mean sidereal time July 8 at 0^h UT is (page B12)	19 02 37·0855
Add the equivalent mean sidereal time interval from 0^h to $09^h\ 44^m\ 30^s$ UT (multiply UT interval by 1·002 737 9093)	9 46 06·0185
Greenwich mean sidereal time at required UT:	4 48 43·1040
Add equation of equinoxes, interpolated using second-order differences to approximate UT $= 0^d\cdot41$	−0·3974
Greenwich apparent sidereal time:	4 48 42·7066
Subtract west longitude (add east longitude)	5 21 31·7193
Local apparent sidereal time:	23 27 10·9873

The calculation for local mean sidereal time is similar, but omit the step which allows for the equation of the equinoxes.

2. *Conversion of local sidereal time to universal time*

To find the universal time at $23^h\ 27^m\ 10^s\cdot9873$ local apparent sidereal time on 1986 July 8 in longitude $80°\ 22'\ 55''\cdot79$ west.

	h m
Local apparent sidereal time:	23 27 10·9873
Add west longitude (subtract east longitude)	5 21 31·7193
Greenwich apparent sidereal time:	4 48 42·7066
Subtract equation of equinoxes, interpolated using second-order differences to approximate UT $= 0^d\cdot41$	−0·3974
Greenwich mean sidereal time:	4 48 43·1040
Subtract Greenwich mean sidereal time at 0^h UT	19 02 37·0855
Mean sidereal time interval from 0^h UT:	9 46 06·0185
Equivalent UT interval (multiply mean sidereal time interval by 0·997 269 5663)	9 44 30·0000

The conversion of mean sidereal time to universal time is carried out by a similar procedure; omit the step which allows for the equation of the equinoxes.

UNIVERSAL AND SIDEREAL TIMES, 1986

Date 0ʰ U.T.		Julian Date	G. SIDEREAL TIME (G. H. A. of the Equinox) Apparent	Mean	Equation of Equinoxes at 0ʰ U.T.	G.S.D. 0ʰ G.S.T.	U.T. at 0ʰ G.M.S.T. (Greenwich Transit of the Mean Equinox)		
		244	h m s	s	s	245		h m s	
Jan.	0	6430.5	6 37 27.5538	28.1211	−0.5673	3130.0	Jan.	0 17 19 41.0852	
	1	6431.5	6 41 24.1100	24.6764	.5664	3131.0		1 17 15 45.1757	
	2	6432.5	6 45 20.6635	21.2318	.5683	3132.0		2 17 11 49.2662	
	3	6433.5	6 49 17.2154	17.7872	.5717	3133.0		3 17 07 53.3568	
	4	6434.5	6 53 13.7672	14.3425	.5753	3134.0		4 17 03 57.4473	
	5	6435.5	6 57 10.3206	10.8979	−0.5773	3135.0		5 17 00 01.5378	
	6	6436.5	7 01 06.8774	07.4533	.5759	3136.0		6 16 56 05.6284	
	7	6437.5	7 05 03.4384	04.0086	.5703	3137.0		7 16 52 09.7189	
	8	6438.5	7 09 00.0034	00.5640	.5606	3138.0		8 16 48 13.8094	
	9	6439.5	7 12 56.5712	57.1194	.5481	3139.0		9 16 44 17.9000	
	10	6440.5	7 16 53.1395	53.6747	−0.5352	3140.0		10 16 40 21.9905	
	11	6441.5	7 20 49.7058	50.2301	.5243	3141.0		11 16 36 26.0810	
	12	6442.5	7 24 46.2686	46.7855	.5169	3142.0		12 16 32 30.1716	
	13	6443.5	7 28 42.8271	43.3408	.5137	3143.0		13 16 28 34.2621	
	14	6444.5	7 32 39.3819	39.8962	.5143	3144.0		14 16 24 38.3526	
	15	6445.5	7 36 35.9341	36.4516	−0.5175	3145.0		15 16 20 42.4431	
	16	6446.5	7 40 32.4851	33.0069	.5218	3146.0		16 16 16 46.5337	
	17	6447.5	7 44 29.0362	29.5623	.5261	3147.0		17 16 12 50.6242	
	18	6448.5	7 48 25.5885	26.1177	.5291	3148.0		18 16 08 54.7147	
	19	6449.5	7 52 22.1428	22.6730	.5302	3149.0		19 16 04 58.8053	
	20	6450.5	7 56 18.6994	19.2284	−0.5290	3150.0		20 16 01 02.8958	
	21	6451.5	8 00 15.2584	15.7838	.5254	3151.0		21 15 57 06.9863	
	22	6452.5	8 04 11.8195	12.3391	.5196	3152.0		22 15 53 11.0769	
	23	6453.5	8 08 08.3821	08.8945	.5124	3153.0		23 15 49 15.1674	
	24	6454.5	8 12 04.9453	05.4499	.5046	3154.0		24 15 45 19.2579	
	25	6455.5	8 16 01.5080	02.0052	−0.4973	3155.0		25 15 41 23.3485	
	26	6456.5	8 19 58.0689	58.5606	.4918	3156.0		26 15 37 27.4390	
	27	6457.5	8 23 54.6271	55.1160	.4889	3157.0		27 15 33 31.5295	
	28	6458.5	8 27 51.1821	51.6713	.4892	3158.0		28 15 29 35.6201	
	29	6459.5	8 31 47.7342	48.2267	.4925	3159.0		29 15 25 39.7106	
	30	6460.5	8 35 44.2842	44.7821	−0.4979	3160.0		30 15 21 43.8011	
	31	6461.5	8 39 40.8337	41.3374	.5038	3161.0		31 15 17 47.8917	
Feb.	1	6462.5	8 43 37.3844	37.8928	.5084	3162.0	Feb.	1 15 13 51.9822	
	2	6463.5	8 47 33.9379	34.4482	.5103	3163.0		2 15 09 56.0727	
	3	6464.5	8 51 30.4952	31.0036	.5083	3164.0		3 15 06 00.1632	
	4	6465.5	8 55 27.0564	27.5589	−0.5025	3165.0		4 15 02 04.2538	
	5	6466.5	8 59 23.6205	24.1143	.4938	3166.0		5 14 58 08.3443	
	6	6467.5	9 03 20.1857	20.6697	.4840	3167.0		6 14 54 12.4348	
	7	6468.5	9 07 16.7500	17.2250	.4751	3168.0		7 14 50 16.5254	
	8	6469.5	9 11 13.3114	13.7804	.4690	3169.0		8 14 46 20.6159	
	9	6470.5	9 15 09.8689	10.3358	−0.4668	3170.0		9 14 42 24.7064	
	10	6471.5	9 19 06.4225	06.8911	.4686	3171.0		10 14 38 28.7970	
	11	6472.5	9 23 02.9729	03.4465	.4736	3172.0		11 14 34 32.8875	
	12	6473.5	9 26 59.5215	60.0019	.4804	3173.0		12 14 30 36.9780	
	13	6474.5	9 30 56.0697	56.5572	.4875	3174.0		13 14 26 41.0686	
	14	6475.5	9 34 52.6188	53.1126	−0.4938	3175.0		14 14 22 45.1591	
	15	6476.5	9 38 49.1697	49.6680	−0.4982	3176.0		15 14 18 49.2496	

UNIVERSAL AND SIDEREAL TIMES, 1986

Date 0ʰ U.T.	Julian Date	G. SIDEREAL TIME (G. H. A. of the Equinox) Apparent	Mean	Equation of Equinoxes at 0ʰ U.T.	G.S.D. 0ʰ G.S.T.	U.T. at 0ʰ G.M.S.T. (Greenwich Transit of the Mean Equinox)
	244	h m s	s	s	245	h m s
Feb. 15	6476.5	9 38 49.1697	49.6680	−0.4982	3176.0	Feb. 15 14 18 49.2496
16	6477.5	9 42 45.7229	46.2233	.5004	3177.0	16 14 14 53.3402
17	6478.5	9 46 42.2785	42.7787	.5002	3178.0	17 14 10 57.4307
18	6479.5	9 50 38.8363	39.3341	.4978	3179.0	18 14 07 01.5212
19	6480.5	9 54 35.3958	35.8894	.4937	3180.0	19 14 03 05.6118
20	6481.5	9 58 31.9562	32.4448	−0.4886	3181.0	20 13 59 09.7023
21	6482.5	10 02 28.5164	29.0002	.4837	3182.0	21 13 55 13.7928
22	6483.5	10 06 25.0755	25.5555	.4800	3183.0	22 13 51 17.8833
23	6484.5	10 10 21.6322	22.1109	.4787	3184.0	23 13 47 21.9739
24	6485.5	10 14 18.1859	18.6663	.4804	3185.0	24 13 43 26.0644
25	6486.5	10 18 14.7363	15.2216	−0.4853	3186.0	25 13 39 30.1549
26	6487.5	10 22 11.2842	11.7770	.4928	3187.0	26 13 35 34.2455
27	6488.5	10 26 07.8310	08.3324	.5013	3188.0	27 13 31 38.3360
28	6489.5	10 30 04.3787	04.8877	.5090	3189.0	28 13 27 42.4265
Mar. 1	6490.5	10 34 00.9291	01.4431	.5140	3190.0	Mar. 1 13 23 46.5171
2	6491.5	10 37 57.4832	57.9985	−0.5153	3191.0	2 13 19 50.6076
3	6492.5	10 41 54.0412	54.5538	.5126	3192.0	3 13 15 54.6981
4	6493.5	10 45 50.6023	51.1092	.5069	3193.0	4 13 11 58.7887
5	6494.5	10 49 47.1648	47.6646	.4998	3194.0	5 13 08 02.8792
6	6495.5	10 53 43.7268	44.2199	.4931	3195.0	6 13 04 06.9697
7	6496.5	10 57 40.2866	40.7753	−0.4887	3196.0	7 13 00 11.0603
8	6497.5	11 01 36.8429	37.3307	.4878	3197.0	8 12 56 15.1508
9	6498.5	11 05 33.3955	33.8860	.4906	3198.0	9 12 52 19.2413
10	6499.5	11 09 29.9448	30.4414	.4966	3199.0	10 12 48 23.3319
11	6500.5	11 13 26.4918	26.9968	.5049	3200.0	11 12 44 27.4224
12	6501.5	11 17 23.0381	23.5521	−0.5140	3201.0	12 12 40 31.5129
13	6502.5	11 21 19.5849	20.1075	.5226	3202.0	13 12 36 35.6034
14	6503.5	11 25 16.1333	16.6629	.5295	3203.0	14 12 32 39.6940
15	6504.5	11 29 12.6840	13.2182	.5342	3204.0	15 12 28 43.7845
16	6505.5	11 33 09.2372	09.7736	.5364	3205.0	16 12 24 47.8750
17	6506.5	11 37 05.7928	06.3290	−0.5362	3206.0	17 12 20 51.9656
18	6507.5	11 41 02.3503	02.8843	.5341	3207.0	18 12 16 56.0561
19	6508.5	11 44 58.9089	59.4397	.5308	3208.0	19 12 13 00.1466
20	6509.5	11 48 55.4679	55.9951	.5272	3209.0	20 12 09 04.2372
21	6510.5	11 52 52.0262	52.5504	.5243	3210.0	21 12 05 08.3277
22	6511.5	11 56 48.5826	49.1058	−0.5232	3211.0	22 12 01 12.4182
23	6512.5	12 00 45.1365	45.6612	.5247	3212.0	23 11 57 16.5088
24	6513.5	12 04 41.6872	42.2165	.5293	3213.0	24 11 53 20.5993
25	6514.5	12 08 38.2351	38.7719	.5368	3214.0	25 11 49 24.6898
26	6515.5	12 12 34.7813	35.3273	.5460	3215.0	26 11 45 28.7804
27	6516.5	12 16 31.3277	31.8826	−0.5550	3216.0	27 11 41 32.8709
28	6517.5	12 20 27.8764	28.4380	.5616	3217.0	28 11 37 36.9614
29	6518.5	12 24 24.4290	24.9934	.5644	3218.0	29 11 33 41.0520
30	6519.5	12 28 20.9860	21.5487	.5628	3219.0	30 11 29 45.1425
31	6520.5	12 32 17.5465	18.1041	.5576	3220.0	31 11 25 49.2330
Apr. 1	6521.5	12 36 14.1090	14.6595	−0.5505	3221.0	Apr. 1 11 21 53.3235
2	6522.5	12 40 10.6713	11.2148	−0.5435	3222.0	2 11 17 57.4141

UNIVERSAL AND SIDEREAL TIMES, 1986

Date 0ʰ U.T.	Julian Date	G. SIDEREAL TIME (G. H. A. of the Equinox) Apparent	Mean	Equation of Equinoxes at 0ʰ U.T.	G.S.D. 0ʰ G.S.T.	U.T. at 0ʰ G.M.S.T. (Greenwich Transit of the Mean Equinox)
	244	h m s	s	s	245	h m s
Apr. 1	6521.5	12 36 14.1090	14.6595	−0.5505	3221.0	Apr. 1 11 21 53.3235
2	6522.5	12 40 10.6713	11.2148	.5435	3222.0	2 11 17 57.4141
3	6523.5	12 44 07.2316	07.7702	.5386	3223.0	3 11 14 01.5046
4	6524.5	12 48 03.7887	04.3256	.5369	3224.0	4 11 10 05.5951
5	6525.5	12 52 00.3421	00.8810	.5388	3225.0	5 11 06 09.6857
6	6526.5	12 55 56.8923	57.4363	−0.5440	3226.0	6 11 02 13.7762
7	6527.5	12 59 53.4401	53.9917	.5516	3227.0	7 10 58 17.8667
8	6528.5	13 03 49.9868	50.5471	.5603	3228.0	8 10 54 21.9573
9	6529.5	13 07 46.5337	47.1024	.5687	3229.0	9 10 50 26.0478
10	6530.5	13 11 43.0820	43.6578	.5758	3230.0	10 10 46 30.1383
11	6531.5	13 15 39.6325	40.2132	−0.5807	3231.0	11 10 42 34.2289
12	6532.5	13 19 36.1856	36.7685	.5830	3232.0	12 10 38 38.3194
13	6533.5	13 23 32.7412	33.3239	.5827	3233.0	13 10 34 42.4099
14	6534.5	13 27 29.2989	29.8793	.5804	3234.0	14 10 30 46.5005
15	6535.5	13 31 25.8581	26.4346	.5765	3235.0	15 10 26 50.5910
16	6536.5	13 35 22.4179	22.9900	−0.5721	3236.0	16 10 22 54.6815
17	6537.5	13 39 18.9773	19.5454	.5681	3237.0	17 10 18 58.7721
18	6538.5	13 43 15.5353	16.1007	.5654	3238.0	18 10 15 02.8626
19	6539.5	13 47 12.0912	12.6561	.5649	3239.0	19 10 11 06.9531
20	6540.5	13 51 08.6443	09.2115	.5671	3240.0	20 10 07 11.0436
21	6541.5	13 55 05.1946	05.7668	−0.5722	3241.0	21 10 03 15.1342
22	6542.5	13 59 01.7428	02.3222	.5794	3242.0	22 9 59 19.2247
23	6543.5	14 02 58.2903	58.8776	.5872	3243.0	23 9 55 23.3152
24	6544.5	14 06 54.8394	55.4329	.5936	3244.0	24 9 51 27.4058
25	6545.5	14 10 51.3919	51.9883	.5964	3245.0	25 9 47 31.4963
26	6546.5	14 14 47.9492	48.5437	−0.5944	3246.0	26 9 43 35.5868
27	6547.5	14 18 44.5110	45.0990	.5880	3247.0	27 9 39 39.6774
28	6548.5	14 22 41.0756	41.6544	.5788	3248.0	28 9 35 43.7679
29	6549.5	14 26 37.6408	38.2098	.5690	3249.0	29 9 31 47.8584
30	6550.5	14 30 34.2042	34.7651	.5609	3250.0	30 9 27 51.9490
May 1	6551.5	14 34 30.7644	31.3205	−0.5561	3251.0	May 1 9 23 56.0395
2	6552.5	14 38 27.3208	27.8759	.5551	3252.0	2 9 20 00.1300
3	6553.5	14 42 23.8737	24.4312	.5576	3253.0	3 9 16 04.2206
4	6554.5	14 46 20.4239	20.9866	.5627	3254.0	4 9 12 08.3111
5	6555.5	14 50 16.9729	17.5420	.5691	3255.0	5 9 08 12.4016
6	6556.5	14 54 13.5218	14.0973	−0.5756	3256.0	6 9 04 16.4921
7	6557.5	14 58 10.0718	10.6527	.5809	3257.0	7 9 00 20.5827
8	6558.5	15 02 06.6238	07.2081	.5843	3258.0	8 8 56 24.6732
9	6559.5	15 06 03.1783	03.7634	.5851	3259.0	9 8 52 28.7637
10	6560.5	15 09 59.7354	60.3188	.5834	3260.0	10 8 48 32.8543
11	6561.5	15 13 56.2948	56.8742	−0.5793	3261.0	11 8 44 36.9448
12	6562.5	15 17 52.8559	53.4295	.5736	3262.0	12 8 40 41.0353
13	6563.5	15 21 49.4178	49.9849	.5671	3263.0	13 8 36 45.1259
14	6564.5	15 25 45.9796	46.5403	.5607	3264.0	14 8 32 49.2164
15	6565.5	15 29 42.5402	43.0956	.5555	3265.0	15 8 28 53.3069
16	6566.5	15 33 39.0988	39.6510	−0.5522	3266.0	16 8 24 57.3975
17	6567.5	15 37 35.6550	36.2064	−0.5514	3267.0	17 8 21 01.4880

UNIVERSAL AND SIDEREAL TIMES, 1986

Date 0ʰ U.T.	Julian Date	G. SIDEREAL TIME (G. H. A. of the Equinox) Apparent	Mean	Equation of Equinoxes at 0ʰ U.T.	G.S.D. 0ʰ G.S.T.	U.T. at 0ʰ G.M.S.T. (Greenwich Transit of the Mean Equinox)
	244	h m s	s	s	245	h m s
May 17	6567.5	15 37 35.6550	36.2064	−0.5514	3267.0	May 17 8 21 01.4880
18	6568.5	15 41 32.2085	32.7617	.5533	3268.0	18 8 17 05.5785
19	6569.5	15 45 28.7596	29.3171	.5575	3269.0	19 8 13 09.6691
20	6570.5	15 49 25.3096	25.8725	.5629	3270.0	20 8 09 13.7596
21	6571.5	15 53 21.8601	22.4278	.5678	3271.0	21 8 05 17.8501
22	6572.5	15 57 18.4131	18.9832	−0.5701	3272.0	22 8 01 21.9407
23	6573.5	16 01 14.9706	15.5386	.5680	3273.0	23 7 57 26.0312
24	6574.5	16 05 11.5330	12.0939	.5609	3274.0	24 7 53 30.1217
25	6575.5	16 09 08.0994	08.6493	.5499	3275.0	25 7 49 34.2122
26	6576.5	16 13 04.6676	05.2047	.5370	3276.0	26 7 45 38.3028
27	6577.5	16 17 01.2349	01.7600	−0.5251	3277.0	27 7 41 42.3933
28	6578.5	16 20 57.7991	58.3154	.5163	3278.0	28 7 37 46.4838
29	6579.5	16 24 54.3593	54.8708	.5115	3279.0	29 7 33 50.5744
30	6580.5	16 28 50.9154	51.4261	.5108	3280.0	30 7 29 54.6649
31	6581.5	16 32 47.4684	47.9815	.5131	3281.0	31 7 25 58.7554
June 1	6582.5	16 36 44.0197	44.5369	−0.5172	3282.0	June 1 7 22 02.8460
2	6583.5	16 40 40.5705	41.0922	.5217	3283.0	2 7 18 06.9365
3	6584.5	16 44 37.1222	37.6476	.5254	3284.0	3 7 14 11.0270
4	6585.5	16 48 33.6757	34.2030	.5273	3285.0	4 7 10 15.1176
5	6586.5	16 52 30.2316	30.7584	.5268	3286.0	5 7 06 19.2081
6	6587.5	16 56 26.7900	27.3137	−0.5238	3287.0	6 7 02 23.2986
7	6588.5	17 00 23.3507	23.8691	.5184	3288.0	7 6 58 27.3892
8	6589.5	17 04 19.9132	20.4245	.5112	3289.0	8 6 54 31.4797
9	6590.5	17 08 16.4767	16.9798	.5031	3290.0	9 6 50 35.5702
10	6591.5	17 12 13.0402	13.5352	.4949	3291.0	10 6 46 39.6608
11	6592.5	17 16 09.6028	10.0906	−0.4878	3292.0	11 6 42 43.7513
12	6593.5	17 20 06.1635	06.6459	.4824	3293.0	12 6 38 47.8418
13	6594.5	17 24 02.7217	03.2013	.4796	3294.0	13 6 34 51.9323
14	6595.5	17 27 59.2772	59.7567	.4794	3295.0	14 6 30 56.0229
15	6596.5	17 31 55.8303	56.3120	.4817	3296.0	15 6 27 00.1134
16	6597.5	17 35 52.3819	52.8674	−0.4855	3297.0	16 6 23 04.2039
17	6598.5	17 39 48.9333	49.4228	.4894	3298.0	17 6 19 08.2945
18	6599.5	17 43 45.4864	45.9781	.4917	3299.0	18 6 15 12.3850
19	6600.5	17 47 42.0430	42.5335	.4905	3300.0	19 6 11 16.4755
20	6601.5	17 51 38.6041	39.0889	.4847	3301.0	20 6 07 20.5661
21	6602.5	17 55 35.1699	35.6442	−0.4743	3302.0	21 6 03 24.6566
22	6603.5	17 59 31.7387	32.1996	.4609	3303.0	22 5 59 28.7471
23	6604.5	18 03 28.3079	28.7550	.4471	3304.0	23 5 55 32.8377
24	6605.5	18 07 24.8749	25.3103	.4354	3305.0	24 5 51 36.9282
25	6606.5	18 11 21.4378	21.8657	.4278	3306.0	25 5 47 41.0187
26	6607.5	18 15 17.9963	18.4211	−0.4247	3307.0	26 5 43 45.1093
27	6608.5	18 19 14.5510	14.9764	.4255	3308.0	27 5 39 49.1998
28	6609.5	18 23 11.1032	11.5318	.4286	3309.0	28 5 35 53.2903
29	6610.5	18 27 07.6545	08.0872	.4326	3310.0	29 5 31 57.3809
30	6611.5	18 31 04.2063	04.6425	.4362	3311.0	30 5 28 01.4714
July 1	6612.5	18 35 00.7597	01.1979	−0.4382	3312.0	July 1 5 24 05.5619
2	6613.5	18 38 57.3152	57.7533	−0.4380	3313.0	2 5 20 09.6524

UNIVERSAL AND SIDEREAL TIMES, 1986

Date 0ʰ U.T.		Julian Date	G. SIDEREAL TIME (G. H. A. of the Equinox)		Equation of Equinoxes at 0ʰ U.T.	G.S.D. 0ʰ G.S.T.	U.T. at 0ʰ G.M.S.T. (Greenwich Transit of the Mean Equinox)		
			Apparent	Mean					
		244	h m s	s	s	245			h m s
July	2	6613.5	18 38 57.3152	57.7533	−0.4380	3313.0	July	2	5 20 09.6524
	3	6614.5	18 42 53.8732	54.3086	.4354	3314.0		3	5 16 13.7430
	4	6615.5	18 46 50.4336	50.8640	.4304	3315.0		4	5 12 17.8335
	5	6616.5	18 50 46.9958	47.4194	.4235	3316.0		5	5 08 21.9240
	6	6617.5	18 54 43.5592	43.9747	.4155	3317.0		6	5 04 26.0146
	7	6618.5	18 58 40.1227	40.5301	−0.4074	3318.0		7	5 00 30.1051
	8	6619.5	19 02 36.6855	37.0855	.4000	3319.0		8	4 56 34.1956
	9	6620.5	19 06 33.2464	33.6408	.3944	3320.0		9	4 52 38.2862
	10	6621.5	19 10 29.8048	30.1962	.3914	3321.0		10	4 48 42.3767
	11	6622.5	19 14 26.3605	26.7516	.3911	3322.0		11	4 44 46.4672
	12	6623.5	19 18 22.9136	23.3069	−0.3933	3323.0		12	4 40 50.5578
	13	6624.5	19 22 19.4649	19.8623	.3975	3324.0		13	4 36 54.6483
	14	6625.5	19 26 16.0155	16.4177	.4021	3325.0		14	4 32 58.7388
	15	6626.5	19 30 12.5673	12.9730	.4058	3326.0		15	4 29 02.8294
	16	6627.5	19 34 09.1217	09.5284	.4067	3327.0		16	4 25 06.9199
	17	6628.5	19 38 05.6801	06.0838	−0.4037	3328.0		17	4 21 11.0104
	18	6629.5	19 42 02.2428	02.6391	.3963	3329.0		18	4 17 15.1010
	19	6630.5	19 45 58.8091	59.1945	.3854	3330.0		19	4 13 19.1915
	20	6631.5	19 49 55.3771	55.7499	.3728	3331.0		20	4 09 23.2820
	21	6632.5	19 53 51.9440	52.3052	.3612	3332.0		21	4 05 27.3725
	22	6633.5	19 57 48.5077	48.8606	−0.3529	3333.0		22	4 01 31.4631
	23	6634.5	20 01 45.0670	45.4160	.3490	3334.0		23	3 57 35.5536
	24	6635.5	20 05 41.6218	41.9713	.3495	3335.0		24	3 53 39.6441
	25	6636.5	20 09 38.1734	38.5267	.3533	3336.0		25	3 49 43.7347
	26	6637.5	20 13 34.7234	35.0821	.3586	3337.0		26	3 45 47.8252
	27	6638.5	20 17 31.2735	31.6374	−0.3640	3338.0		27	3 41 51.9157
	28	6639.5	20 21 27.8248	28.1928	.3680	3339.0		28	3 37 56.0063
	29	6640.5	20 25 24.3782	24.7482	.3700	3340.0		29	3 34 00.0968
	30	6641.5	20 29 20.9340	21.3035	.3696	3341.0		30	3 30 04.1873
	31	6642.5	20 33 17.4921	17.8589	.3668	3342.0		31	3 26 08.2779
Aug.	1	6643.5	20 37 14.0523	14.4143	−0.3620	3343.0	Aug.	1	3 22 12.3684
	2	6644.5	20 41 10.6137	10.9696	.3560	3344.0		2	3 18 16.4589
	3	6645.5	20 45 07.1756	07.5250	.3495	3345.0		3	3 14 20.5495
	4	6646.5	20 49 03.7368	04.0804	.3436	3346.0		4	3 10 24.6400
	5	6647.5	20 53 00.2965	00.6358	.3393	3347.0		5	3 06 28.7305
	6	6648.5	20 56 56.8538	57.1911	−0.3373	3348.0		6	3 02 32.8211
	7	6649.5	21 00 53.4082	53.7465	.3383	3349.0		7	2 58 36.9116
	8	6650.5	21 04 49.9598	50.3019	.3420	3350.0		8	2 54 41.0021
	9	6651.5	21 08 46.5093	46.8572	.3479	3351.0		9	2 50 45.0926
	10	6652.5	21 12 43.0579	43.4126	.3547	3352.0		10	2 46 49.1832
	11	6653.5	21 16 39.6071	39.9680	−0.3608	3353.0		11	2 42 53.2737
	12	6654.5	21 20 36.1586	36.5233	.3647	3354.0		12	2 38 57.3642
	13	6655.5	21 24 32.7136	33.0787	.3651	3355.0		13	2 35 01.4548
	14	6656.5	21 28 29.2727	29.6341	.3614	3356.0		14	2 31 05.5453
	15	6657.5	21 32 25.8353	26.1894	.3542	3357.0		15	2 27 09.6358
	16	6658.5	21 36 22.4000	22.7448	−0.3448	3358.0		16	2 23 13.7264
	17	6659.5	21 40 18.9647	19.3002	−0.3355	3359.0		17	2 19 17.8169

UNIVERSAL AND SIDEREAL TIMES, 1986   B13

Date 0ʰ U.T.	Julian Date	G. SIDEREAL TIME (G. H. A. of the Equinox) Apparent	Mean	Equation of Equinoxes at 0ʰ U.T.	G.S.D. 0ʰ G.S.T.	U.T. at 0ʰ G.M.S.T. (Greenwich Transit of the Mean Equinox)
	244	h m s	s	s	245	h m s
Aug. 17	6659.5	21 40 18.9647	19.3002	−0.3355	3359.0	Aug. 17 2 19 17.8169
18	6660.5	21 44 15.5272	15.8555	.3284	3360.0	18 2 15 21.9074
19	6661.5	21 48 12.0857	12.4109	.3251	3361.0	19 2 11 25.9980
20	6662.5	21 52 08.6399	08.9663	.3263	3362.0	20 2 07 30.0885
21	6663.5	21 56 05.1904	05.5216	.3313	3363.0	21 2 03 34.1790
22	6664.5	22 00 01.7385	02.0770	−0.3385	3364.0	22 1 59 38.2696
23	6665.5	22 03 58.2860	58.6324	.3464	3365.0	23 1 55 42.3601
24	6666.5	22 07 54.8344	55.1877	.3533	3366.0	24 1 51 46.4506
25	6667.5	22 11 51.3848	51.7431	.3583	3367.0	25 1 47 50.5411
26	6668.5	22 15 47.9377	48.2985	.3608	3368.0	26 1 43 54.6317
27	6669.5	22 19 44.4930	44.8538	−0.3609	3369.0	27 1 39 58.7222
28	6670.5	22 23 41.0504	41.4092	.3588	3370.0	28 1 36 02.8127
29	6671.5	22 27 37.6094	37.9646	.3552	3371.0	29 1 32 06.9033
30	6672.5	22 31 34.1691	34.5199	.3509	3372.0	30 1 28 10.9938
31	6673.5	22 35 30.7285	31.0753	.3468	3373.0	31 1 24 15.0843
Sept. 1	6674.5	22 39 27.2866	27.6307	−0.3440	3374.0	Sept. 1 1 20 19.1749
2	6675.5	22 43 23.8427	24.1860	.3434	3375.0	2 1 16 23.2654
3	6676.5	22 47 20.3960	20.7414	.3454	3376.0	3 1 12 27.3559
4	6677.5	22 51 16.9463	17.2968	.3504	3377.0	4 1 08 31.4465
5	6678.5	22 55 13.4943	13.8521	.3579	3378.0	5 1 04 35.5370
6	6679.5	22 59 10.0409	10.4075	−0.3666	3379.0	6 1 00 39.6275
7	6680.5	23 03 06.5878	06.9629	.3751	3380.0	7 0 56 43.7181
8	6681.5	23 07 03.1367	03.5182	.3815	3381.0	8 0 52 47.8086
9	6682.5	23 10 59.6890	60.0736	.3846	3382.0	9 0 48 51.8991
10	6683.5	23 14 56.2453	56.6290	.3837	3383.0	10 0 44 55.9897
11	6684.5	23 18 52.8052	53.1843	−0.3791	3384.0	11 0 41 00.0802
12	6685.5	23 22 49.3675	49.7397	.3722	3385.0	12 0 37 04.1707
13	6686.5	23 26 45.9302	46.2951	.3648	3386.0	13 0 33 08.2612
14	6687.5	23 30 42.4914	42.8504	.3591	3387.0	14 0 29 12.3518
15	6688.5	23 34 39.0492	39.4058	.3566	3388.0	15 0 25 16.4423
16	6689.5	23 38 35.6031	35.9612	−0.3581	3389.0	16 0 21 20.5328
17	6690.5	23 42 32.1532	32.5165	.3634	3390.0	17 0 17 24.6234
18	6691.5	23 46 28.7005	29.0719	.3714	3391.0	18 0 13 28.7139
19	6692.5	23 50 25.2466	25.6273	.3807	3392.0	19 0 09 32.8044
20	6693.5	23 54 21.7932	22.1826	.3894	3393.0	20 0 05 36.8950
21	6694.5	23 58 18.3415	18.7380	−0.3965	3394.0	21 0 01 40.9855
					3395.0	21 23 57 45.0760
22	6695.5	0 02 14.8923	15.2934	.4011	3396.0	22 23 53 49.1666
23	6696.5	0 06 11.4458	11.8487	.4030	3397.0	23 23 49 53.2571
24	6697.5	0 10 08.0016	08.4041	.4025	3398.0	24 23 45 57.3476
25	6698.5	0 14 04.5592	04.9595	−0.4002	3399.0	25 23 42 01.4382
26	6699.5	0 18 01.1179	01.5148	.3970	3400.0	26 23 38 05.5287
27	6700.5	0 21 57.6766	58.0702	.3936	3401.0	27 23 34 09.6192
28	6701.5	0 25 54.2345	54.6256	.3911	3402.0	28 23 30 13.7097
29	6702.5	0 29 50.7907	51.1809	.3903	3403.0	29 23 26 17.8003
30	6703.5	0 33 47.3444	47.7363	−0.3919	3404.0	30 23 22 21.8908
Oct. 1	6704.5	0 37 43.8953	44.2917	−0.3963	3405.0	Oct. 1 23 18 25.9813

UNIVERSAL AND SIDEREAL TIMES, 1986

Date 0ʰ U.T.		Julian Date	G. SIDEREAL TIME (G. H. A. of the Equinox)		Equation of Equinoxes at 0ʰ U.T.	G.S.D. 0ʰ G.S.T.	U.T. at 0ʰ G.M.S.T. (Greenwich Transit of the Mean Equinox)		
			Apparent	Mean					
		244	h m s	s	s	245		h m s	
Oct.	1	6704.5	0 37 43.8953	44.2917	−0.3963	3405.0	Oct. 1	23 18 25.9813	
	2	6705.5	0 41 40.4437	40.8471	.4034	3406.0	2	23 14 30.0719	
	3	6706.5	0 45 36.9903	37.4024	.4121	3407.0	3	23 10 34.1624	
	4	6707.5	0 49 33.5366	33.9578	.4212	3408.0	4	23 06 38.2529	
	5	6708.5	0 53 30.0845	30.5132	.4287	3409.0	5	23 02 42.3435	
	6	6709.5	0 57 26.6357	27.0685	−0.4328	3410.0	6	22 58 46.4340	
	7	6710.5	1 01 23.1912	23.6239	.4327	3411.0	7	22 54 50.5245	
	8	6711.5	1 05 19.7507	20.1793	.4285	3412.0	8	22 50 54.6151	
	9	6712.5	1 09 16.3131	16.7346	.4215	3413.0	9	22 46 58.7056	
	10	6713.5	1 13 12.8763	13.2900	.4137	3414.0	10	22 43 02.7961	
	11	6714.5	1 17 09.4382	09.8454	−0.4072	3415.0	11	22 39 06.8867	
	12	6715.5	1 21 05.9972	06.4007	.4036	3416.0	12	22 35 10.9772	
	13	6716.5	1 25 02.5523	02.9561	.4037	3417.0	13	22 31 15.0677	
	14	6717.5	1 28 59.1038	59.5115	.4077	3418.0	14	22 27 19.1583	
	15	6718.5	1 32 55.6524	56.0668	.4144	3419.0	15	22 23 23.2488	
	16	6719.5	1 36 52.1995	52.6222	−0.4227	3420.0	16	22 19 27.3393	
	17	6720.5	1 40 48.7466	49.1776	.4310	3421.0	17	22 15 31.4298	
	18	6721.5	1 44 45.2951	45.7329	.4378	3422.0	18	22 11 35.5204	
	19	6722.5	1 48 41.8459	42.2883	.4424	3423.0	19	22 07 39.6109	
	20	6723.5	1 52 38.3995	38.8437	.4441	3424.0	20	22 03 43.7014	
	21	6724.5	1 56 34.9558	35.3990	−0.4432	3425.0	21	21 59 47.7920	
	22	6725.5	2 00 31.5141	31.9544	.4403	3426.0	22	21 55 51.8825	
	23	6726.5	2 04 28.0738	28.5098	.4359	3427.0	23	21 51 55.9730	
	24	6727.5	2 08 24.6339	25.0651	.4312	3428.0	24	21 48 00.0636	
	25	6728.5	2 12 21.1935	21.6205	.4270	3429.0	25	21 44 04.1541	
	26	6729.5	2 16 17.7517	18.1759	−0.4241	3430.0	26	21 40 08.2446	
	27	6730.5	2 20 14.3078	14.7312	.4234	3431.0	27	21 36 12.3352	
	28	6731.5	2 24 10.8614	11.2866	.4252	3432.0	28	21 32 16.4257	
	29	6732.5	2 28 07.4124	07.8420	.4296	3433.0	29	21 28 20.5162	
	30	6733.5	2 32 03.9614	04.3973	.4360	3434.0	30	21 24 24.6068	
	31	6734.5	2 36 00.5095	00.9527	−0.4432	3435.0	31	21 20 28.6973	
Nov.	1	6735.5	2 39 57.0585	57.5081	.4496	3436.0	Nov. 1	21 16 32.7878	
	2	6736.5	2 43 53.6102	54.0634	.4532	3437.0	2	21 12 36.8784	
	3	6737.5	2 47 50.1663	50.6188	.4525	3438.0	3	21 08 40.9689	
	4	6738.5	2 51 46.7271	47.1742	.4471	3439.0	4	21 04 45.0594	
	5	6739.5	2 55 43.2916	43.7295	−0.4380	3440.0	5	21 00 49.1499	
	6	6740.5	2 59 39.8577	40.2849	.4272	3441.0	6	20 56 53.2405	
	7	6741.5	3 03 36.4230	36.8403	.4173	3442.0	7	20 52 57.3310	
	8	6742.5	3 07 32.9855	33.3956	.4102	3443.0	8	20 49 01.4215	
	9	6743.5	3 11 29.5440	29.9510	.4070	3444.0	9	20 45 05.5121	
	10	6744.5	3 15 26.0987	26.5064	−0.4077	3445.0	10	20 41 09.6026	
	11	6745.5	3 19 22.6502	23.0617	.4115	3446.0	11	20 37 13.6931	
	12	6746.5	3 23 19.2000	19.6171	.4171	3447.0	12	20 33 17.7837	
	13	6747.5	3 27 15.7495	16.1725	.4230	3448.0	13	20 29 21.8742	
	14	6748.5	3 31 12.3001	12.7278	.4278	3449.0	14	20 25 25.9647	
	15	6749.5	3 35 08.8527	09.2832	−0.4305	3450.0	15	20 21 30.0553	
	16	6750.5	3 39 05.4080	05.8386	−0.4305	3451.0	16	20 17 34.1458	

UNIVERSAL AND SIDEREAL TIMES, 1986

Date 0ʰ U.T.	Julian Date	G. SIDEREAL TIME (G. H. A. of the Equinox) Apparent	Mean	Equation of Equinoxes at 0ʰ U.T.	G.S.D. 0ʰ G.S.T.	U.T. at 0ʰ G.M.S.T. (Greenwich Transit of the Mean Equinox)
	244	h m s	s	s	245	h m s
Nov. 16	6750.5	3 39 05.4080	05.8386	−0.4305	3451.0	Nov. 16 20 17 34.1458
17	6751.5	3 43 01.9661	02.3939	.4279	3452.0	17 20 13 38.2363
18	6752.5	3 46 58.5264	58.9493	.4229	3453.0	18 20 09 42.3269
19	6753.5	3 50 55.0884	55.5047	.4163	3454.0	19 20 05 46.4174
20	6754.5	3 54 51.6511	52.0600	.4090	3455.0	20 20 01 50.5079
21	6755.5	3 58 48.2134	48.6154	−0.4020	3456.0	21 19 57 54.5985
22	6756.5	4 02 44.7746	45.1708	.3962	3457.0	22 19 53 58.6890
23	6757.5	4 06 41.3339	41.7261	.3923	3458.0	23 19 50 02.7795
24	6758.5	4 10 37.8908	38.2815	.3907	3459.0	24 19 46 06.8700
25	6759.5	4 14 34.4452	34.8369	.3917	3460.0	25 19 42 10.9606
26	6760.5	4 18 30.9975	31.3922	−0.3948	3461.0	26 19 38 15.0511
27	6761.5	4 22 27.5484	27.9476	.3992	3462.0	27 19 34 19.1416
28	6762.5	4 26 24.0995	24.5030	.4035	3463.0	28 19 30 23.2322
29	6763.5	4 30 20.6524	21.0583	.4059	3464.0	29 19 26 27.3227
30	6764.5	4 34 17.2090	17.6137	.4047	3465.0	30 19 22 31.4132
Dec. 1	6765.5	4 38 13.7704	14.1691	−0.3987	3466.0	Dec. 1 19 18 35.5038
2	6766.5	4 42 10.3364	10.7245	.3881	3467.0	2 19 14 39.5943
3	6767.5	4 46 06.9053	07.2798	.3745	3468.0	3 19 10 43.6848
4	6768.5	4 50 03.4745	03.8352	.3607	3469.0	4 19 06 47.7754
5	6769.5	4 54 00.0413	00.3906	.3493	3470.0	5 19 02 51.8659
6	6770.5	4 57 56.6040	56.9459	−0.3419	3471.0	6 18 58 55.9564
7	6771.5	5 01 53.1624	53.5013	.3389	3472.0	7 18 55 00.0470
8	6772.5	5 05 49.7170	50.0567	.3397	3473.0	8 18 51 04.1375
9	6773.5	5 09 46.2693	46.6120	.3427	3474.0	9 18 47 08.2280
10	6774.5	5 13 42.8209	43.1674	.3465	3475.0	10 18 43 12.3185
11	6775.5	5 17 39.3733	39.7228	−0.3495	3476.0	11 18 39 16.4091
12	6776.5	5 21 35.9275	36.2781	.3506	3477.0	12 18 35 20.4996
13	6777.5	5 25 32.4841	32.8335	.3493	3478.0	13 18 31 24.5901
14	6778.5	5 29 29.0434	29.3889	.3454	3479.0	14 18 27 28.6807
15	6779.5	5 33 25.6051	25.9442	.3392	3480.0	15 18 23 32.7712
16	6780.5	5 37 22.1684	22.4996	−0.3312	3481.0	16 18 19 36.8617
17	6781.5	5 41 18.7327	19.0550	.3223	3482.0	17 18 15 40.9523
18	6782.5	5 45 15.2969	15.6103	.3135	3483.0	18 18 11 45.0428
19	6783.5	5 49 11.8600	12.1657	.3057	3484.0	19 18 07 49.1333
20	6784.5	5 53 08.4212	08.7211	.2999	3485.0	20 18 03 53.2239
21	6785.5	5 57 04.9800	05.2764	−0.2964	3486.0	21 17 59 57.3144
22	6786.5	6 01 01.5363	01.8318	.2955	3487.0	22 17 56 01.4049
23	6787.5	6 04 58.0903	58.3872	.2968	3488.0	23 17 52 05.4955
24	6788.5	6 08 54.6428	54.9425	.2998	3489.0	24 17 48 09.5860
25	6789.5	6 12 51.1947	51.4979	.3032	3490.0	25 17 44 13.6765
26	6790.5	6 16 47.7478	48.0533	−0.3055	3491.0	26 17 40 17.7671
27	6791.5	6 20 44.3035	44.6086	.3051	3492.0	27 17 36 21.8576
28	6792.5	6 24 40.8633	41.1640	.3007	3493.0	28 17 32 25.9481
29	6793.5	6 28 37.4278	37.7194	.2916	3494.0	29 17 28 30.0386
30	6794.5	6 32 33.9962	34.2747	.2786	3495.0	30 17 24 34.1292
31	6795.5	6 36 30.5663	30.8301	−0.2638	3496.0	31 17 20 38.2197
32	6796.5	6 40 27.1354	27.3855	−0.2501	3497.0	32 17 16 42.3102

REDUCTION OF CELESTIAL COORDINATES

Purpose and arrangement

The formulae, tables and ephemerides in the remainder of this section are mainly intended to provide for the reduction of astronomical coordinates (especially of right ascension and declination) from one reference system to another (especially for stars from catalogue (barycentric) place to apparent (geocentric) place) but some of the data may be used for other purposes. Formulae and numerical values are given on pages B16–B21 for the separate steps in such reductions (i.e. for proper motion, aberration, light-deflection, parallax, precession and nutation). Formulae, examples and ephemerides are given for approximate reductions using the day-number technique on pages B22–B35 and for full-precision reductions using vectors and the rotation-matrix technique on pages B36–B57. Finally, formulae and numerical values are given for the reduction from geocentric to topocentric place on pages B59 and B60. Background information is given in the Glossary and the Explanation.

Notation and units

t an epoch expressed in terms of the Julian year (see page B4); the difference between two epochs represents a time-interval expressed in Julian years; subscripts zero and one are used to indicate the epoch of a catalogue place, usually the standard epoch of J2000·0, and the epoch of the middle of a Julian year (here shortened to "epoch of year"), respectively.

τ fraction of year measured from the epoch of year; $\tau = t - t_1$

T an interval of time expressed in Julian centuries of 36 525 days; usually measured from J2000·0, i.e. from JD 245 1545·0.

α, δ, π right ascension, declination and annual parallax; in the formulae for computation, right ascension and related quantities are expressed in time-measure ($1^h = 15°$, etc.), while declination and related quantities, including annual parallax, are expressed in sexagesimal angular measure, unless the contrary is indicated.

μ_α, μ_δ components of *centennial* proper motion in right ascension and declination.

λ, β ecliptic longitude and latitude.

Ω, i, ω orbital elements referred to the ecliptic; longitude of ascending node, inclination, argument of perihelion.

X, Y, Z rectangular coordinates of the Earth with respect to the barycentre of the solar system, referred to the mean equinox and equator of J2000·0, and expressed in astronomical units (au).

$\dot{X}, \dot{Y}, \dot{Z}$ first derivatives of X, Y, Z with respect to time expressed in days.

Approximate reduction for proper motion

In its simplest form the reduction for the proper motion is given by:
$$\alpha = \alpha_0 + (t - t_0)\,\mu_\alpha/100 \qquad \delta = \delta_0 + (t - t_0)\,\mu_\delta/100$$
In some cases it is necessary to allow also for second-order terms, radial velocity and orbital motion, but appropriate formulae are usually given in the catalogue.

Approximate reduction for annual parallax

The reduction for annual parallax from the catalogue place (α_0, δ_0) to the geocentric place (α, δ) is given by:
$$\alpha = \alpha_0 + (\pi/15 \cos \delta_0)\,(X \sin \alpha_0 - Y \cos \alpha_0)$$
$$\delta = \delta_0 + \pi(X \cos \alpha_0 \sin \delta_0 + Y \sin \alpha_0 \sin \delta_0 - Z \cos \delta_0)$$
where X, Y, Z are the coordinates of the Earth tabulated on pages B42 onwards. Expressions for X, Y, Z may be obtained from page C24, since $X = -x$, $Y = -y$, $Z = -z$. The correction may be applied with the correction for annual aberration using the C and D day numbers (see page B22).

The times of reception of periodic phenomena, such as pulsar signals, may be reduced to a common origin at the barycentre by adding the light-time corresponding to the component of the Earth's position vector along the direction to the object; that is by adding to the observed times $(X \cos \alpha \cos \delta + Y \sin \alpha \cos \delta + Z \sin \delta)/c$, where the velocity of light, $c = 173\cdot14$ au/d, and the light time for 1 au, $1/c = 0^d\cdot005\,7756$.

REDUCTION OF CELESTIAL COORDINATES

Approximate reduction for annual aberration

The reduction for annual aberration from a geometric geocentric place (α_0, δ_0) to an apparent geocentric place (α, δ) is given by:

$$\alpha = \alpha_0 + (-\dot{X} \sin \alpha_0 + \dot{Y} \cos \alpha_0)/(c \cos \delta_0)$$
$$\delta = \delta_0 + (-\dot{X} \cos \alpha_0 \sin \delta_0 - \dot{Y} \sin \alpha_0 \sin \delta_0 + \dot{Z} \cos \delta_0)/c$$

where $c = 173 \cdot 14$ au/d, and $\dot{X}, \dot{Y}, \dot{Z}$ are the velocity components of the Earth given on pages B42 onwards. Alternatively, but to lower precision, it is possible to use the expressions

$$\dot{X} = +0 \cdot 0172 \sin \lambda \qquad \dot{Y} = -0 \cdot 0158 \cos \lambda \qquad \dot{Z} = -0 \cdot 0068 \cos \lambda$$

where the apparent longitude of the Sun λ is given by the expression on page C24. The reduction may also be carried out by using the day-number technique (see page B22) or the rotation-matrix technique (see page B39) when full precision is required.

Measurements of radial velocity may be reduced to a common origin at the barycentre by adding the component of the Earth's velocity in the direction of the object; that is by adding

$$\dot{X} \cos \alpha_0 \cos \delta_0 + \dot{Y} \sin \alpha_0 \cos \delta_0 + \dot{Z} \sin \delta_0$$

Classical reduction for planetary aberration

In the case of a body in the solar system the apparent direction at the instant of observation (t) differs from the geometric direction at that instant because of (a) the motion of the body during the light-time and (b) the relative motion of the Earth and the light. The reduction may be carried out in two stages: (i) by combining the barycentric position of the body at time $t - \Delta t$, where Δt is the light-time, with the barycentric position of the Earth at time t, and then (ii) by applying the correction for annual aberration as described above. Alternatively it is possible to interpolate the geometric (geocentric) ephemeris of the body to the time $t - \Delta t$; it is usually sufficient to subtract the product of the light-time and the first derivative of the coordinate. The light-time Δt in days is given by the distance in au between the body and the Earth, multiplied by $0 \cdot 005\ 7755$; strictly, the light-time corresponds to the distance from the position of the Earth at time t to the position of the body at time $t - \Delta t$, but it is usually sufficient to use the geocentric distance at time t.

Approximate reduction for light-deflection

The apparent direction of a star or of a body in the solar system may be significantly affected by the deflection of light in the gravitational field of the Sun. The elongation (E) from the centre of the Sun is increased by an amount (ΔE) that, for a star, depends on the elongation in the following manner:

$$\Delta E = 0'' \cdot 00407/\tan(E/2)$$

E	0°·25	0°·5	1°	2°	5°	10°	20°	50°	90°
ΔE	1''·866	0''·933	0''·466	0''·233	0''·093	0''·047	0''·023	0''·009	0''·004

The body disappears behind the Sun when E is less than the limiting grazing value of about 0°·25. The effects in right ascension and declination may be calculated approximately from:

$$\cos E = \sin \delta \sin \delta_0 + \cos \delta \cos \delta_0 \cos (\alpha - \alpha_0)$$
$$\Delta \alpha = 0^s \cdot 000\ 271 \cos \delta_0 \sin (\alpha - \alpha_0)/(1 - \cos E) \cos \delta$$
$$\Delta \delta = 0'' \cdot 004\ 07\ [\sin \delta \cos \delta_0 \cos (\alpha - \alpha_0) - \cos \delta \sin \delta_0]/(1 - \cos E)$$

where α, δ refer to the star, and α_0, δ_0 to the Sun. See also page B39.

REDUCTION OF CELESTIAL COORDINATES

Reduction for precession—rigorous formulae

Rigorous formulae for the reduction of mean equatorial positions from an initial epoch t_0 to epoch of date t, and vice versa, are as follows:

For right ascension and declination:

$$\sin(\alpha - z_A)\cos\delta = \sin(\alpha_0 + \zeta_A)\cos\delta_0$$
$$\cos(\alpha - z_A)\cos\delta = \cos(\alpha_0 + \zeta_A)\cos\theta_A\cos\delta_0 - \sin\theta_A\sin\delta_0$$
$$\sin\delta = \cos(\alpha_0 + \zeta_A)\sin\theta_A\cos\delta_0 + \cos\theta_A\sin\delta_0$$

$$\sin(\alpha_0 + \zeta_A)\cos\delta_0 = \sin(\alpha - z_A)\cos\delta$$
$$\cos(\alpha_0 + \zeta_A)\cos\delta_0 = \cos(\alpha - z_A)\cos\theta_A\cos\delta + \sin\theta_A\sin\delta$$
$$\sin\delta_0 = -\cos(\alpha - z_A)\sin\theta_A\cos\delta + \cos\theta_A\sin\delta$$

where ζ_A, z_A, θ_A are angles that serve to specify the position of the mean equinox and equator of date with respect to the mean equinox and equator of the initial epoch.

For reduction with respect to the standard epoch $t_0 = \text{J2000·0}$

$$\zeta_A = 0°·640\,6161\,T + 0°·000\,0839\,T^2 + 0°·000\,0050\,T^3$$
$$z_A = 0°·640\,6161\,T + 0°·000\,3041\,T^2 + 0°·000\,0051\,T^3$$
$$\theta_A = 0°·556\,7530\,T - 0°·000\,1185\,T^2 - 0°·000\,0116\,T^3$$

where $T = (t - 2000·0)/100 = (\text{JD} - 245\,1545·0)/36\,525$

For equatorial rectangular coordinates (or direction cosines):

$$\mathbf{r} = \mathbf{P}\,\mathbf{r}_0 \qquad \mathbf{r}_0 = \mathbf{P}^{-1}\,\mathbf{r} = \mathbf{P}'\,\mathbf{r} \qquad \text{where } \mathbf{r} \text{ is the position vector } (x, y, z).$$

The inverse of the rotation matrix $\mathbf{P}$ is equal to its transpose, i.e. $\mathbf{P}^{-1} = \mathbf{P}'$. The elements of $\mathbf{P}$ may be expressed in terms of ζ_A, z_A, θ_A as follows:

$\cos\zeta_A \cos\theta_A \cos z_A - \sin\zeta_A \sin z_A$	$-\sin\zeta_A \cos\theta_A \cos z_A - \cos\zeta_A \sin z_A$	$-\sin\theta_A \cos z_A$
$\cos\zeta_A \cos\theta_A \sin z_A + \sin\zeta_A \cos z_A$	$-\sin\zeta_A \cos\theta_A \sin z_A + \cos\zeta_A \cos z_A$	$-\sin\theta_A \sin z_A$
$\cos\zeta_A \sin\theta_A$	$-\sin\zeta_A \sin\theta_A$	$\cos\theta_A$

Values of the angles ζ_A, z_A, θ_A and of the elements of $\mathbf{P}$ for reduction from the standard epoch J2000·0 to epoch of year are as follows:

Epoch J1986·5
$\zeta_A = -311''·33 = -0°·086\,482$
$z_A = -311''·32 = -0°·086\,478$
$\theta_A = -270''·59 = -0°·075\,164$

Rotation matrix $\mathbf{P}$ for reduction to epoch J1986·5

$+0·999\,994\,58$	$+0·003\,018\,70$	$+0·001\,311\,85$
$-0·003\,018\,70$	$+0·999\,995\,44$	$-0·000\,001\,98$
$-0·001\,311\,85$	$-0·000\,001\,98$	$+0·999\,999\,14$

The obliquity of the ecliptic of date (with respect to the mean equator of date) is given by:

$$\varepsilon = 23°\,26'\,21''·45 - 46''·815\,T - 0''·0006\,T^2 + 0''·001\,81\,T^3$$
$$\varepsilon = 23°·439\,291 - 0°·013\,0042\,T - 0°·000\,000\,16\,T^2 + 0°·000\,000\,504\,T^3$$

The precessional motion of the ecliptic is specified by the inclination (π_A) and longitude of the node (Π_A) of the ecliptic of date with respect to the ecliptic and equinox of J2000·0; they are given by:

$$\pi_A \sin\Pi_A = +\,4''·198\,T + 0''·1945\,T^2 - 0''·000\,18\,T^3$$
$$\pi_A \cos\Pi_A = -46''·815\,T + 0''·0506\,T^2 + 0''·000\,34\,T^3$$

For epoch J1986·5

$$\varepsilon = 23°\,26'\,27''·77 = 23°·441\,047$$
$$\pi_A = -6''·346 = -0°·001\,7628$$
$$\Pi_A = 174°\,54'·5 = 174°·909$$

REDUCTION OF CELESTIAL COORDINATES

Reduction for precession—approximate formulae

Approximate formulae for the reduction of coordinates and orbital elements referred to the mean equinox and equator or ecliptic of date (t) are as follows:

For reduction to J2000·0

$$\alpha_0 = \alpha - M - N \sin \alpha_m \tan \delta_m$$
$$\delta_0 = \delta - N \cos \alpha_m$$
$$\lambda_0 = \lambda - a + b \cos (\lambda + c') \tan \beta_0$$
$$\beta_0 = \beta - b \sin (\lambda + c')$$
$$\Omega_0 = \Omega - a + b \sin (\Omega + c') \cot i_0$$
$$i_0 = i - b \cos (\Omega + c')$$
$$\omega_0 = \omega - b \sin (\Omega + c') \operatorname{cosec} i_0$$

For reduction from J2000·0

$$\alpha = \alpha_0 + M + N \sin \alpha_m \tan \delta_m$$
$$\delta = \delta_0 + N \cos \alpha_m$$
$$\lambda = \lambda_0 + a - b \cos (\lambda_0 + c) \tan \beta$$
$$\beta = \beta_0 + b \sin (\lambda_0 + c)$$
$$\Omega = \Omega_0 + a - b \sin (\Omega_0 + c) \cot i$$
$$i = i_0 + b \cos (\Omega_0 + c)$$
$$\omega = \omega_0 + b \sin (\Omega_0 + c) \operatorname{cosec} i$$

where the subscript zero refers to epoch J2000·0 and α_m, δ_m refer to the <u>mean</u> epoch; with sufficient accuracy:

$$\alpha_m = \alpha - \tfrac{1}{2}(M + N \sin \alpha \tan \delta)$$
$$\delta_m = \delta - \tfrac{1}{2} N \cos \alpha_m$$

or

$$\alpha_m = \alpha_0 + \tfrac{1}{2}(M + N \sin \alpha_0 \tan \delta_0)$$
$$\delta_m = \delta_0 + \tfrac{1}{2} N \cos \alpha_m$$

The precessional constants M, N, etc., are given by:

$$M = 1°\!\cdot\!281\,2323\,T + 0°\!\cdot\!000\,3879\,T^2 + 0°\!\cdot\!000\,0101\,T^3$$
$$N = 0°\!\cdot\!556\,7530\,T - 0°\!\cdot\!000\,1185\,T^2 - 0°\!\cdot\!000\,0116\,T^3$$
$$a = 1°\!\cdot\!396\,971\,T + 0°\!\cdot\!000\,3086\,T^2$$
$$b = 0°\!\cdot\!013\,056\,T - 0°\!\cdot\!000\,0092\,T^2$$
$$c = 5°\!\cdot\!123\,62 + 0°\!\cdot\!241\,614\,T + 0°\!\cdot\!000\,1122\,T^2$$
$$c' = 5°\!\cdot\!123\,62 - 1°\!\cdot\!155\,358\,T - 0°\!\cdot\!000\,1964\,T^2$$

where $T = (t - 2000·0)/100 = (\mathrm{JD} - 245\,1545·0)/36\,525$

Formulae for the reduction from the mean equinox and equator or ecliptic of the middle of year (t_1) to date (t) are as follows:

$$\alpha = \alpha_1 + \tau (m + n \sin \alpha_1 \tan \delta_1)$$
$$\lambda = \lambda_1 + \tau (p - \pi \cos (\lambda_1 + 6°) \tan \beta)$$
$$\Omega = \Omega_1 + \tau (p - \pi \sin (\Omega_1 + 6°) \cot i)$$
$$\omega = \omega_1 + \tau \pi \sin (\Omega_1 + 6°) \operatorname{cosec} i$$

$$\delta = \delta_1 + \tau n \cos \alpha_1$$
$$\beta = \beta_1 + \tau \pi \sin (\lambda_1 + 6°)$$
$$i = i_1 + \tau \pi \cos (\Omega_1 + 6°)$$

where $\tau = t - t_1$ and π is the annual rate of rotation of the ecliptic. The precessional constants p, m, etc. are as follows:

Epoch J1986·5

Annual general precession	$p = +0°·013\,9689$
Annual precession in R.A.	$m = +0°·012\,8113$
Annual precession in Dec.	$n = +0°·005\,5679$
Annual rate of rotation	$\pi = +0°·000\,1306$
Longitude of axis	$\Pi = +174°·7530$
	$\gamma = 180° - \Pi = +5°·2470$

where Π is the longitude of the instantaneous rotation axis of the ecliptic, measured from the mean equinox of date.

REDUCTION OF CELESTIAL COORDINATES

Approximate reduction for nutation

To first order, the contributions of the nutations in longitude ($\Delta\psi$) and in obliquity ($\Delta\varepsilon$) to the reduction from mean place to true place are given by:

$$\Delta\alpha = (\cos\varepsilon + \sin\varepsilon \sin\alpha \tan\delta)\,\Delta\psi - \cos\alpha \tan\delta\,\Delta\varepsilon \qquad \Delta\lambda = \Delta\psi$$
$$\Delta\delta = \sin\varepsilon \cos\alpha\,\Delta\psi + \sin\alpha\,\Delta\varepsilon \qquad \Delta\beta = 0$$

The corrections to be added to the mean rectangular coordinates (x, y, z) to produce the true rectangular coordinates are given by:

$$\Delta x = -(y\cos\varepsilon + z\sin\varepsilon)\,\Delta\psi \qquad \Delta y = +x\cos\varepsilon\,\Delta\psi - z\,\Delta\varepsilon \qquad \Delta z = +x\sin\varepsilon\,\Delta\psi + y\,\Delta\varepsilon$$

where $\Delta\psi$ and $\Delta\varepsilon$ are expressed in radians.

The elements of the corresponding rotation matrix are:

$$\begin{pmatrix} 1 & -\Delta\psi\cos\varepsilon & -\Delta\psi\sin\varepsilon \\ +\Delta\psi\cos\varepsilon & 1 & -\Delta\varepsilon \\ +\Delta\psi\sin\varepsilon & +\Delta\varepsilon & 1 \end{pmatrix}$$

Daily values of $\Delta\psi$ and $\Delta\varepsilon$ during 1986 are tabulated on pages B24–B31. The following formulae may be used to compute $\Delta\psi$ and $\Delta\varepsilon$ to a precision of about $0°\cdot 0002$ ($1''$) during 1986.

$$\Delta\psi = -0°\cdot 0048 \sin(35°\cdot 9 - 0°\cdot 053 d) \qquad \Delta\varepsilon = +0°\cdot 0026 \cos(35°\cdot 9 - 0°\cdot 053 d)$$
$$\; -0°\cdot 0004 \sin(198°\cdot 7 + 1°\cdot 971 d) \qquad \; +0°\cdot 0002 \cos(198°\cdot 7 + 1°\cdot 971 d)$$

where $d = \text{JD} - 244\,6430\cdot 5$; for this precision

$$\varepsilon = 23°\cdot 44 \qquad \cos\varepsilon = 0\cdot 917 \qquad \sin\varepsilon = 0\cdot 398$$

Approximate reduction for precession and nutation

The following formulae and table may be used for the approximate reduction from the standard equinox and equator of J2000·0 to the true equinox and equator of date during 1986:

$$\alpha = \alpha_0 + f + g \sin(G + \alpha_0) \tan\delta_0$$
$$\delta = \delta_0 + g \cos(G + \alpha_0)$$

where the units of the correction to α_0 and δ_0 are seconds of time and minutes of arc, respectively.

Date 1986		f (s)	g (s)	g (')	G (h m)	Date 1986		f (s)	g (s)	g (')	G (h m)
Jan.	−10	−43·8	19·0	4·76	12 05	June	29	−42·0	18·2	4·56	12 06
	0	43·6	19·0	4·74	12 05	July	9	41·9	18·2	4·55	12 06
	10*	43·5	18·9	4·73	12 05		19	41·8	18·2	4·54	12 06
	20	43·4	18·9	4·72	12 05		29*	41·7	18·1	4·53	12 07
	30	43·3	18·8	4·71	12 06	Aug.	8	41·5	18·1	4·52	12 07
Feb.	9	−43·2	18·8	4·69	12 06		18	−41·4	18·0	4·51	12 07
	19*	43·1	18·7	4·69	12 06		28	41·4	18·0	4·50	12 07
Mar.	1	43·1	18·7	4·68	12 06	Sept.	7*	41·3	18·0	4·49	12 07
	11	43·0	18·7	4·67	12 07		17	41·2	17·9	4·48	12 07
	21	42·9	18·7	4·66	12 06		27	41·2	17·9	4·48	12 07
	31*	−42·9	18·6	4·66	12 06	Oct.	7	−41·1	17·9	4·47	12 07
Apr.	10	42·8	18·6	4·65	12 07		17*	41·0	17·8	4·46	12 07
	20	42·7	18·6	4·64	12 06		27	41·0	17·8	4·45	12 07
	30	42·6	18·5	4·63	12 06	Nov.	6	40·9	17·8	4·44	12 07
May	10*	42·5	18·5	4·62	12 06		16	40·8	17·7	4·43	12 07
	20	−42·4	18·5	4·61	12 06		26*	−40·7	17·7	4·42	12 07
	30	42·3	18·4	4·60	12 06	Dec.	6	40·5	17·6	4·41	12 07
June	9	42·2	18·4	4·59	12 06		16	40·4	17·6	4·40	12 07
	19*	42·1	18·3	4·58	12 06		26	40·3	17·5	4·38	12 07
	29	42·0	18·2	4·56	12 06		36*	40·2	17·5	4·37	12 07

* 40-day date

REDUCTION OF CELESTIAL COORDINATES

Differential precession and nutation

The corrections for differential precession and nutation are given below. These are to be added to the observed differences of the right ascension and declination, $\Delta\alpha$ and $\Delta\delta$, of an object relative to a comparison star to obtain the differences in the mean place for a standard epoch (e.g. J2000·0 or the beginning of the year). The differences $\Delta\alpha$ and $\Delta\delta$ are measured in the sense "object − comparison star", and the corrections are in the same units as $\Delta\alpha$ and $\Delta\delta$. In the correction to right ascension the same units must be used for $\Delta\alpha$ and $\Delta\delta$.

    correction to right ascension $e \tan\delta\,\Delta\alpha - f \sec^2\delta\,\Delta\delta$
    correction to declination $f\,\Delta\alpha$

where $e = -\cos\alpha\,(nt + \sin\varepsilon\,\Delta\psi) - \sin\alpha\,\Delta\varepsilon$
        $f = +\sin\alpha\,(nt + \sin\varepsilon\,\Delta\psi) - \cos\alpha\,\Delta\varepsilon$
and $\varepsilon = 23°\cdot44$, $\sin\varepsilon = 0\cdot3978$
        $n = 0\cdot000\,0972$ radians for epoch J1986·5

t is the time in years *from* the standard epoch *to* the time of observation.

$\Delta\psi$, $\Delta\varepsilon$ are nutations in longitude and obliquity at the time of observation, *expressed in radians*. ($1'' = 0\cdot000\,004\,8481$ rad).

The errors in arc units caused by using these formulae are of order $10^{-8}\,t^2 \sec^2\delta$ multiplied by the displacement in arc from the comparison star.

Differential aberration

The corrections for differential annual aberration to be added to the observed differences (in the sense moving object minus star) of right ascension and declination to give the true differences are:

    in right ascension $a\,\Delta\alpha + b\,\Delta\delta$ in units of $0^s\cdot001$
    in declination $c\,\Delta\alpha + d\,\Delta\delta$ in units of $0''\cdot01$

where $\Delta\alpha$, $\Delta\delta$ are the observed differences in units of 1^m and $1'$ respectively, and where a, b, c, d are coefficients defined by:

$a = -5\cdot701 \cos(H + \alpha) \sec\delta$ $b = -0\cdot380 \sin(H + \alpha) \sec\delta \tan\delta$
$c = +8\cdot552 \sin(H + \alpha) \sin\delta$ $d = -0\cdot570 \cos(H + \alpha) \cos\delta$
$H^h = 23\cdot4 - (\text{day of year}/15\cdot2)$

The day of year is tabulated on pages B2–B3.

Astrometric positions

An astrometric position of a body in the solar system is formed by applying the correction for the barycentric motion of the body during the light-time to the geometric geocentric position referred to the equator and equinox of the standard epoch of J2000·0. Such a position is then directly comparable with the astrometric positions of stars formed by applying the corrections for proper motion and annual parallax to the catalogue positions for the standard epoch of J2000·0. The deflection of light has been ignored.

REDUCTION OF CELESTIAL COORDINATES

Formulae using day numbers

For stars and other objects outside the solar system the usual procedure for the computation of apparent positions from catalogue data is as follows, but the techniques described on pages B39–B41 should be used if full precision is required.

From	To	Step	Correction
Catalogue epoch	current epoch	i	proper motion
catalogue equinox	mean equinox of year	ii	precession
mean equinox of year	mean equinox of date	iii	precession
mean equinox of date	true equinox of date	iv	nutation
true (heliocentric) position	apparent (geocentric) position	v	aberration (annual)
		vi	parallax (annual)

Star catalogues usually provide coefficients for steps *i* and *ii* for the reduction from catalogue position (α_0, δ_0) to the position for the mean equinox of another epoch. Besselian day numbers (A to E), which provide for steps *iii* to *v* for the reductions from the position (α_1, δ_1) for the mean equinox of the middle of the year to the apparent geocentric position (α, δ), are given on pages B24–B31; for high declinations, the second-order day numbers (J, J') given on pages B32–B35 may be required. The formulae to be used are:

$$\alpha = \alpha_1 + Aa + Bb + Cc + Dd + E + J \tan^2 \delta_1$$
$$\delta = \delta_1 + Aa' + Bb' + Cc' + Dd' + J' \tan \delta_1$$

where the Besselian star constants are given by:

$a = (m/n) + \sin \alpha_1 \tan \delta_1$ $a' = \cos \alpha_1$
$b = \cos \alpha_1 \tan \delta_1$ $b' = -\sin \alpha_1$
$c = \cos \alpha_1 \sec \delta_1$ $c' = \tan \varepsilon \cos \delta_1 - \sin \alpha_1 \sin \delta_1$
$d = \sin \alpha_1 \sec \delta_1$ $d' = \cos \alpha_1 \sin \delta_1$

where α and δ are in arc units. For 1986·5, $m/n = 2\cdot300\,94$ and $\tan \varepsilon = 0\cdot433\,59$.

The additional corrections for the proper motion (centennial components μ_α, μ_δ) during the fraction of year (τ) and for annual parallax (π) are given by:

$$\Delta\alpha = \tau\mu_\alpha/100 + \pi(dX - cY) \qquad \Delta\delta = \tau\mu_\delta/100 + \pi(d'X - c'Y)$$

where X, Y are the coordinates of the Earth with respect to the solar-system barycentre given on pages B42–B57. Strictly, this parallax correction should be computed using the coordinates of the Earth referred to the mean equinox of the middle of the year, or using star constants computed for the standard epoch of J2000·0.

The corrections for annual parallax may be included with the corrections for annual aberration by substituting $C - \pi Y$ for C and $D + \pi X$ for D in the formulae given above. Alternatively if the annual parallax is small enough it is possible to make the substitutions

$c + 0\cdot0532\, d\pi$ for c $d - 0\cdot0448\, c\pi$ for d
$c' + 0\cdot0532\, d'\pi$ for c' $d' - 0\cdot0448\, c'\pi$ for d'

The error in this approximate method is negligible if the parallax of the star is less than about $0''\cdot2$.

A further correction to allow for the deflection of the light in the gravitational field of the Sun may also be required—appropriate formulae are given on page B17.

The day-number technique may also be used for objects within the solar system but steps *i* and *vi* are omitted and step *v* is replaced by forming the geocentric position by combining the barycentric position of the body at time $t - \Delta t$, where Δt is the light-time, with the barycentric position of the Earth at time t.

REDUCTION OF CELESTIAL COORDINATES

Example of day-number technique

To calculate the apparent place of a star at 0^h TDT at Greenwich on 1986 January 1 from the mean place for J1986·5 using day numbers.

Step 1. From a fundamental star catalogue, such as the FK5, calculate for epoch and equinox J1986·5 the mean right ascension and declination (α_1, δ_1), the centennial proper motion (μ_α, μ_δ) and the parallax (π).

Since the FK5 is not yet available, assume the following fictitious values:

$\alpha_1 = 14^h\ 38^m\ 40^s\cdot 588$ $\delta_1 = -60°\ 46'\ 48''\cdot 63$ $\pi = 0''\cdot 751$
$\mu_\alpha = -49^s\cdot 366$ per century $\mu_\delta = +70''\cdot 04$ per century

Step 2. Form the star constants as follows:

$a = \frac{1}{15}((m/n) + \sin\alpha_1 \tan\delta_1)$ $a' = \cos\alpha_1 = -0\cdot 769\ 74$
$ = +0\cdot 229\ 48$
$b = \frac{1}{15}\cos\alpha_1 \tan\delta_1 = +0\cdot 091\ 75$ $b' = -\sin\alpha_1 = +0\cdot 638\ 35$
$c = \frac{1}{15}\cos\alpha_1 \sec\delta_1 = -0\cdot 105\ 12$ $c' = \tan\varepsilon \cos\delta_1 - \sin\alpha_1 \sin\delta_1$
$ = -0\cdot 345\ 46$
$d = \frac{1}{15}\sin\alpha_1 \sec\delta_1 = -0\cdot 087\ 18$ $d' = \cos\alpha_1 \sin\delta_1 = +0\cdot 671\ 80$

Step 3. Extract the day numbers from pages B24, B34 and B35. In general, linear interpolation is required and second differences may be significant for A and B. The values for 1986 January 1 at 0^h TDT are:

$A = -13''\cdot 706$ $C = -3''\cdot 425$ $E = -0^s\cdot 0013$ $J = +0^s\cdot 000\ 19$
$B = -6''\cdot 959$ $D = +20''\cdot 504$ $\tau = -0\cdot 5000$ $J' = -0''\cdot 0015$

Step 4. Extract the values of the Earth's rectangular coordinates from page B42 (the values for J2000·0 are of sufficient accuracy for computing the parallax correction). The values are:

$X = -0\cdot 181$ $Y = +0\cdot 894$

Step 5. Calculate the corrections for light-deflection, $\Delta\alpha$ and $\Delta\delta$.

For the Sun for 1986 January 1 at 0^h TDT, $\alpha_0 = 18^h\ 44^m\cdot 7$, $\delta_0 = -23°\ 03'$ and cos (elongation) = $+0\cdot 5560$. Using the formulae on page B17, the corrections for light-deflection are $\Delta\alpha = -0^s\cdot 001$ and $\Delta\delta = 0''\cdot 00$.

Step 6. Compute the apparent position as follows:

Mean position 1986·5,	$\alpha_1 = 14^h\ 38^m\ 40^s\cdot 588$		$\delta_1 = -60°\ 46'\ 48''\cdot 63$
$Aa + Bb + Cc + Dd + E$	$= -5^s\cdot 213$	$Aa' + Bb' + Cc' + Dd'$	$= +21''\cdot 07$
$J \tan^2 \delta_1$	$= +0^s\cdot 001$	$J' \tan \delta_1$	$=\ \ \ \ 0''\cdot 00$
$\tau\mu_\alpha/100$	$= +0^s\cdot 247$	$\tau\mu_\delta/100$	$= -\ \ 0''\cdot 35$
$\pi(dX - cY)$	$= +0^s\cdot 082$	$\pi(d'X - c'Y)$	$= +\ \ 0''\cdot 14$
$\Delta\alpha$	$= -0^s\cdot 001$	$\Delta\delta$	$=\ \ \ \ 0''\cdot 00$
Apparent position	$\alpha = 14^h\ 38^m\ 35^s\cdot 704$		$\delta = -60°\ 46'27''\cdot 77$

NUTATION, OBLIQUITY, DAY NUMBERS, 1986
FOR 0ʰ DYNAMICAL TIME

Date		Nutation in Long.	Nutation in Obl.	Obl. of Ecliptic 23°26′	Besselian Day Numbers A	B	C	D	E (0ˢ.0001)	Fraction of Year τ
		″	″	″	″	″	″	″		
Jan.	0	− 9.275	+ 6.900	34.903	−13.767	− 6.900	− 3.096	+20.564	− 13	−0.5027
	1	9.261	6.959	34.962	13.706	6.959	3.425	20.504	13	0.5000
	2	9.291	7.008	35.009	13.663	7.008	3.753	20.437	13	0.4973
	3	9.347	7.037	35.036	13.631	7.037	4.080	20.365	13	0.4945
	4	9.406	7.040	35.038	13.599	7.040	4.407	20.286	14	0.4918
	5	− 9.438	+ 7.018	35.015	−13.557	− 7.018	− 4.732	+20.201	− 14	−0.4890
	6	9.416	6.978	34.974	13.493	6.978	5.057	20.109	14	0.4863
	7	9.324	6.934	34.928	13.402	6.934	5.380	20.010	13	0.4836
	8	9.165	6.900	34.893	13.284	6.900	5.702	19.905	13	0.4808
	9	8.962	6.892	34.884	13.148	6.892	6.022	19.793	13	0.4781
	10	− 8.751	+ 6.915	34.906	−13.010	− 6.915	− 6.340	+19.675	− 13	−0.4754
	11	8.572	6.968	34.957	12.883	6.968	6.656	19.550	12	0.4726
	12	8.451	7.039	35.027	12.780	7.039	6.970	19.418	12	0.4699
	13	8.399	7.116	35.102	12.705	7.116	7.281	19.280	12	0.4671
	14	8.408	7.183	35.169	12.654	7.183	7.590	19.136	12	0.4644
	15	− 8.460	+ 7.233	35.217	−12.619	− 7.233	− 7.896	+18.985	− 12	−0.4617
	16	8.532	7.262	35.245	12.593	7.262	8.198	18.829	12	0.4589
	17	8.601	7.271	35.252	12.566	7.271	8.498	18.667	12	0.4562
	18	8.651	7.262	35.243	12.531	7.262	8.795	18.500	12	0.4535
	19	8.669	7.243	35.222	12.483	7.243	9.089	18.326	12	0.4507
	20	− 8.649	+ 7.220	35.198	−12.420	− 7.220	− 9.379	+18.148	− 12	−0.4480
	21	8.590	7.200	35.176	12.342	7.200	9.667	17.964	12	0.4452
	22	8.496	7.189	35.164	12.249	7.189	9.951	17.775	12	0.4425
	23	8.377	7.195	35.169	12.147	7.195	10.232	17.581	12	0.4398
	24	8.249	7.220	35.192	12.042	7.220	10.510	17.382	12	0.4370
	25	− 8.131	+ 7.265	35.236	−11.939	− 7.265	−10.784	+17.178	− 12	−0.4343
	26	8.040	7.328	35.298	11.849	7.328	11.055	16.969	12	0.4316
	27	7.993	7.402	35.370	11.775	7.402	11.323	16.755	12	0.4288
	28	7.999	7.477	35.444	11.722	7.477	11.588	16.537	12	0.4261
	29	8.052	7.542	35.508	11.689	7.542	11.849	16.313	12	0.4233
	30	− 8.140	+ 7.587	35.552	−11.669	− 7.587	−12.107	+16.085	− 12	−0.4206
	31	8.236	7.607	35.571	11.652	7.607	12.361	15.852	12	0.4179
Feb.	1	8.313	7.601	35.563	11.628	7.601	12.612	15.614	12	0.4151
	2	8.343	7.575	35.536	11.585	7.575	12.859	15.371	12	0.4124
	3	8.311	7.541	35.501	11.517	7.541	13.103	15.124	12	0.4097
	4	− 8.216	+ 7.514	35.472	−11.425	− 7.514	−13.342	+14.871	− 12	−0.4069
	5	8.074	7.506	35.463	11.313	7.506	13.578	14.613	12	0.4042
	6	7.913	7.526	35.482	11.194	7.526	13.809	14.351	11	0.4014
	7	7.767	7.575	35.529	11.082	7.575	14.036	14.083	11	0.3987
	8	7.668	7.646	35.599	10.987	7.646	14.258	13.811	11	0.3960
	9	− 7.633	+ 7.727	35.679	−10.918	− 7.727	−14.476	+13.535	− 11	−0.3932
	10	7.662	7.804	35.755	10.875	7.804	14.688	13.254	11	0.3905
	11	7.743	7.867	35.816	10.852	7.867	14.895	12.969	11	0.3877
	12	7.854	7.908	35.856	10.842	7.908	15.098	12.680	11	0.3850
	13	7.970	7.926	35.873	10.833	7.926	15.295	12.387	11	0.3823
	14	− 8.073	+ 7.925	35.871	−10.819	− 7.925	−15.487	+12.091	− 12	−0.3795
	15	− 8.146	+ 7.910	35.855	−10.793	− 7.910	−15.674	+11.792	− 12	−0.3768

NUTATION, OBLIQUITY, DAY NUMBERS, 1986

FOR 0ʰ DYNAMICAL TIME

Date	Nutation in Long.	Nutation in Obl.	Obl. of Ecliptic 23°26′	A	B	C	D	E	Fraction of Year τ
	″	″	″	″	″	″	″	(0ˢ0001)	
Feb. 15	− 8.146	+ 7.910	35.855	−10.793	− 7.910	−15.674	+11.792	− 12	−0.3768
16	8.182	7.888	35.831	10.752	7.888	15.856	11.489	12	0.3741
17	8.178	7.866	35.807	10.696	7.866	16.032	11.183	12	0.3713
18	8.138	7.851	35.791	10.626	7.851	16.204	10.875	12	0.3686
19	8.071	7.850	35.789	10.544	7.850	16.370	10.563	12	0.3658
20	− 7.989	+ 7.866	35.804	−10.456	− 7.866	−16.531	+10.249	− 12	−0.3631
21	7.909	7.902	35.839	10.369	7.902	16.687	9.932	11	0.3604
22	7.848	7.957	35.892	10.291	7.957	16.838	9.613	11	0.3576
23	7.826	8.025	35.959	10.227	8.025	16.983	9.292	11	0.3549
24	7.854	8.098	36.031	10.183	8.098	17.124	8.968	11	0.3522
25	− 7.935	+ 8.164	36.096	−10.160	− 8.164	−17.260	+ 8.642	− 11	−0.3494
26	8.057	8.212	36.142	10.154	8.212	17.390	8.314	12	0.3467
27	8.196	8.233	36.162	10.155	8.233	17.515	7.984	12	0.3439
28	8.322	8.225	36.153	10.150	8.225	17.637	7.651	12	0.3412
Mar. 1	8.404	8.194	36.120	10.128	8.194	17.753	7.316	12	0.3385
2	− 8.425	+ 8.152	36.077	−10.081	− 8.152	−17.863	+ 6.979	− 12	−0.3357
3	8.381	8.113	36.037	10.009	8.113	17.969	6.640	12	0.3330
4	8.288	8.091	36.013	9.917	8.091	18.069	6.298	12	0.3303
5	8.171	8.094	36.015	9.815	8.094	18.164	5.954	12	0.3275
6	8.062	8.125	36.045	9.717	8.125	18.253	5.608	12	0.3248
7	− 7.991	+ 8.179	36.098	− 9.634	− 8.179	−18.336	+ 5.261	− 12	−0.3220
8	7.975	8.245	36.163	9.573	8.245	18.413	4.911	11	0.3193
9	8.020	8.312	36.228	9.536	8.312	18.484	4.560	12	0.3166
10	8.120	8.367	36.282	9.521	8.367	18.550	4.208	12	0.3138
11	8.255	8.403	36.317	9.520	8.403	18.609	3.854	12	0.3111
12	− 8.404	+ 8.416	36.328	− 9.524	− 8.416	−18.662	+ 3.500	− 12	−0.3084
13	8.544	8.407	36.319	9.525	8.407	18.710	3.145	12	0.3056
14	8.658	8.382	36.292	9.515	8.382	18.751	2.790	12	0.3029
15	8.734	8.346	36.254	9.491	8.346	18.786	2.434	13	0.3001
16	8.770	8.308	36.215	9.450	8.308	18.816	2.078	13	0.2974
17	− 8.766	+ 8.274	36.180	− 9.394	− 8.274	−18.839	+ 1.722	− 13	−0.2947
18	8.732	8.252	36.157	9.325	8.252	18.857	1.366	13	0.2919
19	8.678	8.246	36.150	9.249	8.246	18.869	1.010	12	0.2892
20	8.619	8.259	36.161	9.170	8.259	18.875	0.655	12	0.2864
21	8.572	8.290	36.191	9.097	8.290	18.876	+ 0.300	12	0.2837
22	− 8.554	+ 8.337	36.237	− 9.035	− 8.337	−18.871	− 0.054	− 12	−0.2810
23	8.579	8.392	36.291	8.990	8.392	18.861	0.407	12	0.2782
24	8.655	8.446	36.343	8.965	8.446	18.846	0.760	12	0.2755
25	8.777	8.485	36.381	8.959	8.485	18.825	1.112	13	0.2728
26	8.927	8.499	36.394	8.963	8.499	18.799	1.463	13	0.2700
27	− 9.073	+ 8.483	36.377	− 8.967	− 8.483	−18.768	− 1.814	− 13	−0.2673
28	9.182	8.439	36.331	8.955	8.439	18.732	2.163	13	0.2645
29	9.228	8.379	36.269	8.919	8.379	18.691	2.512	13	0.2618
30	9.201	8.317	36.206	8.853	8.317	18.644	2.861	13	0.2591
31	9.116	8.270	36.158	8.764	8.270	18.593	3.209	13	0.2563
Apr. 1	− 9.000	+ 8.249	36.135	− 8.663	− 8.249	−18.536	− 3.556	− 13	−0.2536
2	− 8.887	+ 8.256	36.141	− 8.563	− 8.256	−18.473	− 3.902	− 13	−0.2509

NUTATION, OBLIQUITY, DAY NUMBERS, 1986

FOR 0ʰ DYNAMICAL TIME

Date	Nutation in Long.	Nutation in Obl.	Obl. of Ecliptic 23°26′	Besselian Day Numbers A	B	C	D	E (0.̋0001)	Fraction of Year τ
Apr. 1	− 9.000 ″	+ 8.249 ″	36.135 ″	− 8.663 ″	− 8.249 ″	−18.536 ″	− 3.556 ″	− 13	−0.2536
2	8.887	8.256	36.141	8.563	8.256	18.473	3.902	13	0.2509
3	8.806	8.287	36.171	8.476	8.287	18.405	4.247	13	0.2481
4	8.778	8.333	36.216	8.410	8.333	18.331	4.591	13	0.2454
5	8.809	8.382	36.264	8.368	8.382	18.252	4.934	13	0.2426
6	− 8.895	+ 8.422	36.303	− 8.347	− 8.422	−18.167	− 5.275	− 13	−0.2399
7	9.018	8.446	36.325	8.341	8.446	18.076	5.614	13	0.2372
8	9.160	8.447	36.325	8.343	8.447	17.979	5.952	13	0.2344
9	9.298	8.427	36.303	8.343	8.427	17.878	6.288	13	0.2317
10	9.414	8.388	36.264	8.334	8.388	17.770	6.621	14	0.2290
11	− 9.494	+ 8.338	36.212	− 8.311	− 8.338	−17.657	− 6.951	− 14	−0.2262
12	9.531	8.282	36.155	8.271	8.282	17.539	7.280	14	0.2235
13	9.528	8.230	36.101	8.215	8.230	17.416	7.605	14	0.2207
14	9.489	8.187	36.057	8.144	8.187	17.287	7.928	14	0.2180
15	9.426	8.159	36.028	8.065	8.159	17.153	8.247	14	0.2153
16	− 9.354	+ 8.150	36.017	− 7.981	− 8.150	−17.015	− 8.564	− 13	−0.2125
17	9.288	8.159	36.025	7.900	8.159	16.871	8.877	13	0.2098
18	9.244	8.184	36.049	7.828	8.184	16.723	9.188	13	0.2070
19	9.236	8.220	36.084	7.769	8.220	16.571	9.495	13	0.2043
20	9.272	8.259	36.122	7.729	8.259	16.414	9.798	13	0.2016
21	− 9.355	+ 8.291	36.152	− 7.707	− 8.291	−16.252	−10.099	− 13	−0.1988
22	9.473	8.303	36.162	7.699	8.303	16.086	10.395	14	0.1961
23	9.601	8.286	36.145	7.695	8.286	15.917	10.689	14	0.1934
24	9.705	8.239	36.096	7.681	8.239	15.743	10.979	14	0.1906
25	9.751	8.168	36.024	7.645	8.168	15.565	11.266	14	0.1879
26	− 9.719	+ 8.090	35.945	− 7.577	− 8.090	−15.383	−11.550	− 14	−0.1851
27	9.614	8.022	35.875	7.481	8.022	15.198	11.830	14	0.1824
28	9.463	7.979	35.831	7.366	7.979	15.008	12.108	14	0.1797
29	9.303	7.967	35.818	7.247	7.967	14.814	12.383	13	0.1769
30	9.171	7.983	35.833	7.140	7.983	14.615	12.654	13	0.1742
May 1	− 9.092	+ 8.018	35.867	− 7.054	− 8.018	−14.413	−12.921	− 13	−0.1715
2	9.075	8.059	35.906	6.992	8.059	14.206	13.186	13	0.1687
3	9.116	8.093	35.939	6.953	8.093	13.994	13.446	13	0.1660
4	9.199	8.112	35.957	6.932	8.112	13.779	13.702	13	0.1632
5	9.304	8.111	35.954	6.919	8.111	13.559	13.955	13	0.1605
6	− 9.410	+ 8.088	35.930	− 6.906	− 8.088	−13.335	−14.203	− 14	−0.1578
7	9.498	8.047	35.888	6.886	8.047	13.107	14.447	14	0.1550
8	9.553	7.993	35.832	6.853	7.993	12.875	14.686	14	0.1523
9	9.566	7.933	35.771	6.803	7.933	12.640	14.920	14	0.1496
10	9.538	7.874	35.710	6.737	7.874	12.401	15.150	14	0.1468
11	− 9.472	+ 7.823	35.659	− 6.656	− 7.823	−12.158	−15.375	− 14	−0.1441
12	9.378	7.787	35.621	6.564	7.787	11.912	15.595	13	0.1413
13	9.272	7.768	35.601	6.467	7.768	11.662	15.810	13	0.1386
14	9.167	7.769	35.600	6.370	7.769	11.410	16.020	13	0.1359
15	9.082	7.786	35.617	6.281	7.786	11.154	16.225	13	0.1331
16	− 9.028	+ 7.816	35.645	− 6.205	− 7.816	−10.896	−16.425	− 13	−0.1304
17	− 9.015	+ 7.852	35.680	− 6.145	− 7.852	−10.634	−16.620	− 13	−0.1277

NUTATION, OBLIQUITY, DAY NUMBERS, 1986

FOR 0ʰ DYNAMICAL TIME

Date	Nutation in Long.	Nutation in Obl.	Obl. of Ecliptic 23°26′	Besselian Day Numbers A	B	C	D	E	Fraction of Year τ
	″	″	″	″	″	″	″	(0ˢ.0001)	
May 17	− 9.015	+ 7.852	35.680	− 6.145	− 7.852	−10.634	−16.620	− 13	−0.1277
18	9.046	7.884	35.711	6.102	7.884	10.371	16.809	13	0.1249
19	9.114	7.903	35.728	6.075	7.903	10.104	16.994	13	0.1222
20	9.203	7.899	35.723	6.055	7.899	9.836	17.173	13	0.1194
21	9.283	7.866	35.688	6.032	7.866	9.565	17.347	13	0.1167
22	− 9.320	+ 7.806	35.627	− 5.992	− 7.806	− 9.292	−17.516	− 13	−0.1140
23	9.287	7.731	35.551	5.924	7.731	9.017	17.681	13	0.1112
24	9.171	7.657	35.476	5.823	7.657	8.740	17.841	13	0.1085
25	8.990	7.604	35.421	5.696	7.604	8.461	17.996	13	0.1057
26	8.781	7.583	35.399	5.558	7.583	8.180	18.147	13	0.1030
27	− 8.586	+ 7.595	35.410	− 5.425	− 7.595	− 7.896	−18.292	− 12	−0.1003
28	8.441	7.633	35.446	5.313	7.633	7.610	18.434	12	0.0975
29	8.363	7.681	35.493	5.227	7.681	7.322	18.570	12	0.0948
30	8.351	7.726	35.537	5.167	7.726	7.031	18.701	12	0.0921
31	8.389	7.757	35.566	5.128	7.757	6.739	18.827	12	0.0893
June 1	− 8.456	+ 7.768	35.576	− 5.100	− 7.768	− 6.444	−18.947	− 12	−0.0866
2	8.530	7.757	35.565	5.074	7.757	6.147	19.062	12	0.0838
3	8.590	7.728	35.534	5.043	7.728	5.848	19.172	12	0.0811
4	8.621	7.684	35.489	5.000	7.684	5.547	19.276	12	0.0784
5	8.613	7.634	35.437	4.942	7.634	5.245	19.374	12	0.0756
6	− 8.563	+ 7.583	35.385	− 4.868	− 7.583	− 4.941	−19.466	− 12	−0.0729
7	8.476	7.540	35.341	4.778	7.540	4.635	19.553	12	0.0702
8	8.359	7.510	35.310	4.676	7.510	4.328	19.634	12	0.0674
9	8.225	7.498	35.296	4.569	7.498	4.021	19.708	12	0.0647
10	8.092	7.504	35.301	4.461	7.504	3.712	19.777	12	0.0619
11	− 7.975	+ 7.529	35.324	− 4.359	− 7.529	− 3.402	−19.840	− 11	−0.0592
12	7.888	7.567	35.362	4.270	7.567	3.091	19.896	11	0.0565
13	7.841	7.613	35.406	4.196	7.613	2.780	19.947	11	0.0537
14	7.839	7.658	35.450	4.140	7.658	2.469	19.992	11	0.0510
15	7.875	7.693	35.483	4.100	7.693	2.157	20.031	11	0.0483
16	− 7.937	+ 7.708	35.498	− 4.070	− 7.708	− 1.845	−20.064	− 11	−0.0455
17	8.002	7.699	35.487	4.041	7.699	1.533	20.091	12	0.0428
18	8.039	7.664	35.451	4.001	7.664	1.221	20.113	12	0.0400
19	8.020	7.609	35.394	3.938	7.609	0.910	20.130	12	0.0373
20	7.925	7.548	35.332	3.845	7.548	0.598	20.141	11	0.0346
21	− 7.755	+ 7.499	35.282	− 3.723	− 7.499	− 0.287	−20.146	− 11	−0.0318
22	7.536	7.477	35.259	3.581	7.477	+ 0.024	20.147	11	0.0291
23	7.310	7.491	35.271	3.436	7.491	0.335	20.143	11	0.0264
24	7.120	7.536	35.315	3.306	7.536	0.646	20.133	10	0.0236
25	6.995	7.599	35.377	3.201	7.599	0.958	20.118	10	0.0209
26	− 6.944	+ 7.665	35.441	− 3.126	− 7.665	+ 1.269	−20.098	− 10	−0.0181
27	6.956	7.719	35.494	3.076	7.719	1.580	20.073	10	0.0154
28	7.007	7.753	35.527	3.041	7.753	1.891	20.042	10	0.0127
29	7.073	7.764	35.537	3.013	7.764	2.202	20.005	10	0.0099
30	7.132	7.755	35.527	2.981	7.755	2.513	19.963	10	0.0072
July 1	− 7.165	+ 7.730	35.500	− 2.939	− 7.730	+ 2.823	−19.914	− 10	−0.0044
2	− 7.162	+ 7.696	35.465	− 2.883	− 7.696	+ 3.133	−19.860	− 10	−0.0017

NUTATION, OBLIQUITY, DAY NUMBERS, 1986
FOR 0ʰ DYNAMICAL TIME

Date		Nutation in Long.	Nutation in Obl.	Obl. of Ecliptic 23°26′	Besselian Day Numbers A	B	C	D	E (0ˢ.0001)	Fraction of Year τ
		″	″	″	″	″	″	″		
July	1	− 7.165	+ 7.730	35.500	− 2.939	− 7.730	+ 2.823	−19.914	− 10	−0.0044
	2	7.162	7.696	35.465	2.883	7.696	3.133	19.860	10	−0.0017
	3	7.118	7.661	35.428	2.811	7.661	3.442	19.800	10	+0.0010
	4	7.037	7.631	35.398	2.724	7.631	3.750	19.735	·10	0.0038
	5	6.925	7.614	35.379	2.624	7.614	4.057	19.663	10	0.0065
	6	− 6.794	+ 7.614	35.377	− 2.517	− 7.614	+ 4.363	−19.585	− 10	+0.0092
	7	6.660	7.632	35.394	2.409	7.632	4.668	19.502	10	0.0120
	8	6.540	7.669	35.430	2.307	7.669	4.972	19.413	09	0.0147
	9	6.449	7.721	35.481	2.216	7.721	5.274	19.318	09	0.0175
	10	6.399	7.782	35.540	2.141	7.782	5.574	19.217	09	0.0202
	11	− 6.394	+ 7.843	35.601	− 2.084	− 7.843	+ 5.873	−19.110	− 09	+0.0229
	12	6.431	7.896	35.652	2.044	7.896	6.170	18.998	09	0.0257
	13	6.498	7.932	35.686	2.016	7.932	6.464	18.880	09	0.0284
	14	6.575	7.944	35.698	1.991	7.944	6.757	18.757	09	0.0311
	15	6.634	7.932	35.684	1.960	7.932	7.047	18.628	10	0.0339
	16	− 6.649	+ 7.899	35.650	− 1.911	− 7.899	+ 7.334	−18.495	− 10	+0.0366
	17	6.600	7.856	35.606	1.837	7.856	7.620	18.356	09	0.0394
	18	6.479	7.818	35.566	1.734	7.818	7.903	18.213	09	0.0421
	19	6.301	7.800	35.547	1.608	7.800	8.183	18.065	09	0.0448
	20	6.096	7.813	35.559	1.471	7.813	8.462	17.913	09	0.0476
	21	− 5.906	+ 7.859	35.603	− 1.341	− 7.859	+ 8.738	−17.756	− 08	+0.0503
	22	5.769	7.930	35.674	1.232	7.930	9.011	17.594	08	0.0530
	23	5.706	8.012	35.754	1.152	8.012	9.283	17.428	08	0.0558
	24	5.715	8.087	35.828	1.100	8.087	9.552	17.257	08	0.0585
	25	5.776	8.144	35.883	1.070	8.144	9.820	17.082	08	0.0613
	26	− 5.863	+ 8.176	35.914	− 1.050	− 8.176	+10.085	−16.901	− 08	+0.0640
	27	5.951	8.185	35.922	1.030	8.185	10.347	16.716	09	0.0667
	28	6.017	8.175	35.911	1.001	8.175	10.607	16.526	09	0.0695
	29	6.050	8.154	35.888	0.959	8.154	10.865	16.331	09	0.0722
	30	6.043	8.128	35.861	0.902	8.128	11.120	16.131	09	0.0749
	31	− 5.997	+ 8.106	35.838	− 0.828	− 8.106	+11.372	−15.926	− 09	+0.0777
Aug.	1	5.919	8.095	35.826	0.743	8.095	11.620	15.716	09	0.0804
	2	5.820	8.100	35.829	0.648	8.100	11.866	15.501	08	0.0832
	3	5.714	8.123	35.851	0.551	8.123	12.109	15.281	08	0.0859
	4	5.617	8.165	35.891	0.458	8.165	12.348	15.057	08	0.0886
	5	− 5.547	+ 8.223	35.948	− 0.375	− 8.223	+12.583	−14.828	− 08	+0.0914
	6	5.515	8.291	36.015	0.308	8.291	12.815	14.594	08	0.0941
	7	5.531	8.362	36.084	0.259	8.362	13.043	14.355	08	0.0969
	8	5.592	8.425	36.146	0.228	8.425	13.267	14.113	08	0.0996
	9	5.688	8.472	36.192	0.212	8.472	13.488	13.866	08	0.1023
	10	− 5.799	+ 8.496	36.215	− 0.201	− 8.496	+13.704	−13.614	− 08	+0.1051
	11	5.900	8.495	36.212	0.186	8.495	13.916	13.359	08	0.1078
	12	5.963	8.472	36.188	0.156	8.472	14.123	13.100	09	0.1105
	13	5.969	8.436	36.151	0.104	8.436	14.327	12.838	09	0.1133
	14	5.909	8.401	36.115	0.025	8.401	14.526	12.572	08	0.1160
	15	− 5.790	+ 8.381	36.093	+ 0.077	− 8.381	+14.721	−12.302	− 08	+0.1188
	16	− 5.638	+ 8.387	36.098	+ 0.193	− 8.387	+14.911	−12.030	− 08	+0.1215

NUTATION, OBLIQUITY, DAY NUMBERS, 1986

FOR 0ʰ DYNAMICAL TIME

Date		Nutation in Long.	Nutation in Obl.	Obl. of Ecliptic 23°26′	A	B	C	D	E (0ˢ0001)	Fraction of Year τ
		″	″	″	″	″	″	″		
Aug.	16	− 5.638	+ 8.387	36.098	+ 0.193	− 8.387	+14.911	−12.030	− 08	+0.1215
	17	5.485	8.424	36.134	0.308	8.424	15.098	11.754	08	0.1242
	18	5.369	8.488	36.197	0.409	8.488	15.280	11.476	08	0.1270
	19	5.316	8.568	36.275	0.485	8.568	15.459	11.195	08	0.1297
	20	5.335	8.648	36.354	0.532	8.648	15.633	10.910	08	0.1324
	21	− 5.416	+ 8.714	36.418	+ 0.555	− 8.714	+15.804	−10.623	− 08	+0.1352
	22	5.534	8.756	36.460	0.563	8.756	15.970	10.332	08	0.1379
	23	5.663	8.773	36.476	0.567	8.773	16.133	10.038	08	0.1407
	24	5.776	8.768	36.469	0.577	8.768	16.291	9.741	08	0.1434
	25	5.857	8.746	36.446	0.599	8.746	16.445	9.441	08	0.1461
	26	− 5.899	+ 8.718	36.416	+ 0.637	− 8.718	+16.595	− 9.138	− 08	+0.1489
	27	5.900	8.691	36.388	0.692	8.691	16.740	8.832	08	0.1516
	28	5.866	8.672	36.368	0.760	8.672	16.881	8.522	08	0.1543
	29	5.807	8.667	36.361	0.839	8.667	17.017	8.210	08	0.1571
	30	5.737	8.680	36.373	0.921	8.680	17.148	7.894	08	0.1598
	31	− 5.671	+ 8.711	36.403	+ 1.003	− 8.711	+17.274	− 7.576	− 08	+0.1626
Sept.	1	5.625	8.760	36.450	1.076	8.760	17.396	7.255	08	0.1653
	2	5.614	8.820	36.510	1.135	8.820	17.512	6.931	08	0.1680
	3	5.648	8.886	36.574	1.176	8.886	17.623	6.605	08	0.1708
	4	5.729	8.946	36.633	1.199	8.946	17.729	6.277	08	0.1735
	5	− 5.851	+ 8.992	36.677	+ 1.205	− 8.992	+17.830	− 5.946	− 08	+0.1762
	6	5.994	9.015	36.699	1.203	9.015	17.925	5.613	09	0.1790
	7	6.132	9.011	36.694	1.203	9.011	18.014	5.278	09	0.1817
	8	6.238	8.982	36.664	1.216	8.982	18.098	4.941	09	0.1845
	9	6.288	8.938	36.619	1.251	8.938	18.177	4.603	09	0.1872
	10	− 6.273	+ 8.892	36.571	+ 1.312	− 8.892	+18.249	− 4.264	− 09	+0.1899
	11	6.198	8.857	36.535	1.396	8.857	18.317	3.924	09	0.1927
	12	6.085	8.846	36.522	1.496	8.846	18.379	3.583	09	0.1954
	13	5.965	8.863	36.538	1.599	8.863	18.435	3.241	09	0.1982
	14	5.871	8.907	36.581	1.691	8.907	18.487	2.898	08	0.2009
	15	− 5.830	+ 8.970	36.643	+ 1.762	− 8.970	+18.533	− 2.555	− 08	+0.2036
	16	5.854	9.037	36.708	1.808	9.037	18.575	2.211	08	0.2064
	17	5.941	9.095	36.765	1.828	9.095	18.611	1.866	09	0.2091
	18	6.073	9.133	36.802	1.830	9.133	18.642	1.521	09	0.2118
	19	6.224	9.146	36.813	1.825	9.146	18.669	1.175	09	0.2146
	20	− 6.367	+ 9.133	36.800	+ 1.823	− 9.133	+18.690	− 0.828	− 09	+0.2173
	21	6.482	9.102	36.767	1.832	9.102	18.706	0.481	09	0.2201
	22	6.557	9.060	36.724	1.857	9.060	18.717	− 0.133	09	0.2228
	23	6.588	9.016	36.678	1.900	9.016	18.723	+ 0.216	09	0.2255
	24	6.581	8.978	36.639	1.958	8.978	18.723	0.565	09	0.2283
	25	− 6.544	+ 8.952	36.611	+ 2.027	− 8.952	+18.718	+ 0.915	− 09	+0.2310
	26	6.490	8.942	36.601	2.103	8.942	18.708	1.265	09	0.2337
	27	6.435	8.951	36.609	2.180	8.951	18.692	1.616	09	0.2365
	28	6.394	8.978	36.634	2.252	8.978	18.671	1.966	09	0.2392
	29	6.381	9.018	36.673	2.312	9.018	18.643	2.317	09	0.2420
	30	− 6.408	+ 9.066	36.720	+ 2.356	− 9.066	+18.611	+ 2.668	− 09	+0.2447
Oct.	1	− 6.480	+ 9.113	36.765	+ 2.382	− 9.113	+18.572	+ 3.018	− 09	+0.2474

NUTATION, OBLIQUITY, DAY NUMBERS, 1986

FOR 0ʰ DYNAMICAL TIME

Date	Nutation in Long.	Nutation in Obl.	Obl. of Ecliptic 23°26′	Besselian Day Numbers A	B	C	D	E	Fraction of Year τ
	″	″	″	″	″	″	″	(0ˢ.0001)	
Oct. 1	− 6.480	+ 9.113	36.765	+ 2.382	− 9.113	+18.572	+ 3.018	− 09	+0.2474
2	6.595	9.149	36.800	2.391	9.149	18.528	3.368	09	0.2502
3	6.738	9.164	36.813	2.389	9.164	18.477	3.718	10	0.2529
4	6.886	9.151	36.800	2.385	9.151	18.421	4.067	10	0.2556
5	7.008	9.112	36.759	2.391	9.112	18.359	4.414	10	0.2584
6	− 7.076	+ 9.052	36.698	+ 2.419	− 9.052	+18.291	+ 4.761	− 10	+0.2611
7	7.074	8.985	36.630	2.475	8.985	18.217	5.106	10	0.2639
8	7.006	8.927	36.571	2.557	8.927	18.137	5.450	10	0.2666
9	6.892	8.892	36.534	2.657	8.892	18.052	5.791	10	0.2693
10	6.764	8.885	36.526	2.763	8.885	17.961	6.131	10	0.2721
11	− 6.657	+ 8.906	36.546	+ 2.860	− 8.906	+17.865	+ 6.469	− 10	+0.2748
12	6.598	8.948	36.586	2.938	8.948	17.764	6.804	09	0.2775
13	6.601	8.996	36.633	2.992	8.996	17.658	7.138	09	0.2803
14	6.665	9.040	36.675	3.022	9.040	17.546	7.469	10	0.2830
15	6.776	9.066	36.700	3.032	9.066	17.430	7.799	10	0.2858
16	− 6.911	+ 9.069	36.702	+ 3.033	− 9.069	+17.309	+ 8.126	− 10	+0.2885
17	7.046	9.048	36.679	3.035	9.048	17.183	8.451	10	0.2912
18	7.159	9.005	36.636	3.045	9.005	17.052	8.774	10	0.2940
19	7.232	8.949	36.579	3.070	8.949	16.916	9.095	10	0.2967
20	7.261	8.889	36.517	3.114	8.889	16.775	9.413	10	0.2995
21	− 7.247	+ 8.832	36.458	+ 3.174	− 8.832	+16.629	+ 9.730	− 10	+0.3022
22	7.198	8.785	36.411	3.249	8.785	16.479	10.044	10	0.3049
23	7.127	8.755	36.379	3.332	8.755	16.323	10.355	10	0.3077
24	7.050	8.742	36.365	3.417	8.742	16.162	10.665	10	0.3104
25	6.981	8.748	36.369	3.500	8.748	15.996	10.971	10	0.3131
26	− 6.935	+ 8.769	36.389	+ 3.573	− 8.769	+15.825	+11.275	− 10	+0.3159
27	6.923	8.799	36.418	3.633	8.799	15.649	11.576	10	0.3186
28	6.952	8.833	36.450	3.676	8.833	15.468	11.874	10	0.3214
29	7.023	8.860	36.476	3.702	8.860	15.282	12.170	10	0.3241
30	7.128	8.870	36.485	3.716	8.870	15.091	12.461	10	0.3268
31	− 7.246	+ 8.857	36.471	+ 3.723	− 8.857	+14.894	+12.750	− 10	+0.3296
Nov. 1	7.351	8.815	36.428	3.737	8.815	14.693	13.035	11	0.3323
2	7.410	8.749	36.360	3.768	8.749	14.486	13.315	11	0.3350
3	7.398	8.670	36.280	3.827	8.670	14.275	13.592	11	0.3378
4	7.310	8.594	36.202	3.918	8.594	14.059	13.865	11	0.3405
5	− 7.161	+ 8.538	36.145	+ 4.032	− 8.538	+13.838	+14.133	− 10	+0.3433
6	6.985	8.512	36.118	4.157	8.512	13.612	14.396	10	0.3460
7	6.823	8.518	36.123	4.276	8.518	13.383	14.655	10	0.3487
8	6.706	8.548	36.152	4.377	8.548	13.149	14.908	10	0.3515
9	6.654	8.589	36.192	4.453	8.589	12.911	15.157	10	0.3542
10	− 6.665	+ 8.627	36.228	+ 4.503	− 8.627	+12.670	+15.402	− 10	+0.3569
11	6.728	8.651	36.250	4.533	8.651	12.425	15.641	10	0.3597
12	6.819	8.653	36.251	4.552	8.653	12.177	15.876	10	0.3624
13	6.915	8.631	36.228	4.569	8.631	11.924	16.107	10	0.3652
14	6.994	8.589	36.185	4.592	8.589	11.669	16.332	10	0.3679
15	− 7.038	+ 8.532	36.126	+ 4.629	− 8.532	+11.410	+16.553	− 10	+0.3706
16	− 7.039	+ 8.468	36.061	+ 4.684	− 8.468	+11.148	+16.770	− 10	+0.3734

NUTATION, OBLIQUITY, DAY NUMBERS, 1986

FOR 0ʰ DYNAMICAL TIME

Date	Nutation in Long.	Nutation in Obl.	Obl. of Ecliptic 23°26′	A	B	C	D	E (0.̇0001)	Fraction of Year τ
	″	″	″	″	″	″	″		
Nov. 16	− 7.039	+ 8.468	36.061	+ 4.684	− 8.468	+11.148	+16.770	− 10	+0.3734
17	6.996	8.406	35.998	4.756	8.406	10.882	16.981	10	0.3761
18	6.914	8.353	35.944	4.843	8.353	10.613	17.188	10	0.3789
19	6.806	8.316	35.905	4.941	8.316	10.340	17.391	10	0.3816
20	6.687	8.296	35.884	5.044	8.296	10.065	17.588	10	0.3843
21	− 6.572	+ 8.296	35.882	+ 5.144	− 8.296	+ 9.786	+17.780	− 09	+0.3871
22	6.477	8.311	35.897	5.237	8.311	9.503	17.968	09	0.3898
23	6.413	8.339	35.923	5.317	8.339	9.218	18.150	09	0.3925
24	6.388	8.371	35.954	5.382	8.371	8.929	18.327	09	0.3953
25	6.404	8.401	35.983	5.430	8.401	8.637	18.499	09	0.3980
26	− 6.454	+ 8.420	36.000	+ 5.465	− 8.420	+ 8.342	+18.666	− 09	+0.4008
27	6.526	8.419	35.998	5.491	8.419	8.044	18.827	09	0.4035
28	6.597	8.393	35.971	5.518	8.393	7.743	18.982	09	0.4062
29	6.637	8.342	35.918	5.557	8.342	7.438	19.132	10	0.4090
30	6.617	8.271	35.847	5.620	8.271	7.131	19.275	10	0.4117
Dec. 1	− 6.519	+ 8.196	35.770	+ 5.714	− 8.196	+ 6.821	+19.412	− 09	+0.4144
2	6.345	8.135	35.707	5.838	8.135	6.509	19.543	09	0.4172
3	6.124	8.102	35.673	5.981	8.102	6.194	19.667	09	0.4199
4	5.898	8.104	35.674	6.126	8.104	5.878	19.785	08	0.4227
5	5.710	8.138	35.706	6.255	8.138	5.559	19.896	08	0.4254
6	− 5.590	+ 8.188	35.756	+ 6.358	− 8.188	+ 5.239	+20.001	− 08	+0.4281
7	5.541	8.240	35.806	6.432	8.240	4.917	20.099	08	0.4309
8	5.554	8.279	35.844	6.482	8.279	4.595	20.190	08	0.4336
9	5.604	8.297	35.861	6.517	8.297	4.271	20.276	08	0.4363
10	5.665	8.292	35.854	6.548	8.292	3.946	20.355	08	0.4391
11	− 5.713	+ 8.265	35.826	+ 6.583	− 8.265	+ 3.620	+20.428	− 08	+0.4418
12	5.733	8.223	35.783	6.630	8.223	3.293	20.495	08	0.4446
13	5.712	8.172	35.731	6.694	8.172	2.965	20.555	08	0.4473
14	5.648	8.122	35.680	6.774	8.122	2.637	20.610	08	0.4500
15	5.545	8.081	35.637	6.869	8.081	2.307	20.658	08	0.4528
16	− 5.414	+ 8.053	35.608	+ 6.976	− 8.053	+ 1.977	+20.701	− 08	+0.4555
17	5.269	8.043	35.597	7.089	8.043	1.647	20.737	08	0.4582
18	5.125	8.053	35.605	7.201	8.053	1.315	20.768	07	0.4610
19	4.999	8.079	35.630	7.306	8.079	0.983	20.792	07	0.4637
20	4.903	8.119	35.669	7.399	8.119	0.651	20.810	07	0.4665
21	− 4.846	+ 8.167	35.715	+ 7.477	− 8.167	+ 0.318	+20.822	− 07	+0.4692
22	4.831	8.213	35.760	7.538	8.213	− 0.015	20.828	07	0.4719
23	4.853	8.251	35.797	7.584	8.251	0.349	20.828	07	0.4747
24	4.901	8.273	35.817	7.620	8.273	0.683	20.821	07	0.4774
25	4.956	8.273	35.816	7.653	8.273	1.017	20.808	07	0.4802
26	− 4.995	+ 8.249	35.791	+ 7.692	− 8.249	− 1.351	+20.788	− 07	+0.4829
27	4.989	8.205	35.746	7.749	8.205	1.686	20.762	07	0.4856
28	4.916	8.150	35.689	7.833	8.150	2.020	20.729	07	0.4884
29	4.767	8.099	35.637	7.947	8.099	2.354	20.689	07	0.4911
30	4.554	8.070	35.607	8.087	8.070	2.688	20.642	07	0.4938
31	− 4.313	+ 8.075	35.610	+ 8.238	− 8.075	− 3.020	+20.588	− 06	+0.4966
32	− 4.089	+ 8.114	35.649	+ 8.382	− 8.114	− 3.352	+20.528	− 06	+0.4993

SECOND-ORDER DAY NUMBERS, 1986

J FOR NORTHERN DECLINATIONS
FOR 0^h TDT AND EQUINOX J1986·5

Right Ascension

Date		0^h / 12^h	1^h / 13^h	2^h / 14^h	3^h / 15^h	4^h / 16^h	5^h / 17^h	6^h / 18^h	7^h / 19^h	8^h / 20^h	9^h / 21^h	10^h / 22^h	11^h / 23^h	12^h / 24^h
Jan.	0	− 2	− 2	− 2	− 1	0	+ 1	+ 2	+ 2	+ 2	+ 1	0	− 1	− 2
	10	− 3	− 4	− 3	− 2	0	+ 1	+ 3	+ 4	+ 3	+ 2	0	− 1	− 3
	20	− 3	− 5	− 5	− 4	− 2	+ 1	+ 3	+ 5	+ 5	+ 4	+ 2	− 1	− 3
	30	− 3	− 5	− 7	− 6	− 4	− 1	+ 3	+ 5	+ 7	+ 6	+ 4	+ 1	− 3
Feb.	9	− 2	− 6	− 8	− 8	− 6	− 2	+ 2	+ 6	+ 8	+ 8	+ 6	+ 2	− 2
	19	0	− 5	− 8	− 9	− 8	− 5	0	+ 5	+ 8	+ 9	+ 8	+ 5	0
Mar.	1	+ 2	− 3	− 8	−11	−10	− 7	− 2	+ 3	+ 8	+11	+10	+ 7	+ 2
	11	+ 5	− 1	− 7	−11	−12	−10	− 5	+ 1	+ 7	+11	+12	+10	+ 5
	21	+ 8	+ 1	− 5	−11	−13	−12	− 8	− 1	+ 5	+11	+13	+12	+ 8
	31	+10	+ 4	− 3	− 9	−13	−14	−10	− 4	+ 3	+ 9	+13	+14	+10
Apr.	10	+13	+ 7	0	− 7	−13	−15	−13	− 7	0	+ 7	+13	+15	+13
	20	+14	+10	+ 3	− 5	−11	−15	−14	−10	− 3	+ 5	+11	+15	+14
	30	+14	+12	+ 6	− 2	− 9	−13	−14	−12	− 6	+ 2	+ 9	+13	+14
May	10	+14	+13	+ 8	+ 1	− 6	−12	−14	−13	− 8	− 1	+ 6	+12	+14
	20	+13	+13	+10	+ 4	− 4	−10	−13	−13	−10	− 4	+ 4	+10	+13
	30	+11	+13	+11	+ 6	− 1	− 7	−11	−13	−11	− 6	+ 1	+ 7	+11
June	9	+ 9	+12	+11	+ 7	+ 2	− 4	− 9	−12	−11	− 7	− 2	+ 4	+ 9
	19	+ 7	+10	+10	+ 8	+ 4	− 2	− 7	−10	−10	− 8	− 4	+ 2	+ 7
	29	+ 4	+ 8	+ 9	+ 8	+ 5	0	− 4	− 8	− 9	− 8	− 5	0	+ 4
July	9	+ 2	+ 5	+ 7	+ 7	+ 6	+ 2	− 2	− 5	− 7	− 7	− 6	− 2	+ 2
	19	0	+ 3	+ 5	+ 6	+ 6	+ 3	0	− 3	− 5	− 6	− 6	− 3	0
	29	− 2	+ 1	+ 3	+ 5	+ 5	+ 4	+ 2	− 1	− 3	− 5	− 5	− 4	− 2
Aug.	8	− 2	0	+ 1	+ 3	+ 4	+ 3	+ 2	0	− 1	− 3	− 4	− 3	− 2
	18	− 2	− 1	0	+ 1	+ 2	+ 3	+ 2	+ 1	0	− 1	− 2	− 3	− 2
	28	− 2	− 2	− 1	0	+ 1	+ 2	+ 2	+ 2	+ 1	0	− 1	− 2	− 2
Sept.	7	− 1	− 2	− 1	− 1	0	+ 1	+ 1	+ 2	+ 1	+ 1	0	− 1	− 1
	17	0	− 1	− 1	− 1	− 1	− 1	0	+ 1	+ 1	+ 1	+ 1	+ 1	0
	27	+ 1	0	− 1	− 1	− 2	− 2	− 1	0	+ 1	+ 1	+ 2	+ 2	+ 1
Oct.	7	+ 2	+ 2	+ 1	0	− 2	− 2	− 2	− 2	− 1	0	+ 2	+ 2	+ 2
	17	+ 3	+ 3	+ 2	+ 1	− 1	− 2	− 3	− 3	− 2	− 1	+ 1	+ 2	+ 3
	27	+ 3	+ 4	+ 4	+ 3	+ 1	− 1	− 3	− 4	− 4	− 3	− 1	+ 1	+ 3
Nov.	6	+ 3	+ 5	+ 6	+ 5	+ 3	0	− 3	− 5	− 6	− 5	− 3	0	+ 3
	16	+ 2	+ 5	+ 7	+ 7	+ 5	+ 2	− 2	− 5	− 7	− 7	− 5	− 2	+ 2
	26	0	+ 5	+ 8	+ 9	+ 8	+ 5	0	− 5	− 8	− 9	− 8	− 5	0
Dec.	6	− 3	+ 3	+ 8	+11	+11	+ 8	+ 3	− 3	− 8	−11	−11	− 8	− 3
	16	− 5	+ 1	+ 7	+12	+13	+11	+ 5	− 1	− 7	−12	−13	−11	− 5
	26	− 9	− 2	+ 6	+12	+14	+13	+ 9	+ 2	− 6	−12	−14	−13	− 9
	36	−12	− 5	+ 3	+11	+15	+16	+12	+ 5	− 3	−11	−15	−16	−12

The second-order day number J is given in this table in units of $0^s \cdot 000\,01$.
The apparent right ascension of a star is given by:

$$\alpha = \alpha_1 + \tau\mu_\alpha/100 + Aa + Bb + Cc + Dd + E + J\tan^2\delta_1$$

where the position (α_1, δ_1) and centennial proper motion in right ascension (μ_α) are referred to the mean equator and equinox of J1986·5.

SECOND-ORDER DAY NUMBERS, 1986

J' FOR NORTHERN DECLINATIONS
FOR 0ʰ TDT AND EQUINOX J1986·5

Right Ascension

Date		0ʰ / 12ʰ	1ʰ / 13ʰ	2ʰ / 14ʰ	3ʰ / 15ʰ	4ʰ / 16ʰ	5ʰ / 17ʰ	6ʰ / 18ʰ	7ʰ / 19ʰ	8ʰ / 20ʰ	9ʰ / 21ʰ	10ʰ / 22ʰ	11ʰ / 23ʰ	12ʰ / 24ʰ
Jan.	0	− 2	− 2	− 1	0	0	0	− 1	− 2	− 3	− 3	− 4	− 3	− 2
	10	− 4	− 3	− 2	− 1	0	0	− 1	− 2	− 4	− 5	− 5	− 5	− 4
	20	− 7	− 5	− 3	− 1	0	0	− 1	− 2	− 4	− 6	− 7	− 7	− 7
	30	− 9	− 8	− 5	− 3	− 1	0	0	− 2	− 5	− 7	− 9	−10	− 9
Feb.	9	−12	−10	− 8	− 5	− 2	0	0	− 2	− 4	− 7	−10	−12	−12
	19	−14	−13	−11	− 7	− 4	− 1	0	− 1	− 4	− 7	−11	−13	−14
Mar.	1	−16	−16	−14	−10	− 6	− 2	0	0	− 3	− 6	−11	−14	−16
	11	−18	−18	−17	−13	− 8	− 4	− 1	0	− 2	− 6	−10	−15	−18
	21	−18	−20	−19	−16	−11	− 6	− 2	0	− 1	− 4	− 9	−14	−18
	31	−17	−20	−21	−18	−14	− 8	− 3	− 1	0	− 3	− 7	−13	−17
Apr.	10	−17	−21	−22	−20	−16	−11	− 5	− 1	0	− 2	− 6	−11	−17
	20	−15	−20	−22	−22	−18	−13	− 7	− 3	0	− 1	− 4	− 9	−15
	30	−12	−18	−21	−22	−20	−15	− 9	− 4	− 1	0	− 2	− 7	−12
May	10	−10	−15	−20	−22	−21	−17	−12	− 6	− 2	0	− 1	− 5	−10
	20	− 8	−13	−18	−20	−20	−18	−13	− 8	− 3	0	0	− 3	− 8
	30	− 5	−10	−15	−18	−19	−18	−14	− 9	− 4	− 1	0	− 2	− 5
June	9	− 3	− 7	−12	−16	−17	−17	−14	−10	− 6	− 2	0	− 1	− 3
	19	− 2	− 5	− 9	−13	−15	−16	−14	−11	− 7	− 3	− 1	0	− 2
	29	− 1	− 3	− 6	−10	−13	−14	−13	−10	− 7	− 4	− 1	0	− 1
July	9	0	− 2	− 4	− 7	−10	−11	−11	−10	− 7	− 4	− 2	0	0
	19	0	− 1	− 2	− 5	− 7	− 9	− 9	− 9	− 7	− 5	− 3	− 1	0
	29	0	0	− 1	− 3	− 4	− 6	− 7	− 7	− 6	− 5	− 3	− 1	0
Aug.	8	− 1	0	0	− 1	− 2	− 4	− 5	− 6	− 5	− 4	− 3	− 2	− 1
	18	− 1	0	0	0	− 1	− 2	− 3	− 4	− 4	− 4	− 3	− 2	− 1
	28	− 2	− 1	0	0	0	− 1	− 1	− 2	− 3	− 3	− 3	− 2	− 2
Sept.	7	− 2	− 1	− 1	0	0	0	0	− 1	− 2	− 2	− 2	− 2	− 2
	17	− 2	− 2	− 2	− 1	− 1	0	0	0	− 1	− 1	− 2	− 2	− 2
	27	− 2	− 3	− 3	− 2	− 2	− 1	0	0	0	0	− 1	− 2	− 2
Oct.	7	− 2	− 3	− 3	− 3	− 3	− 2	− 1	− 1	0	0	0	− 1	− 2
	17	− 2	− 3	− 4	− 5	− 5	− 4	− 3	− 2	− 1	0	0	− 1	− 2
	27	− 1	− 3	− 4	− 6	− 7	− 7	− 6	− 4	− 2	− 1	0	0	− 1
Nov.	6	− 1	− 2	− 5	− 7	− 8	− 9	− 8	− 7	− 4	− 2	− 1	0	− 1
	16	0	− 2	− 4	− 7	−10	−11	−11	−10	− 7	− 4	− 2	0	0
	26	0	− 1	− 3	− 7	−11	−13	−14	−13	−11	− 7	− 4	− 1	0
Dec.	6	0	0	− 3	− 7	−11	−15	−17	−17	−14	−10	− 6	− 2	0
	16	− 1	0	− 2	− 6	−11	−15	−19	−19	−18	−14	− 9	− 4	− 1
	26	− 2	0	− 1	− 4	−10	−15	−20	−22	−21	−18	−12	− 7	− 2
	36	− 4	− 1	0	− 3	− 8	−15	−20	−24	−24	−21	−16	−10	− 4

The second-order day number J' is given in this table in units of $0''\cdot 0001$. The apparent declination of a star is given by:

$$\delta = \delta_1 + \tau\mu_\delta/100 + Aa' + Bb' + Cc' + Dd' + J'\tan\delta_1$$

where the declination (δ_1) and centennial proper motion in declination (μ_δ) are referred to the mean equator and equinox of J1986·5.

SECOND-ORDER DAY NUMBERS, 1986

J FOR SOUTHERN DECLINATIONS
FOR 0^h TDT AND EQUINOX J1986·5

Right Ascension

Date		0^h 12^h	1^h 13^h	2^h 14^h	3^h 15^h	4^h 16^h	5^h 17^h	6^h 18^h	7^h 19^h	8^h 20^h	9^h 21^h	10^h 22^h	11^h 23^h	12^h 24^h
Jan.	0	+ 4	+13	+18	+19	+14	+ 6	− 4	−13	−18	−19	−14	− 6	+ 4
	10	+ 1	+ 9	+15	+17	+15	+ 8	− 1	− 9	−15	−17	−15	− 8	+ 1
	20	− 2	+ 6	+12	+15	+14	+ 9	+ 2	− 6	−12	−15	−14	− 9	− 2
	30	− 4	+ 3	+ 8	+12	+13	+10	+ 4	− 3	− 8	−12	−13	−10	− 4
Feb.	9	− 5	0	+ 5	+ 9	+10	+ 9	+ 5	0	− 5	− 9	−10	− 9	− 5
	19	− 6	− 2	+ 2	+ 6	+ 8	+ 8	+ 6	+ 2	− 2	− 6	− 8	− 8	− 6
Mar.	1	− 5	− 3	0	+ 3	+ 6	+ 6	+ 5	+ 3	0	− 3	− 6	− 6	− 5
	11	− 4	− 3	− 1	+ 1	+ 3	+ 4	+ 4	+ 3	+ 1	− 1	− 3	− 4	− 4
	21	− 3	− 3	− 2	0	+ 1	+ 3	+ 3	+ 3	+ 2	0	− 1	− 3	− 3
	31	− 2	− 2	− 2	− 1	0	+ 1	+ 2	+ 2	+ 2	+ 1	0	− 1	− 2
Apr.	10	− 1	− 1	− 1	− 1	− 1	0	+ 1	+ 1	+ 1	+ 1	+ 1	0	− 1
	20	+ 1	0	− 1	− 1	− 1	− 1	− 1	0	+ 1	+ 1	+ 1	+ 1	+ 1
	30	+ 1	+ 1	0	0	− 1	− 1	− 1	− 1	0	0	+ 1	+ 1	+ 1
May	10	+ 1	+ 1	+ 1	+ 1	0	− 1	− 1	− 1	− 1	− 1	0	+ 1	+ 1
	20	+ 1	+ 2	+ 2	+ 2	+ 1	0	− 1	− 2	− 2	− 2	− 1	0	+ 1
	30	0	+ 1	+ 2	+ 3	+ 3	+ 2	0	− 1	− 2	− 3	− 3	− 2	0
June	9	− 2	0	+ 2	+ 4	+ 4	+ 3	+ 2	0	− 2	− 4	− 4	− 3	− 2
	19	− 4	− 1	+ 1	+ 4	+ 5	+ 5	+ 4	+ 1	− 1	− 4	− 5	− 5	− 4
	29	− 5	− 3	0	+ 3	+ 5	+ 6	+ 5	+ 3	0	− 3	− 5	− 6	− 5
July	9	− 7	− 5	− 2	+ 2	+ 5	+ 7	+ 7	+ 5	+ 2	− 2	− 5	− 7	− 7
	19	− 9	− 7	− 4	0	+ 4	+ 7	+ 9	+ 7	+ 4	0	− 4	− 7	− 9
	29	− 9	− 9	− 6	− 2	+ 3	+ 7	+ 9	+ 9	+ 6	+ 2	− 3	− 7	− 9
Aug.	8	−10	−11	− 9	− 4	+ 1	+ 6	+10	+11	+ 9	+ 4	− 1	− 6	−10
	18	− 9	−11	−10	− 7	− 1	+ 4	+ 9	+11	+10	+ 7	+ 1	− 4	− 9
	28	− 8	−11	−12	− 9	− 4	+ 2	+ 8	+11	+12	+ 9	+ 4	− 2	− 8
Sept.	7	− 6	−10	−12	−11	− 7	− 1	+ 6	+10	+12	+11	+ 7	+ 1	− 6
	17	− 3	− 9	−12	−12	− 9	− 3	+ 3	+ 9	+12	+12	+ 9	+ 3	− 3
	27	− 1	− 7	−11	−12	−10	− 6	+ 1	+ 7	+11	+12	+10	+ 6	− 1
Oct.	7	+ 2	− 4	− 9	−12	−11	− 8	− 2	+ 4	+ 9	+12	+11	+ 8	+ 2
	17	+ 5	− 1	− 7	−11	−12	− 9	− 5	+ 1	+ 7	+11	+12	+ 9	+ 5
	27	+ 6	+ 1	− 4	− 9	−11	−10	− 6	− 1	+ 4	+ 9	+11	+10	+ 6
Nov.	6	+ 7	+ 3	− 2	− 6	− 9	− 9	− 7	− 3	+ 2	+ 6	+ 9	+ 9	+ 7
	16	+ 8	+ 5	0	− 4	− 7	− 9	− 8	− 5	0	+ 4	+ 7	+ 9	+ 8
	26	+ 7	+ 5	+ 2	− 2	− 5	− 7	− 7	− 5	− 2	+ 2	+ 5	+ 7	+ 7
Dec.	6	+ 6	+ 5	+ 3	0	− 3	− 5	− 6	− 5	− 3	0	+ 3	+ 5	+ 6
	16	+ 4	+ 5	+ 3	+ 1	− 1	− 3	− 4	− 5	− 3	− 1	+ 1	+ 3	+ 4
	26	+ 3	+ 4	+ 3	+ 2	0	− 2	− 3	− 4	− 3	− 2	0	+ 2	+ 3
	36	+ 1	+ 2	+ 2	+ 2	+ 1	0	− 1	− 2	− 2	− 2	− 1	0	+ 1

The second-order day number J is given in this table in units of $0^s\!\cdot\!000\,01$.
The apparent right ascension of a star is given by:

$$\alpha = \alpha_1 + \tau\mu_\alpha/100 + Aa + Bb + Cc + Dd + E + J\tan^2\delta_1$$

where the position (α_1, δ_1) and centennial proper motion in right ascension (μ_α) are referred to the mean equator and equinox of J1986·5.

SECOND-ORDER DAY NUMBERS, 1986

J' FOR SOUTHERN DECLINATIONS
FOR 0ʰ TDT AND EQUINOX J1986·5

Right Ascension

Date		0ʰ / 12ʰ	1ʰ / 13ʰ	2ʰ / 14ʰ	3ʰ / 15ʰ	4ʰ / 16ʰ	5ʰ / 17ʰ	6ʰ / 18ʰ	7ʰ / 19ʰ	8ʰ / 20ʰ	9ʰ / 21ʰ	10ʰ / 22ʰ	11ʰ / 23ʰ	12ʰ / 24ʰ
Jan.	0	0	− 4	−10	−18	−24	−28	−29	−25	−19	−11	− 5	− 1	0
	10	0	− 2	− 7	−13	−20	−24	−26	−24	−19	−12	− 6	− 2	0
	20	0	− 1	− 4	−10	−16	−20	−23	−22	−18	−13	− 7	− 2	0
	30	0	0	− 2	− 7	−11	−16	−19	−19	−17	−13	− 8	− 3	0
Feb.	9	− 1	0	− 1	− 4	− 8	−12	−14	−16	−15	−12	− 8	− 4	− 1
	19	− 2	0	0	− 2	− 5	− 8	−11	−12	−12	−11	− 8	− 5	− 2
Mar.	1	− 2	− 1	0	− 1	− 3	− 5	− 7	− 9	−10	− 9	− 7	− 5	− 2
	11	− 3	− 1	0	0	− 1	− 3	− 4	− 6	− 7	− 7	− 6	− 4	− 3
	21	− 3	− 1	0	0	0	− 1	− 2	− 3	− 4	− 5	− 5	− 4	− 3
	31	− 3	− 2	− 1	0	0	0	− 1	− 2	− 2	− 3	− 3	− 3	− 3
Apr.	10	− 2	− 2	− 1	− 1	0	0	0	0	− 1	− 1	− 2	− 2	− 2
	20	− 2	− 2	− 2	− 1	− 1	0	0	0	0	0	− 1	− 1	− 2
	30	− 1	− 1	− 2	− 2	− 2	− 1	− 1	0	0	0	0	− 1	− 1
May	10	0	− 1	− 2	− 2	− 2	− 2	− 2	− 1	− 1	0	0	0	0
	20	0	− 1	− 1	− 2	− 3	− 3	− 3	− 3	− 2	− 1	0	0	0
	30	0	0	− 1	− 2	− 3	− 4	− 4	− 4	− 4	− 2	− 1	0	0
June	9	0	0	− 1	− 2	− 3	− 5	− 6	− 6	− 5	− 4	− 3	− 1	0
	19	− 1	0	0	− 1	− 3	− 5	− 6	− 7	− 7	− 6	− 5	− 3	− 1
	29	− 2	− 1	0	− 1	− 2	− 5	− 7	− 9	− 9	− 9	− 7	− 5	− 2
July	9	− 4	− 2	0	0	− 2	− 4	− 7	−10	−11	−11	−10	− 7	− 4
	19	− 6	− 3	− 1	0	− 1	− 3	− 7	−10	−12	−13	−12	− 9	− 6
	29	− 9	− 5	− 2	0	0	− 2	− 6	− 9	−13	−14	−14	−12	− 9
Aug.	8	−11	− 7	− 3	− 1	0	− 1	− 5	− 9	−13	−15	−16	−15	−11
	18	−14	−10	− 5	− 2	0	− 1	− 3	− 8	−12	−15	−17	−16	−14
	28	−16	−12	− 7	− 3	− 1	0	− 2	− 6	−11	−15	−17	−18	−16
Sept.	7	−18	−14	−10	− 5	− 2	0	− 1	− 4	− 9	−14	−17	−19	−18
	17	−19	−16	−12	− 7	− 3	0	0	− 3	− 7	−12	−16	−19	−19
	27	−19	−17	−14	− 9	− 4	− 1	0	− 1	− 5	−10	−14	−17	−19
Oct.	7	−18	−18	−15	−11	− 6	− 2	0	0	− 3	− 7	−12	−16	−18
	17	−17	−17	−16	−12	− 8	− 4	− 1	0	− 2	− 5	−10	−14	−17
	27	−14	−16	−15	−13	− 9	− 5	− 2	0	− 1	− 3	− 7	−11	−14
Nov.	6	−12	−14	−14	−13	−10	− 6	− 3	0	0	− 2	− 5	− 8	−12
	16	− 9	−12	−13	−12	−10	− 7	− 4	− 1	0	− 1	− 3	− 6	− 9
	26	− 7	− 9	−11	−11	−10	− 7	− 4	− 2	0	0	− 2	− 4	− 7
Dec.	6	− 4	− 7	− 8	− 9	− 8	− 7	− 5	− 2	− 1	0	− 1	− 2	− 4
	16	− 2	− 4	− 6	− 7	− 7	− 6	− 5	− 3	− 1	0	0	− 1	− 2
	26	− 1	− 2	− 4	− 5	− 5	− 5	− 4	− 3	− 2	0	0	0	− 1
	36	0	− 1	− 2	− 3	− 3	− 4	− 3	− 3	− 2	− 1	0	0	0

The second-order day number J' is given in this table in units of $0''\cdot0001$.
The apparent declination of a star is given by:

$$\delta = \delta_1 + \tau\mu_\delta/100 + Aa' + Bb' + Cc' + Dd' + J'\tan\delta_1$$

where the declination (δ_1) and centennial proper motion in declination (μ_δ) are referred to the mean equator and equinox of J1986·5.

REDUCTION OF CELESTIAL COORDINATES

Planetary reduction

Data and formulae are provided for the precise computation for an object within the solar system of apparent geocentric right ascension and declination at an epoch in terrestrial dynamical time, from a barycentric ephemeris in rectangular coordinates and barycentric dynamical time referred to the standard equator and equinox of J2000·0. The stages in the reduction may be summarised as follows:

1. Convert from terrestrial dynamical time TDT (proper time) to barycentric dynamical time TDB (coordinate time).
2. Calculate the geocentric rectangular coordinates of the planet from barycentric ephemerides of the planet and the Earth for the standard equator and equinox of J2000·0 and coordinate time argument TDB, allowing for light time calculated from heliocentric coordinates.
3. Calculate the direction of the planet relative to the natural frame (i.e. the geocentric inertial frame that is instantaneously stationary in the space time reference frame of the solar system), allowing for light deflection due to solar gravitation.
4. Calculate the direction of the planet relative to the geocentric proper frame by applying the correction for the Earth's orbital velocity about the barycentre (i.e. annual aberration). The resulting direction is for the standard equator and equinox of J2000·0.
5. Apply precession and nutation to convert to the true equator and equinox of date.
6. Convert to spherical coordinates.

Formulae and method for planetary reduction

Step 1. The apparent place is required for a time in TDT whilst the barycentric ephemeris is referred to TDB. For calculating an apparent place the following approximate formulae are sufficient for converting from TDT to TDB:

$$\text{TDB} = \text{TDT} + 0^s \cdot 001\,658 \sin g + 0^s \cdot 000\,014 \sin 2g$$

where $g = 357°\cdot53 + 0°\cdot985\,6003\,(\text{JD} - 245\,1545\cdot0)$
and JD = Julian date to two decimals of a day.

Step 2. Obtain the Earth's barycentric position $\mathbf{E}_B(t)$ in au and velocity $\dot{\mathbf{E}}_B(t)$ in au/d, at coordinate time $t = \text{TDB}$ referred to the equator and equinox of J2000·0.

Using an ephemeris, obtain the barycentric position of the planet $\mathbf{Q}_B$ in au at time $(t - \tau)$ for the equator and equinox of J2000·0 where τ is the light time, so that light emitted by the planet at the event $\mathbf{Q}_B(t - \tau)$ arrives at the Earth at the event $\mathbf{E}_B(t)$.

The light time equation is solved iteratively using the heliocentric position of the Earth (**E**) and the planet (**Q**), starting with the approximation $\tau = 0$, as follows:

Form **P**, the vector from the Earth to the planet from the equation:

$$\mathbf{P} = \mathbf{Q}_B(t - \tau) - \mathbf{E}_B(t)$$

Form **E** and **Q** from the equations: $\mathbf{E} = \mathbf{E}_B(t) - \mathbf{S}_B(t)$
$\mathbf{Q} = \mathbf{Q}_B(t - \tau) - \mathbf{S}_B(t - \tau)$

where $\mathbf{S}_B$ is the barycentric position of the Sun.

Calculate τ from: $c\tau = P + (2\mu/c^2) \ln[(E + P + Q)/(E - P + Q)]$

where the light time (τ) includes the effect of gravitational retardation due to the Sun, and

$\mu = GM_0$ \qquad c = velocity of light = 173·1446 au/d
G = the gravitational constant \qquad $\mu/c^2 = 9\cdot87 \times 10^{-9}$ au
M_0 = mass of Sun \qquad $P = |\mathbf{P}|, \quad Q = |\mathbf{Q}|, \quad E = |\mathbf{E}|$

where | | means calculate the square root of the sum of the squares of the components.

Formulae and method for planetary reduction (continued)

After convergence, form unit vectors **p**, **q**, **e** by dividing **P**, **Q**, **E** by P, Q, E respectively.

Step 3. Calculate the geocentric direction ($\mathbf{p}_1$) of the planet, corrected for light deflection in the natural frame, from:

$$\mathbf{p}_1 = \mathbf{p} + (2\mu/c^2 E)((\mathbf{p}\cdot\mathbf{q})\mathbf{e} - (\mathbf{e}\cdot\mathbf{p})\mathbf{q})/(1+\mathbf{q}\cdot\mathbf{e})$$

where the dot indicates a scalar product. (The scalar product of two vectors is the sum of the products of their corresponding components in the same reference frame.)

The vector $\mathbf{p}_1$ is a unit vector to order μ/c^2.

Step 4. Calculate the proper direction of the planet ($\mathbf{p}_2$) in the geocentric inertial frame that is moving with the instantaneous velocity (**V**) of the Earth relative to the natural frame from:

$$\mathbf{p}_2 = (\beta^{-1}\mathbf{p}_1 + (1+(\mathbf{p}_1\cdot\mathbf{V})/(1+\beta^{-1}))\mathbf{V})/(1+\mathbf{p}_1\cdot\mathbf{V})$$

where $\mathbf{V} = \dot{\mathbf{E}}_B/c = 0.005\,7755\,\dot{\mathbf{E}}_B$ and $\beta = (1 - V^2)^{-1/2}$; the velocity (**V**) is expressed in units of the velocity of light and is equal to the Earth's velocity in the barycentric frame to order V^2.

Step 5. Apply precession and nutation to the proper direction ($\mathbf{p}_2$) by multiplying by the rotation matrix **R** given on the odd pages B43 to B57 to obtain the apparent direction $\mathbf{p}_3$ from:

$$\mathbf{p}_3 = \mathbf{R}\,\mathbf{p}_2$$

using row by column multiplication.

Step 6. Convert to spherical coordinates α, δ using: $\alpha = \tan^{-1}(\eta/\xi)$, $\delta = \sin^{-1}\zeta$ where $\mathbf{p}_3 = (\xi, \eta, \zeta)$ and the quadrant of α is determined by the signs of ξ and η.

Example of planetary reduction

Calculate the apparent place of Venus on 1986 January 19 at 0^h TDT:

Step 1. From page B11, JD = 244 6449·5,
hence $g = 15°\!\cdot\!40$ and TDB − TDT = $5\cdot2 \times 10^{-9}$ days.
The difference between TDB and TDT may be neglected in this example.

Step 2. Tabular values, taken from the JPL DE200/LE200 barycentric ephemeris, referred to J2000·0, which are required for the calculation, are as follows:

Vector	Julian date (TDB)	Rectangular components		
		x	y	z
$\mathbf{E}_B$	244 6449·5	−0·476 838 018	+0·797 856 447	+0·345 891 242
$\dot{\mathbf{E}}_B$	244 6449·5	−0·015 356 254	−0·007 675 806	−0·003 328 677
$\mathbf{Q}_B$	244 6447·5	+0·308 170 620	−0·585 925 953	−0·283 408 934
	244 6448·5	+0·326 194 180	−0·577 470 547	−0·280 746 315
	244 6449·5	+0·343 965 671	−0·568 567 165	−0·277 866 223
	244 6450·5	+0·361 471 501	−0·559 222 697	−0·274 770 896
	244 6451·5	+0·378 698 282	−0·549 444 361	−0·271 462 735
$\mathbf{S}_B$	244 6448·5	−0·002 646 900	+0·006 922 033	+0·002 951 104
	244 6449·5	−0·002 652 396	+0·006 916 833	+0·002 949 024
	244 6450·5	−0·002 657 884	+0·006 911 626	+0·002 946 942

B38   REDUCTION OF CELESTIAL COORDINATES

Example of planetary reduction (continued)

Hence on JD 244 6449·5,
$\mathbf{E} = (-0\cdot474\,185\,622, \quad +0\cdot790\,939\,614, \quad +0\cdot342\,942\,218)$ $E = 0\cdot983\,893\,715$

The first iteration, with $\tau = 0$, gives:

$\mathbf{P} = (+0\cdot820\,803\,689, \quad -1\cdot366\,423\,612, \quad -0\cdot623\,757\,465)$ $P = 1\cdot711\,696\,690$
$\mathbf{Q} = (+0\cdot346\,618\,067, \quad -0\cdot575\,483\,998, \quad -0\cdot280\,815\,247)$ $Q = 0\cdot728\,136\,745$
$\tau = +0^d\cdot009\,885\,94$

The second iteration, with $\tau = 0^d\cdot009\,885\,94$ using Stirling's central-difference formula up to δ^4 to interpolate $\mathbf{Q}_B$, and up to δ^2 to interpolate $\mathbf{S}_B$, gives:

$\mathbf{P} = (+0\cdot820\,629\,279, \quad -1\cdot366\,513\,801, \quad -0\cdot623\,786\,995)$ $P = 1\cdot711\,695\,825$
$\mathbf{Q} = (+0\cdot346\,443\,603, \quad -0\cdot575\,574\,238, \quad -0\cdot280\,844\,797)$ $Q = 0\cdot728\,136\,439$
$\tau = 0^d\cdot009\,885\,93$ A third and final iteration yields no significant improvement:

$\mathbf{P} = (+0\cdot820\,629\,279, \quad -1\cdot366\,513\,800, \quad -0\cdot623\,786\,995)$ $P = 1\cdot711\,695\,825$
$\mathbf{Q} = (+0\cdot346\,443\,603, \quad -0\cdot575\,574\,238, \quad -0\cdot280\,844\,797)$ $Q = 0\cdot728\,136\,439$
$\tau = 0^d\cdot009\,885\,93$

Hence the unit vectors are:

$\mathbf{p} = (+0\cdot479\,424\,713, \quad -0\cdot798\,339\,156, \quad -0\cdot364\,426\,311)$
$\mathbf{q} = (+0\cdot475\,794\,898, \quad -0\cdot790\,475\,805, \quad -0\cdot385\,703\,533)$
$\mathbf{e} = (-0\cdot481\,948\,014, \quad +0\cdot803\,887\,251, \quad +0\cdot348\,556\,163)$

Step 3. Calculate the scalar products:

$\mathbf{p}\cdot\mathbf{q} = +0\cdot999\,736\,136, \quad \mathbf{e}\cdot\mathbf{p} = -0\cdot999\,855\,495, \quad \mathbf{q}\cdot\mathbf{e} = -0\cdot999\,201\,173$ then

$(2\mu/c^2 E)((\mathbf{p}\cdot\mathbf{q})\mathbf{e} - (\mathbf{e}\cdot\mathbf{p})\mathbf{q})/(1 + \mathbf{q}\cdot\mathbf{e}) = (-0\cdot000\,000\,153, \quad +0\cdot000\,000\,334, \quad -0\cdot000\,000\,934)$
and $\mathbf{p}_1 = (+0\cdot479\,424\,560, \quad -0\cdot798\,338\,822, \quad -0\cdot364\,427\,245)$

Step 4. Take $\dot{\mathbf{E}}_B$ from the table in *Step* 2 and calculate:

$\mathbf{V} = 0\cdot005\,7755\,\dot{\mathbf{E}}_B = (-0\cdot000\,088\,690, \quad -0\cdot000\,044\,332, \quad -0\cdot000\,019\,225)$

Then $V = 0\cdot000\,100\,999, \quad \beta = 1\cdot000\,000\,005$ and $\beta^{-1} = 0\cdot999\,999\,995$

Calculate the scalar product $\mathbf{p}_1 \cdot \mathbf{V} = -0\cdot000\,000\,123$

Then $1 + (\mathbf{p}_1 \cdot \mathbf{V})/(1 + \beta^{-1}) = 0\cdot999\,999\,939$

Hence $\mathbf{p}_2 = (+0\cdot479\,335\,926, \quad -0\cdot798\,383\,247, \quad -0\cdot364\,446\,512)$

Step 5. From page B43, the precession and nutation matrix $\mathbf{R}$ is given by:

$$\mathbf{R} = \begin{bmatrix} +0\cdot999\,994\,07 & +0\cdot003\,158\,04 & +0\cdot001\,372\,37 \\ -0\cdot003\,158\,00 & +0\cdot999\,995\,01 & -0\cdot000\,037\,28 \\ -0\cdot001\,372\,48 & +0\cdot000\,032\,95 & +0\cdot999\,999\,06 \end{bmatrix}$$

Hence $\mathbf{p}_3 = \mathbf{R}\,\mathbf{p}_2 = (+0\cdot476\,311\,60, \quad -0\cdot799\,879\,42, \quad -0\cdot365\,130\,36)$

Step 6. Converting to spherical coordinates

$$\alpha = 20^h\,03^m\,05^s\cdot50 \qquad \delta = -21°\,24'\,56''\cdot2$$

The geometric distance between the Earth and Venus at time $t = $ JD 244 6449·5 is the value of $P = 1\cdot711\,696\,690$ au in the first iteration in *Step* 2, where $\tau = 0$. The light path distance between the Earth at time t and Venus at time $(t - \tau)$ is the value of $P = 1\cdot711\,695\,825$ au in the final iteration in *Step* 2, where $\tau = 0^d\cdot009\,885\,93$.

Solar reduction

The method for solar reduction is identical to the method for planetary reduction, except for the following differences:

In *Step* 2 set $\mathbf{Q_B} = \mathbf{S_B}$ and hence $\mathbf{P} = \mathbf{S_B}(t - \tau) - \mathbf{E_B}(t)$. Calculate the light time (τ) by iteration from $\tau = P/c$ and form the unit vector $\mathbf{p}$ only.

In *Step* 3 set $\mathbf{p_1} = \mathbf{p}$ since there is no light deflection from the centre of the Sun's disk.

Stellar reduction

The method for planetary reduction may be applied with some modification to the calculation of the apparent places of stars.

The barycentric direction of a star at epoch TDB is calculated from its right ascension, declination and space motion for the standard equator and equinox of J2000·0 on the FK5 system. A concise method of conversion from B1950·0 on the FK4 system to J2000·0 on the FK5 system is given on page B58.

The main modifications to the planetary reduction in the stellar case are: in *Step* 1, the distinction between TDB and TDT is not significant; in *Step* 2, the space motion of the star is included but light time is ignored; in *Step* 3, the relativity term for light deflection is modified to the asymptotic case where the star is assumed to be at infinity.

Formulae and method for stellar reduction

The steps in the stellar reduction are as follows:

Step 1. Set TDB = TDT

Step 2. Obtain the Earth's barycentric position $\mathbf{E_B}$ in au and velocity $\mathbf{\dot{E}_B}$ in au/d, at coordinate time t = TDB referred to the equator and equinox of J2000·0.

The barycentric direction ($\mathbf{q}$) of a star at epoch J2000·0, referred to the standard equator and equinox of J2000·0, is given by:

$$\mathbf{q} = (\cos \alpha_0 \cos \delta_0, \sin \alpha_0 \cos \delta_0, \sin \delta_0)$$

where α_0 and δ_0 are the right ascension and declination for the equator, equinox and epoch of J2000·0.

The space motion vector $\mathbf{m} = (m_x, m_y, m_z)$ of the star expressed in radians per century, is given by:

$$\begin{aligned}
m_x &= -\mu_\alpha \cos \delta_0 \sin \alpha_0 - \mu_\delta \sin \delta_0 \cos \alpha_0 + v\pi \cos \delta_0 \cos \alpha_0 \\
m_y &= \mu_\alpha \cos \delta_0 \cos \alpha_0 - \mu_\delta \sin \delta_0 \sin \alpha_0 + v\pi \cos \delta_0 \sin \alpha_0 \\
m_z &= \phantom{-\mu_\alpha \cos \delta_0 \cos \alpha_0 - {}} \mu_\delta \cos \delta_0 \phantom{{} - \mu_\delta \sin \delta_0 \sin \alpha_0} + v\pi \sin \delta_0
\end{aligned}$$

where these expressions take into account radial velocity (v) in au/century (1 km/s = 21·095 au/century), measured positively away from the Earth, as well as proper motion (μ_α, μ_δ) in right ascension and declination in radians/century, and π is the parallax in radians.

Calculate $\mathbf{P}$, the geocentric vector of the star at the required epoch, from:

$$\mathbf{P} = \mathbf{q} + T\mathbf{m} - \pi \mathbf{E_B}$$

where $T = (\text{JD} - 245\,1545\cdot0)/36\,525$, which is the interval in Julian centuries from J2000·0, and JD is the Julian date to one decimal of a day.

Form the heliocentric position of the Earth ($\mathbf{E}$) from:

$$\mathbf{E} = \mathbf{E_B} - \mathbf{S_B}$$

where $\mathbf{S_B}$ is the barycentric position of the Sun at time t.

Form the geocentric direction ($\mathbf{p}$) of the star and the unit vector ($\mathbf{e}$) from $\mathbf{p} = \mathbf{P}/|\mathbf{P}|$ and $\mathbf{e} = \mathbf{E}/|\mathbf{E}|$.

Formulae and method for stellar reduction (continued)

Step 3. Calculate the geocentric direction ($\mathbf{p}_1$) of the star, corrected for light deflection in the natural frame, from:

$$\mathbf{p}_1 = \mathbf{p} + (2\mu/c^2 E)(\mathbf{e} - (\mathbf{p} \cdot \mathbf{e})\mathbf{p})/(1 + \mathbf{p} \cdot \mathbf{e})$$

where the dot indicates a scalar product, $\mu/c^2 = 9 \cdot 87 \times 10^{-9}$ au and $E = |\mathbf{E}|$. Note that this expression is derived from the planetary case by substituting $\mathbf{q} = \mathbf{p}$ in the small term which allows for light deflection.

The vector $\mathbf{p}_1$ is a unit vector to order μ/c^2.

Step 4. Calculate the proper direction ($\mathbf{p}_2$) in the geocentric inertial frame, that is moving with the instantaneous velocity ($\mathbf{V}$) of the Earth relative to the natural frame, from:

$$\mathbf{p}_2 = (\beta^{-1}\mathbf{p}_1 + (1 + (\mathbf{p}_1 \cdot \mathbf{V})/(1 + \beta^{-1}))\mathbf{V})/(1 + \mathbf{p}_1 \cdot \mathbf{V})$$

where $\mathbf{V} = \dot{\mathbf{E}}_B/c = 0 \cdot 005\ 7755\ \dot{\mathbf{E}}_B$ and $\beta = (1 - V^2)^{-1/2}$; the velocity ($\mathbf{V}$) is expressed in units of velocity of light and is equal to the Earth's velocity in the barycentric frame to order V^2.

Step 5. Apply precession and nutation to the proper direction ($\mathbf{p}_2$) by multiplying by the rotation matrix ($\mathbf{R}$), given on the odd pages B43 to B57, to obtain the apparent direction ($\mathbf{p}_3$) from:

$$\mathbf{p}_3 = \mathbf{R}\,\mathbf{p}_2$$

using row by column multiplication.

Step 6. Convert to spherical coordinates (α, δ) using: $\alpha = \tan^{-1}(\eta/\xi)$, $\delta = \sin^{-1}\zeta$ where $\mathbf{p}_3 = (\xi, \eta, \zeta)$ and the quadrant of α is determined by the signs of ξ and η.

Example of stellar reduction

Calculate the apparent position of a fictitious star on 1986 January 1 at 0^h TDT. The mean right ascension (α_0), declination (δ_0), centennial proper motions (μ_α, μ_δ), parallax (π) and radial velocity (v) of the star at the standard equator and equinox of J2000·0 are given by:

$\alpha_0 = 14^h\ 39^m\ 36^s \cdot 087$ $\qquad \delta_0 = -60° 50'\ 07'' \cdot 14 \qquad \pi = 0'' \cdot 752 = 3 \cdot 6458 \times 10^{-6}$ rad
$\mu_\alpha = -49 \cdot 486$ s/cy $\qquad\qquad \mu_\delta = +69 \cdot 60''$/cy $\qquad\qquad v = -22 \cdot 2$ km/s
$\quad\ = -0 \cdot 003\ 598\ 723$ rad/cy, $\quad = +0 \cdot 000\ 337\ 430$ rad/cy, $v\pi = -0 \cdot 001\ 707\ 357$ rad/cy

Step 1. TDB = TDT = JD244 6431·5

Step 2. Tabular values of $\mathbf{E}_B$, $\dot{\mathbf{E}}_B$ and $\mathbf{S}_B$, taken from the JPL DE200/LE200 barycentric ephemeris referred to J2000·0, are:

Vector	Julian date (TDB)	Rectangular components		
		x	y	z
$\mathbf{E}_B$	244 6431·5	−0·181 224 894	+0·894 124 018	+0·387 627 287
$\dot{\mathbf{E}}_B$	244 6431·5	−0·017 201 078	−0·002 926 927	−0·001 268 612
$\mathbf{S}_B$	244 6431·5	−0·002 552 100	+0·007 009 382	+0·002 985 953

From the positional data, calculate:

$\mathbf{q} = (-0 \cdot 373\ 854\ 098, -0 \cdot 312\ 594\ 565, -0 \cdot 873\ 222\ 624)$
$\mathbf{m} = (-0 \cdot 000\ 712\ 685, +0 \cdot 001\ 690\ 102, +0 \cdot 001\ 655\ 339)$

Form $\mathbf{P} = \mathbf{q} + T\mathbf{m} - \pi\mathbf{E}_B = (-0 \cdot 373\ 753\ 662, -0 \cdot 312\ 834\ 439, -0 \cdot 873\ 455\ 785)$
where $T = (244\ 6431 \cdot 5 - 245\ 1545 \cdot 0)/36\ 525 = -0 \cdot 140\ 000\ 000$ and form
$\mathbf{E} = \mathbf{E}_B - \mathbf{S}_B = (-0 \cdot 178\ 672\ 794, +0 \cdot 887\ 114\ 636, +0 \cdot 384\ 641\ 334)$, $E = 0 \cdot 983\ 282\ 920$

Example of stellar reduction (continued)

Hence the unit vectors are:
$$\mathbf{p} = (-0.373\,663\,583,\ -0.312\,759\,043,\ -0.873\,245\,274)$$
$$\mathbf{e} = (-0.181\,710\,462,\ +0.902\,196\,731,\ +0.391\,180\,734)$$

Step 3. Calculate the scalar product $\mathbf{p}\cdot\mathbf{e} = -0.555\,868\,330$

then
$$(2\mu/c^2 E)(\mathbf{e} - (\mathbf{p}\cdot\mathbf{e})\mathbf{p})/(1+\mathbf{p}\cdot\mathbf{e}) = (-0.000\,000\,018,\ +0.000\,000\,033,\ -0.000\,000\,004)$$
and $\mathbf{p}_1 = (-0.373\,663\,601,\ -0.312\,759\,010,\ -0.873\,245\,278)$

Step 4.

Calculate $\mathbf{V} = 0.005\,7755\ \dot{\mathbf{E}}_B = (-0.000\,099\,345,\ -0.000\,016\,905,\ -0.000\,007\,327)$

where $\dot{\mathbf{E}}_B$ is taken from the table in *Step* 2.

Then $V = 0.000\,101\,039$, $\beta = 1.000\,000\,005$ and $\beta^{-1} = 0.999\,999\,995$

Calculate the scalar product $\mathbf{p}_1\cdot\mathbf{V} = +0.000\,048\,807$

Then $1 + (\mathbf{p}_1\cdot\mathbf{V})/(1+\beta^{-1}) = 1.000\,024\,403$

Hence $\mathbf{p}_2 = (-0.373\,744\,705,\ -0.312\,760\,648,\ -0.873\,209\,982)$

Step 5. From page B43, the precession and nutation matrix **R** is given by:
$$\mathbf{R} = \begin{bmatrix} +0.999\,994\,02 & +0.003\,171\,70 & +0.001\,378\,30 \\ -0.003\,171\,65 & +0.999\,994\,97 & -0.000\,035\,93 \\ -0.001\,378\,41 & +0.000\,031\,55 & +0.999\,999\,05 \end{bmatrix}$$

Hence $\mathbf{p}_3 = \mathbf{R}\,\mathbf{p}_2 = (-0.375\,938\,00,\ -0.311\,542\,32,\ -0.872\,703\,85)$

Step 6. Converting to spherical coordinates:
$$\alpha = 14^\mathrm{h}\,38^\mathrm{m}\,35^\mathrm{s}\!.704 \qquad \delta = -60°\,46'\,27''\!.77$$

POSITION AND VELOCITY OF THE EARTH, 1986
ORIGIN AT SOLAR SYSTEM BARYCENTER
MEAN EQUATOR AND EQUINOX J2000.0

Date 0ʰT.D.B.		X	Y	Z	$\dot{X}$	$\dot{Y}$	$\dot{Z}$
Jan.	0	−0.163 997 614	+0.896 913 071	+0.388 836 190	−1725 2625	− 265 1081	− 114 9155
	1	.181 224 894	.894 124 018	.387 627 287	1720 1078	292 6927	126 8612
	2	.198 398 048	.891 059 419	.386 299 049	1714 4364	320 2166	138 7821
	3	.215 511 882	.887 719 904	.384 851 733	1708 2427	347 6749	150 6767
	4	.232 561 138	.884 106 161	.383 285 609	1701 5196	375 0610	162 5432
	5	−0.249 540 483	+0.880 218 952	+0.381 600 973	−1694 2592	− 402 3666	− 174 3784
	6	.266 444 502	.876 059 133	.379 798 159	1686 4529	429 5808	186 1782
	7	.283 267 694	.871 627 687	.377 877 547	1678 0927	456 6897	197 9367
	8	.300 004 487	.866 925 745	.375 839 586	1669 1721	483 6767	209 6467
	9	.316 649 257	.861 954 622	.373 684 805	1659 6880	510 5226	221 2991
	10	−0.333 196 371	+0.856 715 832	+0.371 413 828	−1649 6414	− 537 2067	− 232 8842
	11	.349 640 229	.851 211 094	.369 027 379	1639 0382	563 7090	244 3920
	12	.365 975 312	.845 442 319	.366 526 277	1627 8883	590 0111	255 8133
	13	.382 196 214	.839 411 589	.363 911 426	1616 2044	616 0979	267 1405
	14	.398 297 667	.833 121 119	.361 183 801	1604 0006	641 9573	278 3674
	15	−0.414 274 539	+0.826 573 231	+0.358 344 429	−1591 2905	− 667 5802	− 289 4893
	16	.430 121 832	.819 770 327	.355 394 376	1578 0869	692 9595	300 5029
	17	.445 834 670	.812 714 873	.352 334 742	1564 4014	718 0892	311 4053
	18	.461 408 288	.805 409 390	.349 166 649	1550 2444	742 9645	322 1942
	19	.476 838 018	.797 856 447	.345 891 242	1535 6254	767 5806	332 8677
	20	−0.492 119 287	+0.790 058 657	+0.342 509 685	−1520 5536	− 791 9331	− 343 4240
	21	.507 247 609	.782 018 678	.339 023 159	1505 0376	816 0179	353 8613
	22	.522 218 586	.773 739 205	.335 432 859	1489 0858	839 8313	364 1784
	23	.537 027 900	.765 222 967	.331 739 996	1472 7065	863 3703	374 3741
	24	.551 671 315	.756 472 720	.327 945 785	1455 9073	886 6327	384 4477
	25	−0.566 144 668	+0.747 491 240	+0.324 051 448	−1438 6950	− 909 6169	− 394 3992
	26	.580 443 858	.738 281 312	.320 058 207	1421 0755	932 3220	404 2288
	27	.594 564 833	.728 845 731	.315 967 278	1403 0525	954 7476	413 9369
	28	.608 503 571	.719 187 294	.311 779 871	1384 6283	976 8931	423 5242
	29	.622 256 061	.709 308 807	.307 497 195	1365 8029	998 7571	432 9910
	30	−0.635 818 287	+0.699 213 098	+0.303 120 455	−1346 5750	−1020 3371	− 442 3369
	31	.649 186 209	.688 903 026	.298 650 864	1326 9415	1041 6287	451 5608
Feb.	1	.662 355 755	.678 381 507	.294 089 652	1306 8991	1062 6254	460 6606
	2	.675 322 817	.667 651 530	.289 438 077	1286 4443	1083 3185	469 6328
	3	.688 083 257	.656 716 186	.284 697 437	1265 5744	1103 6968	478 4727
	4	−0.700 632 917	+0.645 578 686	+0.279 869 085	−1244 2883	−1123 7473	− 487 1743
	5	.712 967 640	.634 242 383	.274 954 434	1222 5872	1143 4549	495 7309
	6	.725 083 293	.622 710 785	.269 954 976	1200 4755	1162 8036	504 1346
	7	.736 975 807	.610 987 562	.264 872 278	1177 9611	1181 7771	512 3775
	8	.748 641 209	.599 076 544	.259 707 989	1155 0552	1200 3601	520 4516
	9	−0.760 075 656	+0.586 981 706	+0.254 463 831	−1131 7726	−1218 5391	− 528 3502
	10	.771 275 460	.574 707 144	.249 141 589	1108 1296	1236 3033	536 0675
	11	.782 237 105	.562 257 050	.243 743 100	1084 1439	1253 6446	543 5992
	12	.792 957 252	.549 635 680	.238 270 234	1059 8326	1270 5578	550 9425
	13	.803 432 727	.536 847 333	.232 724 885	1035 2122	1287 0395	558 0957
	14	−0.813 660 516	+0.523 896 335	+0.227 108 958	−1010 2978	−1303 0879	− 565 0577
	15	−0.823 637 748	+0.510 787 023	+0.221 424 368	− 985 1030	−1318 7019	− 571 8283

$\dot{X}, \dot{Y}, \dot{Z}$ ARE IN UNITS OF 10^{-9} A.U. PER DAY

PRECESSION AND NUTATION, 1986

MATRIX ELEMENTS FOR CONVERSION FROM MEAN EQUINOX OF J2000.0 TO TRUE EQUINOX OF DATE

Julian Date	$R_{11}-1$	R_{12}	R_{13}	R_{21}	$R_{22}-1$	R_{23}	R_{31}	R_{32}	$R_{33}-1$
244									
6430.5	− 598	+317 237	+137 860	−317 232	− 503	−3564	−137 870	+3126	− 95
6431.5	598	317 170	137 830	317 165	503	3593	137 841	3155	95
6432.5	598	317 121	137 809	317 117	503	3616	137 820	3179	95
6433.5	598	317 086	137 794	317 081	503	3630	137 805	3193	95
6434.5	598	317 051	137 779	317 046	503	3631	137 789	3195	95
6435.5	− 597	+317 003	+137 758	−316 999	− 503	−3621	−137 769	+3184	− 95
6436.5	597	316 932	137 727	316 928	502	3601	137 738	3165	95
6437.5	597	316 830	137 683	316 826	502	3580	137 693	3143	95
6438.5	596	316 698	137 626	316 694	502	3563	137 636	3127	95
6439.5	596	316 547	137 560	316 542	501	3559	137 570	3123	95
6440.5	− 595	+316 392	+137 493	−316 387	− 501	−3570	−137 503	+3135	− 95
6441.5	595	316 251	137 431	316 246	500	3595	137 442	3161	95
6442.5	594	316 136	137 381	316 131	500	3630	137 392	3196	94
6443.5	594	316 051	137 345	316 047	500	3667	137 356	3233	94
6444.5	594	315 994	137 320	315 990	499	3699	137 331	3266	94
6445.5	− 593	+315 956	+137 303	−315 952	− 499	−3724	−137 314	+3290	− 94
6446.5	593	315 927	137 291	315 922	499	3738	137 302	3304	94
6447.5	593	315 897	137 277	315 892	499	3742	137 288	3308	94
6448.5	593	315 858	137 260	315 853	499	3738	137 271	3304	94
6449.5	593	315 804	137 237	315 800	499	3728	137 248	3295	94
6450.5	− 593	+315 734	+137 207	−315 729	− 499	−3717	−137 218	+3284	− 94
6451.5	592	315 647	137 169	315 642	498	3707	137 180	3274	94
6452.5	592	315 544	137 124	315 539	498	3702	137 135	3269	94
6453.5	591	315 430	137 075	315 425	498	3704	137 086	3272	94
6454.5	591	315 312	137 023	315 307	497	3716	137 034	3284	94
6455.5	− 591	+315 197	+136 974	−315 193	− 497	−3738	−136 985	+3306	− 94
6456.5	590	315 096	136 930	315 091	496	3768	136 941	3337	94
6457.5	590	315 014	136 894	315 009	496	3804	136 905	3373	94
6458.5	590	314 955	136 868	314 950	496	3840	136 880	3409	94
6459.5	590	314 918	136 852	314 913	496	3872	136 864	3441	94
6460.5	− 589	+314 896	+136 843	−314 890	− 496	−3894	−136 854	+3463	− 94
6461.5	589	314 877	136 835	314 872	496	3903	136 846	3472	94
6462.5	589	314 850	136 823	314 845	496	3900	136 834	3469	94
6463.5	589	314 802	136 802	314 797	496	3888	136 813	3457	94
6464.5	589	314 727	136 769	314 722	495	3871	136 781	3441	94
6465.5	− 588	+314 623	+136 724	−314 618	− 495	−3858	−136 736	+3428	− 94
6466.5	588	314 499	136 670	314 494	495	3854	136 682	3424	93
6467.5	587	314 366	136 612	314 361	494	3863	136 624	3434	93
6468.5	587	314 240	136 558	314 235	494	3887	136 569	3458	93
6469.5	587	314 135	136 512	314 130	493	3921	136 524	3492	93
6470.5	− 586	+314 058	+136 479	−314 053	− 493	−3960	−136 490	+3532	− 93
6471.5	586	314 010	136 458	314 004	493	3998	136 470	3569	93
6472.5	586	313 984	136 447	313 979	493	4028	136 459	3600	93
6473.5	586	313 972	136 441	313 967	493	4048	136 453	3620	93
6474.5	586	313 963	136 437	313 958	493	4057	136 449	3629	93
6475.5	− 586	+313 947	+136 430	−313 942	− 493	−4056	−136 443	+3628	− 93
6476.5	− 586	+313 919	+136 418	−313 913	− 493	−4049	−136 430	+3621	− 93

VALUES IN UNITS OF 10^{-8}.

POSITION AND VELOCITY OF THE EARTH, 1986
ORIGIN AT SOLAR SYSTEM BARYCENTER
MEAN EQUATOR AND EQUINOX J2000.0

Date 0ʰT.D.B.	X	Y	Z	$\dot{X}$	$\dot{Y}$	$\dot{Z}$
Feb. 15	−0.823 637 748	+0.510 787 023	+0.221 424 368	− 985 1030	−1318 7019	− 571 8283
16	.833 361 684	.497 523 746	.215 673 031	959 6406	1333 8810	578 4072
17	.842 829 709	.484 110 855	.209 856 863	933 9227	1348 6247	584 7945
18	.852 039 325	.470 552 704	.203 977 779	907 9607	1362 9330	590 9903
19	.860 988 146	.456 853 647	.198 037 694	881 7656	1376 8061	596 9951
20	−0.869 673 897	+0.443 018 029	+0.192 038 513	− 855 3484	−1390 2451	− 602 8095
21	.878 094 407	.429 050 186	.185 982 135	828 7192	1403 2515	608 4347
22	.886 247 605	.414 954 432	.179 870 444	801 8874	1415 8278	613 8723
23	.894 131 506	.400 735 053	.173 705 306	774 8610	1427 9773	619 1245
24	.901 744 196	.386 396 296	.167 488 564	747 6460	1439 7039	624 1937
25	−0.909 083 811	+0.371 942 373	+0.161 222 034	− 720 2462	−1451 0110	− 629 0824
26	.916 148 508	.357 377 464	.154 907 511	692 6626	1461 9015	633 7927
27	.922 936 448	.342 705 730	.148 546 771	664 8944	1472 3759	638 3258
28	.929 445 774	.327 931 338	.142 141 586	636 9394	1482 4326	642 6816
Mar. 1	.935 674 606	.313 058 486	.135 693 735	608 7953	1492 0668	646 8585
2	−0.941 621 045	+0.298 091 434	+0.129 205 023	− 580 4608	−1501 2710	− 650 8532
3	.947 283 191	.283 034 530	.122 677 293	551 9370	1510 0357	654 6614
4	.952 659 166	.267 892 222	.116 112 434	523 2275	1518 3498	658 2778
5	.957 747 143	.252 669 074	.109 512 395	494 3388	1526 2018	661 6966
6	.962 545 376	.237 369 764	.102 879 180	465 2806	1533 5804	664 9119
7	−0.967 052 230	+0.221 999 079	+0.096 214 853	− 436 0651	−1540 4752	− 667 9182
8	.971 266 203	.206 561 903	.089 521 529	406 7071	1546 8772	670 7106
9	.975 185 952	.191 063 202	.082 801 368	377 2232	1552 7793	673 2850
10	.978 810 306	.175 507 999	.076 056 565	347 6310	1558 1769	675 6387
11	.982 138 272	.159 901 353	.069 289 336	317 9486	1563 0676	677 7699
12	−0.985 169 036	+0.144 248 338	+0.062 501 909	− 288 1936	−1567 4509	− 679 6782
13	.987 901 959	.128 554 021	.055 696 514	258 3830	1571 3284	681 3639
14	.990 336 562	.112 823 446	.048 875 370	228 5321	1574 7029	682 8281
15	.992 472 516	.097 061 627	.042 040 684	198 6555	1577 5780	684 0727
16	.994 309 629	.081 273 537	.035 194 643	168 7662	1579 9578	685 0994
17	−0.995 847 838	+0.065 464 107	+0.028 339 414	− 138 8764	−1581 8467	− 685 9106
18	.997 087 195	.049 638 224	.021 477 143	108 9978	1583 2493	686 5084
19	.998 027 868	.033 800 726	.014 609 949	79 1413	1584 1705	686 8955
20	.998 670 130	.017 956 401	.007 739 927	49 3174	1584 6158	687 0744
21	.999 014 359	+ .002 109 977	+ .000 869 144	− 19 5361	1584 5911	687 0484
22	−0.999 061 024	−0.013 733 878	−0.006 000 369	+ 10 1938	−1584 1033	− 686 8209
23	.998 810 679	.029 570 570	.012 866 616	39 8647	1583 1599	686 3960
24	.998 263 944	.045 395 585	.019 727 645	69 4712	1581 7691	685 7780
25	.997 421 480	.061 204 487	.026 581 548	99 0104	1579 9387	684 9714
26	.996 283 959	.076 992 916	.033 426 459	128 4826	1577 6755	683 9801
27	−0.994 852 044	−0.092 756 569	−0.040 260 545	+ 157 8901	−1574 9838	− 682 8070
28	.993 126 359	.108 491 169	.047 081 995	187 2371	1571 8649	681 4529
29	.991 107 491	.124 192 434	.053 888 999	216 5271	1568 3160	679 9172
30	.988 796 001	.139 856 037	.060 679 725	245 7616	1564 3313	678 1970
31	.986 192 451	.155 477 582	.067 452 311	274 9387	1559 9030	676 2884
Apr. 1	−0.983 297 438	−0.171 052 589	−0.074 204 849	+ 304 0527	−1555 0224	− 674 1865
2	−0.980 111 638	−0.186 576 495	−0.080 935 383	+ 333 0943	−1549 6814	− 671 8870

$\dot{X}, \dot{Y}, \dot{Z}$ ARE IN UNITS OF 10^{-9} A.U. PER DAY

PRECESSION AND NUTATION, 1986
MATRIX ELEMENTS FOR CONVERSION FROM MEAN EQUINOX OF J2000.0 TO TRUE EQUINOX OF DATE

Julian Date	$R_{11}-1$	R_{12}	R_{13}	R_{21}	$R_{22}-1$	R_{23}	R_{31}	R_{32}	$R_{33}-1$
244									
6476.5	− 586	+313 919	+136 418	−313 913	− 493	−4049	−136 430	+3621	− 93
6477.5	586	313 873	136 398	313 868	493	4038	136 410	3610	93
6478.5	585	313 811	136 371	313 805	492	4027	136 383	3599	93
6479.5	585	313 732	136 337	313 727	492	4020	136 349	3592	93
6480.5	585	313 641	136 297	313 635	492	4019	136 309	3592	93
6481.5	− 584	+313 543	+136 255	−313 538	− 492	−4027	−136 267	+3600	− 93
6482.5	584	313 446	136 213	313 441	491	4045	136 225	3618	93
6483.5	584	313 358	136 174	313 353	491	4071	136 186	3644	93
6484.5	583	313 287	136 143	313 281	491	4104	136 156	3677	93
6485.5	583	313 238	136 122	313 233	491	4139	136 135	3713	93
6486.5	− 583	+313 213	+136 111	−313 207	− 491	−4171	−136 124	+3745	− 93
6487.5	583	313 206	136 108	313 200	491	4194	136 121	3768	93
6488.5	583	313 207	136 108	313 201	491	4204	136 121	3778	93
6489.5	583	313 201	136 106	313 196	491	4201	136 119	3774	93
6490.5	583	313 177	136 095	313 171	490	4186	136 108	3759	93
6491.5	− 583	+313 124	+136 073	−313 119	− 490	−4165	−136 085	+3739	− 93
6492.5	583	313 044	136 038	313 039	490	4146	136 050	3720	93
6493.5	582	312 941	135 993	312 936	490	4135	136 005	3710	93
6494.5	582	312 828	135 944	312 823	489	4137	135 956	3711	92
6495.5	581	312 718	135 896	312 713	489	4152	135 909	3727	92
6496.5	− 581	+312 625	+135 856	−312 620	− 489	−4178	−135 868	+3753	− 92
6497.5	581	312 557	135 826	312 552	489	4210	135 839	3785	92
6498.5	581	312 516	135 808	312 511	488	4242	135 821	3817	92
6499.5	580	312 499	135 801	312 494	488	4269	135 814	3844	92
6500.5	580	312 498	135 801	312 493	488	4286	135 813	3862	92
6501.5	− 581	+312 503	+135 803	−312 498	− 488	−4292	−135 815	+3868	− 92
6502.5	581	312 504	135 803	312 499	488	4288	135 816	3864	92
6503.5	580	312 494	135 798	312 488	488	4276	135 811	3851	92
6504.5	580	312 466	135 786	312 461	488	4258	135 799	3834	92
6505.5	580	312 421	135 767	312 415	488	4240	135 779	3816	92
6506.5	− 580	+312 358	+135 739	−312 353	− 488	−4223	−135 752	+3799	− 92
6507.5	580	312 282	135 706	312 276	488	4213	135 719	3789	92
6508.5	579	312 196	135 669	312 191	487	4210	135 682	3786	92
6509.5	579	312 109	135 631	312 103	487	4216	135 644	3792	92
6510.5	579	312 027	135 596	312 021	487	4231	135 608	3808	92
6511.5	− 578	+311 958	+135 565	−311 952	− 487	−4253	−135 578	+3830	− 92
6512.5	578	311 907	135 544	311 902	487	4280	135 556	3857	92
6513.5	578	311 880	135 532	311 874	486	4306	135 544	3883	92
6514.5	578	311 873	135 529	311 867	486	4325	135 541	3902	92
6515.5	578	311 879	135 531	311 873	486	4332	135 544	3909	92
6516.5	− 578	+311 883	+135 533	−311 877	− 486	−4324	−135 545	+3901	− 92
6517.5	578	311 870	135 527	311 864	486	4303	135 540	3880	92
6518.5	578	311 829	135 509	311 823	486	4273	135 522	3851	92
6519.5	578	311 756	135 477	311 750	486	4243	135 490	3821	92
6520.5	577	311 657	135 434	311 651	486	4220	135 447	3798	92
6521.5	− 577	+311 544	+135 385	−311 538	− 485	−4210	−135 398	+3788	− 92
6522.5	− 577	+311 432	+135 337	−311 427	− 485	−4213	−135 349	+3792	− 92

VALUES IN UNITS OF 10^{-8}.

POSITION AND VELOCITY OF THE EARTH, 1986
ORIGIN AT SOLAR SYSTEM BARYCENTER
MEAN EQUATOR AND EQUINOX J2000.0

Date 0ʰ T.D.B.	X	Y	Z	$\dot{X}$	$\dot{Y}$	$\dot{Z}$
Apr. 1	−0.983 297 438	−0.171 052 589	−0.074 204 849	+ 304 0527	−1555 0224	− 674 1865
2	.980 111 638	.186 576 495	.080 935 383	333 0943	1549 6814	671 8870
3	.976 635 833	.202 044 661	.087 641 917	362 0516	1543 8735	669 3859
4	.972 870 936	.217 452 391	.094 322 418	390 9103	1537 5937	666 6800
5	.968 818 008	.232 794 953	.100 974 827	419 6550	1530 8394	663 7673
6	−0.964 478 269	−0.248 067 595	−0.107 597 070	+ 448 2697	−1523 6097	− 660 6465
7	.959 853 101	.263 265 567	.114 187 063	476 7381	1515 9057	657 3176
8	.954 944 049	.278 384 138	.120 742 730	505 0441	1507 7303	653 7814
9	.949 752 813	.293 418 615	.127 262 005	533 1723	1499 0878	650 0395
10	.944 281 245	.308 364 357	.133 742 842	561 1081	1489 9841	646 0942
11	−0.938 531 338	−0.323 216 783	−0.140 183 222	+ 588 8380	−1480 4260	− 641 9487
12	.932 505 212	.337 971 388	.146 581 160	616 3499	1470 4210	637 6063
13	.926 205 105	.352 623 741	.152 934 705	643 6324	1459 9772	633 0708
14	.919 633 362	.367 169 496	.159 241 946	670 6755	1449 1028	628 3461
15	.912 792 425	.381 604 391	.165 501 010	697 4697	1437 8065	623 4362
16	−0.905 684 825	−0.395 924 248	−0.171 710 066	+ 724 0067	−1426 0969	− 618 3453
17	.898 313 175	.410 124 981	.177 867 327	750 2784	1413 9831	613 0779
18	.890 680 165	.424 202 595	.183 971 052	776 2777	1401 4747	607 6387
19	.882 788 549	.438 153 193	.190 019 544	801 9985	1388 5817	602 0325
20	.874 641 138	.451 972 983	.196 011 163	827 4361	1375 3148	596 2648
21	−0.866 240 780	−0.465 658 279	−0.201 944 320	+ 852 5878	−1361 6848	− 590 3412
22	.857 590 336	.479 205 506	.207 817 485	877 4535	1347 7027	584 2673
23	.848 692 654	.492 611 190	.213 629 181	902 0361	1333 3777	578 0481
24	.839 550 539	.505 871 940	.219 377 977	926 3412	1318 7168	571 6876
25	.830 166 732	.518 984 417	.225 062 470	950 3757	1303 7232	565 1877
26	−0.820 543 905	−0.531 945 292	−0.230 681 265	+ 974 1459	−1288 3957	− 558 5479
27	.810 684 682	.544 751 203	.236 232 953	997 6553	1272 7297	551 7657
28	.800 591 670	.557 398 733	.241 716 092	1020 9031	1256 7181	544 8373
29	.790 267 511	.569 884 391	.247 129 198	1043 8835	1240 3541	537 7585
30	.779 714 923	.582 204 622	.252 470 747	1066 5868	1223 6322	530 5255
May 1	−0.768 936 740	−0.594 355 830	−0.257 739 186	+1089 0005	−1206 5492	− 523 1360
2	.757 935 926	.606 334 400	.262 932 941	1111 1106	1189 1046	515 5887
3	.746 715 587	.618 136 725	.268 050 434	1132 9030	1171 3006	507 8836
4	.735 278 971	.629 759 227	.273 090 091	1154 3637	1153 1410	500 0219
5	.723 629 464	.641 198 379	.278 050 357	1175 4792	1134 6315	492 0057
6	−0.711 770 579	−0.652 450 713	−0.282 929 698	+1196 2371	−1115 7788	− 483 8375
7	.699 705 954	.663 512 837	.287 726 612	1216 6255	1096 5909	475 5208
8	.687 439 336	.674 381 442	.292 439 631	1236 6338	1077 0766	467 0593
9	.674 974 579	.685 053 312	.297 067 329	1256 2519	1057 2454	458 4572
10	.662 315 628	.695 525 328	.301 608 322	1275 4712	1037 1074	449 7193
11	−0.649 466 511	−0.705 794 473	−0.306 061 277	+1294 2838	−1016 6731	− 440 8502
12	.636 431 330	.715 857 839	.310 424 907	1312 6830	995 9534	431 8552
13	.623 214 250	.725 712 626	.314 697 978	1330 6629	974 9592	422 7393
14	.609 819 487	.735 356 145	.318 879 308	1348 2186	953 7018	413 5079
15	.596 251 306	.744 785 821	.322 967 770	1365 3461	932 1924	404 1665
16	−0.582 514 004	−0.753 999 191	−0.326 962 290	+1382 0422	− 910 4426	− 394 7206
17	−0.568 611 906	−0.762 993 911	−0.330 861 852	+1398 3050	− 888 4642	− 385 1760

$\dot{X}, \dot{Y}, \dot{Z}$ ARE IN UNITS OF 10^{-9} A.U. PER DAY

PRECESSION AND NUTATION, 1986

MATRIX ELEMENTS FOR CONVERSION FROM MEAN EQUINOX OF J2000.0 TO TRUE EQUINOX OF DATE

Julian Date	$R_{11}-1$	R_{12}	R_{13}	R_{21}	$R_{22}-1$	R_{23}	R_{31}	R_{32}	$R_{33}-1$
244									
6521.5	− 577	+311 544	+135 385	−311 538	− 485	−4210	−135 398	+3788	− 92
6522.5	577	311 432	135 337	311 427	485	4213	135 349	3792	92
6523.5	576	311 335	135 295	311 330	485	4228	135 307	3807	92
6524.5	576	311 261	135 263	311 256	485	4251	135 275	3829	92
6525.5	576	311 214	135 242	311 209	484	4274	135 255	3853	92
6526.5	− 576	+311 191	+135 232	−311 185	− 484	−4294	−135 245	+3873	− 92
6527.5	576	311 185	135 229	311 179	484	4305	135 242	3884	92
6528.5	576	311 187	135 230	311 181	484	4306	135 243	3885	92
6529.5	576	311 187	135 230	311 181	484	4296	135 243	3875	92
6530.5	576	311 177	135 226	311 171	484	4277	135 238	3856	92
6531.5	− 576	+311 151	+135 215	−311 146	− 484	−4253	−135 227	+3832	− 92
6532.5	575	311 107	135 195	311 101	484	4226	135 208	3805	91
6533.5	575	311 044	135 168	311 038	484	4200	135 180	3780	91
6534.5	575	310 965	135 134	310 960	484	4179	135 146	3759	91
6535.5	574	310 876	135 095	310 871	483	4166	135 107	3746	91
6536.5	− 574	+310 783	+135 055	−310 778	− 483	−4161	−135 067	+3741	− 91
6537.5	574	310 692	135 015	310 687	483	4165	135 028	3746	91
6538.5	574	310 612	134 980	310 606	482	4177	134 993	3758	91
6539.5	573	310 547	134 952	310 541	482	4195	134 964	3776	91
6540.5	573	310 502	134 932	310 496	482	4214	134 945	3795	91
6541.5	− 573	+310 477	+134 922	−310 472	− 482	−4229	−134 934	+3810	− 91
6542.5	573	310 468	134 918	310 463	482	4235	134 930	3816	91
6543.5	573	310 464	134 916	310 459	482	4227	134 928	3808	91
6544.5	573	310 449	134 909	310 444	482	4204	134 922	3785	91
6545.5	573	310 408	134 892	310 403	482	4169	134 904	3751	91
6546.5	− 572	+310 333	+134 859	−310 328	− 482	−4131	−134 871	+3713	− 91
6547.5	572	310 225	134 812	310 220	481	4098	134 824	3680	91
6548.5	572	310 097	134 756	310 092	481	4077	134 768	3659	91
6549.5	571	309 964	134 699	309 959	480	4071	134 711	3654	91
6550.5	571	309 845	134 647	309 839	480	4079	134 659	3662	91
6551.5	− 570	+309 748	+134 605	−309 743	− 480	−4096	−134 617	+3679	− 91
6552.5	570	309 680	134 575	309 674	480	4115	134 587	3699	91
6553.5	570	309 636	134 556	309 631	479	4132	134 569	3715	91
6554.5	570	309 612	134 546	309 607	479	4141	134 558	3725	91
6555.5	570	309 598	134 540	309 593	479	4141	134 552	3724	91
6556.5	− 570	+309 584	+134 533	−309 578	− 479	−4130	−134 546	+3713	− 91
6557.5	570	309 561	134 524	309 556	479	4110	134 536	3693	91
6558.5	570	309 525	134 508	309 519	479	4083	134 520	3667	91
6559.5	569	309 470	134 484	309 464	479	4054	134 496	3638	91
6560.5	569	309 396	134 452	309 390	479	4025	134 463	3609	90
6561.5	− 569	+309 305	+134 412	−309 300	− 478	−4001	−134 424	+3585	− 90
6562.5	568	309 202	134 368	309 197	478	3983	134 379	3567	90
6563.5	568	309 094	134 320	309 088	478	3974	134 332	3559	90
6564.5	568	308 986	134 274	308 981	477	3974	134 285	3559	90
6565.5	567	308 887	134 231	308 881	477	3982	134 242	3568	90
6566.5	− 567	+308 801	+134 194	−308 796	− 477	−3997	−134 205	+3582	− 90
6567.5	− 567	+308 734	+134 164	−308 729	− 477	−4014	−134 176	+3600	− 90

VALUES IN UNITS OF 10^{-8}

POSITION AND VELOCITY OF THE EARTH, 1986
ORIGIN AT SOLAR SYSTEM BARYCENTER
MEAN EQUATOR AND EQUINOX J2000.0

Date 0ʰ T.D.B.	X	Y	Z	$\dot{X}$	$\dot{Y}$	$\dot{Z}$
May 17	−0.568 611 906	−0.762 993 911	−0.330 861 852	+1398 3050	− 888 4642	− 385 1760
18	.554 549 350	.771 767 754	.334 665 500	1414 1339	866 2693	375 5386
19	.540 330 671	.780 318 616	.338 372 336	1429 5301	843 8700	365 8146
20	.525 960 178	.788 644 511	.341 981 523	1444 4974	821 2777	356 0097
21	.511 442 132	.796 743 560	.345 492 279	1459 0420	798 5025	346 1293
22	−0.496 780 719	−0.804 613 978	−0.348 903 871	+1473 1725	− 775 5521	− 336 1774
23	.481 980 030	.812 254 032	.352 215 595	1486 8988	752 4303	326 1559
24	.467 044 060	.819 662 011	.355 426 756	1500 2299	729 1365	316 0646
25	.451 976 729	.826 836 175	.358 536 646	1513 1717	705 6664	305 9010
26	.436 781 919	.833 774 730	.361 544 522	1525 7252	682 0136	295 6612
27	−0.421 463 533	−0.840 475 817	−0.364 449 603	+1537 8859	− 658 1719	− 285 3413
28	.406 025 539	.846 937 525	.367 251 070	1549 6449	634 1372	274 9380
29	.390 472 012	.853 157 915	.369 948 079	1560 9906	609 9086	264 4497
30	.374 807 146	.859 135 057	.372 539 781	1571 9105	585 4884	253 8766
31	.359 035 261	.864 867 060	.375 025 333	1582 3925	560 8817	243 2201
June 1	−0.343 160 794	−0.870 352 094	−0.377 403 915	+1592 4254	− 536 0957	− 232 4830
2	.327 188 284	.875 588 404	.379 674 736	1601 9994	511 1387	221 6686
3	.311 122 365	.880 574 329	.381 837 043	1611 1058	486 0201	210 7810
4	.294 967 752	.885 308 301	.383 890 126	1619 7371	460 7499	199 8244
5	.278 729 230	.889 788 856	.385 833 317	1627 8866	435 3384	188 8035
6	−0.262 411 645	−0.894 014 636	−0.387 665 998	+1635 5486	− 409 7967	− 177 7232
7	.246 019 900	.897 984 393	.389 387 601	1642 7182	384 1360	166 5888
8	.229 558 936	.901 696 997	.390 997 611	1649 3915	358 3678	155 4055
9	.213 033 735	.905 151 431	.392 495 566	1655 5654	332 5042	144 1789
10	.196 449 299	.908 346 802	.393 881 064	1661 2381	306 5572	132 9148
11	−0.179 810 646	−0.911 282 338	−0.395 153 757	+1666 4087	− 280 5391	− 121 6191
12	.163 122 799	.913 957 388	.396 313 359	1671 0772	254 4622	110 2976
13	.146 390 771	.916 371 427	.397 359 642	1675 2450	228 3387	98 9562
14	.129 619 559	.918 524 048	.398 292 438	1678 9148	202 1809	87 6010
15	.112 814 123	.920 414 969	.399 111 636	1682 0904	176 0006	76 2378
16	−0.095 979 378	−0.922 044 023	−0.399 817 187	+1684 7777	− 149 8093	− 64 8724
17	.079 120 172	.923 411 155	.400 409 094	1686 9843	123 6177	53 5100
18	.062 241 264	.924 516 407	.400 887 413	1688 7198	97 4348	42 1553
19	.045 347 309	.925 359 900	.401 252 237	1689 9955	71 2668	30 8114
20	.028 442 845	.925 941 802	.401 503 683	1690 8235	45 1167	19 4799
21	−0.011 532 295	−0.926 262 291	−0.401 641 874	+1691 2145	− 18 9837	− 8 1600
22	+ .005 380 014	.926 321 518	.401 666 914	1691 1762	+ 7 1367	+ 3 1509
23	.022 289 807	.926 119 579	.401 578 874	1690 7112	33 2506	14 4566
24	.039 192 809	.925 656 508	.401 377 785	1689 8170	59 3638	25 7611
25	.056 084 692	.924 932 293	.401 063 646	1688 4862	85 4798	37 0672
26	+0.072 961 046	−0.923 946 903	−0.400 636 431	+1686 7092	+ 111 5983	+ 48 3761
27	.089 817 355	.922 700 330	.400 096 117	1684 4756	137 7158	59 6869
28	.106 649 003	.921 192 614	.399 442 694	1681 7756	163 8254	70 9974
29	.123 451 287	.919 423 876	.398 676 182	1678 6014	189 9186	82 3039
30	.140 219 429	.917 394 329	.397 796 642	1674 9466	215 9855	93 6024
July 1	+0.156 948 601	−0.915 104 288	−0.396 804 176	+1670 8064	+ 242 0157	+ 104 8882
2	+0.173 633 928	−0.912 554 174	−0.395 698 937	+1666 1773	+ 267 9983	+ 116 1564

$\dot{X}, \dot{Y}, \dot{Z}$ ARE IN UNITS OF 10^{-9} A.U. PER DAY

MATRIX ELEMENTS FOR CONVERSION FROM MEAN EQUINOX OF J2000.0 TO TRUE EQUINOX OF DATE

Julian Date	$R_{11}-1$	R_{12}	R_{13}	R_{21}	$R_{22}-1$	R_{23}	R_{31}	R_{32}	$R_{33}-1$
244									
6567.5	− 567	+308 734	+134 164	−308 729	− 477	−4014	−134 176	+3600	− 90
6568.5	566	308 687	134 144	308 682	477	4029	134 156	3615	90
6569.5	566	308 656	134 130	308 651	476	4039	134 142	3625	90
6570.5	566	308 634	134 121	308 629	476	4036	134 133	3622	90
6571.5	566	308 609	134 110	308 604	476	4020	134 121	3606	90
6572.5	− 566	+308 564	+134 090	−308 559	− 476	−3991	−134 102	+3578	− 90
6573.5	566	308 488	134 057	308 483	476	3955	134 069	3541	90
6574.5	565	308 376	134 008	308 371	476	3919	134 020	3506	90
6575.5	565	308 234	133 947	308 229	475	3893	133 958	3480	90
6576.5	564	308 079	133 880	308 074	475	3882	133 891	3470	90
6577.5	− 564	+307 931	+133 816	−307 926	− 474	−3888	−133 827	+3476	− 90
6578.5	563	307 806	133 761	307 801	474	3906	133 773	3495	90
6579.5	563	307 710	133 720	307 705	474	3930	133 731	3518	89
6580.5	563	307 643	133 691	307 638	473	3951	133 702	3540	89
6581.5	562	307 599	133 671	307 594	473	3966	133 683	3555	89
6582.5	− 562	+307 568	+133 658	−307 563	− 473	−3971	−133 669	+3560	− 89
6583.5	562	307 539	133 645	307 534	473	3966	133 657	3555	89
6584.5	562	307 505	133 630	307 500	473	3952	133 642	3541	89
6585.5	562	307 457	133 610	307 452	473	3931	133 621	3520	89
6586.5	562	307 392	133 581	307 387	473	3906	133 593	3495	89
6587.5	− 561	+307 309	+133 545	−307 304	− 472	−3882	−133 557	+3471	− 89
6588.5	561	307 209	133 502	307 204	472	3861	133 513	3450	89
6589.5	561	307 096	133 453	307 091	472	3846	133 464	3436	89
6590.5	560	306 975	133 400	306 970	471	3840	133 411	3430	89
6591.5	560	306 855	133 348	306 850	471	3843	133 359	3434	89
6592.5	− 559	+306 741	+133 299	−306 736	− 471	−3854	−133 310	+3446	− 89
6593.5	559	306 641	133 255	306 637	470	3873	133 267	3464	89
6594.5	559	306 560	133 220	306 555	470	3895	133 231	3487	89
6595.5	558	306 497	133 193	306 492	470	3917	133 204	3509	89
6596.5	558	306 452	133 173	306 447	470	3934	133 185	3525	89
6597.5	− 558	+306 419	+133 158	−306 414	− 470	−3941	−133 170	+3533	− 89
6598.5	558	306 386	133 144	306 381	469	3937	133 156	3529	89
6599.5	558	306 341	133 125	306 336	469	3919	133 136	3512	89
6600.5	558	306 272	133 095	306 267	469	3893	133 106	3485	89
6601.5	557	306 168	133 050	306 163	469	3863	133 061	3456	89
6602.5	− 557	+306 032	+132 990	−306 027	− 468	−3839	−133 001	+3432	− 89
6603.5	556	305 873	132 921	305 868	468	3828	132 933	3422	88
6604.5	556	305 711	132 851	305 706	467	3835	132 862	3429	88
6605.5	555	305 565	132 788	305 560	467	3856	132 799	3450	88
6606.5	555	305 449	132 737	305 444	467	3887	132 749	3481	88
6607.5	− 554	+305 365	+132 701	−305 360	− 466	−3919	−132 712	+3513	− 88
6608.5	554	305 309	132 677	305 304	466	3945	132 688	3540	88
6609.5	554	305 270	132 660	305 265	466	3961	132 671	3556	88
6610.5	554	305 239	132 646	305 234	466	3967	132 658	3562	88
6611.5	554	305 203	132 631	305 198	466	3962	132 642	3557	88
6612.5	− 554	+305 157	+132 610	−305 152	− 466	−3950	−132 622	+3545	− 88
6613.5	− 553	+305 094	+132 583	−305 089	− 465	−3934	−132 595	+3529	− 88

VALUES IN UNITS OF 10^{-8}.

POSITION AND VELOCITY OF THE EARTH, 1986
ORIGIN AT SOLAR SYSTEM BARYCENTER
MEAN EQUATOR AND EQUINOX J2000.0

Date 0ʰT.D.B.	X	Y	Z	$\dot{X}$	$\dot{Y}$	$\dot{Z}$
July 1	+0.156 948 601	−0.915 104 288	−0.396 804 176	+1670 8064	+ 242 0157	+ 104 8882
2	.173 633 928	.912 554 174	.395 698 937	1666 1773	267 9983	116 1564
3	.190 270 508	.909 744 516	.394 481 124	1661 0567	293 9225	127 4021
4	.206 853 418	.906 675 956	.393 150 987	1655 4430	319 7770	138 6202
5	.223 377 721	.903 349 245	.391 708 829	1649 3351	345 5507	149 8055
6	+0.239 838 473	−0.899 765 251	−0.390 155 004	+1642 7329	+ 371 2318	+ 160 9526
7	.256 230 734	.895 924 957	.388 489 923	1635 6372	396 8085	172 0557
8	.272 549 578	.891 829 470	.386 714 055	1628 0497	422 2686	183 1092
9	.288 790 100	.887 480 015	.384 827 925	1619 9735	447 5998	194 1071
10	.304 947 434	.882 877 943	.382 832 119	1611 4130	472 7902	205 0434
11	+0.321 016 764	−0.878 024 722	−0.380 727 281	+1602 3738	+ 497 8276	+ 215 9125
12	.336 993 339	.872 921 938	.378 514 112	1592 8632	522 7008	226 7086
13	.352 872 486	.867 571 288	.376 193 369	1582 8898	547 3991	237 4265
14	.368 649 626	.861 974 572	.373 765 859	1572 4638	571 9128	248 0613
15	.384 320 291	.856 133 676	.371 232 435	1561 5967	596 2337	258 6089
16	+0.399 880 132	−0.850 050 562	−0.368 593 983	+1550 3012	+ 620 3556	+ 269 0662
17	.415 324 932	.843 727 241	.365 851 419	1538 5907	644 2746	279·4313
18	.430 650 607	.837 165 748	.363 005 665	1526 4784	667 9901	289 7042
19	.445 853 198	.830 368 109	.360 057 638	1513 9757	691 5043	299 8862
20	.460 928 848	.823 336 316	.357 008 233	1501 0911	714 8221	309 9804
21	+0.475 873 761	−0.816 072 302	−0.353 858 310	+1487 8284	+ 737 9495	+ 319 9906
22	.490 684 154	.808 577 943	.350 608 689	1474 1868	760 8919	329 9205
23	.505 356 217	.800 855 070	.347 260 158	1460 1612	783 6525	339 7728
24	.519 886 074	.792 905 500	.343 813 488	1445 7445	806 2309	349 5483
25	.534 269 776	.784 731 072	.340 269 450	1430 9289	828 6232	359 2462
26	+0.548 503 300	−0.776 333 679	−0.336 628 833	+1415 7077	+ 850 8225	+ 368 8637
27	.562 582 563	.767 715 295	.332 892 456	1400 0761	872 8200	378 3972
28	.576 503 444	.758 877 986	.329 061 183	1384 0312	894 6057	387 8423
29	.590 261 804	.749 823 921	.325 135 920	1367 5716	916 1694	397 1943
30	.603 853 495	.740 555 373	.321 117 623	1350 6977	937 5006	406 4485
31	+0.617 274 381	−0.731 074 718	−0.317 007 293	+1333 4107	+ 958 5890	+ 415 6000
Aug. 1	.630 520 338	.721 384 438	.312 805 981	1315 7125	979 4241	424 6439
2	.643 587 270	.711 487 114	.308 514 789	1297 6060	999 9957	433 5755
3	.656 471 108	.701 385 437	.304 134 864	1279 0944	1020 2931	442 3895
4	.669 167 821	.691 082 203	.299 667 407	1260 1819	1040 3054	451 0809
5	+0.681 673 428	−0.680 580 317	−0.295 113 673	+1240 8740	+1060 0215	+ 459 6442
6	.693 984 006	.669 882 798	.290 474 969	1221 1773	1079 4302	468 0738
7	.706 095 706	.658 992 776	.285 752 660	1201 1001	1098 5204	476 3644
8	.718 004 771	.647 913 488	.280 948 163	1180 6521	1117 2815	484 5105
9	.729 707 552	.636 648 275	.276 062 948	1159 8452	1135 7040	492 5073
10	+0.741 200 522	−0.625 200 565	−0.271 098 530	+1138 6924	+1153 7794	+ 500 3505
11	.752 480 294	.613 573 865	.266 056 461	1117 2079	1171 5013	508 0369
12	.763 543 625	.601 771 733	.260 938 322	1095 4069	1188 8651	515 5641
13	.774 387 427	.589 797 765	.255 745 713	1073 3046	1205 8684	522 9309
14	.785 008 762	.577 655 567	.250 480 237	1050 9158	1222 5113	530 1377
15	+0.795 404 833	−0.565 348 732	−0.245 143 489	+1028 2539	+1238 7964	+ 537 1858
16	+0.805 572 969	−0.552 880 817	−0.239 737 041	+1005 3303	+1254 7281	+ 544 0781

$\dot{X}, \dot{Y}, \dot{Z}$ ARE IN UNITS OF 10^{-9} A.U. PER DAY

PRECESSION AND NUTATION, 1986
MATRIX ELEMENTS FOR CONVERSION FROM MEAN EQUINOX OF J2000.0 TO TRUE EQUINOX OF DATE

Julian Date	$R_{11}-1$	R_{12}	R_{13}	R_{21}	$R_{22}-1$	R_{23}	R_{31}	R_{32}	$R_{33}-1$
244									
6612.5	− 554	+305 157	+132 610	−305 152	− 466	−3950	−132 622	+3545	− 88
6613.5	553	305 094	132 583	305 089	465	3934	132 595	3529	88
6614.5	553	305 014	132 548	305 009	465	3916	132 560	3512	88
6615.5	553	304 916	132 506	304 911	465	3902	132 517	3498	88
6616.5	552	304 805	132 458	304 800	465	3893	132 469	3489	88
6617.5	− 552	+304 686	+132 406	−304 681	− 464	−3893	−132 417	+3489	− 88
6618.5	551	304 565	132 353	304 560	464	3902	132 365	3498	88
6619.5	551	304 450	132 304	304 445	464	3919	132 315	3517	88
6620.5	551	304 349	132 260	304 344	463	3944	132 271	3542	88
6621.5	550	304 265	132 223	304 260	463	3974	132 235	3572	88
6622.5	− 550	+304 202	+132 196	−304 196	− 463	−4004	−132 207	+3601	− 87
6623.5	550	304 157	132 176	304 152	463	4029	132 188	3627	87
6624.5	550	304 126	132 163	304 121	463	4046	132 174	3644	87
6625.5	550	304 098	132 151	304 093	462	4052	132 162	3650	87
6626.5	550	304 064	132 136	304 059	462	4046	132 147	3645	87
6627.5	− 549	+304 009	+132 112	−304 004	− 462	−4030	−132 124	+3629	− 87
6628.5	549	303 926	132 076	303 921	462	4010	132 087	3608	87
6629.5	549	303 811	132 026	303 806	462	3991	132 037	3590	87
6630.5	548	303 670	131 965	303 665	461	3982	131 976	3581	87
6631.5	548	303 518	131 899	303 513	461	3988	131 910	3588	87
6632.5	− 547	+303 372	+131 836	−303 367	− 460	−4010	−131 847	+3610	− 87
6633.5	547	303 250	131 783	303 245	460	4045	131 794	3645	87
6634.5	546	303 161	131 744	303 156	460	4084	131 756	3684	87
6635.5	546	303 104	131 719	303 099	459	4120	131 731	3721	87
6636.5	546	303 070	131 704	303 065	459	4148	131 716	3749	87
6637.5	− 546	+303 047	+131 694	−303 042	− 459	−4163	−131 706	+3764	− 87
6638.5	546	303 025	131 684	303 020	459	4168	131 697	3769	87
6639.5	546	302 993	131 671	302 988	459	4163	131 683	3764	87
6640.5	546	302 947	131 650	302 941	459	4152	131 662	3754	87
6641.5	545	302 882	131 622	302 877	459	4140	131 634	3741	87
6642.5	− 545	+302 801	+131 587	−302 796	− 459	−4129	−131 599	+3731	− 87
6643.5	545	302 705	131 545	302 700	458	4124	131 557	3726	87
6644.5	544	302 599	131 500	302 594	458	4126	131 512	3728	87
6645.5	544	302 491	131 453	302 486	458	4137	131 464	3739	86
6646.5	544	302 387	131 407	302 382	457	4157	131 419	3760	86
6647.5	− 543	+302 294	+131 367	−302 289	− 457	−4185	−131 379	+3788	− 86
6648.5	543	302 219	131 335	302 214	457	4218	131 347	3821	86
6649.5	543	302 165	131 311	302 160	457	4252	131 323	3855	86
6650.5	543	302 131	131 296	302 126	457	4283	131 308	3886	86
6651.5	543	302 112	131 288	302 107	456	4306	131 300	3909	86
6652.5	− 543	+302 101	+131 283	−302 095	− 456	−4317	−131 295	+3921	− 86
6653.5	542	302 084	131 276	302 079	456	4317	131 288	3920	86
6654.5	542	302 051	131 261	302 046	456	4305	131 274	3909	86
6655.5	542	301 992	131 236	301 987	456	4288	131 248	3892	86
6656.5	542	301 905	131 198	301 899	456	4271	131 210	3875	86
6657.5	− 541	+301 791	+131 148	−301 785	− 455	−4261	−131 160	+3865	− 86
6658.5	− 541	+301 661	+131 092	−301 656	− 455	−4264	−131 104	+3868	− 86

VALUES IN UNITS OF 10^{-8}.

POSITION AND VELOCITY OF THE EARTH, 1986
ORIGIN AT SOLAR SYSTEM BARYCENTER
MEAN EQUATOR AND EQUINOX J2000.0

Date 0ʰT.D.B.	X	Y	Z	$\dot{X}$	$\dot{Y}$	$\dot{Z}$
Aug. 16	+0.805 572 969	−0.552 880 817	−0.239 737 041	+1005 3303	+1254 7281	+ 544 0781
17	.815 510 594	.540 255 327	.234 262 435	982 1530	1270 3125	550 8180
18	.825 215 197	.527 475 704	.228 721 174	958 7262	1285 5558	557 4097
19	.834 684 289	.514 545 330	.223 114 724	935 0506	1300 4634	563 8565
20	.843 915 372	.501 467 544	.217 444 519	911 1236	1315 0384	570 1610
21	+0.852 905 908	−0.488 245 670	−0.211 711 976	+ 886 9407	+1329 2808	+ 576 3241
22	.861 653 318	.474 883 047	.205 918 511	862 4975	1343 1875	582 3450
23	.870 154 978	.461 383 058	.200 065 556	837 7902	1356 7529	588 2216
24	.878 408 236	.447 749 153	.194 154 572	812 8172	1369 9693	593 9504
25	.886 410 435	.433 984 864	.188 187 053	787 5784	1382 8281	599 5277
26	+0.894 158 925	−0.420 093 812	−0.182 164 538	+ 762 0759	+1395 3205	+ 604 9492
27	.901 651 086	.406 079 706	.176 088 603	736 3132	1407 4375	610 2107
28	.908 884 336	.391 946 342	.169 960 871	710 2946	1419 1706	615 3080
29	.915 856 143	.377 697 603	.163 783 004	684 0255	1430 5112	620 2372
30	.922 564 031	.363 337 455	.157 556 703	657 5118	1441 4509	624 9940
31	+0.929 005 585	−0.348 869 950	−0.151 283 712	+ 630 7599	+1451 9812	+ 629 5743
Sept. 1	.935 178 459	.334 299 224	.144 965 820	603 7770	1462 0935	633 9737
2	.941 080 384	.319 629 504	.138 604 855	576 5716	1471 7787	638 1879
3	.946 709 182	.304 865 105	.132 202 696	549 1533	1481 0277	642 2120
4	.952 062 779	.290 010 434	.125 761 265	521 5337	1489 8317	646 0415
5	+0.957 139 229	−0.275 069 982	−0.119 282 530	+ 493 7262	+1498 1824	+ 649 6720
6	.961 936 729	.260 048 319	.112 768 499	465 7464	1506 0732	653 1000
7	.966 453 638	.244 950 069	.106 221 214	437 6111	1513 4990	656 3226
8	.970 688 492	.229 779 897	.099 642 736	409 3383	1520 4575	659 3386
9	.974 640 006	.214 542 477	.093 035 131	380 9460	1526 9489	662 1479
10	+0.978 307 069	−0.199 242 466	−0.086 400 461	+ 352 4509	+1532 9763	+ 664 7520
11	.981 688 732	.183 884 482	.079 740 765	323 8683	1538 5445	667 1536
12	.984 784 186	.168 473 084	.073 058 051	295 2109	1543 6603	669 3564
13	.987 592 734	.153 012 758	.066 354 286	266 4887	1548 3315	671 3646
14	.990 113 767	.137 507 910	.059 631 392	237 7085	1552 5659	673 1828
15	+0.992 346 724	−0.121 962 872	−0.052 891 249	+ 208 8742	+1556 3707	+ 674 8152
16	.994 291 074	.106 381 908	.046 135 694	179 9869	1559 7518	676 2655
17	.995 946 284	.090 769 236	.039 366 537	151 0459	1562 7129	677 5362
18	.997 311 808	.075 129 045	.032 585 565	122 0495	1565 2553	678 6285
19	.998 387 082	.059 465 529	.025 794 562	92 9957	1567 3777	679 5422
20	+0.999 171 528	−0.043 782 903	−0.018 995 319	+ 63 8839	+1569 0767	+ 680 2761
21	.999 664 568	.028 085 424	.012 189 646	34 7147	1570 3473	680 8279
22	.999 865 640	− .012 377 404	− .005 379 377	+ 5 4908	1571 1837	681 1948
23	.999 774 216	+ .003 336 783	+ .001 433 624	− 23 7836	1571 5798	681 3737
24	.999 389 818	.019 052 705	.008 247 461	53 1029	1571 5296	681 3617
25	+0.998 712 030	+0.034 765 869	+0.015 060 211	− 82 4603	+1571 0273	+ 681 1557
26	.997 740 509	.050 471 726	.021 869 919	111 8483	1570 0675	680 7529
27	.996 474 988	.066 165 676	.028 674 604	141 2588	1568 6449	680 1506
28	.994 915 286	.081 843 064	.035 472 257	170 6831	1566 7542	679 3459
29	.993 061 311	.097 499 182	.042 260 838	200 1120	1564 3901	678 3359
30	+0.990 913 066	+0.113 129 270	+0.049 038 281	− 229 5351	+1561 5471	+ 677 1177
Oct. 1	+0.988 470 667	+0.128 728 508	+0.055 802 486	− 258 9407	+1558 2194	+ 675 6879

$\dot{X}, \dot{Y}, \dot{Z}$ ARE IN UNITS OF 10^{-9} A.U. PER DAY

PRECESSION AND NUTATION, 1986

MATRIX ELEMENTS FOR CONVERSION FROM MEAN EQUINOX OF J2000.0 TO TRUE EQUINOX OF DATE

Julian Date	$R_{11}-1$	R_{12}	R_{13}	R_{21}	$R_{22}-1$	R_{23}	R_{31}	R_{32}	$R_{33}-1$
244									
6658.5	− 541	+301 661	+131 092	−301 656	− 455	−4264	−131 104	+3868	− 86
6659.5	540	301 532	131 036	301 527	455	4282	131 048	3886	86
6660.5	540	301 419	130 987	301 414	454	4312	130 999	3918	86
6661.5	540	301 335	130 950	301 329	454	4351	130 963	3956	86
6662.5	540	301 282	130 927	301 276	454	4390	130 940	3995	86
6663.5	− 539	+301 257	+130 916	−301 251	− 454	−4422	−130 929	+4027	− 86
6664.5	539	301 248	130 912	301 243	454	4442	130 925	4048	86
6665.5	539	301 244	130 911	301 238	454	4451	130 923	4056	86
6666.5	539	301 233	130 906	301 228	454	4448	130 919	4053	86
6667.5	539	301 208	130 895	301 203	454	4438	130 908	4043	86
6668.5	− 539	+301 165	+130 876	−301 160	− 454	−4424	−130 889	+4030	− 86
6669.5	539	301 105	130 850	301 099	453	4410	130 863	4016	86
6670.5	539	301 028	130 817	301 023	453	4401	130 829	4007	86
6671.5	538	300 941	130 779	300 935	453	4399	130 791	4005	86
6672.5	538	300 848	130 739	300 843	453	4405	130 751	4011	86
6673.5	− 538	+300 758	+130 699	−300 752	− 452	−4420	−130 712	+4027	− 86
6674.5	537	300 676	130 664	300 671	452	4443	130 677	4050	85
6675.5	537	300 610	130 635	300 605	452	4473	130 648	4080	85
6676.5	537	300 564	130 615	300 558	452	4504	130 628	4112	85
6677.5	537	300 539	130 604	300 533	452	4533	130 617	4141	85
6678.5	− 537	+300 532	+130 601	−300 526	− 452	−4556	−130 614	+4163	− 85
6679.5	537	300 534	130 602	300 529	452	4567	130 615	4174	85
6680.5	537	300 535	130 602	300 529	452	4565	130 615	4172	85
6681.5	537	300 520	130 596	300 515	452	4551	130 609	4159	85
6682.5	537	300 482	130 579	300 476	452	4530	130 592	4137	85
6683.5	− 536	+300 414	+130 549	−300 408	− 451	−4507	−130 562	+4115	− 85
6684.5	536	300 319	130 508	300 314	451	4490	130 521	4098	85
6685.5	536	300 208	130 460	300 202	451	4484	130 473	4093	85
6686.5	535	300 093	130 410	300 087	450	4493	130 423	4101	85
6687.5	535	299 990	130 365	299 984	450	4514	130 378	4123	85
6688.5	− 535	+299 910	+130 331	−299 905	− 450	−4544	−130 344	+4153	− 85
6689.5	534	299 860	130 309	299 854	450	4577	130 322	4186	85
6690.5	534	299 837	130 299	299 832	450	4605	130 312	4214	85
6691.5	534	299 835	130 298	299 829	450	4623	130 311	4232	85
6692.5	534	299 841	130 300	299 835	450	4629	130 314	4239	85
6693.5	− 534	+299 843	+130 302	−299 838	− 450	−4623	−130 315	+4233	− 85
6694.5	534	299 833	130 297	299 828	450	4608	130 310	4217	85
6695.5	534	299 805	130 285	299 800	450	4588	130 298	4197	85
6696.5	534	299 758	130 264	299 752	449	4566	130 277	4176	85
6697.5	534	299 693	130 236	299 688	449	4548	130 249	4157	85
6698.5	− 534	+299 616	+130 203	−299 610	− 449	−4535	−130 216	+4145	− 85
6699.5	533	299 531	130 166	299 525	449	4530	130 179	4140	85
6700.5	533	299 445	130 128	299 439	448	4535	130 141	4145	85
6701.5	533	299 365	130 094	299 360	448	4547	130 107	4158	85
6702.5	532	299 298	130 065	299 293	448	4567	130 078	4178	85
6703.5	− 532	+299 249	+130 043	−299 243	− 448	−4590	−130 056	+4201	− 85
6704.5	− 532	+299 220	+130 031	−299 214	− 448	−4613	−130 044	+4224	− 85

VALUES IN UNITS OF 10^{-8}.

POSITION AND VELOCITY OF THE EARTH, 1986
ORIGIN AT SOLAR SYSTEM BARYCENTER
MEAN EQUATOR AND EQUINOX J2000.0

Date 0ʰT.D.B.	X	Y	Z	$\dot{X}$	$\dot{Y}$	$\dot{Z}$
Oct. 1	+0.988 470 667	+0.128 728 508	+0.055 802 486	− 258 9407	+1558 2194	+ 675 6879
2	.985 734 355	.144 292 023	.062 551 323	288 3155	1554 4015	674 0434
3	.982 704 513	.159 814 889	.069 282 629	317 6436	1550 0888	672 1814
4	.979 381 697	.175 292 140	.075 994 219	346 9073	1545 2784	670 0999
5	.975 766 648	.190 718 795	.082 683 893	376 0869	1539 9696	667 7981
6	+0.971 860 306	+0.206 089 880	+0.089 349 450	− 405 1625	+1534 1653	+ 665 2770
7	.967 663 810	.221 400 468	.095 988 711	434 1145	1527 8715	662 5394
8	.963 178 486	.236 645 708	.102 599 531	462 9257	1521 0973	659 5897
9	.958 405 812	.251 820 849	.109 179 817	491 5822	1513 8535	656 4336
10	.953 347 393	.266 921 253	.115 727 535	520 0734	1506 1521	653 0770
11	+0.948 004 919	+0.281 942 403	+0.122 240 711	− 548 3921	+1498 0044	+ 649 5263
12	.942 380 139	.296 879 889	.128 717 433	576 5342	1489 4211	645 7871
13	.936 474 831	.311 729 402	.135 155 840	604 4975	1480 4111	641 8642
14	.930 290 787	.326 486 713	.141 554 118	632 2816	1470 9816	637 7617
15	.923 829 796	.341 147 652	.147 910 486	659 8868	1461 1376	633 4825
16	+0.917 093 645	+0.355 708 094	+0.154 223 185	− 687 3138	+1450 8824	+ 629 0283
17	.910 084 115	.370 163 934	.160 490 472	714 5627	1440 2173	624 4000
18	.902 802 988	.384 511 072	.166 710 605	741 6327	1429 1420	619 5976
19	.895 252 062	.398 745 403	.172 881 840	768 5220	1417 6554	614 6202
20	.887 433 162	.412 862 802	.179 002 421	795 2269	1405 7553	609 4666
21	+0.879 348 154	+0.426 859 123	+0.185 070 581	− 821 7427	+1393 4395	+ 604 1356
22	.870 998 960	.440 730 199	.191 084 536	848 0629	1380 7058	598 6255
23	.862 387 571	.454 471 839	.197 042 491	874 1806	1367 5522	592 9352
24	.853 516 051	.468 079 838	.202 942 636	900 0875	1353 9773	587 0634
25	.844 386 551	.481 549 975	.208 783 150	925 7753	1339 9795	581 0090
26	+0.835 001 306	+0.494 878 016	+0.214 562 203	− 951 2348	+1325 5579	+ 574 7709
27	.825 362 648	.508 059 716	.220 277 952	976 4563	1310 7111	568 3480
28	.815 473 007	.521 090 817	.225 928 544	1001 4294	1295 4380	561 7392
29	.805 334 926	.533 967 051	.231 512 113	1026 1425	1279 7372	554 9432
30	.794 951 070	.546 684 133	.237 026 780	1050 5819	1263 6077	547 9588
31	+0.784 324 250	+0.559 237 774	+0.242 470 657	−1074 7324	+1247 0491	+ 540 7850
Nov. 1	.773 457 445	.571 623 688	.247 841 849	1098 5760	1230 0629	533 4218
2	.762 353 818	.583 837 620	.253 138 467	1122 0933	1212 6534	525 8706
3	.751 016 734	.595 875 372	.258 358 646	1145 2642	1194 8287	518 1348
4	.739 449 751	.607 732 848	.263 500 566	1168 0701	1176 6006	510 2199
5	+0.727 656 601	+0.619 406 090	+0.268 562 472	−1190 4955	+1157 9845	+ 502 1333
6	.715 641 146	.630 891 301	.273 542 689	1212 5295	1138 9973	493 8835
7	.703 407 336	.642 184 856	.278 439 627	1234 1658	1119 6560	485 4792
8	.690 959 164	.653 283 293	.283 251 784	1255 4020	1099 9762	476 9283
9	.678 300 629	.664 183 296	.287 977 728	1276 2384	1079 9712	468 2378
10	+0.665 435 721	+0.674 881 670	+0.292 616 093	−1296 6769	+1059 6520	+ 459 4132
11	.652 368 410	.685 375 318	.297 165 561	1316 7197	1039 0272	450 4591
12	.639 102 640	.695 661 219	.301 624 854	1336 3689	1018 1036	441 3786
13	.625 642 338	.705 736 412	.305 992 721	1355 6263	996 8864	432 1744
14	.611 991 418	.715 597 982	.310 267 934	1374 4925	975 3796	422 8481
15	+0.598 153 790	+0.725 243 048	+0.314 449 279	−1392 9677	+ 953 5861	+ 413 4009
16	+0.584 133 370	+0.734 668 756	+0.318 535 552	−1411 0507	+ 931 5084	+ 403 8336

$\dot{X}, \dot{Y}, \dot{Z}$ ARE IN UNITS OF 10^{-9} A.U. PER DAY

PRECESSION AND NUTATION, 1986
MATRIX ELEMENTS FOR CONVERSION FROM MEAN EQUINOX OF J2000.0 TO TRUE EQUINOX OF DATE

Julian Date	$R_{11}-1$	R_{12}	R_{13}	R_{21}	$R_{22}-1$	R_{23}	R_{31}	R_{32}	$R_{33}-1$
244									
6704.5	− 532	+299 220	+130 031	−299 214	− 448	−4613	−130 044	+4224	− 85
6705.5	532	299 210	130 026	299 204	448	4630	130 039	4241	85
6706.5	532	299 213	130 027	299 207	448	4637	130 041	4248	85
6707.5	532	299 217	130 029	299 211	448	4631	130 042	4242	85
6708.5	532	299 210	130 026	299 204	448	4612	130 039	4223	85
6709.5	− 532	+299 179	+130 013	−299 173	− 448	−4583	−130 026	+4194	− 85
6710.5	532	299 117	129 986	299 112	447	4551	129 999	4162	85
6711.5	532	299 026	129 946	299 020	447	4522	129 959	4134	85
6712.5	531	298 913	129 897	298 908	447	4505	129 910	4117	84
6713.5	531	298 796	129 846	298 790	446	4502	129 859	4114	84
6714.5	− 530	+298 687	+129 799	−298 681	− 446	−4512	−129 812	+4124	− 84
6715.5	530	298 599	129 761	298 594	446	4532	129 774	4144	84
6716.5	530	298 539	129 735	298 534	446	4555	129 748	4168	84
6717.5	530	298 507	129 720	298 501	446	4576	129 734	4189	84
6718.5	530	298 495	129 715	298 489	446	4589	129 728	4202	84
6719.5	− 530	+298 494	+129 715	−298 488	− 446	−4590	−129 728	+4203	− 84
6720.5	530	298 493	129 714	298 487	446	4580	129 727	4193	84
6721.5	530	298 481	129 709	298 476	446	4559	129 722	4172	84
6722.5	529	298 453	129 697	298 447	445	4532	129 710	4145	84
6723.5	529	298 404	129 676	298 399	445	4503	129 689	4116	84
6724.5	− 529	+298 337	+129 646	−298 331	− 445	−4475	−129 659	+4088	− 84
6725.5	529	298 254	129 610	298 248	445	4453	129 623	4066	84
6726.5	528	298 161	129 570	298 156	445	4438	129 583	4051	84
6727.5	528	298 066	129 529	298 060	444	4431	129 541	4045	84
6728.5	528	297 974	129 489	297 968	444	4434	129 501	4048	84
6729.5	− 527	+297 892	+129 453	−297 886	− 444	−4444	−129 466	+4058	− 84
6730.5	527	297 825	129 424	297 820	444	4459	129 437	4073	84
6731.5	527	297 777	129 403	297 772	443	4475	129 416	4090	84
6732.5	527	297 748	129 390	297 742	443	4488	129 403	4103	84
6733.5	527	297 733	129 384	297 727	443	4493	129 397	4108	84
6734.5	− 527	+297 724	+129 380	−297 719	− 443	−4487	−129 393	+4101	− 84
6735.5	527	297 710	129 374	297 704	443	4466	129 387	4081	84
6736.5	527	297 675	129 359	297 669	443	4434	129 371	4049	84
6737.5	526	297 608	129 330	297 603	443	4396	129 342	4011	84
6738.5	526	297 508	129 286	297 502	443	4359	129 299	3974	84
6739.5	− 526	+297 380	+129 231	−297 375	− 442	−4331	−129 243	+3947	− 84
6740.5	525	297 241	129 170	297 236	442	4319	129 182	3935	84
6741.5	525	297 107	129 112	297 102	441	4322	129 125	3938	83
6742.5	524	296 995	129 063	296 989	441	4336	129 076	3953	83
6743.5	524	296 910	129 027	296 905	441	4356	129 039	3973	83
6744.5	− 524	+296 854	+129 002	−296 848	− 441	−4374	−129 015	+3991	− 83
6745.5	524	296 820	128 988	296 815	441	4385	129 000	4003	83
6746.5	524	296 800	128 979	296 794	441	4386	128 991	4004	83
6747.5	524	296 781	128 971	296 776	440	4376	128 983	3993	83
6748.5	523	296 755	128 959	296 750	440	4355	128 971	3973	83
6749.5	− 523	+296 714	+128 941	−296 708	− 440	−4328	−128 953	+3945	− 83
6750.5	− 523	+296 653	+128 915	−296 647	− 440	−4297	−128 927	+3914	− 83

VALUES IN UNITS OF 10^{-8}

POSITION AND VELOCITY OF THE EARTH, 1986
ORIGIN AT SOLAR SYSTEM BARYCENTER
MEAN EQUATOR AND EQUINOX J2000.0

Date 0ʰT.D.B.	X	Y	Z	$\dot{X}$	$\dot{Y}$	$\dot{Z}$
Nov. 16	+0.584 133 370	+0.734 668 756	+0.318 535 552	−1411 0507	+ 931 5084	+ 403 8336
17	.569 934 091	.743 872 273	.322 525 552	1428 7393	909 1481	394 1466
18	.555 559 911	.752 850 782	.326 418 085	1446 0301	886 5070	384 3401
19	.541 014 830	.761 601 482	.330 211 957	1462 9188	863 5866	374 4145
20	.526 302 894	.770 121 590	.333 905 978	1479 4001	840 3889	364 3698
21	+0.511 428 206	+0.778 408 343	+0.337 498 958	−1495 4680	+ 816 9158	+ 354 2066
22	.496 394 934	.786 458 997	.340 989 716	1511 1159	793 1698	343 9252
23	.481 207 313	.794 270 837	.344 377 071	1526 3366	769 1534	333 5263
24	.465 869 652	.801 841 172	.347 659 852	1541 1224	744 8693	323 0104
25	.450 386 343	.809 167 341	.350 836 892	1555 4649	720 3205	312 3782
26	+0.434 761 864	+0.816 246 709	+0.353 907 031	−1569 3546	+ 695 5097	+ 301 6303
27	.419 000 796	.823 076 673	.356 869 115	1582 7808	670 4402	290 7674
28	.403 107 835	.829 654 664	.359 721 999	1595 7308	645 1161	279 7905
29	.387 087 815	.835 978 164	.362 464 551	1608 1900	619 5430	268 7016
30	.370 945 724	.842 044 722	.365 095 668	1620 1422	593 7294	257 5040
Dec. 1	+0.354 686 716	+0.847 851 990	+0.367 614 287	−1631 5708	+ 567 6874	+ 246 2030
2	.338 316 105	.853 397 763	.370 019 409	1642 4606	541 4334	234 8062
3	.321 839 337	.858 680 018	.372 310 123	1652 8006	514 9873	223 3231
4	.305 261 946	.863 696 940	.374 485 619	1662 5848	488 3704	211 7644
5	.288 589 494	.868 446 929	.376 545 194	1671 8130	461 6039	200 1406
6	+0.271 827 525	+0.872 928 582	+0.378 488 245	−1680 4894	+ 434 7063	+ 188 4611
7	.254 981 522	.877 140 669	.380 314 257	1688 6210	407 6928	176 7337
8	.238 056 896	.881 082 092	.382 022 778	1696 2153	380 5753	164 9640
9	.221 058 982	.884 751 860	.383 613 412	1703 2798	353 3631	153 1567
10	.203 993 046	.888 149 064	.385 085 798	1709 8205	326 0636	141 3150
11	+0.186 864 299	+0.891 272 861	+0.386 439 607	−1715 8427	+ 298 6828	+ 129 4416
12	.169 677 907	.894 122 466	.387 674 531	1721 3503	271 2260	117 5386
13	.152 438 999	.896 697 144	.388 790 285	1726 3461	243 6980	105 6077
14	.135 152 683	.898 996 205	.389 786 598	1730 8323	216 1033	93 6507
15	.117 824 047	.901 019 002	.390 663 216	1734 8102	188 4460	81 6688
16	+0.100 458 172	+0.902 764 930	+0.391 419 897	−1738 2800	+ 160 7301	+ 69 6634
17	.083 060 141	.904 233 422	.392 056 410	1741 2416	132 9596	57 6357
18	.065 635 039	.905 423 953	.392 572 540	1743 6936	105 1384	45 5868
19	.048 187 972	.906 336 034	.392 968 079	1745 6344	77 2705	33 5178
20	.030 724 065	.906 969 221	.393 242 834	1747 0612	49 3602	21 4303
21	+0.013 248 471	+0.907 323 113	+0.393 396 626	−1747 9710	+ 21 4122	+ 9 3254
22	− .004 233 618	.907 397 355	.393 429 289	1748 3597	− 6 5689	− 2 7953
23	.021 716 972	.907 191 642	.393 340 673	1748 2230	34 5779	14 9301
24	.039 196 309	.906 705 722	.393 130 646	1747 5554	62 6095	27 0773
25	.056 666 289	.905 939 397	.392 799 093	1746 3504	90 6577	39 2348
26	−0.074 121 500	+0.904 892 534	+0.392 345 923	−1744 6002	− 118 7158	− 51 4002
27	.091 556 446	.903 565 075	.391 771 072	1742 2956	146 7754	63 5703
28	.108 965 531	.901 957 057	.391 074 517	1739 4263	174 8255	75 7404
29	.126 343 055	.900 068 642	.390 256 286	1735 9819	202 8522	87 9042
30	.143 683 222	.897 900 151	.389 316 481	1731 9537	230 8375	100 0535
31	−0.160 980 165	+0.895 452 100	+0.388 255 299	−1727 3367	− 258 7604	− 112 1779
32	−0.178 227 994	+0.892 725 226	+0.387 073 044	−1722 1314	− 286 5983	− 124 2662

$\dot{X}, \dot{Y}, \dot{Z}$ ARE IN UNITS OF 10^{-9} A.U. PER DAY

PRECESSION AND NUTATION, 1986

MATRIX ELEMENTS FOR CONVERSION FROM MEAN EQUINOX OF J2000.0 TO TRUE EQUINOX OF DATE

Julian Date	$R_{11}-1$	R_{12}	R_{13}	R_{21}	$R_{22}-1$	R_{23}	R_{31}	R_{32}	$R_{33}-1$
244									
6750.5	− 523	+296 653	+128 915	−296 647	− 440	−4297	−128 927	+3914	− 83
6751.5	523	296 572	128 880	296 567	440	4266	128 892	3884	83
6752.5	522	296 475	128 837	296 469	440	4241	128 849	3859	83
6753.5	522	296 365	128 790	296 360	439	4222	128 802	3841	83
6754.5	522	296 251	128 740	296 246	439	4213	128 752	3831	83
6755.5	− 521	+296 139	+128 692	−296 134	− 439	−4212	−128 703	+3831	− 83
6756.5	521	296 035	128 647	296 030	438	4220	128 658	3839	83
6757.5	521	295 946	128 608	295 941	438	4233	128 620	3852	83
6758.5	520	295 874	128 576	295 868	438	4249	128 588	3868	83
6759.5	520	295 819	128 553	295 814	438	4263	128 565	3883	83
6760.5	− 520	+295 781	+128 536	−295 775	− 438	−4272	−128 548	+3892	− 83
6761.5	520	295 751	128 523	295 746	437	4272	128 535	3892	83
6762.5	520	295 721	128 510	295 716	437	4259	128 522	3879	83
6763.5	520	295 678	128 491	295 673	437	4234	128 503	3854	83
6764.5	519	295 608	128 461	295 603	437	4200	128 473	3820	83
6765.5	− 519	+295 503	+128 415	−295 498	− 437	−4163	−128 427	+3784	− 83
6766.5	519	295 365	128 355	295 360	436	4133	128 367	3754	82
6767.5	518	295 205	128 286	295 200	436	4117	128 297	3739	82
6768.5	517	295 043	128 216	295 038	435	4118	128 227	3740	82
6769.5	517	294 899	128 153	294 894	435	4134	128 164	3756	82
6770.5	− 517	+294 784	+128 103	−294 779	− 435	−4159	−128 115	+3781	− 82
6771.5	516	294 701	128 067	294 696	434	4184	128 079	3806	82
6772.5	516	294 645	128 043	294 640	434	4202	128 055	3825	82
6773.5	516	294 606	128 026	294 601	434	4211	128 038	3834	82
6774.5	516	294 572	128 011	294 567	434	4208	128 023	3831	82
6775.5	− 516	+294 533	+127 994	−294 528	− 434	−4195	−128 006	+3818	− 82
6776.5	515	294 480	127 971	294 475	434	4175	127 983	3798	82
6777.5	515	294 409	127 940	294 404	433	4150	127 952	3774	82
6778.5	515	294 320	127 901	294 315	433	4126	127 913	3750	82
6779.5	515	294 213	127 855	294 208	433	4106	127 867	3729	82
6780.5	− 514	+294 094	+127 803	−294 089	− 433	−4092	−127 815	+3716	− 82
6781.5	514	293 968	127 748	293 963	432	4087	127 760	3712	82
6782.5	513	293 842	127 694	293 837	432	4092	127 706	3716	82
6783.5	513	293 725	127 643	293 720	431	4104	127 655	3729	82
6784.5	512	293 621	127 598	293 616	431	4124	127 610	3749	81
6785.5	− 512	+293 535	+127 560	−293 530	− 431	−4147	−127 572	+3772	− 81
6786.5	512	293 467	127 531	293 462	431	4169	127 543	3795	81
6787.5	512	293 415	127 509	293 410	431	4187	127 520	3813	81
6788.5	512	293 375	127 491	293 370	430	4198	127 503	3824	81
6789.5	511	293 339	127 475	293 334	430	4198	127 487	3824	81
6790.5	− 511	+293 295	+127 456	−293 290	− 430	−4186	−127 468	+3812	− 81
6791.5	511	293 231	127 428	293 226	430	4165	127 440	3791	81
6792.5	511	293 137	127 388	293 132	430	4138	127 399	3764	81
6793.5	510	293 010	127 332	293 005	429	4113	127 344	3740	81
6794.5	510	292 854	127 265	292 849	429	4099	127 276	3726	81
6795.5	− 509	+292 685	+127 192	−292 680	− 428	−4101	−127 203	+3728	− 81
6796.5	− 509	+292 525	+127 122	−292 520	− 428	−4120	−127 133	+3748	− 81

VALUES IN UNITS OF 10^{-8}

REDUCTION OF CELESTIAL COORDINATES

Conversion of stellar positions and proper motions from the standard epoch B1950·0 to J2000·0

A matrix method for calculating the mean place of a star at J2000·0 on the FK5 system from the mean place at B1950·0 on the FK4 system, ignoring the systematic corrections FK5–FK4 and individual star corrections to the FK5, is as follows:

1. From a star catalogue obtain the FK4 position (α_0, δ_0), proper motion $(\mu_{\alpha 0}, \mu_{\delta 0})$ in seconds of arc per tropical century, parallax (π_0) in seconds of arc and radial velocity (v_0) in km/s for B1950·0. If π_0 or v_0 are unspecified, set them both equal to zero.

2. Calculate the rectangular components of the position vector $\mathbf{r}_0$ and velocity vector $\dot{\mathbf{r}}_0$ from:

$$\mathbf{r}_0 = \begin{bmatrix} \cos \alpha_0 \cos \delta_0 \\ \sin \alpha_0 \cos \delta_0 \\ \sin \delta_0 \end{bmatrix} \quad \dot{\mathbf{r}}_0 = \begin{bmatrix} -\mu_{\alpha 0} \sin \alpha_0 \cos \delta_0 - \mu_{\delta 0} \cos \alpha_0 \sin \delta_0 \\ \mu_{\alpha 0} \cos \alpha_0 \cos \delta_0 - \mu_{\delta 0} \sin \alpha_0 \sin \delta_0 \\ \mu_{\delta 0} \cos \delta_0 \end{bmatrix} + 21 \cdot 095 \, v_0 \, \pi_0 \, \mathbf{r}_0$$

3. Remove the effects of the E-terms of aberration to form $\mathbf{r}_1$ and $\dot{\mathbf{r}}_1$ from:

$$\mathbf{r}_1 = \mathbf{r}_0 - \mathbf{A} + (\mathbf{r}_0' \, \mathbf{A}) \, \mathbf{r}_0$$

$$\dot{\mathbf{r}}_1 = \dot{\mathbf{r}}_0 - \dot{\mathbf{A}} + (\mathbf{r}_0' \, \dot{\mathbf{A}}) \, \mathbf{r}_0$$

where
$$\mathbf{A} = 10^{-6} \begin{bmatrix} -1 \cdot 625 \, 57 \\ -0 \cdot 319 \, 19 \\ -0 \cdot 138 \, 43 \end{bmatrix} \quad \dot{\mathbf{A}} = 10^{-3} \begin{bmatrix} +1 \cdot 244 \\ -1 \cdot 579 \\ -0 \cdot 660 \end{bmatrix}$$

and $\mathbf{r}_0'$ is the transpose of $\mathbf{r}_0$. (The terms $\mathbf{r}_0' \, \mathbf{A}$ and $\mathbf{r}_0' \, \dot{\mathbf{A}}$ are scalar products).

4. Form the vector $\mathbf{R}_1 = \begin{bmatrix} \mathbf{r}_1 \\ \dot{\mathbf{r}}_1 \end{bmatrix}$ and calculate the vector $\mathbf{R} = \begin{bmatrix} \mathbf{r} \\ \dot{\mathbf{r}} \end{bmatrix}$ from:

$$\mathbf{R} = \mathbf{M} \, \mathbf{R}_1$$

where $\mathbf{M}$ is a constant 6×6 matrix given by:

$$\begin{bmatrix} +0 \cdot 999\,925\,6782 & -0 \cdot 011\,182\,0611 & -0 \cdot 004\,857\,9477 & +0 \cdot 000\,002\,423\,950\,18 & -0 \cdot 000\,000\,027\,106\,63 & -0 \cdot 000\,000\,011\,776\,56 \\ +0 \cdot 011\,182\,0610 & +0 \cdot 999\,937\,4784 & -0 \cdot 000\,027\,1765 & +0 \cdot 000\,000\,027\,106\,63 & +0 \cdot 000\,002\,423\,978\,78 & -0 \cdot 000\,000\,000\,065\,87 \\ +0 \cdot 004\,857\,9479 & -0 \cdot 000\,027\,1474 & +0 \cdot 999\,988\,1997 & +0 \cdot 000\,000\,011\,776\,56 & -0 \cdot 000\,000\,000\,065\,82 & +0 \cdot 000\,002\,424\,101\,73 \\ -0 \cdot 000\,551 & -0 \cdot 238\,565 & +0 \cdot 435\,739 & +0 \cdot 999\,947\,04 & -0 \cdot 011\,182\,51 & -0 \cdot 004\,857\,67 \\ +0 \cdot 238\,514 & -0 \cdot 002\,667 & -0 \cdot 008\,541 & +0 \cdot 011\,182\,51 & +0 \cdot 999\,958\,83 & -0 \cdot 000\,027\,18 \\ -0 \cdot 435\,623 & +0 \cdot 012\,254 & +0 \cdot 002\,117 & +0 \cdot 004\,857\,67 & -0 \cdot 000\,027\,14 & +1 \cdot 000\,009\,56 \end{bmatrix}$$

and set $(x, y, z, \dot{x}, \dot{y}, \dot{z}) = \mathbf{R}'$.

5. Calculate the FK5 mean position (α_1, δ_1), proper motion $(\mu_{\alpha 1}, \mu_{\delta 1})$ in seconds of arc per Julian century, parallax (π_1) in seconds of arc and radial velocity (v_1) in km/s for J2000·0 from:

$$\cos \alpha_1 \cos \delta_1 = x/r \quad \sin \alpha_1 \cos \delta_1 = y/r \quad \sin \delta_1 = z/r$$

$$\mu_{\alpha 1} = (x \dot{y} - y \dot{x})/(x^2 + y^2) \quad \mu_{\delta 1} = [\dot{z}(x^2 + y^2) - z(x \dot{x} + y \dot{y})]/[r^2 (x^2 + y^2)^{1/2}]$$

$$v_1 = (x \dot{x} + y \dot{y} + z \dot{z})/(21 \cdot 095 \, \pi_0 \, r) \quad \pi_1 = \pi_0/r$$

where $r = (x^2 + y^2 + z^2)^{1/2}$

If π_0 is zero, set $v_1 = v_0$

References.
Standish, E. M., (1982) *Astron. Astrophys.*, **115**, 20–22.
Aoki, S., Sôma, M., Kinoshita, H., Inoue, K., (1983) *Astron. Astrophys.*, **128**, 263–267.

Reduction for polar motion

The rotation of the Earth is represented by a diurnal rotation around a reference axis whose motion with respect to the inertial reference frame is represented by the theories of precession and nutation. This reference axis does not coincide with the axis of figure (maximum moment of inertia) of the Earth, but moves slowly (in a terrestrial reference frame) in a quasi-circular path around it. The reference axis is the celestial ephemeris pole (normal to the true equator) and its motion with respect to the terrestrial reference frame is known as polar motion. The maximum amplitude of the polar motion is typically about $0''\cdot3$ (corresponding to a displacement of about 9 m on the surface of the Earth) and the principal periods are about 365 and 428 days. The motion is affected by unpredictable geophysical forces and is determined from observations of stars, of radio sources and of appropriate satellites of the Earth.

The pole and zero (Greenwich) meridian of the terrestrial reference frame are defined implicitly by the adoption of a set of coordinates for the instruments that are used to determine UT and polar motion from astronomical observations. (The pole of this system is known as the conventional international origin.) The position of the terrestrial reference frame with respect to the true equator and equinox of date is defined by successive rotations through two small angles x, y and the Greenwich apparent sidereal time θ. The angles x, y correspond to the coordinates of the celestial ephemeris pole with respect to the terrestrial pole measured along the meridians at longitudes $0°$ and $270°$ ($90°$ west). Current values of the coordinates of the pole for use in the reduction of observations are published by the Bureau International de l'Heure, while values from 1970 January 1 to 1984 April 1 are given on page K10. An 80-year long series of values on a consistent basis has been published by the International Polar Motion Service. The coordinates x and y are usually measured in seconds of arc.

Polar motion causes variations in the zenith distance and azimuth of the celestial ephemeris pole and hence in the values of terrestrial latitude (ϕ) and longitude (λ) that are determined from direct astronomical observations of latitude and time. To first order, the departures from the mean values ϕ_m, λ_m are given by:

$$\Delta\phi = x \cos \lambda_m - y \sin \lambda_m \quad \text{and} \quad \Delta\lambda = (x \sin \lambda_m + y \cos \lambda_m) \tan \phi_m$$

The variation in longitude must be taken into account in the determination of GMST, and hence of UT, from observations.

The rigorous transformation of a vector $\mathbf{p}_3$ with respect to the celestial frame of the true equator and equinox of date to the corresponding vector $\mathbf{p}_4$ with respect to the terrestrial frame is given by the formula:

$$\mathbf{p}_4 = \mathbf{R}_2(-x) \, \mathbf{R}_1(-y) \, \mathbf{R}_3(\theta) \, \mathbf{p}_3$$

and conversely,

$$\mathbf{p}_3 = \mathbf{R}_3(-\theta) \, \mathbf{R}_1(y) \, \mathbf{R}_2(x) \, \mathbf{p}_4$$

where $\mathbf{R}_1(\alpha)$, $\mathbf{R}_2(\alpha)$, $\mathbf{R}_3(\alpha)$ are, respectively, the matrices:

$$\begin{bmatrix} 1 & 0 & 0 \\ 0 & \cos\alpha & \sin\alpha \\ 0 & -\sin\alpha & \cos\alpha \end{bmatrix} \quad \begin{bmatrix} \cos\alpha & 0 & -\sin\alpha \\ 0 & 1 & 0 \\ \sin\alpha & 0 & \cos\alpha \end{bmatrix} \quad \begin{bmatrix} \cos\alpha & \sin\alpha & 0 \\ -\sin\alpha & \cos\alpha & 0 \\ 0 & 0 & 1 \end{bmatrix}$$

corresponding to rotations α about the x, y and z axes. The vector $\mathbf{p}$ could represent, for example, the coordinates of a point on the Earth's surface or of a satellite in orbit around the Earth.

Reduction for diurnal parallax and diurnal aberration

The computation of diurnal parallax and aberration due to the displacement of the observer from the centre of the Earth requires a knowledge of the geocentric coordinates (ρ, geocentric distance in units of the Earth's equatorial radius, and ϕ', geocentric latitude, see page K5) of the place of observation and the local sidereal time (θ_0) of the observation (see page B6).

For bodies whose equatorial horizontal parallax (π) normally amounts to only a few seconds of arc the corrections for diurnal parallax in right ascension and declination (in the sense geocentric place *minus* topocentric place) are given by:

$$\Delta\alpha = \pi(\rho \cos \phi' \sin h \sec \delta)$$
$$\Delta\delta = \pi(\rho \sin \phi' \cos \delta - \rho \cos \phi' \cos h \sin \delta)$$

where h is the local hour angle ($\theta_0 - \alpha$) and π may be calculated from $8''\cdot 794$ divided by the geocentric distance of the body (in au). For the Moon (and other very close bodies) more precise formulae are required (see page D3).

The corrections for diurnal aberration in right ascension and declination (in the sense apparent place *minus* mean place) are given by:

$$\Delta\alpha = 0^s\cdot 0213 \, \rho \cos \phi' \cos h \sec \delta \qquad \Delta\delta = 0''\cdot 319 \, \rho \cos \phi' \sin h \sin \delta$$

For a body at transit the local hour angle (h) is zero and so $\Delta\delta$ is zero, but

$$\Delta\alpha = \pm 0^s\cdot 0213 \, \rho \cos \phi' \sec \delta$$

where the plus and minus signs are used for the upper and lower transits, respectively; this may be regarded as a correction to the time of transit.

Alternatively, the effects may be computed in rectangular coordinates using the following expressions for the geocentric coordinates and velocity components of the observer with respect to the celestial equatorial reference frame:

position: $(a\rho \cos \phi' \cos \theta_0, \; a\rho \cos \phi' \sin \theta_0, \; a\rho \sin \phi')$
velocity: $(-a\omega\rho \cos \phi' \sin \theta_0, \; a\omega\rho \cos \phi' \cos \theta_0, \; 0)$

where θ_0 is the local sidereal time (mean or apparent as appropriate), a is the equatorial radius of the Earth and ω the angular velocity of the Earth.

θ_0 = Greenwich sidereal time + east longitude
$a\omega = 0.464$ km/s $= 0.268 \times 10^{-3}$ au/d $\qquad c = 2.998 \times 10^5$ km/s $= 173.14$ au/d
$a\omega/c = 1.55 \times 10^{-6}$ rad $= 0''\cdot 319 = 0^s\cdot 0213$

These geocentric position and velocity vectors of the observer are added to the barycentric position and velocity of the Earth's centre, respectively, to obtain the corresponding barycentric vectors of the observer.

Conversion to altitude and azimuth

It is convenient to use the local hour angle (h) as an intermediary in the conversion from the apparent right ascension (α) and declination (δ) to the azimuth (A) and altitude (a). The local apparent sidereal time (θ_0) corresponding to the UT of the observation must be determined first (see page B6). The formulae are:

$$\theta_0 = \text{GMST} + \lambda + \text{equation of equinoxes}$$
$$h = \theta_0 - \alpha$$
$$\cos a \sin A = -\cos \delta \sin h$$
$$\cos a \cos A = \sin \delta \cos \phi - \cos \delta \cos h \sin \phi$$
$$\sin a = \sin \delta \sin \phi + \cos \delta \cos h \cos \phi$$

where azimuth (A) is measured from the north through east in the plane of the horizon, altitude (a) is measured perpendicular to the horizon, and λ, ϕ are the astronomical values of the east longitude and latitude of the place of observation. The plane of

REDUCTION OF CELESTIAL COORDINATES

Conversion to altitude and azimuth (continued)

the horizon is defined to be perpendicular to the apparent direction of gravity. Zenith distance is given by $z = 90° - a$.

For most purposes the values of the geodetic longitude and latitude may be used but in some cases the effects of local gravity anomalies and polar motion must be included. For full precision, the values of α, δ must be corrected for diurnal parallax and diurnal aberration. The inverse formulae are:

$$\cos \delta \sin h = -\cos a \sin A$$
$$\cos \delta \cos h = \sin a \cos \phi - \cos a \cos A \sin \phi$$
$$\sin \delta = \sin a \sin \phi + \cos a \cos A \cos \phi$$

Correction for refraction

For most astronomical purposes the effect of refraction in the Earth's atmosphere is to decrease the zenith distance (computed by the formulae of the previous section) by an amount R that depends on the zenith distance and on the meteorological conditions at the site. A simple expression for R for zenith distances less than 75° (altitudes greater than 15°) is:

$$R = 0°\!\cdot\!004\ 52\ P \tan z / (273 + T)$$
$$= 0°\!\cdot\!004\ 52\ P / ((273 + T) \tan a)$$

where T is the temperature (°C) and P is the barometric pressure (millibars). This formula is usually accurate to about $0'\!\cdot\!1$ for altitudes above 15°, but the error increases rapidly at lower altitudes, especially in abnormal meteorological conditions. For altitudes below 15° use the approximate formula:

$$R = P(0\!\cdot\!1594 + 0\!\cdot\!0196\ a + 0\!\cdot\!000\ 02\ a^2) / [(273 + T)(1 + 0\!\cdot\!505\ a + 0\!\cdot\!0845\ a^2)]$$

where the altitude (a) is in degrees.

DETERMINATION OF LATITUDE AND AZIMUTH

Use of the Polaris Table

The table on pages B62–B65 gives data for obtaining latitude from an observed altitude of Polaris (suitably corrected for instrumental errors and refraction) and the azimuth of this star (measured from north, positive to the east and negative to the west), for all hour angles and northern latitudes. The six tabulated quantities, each given to a precision of $0'\!\cdot\!1$, are a_0, a_1, a_2, referring to the correction to altitude, and b_0, b_1, b_2, to the azimuth.

$$\text{latitude} = \text{corrected observed altitude} + a_0 + a_1 + a_2$$
$$\text{azimuth} = (b_0 + b_1 + b_2) \sec (\text{latitude})$$

The table is to be entered with the local sidereal time of observation (LST), and gives the values of a_0, b_0 directly; interpolation, with maximum differences of $0'\!\cdot\!7$, can be done mentally. In the same vertical column, the values of a_1, b_1 are found with the latitude, and those of a_2, b_2 with the date, as argument. Thus all six quantities can, if desired, be extracted together. The errors due to the adoption of a mean value of the local sidereal time for each of the subsidiary tables have been reduced to a minimum, and the total error is not likely to exceed $0'\!\cdot\!2$. Interpolation between columns should not be attempted.

The observed altitude must be corrected for refraction before being used to determine the astronomical latitude of the place of observation. Both the latitude and the azimuth so obtained are affected by local gravity anomalies.

See page B66 for formulae and coefficients for Polaris and σ Octantis.

POLARIS TABLE, 1986

LST	0^h a_0	b_0	1^h a_0	b_0	2^h a_0	b_0	3^h a_0	b_0	4^h a_0	b_0	5^h a_0	b_0
m	′	′	′	′	′	′	′	′	′	′	′	′
0	−39·3	+27·2	−45·0	+16·0	−47·6	+ 3·6	−46·9	− 9·0	−42·9	−21·0	−36·0	−31·5
3	39·6	26·7	45·2	15·4	47·6	3·0	46·7	9·6	42·6	21·6	35·6	32·0
6	40·0	26·2	45·4	14·8	47·6	2·4	46·6	10·2	42·3	22·1	35·2	32·4
9	40·3	25·7	45·6	14·2	47·7	1·7	46·5	10·9	42·0	22·7	34·7	32·9
12	40·7	25·1	45·8	13·6	47·7	1·1	46·3	11·5	41·7	23·2	34·3	33·4
15	−41·0	+24·6	−45·9	+13·0	−47·7	+ 0·5	−46·2	−12·1	−41·4	−23·8	−33·9	−33·8
18	41·3	24·0	46·1	12·4	47·7	− 0·2	46·0	12·7	41·1	24·3	33·4	34·2
21	41·6	23·5	46·3	11·8	47·7	0·8	45·8	13·3	40·8	24·9	33·0	34·7
24	41·9	22·9	46·4	11·1	47·7	1·4	45·7	13·9	40·5	25·4	32·5	35·1
27	42·2	22·4	46·5	10·5	47·7	2·1	45·5	14·5	40·1	26·0	32·0	35·5
30	−42·5	+21·8	−46·7	+ 9·9	−47·6	− 2·7	−45·3	−15·1	−39·8	−26·5	−31·6	−36·0
33	42·8	21·3	46·8	9·3	47·6	3·3	45·1	15·7	39·4	27·0	31·1	36·4
36	43·1	20·7	46·9	8·7	47·5	4·0	44·9	16·3	39·1	27·5	30·6	36·8
39	43·3	20·1	47·0	8·0	47·5	4·6	44·6	16·9	38·7	28·0	30·1	37·2
42	43·6	19·5	47·1	7·4	47·4	5·2	44·4	17·5	38·4	28·6	29·6	37·6
45	−43·8	+19·0	−47·2	+ 6·8	−47·3	− 5·9	−44·2	−18·1	−38·0	−29·1	−29·2	−37·9
48	44·1	18·4	47·3	6·2	47·3	6·5	43·9	18·7	37·6	29·6	28·7	38·3
51	44·3	17·8	47·4	5·5	47·2	7·1	43·7	19·3	37·2	30·0	28·1	38·7
54	44·5	17·2	47·5	4·9	47·1	7·8	43·4	19·9	36·8	30·5	27·6	39·1
57	44·8	16·6	47·5	4·3	47·0	8·4	43·2	20·4	36·4	31·0	27·1	39·4
60	−45·0	+16·0	−47·6	+ 3·6	−46·9	− 9·0	−42·9	−21·0	−36·0	−31·5	−26·6	−39·8

Lat.	a_1	b_1	a_1	b_1	a_1	b_1	a_1	b_1	a_1	b_1	a_1	b_1
°												
0	−·1	−·3	·0	−·2	·0	·0	·0	+·2	−·1	+·4	−·2	+·4
10	−·1	−·3	·0	−·1	·0	·0	·0	+·2	−·1	+·3	−·2	+·3
20	−·1	−·2	·0	−·1	·0	·0	·0	+·2	−·1	+·3	−·2	+·3
30	·0	−·2	·0	−·1	·0	·0	·0	+·1	−·1	+·2	−·1	+·2
40	·0	−·1	·0	·0	·0	·0	·0	+·1	·0	+·1	−·1	+·1
45	·0	−·1	·0	·0	·0	·0	·0	·0	·0	+·1	·0	+·1
50	·0	·0	·0	·0	·0	·0	·0	·0	·0	·0	·0	·0
55	·0	+·1	·0	·0	·0	·0	·0	·0	·0	−·1	·0	−·1
60	·0	+·1	·0	+·1	·0	·0	·0	−·1	+·1	−·2	+·1	−·2
62	·0	+·2	·0	+·1	·0	·0	·0	−·1	+·1	−·2	+·1	−·2
64	+·1	+·2	·0	+·1	·0	·0	·0	−·2	+·1	−·3	+·2	−·3
66	+·1	+·3	·0	+·1	·0	·0	·0	−·2	+·1	−·3	+·2	−·3

Month	a_2	b_2	a_2	b_2	a_2	b_2	a_2	b_2	a_2	b_2	a_2	b_2
Jan.	+·1	−·1	+·1	−·1	+·1	·0	+·1	·0	+·1	·0	+·1	+·1
Feb.	·0	−·2	+·1	−·2	+·1	−·2	+·2	−·1	+·2	−·1	+·2	·0
Mar.	−·1	−·3	·0	−·3	+·1	−·3	+·1	−·3	+·2	−·2	+·3	−·2
Apr.	−·2	−·3	−·2	−·3	−·1	−·4	·0	−·4	+·1	−·4	+·2	−·3
May	−·4	−·2	−·3	−·3	−·2	−·3	−·1	−·4	·0	−·4	+·1	−·4
June	−·4	−·1	−·4	−·2	−·3	−·2	−·2	−·3	−·2	−·4	−·1	−·4
July	−·3	+·1	−·4	·0	−·4	−·1	−·3	−·2	−·3	−·2	−·2	−·3
Aug.	−·2	+·2	−·3	+·2	−·3	+·1	−·3	·0	−·3	−·1	−·3	−·2
Sept.	·0	+·3	−·1	+·3	−·2	+·2	−·3	+·2	−·3	+·1	−·3	·0
Oct.	+·1	+·3	+·1	+·3	·0	+·3	−·1	+·3	−·2	+·3	−·3	+·2
Nov.	+·3	+·2	+·2	+·3	+·2	+·4	+·1	+·4	−·1	+·4	−·2	+·4
Dec.	+·4	+·1	+·4	+·2	+·3	+·3	+·2	+·4	+·1	+·4	·0	+·5

Latitude = Corrected observed altitude of *Polaris* + $a_0 + a_1 + a_2$

Azimuth of *Polaris* = $(b_0 + b_1 + b_2)$ sec (latitude)

POLARIS TABLE, 1986

LST	6^h		7^h		8^h		9^h		10^h		11^h	
	a_0	b_0	a_0	b_0	a_0	b_0	a_0	b_0	a_0	b_0	a_0	b_0
0^m	−26.6′	−39.8′	−15.4′	−45.3′	−3.2′	−47.6′	+9.2′	−46.7′	+21.0′	−42.7′	+31.3′	−35.8′
3	26.1	40.1	14.8	45.5	2.6	47.7	9.9	46.6	21.6	42.4	31.8	35.4
6	25.6	40.5	14.2	45.6	1.9	47.7	10.5	46.5	22.1	42.1	32.3	34.9
9	25.0	40.8	13.6	45.8	1.3	47.7	11.1	46.3	22.7	41.8	32.7	34.5
12	24.5	41.1	13.0	46.0	0.7	47.7	11.7	46.2	23.2	41.5	33.2	34.1
15	−24.0	−41.4	−12.4	−46.2	−0.1	−47.7	+12.3	−46.0	+23.8	−41.2	+33.6	−33.7
18	23.4	41.7	11.8	46.3	+0.6	47.7	12.9	45.8	24.3	40.9	34.0	33.2
21	22.9	42.0	11.2	46.5	1.2	47.7	13.5	45.7	24.8	40.6	34.5	32.8
24	22.3	42.3	10.6	46.6	1.8	47.7	14.1	45.5	25.4	40.2	34.9	32.3
27	21.7	42.6	10.0	46.7	2.4	47.6	14.7	45.3	25.9	39.9	35.3	31.9
30	−21.2	−42.9	−9.4	−46.9	+3.1	−47.6	+15.3	−45.1	+26.4	−39.6	+35.7	−31.4
33	20.6	43.2	8.8	47.0	3.7	47.5	15.8	44.9	26.9	39.2	36.1	30.9
36	20.1	43.4	8.1	47.1	4.3	47.5	16.4	44.7	27.4	38.8	36.5	30.5
39	19.5	43.7	7.5	47.2	4.9	47.4	17.0	44.4	27.9	38.5	36.9	30.0
42	18.9	43.9	6.9	47.3	5.5	47.3	17.6	44.2	28.4	38.1	37.3	29.5
45	−18.3	−44.2	−6.3	−47.3	+6.2	−47.3	+18.2	−44.0	+28.9	−37.7	+37.7	−29.0
48	17.8	44.4	5.7	47.4	6.8	47.2	18.7	43.7	29.4	37.4	38.1	28.5
51	17.2	44.6	5.0	47.5	7.4	47.1	19.3	43.5	29.9	37.0	38.5	28.0
54	16.6	44.9	4.4	47.5	8.0	47.0	19.9	43.2	30.4	36.6	38.8	27.5
57	16.0	45.1	3.8	47.6	8.6	46.8	20.4	42.9	30.9	36.2	39.2	27.0
60	−15.4	−45.3	−3.2	−47.6	+9.2	−46.7	+21.0	−42.7	+31.3	−35.8	+39.5	−26.5

Lat.	a_1	b_1	a_1	b_1	a_1	b_1	a_1	b_1	a_1	b_1	a_1	b_1
0°	−.3	+.3	−.4	+.2	−.4	.0	−.4	−.2	−.3	−.4	−.2	−.4
10	−.3	+.3	−.3	+.1	−.3	.0	−.3	−.2	−.2	−.3	−.1	−.3
20	−.2	+.2	−.3	+.1	−.3	.0	−.2	−.2	−.2	−.3	−.1	−.3
30	−.2	+.2	−.2	+.1	−.2	.0	−.2	−.1	−.1	−.2	−.1	−.2
40	−.1	+.1	−.1	.0	−.1	.0	−.1	−.1	−.1	−.1	−.1	−.1
45	−.1	+.1	−.1	.0	−.1	.0	−.1	.0	.0	−.1	.0	−.1
50	.0	.0	.0	.0	.0	.0	.0	.0	.0	.0	.0	.0
55	+.1	−.1	+.1	.0	+.1	.0	+.1	.0	+.1	+.1	.0	+.1
60	+.1	−.1	+.2	−.1	+.2	.0	+.2	+.1	+.1	+.2	+.1	+.2
62	+.2	−.2	+.2	−.1	+.2	.0	+.2	+.1	+.2	+.2	+.1	+.2
64	+.2	−.2	+.3	−.1	+.3	.0	+.3	+.2	+.2	+.3	+.1	+.3
66	+.3	−.3	+.3	−.1	+.3	.0	+.3	+.2	+.2	+.3	+.2	+.3

Month	a_2	b_2	a_2	b_2	a_2	b_2	a_2	b_2	a_2	b_2	a_2	b_2
Jan.	+.1	+.1	+.1	+.1	.0	+.1	.0	+.1	.0	+.1	−.1	+.1
Feb.	+.2	.0	+.2	+.1	+.2	+.1	+.1	+.2	+.1	+.2	.0	+.2
Mar.	+.3	−.1	+.3	.0	+.3	+.1	+.3	+.1	+.2	+.2	+.2	+.3
Apr.	+.3	−.2	+.3	−.2	+.4	−.1	+.4	.0	+.4	+.1	+.3	+.2
May	+.2	−.4	+.3	−.3	+.3	−.2	+.4	−.1	+.4	.0	+.4	+.1
June	+.1	−.4	+.2	−.4	+.2	−.3	+.3	−.2	+.4	−.2	+.4	−.1
July	−.1	−.3	.0	−.4	+.1	−.4	+.2	−.3	+.2	−.3	+.3	−.2
Aug.	−.2	−.2	−.2	−.3	−.1	−.3	.0	−.3	+.1	−.3	+.2	−.3
Sept.	−.3	.0	−.3	−.1	−.2	−.2	−.2	−.3	−.1	−.3	.0	−.3
Oct.	−.3	+.1	−.3	+.1	−.3	.0	−.3	−.1	−.3	−.2	−.2	−.3
Nov.	−.2	+.3	−.3	+.2	−.4	+.2	−.4	+.1	−.4	−.1	−.4	−.2
Dec.	−.1	+.4	−.2	+.4	−.3	+.3	−.4	+.2	−.4	+.1	−.5	.0

Latitude = Corrected observed altitude of *Polaris* $+ a_0 + a_1 + a_2$

Azimuth of *Polaris* = $(b_0 + b_1 + b_2)$ sec (latitude)

POLARIS TABLE, 1986

LST	12ʰ		13ʰ		14ʰ		15ʰ		16ʰ		17ʰ	
	a_0	b_0	a_0	b_0	a_0	b_0	a_0	b_0	a_0	b_0	a_0	b_0
m 0	+39·5	−26·5	+45·1	−15·5	+47·6	− 3·5	+46·9	+ 8·7	+43·1	+20·4	+36·3	+30·7
3	39·9	26·0	45·3	14·9	47·6	2·9	46·8	9·3	42·8	20·9	35·9	31·2
6	40·2	25·5	45·5	14·3	47·6	2·3	46·6	9·9	42·5	21·5	35·5	31·7
9	40·5	25·0	45·6	13·8	47·7	1·7	46·5	10·5	42·2	22·0	35·1	32·1
12	40·9	24·4	45·8	13·2	47·7	1·1	46·4	11·1	41·9	22·6	34·7	32·6
15	+41·2	−23·9	+46·0	−12·6	+47·7	− 0·4	+46·2	+11·7	+41·6	+23·1	+34·2	+33·0
18	41·5	23·4	46·1	12·0	47·7	+ 0·2	46·1	12·3	41·3	23·7	33·8	33·5
21	41·8	22·8	46·3	11·4	47·7	0·8	45·9	12·9	41·0	24·2	33·4	33·9
24	42·1	22·3	46·4	10·8	47·7	1·4	45·7	13·5	40·7	24·7	32·9	34·3
27	42·4	21·7	46·6	10·2	47·7	2·0	45·5	14·1	40·4	25·2	32·5	34·7
30	+42·7	−21·2	+46·7	− 9·6	+47·6	+ 2·6	+45·4	+14·7	+40·0	+25·8	+32·0	+35·2
33	42·9	20·6	46·8	9·0	47·6	3·2	45·2	15·3	39·7	26·3	31·5	35·6
36	43·2	20·1	46·9	8·4	47·5	3·8	45·0	15·8	39·3	26·8	31·1	36·0
39	43·5	19·5	47·1	7·8	47·5	4·5	44·7	16·4	39·0	27·3	30·6	36·4
42	43·7	19·0	47·1	7·2	47·4	5·1	44·5	17·0	38·6	27·8	30·1	36·8
45	+44·0	−18·4	+47·2	− 6·6	+47·4	+ 5·7	+44·3	+17·6	+38·3	+28·3	+29·6	+37·2
48	44·2	17·8	47·3	6·0	47·3	6·3	44·1	18·1	37·9	28·8	29·2	37·6
51	44·4	17·2	47·4	5·3	47·2	6·9	43·8	18·7	37·5	29·3	28·7	37·9
54	44·6	16·7	47·5	4·7	47·1	7·5	43·6	19·3	37·1	29·8	28·2	38·3
57	44·9	16·1	47·5	4·1	47·0	8·1	43·3	19·8	36·7	30·2	27·7	38·7
60	+45·1	−15·5	+47·6	− 3·5	+46·9	+ 8·7	+43·1	+20·4	+36·3	+30·7	+27·1	+39·0

Lat.	a_1	b_1	a_1	b_1	a_1	b_1	a_1	b_1	a_1	b_1	a_1	b_1
0°	−·1	−·3	·0	−·2	·0	·0	·0	+·2	−·1	+·4	−·2	+·4
10	−·1	−·3	·0	−·1	·0	·0	·0	+·2	−·1	+·3	−·2	+·3
20	−·1	−·2	·0	−·1	·0	·0	·0	+·2	−·1	+·3	−·2	+·3
30	·0	−·2	·0	−·1	·0	·0	·0	+·1	−·1	+·2	−·1	+·2
40	·0	−·1	·0	·0	·0	·0	·0	+·1	·0	+·1	−·1	+·1
45	·0	−·1	·0	·0	·0	·0	·0	·0	·0	+·1	·0	+·1
50	·0	·0	·0	·0	·0	·0	·0	·0	·0	·0	·0	·0
55	·0	+·1	·0	·0	·0	·0	·0	·0	·0	−·1	·0	−·1
60	·0	+·1	·0	+·1	·0	·0	·0	−·1	+·1	−·2	+·1	−·2
62	·0	+·2	·0	+·1	·0	·0	·0	−·1	+·1	−·2	+·1	−·2
64	+·1	+·2	·0	+·1	·0	·0	·0	−·2	+·1	−·3	+·2	−·3
66	+·1	+·3	·0	+·1	·0	·0	·0	−·2	+·1	−·3	+·2	−·3

Month	a_2	b_2	a_2	b_2	a_2	b_2	a_2	b_2	a_2	b_2	a_2	b_2
Jan.	−·1	+·1	−·1	+·1	−·1	·0	−·1	·0	−·1	·0	−·1	−·1
Feb.	·0	+·2	−·1	+·2	−·1	+·2	−·2	+·1	−·2	+·1	−·2	·0
Mar.	+·1	+·3	·0	+·3	−·1	+·3	−·1	+·3	−·2	+·2	−·3	+·2
Apr.	+·2	+·3	+·2	+·3	+·1	+·4	·0	+·4	−·1	+·4	−·2	+·3
May	+·4	+·2	+·3	+·3	+·2	+·3	+·1	+·4	·0	+·4	−·1	+·4
June	+·4	+·1	+·4	+·2	+·3	+·2	+·2	+·3	+·2	+·4	+·1	+·4
July	+·3	−·1	+·4	·0	+·4	+·1	+·3	+·2	+·3	+·2	+·2	+·3
Aug.	+·2	−·2	+·3	−·2	+·3	−·1	+·3	·0	+·3	+·1	+·3	+·2
Sept.	·0	−·3	+·1	−·3	+·2	−·2	+·3	−·2	+·3	−·1	+·3	·0
Oct.	−·1	−·3	−·1	−·3	·0	−·3	+·1	−·3	+·2	−·3	+·3	−·2
Nov.	−·3	−·2	−·2	−·3	−·2	−·4	−·1	−·4	+·1	−·4	+·2	−·4
Dec.	−·4	−·1	−·4	−·2	−·3	−·3	−·2	−·4	−·1	−·4	·0	−·5

Latitude = Corrected observed altitude of *Polaris* + $a_0 + a_1 + a_2$
Azimuth of *Polaris* = $(b_0 + b_1 + b_2)$ sec (latitude)

POLARIS TABLE, 1986

LST	18^h		19^h		20^h		21^h		22^h		23^h	
	a_0	b_0	a_0	b_0	a_0	b_0	a_0	b_0	a_0	b_0	a_0	b_0
m	′	′	′	′	′	′	′	′	′	′	′	′
0	+27·1	+39·0	+16·1	+44·8	+ 4·0	+47·5	− 8·5	+47·0	−20·4	+43·3	−30·9	+36·6
3	26·6	39·4	15·5	45·0	3·3	47·6	9·1	46·9	20·9	43·0	31·4	36·1
6	26·1	39·7	14·9	45·2	2·7	47·6	9·7	46·8	21·5	42·7	31·8	35·7
9	25·6	40·1	14·3	45·4	2·1	47·6	10·3	46·7	22·1	42·5	32·3	35·3
12	25·1	40·4	13·7	45·6	1·5	47·7	10·9	46·5	22·6	42·2	32·8	34·9
15	+24·5	+40·7	+13·2	+45·8	+ 0·8	+47·7	−11·5	+46·4	−23·2	+41·9	−33·2	+34·4
18	24·0	41·1	12·6	45·9	+ 0·2	47·7	12·1	46·2	23·7	41·6	33·7	34·0
21	23·5	41·4	11·9	46·1	− 0·4	47·7	12·7	46·1	24·2	41·3	34·1	33·6
24	22·9	41·7	11·3	46·2	1·0	47·7	13·3	45·9	24·8	40·9	34·5	33·1
27	22·4	42·0	10·7	46·4	1·6	47·7	13·9	45·7	25·3	40·6	35·0	32·6
30	+21·8	+42·3	+10·1	+46·5	− 2·3	+47·7	−14·5	+45·5	−25·8	+40·3	−35·4	+32·2
33	21·3	42·5	9·5	46·7	2·9	47·6	15·1	45·4	26·4	39·9	35·8	31·7
36	20·7	42·8	8·9	46·8	3·5	47·6	15·7	45·2	26·9	39·6	36·2	31·2
39	20·1	43·1	8·3	46·9	4·1	47·6	16·3	45·0	27·4	39·2	36·6	30·8
42	19·6	43·4	7·7	47·0	4·8	47·5	16·9	44·7	27·9	38·9	37·0	30·3
45	+19·0	+43·6	+ 7·1	+47·1	− 5·4	+47·4	−17·5	+44·5	−28·4	+38·5	−37·4	+29·8
48	18·4	43·9	6·4	47·2	6·0	47·4	18·1	44·3	28·9	38·1	37·8	29·3
51	17·9	44·1	5·8	47·3	6·6	47·3	18·7	44·0	29·4	37·7	38·2	28·8
54	17·3	44·3	5·2	47·4	7·2	47·2	19·2	43·8	29·9	37·3	38·6	28·3
57	16·7	44·6	4·6	47·4	7·9	47·1	19·8	43·5	30·4	37·0	38·9	27·8
60	+16·1	+44·8	+ 4·0	+47·5	− 8·5	+47·0	−20·4	+43·3	−30·9	+36·6	−39·3	+27·2

Lat.	a_1	b_1	a_1	b_1	a_1	b_1	a_1	b_1	a_1	b_1	a_1	b_1
°												
0	−·3	+·3	−·4	+·2	−·4	·0	−·4	−·2	−·3	−·4	−·2	−·4
10	−·3	+·3	−·3	+·1	−·3	·0	−·3	−·2	−·2	−·3	−·1	−·3
20	−·2	+·2	−·3	+·1	−·3	·0	−·2	−·2	−·2	−·3	−·1	−·3
30	−·2	+·2	−·2	+·1	−·2	·0	−·2	−·1	−·1	−·2	−·1	−·2
40	−·1	+·1	−·1	·0	−·1	·0	−·1	−·1	−·1	−·1	−·1	−·1
45	−·1	+·1	−·1	·0	−·1	·0	−·1	·0	·0	−·1	·0	−·1
50	·0	·0	·0	·0	·0	·0	·0	·0	·0	·0	·0	·0
55	+·1	−·1	+·1	·0	+·1	·0	+·1	·0	+·1	+·1	·0	+·1
60	+·1	−·1	+·2	−·1	+·2	·0	+·2	+·1	+·1	+·2	+·1	+·2
62	+·2	−·2	+·2	−·1	+·2	·0	+·2	+·1	+·2	+·2	+·1	+·2
64	+·2	−·2	+·3	−·1	+·3	·0	+·3	+·2	+·2	+·3	+·1	+·3
66	+·3	−·3	+·3	−·1	+·3	·0	+·3	+·2	+·2	+·3	+·2	+·3

Month	a_2	b_2	a_2	b_2	a_2	b_2	a_2	b_2	a_2	b_2	a_2	b_2
Jan.	−·1	−·1	−·1	−·1	·0	−·1	·0	−·1	·0	−·1	+·1	−·1
Feb.	−·2	·0	−·2	−·1	−·2	−·1	−·1	−·2	−·1	−·2	·0	−·2
Mar.	−·3	+·1	−·3	·0	−·3	−·1	−·3	−·1	−·2	−·2	−·2	−·3
Apr.	−·3	+·2	−·3	+·2	−·4	+·1	−·4	·0	−·4	−·1	−·3	−·2
May	−·2	+·4	−·3	+·3	−·3	+·2	−·4	+·1	−·4	·0	−·4	−·1
June	−·1	+·4	−·2	+·4	−·2	+·3	−·3	+·2	−·4	+·2	−·4	+·1
July	+·1	+·3	·0	+·4	−·1	+·4	−·2	+·3	−·2	+·3	−·3	+·2
Aug.	+·2	+·2	+·2	+·3	+·1	+·3	·0	+·3	−·1	+·3	−·2	+·3
Sept.	+·3	·0	+·3	+·1	+·2	+·2	+·2	+·3	+·1	+·3	·0	+·3
Oct.	+·3	−·1	+·3	−·1	+·3	·0	+·3	+·1	+·3	+·2	+·2	+·3
Nov.	+·2	−·3	+·3	−·2	+·4	−·2	+·4	−·1	+·4	+·1	+·4	+·2
Dec.	+·1	−·4	+·2	−·4	+·3	−·3	+·4	−·2	+·4	−·1	+·5	·0

Latitude = Corrected observed altitude of *Polaris* + $a_0 + a_1 + a_2$
Azimuth of *Polaris* = $(b_0 + b_1 + b_2)$ sec (latitude)

Pole Star formulae

The formulae below provide a method for obtaining latitude from the observed altitude of one of the pole stars, *Polaris* or σ Octantis, and an assumed *east* longitude of the observer λ. In addition, the azimuth of a pole star may be calculated from an assumed *east* longitude λ and the observed altitude a, or from λ and an assumed latitude ϕ. An error of $0°\cdot 002$ in a or $0°\cdot 1$ in λ will produce an error of about $0°\cdot 002$ in the calculated latitude. Likewise an error of $0°\cdot 03$ in λ, a or ϕ will produce an error of about $0°\cdot 002$ in the calculated azimuth for latitudes below $70°$.

Step 1. Calculate the Greenwich hour angle GHA and polar distance p, in degrees, from expressions of the form:

$$\text{GHA} = a_0 + a_1 L + a_2 \sin L + a_3 \cos L + 15 t$$
$$p = a_0 + a_1 L + a_2 \sin L + a_3 \cos L$$

where
$$L = 0°\cdot 985\,65\,d$$
$$d = \text{day of year (from pages B2–B3)} + t/24$$

and where the coefficients a_0, a_1, a_2, a_3 are given in the table below, t is the universal time in hours, d is the interval in days from 1986 January 0 at 0^h UT to the time of observation, and the quantity L is in degrees. In the above formulae d is required to two decimals of a day, L to two decimals of a degree and t to three decimals of an hour.

Step 2. Calculate the local hour angle LHA from:

$$\text{LHA} = \text{GHA} + \lambda \quad \text{(add or subtract multiples of } 360°\text{)}$$

where λ is the assumed longitude measured east from the Greenwich meridian.

Form the quantities: $\qquad S = p \sin (\text{LHA}) \qquad C = p \cos (\text{LHA})$

Step 3. The latitude of the place of observation, in degrees, is given by:

$$\text{latitude} = a - C + 0\cdot 0087\, S^2 \tan a$$

where a is the observed altitude of the pole star after correction for instrument error and atmospheric refraction.

Step 4. The azimuth of the pole star, in degrees, is given by:

$$\text{azimuth of } Polaris = -S/\cos a$$
$$\text{azimuth of } \sigma \text{ Octantis} = 180° + S/\cos a$$

where azimuth is measured eastwards around the horizon from north.

In step 4, if a has not been observed, use the quantity:

$$a = \phi + C - 0\cdot 0087\, S^2 \tan \phi$$

where ϕ is an assumed latitude, taken to be positive in either hemisphere.

POLE STAR COEFFICIENTS FOR 1986

	Polaris		σ Octantis	
	GHA	p	GHA	p
	°	°	°	°
a_0	65·21	0·7984	145·40	0·9857
a_1	0·999 30	−0·0000 133	0·999 24	0·0000 102
a_2	0·34	−0·0020	0·17	0·0042
a_3	−0·18	−0·0051	0·27	−0·0033

SUN, 1986

CONTENTS OF SECTION C

Notes and formulae   PAGE
- Mean orbital elements of the Sun ... C1
- Lengths of principal years ... C1
- Apparent ecliptic coordinates of the Sun ... C2
- Time of transit of the Sun ... C2
- Equation of time ... C2
- Geocentric rectangular coordinates of the Sun ... C2
- Elements of rotation of the Sun ... C3
- Heliographic coordinates ... C3

Synodic rotation numbers ... C3
Ecliptic and equatorial coordinates of the Sun—daily ephemeris ... C4
Heliographic coordinates, horizontal parallax, semi-diameter and time of ephemeris transit—daily ephemeris ... C5
Geocentric rectangular coordinates of the Sun—daily ephemeris ... C20
Low-precision formulae for the Sun's coordinates and the equation of time ... C24

See also
Phenomena ... A1
Sunrise, sunset and twilight ... A12
Solar eclipses ... A79
Position and velocity of the Earth with respect to the solar system barycentre ... B42

NOTES AND FORMULAE

Mean orbital elements of the Sun

Mean orbital elements of the Sun are given by the following expressions; the angular elements are referred to the mean equinox and ecliptic of date. The time argument (d) is the interval in days from 1986 January 0 at 0^h TDT. These expressions are intended for use during 1986 only.

$d = $ JD $- 244\,6430 \cdot 5 = $ day of year (from B2–B3) + fraction of day from 0^h TDT.
Geometric mean longitude: $L = 279° \cdot 372\,656 + 0° \cdot 985\,647\,36\,d$
Mean longitude of perigee: $\Gamma = 282° \cdot 697\,584 + 0° \cdot 000\,047\,07\,d$
Mean anomaly: $g = 356° \cdot 675\,072 + 0° \cdot 985\,600\,28\,d$
Eccentricity: $e = 0 \cdot 016\,715\,00 - 0 \cdot 000\,000\,0012\,d$
Obliquity of the ecliptic with respect to the mean equator of date
$\varepsilon = 23° \cdot 441\,112 - 0° \cdot 000\,000\,36\,d$

The position of the ecliptic of date with respect to the ecliptic of the standard epoch is given by the formulae on page B18.

Accurate osculating elements of the Earth/Moon barycentre are given on pages E3 and E4.

Lengths of principal years

The lengths of the principal years at 1986·0 as derived from the Sun's mean motion are:

		d	d	h	m	s
tropical year	(equinox to equinox)	365·242 191	365	05	48	45·3
sidereal year	(fixed star to fixed star)	365·256 363	365	06	09	09·8
anomalistic year	(perigee to perigee)	365·259 635	365	06	13	52·5
eclipse year	(node to node)	346·620 071	346	14	52	54·1

NOTES AND FORMULAE

Apparent ecliptic coordinates of the Sun

The apparent longitude may be computed from the geometric longitude tabulated on pages C4–C18 using:

apparent longitude = tabulated longitude + nutation in longitude $(\Delta\psi) - 20''\!\cdot\!496/R$

where $\Delta\psi$ is tabulated on pages B24–B31 and R is the true distance; the tabulated longitude is the geometric longitude with respect to the mean equinox of date. The apparent latitude is equal to the geometric latitude to the precision of tabulation.

Time of transit of the Sun

The quantity tabulated as "Ephemeris Transit" on pages C5–C19 is the TDT of transit of the Sun over the ephemeris meridian, which is at the longitude $1\!\cdot\!002\,738\,\Delta T$ east of the prime (Greenwich) meridian; in this expression ΔT is the difference TDT − UT. The TDT of transit of the Sun over a local meridian is obtained by interpolation where the first differences are about 24 hours. The interpolation factor p is given by:

$$p = -\lambda + 1\!\cdot\!002\,738\,\Delta T$$

where λ is the *east* longitude and the right-hand side is expressed in days. (Divide longitude in degrees by 360 and ΔT in seconds by 86 400.) During 1986 it is expected that ΔT will be about 56 seconds, so that the second term is about $+0\!\cdot\!000\,65$ days.

The UT of transit is obtained by subtracting ΔT from the TDT of transit obtained by interpolation.

Equation of time

The equation of time is defined so that:

local mean solar time = local apparent solar time − equation of time.

To obtain the equation of time to a precision of about 1 second it is sufficient to use:

equation of time at 12^h UT = 12^h − tabulated value of TDT of ephemeris transit.

Alternatively it may be calculated for any instant during 1986 in seconds of time to a precision of about 3 seconds directly from the expression:

$$\text{equation of time} = -105\!\cdot\!4 \sin L + 596\!\cdot\!2 \sin 2L + 4\!\cdot\!3 \sin 3L - 12\!\cdot\!7 \sin 4L$$
$$-429\!\cdot\!2 \cos L - 2\!\cdot\!1 \cos 2L + 19\!\cdot\!3 \cos 3L$$

where L is the mean longitude of the Sun, given by:

$$L = 279°\!\cdot\!367 + 0°\!\cdot\!985\,647\,d$$

and where d is the interval in days from 1986 January 0 at 0^h UT, given by:

$$d = \text{day of year (from B2–B3)} + \text{fraction of day from } 0^h \text{ UT}$$

Geocentric rectangular coordinates of the Sun

The geocentric equatorial rectangular coordinates of the Sun are given, in au, on pages C20–C23 and are referred to the mean equator and equinox of J2000·0. The x-axis is directed towards the equinox, the y-axis towards the point on the equator at right ascension 6^h, and the z-axis towards the north pole of the equator.

These geocentric rectangular coordinates (x, y, z) may be used to convert an object's heliocentric rectangular coordinates (x_0, y_0, z_0) to the corresponding geometric geocentric rectangular coordinates (ξ_0, η_0, ζ_0) by means of the formulae:

$$\xi_0 = x_0 + x \qquad \eta_0 = y_0 + y \qquad \zeta_0 = z_0 + z$$

See pages B36–B39 for a rigorous method of forming an apparent place of an object in the solar system.

SUN, 1986

NOTES AND FORMULAE

Elements of the rotation of the Sun

The mean elements of the rotation of the Sun during 1986 are given by:
Longitude of the ascending node of the solar equator:
  on the ecliptic of date, 75°·57   on the mean equator of date, 16°·10
Inclination of the solar equator:
  on the ecliptic of date, 7°·25   on the mean equator of date, 26°·15
The mean position of the pole of the solar equator is at:
  right ascension, 286°·10   declination, 63°·85
Sidereal period of rotation of the prime meridian is 25·38 days.
Mean synodic period of rotation of the prime meridian is 27·2753 days.

During 1986 the prime meridian first passes through the ascending node of the solar equator on the ecliptic on 1986 January $11^d 12^h$, and first coincides with the central meridian on 1986 January $14^d 4^h$.

Heliographic coordinates

The values of P (position angle of the northern extremity of the axis of rotation, measured eastwards from the north point of the disk), B_0 and L_0 (the heliographic latitude and longitude of the central point of the disk) are for 0^h UT; they may be interpolated linearly. The H.P. and semi-diameter are given for 0^h TDT, but may be regarded as being for 0^h UT.

If ρ_1, θ are the observed angular distance and position angle of a sunspot from the centre of the disk of the Sun as seen from the Earth, and ρ is the heliocentric angular distance of the spot on the solar surface from the centre of the Sun's disk, then

$$\sin(\rho + \rho_1) = \rho_1 / S$$

where S is the semi-diameter of the Sun. The position angle is measured from the north point of the disk towards the east.

The formulae for the computation of the heliographic coordinates (L, B) of a sunspot (or other feature on the surface of the Sun) from (ρ, θ) are as follows:

$$\sin B = \sin B_0 \cos \rho + \cos B_0 \sin \rho \cos (P - \theta)$$
$$\cos B \sin (L - L_0) = \sin \rho \sin (P - \theta)$$
$$\cos B \cos (L - L_0) = \cos \rho \cos B_0 - \sin B_0 \sin \rho \cos (P - \theta)$$

where L is measured positive to the north of the solar equator and B is measured from 0° to 360° in the direction of rotation of the Sun, i.e. westwards on the apparent disk as seen from the Earth.

SYNODIC ROTATION NUMBERS, 1986

Number	Date of Commencement	Number	Date of Commencement	Number	Date of Commencement
1770	1985 Dec. 17·84	1775	1986 May 3·40	1780	1986 Sept. 16·51
1771	1986 Jan. 14·17	1776	May 30·62	1781	Oct. 13·79
1772	Feb. 10·51	1777	June 26·82	1782	Nov. 10·08
1773	Mar. 9·85	1778	July 24·02	1783	1986 Dec. 7·40
1774	Apr. 6·15	1779	Aug. 20·25	1784	1987 Jan. 3·73

At the date of commencement of each synodic rotation period the value of L_0 is zero; that is, the prime meridian passes through the central point of the disk.

SUN, 1986
FOR 0ʰ DYNAMICAL TIME

Date		Julian Date	Ecliptic Long. for Mean Equinox of Date	Ecliptic Lat.	Apparent Right Ascension	Apparent Declination	True Geocentric Distance
		244	° ′ ″	″	h m s	° ′ ″	
Jan.	0	6430.5	279 15 17.39	+0.61	18 40 14.89	−23 07 13.5	0.983 2929
	1	6431.5	280 16 25.81	+0.55	18 44 40.02	23 02 44.8	.983 2829
	2	6432.5	281 17 34.56	+0.47	18 49 04.87	22 57 48.5	.983 2789
	3	6433.5	282 18 43.65	+0.37	18 53 29.40	22 52 24.7	.983 2805
	4	6434.5	283 19 53.06	+0.24	18 57 53.59	22 46 33.6	.983 2875
	5	6435.5	284 21 02.76	+0.11	19 02 17.41	−22 40 15.3	0.983 2996
	6	6436.5	285 22 12.72	−0.03	19 06 40.83	22 33 30.0	.983 3164
	7	6437.5	286 23 22.87	−0.17	19 11 03.83	22 26 17.8	.983 3376
	8	6438.5	287 24 33.13	−0.29	19 15 26.37	22 18 39.1	.983 3629
	9	6439.5	288 25 43.41	−0.39	19 19 48.42	22 10 34.0	.983 3920
	10	6440.5	289 26 53.60	−0.47	19 24 09.96	−22 02 02.8	0.983 4247
	11	6441.5	290 28 03.57	−0.51	19 28 30.94	21 53 05.8	.983 4609
	12	6442.5	291 29 13.22	−0.52	19 32 51.33	21 43 43.1	.983 5007
	13	6443.5	292 30 22.44	−0.50	19 37 11.11	21 33 55.1	.983 5442
	14	6444.5	293 31 31.12	−0.46	19 41 30.25	21 23 42.1	.983 5916
	15	6445.5	294 32 39.19	−0.38	19 45 48.72	−21 13 04.3	0.983 6430
	16	6446.5	295 33 46.59	−0.28	19 50 06.52	21 02 02.1	.983 6987
	17	6447.5	296 34 53.24	−0.17	19 54 23.62	20 50 35.8	.983 7589
	18	6448.5	297 35 59.12	−0.05	19 58 40.00	20 38 45.6	.983 8238
	19	6449.5	298 37 04.17	+0.07	20 02 55.65	20 26 32.1	.983 8937
	20	6450.5	299 38 08.38	+0.19	20 07 10.56	−20 13 55.4	0.983 9688
	21	6451.5	300 39 11.72	+0.31	20 11 24.71	20 00 56.0	.984 0492
	22	6452.5	301 40 14.18	+0.41	20 15 38.09	19 47 34.2	.984 1352
	23	6453.5	302 41 15.76	+0.49	20 19 50.70	19 33 50.4	.984 2269
	24	6454.5	303 42 16.45	+0.55	20 24 02.52	19 19 44.9	.984 3244
	25	6455.5	304 43 16.26	+0.58	20 28 13.56	−19 05 18.1	0.984 4279
	26	6456.5	305 44 15.21	+0.59	20 32 23.79	18 50 30.4	.984 5374
	27	6457.5	306 45 13.33	+0.56	20 36 33.22	18 35 22.2	.984 6529
	28	6458.5	307 46 10.64	+0.51	20 40 41.85	18 19 53.7	.984 7744
	29	6459.5	308 47 07.16	+0.43	20 44 49.67	18 04 05.4	.984 9018
	30	6460.5	309 48 02.93	+0.33	20 48 56.69	−17 47 57.7	0.985 0350
	31	6461.5	310 48 57.95	+0.20	20 53 02.91	17 31 30.8	.985 1736
Feb.	1	6462.5	311 49 52.25	+0.07	20 57 08.33	17 14 45.2	.985 3175
	2	6463.5	312 50 45.82	−0.07	21 01 12.96	16 57 41.2	.985 4662
	3	6464.5	313 51 38.64	−0.20	21 05 16.79	16 40 19.2	.985 6194
	4	6465.5	314 52 30.67	−0.32	21 09 19.83	−16 22 39.7	0.985 7767
	5	6466.5	315 53 21.87	−0.42	21 13 22.09	16 04 43.1	.985 9376
	6	6467.5	316 54 12.17	−0.50	21 17 23.55	15 46 29.7	.986 1020
	7	6468.5	317 55 01.47	−0.55	21 21 24.21	15 27 60.0	.986 2694
	8	6469.5	318 55 49.69	−0.56	21 25 24.08	15 09 14.5	.986 4396
	9	6470.5	319 56 36.72	−0.55	21 29 23.16	−14 50 13.5	0.986 6125
	10	6471.5	320 57 22.47	−0.50	21 33 21.44	14 30 57.6	.986 7880
	11	6472.5	321 58 06.84	−0.43	21 37 18.94	14 11 27.1	.986 9661
	12	6473.5	322 58 49.75	−0.34	21 41 15.65	13 51 42.4	.987 1470
	13	6474.5	323 59 31.11	−0.22	21 45 11.59	13 31 44.1	.987 3306

SUN, 1986

FOR 0ʰ DYNAMICAL TIME

Date		Position Angle of Axis P	Heliographic		H. P.	Semi-Diameter	Ephemeris Transit
			Latitude B_0	Longitude L_0			
		°	°	°	"	′ "	h m s
Jan.	0	+ 2.58	− 2.83	186.77	8.94	16 17.51	12 03 01.72
	1	2.09	2.94	173.60	8.94	16 17.52	12 03 30.17
	2	1.61	3.06	160.43	8.94	16 17.53	12 03 58.31
	3	1.13	3.17	147.26	8.94	16 17.52	12 04 26.13
	4	0.64	3.28	134.09	8.94	16 17.52	12 04 53.59
	5	+ 0.16	− 3.40	120.92	8.94	16 17.50	12 05 20.67
	6	− 0.33	3.51	107.75	8.94	16 17.49	12 05 47.34
	7	0.81	3.62	94.58	8.94	16 17.47	12 06 13.56
	8	1.29	3.73	81.41	8.94	16 17.44	12 06 39.30
	9	1.77	3.83	68.24	8.94	16 17.41	12 07 04.53
	10	− 2.25	− 3.94	55.08	8.94	16 17.38	12 07 29.23
	11	2.73	4.05	41.91	8.94	16 17.34	12 07 53.36
	12	3.20	4.15	28.74	8.94	16 17.30	12 08 16.88
	13	3.68	4.25	15.57	8.94	16 17.26	12 08 39.79
	14	4.15	4.35	2.40	8.94	16 17.21	12 09 02.05
	15	− 4.62	− 4.45	349.24	8.94	16 17.16	12 09 23.64
	16	5.08	4.55	336.07	8.94	16 17.11	12 09 44.53
	17	5.55	4.65	322.90	8.94	16 17.05	12 10 04.72
	18	6.01	4.75	309.74	8.94	16 16.98	12 10 24.19
	19	6.47	4.84	296.57	8.94	16 16.91	12 10 42.91
	20	− 6.92	− 4.93	283.40	8.94	16 16.84	12 11 00.89
	21	7.38	5.02	270.23	8.94	16 16.76	12 11 18.10
	22	7.83	5.11	257.07	8.94	16 16.67	12 11 34.53
	23	8.27	5.20	243.90	8.94	16 16.58	12 11 50.18
	24	8.71	5.29	230.73	8.93	16 16.49	12 12 05.04
	25	− 9.15	− 5.37	217.57	8.93	16 16.38	12 12 19.10
	26	9.59	5.45	204.40	8.93	16 16.28	12 12 32.37
	27	10.02	5.54	191.23	8.93	16 16.16	12 12 44.84
	28	10.45	5.61	178.07	8.93	16 16.04	12 12 56.50
	29	10.87	5.69	164.90	8.93	16 15.91	12 13 07.36
	30	− 11.29	− 5.77	151.73	8.93	16 15.78	12 13 17.43
	31	11.70	5.84	138.57	8.93	16 15.65	12 13 26.69
Feb.	1	12.11	5.91	125.40	8.93	16 15.50	12 13 35.16
	2	12.52	5.98	112.23	8.92	16 15.36	12 13 42.83
	3	12.92	6.05	99.07	8.92	16 15.20	12 13 49.70
	4	− 13.31	− 6.12	85.90	8.92	16 15.05	12 13 55.78
	5	13.70	6.18	72.73	8.92	16 14.89	12 14 01.07
	6	14.09	6.25	59.57	8.92	16 14.73	12 14 05.56
	7	14.47	6.31	46.40	8.92	16 14.56	12 14 09.25
	8	14.85	6.36	33.23	8.92	16 14.39	12 14 12.16
	9	− 15.22	− 6.42	20.07	8.91	16 14.22	12 14 14.27
	10	15.58	6.48	6.90	8.91	16 14.05	12 14 15.60
	11	15.95	6.53	353.73	8.91	16 13.87	12 14 16.14
	12	16.30	6.58	340.57	8.91	16 13.70	12 14 15.91
	13	16.65	6.63	327.40	8.91	16 13.51	12 14 14.91
	14	− 16.99	− 6.67	314.23	8.91	16 13.33	12 14 13.14
	15	− 17.33	− 6.72	301.06	8.90	16 13.14	12 14 10.63

SUN, 1986
FOR 0ʰ DYNAMICAL TIME

Date	Julian Date	Ecliptic Long. for Mean Equinox of Date	Ecliptic Lat.	Apparent Right Ascension	Apparent Declination	True Geocentric Distance
	244	° ′ ″	″	h m s	° ′ ″	
Feb. 15	6476.5	326 00 48.97	+0.02	21 53 01.17	−12 51 08.1	0.987 7069
16	6477.5	327 01 25.36	+0.14	21 56 54.84	12 30 31.3	.987 8998
17	6478.5	328 02 00.01	+0.26	22 00 47.78	12 09 42.6	.988 0963
18	6479.5	329 02 32.89	+0.36	22 04 40.00	11 48 42.2	.988 2963
19	6480.5	330 03 03.98	+0.45	22 08 31.51	11 27 30.8	.988 5001
20	6481.5	331 03 33.28	+0.51	22 12 22.33	−11 06 08.7	0.988 7078
21	6482.5	332 04 00.77	+0.55	22 16 12.47	10 44 36.3	.988 9196
22	6483.5	333 04 26.47	+0.55	22 20 01.95	10 22 54.1	.989 1356
23	6484.5	334 04 50.39	+0.53	22 23 50.78	10 01 02.3	.989 3561
24	6485.5	335 05 12.56	+0.48	22 27 38.98	9 39 01.5	.989 5809
25	6486.5	336 05 33.02	+0.40	22 31 26.58	− 9 16 52.1	0.989 8102
26	6487.5	337 05 51.82	+0.30	22 35 13.59	8 54 34.2	.990 0440
27	6488.5	338 06 09.01	+0.18	22 39 00.03	8 32 08.4	.990 2822
28	6489.5	339 06 24.63	+0.04	22 42 45.93	8 09 35.0	.990 5245
Mar. 1	6490.5	340 06 38.72	−0.10	22 46 31.32	7 46 54.4	.990 7707
2	6491.5	341 06 51.31	−0.23	22 50 16.20	− 7 24 06.8	0.991 0205
3	6492.5	342 07 02.42	−0.36	22 54 00.61	7 01 12.8	.991 2734
4	6493.5	343 07 12.05	−0.46	22 57 44.57	6 38 12.7	.991 5290
5	6494.5	344 07 20.17	−0.54	23 01 28.08	6 15 06.8	.991 7870
6	6495.5	345 07 26.75	−0.60	23 05 11.16	5 51 55.6	.992 0469
7	6496.5	346 07 31.74	−0.62	23 08 53.84	− 5 28 39.5	0.992 3084
8	6497.5	347 07 35.07	−0.60	23 12 36.12	5 05 19.0	.992 5710
9	6498.5	348 07 36.68	−0.56	23 16 18.02	4 41 54.3	.992 8347
10	6499.5	349 07 36.50	−0.49	23 19 59.56	4 18 26.0	.993 0991
11	6500.5	350 07 34.43	−0.40	23 23 40.75	3 54 54.3	.993 3641
12	6501.5	351 07 30.42	−0.29	23 27 21.61	− 3 31 19.8	0.993 6298
13	6502.5	352 07 24.40	−0.16	23 31 02.16	3 07 42.8	.993 8960
14	6503.5	353 07 16.30	−0.03	23 34 42.42	2 44 03.8	.994 1629
15	6504.5	354 07 06.07	+0.09	23 38 22.41	2 20 23.0	.994 4305
16	6505.5	355 06 53.67	+0.21	23 42 02.14	1 56 40.9	.994 6988
17	6506.5	356 06 39.06	+0.32	23 45 41.64	− 1 32 57.9	0.994 9681
18	6507.5	357 06 22.21	+0.41	23 49 20.92	1 09 14.4	.995 2384
19	6508.5	358 06 03.10	+0.48	23 53 00.00	0 45 30.8	.995 5099
20	6509.5	359 05 41.73	+0.53	23 56 38.91	− 0 21 47.4	.995 7827
21	6510.5	0 05 18.08	+0.54	0 00 17.66	+ 0 01 55.5	.996 0570
22	6511.5	1 04 52.17	+0.53	0 03 56.27	+ 0 25 37.3	0.996 3330
23	6512.5	2 04 24.01	+0.49	0 07 34.76	0 49 17.8	.996 6108
24	6513.5	3 03 53.63	+0.42	0 11 13.16	1 12 56.7	.996 8905
25	6514.5	4 03 21.07	+0.32	0 14 51.49	1 36 33.5	.997 1724
26	6515.5	5 02 46.40	+0.20	0 18 29.77	2 00 08.0	.997 4565
27	6516.5	6 02 09.68	+0.06	0 22 08.03	+ 2 23 39.9	0.997 7428
28	6517.5	7 01 30.98	−0.08	0 25 46.29	2 47 08.8	.998 0311
29	6518.5	8 00 50.38	−0.22	0 29 24.59	3 10 34.5	.998 3214
30	6519.5	9 00 07.94	−0.35	0 33 02.95	3 33 56.6	.998 6133
31	6520.5	9 59 23.72	−0.47	0 36 41.38	3 57 14.8	.998 9065
Apr. 1	6521.5	10 58 37.75	−0.55	0 40 19.91	+ 4 20 28.8	0.999 2005
2	6522.5	11 57 50.05	−0.61	0 43 58.56	+ 4 43 38.1	0.999 4950

SUN, 1986
FOR 0ʰ DYNAMICAL TIME

Date		Position Angle of Axis P	Heliographic		H. P.	Semi-Diameter	Ephemeris Transit
			Latitude B_0	Longitude L_0			
		°	°	°	"	′ "	h m s
Feb.	15	−17.33	−6.72	301.06	8.90	16 13.14	12 14 10.63
	16	17.67	6.76	287.89	8.90	16 12.95	12 14 07.37
	17	17.99	6.80	274.73	8.90	16 12.76	12 14 03.38
	18	18.31	6.84	261.56	8.90	16 12.56	12 13 58.68
	19	18.63	6.87	248.39	8.90	16 12.36	12 13 53.28
	20	−18.94	−6.91	235.22	8.89	16 12.16	12 13 47.19
	21	19.24	6.94	222.05	8.89	16 11.95	12 13 40.43
	22	19.54	6.97	208.88	8.89	16 11.74	12 13 33.02
	23	19.83	6.99	195.71	8.89	16 11.52	12 13 24.97
	24	20.12	7.02	182.54	8.89	16 11.30	12 13 16.31
	25	−20.40	−7.04	169.37	8.88	16 11.08	12 13 07.05
	26	20.67	7.06	156.19	8.88	16 10.85	12 12 57.23
	27	20.94	7.08	143.02	8.88	16 10.61	12 12 46.85
	28	21.20	7.10	129.85	8.88	16 10.37	12 12 35.93
Mar.	1	21.46	7.11	116.68	8.88	16 10.13	12 12 24.51
	2	−21.71	−7.12	103.50	8.87	16 09.89	12 12 12.61
	3	21.95	7.13	90.33	8.87	16 09.64	12 12 00.22
	4	22.19	7.14	77.16	8.87	16 09.39	12 11 47.39
	5	22.42	7.14	63.98	8.87	16 09.14	12 11 34.13
	6	22.64	7.15	50.81	8.86	16 08.89	12 11 20.44
	7	−22.86	−7.15	37.63	8.86	16 08.63	12 11 06.36
	8	23.07	7.14	24.46	8.86	16 08.37	12 10 51.89
	9	23.27	7.14	11.28	8.86	16 08.12	12 10 37.05
	10	23.47	7.13	358.10	8.86	16 07.86	12 10 21.86
	11	23.66	7.13	344.93	8.85	16 07.60	12 10 06.34
	12	−23.85	−7.12	331.75	8.85	16 07.34	12 09 50.50
	13	24.02	7.10	318.57	8.85	16 07.08	12 09 34.36
	14	24.19	7.09	305.39	8.85	16 06.82	12 09 17.93
	15	24.36	7.07	292.21	8.84	16 06.56	12 09 01.24
	16	24.52	7.05	279.03	8.84	16 06.30	12 08 44.30
	17	−24.67	−7.03	265.85	8.84	16 06.04	12 08 27.13
	18	24.81	7.01	252.67	8.84	16 05.78	12 08 09.76
	19	24.95	6.98	239.48	8.83	16 05.52	12 07 52.20
	20	25.08	6.96	226.30	8.83	16 05.25	12 07 34.47
	21	25.20	6.93	213.12	8.83	16 04.98	12 07 16.59
	22	−25.32	−6.90	199.93	8.83	16 04.72	12 06 58.58
	23	25.43	6.86	186.75	8.82	16 04.45	12 06 40.47
	24	25.53	6.83	173.56	8.82	16 04.18	12 06 22.29
	25	25.63	6.79	160.37	8.82	16 03.91	12 06 04.04
	26	25.72	6.75	147.18	8.82	16 03.63	12 05 45.77
	27	−25.80	−6.71	134.00	8.81	16 03.35	12 05 27.48
	28	25.87	6.66	120.81	8.81	16 03.08	12 05 09.22
	29	25.94	6.62	107.62	8.81	16 02.80	12 04 50.99
	30	26.00	6.57	94.43	8.81	16 02.51	12 04 32.83
	31	26.05	6.52	81.23	8.80	16 02.23	12 04 14.75
Apr.	1	−26.10	−6.47	68.04	8.80	16 01.95	12 03 56.78
	2	−26.14	−6.42	54.85	8.80	16 01.67	12 03 38.94

SUN, 1986
FOR 0ʰ DYNAMICAL TIME

Date	Julian Date	Ecliptic Long. for Mean Equinox of Date	Ecliptic Lat.	Apparent Right Ascension	Apparent Declination	True Geocentric Distance
	244	° ′ ″	″	h m s	° ′ ″	
Apr. 1	6521.5	10 58 37.75	−0.55	0 40 19.91	+ 4 20 28.8	0.999 2005
2	6522.5	11 57 50.05	−0.61	0 43 58.56	4 43 38.1	.999 4950
3	6523.5	12 57 00.60	−0.64	0 47 37.34	5 06 42.6	0.999 7894
4	6524.5	13 56 09.41	−0.63	0 51 16.27	5 29 41.8	1.000 0835
5	6525.5	14 55 16.44	−0.59	0 54 55.37	5 52 35.2	.000 3768
6	6526.5	15 54 21.66	−0.53	0 58 34.65	+ 6 15 22.7	1.000 6689
7	6527.5	16 53 25.01	−0.44	1 02 14.13	6 38 03.7	.000 9598
8	6528.5	17 52 26.45	−0.33	1 05 53.82	7 00 38.0	.001 2491
9	6529.5	18 51 25.93	−0.21	1 09 33.75	7 23 05.2	.001 5366
10	6530.5	19 50 23.41	−0.08	1 13 13.93	7 45 24.8	.001 8224
11	6531.5	20 49 18.82	+0.05	1 16 54.37	+ 8 07 36.7	1.002 1062
12	6532.5	21 48 12.14	+0.18	1 20 35.09	8 29 40.3	.002 3882
13	6533.5	22 47 03.32	+0.29	1 24 16.10	8 51 35.3	.002 6684
14	6534.5	23 45 52.34	+0.39	1 27 57.41	9 13 21.4	.002 9467
15	6535.5	24 44 39.16	+0.47	1 31 39.05	9 34 58.3	.003 2233
16	6536.5	25 43 23.77	+0.53	1 35 21.01	+ 9 56 25.5	1.003 4984
17	6537.5	26 42 06.15	+0.55	1 39 03.32	10 17 42.7	.003 7720
18	6538.5	27 40 46.31	+0.55	1 42 45.98	10 38 49.6	.004 0442
19	6539.5	28 39 24.25	+0.52	1 46 29.02	10 59 45.9	.004 3154
20	6540.5	29 37 59.97	+0.46	1 50 12.43	11 20 31.1	.004 5856
21	6541.5	30 36 33.52	+0.37	1 53 56.25	+11 41 05.0	1.004 8550
22	6542.5	31 35 04.92	+0.26	1 57 40.48	12 01 27.3	.005 1240
23	6543.5	32 33 34.24	+0.13	2 01 25.14	12 21 37.6	.005 3926
24	6544.5	33 32 01.55	−0.01	2 05 10.25	12 41 35.6	.005 6610
25	6545.5	34 30 26.94	−0.16	2 08 55.82	13 01 21.2	.005 9292
26	6546.5	35 28 50.51	−0.29	2 12 41.88	+13 20 53.9	1.006 1972
27	6547.5	36 27 12.35	−0.41	2 16 28.44	13 40 13.6	.006 4648
28	6548.5	37 25 32.55	−0.51	2 20 15.51	13 59 19.8	.006 7318
29	6549.5	38 23 51.17	−0.58	2 24 03.11	14 18 12.4	.006 9978
30	6550.5	39 22 08.27	−0.61	2 27 51.24	14 36 51.0	.007 2623
May 1	6551.5	40 20 23.90	−0.61	2 31 39.91	+14 55 15.2	1.007 5251
2	6552.5	41 18 38.05	−0.59	2 35 29.12	15 13 24.8	.007 7856
3	6553.5	42 16 50.74	−0.53	2 39 18.89	15 31 19.4	.008 0435
4	6554.5	43 15 01.96	−0.44	2 43 09.22	15 48 58.6	.008 2985
5	6555.5	44 13 11.70	−0.34	2 47 00.12	16 06 22.2	.008 5502
6	6556.5	45 11 19.92	−0.22	2 50 51.59	+16 23 29.8	1.008 7984
7	6557.5	46 09 26.61	−0.09	2 54 43.63	16 40 21.0	.009 0429
8	6558.5	47 07 31.74	+0.04	2 58 36.25	16 56 55.7	.009 2835
9	6559.5	48 05 35.27	+0.17	3 02 29.44	17 13 13.4	.009 5202
10	6560.5	49 03 37.17	+0.28	3 06 23.20	17 29 13.8	.009 7528
11	6561.5	50 01 37.43	+0.39	3 10 17.54	+17 44 56.7	1.009 9813
12	6562.5	50 59 36.01	+0.47	3 14 12.45	18 00 21.7	.010 2057
13	6563.5	51 57 32.90	+0.53	3 18 07.92	18 15 28.4	.010 4260
14	6564.5	52 55 28.06	+0.57	3 22 03.95	18 30 16.7	.010 6424
15	6565.5	53 53 21.51	+0.58	3 26 00.54	18 44 46.2	.010 8550
16	6566.5	54 51 13.21	+0.56	3 29 57.68	+18 58 56.7	1.011 0638
17	6567.5	55 49 03.19	+0.51	3 33 55.36	+19 12 47.7	1.011 2691

SUN, 1986

FOR 0ʰ DYNAMICAL TIME

Date		Position Angle of Axis P	Heliographic		H. P.	Semi-Diameter	Ephemeris Transit
			Latitude B_0	Longitude L_0			
		°	°	°	″	′ ″	h m s
Apr.	1	−26.10	−6.47	68.04	8.80	16 01.95	12 03 56.78
	2	26.14	6.42	54.85	8.80	16 01.67	12 03 38.94
	3	26.17	6.36	41.66	8.80	16 01.38	12 03 21.23
	4	26.20	6.30	28.46	8.79	16 01.10	12 03 03.69
	5	26.21	6.25	15.27	8.79	16 00.82	12 02 46.33
	6	−26.22	−6.18	2.07	8.79	16 00.54	12 02 29.16
	7	26.23	6.12	348.87	8.79	16 00.26	12 02 12.21
	8	26.22	6.06	335.68	8.78	15 59.98	12 01 55.47
	9	26.21	5.99	322.48	8.78	15 59.71	12 01 38.98
	10	26.19	5.92	309.28	8.78	15 59.43	12 01 22.75
	11	−26.17	−5.86	296.08	8.78	15 59.16	12 01 06.78
	12	26.13	5.78	282.88	8.77	15 58.89	12 00 51.09
	13	26.09	5.71	269.68	8.77	15 58.62	12 00 35.70
	14	26.05	5.64	256.48	8.77	15 58.36	12 00 20.61
	15	25.99	5.56	243.27	8.77	15 58.09	12 00 05.85
	16	−25.93	−5.48	230.07	8.76	15 57.83	11 59 51.43
	17	25.86	5.40	216.87	8.76	15 57.57	11 59 37.35
	18	25.78	5.32	203.66	8.76	15 57.31	11 59 23.65
	19	25.70	5.24	190.45	8.76	15 57.05	11 59 10.32
	20	25.61	5.16	177.25	8.75	15 56.79	11 58 57.38
	21	−25.51	−5.07	164.04	8.75	15 56.54	11 58 44.85
	22	25.40	4.99	150.83	8.75	15 56.28	11 58 32.75
	23	25.29	4.90	137.62	8.75	15 56.02	11 58 21.08
	24	25.16	4.81	124.41	8.74	15 55.77	11 58 09.87
	25	25.04	4.72	111.20	8.74	15 55.51	11 57 59.14
	26	−24.90	−4.63	97.98	8.74	15 55.26	11 57 48.89
	27	24.76	4.53	84.77	8.74	15 55.01	11 57 39.14
	28	24.61	4.44	71.56	8.74	15 54.75	11 57 29.91
	29	24.45	4.34	58.34	8.73	15 54.50	11 57 21.21
	30	24.29	4.25	45.13	8.73	15 54.25	11 57 13.04
May	1	−24.11	−4.15	31.91	8.73	15 54.00	11 57 05.42
	2	23.93	4.05	18.69	8.73	15 53.75	11 56 58.36
	3	23.75	3.95	5.48	8.72	15 53.51	11 56 51.85
	4	23.55	3.85	352.26	8.72	15 53.27	11 56 45.92
	5	23.35	3.75	339.04	8.72	15 53.03	11 56 40.55
	6	−23.15	−3.64	325.82	8.72	15 52.80	11 56 35.75
	7	22.93	3.54	312.60	8.72	15 52.57	11 56 31.53
	8	22.71	3.43	299.38	8.71	15 52.34	11 56 27.88
	9	22.48	3.33	286.16	8.71	15 52.12	11 56 24.80
	10	22.25	3.22	272.94	8.71	15 51.90	11 56 22.30
	11	−22.00	−3.11	259.72	8.71	15 51.68	11 56 20.36
	12	21.75	3.00	246.49	8.71	15 51.47	11 56 18.99
	13	21.50	2.90	233.27	8.70	15 51.26	11 56 18.17
	14	21.24	2.78	220.05	8.70	15 51.06	11 56 17.92
	15	20.97	2.67	206.82	8.70	15 50.86	11 56 18.22
	16	−20.69	−2.56	193.60	8.70	15 50.66	11 56 19.07
	17	−20.41	−2.45	180.37	8.70	15 50.47	11 56 20.47

SUN, 1986
FOR 0ʰ DYNAMICAL TIME

Date	Julian Date	Ecliptic Long. for Mean Equinox of Date	Ecliptic Lat.	Apparent Right Ascension	Apparent Declination	True Geocentric Distance
	244	° ′ ″	″	h m s	° ′ ″	
May 17	6567.5	55 49 03.19	+0.51	3 33 55.36	+19 12 47.7	1.011 2691
18	6568.5	56 46 51.44	+0.43	3 37 53.58	19 26 19.1	.011 4711
19	6569.5	57 44 37.99	+0.33	3 41 52.34	19 39 30.7	.011 6700
20	6570.5	58 42 22.87	+0.21	3 45 51.63	19 52 22.0	.011 8660
21	6571.5	59 40 06.13	+0.08	3 49 51.44	20 04 53.0	.012 0594
22	6572.5	60 37 47.83	−0.06	3 53 51.79	+20 17 03.3	1.012 2505
23	6573.5	61 35 28.07	−0.20	3 57 52.65	20 28 52.8	.012 4394
24	6574.5	62 33 06.94	−0.32	4 01 54.04	20 40 21.2	.012 6263
25	6575.5	63 30 44.56	−0.42	4 05 55.94	20 51 28.4	.012 8111
26	6576.5	64 28 21.03	−0.50	4 09 58.35	21 02 14.2	.012 9938
27	6577.5	65 25 56.45	−0.55	4 14 01.26	+21 12 38.3	1.013 1740
28	6578.5	66 23 30.91	−0.56	4 18 04.66	21 22 40.6	.013 3516
29	6579.5	67 21 04.48	−0.54	4 22 08.54	21 32 20.7	.013 5260
30	6580.5	68 18 37.20	−0.48	4 26 12.88	21 41 38.5	.013 6969
31	6581.5	69 16 09.10	−0.41	4 30 17.68	21 50 33.8	.013 8641
June 1	6582.5	70 13 40.21	−0.31	4 34 22.92	+21 59 06.3	1.014 0271
2	6583.5	71 11 10.54	−0.19	4 38 28.58	22 07 15.9	.014 1856
3	6584.5	72 08 40.08	−0.07	4 42 34.65	22 15 02.4	.014 3393
4	6585.5	73 06 08.82	+0.06	4 46 41.11	22 22 25.6	.014 4881
5	6586.5	74 03 36.77	+0.18	4 50 47.94	22 29 25.4	.014 6317
6	6587.5	75 01 03.90	+0.30	4 54 55.12	+22 36 01.5	1.014 7700
7	6588.5	75 58 30.20	+0.40	4 59 02.63	22 42 13.8	.014 9029
8	6589.5	76 55 55.65	+0.49	5 03 10.44	22 48 02.3	.015 0302
9	6590.5	77 53 20.23	+0.56	5 07 18.53	22 53 26.6	.015 1519
10	6591.5	78 50 43.93	+0.60	5 11 26.87	22 58 26.8	.015 2681
11	6592.5	79 48 06.72	+0.61	5 15 35.45	+23 03 02.8	1.015 3788
12	6593.5	80 45 28.59	+0.60	5 19 44.22	23 07 14.3	.015 4840
13	6594.5	81 42 49.53	+0.56	5 23 53.17	23 11 01.4	.015 5840
14	6595.5	82 40 09.54	+0.49	5 28 02.27	23 14 23.9	.015 6788
15	6596.5	83 37 28.61	+0.40	5 32 11.50	23 17 21.7	.015 7686
16	6597.5	84 34 46.76	+0.29	5 36 20.83	+23 19 54.9	1.015 8538
17	6598.5	85 32 04.01	+0.17	5 40 30.24	23 22 03.3	.015 9345
18	6599.5	86 29 20.39	+0.04	5 44 39.71	23 23 46.9	.016 0111
19	6600.5	87 26 35.95	−0.09	5 48 49.23	23 25 05.7	.016 0839
20	6601.5	88 23 50.78	−0.22	5 52 58.76	23 25 59.8	.016 1533
21	6602.5	89 21 04.95	−0.32	5 57 08.30	+23 26 29.1	1.016 2193
22	6603.5	90 18 18.58	−0.40	6 01 17.82	23 26 33.7	.016 2823
23	6604.5	91 15 31.78	−0.46	6 05 27.30	23 26 13.5	.016 3422
24	6605.5	92 12 44.66	−0.47	6 09 36.71	23 25 28.6	.016 3990
25	6606.5	93 09 57.34	−0.46	6 13 46.05	23 24 19.1	.016 4525
26	6607.5	94 07 09.90	−0.42	6 17 55.29	+23 22 44.8	1.016 5024
27	6608.5	95 04 22.41	−0.34	6 22 04.42	23 20 46.0	.016 5485
28	6609.5	96 01 34.94	−0.25	6 26 13.40	23 18 22.5	.016 5904
29	6610.5	96 58 47.53	−0.14	6 30 22.22	23 15 34.4	.016 6279
30	6611.5	97 56 00.20	−0.02	6 34 30.87	23 12 21.9	.016 6605
July 1	6612.5	98 53 12.98	+0.11	6 38 39.31	+23 08 44.9	1.016 6882
2	6613.5	99 50 25.87	+0.23	6 42 47.52	+23 04 43.6	1.016 7106

SUN, 1986

FOR 0^h DYNAMICAL TIME

Date		Position Angle of Axis P	Heliographic		H. P.	Semi-Diameter	Ephemeris Transit
			Latitude B_0	Longitude L_0			
		°	°	°	"	′ "	h m s
May	17	−20.41	−2.45	180.37	8.70	15 50.47	11 56 20.47
	18	20.12	2.34	167.14	8.69	15 50.28	11 56 22.40
	19	19.82	2.22	153.92	8.69	15 50.09	11 56 24.88
	20	19.52	2.11	140.69	8.69	15 49.91	11 56 27.88
	21	19.22	1.99	127.46	8.69	15 49.73	11 56 31.40
	22	−18.90	−1.88	114.23	8.69	15 49.55	11 56 35.45
	23	18.58	1.76	101.00	8.69	15 49.37	11 56 40.02
	24	18.26	1.65	87.77	8.68	15 49.20	11 56 45.10
	25	17.93	1.53	74.54	8.68	15 49.02	11 56 50.69
	26	17.59	1.41	61.31	8.68	15 48.85	11 56 56.79
	27	−17.25	−1.30	48.08	8.68	15 48.68	11 57 03.37
	28	16.90	1.18	34.84	8.68	15 48.52	11 57 10.45
	29	16.55	1.06	21.61	8.68	15 48.35	11 57 18.00
	30	16.19	0.94	8.38	8.68	15 48.19	11 57 26.02
	31	15.83	0.82	355.15	8.67	15 48.04	11 57 34.48
June	1	−15.46	−0.71	341.91	8.67	15 47.88	11 57 43.38
	2	15.08	0.59	328.68	8.67	15 47.74	11 57 52.70
	3	14.71	0.47	315.45	8.67	15 47.59	11 58 02.42
	4	14.32	0.35	302.21	8.67	15 47.45	11 58 12.52
	5	13.93	0.23	288.98	8.67	15 47.32	11 58 22.97
	6	−13.54	−0.11	275.75	8.67	15 47.19	11 58 33.76
	7	13.15	+0.01	262.51	8.67	15 47.07	11 58 44.86
	8	12.75	0.13	249.28	8.66	15 46.95	11 58 56.26
	9	12.34	0.25	236.04	8.66	15 46.83	11 59 07.91
	10	11.93	0.36	222.81	8.66	15 46.73	11 59 19.81
	11	−11.52	+0.48	209.57	8.66	15 46.62	11 59 31.93
	12	11.11	0.60	196.33	8.66	15 46.52	11 59 44.23
	13	10.69	0.72	183.10	8.66	15 46.43	11 59 56.70
	14	10.26	0.84	169.86	8.66	15 46.34	12 00 09.32
	15	9.84	0.96	156.63	8.66	15 46.26	12 00 22.05
	16	− 9.41	+1.07	143.39	8.66	15 46.18	12 00 34.87
	17	8.98	1.19	130.15	8.66	15 46.10	12 00 47.77
	18	8.55	1.31	116.92	8.66	15 46.03	12 01 00.71
	19	8.11	1.42	103.68	8.65	15 45.97	12 01 13.68
	20	7.67	1.54	90.44	8.65	15 45.90	12 01 26.66
	21	− 7.23	+1.66	77.20	8.65	15 45.84	12 01 39.63
	22	6.79	1.77	63.97	8.65	15 45.78	12 01 52.56
	23	6.35	1.89	50.73	8.65	15 45.72	12 02 05.45
	24	5.90	2.00	37.49	8.65	15 45.67	12 02 18.27
	25	5.46	2.11	24.26	8.65	15 45.62	12 02 31.00
	26	− 5.01	+2.23	11.02	8.65	15 45.58	12 02 43.62
	27	4.56	2.34	357.78	8.65	15 45.53	12 02 56.12
	28	4.11	2.45	344.55	8.65	15 45.49	12 03 08.48
	29	3.66	2.56	331.31	8.65	15 45.46	12 03 20.67
	30	3.21	2.67	318.07	8.65	15 45.43	12 03 32.66
July	1	− 2.75	+2.78	304.84	8.65	15 45.40	12 03 44.44
	2	− 2.30	+2.89	291.60	8.65	15 45.38	12 03 55.98

SUN, 1986

FOR 0ʰ DYNAMICAL TIME

Date	Julian Date	Ecliptic Long. for Mean Equinox of Date	Ecliptic Lat.	Apparent Right Ascension	Apparent Declination	True Geocentric Distance
	244	° ′ ″	″	h m s	° ′ ″	
July 1	6612.5	98 53 12.98	+0.11	6 38 39.31	+23 08 44.9	1.016 6882
2	6613.5	99 50 25.87	+0.23	6 42 47.52	23 04 43.6	.016 7106
3	6614.5	100 47 38.89	+0.35	6 46 55.49	23 00 18.0	.016 7275
4	6615.5	101 44 52.03	+0.45	6 51 03.19	22 55 28.3	.016 7387
5	6616.5	102 42 05.28	+0.54	6 55 10.59	22 50 14.7	.016 7441
6	6617.5	103 39 18.64	+0.60	6 59 17.67	+22 44 37.1	1.016 7437
7	6618.5	104 36 32.10	+0.65	7 03 24.41	22 38 35.9	.016 7372
8	6619.5	105 33 45.63	+0.66	7 07 30.78	22 32 11.1	.016 7247
9	6620.5	106 30 59.22	+0.65	7 11 36.76	22 25 22.8	.016 7061
10	6621.5	107 28 12.86	+0.62	7 15 42.33	22 18 11.3	.016 6816
11	6622.5	108 25 26.51	+0.55	7 19 47.46	+22 10 36.7	1.016 6512
12	6623.5	109 22 40.17	+0.47	7 23 52.14	22 02 39.2	.016 6150
13	6624.5	110 19 53.82	+0.36	7 27 56.34	21 54 19.0	.016 5733
14	6625.5	111 17 07.46	+0.24	7 32 00.06	21 45 36.4	.016 5263
15	6626.5	112 14 21.11	+0.12	7 36 03.28	21 36 31.4	.016 4742
16	6627.5	113 11 34.77	−0.01	7 40 05.98	+21 27 04.3	1.016 4175
17	6628.5	114 08 48.48	−0.13	7 44 08.16	21 17 15.4	.016 3565
18	6629.5	115 06 02.29	−0.24	7 48 09.80	21 07 04.9	.016 2915
19	6630.5	116 03 16.28	−0.32	7 52 10.89	20 56 33.0	.016 2229
20	6631.5	117 00 30.53	−0.38	7 56 11.43	20 45 40.0	.016 1510
21	6632.5	117 57 45.15	−0.40	8 00 11.41	+20 34 26.2	1.016 0759
22	6633.5	118 55 00.25	−0.39	8 04 10.83	20 22 51.6	.015 9977
23	6634.5	119 52 15.94	−0.35	8 08 09.67	20 10 56.7	.015 9165
24	6635.5	120 49 32.32	−0.29	8 12 07.95	19 58 41.5	.015 8322
25	6636.5	121 46 49.48	−0.19	8 16 05.64	19 46 06.4	.015 7445
26	6637.5	122 44 07.49	−0.08	8 20 02.77	+19 33 11.5	1.015 6533
27	6638.5	123 41 26.43	+0.04	8 23 59.31	19 19 57.1	.015 5583
28	6639.5	124 38 46.32	+0.16	8 27 55.28	19 06 23.4	.015 4592
29	6640.5	125 36 07.22	+0.29	8 31 50.66	18 52 30.7	.015 3558
30	6641.5	126 33 29.15	+0.40	8 35 45.46	18 38 19.3	.015 2479
31	6642.5	127 30 52.11	+0.51	8 39 39.68	+18 23 49.4	1.015 1353
Aug. 1	6643.5	128 28 16.13	+0.60	8 43 33.30	18 09 01.4	.015 0178
2	6644.5	129 25 41.21	+0.66	8 47 26.34	17 53 55.5	.014 8952
3	6645.5	130 23 07.34	+0.71	8 51 18.77	17 38 32.1	.014 7675
4	6646.5	131 20 34.52	+0.73	8 55 10.61	17 22 51.4	.014 6344
5	6647.5	132 18 02.73	+0.72	8 59 01.85	+17 06 53.7	1.014 4959
6	6648.5	133 15 31.94	+0.68	9 02 52.49	16 50 39.4	.014 3519
7	6649.5	134 13 02.14	+0.62	9 06 42.53	16 34 08.7	.014 2025
8	6650.5	135 10 33.30	+0.53	9 10 31.96	16 17 22.0	.014 0477
9	6651.5	136 08 05.38	+0.42	9 14 20.80	16 00 19.6	.013 8877
10	6652.5	137 05 38.36	+0.31	9 18 09.04	+15 43 01.7	1.013 7225
11	6653.5	138 03 12.23	+0.18	9 21 56.68	15 25 28.9	.013 5524
12	6654.5	139 00 46.95	+0.05	9 25 43.74	15 07 41.2	.013 3778
13	6655.5	139 58 22.55	−0.07	9 29 30.23	14 49 39.2	.013 1989
14	6656.5	140 55 59.01	−0.18	9 33 16.14	14 31 23.0	.013 0161
15	6657.5	141 53 36.39	−0.27	9 37 01.49	+14 12 53.1	1.012 8299
16	6658.5	142 51 14.71	−0.33	9 40 46.28	+13 54 09.8	1.012 6406

SUN, 1986

FOR 0ʰ DYNAMICAL TIME

Date		Position Angle of Axis P	Heliographic		H. P.	Semi-Diameter	Ephemeris Transit
			Latitude B_0	Longitude L_0			
		°	°	°	"	′ "	h m s
July	1	− 2.75	+2.78	304.84	8.65	15 45.40	12 03 44.44
	2	2.30	2.89	291.60	8.65	15 45.38	12 03 55.98
	3	1.85	3.00	278.36	8.65	15 45.37	12 04 07.26
	4	1.39	3.11	265.13	8.65	15 45.36	12 04 18.25
	5	0.94	3.21	251.89	8.65	15 45.35	12 04 28.93
	6	− 0.49	+3.32	238.66	8.65	15 45.35	12 04 39.28
	7	− 0.04	3.42	225.42	8.65	15 45.36	12 04 49.28
	8	+ 0.42	3.53	212.19	8.65	15 45.37	12 04 58.89
	9	0.87	3.63	198.95	8.65	15 45.39	12 05 08.11
	10	1.32	3.73	185.72	8.65	15 45.41	12 05 16.90
	11	+ 1.77	+3.83	172.49	8.65	15 45.44	12 05 25.25
	12	2.22	3.93	159.25	8.65	15 45.47	12 05 33.14
	13	2.66	4.03	146.02	8.65	15 45.51	12 05 40.55
	14	3.11	4.13	132.79	8.65	15 45.55	12 05 47.47
	15	3.55	4.23	119.55	8.65	15 45.60	12 05 53.88
	16	+ 3.99	+4.32	106.32	8.65	15 45.65	12 05 59.76
	17	4.43	4.42	93.09	8.65	15 45.71	12 06 05.11
	18	4.87	4.51	79.86	8.65	15 45.77	12 06 09.91
	19	5.31	4.60	66.62	8.65	15 45.84	12 06 14.16
	20	5.74	4.69	53.39	8.65	15 45.90	12 06 17.86
	21	+ 6.17	+4.78	40.16	8.66	15 45.97	12 06 20.99
	22	6.60	4.87	26.93	8.66	15 46.05	12 06 23.55
	23	7.03	4.95	13.70	8.66	15 46.12	12 06 25.55
	24	7.45	5.04	0.47	8.66	15 46.20	12 06 26.97
	25	7.87	5.12	347.24	8.66	15 46.28	12 06 27.83
	26	+ 8.29	+5.20	334.01	8.66	15 46.37	12 06 28.11
	27	8.71	5.29	320.78	8.66	15 46.45	12 06 27.81
	28	9.12	5.36	307.55	8.66	15 46.55	12 06 26.93
	29	9.53	5.44	294.33	8.66	15 46.64	12 06 25.47
	30	9.94	5.52	281.10	8.66	15 46.74	12 06 23.42
	31	+10.34	+5.59	267.87	8.66	15 46.85	12 06 20.78
Aug.	1	10.74	5.67	254.65	8.66	15 46.96	12 06 17.55
	2	11.13	5.74	241.42	8.67	15 47.07	12 06 13.72
	3	11.53	5.81	228.20	8.67	15 47.19	12 06 09.30
	4	11.91	5.88	214.97	8.67	15 47.32	12 06 04.27
	5	+12.30	+5.95	201.75	8.67	15 47.45	12 05 58.65
	6	12.68	6.01	188.53	8.67	15 47.58	12 05 52.43
	7	13.06	6.08	175.30	8.67	15 47.72	12 05 45.61
	8	13.43	6.14	162.08	8.67	15 47.86	12 05 38.19
	9	13.80	6.20	148.86	8.67	15 48.01	12 05 30.18
	10	+14.16	+6.26	135.64	8.68	15 48.17	12 05 21.57
	11	14.52	6.31	122.42	8.68	15 48.33	12 05 12.37
	12	14.88	6.37	109.20	8.68	15 48.49	12 05 02.59
	13	15.23	6.42	95.98	8.68	15 48.66	12 04 52.23
	14	15.58	6.47	82.76	8.68	15 48.83	12 04 41.30
	15	+15.92	+6.52	69.54	8.68	15 49.00	12 04 29.81
	16	+16.26	+6.57	56.32	8.68	15 49.18	12 04 17.77

SUN, 1986
FOR 0ʰ DYNAMICAL TIME

Date	Julian Date	Ecliptic Long. for Mean Equinox of Date	Ecliptic Lat.	Apparent Right Ascension	Apparent Declination	True Geocentric Distance
	244	° ′ ″	″	h m s	° ′ ″	
Aug. 16	6658.5	142 51 14.71	−0.33	9 40 46.28	+13 54 09.8	1.012 6406
17	6659.5	143 48 54.05	−0.36	9 44 30.54	13 35 13.4	.012 4486
18	6660.5	144 46 34.48	−0.36	9 48 14.27	13 16 04.1	.012 2542
19	6661.5	145 44 16.11	−0.33	9 51 57.47	12 56 42.4	.012 0576
20	6662.5	146 41 59.01	−0.26	9 55 40.18	12 37 08.4	.011 8590
21	6663.5	147 39 43.31	−0.17	9 59 22.40	+12 17 22.5	1.011 6585
22	6664.5	148 37 29.07	−0.06	10 03 04.16	11 57 24.9	.011 4559
23	6665.5	149 35 16.40	+0.06	10 06 45.47	11 37 15.9	.011 2512
24	6666.5	150 33 05.35	+0.19	10 10 26.34	11 16 55.8	.011 0443
25	6667.5	151 30 55.99	+0.31	10 14 06.81	10 56 25.0	.010 8349
26	6668.5	152 28 48.36	+0.44	10 17 46.87	+10 35 43.6	1.010 6230
27	6669.5	153 26 42.50	+0.55	10 21 26.55	10 14 52.0	.010 4082
28	6670.5	154 24 38.43	+0.64	10 25 05.87	9 53 50.6	.010 1905
29	6671.5	155 22 36.17	+0.71	10 28 44.83	9 32 39.6	.009 9696
30	6672.5	156 20 35.73	+0.76	10 32 23.44	9 11 19.3	.009 7454
31	6673.5	157 18 37.12	+0.78	10 36 01.74	+ 8 49 50.2	1.009 5178
Sept. 1	6674.5	158 16 40.33	+0.77	10 39 39.72	8 28 12.5	.009 2865
2	6675.5	159 14 45.35	+0.74	10 43 17.40	8 06 26.6	.009 0515
3	6676.5	160 12 52.15	+0.68	10 46 54.79	7 44 32.8	.008 8127
4	6677.5	161 11 00.70	+0.59	10 50 31.92	7 22 31.5	.008 5699
5	6678.5	162 09 10.96	+0.48	10 54 08.78	+ 7 00 23.0	1.008 3233
6	6679.5	163 07 22.90	+0.36	10 57 45.41	6 38 07.6	.008 0728
7	6680.5	164 05 36.46	+0.23	11 01 21.80	6 15 45.7	.007 8186
8	6681.5	165 03 51.60	+0.09	11 04 57.99	5 53 17.6	.007 5608
9	6682.5	166 02 08.28	−0.04	11 08 33.98	5 30 43.8	.007 2997
10	6683.5	167 00 26.47	−0.15	11 12 09.80	+ 5 08 04.4	1.007 0357
11	6684.5	167 58 46.16	−0.25	11 15 45.46	4 45 20.0	.006 7692
12	6685.5	168 57 07.35	−0.32	11 19 20.98	4 22 30.8	.006 5004
13	6686.5	169 55 30.05	−0.36	11 22 56.37	3 59 37.2	.006 2300
14	6687.5	170 53 54.31	−0.36	11 26 31.65	3 36 39.5	.005 9583
15	6688.5	171 52 20.17	−0.33	11 30 06.85	+ 3 13 38.0	1.005 6856
16	6689.5	172 50 47.70	−0.28	11 33 41.99	2 50 33.1	.005 4123
17	6690.5	173 49 16.96	−0.19	11 37 17.09	2 27 25.1	.005 1387
18	6691.5	174 47 48.04	−0.08	11 40 52.17	2 04 14.2	.004 8649
19	6692.5	175 46 21.02	+0.04	11 44 27.26	1 41 00.8	.004 5910
20	6693.5	176 44 55.97	+0.17	11 48 02.39	+ 1 17 45.1	1.004 3170
21	6694.5	177 43 32.96	+0.30	11 51 37.57	0 54 27.4	.004 0430
22	6695.5	178 42 12.04	+0.43	11 55 12.85	0 31 08.1	.003 7688
23	6696.5	179 40 53.27	+0.55	11 58 48.22	+ 0 07 47.5	.003 4944
24	6697.5	180 39 36.68	+0.65	12 02 23.73	− 0 15 34.2	.003 2196
25	6698.5	181 38 22.31	+0.73	12 05 59.39	− 0 38 56.5	1.002 9442
26	6699.5	182 37 10.17	+0.78	12 09 35.22	1 02 19.2	.002 6682
27	6700.5	183 36 00.29	+0.81	12 13 11.24	1 25 41.9	.002 3913
28	6701.5	184 34 52.66	+0.82	12 16 47.47	1 49 04.2	.002 1135
29	6702.5	185 33 47.29	+0.79	12 20 23.92	2 12 25.9	.001 8345
30	6703.5	186 32 44.16	+0.73	12 24 00.63	− 2 35 46.4	1.001 5543
Oct. 1	6704.5	187 31 43.25	+0.65	12 27 37.60	− 2 59 05.5	1.001 2726

SUN, 1986

FOR 0ʰ DYNAMICAL TIME

Date		Position Angle of Axis P	Heliographic		H. P.	Semi-Diameter	Ephemeris Transit
			Latitude B_0	Longitude L_0			
		°	°	°	″	′ ″	h m s
Aug.	16	+16.26	+6.57	56.32	8.68	15 49.18	12 04 17.77
	17	16.59	6.62	43.10	8.69	15 49.36	12 04 05.19
	18	16.92	6.66	29.88	8.69	15 49.54	12 03 52.09
	19	17.24	6.71	16.66	8.69	15 49.73	12 03 38.49
	20	17.56	6.75	3.45	8.69	15 49.91	12 03 24.40
	21	+17.87	+6.78	350.23	8.69	15 50.10	12 03 09.84
	22	18.18	6.82	337.02	8.69	15 50.29	12 02 54.82
	23	18.49	6.86	323.80	8.70	15 50.49	12 02 39.37
	24	18.78	6.89	310.59	8.70	15 50.68	12 02 23.49
	25	19.08	6.92	297.37	8.70	15 50.88	12 02 07.20
	26	+19.37	+6.95	284.16	8.70	15 51.08	12 01 50.52
	27	19.65	6.98	270.95	8.70	15 51.28	12 01 33.47
	28	19.93	7.00	257.73	8.71	15 51.48	12 01 16.05
	29	20.20	7.02	244.52	8.71	15 51.69	12 00 58.28
	30	20.47	7.05	231.31	8.71	15 51.90	12 00 40.18
	31	+20.73	+7.06	218.10	8.71	15 52.12	12 00 21.76
Sept.	1	20.99	7.08	204.89	8.71	15 52.34	12 00 03.03
	2	21.24	7.10	191.68	8.72	15 52.56	11 59 44.01
	3	21.48	7.11	178.48	8.72	15 52.78	11 59 24.72
	4	21.72	7.12	165.27	8.72	15 53.01	11 59 05.17
	5	+21.96	+7.13	152.06	8.72	15 53.25	11 58 45.37
	6	22.19	7.14	138.85	8.72	15 53.48	11 58 25.34
	7	22.41	7.14	125.65	8.73	15 53.72	11 58 05.08
	8	22.63	7.15	112.44	8.73	15 53.97	11 57 44.63
	9	22.84	7.15	99.24	8.73	15 54.21	11 57 23.99
	10	+23.04	+7.14	86.03	8.73	15 54.46	11 57 03.17
	11	23.24	7.14	72.83	8.74	15 54.72	11 56 42.20
	12	23.43	7.14	59.62	8.74	15 54.97	11 56 21.10
	13	23.62	7.13	46.42	8.74	15 55.23	11 55 59.88
	14	23.80	7.12	33.21	8.74	15 55.49	11 55 38.56
	15	+23.98	+7.11	20.01	8.74	15 55.75	11 55 17.17
	16	24.15	7.09	6.81	8.75	15 56.01	11 54 55.74
	17	24.31	7.08	353.61	8.75	15 56.27	11 54 34.28
	18	24.47	7.06	340.40	8.75	15 56.53	11 54 12.82
	19	24.62	7.04	327.20	8.75	15 56.79	11 53 51.39
	20	+24.76	+7.02	314.00	8.76	15 57.05	11 53 30.00
	21	24.90	6.99	300.80	8.76	15 57.31	11 53 08.68
	22	25.03	6.97	287.60	8.76	15 57.57	11 52 47.46
	23	25.15	6.94	274.40	8.76	15 57.83	11 52 26.35
	24	25.27	6.91	261.20	8.77	15 58.10	11 52 05.38
	25	+25.38	+6.88	248.00	8.77	15 58.36	11 51 44.57
	26	25.49	6.84	234.81	8.77	15 58.62	11 51 23.93
	27	25.58	6.81	221.61	8.77	15 58.89	11 51 03.50
	28	25.67	6.77	208.41	8.78	15 59.15	11 50 43.29
	29	25.76	6.73	195.21	8.78	15 59.42	11 50 23.31
	30	+25.84	+6.69	182.02	8.78	15 59.69	11 50 03.60
Oct.	1	+25.91	+6.64	168.82	8.78	15 59.96	11 49 44.16

SUN, 1986
FOR 0ʰ DYNAMICAL TIME

Date	Julian Date	Ecliptic Long. for Mean Equinox of Date	Ecliptic Lat.	Apparent Right Ascension	Apparent Declination	True Geocentric Distance
	244	° ′ ″	″	h m s	° ′ ″	
Oct. 1	6704.5	187 31 43.25	+0.65	12 27 37.60	− 2 59 05.5	1.001 2726
2	6705.5	188 30 44.53	+0.54	12 31 14.86	3 22 22.8	.000 9893
3	6706.5	189 29 47.95	+0.42	12 34 52.42	3 45 38.0	.000 7044
4	6707.5	190 28 53.45	+0.28	12 38 30.29	4 08 50.6	.000 4178
5	6708.5	191 28 00.98	+0.14	12 42 08.51	4 32 00.2	1.000 1295
6	6709.5	192 27 10.45	+0.01	12 45 47.09	− 4 55 06.5	0.999 8397
7	6710.5	193 26 21.80	−0.12	12 49 26.04	5 18 09.1	.999 5485
8	6711.5	194 25 34.98	−0.22	12 53 05.37	5 41 07.6	.999 2562
9	6712.5	195 24 49.93	−0.30	12 56 45.12	6 04 01.6	.998 9632
10	6713.5	196 24 06.62	−0.35	13 00 25.28	6 26 50.7	.998 6699
11	6714.5	197 23 25.04	−0.36	13 04 05.88	− 6 49 34.5	0.998 3767
12	6715.5	198 22 45.18	−0.34	13 07 46.93	7 12 12.7	.998 0841
13	6716.5	199 22 07.06	−0.29	13 11 28.46	7 34 44.8	.997 7924
14	6717.5	200 21 30.73	−0.21	13 15 10.47	7 57 10.5	.997 5021
15	6718.5	201 20 56.21	−0.11	13 18 53.01	8 19 29.5	.997 2134
16	6719.5	202 20 23.55	+0.01	13 22 36.08	− 8 41 41.4	0.996 9266
17	6720.5	203 19 52.82	+0.14	13 26 19.71	9 03 45.9	.996 6419
18	6721.5	204 19 24.07	+0.28	13 30 03.93	9 25 42.6	.996 3595
19	6722.5	205 18 57.34	+0.41	13 33 48.75	9 47 31.1	.996 0794
20	6723.5	206 18 32.68	+0.53	13 37 34.19	10 09 11.2	.995 8016
21	6724.5	207 18 10.15	+0.64	13 41 20.28	−10 30 42.4	0.995 5262
22	6725.5	208 17 49.77	+0.73	13 45 07.03	10 52 04.4	.995 2530
23	6726.5	209 17 31.57	+0.80	13 48 54.46	11 13 16.8	.994 9819
24	6727.5	210 17 15.58	+0.84	13 52 42.58	11 34 19.2	.994 7130
25	6728.5	211 17 01.80	+0.85	13 56 31.42	11 55 11.2	.994 4459
26	6729.5	212 16 50.25	+0.84	14 00 20.98	−12 15 52.5	0.994 1807
27	6730.5	213 16 40.91	+0.79	14 04 11.28	12 36 22.5	.993 9172
28	6731.5	214 16 33.79	+0.72	14 08 02.32	12 56 41.0	.993 6551
29	6732.5	215 16 28.87	+0.63	14 11 54.14	13 16 47.4	.993 3943
30	6733.5	216 16 26.10	+0.51	14 15 46.72	13 36 41.5	.993 1347
31	6734.5	217 16 25.44	+0.38	14 19 40.10	−13 56 22.6	0.992 8760
Nov. 1	6735.5	218 16 26.84	+0.24	14 23 34.26	14 15 50.5	.992 6180
2	6736.5	219 16 30.21	+0.10	14 27 29.23	14 35 04.7	.992 3608
3	6737.5	220 16 35.47	−0.03	14 31 25.01	14 54 04.8	.992 1043
4	6738.5	221 16 42.52	−0.14	14 35 21.61	15 12 50.3	.991 8485
5	6739.5	222 16 51.27	−0.22	14 39 19.02	−15 31 20.9	0.991 5936
6	6740.5	223 17 01.63	−0.28	14 43 17.24	15 49 36.0	.991 3400
7	6741.5	224 17 13.54	−0.30	14 47 16.28	16 07 35.3	.991 0880
8	6742.5	225 17 26.94	−0.29	14 51 16.13	16 25 18.3	.990 8379
9	6743.5	226 17 41.80	−0.24	14 55 16.80	16 42 44.6	.990 5902
10	6744.5	227 17 58.09	−0.17	14 59 18.29	−16 59 53.8	0.990 3454
11	6745.5	228 18 15.82	−0.07	15 03 20.60	17 16 45.5	.990 1037
12	6746.5	229 18 34.99	+0.05	15 07 23.75	17 33 19.4	.989 8656
13	6747.5	230 18 55.63	+0.18	15 11 27.73	17 49 35.0	.989 6313
14	6748.5	231 19 17.75	+0.31	15 15 32.54	18 05 32.0	.989 4012
15	6749.5	232 19 41.39	+0.45	15 19 38.20	−18 21 10.1	0.989 1753
16	6750.5	233 20 06.57	+0.58	15 23 44.70	−18 36 28.8	0.988 9538

SUN, 1986

FOR 0ʰ DYNAMICAL TIME

Date		Position Angle of Axis P	Heliographic		H. P.	Semi-Diameter	Ephemeris Transit
			Latitude B_0	Longitude L_0			
		°	°	°	"	′ "	h m s
Oct.	1	+25.91	+6.64	168.82	8.78	15 59.96	11 49 44.16
	2	25.97	6.59	155.63	8.79	16 00.23	11 49 25.02
	3	26.03	6.55	142.43	8.79	16 00.50	11 49 06.19
	4	26.08	6.50	129.24	8.79	16 00.78	11 48 47.69
	5	26.12	6.44	116.04	8.79	16 01.06	11 48 29.54
	6	+26.16	+6.39	102.85	8.80	16 01.33	11 48 11.75
	7	26.18	6.33	89.66	8.80	16 01.61	11 47 54.33
	8	26.21	6.28	76.46	8.80	16 01.90	11 47 37.31
	9	26.22	6.22	63.27	8.80	16 02.18	11 47 20.70
	10	26.23	6.15	50.08	8.81	16 02.46	11 47 04.51
	11	+26.23	+6.09	36.89	8.81	16 02.74	11 46 48.77
	12	26.22	6.03	23.69	8.81	16 03.03	11 46 33.50
	13	26.20	5.96	10.50	8.81	16 03.31	11 46 18.71
	14	26.18	5.89	357.31	8.82	16 03.59	11 46 04.43
	15	26.15	5.82	344.12	8.82	16 03.87	11 45 50.68
	16	+26.11	+5.74	330.93	8.82	16 04.14	11 45 37.48
	17	26.07	5.67	317.74	8.82	16 04.42	11 45 24.85
	18	26.01	5.59	304.55	8.83	16 04.69	11 45 12.81
	19	25.95	5.52	291.36	8.83	16 04.96	11 45 01.38
	20	25.89	5.44	278.17	8.83	16 05.23	11 44 50.59
	21	+25.81	+5.36	264.98	8.83	16 05.50	11 44 40.44
	22	25.73	5.27	251.79	8.84	16 05.76	11 44 30.97
	23	25.64	5.19	238.60	8.84	16 06.03	11 44 22.18
	24	25.54	5.10	225.41	8.84	16 06.29	11 44 14.09
	25	25.43	5.01	212.22	8.84	16 06.55	11 44 06.72
	26	+25.32	+4.92	199.03	8.85	16 06.81	11 44 00.08
	27	25.20	4.83	185.85	8.85	16 07.06	11 43 54.18
	28	25.07	4.74	172.66	8.85	16 07.32	11 43 49.05
	29	24.93	4.65	159.47	8.85	16 07.57	11 43 44.69
	30	24.78	4.55	146.29	8.85	16 07.82	11 43 41.11
	31	+24.63	+4.46	133.10	8.86	16 08.08	11 43 38.32
Nov.	1	24.47	4.36	119.91	8.86	16 08.33	11 43 36.33
	2	24.30	4.26	106.73	8.86	16 08.58	11 43 35.14
	3	24.12	4.16	93.54	8.86	16 08.83	11 43 34.77
	4	23.94	4.05	80.36	8.87	16 09.08	11 43 35.20
	5	+23.75	+3.95	67.17	8.87	16 09.33	11 43 36.44
	6	23.55	3.85	53.99	8.87	16 09.58	11 43 38.49
	7	23.34	3.74	40.80	8.87	16 09.82	11 43 41.36
	8	23.12	3.63	27.62	8.88	16 10.07	11 43 45.05
	9	22.90	3.53	14.43	8.88	16 10.31	11 43 49.56
	10	+22.67	+3.42	1.25	8.88	16 10.55	11 43 54.90
	11	22.43	3.31	348.07	8.88	16 10.79	11 44 01.07
	12	22.18	3.19	334.88	8.88	16 11.02	11 44 08.07
	13	21.93	3.08	321.70	8.89	16 11.25	11 44 15.91
	14	21.67	2.97	308.52	8.89	16 11.48	11 44 24.59
	15	+21.40	+2.85	295.33	8.89	16 11.70	11 44 34.11
	16	+21.12	+2.74	282.15	8.89	16 11.92	11 44 44.47

SUN, 1986

FOR 0ʰ DYNAMICAL TIME

Date	Julian Date	Ecliptic Long. for Mean Equinox of Date	Ecliptic Lat.	Apparent Right Ascension	Apparent Declination	True Geocentric Distance
	244	° ′ ″	″	h m s	° ′ ″	
Nov. 16	6750.5	233 20 06.57	+0.58	15 23 44.70	−18 36 28.8	0.988 9538
17	6751.5	234 20 33.33	+0.69	15 27 52.05	18 51 27.8	.988 7369
18	6752.5	235 21 01.69	+0.79	15 32 00.23	19 06 06.7	.988 5245
19	6753.5	236 21 31.68	+0.86	15 36 09.25	19 20 25.3	.988 3168
20	6754.5	237 22 03.32	+0.91	15 40 19.11	19 34 23.0	.988 1136
21	6755.5	238 22 36.63	+0.93	15 44 29.80	−19 47 59.6	0.987 9149
22	6756.5	239 23 11.62	+0.93	15 48 41.30	20 01 14.7	.987 7206
23	6757.5	240 23 48.30	+0.89	15 52 53.62	20 14 07.9	.987 5306
24	6758.5	241 24 26.65	+0.83	15 57 06.73	20 26 38.9	.987 3448
25	6759.5	242 25 06.68	+0.75	16 01 20.64	20 38 47.3	.987 1629
26	6760.5	243 25 48.37	+0.64	16 05 35.33	−20 50 32.8	0.986 9849
27	6761.5	244 26 31.68	+0.52	16 09 50.79	21 01 54.9	.986 8104
28	6762.5	245 27 16.59	+0.39	16 14 06.99	21 12 53.4	.986 6392
29	6763.5	246 28 03.03	+0.25	16 18 23.93	21 23 28.0	.986 4711
30	6764.5	247 28 50.92	+0.12	16 22 41.59	21 33 38.3	.986 3059
Dec. 1	6765.5	248 29 40.19	+0.00	16 26 59.94	−21 43 23.9	0.986 1434
2	6766.5	249 30 30.71	−0.09	16 31 18.96	21 52 44.7	.985 9835
3	6767.5	250 31 22.38	−0.16	16 35 38.61	22 01 40.3	.985 8262
4	6768.5	251 32 15.08	−0.19	16 39 58.87	22 10 10.4	.985 6717
5	6769.5	252 33 08.70	−0.19	16 44 19.71	22 18 14.7	.985 5202
6	6770.5	253 34 03.15	−0.15	16 48 41.09	−22 25 53.0	0.985 3721
7	6771.5	254 34 58.37	−0.08	16 53 02.99	22 33 05.0	.985 2276
8	6772.5	255 35 54.29	+0.01	16 57 25.38	22 39 50.5	.985 0872
9	6773.5	256 36 50.89	+0.12	17 01 48.23	22 46 09.3	.984 9512
10	6774.5	257 37 48.14	+0.24	17 06 11.51	22 52 01.2	.984 8199
11	6775.5	258 38 46.03	+0.37	17 10 35.21	−22 57 26.0	0.984 6938
12	6776.5	259 39 44.55	+0.50	17 14 59.29	23 02 23.5	.984 5730
13	6777.5	260 40 43.72	+0.63	17 19 23.74	23 06 53.7	.984 4578
14	6778.5	261 41 43.54	+0.74	17 23 48.51	23 10 56.3	.984 3482
15	6779.5	262 42 44.01	+0.83	17 28 13.58	23 14 31.3	.984 2446
16	6780.5	263 43 45.16	+0.90	17 32 38.93	−23 17 38.6	0.984 1470
17	6781.5	264 44 47.00	+0.95	17 37 04.52	23 20 18.0	.984 0554
18	6782.5	265 45 49.53	+0.97	17 41 30.33	23 22 29.5	.983 9698
19	6783.5	266 46 52.78	+0.97	17 45 56.31	23 24 13.0	.983 8903
20	6784.5	267 47 56.75	+0.93	17 50 22.44	23 25 28.3	.983 8168
21	6785.5	268 49 01.45	+0.88	17 54 48.70	−23 26 15.5	0.983 7491
22	6786.5	269 50 06.88	+0.79	17 59 15.04	23 26 34.6	.983 6872
23	6787.5	270 51 13.04	+0.69	18 03 41.43	23 26 25.3	.983 6308
24	6788.5	271 52 19.92	+0.57	18 08 07.85	23 25 47.9	.983 5799
25	6789.5	272 53 27.49	+0.44	18 12 34.26	23 24 42.1	.983 5340
26	6790.5	273 54 35.74	+0.31	18 17 00.64	−23 23 08.1	0.983 4931
27	6791.5	274 55 44.61	+0.18	18 21 26.94	23 21 05.9	.983 4566
28	6792.5	275 56 54.05	+0.06	18 25 53.13	23 18 35.4	.983 4245
29	6793.5	276 58 03.99	−0.04	18 30 19.19	23 15 36.9	.983 3963
30	6794.5	277 59 14.32	−0.12	18 34 45.06	23 12 10.3	.983 3718
31	6795.5	279 00 24.93	−0.16	18 39 10.71	−23 08 15.9	0.983 3509
32	6796.5	280 01 35.70	−0.17	18 43 36.10	−23 03 53.6	0.983 3335

SUN, 1986

FOR 0ʰ DYNAMICAL TIME

Date		Position Angle of Axis P	Heliographic		H. P.	Semi-Diameter	Ephemeris Transit
			Latitude B_0	Longitude L_0			
		°	°	°	″	′ ″	h m s
Nov.	16	+21.12	+2.74	282.15	8.89	16 11.92	11 44 44.47
	17	20.84	2.62	268.97	8.89	16 12.13	11 44 55.67
	18	20.55	2.50	255.78	8.90	16 12.34	11 45 07.71
	19	20.25	2.39	242.60	8.90	16 12.54	11 45 20.58
	20	19.94	2.27	229.42	8.90	16 12.74	11 45 34.28
	21	+19.63	+2.15	216.24	8.90	16 12.94	11 45 48.81
	22	19.31	2.03	203.06	8.90	16 13.13	11 46 04.15
	23	18.98	1.91	189.88	8.91	16 13.32	11 46 20.31
	24	18.64	1.79	176.70	8.91	16 13.50	11 46 37.26
	25	18.30	1.66	163.52	8.91	16 13.68	11 46 55.01
	26	+17.96	+1.54	150.34	8.91	16 13.85	11 47 13.52
	27	17.60	1.42	137.16	8.91	16 14.03	11 47 32.80
	28	17.24	1.29	123.98	8.91	16 14.20	11 47 52.82
	29	16.87	1.17	110.80	8.91	16 14.36	11 48 13.57
	30	16.50	1.05	97.62	8.92	16 14.53	11 48 35.02
Dec.	1	+16.12	+0.92	84.44	8.92	16 14.69	11 48 57.15
	2	15.73	0.80	71.26	8.92	16 14.84	11 49 19.92
	3	15.34	0.67	58.09	8.92	16 15.00	11 49 43.32
	4	14.95	0.54	44.91	8.92	16 15.15	11 50 07.31
	5	14.54	0.42	31.73	8.92	16 15.30	11 50 31.85
	6	+14.13	+0.29	18.55	8.92	16 15.45	11 50 56.94
	7	13.72	0.17	5.38	8.93	16 15.59	11 51 22.53
	8	13.30	+0.04	352.20	8.93	16 15.73	11 51 48.60
	9	12.88	−0.09	339.02	8.93	16 15.87	11 52 15.13
	10	12.45	0.21	325.85	8.93	16 16.00	11 52 42.08
	11	+12.02	−0.34	312.67	8.93	16 16.12	11 53 09.43
	12	11.58	0.47	299.49	8.93	16 16.24	11 53 37.15
	13	11.14	0.59	286.32	8.93	16 16.35	11 54 05.21
	14	10.69	0.72	273.14	8.93	16 16.46	11 54 33.58
	15	10.25	0.84	259.97	8.93	16 16.57	11 55 02.25
	16	+ 9.79	−0.97	246.79	8.94	16 16.66	11 55 31.16
	17	9.34	1.09	233.62	8.94	16 16.75	11 56 00.31
	18	8.88	1.22	220.44	8.94	16 16.84	11 56 29.65
	19	8.41	1.34	207.27	8.94	16 16.92	11 56 59.16
	20	7.95	1.47	194.10	8.94	16 16.99	11 57 28.81
	21	+ 7.48	−1.59	180.92	8.94	16 17.06	11 57 58.56
	22	7.01	1.71	167.75	8.94	16 17.12	11 58 28.39
	23	6.54	1.84	154.58	8.94	16 17.18	11 58 58.25
	24	6.06	1.96	141.40	8.94	16 17.23	11 59 28.13
	25	5.59	2.08	128.23	8.94	16 17.27	11 59 57.99
	26	+ 5.11	−2.20	115.06	8.94	16 17.31	12 00 27.78
	27	4.63	2.32	101.89	8.94	16 17.35	12 00 57.49
	28	4.15	2.44	88.72	8.94	16 17.38	12 01 27.07
	29	3.66	2.56	75.54	8.94	16 17.41	12 01 56.48
	30	3.18	2.68	62.37	8.94	16 17.43	12 02 25.69
	31	+ 2.70	−2.80	49.20	8.94	16 17.45	12 02 54.66
	32	+ 2.21	−2.91	36.03	8.94	16 17.47	12 03 23.34

SUN, 1986

GEOCENTRIC RECTANGULAR COORDINATES
MEAN EQUATOR AND EQUINOX OF J2000·0

Date 0ʰ TDT		x	y	z	Date 0ʰ TDT		x	y	z
Jan.	0	+0·161 4512	−0·889 8986	−0·385 8482	Feb.	15	+0·820 8405	−0·504 0131	−0·218 5327
	1	·178 6728	·887 1146	·384 6413		16	·830 5592	·490 7552	·212 7835
	2	·195 8403	·884 0551	·383 3151		17	·840 0220	·477 3477	·206 9695
	3	·212 9485	·880 7207	·381 8698		18	·849 2265	·463 7949	·201 0926
	4	·229 9921	·877 1120	·380 3057		19	·858 1701	·450 1013	·195 1547
	5	+0·246 9659	−0·873 2299	−0·378 6231		20	+0·866 8507	−0·436 2710	−0·189 1576
	6	·263 8643	·869 0752	·376 8224		21	·875 2660	·422 3086	·183 1034
	7	·280 6818	·864 6489	·374 9038		22	·883 4140	·408 2183	·176 9939
	8	·297 4130	·859 9521	·372 8679		23	·891 2928	·394 0043	·170 8310
	9	·314 0522	·854 9861	·370 7151		24	·898 9003	·379 6710	·164 6164
	10	+0·330 5938	−0·849 7524	−0·368 4462		25	+0·906 2348	−0·365 2225	−0·158 3521
	11	·347 0321	·844 2528	·366 0618		26	·913 2944	·350 6630	·152 0397
	12	·363 3616	·838 4892	·363 5628		27	·920 0772	·335 9967	·145 6812
	13	·379 5769	·832 4637	·360 9500		28	·926 5814	·321 2277	·139 2782
	14	·395 6728	·826 1784	·358 2244	Mar.	1	·932 8051	·306 3603	·132 8326
	15	+0·411 6442	−0·819 6356	−0·355 3871		2	+0·938 7465	−0·291 3987	−0·126 3460
	16	·427 4860	·812 8379	·352 4391		3	·944 4036	·276 3473	·119 8205
	17	·443 1933	·805 7876	·349 3816		4	·949 7745	·261 2104	·113 2579
	18	·458 7614	·798 4874	·346 2155		5	·954 8574	·245 9928	·106 6600
	19	·474 1856	·790 9396	·342 9422		6	·959 6506	·230 6989	·100 0290
	20	+0·489 4614	−0·783 1470	−0·339 5627		7	+0·964 1524	−0·215 3337	−0·093 3669
	21	·504 5842	·775 1123	·336 0783		8	·968 3614	·199 9020	·086 6758
	22	·519 5498	·766 8380	·332 4901		9	·972 2761	·184 4088	·079 9579
	23	·534 3536	·758 3270	·328 7993		10	·975 8954	·168 8591	·073 2153
	24	·548 9916	·749 5820	·325 0072		11	·979 2184	·153 2579	·066 4503
	25	+0·563 4595	−0·740 6058	−0·321 1150		12	+0·982 2442	−0·137 6104	−0·059 6651
	26	·577 7532	·731 4011	·317 1238		13	·984 9721	·121 9216	·052 8619
	27	·591 8688	·721 9707	·313 0350		14	·987 4018	·106 1966	·046 0430
	28	·605 8021	·712 3176	·308 8497		15	·989 5328	·090 4403	·039 2105
	29	·619 5492	·702 4443	·304 5691		16	·991 3649	·074 6577	·032 3667
	30	+0·633 1060	−0·692 3539	−0·300 1945		17	+0·992 8982	−0·058 8538	−0·025 5137
	31	·646 4686	·682 0491	·295 7270		18	·994 1326	·043 0334	·018 6537
Feb.	1	·659 6327	·671 5329	·291 1679		19	·995 0684	·027 2015	·011 7887
	2	·672 5944	·660 8082	·286 5185		20	·995 7057	−0·011 3627	−0·004 9209
	3	·685 3495	·649 8782	·281 7800		21	·996 0450	+0·004 4782	+0·001 9476
	4	+0·697 8938	−0·638 7460	−0·276 9538		22	+0·996 0868	+0·020 3165	+0·008 8149
	5	·710 2232	·627 4150	·272 0412		23	·995 8316	·036 1476	·015 6789
	6	·722 3336	·615 8887	·267 0439		24	·995 2800	·051 9671	·022 5376
	7	·734 2208	·604 1708	·261 9634		25	·994 4326	·067 7704	·029 3893
	8	·745 8809	·592 2651	·256 8012		26	·993 2903	·083 5533	·036 2319
	9	+0·757 3100	−0·580 1756	−0·251 5592		27	+0·991 8535	+0·099 3114	+0·043 0638
	10	·768 5045	·567 9064	·246 2391		28	·990 1230	·115 0404	·049 8830
	11	·779 4609	·555 4616	·240 8428		29	·988 0993	·130 7361	·056 6877
	12	·790 1758	·542 8456	·235 3720		30	·985 7830	·146 3941	·063 4762
	13	·800 6460	·530 0626	·229 8289		31	·983 1746	·162 0100	·070 2465
	14	+0·810 8685	−0·517 1170	−0·224 2151	Apr.	1	+0·980 2748	+0·177 5795	+0·076 9968
	15	+0·820 8405	−0·504 0131	−0·218 5327		2	+0·977 0842	+0·193 0978	+0·083 7250

SUN, 1986

GEOCENTRIC RECTANGULAR COORDINATES
MEAN EQUATOR AND EQUINOX OF J2000·0

Date 0ʰ TDT		x	y	z	Date 0ʰ TDT		x	y	z
Apr.	1	+0·980 2748	+0·177 5795	+0·076 9968	May	17	+0·565 3786	+0·769 2585	+0·333 5471
	2	·977 0842	·193 0978	·083 7250		18	·551 3117	·778 0265	·337 3483
	3	·973 6036	·208 5603	·090 4293		19	·537 0887	·786 5716	·341 0528
	4	·969 8340	·223 9624	·097 1075		20	·522 7138	·794 8917	·344 6596
	5	·965 7763	·239 2994	·103 7576		21	·508 1914	·802 9849	·348 1680
	6	+0·961 4318	+0·254 5664	+0·110 3776		22	+0·493 5257	+0·810 8495	+0·351 5772
	7	·956 8019	·269 7588	·116 9653		23	·478 7207	·818 4837	·354 8866
	8	·951 8881	·284 8717	·123 5187		24	·463 7804	·825 8859	·358 0953
	9	·946 6921	·299 9005	·130 0357		25	·448 7088	·833 0542	·361 2029
	10	·941 2158	·314 8407	·136 5142		26	·433 5097	·839 9869	·364 2083
	11	+0·935 4612	+0·329 6874	+0·142 9523		27	+0·418 1870	+0·846 6822	+0·367 1110
	12	·929 4304	·344 4364	·149 3480		28	·402 7447	·853 1381	·369 9101
	13	·923 1256	·359 0831	·155 6992		29	·387 1869	·859 3526	·372 6047
	14	·916 5492	·373 6232	·162 0042		30	·371 5178	·865 3239	·375 1941
	15	·909 7036	·388 0524	·168 2609		31	·355 7417	·871 0500	·377 6772
	16	+0·902 5913	+0·402 3666	+0·174 4677	June	1	+0·339 8630	+0·876 5292	+0·380 0534
	17	·895 2150	·416 5617	·180 6226		2	·323 8862	·881 7597	·382 3218
	18	·887 5774	·430 6336	·186 7240		3	·307 8161	·886 7397	·384 4817
	19	·879 6811	·444 5785	·192 7702		4	·291 6573	·891 4678	·386 5324
	20	·871 5291	·458 3927	·198 7595		5	·275 4145	·895 9425	·388 4732
	21	+0·863 1241	+0·472 0723	+0·204 6904		6	+0·259 0928	+0·900 1624	+0·390 3035
	22	·854 4691	·485 6138	·210 5612		7	·242 6968	·904 1262	·392 0227
	23	·845 5668	·499 0138	·216 3706		8	·226 2317	·907 8330	·393 6303
	24	·836 4201	·512 2688	·222 1171		9	·209 7023	·911 2815	·395 1258
	25	·827 0317	·525 3756	·227 7993		10	·193 1137	·914 4710	·396 5089
	26	+0·817 4043	+0·538 3308	+0·233 4157		11	+0·176 4709	+0·917 4006	+0·397 7792
	27	·807 5406	·551 1310	·238 9651		12	·159 7789	·920 0697	·398 9364
	28	·797 4430	·563 7728	·244 4459		13	·143 0427	·922 4779	·399 9802
	29	·787 1143	·576 2527	·249 8567		14	·126 2674	·924 6246	·400 9106
	30	·776 5572	·588 5672	·255 1959		15	·109 4578	·926 5096	·401 7274
May	1	+0·765 7745	+0·600 7127	+0·260 4620		16	+0·092 6190	+0·928 1327	+0·402 4305
	2	·754 7692	·612 6855	·265 6534		17	·075 7557	·929 4939	·403 0200
	3	·743 5443	·624 4821	·270 7686		18	·058 8727	·930 5932	·403 4959
	4	·732 1032	·636 0989	·275 8059		19	·041 9746	·931 4307	·403 8583
	5	·720 4492	·647 5323	·280 7638		20	·025 0661	·932 0067	·404 1073
	6	+0·708 5859	+0·658 7789	+0·285 6408		21	+0·008 1515	+0·932 3212	+0·404 2430
	7	·696 5168	·669 8352	·290 4354		22	−0·008 7649	·932 3745	·404 2656
	8	·684 2457	·680 6981	·295 1461		23	·025 6788	·932 1666	·404 1751
	9	·671 7765	·691 3642	·299 7714		24	·042 5858	·931 6975	·403 9716
	10	·659 1131	·701 8304	·304 3101		25	·059 4817	·930 9673	·403 6550
	11	+0·646 2596	+0·712 0938	+0·308 7607		26	−0·076 3621	+0·929 9760	+0·403 2254
	12	·633 2200	·722 1514	·313 1219		27	·093 2224	·928 7234	·402 6826
	13	·619 9985	·732 0004	·317 3926		28	·110 0581	·927 2097	·402 0267
	14	·606 5993	·741 6381	·321 5716		29	·126 8644	·925 4350	·401 2578
	15	·593 0268	·751 0620	·325 6577		30	·143 6365	·923 3994	·400 3758
	16	+0·579 2851	+0·760 2696	+0·329 6499	July	1	−0·160 3697	+0·921 1034	+0·399 3808
	17	+0·565 3786	+0·769 2585	+0·333 5471		2	−0·177 0589	+0·918 5472	+0·398 2731

SUN, 1986

GEOCENTRIC RECTANGULAR COORDINATES
MEAN EQUATOR AND EQUINOX OF J2000·0

Date 0ʰ TDT		x	y	z	Date 0ʰ TDT		x	y	z
July	1	−0·160 3697	+0·921 1034	+0·399 3808	Aug.	16	−0·809 1664	+0·558 5974	+0·242 1976
	2	·177 0589	·918 5472	·398 2731		17	·819 1075	·545 9657	·236 7204
	3	·193 6995	·915 7315	·397 0528		18	·828 8156	·533 1798	·231 1766
	4	·210 2864	·912 6570	·395 7202		19	·838 2881	·520 2431	·225 5675
	5	·226 8146	·909 3242	·394 2756		20	·847 5226	·507 1591	·219 8948
	6	−0·243 2793	+0·905 7342	+0·392 7193		21	−0·856 5166	+0·493 9309	+0·214 1596
	7	·259 6755	·901 8879	·391 0517		22	·865 2675	·480 5620	·208 3636
	8	·275 9982	·897 7863	·389 2734		23	·873 7725	·467 0557	·202 5080
	9	·292 2427	·893 4308	·387 3848		24	·882 0292	·453 4155	·196 5944
	10	·308 4039	·888 8227	·385 3865		25	·890 0348	·439 6449	·190 6243
	11	−0·324 4771	+0·883 9634	+0·383 2792		26	−0·897 7867	+0·425 7476	+0·184 5992
	12	·340 4576	·878 8545	·381 0635		27	·905 2822	·411 7272	·178 5206
	13	·356 3406	·873 4978	·378 7403		28	·912 5188	·397 5875	·172 3903
	14	·372 1216	·867 8950	·376 3103		29	·919 4939	·383 3324	·166 2098
	15	·387 7961	·862 0480	·373 7743		30	·926 2052	·368 9660	·159 9809
	16	−0·403 3598	+0·855 9588	+0·371 1334		31	−0·932 6500	+0·354 4921	+0·153 7053
	17	·418 8084	·849 6294	·368 3883	Sept.	1	·938 8262	·339 9151	·147 3848
	18	·434 1379	·843 0618	·365 5401		2	·944 7314	·325 2390	·141 0212
	19	·449 3443	·836 2581	·362 5895		3	·950 3635	·310 4683	·134 6164
	20	·464 4237	·829 2201	·359 5376		4	·955 7204	·295 6073	·128 1724
	21	−0·479 3724	+0·821 9500	+0·356 3852		5	−0·960 8001	+0·280 6605	+0·121 6910
	22	·494 1866	·814 4495	·353 1330		6	·965 6009	·265 6325	·115 1744
	23	·508 8624	·806 7205	·349 7820		7	·970 1210	·250 5279	·108 6245
	24	·523 3961	·798 7648	·346 3328		8	·974 3591	·235 3513	·102 0434
	25	·537 7835	·790 5842	·342 7862		9	·978 3138	·220 1075	·095 4331
	26	−0·552 0208	+0·782 1807	+0·339 1431		10	−0·981 9841	+0·204 8012	+0·088 7958
	27	·566 1038	·773 5562	·335 4042		11	·985 3689	·189 4368	·082 1335
	28	·580 0284	·764 7127	·331 5704		12	·988 4676	·174 0190	·075 4481
	29	·593 7904	·755 6525	·327 6426		13	·991 2793	·158 5523	·068 7417
	30	·607 3858	·746 3777	·323 6217		14	·993 8034	·143 0411	·062 0162
	31	−0·620 8104	+0·736 8909	+0·319 5089		15	−0·996 0395	+0·127 4897	+0·055 2734
Aug.	1	·634 0600	·727 1944	·315 3050		16	·997 9870	·111 9023	·048 5152
	2	·647 1306	·717 2909	·311 0113		17	0·999 6453	·096 2833	·041 7434
	3	·660 0181	·707 1831	·306 6288		18	1·001 0140	·080 6367	·034 9598
	4	·672 7184	·696 8736	·302 1588		19	1·002 0923	·064 9667	·028 1661
	5	−0·685 2277	+0·686 3655	+0·297 6025		20	−1·002 8798	+0·049 2777	+0·021 3642
	6	·697 5419	·675 6618	·292 9613		21	1·003 3759	·033 5738	·014 5559
	7	·709 6572	·664 7656	·288 2364		22	1·003 5801	·017 8594	·007 7430
	8	·721 5698	653 6801	·283 4293		23	1·003 4917	+0·002 1388	+0·000 9273
	9	·733 2762	·642 4086	·278 5415		24	1·003 1103	−0·013 5835	−0·005 8892
	10	−0·744 7727	+0·630 9547	+0·273 5746		25	−1·002 4355	−0·029 3031	−0·012 7046
	11	·756 0561	·619 3217	·268 5299		26	1·001 4670	·045 0154	·019 5170
	12	·767 1229	·607 5134	·263 4092		27	1·000 2045	·060 7158	·026 3243
	13	·777 9703	·595 5332	·258 2140		28	0·998 6477	·076 3996	·033 1246
	14	·788 5951	·583 3847	·252 9460		29	·996 7967	·092 0622	·039 9159
	15	−0·798 9947	+0·571 0716	+0·247 6067		30	−0·994 6514	−0·107 6987	−0·046 6960
	16	−0·809 1664	+0·558 5974	+0·242 1976	Oct.	1	−0·992 2119	−0·123 3044	−0·053 4629

SUN, 1986

GEOCENTRIC RECTANGULAR COORDINATES
MEAN EQUATOR AND EQUINOX OF J2000·0

Date 0ʰ TDT		x	y	z	Date 0ʰ TDT		x	y	z
Oct.	1	−0·992 2119	−0·123 3044	−0·053 4629	Nov.	16	−0·587 9952	−0·729 5430	−0·316 3201
	2	·989 4786	·138 8743	·060 2144		17	·573 7982	·738 7530	·320 3128
	3	·986 4516	·154 4036	·066 9484		18	·559 4263	·747 7380	·324 2081
	4	·983 1317	·169 8873	·073 6626		19	·544 8835	·756 4952	·328 0046
	5	·979 5195	·185 3205	·080 3550		20	·530 1739	·765 0218	·331 7014
	6	−0·975 6160	−0·200 6980	−0·087 0232		21	−0·515 3014	−0·773 3151	−0·335 2971
	7	·971 4224	·216 0150	·093 6652		22	·500 2704	·781 3722	·338 7905
	8	·966 9399	·231 2667	·100 2787		23	·485 0850	·789 1905	·342 1806
	9	·962 1701	·246 4483	·106 8616		24	·469 7496	·796 7674	·345 4661
	10	·957 1145	·261 5552	·113 4120		25	·454 2685	·804 1000	·348 6459
	11	−0·951 7748	−0·276 5828	−0·119 9279		26	−0·438 6462	−0·811 1859	−0·351 7187
	12	·946 1528	·291 5268	·126 4073		27	·422 8873	·818 0224	·354 6835
	13	·940 2503	·306 3828	·132 8484		28	·406 9966	·824 6069	·357 5391
	14	·934 0690	·321 1466	·139 2494		29	·390 9787	·830 9369	·360 2844
	15	·927 6107	·335 8140	·145 6084		30	·374 8388	·837 0099	·362 9182
	16	−0·920 8773	−0·350 3809	−0·151 9238	Dec.	1	−0·358 5819	−0·842 8237	−0·365 4395
	17	·913 8705	·364 8432	·158 1938		2	·342 2134	·848 3759	·367 8474
	18	·906 5921	·379 1968	·164 4166		3	·325 7388	·853 6647	·370 1408
	19	·899 0438	·393 4376	·170 5906		4	·309 1635	·858 6881	·372 3190
	20	·891 2276	·407 5615	·176 7138		5	·292 4931	·863 4446	·374 3813
	21	−0·883 1453	−0·421 5643	−0·182 7847		6	−0·275 7333	−0·867 9327	−0·376 3271
	22	·874 7987	·435 4419	·188 8013		7	·258 8893	·872 1513	·378 1558
	23	·866 1900	·449 1900	·194 7620		8	·241 9668	·876 0992	·379 8670
	24	·857 3211	·462 8045	·200 6648		9	·224 9709	·879 7755	·381 4604
	25	·848 1942	·476 2811	·206 5081		10	·207 9070	·883 1792	·382 9355
	26	−0·838 8116	−0·489 6157	−0·212 2898		11	−0·190 7803	−0·886 3094	−0·384 2920
	27	·829 1755	·502 8039	·218 0083		12	·173 5959	·889 1655	·385 5296
	28	·819 2884	·515 8415	·223 6616		13	·156 3590	·891 7467	·386 6481
	29	·809 1529	·528 7242	·229 2478		14	·139 0747	·894 0522	·387 6471
	30	·798 7716	·541 4478	·234 7652		15	·121 7481	·896 0815	·388 5264
	31	−0·788 1473	−0·554 0079	−0·240 2118		16	−0·104 3842	−0·897 8339	−0·389 2858
Nov.	1	·777 2830	·566 4003	·245 5857		17	·086 9881	·899 3089	·389 9251
	2	·766 1819	·578 6208	·250 8850		18	·069 5650	·900 5059	·390 4439
	3	·754 8473	·590 6650	·256 1079		19	·052 1199	·901 4245	·390 8422
	4	·743 2828	·602 5290	·261 2526		20	·034 6579	·902 0642	·391 1196
	5	−0·731 4921	−0·614 2087	−0·266 3172		21	−0·017 1842	−0·902 4245	−0·391 2761
	6	·719 4791	·625 7005	·271 3001		22	+0·000 2960	·902 5052	·391 3115
	7	·707 2478	·637 0005	·276 1997		23	·017 7774	·902 3060	·391 2256
	8	·694 8020	·648 1055	·281 0146		24	·035 2548	·901 8266	·391 0183
	9	·682 1459	·659 0120	·285 7433		25	·052 7229	·901 0667	·390 6894
	10	−0·669 2834	−0·669 7168	−0·290 3844		26	+0·070 1763	−0·900 0263	−0·390 2390
	11	·656 2185	·680 2170	·294 9365		27	·087 6094	·898 7054	·389 6668
	12	·642 9551	·690 5094	·299 3985		28	·105 0166	·897 1038	·388 9730
	13	·629 4971	·700 5911	·303 7691		29	·122 3923	·895 2219	·388 1575
	14	·615 8486	·710 4592	·308 0470		30	·139 7306	·893 0599	·387 2204
	15	−0·602 0133	−0·720 1107	−0·312 2311		31	+0·157 0257	−0·890 6183	−0·386 1619
	16	−0·587 9952	−0·729 5430	−0·316 3201		32	+0·174 2717	−0·887 8979	−0·384 9824

NOTES AND FORMULAE

Low-precision formulae for the Sun's coordinates and the equation of time

The following formulae give the apparent coordinates of the Sun to a precision of $0°\cdot01$ and the equation of time to a precision of $0^m\cdot1$ between 1950 and 2050; on this page the time-argument, n, is the number of days from J2000·0.

$n = \text{JD} - 245\,1545\cdot0 = -5114\cdot5 + \text{day of year (B2–B3)} + \text{fraction of day from } 0^h \text{ UT}$.

Mean longitude of Sun, corrected for aberration: $L = 280°\cdot460 + 0°\cdot985\,6474\,n$

Mean anomaly: $g = 357°\cdot528 + 0°\cdot985\,6003\,n$

Put L and g in the range $0°$ to $360°$ by adding multiples of $360°$.

Ecliptic longitude: $\lambda = L + 1°\cdot915 \sin g + 0°\cdot020 \sin 2g$

Ecliptic latitude: $\beta = 0°$

Obliquity of ecliptic: $\varepsilon = 23°\cdot439 - 0°\cdot000\,0004\,n$

Right ascension (in same quadrant as λ): $\alpha = \tan^{-1}(\cos \varepsilon \tan \lambda)$

Declination: $\delta = \sin^{-1}(\sin \varepsilon \sin \lambda)$

Distance of Sun from Earth, in au: $R = 1\cdot000\,14 - 0\cdot016\,71 \cos g - 0\cdot000\,14 \cos 2g$

Equatorial rectangular coordinates of the Sun, in au:

$$x = R \cos \lambda, \quad y = R \cos \varepsilon \sin \lambda, \quad z = R \sin \varepsilon \sin \lambda$$

Equation of time (apparent time minus mean time):

E, in minutes of time $= (L - \alpha)$, in degrees, multiplied by 4.

Horizontal parallax: $0°\cdot0024$

Semi-diameter: $0°\cdot2666/R$

Light-time: $0^d\cdot0058$

MOON, 1986

CONTENTS OF SECTION D

	PAGE
Phases of the Moon. Perigee and Apogee	D1
Mean elements of the orbit of the Moon	D2
Mean elements of the rotation of the Moon	D2
Lengths of mean months	D2
Use of the orbital ephemerides	D3
Appearance of the Moon; selenographic coordinates	D4
Formulae for libration	D5
Ecliptic and equatorial coordinates of the Moon—daily ephemeris	D6
Physical ephemeris of the Moon—daily ephemeris	D7
Use of the polynomial coefficients for lunar coordinates	D22
Daily polynomial coefficients for R.A., Dec. and H.P. of Moon	D23
Low-precision formulae for geocentric and topocentric coordinates of the Moon	D46

See also

Occultations by the Moon	A2
Moonrise and moonset	A46
Eclipses of the Moon	A79
Physical and photometric data	E88

PHASES OF THE MOON

Lunation	New Moon			First Quarter			Full Moon			Last Quarter		
		d	h m		d	h m		d	h m		d	h m
779										Jan.	3	19 47
780	Jan.	10	12 22	Jan.	17	22 13	Jan.	26	00 31	Feb.	2	04 41
781	Feb.	9	00 55	Feb.	16	19 55	Feb.	24	15 02	Mar.	3	12 17
782	Mar.	10	14 52	Mar.	18	16 39	Mar.	26	03 02	Apr.	1	19 30
783	Apr.	9	06 08	Apr.	17	10 35	Apr.	24	12 46	May	1	03 22
784	May	8	22 10	May	17	01 00	May	23	20 45	May	30	12 55
785	June	7	14 00	June	15	12 00	June	22	03 42	June	29	00 53
786	July	7	04 55	July	14	20 10	July	21	10 40	July	28	15 34
787	Aug.	5	18 36	Aug.	13	02 21	Aug.	19	18 54	Aug.	27	08 38
788	Sept.	4	07 10	Sept.	11	07 41	Sept.	18	05 34	Sept.	26	03 17
789	Oct.	3	18 55	Oct.	10	13 28	Oct.	17	19 22	Oct.	25	22 26
790	Nov.	2	06 02	Nov.	8	21 11	Nov.	16	12 12	Nov.	24	16 50
791	Dec.	1	16 43	Dec.	8	08 01	Dec.	16	07 04	Dec.	24	09 17
792	Dec.	31	03 10									

MOON AT PERIGEE

	d h		d h		d h
Jan.	8 07	May	24 03	Oct.	7 10
Feb.	4 16	June	21 13	Nov.	4 02
Mar.	1 10	July	19 20	Dec.	2 11
Mar.	28 14	Aug.	16 17	Dec.	30 23
Apr.	25 18	Sept.	12 00		

MOON AT APOGEE

	d h		d h		d h
Jan.	20 01	June	7 02	Oct.	23 06
Feb.	16 22	July	4 08	Nov.	19 22
Mar.	16 19	July	31 21	Dec.	17 05
Apr.	13 12	Aug.	28 15		
May	10 23	Sept.	25 10		

MOON, 1986

NOTES AND FORMULAE

Mean elements of the orbit of the Moon

The following expressions for the mean elements of the Moon are based on the fundamental arguments used in the IAU (1980) Theory of Nutation. The angular elements are referred to the mean equinox and ecliptic of date. The time argument (d) is the interval in days from 1986 January 0 at 0^h TDT. These expressions are intended for use during 1986 only.

$$d = JD - 244\,6430 \cdot 5 = \text{day of year (from B2–B3)} + \text{fraction of day from } 0^h \text{ TDT}$$

Mean longitude of the Moon, measured in the ecliptic to the mean ascending node and then along the mean orbit:

$$L' = 147°\cdot636\,626 + 13°\cdot176\,396\,49\,d$$

Mean longitude of the lunar perigee, measured as for L':

$$\Gamma'' = 233°\cdot579\,902 + 0°\cdot111\,403\,61\,d$$

Mean longitude of the mean ascending node of the lunar orbit on the ecliptic:

$$\Omega = 35°\cdot876\,593 - 0°\cdot052\,953\,78\,d$$

Mean elongation of the Moon from the Sun:

$$D = L' - L = 228°\cdot263\,969 + 12°\cdot190\,749\,13\,d$$

Mean inclination of the lunar orbit to the ecliptic: $5°\cdot145\,3964$

Mean elements of the rotation of the Moon

The following expressions give the mean elements of the mean equator of the Moon, referred to the true equator of the Earth, during 1986 to a precision of about $0°\cdot001$; the time-argument d is as defined above for the orbital elements.
Inclination of the mean equator of the Moon to the true equator of the Earth:

$$i = 22°\cdot2110 - 0°\cdot000\,887\,d + 0°\cdot000\,000\,611\,d^2$$

Arc of the mean equator of the Moon from its ascending node on the true equator of the Earth to its ascending node on the ecliptic of date:

$$\Delta = 218°\cdot0796 - 0°\cdot055\,719\,d - 0°\cdot000\,000\,850\,d^2$$

Arc of the true equator of the Earth from the true equinox of date to the ascending node of the mean equator of the Moon:

$$\Omega' = -2°\cdot3928 + 0°\cdot003\,009\,d + 0\cdot000\,000\,912\,d^2$$

The inclination (I) of the mean lunar equator to the ecliptic: $1° \, 32' \, 32''\cdot7$

The ascending node of the mean lunar equator on the ecliptic is at the descending node of the mean lunar orbit on the ecliptic, that is at longitude $\Omega + 180°$.

Lengths of mean months

The lengths of the mean months at 1986·0, as derived from the mean orbital elements are:

		d	d h m s
synodic month	(new moon to new moon)	29·530 589	29 12 44 02·9
tropical month	(equinox to equinox)	27·321 582	27 07 43 04·7
sidereal month	(fixed star to fixed star)	27·321 662	27 07 43 11·6
anomalistic month	(perigee to perigee)	27·554 550	27 13 18 33·1
draconic month	(node to node)	27·212 221	27 05 05 35·9

MOON, 1986

NOTES AND FORMULAE

Geocentric coordinates

The apparent longitude (λ) and latitude (β) of the Moon given on pages D6–D20 are referred to the ecliptic of date: the apparent right ascension (α) and declination (δ) are referred to the true equator of date. These coordinates are primarily intended for planning purposes. The true distance (r) is expressed in Earth-radii and is derived, as is the semi-diameter (s), from the horizontal parallax (π).

The following maximum errors of the tabular values, which may result if Bessel's second-order interpolation formula is used, are as follows:

λ	β	α	δ	r	π	s
$\pm 0°\cdot 02$	$\pm 0°\cdot 02$	$\pm 2^s\cdot 4$	$\pm 24''$	$\pm 0\cdot 002$	$\pm 0''\cdot 07$	$\pm 0''\cdot 02$

More precise values of right ascension, declination and horizontal parallax may be obtained by using the polynomial coefficients given on pages D23–D45. Precise values of true distance and semi-diameter may be obtained from the parallax using:

$$r = 6\,378\cdot 137 / \sin \pi \text{ km} \qquad \sin s = 0\cdot 2725 \sin \pi$$

The tabulated values are all referred to the centre of the Earth, and may differ from the topocentric values by up to about 1 degree in angle and 2 per cent in distance.

Time of transit of the Moon

The TDT of upper (or lower) transit of the Moon over a local meridian may be obtained by interpolation in the tabulation of the time of upper (or lower) transit over the ephemeris meridian given on pages D6–D20, where the first differences are about 25 hours. The interpolation factor p is given by:

$$p = -\lambda + 1\cdot 002\,738\,\Delta T$$

where λ is the *east* longitude and the right-hand side is expressed in days. (Divide longitude in degrees by 360 and ΔT in seconds by 86 400). During 1986 it is expected that ΔT will be about 56 seconds, so that the second term is about $+0\cdot 000\,65$ days. In general, second-order differences are sufficient to give times to a few seconds, but higher-order differences must be taken into account if a precision of better than 1 second is required. The UT of transit is obtained by subtracting ΔT from the TDT of transit, which is obtained by interpolation.

Topocentric coordinates

The topocentric equatorial rectangular coordinates of the Moon (x', y', z'), referred to the true equinox of date, are equal to the geocentric equatorial rectangular coordinates of the Moon *minus* the geocentric equatorial rectangular coordinates of the observer. Hence, the topocentric right ascension (α'), declination (δ') and distance (r') of the Moon may be calculated from the formulae:

$$\begin{aligned} x' &= r' \cos \delta' \cos \alpha' = r \cos \delta \cos \alpha - \rho \cos \varphi' \cos \theta_0 \\ y' &= r' \cos \delta' \sin \alpha' = r \cos \delta \sin \alpha - \rho \cos \varphi' \sin \theta_0 \\ z' &= r' \sin \delta' = r \sin \delta - \rho \sin \varphi' \end{aligned}$$

where θ_0 is the local apparent sidereal time (see pages B6, B7) and ρ and φ' are the geocentric distance and latitude of the observer.

Then $\qquad r'^2 = x'^2 + y'^2 + z'^2, \qquad \alpha' = \tan^{-1}(y'/x'), \qquad \delta' = \sin^{-1}(z'/r')$

The topocentric hour angle (h') may be calculated from $h' = \theta_0 - \alpha'$.

Physical ephemeris

See page D4 for notes on the physical ephemeris of the Moon on pages D7–D21.

MOON, 1986

NOTES AND FORMULAE

Appearance of the Moon

The quantities tabulated in the ephemeris for physical observations of the Moon on odd pages D7–D21 represent the geocentric aspect and illumination of the Moon's disk. For most purposes it is sufficient to regard the instant of tabulation as 0^h universal time. The age is the number of days elapsed since the previous new Moon; the fraction illuminated (or phase) is the ratio of the illuminated area to the total area of the lunar disk; it is also the fraction of the diameter illuminated perpendicular to the line of cusps. These quantities indicate the general aspect of the Moon, while the precise times of the four principal phases are given on pages A1 and D1; they are the times when the apparent longitudes of the Moon and Sun differ by 0°, 90°, 180° and 270°.

The position angle of the bright limb is measured anticlockwise around the disk from the north point (of the hour circle through the centre of the apparent disk) to the mid-point of the bright limb. Before full moon the morning terminator is visible and the position angle of the northern cusp is 90° greater than the position angle of the bright limb; after full moon the evening terminator is visible and the position angle of the northern cusp is 90° less than the position angle of the bright limb.

The brightness of the Moon is determined largely by the fraction illuminated, but it also depends on the distance of the Moon, on the nature of the part of the lunar surface that is illuminated, and on other factors. The integrated visual magnitude of the full Moon at mean distance is about -12.7. The crescent Moon is not normally visible to the naked eye when the phase is less than 0.01, but much depends on the conditions of observation.

Selenographic coordinates

The positions of points on the Moon's surface are specified by a system of selenographic coordinates, in which latitude is measured positively to the north from the equator of the pole of rotation, and longitude is measured positively to the east on the selenocentric celestial sphere from the lunar meridian through the mean centre of the apparent disk. Selenographic longitudes are measured positive to the west (towards Mare Crisium) on the apparent disk; this sign convention implies that the longitudes of the Sun and of the terminators are decreasing functions of time, and so for some purposes it is convenient to use colongitude which is 90° (or 450°) minus longitude.

The tabulated values of the Earth's selenographic longitude and latitude specify the sub-terrestrial point on the Moon's surface (that is, the centre of the apparent disk). The position angle of the axis of rotation is measured anticlockwise from the north point, and specifies the orientation of the lunar meridian through the sub-terrestrial point, which is the pole of the great circle that corresponds to the limb of the Moon.

The tabulated values of the Sun's selenographic colongitude and latitude specify the sub-solar point on the Moon's surface (that is at the pole of the great circle that bounds the illuminated hemisphere). The following relations hold approximately:

longitude of morning terminator = 360° − colongitude of Sun
longitude of evening terminator = 180° (or 540°) − colongitude of Sun

The altitude (a) of the Sun above the lunar horizon at a point at selenographic longitude and latitude (l, b) may be calculated from:

$$\sin a = \sin b_0 \sin b + \cos b_0 \cos b \sin (c_0 + l)$$

where (c_0, b_0) are the Sun's colongitude and latitude at the time.

NOTES AND FORMULAE

Librations of the Moon

On average the same hemisphere of the Moon is always turned to the Earth but there is a periodic oscillation or libration of the apparent position of the lunar surface that allows about 59 per cent of the surface to be seen from the Earth. The libration is due partly to a physical libration, which is an oscillation of the actual rotational motion about its mean rotation, but mainly to the much larger geocentric optical libration, which results from the non-uniformity of the revolution of the Moon around the centre of the Earth. Both of these effects are taken into account in the computation of the Earth's selenographic longitude (l) and latitude (b) and of the position angle (C) of the axis of rotation. The contributions due to the physical libration are tabulated separately. There is a further contribution to the optical libration due to the difference between the viewpoints of the observer on the surface of the Earth and of the hypothetical observer at the centre of the Earth. These topocentric optical librations may be as much as $1°$ and have important effects on the apparent contour of the limb.

When the libration in longitude, that is the selenographic longitude of the Earth, is positive the mean centre of the disk is displaced eastwards on the celestial sphere, exposing to view a region on the west limb. When the libration in latitude, or selenographic latitude of the Earth, is positive the mean centre of the disk is displaced towards the south, and a region on the north limb is exposed to view. In a similar way the selenographic coordinates of the Sun show which regions of the lunar surface are illuminated.

Differential corrections to be applied to the tabular geocentric librations to form the topocentric librations may be computed from the following formulae:

$$\Delta l = -\pi' \sin(Q - C) \sec b$$
$$\Delta b = +\pi' \cos(Q - C)$$
$$\Delta C = +\sin(b + \Delta b)\, \Delta l - \pi' \sin Q \tan \delta$$

where Q is the geocentric parallactic angle of the Moon and π' is the topocentric horizontal parallax. The latter is obtained from the geocentric horizontal parallax (π), which is tabulated on even pages D6–D20 by using:

$$\pi' = \pi(\sin z + 0.0084 \sin 2z)$$

where z is the geocentric zenith distance of the Moon. The values of z and Q may be calculated from the geocentric right ascension (α) and declination (δ) of the Moon by using:

$$\sin z \sin Q = \cos \phi \sin h$$
$$\sin z \cos Q = \cos \delta \sin \phi - \sin \delta \cos \phi \cos h$$
$$\cos z = \sin \delta \sin \phi + \cos \delta \cos \phi \cos h$$

where ϕ is the geocentric latitude of the observer and h is the local hour angle of the Moon, given by:

$$h = \text{local apparent sidereal time} - \alpha$$

Second differences must be taken into account in the interpolation of the tabular geocentric librations to the time of observation.

MOON, 1986

FOR 0ʰ DYNAMICAL TIME

Date	Apparent Long.	Apparent Lat.	Apparent R. A.			Apparent Dec.			True Dist.	Horiz. Parallax		Semi-diameter		Eph. Transits for date Upper	Eph. Transits for date Lower
	°	°	h	m	s	°	′	″		′	″	′	″	h	h
Jan. 0	142.00	+4.89	9	44	08.5	+18	47	53	60.850	56	29.90	15	23.69	03.2164	15.6160
1	155.06	+4.47	10	34	19.3	+13	48	24	60.289	57	01.42	15	32.27	04.0081	16.3941
2	168.34	+3.80	11	23	05.6	+ 8	06	21	59.705	57	34.92	15	41.40	04.7762	17.1568
3	181.83	+2.91	12	11	20.3	+ 1	56	19	59.106	58	09.88	15	50.93	05.5386	17.9243
4	195.57	+1.83	13	00	10.6	− 4	26	11	58.515	58	45.17	16	00.54	06.3170	18.7197
5	209.56	+0.63	13	50	51.7	−10	43	39	57.961	59	18.85	16	09.72	07.1355	19.5671
6	223.81	−0.63	14	44	37.5	−16	35	17	57.487	59	48.20	16	17.72	08.0170	20.4868
7	238.30	−1.87	15	42	25.1	−21	36	23	57.141	60	09.92	16	23.63	08.9770	21.4866
8	252.97	−3.00	16	44	27.7	−25	19	53	56.971	60	20.68	16	26.56	10.0128	22.5508
9	267.72	−3.93	17	49	44.9	−27	21	14	57.015	60	17.93	16	25.81	11.0942	23.6360
10	282.43	−4.60	18	55	58.9	−27	26	23	57.289	60	00.62	16	21.10	12.1688	. . .
11	296.98	−4.96	20	00	20.8	−25	37	37	57.786	59	29.64	16	12.66	13.1848	00.6866
12	311.23	−5.00	21	00	41.6	−22	12	36	58.472	58	47.76	16	01.25	14.1137	01.6608
13	325.10	−4.74	21	56	10.8	−17	37	06	59.292	57	58.99	15	47.96	14.9538	02.5442
14	338.53	−4.22	22	47	06.6	−12	17	08	60.176	57	07.84	15	34.02	15.7200	03.3448
15	351.53	−3.50	23	34	25.6	− 6	34	33	61.054	56	18.57	15	20.60	16.4341	04.0822
16	4.12	−2.62	0	19	18.1	− 0	46	09	61.857	55	34.69	15	08.64	17.1187	04.7787
17	16.38	−1.65	1	02	55.2	+ 4	55	22	62.531	54	58.76	14	58.85	17.7951	05.4566
18	28.39	−0.61	1	46	23.9	+10	19	53	63.034	54	32.40	14	51.67	18.4828	06.1364
19	40.24	+0.43	2	30	45.2	+15	18	12	63.344	54	16.39	14	47.31	19.1990	06.8364
20	52.03	+1.45	3	16	51.6	+19	40	52	63.454	54	10.77	14	45.78	19.9570	07.5721
21	63.84	+2.41	4	05	22.2	+23	17	21	63.372	54	14.99	14	46.93	20.7642	08.3544
22	75.75	+3.27	4	56	34.7	+25	56	01	63.120	54	27.98	14	50.47	21.6183	09.1860
23	87.84	+4.00	5	50	16.1	+27	25	12	62.730	54	48.29	14	56.00	22.5057	10.0591
24	100.13	+4.55	6	45	39.1	+27	35	18	62.240	55	14.16	15	03.05	23.4036	10.9549
25	112.67	+4.89	7	41	31.5	+26	21	19	61.691	55	43.66	15	11.09	. . .	11.8487
26	125.47	+5.00	8	36	37.9	+23	44	40	61.120	56	14.88	15	19.59	00.2878	12.7190
27	138.50	+4.84	9	30	04.5	+19	53	11	60.560	56	46.10	15	28.10	01.1412	13.5540
28	151.74	+4.43	10	21	32.5	+14	59	29	60.034	57	15.96	15	36.24	01.9580	14.3543
29	165.17	+3.77	11	11	17.6	+ 9	19	00	59.555	57	43.58	15	43.76	02.7443	15.1300
30	178.76	+2.88	12	00	02.3	+ 3	08	22	59.130	58	08.51	15	50.55	03.5139	15.8983
31	192.48	+1.82	12	48	45.8	− 3	15	13	58.758	58	30.61	15	56.57	04.2861	16.6799
Feb. 1	206.33	+0.64	13	38	36.5	− 9	33	46	58.438	58	49.81	16	01.81	05.0827	17.4972
2	220.29	−0.59	14	30	44.4	−15	27	52	58.173	59	05.87	16	06.18	05.9258	18.3706
3	234.37	−1.79	15	26	08.8	−20	36	05	57.972	59	18.16	16	09.53	06.8329	19.3131
4	248.56	−2.89	16	25	19.0	−24	35	22	57.851	59	25.60	16	11.56	07.8102	20.3215
5	262.83	−3.82	17	27	49.7	−27	03	40	57.832	59	26.80	16	11.88	08.8430	21.3693
6	277.12	−4.51	18	32	07.6	−27	45	05	57.937	59	20.32	16	10.12	09.8942	22.4118
7	291.38	−4.91	19	35	52.8	−26	35	36	58.185	59	05.18	16	05.99	10.9166	23.4047
8	305.52	−5.01	20	36	52.4	−23	45	01	58.581	58	41.18	15	59.45	11.8736	. . .
9	319.44	−4.81	21	33	48.7	−19	33	31	59.118	58	09.23	15	50.75	12.7508	00.3222
10	333.07	−4.34	22	26	29.4	−14	25	29	59.767	57	31.30	15	40.42	13.5537	01.1607
11	346.35	−3.64	23	15	29.0	− 8	44	11	60.488	56	50.16	15	29.21	14.2985	01.9321
12	359.28	−2.76	0	01	45.3	− 2	49	18	61.228	56	08.96	15	17.98	15.0055	02.6554
13	11.86	−1.77	0	46	23.3	+ 3	03	26	61.929	55	30.80	15	07.59	15.6948	03.3511
14	24.13	−0.72	1	30	26.9	+ 8	41	31	62.537	54	58.43	14	58.77	16.3857	04.0390
15	36.17	+0.35	2	14	55.6	+13	54	27	63.003	54	34.02	14	52.11	17.0955	04.7373

MOON, 1986

EPHEMERIS FOR PHYSICAL OBSERVATIONS

FOR 0ʰ DYNAMICAL TIME

Date		Age	The Earth's Selenographic		Physical Libration			The Sun's Selenographic		Position Angle of		Fraction Illuminated
			Longitude	Latitude	Lg.	Lt.	P.A.	Colong.	Lat.	Axis	Bright Limb	
		d	°	°	(0.″001)			°	°	°	°	
Jan.	0	19.0	−5.603	−6.364	−12+	7 +	19	138.30	−1.38	18.927	104.07	0.87
	1	20.0	5.690	5.804	12	7	19	150.44	1.39	21.069	108.66	0.79
	2	21.0	5.583	4.924	12	8	18	162.58	1.39	22.147	111.57	0.70
	3	22.0	5.271	3.756	12	9	18	174.73	1.40	22.180	112.91	0.59
	4	23.0	4.732	2.352	11	11	18	186.89	1.42	21.175	112.68	0.48
	5	24.0	−3.948	−0.782	−10+12 +		18	199.05	−1.43	19.107	110.79	0.37
	6	25.0	2.910	+0.865	9	13	18	211.22	1.44	15.923	107.09	0.26
	7	26.0	1.632	2.481	8	15	19	223.40	1.45	11.590	101.32	0.17
	8	27.0	−0.161	3.952	7	16	19	235.58	1.46	6.201	93.05	0.09
	9	28.0	+1.416	5.168	6	16	20	247.76	1.47	0.095	80.74	0.03
	10	29.0	+2.976	+6.036	− 5+16 +		20	259.95	−1.49	353.878	51.34	0.01
	11	0.5	4.380	6.501	4	16	21	272.14	1.50	348.249	295.54	0.01
	12	1.5	5.495	6.549	4	15	22	284.33	1.51	343.730	267.19	0.03
	13	2.5	6.219	6.206	4	15	22	296.52	1.52	340.530	257.34	0.08
	14	3.5	6.497	5.525	4	14	22	308.70	1.52	338.608	251.94	0.15
	15	4.5	+6.322	+4.575	− 5+13 +		22	320.88	−1.53	337.808	248.94	0.23
	16	5.5	5.730	3.427	6	11	22	333.06	1.54	337.966	247.65	0.32
	17	6.5	4.791	2.148	7	10	21	345.22	1.54	338.959	247.77	0.41
	18	7.5	3.593	+0.798	9	9	21	357.39	1.55	340.714	249.15	0.51
	19	8.5	2.233	−0.568	10	8	21	9.54	1.55	343.205	251.74	0.60
	20	9.5	+0.812	−1.902	−12+	7 +	20	21.69	−1.56	346.427	255.53	0.69
	21	10.5	−0.578	3.154	14	6	20	33.84	1.56	350.361	260.57	0.77
	22	11.5	1.854	4.278	15	6	20	45.98	1.56	354.936	266.91	0.85
	23	12.5	2.947	5.224	16	5	20	58.12	1.56	359.978	274.75	0.91
	24	13.5	3.811	5.945	18	4	20	70.25	1.56	5.192	284.83	0.96
	25	14.5	−4.420	−6.394	−19+	4 +	20	82.38	−1.56	10.194	301.64	0.99
	26	15.5	4.772	6.532	19	4	19	94.51	1.55	14.600	11.57	1.00
	27	16.5	4.884	6.335	20	4	19	106.64	1.55	18.114	86.38	0.99
	28	17.5	4.789	5.796	20	4	19	118.77	1.54	20.577	101.42	0.96
	29	18.5	4.521	4.930	20	5	18	130.90	1.53	21.944	107.84	0.90
	30	19.5	−4.114	−3.773	−20+	6 +	18	143.04	−1.52	22.235	110.97	0.83
	31	20.5	3.588	2.387	19	7	18	155.18	1.52	21.480	111.91	0.74
Feb.	1	21.5	2.951	−0.845	18	8	18	167.33	1.51	19.688	111.02	0.63
	2	22.5	2.200	+0.761	17	10	17	179.49	1.50	16.836	108.38	0.52
	3	23.5	1.328	2.336	16	11	17	191.65	1.50	12.904	104.00	0.41
	4	24.5	−0.338	+3.778	−15+13 +		18	203.82	−1.50	7.947	97.93	0.30
	5	25.5	+0.749	4.993	15	14	18	216.00	1.49	2.198	90.33	0.20
	6	26.5	1.887	5.897	14	14	18	228.18	1.49	356.123	81.41	0.12
	7	27.5	3.000	6.433	13	14	19	240.37	1.49	350.348	70.93	0.05
	8	28.5	3.996	6.569	13	14	19	252.57	1.49	345.439	55.24	0.02
	9	29.5	+4.775	+6.312	−13+14 +		20	264.76	−1.48	341.731	347.21	0.00
	10	1.0	5.253	5.696	13	13	20	276.96	1.48	339.296	267.93	0.01
	11	2.0	5.373	4.783	13	12	20	289.15	1.47	338.044	254.94	0.05
	12	3.0	5.117	3.643	14	11	20	301.35	1.47	337.825	250.28	0.10
	13	4.0	4.499	2.352	15	10	20	313.53	1.46	338.506	248.65	0.17
	14	5.0	+3.567	+0.979	−16+	9 +	20	325.72	−1.46	339.994	248.88	0.24
	15	6.0	+2.392	−0.413	−18+	8 +	20	337.90	−1.45	342.239	250.55	0.33

MOON, 1986
FOR 0ʰ DYNAMICAL TIME

Date	Apparent Long.	Apparent Lat.	Apparent R. A.			Apparent Dec.			True Dist.	Horiz. Parallax		Semi- diameter		Eph. Transits for date Upper	Eph. Transits for date Lower
	°	°	h	m	s	°	′	″		′	″	′	″	h	h
Feb. 15	36.17	+0.35	2	14	55.6	+13	54	27	63.003	54	34.02	14	52.11	17.0955	04.7373
16	48.05	+1.39	3	00	42.2	+18	32	30	63.292	54	19.08	14	48.04	17.8385	05.4620
17	59.85	+2.36	3	48	29.3	+22	25	48	63.381	54	14.49	14	46.79	18.6246	06.2258
18	71.68	+3.24	4	38	42.5	+25	23	51	63.265	54	20.48	14	48.42	19.4564	07.0350
19	83.63	+3.98	5	31	22.3	+27	15	51	62.953	54	36.63	14	52.82	20.3268	07.8877
20	95.76	+4.56	6	25	59.3	+27	52	04	62.471	55	01.91	14	59.71	21.2188	08.7714
21	108.15	+4.93	7	21	36.4	+27	05	46	61.858	55	34.66	15	08.63	22.1106	09.6661
22	120.84	+5.08	8	17	04.9	+24	55	16	61.162	56	12.61	15	18.97	22.9828	10.5501
23	133.86	+4.96	9	11	26.1	+21	24	56	60.437	56	53.02	15	29.99	23.8250	11.4079
24	147.20	+4.58	10	04	09.2	+16	44	41	59.740	57	32.88	15	40.85	. . .	12.2346
25	160.82	+3.93	10	55	16.2	+11	08	46	59.117	58	09.25	15	50.76	00.6377	13.0357
26	174.68	+3.04	11	45	17.9	+ 4	54	23	58.607	58	39.64	15	59.03	01.4307	13.8247
27	188.71	+1.95	12	35	04.5	− 1	39	21	58.231	59	02.38	16	05.23	02.2201	14.6196
28	202.84	+0.74	13	25	37.8	− 8	11	59	57.994	59	16.82	16	09.16	03.0257	15.4409
Mar. 1	217.03	−0.53	14	18	01.6	−14	21	53	57.890	59	23.24	16	10.91	03.8676	16.3078
2	231.22	−1.77	15	13	11.0	−19	46	33	57.900	59	22.63	16	10.75	04.7629	17.2333
3	245.38	−2.90	16	11	35.0	−24	03	21	58.004	59	16.21	16	09.00	05.7187	18.2173
4	259.49	−3.85	17	12	55.8	−26	51	47	58.185	59	05.14	16	05.98	06.7259	19.2402
5	273.53	−4.56	18	15	57.5	−27	57	15	58.432	58	50.20	16	01.91	07.7551	20.2653
6	287.48	−5.00	19	18	41.2	−27	15	12	58.738	58	31.79	15	56.90	08.7658	21.2525
7	301.30	−5.14	20	19	07.6	−24	52	46	59.104	58	10.00	15	50.96	09.7227	22.1748
8	314.97	−4.99	21	15	59.5	−21	06	26	59.533	57	44.87	15	44.11	10.6085	23.0244
9	328.43	−4.56	22	08	56.4	−16	17	16	60.023	57	16.61	15	36.41	11.4239	23.8089
10	341.67	−3.89	22	58	22.8	−10	46	48	60.565	56	45.85	15	28.03	12.1814	. . .
11	354.64	−3.03	23	45	07.9	− 4	54	30	61.142	56	13.71	15	19.27	12.8988	00.5439
12	7.34	−2.03	0	30	10.2	+ 1	02	52	61.726	55	41.76	15	10.57	13.5947	01.2483
13	19.78	−0.95	1	14	29.1	+ 6	51	10	62.283	55	11.90	15	02.43	14.2873	01.9403
14	31.98	+0.15	1	59	00.7	+12	18	09	62.770	54	46.16	14	55.42	14.9929	02.6375
15	43.99	+1.23	2	44	34.7	+17	12	46	63.148	54	26.49	14	50.06	15.7257	03.3552
16	55.86	+2.25	3	31	52.0	+21	24	29	63.379	54	14.61	14	46.82	16.4957	04.1056
17	67.68	+3.17	4	21	18.6	+24	42	55	63.433	54	11.85	14	46.07	17.3071	04.8963
18	79.52	+3.95	5	12	59.8	+26	57	51	63.291	54	19.13	14	48.06	18.1562	05.7276
19	91.46	+4.57	6	06	34.9	+28	00	11	62.949	54	36.81	14	52.87	19.0304	06.5912
20	103.59	+5.00	7	01	18.7	+27	43	07	62.420	55	04.61	15	00.45	19.9116	07.4713
21	115.98	+5.20	7	56	12.8	+26	03	45	61.730	55	41.54	15	10.51	20.7819	08.3490
22	128.70	+5.16	8	50	23.4	+23	03	53	60.924	56	25.75	15	22.55	21.6296	09.2089
23	141.80	+4.86	9	43	18.0	+18	50	01	60.060	57	14.49	15	35.84	22.4525	10.0439
24	155.29	+4.28	10	34	53.0	+13	32	57	59.203	58	04.19	15	49.38	23.2577	10.8566
25	169.15	+3.43	11	25	32.3	+ 7	27	04	58.424	58	50.68	16	02.04	. . .	11.6579
26	183.34	+2.36	12	16	01.2	+ 0	50	09	57.784	59	29.73	16	12.68	00.0593	12.4643
27	197.78	+1.12	13	07	18.3	− 5	56	52	57.334	59	57.78	16	20.33	00.8756	13.2957
28	212.38	−0.22	14	00	26.5	−12	30	08	57.099	60	12.59	16	24.36	01.7269	14.1714
29	227.02	−1.54	14	56	21.4	−18	23	39	57.082	60	13.69	16	24.66	02.6307	15.1056
30	241.60	−2.76	15	55	32.7	−23	11	04	57.261	60	02.37	16	21.57	03.5958	16.0997
31	256.06	−3.79	16	57	42.1	−26	28	53	57.601	59	41.18	16	15.79	04.6141	17.1349
Apr. 1	270.33	−4.57	18	01	30.5	−28	00	51	58.056	59	13.03	16	08.13	05.6567	18.1741
2	284.38	−5.07	19	04	53.6	−27	42	14	58.584	58	41.01	15	59.41	06.6816	19.1751

MOON, 1986

EPHEMERIS FOR PHYSICAL OBSERVATIONS

FOR 0ʰ DYNAMICAL TIME

Date		Age	The Earth's Selenographic		Physical Libration			The Sun's Selenographic		Position Angle of		Fraction Illuminated
			Longitude	Latitude	Lg.	Lt.	P.A.	Colong.	Lat.	Axis	Bright Limb	
		d	°	°	(0°.001)			°	°	°	°	
Feb.	15	6.0	+2.392	−0.413	−18+	8	+20	337.90	−1.45	342.239	250.55	0.33
	16	7.0	+1.060	1.771	19	7	20	350.07	1.44	345.221	253.49	0.42
	17	8.0	−0.333	3.045	21	6	20	2.24	1.43	348.919	257.59	0.52
	18	9.0	1.694	4.190	22	5	20	14.41	1.42	353.277	262.77	0.61
	19	10.0	2.930	5.163	23	4	20	26.57	1.41	358.159	268.89	0.70
	20	11.0	−3.961	−5.920	−24+	3	+20	38.72	−1.39	3.322	275.74	0.78
	21	12.0	4.723	6.416	25	3	20	50.87	1.38	8.422	283.10	0.86
	22	13.0	5.173	6.612	26	3	20	63.01	1.36	13.077	290.98	0.92
	23	14.0	5.297	6.474	26	2	19	75.15	1.34	16.951	300.44	0.97
	24	15.0	5.108	5.984	26	2	19	87.29	1.32	19.821	320.41	0.99
	25	16.0	−4.644	−5.145	−26+	3	+19	99.43	−1.30	21.586	72.90	1.00
	26	17.0	3.962	3.991	25	3	18	111.57	1.27	22.230	103.92	0.98
	27	18.0	3.126	2.580	24	4	18	123.71	1.25	21.776	109.87	0.93
	28	19.0	2.198	−0.997	23	5	18	135.86	1.23	20.240	110.97	0.86
Mar.	1	20.0	1.227	+0.655	22	7	18	148.01	1.20	17.618	109.49	0.77
	2	21.0	−0.248	+2.270	−21+	8	+18	160.17	−1.18	13.910	106.00	0.67
	3	22.0	+0.715	3.743	20	9	18	172.33	1.16	9.175	100.80	0.56
	4	23.0	1.646	4.985	19	10	18	184.50	1.14	3.625	94.23	0.45
	5	24.0	2.524	5.920	18	11	18	196.68	1.13	357.676	86.80	0.34
	6	25.0	3.324	6.498	18	12	18	208.87	1.11	351.891	79.11	0.23
	7	26.0	+4.008	+6.692	−17+	12	+18	221.07	−1.10	346.818	71.68	0.15
	8	27.0	4.533	6.501	17	12	18	233.27	1.08	342.817	64.59	0.08
	9	28.0	4.851	5.950	17	11	18	245.47	1.07	340.022	56.80	0.03
	10	29.0	4.920	5.087	18	10	18	257.68	1.05	338.394	40.00	0.01
	11	0.4	4.713	3.975	18	9	18	269.88	1.04	337.819	280.31	0.00
	12	1.4	+4.220	+2.685	−19+	8	+18	282.09	−1.02	338.176	253.70	0.02
	13	2.4	3.452	+1.290	20	7	18	294.30	1.00	339.374	249.67	0.06
	14	3.4	2.442	−0.141	22	6	18	306.51	0.99	341.355	249.61	0.11
	15	4.4	+1.241	1.545	23	5	19	318.71	0.97	344.090	251.53	0.18
	16	5.4	−0.087	2.868	24	5	19	330.91	0.95	347.555	254.87	0.26
	17	6.4	−1.464	−4.062	−26+	4	+19	343.10	−0.93	351.698	259.37	0.34
	18	7.4	2.809	5.085	27	3	19	355.29	0.91	356.402	264.82	0.44
	19	8.4	4.035	5.897	28	3	19	7.47	0.89	1.458	270.92	0.53
	20	9.4	5.060	6.459	29	2	19	19.65	0.87	6.562	277.35	0.63
	21	10.4	5.812	6.735	29	2	20	31.82	0.84	11.359	283.71	0.72
	22	11.4	−6.229	−6.691	−29+	1	+20	43.98	−0.81	15.514	289.65	0.80
	23	12.4	6.276	6.302	29	1	19	56.15	0.78	18.771	295.00	0.88
	24	13.4	5.942	5.556	29	2	19	68.30	0.75	20.981	299.89	0.94
	25	14.4	5.249	4.468	28	2	19	80.46	0.72	22.082	305.90	0.98
	26	15.4	4.247	3.081	27	3	19	92.61	0.69	22.059	347.70	1.00
	27	16.4	−3.012	−1.473	−26+	3	+18	104.77	−0.65	20.907	107.04	0.99
	28	17.4	1.635	+0.249	24	4	18	116.92	0.62	18.606	110.58	0.95
	29	18.4	−0.210	1.963	23	5	18	129.08	0.59	15.143	108.51	0.89
	30	19.4	+1.176	3.544	22	6	18	141.24	0.55	10.563	103.98	0.80
	31	20.4	2.451	4.885	20	7	18	153.41	0.52	5.068	97.82	0.70
Apr.	1	21.4	+3.556	+5.905	−19+	8	+18	165.59	−0.50	359.075	90.71	0.59
	2	22.4	+4.453	+6.553	−18+	8	+18	177.78	−0.47	353.167	83.38	0.48

MOON, 1986
FOR 0ʰ DYNAMICAL TIME

Date	Apparent Long.	Lat.	Apparent R. A.	Dec.	True Dist.	Horiz. Parallax	Semi-diameter	Eph. Transits for date Upper	Lower
	°	°	h m s	° ′ ″		′ ″	′ ″	h	h
Apr. 1	270.33	−4.57	18 01 30.5	−28 00 51	58.056	59 13.03	16 08.13	05.6567	18.1741
2	284.38	−5.07	19 04 53.6	−27 42 14	58.584	58 41.01	15 59.41	06.6816	19.1751
3	298.18	−5.26	20 05 48.3	−25 40 42	59.148	58 07.40	15 50.25	07.6514	20.1088
4	311.73	−5.16	21 02 56.1	−22 13 06	59.723	57 33.85	15 41.11	08.5469	20.9662
5	325.03	−4.77	21 55 58.1	−17 40 17	60.292	57 01.27	15 32.23	09.3682	21.7548
6	338.10	−4.15	22 45 21.1	−12 22 48	60.845	56 30.14	15 23.75	10.1281	22.4905
7	350.93	−3.33	23 31 56.5	− 6 39 02	61.379	56 00.65	15 15.72	10.8446	23.1925
8	3.54	−2.35	0 16 44.5	− 0 44 52	61.888	55 33.02	15 08.19	11.5368	23.8796
9	15.95	−1.28	1 00 45.2	+ 5 05 49	62.363	55 07.64	15 01.27	12.2231	. . .
10	28.17	−0.16	1 44 54.6	+10 40 29	62.790	54 45.15	14 55.14	12.9199	00.5692
11	40.23	+0.95	2 30 02.3	+15 47 21	63.149	54 26.48	14 50.06	13.6414	01.2768
12	52.16	+2.01	3 16 48.4	+20 14 57	63.414	54 12.78	14 46.33	14.3979	02.0148
13	64.01	+2.97	4 05 38.6	+23 52 05	63.560	54 05.33	14 44.30	15.1941	02.7910
14	75.82	+3.80	4 56 38.2	+26 28 07	63.559	54 05.37	14 44.31	16.0271	03.6065
15	87.67	+4.48	5 49 27.8	+27 53 50	63.390	54 14.02	14 46.66	16.8858	04.4542
16	99.60	+4.96	6 43 24.5	+28 02 39	63.040	54 32.11	14 51.59	17.7532	05.3196
17	111.71	+5.24	7 37 32.4	+26 51 38	62.506	55 00.04	14 59.20	18.6119	06.1846
18	124.06	+5.28	8 30 59.6	+24 22 06	61.803	55 37.59	15 09.43	19.4496	07.0338
19	136.73	+5.07	9 23 14.0	+20 39 11	60.961	56 23.72	15 22.00	20.2632	07.8593
20	149.77	+4.60	10 14 11.0	+15 51 09	60.026	57 16.41	15 36.36	21.0585	08.6625
21	163.24	+3.86	11 04 13.1	+10 09 01	59.063	58 12.44	15 51.62	21.8486	09.4531
22	177.14	+2.88	11 54 04.8	+ 3 46 35	58.147	59 07.50	16 06.63	22.6521	10.2474
23	191.45	+1.69	12 44 46.0	− 2 58 46	57.355	59 56.47	16 19.97	23.4906	11.0656
24	206.12	+0.36	13 37 24.8	− 9 45 14	56.761	60 34.13	16 30.23	. . .	11.9298
25	221.03	−1.02	14 33 06.9	−16 06 21	56.417	60 56.25	16 36.26	00.3853	12.8589
26	236.06	−2.33	15 32 36.9	−21 32 12	56.351	61 00.57	16 37.43	01.3510	13.8609
27	251.07	−3.48	16 35 50.8	−25 33 02	56.555	60 47.32	16 33.82	02.3861	14.9224
28	265.91	−4.38	17 41 32.4	−27 45 36	56.996	60 19.13	16 26.14	03.4640	16.0043
29	280.47	−4.99	18 47 20.3	−27 59 51	57.617	59 40.14	16 15.52	04.5366	17.0550
30	294.70	−5.26	19 50 40.8	−26 21 48	58.353	58 54.97	16 03.21	05.5550	18.0338
May 1	308.55	−5.23	20 49 49.2	−23 09 58	59.141	58 07.83	15 50.37	06.4903	18.9249
2	322.02	−4.90	21 44 14.6	−18 47 58	59.929	57 21.98	15 37.88	07.3389	19.7345
3	335.15	−4.32	22 34 24.6	−13 38 35	60.676	56 39.59	15 26.33	08.1140	20.4802
4	347.96	−3.54	23 21 17.1	− 8 01 08	61.357	56 01.86	15 16.05	08.8357	21.1833
5	0.50	−2.60	0 05 59.6	− 2 11 18	61.958	55 29.26	15 07.16	09.5256	21.8651
6	12.83	−1.56	0 49 38.8	+ 3 37 48	62.473	55 01.79	14 59.68	10.2040	22.5446
7	24.98	−0.46	1 33 16.0	+ 9 14 29	62.902	54 39.28	14 53.55	10.8890	23.2390
8	37.00	+0.64	2 17 45.4	+14 27 31	63.244	54 21.53	14 48.71	11.5962	23.9621
9	48.91	+1.71	3 03 51.0	+19 05 33	63.498	54 08.52	14 45.17	12.3377	. . .
10	60.77	+2.70	3 52 02.4	+22 56 58	63.655	54 00.48	14 42.98	13.1198	00.7236
11	72.59	+3.56	4 42 28.2	+25 50 23	63.706	53 57.88	14 42.27	13.9411	01.5260
12	84.41	+4.28	5 34 50.4	+27 35 42	63.637	54 01.41	14 43.23	14.7911	02.3635
13	96.29	+4.81	6 28 25.0	+28 05 38	63.432	54 11.90	14 46.09	15.6523	03.2216
14	108.25	+5.13	7 22 12.1	+27 16 57	63.077	54 30.16	14 51.06	16.5054	04.0810
15	120.37	+5.24	8 15 14.0	+25 11 03	62.567	54 56.85	14 58.33	17.3356	04.9239
16	132.70	+5.10	9 06 52.7	+21 53 18	61.902	55 32.25	15 07.98	18.1375	05.7401
17	145.31	+4.72	9 56 59.3	+17 31 45	61.099	56 16.08	15 19.92	18.9150	06.5287

MOON, 1986

EPHEMERIS FOR PHYSICAL OBSERVATIONS

FOR 0ʰ DYNAMICAL TIME

Date		Age	The Earth's Selenographic		Physical Libration			The Sun's Selenographic		Position Angle of		Fraction Illuminated
			Longitude	Latitude	Lg.	Lt.	P.A.	Colong.	Lat.	Axis	Bright Limb	
		d	°	°	(0.°001)			°	°	°	°	
Apr.	1	21.4	+3.556	+5.905	−19+	8	+18	165.59	−0.50	359.075	90.71	0.59
	2	22.4	4.453	6.553	18	8	18	177.78	0.47	353.167	83.38	0.48
	3	23.4	5.115	6.809	18	8	18	189.97	0.44	347.911	76.54	0.37
	4	24.4	5.527	6.678	17	8	18	202.17	0.42	343.688	70.67	0.27
	5	25.4	5.686	6.188	17	8	18	214.38	0.40	340.644	65.98	0.18
	6	26.4	+5.590	+5.382	−18+	7	+18	226.59	−0.38	338.752	62.47	0.11
	7	27.4	5.247	4.318	18	6	17	238.81	0.36	337.907	59.91	0.05
	8	28.4	4.669	3.059	19	6	17	251.03	0.34	337.994	57.48	0.02
	9	29.4	3.873	1.674	20	5	17	263.26	0.32	338.926	43.62	0.00
	10	0.7	2.883	+0.231	22	4	17	275.48	0.29	340.649	250.20	0.01
	11	1.7	+1.731	−1.204	−23+	3	+17	287.71	−0.27	343.139	248.92	0.03
	12	2.7	+0.457	2.572	24	2	17	299.93	0.25	346.375	251.51	0.07
	13	3.7	−0.893	3.819	25	2	18	312.15	0.23	350.315	255.63	0.13
	14	4.7	2.264	4.899	27+	1	18	324.37	0.21	354.855	260.79	0.19
	15	5.7	3.593	5.773	28	0	18	336.58	0.18	359.804	266.67	0.27
	16	6.7	−4.813	−6.405	−29	0	+19	348.79	−0.16	4.878	272.88	0.36
	17	7.7	5.854	6.762	29	0	19	0.99	0.13	9.742	279.04	0.46
	18	8.7	6.645	6.817	30	0	19	13.19	0.10	14.071	284.75	0.56
	19	9.7	7.121	6.546	30	0	19	25.38	0.07	17.607	289.68	0.66
	20	10.7	7.226	5.935	29	0	19	37.57	0.04	20.187	293.60	0.75
	21	11.7	−6.924	−4.982	−29	0	+19	49.75	−0.01	21.726	296.31	0.84
	22	12.7	6.204	3.710	28+	1	18	61.92	+0.03	22.186	297.65	0.91
	23	13.7	5.089	2.171	26	2	18	74.09	0.06	21.536	297.34	0.97
	24	14.7	3.636	−0.455	25	3	18	86.26	0.10	19.729	294.00	1.00
	25	15.7	1.939	+1.320	23	3	18	98.43	0.14	16.706	117.00	1.00
	26	16.7	−0.118	+3.017	−21+	4	+18	110.60	+0.17	12.447	109.99	0.97
	27	17.7	+1.693	4.504	19	5	18	122.77	0.21	7.083	103.25	0.91
	28	18.7	3.363	5.670	18	5	18	134.95	0.24	0.997	95.71	0.83
	29	19.7	4.781	6.446	16	6	18	147.13	0.27	354.812	87.94	0.73
	30	20.7	5.868	6.805	15	6	18	159.33	0.30	349.195	80.68	0.63
May	1	21.7	+6.581	+6.753	−15+	5	+18	171.52	+0.33	344.618	74.52	0.52
	2	22.7	6.912	6.326	14	5	18	183.73	0.35	341.268	69.73	0.41
	3	23.7	6.879	5.576	15	4	17	195.94	0.37	339.117	66.37	0.31
	4	24.7	6.517	4.562	15	3	17	208.16	0.40	338.042	64.41	0.22
	5	25.7	5.874	3.347	16	2	17	220.39	0.42	337.911	63.82	0.14
	6	26.7	+5.000	+1.997	−17+	1	+17	232.62	+0.44	338.624	64.66	0.08
	7	27.7	3.942	+0.576	18	0	16	244.86	0.46	340.125	67.37	0.03
	8	28.7	2.746	−0.854	19−	1	16	257.09	0.48	342.389	74.44	0.01
	9	0.1	1.455	2.234	20	1	16	269.33	0.50	345.406	189.84	0.00
	10	1.1	+0.108	3.508	21	2	16	281.57	0.52	349.149	245.04	0.01
	11	2.1	−1.258	−4.627	−22−	3	+17	293.81	+0.54	353.535	253.90	0.04
	12	3.1	2.605	5.548	24	3	17	306.05	0.56	358.389	261.05	0.08
	13	4.1	3.891	6.233	25	3	17	318.28	0.58	3.442	267.93	0.14
	14	5.1	5.071	6.652	25	3	18	330.51	0.60	8.361	274.52	0.22
	15	6.1	6.095	6.781	26	3	18	342.74	0.62	12.817	280.57	0.30
	16	7.1	−6.907	−6.602	−26−	3	+18	354.96	+0.65	16.546	285.81	0.40
	17	8.1	−7.448	−6.104	−26−	3	+18	7.17	+0.67	19.384	290.02	0.50

MOON, 1986
FOR 0ʰ DYNAMICAL TIME

Date	Apparent Long.	Apparent Lat.	Apparent R.A.	Apparent Dec.	True Dist.	Horiz. Parallax	Semi-diameter	Eph. Transits for date Upper	Eph. Transits for date Lower
	°	°	h m s	° ′ ″		′ ″	′ ″	h	h
May 17	145.31	+4.72	9 56 59.3	+17 31 45	61.099	56 16.08	15 19.92	18.9150	06.5287
18	158.26	+4.10	10 45 53.5	+12 16 13	60.188	57 07.18	15 33.84	19.6802	07.2981
19	171.61	+3.23	11 34 18.2	+ 6 17 57	59.218	58 03.30	15 49.13	20.4514	08.0638
20	185.40	+2.16	12 23 13.9	− 0 09 40	58.255	59 00.88	16 04.82	21.2506	08.8459
21	199.63	+0.92	13 13 52.6	− 6 49 45	57.376	59 55.15	16 19.61	22.1023	09.6683
22	214.28	−0.42	14 07 30.7	−13 20 20	56.661	60 40.54	16 31.97	23.0290	10.5551
23	229.27	−1.75	15 05 15.2	−19 13 39	56.182	61 11.57	16 40.43	. . .	11.5248
24	244.47	−2.98	16 07 37.0	−23 57 40	55.990	61 24.15	16 43.86	00.0422	12.5786
25	259.72	−3.99	17 13 54.5	−27 01 26	56.104	61 16.64	16 41.81	01.1296	13.6884
26	274.85	−4.72	18 21 56.2	−28 04 11	56.509	60 50.34	16 34.65	02.2473	14.7983
27	289.71	−5.12	19 28 37.2	−27 03 14	57.154	60 09.10	16 23.41	03.3341	15.8494
28	304.17	−5.17	20 31 20.1	−24 14 13	57.972	59 18.16	16 09.53	04.3410	16.8076
29	318.17	−4.91	21 28 51.9	−20 03 14	58.885	58 22.98	15 54.50	05.2497	17.6691
30	331.71	−4.39	22 21 21.5	−14 57 33	59.820	57 28.24	15 39.58	06.0682	18.4498
31	344.81	−3.64	23 09 45.7	− 9 20 21	60.714	56 37.45	15 25.74	06.8171	19.1730
June 1	357.53	−2.74	23 55 18.6	− 3 29 33	61.522	55 52.82	15 13.58	07.5204	19.8624
2	9.94	−1.73	0 39 15.1	+ 2 21 03	62.215	55 15.51	15 03.42	08.2014	20.5401
3	22.11	−0.65	1 22 44.3	+ 8 00 09	62.777	54 45.84	14 55.33	08.8808	21.2256
4	34.10	+0.43	2 06 47.4	+13 17 25	63.204	54 23.59	14 49.27	09.5765	21.9352
5	45.98	+1.48	2 52 15.7	+18 02 27	63.503	54 08.25	14 45.09	10.3031	22.6813
6	57.81	+2.46	3 39 46.7	+22 04 15	63.680	53 59.24	14 42.64	11.0702	23.4698
7	69.62	+3.33	4 29 37.0	+25 11 23	63.743	53 56.03	14 41.76	11.8795	. . .
8	81.45	+4.06	5 21 36.1	+27 13 02	63.698	53 58.29	14 42.38	12.7232	00.2980
9	93.33	+4.61	6 15 03.3	+28 00 40	63.548	54 05.94	14 44.46	13.5845	01.1530
10	105.30	+4.97	7 08 56.2	+27 29 52	63.291	54 19.14	14 48.06	14.4418	02.0149
11	117.37	+5.10	8 02 08.6	+25 41 24	62.922	54 38.23	14 53.26	15.2766	02.8628
12	129.58	+5.01	8 53 51.3	+22 40 44	62.437	55 03.68	15 00.20	16.0790	03.6820
13	141.97	+4.68	9 43 45.0	+18 36 38	61.836	55 35.84	15 08.96	16.8495	04.4678
14	154.60	+4.12	10 32 01.6	+13 39 36	61.122	56 14.79	15 19.57	17.5978	05.2255
15	167.51	+3.34	11 19 18.7	+ 8 00 48	60.313	57 00.04	15 31.90	18.3402	05.9685
16	180.76	+2.37	12 06 32.9	+ 1 52 14	59.440	57 50.29	15 45.59	19.0977	06.7156
17	194.39	+1.23	12 54 54.0	− 4 32 23	58.549	58 43.12	15 59.98	19.8946	07.4896
18	208.44	−0.01	13 45 40.6	−10 56 01	57.701	59 34.93	16 14.10	20.7566	08.3159
19	222.91	−1.29	14 40 11.5	−16 56 34	56.966	60 21.02	16 26.66	21.7051	09.2191
20	237.74	−2.51	15 39 27.5	−22 06 09	56.418	60 56.18	16 36.24	22.7465	10.2148
21	252.85	−3.57	16 43 37.7	−25 53 11	56.120	61 15.64	16 41.54	23.8578	11.2962
22	268.09	−4.39	17 51 22.7	−27 49 14	56.110	61 16.28	16 41.71	. . .	12.4232
23	283.28	−4.90	18 59 53.3	−27 39 08	56.397	60 57.56	16 36.61	00.9839	13.5317
24	298.25	−5.06	20 05 54.4	−25 27 58	56.955	60 21.73	16 26.85	02.0603	14.5655
25	312.85	−4.88	21 07 11.3	−21 38 08	57.728	59 33.23	16 13.63	03.0453	15.4998
26	326.99	−4.41	22 03 05.6	−16 39 24	58.642	58 37.52	15 58.46	03.9303	16.3394
27	340.63	−3.70	22 54 12.3	−10 59 59	59.617	57 39.98	15 42.78	04.7298	17.1049
28	353.80	−2.81	23 41 41.6	− 5 02 29	60.578	56 45.11	15 27.83	05.4676	17.8212
29	6.54	−1.81	0 26 52.0	+ 0 56 13	61.461	55 56.16	15 14.49	06.1686	18.5126
30	18.92	−0.74	1 10 58.7	+ 6 43 26	62.221	55 15.17	15 03.32	06.8559	19.2008
July 1	31.04	+0.33	1 55 09.7	+12 08 44	62.828	54 43.13	14 54.60	07.5497	19.9046
2	42.98	+1.37	2 40 22.9	+17 02 25	63.269	54 20.24	14 48.36	08.2672	20.6390

MOON, 1986

EPHEMERIS FOR PHYSICAL OBSERVATIONS

FOR 0ʰ DYNAMICAL TIME

Date		Age	The Earth's Selenographic		Physical Libration			The Sun's Selenographic		Position Angle of		Fraction Illuminated
			Longitude	Latitude	Lg.	Lt.	P.A.	Colong.	Lat.	Axis	Bright Limb	
		d	°	°	(0°.001)			°	°	°	°	
May	17	8.1	−7.448	− 6.104	−26−	3	+18	7.17	+0.67	19.384	290.02	0.50
	18	9.1	7.660	5.286	26	2	17	19.38	0.70	21.250	293.05	0.60
	19	10.1	7.488	4.161	25−	1	17	31.58	0.73	22.107	294.76	0.70
	20	11.1	6.897	2.763	24	0	17	43.78	0.75	21.929	294.94	0.80
	21	12.1	5.871	−1.154	22+	1	17	55.97	0.79	20.665	293.27	0.88
	22	13.1	−4.435	+0.575	−20+	2	+16	68.15	+0.82	18.228	288.91	0.95
	23	14.1	2.657	2.302	18	3	16	80.33	0.85	14.532	278.00	0.99
	24	15.1	−0.654	3.888	16	3	16	92.51	0.88	9.583	157.83	1.00
	25	16.1	+1.421	5.202	14	4	17	104.70	0.91	3.622	108.02	0.98
	26	17.1	3.395	6.139	13	4	17	116.88	0.94	357.217	95.80	0.93
	27	18.1	+5.107	+6.644	−11+	4	+17	129.07	+0.96	351.127	86.56	0.86
	28	19.1	6.432	6.707	10	3	17	141.26	0.99	346.000	79.07	0.77
	29	20.1	7.298	6.362	9	3	17	153.46	1.01	342.156	73.31	0.66
	30	21.1	7.685	5.668	9	2	17	165.67	1.03	339.618	69.25	0.56
	31	22.1	7.618	4.695	9+	1	17	177.88	1.05	338.248	66.75	0.45
June	1	23.1	+7.152	+3.514	− 9−	1	+16	190.11	+1.07	337.884	65.68	0.35
	2	24.1	6.358	2.196	10	2	16	202.33	1.08	338.394	65.96	0.26
	3	25.1	5.316	+0.803	10	3	16	214.57	1.10	339.698	67.60	0.18
	4	26.1	4.098	−0.604	11	4	16	226.81	1.11	341.762	70.74	0.11
	5	27.1	2.773	1.970	12	5	15	239.05	1.13	344.577	75.87	0.06
	6	28.1	+1.399	−3.242	−13−	5	+16	251.30	+1.14	348.128	84.67	0.02
	7	29.1	+0.022	4.371	15	6	16	263.54	1.15	352.355	108.77	0.00
	8	0.4	−1.321	5.312	16	7	16	275.79	1.17	357.113	224.39	0.00
	9	1.4	2.600	6.026	17	7	16	288.04	1.18	2.150	255.29	0.02
	10	2.4	3.788	6.481	17	7	16	300.29	1.19	7.135	266.93	0.05
	11	3.4	−4.862	−6.651	−18−	7	+16	312.53	+1.20	11.723	275.12	0.11
	12	4.4	5.793	6.522	18	7	16	324.78	1.22	15.630	281.58	0.17
	13	5.4	6.546	6.088	18	6	16	337.01	1.23	18.676	286.64	0.25
	14	6.4	7.080	5.352	18	6	16	349.24	1.25	20.780	290.36	0.35
	15	7.4	7.344	4.330	18	5	16	1.47	1.26	21.918	292.74	0.45
	16	8.4	−7.286	−3.053	−17−	4	+15	13.69	+1.28	22.085	293.71	0.56
	17	9.4	6.857	−1.569	15	2	15	25.90	1.30	21.250	293.16	0.66
	18	10.4	6.019	+0.052	14−	1	15	38.10	1.32	19.345	290.86	0.77
	19	11.4	4.767	1.715	12	0	14	50.30	1.34	16.267	286.43	0.86
	20	12.4	3.134	3.302	10+	1	14	62.50	1.36	11.938	279.02	0.93
	21	13.4	−1.209	+4.686	− 8+	2	+14	74.69	+1.38	6.433	265.60	0.98
	22	14.4	+0.865	5.748	7	3	14	86.87	1.39	0.132	207.60	1.00
	23	15.4	2.911	6.400	5	3	15	99.06	1.41	353.734	105.91	0.99
	24	16.4	4.743	6.602	3	3	15	111.25	1.43	348.022	88.19	0.95
	25	17.4	6.207	6.364	2	2	15	123.44	1.44	343.529	78.93	0.88
	26	18.4	+7.200	+5.739	− 1+	1	+15	135.64	+1.45	340.423	72.95	0.80
	27	19.4	7.680	4.802	0	0	15	147.85	1.46	338.614	69.20	0.71
	28	20.4	7.662	3.637	0−	2	15	160.06	1.47	337.923	67.21	0.61
	29	21.4	7.203	2.325	0	3	15	172.27	1.48	338.182	66.73	0.51
	30	22.4	6.383	+0.938	− 1	4	15	184.50	1.48	339.276	67.59	0.41
July	1	23.4	+5.292	−0.462	− 1−	5	+15	196.73	+1.49	341.146	69.73	0.31
	2	24.4	+4.021	−1.819	− 2−	7	+15	208.96	+1.49	343.768	73.17	0.23

MOON, 1986

FOR 0ʰ DYNAMICAL TIME

Date	Apparent Long.	Apparent Lat.	Apparent R.A.	Apparent Dec.	True Dist.	Horiz. Parallax	Semi-diameter	Eph. Transits for date Upper	Lower
	°	°	h m s	° ′ ″		′ ″	′ ″	h	h
July 1	31.04	+0.33	1 55 09.7	+12 08 44	62.828	54 43.13	14 54.60	07.5497	19.9046
2	42.98	+1.37	2 40 22.9	+17 02 25	63.269	54 20.24	14 48.36	08.2672	20.6390
3	54.81	+2.34	3 27 24.0	+21 14 30	63.544	54 06.13	14 44.51	09.0210	21.4138
4	66.61	+3.20	4 16 40.0	+24 34 21	63.663	54 00.06	14 42.86	09.8172	22.2306
5	78.44	+3.93	5 08 11.8	+26 51 13	63.642	54 01.13	14 43.15	10.6525	23.0808
6	90.33	+4.49	6 01 29.3	+27 55 46	63.500	54 08.40	14 45.13	11.5132	23.9466
7	102.32	+4.85	6 55 34.7	+27 42 04	63.254	54 21.03	14 48.57	12.3784	. . .
8	114.43	+5.00	7 49 18.2	+26 09 15	62.920	54 38.34	14 53.29	13.2266	00.8057
9	126.68	+4.92	8 41 40.3	+23 21 51	62.509	54 59.91	14 59.17	14.0431	01.6393
10	139.09	+4.61	9 32 08.5	+19 28 40	62.027	55 25.55	15 06.15	14.8235	02.4376
11	151.67	+4.07	10 20 42.6	+14 41 06	61.478	55 55.22	15 14.24	15.5737	03.2017
12	164.44	+3.32	11 07 51.1	+ 9 11 31	60.868	56 28.89	15 23.41	16.3069	03.9413
13	177.43	+2.39	11 54 23.2	+ 3 12 41	60.202	57 06.36	15 33.62	17.0419	04.6729
14	190.70	+1.31	12 41 22.6	− 3 02 00	59.497	57 46.98	15 44.69	17.8008	05.4168
15	204.26	+0.12	13 30 02.6	− 9 17 29	58.777	58 29.43	15 56.25	18.6082	06.1969
16	218.16	−1.09	14 21 41.0	−15 15 38	58.082	59 11.46	16 07.71	19.4879	07.0377
17	232.40	−2.27	15 17 28.4	−20 33 50	57.459	59 49.95	16 18.19	20.4562	07.9605
18	246.96	−3.33	16 18 04.7	−24 45 06	56.966	60 21.04	16 26.66	21.5101	08.9738
19	261.79	−4.18	17 23 04.7	−27 21 18	56.658	60 40.73	16 32.03	22.6160	10.0598
20	276.76	−4.75	18 30 33.7	−28 00 43	56.580	60 45.73	16 33.39	23.7157	11.1705
21	291.75	−5.00	19 37 32.5	−26 36 58	56.757	60 34.36	16 30.29	. . .	12.2450
22	306.58	−4.91	20 41 13.3	−23 22 26	57.186	60 07.10	16 22.86	00.7536	13.2390
23	321.12	−4.50	21 40 05.3	−18 42 51	57.835	59 26.60	16 11.83	01.7006	14.1393
24	335.25	−3.82	22 34 02.9	−13 08 01	58.649	58 37.09	15 58.34	02.5571	14.9565
25	348.93	−2.94	23 23 55.6	− 7 04 49	59.558	57 43.40	15 43.71	03.3404	15.7120
26	2.14	−1.92	0 10 55.1	− 0 54 37	60.488	56 50.19	15 29.21	04.0742	16.4299
27	14.93	−0.84	0 56 16.6	+ 5 06 29	61.367	56 01.30	15 15.90	04.7820	17.1329
28	27.35	+0.26	1 41 10.2	+10 46 06	62.139	55 19.57	15 04.52	05.4852	17.8411
29	39.49	+1.31	2 26 37.7	+15 53 57	62.759	54 46.77	14 55.59	06.2025	18.5714
30	51.44	+2.30	3 13 29.9	+20 20 21	63.201	54 23.78	14 49.32	06.9489	19.3361
31	63.28	+3.17	4 02 21.5	+23 55 32	63.454	54 10.75	14 45.77	07.7335	20.1410
Aug. 1	75.11	+3.91	4 53 24.5	+26 29 27	63.523	54 07.22	14 44.81	08.5577	20.9824
2	86.98	+4.48	5 46 21.9	+27 52 49	63.423	54 12.33	14 46.20	09.4129	21.8469
3	98.95	+4.85	6 40 27.2	+27 58 45	63.179	54 24.88	14 49.62	10.2816	22.7143
4	111.08	+5.02	7 34 35.7	+26 44 33	62.821	54 43.51	14 54.70	11.1425	23.5642
5	123.37	+4.95	8 27 44.0	+24 12 49	62.379	55 06.78	15 01.04	11.9778	. . .
6	135.86	+4.65	9 19 09.6	+20 31 04	61.883	55 33.31	15 08.27	12.7784	00.3826
7	148.53	+4.11	10 08 40.3	+15 50 22	61.356	56 01.92	15 16.06	13.5458	01.1658
8	161.40	+3.36	10 56 33.4	+10 23 51	60.817	56 31.69	15 24.18	14.2897	01.9198
9	174.45	+2.42	11 43 29.3	+ 4 25 37	60.279	57 02.00	15 32.43	15.0258	02.6575
10	187.70	+1.34	12 30 23.8	− 1 49 37	59.748	57 32.39	15 40.71	15.7739	03.3970
11	201.14	+0.16	13 18 23.1	− 8 06 09	59.231	58 02.52	15 48.92	16.5560	04.1593
12	214.80	−1.05	14 08 38.4	−14 06 31	58.737	58 31.83	15 56.91	17.3945	04.9669
13	228.68	−2.21	15 02 17.3	−19 30 32	58.279	58 59.41	16 04.42	18.3075	05.8409
14	242.78	−3.26	16 00 07.0	−23 55 00	57.880	59 23.83	16 11.08	19.3007	06.7945
15	257.10	−4.13	17 02 08.1	−26 55 17	57.569	59 43.09	16 16.32	20.3567	07.8230
16	271.58	−4.74	18 07 09.6	−28 10 01	57.380	59 54.87	16 19.53	21.4334	08.8958

MOON, 1986

EPHEMERIS FOR PHYSICAL OBSERVATIONS

FOR 0^h DYNAMICAL TIME

Date		Age	The Earth's Selenographic		Physical Libration			The Sun's Selenographic		Position Angle of		Fraction Illuminated
			Longitude	Latitude	Lg.	Lt.	P.A.	Colong.	Lat.	Axis	Bright Limb	
		d	°	°	(0.°001)			°	°	°	°	
July	1	23.4	+5.292	−0.462	− 1−	5	+15	196.73	+1.49	341.146	69.73	0.31
	2	24.4	4.021	1.819	2	7	15	208.96	1.49	343.768	73.17	0.23
	3	25.4	2.655	3.085	3	7	15	221.20	1.50	347.131	78.02	0.15
	4	26.4	+1.267	4.213	4	8	15	233.45	1.50	351.191	84.54	0.09
	5	27.4	−0.085	5.159	5	9	15	245.70	1.51	355.832	93.52	0.05
	6	28.4	−1.357	−5.886	− 5−	9	+15	257.95	+1.51	0.834	108.43	0.02
	7	29.4	2.519	6.359	6	10	15	270.20	1.51	5.882	160.27	0.00
	8	0.8	3.552	6.552	7	10	15	282.45	1.51	10.618	251.40	0.01
	9	1.8	4.444	6.446	7	10	15	294.70	1.51	14.727	271.86	0.03
	10	2.8	5.188	6.036	7	10	15	306.95	1.51	17.998	281.16	0.08
	11	3.8	−5.771	−5.329	− 7−	9	+15	319.20	+1.52	20.328	286.91	0.14
	12	4.8	6.172	4.347	7	8	14	331.44	1.52	21.696	290.53	0.22
	13	5.8	6.362	3.122	6	7	14	343.67	1.52	22.110	292.45	0.31
	14	6.8	6.302	1.706	5	5	13	355.90	1.52	21.568	292.80	0.41
	15	7.8	5.949	−0.163	4	4	13	8.12	1.53	20.034	291.57	0.52
	16	8.8	−5.264	+1.427	− 3−	2	+12	20.34	+1.53	17.428	288.63	0.63
	17	9.8	4.228	2.967	− 1−	1	12	32.55	1.54	13.663	283.81	0.74
	18	10.8	2.852	4.348	+ 1	0	12	44.75	1.54	8.727	276.90	0.83
	19	11.8	−1.196	5.461	2+	1	12	56.94	1.55	2.825	267.57	0.91
	20	12.8	+0.631	6.212	4	2	12	69.13	1.55	356.478	254.30	0.97
	21	13.8	+2.478	+6.537	+ 6+	2	+12	81.32	+1.55	350.429	221.83	1.00
	22	14.8	4.175	6.417	7	2	12	93.51	1.55	345.352	107.43	0.99
	23	15.8	5.568	5.880	8+	1	13	105.70	1.55	341.607	82.30	0.96
	24	16.8	6.543	4.992	9	0	13	117.89	1.55	339.235	73.77	0.91
	25	17.8	7.041	3.840	10−	2	13	130.08	1.55	338.094	69.55	0.84
	26	18.8	+7.059	+2.514	+10−	3	+13	142.28	+1.54	338.007	67.71	0.76
	27	19.8	6.637	+1.101	10	4	13	154.49	1.54	338.830	67.58	0.66
	28	20.8	5.849	−0.328	10	6	13	166.70	1.53	340.472	68.89	0.56
	29	21.8	4.782	1.710	9	7	13	178.92	1.52	342.888	71.47	0.47
	30	22.8	3.530	2.996	9	8	13	191.14	1.52	346.057	75.27	0.37
	31	23.8	+2.185	−4.140	+ 8−	9	+14	203.37	+1.51	349.938	80.25	0.28
Aug.	1	24.8	+0.830	5.104	7	10	14	215.61	1.50	354.439	86.34	0.20
	2	25.8	−0.464	5.850	7	10	14	227.85	1.50	359.372	93.51	0.13
	3	26.8	1.641	6.346	6	11	14	240.09	1.49	4.450	101.90	0.08
	4	27.8	2.665	6.564	6	11	14	252.34	1.48	9.324	112.54	0.03
	5	28.8	−3.512	−6.483	+ 5−11		+14	264.58	+1.47	13.656	132.67	0.01
	6	0.2	4.175	6.093	5	11	14	276.83	1.46	17.193	227.06	0.00
	7	1.2	4.656	5.398	5	11	14	289.08	1.45	19.796	274.96	0.02
	8	2.2	4.961	4.419	6	10	14	301.33	1.44	21.421	285.76	0.05
	9	3.2	5.093	3.195	6	9	13	313.57	1.42	22.073	290.34	0.11
	10	4.2	−5.048	−1.781	+ 7−	8	+12	325.81	+1.41	21.764	292.13	0.18
	11	5.2	4.814	−0.245	8	7	12	338.04	1.40	20.483	291.93	0.27
	12	6.2	4.372	+1.330	9	5	11	350.26	1.39	18.181	289.95	0.38
	13	7.2	3.700	2.852	10	3	11	2.48	1.38	14.791	286.23	0.49
	14	8.2	2.788	4.227	11	2	10	14.69	1.37	10.289	280.80	0.60
	15	9.2	−1.645	+5.358	+13−	1	+10	26.90	+1.36	4.802	273.78	0.71
	16	10.2	−0.311	+6.161	+14	0	+10	39.09	+1.35	358.709	265.50	0.81

MOON, 1986

FOR 0ʰ DYNAMICAL TIME

Date	Apparent Long.	Apparent Lat.	Apparent R. A.	Apparent Dec.	True Dist.	Horiz. Parallax	Semi-diameter	Eph. Transits for date Upper	Eph. Transits for date Lower
	°	°	h m s	° ′ ″		′ ″	′ ″	h	h
Aug. 16	271.58	−4.74	18 07 09.6	−28 10 01	57.380	59 54.87	16 19.53	21.4334	08.8958
17	286.17	−5.04	19 12 52.8	−27 28 03	57.348	59 56.91	16 20.09	22.4787	09.9629
18	300.76	−5.03	20 16 40.4	−24 53 28	57.497	59 47.60	16 17.55	23.4542	10.9765
19	315.23	−4.68	21 16 40.6	−20 44 26	57.837	59 26.51	16 11.80	. . .	11.9109
20	329.48	−4.06	22 12 15.9	−15 26 59	58.358	58 54.63	16 03.12	00.3473	12.7650
21	343.41	−3.20	23 03 50.0	− 9 28 11	59.031	58 14.37	15 52.15	01.1662	13.5536
22	356.97	−2.17	23 52 19.8	− 3 11 57	59.806	57 29.09	15 39.81	01.9297	14.2975
23	10.13	−1.06	0 38 53.3	+ 3 02 10	60.623	56 42.54	15 27.13	02.6595	15.0183
24	22.90	+0.08	1 24 37.6	+ 8 58 46	61.421	55 58.35	15 15.09	03.3765	15.7362
25	35.34	+1.19	2 10 34.0	+14 25 20	62.138	55 19.58	15 04.53	04.0995	16.4682
26	47.51	+2.22	2 57 33.7	+19 11 08	62.724	54 48.58	14 56.08	04.8440	17.2281
27	59.49	+3.13	3 46 14.6	+23 06 10	63.140	54 26.91	14 50.18	05.6211	18.0234
28	71.37	+3.91	4 36 54.7	+26 00 51	63.363	54 15.40	14 47.04	06.4348	18.8544
29	83.22	+4.51	5 29 26.5	+27 46 21	63.386	54 14.23	14 46.72	07.2807	19.7119
30	95.14	+4.92	6 23 14.9	+28 15 39	63.217	54 22.96	14 49.10	08.1456	20.5793
31	107.18	+5.12	7 17 24.7	+27 25 06	62.876	54 40.61	14 53.91	09.0107	21.4375
Sept. 1	119.41	+5.10	8 10 56.4	+25 15 25	62.399	55 05.73	15 00.75	09.8580	22.2710
2	131.86	+4.83	9 03 04.5	+21 51 59	61.825	55 36.41	15 09.11	10.6761	23.0732
3	144.57	+4.32	9 53 29.6	+17 24 04	61.200	56 10.48	15 18.40	11.4629	23.8462
4	157.53	+3.58	10 42 20.5	+12 03 49	60.568	56 45.65	15 27.98	12.2248	. . .
5	170.75	+2.63	11 30 09.6	+ 6 05 19	59.968	57 19.71	15 37.26	12.9752	00.6004
6	184.18	+1.53	12 17 46.3	− 0 15 44	59.431	57 50.84	15 45.74	13.7313	01.3513
7	197.81	+0.31	13 06 10.9	− 6 42 06	58.974	58 17.73	15 53.07	14.5135	02.1179
8	211.61	−0.94	13 56 28.7	−12 54 49	58.606	58 39.69	15 59.05	15.3422	02.9208
9	225.55	−2.14	14 49 41.8	−18 32 50	58.326	58 56.57	16 03.65	16.2348	03.7797
10	239.60	−3.23	15 46 34.9	−23 13 17	58.130	59 08.52	16 06.90	17.1987	04.7080
11	253.74	−4.13	16 47 12.8	−26 33 03	58.012	59 15.72	16 08.86	18.2225	05.7047
12	267.94	−4.78	17 50 40.0	−28 12 24	57.972	59 18.18	16 09.54	19.2732	06.7472
13	282.17	−5.14	18 55 00.7	−28 00 13	58.014	59 15.61	16 08.83	20.3054	07.7944
14	296.38	−5.19	19 57 56.1	−25 58 02	58.148	59 07.44	16 06.61	21.2812	08.8019
15	310.52	−4.92	20 57 38.6	−22 19 40	58.384	58 53.09	16 02.70	22.1834	09.7417
16	324.53	−4.35	21 53 22.5	−17 26 47	58.731	58 32.22	15 57.01	23.0148	10.6072
17	338.34	−3.54	22 45 19.8	−11 43 32	59.189	58 05.03	15 49.61	23.7905	11.4084
18	351.90	−2.54	23 34 17.4	− 5 32 53	59.747	57 32.49	15 40.74	. . .	12.1634
19	5.18	−1.42	0 21 16.5	+ 0 45 01	60.380	56 56.27	15 30.87	00.5298	12.8922
20	18.15	−0.25	1 07 20.5	+ 6 52 57	61.052	56 18.65	15 20.62	01.2529	13.6141
21	30.82	+0.90	1 53 28.2	+12 36 18	61.718	55 42.19	15 10.69	01.9778	14.3460
22	43.21	+1.99	2 40 29.6	+17 42 19	62.328	55 09.47	15 01.77	02.7203	15.1018
23	55.37	+2.98	3 29 02.3	+21 59 37	62.835	54 42.80	14 54.51	03.4915	15.8898
24	67.36	+3.81	4 19 25.6	+25 17 51	63.195	54 24.10	14 49.41	04.2968	16.7117
25	79.25	+4.48	5 11 35.4	+27 28 00	63.376	54 14.76	14 46.87	05.1336	17.5608
26	91.11	+4.95	6 05 01.9	+28 23 06	63.359	54 15.62	14 47.10	05.9913	18.4228
27	103.03	+5.21	6 58 55.8	+27 59 16	63.139	54 26.95	14 50.19	06.8531	19.2801
28	115.09	+5.25	7 52 22.0	+26 16 33	62.728	54 48.37	14 56.02	07.7020	20.1174
29	127.35	+5.05	8 44 36.3	+23 18 50	62.152	55 18.85	15 04.33	08.5258	20.9268
30	139.88	+4.61	9 35 17.7	+19 13 26	61.453	55 56.63	15 14.62	09.3208	21.7088
Oct. 1	152.72	+3.93	10 24 31.8	+14 10 13	60.682	56 39.26	15 26.24	10.0919	22.4719

MOON, 1986

EPHEMERIS FOR PHYSICAL OBSERVATIONS

FOR 0ʰ DYNAMICAL TIME

Date		Age	The Earth's Selenographic		Physical Libration			The Sun's Selenographic		Position Angle of		Fraction Illuminated
			Longitude	Latitude	Lg.	Lt.	P.A.	Colong.	Lat.	Axis	Bright Limb	
		d	°	°	(0.°001)			°	°	°	°	
Aug.	16	10.2	−0.311	+6.161	+14	0	+10	39.09	+1.35	358.709	265.50	0.81
	17	11.2	+1.136	6.571	16	0	10	51.28	1.34	352.632	256.33	0.89
	18	12.2	2.588	6.554	17+	1	10	63.47	1.33	347.239	245.92	0.96
	19	13.2	3.922	6.117	18	0	10	75.65	1.32	343.001	228.64	0.99
	20	14.2	5.016	5.303	19−	1	10	87.83	1.30	340.089	124.60	1.00
	21	15.2	+5.773	+4.187	+19−	2	+10	100.01	+1.29	338.452	78.43	0.98
	22	16.2	6.137	2.858	20	3	11	112.20	1.27	337.945	70.57	0.94
	23	17.2	6.090	+1.410	20	4	11	124.38	1.25	338.421	68.15	0.88
	24	18.2	5.656	−0.071	20	5	11	136.57	1.23	339.774	68.16	0.81
	25	19.2	4.886	1.512	19	7	11	148.77	1.21	341.943	69.84	0.72
	26	20.2	+3.854	−2.855	+19−	8	+11	160.97	+1.20	344.890	72.88	0.63
	27	21.2	2.641	4.052	18	9	12	173.17	1.18	348.575	77.10	0.54
	28	22.2	1.337	5.063	18	10	12	185.39	1.16	352.914	82.35	0.44
	29	23.2	+0.024	5.856	17	10	13	197.60	1.14	357.744	88.41	0.35
	30	24.2	−1.217	6.399	16	11	13	209.83	1.12	2.808	95.02	0.26
	31	25.2	−2.322	−6.668	+16−11		+13	222.05	+1.11	7.778	101.87	0.18
Sept.	1	26.2	3.236	6.638	16	12	14	234.28	1.09	12.313	108.76	0.11
	2	27.2	3.925	6.297	15	12	14	246.52	1.07	16.133	115.85	0.06
	3	28.2	4.372	5.641	15	11	14	258.75	1.05	19.059	124.92	0.02
	4	29.2	4.576	4.685	16	11	13	270.99	1.03	21.007	156.53	0.00
	5	0.7	−4.550	−3.460	+16−10		+13	283.23	+1.01	21.962	276.36	0.01
	6	1.7	4.314	2.024	17	9	12	295.47	0.98	21.926	289.42	0.03
	7	2.7	3.893	−0.450	18	8	12	307.70	0.96	20.894	291.95	0.08
	8	3.7	3.309	+1.170	19	7	11	319.93	0.94	18.828	291.23	0.16
	9	4.7	2.580	2.739	20	6	10	332.15	0.92	15.680	288.35	0.25
	10	5.7	−1.725	+4.156	+21−	4	+10	344.37	+0.90	11.432	283.67	0.35
	11	6.7	−0.762	5.330	22	3	9	356.58	0.88	6.197	277.46	0.46
	12	7.7	+0.282	6.182	23	2	9	8.78	0.86	0.299	270.18	0.58
	13	8.7	1.369	6.656	24	1	9	20.97	0.83	354.286	262.45	0.69
	14	9.7	2.447	6.721	25	1	9	33.16	0.81	348.781	254.98	0.79
	15	10.7	+3.449	+6.376	+26−	1	+9	45.34	+0.79	344.269	248.21	0.87
	16	11.7	4.305	5.652	26	2	9	57.52	0.76	340.984	242.13	0.94
	17	12.7	4.949	4.605	27	3	9	69.69	0.74	338.939	235.23	0.98
	18	13.7	5.325	3.313	27	4	9	81.86	0.71	338.033	205.33	1.00
	19	14.7	5.398	1.866	27	5	9	94.03	0.68	338.142	75.18	0.99
	20	15.7	+5.156	+0.351	+26−	6	+9	106.20	+0.65	339.165	68.27	0.97
	21	16.7	4.611	−1.148	26	7	9	118.37	0.63	341.039	68.12	0.92
	22	17.7	3.796	2.562	25	8	9	130.54	0.60	343.725	70.25	0.86
	23	18.7	2.760	3.835	25	9	10	142.72	0.57	347.184	73.86	0.78
	24	19.7	1.566	4.921	24	10	11	154.91	0.55	351.340	78.61	0.70
	25	20.7	+0.285	−5.786	+23−11		+11	167.10	+0.52	356.043	84.22	0.61
	26	21.7	−1.006	6.402	22	11	12	179.29	0.50	1.058	90.37	0.51
	27	22.7	2.232	6.746	21	12	12	191.49	0.47	6.074	96.70	0.42
	28	23.7	3.320	6.798	21	12	12	203.69	0.45	10.759	102.80	0.33
	29	24.7	4.202	6.543	20	12	13	215.90	0.42	14.825	108.36	0.24
	30	25.7	−4.825	−5.975	+20−12		+13	228.12	+0.40	18.069	113.13	0.16
Oct.	1	26.7	−5.150	−5.098	+20−11		+13	240.34	+0.37	20.378	117.02	0.09

MOON, 1986

FOR 0ʰ DYNAMICAL TIME

Date	Apparent Long.	Apparent Lat.	Apparent R. A.			Apparent Dec.			True Dist.	Horiz. Parallax		Semi-diameter		Eph. Transits for date Upper	Eph. Transits for date Lower
	°	°	h	m	s	°	′	″		′	″	′	″	h	h
Oct. 1	152.72	+3.93	10	24	31.8	+14	10	13	60.682	56	39.26	15	26.24	10.09.9	22.4719
2	165.89	+3.03	11	12	47.6	+ 8	21	17	59.900	57	23.66	15	38.33	10.8505	23.2304
3	179.40	+1.93	12	00	51.6	+ 2	00	54	59.166	58	06.35	15	49.97	11.613.	...
4	193.21	+0.70	12	49	42.4	− 4	34	00	58.536	58	43.91	16	00.20	12.4001	00.0025
5	207.28	−0.59	13	40	24.5	−11	03	28	58.050	59	13.42	16	08.24	13.2311	00.8088
6	221.54	−1.87	14	34	00.2	−17	04	22	57.731	59	33.03	16	13.58	14.1244	01.6690
7	235.91	−3.04	15	31	15.0	−22	11	15	57.585	59	42.13	16	16.06	15.0887	02.5977
8	250.32	−4.02	16	32	14.3	−25	58	27	57.597	59	41.37	16	15.85	16.1149	03.5956
9	264.70	−4.74	17	36	02.2	−28	04	32	57.743	59	32.29	16	13.38	17.1708	04.6419
10	278.98	−5.17	18	40	40.8	−28	17	47	57.994	59	16.82	16	09.16	18.2105	05.6955
11	293.13	−5.28	19	43	48.6	−26	39	44	58.323	58	56.79	16	03.71	19.1939	06.7110
12	307.10	−5.08	20	43	35.9	−23	24	13	58.707	58	33.63	15	57.40	20.1019	07.6577
13	320.89	−4.58	21	39	16.8	−18	52	13	59.134	58	08.28	15	50.49	20.9361	08.5275
14	334.46	−3.83	22	31	03.9	−13	26	29	59.595	57	41.25	15	43.13	21.7111	09.3298
15	347.82	−2.89	23	19	45.3	− 7	28	19	60.089	57	12.82	15	35.38	22.4467	10.0825
16	0.96	−1.81	0	06	23.7	− 1	16	30	60.610	56	43.29	15	27.34	23.1633	10.8062
17	13.87	−0.65	0	52	03.6	+ 4	52	28	61.151	56	13.19	15	19.13	23.8797	11.5204
18	26.55	+0.52	1	37	44.8	+10	43	47	61.697	55	43.36	15	11.01	...	12.2430
19	39.02	+1.65	2	24	19.0	+16	03	51	62.224	55	15.03	15	03.29	00.6121	12.9883
20	51.28	+2.68	3	12	25.3	+20	39	56	62.703	54	49.70	14	56.39	01.3727	13.7659
21	63.38	+3.57	4	02	24.6	+24	20	14	63.099	54	29.04	14	50.76	02.1680	14.5786
22	75.34	+4.30	4	54	14.0	+26	54	28	63.377	54	14.68	14	46.84	02.9966	15.4205
23	87.22	+4.84	5	47	24.4	+28	14	50	63.505	54	08.16	14	45.07	03.8484	16.2780
24	99.07	+5.17	6	41	05.5	+28	17	03	63.455	54	10.71	14	45.76	04.7069	17.1328
25	110.97	+5.28	7	34	19.9	+27	00	57	63.212	54	23.20	14	49.17	05.5539	17.9686
26	122.99	+5.16	8	26	20.8	+24	30	17	62.773	54	46.00	14	55.38	06.3759	18.7756
27	135.21	+4.81	9	16	45.0	+20	51	46	62.153	55	18.82	15	04.32	07.1679	19.5534
28	147.70	+4.22	10	05	36.3	+16	13	58	61.380	56	00.63	15	15.71	07.9334	20.3094
29	160.53	+3.42	10	53	23.2	+10	46	44	60.501	56	49.43	15	29.01	08.6834	21.0576
30	173.75	+2.41	11	40	52.6	+ 4	41	29	59.579	57	42.19	15	43.38	09.4344	21.8164
31	187.39	+1.23	12	29	04.7	− 1	48	00	58.686	58	34.90	15	57.74	10.2065	22.6074
Nov. 1	201.43	−0.05	13	19	08.7	− 8	24	17	57.896	59	22.88	16	10.81	11.0222	23.4533
2	215.84	−1.36	14	12	15.4	−14	45	08	57.277	60	01.39	16	21.31	11.9033	...
3	230.52	−2.60	15	09	23.4	−20	23	32	56.879	60	26.56	16	28.17	12.8648	00.3736
4	245.37	−3.69	16	10	54.7	−24	49	29	56.729	60	36.17	16	30.78	13.9042	01.3760
5	260.24	−4.52	17	16	03.0	−27	35	18	56.822	60	30.19	16	29.15	14.9917	02.4449
6	275.01	−5.05	18	22	42.8	−28	23	15	57.131	60	10.60	16	23.82	16.0752	03.5375
7	289.57	−5.24	19	28	06.0	−27	11	41	57.607	59	40.75	16	15.68	17.1028	04.5984
8	303.84	−5.10	20	29	52.6	−24	14	53	58.196	59	04.47	16	05.80	18.0456	05.5854
9	317.78	−4.66	21	26	58.4	−19	56	21	58.847	58	25.30	15	55.13	18.9019	06.4839
10	331.40	−3.97	22	19	32.2	−14	41	15	59.514	57	45.98	15	44.41	19.6869	07.3020
11	344.70	−3.08	23	08	27.2	− 8	51	59	60.167	57	08.34	15	34.16	20.4224	08.0594
12	357.72	−2.05	23	54	53.3	− 2	47	07	60.787	56	33.40	15	24.64	21.1313	08.7788
13	10.49	−0.93	0	40	02.2	+ 3	17	55	61.363	56	01.56	15	15.97	21.8346	09.4825
14	23.06	+0.21	1	25	00.1	+ 9	09	35	61.890	55	32.90	15	08.16	22.5506	10.1900
15	35.44	+1.33	2	10	44.6	+14	35	12	62.367	55	07.42	15	01.21	23.2937	10.9180
16	47.67	+2.36	2	58	00.9	+19	22	14	62.788	54	45.23	14	55.17	...	11.6786

MOON, 1986

EPHEMERIS FOR PHYSICAL OBSERVATIONS

FOR 0^h DYNAMICAL TIME

Date		Age	The Earth's Selenographic		Physical Libration			The Sun's Selenographic		Position Angle of		Fraction Illuminated
			Longitude	Latitude	Lg.	Lt.	P.A.	Colong.	Lat.	Axis	Bright Limb	
		d	°	°	(0.°001)			°	°	°	°	
Oct.	1	26.7	−5.150	−5.098	+20	−11	+13	240.34	+0.37	20.378	117.02	0.09
	2	27.7	5.158	3.931	21	11	12	252.56	0.35	21.706	120.18	0.04
	3	28.7	4.848	2.518	21	10	12	264.78	0.32	22.037	124.19	0.01
	4	0.2	4.245	−0.928	22	9	11	277.00	0.29	21.348	278.43	0.00
	5	1.2	3.390	+0.748	23	8	11	289.23	0.27	19.595	293.20	0.02
	6	2.2	−2.341	+2.399	+24	− 7	+10	301.45	+0.24	16.714	291.50	0.06
	7	3.2	−1.165	3.913	25	6	10	313.66	0.21	12.675	287.25	0.13
	8	4.2	+0.065	5.182	26	5	9	325.87	0.18	7.570	281.29	0.22
	9	5.2	1.281	6.122	27	4	9	338.08	0.16	1.711	274.18	0.32
	10	6.2	2.420	6.675	28	3	8	350.27	0.13	355.643	266.63	0.44
	11	7.2	+3.430	+6.817	+28	− 3	+ 8	2.46	+0.10	350.000	259.40	0.55
	12	8.2	4.267	6.551	29	3	8	14.64	0.07	345.285	253.12	0.66
	13	9.2	4.902	5.908	29	4	8	26.82	0.04	341.747	248.16	0.76
	14	10.2	5.314	4.941	29	4	8	38.99	+0.01	339.419	244.63	0.85
	15	11.2	5.491	3.718	29	5	7	51.15	−0.02	338.214	242.56	0.92
	16	12.2	+5.428	+2.316	+29	− 6	+ 7	63.31	−0.05	338.015	241.95	0.97
	17	13.2	5.126	+0.819	28	8	7	75.46	0.08	338.731	243.31	0.99
	18	14.2	4.596	−0.694	27	9	8	87.62	0.11	340.305	55.63	1.00
	19	15.2	3.852	2.148	27	10	8	99.77	0.14	342.707	64.52	0.99
	20	16.2	2.918	3.479	26	11	8	111.93	0.17	345.910	68.85	0.95
	21	17.2	+1.826	−4.634	+24	−11	+ 9	124.09	−0.20	349.855	73.83	0.90
	22	18.2	+0.614	5.574	23	12	9	136.25	0.23	354.412	79.53	0.84
	23	19.2	−0.667	6.267	22	13	10	148.41	0.26	359.359	85.72	0.77
	24	20.2	1.962	6.690	21	13	10	160.58	0.28	4.394	92.08	0.68
	25	21.2	3.205	6.829	20	13	11	172.76	0.31	9.185	98.24	0.59
	26	22.2	−4.328	−6.672	+19	−13	+11	184.93	−0.33	13.437	103.84	0.50
	27	23.2	5.259	6.213	19	13	11	197.12	0.36	16.938	108.60	0.40
	28	24.2	5.929	5.453	18	13	11	209.31	0.38	19.565	112.33	0.30
	29	25.2	6.275	4.405	18	12	11	221.50	0.41	21.262	114.86	0.21
	30	26.2	6.247	3.095	18	11	11	233.70	0.43	22.002	116.00	0.13
	31	27.2	−5.817	−1.572	+19	−10	+10	245.91	−0.45	21.753	115.39	0.07
Nov.	1	28.2	4.987	+0.087	19	9	10	258.11	0.48	20.453	111.82	0.02
	2	29.2	3.793	1.781	20	8	9	270.32	0.51	18.009	87.88	0.00
	3	0.7	2.312	3.388	21	7	9	282.53	0.53	14.338	299.74	0.01
	4	1.7	−0.651	4.783	22	6	8	294.74	0.56	9.455	288.70	0.04
	5	2.7	+1.057	+5.857	+23	− 5	+ 8	306.94	−0.58	3.612	280.12	0.11
	6	3.7	2.680	6.532	24	4	8	319.14	0.61	357.356	271.70	0.19
	7	4.7	4.101	6.774	25	4	7	331.33	0.64	351.395	263.79	0.29
	8	5.7	5.234	6.588	25	5	7	343.51	0.66	346.333	256.97	0.40
	9	6.7	6.032	6.013	26	5	7	355.69	0.69	342.480	251.61	0.51
	10	7.7	+6.484	+5.109	+26	− 6	+ 7	7.86	−0.72	339.879	247.84	0.62
	11	8.7	6.604	3.946	25	7	7	20.02	0.75	338.427	245.62	0.72
	12	9.7	6.427	2.602	25	8	6	32.18	0.78	337.991	244.92	0.81
	13	10.7	5.992	+1.151	24	9	6	44.33	0.81	338.463	245.81	0.88
	14	11.7	5.343	−0.330	23	11	6	56.47	0.83	339.780	248.63	0.94
	15	12.7	+4.516	−1.774	+22	−12	+ 6	68.62	−0.86	341.918	254.79	0.98
	16	13.7	+3.544	−3.116	+21	−13	+ 7	80.76	−0.89	344.863	276.09	1.00

MOON, 1986

FOR 0ʰ DYNAMICAL TIME

Date	Apparent Long.	Apparent Lat.	Apparent R. A.	Apparent Dec.	True Dist.	Horiz. Parallax	Semi-diameter	Eph. Transits for date Upper	Eph. Transits for date Lower
	°	°	h m s	° ′ ″		′ ″	′ ″	h	h
Nov.16	47.67	+2.36	2 58 00.9	+19 22 14	62.788	54 45.23	14 55.17	. . .	11.6786
17	59.77	+3.28	3 47 16.5	+23 18 24	63.145	54 26.67	14 50.11	00.0731	12.4770
18	71.77	+4.04	4 38 34.4	+26 12 13	63.422	54 12.38	14 46.22	00.8898	13.3100
19	83.68	+4.62	5 31 28.3	+27 54 19	63.601	54 03.23	14 43.72	01.7356	14.1643
20	95.54	+5.00	6 25 06.3	+28 19 01	63.659	54 00.28	14 42.92	02.5936	15.0207
21	107.40	+5.16	7 18 24.3	+27 25 21	63.573	54 04.67	14 44.12	03.4433	15.8594
22	119.29	+5.10	8 10 25.8	+25 17 02	63.324	54 17.44	14 47.60	04.2675	16.6670
23	131.28	+4.82	9 00 38.6	+22 01 10	62.900	54 39.41	14 53.58	05.0577	17.4400
24	143.43	+4.31	9 49 00.2	+17 46 43	62.299	55 11.01	15 02.19	05.8149	18.1838
25	155.83	+3.60	10 35 55.1	+12 43 15	61.537	55 52.04	15 13.37	06.5485	18.9113
26	168.55	+2.70	11 22 08.8	+ 7 00 40	60.643	56 41.45	15 26.83	07.2743	19.6403
27	181.66	+1.63	12 08 41.6	+ 0 49 52	59.667	57 37.11	15 42.00	08.0122	20.3929
28	195.23	+0.43	12 56 45.1	− 5 35 56	58.675	58 35.58	15 57.93	08.7856	21.1935
29	209.26	−0.83	13 47 37.8	−11 59 20	57.745	59 32.16	16 13.35	09.6198	22.0673
30	223.76	−2.08	14 42 36.7	−17 57 01	56.962	60 21.28	16 26.73	10.5382	23.0335
Dec. 1	238.65	−3.21	15 42 35.9	−22 59 29	56.401	60 57.31	16 36.55	11.5528	. . .
2	253.81	−4.14	16 47 31.1	−26 34 06	56.117	61 15.80	16 41.58	12.6497	00.0932
3	269.06	−4.78	17 55 44.2	−28 13 06	56.135	61 14.61	16 41.26	13.7811	01.2152
4	284.23	−5.08	19 04 12.8	−27 43 57	56.444	60 54.54	16 35.79	14.8809	02.3389
5	299.14	−5.03	20 09 44.5	−25 14 54	56.998	60 18.97	16 26.10	15.8979	03.4016
6	313.69	−4.65	21 10 20.3	−21 10 08	57.734	59 32.85	16 13.53	16.8150	04.3688
7	327.80	−4.00	22 05 38.4	−15 59 24	58.577	58 41.46	15 59.53	17.6425	05.2387
8	341.45	−3.13	22 56 24.2	−10 10 01	59.455	57 49.44	15 45.36	18.4030	06.0295
9	354.69	−2.13	23 43 52.7	− 4 03 42	60.310	57 00.26	15 31.96	19.1221	06.7662
10	7.56	−1.04	0 29 23.8	+ 2 02 51	61.098	56 16.14	15 19.94	19.8240	07.4738
11	20.12	+0.08	1 14 12.5	+ 7 56 24	61.791	55 38.23	15 09.61	20.5297	08.1752
12	32.46	+1.17	1 59 24.5	+13 25 24	62.378	55 06.84	15 01.06	21.2568	08.8897
13	44.62	+2.18	2 45 54.0	+18 18 40	62.854	54 41.78	14 54.23	22.0177	09.6325
14	56.65	+3.09	3 34 18.1	+22 24 50	63.223	54 22.61	14 49.01	22.8180	10.4130
15	68.61	+3.85	4 24 51.1	+25 32 35	63.491	54 08.87	14 45.26	23.6533	11.2320
16	80.51	+4.44	5 17 16.8	+27 31 42	63.660	54 00.22	14 42.90	. . .	12.0800
17	92.39	+4.83	6 10 48.8	+28 14 54	63.732	53 56.57	14 41.91	00.5093	12.9385
18	104.26	+5.01	7 04 20.7	+27 39 31	63.702	53 58.12	14 42.33	01.3648	13.7856
19	116.15	+4.97	7 56 46.2	+25 48 11	63.560	54 05.34	14 44.30	02.1988	14.6031
20	128.09	+4.72	8 47 19.8	+22 47 58	63.295	54 18.91	14 48.00	02.9977	15.3825
21	140.12	+4.25	9 35 46.5	+18 48 36	62.897	54 39.56	14 53.62	03.7580	16.1253
22	152.28	+3.59	10 22 21.6	+14 00 43	62.357	55 07.96	15 01.36	04.4857	16.8413
23	164.65	+2.75	11 07 43.6	+ 8 34 53	61.676	55 44.46	15 11.31	05.1941	17.5466
24	177.28	+1.75	11 52 47.8	+ 2 41 34	60.868	56 28.85	15 23.40	05.9013	18.2612
25	190.25	+0.64	12 38 42.0	− 3 28 05	59.962	57 20.10	15 37.36	06.6292	19.0086
26	203.64	−0.54	13 26 43.3	− 9 40 38	59.003	58 16.02	15 52.60	07.4027	19.8148
27	217.49	−1.72	14 18 13.9	−15 38 31	58.055	59 13.10	16 08.15	08.2481	20.7052
28	231.83	−2.84	15 14 29.7	−20 58 07	57.195	60 06.50	16 22.70	09.1881	21.6969
29	246.62	−3.80	16 16 12.9	−25 09 50	56.506	60 50.52	16 34.69	10.2301	22.7835
30	261.76	−4.52	17 22 50.6	−27 41 59	56.060	61 19.52	16 42.60	11.3507	23.9232
31	277.10	−4.93	18 32 06.8	−28 10 19	55.912	61 29.28	16 45.25	12.4919	. . .
32	292.45	−4.98	19 40 35.5	−26 28 51	56.081	61 18.20	16 42.23	13.5851	01.0481

MOON, 1986

EPHEMERIS FOR PHYSICAL OBSERVATIONS

FOR 0ʰ DYNAMICAL TIME

Date		Age	The Earth's Selenographic		Physical Libration			The Sun's Selenographic		Position Angle of		Fraction Illuminated
			Longitude	Latitude	Lg.	Lt.	P.A.	Colong.	Lat.	Axis	Bright Limb	
		d	°	°	(0.°001)			°	°	°	°	
Nov.	16	13.7	+3.544	−3.116	+21	−13	+ 7	80.76	−0.89	344.863	276.09	1.00
	17	14.7	2.455	4.301	19	14	7	92.90	0.92	348.579	46.40	1.00
	18	15.7	1.274	5.285	18	14	7	105.04	0.94	352.966	68.58	0.98
	19	16.7	+0.025	6.030	16	15	8	117.18	0.96	357.825	78.30	0.94
	20	17.7	−1.264	6.511	15	15	8	129.33	0.99	2.864	86.19	0.89
	21	18.7	−2.557	−6.713	+13	−16	+ 9	141.47	−1.01	7.744	93.24	0.83
	22	19.7	3.811	6.627	12	15	9	153.62	1.02	12.151	99.48	0.75
	23	20.7	4.971	6.251	11	15	9	165.78	1.04	15.856	104.78	0.66
	24	21.7	5.974	5.591	10	15	9	177.94	1.06	18.728	109.00	0.57
	25	22.7	6.746	4.659	10	14	9	190.11	1.07	20.716	112.06	0.47
	26	23.7	−7.213	−3.478	+ 9	−13	+ 9	202.28	−1.09	21.802	113.86	0.37
	27	24.7	7.301	2.081	9	12	9	214.46	1.10	21.966	114.27	0.27
	28	25.7	6.951	−0.525	9	11	8	226.64	1.12	21.156	113.05	0.18
	29	26.7	6.127	+1.114	10	9	8	238.83	1.14	19.275	109.69	0.10
	30	27.7	4.837	2.731	11	8	7	251.02	1.15	16.194	102.87	0.04
Dec.	1	28.7	−3.141	+4.204	+11	− 7	+ 7	263.22	−1.17	11.824	85.10	0.01
	2	0.3	−1.159	5.407	12	6	6	275.41	1.19	6.260	320.92	0.00
	3	1.3	+0.942	6.232	13	5	6	287.61	1.21	359.927	284.37	0.03
	4	2.3	2.972	6.613	14	5	6	299.80	1.23	353.563	271.51	0.08
	5	3.3	4.754	6.536	15	5	6	311.99	1.24	347.939	262.37	0.16
	6	4.3	+6.156	+6.033	+15	− 6	+ 6	324.17	−1.26	343.542	255.53	0.25
	7	5.3	7.104	5.173	15	6	5	336.34	1.28	340.502	250.71	0.36
	8	6.3	7.584	4.039	15	8	5	348.51	1.30	338.720	247.69	0.47
	9	7.3	7.625	2.719	15	9	5	0.67	1.32	338.027	246.30	0.57
	10	8.3	7.287	+1.296	14	10	5	12.83	1.34	338.281	246.38	0.67
	11	9.3	+6.643	−0.158	+13	−12	+ 5	24.98	−1.36	339.388	247.89	0.76
	12	10.3	5.766	1.576	12	13	5	37.12	1.38	341.307	250.89	0.84
	13	11.3	4.722	2.900	11	14	5	49.26	1.40	344.025	255.64	0.90
	14	12.3	3.567	4.078	9	15	6	61.40	1.41	347.520	262.90	0.95
	15	13.3	2.343	5.067	8	16	6	73.53	1.43	351.721	275.71	0.98
	16	14.3	+1.082	−5.829	+ 6	−17	+ 6	85.66	−1.44	356.465	319.82	1.00
	17	15.3	−0.195	6.335	5	17	7	97.79	1.45	1.485	59.01	0.99
	18	16.3	1.470	6.566	3	18	7	109.92	1.46	6.441	81.73	0.97
	19	17.3	2.724	6.513	+ 1	18	7	122.06	1.47	10.997	92.48	0.93
	20	18.3	3.934	6.176	0	18	8	134.19	1.48	14.893	99.90	0.88
	21	19.3	−5.066	−5.562	− 1	−17	+ 8	146.33	−1.48	17.978	105.42	0.81
	22	20.3	6.073	4.691	2	16	7	158.48	1.49	20.192	109.41	0.73
	23	21.3	6.895	3.588	3	15	7	170.62	1.49	21.530	112.03	0.64
	24	22.3	7.461	2.286	4	14	7	182.78	1.49	21.996	113.30	0.54
	25	23.3	7.694	−0.834	4	13	6	194.94	1.49	21.566	113.18	0.44
	26	24.3	−7.518	+0.707	− 4	−11	+ 6	207.11	−1.49	20.172	111.51	0.33
	27	25.3	6.874	2.258	4	10	5	219.28	1.50	17.696	108.03	0.23
	28	26.3	5.736	3.719	3	8	4	231.46	1.50	14.006	102.34	0.14
	29	27.3	4.129	4.976	3	7	4	243.64	1.50	9.055	93.58	0.07
	30	28.3	−2.147	5.915	2	6	3	255.83	1.51	3.045	78.53	0.02
	31	29.3	+0.052	+6.443	− 1	− 5	+ 3	268.02	−1.51	356.551	17.94	0.00
	32	0.9	+2.265	+6.506	0	− 5	+ 3	280.21	1.52	350.393	281.72	0.01

NOTES AND FORMULAE

Use of the polynomial coefficients for the lunar coordinates

On pages D23–D45 for each day of the year, the apparent right ascension (α) and declination (δ) of the Moon are represented by economised polynomials of the fifth degree, and the horizontal parallax (π) is represented by an economised polynomial of the fourth degree. The formulae to be evaluated are of the form:

$$a_0 + a_1 p + a_2 p^2 + a_3 p^3 + a_4 p^4 + a_5 p^5$$

where a_5 is zero for the parallax.

The time-interval from 0^h TDT is expressed as a fraction of a day to form the interpolation factor p, where $0 \leq p < 1$, and the polynomial is evaluated directly, or by re-expressing it in the nested form:

$$((((a_5 p + a_4)p + a_3)p + a_2)p + a_1)p + a_0$$

to avoid the separate formation of the powers of p. Alternatively this nested form for α and δ may be written as:

$$b_{n+1} = b_n p + a_{5-n}, \text{ for } n = 1 \text{ to } 5,$$

where $b_1 = a_5$ and b_6 is the required value. For the parallax a_5 is zero, so that:

$$b_{n+1} = b_n p + a_{4-n}, \text{ for } n = 1 \text{ to } 4,$$

where $b_1 = a_4$ and b_5 is the required value.

The polynomial coefficients are expressed in decimals of a degree, even for α, and the signs are given on the right-hand sides of the coefficients to facilitate their use with small calculators. Subtract $360°$ from α if it exceeds $360°$. In order to obtain the full precision of the ephemeris the interpolating factor p must be evaluated to 8 decimal places (10^{-3} s); estimates of the precision of unrounded interpolated values are:

RA	Dec	HP
$\pm 0^s \cdot 0003$	$\pm 0'' \cdot 003$	$\pm 0'' \cdot 0003$

Particular care must be taken to ensure that the coefficients are entered with the correct signs.

Example. To calculate the apparent right ascension (α) the declination (δ) and the horizontal parallax (π) for the Moon on 1986 January $21^d\ 13^h\ 23^m\ 48^s \cdot 32$ UT, using an assumed value of $\Delta T = 56^s$.

$$TDT = 13^h\ 24^m\ 44^s \cdot 32, \text{ hence } p = 0 \cdot 558\ 846\ 30$$

	right ascension	declination	horizontal parallax
	$°$	$°$	$°$
b_1	$-0 \cdot 000\ 1889$	$+0 \cdot 000\ 3112$	$-0 \cdot 000\ 004\ 15$
b_2	$-0 \cdot 005\ 7334$	$-0 \cdot 000\ 0925$	$-0 \cdot 000\ 062\ 23$
b_3	$-0 \cdot 000\ 0540$	$-0 \cdot 033\ 4874$	$+0 \cdot 001\ 189\ 50$
b_4	$+0 \cdot 342\ 6184$	$-0 \cdot 500\ 3449$	$+0 \cdot 003\ 114\ 15$
b_5	$+12 \cdot 653\ 5512$	$+2 \cdot 879\ 8575$	$\pi = 0 \cdot 905\ 902\ 43$
b_6	$\alpha = 68 \cdot 413\ 9370$	$\delta = +24 \cdot 898\ 6239$	
	$= 4^h\ 33^m\ 39^s \cdot 345$	$= +24°\ 53'\ 55'' \cdot 05$	$= 54'\ 21'' \cdot 249$

MOON, 1986

DAILY POLYNOMIAL COEFFICIENTS (in degrees)

	Apparent Right Ascension	Apparent Declination	Horizontal Parallax	Apparent Right Ascension	Apparent Declination	Horizontal Parallax
		January 0			January 8	
a_0	146.0354 291+	18.7980 873+	0.9416 3771+	251.1153 997+	25.3312 945−	1.0057 4323+
a_1	12.7728 530+	4.5577 304−	0.0084 6167+	15.9877 561+	2.9319 671−	0.0012 0246+
a_2	2447 237−	4720 287−	2 9777+	4200 902+	8583 784+	18 9354−
a_3	115 820+	378 343+	90−	714 585−	596 692+	9406−
a_4	55 977+	7 394+	258−	165 658−	77 578−	2154+
a_5	3 500−	1 057−		18 047+	10 258−	
		January 1			January 9	
a_0	158.5803 880+	13.8067 961+	0.9503 9366+	267.4370 266+	27.3539 976−	1.0049 7962+
a_1	12.3387 928+	5.3858 543−	0.0090 4417+	16.5563 344+	1.0723 495−	0.0027 8054−
a_2	1798 991−	3551 440−	2 7859+	1245 162−	9805 449+	20 4580−
a_3	305 071+	398 252+	1122−	1190 370−	190 429+	573−
a_4	38 065+	2 270+	574−	64 843−	131 436−	2386−
a_5	2 814−	506+		30 101+	1 720+	
		January 2			January 10	
a_0	170.7733 140+	8.1059 007+	0.9596 9947+	283.9953 661+	27.4397 310−	1.0001 7140+
a_1	12.0843 359+	5.9755 042−	0.0095 4473+	16.4373 516+	0.8941 659+	0.0067 9382−
a_2	683 503−	2337 958−	2 0964+	2412 741−	9605 826+	19 2122−
a_3	429 582+	413 033+	3444−	1157 011−	312 269−	9170+
a_4	24 211+	5 063+	853−	94 533+	119 228−	1941+
a_5	2 086−	1 603+		14 487+	12 223+	
		January 3			January 11	
a_0	182.8344 702+	1.9385 706+	0.9694 1088+	300.0866 443+	25.6269 099−	0.9915 6746+
a_1	12.0851 506+	6.3163 591−	0.0098 2656+	15.6527 336+	2.6800 704+	0.0102 8349−
a_2	729 732+	1052 397−	5473+	5172 326−	8076 471+	15 3245−
a_3	505 254+	449 541+	6916−	645 623−	666 876−	1 7021+
a_4	14 408+	13 451+	998−	162 621+	53 980−	1036+
a_5	2 583−	2 013+		6 332−	12 034+	
		January 4			January 12	
a_0	195.0443 019+	4.4365 277−	0.9792 1302+	315.1732 118+	22.2100 747−	0.9799 3208+
a_1	12.3871 420+	6.3855 899−	0.0096 8856+	14.4864 566+	4.0797 196+	0.0127 9634−
a_2	2306 236+	397 170+	2 1228−	6197 699−	5872 386+	9 6266−
a_3	535 554+	523 020+	1 1007−	62 248−	765 843−	2 1127+
a_4	2 385+	24 178+	891−	124 754+	6 796+	61+
a_5	5 159−	1 263+		12 408−	5 925+	
		January 5			January 13	
a_0	207.7153 455+	10.7275 544−	0.9885 7033+	329.0449 083+	17.6184 288−	0.9663 8496+
a_1	13.0074 246+	6.1389 504−	0.0088 9810+	13.2719 438+	5.0301 190+	0.0140 8547−
a_2	3875 659+	2124 092+	5 9449−	5760 276−	3674 723+	3 2747−
a_3	490 917+	630 697+	1 4692−	314 601−	682 382−	2 1264+
a_4	23 010−	31 569+	431−	60 919−	35 310+	672−
a_5	9 721−	1 559−		8 743−	779+	
		January 6			January 14	
a_0	221.1561 546+	16.5880 249−	0.9967 2271+	341.7775 022+	12.2854 668−	0.9521 7793+
a_1	13.9157 648+	5.5130 809−	0.0072 5106+	12.2342 702+	5.5748 596+	0.0141 2943−
a_2	5112 779+	4190 144+	10 5861−	4538 326−	1847 079+	2 6893+
a_3	300 329+	738 272+	1 6513−	473 501+	534 815−	1 8467+
a_4	73 993−	24 705+	382+	17 720+	38 211+	1054−
a_5	12 462−	6 980−		4 090−	1 677−	
		January 7			January 15	
a_0	235.6045 844+	21.6064 918−	1.0027 5386+	353.6066 528+	6.5757 275−	0.9384 9154+
a_1	14.9926 006+	4.4471 842−	0.0046 5371+	11.4737 015+	5.7982 757+	0.0130 7980−
a_2	5444 214+	6483 205+	15 2809−	3052 297−	455 047+	7 5936+
a_3	115 137−	764 383+	1 4990−	505 072+	399 161−	1 4173+
a_4	142 948−	11 451+	1364+	1 950−	29 310+	1144−
a_5	3 982−	12 322−		1 370−	2 349−	

Formula: Quantity $= a_0 + a_1 p + a_2 p^2 + a_3 p^3 + a_4 p^4 + a_5 p^5$

where p is the fraction of a day from 0^h TDT.

MOON, 1986

DAILY POLYNOMIAL COEFFICIENTS (in degrees)

	Apparent Right Ascension	Apparent Declination	Horizontal Parallax	Apparent Right Ascension	Apparent Declination	Horizontal Parallax
		January 16			January 24	
	°	°	°	°	°	°
a_0	4.8252 999+	0.7691 671−	0.9263 0140+	101.4130 932+	27.5882 573+	0.9205 9957+
a_1	11.0132 999+	5.7800 865+	0.0111 8165−	13.9620 493+	0.5269 001−	0.0077 8069+
a_2	1562 413−	590 098−	11 1618+	616 634+	7052 057−	5 0481+
a_3	484 133+	305 349−	9562+	559 651+	57 441−	9201−
a_4	8 276−	17 351+	1060−	5 104−	48 447+	118+
a_5	426−	2 228−		9 562+	61−	
		January 17			January 25	
a_0	15.7299 016+	4.9228 869+	0.9163 2096+	115.3812 866+	26.3552 461+	0.9287 9424+
a_1	10.8425 335+	5.5762 888+	0.0087 0481−	13.9202 149+	1.9351 983−	0.0085 1899+
a_2	163 890−	1424 344−	13 3991+	997 123−	6934 389−	2 3653+
a_3	446 650+	257 981−	5314+	487 019−	134 331+	8723−
a_4	10 083−	6 094+	910−	44 195+	47 565+	340+
a_5	649−	1 800−		4 939+	2 542−	
		January 18			January 26	
a_0	26.5996 378+	10.3313 726+	0.9090 0010+	129.1580 008+	23.7445 441+	0.9374 6594+
a_1	10.9393 913+	5.2155 641+	0.0059 0197−	13.5948 263+	3.2640 229−	0.0087 4398+
a_2	1109 084+	2179 746−	14 4518+	2143 732−	6271 542−	423−
a_3	399 255+	251 216−	1678+	264 016−	298 789+	7335−
a_4	13 144−	3 044−	760−	68 119+	34 065+	510+
a_5	1 640−	1 143−		662−	3 170−	
		January 19			January 27	
a_0	37.6883 846+	15.3034 218+	0.9045 5249+	142.5187 980+	19.8863 355+	0.9461 3743+
a_1	11.2749 055+	4.7024 624+	0.0029 9168−	13.1137 887+	4.4166 525−	0.0085 3588+
a_2	2211 565+	2963 119−	14 5031+	2533 904−	5202 536−	1 9353−
a_3	329 529+	274 216−	1355−	228+	403 850+	5251−
a_4	21 407−	8 968−	633−	63 352+	17 832+	566+
a_5	2 960−	115−		3 400−	2 260−	
		January 20			January 28	
a_0	49.2149 627+	19.6812 424+	0.9029 9124+	155.3852 143+	14.9913 716+	0.9544 3293+
a_1	11.8060 336+	4.0239 308+	0.0001 5704+	12.6307 170+	5.3300 003−	0.0080 1397+
a_2	3042 004+	3840 761−	13 7200+	2187 235−	3906 588−	3 1737−
a_3	213 959+	310 363−	3885−	219 573+	453 376+	2937−
a_4	36 848−	9 752−	525−	45 549+	6 540+	473+
a_5	3 610−	1 405+		3 417−	863−	
		January 21			January 29	
a_0	61.3425 468+	23.2892 262+	0.9041 6210+	167.8233 784+	9.3166 178+	0.9621 0490+
a_1	12.4620 802+	3.1594 734+	0.0024 4940+	12.2756 541+	5.9731 193−	0.0073 1007+
a_2	3426 486+	4816 306−	12 2428+	1289 404−	2515 820−	3 7781−
a_3	31 501+	334 357−	5991−	368 053+	471 604+	1008−
a_4	56 278−	2 664−	415−	28 421+	2 404+	242+
a_5	1 889−	3 112+		2 583−	343+	
		January 22			January 30	
a_0	74.1446 091+	25.9336 780+	0.9077 7172+	180.0094 811+	3.1393 516+	0.9690 2949+
a_1	13.1333 778+	2.0963 961+	0.0047 0161+	12.1382 660+	6.3336 681−	0.0065 3389+
a_2	3164 252+	5804 157−	10 2006+	40 501−	1083 113−	3 9449+
a_3	209 660−	313 441−	7665−	455 986+	485 073+	30−
a_4	66 919+	13 517+	279−	15 923+	4 379+	67−
a_5	3 085+	3 956+		2 408−	1 083+	
		January 23			January 31	
a_0	87.5670 627+	27.4200 615+	0.9134 1395+	192.1906 471+	3.2535 742+	0.9751 6793+
a_1	13.6781 112+	0.8489 155+	0.0065 0062+	12.2721 251+	6.4024 756+	0.0057 4134+
a_2	2164 710+	6623 692−	7 7395+	1399 000+	409 276+	4 0029−
a_3	443 409−	220 496−	8795−	494 802+	513 403+	318−
a_4	50 719−	34 211+	100−	4 541+	10 214+	359−
a_5	8 611+	2 781+		3 757−	1 081+	

Formula: Quantity = $a_0 + a_1 p + a_2 p^2 + a_3 p^3 + a_4 p^4 + a_5 p^5$
where p is the fraction of a day from 0^h TDT.

MOON, 1986

DAILY POLYNOMIAL COEFFICIENTS (in degrees)

	Apparent Right Ascension	Apparent Declination	Horizontal Parallax	Apparent Right Ascension	Apparent Declination	Horizontal Parallax
		February 1			February 9	
	°	°	°	°	°	°
a_0	204.6522 309+	9.5626 524−	0.9805 0221+	323.4530 591+	19.5587 494−	0.9692 2998+
a_1	12.7003 005+	6.1619 748−	0.0049 1683+	13.6906 404+	4.7310 564+	0.0098 1805−
a_2	2873 147+	2021 690+	4 3191−	5408 465−	4702 717+	8 4086−
a_3	473 663+	564 296+	1806−	123 433+	689 829−	1 1622+
a_4	13 756−	16 325+	535−	80 890+	13 174+	708+
a_5	6 799−	217−		9 040−	3 291+	
		February 2			February 10	
a_0	217.6851 569+	15.4644 178−	0.9849 6372+	336.6223 814+	14.4247 577−	0.9586 9437+
a_1	13.4081 239+	5.5819 304−	0.0039 7738+	12.6738 173+	5.4715 625+	0.0111 2278−
a_2	4143 455+	3810 478+	5 1812−	4643 299−	2745 072+	4 5134−
a_3	349 100+	625 564+	4019−	358 555+	606 015−	1 4455+
a_4	48 709−	16 072+	512−	35 254+	28 895+	177+
a_5	9 703−	3 418−		5 500−	223+	
		February 3			February 11	
a_0	231.5366 950+	20.6014 786−	0.9883 7766+	348.8706 997+	8.7363 778−	0.9472 6656+
a_1	14.3172 138+	4.6274 504−	0.0028 0003+	11.8640 789+	5.8504 398+	0.0115 8477−
a_2	4800 883+	5749 418+	6 6863−	3411 049−	1102 535−	850−
a_3	59 148+	653 240+	6144−	446 320−	489 098−	1 5121+
a_4	101 213−	1 063−	253−	8 274+	29 446+	282−
a_5	6 753−	7 764−		2 455−	1 269−	
		February 4			February 12	
a_0	246.3291 153+	24.5895 461−	0.9904 4509+	0.4388 875+	2.8217 766−	0.9358 2168+
a_1	15.2512 887+	3.2859 038−	0.0012 6828+	11.3178 488+	5.9353 610+	0.0111 5944−
a_2	4302 917+	7624 783+	8 6674−	2046 930−	200 818−	4 2728+
a_3	405 334−	570 628+	7208−	455 759+	384 300−	1 3940+
a_4	139 178−	42 197−	207+	3 477−	22 786+	585−
a_5	7 170+	9 249−		934−	1 765−	
		February 5			February 13	
a_0	261.9569 616+	27.0610 535−	0.9907 7664+	11.5971 781+	3.0571 748+	0.9252 2306+
a_1	15.9382 023+	1.6112 562−	0.0006 7314+	11.0433 331+	5.7881 394+	0.0099 1013−
a_2	2324 098+	8990 556+	10 6888−	709 810−	1234 682−	8 0988+
a_3	882 197−	312 591+	6376−	432 687+	310 797−	1 1554+
a_4	99 448−	91 472−	748+	7 787−	13 783+	732−
a_5	22 255+	3 530−		645−	1 739−	
		February 6			February 14	
a_0	278.0316 349+	27.7514 953−	0.9889 7834+	22.6119 557+	8.6919 707+	0.9162 3102+
a_1	16.1097 079+	0.2422 888+	0.0029 7224−	11.0277 396+	5.4526 080+	0.0079 7305−
a_2	695 364−	9344 261+	12 1398−	535 108+	2101 792−	11 1246+
a_3	1058 983−	83 431−	3320−	394 775+	272 855−	8601+
a_4	20 822+	108 660−	1181+	10 795−	4 938+	769−
a_5	19 353+	5 799+		1 196−	1 390−	
		February 7			February 15	
a_0	293.9699 256+	26.5934 095−	0.9847 7073+	33.7314 845+	13.9074 686+	0.9094 4874+
a_1	15.6709 271+	2.0455 522+	0.0054 5251−	11.2482 763+	4.9516 736+	0.0055 2089+
a_2	3553 682−	8500 456+	12 4226−	1642 696−	2904 666−	13 2437+
a_3	791 333−	457 640−	1511+	339 046+	266 608−	5516+
a_4	118 748+	76 480−	1336−	16 739−	2 195−	755−
a_5	2 543+	10 005+		2 224−	707−	
		February 8			February 16	
a_0	309.2184 802+	23.7502 232−	0.9781 0444+	45.1760 386+	18.5417 246+	0.9052 9984+
a_1	14.7715 491+	3.5827 592+	0.0078 3821−	11.6707 206+	4.2895 275+	0.0027 3684−
a_2	5190 473−	6768 965+	11 1734−	2537 095+	3724 768−	14 4465+
a_3	297 281−	664 765−	6959+	249 388+	281 816−	2501+
a_4	126 550+	24 651−	1151+	28 207−	5 935−	733−
a_5	8 498−	7 598+		3 063−	402+	

Formula: Quantity = $a_0 + a_1 p + a_2 p^2 + a_3 p^3 + a_4 p^4 + a_5 p^5$
where p is the fraction of a day from 0^h TDT.

MOON, 1986

DAILY POLYNOMIAL COEFFICIENTS (in degrees)

	Apparent Right Ascension	Apparent Declination	Horizontal Parallax	Apparent Right Ascension	Apparent Declination	Horizontal Parallax
	February 17			February 25		
a_0	57.1222 805+ °	22.4300 405+ °	0.9040 2533+ °	163.8176 844+ °	11.1461 861+ °	0.9692 3585+ °
a_1	12.2401 423+	3.4578 580+	0.0001 9817+	12.6137 300+	5.9699 954−	0.0093 7002+
a_2	3085 237+	4601 815−	14 7571+	1397 425−	3218 787−	8 3985−
a_3	106 317+	300 699−	426−	297 317+	509 683+	1 0069−
a_4	44 476−	4 008−	727−	33 951+	12 414+	1128+
a_5	2 460−	1 855+		2 988−	734−	
	February 18			February 26		
a_0	69.6768 846+	25.3974 318+	0.9056 8768+	176.3244 999+	4.9064 484+	0.9776 7661+
a_1	12.8700 681+	2.4466 110+	0.0031 0774+	12.4355 267+	6.4562 483−	0.0074 3342+
a_2	3112 548+	5509 371−	14 1931+	331 623−	1622 562−	10 7396−
a_3	94 307−	297 500−	3332−	403 327+	552 284+	5457−
a_4	57 989−	5 542+	733−	19 247+	8 888+	1218+
a_5	785+	3 070+		2 798−	249−	
	February 19			February 27		
a_0	82.8430 564+	27.2642 169+	0.9101 7409+	188.7688 419+	1.6559 638−	0.9839 9369+
a_1	13.4414 881+	1.2592 388+	0.0058 1709+	12.4964 987+	6.6116 448−	0.0051 7056+
a_2	2489 514+	6337 819−	12 7542+	965 918+	85 168+	11 6526−
a_3	315 601−	244 642−	6274−	451 789+	585 385+	494−
a_4	54 219−	21 558+	724−	5 749+	7 900+	1002+
a_5	5 772+	3 069+		3 711−	163−	
	February 20			February 28		
a_0	96.4970 910+	27.8676 723+	0.9171 9661+	201.4073 151+	8.1997 796−	0.9880 0407+
a_1	13.8259 121+	0.0715 617−	0.0081 5072+	12.8256 608+	6.4159 179−	0.0028 6533+
a_2	1275 346+	6911 626−	10 4397+	2318 714+	1887 170+	11 2130−
a_3	473 159−	128 629−	9199−	436 416+	614 924+	3561+
a_4	23 680−	37 454+	656−	12 457−	7 560+	565+
a_5	8 664−	1 460+		5 929−	885−	
	February 21			March 1		
a_0	110.4017 202+	27.0959 765+	0.9262 9275+	214.5066 503+	14.3648 207−	0.9897 8936+
a_1	13.9338 912+	1.4767 667−	0.0099 3643+	13.4123 790+	5.8514 279−	0.0007 5215+
a_2	199 312+	7058 204−	7 2922+	3493 802−	3768 535+	9 8210−
a_3	482 386−	34 547+	1 1865−	326 200−	635 150+	5810+
a_4	21 539+	44 656+	476−	42 876−	3 713+	72+
a_5	6 611+	733−		7 993−	2 884−	
	February 22			March 2		
a_0	124.2702 566+	24.9212 363+	0.9368 3500+	228.2959 423+	19.7757 970−	0.9896 1822+
a_1	13.7612 287+	2.8605 492−	0.0110 1988+	14.1878 551+	4.9071 354−	0.0010 3491−
a_2	1451 106−	6694 036−	3 4575+	4134 766+	5667 429+	8 0469−
a_3	332 889−	205 085+	1 3815−	76 267+	619 595+	6042+
a_4	54 782+	40 453+	151−	85 824+	10 706−	315−
a_5	1 677+	2 036−		5 651−	5 689−	
	February 23			March 3		
a_0	137.8587 316+	21.4156 338+	0.9480 6097+	242.8957 531+	24.0558 695−	0.9878 3589+
a_1	13.3938 877+	4.1226 676−	0.0112 9088+	15.0005 448+	3.5948 987−	0.0024 7568−
a_2	2104 480−	5856 477−	7634−	3791 632+	7404 879+	6 4290−
a_3	99 161−	346 504+	1 4446−	317 501−	519 413+	4708+
a_4	62 060+	29 867+	299+	117 363−	40 642−	497−
a_5	2 091−	2 063−		4 941+	6 670−	
	February 24			March 4		
a_0	151.0382 520+	16.7447 493+	0.9591 3404+	258.2324 688+	26.8630 702−	0.9847 5943+
a_1	12.9670 204+	5.1790 959+	0.0107 1677+	15.6191 599+	1.9776 863−	0.0036 4013−
a_2	2050 667−	4658 404−	4 9034−	2184 682+	8652 271−	5 3132−
a_3	127 449+	445 695+	1 3238−	730 771−	292 342+	2654+
a_4	50 607+	19 462+	776+	90 390−	76 086−	454−
a_5	3 269−	1 426−		17 350+	2 832−	

Formula: Quantity = $a_0 + a_1 p + a_2 p^2 + a_3 p^3 + a_4 p^4 + a_5 p^5$
where p is the fraction of a day from 0^h TDT.

MOON, 1986

DAILY POLYNOMIAL COEFFICIENTS (in degrees)

	Apparent Right Ascension	Apparent Declination	Horizontal Parallax	Apparent Right Ascension	Apparent Declination	Horizontal Parallax
	°	°	°	°	°	°
	March 5			**March 13**		
a_0	273.9897 159+	27.9541 871−	0.9806 0998+	18.6214 400+	6.8527 185+	0.9199 7187+
a_1	15.8093 835+	0.1913 728−	0.0046 4133−	11.0679 886+	5.6591 919+	0.0078 1505−
a_2	375 511−	9044 464+	4 7826−	272 638+	1784 319−	5 7253+
a_3	918 936−	36 607+	793+	372 076+	317 990−	9503+
a_4	3 210+	90 188−	234−	9 947−	8 023+	194−
a_5	17 163+	3 858+		1 046−	983−	
	March 6			**March 14**		
a_0	289.6716 922+	27.2534 071−	0.9754 9599+	29.7528 006+	12.3023 834+	0.9128 2245+
a_1	15.4684 525+	1.5723 958+	0.0055 8341−	11.2296 359+	5.2096 491+	0.0063 9266−
a_2	2941 131−	8432 400+	4 6754−	1318 714+	2700 010−	8 4548+
a_3	741 300−	356 705−	154−	321 404+	295 509−	8712+
a_4	91 117+	68 754−	76+	15 142−	2 953+	359−
a_5	4 640+	7 478+		1 786−	605−	
	March 7			**March 15**		
a_0	304.7814 772+	24.8795 695−	0.9694 4426+	41.1447 555+	17.2127 154+	0.9073 5879+
a_1	14.6965 916+	3.1281 001+	0.0065 2004−	11.5828 493+	4.5818 741+	0.0044 5471−
a_2	4572 415−	7024 748+	4 6667−	2174 166+	3574 893−	10 8491+
a_3	336 350−	557 559−	172+	242 619+	289 326−	7263+
a_4	110 963+	29 886−	372−	24 325−	239−	478−
a_5	5 731−	6 259+		2 444−	113+	
	March 8			**March 16**		
a_0	318.9977 156+	21.1071 132+	0.9624 6299+	52.9666 064+	21.4081 550+	0.9040 5684+
a_1	13.7227 210+	4.3569 535+	0.0074 3332−	12.0795 164+	3.7800 595+	0.0020 8612−
a_2	4973 435−	5235 344+	4 3860−	2731 517+	4443 194−	12 7382+
a_3	48 852+	616 237−	1706+	121 109+	288 579−	5347+
a_4	79 347+	1 440+	562+	37 240−	236+	573−
a_5	7 785−	3 209+		2 098−	1 115+	
	March 9			**March 17**		
a_0	332.2351 345+	16.2877 840−	0.9546 1373+	65.3274 516+	24.7151 723+	0.9032 9227+
a_1	12.7705 383+	5.2213 293+	0.0082 3686−	12.6462 101+	2.8054 998+	0.0005 9899+
a_2	4428 778−	3427 289+	3 5362−	2850 278+	5296 349−	13 9953+
a_3	289 649+	579 768−	4005+	47 492−	275 972−	3058+
a_4	39 624+	16 978+	596+	48 676−	5 954+	670−
a_5	5 421−	837+		203+	2 032+	
	March 10			**March 18**		
a_0	344.5951 801+	10.7799 212+	0.9460 6926+	78.2490 930+	26.9642 386+	0.9053 1468+
a_1	11.9848 193+	5.7400 647+	0.0088 0009−	13.1826 538+	1.6668 360+	0.0034 6302+
a_2	3376 273−	1798 153+	1 9808−	2417 722+	6068 168−	14 5074+
a_3	395 447+	504 233−	6429+	237 967−	231 746−	387+
a_4	12 778+	20 739+	479+	47 995−	16 525+	785−
a_5	2 768−	415−		4 088+	2 218+	
	March 11			**March 19**		
a_0	356.2829 177+	4.9084 321−	0.9371 4017+	91.6453 316+	28.0029 575+	0.9102 2446+
a_1	11.4319 274+	5.9565 129+	0.0089 8420−	13.5776 571+	0.3913 969+	0.0063 4471+
a_2	2140 895−	405 701+	2289+	1456 863+	6642 015−	14 1484+
a_3	419 790+	425 736−	8366+	387 459−	143 967−	2751−
a_4	638−	18 427+	265+	26 543−	28 009+	917−
a_5	1 218−	940−		6 984+	1 332+	
	March 12			**March 20**		
a_0	7.5425 490+	1.0478 258+	0.9282 6517+	105.3279 732+	27.7186 903+	0.9179 4734+
a_1	11.1288 217+	5.9168 324+	0.0086 7683−	13.7456 659+	0.9683 280−	0.0090 5520+
a_2	897 497−	770 377−	2 8904+	205 279+	6892 539−	12 7696+
a_3	405 345+	361 518−	9426+	424 171−	19 390−	6432−
a_4	6 408−	13 584+	23+	9 930+	34 660+	1033−
a_5	747−	1 087−		6 299+	57−	

Formula: Quantity = $a_0 + a_1 p + a_2 p^2 + a_3 p^3 + a_4 p^4 + a_5 p^5$
where p is the fraction of a day from 0^h TDT.

MOON, 1986

DAILY POLYNOMIAL COEFFICIENTS (in degrees)

	Apparent Right Ascension	Apparent Declination	Horizontal Parallax	Apparent Right Ascension	Apparent Declination	Horizontal Parallax
	°	°	°	°	°	°
	March 21			**March 29**		
a_0	119.0533 729+	26.0626 297+	0.9282 0485+	224.0892 478+	18.3940 398−	1.0038 0345+
a_1	13.6665 881+	2.3388 183−	0.0113 7482+	14.3810 063+	5.4126 458−	0.0015 1295−
a_2	944 592−	6743 367−	10 2196+	4176 110+	5525 328+	17 4273−
a_3	323 470−	118 186+	1 0606−	79 898+	719 823+	9917+
a_4	41 963+	34 017+	1061−	88 472−	16 445−	1060+
a_5	2 698+	922−		6 216−	6 713−	
	March 22			**March 30**		
a_0	132.5976 209+	23.0646 029+	0.9404 8497+	238.8863 861+	23.1844 863−	1.0006 5753+
a_1	13.3987 590+	3.6388 898−	0.0130 5808+	15.2017 137+	4.1015 677−	0.0046 5850−
a_2	1636 347−	6193 964−	6 4064+	3822 292+	7518 758−	13 8430−
a_3	130 644−	245 044+	1 4929−	329 643−	586 988+	1 4134+
a_4	54 797+	29 111+	899−	123 152−	51 674−	182+
a_5	822−	880−		5 181+	6 741−	
	March 23			**March 31**		
a_0	145.8250 783+	18.8336 442+	0.9540 2540+	254.4255 676+	26.4813 209−	0.9947 5790+
a_1	13.0538 024+	4.7929 644−	0.0138 5544+	15.8206 234+	2.4457 540−	0.0069 9583−
a_2	1707 847−	5292 963−	1 4020+	2146 617+	8901 988+	9 5145−
a_3	79 345+	352 948+	1 8629−	763 160−	315 705+	1 4767+
a_4	49 827+	24 703+	451−	94 713−	87 392−	495−
a_5	2 491−	399−		18 552+	1 791−	
	March 24			**April 1**		
a_0	158.7207 642+	13.5491 086+	0.9678 3025+	270.3769 208+	28.0142 239−	0.9869 5333+
a_1	12.7547 215+	5.7359 908−	0.0135 5888+	15.9923 891+	0.6064 893−	0.0084 7559−
a_2	1195 823−	4089 861−	4 4341−	524 566−	9306 914+	5 3925−
a_3	253 573+	447 928+	2 0517−	956 764−	47 816−	1 2676+
a_4	36 994+	22 901+	298+	5 539+	95 833−	842−
a_5	2 737−	109−		18 048+	5 334+	
	March 25			**April 2**		
a_0	171.3846 863+	7.4512 037+	0.9807 4354+	286.2235 356+	27.7038 533−	0.9780 5682+
a_1	12.6050 574+	6.4104 791−	0.0120 6847+	15.6116 714+	1.2048 858+	0.0092 0756−
a_2	240 502−	2609 725−	10 3828−	3180 852−	8642 163+	2 0966−
a_3	374 078+	538 327+	1 9331−	761 577−	376 096−	9220+
a_4	23 451+	22 594+	1197+	97 827−	66 664−	880−
a_5	2 857−	302−		4 384+	8 300+	
	March 26			**April 3**		
a_0	184.0051 607+	0.8358 140+	0.9915 9239+	301.4511 851+	25.6781 973−	0.9687 2300+
a_1	12.6771 309+	6.7620 403−	0.0094 5993+	14.7883 383+	2.7979 715+	0.0093 8551−
a_2	993 925+	862 162−	15 4412−	4835 330−	7197 092+	1467+
a_3	438 658+	625 279+	1 4434−	332 616−	560 926−	5649+
a_4	9 645+	21 318+	1936+	115 978−	23 760−	705−
a_5	3 939−	998−		6 438−	6 086+	
	March 27			**April 4**		
a_0	196.8261 204+	5.9478 826−	0.9993 8323+	315.7336 828+	22.2183 766−	0.9594 0161+
a_1	13.0093 990+	6.7388 622−	0.0060 1624+	13.7646 574+	4.0626 468+	0.0092 1489−
a_2	2328 420+	1131 658+	18 6016−	5202 151−	5432 576+	1 4272+
a_3	436 461+	699 824+	6497−	65 721+	597 141−	2812+
a_4	9 679−	16 649+	2192+	80 679+	6 448−	424−
a_5	6 336−	2 283−		8 237−	2 497+	
	March 28			**April 5**		
a_0	210.1104 060+	12.5021 599−	1.0034 9626+	328.9919 413+	17.6712 917−	0.9503 5332+
a_1	13.5989 795+	6.2970 675−	0.0021 8880+	12.7720 994+	4.9738 447+	0.0088 6203−
a_2	3516 240+	3308 254−	19 2459+	4603 403−	3704 710+	2 0258+
a_3	333 159+	742 388+	2455+	307 531+	547 758−	1124+
a_4	42 155−	5 601+	1843+	38 760+	18 253+	127−
a_5	8 620−	4 367−		5 556−	131+	

Formula: Quantity $= a_0 + a_1 p + a_2 p^2 + a_3 p^3 + a_4 p^4 + a_5 p^5$
where p is the fraction of a day from 0^h TDT.

MOON, 1986

DAILY POLYNOMIAL COEFFICIENTS (in degrees)

	Apparent Right Ascension	Apparent Declination	Horizontal Parallax	Apparent Right Ascension	Apparent Declination	Horizontal Parallax
	°	°	°	°	°	°
	April 6			**April 14**		
a_0	341.3377 740+	12.3799 134−	0.9417 0384+	74.1592 388+	26.4686 499+	0.9014 9031+
a_1	11.9564 074+	5.5578 247+	0.0084 2822−	13.0000 809+	2.0373 094+	0.0011 6100+
a_2	3503 771−	2172 186+	2 2946+	2333 800+	5877 650−	11 9901+
a_3	408 623+	474 012−	640+	225 477−	228 780−	4743+
a_4	11 316+	18 426+	122+	45 728−	18 463+	411−
a_5	2 753−	823−		3 820+	1 704+	
	April 7			**April 15**		
a_0	352.9855 229+	6.6505 111−	0.9335 1270+	87.3659 613+	27.8973 331+	0.9038 9364+
a_1	11.3813 919+	5.8570 166+	0.0079 4521−	13.3828 198+	0.8013 819+	0.0036 8487+
a_2	2237 476−	852 432+	2 5647+	1421 323+	6436 123−	13 1604+
a_3	427 293+	408 650−	1159+	368 676−	138 450−	3106+
a_4	1 989−	14 081+	283+	25 727−	27 287+	598−
a_5	1 166−	988−		6 528+	706+	
	April 8			**April 16**		
a_0	4.1855 810+	0.7478 070−	0.9258 3839+	100.8521 259+	28.0440 570+	0.9089 1964+
a_1	11.0607 068+	5.9100 464+	0.0073 8616−	13.5494 542+	0.5161 115−	0.0063 8624+
a_2	979 148−	298 935−	3 0840+	226 407+	6680 706−	13 7268+
a_3	407 971+	362 129−	2323+	406 592−	22 969−	725+
a_4	7 499−	9 039+	342+	8 326+	30 724+	816−
a_5	690−	844−		6 006+	581−	
	April 9			**April 17**		
a_0	15.1883 511+	5.0969 526+	0.9187 8727+	114.3849 948+	26.8605 923+	0.9166 7764+
a_1	10.9839 232+	5.7448 147+	0.0066 8600−	13.4790 876+	1.8471 448−	0.0091 2072+
a_2	192 883+	1339 541−	3 9847+	883 291−	6571 135−	13 4472+
a_3	370 921+	334 251−	3716+	315 041−	93 773+	2534−
a_4	10 773−	4 746+	308+	38 880+	27 407+	1060−
a_5	975−	576−		2 769+	1 186−	
	April 10			**April 18**		
a_0	26.2274 800+	10.6748 051+	0.9125 3997+	127.7484 140+	24.3683 334+	0.9271 0714+
a_1	11.1289 791+	5.3782 421+	0.0057 6526−	13.2248 499+	3.1228 697−	0.0116 9174+
a_2	1231 262+	2319 595−	5 2810+	1567 535−	6137 284−	12 0441+
a_3	317 699+	320 786−	4964+	133 691−	191 773−	6791−
a_4	15 612−	1 771+	206+	52 154+	21 124+	1288−
a_5	1 670−	173−		492−	761−	
	April 11			**April 19**		
a_0	37.5096 271+	15.7891 688+	0.9073 5451+	140.8083 075+	20.6529 489+	0.9399 2250+
a_1	11.4634 610+	4.8187 098+	0.0045 5189−	12.8918 493+	4.2847 245−	0.0138 4527+
a_2	2073 948−	3273 077−	6 8896+	1660 732−	5442 840−	9 2309+
a_3	238 226+	315 080−	5797+	69 068+	269 220−	1 2001−
a_4	24 197−	794+	67+	48 883+	17 252+	1399−
a_5	2 264−	435+		2 070−	238+	
	April 12			**April 20**		
a_0	49.2016 594+	20.2491 857+	0.9035 5022+	153.5456 716+	15.8526 115+	0.9545 5685+
a_1	11.9389 084+	4.0701 063+	0.0029 9739−	12.5989 412+	5.2855 054−	0.0152 7537+
a_2	2620 704+	4209 214−	8 6639+	1180 996−	4529 251−	4 7962+
a_3	119 023+	307 120−	6066+	243 759+	341 112−	1 7716−
a_4	36 165−	2 923+	87+	38 130+	18 642+	1237−
a_5	1 911−	1 202+		2 265−	1 121+	
	April 13			**April 21**		
a_0	61.4107 330+	23.8680 710+	0.9014 7901+	166.0544 757+	10.1502 685+	0.9701 2231+
a_1	12.4833 374+	3.1378 981+	0.0010 8610−	12.4499 893+	6.0810 045−	0.0156 5356+
a_2	2741 542−	5101 001−	10 4266+	243 576−	3382 797−	1 2419−
a_3	43 505−	283 080−	5719+	373 596−	427 019+	2 2824−
a_4	46 588−	9 087+	245−	26 934+	24 615+	636−
a_5	235+	1 802+		2 286−	1 362+	

Formula: Quantity = $a_0 + a_1 p + a_2 p^2 + a_3 p^3 + a_4 p^4 + a_5 p^5$
where p is the fraction of a day from 0^h TDT.

MOON, 1986

DAILY POLYNOMIAL COEFFICIENTS (in degrees)

	Apparent Right Ascension	Apparent Declination	Horizontal Parallax	Apparent Right Ascension	Apparent Declination	Horizontal Parallax
	°	°	°	°	°	°
	April 22			**April 30**		
a_0	178.5199 318 +	3.7762 840 +	0.9854 1709 +	297.6701 889 +	26.3634 006 −	0.9819 3650 +
a_1	12.5229 822 +	6.6189 318 −	0.0146 9495 +	15.3571 525 +	2.4783 467 +	0.0129 9575 −
a_2	1016 028 +	1940 348 −	8 4372 −	5390 975 −	7851 271 +	2 6289 −
a_3	457 839 +	538 660 +	2 5504 −	471 869 −	639 384 −	1 7718 +
a_4	16 067 +	31 920 +	444 +	148 108 +	30 653 −	1279 −
a_5	3 332 −	614 +		7 988 −	8 860 +	
	April 23			**May 1**		
a_0	191.1915 742 +	2.9795 632 −	0.9990 1773 +	312.4550 688 +	23.1660 445 −	0.9688 4224 +
a_1	12.8682 970 +	6.8323 308 −	0.0122 6017 +	14.1926 419 +	3.8489 482 +	0.0130 4123 −
a_2	2452 724 +	126 615 −	15 7810 −	5998 516 −	5837 758 +	1 9193 −
a_3	487 106 +	671 291 +	2 3733 −	38 667 +	676 530 −	1 2505 +
a_4	143 +	35 596 +	1769 +	103 415 +	13 352 +	1253 −
a_5	6 222 −	1 413 −		11 032 −	3 299 +	
	April 24			**May 2**		
a_0	204.3532 463 +	9.7540 081 −	1.0094 8018 +	326.0609 641 +	18.7993 085 −	0.9561 0547 +
a_1	13.5019 155 +	6.6427 389 −	0.0084 6285 +	13.0403 925 +	4.8205 267 +	0.0123 3235 −
a_2	3852 644 +	2086 794 +	21 8072 −	5372 517 −	3921 105 +	4 9265 −
a_3	423 199 +	797 507 +	1 6472 −	344 053 +	592 239 −	7449 +
a_4	31 117 −	29 149 +	2822 +	47 207 +	28 751 +	1011 −
a_5	10 280 −	4 916 −		7 228 −	303 −	
	April 25			**May 3**		
a_0	218.2786 063 +	16.1058 936 −	1.0156 2581 +	338.6025 082 +	13.6430 505 −	0.9443 3016 +
a_1	14.3818 173 +	5.9769 314 −	0.0037 2030 +	12.0843 784 +	5.4384 231 +	0.0111 6402 −
a_2	4832 243 +	4605 038 +	25 0478 −	4129 324 −	2313 752 +	6 5645 −
a_3	195 976 +	862 509 +	4876 −	462 845 +	481 064 −	3394 +
a_4	85 795 −	4 510 +	3081 +	11 619 +	26 495 +	689 −
a_5	10 629 −	9 219 −		3 320 −	1 629 −	
	April 26			**May 4**		
a_0	233.1536 030 +	21.5365 411 −	1.0168 2337 +	350.3210 687 +	8.0188 720 −	0.9338 4965 +
a_1	15.3674 394 +	4.7999 777 −	0.0013 1217 −	11.4003 573 −	5.7666 377 +	0.0097 7683 −
a_2	4798 237 +	7127 129 +	24 6826 −	2704 189 −	1013 189 +	7 1795 +
a_3	246 689 −	787 544 +	7712 +	477 377 −	391 446 −	648 +
a_4	144 988 −	43 747 −	2409 +	4 328 −	18 018 +	368 −
a_5	1 027 +	10 899 −		1 181 −	1 725 −	
	April 27			**May 5**		
a_0	248.9618 012 +	25.5505 161 −	1.0131 4415 +	1.4981 939 +	2.1884 306 −	0.9247 9357 +
a_1	16.1956 208 +	3.1612 301 −	0.0059 2091 −	11.0004 117 +	5.8581 870 +	0.0083 3620 −
a_2	3198 594 +	9117 789 +	20 9615 −	1309 783 −	70 310 −	7 1618 +
a_3	805 400 +	506 981 +	1 7439 +	448 652 +	336 412 −	805 −
a_4	139 357 −	101 785 −	1167 +	9 810 −	9 268 +	92 −
a_5	21 122 +	4 992 −		524 −	1 357 −	
	April 28			**May 6**		
a_0	265.3849 181 +	27.7599 468 −	1.0053 1315 +	12.4114 591 +	3.6298 754 +	0.9171 6458 +
a_1	16.5485 431 +	1.2287 752 −	0.0095 4338 −	10.8688 643 +	5.7462 310 +	0.0069 3165 −
a_2	158 992 +	9978 101 +	15 0676 −	27 904 −	1037 519 −	6 8719 +
a_3	1149 095 −	56 064 +	2 2028 +	404 012 +	312 603 −	1148 −
a_4	22 973 −	126 813 −	77 −	12 195 −	2 414 +	119 +
a_5	25 860 +	6 110 +		804 −	834 −	
	April 29			**May 7**		
a_0	281.8347 397 +	27.9973 757 −	0.9944 8251 +	23.3166 342 +	9.2412 522 +	0.9109 0983 +
a_1	16.2393 345 +	0.7360 004 +	0.0118 9922 +	10.9792 059 +	5.4454 961 +	0.0055 8695 −
a_2	3166 815 −	9447 075 +	8 5316 −	1102 918 +	1969 194 −	6 6029 +
a_3	991 766 −	386 828 +	2 1562 +	346 728 −	310 909 −	648 −
a_4	111 353 +	92 329 +	924 −	16 146 −	1 839 −	253 −
a_5	8 375 +	11 829 +		1 599 −	191 −	

Formula: Quantity = $a_0 + a_1 p + a_2 p^2 + a_3 p^3 + a_4 p^4 + a_5 p^5$
where p is the fraction of a day from 0^h TDT.

MOON, 1986

DAILY POLYNOMIAL COEFFICIENTS (in degrees)

	Apparent Right Ascension	Apparent Declination	Horizontal Parallax		Apparent Right Ascension	Apparent Declination	Horizontal Parallax
	°	°	°		°	°	°
	May 8				**May 16**		
a_0	34.4390 301+	14.4585 350+	0.9059 7921+		136.7197 520+	21.8882 262+	0.9256 2545+
a_1	11.2965 491+	4.9575 544+	0.0042 7569−		12.7151 788+	3.8527 262−	0.0110 3572+
a_2	2030 197+	2914 885−	6 5620+		1971 283−	5326 292−	11 7919+
a_3	265 710+	319 706−	388+		44 018+	253 636+	2896−
a_4	24 351−	2 897−	309+		51 875+	10 082+	1145−
a_5	2 391−	622+			2 196−	373−	
	May 9				**May 17**		
a_0	45.9624 958+	19.0924 028+	0.9023 6669+		149.2471 721+	17.5292 053+	0.9377 9994+
a_1	11.7713 660+	4.2778 190+	0.0029 3928−		12.3537 794+	4.8380 460−	0.0132 6139+
a_2	2657 209+	3885 169−	6 8632+		1550 026−	4508 608−	10 2272+
a_3	144 492+	324 538−	1646+		229 515+	291 020+	7503−
a_4	36 964−	189+	292+		40 365+	8 300+	1431−
a_5	2 277−	1 555+			2 212−	997+	
	May 10				**May 18**		
a_0	58.0101 078+	22.9494 255+	0.9001 3310+		161.4727 156+	12.2703 301+	0.9519 9471+
a_1	12.3302 338+	3.4042 774+	0.0015 0560−		12.1276 688+	5.6486 420−	0.0150 2446+
a_2	2845 978+	4842 076−	7 5295+		641 423−	3575 741−	7 1142+
a_3	24 931−	307 852−	2830+		369 086+	334 785+	1 3306−
a_4	49 340−	8 164−	212+		29 318+	13 518+	1557−
a_5	214−	2 245+			1 757−	2 034+	
	May 11				**May 19**		
a_0	70.6174 909+	25.8397 510+	0.8994 1087+		173.5759 068+	6.2991 477+	0.9675 8196+
a_1	12.8721 116+	2.3478 943+	0.0000 9371+		12.1209 580+	6.2569 301−	0.0159 8575+
a_2	2472 928+	5694 137−	8 5020+		624 230−	2469 874−	2 1955+
a_3	222 223−	252 864−	3694+		468 563+	409 387+	1 9685−
a_4	50 897−	19 846+	83+		21 022+	24 087+	1328−
a_5	3 683+	2 066+			2 088−	2 380+	
	May 12				**May 20**		
a_0	83.7099 517+	27.5951 365+	0.9003 9255+		185.8080 375+	0.1611 844−	0.9835 7714+
a_1	13.2815 168+	1.1421 778+	0.0019 0826+		12.3937 351+	6.6172 652−	0.0157 8110+
a_2	1537 826+	6312 932−	9 6549+		2135 298+	1073 284−	4 4821+
a_3	387 155−	153 573−	4040+		530 429+	528 991+	2 5191−
a_4	31 589−	30 575+	85−		11 512+	36 686+	548−
a_5	6 976+	738+			4 351−	1 484+	
	May 13				**May 21**		
a_0	97.1040 743+	28.0937 952+	0.9033 0585+		198.4690 614+	6.8290 619−	0.9986 5265+
a_1	13.4637 877+	0.1538 831−	0.0039 5703+		12.9823 472+	6.6578 120−	0.0141 0695+
a_2	256 813+	6582 827−	10 8092+		3752 271+	748 808+	12 3267−
a_3	443 879−	24 878−	3710+		530 161+	688 776+	2 7531−
a_4	4 923+	34 181+	292−		9 321−	45 208+	794+
a_5	6 749+	1 018−			9 230−	1 556−	
	May 14				**May 22**		
a_0	110.5503 228+	27.2824 579+	0.9083 7797+		211.8777 968+	13.3387 503−	1.0112 5957+
a_1	13.3873 269+	1.4647 495−	0.0062 1850+		13.8835 016+	6.2841 193−	0.0108 4744+
a_2	977 696−	6462 629−	11 7394+		5194 328+	3070 983+	20 0625−
a_3	358 639−	101 121−	2557+		397 829+	850 667+	2 4326−
a_4	39 379+	28 575+	539−		56 752+	38 533−	2343+
a_5	3 254+	1 969−			14 347−	7 408−	
	May 15				**May 23**		
a_0	123.8082 795+	25.1842 182+	0.9157 9060+		226.3134 040+	19.2275 920−	1.0198 8094+
a_1	13.1015 707+	2.7164 930−	0.0086 2156+		15.0118 472+	5.4030 200−	0.0061 9903+
a_2	1784 894−	6007 572−	12 1743+		5902 830+	5779 986−	25 9214−
a_3	170 683−	195 931+	415+		30 308+	927 103+	1 4687−
a_4	55 036+	18 250+	828−		135 294−	672+	3425+
a_5	441−	1 599−			9 907−	13 961−	

Formula: Quantity = $a_0 + a_1 p + a_2 p^2 + a_3 p^3 + a_4 p^4 + a_5 p^5$
where p is the fraction of a day from 0^h TDT.

MOON, 1986

DAILY POLYNOMIAL COEFFICIENTS (in degrees)

	Apparent Right Ascension	Apparent Declination	Horizontal Parallax		Apparent Right Ascension	Apparent Declination	Horizontal Parallax
	May 24				**June 1**		
	°	°	°		°	°	°
a_0	241.9040 449+	23.9612 320−	1.0233 7522+		358.8276 478+	3.4924 327−	0.9313 3973+
a_1	16.1424 598+	3.9756 026−	0.0007 1136+		11.1357 222+	5.8789 027+	0.0114 1130−
a_2	5081 966+	8425 023+	28 2713−		1998 634−	33 878−	10 2564+
a_3	596 939−	790 697+	605−		505 750+	336 745−	2917+
a_4	191 578−	73 974−	3457+		11 418−	16 699+	779−
a_5	13 210+	13 462−			493−	2 134−	
	May 25				**June 2**		
a_0	258.4771 705+	27.0240 063−	1.0212 8796+		9.8128 904+	2.3508 641+	0.9209 7546+
a_1	16.9097 682+	2.0896 950−	0.0048 2261−		10.8829 063+	5.7767 167+	0.0093 0364−
a_2	2275 079+	1.0218 066+	26 4098−		554 787−	965 277−	10 6739+
a_3	1219 870−	367 411+	1 3501+		455 129+	290 929−	185−
a_4	116 345−	145 429−	2423+		13 541−	5 939+	468−
a_5	34 565+	481−			537−	1 514−	
	May 26				**June 3**		
a_0	275.4842 819+	28.0697 445−	1.0139 8360+		20.6844 232+	8.0024 027+	0.9127 3268+
a_1	16.9695 548+	0.0057 450+	0.0096 0261−		10.9028 019+	5.4980 023+	0.0071 9313−
a_2	1734 962−	1.0443 425+	20 9530−		723 999+	1817 584−	10 3457+
a_3	1345 827−	211 441−	2 3235+		395 144+	281 862−	2041−
a_4	70 536+	144 251−	884+		16 070−	1 724−	204−
a_5	22 700+	13 435+			1 341−	753−	
	May 27				**June 4**		
a_0	292.1550 814+	27.0538 825−	1.0025 2688+		31.6973 983+	13.2902 127−	0.9065 5167+
a_1	16.2583 497+	1.9800 165+	0.0130 6085−		11.1590 454+	5.0488 620+	0.0051 9337−
a_2	5122 598−	9078 749+	13 4938−		1799 582+	2681 063−	9 6176+
a_3	851 353−	653 262−	2 6631+		316 870−	295 715−	2840−
a_4	181 313+	71 496−	476−		22 863−	5 614−	8+
a_5	4 020−	14 517+			2 385−	221+	
	May 28				**June 5**		
a_0	307.8337 652+	24.2370 152−	0.9883 7818+		43.0655 640+	18.0408 577+	0.9022 9174+
a_1	15.0489 276+	3.5784 400+	0.0149 7983−		11.6036 847+	4.4218 014+	0.0033 5473−
a_2	6630 181−	6835 317+	5 8152−		2589 073+	3599 693−	8 7751+
a_3	172 681−	798 091−	2 4533+		201 359+	315 263−	2791−
a_4	152 897+	2 136+	1282−		35 350−	4 595−	166+
a_5	14 560−	7 184+			2 799−	1 425−	
	May 29				**June 6**		
a_0	322.2162 403+	20.0539 207−	0.9730 4933+		54.9444 770+	22.0708 466+	0.8997 8828+
a_1	13.7249 693+	4.7105 152+	0.0154 5827−		12.1663 694+	3.6061 599−	0.0016 7678−
a_2	6376 884−	4525 486+	7672−		2952 895+	4558 781−	8 0407+
a_3	295 037+	721 362−	1 9250+		32 862+	318 761−	2107−
a_4	77 170−	36 598+	1531−		50 424−	2 674+	267+
a_5	11 050−	856+			1 294−	2 545+	
	May 30				**June 7**		
a_0	335.3396 369+	14.9592 477−	0.9578 4496+		67.4042 503+	25.1897 741+	0.8988 9717+
a_1	12.5634 529+	5.4142 676+	0.0147 8864−		12.7459 952+	2.6011 176+	0.0001 2116−
a_2	5139 195−	2589 356+	5 6269+		2735 864+	5473 502−	7 5700+
a_3	496 488+	568 080−	1 3040+		179 518−	282 482−	1018−
a_4	22 417+	39 595+	1409−		57 785−	15 908+	305+
a_5	5 295−	1 934−			2 682+	2 820+	
	May 31				**June 8**		
a_0	347.4405 312+	9.3390 864−	0.9437 3532+		80.4003 699+	27.2171 661+	0.8995 2589+
a_1	11.6908 834+	5.7765 848+	0.0133 2844−		13.2175 446+	1.4294 442+	0.0013 7454+
a_2	3568 049−	1103 248+	8 7025+		1877 491+	6197 215−	7 4470+
a_3	535 252+	429 395−	7374+		381 408−	191 356−	225+
a_4	3 073−	29 316+	1114−		43 828−	30 624+	277+
a_5	1 799−	2 480+			7 055+	1 600+	

Formula: Quantity = $a_0 + a_1 p + a_2 p^2 + a_3 p^3 + a_4 p^4 + a_5 p^5$
where p is the fraction of a day from 0^h TDT.

MOON, 1986

DAILY POLYNOMIAL COEFFICIENTS (in degrees)

	Apparent Right Ascension	Apparent Declination	Horizontal Parallax		Apparent Right Ascension	Apparent Declination	Horizontal Parallax
	°	°	°		°	°	°
	June 9				**June 17**		
a_0	93.7638 455+	28.0109 756+	0.9016 5015+		193.7248 298+	4.5398 418−	0.9786 4313+
a_1	13.4646 176+	0.1456 416+	0.0028 8178+		12.3347 313+	6.4555 567−	0.0147 2849+
a_2	541 108+	6571 519−	7 6777+		3028 588+	47 081+	1 2808−
a_3	485 626−	54 118−	1354+		565 304+	532 056+	1 9827−
a_4	6 668−	38 752+	181+		6 032+	36 974+	1081−
a_5	8 033+	629−			5 878−	1 576+	
	June 10				**June 18**		
a_0	107.2341 478+	27.4978 658+	0.9053 1506+		206.4189 657+	10.9336 297−	0.9930 3447+
a_1	13.4284 971+	1.1697 134−	0.0044 6520+		13.1095 068+	6.2709 504−	0.0138 3417+
a_2	875 273−	6507 727−	8 1876+		4701 986+	1881 071+	7 8493−
a_3	433 826−	93 631+	2099+		527 136+	693 461+	2 4335−
a_4	34 748+	35 088+	21+		22 718−	46 301+	172−
a_5	4 660+	2 331−			12 065−	2 230−	
	June 11				**June 19**		
a_0	120.5356 759+	25.6900 185−	0.9106 2023+		220.0479 063+	16.9427 199−	1.0058 3864+
a_1	13.1395 189+	2.4303 000−	0.0061 6656+		14.1929 218−	5.6693 011−	0.0115 2732+
a_2	1921 733−	6039 709−	8 8230+		6025 944+	4217 134+	15 2105−
a_3	250 776−	210 569+	2201+		313 744+	852 156+	2 5124−
a_4	57 613+	22 791+	201−		86 273−	36 386+	1208+
a_5	151+	2 483−			15 908−	9 569−	
	June 12				**June 20**		
a_0	133.4637 203+	22.6788 353+	0.9176 8909+		234.8645 786+	22.1024 103−	1.0156 0576+
a_1	12.7030 574+	3.5671 949−	0.0079 8919+		15.4497 842+	4.5604 646−	0.0077 7985+
a_2	2327 048−	5296 129−	9 3544+		6289 099−	6895 926+	21 9801−
a_3	20 280−	277 510+	1415+		183 186−	898 343+	2 0200−
a_4	57 225+	10 065+	478−		175 199−	13 523−	2618+
a_5	2 359−	1 397−			3 940−	16 393−	
	June 13				**June 21**		
a_0	145.9375 315+	18.6106 454+	0.9266 2309+		250.9070 400+	25.8864 397−	1.0210 1179+
a_1	12.2532 740+	4.5398 383−	0.0098 8342+		16.5806 307+	2.9253 770−	0.0028 8271+
a_2	2068 248−	4417 170−	9 4823+		4648 602−	9344 955+	26 4455−
a_3	184 867+	304 652+	486−		907 138−	682 994+	9430−
a_4	44 663+	3 094+	799−		197 457−	102 038−	3401+
a_5	2 573−	80+			25 798+	12 034−	
	June 14				**June 22**		
a_0	158.0066 764+	13.6598 728+	0.9374 4189+		267.8446 515+	27.8204 290−	1.0211 8966+
a_1	11.9116 640+	5.3305 975−	0.0117 3333+		17.1721 385+	0.8983 013−	0.0025 5305−
a_2	1271 433−	3483 825−	8 8468+		1002 728+	1.0661 032+	27 2420−
a_3	338 205+	318 589+	3688−		1433 028−	163 863+	4528−
a_4	31 633+	3 641+	1130−		52 110−	164 570−	3127+
a_5	1 807−	1 396+			37 248+	5 049+	
	June 15				**June 23**		
a_0	169.8280 003+	8.0132 554+	0.9500 1172+		284.9722 738+	27.6521 928−	1.0159 8895+
a_1	11.7705 893+	5.9296 301−	0.0133 4683+		16.9405 278+	1.2197 735−	0.0077 4041−
a_2	85 050−	2492 212−	7 0545+		3235 244−	1.0216 558−	24 0433−
a_3	446 899+	347 661+	8248−		1282 234−	437 378−	1 7244+
a_4	22 901+	10 838+	1391−		143 237+	133 210−	1947+
a_5	1 379−	2 340+			12 199+	16 719+	
	June 16				**June 24**		
a_0	181.6369 267+	1.8704 879+	0.9639 6760+		301.4765 972+	25.4661 502−	1.0060 3609+
a_1	11.8961 187+	6.3182 690−	0.0144 5459+		15.9721 763+	3.0869 442+	0.0119 5391−
a_2	1379 363+	1360 745−	3 7442+		6101 718−	8273 042+	17 7477−
a_3	524 111+	414 567+	1 3910−		600 981−	804 553−	2 5016+
a_4	16 741+	22 926+	1439−		195 907+	44 881−	466+
a_5	2 371−	2 644+			11 997−	13 500+	

Formula: Quantity = $a_0 + a_1 p + a_2 p^2 + a_3 p^3 + a_4 p^4 + a_5 p^5$
where p is the fraction of a day from 0^h TDT.

MOON, 1986

DAILY POLYNOMIAL COEFFICIENTS (in degrees)

	Apparent Right Ascension	Apparent Declination	Horizontal Parallax		Apparent Right Ascension	Apparent Declination	Horizontal Parallax
		June 25				July 3	
	°	°	°		°	°	°
a_0	316.7968 946+	21.6354 952−	0.9925 6223+		51.8499 517+	21.2417 337+	0.9017 0113+
a_1	14.6438 984+	4.4889 750+	0.0147 3439−		12.0247 180+	3.7963 085+	0.0027 6364−
a_2	6850 228−	5725 061+	9 9998−		2855 665+	4352 283−	11 2005+
a_3	60 393+	853 818−	2 6723+		111 312+	303 594−	4050−
a_4	128 855+	22 347+	721−		46 622−	2 580−	115−
a_5	15 177−	5 040+			2 295−	2 154+	
		June 26				July 4	
a_0	330.7731 773+	16.6566 572−	0.9770 8788+		64.1664 758+	24.5724 120+	0.9000 1588+
a_1	13.3359 307+	5.3892 942+	0.0159 6159−		12.6094 522+	2.8348 201+	0.0006 4965−
a_2	6047 854−	3347 839+	2 4354−		2886 742+	5256 945−	9 9214+
a_3	427 418+	717 278−	2 3658+		96 241−	291 852−	4501−
a_4	51 977+	45 845+	1357−		59 276−	8 574+	43+
a_5	8 990−	518−			955+	3 086+	
		June 27				July 5	
a_0	343.5513 631+	10.9997 741−	0.9611 0576+		77.0491 460+	26.8535 185+	0.9003 1379+
a_1	12.2708 873+	5.8617 554+	0.0157 9328−		13.1347 008+	1.7008 477+	0.0012 0133+
a_2	4543 490−	1465 731+	3 8428+		2251 889+	6050 093−	8 6011+
a_3	548 540+	540 300−	1 8100+		321 041−	226 989−	4316−
a_4	8 094+	42 134+	1502−		54 610−	24 716+	172
a_5	3 619−	2 547−			5 866+	2 596+	
		June 28				July 6	
a_0	355.4232 030+	5.0415 170−	0.9458 6273+		90.3720 573+	27.9293 891+	0.9023 3380+
a_1	11.5281 828+	6.0083 913+	0.0145 4187−		13.4698 585+	0.4339 145+	0.0027 9896+
a_2	2885 360−	72 089+	8 3758+		1020 001+	6556 736−	7 4121+
a_3	546 260+	397 362−	1 2026+		479 295−	103 331−	3614−
a_4	9 044−	28 922+	1348−		23 609−	38 161+	259+
a_5	1 043−	2 721−			8 609+	535+	
		June 29				July 7	
a_0	6.7164 672+	0.9369 671+	0.9322 6521+		103.8944 863+	27.7011 666+	0.9058 4041+
a_1	11.1108 506+	5.9138 091+	0.0125 5989−		13.5249 284+	0.8929 026−	0.0041 8334+
a_2	1311 200−	973 710−	11 1829−		473 197−	6632 452−	6 4844+
a_3	500 025+	308 605−	6614+		488 816−	53 355−	2556−
a_4	13 713−	15 143+	1072−		21 284+	40 560+	290+
a_5	446−	2 217−			6 478+	1 778−	
		June 30				July 8	
a_0	17.7447 844+	6.7238 373+	0.9208 7904+		117.3259 897+	26.1542 324+	0.9106 4954+
a_1	10.9929 095+	5.6314 353+	0.0101 6776+		13.2953 915+	2.1880 528−	0.0054 1516+
a_2	102 170+	1830 853−	12 5330+		1747 151−	6246 908−	5 8903+
a_3	440 416+	269 769−	2332+		341 632−	197 230+	1371−
a_4	15 666−	3 958+	781−		53 820+	30 974+	248+
a_5	976−	1 473+			1 629+	2 785−	
		July 1				July 9	
a_0	28.7902 883+	12.1454 588+	0.9119 8009+		130.4180 477+	23.3640 307+	0.9166 4249+
a_1	11.1387 128+	5.1851 818+	0.0076 2244−		12.8658 101+	3.3672 678−	0.0065 6201+
a_2	1319 661−	2631 166−	12 7719+		2433 012−	5497 293−	5 6238+
a_3	367 383+	268 109−	780−		112 146−	293 574+	353−
a_4	20 503−	3 541−	522−		60 830+	16 563+	124+
a_5	2 047−	516−			1 955−	2 237−	
		July 2				July 10	
a_0	40.0954 505+	17.0403 073+	0.9056 2183+		143.0352 296+	19.4778 237+	0.9237 6460+
a_1	11.5036 342+	4.5768 427+	0.0051 1232−		12.3689 174+	4.3731 457+	0.0076 8118+
a_2	2278 258+	3461 926−	12 2318−		2424 178−	4539 569−	5 5861+
a_3	264 428+	286 706−	2855−		111 040+	338 207+	168+
a_4	31 105−	6 269−	301−		50 023+	5 280+	80−
a_5	2 910−	738+			2 894−	924−	

Formula: Quantity = $a_0 + a_1 p + a_2 p^2 + a_3 p^3 + a_4 p^4 + a_5 p^5$
where p is the fraction of a day from 0^h TDT.

MOON, 1986   D35

DAILY POLYNOMIAL COEFFICIENTS (in degrees)

	Apparent Right Ascension	Apparent Declination	Horizontal Parallax	Apparent Right Ascension	Apparent Declination	Horizontal Parallax
	July 11			July 19		
	°	°	°	°	°	°
a_0	155.1775 462+	14.6849 774+	0.9320 0527+	260.7696 997+	27.3549 088−	1.0113 1352+
a_1	11.9359 569+	5.1779 458−	0.0088 0026+	16.6704 201+	1.6733 163−	0.0035 5214+
a_2	1819 922−	3502 488−	5 5801+	3229 990+	9842 496+	20 5766−
a_3	282 546+	350 860+	135−	1117 182−	448 854+	1 2841−
a_4	35 169+	765+	351−	141 791−	121 231−	2351+
a_5	2 239−	414+		32 081+	6 020−	
	July 12			July 20		
a_0	166.9630 584+	9.1919 867+	0.9413 5867+	277.6404 299+	28.0118 151−	1.0127 0311+
a_1	11.6696 851+	5.7726 712−	0.0098 9818+	16.9405 818+	0.3783 536+	0.0008 5421−
a_2	783 654−	2441 151−	5 3194+	649 356−	1.0401 604+	23 0065−
a_3	401 276+	358 679+	1535−	1366 131−	87 863−	3189−
a_4	24 092+	2 994+	658−	33 794+	150 381−	2732+
a_5	1 437−	1 481+		27 077+	9 305+	
	July 13			July 21		
a_0	178.5967 712+	3.2115 158+	0.9517 6687+	294.3855 501+	26.6161 949−	1.0095 4367+
a_1	11.6422 550+	6.1513 588−	0.0108 8971+	16.4278 982+	2.3768 221+	0.0054 4178−
a_2	550 416+	1332 303−	4 4556+	4274 126−	9329 592+	22 3368−
a_3	483 193+	385 859+	4184−	974 555−	592 937−	7984+
a_4	17 394+	10 619+	944−	169 716+	98 138−	2315+
a_5	1 539−	2 169+		527+	15 098+	
	July 14			July 22		
a_0	190.3439 726+	3.0332 087−	0.9630 5085+	310.3056 042+	23.3740 113−	1.0019 7120+
a_1	11.9034 818+	6.2967 300−	0.0116 1751+	15.3488 401+	4.0331 479+	0.0095 7695−
a_2	2089 085+	89 254−	2 6289+	6175 443−	7113 304+	18 5832−
a_3	536 238+	449 991+	8014−	298 816−	837 200−	1 7364+
a_4	10 561+	21 912+	1117−	163 927+	20 119−	1311+
a_5	3 458−	2 149+		13 739−	10 003+	
	July 15			July 23		
a_0	202.5106 970+	9.2914 589−	0.9748 3994+	325.0220 372+	18.7142 647−	0.9907 2267+
a_1	12.4846 607+	6.1697 461−	0.0118 5813+	14.0828 091+	5.2015 949+	0.0127 2023−
a_2	3726 722+	1413 828+	4433−	6226 320−	4580 906+	12 6221−
a_3	541 325+	558 149+	1 2583−	220 134+	821 558−	2 2575+
a_4	5 750−	33 607+	1048−	91 244+	29 109+	178+
a_5	7 922−	525+		12 034−	3 138+	
	July 16			July 24		
a_0	215.4207 952+	15.2605 941−	0.9865 1743+	338.5121 487+	13.1335 104−	0.9769 6775+
a_1	13.3861 359+	5.7058 359−	0.0113 4997+	12.9340 722+	5.8845 164+	0.0145 6034−
a_2	5236 869+	3295 379−	4 8333+	5138 796−	2322 071+	5 7697−
a_3	436 072+	695 157+	1 6913−	468 000+	676 117−	2 3164+
a_4	45 975−	37 663+	605−	31 180+	43 489+	692−
a_5	13 443−	4 039−		6 278−	900−	
	July 17			July 25		
a_0	229.3682 833+	20.5640 139−	0.9972 0890+	350.9816 316+	7.0801 397−	0.9620 5515+
a_1	14.5392 222+	4.8251 750−	0.0098 5165+	12.0560 504+	6.1630 391+	0.0150 4713−
a_2	6133 966+	5566 496+	10 2436−	3610 362−	545 526+	7496+
a_3	119 033+	801 376+	1 9457−	532 210−	512 047−	2 0263+
a_4	118 805−	17 883+	256+	782+	38 176+	1151−
a_5	11 861−	11 222−		2 392−	2 360−	
	July 18			July 26		
a_0	244.5197 385+	24.7517 356−	1.0058 4418+	2.7297 058+	0.9101 711+	0.9472 7410+
a_1	15.7482 942+	3.4699 242−	0.0072 2945+	11.4927 595+	6.1326 205+	0.0143 3541−
a_2	5658 507+	7965 186+	15 8925−	2032 865−	785 219−	6 1344+
a_3	463 609−	758 911+	1 8461−	512 346+	383 021−	1 5567+
a_4	185 950−	41 804−	1374+	10 450−	25 998+	1256−
a_5	7 721+	14 782−		843−	2 467−	

Formula: Quantity = $a_0 + a_1 p + a_2 p^2 + a_3 p^3 + a_4 p^4 + a_5 p^5$
where p is the fraction of a day from 0^h TDT.

MOON, 1986

DAILY POLYNOMIAL COEFFICIENTS (in degrees)

	Apparent Right Ascension	Apparent Declination	Horizontal Parallax	Apparent Right Ascension	Apparent Declination	Horizontal Parallax
	July 27			August 4		
a_0	14.0692 841+ °	5.1079 785+ °	0.9336 9523+	113.6487 857+ °	26.7425 050+ °	0.9120 8653+
a_1	11.2352 889+	5.8698 368+	0.0126 9182−	13.4490 792+	1.8972 384−	0.0058 8460+
a_2	566 907−	1802 992−	10 0536+	1291 893−	6496 524−	6 4327+
a_3	462 152+	303 421−	1 0495+	396 858−	146 817+	6710−
a_4	14 263−	13 483−	1149−	41 957+	36 157+	154+
a_5	814−	1 989−		3 426+	2 147−	
	July 28			August 5		
a_0	25.2925 897+	10.7683 233+	0.9221 0224+	126.9335 282+	24.2136 969+	0.9185 4884+
a_1	11.2544 400+	5.4226 115+	0.0104 1220−	13.0901 344+	3.1391 091+	0.0069 7599+
a_2	725 845+	2652 275−	12 5187+	2196 577−	5860 679−	4 5156+
a_3	396 513+	268 918−	5887−	197 162+	269 842+	6083−
a_4	18 176−	3 394+	956−	58 353+	24 885+	278+
a_5	1 610−	1 196−		787−	2 347−	
	July 29			August 6		
a_0	36.6572 869+	15.8990 352+	0.9129 9122+	139.7900 451+	20.5177 579+	0.9259 1835+
a_1	11.5104 863+	4.8122 418+	0.0077 7009−	12.6146 153−	4.2215 109−	0.0077 0777+
a_2	1790 190+	3450 654−	13 7173+	2445 994−	4925 343−	2 8597+
a_3	307 178+	266 661−	2067+	27 248+	346 362+	4944−
a_4	26 397−	2 743−	756−	53 307+	12 923+	342+
a_5	2 560−	94−		2 691−	1 541−	
	July 30			August 7		
a_0	48.3746 143+	20.3392 617+	0.9066 0596+	152.1678 474+	15.8394 871+	0.9338 6607+
a_1	11.9488 388+	4.0409 697+	0.0049 9487−	12.1535 683+	5.0982 710−	0.0081 4509+
a_2	2527 628+	4268 056−	13 8891+	2071 414−	3824 122−	1 5808+
a_3	175 995+	277 784−	949−	213 602+	383 269+	3542−
a_4	39 898−	3 305−	580−	39 243+	5 244+	313+
a_5	2 610−	1 283+		2 575−	452−	
	July 31			August 8		
a_0	60.5895 645+	23.9254 452+	0.9029 8472+	164.1393 012+	10.3976 100+	0.9421 3695+
a_1	12.4899 011+	3.1033 441+	0.0022 6870−	11.8177 763+	5.7462 419−	0.0083 6752+
a_2	2789 948+	5108 385−	13 2613+	1220 919−	2647 348−	7018+
a_3	8 445−	277 465−	3262−	345 245+	400 283+	2256−
a_4	54 089−	3 288+	429−	26 311+	3 102+	178+
a_5	476−	2 541+		1 819−	512+	
	August 1			August 9		
a_0	73.3521 594+	26.4907 871+	0.9020 0526+	175.8719 594+	4.4270 230+	0.9505 5387+
a_1	13.0234 884+	2.0010 133+	0.0002 6857+	11.6867 815+	6.1541 292−	0.0084 4733+
a_2	2435 218+	5895 567−	12 0300+	45 466−	1422 743−	1246+
a_3	227 086−	238 749−	4975−	432 445+	418 211+	1522−
a_4	57 103−	16 552+	289−	17 536+	5 817+	49−
a_5	3 883+	2 844+		1 553−	1 214+	
	August 2			August 10		
a_0	86.5911 390+	27.8803 085+	0.9034 2418+	187.5990 372+	1.8268 563−	0.9589 9794+
a_1	13.4215 108+	0.7583 168+	0.0025 1373+	11.8136 587+	6.3102 805−	0.0084 2461+
a_2	1450 308+	6483 973−	10 3683+	1341 638+	121 025−	3700−
a_3	414 534−	144 810−	6135−	486 447−	453 755+	1716−
a_4	36 694−	31 383−	147−	10 381+	12 164+	320−
a_5	7 705+	1 600+		2 586−	1 476+	
	August 3			August 11		
a_0	100.1133 283+	27.9790 452+	0.9069 1191+	199.5962 838+	8.1024 998−	0.9673 6518+
a_1	13.5763 866+	0.5685 703−	0.0043 9744+	12.2307 764+	6.1927 562−	0.0082 8630+
a_2	63 856+	6714 097−	8 4441+	2837 507+	1328 077+	1 0844−
a_3	484 378−	4 502+	6727−	500 416+	516 747−	3021−
a_4	3 756+	39 462+	3+	1 793−	20 126+	562−
a_5	7 474+	562−		5 511−	785+	

Formula: Quantity = $a_0 + a_1 p + a_2 p^2 + a_3 p^3 + a_4 p^4 + a_5 p^5$
where p is the fraction of a day from 0^h TDT.

MOON, 1986

DAILY POLYNOMIAL COEFFICIENTS (in degrees)

	Apparent Right Ascension	Apparent Declination	Horizontal Parallax	Apparent Right Ascension	Apparent Declination	Horizontal Parallax
	°	°	°	°	°	°
	August 12			**August 20**		
a_0	212.1601 220+	14.1086 824−	0.9755 0721+	333.0661 556+	15.4498 444−	0.9818 4149+
a_1	12.9449 250+	5.7636 767−	0.0079 5629+	13.3626 904+	5.7077 409+	0.0101 5727−
a_2	4272 869+	3007 071+	2 3313−	5079 623−	3422 758+	11 7730−
a_3	435 742+	603 589+	5322−	329 281+	726 931−	1 4267+
a_4	29 348−	25 028+	681−	52 100+	26 982+	810+
a_5	9 777−	1 774−		7 718−	1 495+	
	August 13			**August 21**		
a_0	225.5719 955+	19.5089 678−	0.9831 7034+	345.9582 500+	9.4696 730−	0.9706 5769+
a_1	13.9135 928+	4.9720 673−	0.0073 0308+	12.4625 355+	6.1857 512+	0.0120 5146−
a_2	5305 791+	4950 375+	4 3334−	3856 298−	1418 701+	7 0286−
a_3	220 151+	683 196+	8127−	462 782+	605 400−	1 7490+
a_4	81 179−	16 917+	586−	14 024+	33 718+	102+
a_5	10 939−	6 606−		3 736−	799−	
	August 14			**August 22**		
a_0	240.0289 707+	23.9166 469−	0.9899 5295+	358.0824 628+	3.1992 998−	0.9580 7929+
a_1	15.0028 673+	3.7735 745−	0.0061 6912+	11.8338 548+	6.3009 581+	0.0129 2842−
a_2	5368 897+	7035 204+	7 1114−	2421 072−	203 251−	1 7377−
a_3	207 829−	682 429+	1 0559−	482 807+	479 049−	1 7831+
a_4	141 995−	17 452+	219−	3 957−	29 266+	462−
a_5	552−	10 992−		1 563−	1 696−	
	August 15			**August 23**		
a_0	255.5336 901+	26.9213 026−	0.9953 0317+	9.7219 391+	3.0361 852+	0.9451 5079+
a_1	15.9572 463+	2.1742 787−	0.0044 2129+	11.4921 190+	6.1274 512+	0.0127 5954−
a_2	3887 844+	8867 301+	10 3917−	1011 963−	1481 811−	3 3242+
a_3	770 205−	504 213+	1 1496−	451 707+	379 010−	1 5908+
a_4	145 327−	76 341−	391+	11 305−	20 515+	791−
a_5	19 744+	8 533−		981−	1 789−	
	August 16			**August 24**		
a_0	271.7901 422+	28.1669 173−	0.9985 7424+	21.1568 039+	8.9794 268+	0.9328 7484+
a_1	16.4555 025+	0.2843 458−	0.0020 1370+	11.4202 255+	5.7246 978−	0.0116 4914−
a_2	904 183+	9836 313+	13 5847−	265 540−	2513 675−	7 6179+
a_3	1150 355−	119 296+	9925−	396 460+	314 612−	1 2685+
a_4	36 144−	120 785−	1090+	15 994−	11 373+	909−
a_5	26 764+	1 905+		1 377−	1 392−	
	August 17			**August 25**		
a_0	288.2200 896+	27.4675 903−	0.9991 4112+	32.6414 923+	14.4222 940+	0.9221 0525+
a_1	16.2901 387+	1.6713 532+	0.0009 5733−	11.5851 844+	5.1314 333+	0.0097 8139−
a_2	2495 235−	9488 972+	15 8917−	1345 166+	3403 221−	10 8782+
a_3	1036 096−	340 016−	5470−	318 299+	282 583−	9017−
a_4	103 837+	108 171−	1627+	22 942−	4 239+	891−
a_5	10 316+	10 428+		2 126−	609−	
	August 18			**August 26**		
a_0	304.1685 103+	24.8911 157−	0.9965 5619+	44.3905 164+	19.1855 100+	0.9134 9294+
a_1	15.5269 361+	3.4290 886+	0.0042 3461−	11.9394 672+	4.3674 069+	0.0073 7090−
a_2	4878 018−	7924 639+	16 5521−	2141 068+	4231 641−	13 0509+
a_3	527 446−	668 312−	1188+	205 158−	271 075−	5443+
a_4	150 713+	52 844−	1769+	34 061−	1 074+	813−
a_5	7 168−	10 348+		2 371−	494+	
	August 19			**August 27**		
a_0	319.1692 544+	20.7406 440−	0.9906 9594+	56.5609 629+	23.1028 022+	0.9074 7343+
a_1	14.4497 945+	4.7975 540+	0.0074 3856−	12.4144 197+	3.4404 346+	0.0046 2996−
a_2	5628 515−	5706 191+	15 1440−	2528 320+	5033 468−	14 1984+
a_3	1 099+	778 809−	8402+	46 016+	261 176−	2193+
a_4	109 756+	591−	1450+	46 831−	3 606+	728−
a_5	11 273−	5 665+		1 006−	1 651+	

Formula: Quantity = $a_0 + a_1 p + a_2 p^2 + a_3 p^3 + a_4 p^4 + a_5 p^5$
where p is the fraction of a day from 0^h TDT.

MOON, 1986

DAILY POLYNOMIAL COEFFICIENTS (in degrees)

	Apparent Right Ascension	Apparent Declination	Horizontal Parallax		Apparent Right Ascension	Apparent Declination	Horizontal Parallax
	August 28				September 5		
	°	°	°		°	°	°
a_0	69.2280 326+	26.0142 981+	0.9042 7795+		172.5399 855+	6.0886 594+	0.9554 7568+
a_1	12.9146 571+	2.3576 569+	0.0017 5362−		11.8900 982+	6.2084 416−	0.0091 2802+
a_2	2375 208+	5778 797−	14 4215+		276 993−	1890 033−	4 1446−
a_3	149 427−	229 905−	714−		390 162+	455 980+	7470−
a_4	52 603−	12 221+	658−		18 685+	10 251+	713+
a_5	2 394+	2 260+			1 805−	383+	
	August 29				September 6		
a_0	82.3602 468+	27.7725 328+	0.9039 5277+		184.4430 887+	0.2621 241−	0.9641 2169+
a_1	13.3250 304+	1.1389 437+	0.0010 8295+		11.9583 191+	6.4453 624−	0.0081 0358+
a_2	1635 298+	6372 515−	13 8143+		987 618−	456 727−	5 9577−
a_3	333 814−	158 729−	3345−		446 405+	500 853+	4555−
a_4	40 205−	24 024+	601−		10 135+	12 355+	707+
a_5	6 134+	1 731+			2 557−	466+	
	August 30				September 7		
a_0	95.8120 184+	28.2609 276+	0.9063 7770+		196.5455 678+	6.7017 918−	0.9715 9101+
a_1	13.5389 315+	0.1727 047+	0.0037 2144+		12.2925 368+	6.3812 776−	0.0068 0369+
a_2	454 172+	6687 220−	12 4525+		2362 143+	1124 683−	6 9059−
a_3	432 756−	46 166−	5755−		460 074+	554 602+	1675−
a_4	7 993−	32 893+	536−		2 088−	15 078+	519+
a_5	7 121+	244+			4 808−	66−	
	August 31				September 8		
a_0	109.3530 043+	27.4181 979−	0.9112 8148+		209.1196 368+	12.9136 398−	0.9776 9254+
a_1	13.5002 991+	1.5107 212−	0.0060 1784+		12.8997 451+	5.9839 645−	0.0053 9301+
a_2	820 699−	6625 961−	10 4078+		3681 746+	2878 396+	7 1067−
a_3	395 034−	87 043−	7915−		401 833+	613 203+	422+
a_4	28 722+	33 851+	432−		26 158−	15 412+	209+
a_5	4 409+	1 164−			8 065−	1 838−	
	September 1				September 9		
a_0	122.7350 432+	25.2568 536+	0.9182 5663+		222.4243 174+	18.5470 868−	0.9823 8120+
a_1	13.2313 383+	2.7968 428−	0.0078 4465+		13.7421 478+	5.2190 820−	0.0039 9271+
a_2	1789 419−	6173 426−	7 7793+		4649 314+	4792 177+	6 8642−
a_3	238 284−	210 524+	9668−		216 191+	654 582+	1245+
a_4	50 521+	27 612+	262−		68 671−	6 743+	113−
a_5	475+	1 642−			9 001−	5 137−	
	September 2				September 10		
a_0	135.7687 109+	21.8663 175+	0.9267 7991+		236.6452 484+	23.2213 325−	0.9856 9881+
a_1	12.8224 125+	3.9581 471−	0.0090 9998+		14.7049 078+	4.0641 468−	0.0026 5269+
a_2	2196 540−	5392 639−	4 7293+		4795 180+	6744 884−	6 5650−
a_3	32 894−	304 756−	1 0739−		144 004−	628 523+	747+
a_4	51 957+	19 179+	18−		118 272−	19 791−	335−
a_5	1 980−	1 262−			1 398−	8 190−	
	September 3				September 11		
a_0	148.3731 778+	17.4011 738+	0.9362 4525+		251.8033 069+	26.5509 367−	0.9876 9912+
a_1	12.3930 289+	4.9382 064−	0.0097 2295+		15.5727 524+	2.5386 229−	0.0013 4868+
a_2	2003 385−	4375 907−	1 5059+		3639 388−	8429 423−	6 5430−
a_3	154 809−	369 245+	1 0817−		622 295−	468 380+	657−
a_4	41 351+	12 884+	274+		126 458−	63 399−	377−
a_5	2 484−	580−			14 458+	6 716−	
	September 4				September 12		
a_0	160.5852 358+	12.0635 317+	0.9460 1335+		267.6665 688+	28.2067 909−	0.9883 8317+
a_1	12.0540 935+	5.6977 498−	0.0097 1056+		16.0705 962+	0.7409 338−	0.0000 0526+
a_2	1315 728−	3196 645−	1 5667−		1159 357+	9386 792−	6 9614−
a_3	295 607+	415 320+	9703−		979 282−	151 686+	2228−
a_4	28 735+	10 092+	546+		46 951−	98 521−	216−
a_5	2 051−	7+			22 420+	572+	

Formula: Quantity = $a_0 + a_1 p + a_2 p^2 + a_3 p^3 + a_4 p^4 + a_5 p^5$
where p is the fraction of a day from 0^h TDT.

MOON, 1986

DAILY POLYNOMIAL COEFFICIENTS (in degrees)

	Apparent Right Ascension	Apparent Declination	Horizontal Parallax	Apparent Right Ascension	Apparent Declination	Horizontal Parallax
		September 13			September 21	
a_0	283.7527 196+	28.0036 719−	0.9876 6784+	28.3673 750+	12.6049 216+	0.9283 8593+
a_1	16.0011 011+	1.1428 155+	0.0014 6255−	11.6128 193+	5.4445 928+	0.0097 2307−
a_2	1835 132−	9256 709+	7 7498−	1142 753+	3119 204−	5 2129+
a_3	948 623−	232 866−	3133−	312 499+	331 603−	1 1655+
a_4	71 213+	93 790−	106+	21 354−	8 543+	410−
a_5	11 724+	7 383+		1 933−	427−	
		September 14			September 22	
a_0	299.4837 388+	25.9671 127−	0.9854 0005+	40.1233 907+	17.7052 453+	0.9192 9660+
a_1	15.3838 183+	2.8904 742+	0.0031 0225−	11.9256 108+	4.7244 759+	0.0083 4726−
a_2	4136 826−	8069 556+	8 6142−	1932 720+	4067 041−	8 4587+
a_3	555 011−	533 622−	2707−	207 658+	301 269−	9985+
a_4	127 432+	54 405−	488+	31 420−	6 285+	555−
a_5	3 480−	8 220+		2 128−	316+	
		September 15			September 23	
a_0	314.4107 684+	22.3276 636−	0.9814 1419+	52.2596 845+	21.9935 505+	0.9118 8951+
a_1	14.4391 754+	4.3266 436+	0.0048 8673−	12.3608 215+	3.8233 605+	0.0063 7819−
a_2	5072 719−	6224 556+	9 1236−	2345 768+	4929 969−	11 1189+
a_3	83 565−	670 749−	708−	61 367+	272 488−	7748+
a_4	105 629+	12 664−	797+	42 839−	7 891+	626−
a_5	9 240−	5 103+		995−	1 153+	
		September 16			September 24	
a_0	328.3439 543+	17.4463 954−	0.9756 1599+	64.8568 361+	25.2975 697+	0.9066 9443+
a_1	13.4371 952+	5.3678 124+	0.0067 0077−	12.8307 556+	2.7593 537+	0.0039 4702−
a_2	4782 310−	4187 280−	8 8540−	2262 781+	5688 522−	13 0665+
a_3	247 429+	672 191−	2552+	118 280−	229 148−	5239+
a_4	57 697+	12 360+	919+	48 497−	13 916+	662−
a_5	7 442−	1 948+		1 899+	1 602+	
		September 17			September 25	
a_0	341.3326 869+	11.7256 433−	0.9680 6454+	77.8973 819+	27.4667 085+	0.9040 9983+
a_1	12.5743 235+	6.0095 269+	0.0083 5820−	13.2293 820+	1.5592 725+	0.0012 0302−
a_2	3768 250−	2264 260+	7 5402−	1635 970+	6276 388−	14 2400+
a_3	405 682+	604 356−	6298+	291 391−	157 693−	2595+
a_4	20 625+	21 547+	813+	38 756−	22 306+	696−
a_5	4 120−	109+		5 270+	1 197+	
		September 18			September 26	
a_0	353.5724 042+	5.5479 604−	0.9590 2343+	91.2578 732+	28.3849 231+	0.9043 3981+
a_1	11.9485 709+	6.2897 444+	0.0096 4475−	13.4562 927+	0.2662 066+	0.0016 9501+
a_2	2468 577−	581 508+	5 1716−	582 131+	6603 636−	14 5996+
a_3	448 245+	517 570−	9593+	393 028−	57 132−	182−
a_4	583+	21 757+	528+	11 145−	28 452+	745−
a_5	1 956−	709−		6 510+	69+	
		September 19			September 27	
a_0	5.3188 046+	0.7502 827+	0.9489 6272+	104.7326 127+	27.9879 050+	0.9074 8551+
a_1	11.5885 851+	6.2591 233+	0.0103 7017−	13.4536 053+	1.0602 462+	0.0045 7969−
a_2	1139 853−	847 779−	1 9882−	598 576−	6603 665−	14 0963+
a_3	431 469+	437 785−	1 1710−	373 628−	56 781+	3161−
a_4	8 770−	18 015+	167+	22 474+	28 570+	805−
a_5	1 187−	965−		4 490+	962−	
		September 20			September 28	
a_0	16.8355 556+	6.8825 545+	0.9385 1249+	118.0916 939+	26.2757 313+	0.9134 3516+
a_1	11.4859 537+	5.9649 555+	0.0104 0987−	13.2330 321+	2.3529 980−	0.0072 7189+
a_2	90 088+	2062 725−	1 6143+	1539 738−	6271 570−	12 6635+
a_3	384 425+	375 320−	1 2354+	240 789−	161 312+	6397−
a_4	14 490−	13 023+	167−	44 862+	23 394+	847−
a_5	1 365−	863−		1 021+	1 183−	

Formula: Quantity = $a_0 + a_1 p + a_2 p^2 + a_3 p^3 + a_4 p^4 + a_5 p^5$
where p is the fraction of a day from 0^h TDT.

MOON, 1986

DAILY POLYNOMIAL COEFFICIENTS (in degrees)

	Apparent Right Ascension	Apparent Declination	Horizontal Parallax	Apparent Right Ascension	Apparent Declination	Horizontal Parallax
	°	°	°	°	°	°
	September 29			**October 7**		
a_0	131.1512 617+	23.3139 286+	0.9219 0097+	232.8123 089+	22.1873 900−	0.9950 3503+
a_1	12.8713 005+	3.5501 517−	0.0095 7879+	14.7945 130+	4.5189 079−	0.0011 0360+
a_2	1982 840−	5659 124−	10 2374+	4790 828+	6666 688+	13 8064−
a_3	52 558−	243 360+	9820−	141 442−	690 544+	5872+
a_4	49 201+	17 286+	813−	120 373−	26 362−	758+
a_5	1 442−	644−		1 675−	8 590−	
	September 30			**October 8**		
a_0	143.8237 981+	19.2238 648+	0.9323 9717+	248.0595 556+	25.9740 700−	0.9948 2430+
a_1	12.4779 232+	4.6023 751+	0.0112 9910+	15.6612 773+	2.9932 439−	0.0014 5118−
a_2	1859 843−	4831 756−	6 8090+	3627 325+	8493 866+	11 6088−
a_3	129 349+	306 496+	1 3132−	630 581−	500 666+	8891+
a_4	41 320+	14 113+	634−	130 079−	72 014−	136+
a_5	2 181−	113+		14 771+	6 155−	
	October 1			**October 9**		
a_0	156.1325 858+	14.1703 864+	0.9442 3952+	264.0089 767+	28.0756 775−	0.9923 0250+
a_1	12.1601 970+	5.4710 751−	0.0122 4157+	16.1529 314+	1.1761 448−	0.0035 0082−
a_2	1245 733−	3826 428−	2 5010+	1103 884+	9502 059+	8 8752−
a_3	272 911+	364 373+	1 5735−	998 713−	155 489+	9366+
a_4	30 175+	14 865+	255−	48 708−	104 035−	350−
a_5	1 952−	623+		23 136+	1 797+	
	October 2			**October 10**		
a_0	168.1983 230+	8.3546 545+	0.9565 7129+	280.1698 682+	28.2962 912−	0.9880 0432+
a_1	12.0040 181+	6.1207 915−	0.0122 5950+	16.0661 672+	0.7302 055+	0.0050 0895−
a_2	265 453−	2637 857−	2 3549−	1952 242−	9362 609+	6 2833−
a_3	374 151+	430 097+	1 6802−	968 143−	239 021−	7880+
a_4	20 577+	18 203+	310+	73 306+	92 768+	593−
a_5	1 808−	688−		12 022+	8 331+	
	October 3			**October 11**		
a_0	180.2150 878+	2.0149 761+	0.9684 3038+	295.9525 296+	26.6621 705−	0.9824 3991+
a_1	12.0704 983+	6.5117 091−	0.0112 9687+	15.4205 922+	2.4980 796+	0.0060 5297−
a_2	962 434+	1231 425−	7 1899−	4296 976−	8172 619+	4 2749−
a_3	437 896+	509 532+	1 5552−	563 479−	526 716−	5438+
a_4	11 991+	21 897+	941+	130 861+	48 559−	587−
a_5	2 603−	251+		3 715−	8 252+	
	October 4			**October 12**		
a_0	192.4265 578+	4.5667 074−	0.9788 6216+	310.8997 909+	23.4035 313−	0.9760 0795+
a_1	12.3978 457+	6.5962 511−	0.0094 3003+	14.4426 335+	3.9592 868+	0.0067 6834−
a_2	2322 107+	431 125+	11 2757−	5240 067−	6383 698+	2 9902−
a_3	458 493+	598 987+	1 1704−	80 712−	640 559−	3044+
a_4	440−	23 512+	1429+	107 704+	6 865−	399−
a_5	4 909−	836−		9 543−	4 411+	
	October 5			**October 13**		
a_0	205.1019 284+	11.0576 796−	0.9870 6187+	324.8201 625+	18.8701 759−	0.9689 6704+
a_1	12.9971 803+	6.3213 454+	0.0068 8100+	13.4087 182+	5.0433 146+	0.0072 9104−
a_2	3645 838+	2360 884+	13 9251+	4931 679−	4464 837+	2 3079−
a_3	405 747+	683 439+	5857−	255 648+	625 828−	1434+
a_4	24 981−	19 859+	1574+	58 240+	14 484+	120−
a_5	8 291−	2 947−		7 583−	1 083+	
	October 6			**October 14**		
a_0	218.5009 399+	17.0729 015−	0.9925 0753+	337.7663 433+	13.4414 037−	0.9614 5836+
a_1	13.8339 331+	5.6376 700−	0.0039 8331+	12.5185 852+	5.7548 667+	0.0077 1438−
a_2	4629 940+	4500 941+	14 7456−	3891 111−	2684 984+	1 9411−
a_3	222 464+	731 579+	562+	414 743−	558 006−	969+
a_4	68 660−	5 446+	1312+	20 494+	19 229+	157+
a_5	9 385−	6 152−		4 130−	509−	

Formula: Quantity = $a_0 + a_1 p + a_2 p^2 + a_3 p^3 + a_4 p^4 + a_5 p^5$
where p is the fraction of a day from 0^h TDT.

MOON, 1986

DAILY POLYNOMIAL COEFFICIENTS (in degrees)

	Apparent Right Ascension	Apparent Declination	Horizontal Parallax	Apparent Right Ascension	Apparent Declination	Horizontal Parallax
	October 15 °	°	°	October 23 °	°	°
a_0	349.9389 281+	7.4719 673−	0.9535 6113+	86.8517 519+	28.2473 314+	0.9022 6563+
a_1	11.8709 209+	6.1318 979+	0.0080 6724−	13.3970 009+	0.6943 803+	0.0006 0129−
a_2	2565 147−	1121 187+	1 5501−	651 928+	6543 126−	12 6486+
a_3	456 721+	486 430−	1630+	404 432−	63 537−	5066+
a_4	414+	16 323+	357+	13 582−	30 724+	508−
a_5	1 914−	911−		6 796+	386−	
	October 16			October 24		
a_0	1.5988 563+	1.2750 524−	0.9453 5874+	100.2728 239+	28.2840 792+	0.9029 7479+
a_1	11.4941 169+	6.2162 804+	0.0083 1408−	13.4040 202+	0.6212 108−	0.0020 6011+
a_2	1211 590−	249 298−	8446−	574 735−	6553 299−	13 8594+
a_3	439 711−	430 169−	3098+	391 897−	54 847+	3042+
a_4	8 713−	11 615+	438+	21 574+	28 491+	647−
a_5	1 141−	781−		4 813+	1 534−	
	October 17			October 25		
a_0	13.0147 998+	4.8743 646+	0.9369 9556+	113.5828 198+	27.0157 188+	0.9064 4479+
a_1	11.3796 562+	6.0416 257+	0.0083 7254−	13.1825 366+	1.9047 872+	0.0048 9737+
a_2	43 879+	1477 948−	3460+	1572 857−	6233 214−	14 3784+
a_3	393 349+	391 318−	4883+	259 504−	153 388+	461+
a_4	14 183−	7 615+	397+	45 620+	20 367+	814−
a_5	1 344−	434−		1 186+	1 668−	
	October 18			October 26		
a_0	24.4366 261+	10.7297 818+	0.9287 1043+	126.5868 010+	24.5048 190+	0.9127 7648+
a_1	11.5000 908+	5.6314 704+	0.0081 4094−	12.8089 524+	3.0980 999−	0.0077 5435+
a_2	1125 378+	2610 567−	2 0452+	2065 911−	5667 566−	14 0227+
a_3	322 831+	364 894−	6493+	66 662−	218 627+	2791−
a_4	20 916−	5 349+	266+	50 731+	11 764+	1002−
a_5	1 973−	78+		1 424−	855−	
	October 19			October 27		
a_0	36.0792 490+	16.0642 488+	0.9208 4161+	139.1874 267+	20.8629 162+	0.9218 9517+
a_1	11.8126 629+	5.0020 682+	0.0075 2644−	12.3953 511+	4.1617 455−	0.0104 3510+
a_2	1948 585+	3672 392−	4 1474+	1975 865−	4949 649−	12 5793+
a_3	219 291+	342 330−	7564+	121 569+	257 798−	6815−
a_4	31 164−	5 659+	91+	42 880+	7 488+	1172−
a_5	2 267−	757+		2 169−	312+	
	October 20			October 28		
a_0	48.1053 564+	20.6654 864+	0.9138 0646+	151.4014 193+	16.2327 657+	0.9335 0833+
a_1	12.2545 697+	4.1675 337+	0.0064 6640−	12.0527 167+	5.0711 832−	0.0126 9960+
a_2	2396 682+	4657 852−	6 4657+	1375 615−	4128 174−	9 8298+
a_3	72 583+	311 744−	7923+	271 584−	291 455+	1 1556−
a_4	43 296−	9 496+	87−	31 763+	9 213+	1236−
a_5	1 220−	1 436+		1 808−	1 318+	
	October 21			October 29		
a_0	60.6024 011+	24.3371 537+	0.9080 6499+	163.3467 283+	10.7789 637+	0.9470 6299+
a_1	12.7377 562+	3.1469 566+	0.0049 3905−	11.8708 703+	5.8050 367−	0.0142 6718+
a_2	2342 339+	5521 713−	8 7856+	388 356−	3185 312−	5 6269+
a_3	111 128−	259 289−	7568+	380 738+	341 801+	1 6601−
a_4	50 160−	16 954+	244−	22 864+	16 059+	1062−
a_5	1 711+	1 662+		1 445−	1 868+	
	October 22			October 30		
a_0	73.5584 336+	26.9078 718+	0.9040 7774+	175.2189 788+	4.6913 686+	0.9617 1844+
a_1	13.1536 813+	1.9724 391+	0.0029 6467−	11.9158 432+	6.3322 012−	0.0148 5419+
a_2	1725 125+	6181 185−	10 9051+	876 662+	2044 812−	266+
a_3	292 644−	175 246−	6585+	457 385+	424 627+	2 0979−
a_4	41 416−	25 647+	380−	16 137+	25 775+	519−
a_5	5 305+	990+		2 022+	1 723+	

Formula: Quantity = $a_0 + a_1 p + a_2 p^2 + a_3 p^3 + a_4 p^4 + a_5 p^5$
where p is the fraction of a day from 0^h TDT.

MOON, 1986

DAILY POLYNOMIAL COEFFICIENTS (in degrees)

	Apparent Right Ascension	Apparent Declination	Horizontal Parallax	Apparent Right Ascension	Apparent Declination	Horizontal Parallax
	October 31			**November 8**		
	°	°	°	°	°	°
a_0	187.2696 382+	1.8001 013−	0.9763 6032+	307.4693 077+	24.2481 689−	0.9845 7554+
a_1	12.2338 321+	6.6026 055+	0.0142 0932+	14.8749 358+	3.6990 643+	0.0106 2697−
a_2	2325 527+	598 962+	6 5498−	5984 822−	6820 163+	3 9361−
a_3	500 317+	544 229+	2 3163−	149 541−	723 039−	1 4960+
a_4	6 830+	34 966+	411+	136 472+	3 394−	1075−
a_5	4 389−	499+		12 430−	6 054+	
	November 1			**November 9**		
a_0	199.7862 988+	8.4046 336−	0.9896 8714+	321.7432 112+	19.9391 262−	0.9736 9381+
a_1	12.8495 654+	6.5448 967−	0.0122 2089+	13.6814 849+	4.8478 487+	0.0110 0845−
a_2	3823 646+	1248 637+	13 2182−	5739 307−	4691 057+	932−
a_3	481 226+	687 392+	2 1522−	273 325+	679 014−	1 0569+
a_4	14 533−	38 288+	1525+	71 769+	25 771+	1069−
a_5	8 811−	2 381−		9 790−	961+	
	November 2			**November 10**		
a_0	213.0640 170+	14.7523 366−	1.0003 8626+	334.8842 959+	14.6874 000−	0.9627 7105+
a_1	13.7484 403+	6.0748 322−	0.0089 9268+	12.6394 390+	5.5931 421+	0.0107 5278−
a_2	5091 762+	3516 837+	18 7329−	4586 587−	2818 097+	2 4431+
a_3	333 044+	813 967+	1 5271−	465 216+	567 713−	6248+
a_4	60 232−	27 075+	2405+	23 128+	29 539+	850−
a_5	12 527−	7 190−		4 999−	1 378−	
	November 3			**November 11**		
a_0	227.3476 618+	20.3920 998−	1.0073 7700+	347.1134 106+	8.8664 034−	0.9523 1657+
a_1	14.8363 560+	5.1200 443−	0.0048 8432+	11.8684 413+	5.9975 734+	0.0101 1071−
a_2	5603 334+	6049 151+	21 8641−	3102 055−	1278 326+	3 8172+
a_3	29 627−	847 792+	5399−	509 491+	463 645−	2835−
a_4	128 937−	9 852+	2636−	1 046−	22 115+	541−
a_5	6 906−	11 892−		1 997−	1 860−	
	November 4			**November 12**		
a_0	242.7278 042+	24.8246 244−	1.0100 4726+	358.7222 912+	2.7853 364−	0.9426 1053+
a_1	15.8931 294+	3.6657 619−	0.0004 5506+	11.3994 619+	6.1220 614+	0.0092 8385−
a_2	4671 113+	8413 929+	21 9188−	1599 753−	1 444+	4 3531+
a_3	602 976−	690 454+	5365+	485 982+	393 601−	681+
a_4	168 109−	73 215−	2101+	10 448−	12 595+	226−
a_5	13 613+	10 432−		925−	1 529−	
	November 5			**November 13**		
a_0	259.0122 978+	27.5883 128−	1.0083 8509+	10.0092 387+	3.2986 160+	0.9337 6654+
a_1	16.5860 400+	1.8103 299−	0.0036 8368−	11.2206 638+	6.0085 443+	0.0084 0182−
a_2	1990 855+	9941 282+	19 0802−	213 710−	1119 098−	4 4303+
a_3	1130 618−	299 310+	1 3854+	434 855+	358 138−	200−
a_4	91 594−	128 212−	1076+	14 756−	4 840+	41+
a_5	29 957+	399+		1 107−	891−	
	November 6			**November 14**		
a_0	275.6781 979−	28.3873 648−	1.0029 4267+	21.2504 307+	9.1598 315+	0.9258 0616+
a_1	16.6233 541+	0.2166 462+	0.0070 4110−	11.3019 215+	5.6787 745+	0.0075 2011−
a_2	1649 452−	1.0074 353+	14 3110−	991 252+	2173 404−	4 4007+
a_3	1203 351−	203 601−	1 8102+	364 318+	347 212−	8−
a_4	69 108+	123 238−	16+	20 221−	284+	228+
a_5	18 762+	11 129+		1 914−	74−	
	November 7			**November 15**		
a_0	292.0250 587+	27.1948 542−	0.9946 5165+	32.6856 957+	14.5865 654+	0.9187 2833+
a_1	15.9694 583+	2.1267 066+	0.0093 5968−	11.6004 211+	5.1400 077+	0.0066 3106−
a_2	4657 576−	8836 018+	8 8942−	1943 684+	3214 095−	4 5384+
a_3	751 549−	584 706−	1 8037+	263 932−	346 246−	936+
a_4	160 487+	63 347−	737−	30 104−	170−	324+
a_5	3 454−	11 822−		2 594−	911+	

Formula: Quantity = $a_0 + a_1 p + a_2 p^2 + a_3 p^3 + a_4 p^4 + a_5 p^5$
where p is the fraction of a day from 0^h TDT.

MOON, 1986

DAILY POLYNOMIAL COEFFICIENTS (in degrees)

	Apparent Right Ascension	Apparent Declination	Horizontal Parallax		Apparent Right Ascension	Apparent Declination	Horizontal Parallax
	°	°	°		°	°	°
	November 16				**November 24**		
a_0	44.5036 087+	19.3706 131+	0.9125 6371+		147.2507 577+	17.7785 403+	0.9197 2443+
a_1	12.0550 000+	4.3937 035+	0.0056 8232−		11.8842 523+	4.6763 067−	0.0101 1347+
a_2	2528 789+	4244 739−	5 0139+		1839 868−	4085 969−	13 1925+
a_3	117 954+	337 252−	2259+		254 614+	269 665+	2443−
a_4	43 905−	4 437+	331+		35 077+	489+	1134−
a_5	2 007−	1 901+			2 009−	926+	
	November 17				**November 25**		
a_0	56.8186 917+	23.3067 512+	0.9074 0868+		158.9797 914+	12.7207 447+	0.9311 2138+
a_1	12.5775 817+	3.4463 058+	0.0045 9854−		11.6056 899+	5.4119 412−	0.0126 3332+
a_2	2598 993+	5210 817−	5 8880+		885 662−	3264 756−	11 7706+
a_3	76 097+	300 236−	3602+		375 276+	281 503+	6998−
a_4	54 961−	14 280+	265+		25 067+	5 272+	1415−
a_5	840+	2 379+			1 203−	2 001+	
	November 18				**November 26**		
a_0	69.6431 509+	26.2036 176+	0.9034 3760+		170.5368 290+	7.0112 054+	0.9448 4762+
a_1	13.0529 917+	2.3209 721+	0.0033 0229−		11.5505 656+	5.9773 317−	0.0147 2086+
a_2	2049 307+	6001 983−	7 1238+		378 585+	2368 572−	8 8176+
a_3	285 124−	219 734−	4674+		463 566+	322 994+	1 2728−
a_4	50 905−	26 713+	148+		19 445+	15 500+	1566−
a_5	5 152+	1 695+			1 076−	2 694+	
	November 19				**November 27**		
a_0	82.8679 856+	27.9052 588+	0.9008 9590+		182.1734 467+	0.8311 352+	0.9603 0730+
a_1	13.3595 326+	1.0661 860+	0.0017 3141−		11.7725 907+	6.3466 014−	0.0160 3983+
a_2	940 209+	6483 916−	8 6100+		1875 303+	1279 585−	4 0654+
a_3	435 801+	96 957−	5273+		529 689+	411 889+	1 9130−
a_4	23 774+	35 478+	0+		14 875+	29 423+	1394−
a_5	7 730+	115−			2 566−	2 662+	
	November 20				**November 28**		
a_0	96.2763 546+	28.3168 937+	0.9000 7821+		194.1877 674+	5.5990 274−	0.9765 4844+
a_1	13.4111 874+	0.2455 527−	0.0001 4877+		12.3112 199+	6.4658 539−	0.0162 2316+
a_2	432 319−	6563 112−	10 1866+		3528 121+	159 378+	2 4879−
a_3	454 481−	42 785+	5279+		561 080+	555 204+	2 4897−
a_4	16 499+	34 601+	168−		3 239+	43 678+	695−
a_5	6 135+	1 921−			6 737−	1 018+	
	November 21				**November 29**		
a_0	109.6011 255+	27.4225 764+	0.9012 9675+		206.9075 576+	11.9889 536−	0.9922 6690+
a_1	13.1980 419+	1.5324 602−	0.0023 3777+		13.1830 883+	6.2494 428−	0.0149 5078+
a_2	1635 388−	6246 444−	11 6638+		5163 458+	2097 457+	10 3347−
a_3	329 479−	161 635+	4616+		502 943+	737 362+	2 7840−
a_4	47 419+	24 392+	357−		30 119−	50 278+	579+
a_5	1 934+	2 513+			13 325−	3 634−	
	November 22				**November 30**		
a_0	122.6076 161+	25.2838 232+	0.9048 4349+		220.6529 414+	17.9502 501−	1.0059 1161+
a_1	12.7920 518+	2.7247 572−	0.0047 9475+		14.3479 509+	5.5904 574−	0.0120 7178+
a_2	2320 107−	5640 373−	12 8276+		6357 656+	4574 996+	18 2920−
a_3	122 383−	234 479+	3201+		248 212+	897 654+	2 5524−
a_4	56 168+	11 420+	577−		101 153−	32 980+	2129+
a_5	1 437−	1 775−			15 746−	11 522−	
	November 23				**December 1**		
a_0	135.1608 919+	22.0194 410+	0.9109 4723+		235.6497 891+	22.9912 967−	1.0159 2025+
a_1	12.3130 625+	3.7788 063−	0.0074 4320+		15.6456 296+	4.3987 368−	0.0077 3295+
a_2	2364 769−	4886 178−	13 4333+		6336 482+	7350 161+	24 6360−
a_3	87 271+	263 181+	905+		304 374−	911 439+	1 6771−
a_4	48 038+	2 470+	839−		189 867−	27 742−	3306+
a_5	2 507−	417−			340+	17 101−	

Formula: Quantity = $a_0 + a_1 p + a_2 p^2 + a_3 p^3 + a_4 p^4 + a_5 p^5$
where p is the fraction of a day from 0^h TDT.

MOON, 1986

DAILY POLYNOMIAL COEFFICIENTS (in degrees)

	Apparent Right Ascension	Apparent Declination	Horizontal Parallax		Apparent Right Ascension	Apparent Declination	Horizontal Parallax
	°	°	°		°	°	°
	December 2				December 10		
a_0	251.8796 768+	26.5683 580−	1.0210 5496+		7.3490 249+	2.0475 119+	0.9378 1710+
a_1	16.7458 705+	2.6749 118−	0.0024 3508+		11.2419 983+	6.0344 968+	0.0114 2390−
a_2	4287 684+	9746 059+	27 6779−		867 616−	1094 639−	8 7109+
a_3	1043 909−	633 841+	3169−		492 857+	333 484−	2875+
a_4	187 433−	119 992−	3489+		15 890−	10 663+	764−
a_5	30 995+	9 591−			767−	1 817−	
	December 3				December 11		
a_0	268.9342 813+	28.2182 381−	1.0207 2543+		18.5518 816+	7.9400 809+	0.9272 8540+
a_1	17.2307 639+	0.5883 197−	0.0030 5586−		11.2095 919+	5.7188 813+	0.0096 2602−
a_2	343 864+	1.0831 659+	26 5631−		507 967+	2049 310−	9 1255+
a_3	1481 315−	67 796+	1 1084+		421 186−	308 468−	167−
a_4	14 304−	168 434−	2575+		19 522−	1 461+	429−
a_5	35 565+	8 391+			1 535−	887−	
	December 4				December 12		
a_0	286.0534 263+	27.7326 165−	1.0151 4984+		29.8522 831+	13.4232 419+	0.9185 6597+
a_1	16.8671 712+	1.5351 826+	0.0079 3292−		11.4289 637+	5.2166 215+	0.0078 2309−
a_2	3829 471−	1.0109 324+	21 7388−		1639 011+	2974 836−	8 8268+
a_3	1198 272−	516 983−	2 1456+		327 171+	310 817−	1865−
a_4	168 965+	119 630−	1071+		27 341−	3 100−	143−
a_5	6 660+	17 210+			2 547−	276+	
	December 5				December 13		
a_0	302.4353 855+	25.2484 417−	1.0052 6831+		41.4748 762+	18.3110 156+	0.9116 0547+
a_1	15.8126 881+	3.3626 999+	0.0115 9420−		11.8427 070+	4.5273 088+	0.0061 1942−
a_2	6345 276−	8013 231+	14 7022−		2430 892+	3923 134−	8 1882+
a_3	467 893−	826 172−	2 5617+		192 271+	319 684−	2418−
a_4	192 612+	29 893−	329−		40 776−	1 766−	82+
a_5	14 335−	11 825+			2 711−	1 618+	
	December 6				December 14		
a_0	317.5845 842+	21.1688 427−	0.9924 5676+		53.5755 507+	22.4140 277+	0.9062 8150+
a_1	14.4731 405+	4.7114 404+	0.0137 7938−		12.3689 030+	3.6468 804+	0.0045 5106−
a_2	6737 525−	5473 474+	7 2414−		2735 756+	4876 572−	7 5166+
a_3	158 586+	832 217−	2 4108+		3 269+	309 963−	2070−
a_4	114 992+	28 313+	1203−		55 512−	6 563+	240+
a_5	14 611−	3 490+			661−	2 699+	
	December 7				December 15		
a_0	331.4098 690+	15.9900 964−	0.9781 8229+		66.2127 390+	25.5431 807+	0.9024 6380+
a_1	13.2119 097+	5.5695 345+	0.0145 5261−		12.8945 049+	2.5825 514+	0.0031 0023−
a_2	5717 987−	3181 346+	7403−		2405 774+	5740 009−	7 0423−
a_3	476 132+	686 845+	1 9136+		222 865−	256 753−	1087−
a_4	41 645+	44 060+	1506−		59 526−	20 669+	327+
a_5	7 968−	1 223−			3 782+	2 676+	
	December 8				December 16		
a_0	344.1009 609+	10.1668 281−	0.9637 3194+		79.3199 603+	27.5283 903+	0.9000 6022+
a_1	12.2238 315+	6.0167 611+	0.0141 8690−		13.2868 851+	1.3671 271+	0.0017 1125−
a_2	4119 242−	1372 798+	4 0994+		1417 970−	6359 416−	6 9133+
a_3	565 880+	523 704−	1 3017+		420 892−	148 248−	246+
a_4	2 981+	36 969+	1410−		39 652−	34 636+	343+
a_5	3 066−	2 645−			7 855+	1 054+	
	December 9				December 17		
a_0	355.9694 477+	4.0617 252−	0.9500 7105+		92.7033 735+	28.2483 199+	0.8990 4618+
a_1	11.5694 087+	6.1476 749+	0.0130 3294−		13.4322 780+	0.0651 480+	0.0003 0749−
a_2	2434 258−	3 008−	7 1674+		3 790−	6585 813−	7 1911+
a_3	548 374+	402 217−	7339−		500 988−	508−	1638−
a_4	11 443−	23 354+	1115−		1 642+	39 869+	289+
a_5	989−	2 508−			7 797+	1 322−	

Formula: Quantity = $a_0 + a_1 p + a_2 p^2 + a_3 p^3 + a_4 p^4 + a_5 p^5$
where p is the fraction of a day from 0^h TDT.

MOON, 1986

DAILY POLYNOMIAL COEFFICIENTS (in degrees)

	Apparent Right Ascension	Apparent Declination	Horizontal Parallax		Apparent Right Ascension	Apparent Declination	Horizontal Parallax
	December 18				December 26		
	°	°	°		°	°	°
a_0	106.0861 176+	27.6586 904+	0.8994 7708+		201.6802 745+	9.6773 230−	0.9711 1670+
a_1	13.2857 744+	1.2368 825−	0.0011 9147+		12.3840 866+	6.1433 659−	0.0158 8944+
a_2	1418 805−	6361 439−	7 8527+		4371 012+	1181 829+	1 7731+
a_3	418 747−	144 899+	2815+		577 592+	561 228+	1 9724−
a_4	41 553+	32 627+	174+		3 153−	44 788+	1433−
a_5	3 673+	2 803−			9 019−	875+	
	December 19				December 27		
a_0	119.1926 595+	25.8031 363+	0.9014 8371+		214.5580 043+	15.6418 168−	0.9869 7191+
a_1	12.8948 424+	2.4540 511−	0.0028 5344+		13.4257 885+	5.7202 855−	0.0155 9495+
a_2	2389 109−	5759 094−	8 7965+		5994 572+	3143 271+	4 9784−
a_3	218 305−	247 452+	3529+		470 854+	745 749+	2 5667−
a_4	59 169+	18 011+	5+		48 847−	51 052+	632−
a_5	725−	2 645−			16 168−	4 888−	
	December 20				December 28		
a_0	131.8326 049+	22.7994 576+	0.9052 5215+		228.6238 339+	20.9685 839−	1.0018 0604+
a_1	12.3748 317+	3.5257 510−	0.0047 1884+		14.7383 396+	4.8499 399−	0.0138 0390+
a_2	2696 444−	4935 153−	9 8516+		6951 302+	5638 022+	13 0135−
a_3	9 946+	293 729+	3567+		115 332+	895 862+	2 8362−
a_4	54 366+	4 569+	213−		136 941−	27 160+	793+
a_5	2 707−	1 428−			14 404−	14 168−	
	December 21				December 29		
a_0	143.9439 527+	18.8098 783+	0.9109 8968+		244.0537 021+	25.1638 364−	1.0140 3292+
a_1	11.8589 196+	4.4235 479−	0.0067 8764+		16.1012 485+	3.4498 014−	0.0103 8210+
a_2	2367 591−	4040 825−	10 7853+		6330 178−	8346 158+	20 9948−
a_3	200 420+	298 538+	2730+		562 101−	860 793+	2 5163−
a_4	40 158+	2 512−	482−		219 061−	48 685−	2468+
a_5	2 496−	10−			10 859+	18 348−	
	December 22				December 30		
a_0	155.5899 214+	14.0118 495+	0.9188 7834+		260.7109 382+	27.6996 461−	1.0220 8860+
a_1	11.4603 438+	5.1431 597−	0.0090 0735+		17.1164 909+	1.5509 659−	0.0055 2713+
a_2	1550 371−	3160 356−	11 3054+		3439 363+	1.0451 944+	27 0267−
a_3	336 660+	289 102+	818+		1314 274−	489 569+	1 5002−
a_4	27 550+	2 428−	800−		155 890−	147 537−	3650+
a_5	1 471−	1 202+			40 229+	5 915−	
	December 23				December 31		
a_0	166.9315 022+	8.5814 418+	0.9290 1639+		278.0283 723+	28.1718 058−	1.0247 9954+
a_1	11.2615 534+	5.6888 694−	0.0112 6094+		17.3678 280+	0.6243 427+	0.0001 8204−
a_2	389 771−	2295 577−	11 0596+		1033 815−	1.0976 627+	29 3362−
a_3	432 566+	291 973+	2379−		1541 141−	149 239−	17+
a_4	20 420+	3 703+	1152−		64 346+	174 640−	3684+
a_5	732−	2 168+			29 386+	13 285+	
	December 24				December 32		
a_0	176.1993 039+	2.6927 990+	0.9413 4799+		295.1480 778+	26.4808 597−	1.0217 2088+
a_1	11.3211 704+	6.0578 271−	0.0133 5542+		16.7391 176+	2.7116 883−	0.0059 0125−
a_2	1023 198+	1375 730−	9 6450+		4977 614−	9614 995−	27 1552−
a_3	506 703−	328 854+	7011−		1007 977−	711 977−	1 5053+
a_4	17 310+	14 730+	1477−		208 904+	100 682−	2549+
a_5	1 074−	2 851+			3 919−	18 114+	
	December 25						
a_0	189.6750 880+	3.4679 577−	0.9555 8304+				
a_1	11.6842 050+	6.2269 997−	0.0150 1498+				
a_2	2636 567+	272 203−	6 6509+				
a_3	563 767+	416 242+	1 2999−				
a_4	12 961+	29 477+	1641−				
a_5	3 480−	2 826+					

Formula: Quantity = $a_0 + a_1 p + a_2 p^2 + a_3 p^3 + a_4 p^4 + a_5 p^5$
where p is the fraction of a day from 0^h TDT.

NOTES AND FORMULAE

Low-precision formulae for geocentric coordinates of the Moon

The following formulae give approximate geocentric coordinates of the Moon. The errors will rarely exceed $0°\cdot3$ in ecliptic longitude (λ), $0°\cdot2$ in ecliptic latitude (β), $0°\cdot003$ in horizontal parallax (π), $0°\cdot001$ in semidiameter (SD), $0\cdot2$ Earth radii in distance (r), $0°\cdot3$ in right ascension (α) and $0°\cdot2$ in declination (δ).

On this page the time argument T is the number of Julian centuries from J2000·0.

$$T = (JD - 245\,1545\cdot0)/36\,525 = (-5114\cdot5 + \text{day of year} + UT/24)/36\,525$$

where day of year is given on pages B2–B3 and UT is the universal time in hours.

$\lambda = 218°\cdot32 + 481\,267°\cdot883\,T$
$\quad + 6°\cdot29 \sin(134°\cdot9 + 477\,198°\cdot85\,T) - 1°\cdot27 \sin(259°\cdot2 - 413\,335°\cdot38\,T)$
$\quad + 0°\cdot66 \sin(235°\cdot7 + 890\,534°\cdot23\,T) + 0°\cdot21 \sin(269°\cdot9 + 954\,397°\cdot70\,T)$
$\quad - 0°\cdot19 \sin(357°\cdot5 + 35\,999°\cdot05\,T) - 0°\cdot11 \sin(186°\cdot6 + 966\,404°\cdot05\,T)$
$\beta = + 5°\cdot13 \sin(93°\cdot3 + 483\,202°\cdot03\,T) + 0°\cdot28 \sin(228°\cdot2 + 960\,400°\cdot87\,T)$
$\quad - 0°\cdot28 \sin(318°\cdot3 + 6\,003°\cdot18\,T) - 0°\cdot17 \sin(217°\cdot6 - 407\,332°\cdot20\,T)$
$\pi = +0°\cdot9508$
$\quad + 0°\cdot0518 \cos(134°\cdot9 + 477\,198°\cdot85\,T) + 0°\cdot0095 \cos(259°\cdot2 - 413\,335°\cdot38\,T)$
$\quad + 0°\cdot0078 \cos(235°\cdot7 + 890\,534°\cdot23\,T) + 0°\cdot0028 \cos(269°\cdot9 + 954\,397°\cdot70\,T)$
$SD = 0\cdot2725\,\pi$
$r = 1/\sin\pi$

Form the geocentric direction cosines (l, m, n) from:

$$l = \cos\beta \cos\lambda$$
$$m = +0\cdot9175 \cos\beta \sin\lambda - 0\cdot3978 \sin\beta$$
$$n = +0\cdot3978 \cos\beta \sin\lambda + 0\cdot9175 \sin\beta$$

where $\quad l = \cos\delta \cos\alpha \quad\quad m = \cos\delta \sin\alpha \quad\quad n = \sin\delta$

Then $\quad \alpha = \tan^{-1}(m/l)$ and $\delta = \sin^{-1}(n)$

where the quadrant of α is determined by the signs of l and m, and where α, δ are referred to the mean equator and equinox of date.

Low-precision formulae for topocentric coordinates of the Moon

The following formulae give approximate topocentric values of right ascension (α'), declination (δ'), distance (r'), parallax (π') and semi-diameter (SD').

Form the geocentric rectangular coordinates (x, y, z) from:

$$x = rl = r \cos\delta \cos\alpha$$
$$y = rm = r \cos\delta \sin\alpha$$
$$z = rn = r \sin\delta$$

Form the topocentric rectangular coordinates (x', y', z') from:

$$x' = x - \cos\phi' \cos\theta_0$$
$$y' = y - \cos\phi' \sin\theta_0$$
$$z' = z - \sin\phi'$$

where ϕ' is the observer's latitude and θ_0 is the local sidereal time.

$$\theta_0 = 100°\cdot46 + 36\,000°\cdot77\,T + \lambda' + 15\,UT$$

where λ' is the observer's east longitude.

Then $\quad r' = (x'^2 + y'^2 + z'^2)^{1/2} \quad\quad \alpha' = \tan^{-1}(y'/x') \quad\quad \delta' = \sin^{-1}(z'/r')$
$\quad\quad\quad \pi' = \sin^{-1}(1/r') \quad\quad SD' = 0\cdot2725\,\pi'$

MAJOR PLANETS, 1986

CONTENTS OF SECTION E

	Mercury PAGE	Venus PAGE	Earth PAGE	Mars PAGE	Jupiter PAGE	Saturn PAGE	Uranus PAGE	Neptune PAGE	Pluto PAGE
Orbital elements: J2000·0	E3	E3	E3	E3	E3	E3	E3	E3	E3
„ : date	E4	E4	E4	E4	E5	E5	E5	E5	E5
Heliocentric ecliptic coordinates	E6	E10	—	E12	E13	E13	E13	E13	E42
Geocentric equatorial coordinates	E14	E18	—	E22	E26	E30	E34	E38	E42
Time of ephemeris transit	E44	E44	—	E44	E44	E44	E44	E44	E44
Physical ephemeris ...	E52	E60	—	E64	E68	E72	E76	E77	E78
Central meridian ...	—	—	—	E79	E79	E79	—	—	—

Notes

1. Other data, explanatory notes and formulae are given on the following pages:

	PAGE
Orbital elements	E2
Heliocentric and geocentric coordinates	E2
Semi-diameter and horizontal parallax	E43
Times of transit, rising and setting	E43
Rotation elements, definitions and formulae	E87
Physical and photometric data	E88

2. Other data on the planets are given on the following pages:

Occultations of planets by the Moon	A2
Geocentric and heliocentric phenomena	A3
Elongations and magnitudes at 0^h UT	A4
Visibility of planets	A6
Diary of phenomena	A9

MAJOR PLANETS, 1986

NOTES AND FORMULAE

Orbital elements

The heliocentric osculating orbital elements for the Earth given on pages E3–E4 refer to the Earth/Moon barycentre. In ecliptic rectangular coordinates, the correction from the Earth/Moon barycentre to the Earth's centre is given by:

(Earth's centre) = (Earth/Moon barycentre) $-$ ($0\cdot000\,0312 \cos L$, $0\cdot000\,0312 \sin L$, $0\cdot0$)

where $L = 218° + 481\,268°\,T$

with T in Julian centuries from JD 245 1545·0 to 5 decimal places; the coordinates are in au and are referred to the mean equinox and ecliptic of date.

Linear interpolation in the heliocentric osculating orbital elements usually leads to errors of about 1″ or 2″ in the geocentric positions of the Sun and planets; the errors may, however, reach about 7″ for Venus at inferior conjunction and about 3″ for Mars at opposition.

Heliocentric coordinates

The heliocentric ecliptic coordinates of the Earth may be obtained from the geocentric ecliptic coordinates of the Sun given on pages C4–C18 by adding $\pm 180°$ to the longitude, and reversing the sign of the latitude.

Geocentric coordinates

Precise values of apparent semi-diameter and horizontal parallax may be computed from the formulae and values given on page E43. Values of apparent diameter are tabulated in the ephemerides for physical observations on pages E52 onwards.

Times of transit, rising and setting

Formulae for obtaining the universal times of transit, rising and setting of the planets are given on page E43.

Ephemerides for physical observations

Full descriptions of the quantities tabulated in the ephemerides for physical observations of the planets are given in the Explanation.

The rotation elements and other physical and photometric parameters are tabulated on pages E87 and E88.

Invariable plane of solar system

Approximate coordinates of the north pole of the invariable plane for J2000·0 are:

$$\alpha_0 = 273°\cdot85 \qquad \delta_0 = 66°\cdot99$$

MAJOR PLANETS, 1986

HELIOCENTRIC OSCULATING ORBITAL ELEMENTS
REFERRED TO THE MEAN ECLIPTIC AND EQUINOX OF J2000·0

Julian Date 244	Inclination i	Longitude of Asc. Node Ω	Longitude of Perihelion ϖ	Mean Distance a	Daily Motion n	Eccentricity e	Mean Longitude L
MERCURY	°	°	°		°		°
6440·5	7·005 77	48·3486	77·4346	0·387 0977	4·092 354	0·205 6298	242·909 27
6640·5	7·005 76	48·3474	77·4346	0·387 0979	4·092 351	0·205 6261	341·375 78
VENUS							
6440·5	3·394 73	76·7184	131·457	0·723 3322	1·602 130	0·006 8180	283·905 65
6640·5	3·394 72	76·7173	131·504	0·723 3245	1·602 156	0·006 8200	244·332 01
EARTH*							
6440·5	0·001 82	354·9	102·9608	0·999 9916	0·985 621 5	0·016 7063	109·423 62
6640·5	0·001 77	356·2	102·8771	1·000 0116	0·985 592 0	0·016 7028	306·545 32
MARS							
6440·5	1·850 81	49·6000	336·0151	1·523 6857	0·524 035 9	0·093 3335	200·517 72
6640·5	1·850 77	49·5984	336·0376	1·523 6857	0·524 035 9	0·093 4266	305·335 44
JUPITER							
6440·5	1·304 69	100·4678	15·6547	5·202 563	0·083 096 98	0·048 0760	330·259 81
6640·5	1·304 68	100·4676	15·6362	5·202 708	0·083 093 52	0·048 0988	346·879 03
SATURN							
6440·5	2·484 66	113·7105	92·3721	9·552 817	0·033 386 35	0·051 5896	239·302 44
6640·5	2·484 78	113·7074	91·9328	9·546 376	0·033 420 15	0·052 1740	245·992 54
URANUS							
6440·5	0·774 59	74·0565	175·4184	19·263 20	0·011 657 92	0·046 2014	253·531 39
6640·5	0·774 38	74·0550	174·1643	19·242 62	0·011 676 62	0·045 8112	255·895 46
NEPTUNE							
6440·5	1·768 66	131·8149	7·603	30·233 77	0·005 928 937	0·007 9717	274·526 54
6640·5	1·768 43	131·8207	15·096	30·199 48	0·005 939 038	0·008 5498	275·764 39
PLUTO							
6440·5	17·132 33	110·4065	224·6148	39·537 58	0·003 964 504	0·250 0877	218·887 35
6640·5	17·133 88	110·3869	224·6018	39·463 30	0·003 975 703	0·248 6623	219·657 26

HELIOCENTRIC COORDINATES AND VELOCITY COMPONENTS
REFERRED TO THE MEAN EQUATOR AND EQUINOX OF J2000·0

	x	y	z	$\dot{x}$	$\dot{y}$	$\dot{z}$
MERCURY						
6440·5	−0·177 8023	−0·386 3251	−0·187 9025	+0·020 335 41	−0·007 559 57	−0·006 147 71
6640·5	+0·308 3506	−0·224 7980	−0·152 0650	+0·012 845 83	+0·020 471 74	+0·009 601 97
VENUS						
6440·5	+0·178 7301	−0·639 0267	−0·298 7722	+0·019 469 17	+0·004 915 87	+0·000 978 98
6640·5	−0·305 6878	−0·606 8284	−0·253 6262	+0·018 202 07	−0·007 440 02	−0·004 498 97
EARTH*						
6440·5	−0·330 5873	+0·849 7269	+0·368 4325	−0·016 483 42	−0·005 365 46	−0·002 326 46
6640·5	+0·593 8154	−0·755 6337	−0·327 6336	+0·013 675 26	+0·009 172 60	+0·003 977 18
MARS						
6440·5	−1·584 8092	−0·364 8638	−0·124 4522	+0·003 821 51	−0·011 241 84	−0·005 259 63
6640·5	+0·686 6001	−1·107 2747	−0·526 4476	+0·012 738 89	+0·007 435 02	+0·003 065 36
JUPITER						
6440·5	+4·180 170	−2·538 608	−1·190 021	+0·004 106 423	+0·006 125 327	+0·002 525 539
6640·5	+4·793 944	−1·214 494	−0·637 399	+0·001 973 083	+0·007 015 865	+0·002 959 248
SATURN						
6440·5	−4·619 708	−8·237 461	−3·203 361	+0·004 647 751	−0·002 328 957	−0·001 161 564
6640·5	−3·664 687	−8·653 233	−3·416 112	+0·004 892 669	−0·001 825 340	−0·000 964 125
URANUS						
6440·5	−3·724 59	−17·197 52	−7·479 17	+0·003 833 665	−0·000 845 721	−0·000 424 809
6640·5	−2·955 11	−17·351 95	−7·557 73	+0·003 860 063	−0·000 698 534	−0·000 360 705
NEPTUNE						
6440·5	+1·913 81	−27·921 55	−11·476 20	+0·003 118 271	+0·000 233 303	+0·000 017 967
6640·5	+2·536 82	−27·868 80	−11·470 10	+0·003 111 627	+0·000 294 108	+0·000 043 038
PLUTO						
6440·5	−23·228 59	−18·527 20	+1·216 75	+0·002 066 577	−0·002 488 884	−0·001 397 200
6640·5	−22·810 25	−19·020 66	+0·937 10	+0·002 116 656	−0·002 445 510	−0·001 399 155

* The values for the Earth refer to the centre of mass of the Earth and Moon (see note on page E2).
The velocity components are expressed in astronomical units per day.

INNER PLANETS, 1986

HELIOCENTRIC OSCULATING ORBITAL ELEMENTS
REFERRED TO THE MEAN ECLIPTIC AND EQUINOX OF DATE

Date	Julian Date 244	Inclination i	Longitude of Asc. Node Ω	Longitude of Perihelion ϖ	Mean Distance a	Daily Motion n	Eccentricity e	Mean Longitude L
MERCURY								
Jan. −30	6400.5	7°.0047	48°.164	77°.238	0.387 098	4°.092 36	0.205 632	79°.0180
Jan. 10	6440.5	7.0047	48.165	77.239	0.387 098	4.092 35	0.205 630	242.7140
Feb. 19	6480.5	7.0047	48.166	77.241	0.387 098	4.092 34	0.205 618	46.4081
Mar. 31	6520.5	7.0047	48.167	77.243	0.387 099	4.092 34	0.205 621	210.1029
May 10	6560.5	7.0047	48.169	77.245	0.387 099	4.092 34	0.205 620	13.7979
June 19	6600.5	7.0047	48.170	77.246	0.387 099	4.092 34	0.205 624	177.4926
July 29	6640.5	7.0047	48.171	77.247	0.387 098	4.092 35	0.205 626	341.1881
Sept. 7	6680.5	7.0047	48.173	77.249	0.387 098	4.092 35	0.205 626	144.8836
Oct. 17	6720.5	7.0048	48.174	77.249	0.387 097	4.092 37	0.205 630	308.5795
Nov. 26	6760.5	7.0048	48.175	77.250	0.387 097	4.092 36	0.205 628	112.2752
Dec. 36	6800.5	7.0048	48.177	77.251	0.387 098	4.092 36	0.205 628	275.9709
VENUS								
Jan. −30	6400.5	3.3945	76.552	131.23	0.723 328	1.602 14	0.006 823	219.6231
Jan. 10	6440.5	3.3945	76.554	131.26	0.723 332	1.602 13	0.006 818	283.7104
Feb. 19	6480.5	3.3945	76.554	131.33	0.723 335	1.602 12	0.006 814	347.7961
Mar. 31	6520.5	3.3945	76.556	131.42	0.723 327	1.602 15	0.006 816	51.8828
May 10	6560.5	3.3945	76.557	131.41	0.723 329	1.602 14	0.006 820	115.9702
June 19	6600.5	3.3945	76.558	131.38	0.723 330	1.602 14	0.006 822	180.0569
July 29	6640.5	3.3945	76.559	131.32	0.723 325	1.602 16	0.006 820	244.1444
Sept. 7	6680.5	3.3945	76.560	131.33	0.723 331	1.602 14	0.006 810	308.2322
Oct. 17	6720.5	3.3945	76.560	131.33	0.723 344	1.602 09	0.006 789	12.3171
Nov. 26	6760.5	3.3946	76.560	131.41	0.723 337	1.602 11	0.006 767	76.4003
Dec. 36	6800.5	3.3946	76.561	131.45	0.723 329	1.602 14	0.006 757	140.4869
EARTH*								
Jan. −30	6400.5	0.0	—	102.781	0.999 983	0.985 634	0.016 698	69.8021
Jan. 10	6440.5	0.0	—	102.766	0.999 992	0.985 622	0.016 706	109.2284
Feb. 19	6480.5	0.0	—	102.747	0.999 998	0.985 612	0.016 717	148.6535
Mar. 31	6520.5	0.0	—	102.729	0.999 996	0.985 615	0.016 723	188.0786
May 10	6560.5	0.0	—	102.707	0.999 989	0.985 626	0.016 727	227.5047
June 19	6600.5	0.0	—	102.704	0.999 993	0.985 620	0.016 722	266.9316
July 29	6640.5	0.0	—	102.690	1.000 012	0.985 592	0.016 703	306.3577
Sept. 7	6680.5	0.0	—	102.682	1.000 024	0.985 574	0.016 688	345.7817
Oct. 17	6720.5	0.0	—	102.752	1.000 005	0.985 602	0.016 687	25.2063
Nov. 26	6760.5	0.0	—	102.846	0.999 990	0.985 625	0.016 700	64.6352
Dec. 36	6800.5	0.0	—	102.884	0.999 999	0.985 611	0.016 713	104.0631
MARS								
Jan. −30	6400.5	1.8497	49.450	335.810	1.523 716	0.524 020	0.093 317	179.3603
Jan. 10	6440.5	1.8498	49.451	335.820	1.523 686	0.524 036	0.093 333	200.3225
Feb. 19	6480.5	1.8498	49.452	335.834	1.523 649	0.524 055	0.093 348	221.2856
Mar. 31	6520.5	1.8498	49.453	335.845	1.523 623	0.524 068	0.093 357	242.2499
May 10	6560.5	1.8498	49.454	335.853	1.523 611	0.524 075	0.093 367	263.2154
June 19	6600.5	1.8498	49.455	335.853	1.523 627	0.524 066	0.093 386	284.1817
July 29	6640.5	1.8498	49.455	335.850	1.523 686	0.524 036	0.093 427	305.1478
Sept. 7	6680.5	1.8498	49.455	335.844	1.523 766	0.523 995	0.093 474	326.1108
Oct. 17	6720.5	1.8498	49.455	335.839	1.523 813	0.523 970	0.093 502	347.0704
Nov. 26	6760.5	1.8498	49.456	335.825	1.523 785	0.523 985	0.093 494	8.0289
Dec. 36	6800.5	1.8498	49.457	335.800	1.523 710	0.524 023	0.093 472	28.9893

* The values for the Earth refer to the centre of mass of the Earth and Moon (see note on page E2).

FORMULAE

Mean anomaly, $M = L - \varpi$

Argument of perihelion, measured from node, $\omega = \varpi - \Omega$

True anomaly, $\nu = M + (2e - e^3/4) \sin M + (5e^2/4) \sin 2M + (13e^3/12) \sin 3M + \ldots$ *in radians.*

True distance, $r = a(1 - e^2)/(1 + e \cos \nu)$

Formulae for the computation of heliocentric rectangular coordinates referred to the ecliptic of date from these elements are:

$$x = r\{\cos(\nu + \omega) \cos \Omega - \sin(\nu + \omega) \cos i \sin \Omega\}$$
$$y = r\{\cos(\nu + \omega) \sin \Omega + \sin(\nu + \omega) \cos i \cos \Omega\}$$
$$z = r \sin(\nu + \omega) \sin i$$

OUTER PLANETS, 1986

HELIOCENTRIC OSCULATING ORBITAL ELEMENTS
REFERRED TO THE MEAN ECLIPTIC AND EQUINOX OF DATE

Date	Julian Date 244	Inclination i	Longitude of Asc. Node Ω	Longitude of Perihelion ϖ	Mean Distance a	Daily Motion n	Eccentricity e	Mean Longitude L
JUPITER								
Jan. −30	6400.5	1.3052	100.349	15.465	5.202 52	0.083 098 0	0.048 071	326.7391
Jan. 10	6440.5	1.3052	100.350	15.459	5.202 56	0.083 097 0	0.048 076	330.0646
Feb. 19	6480.5	1.3052	100.350	15.463	5.202 58	0.083 096 6	0.048 082	333.3906
Mar. 31	6520.5	1.3051	100.351	15.471	5.202 55	0.083 097 4	0.048 078	336.7161
May 10	6560.5	1.3051	100.351	15.471	5.202 54	0.083 097 6	0.048 076	340.0413
June 19	6600.5	1.3051	100.353	15.462	5.202 58	0.083 096 6	0.048 079	343.3661
July 29	6640.5	1.3051	100.354	15.449	5.202 71	0.083 093 5	0.048 099	346.6914
Sept. 7	6680.5	1.3051	100.355	15.449	5.202 80	0.083 091 2	0.048 118	350.0176
Oct. 17	6720.5	1.3051	100.356	15.462	5.202 84	0.083 090 4	0.048 129	353.3442
Nov. 26	6760.5	1.3051	100.357	15.481	5.202 75	0.083 092 4	0.048 118	356.6705
Dec. 36	6800.5	1.3051	100.358	15.487	5.202 65	0.083 094 8	0.048 100	359.9956
SATURN								
Jan. −30	6400.5	2.4855	113.551	92.281	9.554 06	0.033 379 8	0.051 490	237.7669
Jan. 10	6440.5	2.4855	113.552	92.177	9.552 82	0.033 386 3	0.051 590	239.1072
Feb. 19	6480.5	2.4855	113.553	92.072	9.551 42	0.033 393 7	0.051 709	240.4469
Mar. 31	6520.5	2.4855	113.554	91.986	9.550 12	0.033 400 5	0.051 828	241.7857
May 10	6560.5	2.4856	113.555	91.907	9.548 88	0.033 407 0	0.051 942	243.1248
June 19	6600.5	2.4856	113.555	91.832	9.547 72	0.033 413 1	0.052 050	244.4643
July 29	6640.5	2.4856	113.555	91.745	9.546 38	0.033 420 1	0.052 174	245.8049
Sept. 7	6680.5	2.4857	113.555	91.661	9.544 82	0.033 428 3	0.052 326	247.1447
Oct. 17	6720.5	2.4857	113.556	91.591	9.543 19	0.033 436 9	0.052 492	248.4832
Nov. 26	6760.5	2.4858	113.555	91.548	9.541 69	0.033 444 8	0.052 654	249.8199
Dec. 36	6800.5	2.4858	113.555	91.524	9.540 50	0.033 451 0	0.052 786	251.1567
URANUS								
Jan. −30	6400.5	0.7742	73.993	175.443	19.267 0	0.011 654 5	0.046 304	252.8600
Jan. 10	6440.5	0.7742	73.994	175.223	19.263 2	0.011 657 9	0.046 201	253.3362
Feb. 19	6480.5	0.7742	73.994	174.966	19.258 8	0.011 661 9	0.046 105	253.8116
Mar. 31	6520.5	0.7741	73.994	174.710	19.254 6	0.011 665 7	0.046 027	254.2854
May 10	6560.5	0.7741	73.994	174.465	19.250 6	0.011 669 4	0.045 957	254.7589
June 19	6600.5	0.7741	73.995	174.234	19.246 8	0.011 672 8	0.045 889	255.2327
July 29	6640.5	0.7741	73.995	173.977	19.242 6	0.011 676 6	0.045 811	255.7079
Sept. 7	6680.5	0.7740	73.995	173.667	19.237 7	0.011 681 1	0.045 744	256.1820
Oct. 17	6720.5	0.7739	73.994	173.332	19.232 4	0.011 685 9	0.045 697	256.6541
Nov. 26	6760.5	0.7738	73.994	173.006	19.227 4	0.011 690 5	0.045 683	257.1232
Dec. 36	6800.5	0.7738	73.994	172.740	19.223 3	0.011 694 3	0.045 682	257.5916
NEPTUNE								
Jan. −30	6400.5	1.7701	131.658	6.06	30.239 5	0.005 927 24	0.007 851	274.0800
Jan. 10	6440.5	1.7700	131.660	7.41	30.233 8	0.005 928 94	0.007 972	274.3313
Feb. 19	6480.5	1.7699	131.664	9.00	30.226 8	0.005 930 99	0.008 095	274.5822
Mar. 31	6520.5	1.7698	131.666	10.60	30.219 7	0.005 933 09	0.008 204	274.8309
May 10	6560.5	1.7698	131.669	12.10	30.212 8	0.005 935 10	0.008 311	275.0789
June 19	6600.5	1.7698	131.670	13.47	30.206 4	0.005 936 99	0.008 418	275.3268
July 29	6640.5	1.7697	131.672	14.91	30.199 5	0.005 939 04	0.008 550	275.5768
Sept. 7	6680.5	1.7697	131.674	16.68	30.190 9	0.005 941 58	0.008 689	275.8260
Oct. 17	6720.5	1.7696	131.676	18.64	30.181 2	0.005 944 43	0.008 823	276.0729
Nov. 26	6760.5	1.7696	131.677	20.64	30.171 4	0.005 947 34	0.008 932	276.3158
Dec. 36	6800.5	1.7697	131.677	22.30	30.163 1	0.005 949 78	0.009 019	276.5568
PLUTO								
Jan. −30	6400.5	17.1329	110.218	224.412	39.553 5	0.003 962 12	0.250 388	218.5338
Jan. 10	6440.5	17.1331	110.217	224.419	39.537 6	0.003 964 50	0.250 088	218.6919
Feb. 19	6480.5	17.1334	110.215	224.422	39.520 9	0.003 967 02	0.249 769	218.8480
Mar. 31	6520.5	17.1337	110.212	224.420	39.506 1	0.003 969 25	0.249 484	219.0029
May 10	6560.5	17.1340	110.209	224.417	39.492 2	0.003 971 34	0.249 217	219.1579
June 19	6600.5	17.1343	110.207	224.415	39.478 8	0.003 973 35	0.248 961	219.3136
July 29	6640.5	17.1346	110.204	224.414	39.463 3	0.003 975 70	0.248 662	219.4694
Sept. 7	6680.5	17.1351	110.201	224.407	39.446 8	0.003 978 20	0.248 343	219.6225
Oct. 17	6720.5	17.1356	110.196	224.392	39.431 3	0.003 980 55	0.248 040	219.7730
Nov. 26	6760.5	17.1362	110.191	224.370	39.419 1	0.003 982 39	0.247 799	219.9213
Dec. 36	6800.5	17.1367	110.186	224.350	39.410 3	0.003 983 73	0.247 622	220.0710

MERCURY, 1986

HELIOCENTRIC POSITIONS FOR 0ʰ DYNAMICAL TIME
MEAN EQUINOX AND ECLIPTIC OF DATE

Date		Longitude	Latitude	Radius Vector	Date		Longitude	Latitude	Radius Vector
		° ′ ″	° ′ ″				° ′ ″	° ′ ″	
Jan.	0	218 33 20.2	+ 1 10 30.0	0.441 5331	Feb.	15	9 47 27.4	− 4 21 42.8	0.343 8573
	1	221 35 14.9	0 48 22.8	.445 0470		16	14 56 02.2	3 51 08.0	.338 5901
	2	224 34 22.5	0 26 27.8	.448 3115		17	20 13 44.8	3 17 40.2	.333 5681
	3	227 30 59.7	+ 0 04 46.8	.451 3212		18	25 40 30.2	2 41 27.6	.328 8425
	4	230 25 22.3	− 0 16 38.4	.454 0716		19	31 16 05.6	2 02 43.3	.324 4655
	5	233 17 45.4	− 0 37 46.3	0.456 5586		20	37 00 09.5	− 1 21 45.8	0.320 4892
	6	236 08 23.8	0 58 35.7	.458 7788		21	42 52 10.3	− 0 38 59.4	.316 9643
	7	238 57 31.6	1 19 05.2	.460 7292		22	48 51 26.2	+ 0 05 05.6	.313 9386
	8	241 45 22.5	1 39 13.7	.462 4073		23	54 57 04.8	0 49 53.9	.311 4556
	9	244 32 09.8	1 59 00.2	.463 8111		24	61 08 03.2	1 34 45.7	.309 5526
	10	247 18 06.5	− 2 18 23.5	0.464 9388		25	67 23 08.8	+ 2 18 58.1	0.308 2591
	11	250 03 25.5	2 37 22.7	.465 7892		26	73 41 00.9	3 01 47.2	.307 5959
	12	252 48 19.1	2 55 56.7	.466 3612		27	80 00 12.8	3 42 30.0	.307 5738
	13	255 32 59.8	3 14 04.5	.466 6543		28	86 19 14.2	4 20 26.5	.308 1931
	14	258 17 39.8	3 31 44.9	.466 6681	Mar.	1	92 36 34.1	4 55 01.7	.309 4437
	15	261 02 31.3	− 3 48 56.7	0.466 4026		2	98 50 43.9	+ 5 25 47.0	0.311 3057
	16	263 47 46.5	4 05 38.8	.465 8581		3	105 00 20.1	5 52 21.4	.313 7499
	17	266 33 37.7	4 21 49.7	.465 0352		4	111 04 07.2	6 14 31.9	.316 7396
	18	269 20 17.2	4 37 27.9	.463 9348		5	117 00 58.9	6 32 13.4	.320 2316
	19	272 07 57.6	4 52 31.9	.462 5583		6	122 50 00.2	6 45 27.7	.324 1785
	20	274 56 51.4	− 5 06 59.8	0.460 9072		7	128 30 27.5	+ 6 54 22.8	0.328 5296
	21	277 47 11.7	5 20 49.7	.458 9836		8	134 01 48.8	6 59 11.8	.333 2329
	22	280 39 11.7	5 33 59.5	.456 7900		9	139 23 43.0	7 00 11.1	.338 2362
	23	283 33 05.0	5 46 26.7	.454 3293		10	144 35 59.0	6 57 39.6	.343 4881
	24	286 29 05.6	5 58 08.6	.451 6048		11	149 38 34.5	6 51 57.6	.348 9391
	25	289 27 28.0	− 6 09 02.5	0.448 6206		12	154 31 34.8	+ 6 43 25.4	0.354 5422
	26	292 28 27.0	6 19 05.1	.445 3811		13	159 15 11.2	6 32 23.5	.360 2531
	27	295 32 18.2	6 28 12.9	.441 8917		14	163 49 39.8	6 19 11.0	.366 0305
	28	298 39 17.7	6 36 22.0	.438 1583		15	168 15 20.7	6 04 06.2	.371 8366
	29	301 49 42.1	6 43 28.1	.434 1879		16	172 32 36.2	5 47 25.7	.377 6366
	30	305 03 48.9	− 6 49 26.6	0.429 9881		17	176 41 50.7	+ 5 29 24.7	0.383 3990
	31	308 21 56.1	6 54 12.4	.425 5679		18	180 43 29.6	5 10 17.0	.389 0950
Feb.	1	311 44 22.4	6 57 39.9	.420 9372		19	184 37 58.8	4 50 14.6	.394 6991
	2	315 11 27.3	6 59 43.1	.416 1075		20	188 25 44.1	4 29 28.2	.400 1880
	3	318 43 31.1	7 00 15.6	.411 0916		21	192 07 11.2	4 08 07.4	.405 5411
	4	322 20 54.5	− 6 59 10.3	0.405 9040		22	195 42 45.1	+ 3 46 20.3	0.410 7400
	5	326 03 59.0	6 56 19.8	.400 5609		23	199 12 50.2	3 24 14.1	.415 7681
	6	329 53 06.7	6 51 36.2	.395 0806		24	202 37 49.9	3 01 55.0	.420 6110
	7	333 48 39.8	6 44 51.3	.389 4838		25	205 58 06.9	2 39 28.3	.425 2556
	8	337 51 00.8	6 35 56.6	.383 7932		26	209 14 02.8	2 16 58.7	.429 6906
	9	342 00 32.3	− 6 24 43.4	0.378 0346		27	212 25 58.3	+ 1 54 30.0	0.433 9058
	10	346 17 36.3	6 11 03.3	.372 2362		28	215 34 13.2	1 32 05.9	.437 8922
	11	350 42 34.0	5 54 48.0	.366 4294		29	218 39 06.3	1 09 49.1	.441 6420
	12	355 15 45.4	5 35 49.9	.360 6488		30	221 40 55.7	0 47 42.3	.445 1483
	13	359 57 28.5	5 14 02.5	.354 9321		31	224 39 58.7	0 25 47.7	.448 4051
	14	4 47 58.6	− 4 49 21.1	0.349 3202	Apr.	1	227 36 31.6	+ 0 04 07.1	0.451 4069
	15	9 47 27.4	− 4 21 42.8	0.343 8573		2	230 30 50.5	− 0 17 17.6	0.454 1493

MERCURY, 1986

HELIOCENTRIC POSITIONS FOR 0ʰ DYNAMICAL TIME
MEAN EQUINOX AND ECLIPTIC OF DATE

Date	Longitude	Latitude	Radius Vector	Date	Longitude	Latitude	Radius Vector
	° ′ ″	° ′ ″			° ′ ″	° ′ ″	
Apr. 1	227 36 31.6	+ 0 04 07.1	0.451 4069	May 17	25 50 50.7	− 2 40 18.5	0.328 7026
2	230 30 50.5	− 0 17 17.6	.454 1493	18	31 26 42.1	2 01 29.8	.324 3370
3	233 23 10.3	0 38 25.0	.456 6282	19	37 11 01.1	1 20 28.5	.320 3737
4	236 13 45.9	0 59 13.8	.458 8401	20	43 03 15.9	− 0 37 39.3	.316 8633
5	239 02 51.3	1 19 42.7	.460 7823	21	49 02 44.5	+ 0 06 27.7	.313 8536
6	241 50 40.1	− 1 39 50.6	0.462 4520	22	55 08 34.0	+ 0 51 16.8	0.311 3878
7	244 37 25.8	1 59 36.4	.463 8474	23	61 19 41.1	1 36 08.0	.309 5030
8	247 23 21.4	2 18 59.0	.464 9667	24	67 34 53.1	2 20 18.5	.308 2285
9	250 08 39.5	2 37 57.4	.465 8087	25	73 52 49.1	3 03 04.4	.307 5848
10	252 53 32.6	2 56 30.7	.466 3723	26	80 12 02.2	3 43 42.7	.307 5824
11	255 38 13.2	− 3 14 37.6	0.466 6569	27	86 31 02.0	+ 4 21 33.5	0.308 2212
12	258 22 53.5	3 32 17.2	.466 6623	28	92 48 17.4	4 56 02.0	.309 4910
13	261 07 45.6	3 49 28.1	.466 3883	29	99 02 20.2	5 26 39.9	.311 3713
14	263 53 01.9	4 06 09.3	.465 8353	30	105 11 46.9	5 53 06.4	.313 8328
15	266 38 54.5	4 22 19.2	.465 0040	31	111 15 22.2	6 15 08.7	.316 8385
16	269 25 35.7	− 4 37 56.4	0.463 8953	June 1	117 12 00.4	+ 6 32 41.9	0.320 3453
17	272 13 18.2	4 52 59.3	.462 5104	2	123 00 46.7	6 45 48.0	.324 3053
18	275 02 14.5	5 07 26.1	.460 8511	3	128 40 57.7	6 54 35.4	.328 6681
19	277 52 37.8	5 21 14.8	.458 9193	4	134 12 02.0	6 59 17.1	.333 3814
20	280 44 41.1	5 34 23.3	.456 7176	5	139 33 38.6	7 00 09.6	.338 3931
21	283 38 38.1	− 5 46 49.1	0.454 2489	6	144 45 36.9	+ 6 57 31.9	0.343 6519
22	286 34 42.9	5 58 29.6	.451 5165	7	149 47 54.7	6 51 44.3	.349 1083
23	289 33 09.8	6 09 22.0	.448 5245	8	154 40 37.5	6 43 07.3	.354 7154
24	292 34 14.0	6 19 23.0	.445 2774	9	159 23 56.9	6 32 01.0	.360 4290
25	295 38 10.7	6 28 29.0	.441 7805	10	163 58 09.1	6 18 44.8	.366 2080
26	298 45 16.2	− 6 36 36.2	0.438 0399	11	168 23 34.1	+ 6 03 36.8	0.372 0145
27	301 55 47.2	6 43 40.3	.434 0623	12	172 40 34.5	5 46 53.6	.377 8139
28	305 10 01.1	6 49 36.6	.429 8558	13	176 49 34.7	5 28 50.4	.383 5746
29	308 28 15.9	6 54 20.1	.425 4290	14	180 51 00.1	5 09 40.7	.389 2683
30	311 50 50.4	6 57 45.1	.420 7921	15	184 45 16.4	4 49 36.8	.394 8693
May 1	315 18 04.2	− 6 59 45.6	0.415 9566	16	188 32 49.7	+ 4 28 49.3	0.400 3544
2	318 50 17.4	7 00 15.2	.410 9353	17	192 14 05.6	4 07 27.5	.405 7031
3	322 27 51.0	6 59 06.8	.405 7426	18	195 49 29.0	3 45 39.7	.410 8971
4	326 11 06.3	6 56 12.9	.400 3951	19	199 19 24.4	3 23 33.0	.415 9198
5	330 00 25.4	6 51 25.7	.394 9110	20	202 44 15.1	3 01 13.6	.420 7569
6	333 56 10.6	− 6 44 36.9	0.389 3109	21	206 04 23.7	+ 2 38 46.7	0.425 3953
7	337 58 44.4	6 35 38.1	.383 6179	22	209 20 11.9	2 16 17.0	.429 8238
8	342 08 29.4	6 24 20.6	.377 8575	23	212 32 00.3	1 53 48.5	.434 0321
9	346 25 47.6	6 10 35.8	.372 0584	24	215 40 08.6	1 31 24.5	.438 0115
10	350 51 00.1	5 54 15.6	.366 2518	25	218 44 55.8	1 09 08.0	.441 7540
11	355 24 26.9	− 5 35 12.4	0.360 4726	26	221 46 39.8	+ 0 47 01.5	0.445 2528
12	0 06 25.9	5 13 19.7	.354 7584	27	224 45 37.8	0 25 07.3	.448 5018
13	4 57 12.3	4 48 32.9	.349 1504	28	227 42 06.4	+ 0 03 27.2	.451 4958
14	9 56 57.8	4 20 49.2	.343 6926	29	230 36 21.3	− 0 17 57.0	.454 2302
15	15 05 49.4	3 50 08.9	.338 4321	30	233 28 37.7	0 39 03.9	.456 7009
16	20 23 48.8	− 3 16 36.0	0.333 4184	July 1	236 19 10.2	− 0 59 52.0	0.458 9047
17	25 50 50.7	− 2 40 18.5	0.328 7026	2	239 08 13.0	− 1 20 20.3	0.460 8385

MERCURY, 1986

HELIOCENTRIC POSITIONS FOR 0ʰ DYNAMICAL TIME
MEAN EQUINOX AND ECLIPTIC OF DATE

Date		Longitude	Latitude	Radius Vector	Date		Longitude	Latitude	Radius Vector
		° ′ ″	° ′ ″				° ′ ″	° ′ ″	
July	1	236 19 10.2	− 0 59 52.0	0.458 9047	Aug.	16	43 14 26.0	− 0 36 18.4	0.316 7601
	2	239 08 13.0	1 20 20.3	.460 8385		17	49 14 07.5	+ 0 07 50.4	.313 7665
	3	241 55 59.7	1 40 27.5	.462 4999		18	55 20 08.1	0 52 40.2	.311 3181
	4	244 42 43.6	2 00 12.6	.463 8868		19	61 31 24.3	1 37 30.8	.309 4517
	5	247 28 37.7	2 19 34.5	.464 9976		20	67 46 43.0	2 21 39.4	.308 1965
	6	250 13 54.8	− 2 38 32.2	0.465 8310		21	74 04 43.0	+ 3 04 22.1	0.307 5725
	7	252 58 47.3	2 57 04.6	.466 3861		22	80 23 57.4	3 44 55.8	.307 5900
	8	255 43 27.6	3 15 10.7	.466 6621		23	86 42 55.6	4 22 40.9	.308 2486
	9	258 28 08.0	3 32 49.4	.466 6588		24	93 00 06.7	4 57 02.7	.309 5377
	10	261 13 00.7	3 49 59.5	.466 3763		25	99 14 02.4	5 27 33.1	.311 4366
	11	263 58 17.8	− 4 06 39.7	0.465 8147		26	105 23 19.7	+ 5 53 51.5	0.313 9157
	12	266 44 11.6	4 22 48.6	.464 9748		27	111 26 43.3	6 15 45.5	.316 9378
	13	269 30 54.6	4 38 24.8	.463 8575		28	117 23 07.8	6 33 10.4	.320 4594
	14	272 18 39.0	4 53 26.6	.462 4641		29	123 11 38.9	6 46 08.3	.324 4329
	15	275 07 37.8	5 07 52.2	.460 7963		30	128 51 33.6	6 54 47.9	.328 8075
	16	277 58 03.9	− 5 21 39.7	0.458 8562		31	134 22 20.7	+ 6 59 22.1	0.333 5310
	17	280 50 10.4	5 34 46.9	.456 6462	Sept.	1	139 43 39.6	7 00 07.8	.338 5513
	18	283 44 11.1	5 47 11.4	.454 1692		2	144 55 20.0	6 57 24.0	.343 8171
	19	286 40 20.0	5 58 50.5	.451 4287		3	149 57 19.9	6 51 30.7	.349 2791
	20	289 38 51.6	6 09 41.4	.448 4286		4	154 49 45.1	6 42 48.8	.354 8903
	21	292 40 00.7	− 6 19 40.7	0.445 1737		5	159 32 47.3	+ 6 31 38.1	0.360 6067
	22	295 44 03.0	6 28 45.0	.441 6691		6	164 06 42.9	6 18 18.2	.366 3872
	23	298 51 14.6	6 36 50.3	.437 9210		7	168 31 51.9	6 03 06.9	.372 1941
	24	302 01 52.1	6 43 52.4	.433 9362		8	172 48 37.0	5 46 21.0	.377 9929
	25	305 16 13.1	6 49 46.5	.429 7226		9	176 57 22.7	5 28 15.5	.383 7521
	26	308 34 35.6	− 6 54 27.7	0.425 2891		10	180 58 34.3	+ 5 09 04.0	0.389 4434
	27	311 57 18.5	6 57 50.2	.420 6459		11	184 52 37.8	4 48 58.6	.395 0412
	28	315 24 41.1	6 59 48.0	.415 8043		12	188 39 59.0	4 28 09.8	.400 5225
	29	318 57 03.9	7 00 14.7	.410 7773		13	192 21 03.5	4 06 47.1	.405 8667
	30	322 34 47.6	6 59 03.1	.405 5795		14	195 56 16.4	3 44 58.7	.411 0557
	31	326 18 13.8	− 6 56 05.9	0.400 2273		15	199 26 01.9	+ 3 22 51.5	0.416 0729
Aug.	1	330 07 44.5	6 51 15.1	.394 7392		16	202 50 43.4	3 00 31.7	.420 9040
	2	334 03 42.0	6 44 22.4	.389 1357		17	206 10 43.6	2 38 04.7	.425 5362
	3	338 06 28.9	6 35 19.4	.383 4401		18	209 26 24.0	2 15 35.0	.429 9580
	4	342 16 27.6	6 23 57.5	.377 6780		19	212 38 05.3	1 53 06.5	.434 1594
	5	346 34 00.1	− 6 10 08.0	0.371 8779		20	215 46 07.1	+ 1 30 42.7	0.438 1315
	6	350 59 27.7	5 53 42.9	.366 0716		21	218 50 48.2	1 08 26.5	.441 8665
	7	355 33 10.1	5 34 34.5	.360 2936		22	221 52 26.8	0 46 20.4	.445 3577
	8	0 15 25.3	5 12 36.6	.354 5819		23	224 51 19.9	0 24 26.6	.448 5989
	9	5 06 28.3	4 47 44.3	.348 9776		24	227 47 44.1	+ 0 02 47.0	.451 5849
	10	10 06 30.7	− 4 19 55.1	0.343 5251		25	230 41 55.1	− 0 18 36.7	0.454 3111
	11	15 15 39.5	3 49 09.4	.338 2713		26	233 34 08.0	0 39 43.0	.456 7736
	12	20 33 55.9	3 15 31.2	.333 2659		27	236 24 37.5	1 00 30.6	.458 9691
	13	26 01 14.6	2 39 08.9	.328 5600		28	239 13 37.7	1 20 58.3	.460 8944
	14	31 37 22.3	2 00 15.7	.324 2060		29	242 01 22.2	1 41 04.8	.462 5473
	15	37 21 56.8	− 1 19 10.6	0.320 2558		30	244 48 04.3	− 2 00 49.2	0.463 9257
	16	43 14 26.0	− 0 36 18.4	0.316 7601	Oct.	1	247 33 57.1	− 2 20 10.3	0.465 0279

MERCURY, 1986

HELIOCENTRIC POSITIONS FOR 0ʰ DYNAMICAL TIME
MEAN EQUINOX AND ECLIPTIC OF DATE

Date	Longitude	Latitude	Radius Vector	Date	Longitude	Latitude	Radius Vector
	° ′ ″	° ′ ″			° ′ ″	° ′ ″	
Oct. 1	247 33 57.1	− 2 20 10.3	0.465 0279	Nov. 16	67 58 41.4	+ 2 23 01.2	0.308 1658
2	250 19 13.2	2 39 07.2	.465 8527	17	74 16 45.3	3 05 40.5	.307 5620
3	253 04 05.1	2 57 38.9	.466 3990	18	80 36 00.7	3 46 09.5	.307 5997
4	255 48 45.3	3 15 44.2	.466 6664	19	86 54 57.1	4 23 48.8	.308 2785
5	258 33 25.9	3 33 22.0	.466 6544	20	93 12 03.6	4 58 03.7	.309 5872
6	261 18 19.1	− 3 50 31.1	0.466 3631	21	99 25 51.9	+ 5 28 26.5	0.311 5049
7	264 03 37.1	4 07 10.4	.465 7929	22	105 34 59.2	5 54 36.8	.314 0018
8	266 49 32.3	4 23 18.3	.464 9443	23	111 38 10.6	6 16 22.4	.317 0404
9	269 36 16.9	4 38 53.4	.463 8184	24	117 34 21.1	6 33 38.9	.320 5772
10	272 24 03.5	4 53 54.2	.462 4164	25	123 22 36.6	6 46 28.6	.324 5642
11	275 13 04.8	− 5 08 18.6	0.460 7401	26	129 02 14.5	+ 6 55 00.2	0.328 9506
12	278 03 33.7	5 22 04.9	.458 7914	27	134 32 44.0	6 59 27.0	.333 6843
13	280 55 43.6	5 35 10.8	.456 5730	28	139 53 44.9	7 00 05.9	.338 7132
14	283 49 48.1	5 47 33.9	.454 0877	29	145 05 06.9	6 57 15.8	.343 9861
15	286 46 01.2	5 59 11.6	.451 3390	30	150 06 48.7	6 51 17.0	.349 4536
16	289 44 37.4	− 6 10 00.9	0.448 3309	Dec. 1	154 58 56.0	+ 6 42 30.0	0.355 0688
17	292 45 51.7	6 19 58.6	.445 0681	2	159 41 40.6	6 31 15.1	.360 7879
18	295 49 59.6	6 29 01.1	.441 5558	3	164 15 19.3	6 17 51.4	.366 5698
19	298 57 17.3	6 37 04.5	.437 8001	4	168 40 12.1	6 02 36.9	.372 3770
20	302 08 01.6	6 44 04.5	.433 8079	5	172 56 41.7	5 45 48.3	.378 1751
21	305 22 29.8	− 6 49 56.5	0.429 5873	6	177 05 12.7	+ 5 27 40.5	0.383 9326
22	308 41 00.2	6 54 35.3	.425 1470	7	181 06 10.4	5 08 27.2	.389 6214
23	312 03 51.4	6 57 55.3	.420 4973	8	185 00 00.8	4 48 20.2	.395 2158
24	315 31 23.2	6 59 50.4	.415 6496	9	188 47 09.7	4 27 30.3	.400 6931
25	319 03 55.6	7 00 14.1	.410 6170	10	192 28 02.7	4 06 06.7	.406 0328
26	322 41 49.7	− 6 58 59.4	0.405 4140	11	196 03 04.9	+ 3 44 17.5	0.411 2165
27	326 25 27.0	6 55 58.7	.400 0572	12	199 32 40.5	3 22 09.9	.416 2282
28	330 15 09.5	6 51 04.2	.394 5650	13	202 57 12.8	2 59 49.8	.421 0532
29	334 11 19.5	6 44 07.7	.388 9582	14	206 17 04.5	2 37 22.7	.425 6789
30	338 14 19.5	6 35 00.5	.383 2599	15	209 32 37.0	2 14 52.9	.430 0939
31	342 24 32.2	− 6 23 34.1	0.377 4960	16	212 44 11.1	+ 1 52 24.6	0.434 2882
Nov. 1	346 42 19.3	6 09 39.9	.371 6952	17	215 52 06.2	1 30 01.0	.438 2530
2	351 08 02.1	5 53 09.7	.365 8890	18	218 56 41.4	1 07 45.0	.441 9804
3	355 42 00.5	5 33 56.2	.360 1124	19	221 58 14.5	0 45 39.3	.445 4638
4	0 24 32.1	5 11 52.9	.354 4033	20	224 57 02.7	0 23 45.9	.448 6970
5	5 15 51.9	− 4 46 55.1	0.348 8030	21	227 53 22.4	+ 0 02 06.8	0.451 6749
6	10 16 11.5	4 19 00.3	.343 3559	22	230 47 29.4	− 0 19 16.4	.454 3929
7	15 25 37.5	3 48 09.1	.338 1091	23	233 39 38.9	0 40 22.2	.456 8471
8	20 44 11.2	3 14 25.6	.333 1121	24	236 30 05.3	1 01 09.2	.459 0340
9	26 11 46.9	2 37 58.3	.328 4164	25	239 19 02.9	1 21 36.1	.460 9509
10	31 48 11.1	− 1 59 00.6	0.324 0742	26	242 06 45.2	− 1 41 42.0	0.462 5952
11	37 33 01.2	1 17 51.8	.320 1374	27	244 53 25.6	2 01 25.7	.463 9649
12	43 25 44.8	− 0 34 56.7	.316 6568	28	247 39 17.1	2 20 46.1	.465 0584
13	49 25 39.3	+ 0 09 14.1	.313 6797	29	250 24 32.2	2 39 42.2	.465 8744
14	55 31 51.0	0 54 04.6	.311 2490	30	253 09 23.6	2 58 13.1	.466 4120
15	61 43 16.2	+ 1 38 54.6	0.309 4014	31	255 54 03.5	− 3 16 17.5	0.466 6705
16	67 58 41.4	+ 2 23 01.2	0.308 1658	32	258 38 44.3	− 3 33 54.5	0.466 6498

VENUS, 1986

HELIOCENTRIC POSITIONS FOR 0ʰ DYNAMICAL TIME
MEAN EQUINOX AND ECLIPTIC OF DATE

Date	Longitude	Latitude	Radius Vector	Date	Longitude	Latitude	Radius Vector
	° ′ ″	° ′ ″			° ′ ″	° ′ ″	
Jan. 0	268 12 14.3	− 0 41 10.6	0.726 9211	Apr. 2	54 21 42.7	− 1 17 00.6	0.722 1938
2	271 22 15.2	0 52 08.6	.727 1037	4	57 34 23.5	1 06 19.1	.721 9269
4	274 32 11.7	1 02 56.8	.727 2745	6	60 47 11.3	0 55 24.6	.721 6642
6	277 42 04.3	1 13 33.2	.727 4331	8	64 00 06.2	0 44 19.1	.721 4067
8	280 51 53.6	1 23 55.8	.727 5790	10	67 13 08.3	0 33 04.8	.721 1552
10	284 01 40.2	− 1 34 02.9	0.727 7118	12	70 26 17.7	− 0 21 43.8	0.720 9103
12	287 11 24.7	1 43 52.6	.727 8310	14	73 39 34.4	− 0 10 18.2	.720 6730
14	290 21 07.6	1 53 23.2	.727 9363	16	76 52 58.3	+ 0 01 09.8	.720 4440
16	293 30 49.4	2 02 32.9	.728 0274	18	80 06 29.5	0 12 38.0	.720 2240
18	296 40 30.8	2 11 20.1	.728 1040	20	83 20 08.0	0 24 04.2	.720 0137
20	299 50 12.2	− 2 19 43.3	0.728 1658	22	86 33 53.6	+ 0 35 26.2	0.719 8138
22	302 59 54.1	2 27 40.9	.728 2128	24	89 47 46.2	0 46 41.9	.719 6250
24	306 09 36.9	2 35 11.5	.728 2447	26	93 01 45.8	0 57 48.9	.719 4478
26	309 19 21.2	2 42 13.8	.728 2615	28	96 15 52.2	1 08 45.2	.719 2828
28	312 29 07.3	2 48 46.4	.728 2632	30	99 30 05.3	1 19 28.7	.719 1306
30	315 38 55.6	− 2 54 48.3	0.728 2496	May 2	102 44 24.7	+ 1 29 57.2	0.718 9916
Feb. 1	318 48 46.6	3 00 18.2	.728 2209	4	105 58 50.2	1 40 08.7	.718 8663
3	321 58 40.5	3 05 15.3	.728 1771	6	109 13 21.5	1 50 01.2	.718 7551
5	325 08 37.6	3 09 38.5	.728 1184	8	112 27 58.4	1 59 32.7	.718 6585
7	328 18 38.4	3 13 27.1	.728 0450	10	115 42 40.3	2 08 41.3	.718 5765
9	331 28 42.9	− 3 16 40.4	0.727 9570	12	118 57 27.0	+ 2 17 25.4	0.718 5097
11	334 38 51.6	3 19 17.7	.727 8547	14	122 12 17.9	2 25 43.1	.718 4581
13	337 49 04.6	3 21 18.6	.727 7386	16	125 27 12.5	2 33 32.8	.718 4220
15	340 59 22.1	3 22 42.6	.727 6087	18	128 42 10.4	2 40 52.9	.718 4014
17	344 09 44.3	3 23 29.4	.727 4657	20	131 57 10.9	2 47 42.1	.718 3965
19	347 20 11.4	− 3 23 38.9	0.727 3099	22	135 12 13.5	+ 2 53 58.9	0.718 4072
21	350 30 43.5	3 23 11.0	.727 1418	24	138 27 17.6	2 59 42.2	.718 4335
23	353 41 20.8	3 22 05.7	.726 9619	26	141 42 22.6	3 04 50.8	.718 4754
25	356 52 03.4	3 20 23.1	.726 7707	28	144 57 27.6	3 09 23.8	.718 5326
27	0 02 51.4	3 18 03.5	.726 5688	30	148 12 32.2	3 13 20.1	.718 6050
Mar. 1	3 13 44.9	− 3 15 07.3	0.726 3568	June 1	151 27 35.5	+ 3 16 39.2	0.718 6925
3	6 24 44.0	3 11 35.0	.726 1354	3	154 42 37.0	3 19 20.4	.718 7945
5	9 35 48.8	3 07 27.1	.725 9053	5	157 57 35.8	3 21 23.1	.718 9110
7	12 46 59.4	3 02 44.4	.725 6671	7	161 12 31.2	3 22 47.0	.719 0414
9	15 58 15.8	2 57 27.6	.725 4215	9	164 27 22.7	3 23 31.9	.719 1854
11	19 09 38.2	− 2 51 37.7	0.725 1694	11	167 42 09.4	+ 3 23 37.6	0.719 3425
13	22 21 06.7	2 45 15.6	.724 9115	13	170 56 50.7	3 23 04.3	.719 5121
15	25 32 41.3	2 38 22.5	.724 6485	15	174 11 26.0	3 21 52.0	.719 6938
17	28 44 22.1	2 30 59.7	.724 3814	17	177 25 54.5	3 20 01.2	.719 8869
19	31 56 09.2	2 23 08.4	.724 1109	19	180 40 15.8	3 17 32.0	.720 0908
21	35 08 02.7	− 2 14 50.0	0.723 8378	21	183 54 29.2	+ 3 14 25.3	0.720 3049
23	38 20 02.6	2 06 06.0	.723 5630	23	187 08 34.2	3 10 41.5	.720 5285
25	41 32 09.1	1 56 58.1	.723 2874	25	190 22 30.4	3 06 21.5	.720 7608
27	44 44 22.3	1 47 27.8	.723 0118	27	193 36 17.2	3 01 26.3	.721 0012
29	47 56 42.3	1 37 36.9	.722 7371	29	196 49 54.3	2 55 56.7	.721 2488
31	51 09 09.0	− 1 27 27.2	0.722 4641	July 1	200 03 21.3	+ 2 49 54.0	0.721 5028
Apr. 2	54 21 42.7	− 1 17 00.6	0.722 1938	3	203 16 37.9	+ 2 43 19.4	0.721 7625

VENUS, 1986

HELIOCENTRIC POSITIONS FOR 0ʰ DYNAMICAL TIME
MEAN EQUINOX AND ECLIPTIC OF DATE

Date	Longitude	Latitude	Radius Vector	Date	Longitude	Latitude	Radius Vector
	° ′ ″	° ′ ″			° ′ ″	° ′ ″	
July 1	200 03 21.3	+ 2 49 54.0	0.721 5028	Oct. 1	346 14 07.6	− 3 23 39.8	0.727 3607
3	203 16 37.9	2 43 19.4	.721 7625	3	349 24 38.2	3 23 24.9	.727 1972
5	206 29 43.9	2 36 14.2	.722 0270	5	352 35 13.8	3 22 32.6	.727 0218
7	209 42 39.1	2 28 39.9	.722 2955	7	355 45 54.7	3 21 03.0	.726 8350
9	212 55 23.4	2 20 37.8	.722 5672	9	358 56 41.0	3 18 56.3	.726 6373
11	216 07 56.7	+ 2 12 09.7	0.722 8411	11	2 07 32.7	− 3 16 12.8	0.726 4294
13	219 20 19.0	2 03 17.1	.723 1164	13	5 18 30.0	3 12 53.0	.726 2119
15	222 32 30.2	1 54 01.9	.723 3923	15	8 29 32.9	3 08 57.5	.725 9855
17	225 44 30.6	1 44 25.7	.723 6678	17	11 40 41.6	3 04 26.8	.725 7508
19	228 56 20.3	1 34 30.4	.723 9422	19	14 51 56.1	2 59 21.8	.725 5086
21	232 07 59.4	+ 1 24 18.0	0.724 2146	21	18 03 16.5	− 2 53 43.3	0.725 2596
23	235 19 28.2	1 13 50.4	.724 4840	23	21 14 42.9	2 47 32.3	.725 0046
25	238 30 47.1	1 03 09.5	.724 7498	25	24 26 15.4	2 40 49.9	.724 7444
27	241 41 56.2	0 52 17.4	.725 0110	27	27 37 54.0	2 33 37.2	.724 4798
29	244 52 56.1	0 41 16.0	.725 2668	29	30 49 38.9	2 25 55.7	.724 2116
31	248 03 47.1	+ 0 30 07.5	0.725 5166	31	34 01 30.0	− 2 17 46.5	0.723 9407
Aug. 2	251 14 29.6	0 18 53.8	.725 7594	Nov. 2	37 13 27.6	2 09 11.3	.723 6678
4	254 25 04.2	+ 0 07 37.1	.725 9945	4	40 25 31.7	2 00 11.5	.723 3939
6	257 35 31.4	− 0 03 40.5	.726 2213	6	43 37 42.3	1 50 48.8	.723 1197
8	260 45 51.6	0 14 57.1	.726 4391	8	46 49 59.6	1 41 04.9	.722 8462
10	263 56 05.5	− 0 26 10.5	0.726 6471	10	50 02 23.7	− 1 31 01.5	0.722 5742
12	267 06 13.6	0 37 18.8	.726 8447	12	53 14 54.6	1 20 40.6	.722 3046
14	270 16 16.5	0 48 19.8	.727 0314	14	56 27 32.4	1 10 04.1	.722 0381
16	273 26 14.7	0 59 11.7	.727 2066	16	59 40 17.2	0 59 13.8	.721 7757
18	276 36 08.8	1 09 52.4	.727 3697	18	62 53 09.1	0 48 12.0	.721 5181
20	279 45 59.4	− 1 20 20.1	0.727 5202	20	66 06 08.1	− 0 37 00.5	0.721 2662
22	282 55 47.1	1 30 32.9	.727 6578	22	69 19 14.3	0 25 41.6	.721 0207
24	286 05 32.5	1 40 28.9	.727 7819	24	72 32 27.6	0 14 17.4	.720 7825
26	289 15 16.1	1 50 06.3	.727 8923	26	75 45 48.2	− 0 02 50.0	.720 5523
28	292 24 58.5	1 59 23.5	.727 9885	28	78 59 16.0	+ 0 08 38.3	.720 3308
30	295 34 40.2	− 2 08 18.8	0.728 0704	30	82 12 50.9	+ 0 20 05.4	0.720 1187
Sept. 1	298 44 21.8	2 16 50.5	.728 1376	Dec. 2	85 26 33.0	0 31 29.1	.719 9167
3	301 54 03.7	2 24 57.2	.728 1899	4	88 40 22.2	0 42 47.2	.719 7255
5	305 03 46.3	2 32 37.4	.728 2273	6	91 54 18.2	0 53 57.5	.719 5456
7	308 13 30.3	2 39 49.7	.728 2495	8	95 08 21.1	1 04 57.7	.719 3776
9	311 23 15.9	− 2 46 32.8	0.728 2566	10	98 22 30.6	+ 1 15 45.9	0.719 2221
11	314 33 03.6	2 52 45.6	.728 2485	12	101 36 46.5	1 26 19.8	.719 0796
13	317 42 53.8	2 58 26.8	.728 2253	14	104 51 08.6	1 36 37.4	.718 9505
15	320 52 46.8	3 03 35.4	.728 1869	16	108 05 36.6	1 46 36.7	.718 8352
17	324 02 43.0	3 08 10.6	.728 1336	18	111 20 10.2	1 56 15.7	.718 7342
19	327 12 42.7	− 3 12 11.4	0.728 0655	20	114 34 49.0	+ 2 05 32.5	0.718 6477
21	330 22 46.1	3 15 37.0	.727 9828	22	117 49 32.6	2 14 25.3	.718 5761
23	333 32 53.5	3 18 27.0	.727 8857	24	121 04 20.6	2 22 52.4	.718 5195
25	336 43 05.2	3 20 40.6	.727 7746	26	124 19 12.5	2 30 52.0	.718 4781
27	339 53 21.3	3 22 17.5	.727 6499	28	127 34 07.9	2 38 22.6	.718 4521
29	343 03 42.1	− 3 23 17.3	0.727 5117	30	130 49 06.1	+ 2 45 22.7	0.718 4416
Oct. 1	346 14 07.6	− 3 23 39.8	0.727 3607	32	134 04 06.6	+ 2 51 51.0	0.718 4465

MARS, 1986

HELIOCENTRIC POSITIONS FOR 0ʰ DYNAMICAL TIME
MEAN EQUINOX AND ECLIPTIC OF DATE

Date		Longitude	Latitude	Radius Vector	Date		Longitude	Latitude	Radius Vector
		° ′ ″	° ′ ″				° ′ ″	° ′ ″	
Jan.	−2	188 00 02.0	+ 1 13 29.0	1.639 9836	July	1	282 11 26.4	− 1 28 20.3	1.431 1219
	2	189 48 18.7	1 10 49.6	.637 1324		5	284 33 49.5	1 31 02.7	.426 9757
	6	191 36 58.3	1 08 05.5	.634 1445		9	286 57 02.0	1 33 36.5	.422 9651
	10	193 26 02.1	1 05 16.6	.631 0224		13	289 21 02.5	1 36 01.4	.419 0980
	14	195 15 31.4	1 02 23.1	.627 7688		17	291 45 49.6	1 38 16.9	.415 3820
	18	197 05 27.2	+ 0 59 25.1	1.624 3863		21	294 11 21.9	− 1 40 22.5	1.411 8244
	22	198 55 50.9	0 56 22.7	.620 8779		25	296 37 37.5	1 42 17.9	.408 4325
	26	200 46 43.7	0 53 15.9	.617 2468		29	299 04 34.8	1 44 02.6	.405 2132
	30	202 38 06.7	0 50 05.0	.613 4961	Aug.	2	301 32 11.7	1 45 36.3	.402 1732
Feb.	3	204 30 01.1	0 46 49.9	.609 6292		6	304 00 26.1	1 46 58.7	.399 3190
	7	206 22 28.1	+ 0 43 31.0	1.605 6496		10	306 29 16.0	− 1 48 09.4	1.396 6565
	11	208 15 29.0	0 40 08.2	.601 5611		14	308 58 38.8	1 49 08.2	.394 1917
	15	210 09 04.8	0 36 41.7	.597 3676		18	311 28 32.3	1 49 54.7	.391 9298
	19	212 03 16.8	0 33 11.7	.593 0730		22	313 58 53.8	1 50 28.8	.389 8759
	23	213 58 06.1	0 29 38.3	.588 6816		26	316 29 40.8	1 50 50.2	.388 0344
	27	215 53 33.9	+ 0 26 01.8	1.584 1977		30	319 00 50.4	− 1 50 58.9	1.386 4097
Mar.	3	217 49 41.3	0 22 22.2	.579 6259	Sept.	3	321 32 19.9	1 50 54.7	.385 0052
	7	219 46 29.4	0 18 39.8	.574 9710		7	324 04 06.4	1 50 37.6	.383 8243
	11	221 43 59.3	0 14 54.8	.570 2377		11	326 36 06.9	1 50 07.4	.382 8695
	15	223 42 12.1	0 11 07.3	.565 4312		15	329 08 18.3	1 49 24.3	.382 1432
	19	225 41 08.8	+ 0 07 17.7	1.560 5568		19	331 40 37.8	− 1 48 28.3	1.381 6470
	23	227 40 50.5	+ 0 03 26.0	.555 6197		23	334 13 02.1	1 47 19.5	.381 3820
	27	229 41 18.2	− 0 00 27.4	.550 6258		27	336 45 28.2	1 45 58.0	.381 3489
	31	231 42 32.8	0 04 22.2	.545 5807	Oct.	1	339 17 53.0	1 44 24.0	.381 5477
Apr.	4	233 44 35.3	0 08 18.3	.540 4903		5	341 50 13.4	1 42 37.8	.381 9781
	8	235 47 26.6	− 0 12 15.3	1.535 3609		9	344 22 26.3	− 1 40 39.6	1.382 6390
	12	237 51 07.5	0 16 13.0	.530 1988		13	346 54 28.6	1 38 29.7	.383 5290
	16	239 55 38.8	0 20 10.9	.525 0103		17	349 26 17.3	1 36 08.5	.384 6460
	20	242 01 01.4	0 24 09.0	.519 8023		21	351 57 49.5	1 33 36.3	.385 9875
	24	244 07 15.9	0 28 06.7	.514 5814		25	354 29 02.3	1 30 53.6	.387 5505
	28	246 14 23.0	− 0 32 03.7	1.509 3547		29	356 59 52.9	− 1 28 00.7	1.389 3314
May	2	248 22 23.2	0 35 59.8	.504 1293	Nov.	2	359 30 18.5	1 24 58.3	.391 3263
	6	250 31 17.1	0 39 54.4	.498 9124		6	2 00 16.5	1 21 46.6	.393 5308
	10	252 41 05.1	0 43 47.3	.493 7116		10	4 29 44.4	1 18 26.3	.395 9399
	14	254 51 47.7	0 47 38.1	.488 5343		14	6 58 39.6	1 14 57.9	.398 5485
	18	257 03 25.1	− 0 51 26.3	1.483 3883		18	9 26 60.0	− 1 11 21.8	1.401 3508
	22	259 15 57.6	0 55 11.4	.478 2812		22	11 54 43.2	1 07 38.8	.404 3410
	26	261 29 25.2	0 58 53.2	.473 2211		26	14 21 47.2	1 03 49.3	.407 5127
	30	263 43 48.0	1 02 31.1	.468 2158		30	16 48 10.1	0 59 53.9	.410 8592
June	3	265 59 05.9	1 06 04.7	.463 2734	Dec.	4	19 13 50.0	0 55 53.2	.414 3738
	7	268 15 18.8	− 1 09 33.6	1.458 4020		8	21 38 45.2	− 0 51 47.7	1.418 0492
	11	270 32 26.4	1 12 57.2	.453 6098		12	24 02 54.2	0 47 38.0	.421 8780
	15	272 50 28.2	1 16 15.1	.448 9050		16	26 26 15.5	0 43 24.8	.425 8528
	19	275 09 23.9	1 19 26.8	.444 2956		20	28 48 47.9	0 39 08.4	.429 9658
	23	277 29 12.6	1 22 31.9	.439 7899		24	31 10 30.2	0 34 49.6	.434 2091
	27	279 49 53.8	− 1 25 29.9	1.435 3960		28	33 31 21.4	− 0 30 28.8	1.438 5747
July	1	282 11 26.4	− 1 28 20.3	1.431 1219		32	35 51 20.5	− 0 26 06.5	1.443 0546

JUPITER, SATURN, URANUS, NEPTUNE, 1986

HELIOCENTRIC POSITIONS FOR 0ʰ DYNAMICAL TIME
MEAN EQUINOX AND ECLIPTIC OF DATE

Date	Longitude	Latitude	Radius Vector	Date	Longitude	Latitude	Radius Vector

JUPITER | | | | SATURN | | | |

Date	Longitude ° ′ ″	Latitude ° ′ ″	Radius Vector	Date	Longitude ° ′ ″	Latitude ° ′ ″	Radius Vector
Jan. 0	325 04 45.1	− 0 55 07.0	5.036 118	Jan. 0	241 53 08.6	+ 1 57 00.5	9.971 467
10	325 57 57.1	0 55 58.3	.033 339	10	242 11 31.7	1 56 30.8	.972 912
20	326 51 12.6	0 56 48.7	.030 596	20	242 29 54.4	1 56 00.9	.974 343
30	327 44 31.5	0 57 38.5	.027 891	30	242 48 16.8	1 55 30.8	.975 761
Feb. 9	328 37 54.0	0 58 27.4	.025 223	Feb. 9	243 06 38.9	1 55 00.5	.977 165
19	329 31 19.8	− 0 59 15.6	5.022 594	19	243 25 00.6	+ 1 54 30.0	9.978 555
Mar. 1	330 24 49.0	1 00 02.9	.020 004	Mar. 1	243 43 22.0	1 53 59.3	.979 932
11	331 18 21.4	1 00 49.4	.017 453	11	244 01 43.0	1 53 28.4	.981 295
21	332 11 57.2	1 01 35.1	.014 944	21	244 20 03.7	1 52 57.4	.982 644
31	333 05 36.1	1 02 19.9	.012 475	31	244 38 24.1	1 52 26.1	.983 979
Apr. 10	333 59 18.3	− 1 03 03.9	5.010 049	Apr. 10	244 56 44.2	+ 1 51 54.7	9.985 301
20	334 53 03.5	1 03 47.0	.007 665	20	245 15 03.9	1 51 23.1	.986 608
30	335 46 51.8	1 04 29.1	.005 324	30	245 33 23.3	1 50 51.3	.987 902
May 10	336 40 43.2	1 05 10.4	.003 027	May 10	245 51 42.4	1 50 19.4	.989 182
20	337 34 37.5	1 05 50.7	5.000 774	20	246 10 01.3	1 49 47.2	.990 447
30	338 28 34.7	− 1 06 30.2	4.998 567	30	246 28 19.8	+ 1 49 14.9	9.991 699
June 9	339 22 34.7	1 07 08.6	.996 405	June 9	246 46 37.9	1 48 42.4	.992 937
19	340 16 37.6	1 07 46.1	.994 289	19	247 04 55.8	1 48 09.8	.994 160
29	341 10 43.2	1 08 22.6	.992 220	29	247 23 13.4	1 47 36.9	.995 369
July 9	342 04 51.5	1 08 58.2	.990 198	July 9	247 41 30.8	1 47 03.9	.996 564
19	342 59 02.4	− 1 09 32.7	4.988 224	19	247 59 47.8	+ 1 46 30.7	9.997 744
29	343 53 15.9	1 10 06.3	.986 299	29	248 18 04.5	1 45 57.3	9.998 910
Aug. 8	344 47 32.0	1 10 38.8	.984 422	Aug. 8	248 36 20.9	1 45 23.8	0.000 061
18	345 41 50.4	1 11 10.2	.982 594	18	248 54 37.1	1 44 50.1	.001 198
28	346 36 11.3	1 11 40.7	.980 816	28	249 12 52.9	1 44 16.2	.002 321
Sept. 7	347 30 34.5	− 1 12 10.1	4.979 088	Sept. 7	249 31 08.5	+ 1 43 42.2	0.003 429
17	348 24 59.9	1 12 38.4	.977 410	17	249 49 23.8	1 43 08.0	.004 523
27	349 19 27.5	1 13 05.6	.975 784	27	250 07 38.9	1 42 33.6	.005 602
Oct. 7	350 13 57.2	1 13 31.8	.974 209	Oct. 7	250 25 53.6	1 41 59.1	.006 667
17	351 08 29.0	1 13 56.8	.972 686	17	250 44 08.1	1 41 24.4	.007 718
27	352 03 02.8	− 1 14 20.8	4.971 215	27	251 02 22.4	+ 1 40 49.5	0.008 754
Nov. 6	352 57 38.5	1 14 43.7	.969 797	Nov. 6	251 20 36.3	1 40 14.5	.009 776
16	353 52 16.0	1 15 05.4	.968 432	16	251 38 50.1	1 39 39.3	.010 784
26	354 46 55.4	1 15 26.0	.967 121	26	251 57 03.5	1 39 03.9	.011 778
Dec. 6	355 41 36.4	1 15 45.5	.965 863	Dec. 6	252 15 16.7	1 38 28.4	.012 757
16	356 36 19.0	− 1 16 03.8	4.964 660	16	252 33 29.7	+ 1 37 52.7	0.013 721
26	357 31 03.2	1 16 21.0	.963 512	26	252 51 42.5	1 37 16.9	.014 672
Jan. 5	358 25 48.9	1 16 37.1	.962 418	Jan. 5	253 09 55.0	1 36 40.9	.015 608
15	359 20 36.0	− 1 16 51.9	4.961 381	15	253 28 07.2	+ 1 36 04.8	0.016 529

URANUS | | | | NEPTUNE | | | |

Date	Longitude	Latitude	Radius Vector	Date	Longitude	Latitude	Radius Vector
Jan. −30	258 05 49.2	− 0 03 19.5	19.112 56	Jan. −30	273 11 40.2	+ 1 06 04.3	30.249 61
Jan. 10	258 34 17.5	0 03 42.5	19.119 76	Jan. 10	273 25 58.6	1 05 43.6	30.248 62
Feb. 19	259 02 44.3	0 04 05.4	19.126 96	Feb. 19	273 40 16.9	1 05 22.9	30.247 62
Mar. 31	259 31 09.7	0 04 28.4	19.134 16	Mar. 31	273 54 35.1	1 05 02.0	30.246 60
May 10	259 59 33.6	0 04 51.2	19.141 35	May 10	274 08 53.3	1 04 41.1	30.245 58
June 19	260 27 56.1	− 0 05 14.1	19.148 54	June 19	274 23 11.5	+ 1 04 20.1	30.244 54
July 29	260 56 17.1	0 05 36.9	19.155 73	July 29	274 37 29.6	1 03 59.1	30.243 49
Sept. 7	261 24 36.7	0 05 59.6	19.162 91	Sept. 7	274 51 47.7	1 03 38.0	30.242 44
Oct. 17	261 52 54.7	0 06 22.4	19.170 09	Oct. 17	275 06 05.6	1 03 16.8	30.241 37
Nov. 26	262 21 11.3	0 06 45.0	19.177 26	Nov. 26	275 20 23.6	1 02 55.6	30.240 29
Dec. 36	262 49 26.4	− 0 07 07.6	19.184 44	Dec. 36	275 34 41.4	+ 1 02 34.3	30.239 21

MERCURY, 1986

GEOCENTRIC COORDINATES FOR 0ʰ DYNAMICAL TIME

Date	Apparent Right Ascension	Apparent Declination	True Geocentric Distance	Date	Apparent Right Ascension	Apparent Declination	True Geocentric Distance
	h m s	° ′ ″			h m s	° ′ ″	
Jan. 0	17 22 52.40	−22 45 17.6	1.259 6327	Feb. 15	22 36 11.31	−10 05 54.8	1.258 1062
1	17 29 03.09	22 58 08.2	.272 6883	16	22 42 46.09	9 17 40.2	.240 1587
2	17 35 17.93	23 09 59.6	.285 1397	17	22 49 14.99	8 28 43.2	.221 0641
3	17 41 36.64	23 20 49.2	.296 9966	18	22 55 36.95	7 39 13.9	.200 8204
4	17 47 58.96	23 30 34.6	.308 2687	19	23 01 50.77	6 49 23.9	.179 4385
5	17 54 24.64	−23 39 13.8	1.318 9649	20	23 07 55.10	− 5 59 26.4	1.156 9445
6	18 00 53.45	23 46 44.7	.329 0941	21	23 13 48.45	5 09 36.1	.133 3824
7	18 07 25.20	23 53 05.6	.338 6645	22	23 19 29.16	4 20 09.6	.108 8156
8	18 13 59.69	23 58 14.7	.347 6836	23	23 24 55.47	3 31 24.6	.083 3286
9	18 20 36.73	24 02 10.7	.356 1585	24	23 30 05.47	2 43 40.3	.057 0280
10	18 27 16.15	−24 04 52.0	1.364 0956	25	23 34 57.19	− 1 57 17.3	1.030 0419
11	18 33 57.79	24 06 17.3	.371 5005	26	23 39 28.60	1 12 36.6	1.002 5194
12	18 40 41.49	24 06 25.3	.378 3783	27	23 43 37.67	− 0 30 00.2	0.974 6277
13	18 47 27.11	24 05 14.8	.384 7332	28	23 47 22.41	+ 0 10 10.0	.946 5498
14	18 54 14.51	24 02 44.8	.390 5684	Mar. 1	23 50 40.91	0 47 32.1	.918 4803
15	19 01 03.56	−23 58 54.1	1.395 8865	2	23 53 31.44	+ 1 21 45.0	0.890 6210
16	19 07 54.14	23 53 41.9	.400 6889	3	23 55 52.47	1 52 28.4	.863 1767
17	19 14 46.12	23 47 07.1	.404 9761	4	23 57 42.74	2 19 23.2	.836 3507
18	19 21 39.41	23 39 08.9	.408 7476	5	23 59 01.32	2 42 12.4	.810 3410
19	19 28 33.88	23 29 46.4	.412 0015	6	23 59 47.69	3 00 41.1	.785 3361
20	19 35 29.44	−23 18 59.0	1.414 7350	7	0 00 01.78	+ 3 14 36.8	0.761 5126
21	19 42 25.99	23 06 45.8	.416 9442	8	23 59 44.01	3 23 50.6	.739 0325
22	19 49 23.42	22 53 06.2	.418 6236	9	23 58 55.38	3 28 17.1	.718 0406
23	19 56 21.64	22 37 59.5	.419 7668	10	23 57 37.43	3 27 55.1	.698 6636
24	20 03 20.57	22 21 25.2	.420 3655	11	23 55 52.32	3 22 48.4	.681 0080
25	20 10 20.10	−22 03 22.6	1.420 4104	12	23 53 42.78	+ 3 13 05.9	0.665 1594
26	20 17 20.16	21 43 51.3	.419 8905	13	23 51 12.09	2 59 02.0	.651 1814
27	20 24 20.65	21 22 50.8	.418 7931	14	23 48 23.97	2 40 56.6	.639 1148
28	20 31 21.49	21 00 20.7	.417 1039	15	23 45 22.54	2 19 14.8	.628 9781
29	20 38 22.61	20 36 20.7	.414 8068	16	23 42 12.13	1 54 26.3	.620 7671
30	20 45 23.90	−20 10 50.6	1.411 8838	17	23 38 57.19	+ 1 27 04.4	0.614 4564
31	20 52 25.29	19 43 50.0	.408 3150	18	23 35 42.11	0 57 44.9	.610 0003
Feb. 1	20 59 26.68	19 15 19.0	.404 0786	19	23 32 31.09	+ 0 27 04.8	.607 3355
2	21 06 27.96	18 45 17.6	.399 1506	20	23 29 28.00	− 0 04 19.1	.606 3832
3	21 13 29.03	18 13 46.0	.393 5052	21	23 26 36.29	0 35 51.7	.607 0525
4	21 20 29.76	−17 40 44.6	1.387 1144	22	23 23 58.95	− 1 07 00.2	0.609 2431
5	21 27 30.00	17 06 14.2	.379 9482	23	23 21 38.42	1 37 15.5	.612 8486
6	21 34 29.59	16 30 15.5	.371 9750	24	23 19 36.61	2 06 12.1	.617 7594
7	21 41 28.34	15 52 49.7	.363 1610	25	23 17 54.91	2 33 28.6	.623 8655
8	21 48 26.03	15 13 58.2	.353 4715	26	23 16 34.27	2 58 47.9	.631 0584
9	21 55 22.39	−14 33 43.1	1.342 8703	27	23 15 35.19	− 3 21 56.6	0.639 2334
10	22 02 17.13	13 52 06.7	.331 3207	28	23 14 57.82	3 42 44.8	.648 2904
11	22 09 09.87	13 09 12.0	.318 7858	29	23 14 42.01	4 01 05.9	.658 1354
12	22 16 00.20	12 25 02.6	.305 2297	30	23 14 47.36	4 16 55.7	.668 6809
13	22 22 47.62	11 39 42.8	.290 6179	31	23 15 13.27	4 30 12.5	.679 8462
14	22 29 31.55	−10 53 18.1	1.274 9190	Apr. 1	23 15 59.03	− 4 40 56.1	0.691 5578
15	22 36 11.31	−10 05 54.8	1.258 1062	2	23 17 03.81	− 4 49 07.8	0.703 7489

Semi-diameter: Dec. 1, 5″; Jan. 10, 2″; Feb. 19, 3″; Mar. 31, 5″; May 10, 3″

MERCURY, 1986

GEOCENTRIC COORDINATES FOR 0ʰ DYNAMICAL TIME

Date	Apparent Right Ascension	Apparent Declination	True Geocentric Distance	Date	Apparent Right Ascension	Apparent Declination	True Geocentric Distance
	h m s	° ′ ″			h m s	° ′ ″	
Apr. 1	23 15 59.03	− 4 40 56.1	0.691 5578	May 17	3 05 16.65	+16 42 41.0	1.306 1406
2	23 17 03.81	4 49 07.8	.703 7489	18	3 13 34.73	17 26 41.2	.311 8324
3	23 18 26.73	4 54 50.2	.716 3593	19	3 22 02.16	18 09 50.3	.316 3906
4	23 20 06.89	4 58 06.3	.729 3354	20	3 30 38.52	18 51 56.7	.319 7372
5	23 22 03.35	4 58 59.8	.742 6290	21	3 39 23.26	19 32 48.2	.321 8008
6	23 24 15.22	− 4 57 34.8	0.756 1977	22	3 48 15.68	+20 12 12.6	1.322 5203
7	23 26 41.63	4 53 55.6	.770 0039	23	3 57 14.94	20 49 58.6	.321 8473
8	23 29 21.72	4 48 06.5	.784 0143	24	4 06 20.08	21 25 51.3	.319 7485
9	23 32 14.70	4 40 12.1	.798 2000	25	4 15 29.83	21 59 42.0	.316 2081
10	23 35 19.83	4 30 16.5	.812 5353	26	4 24 43.00	22 31 19.7	.311 2284
11	23 38 36.39	− 4 18 24.1	0.826 9977	27	4 33 58.24	+23 00 35.2	1.304 8310
12	23 42 03.74	4 04 39.0	.841 5675	28	4 43 14.13	23 27 20.7	.297 0556
13	23 45 41.29	3 49 05.3	.856 2275	29	4 52 29.26	23 51 30.0	.287 9588
14	23 49 28.49	3 31 46.7	.870 9624	30	5 01 42.19	24 12 58.9	.277 6121
15	23 53 24.84	3 12 46.9	.885 7587	31	5 10 51.56	24 31 44.5	.266 0990
16	23 57 29.90	− 2 52 09.6	0.900 6042	June 1	5 19 56.06	+24 47 46.0	1.253 5117
17	0 01 43.27	2 29 58.1	.915 4882	2	5 28 54.46	25 01 03.9	.239 9485
18	0 06 04.61	2 06 15.6	.930 4005	3	5 37 45.64	25 11 40.3	.225 5105
19	0 10 33.60	1 41 05.2	.945 3320	4	5 46 28.60	25 19 38.5	.210 2990
20	0 15 09.98	1 14 30.0	.960 2738	5	5 55 02.44	25 25 02.8	.194 4132
21	0 19 53.54	− 0 46 32.8	0.975 2173	6	6 03 26.36	+25 27 58.5	1.177 9486
22	0 24 44.08	− 0 17 16.3	0.990 1538	7	6 11 39.68	25 28 31.5	.160 9956
23	0 29 41.48	+ 0 13 16.7	1.005 0745	8	6 19 41.81	25 26 48.2	.143 6387
24	0 34 45.62	0 45 03.7	.019 9699	9	6 27 32.27	25 22 55.5	.125 9558
25	0 39 56.43	1 18 02.1	.034 8300	10	6 35 10.61	25 17 00.5	.108 0183
26	0 45 13.89	+ 1 52 09.4	1.049 6437	11	6 42 36.49	+25 09 10.2	1.089 8910
27	0 50 37.97	2 27 23.1	.064 3986	12	6 49 49.60	24 59 32.1	.071 6324
28	0 56 08.71	3 03 40.6	.079 0810	13	6 56 49.70	24 48 13.4	.053 2948
29	1 01 46.15	3 40 59.5	.093 6756	14	7 03 36.57	24 35 21.2	.034 9253
30	1 07 30.37	4 19 17.1	.108 1651	15	7 10 10.01	24 21 02.8	1.016 5658
May 1	1 13 21.48	+ 4 58 30.7	1.122 5300	16	7 16 29.87	+24 05 25.2	0.998 2537
2	1 19 19.62	5 38 37.5	.136 7483	17	7 22 35.99	23 48 35.3	.980 0224
3	1 25 24.93	6 19 34.6	.150 7953	18	7 28 28.22	23 30 40.0	.961 9019
4	1 31 37.62	7 01 18.9	.164 6431	19	7 34 06.44	23 11 45.9	.943 9193
5	1 37 57.87	7 43 47.2	.178 2604	20	7 39 30.49	22 51 59.7	.926 0990
6	1 44 25.93	+ 8 26 56.0	1.191 6119	21	7 44 40.23	+22 31 27.8	0.908 4635
7	1 51 02.02	9 10 41.5	.204 6581	22	7 49 35.49	22 10 16.7	.891 0333
8	1 57 46.39	9 54 59.5	.217 3550	23	7 54 16.10	21 48 32.8	.873 8277
9	2 04 39.30	10 39 45.6	.229 6537	24	7 58 41.87	21 26 22.2	.856 8651
10	2 11 41.02	11 24 54.6	.241 5001	25	8 02 52.59	21 03 51.2	.840 1630
11	2 18 51.78	+12 10 21.2	1.252 8350	26	8 06 48.03	+20 41 06.0	0.823 7387
12	2 26 11.82	12 55 59.3	.263 5935	27	8 10 27.96	20 18 12.7	.807 6094
13	2 33 41.34	13 41 42.1	.273 7058	28	8 13 52.10	19 55 17.5	.791 7928
14	2 41 20.51	14 27 22.2	.283 0972	29	8 17 00.17	19 32 26.7	.776 3071
15	2 49 09.44	15 12 51.5	.291 6886	30	8 19 51.86	19 09 46.6	.761 1715
16	2 57 08.17	+15 58 01.0	1.299 3978	July 1	8 22 26.85	+18 47 23.4	0.746 4063
17	3 05 16.65	+16 42 41.0	1.306 1406	2	8 24 44.83	+18 25 23.5	0.732 0335

Semi-diameter: Mar. 31, 5″; May 10, 3″; June 19, 4″; July 29, 5″

MERCURY, 1986

GEOCENTRIC COORDINATES FOR 0ʰ DYNAMICAL TIME

Date	Apparent Right Ascension	Apparent Declination	True Geocentric Distance	Date	Apparent Right Ascension	Apparent Declination	True Geocentric Distance
	h m s	° ′ ″			h m s	° ′ ″	
July 1	8 22 26.85	+18 47 23.4	0.746 4063	Aug. 16	8 28 28.26	+18 52 38.2	1.009 2808
2	8 24 44.83	18 25 23.5	.732 0335	17	8 34 28.87	18 45 20.9	.035 7477
3	8 26 45.44	18 03 53.6	.718 0767	18	8 40 48.55	18 35 22.9	.061 9461
4	8 28 28.35	17 43 00.0	.704 5615	19	8 47 25.46	18 22 39.9	.087 7211
5	8 29 53.26	17 22 49.4	.691 5157	20	8 54 17.68	18 07 09.7	.112 9208
6	8 30 59.85	+17 03 28.5	0.678 9694	21	9 01 23.17	+17 48 51.7	1.137 4003
7	8 31 47.87	16 45 03.8	.666 9555	22	9 08 39.86	17 27 47.5	.161 0250
8	8 32 17.11	16 27 42.1	.655 5093	23	9 16 05.69	17 04 00.3	.183 6746
9	8 32 27.46	16 11 29.8	.644 6692	24	9 23 38.62	16 37 35.6	.205 2455
10	8 32 18.86	15 56 33.4	.634 4761	25	9 31 16.69	16 08 40.3	.225 6526
11	8 31 51.42	+15 42 58.9	0.624 9741	26	9 38 58.07	+15 37 22.8	1.244 8309
12	8 31 05.37	15 30 52.3	.616 2095	27	9 46 41.08	15 03 52.4	.262 7351
13	8 30 01.11	15 20 18.9	.608 2314	28	9 54 24.21	14 28 19.3	.279 3388
14	8 28 39.26	15 11 23.5	.601 0909	29	10 02 06.14	13 50 54.4	.294 6333
15	8 27 00.65	15 04 10.1	.594 8408	30	10 09 45.72	13 11 48.4	.308 6251
16	8 25 06.38	+14 58 42.1	0.589 5349	31	10 17 22.02	+12 31 12.3	1.321 3340
17	8 22 57.81	14 55 01.6	.585 2275	Sept. 1	10 24 54.26	11 49 16.6	.332 7901
18	8 20 36.55	14 53 09.9	.581 9724	2	10 32 21.82	11 06 11.6	.343 0319
19	8 18 04.54	14 53 06.8	.579 8221	3	10 39 44.26	10 22 06.9	.352 1039
20	8 15 23.94	14 54 51.1	.578 8267	4	10 47 01.24	9 37 11.5	.360 0543
21	8 12 37.18	+14 58 19.8	0.579 0330	5	10 54 12.56	+ 8 51 34.0	1.366 9338
22	8 09 46.90	15 03 29.0	.580 4834	6	11 01 18.09	8 05 21.8	.372 7938
23	8 06 55.91	15 10 13.3	.583 2152	7	11 08 17.78	7 18 42.3	.377 6856
24	8 04 07.11	15 18 26.1	.587 2596	8	11 15 11.67	6 31 41.9	.381 6590
25	8 01 23.48	15 27 59.7	.592 6412	9	11 21 59.83	5 44 26.5	.384 7623
26	7 58 47.96	+15 38 45.6	0.599 3777	10	11 28 42.39	+ 4 57 01.6	1.387 0414
27	7 56 23.44	15 50 34.3	.607 4792	11	11 35 19.49	4 09 32.0	.388 5397
28	7 54 12.67	16 03 16.0	.616 9487	12	11 41 51.32	3 22 02.0	.389 2976
29	7 52 18.19	16 16 40.2	.627 7817	13	11 48 18.06	2 34 35.6	.389 3529
30	7 50 42.36	16 30 36.4	.639 9666	14	11 54 39.92	1 47 16.4	.388 7401
31	7 49 27.26	+16 44 53.7	0.653 4847	15	12 00 57.12	+ 1 00 07.5	1.387 4913
Aug. 1	7 48 34.72	16 59 21.2	.668 3105	16	12 07 09.85	+ 0 13 12.1	.385 6353
2	7 48 06.27	17 13 47.8	.684 4120	17	12 13 18.35	− 0 33 27.3	.383 1986
3	7 48 03.20	17 28 02.6	.701 7507	18	12 19 22.83	1 19 48.3	.380 2046
4	7 48 26.51	17 41 54.7	.720 2816	19	12 25 23.49	2 05 48.7	.376 6747
5	7 49 16.96	+17 55 13.0	0.739 9534	20	12 31 20.56	− 2 51 26.3	1.372 6278
6	7 50 35.07	18 07 46.6	.760 7078	21	12 37 14.21	3 36 39.3	.368 0805
7	7 52 21.14	18 19 24.5	.782 4796	22	12 43 04.64	4 21 26.0	.363 0476
8	7 54 35.25	18 29 55.8	.805 1960	23	12 48 52.03	5 05 44.6	.357 5420
9	7 57 17.31	18 39 09.4	.828 7758	24	12 54 36.54	5 49 33.6	.351 5746
10	8 00 27.04	+18 46 54.4	0.853 1295	25	13 00 18.32	− 6 32 51.4	1.345 1550
11	8 04 03.98	18 53 00.0	.878 1579	26	13 05 57.52	7 15 36.7	.338 2912
12	8 08 07.48	18 57 15.5	.903 7525	27	13 11 34.26	7 57 48.0	.330 9899
13	8 12 36.73	18 59 30.5	.929 7947	28	13 17 08.65	8 39 24.0	.323 2565
14	8 17 30.76	18 59 35.3	.956 1562	29	13 22 40.80	9 20 23.2	.315 0951
15	8 22 48.38	+18 57 20.6	0.982 7000	30	13 28 10.78	−10 00 44.4	1.306 5091
16	8 28 28.26	+18 52 38.2	1.009 2808	Oct. 1	13 33 38.67	−10 40 26.2	1.297 5004

Semi-diameter: June 19, 4″; July 29, 5″; Sept. 7, 2″; Oct. 17, 3″

MERCURY, 1986

GEOCENTRIC COORDINATES FOR 0ʰ DYNAMICAL TIME

Date	Apparent Right Ascension	Apparent Declination	True Geocentric Distance	Date	Apparent Right Ascension	Apparent Declination	True Geocentric Distance
	h m s	° ′ ″			h m s	° ′ ″	
Oct. 1	13 33 38.67	−10 40 26.2	1.297 5004	Nov. 16	14 59 01.52	−15 52 43.9	0.695 5431
2	13 39 04.50	11 19 27.2	.288 0705	17	14 55 05.34	15 17 47.6	.708 0129
3	13 44 28.31	11 57 46.0	.278 2200	18	14 51 45.22	14 46 58.1	.723 1542
4	13 49 50.11	12 35 21.3	.267 9486	19	14 49 05.58	14 20 55.9	.740 6900
5	13 55 09.89	13 12 11.6	.257 2557	20	14 47 08.94	14 00 06.2	.760 3053
6	14 00 27.60	−13 48 15.4	1.246 1402	21	14 45 56.14	−13 44 39.5	0.781 6657
7	14 05 43.19	14 23 31.2	.234 6004	22	14 45 26.60	13 34 33.5	.804 4338
8	14 10 56.55	14 57 57.3	.222 6345	23	14 45 38.66	13 29 35.6	.828 2829
9	14 16 07.55	15 31 32.0	.210 2408	24	14 46 29.89	13 29 25.9	.852 9070
10	14 21 16.04	16 04 13.6	.197 4171	25	14 47 57.41	13 33 39.6	.878 0280
11	14 26 21.81	−16 36 00.2	1.184 1616	26	14 49 58.13	−13 41 49.3	0.903 3991
12	14 31 24.62	17 06 49.8	.170 4724	27	14 52 28.88	13 53 26.8	.928 8061
13	14 36 24.17	17 36 40.2	.156 3481	28	14 55 26.60	14 08 04.1	.954 0671
14	14 41 20.13	18 05 29.3	.141 7879	29	14 58 48.41	14 25 14.7	0.979 0302
15	14 46 12.11	18 33 14.5	.126 7913	30	15 02 31.62	14 44 33.5	1.003 5715
16	14 50 59.63	−18 59 53.5	1.111 3592	Dec. 1	15 06 33.82	−15 05 37.8	1.027 5915
17	14 55 42.17	19 25 23.4	.095 4935	2	15 10 52.81	15 28 06.9	.051 0124
18	15 00 19.12	19 49 41.3	.079 1975	3	15 15 26.68	15 51 42.2	.073 7747
19	15 04 49.76	20 12 43.8	.062 4769	4	15 20 13.73	16 16 07.3	.095 8347
20	15 09 13.30	20 34 27.6	.045 3394	5	15 25 12.45	16 41 07.6	.117 1614
21	15 13 28.81	−20 54 48.7	1.027 7961	6	15 30 21.56	−17 06 30.0	1.137 7345
22	15 17 35.25	21 13 43.0	1.009 8617	7	15 35 39.95	17 32 03.2	.157 5425
23	15 21 31.45	21 31 05.7	0.991 5554	8	15 41 06.63	17 57 37.4	.176 5804
24	15 25 16.07	21 46 51.6	.972 9017	9	15 46 40.78	18 23 03.5	.194 8487
25	15 28 47.64	22 00 55.1	.953 9319	10	15 52 21.68	18 48 14.1	.212 3523
26	15 32 04.48	−22 13 09.8	0.934 6851	11	15 58 08.72	−19 13 02.2	1.229 0989
27	15 35 04.76	22 23 28.5	.915 2095	12	16 04 01.34	19 37 21.8	.245 0987
28	15 37 46.46	22 31 43.3	.895 5643	13	16 09 59.10	20 01 07.6	.260 3636
29	15 40 07.37	22 37 45.2	.875 8216	14	16 16 01.59	20 24 14.9	.274 9066
30	15 42 05.11	22 41 24.6	.856 0684	15	16 22 08.47	20 46 39.5	.288 7411
31	15 43 37.17	−22 42 30.4	0.836 4090	16	16 28 19.43	−21 08 17.5	1.301 8813
Nov. 1	15 44 40.94	22 40 50.7	.816 9670	17	16 34 34.20	21 29 05.6	.314 3409
2	15 45 13.81	22 36 12.7	.797 8883	18	16 40 52.57	21 49 00.6	.326 1339
3	15 45 13.24	22 28 23.0	.779 3426	19	16 47 14.31	22 07 59.8	.337 2736
4	15 44 36.97	22 17 08.0	.761 5250	20	16 53 39.25	22 26 00.6	.347 7728
5	15 43 23.17	−22 02 14.7	0.744 6573	21	17 00 07.22	−22 43 00.5	1.357 6439
6	15 41 30.71	21 43 32.2	.728 9859	22	17 06 38.08	22 58 57.4	.366 8983
7	15 38 59.44	21 20 53.1	.714 7800	23	17 13 11.69	23 13 49.3	.375 5468
8	15 35 50.50	20 54 15.8	.702 3245	24	17 19 47.91	23 27 34.2	.383 5994
9	15 32 06.57	20 23 46.9	.691 9119	25	17 26 26.65	23 40 10.4	.391 0650
10	15 27 52.07	−19 49 43.7	0.683 8293	26	17 33 07.78	−23 51 36.1	1.397 9518
11	15 23 13.23	19 12 36.3	.678 3423	27	17 39 51.20	24 01 49.8	.404 2671
12	15 18 17.90	18 33 08.3	.675 6784	28	17 46 36.80	24 10 50.0	.410 0172
13	15 13 15.23	17 52 16.4	.676 0085	29	17 53 24.48	24 18 35.1	.415 2073
14	15 08 15.10	17 11 07.0	.679 4319	30	18 00 14.15	24 25 04.0	.419 8419
15	15 03 27.44	−16 30 52.2	0.685 9661	31	18 07 05.68	−24 30 15.2	1.423 9246
16	14 59 01.52	−15 52 43.9	0.695 5431	32	18 13 58.98	−24 34 07.5	1.427 4578

Semi-diameter: Sept. 7, 2″; Oct. 17, 3″; Nov. 26, 4″; Jan. 5, 2″

VENUS, 1986

GEOCENTRIC COORDINATES FOR 0ʰ DYNAMICAL TIME

Date	Apparent Right Ascension	Apparent Declination	True Geocentric Distance	Date	Apparent Right Ascension	Apparent Declination	True Geocentric Distance
	h m s	° ′ ″			h m s	° ′ ″	
Jan. 0	18 19 51.22	−23 39 26.2	1.702 4170	Feb. 15	22 19 23.42	−11 59 30.5	1.700 3162
1	18 25 21.05	23 38 49.3	.703 2636	16	22 24 09.88	11 32 32.7	.699 3182
2	18 30 50.80	23 37 28.3	.704 0715	17	22 28 55.32	11 05 16.4	.698 2779
3	18 36 20.40	23 35 23.3	.704 8404	18	22 33 39.76	10 37 42.6	.697 1954
4	18 41 49.79	23 32 34.4	.705 5700	19	22 38 23.24	10 09 52.0	.696 0705
5	18 47 18.92	−23 29 01.6	1.706 2602	20	22 43 05.79	− 9 41 45.3	1.694 9035
6	18 52 47.72	23 24 45.1	.706 9105	21	22 47 47.44	9 13 23.4	.693 6944
7	18 58 16.13	23 19 45.0	.707 5209	22	22 52 28.22	8 44 47.0	.692 4431
8	19 03 44.09	23 14 01.6	.708 0909	23	22 57 08.16	8 15 56.9	.691 1498
9	19 09 11.55	23 07 35.1	.708 6204	24	23 01 47.31	7 46 53.8	.689 8144
10	19 14 38.42	−23 00 25.8	1.709 1093	25	23 06 25.70	− 7 17 38.6	1.688 4368
11	19 20 04.67	22 52 34.1	.709 5575	26	23 11 03.37	6 48 11.8	.687 0170
12	19 25 30.22	22 44 00.2	.709 9651	27	23 15 40.37	6 18 34.3	.685 5548
13	19 30 55.02	22 34 44.5	.710 3323	28	23 20 16.73	5 48 46.8	.684 0499
14	19 36 19.02	22 24 47.4	.710 6591	Mar. 1	23 24 52.50	5 18 50.0	.682 5019
15	19 41 42.18	−22 14 09.3	1.710 9458	2	23 29 27.72	− 4 48 44.6	1.680 9106
16	19 47 04.44	22 02 50.7	.711 1928	3	23 34 02.43	4 18 31.4	.679 2753
17	19 52 25.78	21 50 52.0	.711 4001	4	23 38 36.68	3 48 11.1	.677 5956
18	19 57 46.14	21 38 13.8	.711 5680	5	23 43 10.50	3 17 44.4	.675 8709
19	20 03 05.50	21 24 56.5	.711 6967	6	23 47 43.94	2 47 12.2	.674 1008
20	20 08 23.82	−21 11 00.6	1.711 7864	7	23 52 17.03	− 2 16 35.2	1.672 2847
21	20 13 41.05	20 56 26.8	.711 8373	8	23 56 49.81	1 45 54.1	.670 4221
22	20 18 57.18	20 41 15.7	.711 8495	9	0 01 22.32	1 15 09.6	.668 5126
23	20 24 12.18	20 25 27.9	.711 8232	10	0 05 54.61	0 44 22.7	.666 5558
24	20 29 26.02	20 09 04.0	.711 7585	11	0 10 26.71	− 0 13 33.8	.664 5515
25	20 34 38.69	−19 52 04.7	1.711 6554	12	0 14 58.67	+ 0 17 16.0	1.662 4993
26	20 39 50.15	19 34 30.7	.711 5141	13	0 19 30.53	0 48 06.2	.660 3991
27	20 45 00.41	19 16 22.5	.711 3345	14	0 24 02.33	1 18 56.1	.658 2507
28	20 50 09.45	18 57 40.8	.711 1165	15	0 28 34.11	1 49 44.7	.656 0540
29	20 55 17.25	18 38 26.4	.710 8601	16	0 33 05.92	2 20 31.4	.653 8089
30	21 00 23.82	−18 18 39.9	1.710 5650	17	0 37 37.80	+ 2 51 15.5	1.651 5154
31	21 05 29.14	17 58 22.0	.710 2311	18	0 42 09.78	3 21 56.3	.649 1734
Feb. 1	21 10 33.23	17 37 33.3	.709 8579	19	0 46 41.91	3 52 32.8	.646 7830
2	21 15 36.08	17 16 14.7	.709 4451	20	0 51 14.22	4 23 04.5	.644 3440
3	21 20 37.69	16 54 26.8	.708 9923	21	0 55 46.77	4 53 30.6	.641 8566
4	21 25 38.07	−16 32 10.5	1.708 4992	22	1 00 19.58	+ 5 23 50.4	1.639 3207
5	21 30 37.23	16 09 26.3	.707 9652	23	1 04 52.70	5 54 03.0	.636 7364
6	21 35 35.16	15 46 15.3	.707 3899	24	1 09 26.17	6 24 07.8	.634 1038
7	21 40 31.88	15 22 38.0	.706 7730	25	1 14 00.03	6 54 04.0	.631 4230
8	21 45 27.39	14 58 35.3	.706 1142	26	1 18 34.32	7 23 51.0	.628 6939
9	21 50 21.71	−14 34 08.0	1.705 4131	27	1 23 09.09	+ 7 53 27.9	1.625 9166
10	21 55 14.84	14 09 16.8	.704 6698	28	1 27 44.37	8 22 54.1	.623 0909
11	22 00 06.80	13 44 02.6	.703 8840	29	1 32 20.22	8 52 09.0	.620 2168
12	22 04 57.62	13 18 26.0	.703 0558	30	1 36 56.66	9 21 11.7	.617 2938
13	22 09 47.31	12 52 28.0	.702 1850	31	1 41 33.74	9 50 01.5	.614 3216
14	22 14 35.90	−12 26 09.2	1.701 2718	Apr. 1	1 46 11.49	+10 18 37.8	1.611 3000
15	22 19 23.42	−11 59 30.5	1.700 3162	2	1 50 49.94	+10 46 59.7	1.608 2283

Semi-diameter: Dec. 1, 5″; Jan. 10, 5″; Feb. 19, 5″; Mar. 31, 5″; May 10, 6″

VENUS, 1986

GEOCENTRIC COORDINATES FOR 0ʰ DYNAMICAL TIME

Date	Apparent Right Ascension	Apparent Declination	True Geocentric Distance	Date	Apparent Right Ascension	Apparent Declination	True Geocentric Distance
	h m s	° ′ ″			h m s	° ′ ″	
Apr. 1	1 46 11.49	+10 18 37.8	1.611 3000	May 17	5 35 46.36	+24 39 25.0	1.416 0127
2	1 50 49.94	10 46 59.7	.608 2283	18	5 41 03.98	24 44 15.7	.410 5507
3	1 55 29.13	11 15 06.6	.605 1061	19	5 46 21.75	24 48 23.8	.405 0392
4	2 00 09.09	11 42 57.5	.601 9329	20	5 51 39.61	24 51 49.3	.399 4786
5	2 04 49.85	12 10 31.9	.598 7084	21	5 56 57.50	24 54 31.9	.393 8696
6	2 09 31.43	+12 37 48.9	1.595 4321	22	6 02 15.34	+24 56 31.6	1.388 2128
7	2 14 13.87	13 04 47.8	.592 1036	23	6 07 33.09	24 57 48.3	.382 5088
8	2 18 57.20	13 31 27.8	.588 7227	24	6 12 50.69	24 58 22.2	.376 7583
9	2 23 41.43	13 57 48.1	.585 2890	25	6 18 08.06	24 58 13.1	.370 9619
10	2 28 26.60	14 23 48.1	.581 8024	26	6 23 25.15	24 57 21.2	.365 1200
11	2 33 12.72	+14 49 26.9	1.578 2627	27	6 28 41.89	+24 55 46.5	1.359 2331
12	2 37 59.81	15 14 43.7	.574 6697	28	6 33 58.21	24 53 29.2	.353 3013
13	2 42 47.90	15 39 37.9	.571 0235	29	6 39 14.07	24 50 29.3	.347 3248
14	2 47 36.99	16 04 08.7	.567 3240	30	6 44 29.39	24 46 47.0	.341 3040
15	2 52 27.10	16 28 15.3	.563 5712	31	6 49 44.13	24 42 22.6	.335 2388
16	2 57 18.25	+16 51 56.9	1.559 7651	June 1	6 54 58.21	+24 37 16.1	1.329 1294
17	3 02 10.44	17 15 12.9	.555 9060	2	7 00 11.58	24 31 27.9	.322 9759
18	3 07 03.67	17 38 02.5	.551 9938	3	7 05 24.19	24 24 58.3	.316 7786
19	3 11 57.96	18 00 24.9	.548 0288	4	7 10 35.98	24 17 47.5	.310 5376
20	3 16 53.31	18 22 19.5	.544 0111	5	7 15 46.89	24 09 55.9	.304 2531
21	3 21 49.71	+18 43 45.4	1.539 9410	6	7 20 56.87	+24 01 23.8	1.297 9253
22	3 26 47.18	19 04 42.0	.535 8189	7	7 26 05.87	23 52 11.7	.291 5545
23	3 31 45.72	19 25 08.6	.531 6449	8	7 31 13.83	23 42 20.0	.285 1411
24	3 36 45.32	19 45 04.5	.527 4195	9	7 36 20.70	23 31 49.2	.278 6852
25	3 41 45.98	20 04 29.1	.523 1427	10	7 41 26.44	23 20 39.6	.272 1873
26	3 46 47.70	+20 23 21.7	1.518 8150	11	7 46 30.99	+23 08 51.9	1.265 6479
27	3 51 50.47	20 41 41.7	.514 4363	12	7 51 34.31	22 56 26.4	.259 0673
28	3 56 54.27	20 59 28.4	.510 0066	13	7 56 36.36	22 43 23.9	.252 4460
29	4 01 59.10	21 16 41.3	.505 5259	14	8 01 37.09	22 29 44.7	.245 7847
30	4 07 04.92	21 33 19.6	.500 9940	15	8 06 36.48	22 15 29.5	.239 0838
May 1	4 12 11.73	+21 49 22.9	1.496 4108	16	8 11 34.49	+22 00 38.9	1.232 3441
2	4 17 19.49	22 04 50.3	.491 7760	17	8 16 31.09	21 45 13.5	.225 5662
3	4 22 28.19	22 19 41.5	.487 0894	18	8 21 26.24	21 29 13.8	.218 7510
4	4 27 37.79	22 33 55.8	.482 3509	19	8 26 19.94	21 12 40.6	.211 8993
5	4 32 48.26	22 47 32.6	.477 5603	20	8 31 12.15	20 55 34.5	.205 0119
6	4 37 59.56	+23 00 31.4	1.472 7175	21	8 36 02.86	+20 37 56.1	1.198 0898
7	4 43 11.67	23 12 51.8	.467 8224	22	8 40 52.05	20 19 46.2	.191 1339
8	4 48 24.54	23 24 33.2	.462 8750	23	8 45 39.70	20 01 05.3	.184 1450
9	4 53 38.12	23 35 35.2	.457 8754	24	8 50 25.82	19 41 54.3	.177 1237
10	4 58 52.37	23 45 57.3	.452 8235	25	8 55 10.38	19 22 13.7	.170 0709
11	5 04 07.24	+23 55 39.2	1.447 7195	26	8 59 53.38	+19 02 04.2	1.162 9870
12	5 09 22.67	24 04 40.4	.442 5635	27	9 04 34.82	18 41 26.6	.155 8724
13	5 14 38.62	24 13 00.6	.437 3558	28	9 09 14.70	18 20 21.3	.148 7276
14	5 19 55.02	24 20 39.4	.432 0965	29	9 13 53.03	17 58 49.2	.141 5529
15	5 25 11.82	24 27 36.6	.426 7860	30	9 18 29.80	17 36 51.0	.134 3487
16	5 30 28.95	+24 33 51.9	1.421 4246	July 1	9 23 05.02	+17 14 27.2	1.127 1154
17	5 35 46.36	+24 39 25.0	1.416 0127	2	9 27 38.69	+16 51 38.7	1.119 8532

Semi-diameter: Mar. 31, 5″; May 10, 6″; June 19, 7″; July 29, 9″

VENUS, 1986

GEOCENTRIC COORDINATES FOR 0ʰ DYNAMICAL TIME

Date	Apparent Right Ascension	Apparent Declination	True Geocentric Distance	Date	Apparent Right Ascension	Apparent Declination	True Geocentric Distance
	h m s	° ′ ″			h m s	° ′ ″	
July 1	9 23 05.02	+17 14 27.2	1.127 1154	Aug. 16	12 29 47.44	− 4 13 40.5	0.772 1912
2	9 27 38.69	16 51 38.7	.119 8532	17	12 33 25.23	4 43 08.8	.764 2204
3	9 32 10.83	16 28 26.1	.112 5626	18	12 37 02.04	5 12 30.7	.756 2495
4	9 36 41.43	16 04 50.1	.105 2438	19	12 40 37.87	5 41 45.5	.748 2795
5	9 41 10.50	15 40 51.5	.097 8972	20	12 44 12.71	6 10 52.7	.740 3116
6	9 45 38.05	+15 16 30.9	1.090 5233	21	12 47 46.56	− 6 39 51.6	0.732 3467
7	9 50 04.09	14 51 49.2	.083 1224	22	12 51 19.40	7 08 41.8	.724 3857
8	9 54 28.63	14 26 46.9	.075 6948	23	12 54 51.24	7 37 22.7	.716 4295
9	9 58 51.67	14 01 24.9	.068 2411	24	12 58 22.05	8 05 53.6	.708 4789
10	10 03 13.24	13 35 43.9	.060 7617	25	13 01 51.82	8 34 14.2	.700 5347
11	10 07 33.32	+13 09 44.6	1.053 2571	26	13 05 20.53	− 9 02 23.7	0.692 5976
12	10 11 51.96	12 43 27.6	.045 7278	27	13 08 48.15	9 30 21.7	.684 6683
13	10 16 09.14	12 16 53.8	.038 1745	28	13 12 14.67	9 58 07.6	.676 7475
14	10 20 24.90	11 50 03.8	.030 5978	29	13 15 40.04	10 25 40.7	.668 8360
15	10 24 39.24	11 22 58.3	.022 9984	30	13 19 04.23	10 53 00.6	.660 9344
16	10 28 52.18	+10 55 38.1	1.015 3770	31	13 22 27.21	−11 20 06.6	0.653 0435
17	10 33 03.75	10 28 03.9	.007 7346	Sept. 1	13 25 48.92	11 46 58.1	.645 1640
18	10 37 13.95	10 00 16.3	1.000 0721	2	13 29 09.32	12 13 34.5	.637 2966
19	10 41 22.82	9 32 16.2	0.992 3904	3	13 32 28.35	12 39 55.3	.629 4421
20	10 45 30.35	9 04 04.1	.984 6905	4	13 35 45.95	13 05 59.7	.621 6012
21	10 49 36.58	+ 8 35 40.8	0.976 9733	5	13 39 02.06	−13 31 47.2	0.613 7749
22	10 53 41.52	8 07 07.0	.969 2397	6	13 42 16.62	13 57 17.2	.605 9640
23	10 57 45.20	7 38 23.2	.961 4907	7	13 45 29.53	14 22 28.9	.598 1695
24	11 01 47.64	7 09 30.2	.953 7268	8	13 48 40.72	14 47 21.8	.590 3925
25	11 05 48.87	6 40 28.5	.945 9489	9	13 51 50.11	15 11 55.1	.582 6342
26	11 09 48.91	+ 6 11 18.7	0.938 1574	10	13 54 57.59	−15 36 08.2	0.574 8959
27	11 13 47.78	5 42 01.6	.930 3529	11	13 58 03.05	16 00 00.4	.567 1791
28	11 17 45.52	5 12 37.6	.922 5358	12	14 01 06.39	16 23 30.9	.559 4855
29	11 21 42.14	4 43 07.4	.914 7066	13	14 04 07.49	16 46 39.2	.551 8168
30	11 25 37.66	4 13 31.6	.906 8656	14	14 07 06.23	17 09 24.3	.544 1749
31	11 29 32.11	+ 3 43 50.9	0.899 0134	15	14 10 02.47	−17 31 45.8	0.536 5619
Aug. 1	11 33 25.49	3 14 05.9	.891 1503	16	14 12 56.09	17 53 42.7	.528 9796
2	11 37 17.84	2 44 17.1	.883 2766	17	14 15 46.95	18 15 14.5	.521 4304
3	11 41 09.16	2 14 25.3	.875 3929	18	14 18 34.90	18 36 20.4	.513 9164
4	11 44 59.47	1 44 31.1	.867 4994	19	14 21 19.81	18 56 59.8	.506 4399
5	11 48 48.78	+ 1 14 35.0	0.859 5965	20	14 24 01.51	−19 17 11.8	0.499 0030
6	11 52 37.10	0 44 37.7	.851 6847	21	14 26 39.85	19 36 55.8	.491 6082
7	11 56 24.44	+ 0 14 39.9	.843 7644	22	14 29 14.65	19 56 11.0	.484 2577
8	12 00 10.81	− 0 15 17.9	.835 8361	23	14 31 45.75	20 14 56.7	.476 9539
9	12 03 56.22	0 45 14.9	.827 9001	24	14 34 12.95	20 33 12.1	.469 6994
10	12 07 40.67	− 1 15 10.6	0.819 9571	25	14 36 36.05	−20 50 56.2	0.462 4967
11	12 11 24.18	1 45 04.2	.812 0077	26	14 38 54.86	21 08 08.3	.455 3485
12	12 15 06.73	2 14 55.3	.804 0526	27	14 41 09.15	21 24 47.3	.448 2575
13	12 18 48.34	2 44 43.1	.796 0925	28	14 43 18.71	21 40 52.4	.441 2267
14	12 22 28.99	3 14 27.0	.788 1283	29	14 45 23.31	21 56 22.4	.434 2591
15	12 26 08.70	− 3 44 06.3	0.780 1608	30	14 47 22.69	−22 11 16.3	0.427 3579
16	12 29 47.44	− 4 13 40.5	.772 1912	Oct. 1	14 49 16.63	−22 25 32.9	0.420 5265

Semi-diameter: June 19, 7″; July 29, 9″; Sept. 7, 14″; Oct. 17, 26″

VENUS, 1986

GEOCENTRIC COORDINATES FOR 0ʰ DYNAMICAL TIME

Date	Apparent Right Ascension	Apparent Declination	True Geocentric Distance	Date	Apparent Right Ascension	Apparent Declination	True Geocentric Distance
	h m s	° ′ ″			h m s	° ′ ″	
Oct. 1	14 49 16.63	−22 25 32.9	0.420 5265	Nov. 16	14 15 11.25	−16 13 33.6	0.283 4000
2	14 51 04.86	22 39 11.0	.413 7683	17	14 14 00.99	15 51 17.9	.286 2750
3	14 52 47.12	22 52 09.3	.407 0870	18	14 12 59.49	15 29 51.1	.289 3965
4	14 54 23.14	23 04 26.3	.400 4866	19	14 12 07.00	15 09 18.2	.292 7561
5	14 55 52.64	23 16 00.8	.393 9713	20	14 11 23.69	14 49 43.5	.296 3451
6	14 57 15.34	−23 26 50.9	0.387 5455	21	14 10 49.65	−14 31 10.7	0.300 1548
7	14 58 30.96	23 36 55.2	.381 2141	22	14 10 24.94	14 13 42.7	.304 1761
8	14 59 39.19	23 46 11.8	.374 9822	23	14 10 09.57	13 57 21.9	.308 4001
9	15 00 39.76	23 54 38.7	.368 8554	24	14 10 03.48	13 42 09.9	.312 8178
10	15 01 32.38	24 02 14.2	.362 8396	25	14 10 06.60	13 28 08.0	.317 4204
11	15 02 16.78	−24 08 56.0	0.356 9411	26	14 10 18.80	−13 15 16.7	0.322 1991
12	15 02 52.69	24 14 42.0	.351 1665	27	14 10 39.93	13 03 36.2	.327 1453
13	15 03 19.90	24 19 30.1	.345 5227	28	14 11 09.82	12 53 06.3	.332 2508
14	15 03 38.17	24 23 17.8	.340 0170	29	14 11 48.28	12 43 46.3	.337 5075
15	15 03 47.34	24 26 03.0	.334 6568	30	14 12 35.09	12 35 35.3	.342 9077
16	15 03 47.24	−24 27 43.4	0.329 4498	Dec. 1	14 13 30.04	−12 28 32.1	0.348 4441
17	15 03 37.78	24 28 16.5	.324 4041	2	14 14 32.88	12 22 35.2	.354 1097
18	15 03 18.87	24 27 40.2	.319 5275	3	14 15 43.38	12 17 43.0	.359 8980
19	15 02 50.51	24 25 52.2	.314 8285	4	14 17 01.30	12 13 53.7	.365 8028
20	15 02 12.71	24 22 50.3	.310 3152	5	14 18 26.41	12 11 05.3	.371 8184
21	15 01 25.57	−24 18 32.8	0.305 9961	6	14 19 58.47	−12 09 16.0	0.377 9392
22	15 00 29.23	24 12 57.7	.301 8798	7	14 21 37.27	12 08 23.7	.384 1600
23	14 59 23.91	24 06 03.5	.297 9745	8	14 23 22.60	12 08 26.4	.390 4757
24	14 58 09.89	23 57 49.1	.294 2887	9	14 25 14.24	12 09 22.0	.396 8814
25	14 56 47.53	23 48 13.5	.290 8307	10	14 27 12.00	12 11 08.3	.403 3724
26	14 55 17.25	−23 37 16.6	0.287 6086	11	14 29 15.69	−12 13 43.3	0.409 9442
27	14 53 39.56	23 24 58.3	.284 6302	12	14 31 25.10	12 17 04.8	.416 5925
28	14 51 55.04	23 11 19.5	.281 9031	13	14 33 40.07	12 21 10.7	.423 3128
29	14 50 04.33	22 56 21.6	.279 4343	14	14 36 00.41	12 25 58.9	.430 1014
30	14 48 08.15	22 40 06.5	.277 2305	15	14 38 25.95	12 31 27.1	.436 9541
31	14 46 07.27	−22 22 37.1	0.275 2978	16	14 40 56.52	−12 37 33.4	0.443 8672
Nov. 1	14 44 02.52	22 03 56.9	.273 6416	17	14 43 31.96	12 44 15.5	.450 8371
2	14 41 54.76	21 44 10.1	.272 2668	18	14 46 12.12	12 51 31.4	.457 8604
3	14 39 44.89	21 23 21.9	.271 1775	19	14 48 56.85	12 59 18.9	.464 9336
4	14 37 33.83	21 01 37.9	.270 3772	20	14 51 46.00	13 07 36.2	.472 0536
5	14 35 22.51	−20 39 04.4	0.269 8685	21	14 54 39.44	−13 16 21.1	0.479 2173
6	14 33 11.87	20 15 48.4	.269 6533	22	14 57 37.04	13 25 31.7	.486 4216
7	14 31 02.85	19 51 57.4	.269 7326	23	15 00 38.66	13 35 06.0	.493 6639
8	14 28 56.34	19 27 39.2	.270 1066	24	15 03 44.19	13 45 02.1	.500 9414
9	14 26 53.25	19 03 02.2	.270 7742	25	15 06 53.51	13 55 18.2	.508 2515
10	14 24 54.41	−18 38 14.8	0.271 7338	26	15 10 06.50	−14 05 52.3	0.515 5917
11	14 23 00.64	18 13 25.4	.272 9825	27	15 13 23.07	14 16 42.8	.522 9598
12	14 21 12.66	17 48 42.4	.274 5165	28	15 16 43.10	14 27 47.8	.530 3536
13	14 19 31.17	17 24 14.1	.276 3311	29	15 20 06.49	14 39 05.6	.537 7710
14	14 17 56.75	17 00 08.3	.278 4208	30	15 23 33.15	14 50 34.6	.545 2104
15	14 16 29.96	−16 36 32.5	0.280 7794	31	15 27 02.97	−15 02 13.1	0.552 6700
16	14 15 11.25	−16 13 33.6	0.283 4000	32	15 30 35.86	−15 13 59.5	0.560 1485

Semi-diameter: Sept. 7, 14″; Oct. 17, 26″; Nov. 26, 26″; Jan. 5, 14″

MARS, 1986

GEOCENTRIC COORDINATES FOR 0ʰ DYNAMICAL TIME

Date	Apparent Right Ascension	Apparent Declination	True Geocentric Distance	Date	Apparent Right Ascension	Apparent Declination	True Geocentric Distance
	h m s	° ′ ″			h m s	° ′ ″	
Jan. 0	14 31 32.69	−13 49 19.0	1.905 7702	Feb. 15	16 23 03.87	−20 53 58.8	1.466 5553
1	14 33 55.83	14 01 04.8	.896 7596	16	16 25 29.96	21 00 16.5	.456 6952
2	14 36 19.12	14 12 44.7	.887 7152	17	16 27 55.97	21 06 26.2	.446 8344
3	14 38 42.55	14 24 18.9	.878 6374	18	16 30 21.87	21 12 28.1	.436 9735
4	14 41 06.14	14 35 47.1	.869 5264	19	16 32 47.68	21 18 22.0	.427 1133
5	14 43 29.87	−14 47 09.3	1.860 3827	20	16 35 13.37	−21 24 08.0	1.417 2544
6	14 45 53.75	14 58 25.4	.851 2067	21	16 37 38.94	21 29 46.2	.407 3975
7	14 48 17.78	15 09 35.4	.841 9991	22	16 40 04.38	21 35 16.6	.397 5431
8	14 50 41.94	15 20 39.1	.832 7605	23	16 42 29.68	21 40 39.1	.387 6918
9	14 53 06.23	15 31 36.5	.823 4916	24	16 44 54.83	21 45 53.7	.377 8440
10	14 55 30.64	−15 42 27.5	1.814 1934	25	16 47 19.83	−21 51 00.6	1.368 0001
11	14 57 55.18	15 53 11.9	.804 8669	26	16 49 44.65	21 55 59.6	.358 1605
12	15 00 19.82	16 03 49.8	.795 5131	27	16 52 09.30	22 00 50.9	.348 3255
13	15 02 44.58	16 14 21.0	.786 1329	28	16 54 33.76	22 05 34.4	.338 4953
14	15 05 09.44	16 24 45.5	.776 7275	Mar. 1	16 56 58.03	22 10 10.1	.328 6704
15	15 07 34.40	−16 35 03.1	1.767 2979	2	16 59 22.08	−22 14 38.1	1.318 8512
16	15 09 59.48	16 45 14.0	.757 8449	3	17 01 45.90	22 18 58.4	.309 0382
17	15 12 24.65	16 55 17.9	.748 3694	4	17 04 09.48	22 23 11.1	.299 2319
18	15 14 49.94	17 05 14.9	.738 8723	5	17 06 32.79	22 27 16.1	.289 4330
19	15 17 15.32	17 15 04.9	.729 3543	6	17 08 55.82	22 31 13.6	.279 6424
20	15 19 40.81	−17 24 47.9	1.719 8161	7	17 11 18.54	−22 35 03.6	1.269 8607
21	15 22 06.40	17 34 23.9	.710 2585	8	17 13 40.94	22 38 46.1	.260 0891
22	15 24 32.08	17 43 52.8	.700 6822	9	17 16 02.99	22 42 21.1	.250 3284
23	15 26 57.86	17 53 14.5	.691 0877	10	17 18 24.70	22 45 48.7	.240 5796
24	15 29 23.74	18 02 29.0	.681 4755	11	17 20 46.03	22 49 09.1	.230 8438
25	15 31 49.69	−18 11 36.3	1.671 8463	12	17 23 06.98	−22 52 22.1	1.221 1220
26	15 34 15.74	18 20 36.4	.662 2004	13	17 25 27.53	22 55 28.0	.211 4152
27	15 36 41.86	18 29 29.1	.652 5383	14	17 27 47.67	22 58 26.7	.201 7243
28	15 39 08.05	18 38 14.4	.642 8604	15	17 30 07.39	23 01 18.5	.192 0503
29	15 41 34.31	18 46 52.3	.633 1670	16	17 32 26.67	23 04 03.4	.182 3940
30	15 44 00.64	−18 55 22.7	1.623 4585	17	17 34 45.51	−23 06 41.4	1.172 7562
31	15 46 27.03	19 03 45.6	.613 7353	18	17 37 03.88	23 09 12.8	.163 1378
Feb. 1	15 48 53.47	19 12 00.9	.603 9977	19	17 39 21.78	23 11 37.6	.153 5395
2	15 51 19.96	19 20 08.6	.594 2462	20	17 41 39.19	23 13 55.8	.143 9620
3	15 53 46.49	19 28 08.7	.584 4813	21	17 43 56.09	23 16 07.7	.134 4059
4	15 56 13.05	−19 36 01.0	1.574 7035	22	17 46 12.47	−23 18 13.3	1.124 8719
5	15 58 39.62	19 43 45.6	.564 9137	23	17 48 28.32	23 20 12.7	.115 3604
6	16 01 06.20	19 51 22.5	.555 1126	24	17 50 43.62	23 22 06.0	.105 8721
7	16 03 32.78	19 58 51.5	.545 3011	25	17 52 58.35	23 23 53.3	.096 4072
8	16 05 59.33	20 06 12.7	.535 4801	26	17 55 12.51	23 25 34.8	.086 9661
9	16 08 25.85	−20 13 26.0	1.525 6507	27	17 57 26.08	−23 27 10.4	1.077 5491
10	16 10 52.33	20 20 31.4	.515 8139	28	17 59 39.04	23 28 40.4	.068 1566
11	16 13 18.76	20 27 28.8	.505 9708	29	18 01 51.38	23 30 04.9	.058 7888
12	16 15 45.14	20 34 18.2	.496 1224	30	18 04 03.06	23 31 24.0	.049 4461
13	16 18 11.45	20 40 59.7	.486 2698	31	18 06 14.07	23 32 37.9	.040 1290
14	16 20 37.70	−20 47 33.3	1.476 4138	Apr. 1	18 08 24.38	−23 33 46.6	1.030 8380
15	16 23 03.87	−20 53 58.8	1.466 5553	2	18 10 33.95	−23 34 50.4	1.021 5737

Semi-diameter: Dec. 1, 2″; Jan. 10, 3″; Feb. 19, 3″; Mar. 31, 4″; May 10, 7″

MARS, 1986

GEOCENTRIC COORDINATES FOR 0ʰ DYNAMICAL TIME

Date	Apparent Right Ascension	Apparent Declination	True Geocentric Distance	Date	Apparent Right Ascension	Apparent Declination	True Geocentric Distance
	h m s	° ′ ″			h m s	° ′ ″	
Apr. 1	18 08 24.38	−23 33 46.6	1.030 8380	May 17	19 28 05.72	−23 51 13.5	0.646 5821
2	18 10 33.95	23 34 50.4	.021 5737	18	19 29 11.27	23 52 22.1	.639 5067
3	18 12 42.77	23 35 49.4	.012 3371	19	19 30 14.58	23 53 37.0	.632 5037
4	18 14 50.81	23 36 43.8	1.003 1289	20	19 31 15.61	23 54 58.4	.625 5740
5	18 16 58.03	23 37 33.6	0.993 9500	21	19 32 14.32	23 56 26.6	.618 7186
6	18 19 04.41	−23 38 19.1	0.984 8015	22	19 33 10.66	−23 58 01.8	0.611 9386
7	18 21 09.93	23 39 00.5	.975 6843	23	19 34 04.59	23 59 44.3	.605 2349
8	18 23 14.57	23 39 37.8	.966 5995	24	19 34 56.06	24 01 34.2	.598 6085
9	18 25 18.29	23 40 11.4	.957 5481	25	19 35 45.02	24 03 32.0	.592 0604
10	18 27 21.09	23 40 41.3	.948 5312	26	19 36 31.40	24 05 37.7	.585 5920
11	18 29 22.94	−23 41 07.8	0.939 5497	27	19 37 15.15	−24 07 51.7	0.579 2044
12	18 31 23.82	23 41 31.1	.930 6047	28	19 37 56.20	24 10 14.2	.572 8994
13	18 33 23.70	23 41 51.5	.921 6971	29	19 38 34.49	24 12 45.4	.566 6784
14	18 35 22.56	23 42 09.0	.912 8278	30	19 39 09.96	24 15 25.4	.560 5435
15	18 37 20.39	23 42 23.9	.903 9977	31	19 39 42.57	24 18 14.4	.554 4963
16	18 39 17.15	−23 42 36.5	0.895 2077	June 1	19 40 12.25	−24 21 12.6	0.548 5390
17	18 41 12.82	23 42 47.0	.886 4587	2	19 40 38.96	24 24 20.1	.542 6736
18	18 43 07.38	23 42 55.5	.877 7512	3	19 41 02.66	24 27 37.0	.536 9022
19	18 45 00.81	23 43 02.3	.869 0862	4	19 41 23.30	24 31 03.3	.531 2267
20	18 46 53.09	23 43 07.6	.860 4643	5	19 41 40.85	24 34 39.2	.525 6495
21	18 48 44.18	−23 43 11.5	0.851 8860	6	19 41 55.27	−24 38 24.6	0.520 1725
22	18 50 34.06	23 43 14.5	.843 3520	7	19 42 06.52	24 42 19.5	.514 7979
23	18 52 22.72	23 43 16.5	.834 8627	8	19 42 14.59	24 46 23.9	.509 5278
24	18 54 10.13	23 43 17.9	.826 4185	9	19 42 19.44	24 50 37.6	.504 3642
25	18 55 56.26	23 43 18.9	.818 0200	10	19 42 21.06	24 55 00.7	.499 3094
26	18 57 41.07	−23 43 19.7	0.809 6674	11	19 42 19.43	−24 59 32.8	0.494 3651
27	18 59 24.53	23 43 20.6	.801 3613	12	19 42 14.54	25 04 13.9	.489 5335
28	19 01 06.60	23 43 21.9	.793 1024	13	19 42 06.38	25 09 03.6	.484 8165
29	19 02 47.24	23 43 23.9	.784 8912	14	19 41 54.97	25 14 01.6	.480 2159
30	19 04 26.39	23 43 26.7	.776 7287	15	19 41 40.30	25 19 07.6	.475 7335
May 1	19 06 04.03	−23 43 30.8	0.768 6160	16	19 41 22.40	−25 24 21.3	0.471 3709
2	19 07 40.10	23 43 36.4	.760 5539	17	19 41 01.27	25 29 42.2	.467 1299
3	19 09 14.55	23 43 43.7	.752 5438	18	19 40 36.94	25 35 09.9	.463 0120
4	19 10 47.36	23 43 53.0	.744 5869	19	19 40 09.44	25 40 43.9	.459 0186
5	19 12 18.48	23 44 04.7	.736 6844	20	19 39 38.79	25 46 23.7	.455 1512
6	19 13 47.87	−23 44 19.0	0.728 8376	21	19 39 05.04	−25 52 08.8	0.451 4112
7	19 15 15.49	23 44 36.2	.721 0479	22	19 38 28.21	25 57 58.6	.447 7999
8	19 16 41.30	23 44 56.5	.713 3166	23	19 37 48.34	26 03 52.6	.444 3190
9	19 18 05.26	23 45 20.5	.705 6451	24	19 37 05.47	26 09 50.2	.440 9700
10	19 19 27.34	23 45 48.2	.698 0347	25	19 36 19.64	26 15 50.8	.437 7546
11	19 20 47.49	−23 46 20.0	0.690 4867	26	19 35 30.94	−26 21 53.5	0.434 6746
12	19 22 05.67	23 46 56.2	.683 0024	27	19 34 39.42	26 27 57.7	.431 7318
13	19 23 21.85	23 47 37.2	.675 5832	28	19 33 45.17	26 34 02.6	.428 9280
14	19 24 35.99	23 48 23.1	.668 2303	29	19 32 48.31	26 40 07.4	.426 2649
15	19 25 48.03	23 49 14.3	.660 9450	30	19 31 48.94	26 46 11.3	.423 7443
16	19 26 57.96	−23 50 11.0	0.653 7285	July 1	19 30 47.19	−26 52 13.5	0.421 3676
17	19 28 05.72	−23 51 13.5	0.646 5821	2	19 29 43.19	−26 58 13.0	0.419 1363

Semi-diameter: Mar. 31, 4″; May 10, 7″; June 19, 10″; July 29, 11″

MARS, 1986

GEOCENTRIC COORDINATES FOR 0ʰ DYNAMICAL TIME

Date	Apparent Right Ascension	Apparent Declination	True Geocentric Distance	Date	Apparent Right Ascension	Apparent Declination	True Geocentric Distance
	h m s	° ′ ″			h m s	° ′ ″	
July 1	19 30 47.19	−26 52 13.5	0.421 3676	Aug. 16	18 52 13.19	−28 25 28.1	0.462 9802
2	19 29 43.19	26 58 13.0	.419 1363	17	18 52 28.14	28 23 02.3	.466 5801
3	19 28 37.10	27 04 09.2	.417 0517	18	18 52 46.75	28 20 28.4	.470 2589
4	19 27 29.08	27 10 01.1	.415 1150	19	18 53 08.99	28 17 46.7	.474 0145
5	19 26 19.29	27 15 47.8	.413 3272	20	18 53 34.80	28 14 57.3	.477 8452
6	19 25 07.92	−27 21 28.6	0.411 6891	21	18 54 04.13	−28 12 00.2	0.481 7494
7	19 23 55.14	27 27 02.5	.410 2013	22	18 54 36.94	28 08 55.8	.485 7256
8	19 22 41.17	27 32 28.8	.408 8644	23	18 55 13.18	28 05 44.0	.489 7723
9	19 21 26.20	27 37 46.7	.407 6785	24	18 55 52.82	28 02 25.0	.493 8882
10	19 20 10.43	27 42 55.5	.406 6437	25	18 56 35.80	27 58 58.9	.498 0718
11	19 18 54.10	−27 47 54.3	0.405 7598	26	18 57 22.08	−27 55 25.7	0.502 3217
12	19 17 37.41	27 52 42.5	.405 0265	27	18 58 11.60	27 51 45.5	.506 6367
13	19 16 20.58	27 57 19.6	.404 4430	28	18 59 04.33	27 47 58.3	.511 0153
14	19 15 03.84	28 01 44.8	.404 0087	29	19 00 00.22	27 44 04.2	.515 4562
15	19 13 47.40	28 05 57.8	.403 7224	30	19 00 59.20	27 40 03.2	.519 9581
16	19 12 31.49	−28 09 58.0	0.403 5829	31	19 02 01.23	−27 35 55.3	0.524 5196
17	19 11 16.30	28 13 45.1	.403 5890	Sept. 1	19 03 06.26	27 31 40.4	.529 1393
18	19 10 02.05	28 17 18.8	.403 7392	2	19 04 14.22	27 27 18.6	.533 8159
19	19 08 48.93	28 20 38.9	.404 0318	3	19 05 25.08	27 22 49.8	.538 5481
20	19 07 37.12	28 23 45.0	.404 4654	4	19 06 38.77	27 18 13.9	.543 3344
21	19 06 26.79	−28 26 37.2	0.405 0384	5	19 07 55.23	−27 13 30.8	0.548 1734
22	19 05 18.13	28 29 15.3	.405 7492	6	19 09 14.41	27 08 40.6	.553 0638
23	19 04 11.28	28 31 39.3	.406 5964	7	19 10 36.26	27 03 43.0	.558 0040
24	19 03 06.43	28 33 49.0	.407 5785	8	19 12 00.71	26 58 38.2	.562 9928
25	19 02 03.73	28 35 44.6	.408 6940	9	19 13 27.70	26 53 25.8	.568 0285
26	19 01 03.34	−28 37 26.2	0.409 9413	10	19 14 57.16	−26 48 06.1	0.573 1101
27	19 00 05.42	28 38 53.8	.411 3189	11	19 16 29.03	26 42 38.7	.578 2361
28	18 59 10.11	28 40 07.5	.412 8250	12	19 18 03.24	26 37 03.8	.583 4054
29	18 58 17.57	28 41 07.6	.414 4578	13	19 19 39.70	26 31 21.3	.588 6170
30	18 57 27.91	28 41 54.3	.416 2155	14	19 21 18.35	26 25 31.0	.593 8701
31	18 56 41.28	−28 42 27.8	0.418 0961	15	19 22 59.12	−26 19 32.9	0.599 1637
Aug. 1	18 55 57.79	28 42 48.3	.420 0974	16	19 24 41.94	26 13 26.9	.604 4975
2	18 55 17.54	28 42 56.2	.422 2173	17	19 26 26.74	26 07 13.0	.609 8707
3	18 54 40.64	28 42 51.8	.424 4536	18	19 28 13.47	26 00 51.0	.615 2831
4	18 54 07.18	28 42 35.3	.426 8040	19	19 30 02.05	25 54 20.9	.620 7342
5	18 53 37.23	−28 42 07.0	0.429 2661	20	19 31 52.45	−25 47 42.6	0.626 2238
6	18 53 10.87	28 41 27.3	.431 8373	21	19 33 44.60	25 40 56.0	.631 7517
7	18 52 48.16	28 40 36.5	.434 5152	22	19 35 38.45	25 34 01.1	.637 3176
8	18 52 29.15	28 39 34.9	.437 2972	23	19 37 33.97	25 26 57.8	.642 9212
9	18 52 13.88	28 38 22.7	.440 1807	24	19 39 31.09	25 19 46.0	.648 5622
10	18 52 02.39	−28 37 00.4	0.443 1629	25	19 41 29.78	−25 12 25.6	0.654 2404
11	18 51 54.69	28 35 28.1	.446 2411	26	19 43 29.98	25 04 56.6	.659 9555
12	18 51 50.81	28 33 46.2	.449 4127	27	19 45 31.66	24 57 18.8	.665 7071
13	18 51 50.73	28 31 55.0	.452 6750	28	19 47 34.76	24 49 32.3	.671 4948
14	18 51 54.45	28 29 54.7	.456 0253	29	19 49 39.26	24 41 36.9	.677 3183
15	18 52 01.94	−28 27 45.7	0.459 4612	30	19 51 45.09	−24 33 32.5	0.683 1773
16	18 52 13.19	−28 25 28.1	0.462 9802	Oct. 1	19 53 52.24	−24 25 19.1	0.689 0712

Semi-diameter: June 19, 10″; July 29, 11″; Sept. 7, 8″; Oct. 17, 6″

MARS, 1986

GEOCENTRIC COORDINATES FOR 0ʰ DYNAMICAL TIME

Date	Apparent Right Ascension	Apparent Declination	True Geocentric Distance	Date	Apparent Right Ascension	Apparent Declination	True Geocentric Distance
	h m s	° ′ ″			h m s	° ′ ″	
Oct. 1	19 53 52.24	−24 25 19.1	0.689 0712	Nov. 16	21 44 41.26	−15 23 43.6	0.992 1929
2	19 56 00.65	24 16 56.6	.694 9995	17	21 47 13.61	15 08 43.2	0.999 4088
3	19 58 10.28	24 08 24.9	.700 9618	18	21 49 46.02	14 53 36.0	1.006 6492
4	20 00 21.11	23 59 44.0	.706 9574	19	21 52 18.47	14 38 22.4	.013 9144
5	20 02 33.10	23 50 53.8	.712 9856	20	21 54 50.96	14 23 02.2	.021 2043
6	20 04 46.20	−23 41 54.1	0.719 0459	21	21 57 23.48	−14 07 35.8	1.028 5190
7	20 07 00.37	23 32 45.2	.725 1374	22	21 59 56.03	13 52 03.2	.035 8585
8	20 09 15.58	23 23 26.8	.731 2595	23	22 02 28.60	13 36 24.5	.043 2227
9	20 11 31.77	23 13 59.0	.737 4118	24	22 05 01.18	13 20 39.9	.050 6116
10	20 13 48.91	23 04 21.8	.743 5935	25	22 07 33.78	13 04 49.4	.058 0250
11	20 16 06.94	−22 54 35.3	0.749 8044	26	22 10 06.39	−12 48 53.2	1.065 4629
12	20 18 25.81	22 44 39.4	.756 0441	27	22 12 39.00	12 32 51.3	.072 9249
13	20 20 45.50	22 34 34.1	.762 3124	28	22 15 11.63	12 16 44.0	.080 4108
14	20 23 05.95	22 24 19.6	.768 6092	29	22 17 44.27	12 00 31.1	.087 9202
15	20 25 27.13	22 13 55.7	.774 9345	30	22 20 16.91	11 44 13.0	.095 4526
16	20 27 49.00	−22 03 22.6	0.781 2883	Dec. 1	22 22 49.57	−11 27 49.6	1.103 0074
17	20 30 11.53	21 52 40.2	.787 6707	2	22 25 22.23	11 11 21.1	.110 5841
18	20 32 34.69	21 41 48.7	.794 0819	3	22 27 54.90	10 54 47.8	.118 1819
19	20 34 58.46	21 30 47.9	.800 5218	4	22 30 27.55	10 38 09.7	.125 8002
20	20 37 22.80	21 19 38.0	.806 9907	5	22 33 00.19	10 21 27.0	.133 4384
21	20 39 47.69	−21 08 19.0	0.813 4887	6	22 35 32.81	−10 04 39.9	1.141 0960
22	20 42 13.10	20 56 50.9	.820 0159	7	22 38 05.40	9 47 48.5	.148 7726
23	20 44 39.02	20 45 13.8	.826 5722	8	22 40 37.95	9 30 53.1	.156 4679
24	20 47 05.41	20 33 27.8	.833 1578	9	22 43 10.46	9 13 53.8	.164 1816
25	20 49 32.25	20 21 32.8	.839 7727	10	22 45 42.93	8 56 50.7	.171 9136
26	20 51 59.53	−20 09 28.9	0.846 4168	11	22 48 15.36	− 8 39 44.0	1.179 6637
27	20 54 27.22	19 57 16.2	.853 0900	12	22 50 47.74	8 22 33.8	.187 4319
28	20 56 55.31	19 44 54.7	.859 7922	13	22 53 20.08	8 05 20.4	.195 2181
29	20 59 23.78	19 32 24.4	.866 5233	14	22 55 52.37	7 48 03.9	.203 0223
30	21 01 52.60	19 19 45.4	.873 2830	15	22 58 24.61	7 30 44.4	.210 8444
31	21 04 21.78	−19 06 57.6	0.880 0711	16	23 00 56.80	− 7 13 22.1	1.218 6845
Nov. 1	21 06 51.28	18 54 01.3	.886 8872	17	23 03 28.95	6 55 57.2	.226 5424
2	21 09 21.11	18 40 56.3	.893 7307	18	23 06 01.05	6 38 29.7	.234 4182
3	21 11 51.23	18 27 42.8	.900 6013	19	23 08 33.10	6 20 59.9	.242 3117
4	21 14 21.64	18 14 20.9	.907 4983	20	23 11 05.11	6 03 27.8	.250 2229
5	21 16 52.32	−18 00 50.6	0.914 4211	21	23 13 37.09	− 5 45 53.6	1.258 1516
6	21 19 23.24	17 47 12.2	.921 3694	22	23 16 09.02	5 28 17.5	.266 0977
7	21 21 54.38	17 33 25.6	.928 3426	23	23 18 40.93	5 10 39.5	.274 0610
8	21 24 25.71	17 19 31.1	.935 3403	24	23 21 12.80	4 52 59.8	.282 0412
9	21 26 57.22	17 05 28.8	.942 3624	25	23 23 44.66	4 35 18.5	.290 0380
10	21 29 28.88	−16 51 18.7	0.949 4086	26	23 26 16.51	− 4 17 35.8	1.298 0511
11	21 32 00.68	16 37 01.1	.956 4790	27	23 28 48.34	3 59 51.6	.306 0800
12	21 34 32.61	16 22 36.0	.963 5734	28	23 31 20.18	3 42 06.1	.314 1241
13	21 37 04.64	16 08 03.6	.970 6919	29	23 33 52.03	3 24 19.5	.322 1829
14	21 39 36.76	15 53 24.0	.977 8346	30	23 36 23.88	3 06 31.9	.330 2556
15	21 42 08.98	−15 38 37.3	0.985 0015	31	23 38 55.75	− 2 48 43.5	1.338 3414
16	21 44 41.26	−15 23 43.6	0.992 1929	32	23 41 27.62	− 2 30 54.3	1.346 4396

Semi-diameter: Sept. 7, 8″; Oct. 17, 6″; Nov. 26, 4″; Jan. 5, 3″

JUPITER, 1986

GEOCENTRIC COORDINATES FOR 0ʰ DYNAMICAL TIME

Date	Apparent Right Ascension	Apparent Declination	True Geocentric Distance	Date	Apparent Right Ascension	Apparent Declination	True Geocentric Distance
	h m s	° ′ ″			h m s	° ′ ″	
Jan. 0	21 22 57.186	−16 11 21.68	5.764 5585	Feb. 15	22 04 18.869	−12 43 11.25	6.009 9774
1	21 23 47.699	16 07 25.17	.774 1883	16	22 05 14.341	12 38 13.11	.010 5307
2	21 24 38.453	16 03 26.76	.783 6468	17	22 06 09.796	12 33 14.38	.010 8746
3	21 25 29.443	15 59 26.44	.792 9323	18	22 07 05.221	12 28 15.26	.011 0095
4	21 26 20.664	15 55 24.24	.802 0429	19	22 08 00.586	12 23 15.37	.010 9358
5	21 27 12.112	−15 51 20.14	5.810 9768	20	22 08 55.937	−12 18 14.62	6.010 6538
6	21 28 03.784	15 47 14.18	.819 7322	21	22 09 51.256	12 13 13.50	.010 1640
7	21 28 55.674	15 43 06.38	.828 3071	22	22 10 46.530	12 08 11.98	.009 4669
8	21 29 47.776	15 38 56.76	.836 6997	23	22 11 41.752	12 03 10.07	.008 5629
9	21 30 40.081	15 34 45.36	.844 9081	24	22 12 36.917	11 58 07.78	.007 4524
10	21 31 32.581	−15 30 32.24	5.852 9305	25	22 13 32.020	−11 53 05.14	6.006 1358
11	21 32 25.266	15 26 17.42	.860 7653	26	22 14 27.060	11 48 02.15	.004 6136
12	21 33 18.127	15 22 00.93	.868 4111	27	22 15 22.033	11 42 58.83	.002 8859
13	21 34 11.155	15 17 42.80	.875 8665	28	22 16 16.938	11 37 55.21	6.000 9530
14	21 35 04.345	15 13 23.06	.883 1302	Mar. 1	22 17 11.773	11 32 51.30	5.998 8150
15	21 35 57.689	−15 09 01.71	5.890 2013	2	22 18 06.535	−11 27 47.13	5.996 4721
16	21 36 51.184	15 04 38.77	.897 0788	3	22 19 01.219	11 22 42.73	.993 9244
17	21 37 44.823	15 00 14.28	.903 7618	4	22 19 55.821	11 17 38.16	.991 1719
18	21 38 38.602	14 55 48.25	.910 2494	5	22 20 50.335	11 12 33.46	.988 2148
19	21 39 32.516	14 51 20.71	.916 5410	6	22 21 44.753	11 07 28.68	.985 0534
20	21 40 26.558	−14 46 51.70	5.922 6358	7	22 22 39.069	−11 02 23.87	5.981 6879
21	21 41 20.723	14 42 21.24	.928 5332	8	22 23 33.275	10 57 19.06	.978 1189
22	21 42 15.006	14 37 49.37	.934 2325	9	22 24 27.367	10 52 14.30	.974 3467
23	21 43 09.400	14 33 16.12	.939 7331	10	22 25 21.339	10 47 09.62	.970 3722
24	21 44 03.898	14 28 41.52	.945 0345	11	22 26 15.188	10 42 05.05	.966 1961
25	21 44 58.495	−14 24 05.61	5.950 1361	12	22 27 08.908	−10 37 00.62	5.961 8192
26	21 45 53.185	14 19 28.41	.955 0374	13	22 28 02.498	10 31 56.37	.957 2425
27	21 46 47.960	14 14 49.95	.959 7378	14	22 28 55.952	10 26 52.33	.952 4672
28	21 47 42.815	14 10 10.26	.964 2368	15	22 29 49.267	10 21 48.54	.947 4943
29	21 48 37.747	14 05 29.34	.968 5337	16	22 30 42.438	10 16 45.04	.942 3250
30	21 49 32.751	−14 00 47.22	5.972 6278	17	22 31 35.461	−10 11 41.88	5.936 9605
31	21 50 27.823	13 56 03.91	.976 5184	18	22 32 28.331	10 06 39.10	.931 4020
Feb. 1	21 51 22.962	13 51 19.41	.980 2048	19	22 33 21.043	10 01 36.73	.925 6508
2	21 52 18.164	13 46 33.76	.983 6861	20	22 34 13.592	9 56 34.84	.919 7083
3	21 53 13.426	13 41 46.98	.986 9615	21	22 35 05.972	9 51 33.45	.913 5756
4	21 54 08.742	−13 36 59.10	5.990 0301	22	22 35 58.178	− 9 46 32.60	5.907 2542
5	21 55 04.106	13 32 10.17	.992 8912	23	22 36 50.206	9 41 32.34	.900 7454
6	21 55 59.511	13 27 20.22	.995 5441	24	22 37 42.051	9 36 32.70	.894 0505
7	21 56 54.949	13 22 29.31	5.997 9879	25	22 38 33.709	9 31 33.70	.887 1707
8	21 57 50.412	13 17 37.47	6.000 2223	26	22 39 25.178	9 26 35.37	.880 1072
9	21 58 45.893	−13 12 44.74	6.002 2467	27	22 40 16.457	− 9 21 37.73	5.872 8612
10	21 59 41.386	13 07 51.15	.004 0610	28	22 41 07.543	9 16 40.79	.865 4337
11	22 00 36.886	13 02 56.73	.005 6648	29	22 41 58.435	9 11 44.58	.857 8257
12	22 01 32.388	12 58 01.50	.007 0583	30	22 42 49.129	9 06 49.14	.850 0380
13	22 02 27.888	12 53 05.49	.008 2414	31	22 43 39.621	9 01 54.52	.842 0716
14	22 03 23.383	−12 48 08.72	6.009 2144	Apr. 1	22 44 29.904	− 8 57 00.77	5.833 9274
15	22 04 18.869	−12 43 11.25	6.009 9774	2	22 45 19.970	− 8 52 07.94	5.825 6064

Semi-diameter: Dec. 1, 18″; Jan. 10, 17″; Feb. 19, 16″; Mar. 31, 17″; May 10, 18″

JUPITER, 1986

GEOCENTRIC COORDINATES FOR 0ʰ DYNAMICAL TIME

Date	Apparent Right Ascension	Apparent Declination	True Geocentric Distance	Date	Apparent Right Ascension	Apparent Declination	True Geocentric Distance
	h m s	° ′ ″			h m s	° ′ ″	
Apr. 1	22 44 29.904	− 8 57 00.77	5.833 9274	May 17	23 17 48.039	− 5 39 42.79	5.296 3890
2	22 45 19.970	8 52 07.94	.825 6064	18	23 18 22.719	5 36 17.71	.281 9368
3	22 46 09.815	8 47 16.09	.817 1097	19	23 18 56.938	5 32 55.56	.267 4067
4	22 46 59.429	8 42 25.25	.808 4384	20	23 19 30.692	5 29 36.35	.252 8015
5	22 47 48.809	8 37 35.48	.799 5939	21	23 20 03.977	5 26 20.13	.238 1240
6	22 48 37.949	− 8 32 46.81	5.790 5774	22	23 20 36.792	− 5 23 06.90	5.223 3769
7	22 49 26.844	8 27 59.28	.781 3906	23	23 21 09.133	5 19 56.71	.208 5627
8	22 50 15.490	8 23 12.93	.772 0351	24	23 21 40.995	5 16 49.57	.193 6839
9	22 51 03.884	8 18 27.79	.762 5124	25	23 22 12.373	5 13 45.54	.178 7431
10	22 51 52.021	8 13 43.90	.752 8245	26	23 22 43.259	5 10 44.68	.163 7425
11	22 52 39.896	− 8 09 01.31	5.742 9732	27	23 23 13.643	− 5 07 47.05	5.148 6848
12	22 53 27.506	8 04 20.05	.732 9604	28	23 23 43.518	5 04 52.70	.133 5725
13	22 54 14.846	7 59 40.18	.722 7881	29	23 24 12.875	5 02 01.69	.118 4083
14	22 55 01.909	7 55 01.73	.712 4582	30	23 24 41.709	4 59 14.06	.103 1950
15	22 55 48.692	7 50 24.76	.701 9728	31	23 25 10.012	4 56 29.86	.087 9356
16	22 56 35.187	− 7 45 49.32	5.691 3341	June 1	23 25 37.781	− 4 53 49.11	5.072 6332
17	22 57 21.390	7 41 15.44	.680 5439	2	23 26 05.008	4 51 11.88	.057 2910
18	22 58 07.295	7 36 43.18	.669 6046	3	23 26 31.690	4 48 38.18	.041 9123
19	22 58 52.896	7 32 12.58	.658 5180	4	23 26 57.820	4 46 08.07	.026 5003
20	22 59 38.190	7 27 43.68	.647 2865	5	23 27 23.392	4 43 41.58	5.011 0587
21	23 00 23.170	− 7 23 16.50	5.635 9120	6	23 27 48.402	− 4 41 18.76	4.995 5908
22	23 01 07.835	7 18 51.09	.624 3965	7	23 28 12.841	4 38 59.67	.980 1004
23	23 01 52.180	7 14 27.46	.612 7421	8	23 28 36.705	4 36 44.33	.964 5909
24	23 02 36.205	7 10 05.64	.600 9507	9	23 28 59.985	4 34 32.81	.949 0660
25	23 03 19.907	7 05 45.64	.589 0240	10	23 29 22.676	4 32 25.14	.933 5296
26	23 04 03.283	− 7 01 27.50	5.576 9637	11	23 29 44.771	− 4 30 21.38	4.917 9851
27	23 04 46.328	6 57 11.27	.564 7715	12	23 30 06.263	4 28 21.55	.902 4365
28	23 05 29.037	6 52 57.00	.552 4491	13	23 30 27.147	4 26 25.71	.886 8875
29	23 06 11.401	6 48 44.75	.539 9981	14	23 30 47.418	4 24 33.87	.871 3418
30	23 06 53.413	6 44 34.56	.527 4203	15	23 31 07.072	4 22 46.08	.855 8031
May 1	23 07 35.064	− 6 40 26.51	5.514 7175	16	23 31 26.103	− 4 21 02.35	4.840 2751
2	23 08 16.350	6 36 20.63	.501 8918	17	23 31 44.510	4 19 22.70	.824 7615
3	23 08 57.263	6 32 16.97	.488 9451	18	23 32 02.289	4 17 47.15	.809 2659
4	23 09 37.799	6 28 15.57	.475 8798	19	23 32 19.439	4 16 15.71	.793 7917
5	23 10 17.953	6 24 16.47	.462 6981	20	23 32 35.957	4 14 48.40	.778 3425
6	23 10 57.719	− 6 20 19.70	5.449 4025	21	23 32 51.837	− 4 13 25.25	4.762 9215
7	23 11 37.094	6 16 25.32	.435 9955	22	23 33 07.075	4 12 06.29	.747 5321
8	23 12 16.071	6 12 33.37	.422 4796	23	23 33 21.663	4 10 51.59	.732 1775
9	23 12 54.646	6 08 43.88	.408 8574	24	23 33 35.592	4 09 41.17	.716 8612
10	23 13 32.814	6 04 56.92	.395 1317	25	23 33 48.856	4 08 35.09	.701 5865
11	23 14 10.567	− 6 01 12.52	5.381 3053	26	23 34 01.449	− 4 07 33.39	4.686 3571
12	23 14 47.900	5 57 30.74	.367 3809	27	23 34 13.367	4 06 36.08	.671 1767
13	23 15 24.807	5 53 51.62	.353 3613	28	23 34 24.604	4 05 43.19	.656 0491
14	23 16 01.280	5 50 15.22	.339 2495	29	23 34 35.158	4 04 54.75	.640 9783
15	23 16 37.314	5 46 41.59	.325 0482	30	23 34 45.025	4 04 10.77	.625 9683
16	23 17 12.902	− 5 43 10.77	5.310 7604	July 1	23 34 54.202	− 4 03 31.27	4.611 0234
17	23 17 48.039	− 5 39 42.79	5.296 3890	2	23 35 02.685	− 4 02 56.29	4.596 1478

Semi-diameter: Mar. 31, 17″; May 10, 18″; June 19, 21″; July 29, 23″

JUPITER, 1986

GEOCENTRIC COORDINATES FOR 0ʰ DYNAMICAL TIME

Date	Apparent Right Ascension	Apparent Declination	True Geocentric Distance	Date	Apparent Right Ascension	Apparent Declination	True Geocentric Distance
	h m s	° ′ ″			h m s	° ′ ″	
July 1	23 34 54.202	− 4 03 31.27	4.611 0234	Aug. 16	23 29 18.481	− 4 53 33.44	4.067 5003
2	23 35 02.685	4 02 56.29	.596 1478	17	23 28 56.123	4 56 10.81	.060 3578
3	23 35 10.470	4 02 25.84	.581 3458	18	23 28 33.270	4 58 50.97	.053 4728
4	23 35 17.554	4 01 59.94	.566 6216	19	23 28 09.935	5 01 33.83	.046 8481
5	23 35 23.932	4 01 38.62	.551 9797	20	23 27 46.131	5 04 19.29	.040 4862
6	23 35 29.601	− 4 01 21.89	4.537 4246	21	23 27 21.874	− 5 07 07.23	4.034 3898
7	23 35 34.558	4 01 09.79	.522 9606	22	23 26 57.179	5 09 57.55	.028 5617
8	23 35 38.798	4 01 02.31	.508 5922	23	23 26 32.065	5 12 50.12	.023 0044
9	23 35 42.320	4 00 59.48	.494 3239	24	23 26 06.548	5 15 44.82	.017 7207
10	23 35 45.121	4 01 01.31	.480 1601	25	23 25 40.646	5 18 41.52	.012 7132
11	23 35 47.199	− 4 01 07.78	4.466 1054	26	23 25 14.378	− 5 21 40.11	4.007 9846
12	23 35 48.555	4 01 18.91	.452 1640	27	23 24 47.761	5 24 40.46	4.003 5373
13	23 35 49.188	4 01 34.68	.438 3404	28	23 24 20.813	5 27 42.45	3.999 3737
14	23 35 49.101	4 01 55.06	.424 6388	29	23 23 53.552	5 30 45.96	.995 4962
15	23 35 48.294	4 02 20.05	.411 0635	30	23 23 25.998	5 33 50.85	.991 9071
16	23 35 46.771	− 4 02 49.61	4.397 6186	31	23 22 58.169	− 5 36 57.00	3.988 6083
17	23 35 44.535	4 03 23.71	.384 3081	Sept. 1	23 22 30.085	5 40 04.27	.985 6018
18	23 35 41.586	4 04 02.35	.371 1359	2	23 22 01.766	5 43 12.53	.982 8895
19	23 35 37.925	4 04 45.51	.358 1059	3	23 21 33.232	5 46 21.63	.980 4729
20	23 35 33.553	4 05 33.19	.345 2220	4	23 21 04.506	5 49 31.42	.978 3537
21	23 35 28.467	− 4 06 25.38	4.332 4878	5	23 20 35.610	− 5 52 41.75	3.976 5331
22	23 35 22.667	4 07 22.08	.319 9071	6	23 20 06.568	5 55 52.47	.975 0121
23	23 35 16.153	4 08 23.28	.307 4840	7	23 19 37.404	5 59 03.39	.973 7916
24	23 35 08.926	4 09 28.96	.295 2223	8	23 19 08.144	6 02 14.37	.972 8722
25	23 35 00.989	4 10 39.10	.283 1261	9	23 18 38.811	6 05 25.24	.972 2543
26	23 34 52.347	− 4 11 53.65	4.271 1997	10	23 18 09.430	− 6 08 35.84	3.971 9380
27	23 34 43.003	4 13 12.58	.259 4472	11	23 17 40.023	6 11 46.04	.971 9233
28	23 34 32.962	4 14 35.86	.247 8731	12	23 17 10.612	6 14 55.69	.972 2100
29	23 34 22.228	4 16 03.44	.236 4817	13	23 16 41.216	6 18 04.67	.972 7976
30	23 34 10.807	4 17 35.29	.225 2773	14	23 16 11.856	6 21 12.85	.973 6858
31	23 33 58.704	− 4 19 11.37	4.214 2643	15	23 15 42.552	− 6 24 20.11	3.974 8737
Aug. 1	23 33 45.924	4 20 51.62	.203 4472	16	23 15 13.324	6 27 26.30	.976 3609
2	23 33 32.472	4 22 36.01	.192 8302	17	23 14 44.193	6 30 31.30	.978 1467
3	23 33 18.355	4 24 24.49	.182 4177	18	23 14 15.181	6 33 34.97	.980 2303
4	23 33 03.578	4 26 17.00	.172 2139	19	23 13 46.310	6 36 37.17	.982 6110
5	23 32 48.151	− 4 28 13.48	4.162 2232	20	23 13 17.603	− 6 39 37.76	3.985 2879
6	23 32 32.079	4 30 13.87	.152 4497	21	23 12 49.082	6 42 36.61	.988 2603
7	23 32 15.373	4 32 18.10	.142 8975	22	23 12 20.769	6 45 33.59	.991 5273
8	23 31 58.043	4 34 26.08	.133 5705	23	23 11 52.685	6 48 28.58	.995 0877
9	23 31 40.100	4 36 37.73	.124 4728	24	23 11 24.850	6 51 21.45	3.998 9406
10	23 31 21.558	− 4 38 52.95	4.115 6079	25	23 10 57.285	− 6 54 12.09	4.003 0846
11	23 31 02.429	4 41 11.63	.106 9796	26	23 10 30.009	6 57 00.38	.007 5183
12	23 30 42.728	4 43 33.68	.098 5912	27	23 10 03.043	6 59 46.20	.012 2403
13	23 30 22.469	4 45 58.98	.090 4460	28	23 09 36.406	7 02 29.44	.017 2489
14	23 30 01.666	4 48 27.44	.082 5472	29	23 09 10.117	7 05 09.99	.022 5423
15	23 29 40.333	− 4 50 58.96	4.074 8977	30	23 08 44.196	− 7 07 47.72	4.028 1186
16	23 29 18.481	− 4 53 33.44	4.067 5003	Oct. 1	23 08 18.662	− 7 10 22.52	4.033 9757

Semi-diameter: June 19, 21″; July 29, 23″; Sept. 7, 25″; Oct. 17, 24″

JUPITER, 1986

GEOCENTRIC COORDINATES FOR 0ʰ DYNAMICAL TIME

Date	Apparent Right Ascension	Apparent Declination	True Geocentric Distance	Date	Apparent Right Ascension	Apparent Declination	True Geocentric Distance
	h m s	° ′ ″			h m s	° ′ ″	
Oct. 1	23 08 18.662	− 7 10 22.52	4.033 9757	Nov. 16	22 59 41.568	− 7 55 00.70	4.546 6024
2	23 07 53.536	7 12 54.29	.040 1113	17	22 59 47.391	7 54 09.61	.561 4698
3	23 07 28.837	7 15 22.88	.046 5230	18	22 59 53.968	7 53 13.84	.576 4235
4	23 07 04.586	7 17 48.19	.053 2080	19	23 00 01.295	7 52 13.42	.591 4594
5	23 06 40.803	7 20 10.09	.060 1636	20	23 00 09.368	7 51 08.39	.606 5732
6	23 06 17.510	− 7 22 28.47	4.067 3866	21	23 00 18.183	− 7 49 58.76	4.621 7606
7	23 05 54.724	7 24 43.23	.074 8738	22	23 00 27.737	7 48 44.56	.637 0175
8	23 05 32.462	7 26 54.28	.082 6216	23	23 00 38.025	7 47 25.83	.652 3395
9	23 05 10.739	7 29 01.55	.090 6264	24	23 00 49.043	7 46 02.58	.667 7224
10	23 04 49.567	7 31 04.96	.098 8846	25	23 01 00.787	7 44 34.84	.683 1619
11	23 04 28.960	− 7 33 04.46	4.107 3924	26	23 01 13.254	− 7 43 02.61	4.698 6537
12	23 04 08.928	7 34 59.98	.116 1460	27	23 01 26.441	7 41 25.93	.714 1935
13	23 03 49.484	7 36 51.47	.125 1415	28	23 01 40.345	7 39 44.80	.729 7768
14	23 03 30.639	7 38 38.85	.134 3753	29	23 01 54.965	7 37 59.24	.745 3992
15	23 03 12.405	7 40 22.07	.143 8435	30	23 02 10.297	7 36 09.25	.761 0561
16	23 02 54.796	− 7 42 01.06	4.153 5425	Dec. 1	23 02 26.338	− 7 34 14.87	4.776 7429
17	23 02 37.822	7 43 35.77	.163 4684	2	23 02 43.084	7 32 16.13	.792 4550
18	23 02 21.496	7 45 06.13	.173 6176	3	23 03 00.526	7 30 13.08	.808 1876
19	23 02 05.828	7 46 32.10	.183 9864	4	23 03 18.656	7 28 05.76	.823 9359
20	23 01 50.828	7 47 53.64	.194 5710	5	23 03 37.465	7 25 54.24	.839 6955
21	23 01 36.505	− 7 49 10.70	4.205 3677	6	23 03 56.944	− 7 23 38.56	4.855 4618
22	23 01 22.869	7 50 23.25	.216 3726	7	23 04 17.085	7 21 18.77	.871 2306
23	23 01 09.925	7 51 31.26	.227 5819	8	23 04 37.882	7 18 54.90	.886 9974
24	23 00 57.682	7 52 34.70	.238 9917	9	23 04 59.328	7 16 26.98	.902 7585
25	23 00 46.147	7 53 33.54	.250 5980	10	23 05 21.417	7 13 55.07	.918 5098
26	23 00 35.326	− 7 54 27.75	4.262 3968	11	23 05 44.143	− 7 11 19.17	4.934 2474
27	23 00 25.225	7 55 17.30	.274 3839	12	23 06 07.501	7 08 39.35	.949 9678
28	23 00 15.850	7 56 02.17	.286 5551	13	23 06 31.482	7 05 55.64	.965 6672
29	23 00 07.208	7 56 42.32	.298 9062	14	23 06 56.082	7 03 08.08	.981 3421
30	22 59 59.305	7 57 17.72	.311 4328	15	23 07 21.291	7 00 16.71	4.996 9889
31	22 59 52.148	− 7 57 48.34	4.324 1305	16	23 07 47.102	− 6 57 21.60	5.012 6042
Nov. 1	22 59 45.744	7 58 14.14	.336 9946	17	23 08 13.509	6 54 22.77	.028 1846
2	22 59 40.099	7 58 35.10	.350 0205	18	23 08 40.501	6 51 20.28	.043 7266
3	22 59 35.219	7 58 51.19	.363 2033	19	23 09 08.072	6 48 14.17	.059 2269
4	22 59 31.108	7 59 02.40	.376 5380	20	23 09 36.215	6 45 04.49	.074 6821
5	22 59 27.767	− 7 59 08.73	4.390 0195	21	23 10 04.921	− 6 41 51.27	5.090 0889
6	22 59 25.197	7 59 10.20	.403 6429	22	23 10 34.185	6 38 34.55	.105 4439
7	22 59 23.395	7 59 06.83	.417 4030	23	23 11 03.999	6 35 14.36	.120 7437
8	22 59 22.360	7 58 58.63	.431 2948	24	23 11 34.358	6 31 50.74	.135 9851
9	22 59 22.091	7 58 45.62	.445 3135	25	23 12 05.257	6 28 23.70	.151 1646
10	22 59 22.585	− 7 58 27.81	4.459 4541	26	23 12 36.690	− 6 24 53.28	5.166 2787
11	22 59 23.843	7 58 05.21	.473 7121	27	23 13 08.653	6 21 19.50	.181 3241
12	22 59 25.865	7 57 37.83	.488 0827	28	23 13 41.140	6 17 42.40	.196 2971
13	22 59 28.649	7 57 05.67	.502 5615	29	23 14 14.146	6 14 02.00	.211 1943
14	22 59 32.195	7 56 28.75	.517 1439	30	23 14 47.663	6 10 18.35	.226 0119
15	22 59 36.502	− 7 55 47.09	4.531 8257	31	23 15 21.682	− 6 06 31.52	5.240 7464
16	22 59 41.568	− 7 55 00.70	4.546 6024	32	23 15 56.192	− 6 02 41.56	5.255 3941

Semi-diameter: Sept. 7, 25″; Oct. 17, 24″; Nov. 26, 21″; Jan. 5, 19″

SATURN, 1986

GEOCENTRIC COORDINATES FOR 0ʰ DYNAMICAL TIME

Date	Apparent Right Ascension	Apparent Declination	True Geocentric Distance	Date	Apparent Right Ascension	Apparent Declination	True Geocentric Distance
	h m s	° ′ ″			h m s	° ′ ″	
Jan. 0	16 13 50.362	−19 22 05.38	10.769 0612	Feb. 15	16 29 41.952	−19 55 12.80	10.150 5006
1	16 14 16.660	19 23 09.43	.759 5598	16	16 29 55.170	19 55 33.48	.134 1924
2	16 14 42.777	19 24 12.61	.749 8410	17	16 30 08.010	19 55 53.21	.117 8285
3	16 15 08.710	19 25 14.89	.739 9066	18	16 30 20.470	19 56 12.01	.101 4133
4	16 15 34.455	19 26 16.28	.729 7586	19	16 30 32.546	19 56 29.87	.084 9516
5	16 16 00.010	−19 27 16.78	10.719 3990	20	16 30 44.235	−19 56 46.80	10.068 4478
6	16 16 25.370	19 28 16.38	.708 8300	21	16 30 55.533	19 57 02.81	.051 9063
7	16 16 50.532	19 29 15.09	.698 0539	22	16 31 06.436	19 57 17.90	.035 3318
8	16 17 15.490	19 30 12.93	.687 0732	23	16 31 16.942	19 57 32.05	.018 7286
9	16 17 40.236	19 31 09.88	.675 8905	24	16 31 27.047	19 57 45.27	10.002 1011
10	16 18 04.762	−19 32 05.95	10.664 5085	25	16 31 36.748	−19 57 57.55	9.985 4537
11	16 18 29.061	19 33 01.12	.652 9304	26	16 31 46.045	19 58 08.87	.968 7906
12	16 18 53.125	19 33 55.37	.641 1592	27	16 31 54.937	19 58 19.24	.952 1163
13	16 19 16.948	19 34 48.68	.629 1982	28	16 32 03.424	19 58 28.66	.935 4350
14	16 19 40.527	19 35 41.04	.617 0507	Mar. 1	16 32 11.505	19 58 37.14	.918 7512
15	16 20 03.857	−19 36 32.44	10.604 7201	2	16 32 19.180	−19 58 44.69	9.902 0695
16	16 20 26.937	19 37 22.88	.592 2098	3	16 32 26.445	19 58 51.34	.885 3944
17	16 20 49.762	19 38 12.35	.579 5232	4	16 32 33.298	19 58 57.09	.868 7307
18	16 21 12.329	19 39 00.88	.566 6636	5	16 32 39.734	19 59 01.95	.852 0833
19	16 21 34.636	19 39 48.45	.553 6345	6	16 32 45.749	19 59 05.91	.835 4572
20	16 21 56.677	−19 40 35.07	10.540 4392	7	16 32 51.339	−19 59 08.98	9.818 8574
21	16 22 18.449	19 41 20.76	.527 0813	8	16 32 56.501	19 59 11.14	.802 2892
22	16 22 39.948	19 42 05.51	.513 5640	9	16 33 01.235	19 59 12.38	.785 7577
23	16 23 01.167	19 42 49.34	.499 8907	10	16 33 05.538	19 59 12.69	.769 2683
24	16 23 22.103	19 43 32.23	.486 0650	11	16 33 09.411	19 59 12.09	.752 8262
25	16 23 42.749	−19 44 14.19	10.472 0901	12	16 33 12.857	−19 59 10.57	9.736 4367
26	16 24 03.101	19 44 55.21	.457 9695	13	16 33 15.875	19 59 08.14	.720 1050
27	16 24 23.152	19 45 35.28	.443 7064	14	16 33 18.467	19 59 04.81	.703 8362
28	16 24 42.899	19 46 14.39	.429 3043	15	16 33 20.634	19 59 00.61	.687 6354
29	16 25 02.338	19 46 52.53	.414 7665	16	16 33 22.375	19 58 55.53	.671 5077
30	16 25 21.465	−19 47 29.69	10.400 0964	17	16 33 23.692	−19 58 49.61	9.655 4581
31	16 25 40.279	19 48 05.87	.385 2974	18	16 33 24.585	19 58 42.84	.639 4914
Feb. 1	16 25 58.776	19 48 41.07	.370 3729	19	16 33 25.052	19 58 35.24	.623 6126
2	16 26 16.954	19 49 15.29	.355 3266	20	16 33 25.095	19 58 26.81	.607 8264
3	16 26 34.809	19 49 48.56	.340 1622	21	16 33 24.713	19 58 17.56	.592 1375
4	16 26 52.337	−19 50 20.87	10.324 8834	22	16 33 23.906	−19 58 07.49	9.576 5506
5	16 27 09.532	19 50 52.25	.309 4943	23	16 33 22.675	19 57 56.59	.561 0703
6	16 27 26.388	19 51 22.68	.293 9989	24	16 33 21.020	19 57 44.87	.545 7010
7	16 27 42.896	19 51 52.16	.278 4016	25	16 33 18.944	19 57 32.31	.530 4471
8	16 27 59.052	19 52 20.68	.262 7069	26	16 33 16.449	19 57 18.92	.515 3130
9	16 28 14.850	−19 52 48.23	10.246 9191	27	16 33 13.539	−19 57 04.70	9.500 3030
10	16 28 30.285	19 53 14.80	.231 0430	28	16 33 10.218	19 56 49.66	.485 4213
11	16 28 45.355	19 53 40.37	.215 0832	29	16 33 06.489	19 56 33.82	.470 6724
12	16 29 00.059	19 54 04.95	.199 0443	30	16 33 02.354	19 56 17.20	.456 0607
13	16 29 14.394	19 54 28.54	.182 9312	31	16 32 57.814	19 55 59.82	.441 5906
14	16 29 28.359	−19 54 51.16	10.166 7484	Apr. 1	16 32 52.869	−19 55 41.69	9.427 2669
15	16 29 41.952	−19 55 12.80	10.150 5006	2	16 32 47.518	−19 55 22.81	9.413 0941

Semi-diameter: Dec. 1, 8″; Jan. 10, 8″; Feb. 19, 8″; Mar. 31, 9″; May 10, 9″

SATURN, 1986

GEOCENTRIC COORDINATES FOR 0ʰ DYNAMICAL TIME

Date	Apparent Right Ascension	Apparent Declination	True Geocentric Distance	Date	Apparent Right Ascension	Apparent Declination	True Geocentric Distance
	h m s	° ′ ″			h m s	° ′ ″	
Apr. 1	16 32 52.869	−19 55 41.69	9.427 2669	May 17	16 23 04.003	−19 30 45.21	8.997 3316
2	16 32 47.518	19 55 22.81	.413 0941	18	16 22 45.843	19 30 03.55	.994 1507
3	16 32 41.761	19 55 03.18	.399 0771	19	16 22 27.588	19 29 21.77	.991 2655
4	16 32 35.599	19 54 42.80	.385 2207	20	16 22 09.247	19 28 39.88	.988 6765
5	16 32 29.036	19 54 21.66	.371 5295	21	16 21 50.832	19 27 57.91	.986 3842
6	16 32 22.074	−19 53 59.75	9.358 0085	22	16 21 32.355	−19 27 15.88	8.984 3888
7	16 32 14.718	19 53 37.10	.344 6624	23	16 21 13.827	19 26 33.82	.982 6907
8	16 32 06.975	19 53 13.69	.331 4958	24	16 20 55.256	19 25 51.77	.981 2900
9	16 31 58.848	19 52 49.55	.318 5133	25	16 20 36.651	19 25 09.78	.980 1872
10	16 31 50.344	19 52 24.69	.305 7195	26	16 20 18.017	19 24 27.85	.979 3824
11	16 31 41.468	−19 51 59.13	9.293 1188	27	16 19 59.360	−19 23 46.00	8.978 8761
12	16 31 32.226	19 51 32.89	.280 7154	28	16 19 40.688	19 23 04.25	.978 6687
13	16 31 22.623	19 51 05.99	.268 5135	29	16 19 22.007	19 22 22.60	.978 7605
14	16 31 12.662	19 50 38.45	.256 5172	30	16 19 03.327	19 21 41.05	.979 1517
15	16 31 02.350	19 50 10.27	.244 7305	31	16 18 44.660	19 20 59.63	.979 8426
16	16 30 51.690	−19 49 41.48	9.233 1571	June 1	16 18 26.015	−19 20 18.35	8.980 8331
17	16 30 40.687	19 49 12.09	.221 8009	2	16 18 07.405	19 19 37.25	.982 1231
18	16 30 29.346	19 48 42.09	.210 6654	3	16 17 48.841	19 18 56.35	.983 7123
19	16 30 17.672	19 48 11.51	.199 7540	4	16 17 30.333	19 18 15.69	.985 6004
20	16 30 05.670	19 47 40.33	.189 0702	5	16 17 11.892	19 17 35.29	.987 7865
21	16 29 53.348	−19 47 08.57	9.178 6171	6	16 16 53.527	−19 16 55.20	8.990 2702
22	16 29 40.712	19 46 36.23	.168 3979	7	16 16 35.248	19 16 15.44	.993 0503
23	16 29 27.770	19 46 03.31	.158 4155	8	16 16 17.064	19 15 36.04	.996 1258
24	16 29 14.531	19 45 29.83	.148 6729	9	16 15 58.983	19 14 57.02	8.999 4955
25	16 29 01.003	19 44 55.81	.139 1729	10	16 15 41.015	19 14 18.42	9.003 1579
26	16 28 47.195	−19 44 21.28	9.129 9185	11	16 15 23.167	−19 13 40.25	9.007 1116
27	16 28 33.111	19 43 46.26	.120 9125	12	16 15 05.447	19 13 02.52	.011 3548
28	16 28 18.757	19 43 10.79	.112 1580	13	16 14 47.864	19 12 25.26	.015 8857
29	16 28 04.136	19 42 34.87	.103 6581	14	16 14 30.426	19 11 48.48	.020 7023
30	16 27 49.251	19 41 58.51	.095 4158	15	16 14 13.143	19 11 12.19	.025 8024
May 1	16 27 34.110	−19 41 21.71	9.087 4342	16	16 13 56.025	−19 10 36.41	9.031 1839
2	16 27 18.718	19 40 44.46	.079 7163	17	16 13 39.081	19 10 01.16	.036 8443
3	16 27 03.083	19 40 06.78	.072 2653	18	16 13 22.321	19 09 26.46	.042 7813
4	16 26 47.215	19 39 28.68	.065 0838	19	16 13 05.755	19 08 52.35	.048 9924
5	16 26 31.123	19 38 50.18	.058 1748	20	16 12 49.391	19 08 18.86	.055 4751
6	16 26 14.817	−19 38 11.28	9.051 5408	21	16 12 33.237	−19 07 46.01	9.062 2270
7	16 25 58.307	19 37 32.03	.045 1844	22	16 12 17.298	19 07 13.85	.069 2455
8	16 25 41.603	19 36 52.44	.039 1080	23	16 12 01.576	19 06 42.39	.076 5285
9	16 25 24.714	19 36 12.54	.033 3137	24	16 11 46.077	19 06 11.63	.084 0735
10	16 25 07.650	19 35 32.37	.027 8036	25	16 11 30.805	19 05 41.58	.091 8783
11	16 24 50.419	−19 34 51.94	9.022 5797	26	16 11 15.767	−19 05 12.23	9.099 9407
12	16 24 33.029	19 34 11.28	.017 6436	27	16 11 00.970	19 04 43.61	.108 2581
13	16 24 15.490	19 33 30.41	.012 9971	28	16 10 46.423	19 04 15.73	.116 8283
14	16 23 57.809	19 32 49.36	.008 6414	29	16 10 32.135	19 03 48.60	.125 6485
15	16 23 39.995	19 32 08.13	.004 5778	30	16 10 18.115	19 03 22.25	.134 7160
16	16 23 22.056	−19 31 26.74	9.000 8076	July 1	16 10 04.370	−19 02 56.72	9.144 0280
17	16 23 04.003	−19 30 45.21	8.997 3316	2	16 09 50.907	−19 02 32.03	9.153 5814

Semi-diameter: Mar. 31, 9″; May 10, 9″; June 19, 9″; July 29, 9″

SATURN, 1986

GEOCENTRIC COORDINATES FOR 0ʰ DYNAMICAL TIME

Date	Apparent Right Ascension	Apparent Declination	True Geocentric Distance	Date	Apparent Right Ascension	Apparent Declination	True Geocentric Distance
	h m s	° ′ ″			h m s	° ′ ″	
July 1	16 10 04.370	−19 02 56.72	9.144 0280	Aug. 16	16 05 48.135	−19 01 42.40	9.770 6754
2	16 09 50.907	19 02 32.03	.153 5814	17	16 05 51.722	19 02 06.69	.787 0162
3	16 09 37.735	19 02 08.20	.163 3732	18	16 05 55.708	19 02 32.08	.803 4002
4	16 09 24.858	19 01 45.26	.173 4001	19	16 06 00.088	19 02 58.53	.819 8234
5	16 09 12.282	19 01 23.23	.183 6588	20	16 06 04.862	19 03 26.03	.836 2817
6	16 09 00.014	−19 01 02.13	9.194 1457	21	16 06 10.030	−19 03 54.55	9.852 7710
7	16 08 48.057	19 00 41.98	.204 8573	22	16 06 15.591	19 04 24.09	.869 2871
8	16 08 36.416	19 00 22.79	.215 7899	23	16 06 21.548	19 04 54.65	.885 8261
9	16 08 25.096	19 00 04.56	.226 9395	24	16 06 27.901	19 05 26.21	.902 3836
10	16 08 14.102	18 59 47.31	.238 3024	25	16 06 34.650	19 05 58.79	.918 9556
11	16 08 03.438	−18 59 31.04	9.249 8744	26	16 06 41.795	−19 06 32.39	9.935 5376
12	16 07 53.109	18 59 15.75	.261 6515	27	16 06 49.334	19 07 07.00	.952 1254
13	16 07 43.121	18 59 01.46	.273 6295	28	16 06 57.267	19 07 42.62	.968 7145
14	16 07 33.480	18 58 48.16	.285 8041	29	16 07 05.590	19 08 19.24	9.985 3005
15	16 07 24.192	18 58 35.88	.298 1711	30	16 07 14.303	19 08 56.86	10.001 8790
16	16 07 15.261	−18 58 24.63	9.310 7262	31	16 07 23.401	−19 09 35.47	10.018 4455
17	16 07 06.693	18 58 14.42	.323 4651	Sept. 1	16 07 32.883	19 10 15.04	.034 9954
18	16 06 58.492	18 58 05.29	.336 3836	2	16 07 42.746	19 10 55.56	.051 5242
19	16 06 50.658	18 57 57.25	.349 4777	3	16 07 52.988	19 11 37.01	.068 0272
20	16 06 43.192	18 57 50.31	.362 7432	4	16 08 03.605	19 12 19.36	.084 4999
21	16 06 36.094	−18 57 44.47	9.376 1762	5	16 08 14.598	−19 13 02.61	10.100 9376
22	16 06 29.365	18 57 39.71	.389 7728	6	16 08 25.965	19 13 46.72	.117 3357
23	16 06 23.004	18 57 36.04	.403 5293	7	16 08 37.705	19 14 31.69	.133 6896
24	16 06 17.016	18 57 33.44	.417 4418	8	16 08 49.818	19 15 17.50	.149 9948
25	16 06 11.403	18 57 31.91	.431 5065	9	16 09 02.302	19 16 04.16	.166 2468
26	16 06 06.172	−18 57 31.45	9.445 7194	10	16 09 15.154	−19 16 51.65	10.182 4413
27	16 06 01.325	18 57 32.09	.460 0766	11	16 09 28.372	19 17 39.99	.198 5741
28	16 05 56.867	18 57 33.82	.474 5739	12	16 09 41.949	19 18 29.14	.214 6410
29	16 05 52.802	18 57 36.68	.489 2073	13	16 09 55.881	19 19 19.10	.230 6382
30	16 05 49.131	18 57 40.66	.503 9723	14	16 10 10.161	19 20 09.84	.246 5618
31	16 05 45.857	−18 57 45.78	9.518 8648	15	16 10 24.786	−19 21 01.34	10.262 4082
Aug. 1	16 05 42.981	18 57 52.06	.533 8801	16	16 10 39.750	19 21 53.56	.278 1737
2	16 05 40.505	18 57 59.48	.549 0139	17	16 10 55.052	19 22 46.48	.293 8547
3	16 05 38.428	18 58 08.06	.564 2616	18	16 11 10.689	19 23 40.07	.309 4478
4	16 05 36.752	18 58 17.80	.579 6186	19	16 11 26.661	19 24 34.32	.324 9495
5	16 05 35.477	−18 58 28.69	9.595 0801	20	16 11 42.966	−19 25 29.22	10.340 3562
6	16 05 34.602	18 58 40.71	.610 6413	21	16 11 59.603	19 26 24.77	.355 6643
7	16 05 34.129	18 58 53.87	.626 2976	22	16 12 16.570	19 27 20.96	.370 8704
8	16 05 34.058	18 59 08.15	.642 0439	23	16 12 33.864	19 28 17.78	.385 9707
9	16 05 34.391	18 59 23.55	.657 8755	24	16 12 51.482	19 29 15.23	.400 9615
10	16 05 35.130	−18 59 40.05	9.673 7874	25	16 13 09.420	−19 30 13.29	10.415 8393
11	16 05 36.275	18 59 57.66	.689 7747	26	16 13 27.675	19 31 11.95	.430 6003
12	16 05 37.830	19 00 16.37	.705 8326	27	16 13 46.242	19 32 11.20	.445 2407
13	16 05 39.794	19 00 36.20	.721 9563	28	16 14 05.117	19 33 11.01	.459 7568
14	16 05 42.167	19 00 57.14	.738 1410	29	16 14 24.296	19 34 11.36	.474 1450
15	16 05 44.948	−19 01 19.21	9.754 3823	30	16 14 43.775	−19 35 12.23	10.488 4013
16	16 05 48.135	−19 01 42.40	9.770 6754	Oct. 1	16 15 03.550	−19 36 13.59	10.502 5222

Semi-diameter: June 19, 9″; July 29, 9″; Sept. 7, 8″; Oct. 17, 8″

SATURN, 1986

GEOCENTRIC COORDINATES FOR 0ʰ DYNAMICAL TIME

Date	Apparent Right Ascension	Apparent Declination	True Geocentric Distance	Date	Apparent Right Ascension	Apparent Declination	True Geocentric Distance
	h m s	° ′ ″			h m s	° ′ ″	
Oct. 1	16 15 03.550	−19 36 13.59	10.502 5222	Nov. 16	16 34 26.671	−20 27 11.47	10.953 7040
2	16 15 23.618	19 37 15.41	.516 5037	17	16 34 55.853	20 28 16.93	.958 3103
3	16 15 43.977	19 38 17.68	.530 3421	18	16 35 25.132	20 29 22.12	.962 6685
4	16 16 04.624	19 39 20.37	.544 0338	19	16 35 54.501	20 30 27.04	.966 7775
5	16 16 25.558	19 40 23.47	.557 5749	20	16 36 23.955	20 31 31.68	.970 6362
6	16 16 46.776	−19 41 26.97	10.570 9619	21	16 36 53.490	−20 32 36.03	10.974 2435
7	16 17 08.276	19 42 30.86	.584 1914	22	16 37 23.099	20 33 40.07	.977 5983
8	16 17 30.052	19 43 35.15	.597 2600	23	16 37 52.777	20 34 43.77	.980 6996
9	16 17 52.098	19 44 39.81	.610 1645	24	16 38 22.520	20 35 47.14	.983 5464
10	16 18 14.408	19 45 44.83	.622 9019	25	16 38 52.323	20 36 50.13	.986 1375
11	16 18 36.974	−19 46 50.18	10.635 4693	26	16 39 22.180	−20 37 52.74	10.988 4720
12	16 18 59.791	19 47 55.84	.647 8641	27	16 39 52.090	20 38 54.94	.990 5489
13	16 19 22.853	19 49 01.77	.660 0836	28	16 40 22.048	20 39 56.73	.992 3673
14	16 19 46.157	19 50 07.95	.672 1251	29	16 40 52.052	20 40 58.09	.993 9262
15	16 20 09.700	19 51 14.35	.683 9863	30	16 41 22.098	20 41 59.02	.995 2249
16	16 20 33.478	−19 52 20.94	10.695 6647	Dec. 1	16 41 52.183	−20 42 59.52	10.996 2627
17	16 20 57.491	19 53 27.73	.707 1577	2	16 42 22.301	20 43 59.58	.997 0389
18	16 21 21.735	19 54 34.70	.718 4629	3	16 42 52.443	20 44 59.19	.997 5534
19	16 21 46.208	19 55 41.84	.729 5779	4	16 43 22.597	20 45 58.31	.997 8058
20	16 22 10.906	19 56 49.14	.740 5001	5	16 43 52.750	20 46 57.05	.997 7964
21	16 22 35.826	−19 57 56.61	10.751 2271	6	16 44 22.906	−20 47 55.46	10.997 5253
22	16 23 00.963	19 59 04.23	.761 7562	7	16 44 53.065	20 48 53.36	.996 9928
23	16 23 26.312	20 00 11.98	.772 0849	8	16 45 23.216	20 49 50.70	.996 1995
24	16 23 51.869	20 01 19.85	.782 2107	9	16 45 53.355	20 50 47.47	.995 1457
25	16 24 17.628	20 02 27.82	.792 1311	10	16 46 23.477	20 51 43.70	.993 8319
26	16 24 43.584	−20 03 35.88	10.801 8434	11	16 46 53.581	−20 52 39.38	10.992 2588
27	16 25 09.734	20 04 43.99	.811 3452	12	16 47 23.662	20 53 34.51	.990 4268
28	16 25 36.071	20 05 52.14	.820 6338	13	16 47 53.716	20 54 29.10	.988 3365
29	16 26 02.592	20 07 00.30	.829 7068	14	16 48 23.739	20 55 23.15	.985 9883
30	16 26 29.294	20 08 08.44	.838 5616	15	16 48 53.726	20 56 16.66	.983 3830
31	16 26 56.173	−20 09 16.55	10.847 1958	16	16 49 23.672	−20 57 09.64	10.980 5210
Nov. 1	16 27 23.227	20 10 24.61	.855 6068	17	16 49 53.571	20 58 02.07	.977 4029
2	16 27 50.454	20 11 32.61	.863 7922	18	16 50 23.417	20 58 53.95	.974 0292
3	16 28 17.850	20 12 40.55	.871 7499	19	16 50 53.205	20 59 45.27	.970 4005
4	16 28 45.410	20 13 48.42	.879 4776	20	16 51 22.928	21 00 36.02	.966 5175
5	16 29 13.128	−20 14 56.22	10.886 9733	21	16 51 52.582	−21 01 26.20	10.962 3807
6	16 29 40.997	20 16 03.94	.894 2354	22	16 52 22.162	21 02 15.77	.957 9908
7	16 30 09.009	20 17 11.55	.901 2621	23	16 52 51.662	21 03 04.74	.953 3484
8	16 30 37.155	20 18 19.04	.908 0521	24	16 53 21.080	21 03 53.10	.948 4543
9	16 31 05.431	20 19 26.36	.914 6041	25	16 53 50.411	21 04 40.83	.943 3091
10	16 31 33.832	−20 20 33.50	10.920 9167	26	16 54 19.652	−21 05 27.92	10.937 9136
11	16 32 02.353	20 21 40.42	.926 9888	27	16 54 48.799	21 06 14.39	.932 2687
12	16 32 30.993	20 22 47.12	.932 8194	28	16 55 17.849	21 07 00.23	.926 3753
13	16 32 59.747	20 23 53.58	.938 4073	29	16 55 46.797	21 07 45.46	.920 2345
14	16 33 28.614	20 24 59.79	.943 7514	30	16 56 15.636	21 08 30.08	.913 8475
15	16 33 57.590	−20 26 05.76	10.948 8507	31	16 56 44.358	−21 09 14.10	10.907 2158
16	16 34 26.671	−20 27 11.47	10.953 7040	32	16 57 12.954	−21 09 57.51	10.900 3408

Semi-diameter: Sept. 7, 8″; Oct. 17, 8″; Nov. 26, 8″; Jan. 5, 8″

URANUS, 1986

GEOCENTRIC COORDINATES FOR 0ʰ DYNAMICAL TIME

Date	Apparent Right Ascension	Apparent Declination	True Geocentric Distance	Date	Apparent Right Ascension	Apparent Declination	True Geocentric Distance
	h m s	° ′ ″			h m s	° ′ ″	
Jan. 0	17 14 02.745	−23 04 49.03	20.040 198	Feb. 15	17 23 40.183	−23 14 48.48	19.533 101
1	17 14 17.887	23 05 06.27	.034 377	16	17 23 49.015	23 14 56.85	.517 786
2	17 14 32.956	23 05 23.33	.028 290	17	17 23 57.652	23 15 05.02	.502 352
3	17 14 47.952	23 05 40.20	.021 938	18	17 24 06.093	23 15 13.01	.486 802
4	17 15 02.871	23 05 56.88	.015 323	19	17 24 14.334	23 15 20.81	.471 143
5	17 15 17.714	−23 06 13.37	20.008 446	20	17 24 22.375	−23 15 28.43	19.455 377
6	17 15 32.479	23 06 29.68	20.001 308	21	17 24 30.212	23 15 35.88	.439 510
7	17 15 47.164	23 06 45.81	19.993 911	22	17 24 37.841	23 15 43.16	.423 547
8	17 16 01.764	23 07 01.79	.986 257	23	17 24 45.262	23 15 50.25	.407 491
9	17 16 16.274	23 07 17.61	.978 348	24	17 24 52.470	23 15 57.15	.391 348
10	17 16 30.689	−23 07 33.28	19.970 186	25	17 24 59.465	−23 16 03.85	19.375 121
11	17 16 45.002	23 07 48.79	.961 774	26	17 25 06.247	23 16 10.34	.358 815
12	17 16 59.208	23 08 04.13	.953 114	27	17 25 12.815	23 16 16.60	.342 435
13	17 17 13.302	23 08 19.29	.944 208	28	17 25 19.170	23 16 22.65	.325 984
14	17 17 27.283	23 08 34.24	.935 060	Mar. 1	17 25 25.313	23 16 28.49	.309 467
15	17 17 41.147	−23 08 48.98	19.925 673	2	17 25 31.245	−23 16 34.13	19.292 889
16	17 17 54.895	23 09 03.51	.916 049	3	17 25 36.962	23 16 39.58	.276 254
17	17 18 08.525	23 09 17.83	.906 191	4	17 25 42.464	23 16 44.86	.259 567
18	17 18 22.034	23 09 31.95	.896 103	5	17 25 47.746	23 16 49.98	.242 833
19	17 18 35.421	23 09 45.86	.885 788	6	17 25 52.806	23 16 54.93	.226 056
20	17 18 48.684	−23 09 59.57	19.875 248	7	17 25 57.638	−23 16 59.71	19.209 243
21	17 19 01.819	23 10 13.10	.864 487	8	17 26 02.242	23 17 04.31	.192 397
22	17 19 14.825	23 10 26.45	.853 508	9	17 26 06.615	23 17 08.72	.175 524
23	17 19 27.696	23 10 39.62	.842 314	10	17 26 10.758	23 17 12.91	.158 630
24	17 19 40.430	23 10 52.61	.830 908	11	17 26 14.670	23 17 16.90	.141 720
25	17 19 53.023	−23 11 05.43	19.819 293	12	17 26 18.353	−23 17 20.68	19.124 800
26	17 20 05.471	23 11 18.07	.807 473	13	17 26 21.807	23 17 24.24	.107 874
27	17 20 17.769	23 11 30.53	.795 451	14	17 26 25.034	23 17 27.61	.090 948
28	17 20 29.916	23 11 42.78	.783 229	15	17 26 28.034	23 17 30.77	.074 027
29	17 20 41.908	23 11 54.83	.770 811	16	17 26 30.808	23 17 33.76	.057 117
30	17 20 53.745	−23 12 06.66	19.758 200	17	17 26 33.353	−23 17 36.56	19.040 223
31	17 21 05.424	23 12 18.26	.745 400	18	17 26 35.671	23 17 39.19	.023 349
Feb. 1	17 21 16.947	23 12 29.65	.732 412	19	17 26 37.760	23 17 41.66	19.006 501
2	17 21 28.312	23 12 40.82	.719 242	20	17 26 39.620	23 17 43.96	18.989 685
3	17 21 39.517	23 12 51.79	.705 892	21	17 26 41.248	23 17 46.10	.972 904
4	17 21 50.560	−23 13 02.57	19.692 365	22	17 26 42.645	−23 17 48.08	18.956 164
5	17 22 01.437	23 13 13.17	.678 666	23	17 26 43.809	23 17 49.87	.939 469
6	17 22 12.142	23 13 23.60	.664 798	24	17 26 44.741	23 17 51.49	.922 825
7	17 22 22.671	23 13 33.85	.650 765	25	17 26 45.441	23 17 52.90	.906 236
8	17 22 33.018	23 13 43.92	.636 572	26	17 26 45.911	23 17 54.11	.889 706
9	17 22 43.180	−23 13 53.80	19.622 223	27	17 26 46.154	−23 17 55.11	18.873 241
10	17 22 53.155	23 14 03.46	.607 722	28	17 26 46.172	23 17 55.91	.856 844
11	17 23 02.941	23 14 12.91	.593 074	29	17 26 45.968	23 17 56.51	.840 520
12	17 23 12.537	23 14 22.13	.578 283	30	17 26 45.543	23 17 56.94	.824 274
13	17 23 21.943	23 14 31.13	.563 354	31	17 26 44.895	23 17 57.21	.808 111
14	17 23 31.159	−23 14 39.91	19.548 292	Apr. 1	17 26 44.024	−23 17 57.32	18.792 035
15	17 23 40.183	−23 14 48.48	19.533 101	2	17 26 42.926	−23 17 57.28	18.776 050

Semi-diameter: Dec. 1, 2″; Jan. 10, 2″; Feb. 19, 2″; Mar. 31, 2″; May 10, 2″

URANUS, 1986

GEOCENTRIC COORDINATES FOR 0ʰ DYNAMICAL TIME

Date	Apparent Right Ascension	Apparent Declination	True Geocentric Distance	Date	Apparent Right Ascension	Apparent Declination	True Geocentric Distance
	h m s	° ′ ″			h m s	° ′ ″	
Apr. 1	17 26 44.024	−23 17 57.32	18.792 035	May 17	17 22 27.553	−23 14 56.43	18.225 369
2	17 26 42.926	23 17 57.28	.776 050	18	17 22 18.237	23 14 48.82	.218 250
3	17 26 41.602	23 17 57.08	.760 163	19	17 22 08.814	23 14 41.07	.211 401
4	17 26 40.050	23 17 56.71	.744 378	20	17 21 59.289	23 14 33.17	.204 823
5	17 26 38.270	23 17 56.15	.728 700	21	17 21 49.669	23 14 25.11	.198 519
6	17 26 36.263	−23 17 55.41	18.713 135	22	17 21 39.959	−23 14 16.90	18.192 489
7	17 26 34.033	23 17 54.47	.697 686	23	17 21 30.166	23 14 08.56	.186 735
8	17 26 31.581	23 17 53.32	.682 360	24	17 21 20.294	23 14 00.10	.181 259
9	17 26 28.912	23 17 51.98	.667 162	25	17 21 10.346	23 13 51.55	.176 062
10	17 26 26.026	23 17 50.44	.652 096	26	17 21 00.322	23 13 42.92	.171 145
11	17 26 22.928	−23 17 48.72	18.637 167	27	17 20 50.225	−23 13 34.20	18.166 510
12	17 26 19.619	23 17 46.81	.622 379	28	17 20 40.054	23 13 25.40	.162 159
13	17 26 16.102	23 17 44.74	.607 739	29	17 20 29.813	23 13 16.49	.158 093
14	17 26 12.377	23 17 42.50	.593 250	30	17 20 19.506	23 13 07.46	.154 314
15	17 26 08.445	23 17 40.11	.578 916	31	17 20 09.138	23 12 58.32	.150 824
16	17 26 04.309	−23 17 37.56	18.564 742	June 1	17 19 58.716	−23 12 49.05	18.147 623
17	17 25 59.968	23 17 34.85	.550 733	2	17 19 48.245	23 12 39.67	.144 714
18	17 25 55.425	23 17 32.00	.536 893	3	17 19 37.731	23 12 30.18	.142 096
19	17 25 50.680	23 17 28.98	.523 225	4	17 19 27.180	23 12 20.59	.139 773
20	17 25 45.735	23 17 25.79	.509 733	5	17 19 16.597	23 12 10.91	.137 743
21	17 25 40.592	−23 17 22.42	18.496 422	6	17 19 05.987	−23 12 01.16	18.136 009
22	17 25 35.256	23 17 18.86	.483 295	7	17 18 55.355	23 11 51.34	.134 570
23	17 25 29.730	23 17 15.10	.470 356	8	17 18 44.704	23 11 41.47	.133 428
24	17 25 24.018	23 17 11.15	.457 608	9	17 18 34.038	23 11 31.55	.132 582
25	17 25 18.127	23 17 07.01	.445 054	10	17 18 23.361	23 11 21.59	.132 033
26	17 25 12.059	−23 17 02.70	18.432 699	11	17 18 12.675	−23 11 11.59	18.131 781
27	17 25 05.817	23 16 58.24	.420 546	12	17 18 01.986	23 11 01.55	.131 826
28	17 24 59.401	23 16 53.64	.408 598	13	17 17 51.297	23 10 51.47	.132 167
29	17 24 52.811	23 16 48.90	.396 859	14	17 17 40.611	23 10 41.35	.132 804
30	17 24 46.046	23 16 44.03	.385 333	15	17 17 29.935	23 10 31.17	.133 737
May 1	17 24 39.107	−23 16 39.00	18.374 023	16	17 17 19.274	−23 10 20.94	18.134 964
2	17 24 31.997	23 16 33.81	.362 933	17	17 17 08.634	23 10 10.66	.136 486
3	17 24 24.719	23 16 28.44	.352 068	18	17 16 58.021	23 10 00.32	.138 300
4	17 24 17.277	23 16 22.90	.341 430	19	17 16 47.443	23 09 49.96	.140 407
5	17 24 09.675	23 16 17.17	.331 023	20	17 16 36.903	23 09 39.58	.142 805
6	17 24 01.919	−23 16 11.26	18.320 852	21	17 16 26.407	−23 09 29.20	18.145 493
7	17 23 54.013	23 16 05.18	.310 919	22	17 16 15.956	23 09 18.85	.148 470
8	17 23 45.962	23 15 58.93	.301 227	23	17 16 05.551	23 09 08.53	.151 734
9	17 23 37.770	23 15 52.52	.291 781	24	17 15 55.193	23 08 58.25	.155 286
10	17 23 29.441	23 15 45.97	.282 582	25	17 15 44.884	23 08 47.98	.159 125
11	17 23 20.978	−23 15 39.28	18.273 634	26	17 15 34.627	−23 08 37.72	18.163 249
12	17 23 12.384	23 15 32.45	.264 941	27	17 15 24.427	23 08 27.46	.167 657
13	17 23 03.662	23 15 25.50	.256 504	28	17 15 14.290	23 08 17.20	.172 349
14	17 22 54.815	23 15 18.42	.248 325	29	17 15 04.222	23 08 06.94	.177 323
15	17 22 45.846	23 15 11.22	.240 409	30	17 14 54.230	23 07 56.70	.182 579
16	17 22 36.757	−23 15 03.89	18.232 756	July 1	17 14 44.317	−23 07 46.48	18.188 114
17	17 22 27.553	−23 14 56.43	18.225 369	2	17 14 34.490	−23 07 36.30	18.193 928

Semi-diameter: Mar. 31, 2″; May 10, 2″; June 19, 2″; July 29, 2″

URANUS, 1986
GEOCENTRIC COORDINATES FOR 0ʰ DYNAMICAL TIME

Date	Apparent Right Ascension	Apparent Declination	True Geocentric Distance	Date	Apparent Right Ascension	Apparent Declination	True Geocentric Distance
	h m s	° ′ ″			h m s	° ′ ″	
July 1	17 14 44.317	−23 07 46.48	18.188 114	Aug. 16	17 09 35.428	−23 02 12.34	18.700 206
2	17 14 34.490	23 07 36.30	.193 928	17	17 09 32.969	23 02 09.71	.715 658
3	17 14 24.753	23 07 26.18	.200 019	18	17 09 30.719	23 02 07.35	.731 229
4	17 14 15.110	23 07 16.12	.206 384	19	17 09 28.677	23 02 05.26	.746 914
5	17 14 05.564	23 07 06.14	.213 023	20	17 09 26.844	23 02 03.41	.762 708
6	17 13 56.119	−23 06 56.25	18.219 932	21	17 09 25.220	−23 02 01.79	18.778 608
7	17 13 46.777	23 06 46.44	.227 111	22	17 09 23.810	23 02 00.40	.794 610
8	17 13 37.543	23 06 36.74	.234 556	23	17 09 22.615	23 01 59.25	.810 709
9	17 13 28.417	23 06 27.14	.242 266	24	17 09 21.639	23 01 58.33	.826 900
10	17 13 19.404	23 06 17.63	.250 237	25	17 09 20.883	23 01 57.66	.843 181
11	17 13 10.508	−23 06 08.22	18.258 466	26	17 09 20.350	−23 01 57.25	18.859 546
12	17 13 01.731	23 05 58.89	.266 952	27	17 09 20.039	23 01 57.11	.875 991
13	17 12 53.079	23 05 49.66	.275 691	28	17 09 19.951	23 01 57.25	.892 511
14	17 12 44.557	23 05 40.51	.284 680	29	17 09 20.086	23 01 57.67	.909 101
15	17 12 36.171	23 05 31.47	.293 916	30	17 09 20.444	23 01 58.37	.925 758
16	17 12 27.924	−23 05 22.52	18.303 396	31	17 09 21.024	−23 01 59.36	18.942 475
17	17 12 19.823	23 05 13.70	.313 116	Sept. 1	17 09 21.826	23 02 00.64	.959 249
18	17 12 11.870	23 05 05.02	.323 073	2	17 09 22.849	23 02 02.20	.976 074
19	17 12 04.067	23 04 56.50	.333 264	3	17 09 24.092	23 02 04.02	18.992 945
20	17 11 56.415	23 04 48.16	.343 687	4	17 09 25.556	23 02 06.11	19.009 857
21	17 11 48.913	−23 04 39.99	18.354 337	5	17 09 27.242	−23 02 08.45	19.026 806
22	17 11 41.562	23 04 31.99	.365 212	6	17 09 29.150	23 02 11.03	.043 786
23	17 11 34.362	23 04 24.15	.376 309	7	17 09 31.284	23 02 13.86	.060 791
24	17 11 27.317	23 04 16.45	.387 625	8	17 09 33.643	23 02 16.93	.077 818
25	17 11 20.431	23 04 08.89	.399 156	9	17 09 36.231	23 02 20.25	.094 860
26	17 11 13.708	−23 04 01.48	18.410 901	10	17 09 39.046	−23 02 23.85	19.111 912
27	17 11 07.153	23 03 54.21	.422 856	11	17 09 42.088	23 02 27.72	.128 970
28	17 11 00.772	23 03 47.11	.435 016	12	17 09 45.354	23 02 31.88	.146 028
29	17 10 54.566	23 03 40.18	.447 381	13	17 09 48.842	23 02 36.33	.163 083
30	17 10 48.540	23 03 33.44	.459 944	14	17 09 52.547	23 02 41.05	.180 128
31	17 10 42.695	−23 03 26.90	18.472 704	15	17 09 56.468	−23 02 46.05	19.197 161
Aug. 1	17 10 37.035	23 03 20.57	.485 656	16	17 10 00.603	23 02 51.29	.214 176
2	17 10 31.560	23 03 14.46	.498 797	17	17 10 04.950	23 02 56.77	.231 169
3	17 10 26.273	23 03 08.57	.512 122	18	17 10 09.512	23 03 02.48	.248 135
4	17 10 21.174	23 03 02.91	.525 628	19	17 10 14.287	23 03 08.41	.265 071
5	17 10 16.265	−23 02 57.48	18.539 311	20	17 10 19.279	−23 03 14.56	19.281 971
6	17 10 11.547	23 02 52.28	.553 166	21	17 10 24.487	23 03 20.94	.298 833
7	17 10 07.022	23 02 47.29	.567 189	22	17 10 29.912	23 03 27.55	.315 650
8	17 10 02.692	23 02 42.52	.581 375	23	17 10 35.552	23 03 34.41	.332 420
9	17 09 58.559	23 02 37.97	.595 721	24	17 10 41.407	23 03 41.51	.349 136
10	17 09 54.628	−23 02 33.61	18.610 221	25	17 10 47.475	−23 03 48.86	19.365 796
11	17 09 50.901	23 02 29.47	.624 871	26	17 10 53.755	23 03 56.47	.382 393
12	17 09 47.383	23 02 25.55	.639 666	27	17 11 00.243	23 04 04.32	.398 924
13	17 09 44.075	23 02 21.86	.654 601	28	17 11 06.939	23 04 12.42	.415 384
14	17 09 40.979	23 02 18.42	.669 673	29	17 11 13.839	23 04 20.75	.431 768
15	17 09 38.097	−23 02 15.24	18.684 876	30	17 11 20.942	−23 04 29.31	19.448 072
16	17 09 35.428	−23 02 12.34	18.700 206	Oct. 1	17 11 28.246	−23 04 38.08	19.464 290

Semi-diameter: June 19, 2″; July 29, 2″; Sept. 7, 2″; Oct. 17, 2″

URANUS, 1986 E37

GEOCENTRIC COORDINATES FOR 0ʰ DYNAMICAL TIME

Date	Apparent Right Ascension	Apparent Declination	True Geocentric Distance	Date	Apparent Right Ascension	Apparent Declination	True Geocentric Distance
	h m s	° ′ ″			h m s	° ′ ″	
Oct. 1	17 11 28.246	−23 04 38.08	19.464 290	Nov. 16	17 20 11.131	−23 14 02.97	20.046 958
2	17 11 35.750	23 04 47.06	.480 419	17	17 20 25.661	23 14 17.06	.054 761
3	17 11 43.454	23 04 56.23	.496 452	18	17 20 40.285	23 14 31.17	.062 313
4	17 11 51.358	23 05 05.57	.512 386	19	17 20 54.998	23 14 45.30	.069 612
5	17 11 59.463	23 05 15.10	.528 216	20	17 21 09.796	23 14 59.45	.076 655
6	17 12 07.769	−23 05 24.81	19.543 936	21	17 21 24.676	−23 15 13.61	20.083 442
7	17 12 16.274	23 05 34.72	.559 543	22	17 21 39.634	23 15 27.77	.089 970
8	17 12 24.977	23 05 44.83	.575 031	23	17 21 54.665	23 15 41.93	.096 237
9	17 12 33.874	23 05 55.15	.590 397	24	17 22 09.767	23 15 56.07	.102 241
10	17 12 42.960	23 06 05.69	.605 636	25	17 22 24.936	23 16 10.19	.107 980
11	17 12 52.231	−23 06 16.42	19.620 744	26	17 22 40.170	−23 16 24.27	20.113 452
12	17 13 01.682	23 06 27.35	.635 717	27	17 22 55.466	23 16 38.30	.118 655
13	17 13 11.311	23 06 38.44	.650 552	28	17 23 10.824	23 16 52.27	.123 589
14	17 13 21.116	23 06 49.69	.665 244	29	17 23 26.241	23 17 06.17	.128 250
15	17 13 31.094	23 07 01.08	.679 790	30	17 23 41.718	23 17 20.02	.132 637
16	17 13 41.247	−23 07 12.60	19.694 187	Dec. 1	17 23 57.251	−23 17 33.83	20.136 749
17	17 13 51.574	23 07 24.25	.708 430	2	17 24 12.837	23 17 47.60	.140 583
18	17 14 02.074	23 07 36.03	.722 517	3	17 24 28.470	23 18 01.34	.144 140
19	17 14 12.746	23 07 47.94	.736 443	4	17 24 44.144	23 18 15.06	.147 417
20	17 14 23.589	23 07 59.99	.750 205	5	17 24 59.851	23 18 28.75	.150 415
21	17 14 34.600	−23 08 12.18	19.763 800	6	17 25 15.587	−23 18 42.38	20.153 132
22	17 14 45.777	23 08 24.52	.777 224	7	17 25 31.347	23 18 55.94	.155 567
23	17 14 57.117	23 08 37.01	.790 473	8	17 25 47.129	23 19 09.41	.157 722
24	17 15 08.617	23 08 49.63	.803 544	9	17 26 02.931	23 19 22.78	.159 595
25	17 15 20.273	23 09 02.39	.816 432	10	17 26 18.752	23 19 36.05	.161 186
26	17 15 32.082	−23 09 15.28	19.829 136	11	17 26 34.591	−23 19 49.22	20.162 495
27	17 15 44.040	23 09 28.29	.841 649	12	17 26 50.446	23 20 02.29	.163 523
28	17 15 56.146	23 09 41.40	.853 970	13	17 27 06.318	23 20 15.28	.164 268
29	17 16 08.397	23 09 54.61	.866 094	14	17 27 22.214	23 20 28.24	.164 731
30	17 16 20.791	23 10 07.89	.878 018	15	17 27 37.893	23 20 42.62	.164 912
31	17 16 33.327	−23 10 21.24	19.889 738	16	17 27 53.906	−23 20 53.69	20.164 811
Nov. 1	17 16 46.005	23 10 34.64	.901 251	17	17 28 09.802	23 21 06.33	.164 428
2	17 16 58.823	23 10 48.11	.912 553	18	17 28 25.683	23 21 18.90	.163 762
3	17 17 11.782	23 11 01.65	.923 640	19	17 28 41.551	23 21 31.39	.162 815
4	17 17 24.877	23 11 15.26	.934 509	20	17 28 57.404	23 21 43.78	.161 586
5	17 17 38.106	−23 11 28.96	19.945 157	21	17 29 13.237	−23 21 56.08	20.160 075
6	17 17 51.462	23 11 42.76	.955 581	22	17 29 29.049	23 22 08.28	.158 283
7	17 18 04.939	23 11 56.64	.965 779	23	17 29 44.836	23 22 20.35	.156 208
8	17 18 18.533	23 12 10.58	.975 747	24	17 30 00.597	23 22 32.29	.153 853
9	17 18 32.238	23 12 24.58	.985 483	25	17 30 16.328	23 22 44.10	.151 217
10	17 18 46.052	−23 12 38.61	19.994 985	26	17 30 32.030	−23 22 55.77	20.148 300
11	17 18 59.972	23 12 52.66	20.004 251	27	17 30 47.699	23 23 07.31	.145 103
12	17 19 13.998	23 13 06.71	.013 278	28	17 31 03.335	23 23 18.72	.141 627
13	17 19 28.129	23 13 20.77	.022 064	29	17 31 18.934	23 23 30.02	.137 871
14	17 19 42.362	23 13 34.83	.030 608	30	17 31 34.492	23 23 41.22	.133 837
15	17 19 56.697	−23 13 48.89	20.038 907	31	17 31 50.003	−23 23 52.33	20.129 525
16	17 20 11.131	−23 14 02.97	20.046 958	32	17 32 05.460	−23 24 03.34	20.124 938

Semi-diameter: Sept. 7, 2″; Oct. 17, 2″; Nov. 26, 2″; Jan. 5, 2″

NEPTUNE, 1986

GEOCENTRIC COORDINATES FOR 0ʰ DYNAMICAL TIME

Date	Apparent Right Ascension	Apparent Declination	True Geocentric Distance	Date	Apparent Right Ascension	Apparent Declination	True Geocentric Distance
	h m s	° ′ ″			h m s	° ′ ″	
Jan. 0	18 15 20.733	−22 19 59.59	31.226 973	Feb. 15	18 22 01.017	−22 16 38.89	30.860 633
1	18 15 30.509	22 19 56.30	.225 065	16	18 22 07.846	22 16 34.08	.847 200
2	18 15 40.267	22 19 52.93	.222 867	17	18 22 14.568	22 16 29.28	.833 587
3	18 15 50.005	22 19 49.47	.220 379	18	18 22 21.182	22 16 24.50	.819 798
4	18 15 59.724	22 19 45.93	.217 602	19	18 22 27.685	22 16 19.76	.805 838
5	18 16 09.424	−22 19 42.29	31.214 536	20	18 22 34.077	−22 16 15.05	30.791 710
6	18 16 19.104	22 19 38.57	.211 181	21	18 22 40.353	22 16 10.40	.777 419
7	18 16 28.762	22 19 34.78	.207 537	22	18 22 46.512	22 16 05.79	.762 969
8	18 16 38.396	22 19 30.94	.203 607	23	18 22 52.550	22 16 01.22	.748 364
9	18 16 48.003	22 19 27.06	.199 390	24	18 22 58.466	22 15 56.69	.733 608
10	18 16 57.576	−22 19 23.16	31.194 888	25	18 23 04.259	−22 15 52.19	30.718 706
11	18 17 07.112	22 19 19.22	.190 101	26	18 23 09.928	22 15 47.72	.703 661
12	18 17 16.604	22 19 15.25	.185 032	27	18 23 15.473	22 15 43.25	.688 477
13	18 17 26.051	22 19 11.24	.179 683	28	18 23 20.896	22 15 38.79	.673 159
14	18 17 35.450	22 19 07.16	.174 054	Mar. 1	18 23 26.197	22 15 34.35	.657 710
15	18 17 44.800	−22 19 03.02	31.168 148	2	18 23 31.376	−22 15 29.93	30.642 135
16	18 17 54.101	22 18 58.80	.161 967	3	18 23 36.433	22 15 25.56	.626 438
17	18 18 03.352	22 18 54.52	.155 513	4	18 23 41.366	22 15 21.26	.610 623
18	18 18 12.552	22 18 50.18	.148 789	5	18 23 46.170	22 15 17.02	.594 695
19	18 18 21.700	22 18 45.78	.141 796	6	18 23 50.843	22 15 12.86	.578 658
20	18 18 30.795	−22 18 41.34	31.134 537	7	18 23 55.381	−22 15 08.78	30.562 517
21	18 18 39.833	22 18 36.85	.127 015	8	18 23 59.782	22 15 04.77	.546 277
22	18 18 48.814	22 18 32.34	.119 230	9	18 24 04.045	22 15 00.81	.529 943
23	18 18 57.734	22 18 27.81	.111 187	10	18 24 08.168	22 14 56.90	.513 520
24	18 19 06.591	22 18 23.26	.102 887	11	18 24 12.152	22 14 53.04	.497 014
25	18 19 15.380	−22 18 18.71	31.094 332	12	18 24 15.997	−22 14 49.21	30.480 429
26	18 19 24.099	22 18 14.14	.085 526	13	18 24 19.706	22 14 45.42	.463 770
27	18 19 32.745	22 18 09.56	.076 471	14	18 24 23.277	22 14 41.68	.447 044
28	18 19 41.315	22 18 04.95	.067 168	15	18 24 26.712	22 14 38.00	.430 255
29	18 19 49.807	22 18 00.31	.057 621	16	18 24 30.010	22 14 34.38	.413 408
30	18 19 58.221	−22 17 55.63	31.047 832	17	18 24 33.171	−22 14 30.84	30.396 508
31	18 20 06.557	22 17 50.91	.037 804	18	18 24 36.192	22 14 27.37	.379 561
Feb. 1	18 20 14.814	22 17 46.14	.027 538	19	18 24 39.074	22 14 24.00	.362 571
2	18 20 22.993	22 17 41.33	.017 038	20	18 24 41.815	22 14 20.72	.345 545
3	18 20 31.093	22 17 36.50	31.006 307	21	18 24 44.413	22 14 17.53	.328 486
4	18 20 39.111	−22 17 31.66	30.995 346	22	18 24 46.866	−22 14 14.44	30.311 399
5	18 20 47.045	22 17 26.83	.984 159	23	18 24 49.175	22 14 11.44	.294 291
6	18 20 54.891	22 17 22.01	.972 750	24	18 24 51.337	22 14 08.52	.277 164
7	18 21 02.644	22 17 17.22	.961 121	25	18 24 53.352	22 14 05.66	.260 025
8	18 21 10.299	22 17 12.44	.949 275	26	18 24 55.223	22 14 02.87	.242 878
9	18 21 17.855	−22 17 07.68	30.937 218	27	18 24 56.951	−22 14 00.13	30.225 727
10	18 21 25.307	22 17 02.91	.924 952	28	18 24 58.538	22 13 57.44	.208 577
11	18 21 32.657	22 16 58.13	.912 481	29	18 24 59.987	22 13 54.81	.191 433
12	18 21 39.902	22 16 53.34	.899 810	30	18 25 01.296	22 13 52.27	.174 299
13	18 21 47.044	22 16 48.53	.886 942	31	18 25 02.467	22 13 49.82	.157 180
14	18 21 54.083	−22 16 43.71	30.873 881	Apr. 1	18 25 03.495	−22 13 47.49	30.140 080
15	18 22 01.017	−22 16 38.89	30.860 633	2	18 25 04.379	−22 13 45.27	30.123 006

Semi-diameter: Dec. 1, 1″; Jan. 10, 1″; Feb. 19, 1″; Mar. 31, 1″; May 10, 1″

NEPTUNE, 1986

GEOCENTRIC COORDINATES FOR 0ʰ DYNAMICAL TIME

Date	Apparent Right Ascension	Apparent Declination	True Geocentric Distance	Date	Apparent Right Ascension	Apparent Declination	True Geocentric Distance
	h m s	° ′ ″			h m s	° ′ ″	
Apr. 1	18 25 03.495	−22 13 47.49	30.140 080	May 17	18 23 23.206	−22 13 39.69	29.459 402
2	18 25 04.379	22 13 45.27	.123 006	18	18 23 18.216	22 13 41.59	.448 562
3	18 25 05.117	22 13 43.16	.105 961	19	18 23 13.129	22 13 43.57	.437 952
4	18 25 05.706	22 13 41.16	.088 952	20	18 23 07.949	22 13 45.59	.427 575
5	18 25 06.147	22 13 39.25	.071 982	21	18 23 02.678	22 13 47.65	.417 432
6	18 25 06.439	−22 13 37.43	30.055 058	22	18 22 57.323	−22 13 49.76	29.407 528
7	18 25 06.585	22 13 35.68	.038 184	23	18 22 51.887	22 13 51.91	.397 864
8	18 25 06.585	22 13 34.01	.021 367	24	18 22 46.372	22 13 54.13	.388 442
9	18 25 06.442	22 13 32.40	30.004 611	25	18 22 40.781	22 13 56.43	.379 265
10	18 25 06.157	22 13 30.87	29.987 921	26	18 22 35.111	22 13 58.83	.370 335
11	18 25 05.731	−22 13 29.42	29.971 303	27	18 22 29.362	−22 14 01.32	29.361 656
12	18 25 05.167	22 13 28.06	.954 762	28	18 22 23.533	22 14 03.90	.353 229
13	18 25 04.464	22 13 26.79	.938 303	29	18 22 17.625	22 14 06.55	.345 057
14	18 25 03.622	22 13 25.62	.921 931	30	18 22 11.641	22 14 09.26	.337 144
15	18 25 02.643	22 13 24.57	.905 651	31	18 22 05.582	22 14 12.01	.329 490
16	18 25 01.524	−22 13 23.63	29.889 467	June 1	18 21 59.454	−22 14 14.81	29.322 100
17	18 25 00.267	22 13 22.80	.873 385	2	18 21 53.259	22 14 17.63	.314 976
18	18 24 58.870	22 13 22.08	.857 410	3	18 21 47.003	22 14 20.49	.308 119
19	18 24 57.334	22 13 21.47	.841 545	4	18 21 40.688	22 14 23.39	.301 533
20	18 24 55.659	22 13 20.97	.825 795	5	18 21 34.317	22 14 26.33	.295 219
21	18 24 53.846	−22 13 20.55	29.810 165	6	18 21 27.894	−22 14 29.32	29.289 180
22	18 24 51.897	22 13 20.20	.794 659	7	18 21 21.420	22 14 32.36	.283 418
23	18 24 49.814	22 13 19.93	.779 281	8	18 21 14.898	22 14 35.46	.277 933
24	18 24 47.601	22 13 19.71	.764 035	9	18 21 08.329	22 14 38.63	.272 729
25	18 24 45.262	22 13 19.56	.748 925	10	18 21 01.715	22 14 41.86	.267 806
26	18 24 42.798	−22 13 19.50	29.733 956	11	18 20 55.057	−22 14 45.15	29.263 166
27	18 24 40.211	22 13 19.53	.719 130	12	18 20 48.357	22 14 48.50	.258 810
28	18 24 37.500	22 13 19.67	.704 453	13	18 20 41.617	22 14 51.90	.254 739
29	18 24 34.662	22 13 19.94	.689 929	14	18 20 34.839	22 14 55.34	.250 955
30	18 24 31.697	22 13 20.32	.675 561	15	18 20 28.026	22 14 58.80	.247 457
May 1	18 24 28.603	−22 13 20.82	29.661 354	16	18 20 21.182	−22 15 02.29	29.244 248
2	18 24 25.382	22 13 21.41	.647 312	17	18 20 14.311	22 15 05.78	.241 327
3	18 24 22.033	22 13 22.08	.633 440	18	18 20 07.418	22 15 09.28	.238 694
4	18 24 18.561	22 13 22.83	.619 743	19	18 20 00.508	22 15 12.79	.236 350
5	18 24 14.967	22 13 23.65	.606 224	20	18 19 53.584	22 15 16.32	.234 296
6	18 24 11.255	−22 13 24.53	29.592 888	21	18 19 46.650	−22 15 19.88	29.232 531
7	18 24 07.427	22 13 25.48	.579 739	22	18 19 39.704	22 15 23.50	.231 055
8	18 24 03.486	22 13 26.50	.566 781	23	18 19 32.748	22 15 27.18	.229 870
9	18 23 59.435	22 13 27.60	.554 018	24	18 19 25.780	22 15 30.91	.228 974
10	18 23 55.275	22 13 28.78	.541 455	25	18 19 18.800	22 15 34.69	.228 370
11	18 23 51.008	−22 13 30.05	29.529 095	26	18 19 11.810	−22 15 38.49	29.228 056
12	18 23 46.635	22 13 31.41	.516 941	27	18 19 04.814	22 15 42.30	.228 034
13	18 23 42.156	22 13 32.88	.504 999	28	18 18 57.815	22 15 46.12	.228 304
14	18 23 37.573	22 13 34.44	.493 270	29	18 18 50.819	22 15 49.93	.228 865
15	18 23 32.886	22 13 36.10	.481 759	30	18 18 43.828	22 15 53.73	.229 719
16	18 23 28.097	−22 13 37.85	29.470 468	July 1	18 18 36.848	−22 15 57.54	29.230 865
17	18 23 23.206	−22 13 39.69	29.459 402	2	18 18 29.882	−22 16 01.35	29.232 304

Semi-diameter: Mar. 31, 1″; May 10, 1″; June 19, 1″; July 29, 1″

NEPTUNE, 1986

GEOCENTRIC COORDINATES FOR 0ʰ DYNAMICAL TIME

Date	Apparent Right Ascension	Apparent Declination	True Geocentric Distance	Date	Apparent Right Ascension	Apparent Declination	True Geocentric Distance
	h m s	° ′ ″			h m s	° ′ ″	
July 1	18 18 36.848	−22 15 57.54	29.230 865	Aug. 16	18 14 08.808	−22 18 55.23	29.576 765
2	18 18 29.882	22 16 01.35	.232 304	17	18 14 04.982	22 18 58.84	.589 801
3	18 18 22.932	22 16 05.18	.234 034	18	18 14 01.268	22 19 02.44	.603 020
4	18 18 16.001	22 16 09.02	.236 055	19	18 13 57.665	22 19 06.04	.616 418
5	18 18 09.092	22 16 12.88	.238 368	20	18 13 54.175	22 19 09.62	.629 992
6	18 18 02.207	−22 16 16.77	29.240 971	21	18 13 50.799	−22 19 13.16	29.643 739
7	18 17 55.346	22 16 20.70	.243 864	22	18 13 47.540	22 19 16.65	.657 654
8	18 17 48.512	22 16 24.65	.247 046	23	18 13 44.402	22 19 20.10	.671 734
9	18 17 41.705	22 16 28.62	.250 515	24	18 13 41.387	22 19 23.49	.685 975
10	18 17 34.929	22 16 32.61	.254 271	25	18 13 38.498	22 19 26.84	.700 373
11	18 17 28.186	−22 16 36.61	29.258 313	26	18 13 35.738	−22 19 30.16	29.714 925
12	18 17 21.477	22 16 40.61	.262 638	27	18 13 33.107	22 19 33.45	.729 627
13	18 17 14.807	22 16 44.60	.267 245	28	18 13 30.606	22 19 36.72	.744 473
14	18 17 08.180	22 16 48.56	.272 133	29	18 13 28.236	22 19 39.98	.759 461
15	18 17 01.600	22 16 52.50	.277 299	30	18 13 25.997	22 19 43.22	.774 586
16	18 16 55.071	−22 16 56.42	29.282 742	31	18 13 23.889	−22 19 46.46	29.789 843
17	18 16 48.598	22 17 00.33	.288 460	Sept. 1	18 13 21.912	22 19 49.68	.805 228
18	18 16 42.183	22 17 04.23	.294 450	2	18 13 20.066	22 19 52.89	.820 737
19	18 16 35.828	22 17 08.15	.300 711	3	18 13 18.351	22 19 56.07	.836 364
20	18 16 29.532	22 17 12.10	.307 240	4	18 13 16.769	22 19 59.22	.852 105
21	18 16 23.295	−22 17 16.08	29.314 035	5	18 13 15.320	−22 20 02.32	29.867 956
22	18 16 17.115	22 17 20.08	.321 095	6	18 13 14.008	22 20 05.37	.883 910
23	18 16 10.994	22 17 24.08	.328 417	7	18 13 12.833	22 20 08.35	.899 964
24	18 16 04.934	22 17 28.07	.336 001	8	18 13 11.800	22 20 11.28	.916 112
25	18 15 58.939	22 17 32.04	.343 843	9	18 13 10.910	22 20 14.15	.932 348
26	18 15 53.012	−22 17 35.97	29.351 942	10	18 13 10.164	−22 20 16.98	29.948 669
27	18 15 47.157	22 17 39.88	.360 296	11	18 13 09.563	22 20 19.78	.965 068
28	18 15 41.379	22 17 43.75	.368 903	12	18 13 09.106	22 20 22.57	.981 542
29	18 15 35.680	22 17 47.61	.377 760	13	18 13 08.790	22 20 25.35	29.998 084
30	18 15 30.063	22 17 51.44	.386 866	14	18 13 08.613	22 20 28.11	30.014 691
31	18 15 24.531	−22 17 55.27	29.396 217	15	18 13 08.574	−22 20 30.85	30.031 357
Aug. 1	18 15 19.085	22 17 59.10	.405 812	16	18 13 08.672	22 20 33.56	.048 078
2	18 15 13.726	22 18 02.93	.415 646	17	18 13 08.906	22 20 36.21	.064 850
3	18 15 08.456	22 18 06.77	.425 719	18	18 13 09.279	22 20 38.81	.081 667
4	18 15 03.276	22 18 10.62	.436 026	19	18 13 09.793	22 20 41.33	.098 526
5	18 14 58.187	−22 18 14.47	29.446 564	20	18 13 10.449	−22 20 43.79	30.115 422
6	18 14 53.189	22 18 18.31	.457 331	21	18 13 11.249	22 20 46.18	.132 350
7	18 14 48.285	22 18 22.14	.468 323	22	18 13 12.195	22 20 48.52	.149 306
8	18 14 43.476	22 18 25.96	.479 536	23	18 13 13.286	22 20 50.81	.166 285
9	18 14 38.765	22 18 29.74	.490 967	24	18 13 14.523	22 20 53.06	.183 282
10	18 14 34.156	−22 18 33.48	29.502 613	25	18 13 15.905	−22 20 55.27	30.200 293
11	18 14 29.651	22 18 37.17	.514 468	26	18 13 17.431	22 20 57.45	.217 312
12	18 14 25.256	22 18 40.83	.526 530	27	18 13 19.100	22 20 59.60	.234 336
13	18 14 20.972	22 18 44.45	.538 795	28	18 13 20.910	22 21 01.72	.251 358
14	18 14 16.802	22 18 48.05	.551 258	29	18 13 22.862	22 21 03.81	.268 375
15	18 14 12.748	−22 18 51.64	29.563 916	30	18 13 24.954	−22 21 05.85	30.285 380
16	18 14 08.808	−22 18 55.23	29.576 765	Oct. 1	18 13 27.185	−22 21 07.84	30.302 369

Semi-diameter: June 19, 1″; July 29, 1″; Sept. 7, 1″; Oct. 17, 1″

NEPTUNE, 1986

GEOCENTRIC COORDINATES FOR 0ʰ DYNAMICAL TIME

Date	Apparent Right Ascension	Apparent Declination	True Geocentric Distance	Date	Apparent Right Ascension	Apparent Declination	True Geocentric Distance
	h m s	° ′ ″			h m s	° ′ ″	
Oct. 1	18 13 27.185	−22 21 07.84	30.302 369	Nov. 16	18 17 31.029	−22 21 23.80	30.983 059
2	18 13 29.555	22 21 09.77	.319 336	17	18 17 38.959	22 21 22.21	30.994 029
3	18 13 32.066	22 21 11.62	.336 277	18	18 17 46.980	22 21 20.54	31.004 775
4	18 13 34.718	22 21 13.39	.353 185	19	18 17 55.088	22 21 18.79	.015 296
5	18 13 37.513	22 21 15.08	.370 057	20	18 18 03.280	22 21 16.97	.025 588
6	18 13 40.453	−22 21 16.68	30.386 885	21	18 18 11.554	−22 21 15.08	31.035 648
7	18 13 43.539	22 21 18.22	.403 666	22	18 18 19.906	22 21 13.12	.045 473
8	18 13 46.768	22 21 19.71	.420 393	23	18 18 28.334	22 21 11.07	.055 060
9	18 13 50.140	22 21 21.16	.437 063	24	18 18 36.836	22 21 08.94	.064 406
10	18 13 53.651	22 21 22.57	.453 669	25	18 18 45.410	22 21 06.72	.073 508
11	18 13 57.298	−22 21 23.95	30.470 207	26	18 18 54.054	−22 21 04.40	31.082 364
12	18 14 01.078	22 21 25.28	.486 672	27	18 19 02.767	22 21 01.96	.090 969
13	18 14 04.988	22 21 26.56	.503 060	28	18 19 11.548	22 20 59.41	.099 322
14	18 14 09.028	22 21 27.77	.519 367	29	18 19 20.399	22 20 56.74	.107 420
15	18 14 13.199	22 21 28.90	.535 587	30	18 19 29.318	22 20 53.96	.115 259
16	18 14 17.500	−22 21 29.94	30.551 717	Dec. 1	18 19 38.306	−22 20 51.07	31.122 837
17	18 14 21.933	22 21 30.89	.567 752	2	18 19 47.359	22 20 48.10	.130 151
18	18 14 26.498	22 21 31.74	.583 688	3	18 19 56.474	22 20 45.07	.137 199
19	18 14 31.196	22 21 32.52	.599 521	4	18 20 05.645	22 20 41.97	.143 979
20	18 14 36.026	22 21 33.21	.615 245	5	18 20 14.866	22 20 38.82	.150 488
21	18 14 40.987	−22 21 33.84	30.630 858	6	18 20 24.134	−22 20 35.59	31.156 725
22	18 14 46.077	22 21 34.41	.646 354	7	18 20 33.445	22 20 32.28	.162 689
23	18 14 51.296	22 21 34.93	.661 730	8	18 20 42.797	22 20 28.86	.168 377
24	18 14 56.640	22 21 35.38	.676 980	9	18 20 52.191	22 20 25.33	.173 789
25	18 15 02.108	22 21 35.79	.692 100	10	18 21 01.625	22 20 21.69	.178 923
26	18 15 07.697	−22 21 36.13	30.707 086	11	18 21 11.100	−22 20 17.94	31.183 778
27	18 15 13.406	22 21 36.41	.721 933	12	18 21 20.614	22 20 14.09	.188 352
28	18 15 19.232	22 21 36.61	.736 638	13	18 21 30.167	22 20 10.13	.192 646
29	18 15 25.176	22 21 36.74	.751 194	14	18 21 39.755	22 20 06.09	.196 657
30	18 15 31.235	22 21 36.77	.765 599	15	18 21 49.377	22 20 01.97	.200 386
31	18 15 37.411	−22 21 36.70	30.779 846	16	18 21 59.030	−22 19 57.78	31.203 829
Nov. 1	18 15 43.704	22 21 36.52	.793 932	17	18 22 08.710	22 19 53.52	.206 988
2	18 15 50.114	22 21 36.23	.807 853	18	18 22 18.415	22 19 49.20	.209 861
3	18 15 56.642	22 21 35.84	.821 603	19	18 22 28.141	22 19 44.81	.212 446
4	18 16 03.288	22 21 35.37	.835 178	20	18 22 37.886	22 19 40.35	.214 743
5	18 16 10.047	−22 21 34.84	30.848 574	21	18 22 47.645	−22 19 35.82	31.216 752
6	18 16 16.917	22 21 34.25	.861 787	22	18 22 57.418	22 19 31.21	.218 471
7	18 16 23.891	22 21 33.60	.874 813	23	18 23 07.202	22 19 26.51	.219 900
8	18 16 30.967	22 21 32.90	.887 649	24	18 23 16.996	22 19 21.71	.221 038
9	18 16 38.141	22 21 32.12	.900 290	25	18 23 26.799	22 19 16.79	.221 884
10	18 16 45.411	−22 21 31.25	30.912 733	26	18 23 36.612	−22 19 11.73	31.222 438
11	18 16 52.777	22 21 30.28	.924 975	27	18 23 46.427	22 19 06.43	.222 698
12	18 17 00.238	22 21 29.20	.937 013	28	18 23 56.224	22 19 01.23	.222 665
13	18 17 07.793	22 21 28.01	.948 844	29	18 24 06.049	22 18 56.23	.222 338
14	18 17 15.444	22 21 26.71	.960 464	30	18 24 15.885	22 18 51.02	.221 717
15	18 17 23.190	−22 21 25.31	30.971 870	31	18 24 25.716	−22 18 45.72	31.220 801
16	18 17 31.029	−22 21 23.80	30.983 059	32	18 24 35.537	−22 18 40.36	31.219 592

Semi-diameter: Sept. 7, 1″; Oct. 17, 1″; Nov. 26, 1″; Jan. 5, 1″

PLUTO, 1986

GEOCENTRIC POSITIONS FOR 0ʰ DYNAMICAL TIME

Date	Astrometric Right Ascension J2000.0	Astrometric Declination J2000.0	True Geocentric Distance	Date	Astrometric Right Ascension J2000.0	Astrometric Declination J2000.0	True Geocentric Distance
	h m s	° ′ ″			h m s	° ′ ″	
Jan. −5	14 39 37.128	+1 36 24.76	30.235 886	July 4	14 32 07.102	+2 40 26.01	29.324 708
0	14 40 06.466	1 36 19.90	.163 179	9	14 31 58.115	2 38 13.82	.399 557
5	14 40 33.173	1 36 36.14	.087 175	14	14 31 52.094	2 35 42.44	.476 540
10	14 40 57.073	1 37 13.30	30.008 402	19	14 31 49.106	2 32 52.88	.555 073
15	14 41 18.007	1 38 10.95	29.927 464	24	14 31 49.184	2 29 46.25	.634 610
20	14 41 35.852	+1 39 28.33	29.845 001	29	14 31 52.356	+2 26 23.58	29.714 631
25	14 41 50.522	1 41 04.51	.761 640	Aug. 3	14 31 58.645	2 22 45.91	.794 590
30	14 42 01.952	1 42 58.49	.677 983	8	14 32 08.054	2 18 54.50	.873 911
Feb. 4	14 42 10.087	1 45 09.23	.594 628	13	14 32 20.550	2 14 50.76	29.952 005
9	14 42 14.882	1 47 35.56	.512 207	18	14 32 36.068	2 10 36.24	30.028 319
14	14 42 16.330	+1 50 16.02	29.431 387	23	14 32 54.526	+2 06 12.41	30.102 357
19	14 42 14.469	1 53 08.92	.352 813	28	14 33 15.843	2 01 40.64	.173 640
24	14 42 09.371	1 56 12.50	.277 073	Sept. 2	14 33 39.930	1 57 02.38	.241 668
Mar. 1	14 42 01.125	1 59 25.00	.204 711	7	14 34 06.676	1 52 19.22	.305 937
6	14 41 49.829	2 02 44.70	.136 257	12	14 34 35.934	1 47 32.87	.365 968
11	14 41 35.606	+2 06 09.70	29.072 255	17	14 35 07.536	+1 42 45.02	30.421 352
16	14 41 18.620	2 09 37.86	29.013 227	22	14 35 41.316	1 37 57.19	.471 737
21	14 40 59.077	2 13 07.02	28.959 622	27	14 36 17.111	1 33 10.84	.516 777
26	14 40 37.200	2 16 35.11	.911 813	Oct. 2	14 36 54.744	1 28 27.54	.556 122
31	14 40 13.215	2 20 00.18	.870 115	7	14 37 34.016	1 23 48.92	.589 445
Apr. 5	14 39 47.354	+2 23 20.34	28.834 830	12	14 38 14.698	+1 19 16.67	30.616 485
10	14 39 19.877	2 26 33.53	.806 248	17	14 38 56.559	1 14 52.29	.637 063
15	14 38 51.076	2 29 37.72	.784 583	22	14 39 39.381	1 10 37.11	.651 040
20	14 38 21.256	2 32 30.98	.769 961	27	14 40 22.943	1 06 32.47	.658 286
25	14 37 50.720	2 35 11.65	.762 429	Nov. 1	14 41 07.011	1 02 39.75	.658 687
30	14 37 19.757	+2 37 38.28	28.761 991	6	14 41 51.331	+0 59 00.38	30.652 181
May 5	14 36 48.654	2 39 49.42	.768 648	11	14 42 35.633	0 55 35.65	.638 798
10	14 36 17.721	2 41 43.61	.782 354	16	14 43 19.666	0 52 26.61	.618 642
15	14 35 47.271	2 43 19.58	.802 972	21	14 44 03.190	0 49 34.19	.591 836
20	14 35 17.608	2 44 36.30	.830 289	26	14 44 45.965	0 46 59.32	.558 517
25	14 34 49.009	+2 45 33.08	28.864 033	Dec. 1	14 45 27.739	+0 44 42.92	30.518 861
30	14 34 21.723	2 46 09.35	.903 931	6	14 46 08.249	0 42 45.86	.473 115
June 4	14 33 56.003	2 46 24.58	28.949 701	11	14 46 47.241	0 41 08.72	.421 622
9	14 33 32.102	2 46 18.30	29.000 996	16	14 47 24.489	0 39 51.85	.364 759
14	14 33 10.257	2 45 50.32	.057 400	21	14 47 59.782	0 38 55.52	.302 914
19	14 32 50.675	+2 45 00.76	29.118 444	26	14 48 32.911	+0 38 19.95	30.236 488
24	14 32 33.524	2 43 49.93	.183 650	31	14 49 03.665	0 38 05.33	.165 928
29	14 32 18.950	+2 42 18.23	29.252 562	36	14 49 31.836	+0 38 11.62	30.091 758

HELIOCENTRIC POSITIONS FOR 0ʰ DYNAMICAL TIME
MEAN EQUINOX AND ECLIPTIC OF DATE

Date	Longitude	Latitude	Radius Vector	Date	Longitude	Latitude	Radius Vector
	° ′ ″	° ′ ″			° ′ ″	° ′ ″	
Jan.−30	214 55 53.0	+16 36 09.0	29.74217	July 29	216 38 05.1	+16 28 25.0	29.71483
Jan. 10	215 12 55.1	16 34 55.1	.73727	Sept. 7	216 55 06.9	16 27 02.7	.71076
Feb. 19	215 29 57.2	16 33 39.9	.73250	Oct. 17	217 12 08.7	16 25 39.1	.70683
Mar. 31	215 46 59.2	16 32 23.3	.72788	Nov. 26	217 29 10.3	16 24 14.0	.70304
May 10	216 04 01.2	16 31 05.2	.72339	Dec. 36	217 46 11.9	+16 22 47.6	29.69941
June 19	216 21 03.2	+16 29 45.8	29.71904				

MAJOR PLANETS, 1986

NOTES AND FORMULAE

Semi-diameter and parallax

The apparent angular semi-diameter of a planet is given by:

$$\text{apparent S.D.} = \text{S.D. at unit distance} / \text{true distance}$$

where the true distance is given in the daily geocentric ephemeris and the adopted semi-diameter at unit distance is given by:

Mercury	3″·36	Jupiter: equatorial	98″·44	Uranus	35″·02
Venus	8″·34	polar	92″·06	Neptune	33″·50
Mars	4″·68	Saturn: equatorial	82″·73	Pluto	2″·07
		polar	73″·82		

The difference in transit times of the limb and centre of a planet in seconds of time is given approximately by:

$$\text{difference in transit time} = (\text{apparent S.D. in seconds of arc}) / 15 \cos \delta$$

where the sidereal motion of the planet is ignored.

The equatorial horizontal parallax of a planet is given by 8″·794 148 divided by its true geocentric distance; formulae for the corrections for diurnal parallax are given on page B41.

Time of transit of a planet

The times of transit of the planets that are tabulated on pages E44–E51 are expressed in dynamical time (TDT) and refer to the transits over the ephemeris meridian; for most purposes this may be regarded as giving the universal time (UT) of transit over the Greenwich meridian.

The UT of transit over a local meridian is given by:

$$\text{time of ephemeris transit} - (\lambda / 24) \times \text{first difference}$$

with an error that is usually less than 1 second, where λ is the *east* longitude in hours and the first difference is about 24 hours.

Times of rising and setting

Approximate times of the rising and setting of a planet at a place with latitude φ may be obtained from the time of transit by applying the value of the hour angle h of the point on the horizon at the same declination as the planet; h is given by:

$$\cos h = -\tan \varphi \tan \delta$$

This ignores the sidereal motion of the planet during the interval between transit and rising or setting. Similarly, the time at which a planet reaches a zenith distance z may be obtained by determining the corresponding hour angle h from:

$$\cos h = -\tan \varphi \tan \delta + \sec \varphi \sec \delta \cos z$$

and applying h to the time of transit.

TIMES OF EPHEMERIS TRANSIT, 1986

Date	Mercury	Venus	Mars	Jupiter	Saturn	Uranus	Neptune	Pluto
	h m s	h m s	h m s	h m s	h m s	h m s	h m s	h m
Jan. 0	10 46 25	11 43 09	7 53 34	14 43 35	9 34 59	10 34 58	11 36 04	8 01
1	10 48 41	11 44 43	7 52 01	14 40 30	9 31 29	10 31 17	11 32 17	7 57
2	10 51 01	11 46 16	7 50 28	14 37 25	9 27 59	10 27 36	11 28 31	7 53
3	10 53 25	11 47 49	7 48 55	14 34 20	9 24 29	10 23 55	11 24 45	7 49
4	10 55 53	11 49 22	7 47 22	14 31 15	9 20 59	10 20 14	11 20 59	7 46
5	10 58 24	11 50 54	7 45 50	14 28 10	9 17 28	10 16 32	11 17 12	7 41
6	11 00 57	11 52 26	7 44 17	14 25 06	9 13 57	10 12 51	11 13 26	7 38
7	11 03 34	11 53 58	7 42 45	14 22 02	9 10 26	10 09 10	11 09 40	7 34
8	11 06 14	11 55 29	7 41 12	14 18 58	9 06 55	10 05 28	11 05 53	7 31
9	11 08 56	11 57 00	7 39 40	14 15 54	9 03 24	10 01 47	11 02 07	7 26
10	11 11 40	11 58 30	7 38 08	14 12 51	8 59 52	9 58 05	10 58 21	7 22
11	11 14 26	12 00 00	7 36 36	14 09 47	8 56 20	9 54 24	10 54 34	7 18
12	11 17 15	12 01 28	7 35 05	14 06 44	8 52 48	9 50 42	10 50 48	7 14
13	11 20 05	12 02 56	7 33 33	14 03 41	8 49 16	9 47 00	10 47 01	7 11
14	11 22 57	12 04 23	7 32 01	14 00 38	8 45 43	9 43 18	10 43 15	7 07
15	11 25 50	12 05 50	7 30 30	13 57 35	8 42 11	9 39 36	10 39 28	7 03
16	11 28 45	12 07 15	7 28 58	13 54 33	8 38 38	9 35 53	10 35 41	6 59
17	11 31 42	12 08 39	7 27 27	13 51 30	8 35 04	9 32 11	10 31 55	6 55
18	11 34 40	12 10 03	7 25 56	13 48 28	8 31 31	9 28 28	10 28 08	6 51
19	11 37 38	12 11 25	7 24 25	13 45 26	8 27 57	9 24 46	10 24 21	6 47
20	11 40 38	12 12 46	7 22 54	13 42 24	8 24 23	9 21 03	10 20 34	6 43
21	11 43 39	12 14 07	7 21 23	13 39 22	8 20 48	9 17 20	10 16 47	6 40
22	11 46 41	12 15 26	7 19 53	13 36 20	8 17 14	9 13 37	10 13 00	6 36
23	11 49 43	12 16 43	7 18 22	13 33 18	8 13 39	9 09 54	10 09 13	6 32
24	11 52 46	12 18 00	7 16 51	13 30 17	8 10 04	9 06 11	10 05 26	6 28
25	11 55 50	12 19 16	7 15 21	13 27 15	8 06 28	9 02 27	10 01 39	6 24
26	11 58 54	12 20 30	7 13 50	13 24 14	8 02 52	8 58 44	9 57 51	6 20
27	12 01 58	12 21 43	7 12 20	13 21 12	7 59 16	8 55 00	9 54 04	6 16
28	12 05 03	12 22 55	7 10 50	13 18 11	7 55 40	8 51 16	9 50 17	6 12
29	12 08 08	12 24 06	7 09 20	13 15 10	7 52 03	8 47 32	9 46 29	6 08
30	12 11 13	12 25 15	7 07 50	13 12 09	7 48 26	8 43 48	9 42 42	6 05
31	12 14 19	12 26 23	7 06 20	13 09 08	7 44 49	8 40 03	9 38 54	6 01
Feb. 1	12 17 24	12 27 30	7 04 50	13 06 07	7 41 11	8 36 19	9 35 06	5 57
2	12 20 29	12 28 36	7 03 20	13 03 06	7 37 34	8 32 34	9 31 18	5 53
3	12 23 34	12 29 41	7 01 50	13 00 05	7 33 55	8 28 49	9 27 31	5 49
4	12 26 38	12 30 44	7 00 20	12 57 04	7 30 17	8 25 04	9 23 43	5 46
5	12 29 42	12 31 46	6 58 50	12 54 03	7 26 38	8 21 19	9 19 55	5 41
6	12 32 45	12 32 47	6 57 20	12 51 02	7 22 59	8 17 34	9 16 06	5 37
7	12 35 47	12 33 46	6 55 50	12 48 02	7 19 19	8 13 48	9 12 18	5 33
8	12 38 48	12 34 45	6 54 20	12 45 01	7 15 39	8 10 03	9 08 30	5 29
9	12 41 47	12 35 42	6 52 50	12 42 00	7 11 59	8 06 17	9 04 41	5 25
10	12 44 45	12 36 38	6 51 20	12 39 00	7 08 18	8 02 31	9 00 53	5 22
11	12 47 40	12 37 33	6 49 50	12 35 59	7 04 37	7 58 45	8 57 04	5 18
12	12 50 33	12 38 26	6 48 20	12 32 58	7 00 56	7 54 58	8 53 15	5 14
13	12 53 22	12 39 19	6 46 50	12 29 58	6 57 14	7 51 12	8 49 27	5 10
14	12 56 07	12 40 10	6 45 20	12 26 57	6 53 32	7 47 25	8 45 38	5 06
15	12 58 48	12 41 01	6 43 49	12 23 56	6 49 49	7 43 38	8 41 49	5 02

TIMES OF EPHEMERIS TRANSIT, 1986

Date	Mercury	Venus	Mars	Jupiter	Saturn	Uranus	Neptune	Pluto
	h m s	h m s	h m s	h m s	h m s	h m s	h m s	h m
Feb. 15	12 58 48	12 41 01	6 43 49	12 23 56	6 49 49	7 43 38	8 41 49	5 02
16	13 01 24	12 41 50	6 42 19	12 20 55	6 46 06	7 39 51	8 37 59	4 58
17	13 03 53	12 42 39	6 40 48	12 17 55	6 42 23	7 36 03	8 34 10	4 54
18	13 06 14	12 43 26	6 39 18	12 14 54	6 38 40	7 32 16	8 30 21	4 50
19	13 08 27	12 44 12	6 37 47	12 11 53	6 34 56	7 28 28	8 26 31	4 46
20	13 10 29	12 44 58	6 36 16	12 08 52	6 31 11	7 24 40	8 22 42	4 42
21	13 12 19	12 45 43	6 34 45	12 05 51	6 27 26	7 20 52	8 18 52	4 38
22	13 13 55	12 46 26	6 33 14	12 02 50	6 23 41	7 17 03	8 15 02	4 34
23	13 15 17	12 47 09	6 31 43	11 59 49	6 19 56	7 13 15	8 11 12	4 31
24	13 16 20	12 47 52	6 30 12	11 56 48	6 16 10	7 09 26	8 07 22	4 26
25	13 17 04	12 48 33	6 28 40	11 53 47	6 12 23	7 05 37	8 03 32	4 22
26	13 17 27	12 49 14	6 27 09	11 50 46	6 08 37	7 01 48	7 59 42	4 19
27	13 17 26	12 49 54	6 25 37	11 47 45	6 04 49	6 57 58	7 55 51	4 16
28	13 17 00	12 50 33	6 24 05	11 44 44	6 01 02	6 54 09	7 52 01	4 11
Mar. 1	13 16 07	12 51 12	6 22 33	11 41 42	5 57 14	6 50 19	7 48 10	4 07
2	13 14 45	12 51 51	6 21 00	11 38 41	5 53 25	6 46 29	7 44 19	4 03
3	13 12 53	12 52 29	6 19 27	11 35 39	5 49 37	6 42 38	7 40 28	3 59
4	13 10 29	12 53 06	6 17 54	11 32 38	5 45 47	6 38 48	7 36 37	3 55
5	13 07 34	12 53 43	6 16 21	11 29 36	5 41 58	6 34 57	7 32 46	3 51
6	13 04 07	12 54 20	6 14 48	11 26 34	5 38 08	6 31 06	7 28 55	3 47
7	13 00 08	12 54 56	6 13 14	11 23 32	5 34 17	6 27 15	7 25 03	3 43
8	12 55 37	12 55 32	6 11 40	11 20 30	5 30 26	6 23 24	7 21 12	3 39
9	12 50 37	12 56 08	6 10 05	11 17 28	5 26 35	6 19 32	7 17 20	3 35
10	12 45 09	12 56 44	6 08 30	11 14 26	5 22 43	6 15 40	7 13 28	3 31
11	12 39 16	12 57 19	6 06 55	11 11 23	5 18 51	6 11 48	7 09 36	3 27
12	12 33 00	12 57 55	6 05 20	11 08 21	5 14 59	6 07 56	7 05 44	3 23
13	12 26 25	12 58 30	6 03 44	11 05 18	5 11 06	6 04 03	7 01 52	3 19
14	12 19 35	12 59 05	6 02 07	11 02 16	5 07 12	6 00 11	6 57 59	3 16
15	12 12 33	12 59 41	6 00 30	10 59 13	5 03 19	5 56 18	6 54 07	3 11
16	12 05 26	13 00 16	5 58 53	10 56 10	4 59 24	5 52 24	6 50 14	3 07
17	11 58 16	13 00 51	5 57 15	10 53 06	4 55 30	5 48 31	6 46 21	3 03
18	11 51 08	13 01 27	5 55 37	10 50 03	4 51 34	5 44 37	6 42 29	2 59
19	11 44 06	13 02 02	5 53 59	10 46 59	4 47 39	5 40 43	6 38 35	2 55
20	11 37 13	13 02 38	5 52 19	10 43 56	4 43 43	5 36 49	6 34 42	2 51
21	11 30 33	13 03 14	5 50 40	10 40 52	4 39 47	5 32 55	6 30 49	2 47
22	11 24 09	13 03 51	5 49 00	10 37 48	4 35 50	5 29 00	6 26 55	2 43
23	11 18 02	13 04 28	5 47 19	10 34 44	4 31 53	5 25 05	6 23 02	2 39
24	11 12 14	13 05 05	5 45 38	10 31 39	4 27 55	5 21 10	6 19 08	2 35
25	11 06 47	13 05 42	5 43 56	10 28 35	4 23 57	5 17 15	6 15 14	2 31
26	11 01 41	13 06 20	5 42 13	10 25 30	4 19 58	5 13 20	6 11 20	2 27
27	10 56 56	13 06 59	5 40 30	10 22 25	4 16 00	5 09 24	6 07 26	2 23
28	10 52 33	13 07 38	5 38 47	10 19 20	4 12 00	5 05 28	6 03 31	2 19
29	10 48 31	13 08 18	5 37 02	10 16 14	4 08 01	5 01 32	5 59 37	2 16
30	10 44 50	13 08 58	5 35 18	10 13 09	4 04 01	4 57 36	5 55 42	2 11
31	10 41 28	13 09 39	5 33 32	10 10 03	4 00 00	4 53 39	5 51 47	2 07
Apr. 1	10 38 26	13 10 20	5 31 46	10 06 57	3 55 59	4 49 42	5 47 52	2 03
2	10 35 43	13 11 03	5 29 59	10 03 51	3 51 58	4 45 45	5 43 57	1 59

TIMES OF EPHEMERIS TRANSIT, 1986

Date	Mercury	Venus	Mars	Jupiter	Saturn	Uranus	Neptune	Pluto
	h m s	h m s	h m s	h m s	h m s	h m s	h m s	h m
Apr. 1	10 38 26	13 10 20	5 31 46	10 06 57	3 55 59	4 49 42	5 47 52	2 03
2	10 35 43	13 11 03	5 29 59	10 03 51	3 51 58	4 45 45	5 43 57	1 59
3	10 33 17	13 11 46	5 28 11	10 00 45	3 47 56	4 41 48	5 40 02	1 55
4	10 31 09	13 12 30	5 26 22	9 57 38	3 43 54	4 37 50	5 36 07	1 51
5	10 29 15	13 13 14	5 24 33	9 54 31	3 39 52	4 33 53	5 32 11	1 47
6	10 27 37	13 14 00	5 22 43	9 51 24	3 35 49	4 29 55	5 28 16	1 43
7	10 26 13	13 14 46	5 20 52	9 48 17	3 31 45	4 25 56	5 24 20	1 39
8	10 25 03	13 15 33	5 19 00	9 45 09	3 27 42	4 21 58	5 20 24	1 35
9	10 24 04	13 16 22	5 17 07	9 42 01	3 23 38	4 17 59	5 16 28	1 31
10	10 23 18	13 17 11	5 15 13	9 38 53	3 19 33	4 14 01	5 12 32	1 27
11	10 22 43	13 18 01	5 13 18	9 35 45	3 15 28	4 10 02	5 08 35	1 23
12	10 22 18	13 18 52	5 11 22	9 32 36	3 11 23	4 06 02	5 04 39	1 19
13	10 22 03	13 19 44	5 09 26	9 29 27	3 07 18	4 02 03	5 00 42	1 16
14	10 21 58	13 20 37	5 07 28	9 26 18	3 03 12	3 58 03	4 56 45	1 11
15	10 22 02	13 21 32	5 05 29	9 23 09	2 59 06	3 54 03	4 52 48	1 07
16	10 22 14	13 22 27	5 03 29	9 19 59	2 54 59	3 50 03	4 48 51	1 03
17	10 22 34	13 23 23	5 01 28	9 16 49	2 50 52	3 46 03	4 44 54	0 58
18	10 23 02	13 24 20	4 59 26	9 13 38	2 46 45	3 42 03	4 40 57	0 54
19	10 23 38	13 25 19	4 57 23	9 10 28	2 42 38	3 38 02	4 36 59	0 50
20	10 24 21	13 26 18	4 55 19	9 07 17	2 38 30	3 34 01	4 33 02	0 46
21	10 25 11	13 27 19	4 53 13	9 04 06	2 34 21	3 30 00	4 29 04	0 42
22	10 26 08	13 28 20	4 51 07	9 00 54	2 30 13	3 25 59	4 25 06	0 38
23	10 27 12	13 29 23	4 48 59	8 57 42	2 26 04	3 21 57	4 21 08	0 34
24	10 28 22	13 30 26	4 46 49	8 54 30	2 21 55	3 17 56	4 17 10	0 31
25	10 29 40	13 31 31	4 44 39	8 51 17	2 17 46	3 13 54	4 13 12	0 26
26	10 31 03	13 32 37	4 42 27	8 48 04	2 13 36	3 09 52	4 09 13	0 22
27	10 32 34	13 33 44	4 40 14	8 44 51	2 09 26	3 05 50	4 05 15	0 18
28	10 34 11	13 34 52	4 37 59	8 41 38	2 05 16	3 01 48	4 01 16	0 14
29	10 35 55	13 36 01	4 35 43	8 38 24	2 01 05	2 57 45	3 57 18	0 10
30	10 37 46	13 37 10	4 33 26	8 35 10	1 56 55	2 53 42	3 53 19	0 06
May 1	10 39 44	13 38 21	4 31 07	8 31 55	1 52 44	2 49 40	3 49 20	0 02
2	10 41 49	13 39 33	4 28 46	8 28 40	1 48 32	2 45 37	3 45 21	23 54
3	10 44 01	13 40 46	4 26 24	8 25 25	1 44 21	2 41 33	3 41 21	23 50
4	10 46 21	13 41 59	4 24 00	8 22 09	1 40 09	2 37 30	3 37 22	23 46
5	10 48 48	13 43 14	4 21 35	8 18 53	1 35 57	2 33 27	3 33 22	23 42
6	10 51 24	13 44 29	4 19 08	8 15 36	1 31 45	2 29 23	3 29 23	23 38
7	10 54 07	13 45 45	4 16 39	8 12 20	1 27 33	2 25 19	3 25 23	23 34
8	10 56 59	13 47 02	4 14 08	8 09 02	1 23 20	2 21 15	3 21 23	23 31
9	11 00 00	13 48 20	4 11 35	8 05 45	1 19 08	2 17 11	3 17 23	23 26
10	11 03 10	13 49 38	4 09 01	8 02 27	1 14 55	2 13 07	3 13 23	23 22
11	11 06 28	13 50 56	4 06 24	7 59 08	1 10 42	2 09 03	3 09 23	23 18
12	11 09 57	13 52 16	4 03 46	7 55 49	1 06 28	2 04 58	3 05 23	23 14
13	11 13 35	13 53 35	4 01 05	7 52 30	1 02 15	2 00 54	3 01 22	23 10
14	11 17 23	13 54 56	3 58 23	7 49 10	0 58 02	1 56 49	2 57 22	23 06
15	11 21 20	13 56 16	3 55 38	7 45 50	0 53 48	1 52 44	2 53 21	23 02
16	11 25 28	13 57 37	3 52 52	7 42 29	0 49 34	1 48 39	2 49 21	22 57
17	11 29 45	13 58 58	3 50 03	7 39 08	0 45 20	1 44 34	2 45 20	22 53

Second transit: Pluto, May 1^{d}23^{h}58^d.

TIMES OF EPHEMERIS TRANSIT, 1986 E47

Date	Mercury	Venus	Mars	Jupiter	Saturn	Uranus	Neptune	Pluto
	h m s	h m s	h m s	h m s	h m s	h m s	h m s	h m
May 17	11 29 45	13 58 58	3 50 03	7 39 08	0 45 20	1 44 34	2 45 20	22 53
18	11 34 12	14 00 19	3 47 12	7 35 47	0 41 06	1 40 29	2 41 19	22 49
19	11 38 48	14 01 41	3 44 19	7 32 25	0 36 52	1 36 24	2 37 18	22 46
20	11 43 33	14 03 02	3 41 23	7 29 02	0 32 38	1 32 18	2 33 17	22 41
21	11 48 26	14 04 23	3 38 25	7 25 39	0 28 24	1 28 13	2 29 16	22 37
22	11 53 26	14 05 45	3 35 25	7 22 16	0 24 10	1 24 07	2 25 15	22 33
23	11 58 33	14 07 06	3 32 22	7 18 52	0 19 55	1 20 02	2 21 13	22 29
24	12 03 45	14 08 27	3 29 17	7 15 27	0 15 41	1 15 56	2 17 12	22 25
25	12 09 02	14 09 48	3 26 10	7 12 03	0 11 27	1 11 50	2 13 10	22 21
26	12 14 21	14 11 08	3 23 00	7 08 37	0 07 12	1 07 44	2 09 09	22 17
27	12 19 41	14 12 28	3 19 47	7 05 11	0 02 58	1 03 38	2 05 07	22 13
28	12 25 01	14 13 47	3 16 32	7 01 45	23 54 29	0 59 32	2 01 05	22 09
29	12 30 20	14 15 07	3 13 13	6 58 18	23 50 14	0 55 26	1 57 04	22 05
30	12 35 36	14 16 25	3 09 52	6 54 51	23 46 00	0 51 20	1 53 02	22 01
31	12 40 47	14 17 43	3 06 28	6 51 23	23 41 45	0 47 14	1 49 00	21 57
June 1	12 45 53	14 19 00	3 03 02	6 47 55	23 37 31	0 43 07	1 44 58	21 53
2	12 50 53	14 20 17	2 59 32	6 44 26	23 33 16	0 39 01	1 40 56	21 49
3	12 55 44	14 21 32	2 55 59	6 40 56	23 29 02	0 34 55	1 36 54	21 46
4	13 00 26	14 22 47	2 52 24	6 37 26	23 24 48	0 30 48	1 32 51	21 41
5	13 04 59	14 24 01	2 48 45	6 33 55	23 20 34	0 26 42	1 28 49	21 37
6	13 09 22	14 25 14	2 45 03	6 30 24	23 16 20	0 22 35	1 24 47	21 33
7	13 13 33	14 26 26	2 41 18	6 26 52	23 12 06	0 18 29	1 20 44	21 29
8	13 17 33	14 27 36	2 37 29	6 23 20	23 07 52	0 14 22	1 16 42	21 25
9	13 21 21	14 28 46	2 33 38	6 19 47	23 03 38	0 10 16	1 12 40	21 21
10	13 24 56	14 29 55	2 29 43	6 16 14	22 59 24	0 06 09	1 08 37	21 17
11	13 28 19	14 31 02	2 25 46	6 12 40	22 55 11	0 02 03	1 04 35	21 13
12	13 31 28	14 32 08	2 21 44	6 09 05	22 50 57	23 53 50	1 00 32	21 09
13	13 34 25	14 33 13	2 17 40	6 05 30	22 46 44	23 49 43	0 56 29	21 05
14	13 37 08	14 34 16	2 13 33	6 01 54	22 42 31	23 45 37	0 52 27	21 01
15	13 39 37	14 35 18	2 09 22	5 58 17	22 38 18	23 41 30	0 48 24	20 57
16	13 41 53	14 36 19	2 05 08	5 54 40	22 34 05	23 37 24	0 44 21	20 53
17	13 43 55	14 37 18	2 00 51	5 51 02	22 29 53	23 33 17	0 40 19	20 49
18	13 45 43	14 38 16	1 56 30	5 47 24	22 25 40	23 29 11	0 36 16	20 46
19	13 47 16	14 39 12	1 52 07	5 43 45	22 21 28	23 25 04	0 32 13	20 41
20	13 48 36	14 40 07	1 47 40	5 40 05	22 17 16	23 20 58	0 28 10	20 37
21	13 49 41	14 41 00	1 43 10	5 36 25	22 13 04	23 16 52	0 24 07	20 33
22	13 50 31	14 41 52	1 38 38	5 32 44	22 08 53	23 12 45	0 20 05	20 29
23	13 51 06	14 42 42	1 34 02	5 29 03	22 04 41	23 08 39	0 16 02	20 25
24	13 51 27	14 43 31	1 29 23	5 25 20	22 00 30	23 04 33	0 11 59	20 21
25	13 51 32	14 44 18	1 24 42	5 21 37	21 56 19	23 00 27	0 07 56	20 17
26	13 51 22	14 45 03	1 19 57	5 17 54	21 52 09	22 56 21	0 03 53	20 13
27	13 50 57	14 45 47	1 15 10	5 14 10	21 47 58	22 52 15	23 55 47	20 09
28	13 50 15	14 46 30	1 10 20	5 10 25	21 43 48	22 48 09	23 51 45	20 05
29	13 49 17	14 47 10	1 05 27	5 06 39	21 39 38	22 44 03	23 47 42	20 01
30	13 48 03	14 47 50	1 00 32	5 02 53	21 35 29	22 39 57	23 43 39	19 57
July 1	13 46 32	14 48 27	0 55 35	4 59 06	21 31 19	22 35 52	23 39 36	19 53
2	13 44 43	14 49 04	0 50 35	4 55 19	21 27 10	22 31 46	23 35 33	19 49

Second transits: Saturn, May $27^d23^h58^d43^s$, Uranus, June $11^d23^h57^d56^s$, Neptune, June $26^d23^h59^d50^s$.

TIMES OF EPHEMERIS TRANSIT, 1986

Date	Mercury	Venus	Mars	Jupiter	Saturn	Uranus	Neptune	Pluto
	h m s	h m s	h m s	h m s	h m s	h m s	h m s	h m
July 1	13 46 32	14 48 27	0 55 35	4 59 06	21 31 19	22 35 52	23 39 36	19 53
2	13 44 43	14 49 04	0 50 35	4 55 19	21 27 10	22 31 46	23 35 33	19 49
3	13 42 37	14 49 38	0 45 34	4 51 30	21 23 02	22 27 40	23 31 30	19 46
4	13 40 14	14 50 11	0 40 30	4 47 41	21 18 53	22 23 35	23 27 28	19 41
5	13 37 32	14 50 43	0 35 25	4 43 51	21 14 45	22 19 30	23 23 25	19 37
6	13 34 32	14 51 13	0 30 18	4 40 01	21 10 37	22 15 25	23 19 22	19 33
7	13 31 13	14 51 41	0 25 10	4 36 10	21 06 30	22 11 19	23 15 19	19 29
8	13 27 36	14 52 09	0 20 00	4 32 18	21 02 22	22 07 14	23 11 17	19 25
9	13 23 40	14 52 34	0 14 50	4 28 26	20 58 16	22 03 10	23 07 14	19 22
10	13 19 25	14 52 58	0 09 39	4 24 32	20 54 09	21 59 05	23 03 11	19 18
11	13 14 51	14 53 21	0 04 27	4 20 38	20 50 03	21 55 00	22 59 09	19 14
12	13 10 00	14 53 42	23 54 02	4 16 44	20 45 57	21 50 56	22 55 06	19 10
13	13 04 50	14 54 02	23 48 50	4 12 48	20 41 51	21 46 51	22 51 04	19 06
14	12 59 24	14 54 20	23 43 38	4 08 52	20 37 46	21 42 47	22 47 01	19 02
15	12 53 41	14 54 37	23 38 27	4 04 55	20 33 41	21 38 43	22 42 59	18 58
16	12 47 44	14 54 53	23 33 16	4 00 58	20 29 37	21 34 39	22 38 57	18 54
17	12 41 34	14 55 07	23 28 07	3 56 59	20 25 33	21 30 35	22 34 54	18 50
18	12 35 12	14 55 20	23 22 58	3 53 01	20 21 29	21 26 31	22 30 52	18 46
19	12 28 40	14 55 31	23 17 51	3 49 01	20 17 26	21 22 28	22 26 50	18 42
20	12 22 01	14 55 41	23 12 45	3 45 00	20 13 22	21 18 24	22 22 48	18 38
21	12 15 18	14 55 50	23 07 41	3 40 59	20 09 20	21 14 21	22 18 46	18 34
22	12 08 32	14 55 58	23 02 38	3 36 58	20 05 18	21 10 18	22 14 44	18 31
23	12 01 47	14 56 04	22 57 38	3 32 55	20 01 16	21 06 15	22 10 42	18 26
24	11 55 06	14 56 09	22 52 40	3 28 52	19 57 14	21 02 12	22 06 40	18 22
25	11 48 31	14 56 13	22 47 43	3 24 48	19 53 13	20 58 10	22 02 38	18 19
26	11 42 06	14 56 16	22 42 50	3 20 43	19 49 12	20 54 07	21 58 36	18 16
27	11 35 53	14 56 17	22 37 59	3 16 38	19 45 12	20 50 05	21 54 35	18 11
28	11 29 54	14 56 18	22 33 11	3 12 32	19 41 12	20 46 03	21 50 33	18 07
29	11 24 13	14 56 17	22 28 25	3 08 25	19 37 12	20 42 01	21 46 32	18 03
30	11 18 52	14 56 16	22 23 43	3 04 18	19 33 13	20 37 59	21 42 30	17 59
31	11 13 52	14 56 13	22 19 03	3 00 10	19 29 14	20 33 58	21 38 29	17 55
Aug. 1	11 09 14	14 56 09	22 14 27	2 56 01	19 25 15	20 29 56	21 34 28	17 51
2	11 05 02	14 56 04	22 09 54	2 51 52	19 21 17	20 25 55	21 30 26	17 47
3	11 01 15	14 55 58	22 05 25	2 47 42	19 17 20	20 21 54	21 26 25	17 43
4	10 57 54	14 55 51	22 00 59	2 43 31	19 13 22	20 17 53	21 22 24	17 39
5	10 55 01	14 55 43	21 56 36	2 39 20	19 09 26	20 13 53	21 18 23	17 35
6	10 52 36	14 55 35	21 52 18	2 35 08	19 05 29	20 09 52	21 14 23	17 32
7	10 50 38	14 55 25	21 48 02	2 30 55	19 01 33	20 05 52	21 10 22	17 28
8	10 49 08	14 55 14	21 43 51	2 26 42	18 57 37	20 01 52	21 06 21	17 24
9	10 48 06	14 55 02	21 39 43	2 22 28	18 53 42	19 57 52	21 02 21	17 20
10	10 47 32	14 54 50	21 35 39	2 18 14	18 49 47	19 53 52	20 58 20	17 16
11	10 47 24	14 54 36	21 31 39	2 13 59	18 45 53	19 49 53	20 54 20	17 12
12	10 47 43	14 54 21	21 27 43	2 09 43	18 41 59	19 45 54	20 50 20	17 08
13	10 48 27	14 54 06	21 23 50	2 05 27	18 38 05	19 41 55	20 46 20	17 04
14	10 49 35	14 53 49	21 20 01	2 01 11	18 34 12	19 37 56	20 42 20	17 01
15	10 51 07	14 53 32	21 16 16	1 56 54	18 30 19	19 33 57	20 38 20	16 57
16	10 53 00	14 53 14	21 12 35	1 52 36	18 26 27	19 29 59	20 34 20	16 53

Second transit: Mars, July $11^d23^h59^d15^s$.

TIMES OF EPHEMERIS TRANSIT, 1986 — E49

Date	Mercury	Venus	Mars	Jupiter	Saturn	Uranus	Neptune	Pluto
	h m s	h m s	h m s	h m s	h m s	h m s	h m s	h m
Aug. 16	10 53 00	14 53 14	21 12 35	1 52 36	18 26 27	19 29 59	20 34 20	16 53
17	10 55 13	14 52 54	21 08 57	1 48 18	18 22 35	19 26 01	20 30 21	16 49
18	10 57 44	14 52 34	21 05 23	1 43 59	18 18 43	19 22 03	20 26 21	16 46
19	11 00 32	14 52 12	21 01 52	1 39 40	18 14 52	19 18 05	20 22 22	16 41
20	11 03 35	14 51 50	20 58 25	1 35 20	18 11 01	19 14 07	20 18 23	16 37
21	11 06 49	14 51 27	20 55 01	1 31 00	18 07 10	19 10 10	20 14 23	16 33
22	11 10 15	14 51 02	20 51 41	1 26 40	18 03 20	19 06 13	20 10 24	16 29
23	11 13 48	14 50 37	20 48 24	1 22 19	17 59 31	19 02 16	20 06 25	16 26
24	11 17 27	14 50 11	20 45 10	1 17 58	17 55 41	18 58 19	20 02 27	16 22
25	11 21 11	14 49 43	20 42 00	1 13 36	17 51 52	18 54 23	19 58 28	16 18
26	11 24 58	14 49 15	20 38 53	1 09 14	17 48 04	18 50 26	19 54 29	16 14
27	11 28 45	14 48 45	20 35 49	1 04 51	17 44 16	18 46 30	19 50 31	16 10
28	11 32 32	14 48 15	20 32 48	1 00 29	17 40 28	18 42 35	19 46 33	16 06
29	11 36 17	14 47 43	20 29 51	0 56 06	17 36 41	18 38 39	19 42 35	16 02
30	11 39 59	14 47 10	20 26 56	0 51 42	17 32 54	18 34 44	19 38 36	15 59
31	11 43 37	14 46 35	20 24 05	0 47 19	17 29 07	18 30 48	19 34 39	15 55
Sept. 1	11 47 11	14 46 00	20 21 16	0 42 55	17 25 21	18 26 53	19 30 41	15 51
2	11 50 40	14 45 23	20 18 30	0 38 31	17 21 35	18 22 59	19 26 43	15 47
3	11 54 04	14 44 44	20 15 47	0 34 07	17 17 50	18 19 04	19 22 46	15 43
4	11 57 22	14 44 04	20 13 07	0 29 42	17 14 05	18 15 10	19 18 48	15 39
5	12 00 34	14 43 23	20 10 29	0 25 17	17 10 20	18 11 16	19 14 51	15 36
6	12 03 41	14 42 40	20 07 54	0 20 53	17 06 36	18 07 22	19 10 54	15 32
7	12 06 41	14 41 55	20 05 22	0 16 28	17 02 52	18 03 28	19 06 57	15 28
8	12 09 36	14 41 09	20 02 52	0 12 03	16 59 08	17 59 35	19 03 00	15 24
9	12 12 25	14 40 21	20 00 25	0 07 38	16 55 25	17 55 42	18 59 04	15 20
10	12 15 09	14 39 30	19 58 00	0 03 13	16 51 42	17 51 49	18 55 07	15 16
11	12 17 47	14 38 38	19 55 38	23 54 22	16 47 59	17 47 56	18 51 11	15 12
12	12 20 20	14 37 43	19 53 18	23 49 57	16 44 17	17 44 04	18 47 14	15 09
13	12 22 48	14 36 47	19 51 00	23 45 32	16 40 35	17 40 11	18 43 18	15 05
14	12 25 11	14 35 47	19 48 44	23 41 07	16 36 54	17 36 19	18 39 22	15 01
15	12 27 29	14 34 46	19 46 30	23 36 42	16 33 13	17 32 28	18 35 26	14 57
16	12 29 43	14 33 41	19 44 18	23 32 17	16 29 32	17 28 36	18 31 31	14 53
17	12 31 53	14 32 34	19 42 08	23 27 52	16 25 52	17 24 44	18 27 35	14 50
18	12 34 00	14 31 23	19 40 00	23 23 28	16 22 12	17 20 53	18 23 40	14 46
19	12 36 02	14 30 10	19 37 53	23 19 03	16 18 32	17 17 02	18 19 44	14 42
20	12 38 01	14 28 53	19 35 49	23 14 39	16 14 52	17 13 11	18 15 49	14 38
21	12 39 56	14 27 33	19 33 46	23 10 15	16 11 13	17 09 21	18 11 54	14 34
22	12 41 49	14 26 09	19 31 45	23 05 51	16 07 34	17 05 31	18 07 59	14 31
23	12 43 38	14 24 41	19 29 45	23 01 28	16 03 56	17 01 40	18 04 05	14 27
24	12 45 25	14 23 09	19 27 47	22 57 04	16 00 18	16 57 50	18 00 10	14 23
25	12 47 09	14 21 34	19 25 51	22 52 41	15 56 40	16 54 01	17 56 16	14 19
26	12 48 50	14 19 53	19 23 56	22 48 18	15 53 02	16 50 11	17 52 21	14 16
27	12 50 29	14 18 08	19 22 02	22 43 56	15 49 25	16 46 22	17 48 27	14 11
28	12 52 06	14 16 19	19 20 10	22 39 34	15 45 48	16 42 33	17 44 33	14 08
29	12 53 40	14 14 24	19 18 19	22 35 12	15 42 11	16 38 44	17 40 39	14 04
30	12 55 13	14 12 23	19 16 30	22 30 51	15 38 35	16 34 55	17 36 46	14 01
Oct. 1	12 56 43	14 10 18	19 14 42	22 26 30	15 34 59	16 31 07	17 32 52	13 56

Second transit: Jupiter, Sept. $10^d 23^h 58^d 47^s$.

TIMES OF EPHEMERIS TRANSIT, 1986

Date	Mercury	Venus	Mars	Jupiter	Saturn	Uranus	Neptune	Pluto
	h m s	h m s	h m s	h m s	h m s	h m s	h m s	h m
Oct. 1	12 56 43	14 10 18	19 14 42	22 26 30	15 34 59	16 31 07	17 32 52	13 56
2	12 58 11	14 08 06	19 12 55	22 22 10	15 31 23	16 27 18	17 28 59	13 52
3	12 59 38	14 05 48	19 11 09	22 17 50	15 27 48	16 23 30	17 25 05	13 49
4	13 01 02	14 03 24	19 09 24	22 13 30	15 24 13	16 19 42	17 21 12	13 46
5	13 02 24	14 00 54	19 07 40	22 09 11	15 20 38	16 15 55	17 17 19	13 41
6	13 03 44	13 58 16	19 05 58	22 04 52	15 17 03	16 12 07	17 13 26	13 37
7	13 05 02	13 55 31	19 04 17	22 00 34	15 13 29	16 08 20	17 09 34	13 33
8	13 06 18	13 52 39	19 02 36	21 56 17	15 09 55	16 04 33	17 05 41	13 31
9	13 07 31	13 49 38	19 00 57	21 52 00	15 06 21	16 00 46	17 01 48	13 26
10	13 08 41	13 46 30	18 59 18	21 47 43	15 02 47	15 56 59	16 57 56	13 22
11	13 09 49	13 43 14	18 57 40	21 43 27	14 59 14	15 53 12	16 54 04	13 18
12	13 10 54	13 39 49	18 56 03	21 39 12	14 55 41	15 49 26	16 50 12	13 14
13	13 11 55	13 36 15	18 54 27	21 34 57	14 52 08	15 45 40	16 46 20	13 11
14	13 12 52	13 32 32	18 52 52	21 30 43	14 48 36	15 41 54	16 42 28	13 07
15	13 13 45	13 28 40	18 51 17	21 26 30	14 45 03	15 38 08	16 38 36	13 03
16	13 14 33	13 24 39	18 49 43	21 22 17	14 41 31	15 34 22	16 34 45	12 59
17	13 15 16	13 20 28	18 48 10	21 18 05	14 37 59	15 30 37	16 30 54	12 55
18	13 15 53	13 16 08	18 46 37	21 13 53	14 34 28	15 26 51	16 27 02	12 52
19	13 16 24	13 11 39	18 45 05	21 09 42	14 30 56	15 23 06	16 23 11	12 48
20	13 16 46	13 07 00	18 43 33	21 05 32	14 27 25	15 19 21	16 19 20	12 44
21	13 17 01	13 02 13	18 42 02	21 01 22	14 23 54	15 15 36	16 15 29	12 40
22	13 17 05	12 57 16	18 40 31	20 57 13	14 20 23	15 11 52	16 11 38	12 36
23	13 16 58	12 52 10	18 39 01	20 53 05	14 16 53	15 08 07	16 07 48	12 33
24	13 16 39	12 46 56	18 37 31	20 48 58	14 13 22	15 04 23	16 03 57	12 29
25	13 16 06	12 41 34	18 36 02	20 44 51	14 09 52	15 00 38	16 00 07	12 25
26	13 15 18	12 36 05	18 34 33	20 40 45	14 06 22	14 56 54	15 56 17	12 21
27	13 14 12	12 30 28	18 33 05	20 36 40	14 02 52	14 53 10	15 52 26	12 17
28	13 12 46	12 24 45	18 31 36	20 32 35	13 59 23	14 49 27	15 48 36	12 14
29	13 10 58	12 18 57	18 30 09	20 28 31	13 55 53	14 45 43	15 44 47	12 10
30	13 08 45	12 13 03	18 28 41	20 24 28	13 52 24	14 42 00	15 40 57	12 06
31	13 06 06	12 07 05	18 27 14	20 20 26	13 48 55	14 38 16	15 37 07	12 02
Nov. 1	13 02 57	12 01 03	18 25 48	20 16 24	13 45 26	14 34 33	15 33 17	11 59
2	12 59 16	11 54 59	18 24 21	20 12 23	13 41 57	14 30 50	15 29 28	11 55
3	12 55 01	11 48 54	18 22 55	20 08 23	13 38 29	14 27 07	15 25 39	11 51
4	12 50 09	11 42 48	18 21 29	20 04 24	13 35 00	14 23 24	15 21 49	11 47
5	12 44 39	11 36 41	18 20 04	20 00 25	13 31 32	14 19 42	15 18 00	11 43
6	12 38 31	11 30 36	18 18 38	19 56 27	13 28 04	14 15 59	15 14 11	11 40
7	12 31 45	11 24 33	18 17 13	19 52 30	13 24 36	14 12 17	15 10 22	11 36
8	12 24 24	11 18 33	18 15 48	19 48 34	13 21 08	14 08 34	15 06 34	11 32
9	12 16 29	11 12 37	18 14 23	19 44 38	13 17 41	14 04 52	15 02 45	11 28
10	12 08 08	11 06 45	18 12 58	19 40 44	13 14 13	14 01 10	14 58 56	11 25
11	11 59 26	11 00 59	18 11 34	19 36 49	13 10 46	13 57 28	14 55 08	11 21
12	11 50 33	10 55 19	18 10 09	19 32 56	13 07 18	13 53 46	14 51 19	11 17
13	11 41 37	10 49 45	18 08 45	19 29 04	13 03 51	13 50 04	14 47 31	11 13
14	11 32 48	10 44 19	18 07 21	19 25 12	13 00 24	13 46 23	14 43 43	11 09
15	11 24 17	10 39 00	18 05 57	19 21 21	12 56 57	13 42 41	14 39 55	11 06
16	11 16 10	10 33 50	18 04 32	19 17 31	12 53 30	13 38 59	14 36 07	11 02

TIMES OF EPHEMERIS TRANSIT, 1986

Date	Mercury	Venus	Mars	Jupiter	Saturn	Uranus	Neptune	Pluto
	h m s	h m s	h m s	h m s	h m s	h m s	h m s	h m
Nov. 16	11 16 10	10 33 50	18 04 32	19 17 31	12 53 30	13 38 59	14 36 07	11 02
17	11 08 36	10 28 48	18 03 08	19 13 41	12 50 03	13 35 18	14 32 19	10 58
18	11 01 39	10 23 55	18 01 44	19 09 52	12 46 36	13 31 37	14 28 31	10 54
19	10 55 24	10 19 10	18 00 20	19 06 04	12 43 10	13 27 55	14 24 43	10 50
20	10 49 52	10 14 35	17 58 56	19 02 17	12 39 43	13 24 14	14 20 55	10 47
21	10 45 03	10 10 10	17 57 32	18 58 30	12 36 17	13 20 33	14 17 07	10 43
22	10 40 57	10 05 53	17 56 08	18 54 45	12 32 50	13 16 52	14 13 20	10 39
23	10 37 31	10 01 46	17 54 45	18 50 59	12 29 24	13 13 11	14 09 32	10 35
24	10 34 42	9 57 48	17 53 21	18 47 15	12 25 58	13 09 30	14 05 45	10 31
25	10 32 28	9 53 59	17 51 57	18 43 31	12 22 31	13 05 50	14 01 58	10 28
26	10 30 46	9 50 18	17 50 33	18 39 48	12 19 05	13 02 09	13 58 10	10 24
27	10 29 32	9 46 47	17 49 09	18 36 06	12 15 39	12 58 28	13 54 23	10 20
28	10 28 45	9 43 24	17 47 45	18 32 25	12 12 13	12 54 48	13 50 36	10 16
29	10 28 19	9 40 10	17 46 21	18 28 44	12 08 47	12 51 07	13 46 49	10 13
30	10 28 15	9 37 04	17 44 58	18 25 04	12 05 21	12 47 27	13 43 02	10 09
Dec. 1	10 28 28	9 34 06	17 43 34	18 21 24	12 01 55	12 43 46	13 39 15	10 05
2	10 28 57	9 31 16	17 42 10	18 17 46	11 58 29	12 40 06	13 35 28	10 01
3	10 29 40	9 28 33	17 40 46	18 14 08	11 55 03	12 36 26	13 31 41	9 57
4	10 30 36	9 25 57	17 39 22	18 10 30	11 51 37	12 32 45	13 27 55	9 54
5	10 31 43	9 23 29	17 37 58	18 06 54	11 48 11	12 29 05	13 24 08	9 50
6	10 33 00	9 21 07	17 36 35	18 03 17	11 44 45	12 25 25	13 20 21	9 46
7	10 34 26	9 18 52	17 35 11	17 59 42	11 41 19	12 21 44	13 16 35	9 42
8	10 35 59	9 16 44	17 33 47	17 56 07	11 37 53	12 18 04	13 12 48	9 38
9	10 37 40	9 14 42	17 32 23	17 52 33	11 34 28	12 14 24	13 09 01	9 35
10	10 39 27	9 12 45	17 30 59	17 49 00	11 31 02	12 10 44	13 05 15	9 31
11	10 41 20	9 10 55	17 29 35	17 45 27	11 27 36	12 07 04	13 01 29	9 27
12	10 43 19	9 09 10	17 28 11	17 41 55	11 24 10	12 03 24	12 57 42	9 23
13	10 45 22	9 07 30	17 26 46	17 38 23	11 20 44	11 59 44	12 53 56	9 19
14	10 47 31	9 05 56	17 25 22	17 34 52	11 17 18	11 56 03	12 50 09	9 16
15	10 49 43	9 04 27	17 23 58	17 31 22	11 13 51	11 52 23	12 46 23	9 12
16	10 51 59	9 03 03	17 22 34	17 27 52	11 10 25	11 48 43	12 42 37	9 08
17	10 54 19	9 01 44	17 21 09	17 24 23	11 06 59	11 45 03	12 38 50	9 04
18	10 56 43	9 00 29	17 19 45	17 20 54	11 03 33	11 41 23	12 35 04	9 01
19	10 59 10	8 59 19	17 18 20	17 17 26	11 00 07	11 37 43	12 31 18	8 56
20	11 01 40	8 58 13	17 16 56	17 13 58	10 56 40	11 34 03	12 27 32	8 53
21	11 04 13	8 57 12	17 15 31	17 10 32	10 53 14	11 30 22	12 23 46	8 49
22	11 06 49	8 56 15	17 14 07	17 07 05	10 49 47	11 26 42	12 19 59	8 46
23	11 09 28	8 55 21	17 12 42	17 03 39	10 46 21	11 23 02	12 16 13	8 41
24	11 12 09	8 54 32	17 11 18	17 00 14	10 42 54	11 19 22	12 12 27	8 37
25	11 14 52	8 53 46	17 09 53	16 56 49	10 39 27	11 15 42	12 08 41	8 34
26	11 17 38	8 53 04	17 08 28	16 53 25	10 36 00	11 12 01	12 04 55	8 31
27	11 20 27	8 52 25	17 07 04	16 50 01	10 32 33	11 08 21	12 01 09	8 26
28	11 23 17	8 51 50	17 05 39	16 46 38	10 29 06	11 04 40	11 57 22	8 22
29	11 26 09	8 51 18	17 04 14	16 43 15	10 25 39	11 01 00	11 53 36	8 18
30	11 29 04	8 50 49	17 02 50	16 39 53	10 22 12	10 57 20	11 49 50	8 14
31	11 32 00	8 50 23	17 01 25	16 36 31	10 18 44	10 53 39	11 46 04	8 11
32	11 34 58	8 50 01	17 00 01	16 33 10	10 15 17	10 49 59	11 42 18	8 07

MERCURY, 1986
EPHEMERIS FOR PHYSICAL OBSERVATIONS
FOR 0ʰ DYNAMICAL TIME

Date		Light-time	Magnitude	Surface Brightness	Diameter	Phase	Phase Angle	Defect of Illumination
		m			"		°	"
Jan.	0	10.47	− 0.4	+2.8	5.34	0.866	42.9	0.71
	2	10.69	0.4	2.8	5.23	0.884	39.8	0.61
	4	10.88	0.4	2.8	5.14	0.900	36.9	0.51
	6	11.05	0.4	2.7	5.06	0.914	34.1	0.44
	8	11.21	0.5	2.7	4.99	0.926	31.5	0.37
	10	11.34	− 0.5	+2.6	4.93	0.937	29.0	0.31
	12	11.46	0.5	2.6	4.88	0.947	26.6	0.26
	14	11.56	0.6	2.5	4.84	0.956	24.2	0.21
	16	11.65	0.6	2.5	4.80	0.964	21.9	0.17
	18	11.72	0.7	2.4	4.77	0.971	19.5	0.14
	20	11.77	− 0.8	+2.3	4.75	0.978	17.2	0.11
	22	11.80	0.9	2.2	4.74	0.983	14.9	0.08
	24	11.81	0.9	2.2	4.74	0.988	12.5	0.06
	26	11.81	1.1	2.1	4.74	0.992	10.1	0.04
	28	11.79	1.2	1.9	4.75	0.995	7.8	0.02
	30	11.74	− 1.3	+1.8	4.76	0.997	5.8	0.01
Feb.	1	11.68	1.4	1.8	4.79	0.998	4.9	0.01
	3	11.59	1.4	1.7	4.83	0.997	6.0	0.01
	5	11.48	1.4	1.8	4.87	0.994	8.7	0.03
	7	11.34	1.4	1.8	4.93	0.988	12.4	0.06
	9	11.17	− 1.3	+1.9	5.01	0.979	16.6	0.10
	11	10.97	1.3	1.9	5.10	0.965	21.5	0.18
	13	10.73	1.3	2.0	5.21	0.946	26.9	0.28
	15	10.46	1.2	2.1	5.35	0.919	33.0	0.43
	17	10.16	1.2	2.1	5.51	0.884	39.8	0.64
	19	9.81	− 1.1	+2.2	5.70	0.839	47.2	0.92
	21	9.43	1.0	2.3	5.93	0.784	55.5	1.28
	23	9.01	0.9	2.4	6.21	0.716	64.3	1.76
	25	8.57	0.8	2.5	6.53	0.639	73.8	2.36
	27	8.11	0.6	2.7	6.90	0.554	83.9	3.08
Mar.	1	7.64	− 0.3	+2.9	7.32	0.463	94.2	3.93
	3	7.18	0.0	3.2	7.79	0.372	104.8	4.89
	5	6.74	+ 0.5	3.5	8.30	0.284	115.6	5.94
	7	6.33	1.0	3.8	8.83	0.204	126.4	7.03
	9	5.97	1.7	4.1	9.37	0.134	137.1	8.11
	11	5.66	+ 2.5	+4.5	9.88	0.078	147.6	9.10
	13	5.42	3.5	4.7	10.33	0.038	157.7	9.94
	15	5.23	4.4	.....	10.69	0.014	166.6	10.55
	17	5.11	5.0	.....	10.95	0.006	171.0	10.88
	19	5.05	4.5	.....	11.07	0.014	166.6	10.92
	21	5.05	+ 3.7	+5.0	11.08	0.034	158.9	10.71
	23	5.10	3.0	4.9	10.98	0.064	150.8	10.28
	25	5.19	2.4	4.8	10.78	0.100	143.1	9.70
	27	5.32	1.9	4.7	10.52	0.141	136.0	9.04
	29	5.47	1.6	4.5	10.22	0.183	129.4	8.35
	31	5.65	+ 1.3	+4.4	9.89	0.226	123.3	7.66
Apr.	2	5.85	+ 1.1	+4.3	9.56	0.267	117.8	7.00

MERCURY, 1986
EPHEMERIS FOR PHYSICAL OBSERVATIONS
FOR 0ʰ DYNAMICAL TIME

Date		Sub-Earth Point		Sub-Solar Point			North Pole	
		Long.	Lat.	Long.	Dist.	P.A.	Dist.	P.A.
		°	°	°	"	°	"	°
Jan.	0	182.81	− 4.24	225.57	+ 1.82	94.96	− 2.66	9.56
	2	192.19	4.27	231.78	1.67	92.96	2.61	8.13
	4	201.53	4.31	238.16	1.54	90.86	2.56	6.65
	6	210.83	4.34	244.68	1.42	88.67	2.52	5.14
	8	220.10	4.38	251.30	1.30	86.37	2.49	3.58
	10	229.33	− 4.42	258.00	+ 1.19	83.95	− 2.46	2.00
	12	238.53	4.46	264.74	1.09	81.39	2.43	0.39
	14	247.71	4.50	271.50	0.99	78.66	2.41	358.76
	16	256.85	4.53	278.26	0.89	75.71	2.39	357.13
	18	265.96	4.57	284.99	0.80	72.45	2.38	355.49
	20	275.04	− 4.61	291.65	+ 0.70	68.76	− 2.37	353.86
	22	284.08	4.65	298.23	0.61	64.38	2.36	352.23
	24	293.08	4.70	304.70	0.51	58.89	2.36	350.62
	26	302.05	4.74	311.01	0.42	51.38	2.36	349.04
	28	310.97	4.79	317.14	0.32	39.82	2.36	347.48
	30	319.85	− 4.83	323.05	+ 0.24	19.54	− 2.37	345.96
Feb.	1	328.68	4.89	328.70	0.20	344.67	2.39	344.48
	3	337.47	4.94	334.04	0.25	308.21	2.40	343.06
	5	346.21	5.00	339.03	0.37	286.34	2.43	341.69
	7	354.91	5.07	343.62	0.53	274.21	2.46	340.38
	9	3.57	− 5.15	347.75	+ 0.72	266.67	− 2.49	339.14
	11	12.20	5.24	351.36	0.93	261.43	2.54	337.99
	13	20.82	5.34	354.41	1.18	257.49	2.59	336.92
	15	29.44	5.45	356.86	1.46	254.37	2.66	335.94
	17	38.10	5.59	358.67	1.76	251.80	2.74	335.07
	19	46.83	− 5.75	359.85	+ 2.09	249.62	− 2.84	334.30
	21	55.69	5.94	0.45	2.44	247.73	2.95	333.64
	23	64.74	6.16	0.55	2.80	246.04	3.09	333.09
	25	74.06	6.42	0.31	3.14	244.50	3.24	332.64
	27	83.72	6.70	359.91	+ 3.43	243.01	3.43	332.30
Mar.	1	93.83	− 7.02	359.56	− 3.65	241.51	− 3.63	332.04
	3	104.44	7.37	359.46	3.77	239.90	3.86	331.86
	5	115.62	7.73	359.78	3.74	238.03	4.11	331.75
	7	127.42	8.08	0.64	3.56	235.70	4.37	331.70
	9	139.83	8.41	2.10	3.19	232.57	4.63	331.70
	11	152.83	− 8.70	4.21	− 2.65	227.86	− 4.88	331.76
	13	166.34	8.90	6.93	1.96	219.54	5.10	331.89
	15	180.23	8.99	10.25	1.24	200.59	5.28	332.07
	17	194.36	8.97	14.11	0.85	150.68	5.41	332.30
	19	208.55	8.83	18.45	1.28	103.29	5.47	332.57
	21	222.64	− 8.58	23.23	− 2.00	85.75	− 5.48	332.85
	23	236.51	8.23	28.39	2.68	78.07	5.43	333.11
	25	250.05	7.81	33.88	3.24	73.82	5.34	333.32
	27	263.21	7.35	39.66	3.66	71.10	5.22	333.46
	29	275.98	6.87	45.67	3.95	69.18	5.07	333.54
	31	288.36	− 6.37	51.89	− 4.13	67.73	− 4.92	333.54
Apr.	2	300.36	− 5.89	58.27	− 4.23	66.57	− 4.75	333.48

MERCURY, 1986
EPHEMERIS FOR PHYSICAL OBSERVATIONS
FOR 0ʰ DYNAMICAL TIME

Date		Light-time	Magnitude	Surface Brightness	Diameter	Phase	Phase Angle	Defect of Illumination
		m			"		°	"
Apr.	2	5.85	+ 1.1	+4.3	9.56	0.267	117.8	7.00
	4	6.06	0.9	4.2	9.22	0.307	112.7	6.39
	6	6.29	0.7	4.1	8.90	0.346	108.0	5.82
	8	6.52	0.6	4.0	8.58	0.382	103.6	5.30
	10	6.76	0.5	3.9	8.28	0.417	99.6	4.83
	12	7.00	+ 0.4	+3.8	7.99	0.450	95.8	4.40
	14	7.24	0.4	3.8	7.72	0.481	92.2	4.01
	16	7.49	0.3	3.7	7.47	0.511	88.7	3.65
	18	7.74	0.2	3.6	7.23	0.541	85.3	3.32
	20	7.99	0.2	3.5	7.00	0.569	82.1	3.02
	22	8.23	+ 0.1	+3.4	6.79	0.597	78.8	2.74
	24	8.48	0.0	3.4	6.59	0.625	75.5	2.47
	26	8.73	0.0	3.3	6.41	0.653	72.2	2.23
	28	8.97	− 0.1	3.2	6.23	0.681	68.8	1.99
	30	9.22	0.2	3.1	6.07	0.709	65.3	1.76
May	2	9.45	− 0.3	+3.0	5.92	0.738	61.5	1.55
	4	9.68	0.4	2.8	5.78	0.768	57.6	1.34
	6	9.91	0.5	2.7	5.64	0.798	53.4	1.14
	8	10.12	0.7	2.6	5.53	0.829	48.8	0.94
	10	10.32	0.8	2.4	5.42	0.860	43.9	0.76
	12	10.51	− 1.0	+2.3	5.32	0.891	38.5	0.58
	14	10.67	1.2	2.1	5.24	0.921	32.6	0.41
	16	10.81	1.4	1.9	5.18	0.948	26.2	0.27
	18	10.91	1.6	1.6	5.13	0.972	19.4	0.14
	20	10.98	1.9	1.4	5.10	0.989	12.0	0.06
	22	11.00	− 2.2	+1.1	5.09	0.999	4.3	0.01
	24	10.98	2.2	1.1	5.10	0.999	4.2	0.01
	26	10.91	2.0	1.3	5.13	0.988	12.4	0.06
	28	10.79	1.7	1.6	5.19	0.968	20.6	0.17
	30	10.63	1.5	1.8	5.26	0.939	28.7	0.32
June	1	10.43	− 1.3	+2.0	5.37	0.902	36.5	0.52
	3	10.19	1.1	2.2	5.49	0.861	43.8	0.76
	5	9.93	0.9	2.4	5.63	0.817	50.7	1.03
	7	9.66	0.7	2.5	5.79	0.771	57.1	1.32
	9	9.37	0.6	2.7	5.97	0.726	63.1	1.63
	11	9.07	− 0.4	+2.9	6.17	0.682	68.6	1.96
	13	8.76	0.3	3.0	6.38	0.639	73.8	2.30
	15	8.46	− 0.1	3.2	6.62	0.598	78.7	2.66
	17	8.15	0.0	3.3	6.86	0.559	83.3	3.03
	19	7.85	+ 0.1	3.4	7.12	0.520	87.7	3.42
	21	7.56	+ 0.3	+3.6	7.40	0.483	91.9	3.83
	23	7.27	0.4	3.7	7.70	0.447	96.1	4.26
	25	6.99	0.5	3.8	8.00	0.411	100.2	4.71
	27	6.72	0.6	3.9	8.33	0.376	104.4	5.20
	29	6.46	0.8	4.0	8.66	0.341	108.6	5.71
July	1	6.21	+ 0.9	+4.2	9.01	0.306	112.8	6.25
	3	5.97	+ 1.1	+4.3	9.37	0.271	117.2	6.83

MERCURY, 1986
EPHEMERIS FOR PHYSICAL OBSERVATIONS
FOR 0ʰ DYNAMICAL TIME

E55

Date		Sub-Earth Point		Sub-Solar Point			North Pole	
		Long.	Lat.	Long.	Dist.	P.A.	Dist.	P.A.
		°	°	°	″	°	″	°
Apr.	2	300.36	− 5.89	58.27	− 4.23	66.57	− 4.75	333.48
	4	312.03	5.41	64.79	4.26	65.60	4.59	333.35
	6	323.37	4.96	71.41	4.23	64.78	4.43	333.18
	8	334.44	4.52	78.11	4.17	64.05	4.28	332.97
	10	345.25	4.11	84.86	4.08	63.42	4.13	332.74
	12	355.84	− 3.71	91.62	− 3.98	62.86	− 3.99	332.50
	14	6.22	3.34	98.38	− 3.86	62.37	3.86	332.26
	16	16.41	2.99	105.10	+ 3.73	61.96	3.73	332.03
	18	26.43	2.66	111.77	3.60	61.60	3.61	331.82
	20	36.30	2.34	118.34	3.47	61.32	3.50	331.65
	22	46.02	− 2.04	124.80	+ 3.33	61.12	− 3.39	331.52
	24	55.59	1.76	131.11	3.19	60.99	3.30	331.44
	26	65.03	1.49	137.24	3.05	60.95	3.20	331.42
	28	74.34	1.23	143.14	2.91	61.00	3.12	331.47
	30	83.53	0.99	148.79	2.76	61.15	3.03	331.59
May	2	92.58	− 0.76	154.12	+ 2.60	61.40	− 2.96	331.80
	4	101.51	0.54	159.11	2.44	61.78	2.89	332.10
	6	110.32	0.32	163.69	2.27	62.28	2.82	332.51
	8	119.00	− 0.12	167.81	2.08	62.94	− 2.76	333.03
	10	127.55	+ 0.07	171.42	1.88	63.77	+ 2.71	333.67
	12	135.97	+ 0.26	174.46	+ 1.66	64.80	+ 2.66	334.45
	14	144.27	0.44	176.89	1.41	66.09	2.62	335.37
	16	152.45	0.62	178.69	1.14	67.73	2.59	336.44
	18	160.52	0.79	179.86	0.85	69.98	2.56	337.68
	20	168.51	0.97	180.45	0.53	73.70	2.55	339.07
	22	176.43	+ 1.14	180.55	+ 0.19	86.24	+ 2.54	340.63
	24	184.31	1.32	180.31	0.19	233.96	2.55	342.33
	26	192.19	1.50	179.91	0.55	247.24	2.56	344.16
	28	200.11	1.70	179.56	0.91	251.56	2.59	346.09
	30	208.10	1.90	179.46	1.26	254.61	2.63	348.09
June	1	216.19	+ 2.12	179.79	+ 1.59	257.27	+ 2.68	350.13
	3	224.41	2.34	180.65	1.90	259.73	2.74	352.17
	5	232.78	2.59	182.13	2.18	262.08	2.81	354.18
	7	241.32	2.85	184.24	2.43	264.32	2.89	356.15
	9	250.01	3.12	186.97	2.66	266.47	2.98	358.04
	11	258.88	+ 3.41	190.30	+ 2.87	268.52	+ 3.08	359.84
	13	267.93	3.72	194.16	3.07	270.48	3.19	1.54
	15	277.15	4.05	198.52	3.24	272.34	3.30	3.14
	17	286.56	4.40	203.30	3.41	274.12	3.42	4.62
	19	296.14	4.77	208.47	+ 3.56	275.81	3.55	5.98
	21	305.92	+ 5.15	213.96	− 3.70	277.42	+ 3.69	7.22
	23	315.89	5.56	219.74	3.83	278.96	3.83	8.35
	25	326.06	5.99	225.76	3.94	280.45	3.98	9.34
	27	336.45	6.44	231.98	4.03	281.89	4.14	10.22
	29	347.07	6.91	238.37	4.11	283.31	4.30	10.97
July	1	357.93	+ 7.39	244.89	− 4.15	284.74	+ 4.47	11.59
	3	9.04	+ 7.89	251.52	− 4.16	286.19	+ 4.64	12.09

MERCURY, 1986
EPHEMERIS FOR PHYSICAL OBSERVATIONS
FOR 0ʰ DYNAMICAL TIME

Date		Light-time	Magnitude	Surface Brightness	Diameter	Phase	Phase Angle	Defect of Illumination
		m			"		°	"
July	1	6.21	+ 0.9	+4.2	9.01	0.306	112.8	6.25
	3	5.97	1.1	4.3	9.37	0.271	117.2	6.83
	5	5.75	1.3	4.4	9.73	0.236	121.8	7.43
	7	5.55	1.5	4.6	10.08	0.202	126.6	8.05
	9	5.36	1.8	4.7	10.43	0.167	131.7	8.69
	11	5.20	+ 2.1	+4.8	10.76	0.134	137.0	9.32
	13	5.06	2.5	5.0	11.06	0.103	142.6	9.92
	15	4.95	2.9	5.1	11.31	0.074	148.4	10.47
	17	4.87	3.4	5.2	11.49	0.049	154.4	10.93
	19	4.82	4.0	.....	11.60	0.029	160.2	11.26
	21	4.82	+ 4.5	.....	11.62	0.016	165.4	11.43
	23	4.85	4.8	.....	11.53	0.010	168.3	11.41
	25	4.93	4.6	.....	11.35	0.013	166.8	11.20
	27	5.05	4.1	.....	11.07	0.025	161.8	10.79
	29	5.22	3.4	+5.0	10.71	0.046	155.2	10.22
	31	5.43	+ 2.8	+4.8	10.29	0.076	148.0	9.51
Aug.	2	5.69	2.2	4.5	9.83	0.115	140.4	8.70
	4	5.99	1.7	4.3	9.34	0.162	132.6	7.83
	6	6.33	1.2	4.0	8.84	0.216	124.6	6.93
	8	6.70	0.7	3.7	8.35	0.277	116.5	6.04
	10	7.09	+ 0.4	+3.4	7.89	0.345	108.1	5.17
	12	7.51	0.0	3.2	7.44	0.418	99.5	4.34
	14	7.95	− 0.3	2.9	7.04	0.494	90.7	3.56
	16	8.39	0.5	2.7	6.67	0.573	81.6	2.85
	18	8.83	0.7	2.5	6.33	0.651	72.4	2.21
	20	9.25	− 0.9	+2.4	6.04	0.725	63.2	1.66
	22	9.65	1.1	2.2	5.79	0.793	54.1	1.20
	24	10.02	1.2	2.1	5.58	0.852	45.2	0.82
	26	10.35	1.3	2.0	5.40	0.901	36.7	0.54
	28	10.64	1.4	1.8	5.26	0.938	28.8	0.32
	30	10.88	− 1.5	+1.7	5.14	0.965	21.5	0.18
Sept.	1	11.08	1.6	1.6	5.05	0.983	14.9	0.08
	3	11.24	1.7	1.5	4.97	0.994	9.2	0.03
	5	11.37	1.8	1.4	4.92	0.998	5.2	0.01
	7	11.46	1.7	1.5	4.88	0.998	5.5	0.01
	9	11.52	− 1.5	+1.7	4.86	0.994	8.8	0.03
	11	11.55	1.3	1.9	4.84	0.988	12.6	0.06
	13	11.56	1.1	2.0	4.84	0.980	16.3	0.10
	15	11.54	1.0	2.2	4.85	0.971	19.7	0.14
	17	11.50	0.8	2.3	4.86	0.960	22.9	0.19
	19	11.45	− 0.7	+2.4	4.89	0.950	26.0	0.25
	21	11.38	0.6	2.5	4.92	0.938	28.9	0.31
	23	11.29	0.5	2.6	4.95	0.926	31.6	0.37
	25	11.19	0.4	2.7	5.00	0.913	34.3	0.43
	27	11.07	0.4	2.8	5.05	0.900	36.9	0.50
	29	10.94	− 0.3	+2.8	5.11	0.886	39.4	0.58
Oct.	1	10.79	− 0.3	+2.9	5.18	0.872	42.0	0.66

MERCURY, 1986
EPHEMERIS FOR PHYSICAL OBSERVATIONS
FOR 0ʰ DYNAMICAL TIME

Date		Sub-Earth Point		Sub-Solar Point			North Pole	
		Long.	Lat.	Long.	Dist.	P.A.	Dist.	P.A.
		°	°	°	"	°	"	°
July	1	357.93	+ 7.39	244.89	− 4.15	284.74	+ 4.47	11.59
	3	9.04	7.89	251.52	4.16	286.19	4.64	12.09
	5	20.44	8.40	258.22	4.13	287.72	4.81	12.45
	7	32.13	8.92	264.96	4.05	289.39	4.98	12.68
	9	44.12	9.43	271.73	3.89	291.29	5.15	12.77
	11	56.44	+ 9.92	278.48	− 3.67	293.55	+ 5.30	12.72
	13	69.07	10.39	285.21	3.36	296.42	5.44	12.54
	15	82.01	10.81	291.87	2.96	300.31	5.55	12.22
	17	95.23	11.16	298.45	2.49	306.06	5.64	11.78
	19	108.68	11.42	304.91	1.96	315.48	5.68	11.23
	21	122.30	+11.59	311.21	− 1.46	332.62	+ 5.69	10.61
	23	135.99	11.64	317.34	1.17	3.30	5.65	9.96
	25	149.66	11.57	323.24	1.30	38.62	5.56	9.31
	27	163.21	11.39	328.88	1.73	61.04	5.43	8.72
	29	176.54	11.10	334.21	2.25	73.13	5.26	8.23
	31	189.57	+10.73	339.19	− 2.73	80.29	+ 5.06	7.89
Aug.	2	202.24	10.30	343.76	3.13	85.06	4.83	7.72
	4	214.50	9.82	347.87	3.44	88.61	4.60	7.75
	6	226.32	9.33	351.47	3.64	91.49	4.36	7.99
	8	237.70	8.83	354.50	3.74	94.03	4.13	8.44
	10	248.63	+ 8.33	356.92	− 3.75	96.39	+ 3.90	9.11
	12	259.13	7.86	358.71	3.67	98.68	3.69	9.98
	14	269.21	7.42	359.88	− 3.52	100.97	3.49	11.04
	16	278.90	7.01	0.46	+ 3.30	103.31	3.31	12.25
	18	288.24	6.64	0.55	3.02	105.72	3.15	13.59
	20	297.28	+ 6.30	0.30	+ 2.70	108.23	+ 3.00	15.02
	22	306.07	6.01	359.90	2.35	110.87	2.88	16.49
	24	314.66	5.74	359.55	1.98	113.71	2.78	17.97
	26	323.11	5.51	359.46	1.62	116.85	2.69	19.41
	28	331.47	5.32	359.79	1.27	120.52	2.62	20.78
	30	339.79	+ 5.14	0.67	+ 0.94	125.26	+ 2.56	22.06
Sept.	1	348.11	4.99	2.15	0.65	132.36	2.51	23.22
	3	356.46	4.85	4.27	0.40	145.85	2.48	24.28
	5	4.85	4.73	7.02	0.22	180.48	2.45	25.20
	7	13.30	4.62	10.35	0.23	238.74	2.43	26.01
	9	21.82	+ 4.51	14.22	+ 0.37	266.25	+ 2.42	26.70
	11	30.41	4.42	18.58	0.53	277.16	2.41	27.27
	13	39.07	4.32	23.37	0.68	282.79	2.41	27.74
	15	47.81	4.23	28.54	0.82	286.23	2.42	28.10
	17	56.62	4.15	34.04	0.95	288.55	2.42	28.37
	19	65.50	+ 4.06	39.82	+ 1.07	290.20	+ 2.44	28.54
	21	74.45	3.97	45.85	1.19	291.42	2.45	28.63
	23	83.46	3.89	52.07	1.30	292.32	2.47	28.63
	25	92.54	3.80	58.46	1.41	292.98	2.49	28.55
	27	101.68	3.71	64.98	1.52	293.46	2.52	28.40
	29	110.88	+ 3.62	71.61	+ 1.62	293.78	+ 2.55	28.18
Oct.	1	120.14	+ 3.53	78.31	+ 1.73	293.98	+ 2.59	27.89

MERCURY, 1986
EPHEMERIS FOR PHYSICAL OBSERVATIONS
FOR 0ʰ DYNAMICAL TIME

Date		Light-time	Magnitude	Surface Brightness	Diameter	Phase	Phase Angle	Defect of Illumination
		m			"		°	"
Oct.	1	10.79	− 0.3	+2.9	5.18	0.872	42.0	0.66
	3	10.63	0.2	3.0	5.26	0.857	44.5	0.75
	5	10.46	0.2	3.0	5.35	0.840	47.1	0.85
	7	10.27	0.2	3.0	5.45	0.823	49.8	0.97
	9	10.07	0.1	3.1	5.56	0.804	52.6	1.09
	11	9.85	− 0.1	+3.1	5.68	0.783	55.5	1.23
	13	9.62	0.1	3.1	5.82	0.761	58.6	1.39
	15	9.37	0.1	3.2	5.97	0.736	61.9	1.58
	17	9.11	0.1	3.2	6.14	0.708	65.4	1.79
	19	8.84	0.1	3.2	6.33	0.677	69.3	2.05
	21	8.55	− 0.1	+3.3	6.54	0.642	73.5	2.34
	23	8.25	− 0.1	3.3	6.78	0.602	78.2	2.70
	25	7.93	0.0	3.3	7.05	0.557	83.4	3.12
	27	7.61	0.0	3.4	7.35	0.507	89.2	3.62
	29	7.29	+ 0.1	3.4	7.68	0.450	95.7	4.22
	31	6.96	+ 0.3	+3.5	8.04	0.386	103.1	4.93
Nov.	2	6.64	0.5	3.6	8.43	0.317	111.5	5.76
	4	6.33	0.9	3.8	8.83	0.242	121.0	6.69
	6	6.06	1.4	4.0	9.23	0.167	131.7	7.68
	8	5.84	2.2	4.3	9.58	0.097	143.8	8.65
	10	5.69	+ 3.3	.....	9.83	0.040	157.0	9.44
	12	5.62	4.8	.....	9.95	0.006	171.3	9.90
	14	5.65	5.1	.....	9.90	0.003	173.8	9.87
	16	5.78	3.4	.....	9.67	0.034	158.7	9.34
	18	6.01	2.1	+4.1	9.30	0.096	144.0	8.41
	20	6.32	+ 1.2	+3.8	8.85	0.179	130.0	7.27
	22	6.69	0.5	3.4	8.36	0.272	117.1	6.09
	24	7.09	+ 0.1	3.2	7.89	0.367	105.4	4.99
	26	7.51	− 0.2	3.0	7.45	0.458	94.8	4.04
	28	7.93	0.4	2.9	7.05	0.540	85.5	3.25
	30	8.34	− 0.5	+2.9	6.70	0.611	77.1	2.61
Dec.	2	8.74	0.5	2.8	6.40	0.673	69.8	2.09
	4	9.11	0.6	2.8	6.14	0.725	63.2	1.69
	6	9.46	0.6	2.8	5.91	0.769	57.4	1.36
	8	9.78	0.6	2.7	5.72	0.806	52.2	1.11
	10	10.08	− 0.6	+2.7	5.55	0.837	47.5	0.90
	12	10.35	0.6	2.7	5.40	0.864	43.3	0.74
	14	10.60	0.5	2.7	5.28	0.886	39.5	0.60
	16	10.83	0.6	2.6	5.17	0.904	36.0	0.49
	18	11.03	0.6	2.6	5.07	0.920	32.8	0.40
	20	11.21	− 0.6	+2.6	4.99	0.934	29.8	0.33
	22	11.37	0.6	2.5	4.92	0.946	27.0	0.27
	24	11.51	0.6	2.5	4.86	0.956	24.3	0.22
	26	11.63	0.6	2.5	4.81	0.964	21.8	0.17
	28	11.73	0.7	2.4	4.77	0.972	19.4	0.14
	30	11.81	− 0.7	+2.4	4.74	0.978	17.0	0.10
	32	11.87	− 0.8	+2.3	4.71	0.984	14.7	0.08

MERCURY, 1986

EPHEMERIS FOR PHYSICAL OBSERVATIONS
FOR 0ʰ DYNAMICAL TIME

Date		Sub-Earth Point		Sub-Solar Point			North Pole	
		Long.	Lat.	Long.	Dist.	P.A.	Dist.	P.A.
		°	°	°	"	°	"	°
Oct.	1	120.14	+ 3.53	78.31	+ 1.73	293.98	+ 2.59	27.89
	3	129.46	3.44	85.05	1.84	294.06	2.63	27.54
	5	138.85	3.34	91.82	1.96	294.04	2.67	27.13
	7	148.30	3.24	98.58	2.08	293.93	2.72	26.66
	9	157.82	3.14	105.30	2.21	293.75	2.77	26.15
	11	167.41	+ 3.03	111.96	+ 2.34	293.50	+ 2.84	25.58
	13	177.09	2.92	118.54	2.48	293.20	2.90	24.98
	15	186.85	2.81	124.99	2.63	292.84	2.98	24.34
	17	196.72	2.69	131.30	2.79	292.46	3.07	23.69
	19	206.71	2.56	137.42	2.96	292.05	3.16	23.02
	21	216.85	+ 2.43	143.32	+ 3.14	291.63	+ 3.27	22.35
	23	227.16	2.28	148.96	3.32	291.22	3.39	21.70
	25	237.69	2.13	154.28	3.50	290.84	3.52	21.10
	27	248.47	1.96	159.26	+ 3.67	290.52	3.67	20.56
	29	259.57	1.78	163.83	− 3.82	290.28	3.84	20.11
	31	271.07	+ 1.58	167.93	− 3.91	290.15	+ 4.02	19.80
Nov.	2	283.03	1.36	171.52	3.92	290.17	4.21	19.65
	4	295.55	1.11	174.54	3.78	290.35	4.41	19.70
	6	308.69	0.82	176.95	3.44	290.69	4.61	19.98
	8	322.50	0.51	178.73	2.83	291.14	4.79	20.48
	10	336.90	+ 0.17	179.89	− 1.92	291.51	+ 4.92	21.16
	12	351.75	− 0.19	180.46	0.75	290.61	− 4.98	21.95
	14	6.76	0.54	180.54	0.54	117.84	4.95	22.73
	16	21.58	0.88	180.29	1.76	115.71	4.83	23.42
	18	35.90	1.18	179.89	2.74	115.57	4.65	23.94
	20	49.52	− 1.44	179.54	− 3.39	115.47	− 4.42	24.26
	22	62.35	1.65	179.46	3.72	115.22	4.18	24.37
	24	74.42	1.84	179.80	3.80	114.81	3.94	24.31
	26	85.84	1.99	180.68	− 3.71	114.24	3.72	24.07
	28	96.73	2.13	182.18	+ 3.51	113.52	3.52	23.69
	30	107.18	− 2.26	184.31	+ 3.27	112.66	− 3.35	23.18
Dec.	2	117.32	2.37	187.06	3.00	111.66	3.20	22.55
	4	127.21	2.48	190.41	2.74	110.54	3.07	21.81
	6	136.92	2.58	194.29	2.49	109.30	2.95	20.97
	8	146.49	2.68	198.65	2.26	107.93	2.86	20.04
	10	155.96	− 2.78	203.45	+ 2.05	106.45	− 2.77	19.02
	12	165.37	2.88	208.62	1.85	104.84	2.70	17.91
	14	174.71	2.97	214.13	1.68	103.11	2.63	16.74
	16	184.02	3.06	219.91	1.52	101.24	2.58	15.49
	18	193.30	3.15	225.94	1.37	99.24	2.53	14.18
	20	202.55	− 3.25	232.16	+ 1.24	97.09	− 2.49	12.81
	22	211.78	3.34	238.56	1.12	94.77	2.46	11.38
	24	220.99	3.43	245.08	1.00	92.26	2.43	9.90
	26	230.18	3.52	251.71	0.89	89.51	2.40	8.38
	28	239.36	3.60	258.41	0.79	86.46	2.38	6.81
	30	248.52	− 3.69	265.15	+ 0.69	83.01	− 2.36	5.21
	32	257.66	− 3.78	271.92	+ 0.60	78.99	− 2.35	3.58

VENUS, 1986
EPHEMERIS FOR PHYSICAL OBSERVATIONS
FOR 0ʰ DYNAMICAL TIME

Date		Light-time	Magnitude	Surface Brightness	Diameter	Phase	Phase Angle	Defect of Illumination
		m			"		°	"
Jan.	−2	14.14	− 3.9	+0.8	9.81	0.996	7.0	0.04
	2	14.17	3.9	0.8	9.79	0.997	5.7	0.02
	6	14.20	3.9	0.8	9.78	0.998	4.5	0.01
	10	14.21	3.9	0.8	9.76	0.999	3.3	0.01
	14	14.23	3.9	0.8	9.75	1.000	2.1	0.00
	18	14.23	− 3.9	+0.8	9.75	1.000	1.4	0.00
	22	14.24	3.9	0.8	9.75	1.000	1.6	0.00
	26	14.23	3.9	0.8	9.75	0.999	2.6	0.00
	30	14.23	3.9	0.8	9.75	0.999	3.7	0.01
Feb.	3	14.21	3.9	0.8	9.76	0.998	5.0	0.02
	7	14.19	− 3.9	+0.8	9.78	0.997	6.3	0.03
	11	14.17	3.9	0.8	9.79	0.996	7.5	0.04
	15	14.14	3.9	0.8	9.81	0.994	8.8	0.06
	19	14.11	3.9	0.8	9.84	0.992	10.1	0.08
	23	14.07	3.9	0.8	9.87	0.990	11.5	0.10
	27	14.02	− 3.9	+0.8	9.90	0.988	12.8	0.12
Mar.	3	13.97	3.9	0.8	9.94	0.985	14.2	0.15
	7	13.91	3.9	0.8	9.98	0.982	15.5	0.18
	11	13.84	3.9	0.8	10.02	0.978	16.9	0.22
	15	13.77	3.9	0.8	10.08	0.975	18.3	0.25
	19	13.70	− 3.9	+0.8	10.13	0.971	19.7	0.30
	23	13.61	3.9	0.8	10.19	0.966	21.1	0.34
	27	13.52	3.9	0.8	10.26	0.962	22.6	0.39
	31	13.43	3.9	0.8	10.34	0.957	24.0	0.45
Apr.	4	13.32	3.9	0.8	10.42	0.951	25.5	0.51
	8	13.21	− 3.9	+0.9	10.50	0.945	27.0	0.57
	12	13.10	3.9	0.9	10.60	0.939	28.5	0.64
	16	12.97	3.9	0.9	10.70	0.933	30.1	0.72
	20	12.84	3.9	0.9	10.81	0.926	31.6	0.80
	24	12.70	3.9	0.9	10.92	0.918	33.2	0.89
	28	12.56	− 3.9	+0.9	11.05	0.911	34.8	0.99
May	2	12.41	3.9	0.9	11.18	0.903	36.4	1.09
	6	12.25	3.9	1.0	11.33	0.894	38.0	1.20
	10	12.08	3.9	1.0	11.48	0.885	39.6	1.32
	14	11.91	3.9	1.0	11.65	0.876	41.3	1.45
	18	11.73	− 3.9	+1.0	11.83	0.866	43.0	1.59
	22	11.55	3.9	1.0	12.02	0.856	44.7	1.73
	26	11.35	4.0	1.0	12.22	0.845	46.4	1.89
	30	11.16	4.0	1.1	12.44	0.834	48.1	2.06
June	3	10.95	4.0	1.1	12.67	0.823	49.8	2.25
	7	10.74	− 4.0	+1.1	12.92	0.811	51.5	2.44
	11	10.53	4.0	1.1	13.18	0.799	53.3	2.65
	15	10.31	4.0	1.1	13.47	0.786	55.1	2.88
	19	10.08	4.0	1.2	13.77	0.774	56.8	3.12
	23	9.85	4.0	1.2	14.09	0.760	58.6	3.38
	27	9.61	− 4.0	+1.2	14.43	0.747	60.4	3.65
July	1	9.37	− 4.0	+1.2	14.80	0.733	62.2	3.95

VENUS, 1986
EPHEMERIS FOR PHYSICAL OBSERVATIONS
FOR 0ʰ DYNAMICAL TIME

Date	L_s	Sub-Earth Point		Sub-Solar Point				North Pole	
		Long.	Lat.	Long.	Lat.	Dist.	P.A.	Dist.	P.A.
	°	°	°	°	°	″	°	″	°
Jan. −2	28.42	270.08	+ 0.85	263.07	+ 1.27	+ 0.60	86.76	+ 4.91	0.22
2	34.76	281.04	0.91	275.33	1.52	0.49	81.93	4.90	358.09
6	41.10	292.00	0.96	287.60	1.75	0.38	75.71	4.89	355.98
10	47.43	302.96	0.99	299.86	1.96	0.28	66.60	4.88	353.91
14	53.76	313.92	1.02	312.11	2.15	0.18	50.00	4.88	351.91
18	60.09	324.88	+ 1.04	324.37	+ 2.31	+ 0.12	11.96	+ 4.87	349.99
22	66.41	335.84	1.04	336.62	2.44	0.14	318.84	4.87	348.17
26	72.74	346.79	1.03	348.87	2.54	0.22	292.35	4.87	346.46
30	79.06	357.74	1.01	1.13	2.61	0.32	280.20	4.88	344.88
Feb. 3	85.38	8.68	0.98	13.38	2.65	0.42	273.11	4.88	343.44
7	91.70	19.63	+ 0.93	25.64	+ 2.66	+ 0.53	268.25	+ 4.89	342.13
11	98.03	30.57	0.87	37.90	2.64	0.64	264.59	4.90	340.98
15	104.36	41.51	0.80	50.16	2.58	0.75	261.69	4.91	339.98
19	110.70	52.44	0.72	62.43	2.49	0.87	259.30	4.92	339.14
23	117.04	63.36	0.62	74.70	2.37	0.98	257.32	4.93	338.44
27	123.39	74.28	+ 0.52	86.98	+ 2.22	+ 1.10	255.68	+ 4.95	337.91
Mar. 3	129.74	85.20	0.40	99.26	2.05	1.22	254.31	4.97	337.52
7	136.11	96.11	0.28	111.55	1.85	1.33	253.20	4.99	337.29
11	142.48	107.01	+ 0.14	123.85	1.62	1.46	252.33	+ 5.01	337.21
15	148.86	117.91	0.00	136.15	1.38	1.58	251.67	− 5.04	337.28
19	155.25	128.80	− 0.15	148.46	+ 1.11	+ 1.71	251.22	− 5.07	337.50
23	161.65	139.69	0.30	160.78	0.84	1.84	250.97	5.10	337.86
27	168.06	150.56	0.46	173.11	0.55	1.97	250.92	5.13	338.38
31	174.48	161.43	0.61	185.45	+ 0.26	2.10	251.05	5.17	339.04
Apr. 4	180.91	172.29	0.77	197.80	− 0.04	2.24	251.38	5.21	339.85
8	187.34	183.15	− 0.93	210.16	− 0.34	+ 2.39	251.89	− 5.25	340.81
12	193.79	193.99	1.09	222.52	0.63	2.53	252.58	5.30	341.91
16	200.25	204.83	1.24	234.90	0.92	2.68	253.44	5.35	343.14
20	206.71	215.66	1.38	247.28	1.20	2.83	254.48	5.40	344.51
24	213.18	226.47	1.52	259.68	1.46	2.99	255.68	5.46	346.01
28	219.66	237.28	− 1.65	272.08	− 1.70	+ 3.15	257.03	− 5.52	347.63
May 2	226.14	248.08	1.77	284.49	1.92	3.32	258.53	5.59	349.36
6	232.63	258.87	1.88	296.90	2.12	3.49	260.16	5.66	351.19
10	239.12	269.65	1.98	309.32	2.28	3.66	261.90	5.74	353.10
14	245.62	280.41	2.05	321.75	2.42	3.85	263.74	5.82	355.07
18	252.11	291.17	− 2.12	334.17	− 2.53	+ 4.03	265.65	− 5.91	357.09
22	258.61	301.91	2.16	346.60	2.61	4.22	267.62	6.01	359.14
26	265.11	312.63	2.19	359.03	2.65	4.42	269.62	6.11	1.19
30	271.60	323.34	2.20	11.46	2.66	4.63	271.62	6.21	3.22
June 3	278.09	334.04	2.19	23.88	2.64	4.84	273.62	6.33	5.22
7	284.58	344.72	− 2.15	36.30	− 2.58	+ 5.06	275.58	− 6.45	7.16
11	291.06	355.39	2.10	48.72	2.48	5.28	277.48	6.59	9.02
15	297.54	6.03	2.02	61.13	2.36	5.52	279.32	6.73	10.79
19	304.01	16.66	1.92	73.52	2.21	5.76	281.07	6.88	12.45
23	310.47	27.26	1.79	85.92	2.02	6.01	282.72	7.04	14.00
27	316.93	37.84	− 1.64	98.30	− 1.82	+ 6.28	284.27	− 7.21	15.43
July 1	323.37	48.40	− 1.47	110.67	− 1.59	+ 6.55	285.71	− 7.40	16.73

VENUS, 1986
EPHEMERIS FOR PHYSICAL OBSERVATIONS
FOR 0ʰ DYNAMICAL TIME

Date		Light-time	Magnitude	Surface Brightness	Diameter	Phase	Phase Angle	Defect of Illumination
		m			"		°	"
July	1	9.37	− 4.0	+1.2	14.80	0.733	62.2	3.95
	5	9.13	4.0	1.3	15.20	0.719	64.1	4.28
	9	8.89	4.1	1.3	15.62	0.704	65.9	4.62
	13	8.64	4.1	1.3	16.07	0.689	67.8	5.00
	17	8.38	4.1	1.3	16.56	0.674	69.7	5.40
	21	8.13	− 4.1	+1.3	17.08	0.658	71.6	5.84
	25	7.87	4.1	1.4	17.64	0.642	73.5	6.32
	29	7.61	4.1	1.4	18.24	0.625	75.5	6.84
Aug.	2	7.35	4.2	1.4	18.89	0.608	77.5	7.40
	6	7.08	4.2	1.4	19.59	0.591	79.6	8.02
	10	6.82	− 4.2	+1.5	20.35	0.573	81.7	8.70
	14	6.56	4.2	1.5	21.17	0.554	83.8	9.44
	18	6.29	4.3	1.5	22.06	0.535	86.0	10.26
	22	6.03	4.3	1.5	23.03	0.515	88.3	11.17
	26	5.76	4.3	1.6	24.09	0.494	90.7	12.18
	30	5.50	− 4.4	+1.6	25.24	0.473	93.1	13.31
Sept.	3	5.24	4.4	1.6	26.51	0.450	95.7	14.57
	7	4.98	4.4	1.6	27.89	0.427	98.4	15.99
	11	4.72	4.5	1.6	29.42	0.402	101.3	17.58
	15	4.46	4.5	1.7	31.09	0.376	104.3	19.39
	19	4.21	− 4.5	+1.7	32.94	0.349	107.6	21.44
	23	3.97	4.5	1.7	34.98	0.320	111.1	23.78
	27	3.73	4.6	1.7	37.22	0.290	114.9	26.44
Oct.	1	3.50	4.6	1.7	39.68	0.258	119.0	29.46
	5	3.28	4.6	1.7	42.35	0.224	123.5	32.87
	9	3.07	− 4.6	+1.6	45.23	0.189	128.5	36.70
	13	2.87	4.6	1.6	48.29	0.153	134.0	40.92
	17	2.70	4.5	1.4	51.43	0.116	140.1	45.45
	21	2.55	4.4	1.3	54.53	0.082	146.8	50.08
	25	2.42	4.3	0.9	57.37	0.050	154.1	54.48
	29	2.32	− 4.2	+0.4	59.71	0.025	161.7	58.20
Nov.	2	2.26	4.1	.....	61.29	0.009	169.1	60.73
	6	2.24	4.0	.....	61.88	0.004	173.1	61.65
	10	2.26	4.1	.....	61.41	0.010	168.5	60.79
	14	2.32	4.3	+0.5	59.93	0.027	161.0	58.30
	18	2.41	− 4.4	+1.0	57.66	0.054	153.2	54.57
	22	2.53	4.5	1.3	54.86	0.086	145.9	50.15
	26	2.68	4.6	1.5	51.79	0.122	139.1	45.48
	30	2.85	4.6	1.6	48.67	0.159	133.0	40.92
Dec.	4	3.04	4.6	1.6	45.62	0.196	127.4	36.66
	8	3.25	− 4.7	+1.6	42.74	0.233	122.3	32.80
	12	3.46	4.7	1.7	40.06	0.267	117.7	29.35
	16	3.69	4.6	1.7	37.60	0.300	113.5	26.31
	20	3.93	4.6	1.6	35.35	0.331	109.7	23.63
	24	4.17	4.6	1.6	33.31	0.361	106.2	21.29
	28	4.41	− 4.6	+1.6	31.47	0.389	102.9	19.24
	32	4.66	− 4.6	+1.6	29.79	0.415	99.8	17.43

VENUS, 1986

EPHEMERIS FOR PHYSICAL OBSERVATIONS
FOR 0ʰ DYNAMICAL TIME

Date	L_s	Sub-Earth Point		Sub-Solar Point				North Pole	
		Long.	Lat.	Long.	Lat.	Dist.	P.A.	Dist.	P.A.
	°	°	°	°	°	″	°	″	°
July 1	323.37	48.40	− 1.47	110.67	− 1.59	+ 6.55	285.71	− 7.40	16.73
5	329.81	58.93	1.27	123.03	1.34	6.83	287.04	7.60	17.91
9	336.24	69.44	1.05	135.37	1.07	7.13	288.24	7.81	18.95
13	342.65	79.91	0.81	147.71	0.79	7.44	289.33	8.03	19.86
17	349.06	90.35	0.54	160.04	0.50	7.76	290.30	8.28	20.64
21	355.46	100.76	− 0.25	172.36	− 0.21	+ 8.10	291.16	− 8.54	21.29
25	1.85	111.12	+ 0.06	184.66	+ 0.09	8.46	291.90	+ 8.82	21.82
29	8.23	121.45	0.39	196.96	0.38	8.83	292.53	9.12	22.24
Aug. 2	14.60	131.72	0.74	209.25	0.67	9.22	293.06	9.44	22.53
6	20.96	141.95	1.11	221.53	0.95	9.63	293.48	9.79	22.72
10	27.31	152.12	+ 1.49	233.81	+ 1.22	+10.07	293.81	+10.17	22.80
14	33.66	162.23	1.89	246.08	1.47	10.52	294.06	10.58	22.78
18	40.00	172.26	2.30	258.34	1.71	11.00	294.21	11.02	22.66
22	46.34	182.22	2.73	270.60	1.93	+11.51	294.30	11.50	22.45
26	52.67	192.08	3.16	282.86	2.12	−12.04	294.32	12.03	22.16
30	58.99	201.83	+ 3.61	295.12	+ 2.28	−12.60	294.28	+12.60	21.79
Sept. 3	65.32	211.47	4.06	307.37	2.42	13.19	294.20	13.22	21.36
7	71.64	220.98	4.51	319.63	2.53	13.80	294.09	13.90	20.86
11	77.96	230.32	4.97	331.88	2.60	14.42	293.98	14.65	20.32
15	84.29	239.48	5.42	344.14	2.65	15.06	293.89	15.48	19.75
19	90.61	248.42	+ 5.87	356.39	+ 2.66	−15.70	293.84	+16.39	19.16
23	96.94	257.11	6.30	8.65	2.64	16.32	293.87	17.38	18.58
27	103.27	265.50	6.72	20.92	2.59	16.88	294.04	18.48	18.03
Oct. 1	109.60	273.55	7.11	33.18	2.51	17.35	294.39	19.69	17.52
5	115.95	281.19	7.46	45.45	2.39	17.65	294.99	21.00	17.10
9	122.29	288.36	+ 7.76	57.73	+ 2.25	−17.69	295.94	+22.41	16.78
13	128.65	295.00	7.98	70.01	2.08	17.36	297.35	23.91	16.61
17	135.01	301.03	8.10	82.30	1.88	16.49	299.42	25.46	16.59
21	141.38	306.42	8.09	94.60	1.66	14.93	302.45	26.99	16.75
25	147.76	311.18	7.91	106.90	1.42	12.55	307.10	28.41	17.06
29	154.15	315.36	+ 7.54	119.21	+ 1.16	− 9.38	315.21	+29.60	17.49
Nov. 2	160.55	319.10	6.97	131.53	0.89	5.80	333.81	30.42	17.99
6	166.95	322.62	6.21	143.86	0.60	3.73	28.79	30.76	18.49
10	173.37	326.16	5.30	156.19	0.31	6.11	80.02	30.57	18.94
14	179.80	329.98	4.30	168.54	+ 0.01	9.77	96.69	29.88	19.30
18	186.23	334.28	+ 3.27	180.89	− 0.29	−12.98	103.68	+28.78	19.54
22	192.68	339.19	2.28	193.26	0.58	15.38	107.32	27.41	19.65
26	199.13	344.76	1.38	205.63	0.87	16.94	109.39	25.89	19.65
30	205.59	350.99	+ 0.57	218.01	1.15	17.80	110.57	+24.33	19.53
Dec. 4	212.06	357.82	− 0.13	230.40	1.41	18.12	111.17	−22.81	19.29
8	218.54	5.18	− 0.73	242.80	− 1.66	−18.05	111.37	−21.37	18.95
12	225.02	13.01	1.22	255.21	1.88	17.73	111.26	20.02	18.49
16	231.51	21.25	1.62	267.62	2.08	17.23	110.90	18.79	17.92
20	238.00	29.84	1.94	280.04	2.26	16.64	110.33	17.67	17.23
24	244.49	38.74	2.19	292.46	2.40	16.00	109.57	16.64	16.43
28	250.98	47.89	− 2.37	304.89	− 2.52	−15.34	108.64	−15.72	15.51
32	257.48	57.25	− 2.50	317.31	− 2.60	−14.68	107.54	−14.88	14.47

MARS, 1986
EPHEMERIS FOR PHYSICAL OBSERVATIONS
FOR 0ʰ DYNAMICAL TIME

Date	Light-time	Magnitude	Surface Brightness	Diameter		Phase	Phase Angle	Defect of Illumination
				Eq.	Pol.			
	m			"	"		°	"
Jan. −2	16.00	+ 1.5	+4.6	4.86	4.84	0.930	30.7	0.34
2	15.70	1.4	4.6	4.96	4.93	0.927	31.4	0.36
6	15.40	1.4	4.6	5.06	5.03	0.924	32.0	0.38
10	15.09	1.4	4.6	5.16	5.13	0.921	32.6	0.41
14	14.78	1.3	4.6	5.27	5.24	0.918	33.2	0.43
18	14.46	+ 1.3	+4.6	5.38	5.36	0.915	33.8	0.45
22	14.14	1.2	4.6	5.50	5.48	0.913	34.4	0.48
26	13.82	1.2	4.6	5.63	5.60	0.910	34.9	0.51
30	13.50	1.1	4.6	5.76	5.74	0.907	35.4	0.53
Feb. 3	13.18	1.1	4.6	5.91	5.88	0.905	35.9	0.56
7	12.85	+ 1.0	+4.6	6.06	6.02	0.902	36.4	0.59
11	12.52	1.0	4.6	6.21	6.18	0.900	36.9	0.62
15	12.20	0.9	4.6	6.38	6.35	0.898	37.3	0.65
19	11.87	0.9	4.6	6.56	6.52	0.896	37.7	0.68
23	11.54	0.8	4.6	6.74	6.71	0.894	38.1	0.72
27	11.21	+ 0.7	+4.6	6.94	6.90	0.892	38.4	0.75
Mar. 3	10.89	0.7	4.6	7.15	7.11	0.890	38.7	0.79
7	10.56	0.6	4.6	7.37	7.33	0.889	39.0	0.82
11	10.24	0.5	4.5	7.60	7.56	0.887	39.2	0.86
15	9.91	0.5	4.5	7.85	7.81	0.886	39.4	0.89
19	9.59	+ 0.4	+4.5	8.11	8.07	0.885	39.6	0.93
23	9.28	0.3	4.5	8.39	8.35	0.885	39.7	0.97
27	8.96	0.2	4.5	8.68	8.64	0.885	39.7	1.00
31	8.65	0.1	4.5	9.00	8.95	0.885	39.7	1.04
Apr. 4	8.34	+ 0.1	4.5	9.33	9.28	0.885	39.7	1.07
8	8.04	0.0	+4.5	9.68	9.63	0.886	39.5	1.11
12	7.74	− 0.1	4.5	10.06	10.00	0.887	39.3	1.14
16	7.44	0.2	4.5	10.45	10.40	0.888	39.1	1.17
20	7.16	0.3	4.5	10.88	10.82	0.890	38.7	1.19
24	6.87	0.4	4.5	11.32	11.27	0.893	38.3	1.22
28	6.60	− 0.5	+4.4	11.80	11.74	0.895	37.7	1.23
May 2	6.33	0.6	4.4	12.30	12.24	0.899	37.1	1.24
6	6.06	0.7	4.4	12.84	12.77	0.903	36.3	1.25
10	5.81	0.9	4.4	13.41	13.34	0.907	35.4	1.24
14	5.56	1.0	4.4	14.00	13.93	0.912	34.4	1.23
18	5.32	− 1.1	+4.4	14.63	14.56	0.918	33.3	1.20
22	5.09	1.2	4.3	15.29	15.22	0.924	31.9	1.16
26	4.87	1.4	4.3	15.98	15.90	0.931	30.5	1.10
30	4.66	1.5	4.3	16.69	16.61	0.938	28.8	1.03
June 3	4.47	1.6	4.3	17.43	17.34	0.946	27.0	0.95
7	4.28	− 1.7	+4.2	18.18	18.09	0.954	24.9	0.84
11	4.11	1.9	4.2	18.93	18.83	0.961	22.6	0.73
15	3.96	2.0	4.2	19.67	19.57	0.969	20.2	0.60
19	3.82	2.1	4.1	20.39	20.28	0.977	17.5	0.47
23	3.70	2.3	4.1	21.06	20.95	0.984	14.7	0.35
27	3.59	− 2.4	+4.0	21.67	21.56	0.990	11.8	0.23
July 1	3.50	− 2.5	+4.0	22.21	22.09	0.994	8.8	0.13

MARS, 1986

EPHEMERIS FOR PHYSICAL OBSERVATIONS
FOR 0^h DYNAMICAL TIME

Date	L_s	Sub-Earth Point		Sub-Solar Point				North Pole	
		Long.	Lat.	Long.	Lat.	Dist.	P.A.	Dist.	P.A.
	°	°	°	°	°	"	°	"	°
Jan. −2	103.09	154.20	+17.39	186.25	+24.72	1.24	109.24	+ 2.31	38.39
2	104.90	115.44	16.56	147.92	24.51	1.29	108.58	2.37	38.52
6	106.71	76.70	15.70	109.59	24.28	1.34	107.88	2.42	38.57
10	108.53	37.99	14.82	71.27	24.02	1.39	107.16	2.48	38.55
14	110.35	359.31	13.92	32.94	23.74	1.44	106.40	2.54	38.45
18	112.18	320.66	+13.00	354.62	+23.43	1.50	105.62	+ 2.61	38.28
22	114.03	282.04	12.07	316.30	23.09	1.55	104.81	2.68	38.05
26	115.87	243.44	11.12	277.98	22.73	1.61	103.98	2.75	37.74
30	117.73	204.86	10.17	239.66	22.34	1.67	103.13	2.82	37.37
Feb. 3	119.60	166.31	9.20	201.34	21.93	1.73	102.25	2.90	36.93
7	121.47	127.79	+ 8.23	163.03	+21.49	1.80	101.36	+ 2.98	36.43
11	123.36	89.28	7.25	124.72	21.02	1.86	100.45	3.07	35.88
15	125.25	50.80	6.27	86.41	20.53	1.93	99.53	3.16	35.26
19	127.15	12.35	5.30	48.11	20.02	2.00	98.60	3.25	34.60
23	129.07	333.92	4.33	9.81	19.48	2.08	97.66	3.34	33.88
27	130.99	295.50	+ 3.36	331.50	+18.92	2.16	96.72	+ 3.45	33.12
Mar. 3	132.93	257.11	2.40	293.20	18.34	2.24	95.77	3.55	32.31
7	134.88	218.75	1.45	254.91	17.73	2.32	94.83	3.66	31.47
11	136.84	180.40	+ 0.52	216.61	17.09	2.40	93.89	+ 3.78	30.59
15	138.81	142.08	− 0.40	178.31	16.44	2.49	92.96	− 3.90	29.68
19	140.79	103.79	− 1.29	140.02	+15.76	2.58	92.04	− 4.03	28.75
23	142.79	65.53	2.17	101.72	15.07	2.68	91.14	4.17	27.79
27	144.80	27.29	3.01	63.43	14.35	2.77	90.26	4.31	26.82
31	146.82	349.08	3.84	25.13	13.61	2.87	89.40	4.47	25.83
Apr. 4	148.85	310.91	4.63	346.83	12.85	2.98	88.56	4.63	24.84
8	150.90	272.77	− 5.38	308.53	+12.07	3.08	87.76	− 4.79	23.84
12	152.96	234.68	6.10	270.23	11.27	3.19	87.00	4.97	22.85
16	155.04	196.63	6.78	231.92	10.45	3.29	86.28	5.16	21.87
20	157.13	158.63	7.41	193.61	9.62	3.40	85.61	5.37	20.91
24	159.23	120.69	8.00	155.29	8.77	3.51	84.99	5.58	19.97
28	161.35	82.82	− 8.53	116.97	+ 7.90	3.61	84.42	− 5.81	19.05
May 2	163.49	45.01	9.01	78.64	7.02	3.71	83.93	6.05	18.18
6	165.64	7.29	9.43	40.30	6.12	3.80	83.50	6.30	17.34
10	167.80	329.65	9.79	1.96	5.21	3.89	83.16	6.57	16.56
14	169.98	292.12	10.08	323.60	4.29	3.96	82.92	6.86	15.85
18	172.18	254.70	−10.30	285.23	+ 3.36	4.01	82.78	− 7.16	15.20
22	174.38	217.41	10.44	246.85	2.41	4.05	82.77	7.48	14.63
26	176.61	180.25	10.51	208.46	1.46	4.05	82.90	7.82	14.15
30	178.85	143.23	10.49	170.05	+ 0.49	4.02	83.19	8.17	13.77
June 3	181.11	106.38	10.40	131.62	− 0.48	3.95	83.69	8.53	13.49
7	183.38	69.69	−10.21	93.18	− 1.45	3.83	84.45	− 8.90	13.33
11	185.66	33.19	9.94	54.72	2.43	3.64	85.52	9.28	13.28
15	187.96	356.86	9.59	16.24	3.42	3.39	87.02	9.65	13.36
19	190.28	320.72	9.15	337.73	4.40	3.07	89.13	10.01	13.57
23	192.61	284.74	8.65	299.21	5.39	2.68	92.17	10.36	13.89
27	194.95	248.93	− 8.08	260.66	− 6.37	2.21	96.81	−10.68	14.32
July 1	197.31	213.26	− 7.46	222.08	− 7.35	1.69	104.69	−10.95	14.86

MARS, 1986

EPHEMERIS FOR PHYSICAL OBSERVATIONS
FOR 0ʰ DYNAMICAL TIME

Date	Light-time	Magnitude	Surface Brightness	Diameter		Phase	Phase Angle	Defect of Illumination
				Eq.	Pol.			
	m			"	"		°	"
July 1	3.50	− 2.5	+4.0	22.21	22.09	0.994	8.8	0.13
5	3.44	2.6	3.9	22.64	22.52	0.997	5.9	0.06
9	3.39	2.6	3.9	22.95	22.84	0.999	4.0	0.03
13	3.36	2.7	3.9	23.14	23.02	0.998	4.7	0.04
17	3.36	2.6	3.9	23.19	23.07	0.996	7.3	0.09
21	3.37	− 2.6	+4.0	23.10	22.98	0.992	10.4	0.19
25	3.40	2.5	4.0	22.90	22.78	0.986	13.6	0.32
29	3.45	2.4	4.1	22.58	22.46	0.979	16.7	0.48
Aug. 2	3.51	2.3	4.1	22.16	22.05	0.971	19.8	0.65
6	3.59	2.3	4.1	21.67	21.56	0.962	22.6	0.83
10	3.69	− 2.2	+4.1	21.11	21.01	0.952	25.3	1.01
14	3.79	2.1	4.2	20.52	20.41	0.943	27.7	1.18
18	3.91	2.0	4.2	19.90	19.80	0.933	30.0	1.33
22	4.04	1.9	4.2	19.26	19.16	0.924	32.0	1.46
26	4.18	1.8	4.2	18.63	18.53	0.915	33.9	1.58
30	4.32	− 1.7	+4.2	18.00	17.90	0.907	35.6	1.68
Sept. 3	4.48	1.6	4.3	17.37	17.29	0.899	37.1	1.75
7	4.64	1.5	4.3	16.77	16.68	0.892	38.4	1.81
11	4.81	1.4	4.3	16.18	16.10	0.886	39.6	1.85
15	4.98	1.3	4.3	15.62	15.54	0.880	40.6	1.88
19	5.16	− 1.2	+4.3	15.07	15.00	0.875	41.5	1.89
23	5.35	1.1	4.3	14.55	14.48	0.870	42.3	1.89
27	5.54	1.0	4.3	14.06	13.99	0.866	42.9	1.88
Oct. 1	5.73	0.9	4.3	13.58	13.51	0.863	43.5	1.86
5	5.93	0.8	4.3	13.12	13.06	0.860	44.0	1.84
9	6.13	− 0.8	+4.3	12.69	12.63	0.857	44.4	1.81
13	6.34	0.7	4.3	12.27	12.21	0.855	44.7	1.77
17	6.55	0.6	4.3	11.88	11.82	0.854	44.9	1.73
21	6.77	0.5	4.3	11.50	11.45	0.853	45.1	1.69
25	6.98	0.5	4.3	11.14	11.09	0.852	45.2	1.65
29	7.21	− 0.4	+4.3	10.80	10.75	0.852	45.3	1.60
Nov. 2	7.43	0.3	4.3	10.47	10.42	0.852	45.3	1.55
6	7.66	0.3	4.3	10.16	10.11	0.852	45.2	1.50
10	7.90	0.2	4.3	9.86	9.81	0.853	45.2	1.45
14	8.13	0.1	4.3	9.57	9.53	0.853	45.0	1.40
18	8.37	− 0.1	+4.3	9.30	9.25	0.854	44.9	1.35
22	8.62	0.0	4.4	9.03	8.99	0.856	44.7	1.30
26	8.86	+ 0.1	4.4	8.78	8.74	0.857	44.4	1.25
30	9.11	0.1	4.4	8.54	8.50	0.859	44.2	1.21
Dec. 4	9.36	0.2	4.4	8.31	8.28	0.861	43.9	1.16
8	9.62	+ 0.3	+4.4	8.09	8.06	0.862	43.5	1.11
12	9.88	0.3	4.4	7.88	7.85	0.865	43.2	1.07
16	10.14	0.4	4.4	7.68	7.65	0.867	42.8	1.02
20	10.40	0.4	4.4	7.48	7.45	0.869	42.4	0.98
24	10.66	0.5	4.4	7.30	7.27	0.872	42.0	0.94
28	10.93	+ 0.5	+4.4	7.12	7.09	0.874	41.6	0.90
32	11.20	+ 0.6	+4.4	6.95	6.92	0.877	41.1	0.86

MARS, 1986
EPHEMERIS FOR PHYSICAL OBSERVATIONS
FOR 0ʰ DYNAMICAL TIME

E67

Date		L_s	Sub-Earth Point		Sub-Solar Point				North Pole	
			Long.	Lat.	Long.	Lat.	Dist.	P.A.	Dist.	P.A.
		°	°	°	°	°	"	°	"	°
July	1	197.31	213.26	− 7.46	222.08	− 7.35	1.69	104.69	−10.95	14.86
	5	199.68	177.71	6.82	183.48	8.33	1.17	120.46	11.18	15.47
	9	202.07	142.24	6.16	144.85	9.30	0.81	156.44	11.35	16.14
	13	204.47	106.80	5.53	106.19	10.26	0.95	204.20	11.46	16.84
	17	206.88	71.36	4.93	67.50	11.21	1.47	228.90	11.49	17.52
	21	209.31	35.88	− 4.39	28.78	−12.15	2.09	240.19	−11.46	18.17
	25	211.74	0.31	3.94	350.02	13.07	2.69	246.47	11.36	18.76
	29	214.19	324.62	3.58	311.24	13.98	3.25	250.50	11.21	19.26
Aug.	2	216.65	288.78	3.33	272.42	14.87	3.75	253.33	11.01	19.65
	6	219.12	252.77	3.20	233.57	15.73	4.16	255.41	10.76	19.93
	10	221.60	216.58	− 3.18	194.69	−16.58	4.51	256.97	−10.49	20.08
	14	224.09	180.19	3.28	155.77	17.39	4.77	258.14	10.19	20.10
	18	226.58	143.60	3.50	116.83	18.18	4.97	259.00	9.88	19.99
	22	229.09	106.82	3.82	77.85	18.95	5.11	259.61	9.56	19.75
	26	231.60	69.86	4.24	38.83	19.67	5.19	260.02	9.24	19.40
	30	234.12	32.72	− 4.75	359.79	−20.37	5.23	260.24	− 8.92	18.92
Sept.	3	236.64	355.40	5.34	320.72	21.02	5.23	260.31	8.61	18.34
	7	239.17	317.93	6.01	281.62	21.64	5.20	260.24	8.30	17.65
	11	241.70	280.30	6.74	242.49	22.22	5.15	260.05	7.99	16.85
	15	244.24	242.53	7.53	203.34	22.75	5.08	259.76	7.70	15.97
	19	246.77	204.63	− 8.36	164.16	−23.24	4.99	259.39	− 7.42	15.00
	23	249.31	166.60	9.24	124.96	23.68	4.89	258.95	7.15	13.95
	27	251.85	128.47	10.14	85.74	24.08	4.78	258.45	6.88	12.82
Oct.	1	254.39	90.22	11.08	46.51	24.42	4.67	257.90	6.63	11.63
	5	256.93	51.86	12.03	7.26	24.72	4.55	257.31	6.39	10.37
	9	259.46	13.41	−12.99	328.00	−24.96	4.43	256.69	− 6.15	9.05
	13	262.00	334.87	13.96	288.74	25.16	4.31	256.05	5.93	7.68
	17	264.53	296.23	14.92	249.47	25.30	4.19	255.40	5.71	6.25
	21	267.05	257.52	15.88	210.20	25.38	4.07	254.74	5.51	4.79
	25	269.57	218.73	16.83	170.93	25.42	3.95	254.08	5.31	3.28
	29	272.08	179.85	−17.76	131.67	−25.40	3.83	253.43	− 5.12	1.74
Nov.	2	274.59	140.91	18.66	92.41	25.33	3.72	252.79	4.94	0.16
	6	277.09	101.89	19.54	53.17	25.21	3.60	252.16	4.77	358.55
	10	279.58	62.81	20.38	13.94	25.04	3.49	251.56	4.60	356.92
	14	282.06	23.66	21.18	334.73	24.82	3.38	250.98	4.44	355.28
	18	284.53	344.45	−21.94	295.54	−24.56	3.28	250.42	− 4.29	353.61
	22	287.00	305.18	22.66	256.37	24.24	3.17	249.90	4.15	351.94
	26	289.45	265.86	23.32	217.22	23.88	3.07	249.41	4.02	350.25
	30	291.89	226.49	23.92	178.11	23.48	2.97	248.96	3.89	348.57
Dec.	4	294.32	187.07	24.47	139.02	23.04	2.88	248.54	3.77	346.89
	8	296.73	147.61	−24.96	99.96	−22.55	2.78	248.16	− 3.66	345.21
	12	299.13	108.11	25.38	60.93	22.03	2.69	247.82	3.55	343.55
	16	301.52	68.58	25.74	21.94	21.48	2.61	247.52	3.45	341.91
	20	303.90	29.02	26.03	342.98	20.89	2.52	247.27	3.35	340.29
	24	306.26	349.44	26.25	304.05	20.26	2.44	247.06	3.26	338.70
	28	308.61	309.85	−26.40	265.15	−19.61	2.36	246.89	− 3.18	337.15
	32	310.94	270.24	−26.47	226.29	−18.94	2.28	246.76	− 3.10	335.64

JUPITER, 1986
EPHEMERIS FOR PHYSICAL OBSERVATIONS
FOR 0ʰ DYNAMICAL TIME

Date		Light-time	Magnitude	Surface Brightness	Diameter		Phase Angle	Defect of Illumination
					Eq.	Pol.		
		m			"	"	°	"
Jan.	−2	47.78	− 2.1	5.3	34.27	32.05	7.3	0.14
	2	48.10	2.0	5.3	34.04	31.84	6.8	0.12
	6	48.40	2.0	5.3	33.83	31.64	6.3	0.10
	10	48.68	2.0	5.3	33.64	31.46	5.7	0.08
	14	48.93	2.0	5.3	33.47	31.30	5.2	0.07
	18	49.15	− 2.0	5.3	33.31	31.15	4.6	0.05
	22	49.35	2.0	5.3	33.18	31.03	4.1	0.04
	26	49.53	2.0	5.3	33.06	30.92	3.5	0.03
	30	49.67	2.0	5.3	32.96	30.83	2.9	0.02
Feb.	3	49.79	2.0	5.3	32.89	30.75	2.3	0.01
	7	49.88	− 2.0	5.3	32.83	30.70	1.7	0.01
	11	49.95	2.0	5.2	32.78	30.66	1.1	0.00
	15	49.98	2.0	5.2	32.76	30.64	0.5	0.00
	19	49.99	2.0	5.2	32.75	30.63	0.2	0.00
	23	49.97	2.0	5.2	32.77	30.64	0.7	0.00
	27	49.92	− 2.0	5.2	32.80	30.67	1.3	0.00
Mar.	3	49.85	2.0	5.2	32.85	30.72	1.9	0.01
	7	49.75	2.0	5.3	32.91	30.78	2.5	0.02
	11	49.62	2.0	5.3	33.00	30.86	3.1	0.02
	15	49.46	2.0	5.3	33.10	30.96	3.7	0.03
	19	49.28	− 2.0	5.3	33.23	31.07	4.2	0.05
	23	49.07	2.0	5.3	33.37	31.20	4.8	0.06
	27	48.84	2.0	5.3	33.52	31.35	5.4	0.07
	31	48.59	2.0	5.3	33.70	31.52	5.9	0.09
Apr.	4	48.31	2.0	5.3	33.90	31.70	6.4	0.11
	8	48.00	− 2.1	5.3	34.11	31.90	6.9	0.12
	12	47.68	2.1	5.3	34.34	32.12	7.4	0.14
	16	47.33	2.1	5.3	34.59	32.35	7.9	0.16
	20	46.97	2.1	5.3	34.86	32.61	8.4	0.18
	24	46.58	2.1	5.3	35.15	32.88	8.8	0.21
	28	46.18	− 2.1	5.3	35.46	33.16	9.2	0.23
May	2	45.76	2.2	5.3	35.79	33.47	9.6	0.25
	6	45.32	2.2	5.3	36.13	33.79	9.9	0.27
	10	44.87	2.2	5.3	36.49	34.13	10.3	0.29
	14	44.40	2.2	5.3	36.88	34.49	10.6	0.31
	18	43.93	− 2.2	5.3	37.28	34.86	10.8	0.33
	22	43.44	2.3	5.3	37.69	35.25	11.1	0.35
	26	42.95	2.3	5.3	38.13	35.66	11.3	0.37
	30	42.44	2.3	5.3	38.58	36.08	11.5	0.38
June	3	41.93	2.3	5.3	39.05	36.52	11.6	0.40
	7	41.42	− 2.4	5.3	39.53	36.97	11.7	0.41
	11	40.90	2.4	5.3	40.03	37.44	11.7	0.42
	15	40.38	2.4	5.3	40.55	37.92	11.7	0.42
	19	39.87	2.4	5.3	41.07	38.41	11.7	0.43
	23	39.36	2.5	5.3	41.61	38.91	11.6	0.42
	27	38.85	− 2.5	5.3	42.15	39.42	11.5	0.42
July	1	38.35	− 2.5	5.3	42.70	39.93	11.3	0.41

JUPITER, 1986

EPHEMERIS FOR PHYSICAL OBSERVATIONS
FOR 0ʰ DYNAMICAL TIME

E69

Date	L_s	Sub-Earth Point Long.	Sub-Earth Point Lat.	Sub-Solar Point Long.	Sub-Solar Point Lat.	Sub-Solar Point Dist.	Sub-Solar Point P.A.	North Pole Dist.	North Pole P.A.
	°	°	°	°	°	″	°	″	°
Jan. −2	7.85	299.04	+ 0.05	291.78	+ 0.49	2.17	253.11	+16.03	340.08
2	8.21	180.14	0.08	173.37	0.51	2.01	253.00	15.92	339.85
6	8.56	61.24	0.12	54.98	0.53	1.85	252.91	15.82	339.62
10	8.92	302.33	0.16	296.60	0.55	1.68	252.85	15.73	339.38
14	9.27	183.43	0.20	178.24	0.58	1.52	252.81	15.65	339.15
18	9.63	64.53	+ 0.24	59.90	+ 0.60	1.35	252.83	+15.58	338.92
22	9.98	305.63	0.28	301.56	0.62	1.18	252.91	15.51	338.70
26	10.34	186.74	0.32	183.25	0.64	1.01	253.09	15.46	338.47
30	10.69	67.85	0.36	64.95	0.66	0.84	253.43	15.41	338.25
Feb. 3	11.05	308.98	0.41	306.67	0.68	0.67	254.05	15.38	338.04
7	11.40	190.12	+ 0.45	188.40	+ 0.71	0.50	255.24	+15.35	337.83
11	11.76	71.26	0.50	70.15	0.73	0.32	257.92	15.33	337.63
15	12.11	312.43	0.54	311.92	0.75	0.15	266.93	15.32	337.43
19	12.47	193.61	0.59	193.70	0.77	0.05	7.74	15.32	337.23
23	12.83	74.80	0.64	75.50	0.79	0.20	55.98	15.32	337.05
27	13.18	316.02	+ 0.68	317.32	+ 0.81	0.37	61.87	+15.34	336.87
Mar. 3	13.54	197.25	0.73	199.15	0.84	0.54	63.97	15.36	336.70
7	13.90	78.51	0.78	81.00	0.86	0.72	64.99	15.39	336.53
11	14.25	319.78	0.83	322.86	0.88	0.89	65.57	15.43	336.37
15	14.61	201.08	0.88	204.75	0.90	1.06	65.92	15.48	336.22
19	14.97	82.40	+ 0.93	86.64	+ 0.92	1.23	66.14	+15.53	336.08
23	15.32	323.75	0.98	328.56	0.94	1.40	66.28	15.60	335.94
27	15.68	205.13	1.03	210.48	0.96	1.56	66.37	15.67	335.81
31	16.04	86.53	1.08	92.42	0.99	1.73	66.43	15.76	335.69
Apr. 4	16.40	327.96	1.13	334.38	1.01	1.90	66.47	15.85	335.58
8	16.76	209.42	+ 1.18	216.35	+ 1.03	2.06	66.49	+15.95	335.47
12	17.11	90.91	1.23	98.33	1.05	2.22	66.50	16.06	335.38
16	17.47	332.43	1.28	340.33	1.07	2.38	66.51	16.17	335.28
20	17.83	213.98	1.32	222.34	1.09	2.53	66.51	16.30	335.20
24	18.19	95.57	1.37	104.36	1.11	2.69	66.51	16.43	335.12
28	18.55	337.19	+ 1.42	346.38	+ 1.14	2.83	66.51	+16.58	335.05
May 2	18.91	218.84	1.47	228.42	1.16	2.98	66.52	16.73	334.98
6	19.26	100.53	1.52	110.47	1.18	3.12	66.52	16.89	334.92
10	19.62	342.26	1.56	352.53	1.20	3.26	66.53	17.06	334.87
14	19.98	224.02	1.61	234.60	1.22	3.38	66.54	17.24	334.82
18	20.34	105.83	+ 1.65	116.67	+ 1.24	3.51	66.55	+17.42	334.78
22	20.70	347.67	1.70	358.75	1.26	3.62	66.57	17.62	334.74
26	21.06	229.55	1.74	240.84	1.28	3.73	66.60	17.82	334.71
30	21.42	111.47	1.78	122.93	1.30	3.83	66.62	18.03	334.68
June 3	21.78	353.44	1.82	5.02	1.32	3.92	66.66	18.25	334.65
7	22.14	235.44	+ 1.86	247.11	+ 1.35	4.00	66.69	+18.48	334.63
11	22.50	117.49	1.90	129.21	1.37	4.07	66.74	18.71	334.61
15	22.86	359.59	1.94	11.31	1.39	4.12	66.79	18.95	334.60
19	23.22	241.73	1.97	253.40	1.41	4.16	66.85	19.20	334.58
23	23.58	123.91	2.01	135.50	1.43	4.18	66.91	19.45	334.57
27	23.94	6.13	+ 2.04	17.59	+ 1.45	4.19	66.98	+19.70	334.56
July 1	24.30	248.41	+ 2.07	259.67	+ 1.47	4.17	67.06	+19.96	334.56

JUPITER, 1986
EPHEMERIS FOR PHYSICAL OBSERVATIONS
FOR 0ʰ DYNAMICAL TIME

Date		Light-time	Magnitude	Surface Brightness	Diameter		Phase Angle	Defect of Illumination
					Eq.	Pol.		
		m			"	"	°	"
July	1	38.35	− 2.5	5.3	42.70	39.93	11.3	0.41
	5	37.86	2.6	5.3	43.25	40.45	11.0	0.40
	9	37.38	2.6	5.3	43.81	40.97	10.8	0.38
	13	36.91	2.6	5.3	44.36	41.49	10.4	0.37
	17	36.46	2.7	5.3	44.91	42.00	10.0	0.34
	21	36.03	− 2.7	5.3	45.44	42.50	9.6	0.32
	25	35.62	2.7	5.3	45.97	42.99	9.1	0.29
	29	35.23	2.7	5.3	46.47	43.47	8.5	0.26
Aug.	2	34.87	2.8	5.3	46.96	43.92	7.9	0.23
	6	34.53	2.8	5.3	47.41	44.35	7.3	0.19
	10	34.23	− 2.8	5.3	47.84	44.74	6.6	0.16
	14	33.95	2.8	5.3	48.23	45.10	5.9	0.13
	18	33.71	2.8	5.2	48.57	45.43	5.1	0.10
	22	33.50	2.9	5.2	48.87	45.71	4.3	0.07
	26	33.33	2.9	5.2	49.12	45.94	3.5	0.05
	30	33.20	− 2.9	5.2	49.32	46.13	2.6	0.03
Sept.	3	33.10	2.9	5.2	49.46	46.26	1.8	0.01
	7	33.05	2.9	5.2	49.55	46.34	0.9	0.00
	11	33.03	2.9	5.2	49.57	46.36	0.3	0.00
	15	33.06	2.9	5.2	49.53	46.33	1.0	0.00
	19	33.12	− 2.9	5.2	49.44	46.24	1.8	0.01
	23	33.23	2.9	5.2	49.28	46.09	2.7	0.03
	27	33.37	2.9	5.2	49.07	45.89	3.5	0.05
Oct.	1	33.55	2.9	5.2	48.81	45.65	4.4	0.07
	5	33.77	2.8	5.2	48.49	45.35	5.2	0.10
	9	34.02	− 2.8	5.2	48.13	45.01	5.9	0.13
	13	34.31	2.8	5.2	47.73	44.64	6.7	0.16
	17	34.63	2.8	5.3	47.29	44.23	7.3	0.19
	21	34.98	2.8	5.3	46.82	43.79	8.0	0.23
	25	35.35	2.7	5.3	46.32	43.32	8.5	0.26
	29	35.75	− 2.7	5.3	45.80	42.83	9.1	0.29
Nov.	2	36.18	2.7	5.3	45.26	42.33	9.6	0.31
	6	36.62	2.6	5.3	44.71	41.81	10.0	0.34
	10	37.09	2.6	5.3	44.15	41.29	10.3	0.36
	14	37.57	2.6	5.3	43.59	40.76	10.7	0.38
	18	38.06	− 2.6	5.3	43.02	40.24	10.9	0.39
	22	38.57	2.5	5.3	42.46	39.71	11.1	0.40
	26	39.08	2.5	5.3	41.90	39.19	11.3	0.40
	30	39.60	2.5	5.3	41.35	38.68	11.4	0.41
Dec.	4	40.12	2.4	5.3	40.81	38.17	11.4	0.41
	8	40.64	− 2.4	5.3	40.29	37.68	11.4	0.40
	12	41.17	2.4	5.3	39.77	37.20	11.4	0.39
	16	41.69	2.4	5.3	39.28	36.73	11.3	0.38
	20	42.21	2.3	5.3	38.80	36.28	11.2	0.37
	24	42.72	2.3	5.3	38.33	35.85	11.0	0.35
	28	43.22	− 2.3	5.3	37.89	35.44	10.8	0.34
	32	43.71	− 2.3	5.3	37.46	35.04	10.5	0.32

JUPITER, 1986

EPHEMERIS FOR PHYSICAL OBSERVATIONS
FOR 0ʰ DYNAMICAL TIME

Date		L_s	Sub-Earth Point		Sub-Solar Point				North Pole	
			Long.	Lat.	Long.	Lat.	Dist.	P.A.	Dist.	P.A.
		°	°	°	°	°	"	°	"	°
July	1	24.30	248.41	+ 2.07	259.67	+ 1.47	4.17	67.06	+19.96	334.56
	5	24.66	130.72	2.10	141.75	1.49	4.14	67.15	20.21	334.55
	9	25.02	13.08	2.12	23.83	1.51	4.09	67.25	20.47	334.55
	13	25.38	255.49	2.15	265.89	1.53	4.01	67.36	20.73	334.55
	17	25.75	137.93	2.17	147.95	1.55	3.91	67.49	20.99	334.55
	21	26.11	20.42	+ 2.19	29.99	+ 1.57	3.78	67.64	+21.24	334.55
	25	26.47	262.95	2.20	272.02	1.59	3.63	67.80	21.48	334.55
	29	26.83	145.51	2.22	154.04	1.61	3.45	67.99	21.72	334.56
Aug.	2	27.19	28.11	2.23	36.04	1.63	3.25	68.22	21.94	334.57
	6	27.55	270.74	2.24	278.03	1.65	3.01	68.49	22.16	334.58
	10	27.91	153.39	+ 2.24	160.00	+ 1.67	2.76	68.82	+22.36	334.59
	14	28.28	36.07	2.25	41.94	1.69	2.47	69.23	22.54	334.60
	18	28.64	278.77	2.24	283.87	1.71	2.17	69.76	22.70	334.62
	22	29.00	161.48	2.24	165.78	1.73	1.84	70.49	22.84	334.64
	26	29.36	44.19	2.23	47.67	1.75	1.50	71.55	22.96	334.66
	30	29.72	286.91	+ 2.22	289.53	+ 1.77	1.14	73.27	+23.05	334.69
Sept.	3	30.09	169.63	2.21	171.37	1.79	0.77	76.63	23.12	334.72
	7	30.45	52.33	2.19	53.18	1.81	0.40	86.30	23.15	334.75
	11	30.81	295.01	2.18	294.97	1.83	0.13	162.15	23.17	334.79
	15	31.17	177.67	2.16	176.74	1.85	0.42	228.68	23.15	334.82
	19	31.54	60.30	+ 2.13	58.48	+ 1.87	0.79	237.56	+23.10	334.86
	23	31.90	302.89	2.11	300.20	1.89	1.16	240.77	23.03	334.90
	27	32.26	185.44	2.09	181.90	1.91	1.52	242.44	22.93	334.94
Oct.	1	32.63	67.94	2.06	63.57	1.92	1.86	243.49	22.81	334.98
	5	32.99	310.39	2.03	305.22	1.94	2.18	244.22	22.66	335.01
	9	33.35	192.78	+ 2.01	186.85	+ 1.96	2.49	244.77	+22.50	335.05
	13	33.72	75.11	1.98	68.45	1.98	2.76	245.19	22.31	335.08
	17	34.08	317.38	1.95	310.04	2.00	3.02	245.54	22.10	335.11
	21	34.44	199.58	1.93	191.61	2.02	3.24	245.82	21.88	335.14
	25	34.81	81.71	1.91	73.17	2.04	3.44	246.07	21.65	335.16
	29	35.17	323.78	+ 1.88	314.70	+ 2.06	3.61	246.27	+21.41	335.18
Nov.	2	35.53	205.79	1.86	196.23	2.07	3.76	246.45	21.16	335.19
	6	35.90	87.72	1.84	77.74	2.09	3.87	246.61	20.90	335.20
	10	36.26	329.59	1.82	319.24	2.11	3.97	246.74	20.64	335.20
	14	36.62	211.39	1.81	200.73	2.13	4.03	246.86	20.37	335.20
	18	36.99	93.13	+ 1.80	82.21	+ 2.15	4.08	246.96	+20.11	335.19
	22	37.35	334.81	1.79	323.69	2.17	4.10	247.05	19.85	335.17
	26	37.72	216.44	1.78	205.16	2.18	4.10	247.12	19.59	335.15
	30	38.08	98.01	1.77	86.62	2.20	4.08	247.19	19.33	335.13
Dec.	4	38.45	339.52	1.77	328.08	2.22	4.05	247.25	19.08	335.10
	8	38.81	220.99	+ 1.77	209.55	+ 2.24	4.00	247.30	+18.83	335.07
	12	39.17	102.40	1.77	91.01	2.26	3.93	247.34	18.59	335.03
	16	39.54	343.78	1.77	332.48	2.27	3.85	247.38	18.36	334.99
	20	39.90	225.12	1.78	213.94	2.29	3.76	247.41	18.13	334.95
	24	40.27	106.42	1.79	95.41	2.31	3.66	247.44	17.92	334.91
	28	40.63	347.68	+ 1.80	336.89	+ 2.32	3.55	247.48	+17.71	334.87
	32	41.00	228.91	+ 1.81	218.37	+ 2.34	3.43	247.51	+17.51	334.82

SATURN, 1986
EPHEMERIS FOR PHYSICAL OBSERVATIONS
FOR 0ʰ DYNAMICAL TIME

Date		Light-time	Magnitude	Surface Brightness	Diameter		Phase Angle	Defect of Illumination
					Eq.	Pol.		
		m			"	"	°	"
Jan.	−2	89.72	+ 0.5	7.0	15.34	13.99	3.3	0.01
	2	89.40	0.5	7.0	15.39	14.04	3.6	0.01
	6	89.06	0.5	7.0	15.45	14.09	3.9	0.02
	10	88.69	0.5	7.0	15.51	14.15	4.2	0.02
	14	88.30	0.6	7.0	15.58	14.22	4.5	0.02
	18	87.88	+ 0.6	7.1	15.66	14.29	4.8	0.02
	22	87.44	0.6	7.1	15.74	14.36	5.0	0.03
	26	86.98	0.5	7.1	15.82	14.44	5.3	0.03
	30	86.49	0.5	7.1	15.91	14.52	5.5	0.03
Feb.	3	86.00	0.5	7.1	16.00	14.60	5.7	0.03
	7	85.48	+ 0.5	7.1	16.10	14.69	5.8	0.03
	11	84.96	0.5	7.1	16.20	14.78	6.0	0.04
	15	84.42	0.5	7.1	16.30	14.88	6.1	0.04
	19	83.87	0.5	7.1	16.41	14.97	6.2	0.04
	23	83.32	0.5	7.1	16.51	15.07	6.2	0.04
	27	82.77	+ 0.5	7.1	16.63	15.17	6.3	0.04
Mar.	3	82.21	0.5	7.1	16.74	15.28	6.3	0.04
	7	81.66	0.5	7.1	16.85	15.38	6.2	0.04
	11	81.11	0.4	7.1	16.96	15.48	6.2	0.04
	15	80.57	0.4	7.1	17.08	15.59	6.1	0.04
	19	80.04	+ 0.4	7.1	17.19	15.69	6.0	0.04
	23	79.52	0.4	7.1	17.31	15.79	5.8	0.04
	27	79.01	0.4	7.1	17.42	15.89	5.7	0.03
	31	78.52	0.3	7.1	17.52	15.99	5.5	0.03
Apr.	4	78.05	0.3	7.1	17.63	16.09	5.2	0.03
	8	77.61	+ 0.3	7.1	17.73	16.18	5.0	0.03
	12	77.19	0.3	7.0	17.83	16.27	4.7	0.02
	16	76.79	0.2	7.0	17.92	16.35	4.4	0.02
	20	76.42	0.2	7.0	18.01	16.43	4.0	0.02
	24	76.09	0.2	7.0	18.09	16.50	3.7	0.02
	28	75.78	+ 0.2	7.0	18.16	16.57	3.3	0.01
May	2	75.51	0.1	7.0	18.22	16.62	2.9	0.01
	6	75.28	0.1	7.0	18.28	16.68	2.5	0.01
	10	75.08	0.1	6.9	18.33	16.72	2.1	0.00
	14	74.92	0.1	6.9	18.37	16.75	1.6	0.00
	18	74.80	+ 0.1	6.9	18.40	16.78	1.2	0.00
	22	74.72	0.0	6.9	18.42	16.80	0.7	0.00
	26	74.68	0.0	6.9	18.43	16.81	0.3	0.00
	30	74.68	0.0	6.9	18.43	16.80	0.2	0.00
June	3	74.72	0.0	6.9	18.42	16.80	0.7	0.00
	7	74.79	+ 0.1	6.9	18.40	16.78	1.1	0.00
	11	74.91	0.1	6.9	18.37	16.75	1.6	0.00
	15	75.07	0.1	6.9	18.33	16.71	2.0	0.00
	19	75.26	0.1	7.0	18.28	16.67	2.4	0.01
	23	75.49	0.2	7.0	18.23	16.62	2.8	0.01
	27	75.75	+ 0.2	7.0	18.17	16.56	3.2	0.01
July	1	76.05	+ 0.2	7.0	18.09	16.50	3.6	0.02

SATURN, 1986

EPHEMERIS FOR PHYSICAL OBSERVATIONS
FOR 0ʰ DYNAMICAL TIME

Date	L_s	Sub-Earth Point		Sub-Solar Point				North Pole	
		Long.	Lat.	Long.	Lat.	Dist.	P.A.	Dist.	P.A.
	°	°	°	°	°	"	°	' "	°
Jan. −2	68.41	267.55	+30.71	270.83	+30.05	0.40	103.17	+ 6.19	2.85
2	68.53	270.44	30.77	274.05	30.08	0.44	102.65	6.21	2.90
6	68.66	273.35	30.82	277.28	30.10	0.48	102.19	6.23	2.95
10	68.78	276.30	30.87	280.53	30.13	0.52	101.78	6.25	3.00
14	68.90	279.28	30.92	283.80	30.15	0.55	101.41	6.28	3.04
18	69.02	282.29	+30.96	287.08	+30.18	0.59	101.06	+ 6.30	3.09
22	69.15	285.33	30.99	290.37	30.20	0.62	100.75	6.33	3.13
26	69.27	288.41	31.03	293.67	30.23	0.65	100.45	6.37	3.17
30	69.39	291.51	31.06	296.99	30.25	0.68	100.17	6.40	3.21
Feb. 3	69.51	294.65	31.08	300.31	30.28	0.71	99.91	6.44	3.24
7	69.63	297.81	+31.10	303.64	+30.30	0.73	99.67	+ 6.47	3.28
11	69.76	301.01	31.12	306.98	30.32	0.75	99.44	6.51	3.31
15	69.88	304.24	31.13	310.33	30.35	0.77	99.22	6.55	3.33
19	70.00	307.51	31.15	313.68	30.37	0.79	99.01	6.60	3.36
23	70.12	310.80	31.15	317.03	30.39	0.80	98.81	6.64	3.38
27	70.25	314.12	+31.16	320.38	+30.42	0.81	98.63	+ 6.68	3.39
Mar. 3	70.37	317.47	31.16	323.74	30.44	0.81	98.45	6.73	3.41
7	70.49	320.85	31.16	327.09	30.46	0.82	98.28	6.77	3.42
11	70.61	324.26	31.16	330.44	30.49	0.81	98.11	6.82	3.43
15	70.73	327.69	31.15	333.79	30.51	0.81	97.95	6.87	3.43
19	70.86	331.15	+31.14	337.13	+30.53	0.80	97.79	+ 6.91	3.44
23	70.98	334.63	31.13	340.47	30.56	0.78	97.64	6.96	3.43
27	71.10	338.13	31.11	343.80	30.58	0.76	97.48	7.00	3.43
31	71.22	341.65	31.10	347.11	30.60	0.74	97.33	7.05	3.42
Apr. 4	71.34	345.19	31.08	350.42	30.62	0.71	97.16	7.09	3.41
8	71.47	348.74	+31.06	353.71	+30.64	0.68	96.98	+ 7.13	3.40
12	71.59	352.31	31.04	356.99	30.67	0.65	96.78	7.17	3.38
16	71.71	355.89	31.01	0.26	30.69	0.61	96.56	7.21	3.36
20	71.83	359.47	30.99	3.51	30.71	0.56	96.29	7.25	3.34
24	71.96	3.06	30.96	6.74	30.73	0.51	95.97	7.28	3.31
28	72.08	6.65	+30.93	9.95	+30.75	0.46	95.56	+ 7.31	3.29
May 2	72.20	10.24	30.90	13.15	30.77	0.41	95.02	7.34	3.26
6	72.32	13.83	30.87	16.32	30.79	0.35	94.29	7.36	3.23
10	72.44	17.41	30.83	19.47	30.82	0.29	93.21	7.39	3.19
14	72.56	20.98	30.80	22.61	30.84	0.23	91.51	7.40	3.16
18	72.69	24.54	+30.76	25.72	+30.86	0.17	88.45	+ 7.42	3.12
22	72.81	28.08	30.73	28.80	30.88	0.10	81.54	7.43	3.09
26	72.93	31.61	30.69	31.87	30.90	0.05	55.48	7.43	3.05
30	73.05	35.11	30.66	34.91	30.92	0.05	324.45	7.44	3.02
June 3	73.17	38.59	30.62	37.93	30.94	0.10	297.93	7.43	2.98
7	73.30	42.05	+30.59	40.93	+30.96	0.17	290.95	+ 7.43	2.94
11	73.42	45.47	30.56	43.91	30.98	0.23	287.87	7.42	2.91
15	73.54	48.87	30.53	46.86	31.00	0.29	286.16	7.40	2.87
19	73.66	52.23	30.50	49.79	31.02	0.35	285.09	7.39	2.84
23	73.78	55.56	30.47	52.71	31.04	0.41	284.35	7.37	2.81
27	73.91	58.85	+30.45	55.60	+31.05	0.46	283.81	+ 7.34	2.78
July 1	74.03	62.10	+30.42	58.48	+31.07	0.51	283.41	+ 7.31	2.75

SATURN, 1986
EPHEMERIS FOR PHYSICAL OBSERVATIONS
FOR 0ʰ DYNAMICAL TIME

Date		Light-time	Magnitude	Surface Brightness	Diameter		Phase Angle	Defect of Illumination
					Eq.	Pol.		
		m			″	″	°	″
July	1	76.05	+ 0.2	7.0	18.09	16.50	3.6	0.02
	5	76.38	0.2	7.0	18.02	16.42	4.0	0.02
	9	76.74	0.3	7.0	17.93	16.35	4.3	0.02
	13	77.13	0.3	7.0	17.84	16.26	4.6	0.02
	17	77.54	0.3	7.1	17.75	16.18	4.9	0.03
	21	77.98	+ 0.3	7.1	17.65	16.09	5.2	0.03
	25	78.44	0.4	7.1	17.54	15.99	5.4	0.03
	29	78.92	0.4	7.1	17.44	15.90	5.7	0.04
Aug.	2	79.42	0.4	7.1	17.33	15.80	5.8	0.04
	6	79.93	0.4	7.1	17.22	15.70	6.0	0.04
	10	80.45	+ 0.4	7.1	17.10	15.59	6.1	0.04
	14	80.99	0.5	7.1	16.99	15.49	6.2	0.04
	18	81.53	0.5	7.1	16.88	15.39	6.3	0.04
	22	82.08	0.5	7.1	16.76	15.29	6.4	0.04
	26	82.63	0.5	7.1	16.65	15.18	6.4	0.04
	30	83.18	+ 0.5	7.1	16.54	15.08	6.4	0.04
Sept.	3	83.73	0.5	7.1	16.43	14.99	6.3	0.04
	7	84.28	0.5	7.1	16.33	14.89	6.3	0.04
	11	84.82	0.5	7.1	16.22	14.80	6.2	0.04
	15	85.35	0.6	7.1	16.12	14.71	6.1	0.04
	19	85.87	+ 0.6	7.1	16.02	14.62	5.9	0.04
	23	86.38	0.6	7.1	15.93	14.53	5.8	0.03
	27	86.87	0.6	7.1	15.84	14.45	5.6	0.03
Oct.	1	87.35	0.6	7.1	15.75	14.37	5.4	0.03
	5	87.80	0.6	7.1	15.67	14.30	5.2	0.03
	9	88.24	+ 0.6	7.1	15.59	14.23	4.9	0.02
	13	88.66	0.6	7.1	15.52	14.17	4.6	0.02
	17	89.05	0.6	7.0	15.45	14.10	4.4	0.02
	21	89.42	0.6	7.0	15.39	14.05	4.1	0.02
	25	89.76	0.6	7.0	15.33	14.00	3.7	0.01
	29	90.07	+ 0.5	7.0	15.28	13.95	3.4	0.01
Nov.	2	90.35	0.5	7.0	15.23	13.91	3.1	0.01
	6	90.60	0.5	7.0	15.19	13.87	2.7	0.01
	10	90.83	0.5	7.0	15.15	13.84	2.4	0.01
	14	91.02	0.5	6.9	15.12	13.81	2.0	0.00
	18	91.17	+ 0.5	6.9	15.09	13.78	1.6	0.00
	22	91.30	0.5	6.9	15.07	13.77	1.2	0.00
	26	91.39	0.5	6.9	15.06	13.75	0.9	0.00
	30	91.44	0.4	6.9	15.05	13.75	0.5	0.00
Dec.	4	91.47	0.4	6.9	15.04	13.74	0.1	0.00
	8	91.45	+ 0.4	6.9	15.05	13.75	0.3	0.00
	12	91.40	0.4	6.9	15.05	13.75	0.7	0.00
	16	91.32	0.5	6.9	15.07	13.77	1.1	0.00
	20	91.21	0.5	6.9	15.09	13.79	1.5	0.00
	24	91.06	0.5	6.9	15.11	13.81	1.9	0.00
	28	90.87	+ 0.5	7.0	15.14	13.84	2.2	0.00
	32	90.66	+ 0.5	7.0	15.18	13.87	2.6	0.01

SATURN, 1986
EPHEMERIS FOR PHYSICAL OBSERVATIONS
FOR 0ʰ DYNAMICAL TIME

Date		L_s	Sub-Earth Point		Sub-Solar Point				North Pole	
			Long.	Lat.	Long.	Lat.	Dist.	P.A.	Dist.	P.A.
		°	°	°	°	°	"	°	"	°
July	1	74.03	62.10	+30.42	58.48	+31.07	0.51	283.41	+ 7.31	2.75
	5	74.15	65.32	30.41	61.33	31.09	0.56	283.08	7.28	2.73
	9	74.27	68.50	30.39	64.17	31.11	0.61	282.82	7.25	2.70
	13	74.39	71.64	30.38	66.99	31.13	0.65	282.60	7.21	2.68
	17	74.51	74.74	30.37	69.80	31.15	0.68	282.41	7.18	2.66
	21	74.64	77.80	+30.37	72.60	+31.17	0.72	282.24	+ 7.14	2.65
	25	74.76	80.83	30.37	75.38	31.18	0.75	282.08	7.09	2.64
	29	74.88	83.81	30.38	78.15	31.20	0.77	281.93	7.05	2.63
Aug.	2	75.00	86.76	30.39	80.91	31.22	0.79	281.79	7.01	2.62
	6	75.12	89.67	30.40	83.67	31.24	0.80	281.65	6.96	2.62
	10	75.24	92.55	+30.42	86.41	+31.26	0.82	281.51	+ 6.91	2.62
	14	75.37	95.39	30.44	89.15	31.27	0.82	281.36	6.87	2.62
	18	75.49	98.20	30.47	91.89	31.29	0.83	281.22	6.82	2.63
	22	75.61	100.98	30.50	94.62	31.31	0.83	281.07	6.77	2.64
	26	75.73	103.73	30.54	97.35	31.33	0.82	280.91	6.73	2.65
	30	75.85	106.45	+30.57	100.08	+31.34	0.82	280.75	+ 6.68	2.67
Sept.	3	75.97	109.15	30.62	102.81	31.36	0.81	280.58	6.63	2.69
	7	76.10	111.82	30.66	105.55	31.38	0.79	280.40	6.59	2.71
	11	76.22	114.47	30.71	108.29	31.39	0.78	280.22	6.54	2.74
	15	76.34	117.10	30.76	111.03	31.41	0.76	280.02	6.50	2.77
	19	76.46	119.71	+30.82	113.78	+31.42	0.73	279.81	+ 6.46	2.80
	23	76.58	122.30	30.87	116.53	31.44	0.71	279.59	6.42	2.83
	27	76.70	124.88	30.93	119.30	31.46	0.68	279.36	6.38	2.87
Oct.	1	76.82	127.45	30.99	122.07	31.47	0.65	279.11	6.34	2.91
	5	76.95	130.00	31.05	124.85	31.49	0.62	278.85	6.31	2.95
	9	77.07	132.55	+31.11	127.65	+31.50	0.59	278.56	+ 6.27	2.99
	13	77.19	135.10	31.17	130.46	31.52	0.55	278.26	6.24	3.04
	17	77.31	137.64	31.23	133.28	31.53	0.52	277.93	6.21	3.08
	21	77.43	140.17	31.29	136.11	31.55	0.48	277.57	6.18	3.13
	25	77.55	142.71	31.35	138.96	31.56	0.44	277.17	6.15	3.18
	29	77.67	145.25	+31.41	141.83	+31.58	0.40	276.72	+ 6.13	3.23
Nov.	2	77.80	147.79	31.47	144.71	31.59	0.36	276.20	6.11	3.28
	6	77.92	150.34	31.53	147.61	31.61	0.32	275.59	6.09	3.34
	10	78.04	152.90	31.58	150.52	31.62	0.28	274.84	6.07	3.39
	14	78.16	155.46	31.64	153.46	31.64	0.23	273.89	6.06	3.45
	18	78.28	158.04	+31.69	156.41	+31.65	0.19	272.58	+ 6.04	3.50
	22	78.40	160.63	31.74	159.38	31.66	0.14	270.58	6.03	3.56
	26	78.52	163.23	31.78	162.37	31.68	0.10	266.97	6.02	3.61
	30	78.65	165.85	31.83	165.38	31.69	0.06	257.98	6.02	3.67
Dec.	4	78.77	168.49	31.87	168.41	31.70	0.02	209.22	6.02	3.72
	8	78.89	171.14	+31.90	171.46	+31.72	0.04	123.81	+ 6.02	3.78
	12	79.01	173.82	31.94	174.53	31.73	0.09	109.82	6.02	3.84
	16	79.13	176.51	31.97	177.61	31.74	0.13	105.16	6.02	3.89
	20	79.25	179.23	32.00	180.72	31.76	0.17	102.77	6.03	3.94
	24	79.37	181.98	32.02	183.85	31.77	0.22	101.28	6.04	4.00
	28	79.49	184.75	+32.05	186.99	+31.78	0.26	100.22	+ 6.05	4.05
	32	79.62	187.54	+32.07	190.15	+31.79	0.30	99.41	+ 6.06	4.10

URANUS, 1986
EPHEMERIS FOR PHYSICAL OBSERVATIONS
FOR 0ʰ DYNAMICAL TIME

Date		Light-time	Magnitude	Equatorial Diameter	Phase Angle	L_s	Sub-Earth Lat.	North Pole	
								Dist.	P.A.
		m		″	°	°	°	″	°
Jan.	0	166.67	+ 5.7	3.50	1.0	270.99	− 82.39	− 0.24	351.14
	10	166.09	5.7	3.51	1.4	271.11	82.24	0.24	347.08
	20	165.30	5.7	3.52	1.9	271.23	82.08	0.25	343.43
	30	164.32	5.7	3.55	2.2	271.35	81.91	0.26	340.26
Feb.	9	163.19	5.7	3.57	2.5	271.47	81.74	0.26	337.60
	19	161.94	+ 5.7	3.60	2.8	271.59	−81.59	− 0.27	335.46
Mar.	1	160.59	5.7	3.63	2.9	271.70	81.46	0.28	333.85
	11	159.20	5.6	3.66	3.0	271.82	81.37	0.28	332.77
	21	157.79	5.6	3.69	3.0	271.94	81.32	0.29	332.19
	31	156.42	5.6	3.72	2.9	272.06	81.31	0.29	332.13
Apr.	10	155.12	+ 5.6	3.76	2.7	272.18	−81.35	− 0.29	332.56
	20	153.94	5.6	3.78	2.4	272.29	81.42	0.29	333.46
	30	152.91	5.5	3.81	2.0	272.41	81.52	0.29	334.83
May	10	152.05	5.5	3.83	1.6	272.53	81.65	0.29	336.62
	20	151.40	5.5	3.85	1.2	272.65	81.79	0.28	338.79
	30	150.98	+ 5.5	3.86	0.7	272.77	−81.94	− 0.28	341.27
June	9	150.80	5.5	3.86	0.1	272.88	82.08	0.27	343.97
	19	150.87	5.5	3.86	0.4	273.00	82.20	0.27	346.79
	29	151.18	5.5	3.85	0.9	273.12	82.30	0.27	349.60
July	9	151.72	5.5	3.84	1.4	273.24	82.38	0.26	352.27
	19	152.47	+ 5.5	3.82	1.8	273.35	−82.44	− 0.26	354.65
	29	153.42	5.6	3.80	2.2	273.47	82.48	0.26	356.64
Aug.	8	154.54	5.6	3.77	2.5	273.59	82.50	0.25	358.14
	18	155.78	5.6	3.74	2.8	273.71	82.52	0.25	359.06
	28	157.12	5.6	3.71	2.9	273.82	82.52	0.25	359.37
Sept.	7	158.52	+ 5.6	3.67	3.0	273.94	−82.51	− 0.25	359.04
	17	159.94	5.6	3.64	3.0	274.06	82.50	0.24	358.06
	27	161.34	5.7	3.61	2.9	274.18	82.47	0.24	356.46
Oct.	7	162.67	5.7	3.58	2.7	274.30	82.43	0.24	354.28
	17	163.91	5.7	3.55	2.5	274.41	82.36	0.24	351.59
	27	165.02	+ 5.7	3.53	2.2	274.53	−82.25	− 0.24	348.49
Nov.	6	165.97	5.7	3.51	1.8	274.65	82.11	0.25	345.08
	16	166.73	5.7	3.49	1.4	274.76	81.93	0.25	341.49
	26	167.28	5.7	3.48	0.9	274.88	81.71	0.26	337.83
Dec.	6	167.61	5.7	3.48	0.4	275.00	81.45	0.27	334.22
	16	167.71	+ 5.7	3.47	0.1	275.12	−81.16	− 0.27	330.76
	26	167.57	5.7	3.48	0.5	275.23	80.84	0.28	327.52
	36	167.20	5.7	3.48	1.0	275.35	80.50	0.30	324.56
	46	166.61	+ 5.7	3.50	1.5	275.47	−80.16	− 0.31	321.91

NEPTUNE, 1986

EPHEMERIS FOR PHYSICAL OBSERVATIONS
FOR 0ʰ DYNAMICAL TIME

Date		Light-time	Magnitude	Equatorial Diameter	Phase Angle	L_s	Sub-Earth Lat.	North Pole	
								Dist.	P.A.
		m		"	°	°	°	"	°
Jan.	0	259.71	+ 8.0	2.15	0.2	235.41	−25.12	− 0.95	17.62
	10	259.44	8.0	2.15	0.5	235.47	25.25	0.95	17.31
	20	258.94	8.0	2.15	0.8	235.53	25.37	0.96	17.01
	30	258.22	8.0	2.16	1.1	235.59	25.49	0.96	16.73
Feb.	9	257.30	8.0	2.17	1.3	235.65	25.59	0.96	16.48
	19	256.20	+ 8.0	2.18	1.5	235.71	−25.68	− 0.96	16.25
Mar.	1	254.97	8.0	2.19	1.7	235.77	25.76	0.97	16.06
	11	253.64	8.0	2.20	1.8	235.83	25.82	0.97	15.91
	21	252.23	7.9	2.21	1.9	235.89	25.86	0.98	15.81
	31	250.81	7.9	2.22	1.9	235.95	25.89	0.98	15.75
Apr.	10	249.40	+ 7.9	2.23	1.8	236.01	−25.90	− 0.99	15.74
	20	248.05	7.9	2.25	1.7	236.07	25.89	0.99	15.78
	30	246.80	7.9	2.26	1.6	236.12	25.86	1.00	15.86
May	10	245.69	7.9	2.27	1.4	236.18	25.82	1.00	15.98
	20	244.74	7.9	2.28	1.1	236.24	25.76	1.01	16.13
	30	243.99	+ 7.9	2.28	0.9	236.30	−25.69	− 1.01	16.32
June	9	243.45	7.9	2.29	0.6	236.36	25.61	1.01	16.52
	19	243.15	7.9	2.29	0.2	236.42	25.53	1.02	16.74
	29	243.09	7.9	2.29	0.1	236.48	25.44	1.02	16.97
July	9	243.27	7.9	2.29	0.4	236.54	25.34	1.02	17.19
	19	243.69	+ 7.9	2.29	0.7	236.60	−25.26	− 1.02	17.40
	29	244.33	7.9	2.28	1.0	236.66	25.17	1.01	17.59
Aug.	8	245.17	7.9	2.27	1.3	236.72	25.10	1.01	17.76
	18	246.20	7.9	2.26	1.5	236.78	25.04	1.01	17.89
	28	247.38	7.9	2.25	1.7	236.83	24.99	1.00	17.99
Sept.	7	248.67	+ 7.9	2.24	1.8	236.89	−24.96	− 1.00	18.05
	17	250.04	7.9	2.23	1.9	236.95	24.95	0.99	18.06
	27	251.45	7.9	2.22	1.9	237.01	24.95	0.99	18.02
Oct.	7	252.86	7.9	2.20	1.9	237.07	24.98	0.98	17.94
	17	254.22	8.0	2.19	1.8	237.13	25.02	0.98	17.82
	27	255.51	+ 8.0	2.18	1.6	237.19	−25.08	− 0.97	17.65
Nov.	6	256.67	8.0	2.17	1.4	237.25	25.16	0.97	17.45
	16	257.68	8.0	2.16	1.2	237.31	25.25	0.96	17.21
	26	258.50	8.0	2.16	1.0	237.37	25.36	0.96	16.94
Dec.	6	259.12	8.0	2.15	0.7	237.43	25.47	0.95	16.65
	16	259.51	+ 8.0	2.15	0.4	237.49	−25.58	− 0.95	16.34
	26	259.67	8.0	2.15	0.1	237.55	25.71	0.95	16.02
	36	259.58	8.0	2.15	0.3	237.60	25.83	0.95	15.70
	46	259.25	+ 8.0	2.15	0.6	237.66	−25.95	− 0.95	15.39

PLUTO, 1986
EPHEMERIS FOR PHYSICAL OBSERVATIONS
FOR 0ʰ DYNAMICAL TIME

Date		Light-time	Magnitude	Phase Angle	L_s	Sub-Earth Point		North Pole P.A.
						Long.	Lat.	
		m		°	°	°	°	°
Jan.	0	250.86	+13.8	1.7	176.70	182.12	+ 1.48	85.82
	10	249.57	13.8	1.8	176.76	25.82	1.27	85.83
	20	248.21	13.7	1.9	176.83	229.48	1.10	85.83
	30	246.82	13.7	1.9	176.90	73.13	0.99	85.84
Feb.	9	245.45	13.7	1.9	176.97	276.75	0.93	85.84
	19	244.12	+13.7	1.8	177.03	120.35	+ 0.92	85.84
Mar.	1	242.89	13.7	1.6	177.10	323.93	0.97	85.83
	11	241.79	13.7	1.5	177.17	167.49	1.07	85.83
	21	240.85	13.7	1.2	177.24	11.04	1.21	85.82
	31	240.11	13.7	1.0	177.31	214.58	1.39	85.81
Apr.	10	239.57	+13.7	0.8	177.37	58.12	+ 1.61	85.79
	20	239.27	13.7	0.6	177.44	261.65	1.84	85.78
	30	239.21	13.7	0.6	177.51	105.19	2.09	85.76
May	10	239.38	13.7	0.7	177.58	308.74	2.35	85.75
	20	239.77	13.7	0.9	177.65	152.29	2.59	85.73
	30	240.39	+13.7	1.2	177.71	355.87	+ 2.82	85.72
June	9	241.19	13.7	1.4	177.78	199.46	3.03	85.71
	19	242.17	13.7	1.6	177.85	43.07	3.20	85.70
	29	243.29	13.7	1.8	177.92	246.70	3.34	85.69
July	9	244.51	13.7	1.9	177.98	90.35	3.43	85.69
	19	245.80	+13.7	1.9	178.05	294.03	+ 3.47	85.70
	29	247.13	13.7	2.0	178.12	137.72	3.47	85.70
Aug.	8	248.45	13.7	1.9	178.19	341.44	3.41	85.72
	18	249.74	13.8	1.8	178.26	185.18	3.30	85.73
	28	250.95	13.8	1.7	178.32	28.93	3.15	85.74
Sept.	7	252.05	+13.8	1.6	178.39	232.70	+ 2.95	85.76
	17	253.01	13.8	1.4	178.46	76.48	2.71	85.78
	27	253.80	13.8	1.1	178.53	280.27	2.43	85.79
Oct.	7	254.40	13.8	0.9	178.60	124.07	2.13	85.81
	17	254.80	13.8	0.7	178.66	327.87	1.79	85.82
	27	254.98	+13.8	0.5	178.73	171.66	+ 1.44	85.84
Nov.	6	254.93	13.8	0.6	178.80	15.46	1.09	85.85
	16	254.65	13.8	0.7	178.87	219.25	0.73	85.85
	26	254.15	13.8	0.9	178.94	63.02	0.38	85.86
Dec.	6	253.44	13.8	1.2	179.00	266.78	+ 0.04	85.87
	16	252.54	+13.8	1.4	179.07	110.53	− 0.27	85.87
	26	251.47	13.8	1.6	179.14	314.26	0.56	85.87
	36	250.27	13.8	1.7	179.21	157.97	0.80	85.88
	46	248.96	+13.7	1.8	179.28	1.65	− 1.00	85.88

PLANETARY CENTRAL MERIDIANS, 1986

FOR 0ʰ DYNAMICAL TIME

Date		Mars	Jupiter			Saturn	
			System I	System II	System III	System I	System III
Jan.	0	134.82°	158.32°	278.43°	239.59°	268.27°	88.99°
	1	125.12	315.96	68.44	29.87	32.50	179.71
	2	115.44	113.60	218.45	180.14	156.73	270.44
	3	105.75	271.23	8.46	330.42	280.97	1.16
	4	96.06	68.87	158.47	120.69	45.21	91.89
	5	86.38	226.51	308.48	270.96	169.44	182.62
	6	76.70	24.15	98.48	61.24	293.68	273.35
	7	67.02	181.78	248.49	211.51	57.93	4.09
	8	57.34	339.42	38.50	1.79	182.17	94.82
	9	47.67	137.06	188.51	152.06	306.42	185.56
	10	37.99	294.70	338.51	302.33	70.67	276.30
	11	28.32	92.33	128.52	92.61	194.92	7.04
	12	18.65	249.97	278.53	242.88	319.17	97.79
	13	8.98	47.61	68.54	33.15	83.42	188.53
	14	359.31	205.25	218.55	183.43	207.68	279.28
	15	349.65	2.88	8.55	333.70	331.94	10.03
	16	339.98	160.52	158.56	123.98	96.20	100.78
	17	330.32	318.16	308.57	274.25	220.46	191.54
	18	320.66	115.80	98.58	64.53	344.72	282.29
	19	311.00	273.44	248.59	214.80	108.99	13.05
	20	301.35	71.08	38.60	5.08	233.26	103.81
	21	291.69	228.72	188.61	155.35	357.53	194.57
	22	282.04	26.36	338.62	305.63	121.80	285.33
	23	272.38	184.00	128.63	95.91	246.07	16.10
	24	262.73	341.64	278.64	246.18	10.35	106.87
	25	253.08	139.28	68.65	36.46	134.63	197.63
	26	243.44	296.92	218.66	186.74	258.91	288.41
	27	233.79	94.56	8.67	337.02	23.19	19.18
	28	224.15	252.20	158.69	127.29	147.47	109.95
	29	214.50	49.85	308.70	277.57	271.76	200.73
	30	204.86	207.49	98.71	67.85	36.05	291.51
	31	195.22	5.14	248.73	218.13	160.34	22.29
Feb.	1	185.58	162.78	38.74	8.42	284.63	113.07
	2	175.95	320.43	188.76	158.70	48.92	203.86
	3	166.31	118.07	338.78	308.98	173.22	294.65
	4	156.68	275.72	128.79	99.26	297.52	25.44
	5	147.05	73.37	278.81	249.55	61.82	116.23
	6	137.41	231.02	68.83	39.83	186.12	207.02
	7	127.79	28.66	218.85	190.12	310.42	297.81
	8	118.16	186.31	8.87	340.40	74.73	28.61
	9	108.53	343.97	158.89	130.69	199.04	119.41
	10	98.91	141.62	308.91	280.98	323.35	210.21
	11	89.28	299.27	98.93	71.26	87.66	301.01
	12	79.66	96.92	248.96	221.55	211.97	31.82
	13	70.04	254.58	38.98	11.84	336.29	122.63
	14	60.42	52.23	189.01	162.14	100.61	213.43
	15	50.80	209.89	339.03	312.43	224.93	304.24

PLANETARY CENTRAL MERIDIANS, 1986
FOR 0ʰ DYNAMICAL TIME

Date		Mars	Jupiter			Saturn	
			System I	System II	System III	System I	System III
		°	°	°	°	°	°
Feb.	15	50.80	209.89	339.03	312.43	224.93	304.24
	16	41.19	7.55	129.06	102.72	349.25	35.06
	17	31.57	165.20	279.09	253.02	113.57	125.87
	18	21.96	322.86	69.12	43.31	237.90	216.69
	19	12.35	120.52	219.15	193.61	2.23	307.51
	20	2.74	278.18	9.18	343.90	126.56	38.33
	21	353.13	75.85	159.21	134.20	250.89	129.15
	22	343.52	233.51	309.25	284.50	15.22	219.97
	23	333.92	31.18	99.28	74.80	139.56	310.80
	24	324.31	188.84	249.32	225.10	263.89	41.63
	25	314.71	346.51	39.35	15.41	28.23	132.46
	26	305.10	144.18	189.39	165.71	152.57	223.29
	27	295.50	301.85	339.43	316.02	276.92	314.12
	28	285.90	99.52	129.47	106.32	41.26	44.96
Mar.	1	276.31	257.19	279.51	256.63	165.61	135.79
	2	266.71	54.86	69.56	46.94	289.95	226.63
	3	257.11	212.54	219.60	197.25	54.30	317.47
	4	247.52	10.21	9.65	347.56	178.66	48.32
	5	237.93	167.89	159.69	137.88	303.01	139.16
	6	228.34	325.57	309.74	288.19	67.36	230.01
	7	218.75	123.25	99.79	78.51	191.72	320.85
	8	209.16	280.93	249.84	228.82	316.08	51.70
	9	199.57	78.61	39.89	19.14	80.44	142.55
	10	189.99	236.29	189.95	169.46	204.80	233.41
	11	180.40	33.98	340.00	319.78	329.16	324.26
	12	170.82	191.67	130.06	110.10	93.53	55.12
	13	161.24	349.35	280.12	260.43	217.90	145.97
	14	151.66	147.04	70.18	50.75	342.27	236.83
	15	142.08	304.74	220.24	201.08	106.63	327.69
	16	132.51	102.43	10.30	351.41	231.01	58.55
	17	122.94	260.12	160.36	141.74	355.38	149.42
	18	113.36	57.82	310.43	292.07	119.75	240.28
	19	103.79	215.52	100.50	82.40	244.13	331.15
	20	94.22	13.22	250.57	232.74	8.51	62.02
	21	84.66	170.92	40.64	23.08	132.88	152.89
	22	75.09	328.62	190.71	173.41	257.26	243.76
	23	65.53	126.32	340.78	323.75	21.65	334.63
	24	55.97	284.03	130.86	114.09	146.03	65.50
	25	46.40	81.74	280.93	264.44	270.41	156.38
	26	36.85	239.44	71.01	54.78	34.80	247.25
	27	27.29	37.15	221.09	205.13	159.18	338.13
	28	17.73	194.87	11.18	355.48	283.57	69.01
	29	8.18	352.58	161.26	145.83	47.96	159.89
	30	358.63	150.30	311.34	296.18	172.35	250.77
	31	349.08	308.01	101.43	86.53	296.74	341.65
Apr.	1	339.53	105.73	251.52	236.89	61.13	72.53
	2	329.99	263.45	41.61	27.24	185.52	163.42

PLANETARY CENTRAL MERIDIANS, 1986   E81
FOR 0ʰ DYNAMICAL TIME

Date		Mars	Jupiter			Saturn	
			System I	System II	System III	System I	System III
Apr.	1	339.53°	105.73°	251.52°	236.89°	61.13°	72.53°
	2	329.99	263.45	41.61	27.24	185.52	163.42
	3	320.45	61.18	191.70	177.60	309.92	254.30
	4	310.91	218.90	341.80	327.96	74.31	345.19
	5	301.37	16.63	131.89	118.32	198.71	76.08
	6	291.83	174.36	281.99	268.69	323.10	166.96
	7	282.30	332.09	72.09	59.05	87.50	257.85
	8	272.77	129.82	222.19	209.42	211.90	348.74
	9	263.24	287.55	12.30	359.79	336.30	79.63
	10	253.72	85.29	162.40	150.16	100.70	170.52
	11	244.20	243.03	312.51	300.53	225.10	261.42
	12	234.68	40.77	102.62	90.91	349.50	352.31
	13	225.16	198.51	252.73	241.29	113.90	83.20
	14	215.65	356.25	42.84	31.67	238.31	174.10
	15	206.14	154.00	192.96	182.05	2.71	264.99
	16	196.63	311.74	343.07	332.43	127.11	355.89
	17	187.13	109.49	133.19	122.82	251.52	86.78
	18	177.62	267.25	283.32	273.20	15.92	177.68
	19	168.13	65.00	73.44	63.59	140.32	268.57
	20	158.63	222.76	223.56	213.98	264.73	359.47
	21	149.14	20.51	13.69	4.38	29.13	90.37
	22	139.66	178.27	163.82	154.77	153.54	181.26
	23	130.17	336.03	313.95	305.17	277.94	272.16
	24	120.69	133.80	104.09	95.57	42.35	3.06
	25	111.22	291.57	254.22	245.97	166.76	93.96
	26	101.75	89.33	44.36	36.37	291.16	184.86
	27	92.28	247.10	194.50	186.78	55.57	275.75
	28	82.82	44.88	344.64	337.19	179.97	6.65
	29	73.36	202.65	134.79	127.60	304.38	97.55
	30	63.90	0.43	284.93	278.01	68.78	188.45
May	1	54.45	158.21	75.08	68.43	193.19	279.34
	2	45.01	315.99	225.23	218.84	317.59	10.24
	3	35.57	113.77	15.38	9.26	82.00	101.14
	4	26.14	271.56	165.54	159.68	206.40	192.04
	5	16.71	69.35	315.70	310.11	330.81	282.93
	6	7.29	227.14	105.86	100.53	95.21	13.83
	7	357.87	24.93	256.02	250.96	219.62	104.73
	8	348.46	182.72	46.18	41.39	344.02	195.62
	9	339.05	340.52	196.35	191.82	108.42	286.52
	10	329.65	138.32	346.52	342.26	232.82	17.41
	11	320.26	296.12	136.69	132.70	357.22	108.31
	12	310.87	93.93	286.86	283.14	121.62	199.20
	13	301.50	251.74	77.04	73.58	246.02	290.09
	14	292.12	49.54	227.22	224.02	10.42	20.98
	15	282.76	207.36	17.40	14.47	134.82	111.87
	16	273.40	5.17	167.58	164.92	259.22	202.76
	17	264.05	162.99	317.77	315.37	23.61	293.65

PLANETARY CENTRAL MERIDIANS, 1986
FOR 0ʰ DYNAMICAL TIME

Date		Mars	Jupiter			Saturn	
			System I	System II	System III	System I	System III
May	17	264.05°	162.99°	317.77°	315.37°	23.61°	293.65°
	18	254.70	320.81	107.96	105.83	148.01	24.54
	19	245.37	118.63	258.15	256.28	272.40	115.43
	20	236.04	276.45	48.34	46.74	36.80	206.32
	21	226.72	74.28	198.54	197.20	161.19	297.20
	22	217.41	232.11	348.74	347.67	285.58	28.08
	23	208.11	29.94	138.94	138.14	49.97	118.97
	24	198.81	187.77	289.14	288.60	174.36	209.85
	25	189.52	345.61	79.35	79.08	298.74	300.73
	26	180.25	143.45	229.55	229.55	63.13	31.61
	27	170.98	301.29	19.76	20.03	187.51	122.49
	28	161.72	99.13	169.98	170.51	311.90	213.36
	29	152.47	256.98	320.19	320.99	76.28	304.24
	30	143.23	54.83	110.41	111.47	200.66	35.11
	31	134.00	212.68	260.63	261.96	325.03	125.99
June	1	124.78	10.53	50.86	52.45	89.41	216.86
	2	115.57	168.39	201.08	202.94	213.79	307.73
	3	106.38	326.25	351.31	353.44	338.16	38.59
	4	97.19	124.11	141.54	143.93	102.53	129.46
	5	88.01	281.98	291.78	294.43	226.90	220.32
	6	78.85	79.85	82.02	84.94	351.27	311.19
	7	69.69	237.72	232.26	235.44	115.64	42.05
	8	60.55	35.59	22.50	25.95	240.00	132.91
	9	51.42	193.46	172.74	176.46	4.36	223.76
	10	42.30	351.34	322.99	326.98	128.73	314.62
	11	33.19	149.22	113.24	117.49	253.08	45.47
	12	24.09	307.11	263.49	268.01	17.44	136.33
	13	15.00	105.00	53.75	58.53	141.80	227.17
	14	5.93	262.88	204.01	209.06	266.15	318.02
	15	356.86	60.78	354.27	359.59	30.50	48.87
	16	347.81	218.67	144.54	150.12	154.85	139.71
	17	338.77	16.57	294.80	300.65	279.19	230.55
	18	329.74	174.47	85.07	91.19	43.54	321.39
	19	320.72	332.37	235.34	241.73	167.88	52.23
	20	311.71	130.28	25.62	32.27	292.22	143.06
	21	302.71	288.19	175.90	182.81	56.56	233.90
	22	293.72	86.10	326.18	333.36	180.89	324.73
	23	284.74	244.01	116.46	123.91	305.23	55.56
	24	275.77	41.93	266.75	274.46	69.56	146.38
	25	266.82	199.85	57.04	65.02	193.89	237.21
	26	257.87	357.77	207.33	215.57	318.21	328.03
	27	248.93	155.70	357.63	6.13	82.54	58.85
	28	240.00	313.63	147.92	156.70	206.86	149.67
	29	231.08	111.56	298.22	307.26	331.18	240.48
	30	222.16	269.49	88.53	97.83	95.50	331.29
July	1	213.26	67.43	238.83	248.41	219.81	62.10
	2	204.36	225.37	29.14	38.98	344.12	152.91

PLANETARY CENTRAL MERIDIANS, 1986   E83
FOR 0ʰ DYNAMICAL TIME

Date		Mars	Jupiter			Saturn	
			System I	System II	System III	System I	System III
		°	°	°	°	°	°
July	1	213.26	67.43	238.83	248.41	219.81	62.10
	2	204.36	225.37	29.14	38.98	344.12	152.91
	3	195.47	23.31	179.45	189.56	108.43	243.72
	4	186.59	181.26	329.77	340.14	232.74	334.52
	5	177.71	339.20	120.09	130.72	357.04	65.32
	6	168.83	137.16	270.41	281.31	121.35	156.12
	7	159.96	295.11	60.73	71.90	245.65	246.92
	8	151.10	93.06	211.05	222.49	9.94	337.71
	9	142.24	251.02	1.38	13.08	134.24	68.50
	10	133.37	48.99	151.71	163.68	258.53	159.29
	11	124.52	206.95	302.05	314.28	22.82	250.08
	12	115.66	4.92	92.38	104.88	147.11	340.86
	13	106.80	162.89	242.72	255.49	271.40	71.64
	14	97.95	320.86	33.06	46.09	35.68	162.42
	15	89.09	118.83	183.41	196.71	159.96	253.20
	16	80.23	276.81	333.76	347.32	284.24	343.97
	17	71.36	74.79	124.10	137.93	48.51	74.74
	18	62.50	232.77	274.46	288.55	172.78	165.51
	19	53.63	30.76	64.81	79.17	297.05	256.28
	20	44.76	188.75	215.17	229.80	61.32	347.04
	21	35.88	346.74	5.53	20.42	185.59	77.80
	22	26.99	144.73	155.89	171.05	309.85	168.56
	23	18.10	302.72	306.25	321.68	74.11	259.32
	24	9.21	100.72	96.62	112.31	198.37	350.08
	25	0.31	258.72	246.99	262.95	322.62	80.83
	26	351.40	56.72	37.36	53.58	86.88	171.58
	27	342.48	214.73	187.73	204.22	211.13	262.33
	28	333.55	12.73	338.11	354.87	335.38	353.07
	29	324.62	170.74	128.49	145.51	99.62	83.81
	30	315.67	328.75	278.87	296.16	223.87	174.55
	31	306.72	126.77	69.25	86.80	348.11	265.29
Aug.	1	297.75	284.78	219.64	237.46	112.35	356.03
	2	288.78	82.80	10.02	28.11	236.59	86.76
	3	279.79	240.82	160.41	178.76	0.82	177.49
	4	270.80	38.84	310.80	329.42	125.05	268.22
	5	261.79	196.86	101.19	120.08	249.28	358.95
	6	252.77	354.88	251.59	270.74	13.51	89.67
	7	243.74	152.91	41.98	61.40	137.74	180.40
	8	234.70	310.94	192.38	212.06	261.96	271.12
	9	225.65	108.97	342.78	2.73	26.18	1.83
	10	216.58	267.00	133.18	153.39	150.40	92.55
	11	207.50	65.03	283.58	304.06	274.61	183.26
	12	198.41	223.06	73.98	94.73	38.83	273.98
	13	189.30	21.10	224.39	245.40	163.04	4.69
	14	180.19	179.13	14.79	36.07	287.25	95.39
	15	171.06	337.17	165.20	186.74	51.46	186.10
	16	161.92	135.21	315.61	337.42	175.67	276.80

PLANETARY CENTRAL MERIDIANS, 1986
FOR 0ʰ DYNAMICAL TIME

Date		Mars	Jupiter			Saturn	
			System I	System II	System III	System I	System III
Aug.	16	161.92°	135.21°	315.61°	337.42°	175.67°	276.80°
	17	152.77	293.25	106.02	128.09	299.87	7.50
	18	143.60	91.29	256.43	278.77	64.07	98.20
	19	134.42	249.33	46.84	69.44	188.27	188.90
	20	125.24	47.37	197.25	220.12	312.47	279.60
	21	116.03	205.41	347.66	10.80	76.67	10.29
	22	106.82	3.45	138.07	161.48	200.86	100.98
	23	97.60	161.50	288.48	312.16	325.06	191.67
	24	88.36	319.54	78.90	102.84	89.25	282.36
	25	79.12	117.58	229.31	253.52	213.44	13.05
	26	69.86	275.63	19.73	44.19	337.63	103.73
	27	60.59	73.67	170.14	194.87	101.81	194.41
	28	51.31	231.72	320.55	345.55	226.00	285.10
	29	42.02	29.76	110.97	136.23	350.18	15.77
	30	32.72	187.80	261.38	286.91	114.36	106.45
	31	23.40	345.85	51.79	77.59	238.54	197.13
Sept.	1	14.08	143.89	202.21	228.27	2.71	287.80
	2	4.75	301.93	352.62	18.95	126.89	18.48
	3	355.40	99.97	143.03	169.63	251.07	109.15
	4	346.05	258.02	293.44	320.30	15.24	199.82
	5	336.69	56.06	83.85	110.98	139.41	290.49
	6	327.31	214.09	234.26	261.66	263.58	21.15
	7	317.93	12.13	24.67	52.33	27.75	111.82
	8	308.54	170.17	175.07	203.00	151.91	202.48
	9	299.13	328.21	325.48	353.67	276.08	293.15
	10	289.72	126.24	115.89	144.34	40.25	23.81
	11	280.30	284.27	266.29	295.01	164.41	114.47
	12	270.87	82.30	56.69	85.68	288.57	205.13
	13	261.43	240.33	207.09	236.35	52.73	295.78
	14	251.99	38.36	357.49	27.01	176.89	26.44
	15	242.53	196.39	147.88	177.67	301.05	117.10
	16	233.07	354.41	298.28	328.33	65.21	207.75
	17	223.60	152.43	88.67	118.99	189.36	298.40
	18	214.12	310.45	239.06	269.65	313.52	29.06
	19	204.63	108.47	29.45	60.30	77.67	119.71
	20	195.13	266.49	179.83	210.95	201.82	210.36
	21	185.63	64.50	330.22	1.60	325.98	301.01
	22	176.12	222.51	120.60	152.25	90.13	31.65
	23	166.60	20.52	270.97	302.89	214.28	122.30
	24	157.08	178.52	61.35	93.53	338.43	212.95
	25	147.55	336.53	211.72	244.17	102.58	303.59
	26	138.01	134.53	2.09	34.81	226.72	34.24
	27	128.47	292.52	152.46	185.44	350.87	124.88
	28	118.91	90.52	302.82	336.07	115.02	215.52
	29	109.35	248.51	93.18	126.70	239.16	306.17
	30	99.79	46.49	243.54	277.32	3.31	36.81
Oct.	1	90.22	204.48	33.90	67.94	127.45	127.45

PLANETARY CENTRAL MERIDIANS, 1986

FOR 0ʰ DYNAMICAL TIME

Date		Mars	Jupiter			Saturn	
			System I	System II	System III	System I	System III
Oct.	1	90.22°	204.48°	33.90°	67.94°	127.45°	127.45°
	2	80.64	2.46	184.25	218.56	251.60	218.09
	3	71.05	160.44	334.59	9.17	15.74	308.73
	4	61.46	318.41	124.94	159.78	139.88	39.37
	5	51.86	116.38	275.28	310.39	264.02	130.00
	6	42.26	274.35	65.62	100.99	28.16	220.64
	7	32.65	72.31	215.95	251.59	152.31	311.28
	8	23.03	230.27	6.28	42.19	276.45	41.92
	9	13.41	28.23	156.61	192.78	40.59	132.55
	10	3.78	186.18	306.93	343.37	164.73	223.19
	11	354.15	344.13	97.25	133.95	288.87	313.83
	12	344.51	142.07	247.56	284.53	53.00	44.46
	13	334.87	300.01	37.87	75.11	177.14	135.10
	14	325.22	97.95	188.18	225.68	301.28	225.73
	15	315.56	255.88	338.48	16.25	65.42	316.37
	16	305.90	53.81	128.78	166.82	189.56	47.00
	17	296.23	211.73	279.08	317.38	313.70	137.64
	18	286.56	9.65	69.37	107.93	77.84	228.27
	19	276.89	167.57	219.65	258.49	201.98	318.91
	20	267.21	325.48	9.94	49.03	326.11	49.54
	21	257.52	123.39	160.21	199.58	90.25	140.17
	22	247.83	281.29	310.49	350.12	214.39	230.81
	23	238.13	79.19	100.76	140.66	338.53	321.44
	24	228.43	237.09	251.02	291.19	102.67	52.08
	25	218.73	34.98	41.29	81.71	226.81	142.71
	26	209.01	192.87	191.54	232.24	350.94	233.35
	27	199.30	350.75	341.80	22.76	115.08	323.98
	28	189.58	148.63	132.05	173.27	239.22	54.61
	29	179.85	306.50	282.29	323.78	3.36	145.25
	30	170.13	104.37	72.53	114.29	127.50	235.89
	31	160.39	262.24	222.77	264.79	251.64	326.52
Nov.	1	150.65	60.10	13.00	55.29	15.78	57.16
	2	140.91	217.96	163.23	205.79	139.92	147.79
	3	131.16	15.81	313.45	356.27	264.06	238.43
	4	121.41	173.66	103.67	146.76	28.20	329.07
	5	111.65	331.50	253.89	297.24	152.35	59.70
	6	101.89	129.34	44.10	87.72	276.49	150.34
	7	92.13	287.18	194.31	238.19	40.63	240.98
	8	82.36	85.01	344.51	28.66	164.77	331.62
	9	72.58	242.84	134.71	179.13	288.92	62.26
	10	62.81	40.67	284.90	329.59	53.06	152.90
	11	53.02	198.49	75.09	120.04	177.21	243.54
	12	43.24	356.30	225.28	270.50	301.35	334.18
	13	33.45	154.11	15.46	60.95	65.50	64.82
	14	23.66	311.92	165.64	211.39	189.65	155.46
	15	13.86	109.73	315.82	1.83	313.80	246.10
	16	4.06	267.53	105.99	152.27	77.95	336.75

PLANETARY CENTRAL MERIDIANS, 1986
FOR 0ʰ DYNAMICAL TIME

Date		Mars	Jupiter			Saturn	
			System I	System II	System III	System I	System III
		°	°	°	°	°	°
Nov.	16	4.06	267.53	105.99	152.27	77.95	336.75
	17	354.25	65.33	256.16	302.70	202.10	67.39
	18	344.45	223.12	46.32	93.13	326.25	158.04
	19	334.64	20.91	196.48	243.56	90.40	248.68
	20	324.82	178.69	346.64	33.98	214.55	339.33
	21	315.00	336.47	136.79	184.40	338.70	69.98
	22	305.18	134.25	286.94	334.81	102.86	160.63
	23	295.36	292.03	77.08	125.23	227.01	251.28
	24	285.53	89.80	227.22	275.63	351.17	341.93
	25	275.70	247.57	17.36	66.04	115.32	72.58
	26	265.86	45.33	167.50	216.44	239.48	163.23
	27	256.02	203.09	317.63	6.83	3.64	253.88
	28	246.18	0.85	107.76	157.23	127.80	344.54
	29	236.34	158.60	257.88	307.62	251.96	75.19
	30	226.49	316.35	48.00	98.01	16.12	165.85
Dec.	1	216.64	114.10	198.12	248.39	140.29	256.51
	2	206.79	271.84	348.23	38.77	264.45	347.17
	3	196.93	69.58	138.34	189.15	28.62	77.82
	4	187.07	227.32	288.45	339.52	152.78	168.49
	5	177.21	25.05	78.56	129.89	276.95	259.15
	6	167.34	182.78	228.66	280.26	41.12	349.81
	7	157.48	340.51	18.76	70.62	165.29	80.48
	8	147.61	138.24	168.85	220.99	289.46	171.14
	9	137.74	295.96	318.95	11.34	53.64	261.81
	10	127.86	93.68	109.04	161.70	177.81	352.48
	11	117.99	251.40	259.12	312.05	301.99	83.15
	12	108.11	49.11	49.21	102.40	66.17	173.82
	13	98.23	206.82	199.29	252.75	190.34	264.49
	14	88.35	4.53	349.37	43.10	314.52	355.16
	15	78.46	162.24	139.45	193.44	78.71	85.84
	16	68.58	319.94	289.52	343.78	202.89	176.51
	17	58.69	117.64	79.59	134.12	327.07	267.19
	18	48.80	275.34	229.66	284.45	91.26	357.87
	19	38.91	73.03	19.73	74.79	215.45	88.55
	20	29.02	230.73	169.79	225.12	339.64	179.23
	21	19.13	28.42	319.85	15.44	103.83	269.92
	22	9.24	186.11	109.91	165.77	228.02	0.60
	23	359.34	343.80	259.97	316.09	352.21	91.29
	24	349.44	141.48	50.03	106.42	116.41	181.98
	25	339.55	299.16	200.08	256.73	240.61	272.67
	26	329.65	96.84	350.13	47.05	4.80	3.36
	27	319.75	254.52	140.18	197.37	129.00	94.05
	28	309.85	52.20	290.23	347.68	253.21	184.75
	29	299.95	209.87	80.27	137.99	17.41	275.44
	30	290.05	7.55	230.32	288.30	141.62	6.14
	31	280.14	165.22	20.36	78.61	265.82	96.84
	32	270.24	322.89	170.40	228.91	30.03	187.54

MAJOR PLANETS, 1986

ROTATION ELEMENTS FOR MEAN EQUINOX AND EQUATOR OF DATE ON 1986 JANUARY 0 AT 0^h TDT

Planet	North Pole Right Ascension α_1	Declination δ_1	Argument of prime meridian at epoch W_0	var./day $\dot{W}$	Longitude of central meridian λ_e	Inclination of equator to orbit
Mercury	281°.0	61°.4	254°.18	6°.13853	182°.82	0°.0
Venus	272.8	67.2	176.43	−1.48138	275.55	177.3
Earth	—	90.0	—	360.9856	—	23.45
Mars	317.59	52.84	139.52	350.89200	134.82	25.19
Jupiter: I	268.04	64.49	327.4	877.900	158.3	3.12
II	268.04	64.49	87.2	870.270	278.4	3.12
III	268.04	64.49	48.4	870.536	239.6	3.12
Saturn: III	40.04	83.46	74	810.794	89	26.73
Uranus	257.23	−15.08	124	−554.913	270	97.86
Neptune	295.21	40.62	285	468.750	132	29.56
Pluto	311	4	166	−56.364	182	118

The above data were derived from the report of the IAU Working Group on Cartographic Coordinates and Rotational Elements of the Planets and Satellites, 1982. The rotation elements of the major planets referred to J2000 are given in Section K.

DEFINITIONS AND FORMULAE

α_1, δ_1 right ascension and declination of the north pole of the planet; variations during one year are negligible.

W_0 the angle measured along the planet's equator in the positive sense with respect to the planet's north pole *from* the ascending node of the planet's equator on the Earth's mean equator of date *to* the prime meridian of the planet.

$\dot{W}$ the daily rate of change of W_0. The sidereal periods of rotation are given on page E88.

α, δ, Δ apparent right ascension, declination and true distance of the planet at the time of observation (pages E14–E42).

W_1 argument of the prime meridian at the time of observation *antedated* by the light-time from the planet to the Earth.

$$W_1 = W_0 + \dot{W}(d - 0.0057755\,\Delta)$$

where d is the interval in days from 1986 Jan. 0 at 0^h TDT.

β_e planetocentric declination of the Earth, positive in the planet's northern hemisphere:

$$\sin\beta_e = -\sin\delta_1 \sin\delta - \cos\delta_1 \cos\delta \cos(\alpha_1 - \alpha), \quad \text{where } -90° < \beta_e < 90°$$

p_n position angle of the central meridian, also called the position angle of the axis, measured eastwards from the north point:

$$\cos\beta_e \sin p_n = \cos\delta_1 \sin(\alpha_1 - \alpha)$$
$$\cos\beta_e \cos p_n = \sin\delta_1 \cos\delta - \cos\delta_1 \sin\delta \cos(\alpha_1 - \alpha), \quad \text{where } \cos\beta_e > 0.$$

λ_e planetographic longitude of the central meridian measured in the direction *opposite* to the direction of rotation:

$$\lambda_e = W_1 - K \quad \text{if } \dot{W} \text{ is positive}$$
$$\lambda_e = K - W_1 \quad \text{if } \dot{W} \text{ is negative}$$

where K is given by:

$$\cos\beta_e \sin K = -\cos\delta_1 \sin\delta + \sin\delta_1 \cos\delta \cos(\alpha_1 - \alpha)$$
$$\cos\beta_e \cos K = \cos\delta \sin(\alpha_1 - \alpha), \quad \text{where } \cos\beta_e > 0.$$

λ, φ planetographic longitude (measured in the direction opposite to the rotation) and latitude (measured positive to the planet's north) of a feature on the planet's surface.

s apparent semi-diameter of the planet (see page E43).

$\Delta\alpha, \Delta\delta$ displacements in right ascension and declination of the feature (λ, φ) from the centre of the planet. They are given by:

$$\Delta\alpha \cos\delta = X \cos p_n + Y \sin p_n$$
$$\Delta\delta = -X \sin p_n + Y \cos p_n$$

where $X = s \cos\varphi \sin(\lambda - \lambda_e)$ if $\dot{W} > 0$; $X = -s \cos\varphi \sin(\lambda - \lambda_e)$ if $\dot{W} < 0$
$Y = s (\sin\varphi \cos\beta_e - \cos\varphi \sin\beta_e \cos(\lambda - \lambda_e))$

MAJOR PLANETS, 1986

PHYSICAL AND PHOTOMETRIC DATA

Planet	Mass 10^{24} kg	Radius (equ.) km	Angular Diameter	Distance from Earth (see note 3)	Flattening (geom.)	Mean Density g/cm³	$10^3 J_2$	$10^6 J_3$	$10^6 J_4$
Mercury	0.330 22	2 439	11″.0	0.613	0	5.43	—	—	—
Venus	4.869 0	6 052	60″.2	0.277	0	5.24	0.027	—	—
Earth	5.974 2	6 378.140	—	—	0.003 352 81	5.515	1.082 63	−2.54	−1.61
(Moon)	0.073 483	1 738	31′.08	0.002 57	0	3.34	0.202 7	—	—
Mars	0.641 91	3 393.4	17″.9	0.524	0.005 186 5	3.94	1.964	36	—
Jupiter	1 898.8	71 398	46″.8	4.203	0.064 808 8	1.33	14.75	—	−580
Saturn	568.50	60 000	19″.4	8.539	0.107 620 9	0.70	16.45	—	−1 000
Uranus	86.625	25 400	3″.9	18.182	0.030	1.30	12	—	—
Neptune	102.78	24 300	2″.3	29.06	0.025 9	1.76	4	—	—
Pluto	0.015	1 500	0″.1	38.44	0	1.1	—	—	—

Planet	Sidereal Period of Rotation	Inclination of Equator to Orbit	Geometric Albedo	$V(1,0)$	V_0	$B-V$	$U-B$
Mercury	58.646 2 d	0.0°	0.106	−0.42	—	0.93	0.41
Venus	−243.01	177.3	0.65	−4.40	—	0.82	0.50
Earth	0.997 269 68	23.45	0.367	−3.86	—	—	—
(Moon)	27.321 66	6.68	0.12	+0.21	−12.74	0.92	0.46
Mars	1.025 956 75	25.19	0.150	−1.52	−2.01	1.36	0.58
Jupiter	0.413 54 (System III)	3.12	0.52	−9.40	−2.70	0.83	0.48
Saturn	0.437 5 (System III)	26.73	0.47	−8.88	+0.67	1.04	0.58
Uranus	−0.65	97.86	0.51	−7.19	+5.52	0.56	0.28
Neptune	0.768	29.56	0.41	−6.87	+7.84	0.41	0.21
Pluto	−6.386 7	118?	0.3:	−1.0	+15.12	0.80	0.31

Notes:

1. The values for the masses include the atmospheres but exclude satellites.

2. The mean equatorial radii are given.

3. The angular diameters correspond to the distances from the Earth (in au) given in the adjacent column; they refer to inferior conjunction for Mercury and Venus and to mean opposition for the other planets. (1″.0 = 4.848 microradians.)

4. The flattening is the ratio of the difference of the equatorial and polar radii to the equatorial radius.

5. The notation for the coefficients of the gravitational potential is given in *Trans. IAU*, **XI B**, 173, 1962.

6. The period of rotation refers to the rotation at the equator with respect to a fixed frame of reference; a negative sign indicates that the rotation is retrograde with respect to the pole that lies to the north of the invariable plane of the solar system. The period is given in days of 86 400 SI seconds. The rotation elements for the planets are tabulated on page E87.

7. The data on equatorial radii, flattening, period of rotation and inclination of equator to orbit are based on the report of the IAU Working Group on Cartographic Coordinates and Rotational Elements of the Planets and Satellites, 1982.

8. The geometric albedo is the ratio of the illumination at the Earth from the planet for phase angle zero to the illumination produced by a plane, absolutely white Lambert surface of the same radius as the planet placed at the same position.

9. The quantity $V(1,0)$ is the visual magnitude of the planet reduced to a distance of 1 au from both the Sun and Earth and phase angle zero; V_0 is the mean opposition magnitude. The photometric quantities for Saturn refer to the disk only.

SATELLITES OF THE PLANETS, 1986

CONTENTS OF SECTION F

Basic orbital data	F2
Basic physical and photometric data	F3
Satellites of Mars	
Diagram	F4
Times of elongation	F4
Apparent distance and position angle	F6
Satellites of Jupiter	
Diagram	F10
V: times of elongation	F10
VI, VII: differential coordinates	F11
VIII, IX, X: differential coordinates	F12
XI, XII, XIII: differential coordinates	F13
I—IV: superior geocentric conjunctions	F14
I—IV: geocentric phenomena	F16
Rings of Saturn	F40
Satellites of Saturn	
Diagram	F42
I—V: times of elongation	F43
VI—VIII: conjunctions and elongations	F45
I—IV: apparent distance and position angle	F46
V—VIII: apparent distance and position angle	F47
I—IV: orbital position	F52
V, VI: orbital position	F54
VII, VIII: orbital position	F56
VII: differential coordinates	F58
VIII: differential coordinates	F59
IX: differential coordinates	F60
I—VIII: orbital longitude and radius vector	F61
I—V: rectangular coordinates	F62
Rings and Satellites of Uranus	
Diagram (satellites)	F63
Rings	F63
Apparent distance and position angle (satellites)	F64
Times of elongation (satellites)	F65
Satellites of Neptune	
Diagram	F67
II: differential coordinates	F67
I: times of elongation	F68
I: apparent distance and position angle	F68
Satellite of Pluto	
Times of elongation	F69

The satellite ephemerides were calculated using $\Delta T = 56$ seconds.

SATELLITES: ORBITAL DATA

Planet		Satellite	Orbital Period [1] R=Retrograde (Days)	Maximum Elongation at Mean Opposition °	'	"	Semi-Major Axis (×10³ km)	Orbital Eccentricity	Orbital Inclination to Planetary Equator (°)	Motion of Node on Fixed Plane [4] ("/yr)
Earth		Moon	27.321661				384.400	0.054900489	18.28–28.58	19.34 [7]
Mars	I	Phobos	0.31891023		25		9.378	0.015	1.0	158.8
	II	Deimos	1.2624407	1	02		23.459	0.0005	0.9–2.7	6.614
Jupiter	I	Io	1.769137786	2	18		422	0.004	0.04	48.6
	II	Europa	3.551181041	3	40		671	0.009	0.47	12.0
	III	Ganymede	7.15455296	5	51		1070	0.002	0.21	2.63
	IV	Callisto	16.6890184	10	18		1883	0.007	0.51	0.643
	V	Amalthea	0.49817905		59		181	0.003	0.40	914.6
	VI	Himalia	250.5662	1	02	46	11480	0.15798	27.63	
	VII	Elara	259.6528	1	04	10	11737	0.20719	24.77	
	VIII	Pasiphae	735 R	2	08	26	23500	0.378	145	
	IX	Sinope	758 R	2	09	31	23700	0.275	153	
	X	Lysithea	259.22	1	04	04	11720	0.107	29.02	
	XI	Carme	692 R	2	03	31	22600	0.20678	164	
	XII	Ananke	631 R	1	55	52	21200	0.16870	147	
	XIII	Leda	238.72	1	00	39	11094	0.14762	26.07	
	XIV	Thebe	0.6745	1	13		222	0.015	0.8	
	XV	Adrastea	0.29826		42		129			
	XVI	Metis	0.294780		42		128			
Saturn	I	Mimas	0.942421813		30		185.52	0.0202	1.53	365.0
	II	Enceladus	1.370217855		38		238.02	0.00452	0.00	156.2 [5]
	III	Tethys	1.887802160		48		294.66	0.00000	1.86	72.25
	IV	Dione	2.736914742	1	01		377.40	0.002230	0.02	30.85 [5]
	V	Rhea	4.517500436	1	25		527.04	0.00100	0.35	10.16
	VI	Titan	15.94542068	3	17		1221.83	0.029192	0.33	0.5213 [5]
	VII	Hyperion	21.2766088	3	59		1481.1	0.104	0.43	
	VIII	Iapetus	79.3301825	9	35		3561.3	0.02828	14.72	
	IX	Phoebe	550.48 R	34	51		12952	0.16326	177 [2]	
	X	Janus	0.6945		24		151.472	0.007	0.14	
	XI	Epimetheus	0.6942		24		151.422	0.009	0.34	
	XII	1980S6	2.7369	1	01		377.40	0.005	0.0	
	XIII	Telesto	1.8878		48		294.66			
	XIV	Calypso	1.8878		48		294.66			
	XV	Atlas	0.6019		22		137.670	0.000	0.3	
		1980S26	0.6285		23		141.700	0.004	0.0	
		1980S27	0.6130		23		139.353	0.003	0.0	
Uranus	I	Ariel	2.52037935		14		191.02	0.0034	0.3	6.8
	II	Umbriel	4.1441772		20		266.30	0.0050	0.36	3.6
	III	Titania	8.7058717		33		435.91	0.0022	0.14	2.0
	IV	Oberon	13.4632389		44		583.52	0.0008	0.10	1.4
	V	Miranda	1.41347925		10		129.39	0.0027	4.2	19.8
Neptune	I	Triton	5.8768433 R		17		354.29	<0.01	159.00	0.578
	II	Nereid	360.2	4	21		5511	0.7483	27.6 [3]	
Pluto		(Charon)	6.3871	<1			19.7		94 [3]	

1. Sidereal periods except for satellites of Saturn; tropical periods for those
2. Relative to ecliptic plane
3. To equator of 1950.0
4. Rate of decrease (or increase) in the longitude of the ascending node
5. Rate of increase in the longitude of the apse
6. Rotation period same as orbital period
7. On ecliptic plane
8. Bright side, 0.5; faint side, 0.05
9. V (Sun) = −26.8

SATELLITES: PHYSICAL AND PHOTOMETRIC DATA

Planet		Satellite	Mass (1/Planet)	Radius (km)	Sidereal Period of Rotation S≡Synchr.ᵉ (Days)	Geometric Albedo $(V)^9$	$V(1,0)$	V_0	$(B-V)$	$(U-B)$
Earth		Moon	0.01230002	1738	S	0.12	+ 0.21	−12.74	0.92	0.46
Mars	I	Phobos	1.5×10^{-8}	13.5 x 10.8 x 9.4	S	0.06	+11.8	11.3	0.6	
	II	Deimos	3×10^{-9}	7.5 x 6.1 x 5.5	S	0.07	+12.89	12.40	0.65	0.18
Jupiter	I	Io	4.68×10^{-5}	1815	S	0.61	− 1.68	5.02	1.17	1.30
	II	Europa	2.52×10^{-5}	1569	S	0.64	− 1.41	5.29	0.87	0.52
	III	Ganymede	7.80×10^{-5}	2631	S	0.42	− 2.09	4.61	0.83	0.50
	IV	Callisto	5.66×10^{-5}	2400	S	0.20	− 1.05	5.65	0.86	0.55
	V	Amalthea	38×10^{-10}	135 x 83 x 75	S	0.05	+ 7.4	14.1	1.50	
	VI	Himalia	50×10^{-10}	93	0.4	0.03	+ 8.14	14.84	0.67	0.30
	VII	Elara	4×10^{-10}	38	0.5	0.03	+10.07	16.77	0.69	0.28
	VIII	Pasiphae	1×10^{-10}	25			+10.33	17.03	0.63	0.34
	IX	Sinope	0.4×10^{-10}	18			+11.6	18.3	0.7	
	X	Lysithea	0.4×10^{-10}	18			+11.7	18.4	0.7	
	XI	Carme	0.5×10^{-10}	20			+11.3	18.0	0.7	
	XII	Ananke	0.2×10^{-10}	15			+12.2	18.9	0.7	
	XIII	Leda	0.03×10^{-10}	8			+13.5	20.2	0.7	
	XIV	Thebe	4×10^{-10}	55 x 45		0.05	+ 8.9	15.6		
	XV	Adrastea	0.1×10^{-10}	12.5 x 10 x 7.5		0.05	+12.4	19.1		
	XVI	Metis	0.5×10^{-10}	20		0.05	+10.8	17.5		
Saturn	I	Mimas	8.0×10^{-8}	196	S	0.5	+ 3.3	12.9		
	II	Enceladus	1.3×10^{-7}	250	S	1.0	+ 2.1	11.7	0.70	0.28
	III	Tethys	1.3×10^{-6}	530	S	0.9	+ 0.6	10.2	0.73	0.30
	IV	Dione	1.85×10^{-6}	560	S	0.7	+ 0.8	10.4	0.71	0.31
	V	Rhea	4.4×10^{-6}	765	S	0.7	+ 0.1	9.7	0.78	0.38
	VI	Titan	2.38×10^{-4}	2575	S	0.21	− 1.28	8.28	1.28	0.75
	VII	Hyperion	3×10^{-8}	205 x 130 x 110		0.3	+ 4.63	14.19	0.78	0.33
	VIII	Iapetus	3.3×10^{-6}	730	S	0.2^8	+ 1.5	11.1	0.72	0.30
	IX	Phoebe	7×10^{-10}	110	0.4	0.06	+ 6.89	16.45	0.70	0.34
	X	Janus		110 x 100 x 80	S	0.8	+ 4.4:	14:		
	XI	Epimetheus		70 x 60 x 50	S	0.8	+ 5.4:	15:		
	XII	1980S6		18 x 16 x 15		0.7	+ 8.4:	18:		
	XIII	Telesto		17 x 14 x 13		0.5	+ 8.9:	18.5:		
	XIV	Calypso		17 x 11 x 11		0.6	+ 9.1:	18.7:		
	XV	Atlas		20 x 10		0.9	+ 8.4:	18:		
		1980S26		55 x 45 x 35		0.9	+ 6.4:	16:		
		1980S27		70 x 50 x 40		0.6	+ 6.4:	16:		
Uranus	I	Ariel	1.8×10^{-5}	665		0.2	+ 1.7	14.4		
	II	Umbriel	1.2×10^{-5}	555		0.1	+ 2.6	15.3		
	III	Titania	6.8×10^{-5}	800		0.21	+ 1.27	13.98	0.70	0.28
	IV	Oberon	6.9×10^{-5}	815	S	0.16	+ 1.52	14.23	0.68	0.20
	V	Miranda	0.2×10^{-5}	160			+ 3.8	16.5		
Neptune	I	Triton	1.3×10^{-3}	1900	S		− 1.02	13.69	0.72	0.29
	II	Nereid	2×10^{-7}	150			+ 4.0	18.7		
Pluto		(Charon)	0.125(?)	1000(?)			+ 0.9	16.8		

SATELLITES OF MARS, 1986
APPARENT ORBITS OF THE SATELLITES ON JULY 10

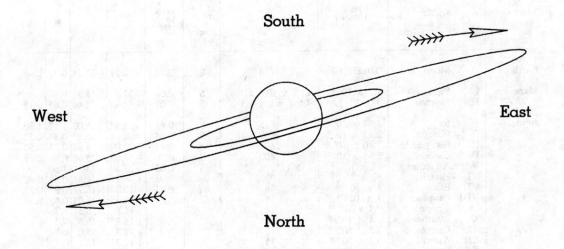

Name	Sidereal Period
	h m s
I Phobos	7 39 13.85
II Deimos	30 17 54.87

DEIMOS
UNIVERSAL TIME OF GREATEST EASTERN ELONGATION

Jan.	Feb.	Mar.	Apr.	May	June	July	Aug.	Sept.	Oct.	Nov.	Dec.
d h	d h	d h	d h	d h	d h	d h	d h	d h	d h	d h	d h
0 09.6	1 00.6	2 02.7	1 11.1	1 19.3	1 03.0	1 10.1	1 23.0	1 06.2	1 14.3	2 05.2	1 07.7
1 15.9	2 06.9	3 09.1	2 17.4	3 01.6	2 09.4	2 16.4	3 05.2	2 12.6	2 20.6	3 11.6	2 14.1
2 22.3	3 13.3	4 15.4	3 23.8	4 08.0	3 15.7	3 22.6	4 11.5	3 18.9	4 03.0	4 17.9	3 20.5
4 04.7	4 19.6	5 21.7	5 06.1	5 14.3	4 22.0	5 04.9	5 17.8	5 01.2	5 09.4	6 00.3	5 02.9
5 11.0	6 02.0	7 04.1	6 12.5	6 20.6	6 04.3	6 11.2	7 00.1	6 07.5	6 15.7	7 06.7	6 09.3
6 17.4	7 08.4	8 10.5	7 18.8	8 02.9	7 10.6	7 17.5	8 06.4	7 13.9	7 22.0	8 13.1	7 15.6
7 23.8	8 14.7	9 16.8	9 01.1	9 09.3	8 16.9	8 23.7	9 12.7	8 20.2	9 04.4	9 19.4	8 22.0
9 06.1	9 21.0	10 23.2	10 07.5	10 15.6	9 23.2	10 06.0	10 19.0	10 02.5	10 10.8	11 01.8	10 04.4
10 12.5	11 03.4	12 05.5	11 13.8	11 21.9	11 05.5	11 12.3	12 01.3	11 08.9	11 17.1	12 08.2	11 10.8
11 18.8	12 09.8	13 11.9	12 20.2	13 04.2	12 11.8	12 18.5	13 07.6	12 15.2	12 23.4	13 14.5	12 17.1
13 01.2	13 16.1	14 18.2	14 02.5	14 10.6	13 18.1	14 00.8	14 13.9	13 21.5	14 05.8	14 20.9	13 23.5
14 07.6	14 22.5	16 00.5	15 08.9	15 16.9	15 00.4	15 07.1	15 20.2	15 03.8	15 12.2	16 03.2	15 05.9
15 13.9	16 04.8	17 06.9	16 15.2	16 23.2	16 06.7	16 13.4	17 02.5	16 10.2	16 18.5	17 09.7	16 12.3
16 20.3	17 11.2	18 13.3	17 21.5	18 05.6	17 13.0	17 19.6	18 08.8	17 16.5	18 00.9	18 16.0	17 18.7
18 02.6	18 17.5	19 19.6	19 03.9	19 11.9	18 19.3	19 01.9	19 15.1	18 22.9	19 07.3	19 22.4	19 01.0
19 09.0	19 23.9	21 01.9	20 10.2	20 18.2	20 01.5	20 08.2	20 21.4	20 05.2	20 13.6	21 04.7	20 07.4
20 15.3	21 06.3	22 08.3	21 16.6	22 00.5	21 07.8	21 14.5	22 03.7	21 11.5	21 20.0	22 11.1	21 13.8
21 21.7	22 12.6	23 14.7	22 22.9	23 06.9	22 14.1	22 20.7	23 10.0	22 17.9	23 02.3	23 17.5	22 20.2
23 04.1	23 18.9	24 21.0	24 05.3	24 13.2	23 20.4	24 03.0	24 16.3	24 00.2	24 08.7	24 23.9	24 02.5
24 10.4	25 01.3	26 03.4	25 11.6	25 19.5	25 02.7	25 09.3	25 22.6	25 06.6	25 15.0	26 06.2	25 08.9
25 16.8	26 07.7	27 09.7	26 17.9	27 01.8	26 09.0	26 15.6	27 05.0	26 12.9	26 21.4	27 12.6	26 15.3
26 23.1	27 14.0	28 16.0	28 00.3	28 08.1	27 15.2	27 21.8	28 11.3	27 19.3	28 03.7	28 19.0	27 21.7
28 05.5	28 20.3	29 22.4	29 06.6	29 14.4	28 21.5	29 04.1	29 17.6	29 01.6	29 10.1	30 01.4	29 04.1
29 11.9		31 04.8	30 12.9	30 20.7	30 03.8	30 10.4	30 23.9	30 08.0	30 16.5		30 10.5
30 18.2						31 16.7			31 22.8		31 16.8
											32 23.2

SATELLITES OF MARS, 1986

PHOBOS

UNIVERSAL TIME OF EVERY THIRD GREATEST EASTERN ELONGATION

Jan.	Feb.	Mar.	Apr.	May	June	July	Aug.	Sept.	Oct.	Nov.	Dec.
d h	d h	d h	d h	d h	d h	d h	d h	d h	d h	d h	d h
0 05.0	1 18.0	1 12.2	1 03.2	1 18.2	1 09.1	1 00.9	1 14.5	1 05.3	1 20.3	1 11.5	1 03.7
1 04.0	2 17.0	2 11.2	2 02.2	2 17.2	2 08.1	1 23.9	2 13.4	2 04.3	2 19.3	2 10.4	2 02.7
2 02.9	3 16.0	3 10.1	3 01.2	3 16.2	3 07.1	2 22.8	3 12.4	3 03.2	3 18.3	3 09.4	3 01.7
3 01.9	4 15.0	4 09.1	4 00.2	4 15.1	4 06.0	3 21.8	4 11.4	4 02.2	4 17.2	4 08.4	4 00.7
4 00.9	5 13.9	5 08.1	4 23.1	5 14.1	5 05.0	4 20.7	5 10.3	5 01.2	5 16.2	5 07.4	4 23.6
4 23.9	6 12.9	6 07.1	5 22.1	6 13.1	6 04.0	5 19.7	6 09.3	6 00.1	6 15.2	6 06.4	5 22.6
5 22.8	7 11.9	7 06.0	6 21.1	7 12.0	7 02.9	6 18.6	7 08.2	6 23.1	7 14.1	7 05.3	6 21.6
6 21.8	8 10.8	8 05.0	7 20.0	8 11.0	8 01.9	7 17.6	8 07.2	7 22.1	8 13.1	8 04.3	7 20.6
7 20.8	9 09.8	9 04.0	8 19.0	9 10.0	9 00.8	8 16.5	9 06.2	8 21.0	9 12.1	9 03.3	8 19.5
8 19.7	10 08.8	10 02.9	9 18.0	10 08.9	9 23.8	9 15.5	10 05.1	9 20.0	10 11.1	10 02.3	9 18.5
9 18.7	11 07.8	11 01.9	10 16.9	11 07.9	10 22.8	10 14.5	11 04.1	10 19.0	11 10.0	11 01.2	10 17.5
10 17.7	12 06.7	12 00.9	11 15.9	12 06.9	11 21.7	11 13.4	12 03.0	11 17.9	12 09.0	12 00.2	11 16.5
11 16.7	13 05.7	12 23.8	12 14.9	13 05.8	12 20.7	12 12.4	13 02.0	12 16.9	13 08.0	12 23.2	12 15.5
12 15.6	14 04.7	13 22.8	13 13.8	14 04.8	13 19.6	13 11.3	14 01.0	13 15.9	14 07.0	13 22.1	13 14.4
13 14.6	15 03.6	14 21.8	14 12.8	15 03.8	14 18.6	14 10.3	14 23.9	14 14.8	15 05.9	14 21.1	14 13.4
14 13.6	16 02.6	15 20.8	15 11.8	16 02.7	15 17.6	15 09.2	15 22.9	15 13.8	16 04.9	15 20.1	15 12.4
15 12.6	17 01.6	16 19.7	16 10.8	17 01.7	16 16.5	16 08.2	16 21.9	16 12.8	17 03.9	16 19.1	16 11.4
16 11.5	18 00.6	17 18.7	17 09.7	18 00.7	17 15.5	17 07.2	17 20.8	17 11.8	18 02.9	17 18.1	17 10.4
17 10.5	18 23.5	18 17.7	18 08.7	18 23.6	18 14.4	18 06.1	18 19.8	18 10.7	19 01.8	18 17.0	18 09.3
18 09.5	19 22.5	19 16.6	19 07.7	19 22.6	19 13.4	19 05.1	19 18.7	19 09.7	20 00.8	19 16.0	19 08.3
19 08.4	20 21.5	20 15.6	20 06.6	20 21.6	20 12.4	20 04.0	20 17.7	20 08.7	20 23.8	20 15.0	20 07.3
20 07.4	21 20.4	21 14.6	21 05.6	21 20.5	21 11.3	21 03.0	21 16.7	21 07.6	21 22.7	21 14.0	21 06.3
21 06.4	22 19.4	22 13.5	22 04.6	22 19.5	22 10.3	22 01.9	22 15.6	22 06.6	22 21.7	22 12.9	22 05.2
22 05.4	23 18.4	23 12.5	23 03.5	23 18.5	23 09.2	23 00.9	23 14.6	23 05.6	23 20.7	23 11.9	23 04.2
23 04.3	24 17.3	24 11.5	24 02.5	24 17.4	24 08.2	23 23.9	24 13.6	24 04.5	24 19.7	24 10.9	24 03.2
24 03.3	25 16.3	25 10.5	25 01.5	25 16.4	25 07.2	24 22.8	25 12.5	25 03.5	25 18.6	25 09.9	25 02.2
25 02.3	26 15.3	26 09.4	26 00.4	26 15.4	26 06.1	25 21.8	26 11.5	26 02.5	26 17.6	26 08.9	26 01.2
26 01.2	27 14.3	27 08.4	26 23.4	27 14.3	27 05.1	26 20.7	27 10.5	27 01.5	27 16.6	27 07.8	27 00.1
27 00.2	28 13.2	28 07.4	27 22.4	28 13.3	28 04.0	27 19.7	28 09.4	28 00.4	28 15.6	28 06.8	27 23.1
27 23.2		29 06.3	28 21.3	29 12.3	29 03.0	28 18.6	29 08.4	28 23.4	29 14.5	29 05.8	28 22.1
28 22.2		30 05.3	29 20.3	30 11.2	30 01.9	29 17.6	30 07.4	29 22.4	30 13.5	30 04.8	29 21.1
29 21.1		31 04.3	30 19.3	31 10.2		30 16.6	31 06.3	30 21.3	31 12.5		30 20.0
30 20.1						31 15.5					31 19.0
31 19.1											32 18.0

SATELLITES OF MARS, 1986

PHOBOS

APPARENT DISTANCE AND POSITION ANGLE

Day (0h U.T.)	Jan. a/Δ	p_2	Feb. a/Δ	p_2	Mar. a/Δ	p_2	Apr. a/Δ	p_2	May a/Δ	p_2	June a/Δ	p_2
	″	°	″	°	″	°	″	°	″	°	″	°
1	6.82	+23.3	8.07	+21.7	9.74	+17.0	12.55	+9.4	16.83	+1.9	23.59	−3.1
2	6.85	23.3	8.12	21.6	9.81	16.8	12.66	9.2	17.01	1.7	23.84	3.2
3	6.89	23.3	8.17	21.5	9.88	16.5	12.78	8.9	17.19	1.5	24.10	3.2
4	6.92	23.3	8.22	21.4	9.96	16.3	12.90	8.7	17.38	1.2	24.35	3.3
5	6.95	23.3	8.27	21.2	10.03	16.1	13.02	8.4	17.56	1.0	24.61	3.3
6	6.99	+23.3	8.32	+21.1	10.11	+15.9	13.14	+8.1	17.75	+0.8	24.87	−3.4
7	7.02	23.3	8.37	21.0	10.19	15.7	13.26	7.9	17.94	0.6	25.13	3.4
8	7.06	23.3	8.43	20.8	10.27	15.4	13.39	7.6	18.14	0.4	25.39	3.4
9	7.10	23.3	8.48	20.7	10.35	15.2	13.51	7.4	18.33	+0.2	25.65	3.4
10	7.13	23.3	8.54	20.5	10.43	15.0	13.64	7.1	18.53	0.0	25.91	3.5
11	7.17	+23.3	8.59	+20.4	10.51	+14.7	13.77	+6.8	18.74	−0.2	26.17	−3.5
12	7.21	23.2	8.65	20.2	10.60	14.5	13.90	6.6	18.94	0.4	26.43	3.5
13	7.24	23.2	8.71	20.0	10.68	14.2	14.04	6.3	19.15	0.6	26.69	3.4
14	7.28	23.2	8.76	19.9	10.77	14.0	14.17	6.1	19.36	0.7	26.94	3.4
15	7.32	23.1	8.82	19.7	10.85	13.8	14.31	5.8	19.58	0.9	27.20	3.4
16	7.36	+23.1	8.88	+19.5	10.94	+13.5	14.45	+5.5	19.79	−1.1	27.45	−3.4
17	7.40	23.0	8.94	19.3	11.03	13.3	14.60	5.3	20.01	1.3	27.70	3.3
18	7.44	23.0	9.00	19.2	11.12	13.0	14.74	5.0	20.23	1.4	27.94	3.3
19	7.48	22.9	9.07	19.0	11.22	12.8	14.89	4.8	20.46	1.6	28.19	3.2
20	7.52	22.9	9.13	18.8	11.31	12.5	15.04	4.5	20.68	1.7	28.43	3.1
21	7.56	+22.8	9.19	+18.6	11.41	+12.3	15.19	+4.3	20.91	−1.9	28.66	−3.1
22	7.61	22.7	9.26	18.4	11.50	12.0	15.34	4.0	21.14	2.0	28.89	3.0
23	7.65	22.6	9.32	18.2	11.60	11.8	15.50	3.8	21.38	2.2	29.12	2.9
24	7.69	22.6	9.39	18.0	11.70	11.5	15.66	3.6	21.61	2.3	29.34	2.8
25	7.74	22.5	9.46	17.8	11.80	11.3	15.82	3.3	21.85	2.4	29.56	2.7
26	7.78	+22.4	9.53	+17.6	11.90	+11.0	15.98	+3.1	22.09	−2.5	29.76	−2.6
27	7.83	22.3	9.60	17.4	12.01	10.7	16.15	2.8	22.34	2.6	29.97	2.5
28	7.88	22.2	9.67	+17.2	12.11	10.5	16.31	2.6	22.58	2.7	30.16	2.3
29	7.92	22.1			12.22	10.2	16.48	2.4	22.83	2.8	30.35	2.2
30	7.97	22.0			12.33	10.0	16.66	+2.1	23.08	2.9	30.53	−2.1
31	8.02	+21.9			12.44	+9.7			23.33	−3.0		

Time from Eastern Elongation	F	p_1	Time from Eastern Elongation	F	p_1	Time from Eastern Elongation	F	p_1	Time from Eastern Elongation	F	p_1
h m		°	h m		°	h m		°	h m		°
0 00	1.000	106.0	2 00	0.127	341.9	4 00	0.990	285.1	6 00	0.235	131.9
0 10	0.991	105.2	2 10	0.231	312.5	4 10	0.962	284.3	6 10	0.357	122.1
0 20	0.963	104.3	2 20	0.352	302.3	4 20	0.916	283.3	6 20	0.477	117.2
0 30	0.918	103.4	2 30	0.472	297.4	4 30	0.853	282.3	6 30	0.590	114.3
0 40	0.856	102.3	2 40	0.586	294.4	4 40	0.775	281.0	6 40	0.693	112.3
0 50	0.778	101.1	2 50	0.690	292.4	4 50	0.682	279.5	6 50	0.784	110.8
1 00	0.686	99.6	3 00	0.781	290.8	5 00	0.578	277.4	7 00	0.861	109.6
1 10	0.582	97.5	3 10	0.858	289.6	5 10	0.463	274.3	7 10	0.922	108.5
1 20	0.468	94.5	3 20	0.920	288.6	5 20	0.343	269.2	7 20	0.966	107.6
1 30	0.347	89.4	3 30	0.965	287.7	5 30	0.222	258.3	7 30	0.992	106.8
1 40	0.226	78.9	3 40	0.991	286.8	5 40	0.121	226.0	7 40	1.000	105.9
1 50	0.124	48.1	3 50	1.000	286.0	5 50	0.130	160.0			

SATELLITES OF MARS, 1986

PHOBOS

APPARENT DISTANCE AND POSITION ANGLE

Day (0ʰ U.T.)	July $\frac{a}{\Delta}$	p_2	Aug. $\frac{a}{\Delta}$	p_2	Sept. $\frac{a}{\Delta}$	p_2	Oct. $\frac{a}{\Delta}$	p_2	Nov. $\frac{a}{\Delta}$	p_2	Dec. $\frac{a}{\Delta}$	p_2
	″	°	″	°	″	°	″	°	″	°	″	°
1	30.70	−1.9	30.80	+2.7	24.45	+1.8	18.78	− 5.2	14.59	−15.9	11.73	−27.7
2	30.87	1.8	30.64	2.8	24.24	1.6	18.62	5.5	14.48	16.3	11.65	28.1
3	31.02	1.6	30.48	2.9	24.02	1.4	18.46	5.8	14.37	16.6	11.57	28.5
4	31.17	1.5	30.31	2.9	23.81	1.3	18.30	6.1	14.26	17.0	11.49	28.9
5	31.30	1.3	30.14	3.0	23.60	1.1	18.15	6.4	14.15	17.4	11.41	29.3
6	31.43	−1.2	29.96	+3.1	23.39	+0.9	17.99	− 6.7	14.04	−17.8	11.34	−29.7
7	31.54	1.0	29.78	3.1	23.19	0.8	17.84	7.0	13.94	18.2	11.26	30.1
8	31.64	0.8	29.59	3.2	22.98	0.6	17.69	7.3	13.83	18.6	11.19	30.5
9	31.74	0.7	29.39	3.2	22.78	0.4	17.55	7.7	13.73	19.0	11.11	30.9
10	31.82	0.5	29.19	3.2	22.58	+0.2	17.40	8.0	13.63	19.4	11.04	31.3
11	31.89	−0.3	28.99	+3.2	22.37	0.0	17.26	− 8.3	13.53	−19.7	10.97	−31.6
12	31.94	−0.2	28.79	3.2	22.18	−0.2	17.11	8.7	13.43	20.1	10.90	32.0
13	31.99	0.0	28.58	3.2	21.98	0.4	16.97	9.0	13.33	20.5	10.82	32.4
14	32.02	+0.2	28.37	3.2	21.79	0.7	16.83	9.3	13.23	20.9	10.75	32.8
15	32.05	0.4	28.16	3.2	21.59	0.9	16.70	9.7	13.14	21.3	10.69	33.2
16	32.06	+0.5	27.95	+3.2	21.40	−1.1	16.56	−10.0	13.04	−21.7	10.62	−33.6
17	32.06	0.7	27.73	3.1	21.21	1.4	16.43	10.4	12.95	22.1	10.55	34.0
18	32.05	0.9	27.51	3.1	21.03	1.6	16.29	10.7	12.85	22.5	10.48	34.4
19	32.02	1.0	27.29	3.1	20.84	1.9	16.16	11.1	12.76	22.9	10.41	34.7
20	31.99	1.2	27.08	3.0	20.66	2.1	16.03	11.4	12.67	23.3	10.35	35.1
21	31.94	+1.3	26.86	+2.9	20.48	−2.4	15.90	−11.8	12.58	−23.7	10.28	−35.5
22	31.89	1.5	26.64	2.9	20.30	2.6	15.78	12.2	12.49	24.1	10.22	35.9
23	31.82	1.6	26.42	2.8	20.12	2.9	15.65	12.5	12.40	24.5	10.15	36.2
24	31.74	1.8	26.20	2.7	19.95	3.2	15.53	12.9	12.31	24.9	10.09	36.6
25	31.66	1.9	25.98	2.6	19.78	3.4	15.41	13.3	12.23	25.3	10.03	37.0
26	31.56	+2.0	25.76	+2.5	19.60	−3.7	15.29	−13.6	12.14	−25.7	9.97	−37.4
27	31.45	2.2	25.54	2.4	19.43	4.0	15.17	14.0	12.06	26.1	9.91	37.7
28	31.34	2.3	25.32	2.3	19.27	4.3	15.05	14.4	11.98	26.5	9.85	38.1
29	31.22	2.4	25.10	2.2	19.10	4.6	14.93	14.7	11.89	26.9	9.79	38.4
30	31.08	2.5	24.88	2.0	18.94	−4.9	14.82	15.1	11.81	−27.3	9.73	38.8
31	30.95	+2.6	24.67	+1.9			14.70	−15.5			9.67	−39.2

Apparent distance of satellite: $s = Fa/\Delta$

Position angle of satellite: $p = p_1 + p_2$

The differences of right ascension and declination, in the sense "satellite minus primary," are approximately

$$\Delta\alpha = s \sin p \sec (\delta + \Delta\delta)$$
$$\Delta\delta = s \cos p$$

SATELLITES OF MARS, 1986

DEIMOS

APPARENT DISTANCE AND POSITION ANGLE

Day (0ʰ U.T.)	Jan. $\frac{a}{\Delta}$	p_2	Feb. $\frac{a}{\Delta}$	p_2	Mar. $\frac{a}{\Delta}$	p_2	Apr. $\frac{a}{\Delta}$	p_2	May $\frac{a}{\Delta}$	p_2	June $\frac{a}{\Delta}$	p_2
	"	°	"	°	"	°	"	°	"	°	"	°
1	17.07	+20.8	20.18	+19.7	24.36	+15.6	31.40	+8.9	42.12	+2.2	59.02	−2.2
2	17.15	20.9	20.31	19.6	24.55	15.4	31.69	8.7	42.57	2.0	59.65	2.3
3	17.23	20.9	20.43	19.5	24.73	15.2	31.98	8.5	43.02	1.8	60.30	2.4
4	17.32	20.9	20.56	19.4	24.92	15.0	32.27	8.2	43.48	1.6	60.94	2.4
5	17.40	20.9	20.69	19.3	25.11	14.8	32.57	8.0	43.94	1.4	61.59	2.5
6	17.49	+20.9	20.82	+19.2	25.30	+14.6	32.87	+7.8	44.42	+1.2	62.24	−2.5
7	17.57	20.9	20.95	19.1	25.49	14.4	33.18	7.5	44.90	1.0	62.88	2.5
8	17.66	20.9	21.08	18.9	25.69	14.2	33.49	7.3	45.38	0.9	63.54	2.5
9	17.75	20.9	21.22	18.8	25.89	14.0	33.81	7.1	45.88	0.7	64.19	2.5
10	17.84	20.9	21.36	18.7	26.10	13.8	34.13	6.8	46.38	0.5	64.84	2.5
11	17.94	+20.9	21.50	+18.5	26.30	+13.6	34.46	+6.6	46.88	+0.3	65.48	−2.5
12	18.03	20.9	21.64	18.4	26.51	13.4	34.79	6.4	47.40	+0.2	66.13	2.5
13	18.12	20.9	21.78	18.3	26.72	13.2	35.12	6.1	47.92	0.0	66.77	2.5
14	18.22	20.9	21.93	18.1	26.94	13.0	35.46	5.9	48.45	−0.2	67.41	2.5
15	18.32	20.8	22.07	18.0	27.16	12.8	35.81	5.7	48.98	0.3	68.05	2.5
16	18.42	+20.8	22.22	+17.8	27.38	+12.6	36.16	+5.5	49.52	−0.5	68.68	−2.4
17	18.52	20.8	22.38	17.7	27.60	12.3	36.52	5.2	50.07	0.6	69.30	2.4
18	18.62	20.7	22.53	17.5	27.83	12.1	36.88	5.0	50.62	0.8	69.92	2.3
19	18.72	20.7	22.68	17.4	28.06	11.9	37.25	4.8	51.18	0.9	70.53	2.3
20	18.82	20.6	22.84	17.2	28.30	11.7	37.62	4.6	51.75	1.0	71.13	2.2
21	18.93	+20.6	23.00	+17.0	28.54	+11.5	38.00	+4.3	52.32	−1.2	71.72	−2.1
22	19.04	20.5	23.16	16.9	28.78	11.2	38.39	4.1	52.90	1.3	72.29	2.1
23	19.14	20.5	23.33	16.7	29.02	11.0	38.78	3.9	53.49	1.4	72.86	2.0
24	19.25	20.4	23.50	16.5	29.27	10.8	39.17	3.7	54.08	1.5	73.41	1.9
25	19.36	20.3	23.66	16.3	29.53	10.5	39.57	3.5	54.68	1.6	73.95	1.8
26	19.48	+20.2	23.84	+16.2	29.78	+10.3	39.98	+3.2	55.28	−1.8	74.48	−1.7
27	19.59	20.2	24.01	16.0	30.04	10.1	40.40	3.0	55.89	1.8	74.98	1.6
28	19.71	20.1	24.19	+15.8	30.31	9.9	40.82	2.8	56.51	1.9	75.47	1.4
29	19.82	20.0			30.58	9.6	41.25	2.6	57.13	2.0	75.95	1.3
30	19.94	19.9			30.85	9.4	41.68	+2.4	57.75	2.1	76.40	−1.2
31	20.06	+19.8			31.12	+ 9.2			58.38	−2.2		

Time from Eastern Elongation	F	p_1	Time from Eastern Elongation	F	p_1	Time from Eastern Elongation	F	p_1	Time from Eastern Elongation	F	p_1
h m		°	h m		°	h m		°	h m		°
0 00	1.000	105.0	8 00	0.108	320.6	16 00	0.985	284.4	24 00	0.269	118.1
0 40	0.990	104.5	8 40	0.233	300.3	16 40	0.951	283.8	24 40	0.396	113.4
1 20	0.962	104.0	9 20	0.362	294.4	17 20	0.900	283.2	25 20	0.518	111.0
2 00	0.916	103.4	10 00	0.485	291.6	18 00	0.831	282.6	26 00	0.630	109.5
2 40	0.852	102.8	10 40	0.600	289.8	18 40	0.747	281.8	26 40	0.731	108.4
3 20	0.772	102.0	11 20	0.704	288.7	19 20	0.648	280.7	27 20	0.818	107.6
4 00	0.677	101.0	12 00	0.795	287.8	20 00	0.538	279.3	28 00	0.889	106.9
4 40	0.570	99.8	12 40	0.871	287.0	20 40	0.418	277.1	28 40	0.944	106.3
5 20	0.452	97.8	13 20	0.930	286.4	21 20	0.291	273.0	29 20	0.980	105.7
6 00	0.326	94.4	14 00	0.972	285.9	22 00	0.162	262.3	30 00	0.998	105.2
6 40	0.197	86.6	14 40	0.995	285.4	22 40	0.064	205.6	30 40	0.997	104.7
7 20	0.081	53.4	15 20	0.999	284.9	23 20	0.141	131.5			

SATELLITES OF MARS, 1986

DEIMOS

APPARENT DISTANCE AND POSITION ANGLE

Day (0ʰ U.T.)	July $\frac{a}{\Delta}$	p_2	Aug. $\frac{a}{\Delta}$	p_2	Sept. $\frac{a}{\Delta}$	p_2	Oct. $\frac{a}{\Delta}$	p_2	Nov. $\frac{a}{\Delta}$	p_2	Dec. $\frac{a}{\Delta}$	p_2
	″	°	″	°	″	°	″	°	″	°	″	°
1	76.83	−1.0	77.06	+3.4	61.18	+2.5	46.98	− 4.0	36.50	−14.4	29.35	−25.8
2	77.24	0.9	76.67	3.5	60.64	2.4	46.58	4.3	36.22	14.7	29.15	26.2
3	77.62	0.8	76.27	3.6	60.11	2.3	46.18	4.6	35.95	15.1	28.95	26.6
4	77.99	0.6	75.85	3.6	59.58	2.1	45.79	4.9	35.67	15.5	28.76	27.0
5	78.32	0.5	75.41	3.7	59.06	1.9	45.40	5.2	35.40	15.8	28.56	27.4
6	78.63	−0.3	74.97	+3.8	58.53	+1.8	45.02	− 5.5	35.14	−16.2	28.37	−27.8
7	78.92	−0.2	74.50	3.8	58.02	1.6	44.64	5.8	34.87	16.6	28.18	28.1
8	79.18	0.0	74.03	3.8	57.50	1.4	44.27	6.1	34.61	17.0	27.99	28.5
9	79.41	+0.2	73.54	3.9	56.99	1.2	43.90	6.5	34.35	17.3	27.81	28.9
10	79.61	0.3	73.05	3.9	56.49	1.1	43.54	6.8	34.10	17.7	27.62	29.3
11	79.78	+0.5	72.55	+3.9	55.99	+0.9	43.18	− 7.1	33.85	−18.1	27.44	−29.7
12	79.93	0.7	72.03	3.9	55.49	0.7	42.82	7.4	33.60	18.5	27.26	30.1
13	80.04	0.8	71.51	3.9	55.00	0.5	42.47	7.7	33.35	18.9	27.09	30.4
14	80.13	1.0	70.99	3.9	54.51	+0.2	42.12	8.1	33.11	19.2	26.91	30.8
15	80.19	1.2	70.46	3.9	54.03	0.0	41.78	8.4	32.87	19.6	26.74	31.2
16	80.21	+1.3	69.92	+3.9	53.55	−0.2	41.44	− 8.7	32.63	−20.0	26.56	−31.6
17	80.21	1.5	69.38	3.8	53.08	0.4	41.10	9.1	32.39	20.4	26.39	32.0
18	80.18	1.6	68.84	3.8	52.61	0.6	40.77	9.4	32.16	20.8	26.23	32.3
19	80.12	1.8	68.30	3.8	52.15	0.9	40.44	9.7	31.93	21.2	26.06	32.7
20	80.04	1.9	67.75	3.7	51.70	1.1	40.12	10.1	31.70	21.6	25.89	33.1
21	79.93	+2.1	67.20	+3.7	51.24	−1.4	39.80	−10.4	31.48	−21.9	25.73	−33.4
22	79.79	2.2	66.65	3.6	50.80	1.6	39.48	10.8	31.25	22.3	25.57	33.8
23	79.62	2.4	66.10	3.5	50.35	1.9	39.17	11.1	31.03	22.7	25.41	34.2
24	79.43	2.5	65.55	3.4	49.92	2.1	38.86	11.5	30.81	23.1	25.25	34.5
25	79.21	2.6	65.00	3.3	49.48	2.4	38.55	11.8	30.60	23.5	25.09	34.9
26	78.97	+2.8	64.45	+3.3	49.05	−2.7	38.25	−12.2	30.38	−23.9	24.94	−35.3
27	78.71	2.9	63.90	3.1	48.63	2.9	37.95	12.5	30.17	24.3	24.79	35.6
28	78.42	3.0	63.35	3.0	48.21	3.2	37.65	12.9	29.96	24.7	24.63	36.0
29	78.11	3.1	62.80	2.9	47.80	3.5	37.36	13.3	29.76	25.0	24.48	36.3
30	77.78	3.2	62.26	2.8	47.39	−3.8	37.07	13.6	29.55	−25.4	24.34	36.7
31	77.43	+3.3	61.72	+2.7			36.78	−14.0			24.19	−37.0

Apparent distance of satellite: $s = Fa/\Delta$
Position angle of satellite: $p = p_1 + p_2$

The differences of right ascension and declination, in the sense "satellite minus primary," are approximately

$$\Delta\alpha = s \sin p \sec(\delta + \Delta\delta)$$
$$\Delta\delta = s \cos p$$

SATELLITES OF JUPITER, 1986

APPARENT ORBITS OF SATELLITES I–V AT DATE OF OPPOSITION
SEPTEMBER 10

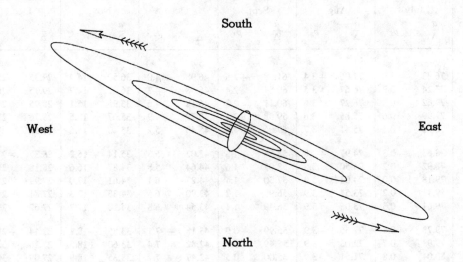

Orbits elongated in ratio of three to one in the direction of minor axes.

NAME		MEAN SYNODIC PERIOD		NAME	SIDEREAL PERIOD
		d h m s	d		d
V		0 11 57 27.619 =	0.498 236 33	XIII	238.72
I	Io	1 18 28 35.946 =	1.769 860 49	X	259.22
II	Europa	3 13 17 53.736 =	3.554 094 17	XII	631
III	Ganymede	7 03 59 35.856 =	7.166 387 22	XI	692
IV	Callisto	16 18 05 06.916 =	16.753 552 27	VIII	735
VI			266.00	IX	758
VII			276.67		

SATELLITE V

UNIVERSAL TIME OF EVERY TWENTIETH GREATEST EASTERN ELONGATION

	d h		d h		d h		d h		d h
Jan.	0 17.2	Mar.	22 10.8	June	10 04.1	Aug.	29 20.8	Nov.	18 13.6
	10 16.4	Apr.	1 10.0		21 03.2	Sept.	8 19.9		28 12.8
	20 15.6		11 09.1	July	1 02.3		18 19.0	Dec.	8 12.0
	30 14.8		21 08.3		11 01.4		28 18.1		18 11.2
Feb.	10 14.0	May	1 07.5		21 00.5	Oct.	8 17.2		28 10.3
	20 13.2		11 06.7		30 23.6		18 16.3		38 09.5
Mar.	2 12.4		21 05.8	Aug.	9 22.7		28 15.4		
	12 11.6		31 05.0		19 21.8	Nov.	8 14.5		

MULTIPLES OF THE MEAN SYNODIC PERIOD

	d h		d h		d h		d h		d h
1	0 12.0	6	2 23.7	11	5 11.5	16	7 23.3		
2	0 23.9	7	3 11.7	12	5 23.5	17	8 11.3		
3	1 11.9	8	3 23.7	13	6 11.4	18	8 23.2		
4	1 23.8	9	4 11.6	14	6 23.4	19	9 11.2		
5	2 11.8	10	4 23.6	15	7 11.4	20	9 23.2		

SATELLITES OF JUPITER, 1986

DIFFERENTIAL COORDINATES FOR 0ʰ U.T.

Date		Satellite VI $\Delta\alpha$	Satellite VI $\Delta\delta$	Satellite VII $\Delta\alpha$	Satellite VII $\Delta\delta$	Date		Satellite VI $\Delta\alpha$	Satellite VI $\Delta\delta$	Satellite VII $\Delta\alpha$	Satellite VII $\Delta\delta$
		m s	′	m s	′			m s	′	m s	′
Jan.	−2	−1 00	−14.8	+2 02	− 5.8	July	1	−3 01	+ 8.0	−2 35	+ 7.0
	2	0 41	15.2	2 14	6.4		5	3 14	5.1	2 51	5.4
	6	0 22	15.4	2 25	7.0		9	3 27	+ 2.2	3 04	3.7
	10	−0 02	15.2	2 35	7.5		13	3 38	− 0.9	3 13	+ 1.8
	14	+0 17	14.9	2 45	7.9		17	3 48	4.0	3 19	− 0.1
	18	+0 36	−14.2	+2 53	− 8.2		21	−3 56	− 7.1	−3 21	− 2.1
	22	0 54	13.3	3 01	8.5		25	4 03	10.3	3 19	4.1
	26	1 11	12.1	3 09	8.6		29	4 09	13.4	3 14	6.0
	30	1 27	10.7	3 15	8.7	Aug.	2	4 12	16.3	3 05	7.8
Feb.	3	1 42	9.0	3 21	8.7		6	4 12	19.2	2 53	9.5
	7	+1 55	− 7.1	+3 26	− 8.6		10	−4 11	−21.9	−2 38	−11.1
	11	2 06	5.0	3 30	8.4		14	4 06	24.4	2 20	12.4
	15	2 16	2.8	3 34	8.1		18	3 59	26.7	2 00	13.6
	19	2 23	− 0.5	3 37	7.8		22	3 49	28.6	1 38	14.5
	23	2 29	+ 2.0	3 39	7.3		26	3 35	30.3	1 15	15.3
	27	+2 33	+ 4.4	+3 40	− 6.8		30	−3 19	−31.5	−0 51	−15.9
Mar.	3	2 35	6.9	3 41	6.3	Sept.	3	3 00	32.4	0 26	16.3
	7	2 35	9.3	3 41	5.6		7	2 37	32.7	−0 01	16.5
	11	2 34	11.7	3 40	4.9		11	2 12	32.6	+0 25	16.5
	15	2 31	13.9	3 39	4.2		15	1 45	31.9	0 51	16.5
	19	+2 27	+16.0	+3 37	− 3.4		19	−1 16	−30.7	+1 16	−16.3
	23	2 22	18.0	3 35	2.6		23	0 46	29.0	1 41	16.1
	27	2 15	19.8	3 31	1.8		27	−0 15	26.8	2 05	15.7
	31	2 08	21.4	3 27	− 0.9	Oct.	1	+0 16	24.2	2 27	15.3
Apr.	4	1 59	22.9	3 22	0.0		5	0 46	21.2	2 49	14.8
	8	+1 50	+24.2	+3 16	+ 1.0		9	+1 15	−17.9	+3 09	−14.3
	12	1 39	25.3	3 09	1.9		13	1 42	14.3	3 27	13.7
	16	1 28	26.3	3 01	2.9		17	2 06	10.5	3 43	13.1
	20	1 17	27.1	2 52	3.9		21	2 27	6.5	3 58	12.4
	24	1 04	27.7	2 42	4.9		25	2 45	− 2.6	4 10	11.7
	28	+0 52	+28.2	+2 30	+ 5.9		29	+2 59	+ 1.4	+4 20	−10.9
May	2	0 38	28.5	2 17	6.9	Nov.	2	3 09	5.3	4 28	10.1
	6	0 25	28.5	2 03	7.9		6	3 16	8.9	4 34	9.2
	10	+0 11	28.4	1 48	8.8		10	3 19	12.4	4 39	8.2
	14	−0 04	28.1	1 32	9.6		14	3 19	15.6	4 41	7.3
	18	−0 18	+27.6	+1 14	+10.3		18	+3 16	+18.5	+4 41	− 6.3
	22	0 33	26.8	0 55	10.9		22	3 10	21.1	4 40	5.3
	26	0 48	25.8	0 35	11.4		26	3 03	23.4	4 38	4.3
	30	1 03	24.6	+0 14	11.7		30	2 53	25.3	4 34	3.2
June	3	1 19	23.2	−0 08	11.9	Dec.	4	2 42	27.0	4 29	2.2
	7	−1 34	+21.6	−0 30	+11.8		8	+2 30	+28.3	+4 23	− 1.3
	11	1 49	19.8	0 53	11.6		12	2 17	29.3	4 16	− 0.3
	15	2 04	17.8	1 15	11.1		16	2 04	30.0	4 08	+ 0.7
	19	2 19	15.6	1 37	10.4		20	1 49	30.5	3 59	1.7
	23	2 34	13.2	1 58	9.5		24	1 35	30.8	3 49	2.6
	27	−2 48	+10.7	−2 18	+ 8.3		28	+1 20	+30.9	+3 39	+ 3.6
July	1	−3 01	+ 8.0	−2 35	+ 7.0		32	+1 05	+30.7	+3 27	+ 4.6

Differential coordinates are given in the sense "satellite minus planet".

SATELLITES OF JUPITER, 1986

DIFFERENTIAL COORDINATES FOR 0^h U.T.

Date		Satellite VIII		Satellite IX		Satellite X	
		$\Delta\alpha$	$\Delta\delta$	$\Delta\alpha$	$\Delta\delta$	$\Delta\alpha$	$\Delta\delta$
		m s	′	m s	′	m s	′
May	10	+4 25	+29.2	+3 33	− 7.2	−1 37	−35.0
	20	4 52	26.6	2 58	13.0	1 11	31.5
	30	5 14	23.1	2 20	19.0	0 40	25.9
June	9	5 32	19.0	1 39	25.1	−0 06	18.2
	19	5 45	14.3	0 55	31.2	+0 31	− 8.6
	29	+5 55	+ 9.0	+0 10	−37.0	+1 09	+ 2.4
July	9	6 02	+ 3.4	−0 37	42.3	1 45	14.0
	19	6 06	− 2.4	1 25	47.1	2 16	25.4
	29	6 08	8.4	2 13	51.1	2 38	35.5
Aug.	8	6 08	14.4	2 59	54.1	2 48	43.2
	18	+6 06	−20.3	−3 44	−55.9	+2 44	+47.6
	28	6 02	25.8	4 26	56.5	2 24	48.4
Sept.	7	5 54	30.9	5 04	55.9	1 52	45.4
	17	5 44	35.6	5 37	54.2	1 08	39.0
	27	5 29	39.7	6 04	51.4	+0 19	30.0
Oct.	7	+5 11	−43.3	−6 26	−47.8	−0 31	+19.5
	17	4 49	46.4	6 40	43.5	1 18	+ 8.3
	27	4 23	49.1	6 48	38.8	1 57	− 2.6
Nov.	6	3 55	51.5	6 49	33.9	2 27	12.6
	16	3 24	53.6	6 45	28.8	2 46	21.3
	26	+2 51	−55.6	−6 34	−23.6	−2 56	−28.4
Dec.	6	2 17	57.4	6 19	18.4	2 58	33.8
	16	1 42	59.3	5 59	13.2	2 52	37.5
	26	+1 08	−61.1	−5 36	− 8.0	−2 40	−39.4

Differential coordinates are given in the sense "satellite minus planet."

SATELLITES OF JUPITER, 1986

DIFFERENTIAL COORDINATES FOR 0^h U.T.

Date		Satellite XI		Satellite XII		Satellite XIII	
		$\Delta\alpha$	$\Delta\delta$	$\Delta\alpha$	$\Delta\delta$	$\Delta\alpha$	$\Delta\delta$
		m s	'	m s	'	m s	'
May	10	+0 36	−22.9	+4 47	−21.4	+2 26	+ 0.1
	20	1 23	18.6	4 18	22.6	2 00	− 6.6
	30	2 09	13.8	3 46	23.8	1 20	12.7
June	9	2 54	8.9	3 11	24.8	+0 27	17.7
	19	3 37	− 3.7	2 34	25.6	−0 32	21.2
	29	+4 16	+ 1.6	+1 55	−26.1	−1 33	−22.9
July	9	4 51	7.1	1 14	26.1	2 31	23.0
	19	5 20	12.6	+0 31	25.6	3 22	21.3
	29	5 43	18.0	−0 13	24.3	4 03	18.1
Aug.	8	5 59	23.2	0 58	22.4	4 31	13.6
	18	+6 08	+28.1	−1 42	−19.8	−4 44	− 7.9
	28	6 09	32.6	2 26	16.5	4 39	− 1.4
Sept.	7	6 03	36.5	3 06	12.7	4 18	+ 5.5
	17	5 49	39.6	3 43	8.6	3 42	12.3
	27	5 29	41.9	4 15	4.4	2 55	18.5
Oct.	7	+5 04	+43.4	−4 39	− 0.4	−1 59	+23.6
	17	4 33	43.9	4 55	+ 3.3	1 00	27.2
	27	3 58	43.5	5 01	6.5	−0 02	29.1
Nov.	6	3 20	42.4	4 57	9.2	+0 53	29.1
	16	2 40	40.6	4 42	11.4	1 39	27.4
	26	+1 59	+38.1	−4 19	+13.1	+2 16	+24.0
Dec.	6	1 16	35.2	3 47	14.5	2 42	19.2
	16	+0 33	31.8	3 09	15.6	2 54	13.3
	26	−0 10	+28.1	−2 26	+16.6	+2 51	+ 6.8

Differential coordinates are given in the sense "satellite minus planet".

SATELLITES OF JUPITER, 1986
UNIVERSAL TIME OF SUPERIOR GEOCENTRIC CONJUNCTION

SATELLITE I

	d h m		d h m		d h m		d h m
Jan.	1 10 20	May	14 06 16	Aug.	5 10 12	Oct.	27 12 45
	3 04 50		16 00 45		7 04 39		29 07 12
	4 23 21		17 19 14		8 23 05		31 01 39
	6 17 51		19 13 44		10 17 32	Nov.	1 20 07
	8 12 22		21 08 13		12 11 58		3 14 34
	10 06 52		23 02 42		14 06 24		5 09 02
	12 01 23		24 21 11		16 00 50		7 03 29
	13 19 53		26 15 40		17 19 16		8 21 57
	15 14 24		28 10 09		19 13 42		10 16 25
	17 08 54		30 04 38		21 08 09		12 10 53
	19 03 25		31 23 07		23 02 35		14 05 20
	20 21 55	June	2 17 36		24 21 01		15 23 48
	22 16 26		4 12 05		26 15 27		17 18 17
	.. .. ..		6 06 34		28 09 52		19 12 45
Mar.	16 19 44		8 01 03		30 04 18		21 07 13
	18 14 14		9 19 31		31 22 44		23 01 41
	20 08 45		11 14 00	Sept.	2 17 10		24 20 10
	22 03 15		13 08 28		4 11 36		26 14 38
	23 21 46		15 02 57		6 06 02		28 09 06
	25 16 16		16 21 25		8 00 28		30 03 35
	27 10 47		18 15 53		9 18 54	Dec.	1 22 04
	29 05 17		20 10 22		11 13 19		3 16 32
	30 23 47		22 04 50		13 07 45		5 11 01
Apr.	1 18 18		23 23 18		15 02 11		7 05 30
	3 12 48		25 17 46		16 20 37		8 23 59
	5 07 18		27 12 14		18 15 03		10 18 28
	7 01 48		29 06 42		20 09 29		12 12 57
	8 20 19	July	1 01 10		22 03 55		14 07 26
	10 14 49		2 19 38		23 22 21		16 01 55
	12 09 19		4 14 05		25 16 47		17 20 24
	14 03 49		6 08 33		27 11 13		19 14 54
	15 22 19		8 03 01		29 05 39		21 09 23
	17 16 49		9 21 28	Oct.	1 00 05		23 03 53
	19 11 19		11 15 56		2 18 31		24 22 22
	21 05 49		13 10 23		4 12 58		26 16 51
	23 00 19		15 04 50		6 07 24		28 11 21
	24 18 49		16 23 17		8 01 50		30 05 51
	26 13 19		18 17 45		9 20 17		32 00 20
	28 07 49		20 12 12		11 14 43		
	30 02 19		22 06 39		13 09 10		
May	1 20 48		24 01 06		15 03 37		
	3 15 18		25 19 33		16 22 03		
	5 09 48		27 13 59		18 16 30		
	7 04 17		29 08 26		20 10 57		
	8 22 47		31 02 53		22 05 24		
	10 17 17	Aug.	1 21 19		23 23 51		
	12 11 46		3 15 46		25 18 18		

SATELLITES OF JUPITER, 1986

UNIVERSAL TIME OF SUPERIOR GEOCENTRIC CONJUNCTION

SATELLITE II

	d h m		d h m		d h m		d h m
Jan.	1 21 18	May	13 13 10	Aug.	6 19 24	Oct.	30 22 59
	5 10 43		17 02 30		10 08 33	Nov.	3 12 13
	9 00 08		20 15 51		13 21 42		7 01 27
	12 13 33		24 05 11		17 10 51		10 14 42
	16 02 58		27 18 30		20 23 59		14 03 57
	19 16 23		31 07 49		24 13 07		17 17 14
	23 05 49	June	3 21 08		28 02 15		21 06 30
	.. .. ..		7 10 27		31 15 22		24 19 48
Mar.	17 15 04		10 23 45	Sept.	4 04 30		28 09 06
	21 04 29		14 13 02		7 17 37	Dec.	1 22 25
	24 17 53		18 02 19		11 06 44		5 11 43
	28 07 17		21 15 36		14 19 52		9 01 03
	31 20 41		25 04 52		18 08 59		12 14 23
Apr.	4 10 04		28 18 07		21 22 07		16 03 44
	7 23 28	July	2 07 22		25 11 15		19 17 05
	11 12 51		5 20 37		29 00 23		23 06 27
	15 02 14		9 09 51	Oct.	2 13 32		26 19 49
	18 15 37		12 23 04		6 02 41		30 09 12
	22 05 00		16 12 17		9 15 50		
	25 18 22		20 01 30		13 05 01		
	29 07 44		23 14 41		16 18 11		
May	2 21 06		27 03 53		20 07 22		
	6 10 28		30 17 04		23 20 34		
	9 23 49	Aug.	3 06 14		27 09 46		

SATELLITE III

	d h m		d h m		d h m		d h m
Jan.	0 23 30	May	10 07 59	Aug.	4 06 44	Oct.	28 23 00
	8 03 58		17 12 14		11 10 09	Nov.	5 02 38
	15 08 27		24 16 26		18 13 31		12 06 22
	22 12 58		31 20 34		25 16 50		19 10 10
	.. .. ..	June	8 00 39	Sept.	1 20 06		26 14 04
Mar.	21 01 10		15 04 41		8 23 22	Dec.	3 18 02
	28 05 39		22 08 38		16 02 37		10 22 04
Apr.	4 10 07		29 12 31		23 05 54		18 02 11
	11 14 33	July	6 16 19		30 09 12		25 06 21
	18 18 58		13 20 02	Oct.	7 12 34		32 10 36
	25 23 21		20 23 40		14 15 58		
May	3 03 41		28 03 14		21 19 26		

SATELLITE IV

	d h m		d h m		d h m		d h m
Jan.	2 02 59	May	16 23 37	Aug.	25 04 44	Dec.	3 01 30
	18 23 39	June	2 18 38	Sept.	10 18 56		19 20 01
	.. .. ..		19 12 54		27 09 09		
Mar.	27 11 15	July	6 06 15	Oct.	13 23 50		
Apr.	13 07 47		22 22 39		30 15 22		
	30 03 57	Aug.	8 14 05	Nov.	16 07 55		

SATELLITES OF JUPITER, 1986
UNIVERSAL TIME OF GEOCENTRIC PHENOMENA

JANUARY

d	h	m	Phenom.	d	h	m	Phenom.	d	h	m	Phenom.	d	h	m	Phenom.
0	0	40	II. Tr.I.	7	16	22	I. Tr.E.	15	16	08	I. Ec.R.	23	14	56	I. Tr.E.
	2	19	II. Sh.I.		17	04	I. Sh.E.						15	23	I. Sh.E.
	3	33	II. Tr.E.					16	1	31	II. Oc.D.				
	5	12	II. Sh.E.	8	2	08	III. Oc.D.		5	34	II. Ec.R.	24	9	47	I. Oc.D.
	12	03	I. Tr.I.		8	39	III. Ec.R.		10	37	I. Tr.I.		12	32	I. Ec.R.
	12	52	I. Sh.I.		11	12	I. Oc.D.		11	11	I. Sh.I.		22	37	II. Tr.I.
	14	20	I. Tr.E.		14	13	I. Ec.R.		12	54	I. Tr.E.		23	29	II. Sh.I.
	15	09	I. Sh.E.		22	41	II. Oc.D.		13	28	I. Sh.E.				
	21	40	III. Oc.D.									25	1	31	II. Tr.E.
				9	2	58	II. Ec.R.	17	7	45	I. Oc.D.		2	23	II. Sh.E.
1	4	37	III. Ec.R.		8	35	I. Tr.I.		10	37	I. Ec.R.		7	09	I. Tr.I.
	9	11	I. Oc.D.		9	16	I. Sh.I.		19	46	II. Tr.I.		7	34	I. Sh.I.
	12	17	I. Ec.R.		10	52	I. Tr.E.		20	52	II. Sh.I.		9	27	I. Tr.E.
	19	51	II. Oc.D.		11	33	I. Sh.E.		22	40	II. Tr.E.		9	52	I. Sh.E.
									23	46	II. Sh.E.				
2	0	21	II. Ec.R.	10	5	43	I. Oc.D.					26	1	33	III. Tr.I.
	0	33	IV. Oc.D.		8	41	I. Ec.R.	18	5	07	I. Tr.I.		3	14	III. Sh.I.
	5	25	IV. Oc.R.		10	04	IV. Tr.I.		5	40	I. Sh.I.		4	18	I. Oc.D.
	6	33	I. Tr.I.		14	57	IV. Tr.E.		7	25	I. Tr.E.		5	13	III. Tr.E.
	7	21	I. Sh.I.		16	34	IV. Sh.I.		7	57	I. Sh.E.		6	51	III. Sh.E.
	8	04	IV. Ec.D.		16	55	II. Tr.I.		21	03	III. Tr.I.		7	01	I. Ec.R.
	8	51	I. Tr.E.		18	15	II. Sh.I.		21	14	IV. Oc.D.		17	47	II. Oc.D.
	9	38	I. Sh.E.		19	49	II. Tr.E.		23	13	III. Sh.I.		21	28	II. Ec.R.
	12	47	IV. Ec.R.		21	08	II. Sh.E.								
					21	17	IV. Sh.E.	19	0	42	III. Tr.E.	27	1	40	I. Tr.I.
3	3	41	I. Oc.D.						2	04	IV. Oc.R.		2	03	I. Sh.I.
	6	46	I. Ec.R.	11	3	05	I. Tr.I.		2	15	I. Oc.D.		3	57	I. Tr.E.
	14	05	II. Tr.I.		3	44	I. Sh.I.		2	16	IV. Ec.D.		4	20	I. Sh.E.
	15	38	II. Sh.I.		5	23	I. Tr.E.		2	50	III. Sh.E.		7	00	IV. Tr.I.
	16	58	II. Tr.E.		6	02	I. Sh.E.		5	05	I. Ec.R.		10	49	IV. Sh.I.
	18	31	II. Sh.E.		16	34	III. Tr.I.		6	56	IV. Ec.R.		11	52	IV. Tr.E.
					19	12	III. Sh.I.		14	57	II. Oc.D.		15	30	IV. Sh.E.
4	1	04	I. Tr.I.		20	13	III. Tr.E.		18	52	II. Ec.R.		22	48	I. Oc.D.
	1	49	I. Sh.I.		22	49	III. Sh.E.		23	38	I. Tr.I.				
	3	21	I. Tr.E.									28	1	29	I. Ec.R.
	4	07	I. Sh.E.	12	0	13	I. Oc.D.	20	0	08	I. Sh.I.		12	03	II. Tr.I.
	12	06	III. Tr.I.		3	10	I. Ec.R.		1	55	I. Tr.E.		12	48	II. Sh.I.
	15	11	III. Sh.I.		12	06	II. Oc.D.		2	26	I. Sh.E.		14	57	II. Tr.E.
	15	45	III. Tr.E.		16	16	II. Ec.R.		20	46	I. Oc.D.		15	42	II. Sh.E.
	18	48	III. Sh.E.		21	36	I. Tr.I.		23	34	I. Ec.R.		20	10	I. Tr.I.
	22	12	I. Oc.D.		22	13	I. Sh.I.						20	32	I. Sh.I.
					23	53	I. Tr.E.	21	9	11	II. Tr.I.		22	28	I. Tr.E.
5	1	15	I. Ec.R.						10	11	II. Sh.I.		22	49	I. Sh.E.
	9	16	II. Oc.D.	13	0	31	I. Sh.E.		12	05	II. Tr.E.				
	13	40	II. Ec.R.		18	44	I. Oc.D.		13	04	II. Sh.E.	29	15	39	III. Oc.D.
	19	34	I. Tr.I.		21	39	I. Ec.R.		18	08	I. Tr.I.		17	19	I. Oc.D.
	20	18	I. Sh.I.						18	37	I. Sh.I.		19	58	I. Ec.R.
	21	52	I. Tr.E.	14	6	20	II. Tr.I.		20	26	I. Tr.E.		20	43	III. Ec.R.
	22	35	I. Sh.E.		7	33	II. Sh.I.		20	54	I. Sh.E.				
					9	14	II. Tr.E.					30	7	13	II. Oc.D.
6	16	42	I. Oc.D.		10	27	II. Sh.E.	22	11	07	III. Oc.D.		10	46	II. Ec.R.
	19	44	I. Ec.R.		16	06	I. Tr.I.		15	17	I. Oc.D.		14	41	I. Tr.I.
					16	42	I. Sh.I.		16	41	III. Ec.R.		15	01	I. Sh.I.
7	3	30	II. Tr.I.		18	24	I. Tr.E.		18	03	I. Ec.R.		16	58	I. Tr.E.
	4	56	II. Sh.I.		18	59	I. Sh.E.						17	18	I. Sh.E.
	6	23	II. Tr.E.					23	4	22	II. Oc.D.				
	7	49	II. Sh.E.	15	6	37	III. Oc.D.		8	10	II. Ec.R.	31	11	50	I. Oc.D.
	14	04	I. Tr.I.		12	40	III. Ec.R.		12	39	I. Tr.I.		14	27	I. Ec.R.
	14	47	I. Sh.I.		13	14	I. Oc.D.		13	06	I. Sh.I.				

I. Jan. 15	II. Jan. 16	II. Jan. 15	IV. Jan. 19
$x_2 = +1.5$, $y_2 = 0.0$	$x_2 = +1.8$, $y_2 = 0.0$	$x_2 = +2.3$, $y_2 = 0.0$	$x_1 = +1.1$, $y_1 = +0.1$
			$x_2 = +2.9$, $y_2 = +0.1$

NOTE.—I. denotes ingress; E., egress; D., disappearance; R., reappearance; Ec., eclipse; Oc., occultation; Tr., transit of the satellite; Sh., transit of the shadow.

SATELLITES OF JUPITER, 1986

CONFIGURATIONS OF SATELLITES I-IV FOR JANUARY
UNIVERSAL TIME

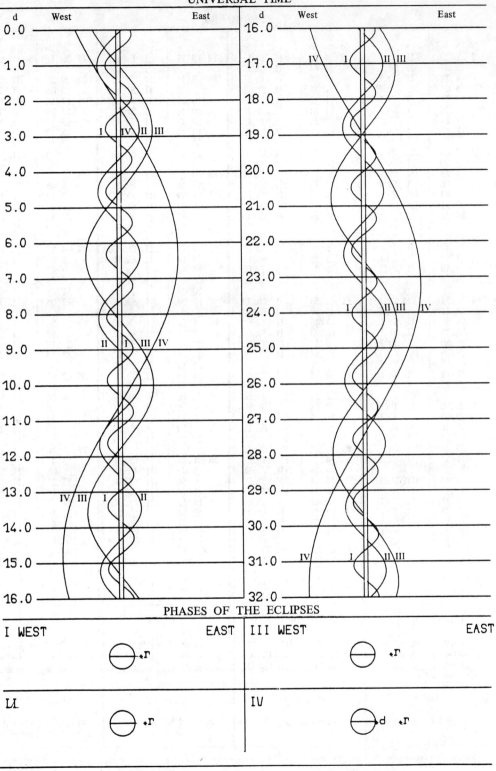

PHASES OF THE ECLIPSES

SATELLITES OF JUPITER, 1986
UNIVERSAL TIME OF GEOCENTRIC PHENOMENA

FEBRUARY

d	h	m		d	h	m		d	h	m		d	h	m	
1	1	29	II. Tr.I.	8	4	22	II. Tr.I.	14	18	17	I. Ec.R.	21	20	16	I. Oc.R.
	2	07	II. Sh.I.		4	44	II. Sh.I.	15	7	15	II. Tr.I.	22	9	59	II. Sh.I.
	4	24	II. Tr.E.		7	16	II. Tr.E.		7	22	II. Sh.I.		10	08	II. Tr.I.
	5	01	II. Sh.E.		7	38	II. Sh.E.		10	09	II. Tr.E.		12	53	II. Sh.E.
	9	11	I. Tr.I.		11	13	I. Tr.I.		10	16	II. Sh.E.		13	02	II. Tr.E.
	9	29	I. Sh.I.		11	24	I. Sh.I.		13	15	I. Tr.I.		15	13	I. Sh.I.
	11	29	I. Tr.E.		13	31	I. Tr.E.		13	18	I. Sh.I.		15	17	I. Tr.I.
	11	47	I. Sh.E.		13	41	I. Sh.E.		15	33	I. Tr.E.		17	30	I. Sh.E.
2	6	04	III. Tr.I.	9	8	23	I. Oc.D.		15	36	I. Sh.E.		17	35	I. Tr.E.
	6	20	I. Oc.D.		10	36	III. Tr.I.	16	10	25	I. Oc.D.	23	12	22	I. Ec.D.
	7	15	III. Sh.I.		10	51	I. Ec.R.		12	46	I. Ec.R.		14	46	I. Oc.R.
	8	56	I. Ec.R.		11	16	III. Sh.I.		15	09	III. Tr.I.		19	18	III. Sh.I.
	9	43	III. Tr.E.		14	15	III. Tr.E.		15	17	III. Sh.I.		19	41	III. Tr.I.
	10	52	III. Sh.E.		14	53	III. Sh.E.		18	47	III. Tr.E.		22	54	III. Sh.E.
	20	38	II. Oc.D.		23	29	II. Oc.D.		18	54	III. Sh.E.		23	19	III. Tr.E.
3	0	03	II. Ec.R.	10	2	39	II. Ec.R.	17	2	19	II. Oc.D.	24	4	57	II. Ec.D.
	3	42	I. Tr.I.		5	44	I. Tr.I.		5	14	II. Ec.R.		8	02	II. Oc.R.
	3	58	I. Sh.I.		5	53	I. Sh.I.		7	46	I. Tr.I.		9	42	I. Sh.I.
	5	59	I. Tr.E.		8	01	I. Tr.E.		7	47	I. Sh.I.		9	48	I. Tr.I.
	6	15	I. Sh.E.		8	10	I. Sh.E.		10	03	I. Tr.E.		11	59	I. Sh.E.
4	0	51	I. Oc.D.	11	2	53	I. Oc.D.		10	04	I. Sh.E.		12	05	I. Tr.E.
	3	24	I. Ec.R.		5	19	I. Ec.R.	18	4	56	I. Oc.D.	25	6	51	I. Ec.D.
	14	55	II. Tr.I.		17	48	II. Tr.I.		7	14	I. Ec.R.		9	17	I. Oc.R.
	15	25	II. Sh.I.		18	03	II. Sh.I.		20	40	II. Sh.I.		23	18	II. Sh.I.
	17	50	II. Tr.E.		20	42	II. Tr.E.		20	41	II. Tr.I.		23	34	II. Tr.I.
	18	09	IV. Oc.D.		20	57	II. Sh.E.		23	34	II. Sh.E.	26	2	11	II. Sh.E.
	18	19	II. Sh.E.						23	35	II. Tr.E.		2	28	II. Tr.E.
	22	12	I. Tr.I.	12	0	14	I. Tr.I.	19	2	16	I. Sh.I.		4	10	I. Sh.I.
	22	27	I. Sh.I.		0	21	I. Sh.I.		2	16	I. Tr.I.		4	18	I. Tr.I.
					2	32	I. Tr.E.		4	33	I. Sh.E.		6	27	I. Sh.E.
5	0	30	I. Tr.E.		2	38	I. Sh.E.		4	34	I. Tr.E.		6	36	I. Tr.E.
	0	44	I. Sh.E.		21	24	I. Oc.D.		23	25	I. Ec.D.				
	1	05	IV. Ec.R.		23	48	I. Ec.R.					27	1	20	I. Ec.D.
	19	21	I. Oc.D.	13	0	42	III. Oc.D.	20	1	45	I. Oc.R.		3	48	I. Oc.R.
	20	11	III. Oc.D.		4	06	IV. Tr.I.		5	07	III. Ec.D.		9	08	III. Ec.D.
	21	53	I. Ec.R.		4	44	III. Ec.R.		8	54	III. Oc.R.		13	25	III. Oc.R.
6	0	43	III. Ec.R.		5	04	IV. Sh.I.		15	40	II. Ec.D.		18	15	II. Ec.D.
	10	03	II. Oc.D.		8	54	IV. Tr.E.		18	37	II. Oc.R.		21	27	II. Oc.R.
	13	21	II. Ec.R.		9	42	IV. Sh.E.		20	44	I. Sh.I.		22	39	I. Sh.I.
	16	43	I. Tr.I.		12	54	II. Oc.D.		20	47	I. Tr.I.		22	49	I. Tr.I.
	16	55	I. Sh.I.		15	57	II. Ec.R.		23	02	I. Sh.E.				
	19	00	I. Tr.E.		18	45	I. Tr.I.		23	04	I. Tr.E.	28	0	56	I. Sh.E.
	19	13	I. Sh.E.		18	50	I. Sh.I.						1	06	I. Tr.E.
					21	02	I. Tr.E.	21	14	41	IV. Ec.D.		19	49	I. Ec.D.
7	13	52	I. Oc.D.		21	07	I. Sh.E.		17	54	I. Ec.D.		22	18	I. Oc.R.
	16	22	I. Ec.R.	14	15	55	I. Oc.D.		19	52	IV. Oc.R.				

I. Feb.	II. Feb.	III. Feb.	IV. Feb.
No Eclipse	No Eclipse	No eclipse	No Eclipse

NOTE.—I. denotes ingress; E., egress; D., disappearance; R., reappearance; Ec., eclipse; Oc., occultation; Tr., transit of the satellite; Sh., transit of the shadow.

SATELLITES OF JUPITER, 1986　F19

CONFIGURATIONS OF SATELLITES I-IV FOR FEBRUARY
UNIVERSAL TIME

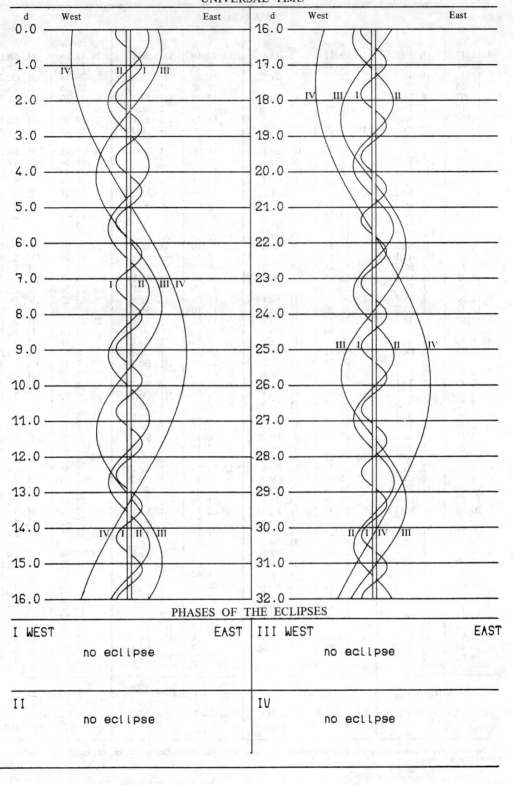

PHASES OF THE ECLIPSES

I WEST	EAST	III WEST	EAST
no eclipse		no eclipse	

II		IV	
no eclipse		no eclipse	

SATELLITES OF JUPITER, 1986

UNIVERSAL TIME OF GEOCENTRIC PHENOMENA

MARCH

d	h	m		d	h	m		d	h	m		d	h	m	
1	12	37	II. Sh.I.	8	19	21	I. Tr.I.	17	7	19	III. Sh.I.	24	17	19	I. Sh.I.
	13	01	II. Tr.I.		21	19	I. Sh.E.		9	14	III. Tr.I.		17	54	I. Tr.I.
	15	31	II. Sh.E.		21	38	I. Tr.E.		10	54	III. Sh.E.		19	18	II. Oc.R.
	15	55	II. Tr.E.						12	42	II. Ec.D.		19	35	I. Sh.E.
	17	07	I. Sh.I.	9	16	12	I. Ec.D.		12	49	III. Tr.E.		20	10	I. Tr.E.
	17	19	I. Tr.I.		18	51	I. Oc.R.		15	24	I. Sh.I.				
	19	24	I. Sh.E.						15	53	I. Tr.I.	25	14	30	I. Ec.D.
	19	36	I. Tr.E.	10	3	19	III. Sh.I.		16	30	II. Oc.R.		17	25	I. Oc.R.
	23	19	IV. Sh.I.		4	43	III. Tr.I.		17	41	I. Sh.E.				
					6	55	III. Sh.E		18	09	I. Tr.E.	26	9	48	II. Sh.I.
2	1	16	IV. Tr.I.		8	20	III. Tr.E.						11	04	II. Tr.I.
	3	52	IV. Sh.E.		8	53	IV. Ec.D.	18	12	35	I. Ec.D.		11	47	I. Sh.I.
	5	56	IV. Tr.E.		10	08	II. Ec.D.		15	23	I. Oc.R.		12	24	I. Tr.I.
	14	17	I. Ec.D.		13	30	II. Sh.I.		17	35	IV. Sh.I.		12	41	II. Sh.E.
	16	49	I. Oc.R.		13	41	II. Oc.R.		22	04	IV. Sh.E.		13	57	II. Tr.E.
	23	19	III. Sh.I.		13	51	I. Tr.I.		22	22	IV. Tr.I.		14	04	I. Sh.E.
					15	47	I. Sh.E.						14	40	I. Tr.E.
3	0	12	III. Tr.I.		16	08	I. Tr.E.	19	2	53	IV. Tr.E.				
	2	55	III. Sh.E.		16	44	IV. Oc.R.		7	10	II. Sh.I.	27	3	05	IV. Ec.D.
	3	50	III. Tr.E.						8	12	II. Tr.I.		7	30	IV. Ec.R.
	7	33	II. Ec.D.	11	10	41	I. Ec.D.		9	53	I. Sh.I.		8	59	I. Ec.D.
	10	52	II. Oc.R.		13	21	I. Oc.R.		10	04	II. Sh.E.		9	03	IV. Oc.D.
	11	36	I. Sh.I.						10	23	I. Tr.I.		11	56	I. Oc.R.
	11	50	I. Tr.I.	12	4	33	II. Sh.I.		11	06	II. Tr.E.		13	27	IV. Oc.R.
	13	53	I. Sh.E.		5	20	II. Tr.I.		12	10	I. Sh.E.				
	14	07	I. Tr.E.		7	26	II. Sh.E.		12	40	I. Tr.E.	28	1	13	III. Ec.D.
					7	59	I. Sh.I.						4	34	II. Ec.D.
4	8	46	I. Ec.D.		8	14	II. Tr.E.	20	7	04	I. Ec.D.		6	16	I. Sh.I.
	11	19	I. Oc.R.		8	22	I. Tr.I.		9	54	I. Oc.R.		6	54	I. Tr.I.
					10	16	I. Sh.E.		21	12	III. Ec.D.		7	27	III. Oc.R.
5	1	55	II. Sh.I.		10	39	I. Tr.E.						8	32	I. Sh.E.
	2	27	II. Tr.I.					21	2	00	II. Ec.D.		8	42	II. Oc.R.
	4	49	II. Sh.E.	13	5	10	I. Ec.D.		2	58	III. Oc.R.		9	11	I. Tr.E.
	5	21	II. Tr.E.		7	52	I. Oc.R.		4	22	I. Sh.I.				
	6	04	I. Sh.I.		17	11	III. Ec.D.		4	53	I. Tr.I.	29	3	27	I. Ec.D.
	6	20	I. Tr.I.		22	28	III. Oc.R.		5	54	II. Oc.R.		6	26	I. Oc.R.
	8	21	I. Sh.E.		23	25	II. Ec.D.		6	38	I. Sh.E.		23	07	II. Sh.I.
	8	37	I. Tr.E.						7	10	I. Tr.E.				
				14	2	27	I. Sh.I.					30	0	31	II. Tr.I.
6	3	15	I. Ec.D.		2	52	I. Tr.I.	22	1	33	I. Ec.D.		0	44	I. Sh.I.
	5	50	I. Oc.R.		3	06	II. Oc.R.		4	24	I. Oc.R.		1	24	I. Tr.I.
	13	10	III. Ec.D.		4	44	I. Sh.E.		20	30	II. Sh.I.		2	01	II. Sh.E.
	17	57	III. Oc.R.		5	09	I. Tr.E.		21	39	II. Tr.I.		3	01	I. Sh.E.
	20	50	II. Ec.D.		23	38	I. Ec.D.		22	50	I. Sh.I.		3	23	II. Tr.E.
									23	23	II. Sh.E.		3	41	I. Tr.E.
7	0	16	II. Oc.R.	15	2	23	I. Oc.R.		23	23	I. Tr.I.		21	56	I. Ec.D.
	0	33	I. Sh.I.		17	52	II. Sh.I.								
	0	50	I. Tr.I.		18	46	II. Tr.I.	23	0	32	II. Tr.E.	31	0	56	I. Oc.R.
	2	50	I. Sh.E.		20	46	II. Sh.E.		1	07	I. Sh.E.		15	21	III. Sh.I.
	3	08	I. Tr.E.		20	56	I. Sh.I.		1	40	I. Tr.E.		17	52	II. Ec.D.
	21	43	I. Ec.D.		21	22	I. Tr.I.		20	02	I. Ec.D.		18	12	III. Tr.I.
					21	40	II. Tr.E.		22	55	I. Oc.R.		18	55	III. Sh.E.
8	0	20	I. Oc.R.		23	13	I. Sh.E.						19	13	I. Sh.I.
	15	14	II. Sh.I.		23	39	I. Tr.E.	24	11	20	III. Sh.I.		19	54	I. Tr.I.
	15	54	II. Tr.I.						13	43	III. Tr.I.		21	29	I. Sh.E.
	18	08	II. Sh.E.	16	18	07	I. Ec.D.		14	54	III. Sh.E.		21	46	III. Tr.E.
	18	48	II. Tr.E.		20	53	I. Oc.R.		15	17	II. Ec.D.		22	06	II. Oc.R.
	19	02	I. Sh.I.						17	18	III. Tr.E.		22	11	I. Tr.E.

I. Mar. 18	II. Mar. 17	III. Mar. 20	IV. Mar. 27
$x_1 = -1.4, \quad y_1 = +0.1$	$x_1 = -1.6, \quad y_1 = +0.1$	$x_1 = -2.1, \quad y_1 = +0.2$	$x_1 = -3.4, \quad y_1 = +0.4$
			$x_2 = -1.5, \quad y_2 = +0.4$

NOTE.—I. denotes ingress; E., egress; D., disappearance; R., reappearance; Ec., eclipse; Oc., occultation; Tr., transit of the satellite; Sh., transit of the shadow.

SATELLITES OF JUPITER, 1986

CONFIGURATIONS OF SATELLITES I-IV FOR MARCH
UNIVERSAL TIME

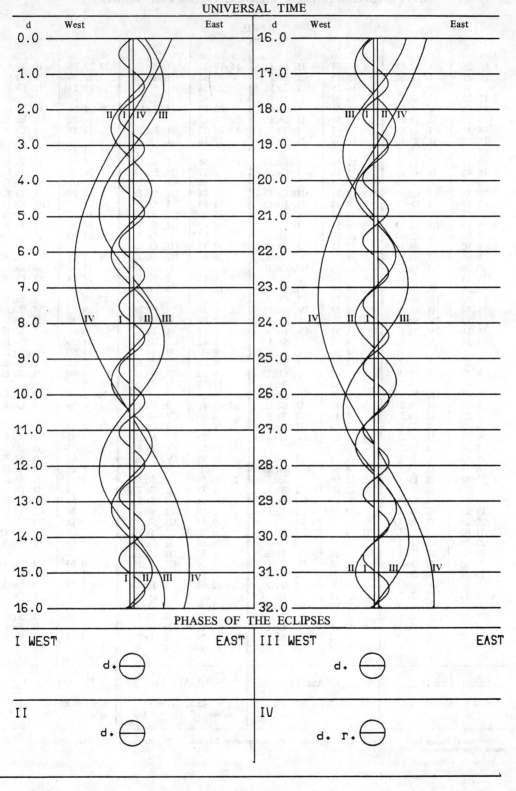

PHASES OF THE ECLIPSES

SATELLITES OF JUPITER, 1986
UNIVERSAL TIME OF GEOCENTRIC PHENOMENA

APRIL

d	h	m		d	h	m		d	h	m		d	h	m	
1	16	25	I. Ec.D.	9	15	04	II. Sh.I.	16	19	37	II. Tr.I.	23	22	26	II. Tr.I.
	19	27	I. Oc.R.		15	35	I. Sh.I.		19	45	II. Sh.E.		22	39	I. Tr.E.
					16	25	I. Tr.I.		20	34	II. Sh.E.		23	11	II. Sh.E.
2	12	26	II. Sh.I.		16	47	II. Tr.I.		20	40	I. Tr.E.				
	13	41	I. Sh.I.		17	51	I. Sh.E.		22	28	II. Tr.E.	24	1	16	II. Tr.E.
	13	56	II. Tr.I.		17	56	II. Sh.E.						16	37	I. Ec.D.
	14	24	I. Tr.I.		18	41	I. Tr.E.	17	14	42	I. Ec.D.		19	58	I. Oc.R.
	15	19	II. Sh.E.		19	39	II. Tr.E.		17	58	I. Oc.R.				
	15	57	I. Sh.E.									25	13	51	I. Sh.I.
	16	41	I. Tr.E.	10	12	48	I. Ec.D.	18	11	58	I. Sh.I.		14	52	II. Ec.D.
	16	48	II. Tr.E.		15	58	I. Oc.R.		12	17	II. Ec.D.		14	54	I. Tr.I.
									12	54	I. Tr.I.		16	07	I. Sh.E.
3	10	53	I. Ec.D.	11	9	14	III. Ec.D.		13	14	III. Ec.D.		17	09	I. Tr.E.
	13	57	I. Oc.R.		9	43	II. Ec.D.		14	13	I. Sh.E.		17	15	III. Ec.D.
					10	04	I. Sh.I.		15	10	I. Tr.E.		19	46	II. Oc.R.
4	5	13	III. Ec.D.		10	55	I. Tr.I.		16	49	III. Ec.R.		20	50	III. Ec.R.
	7	09	II. Ec.D.		12	20	I. Sh.E.		17	02	II. Oc.R.		21	35	III. Oc.D.
	8	10	I. Sh.I.		13	11	I. Tr.E.		17	11	III. Oc.D.				
	8	55	I. Tr.I.		14	16	II. Oc.R.		20	44	III. Oc.R.	26	1	06	III. Oc.R.
	10	26	I. Sh.E.		16	20	III. Oc.R.						11	05	I. Ec.D.
	11	11	I. Tr.E.					19	9	11	I. Ec.D.		14	28	I. Oc.R.
	11	29	II. Oc.R.	12	7	17	I. Ec.D.		12	28	I. Oc.R.				
	11	50	IV. Sh.I.		10	28	I. Oc.R.					27	8	20	I. Sh.I.
	11	54	III. Oc.R.		21	17	IV. Ec.D.	20	6	26	I. Sh.I.		9	23	I. Tr.I.
	16	13	IV. Sh.E.						7	00	II. Sh.I.		9	38	II. Sh.I.
	19	16	IV. Tr.I.	13	1	37	IV. Ec.R.		7	24	I. Tr.I.		10	36	I. Sh.E.
	23	34	IV. Tr.E.		4	23	II. Sh.I.		8	42	I. Sh.E.		11	39	I. Tr.E.
					4	32	I. Sh.I.		9	02	II. Tr.I.		11	50	II. Tr.I.
5	5	22	I. Ec.D.		5	25	I. Tr.I.		9	40	I. Tr.E.		12	30	II. Sh.E.
	8	27	I. Oc.R.		5	42	IV. Oc.D.		9	53	II. Sh.E.		14	40	II. Tr.E.
					6	12	II. Tr.I.		11	52	II. Tr.E.				
6	1	45	II. Sh.I.		6	48	I. Sh.E.					28	5	34	I. Ec.D.
	2	38	I. Sh.I.		7	15	II. Sh.E.	21	3	40	I. Ec.D.		8	58	I. Oc.R.
	3	22	II. Tr.I.		7	41	I. Tr.E.		6	06	IV. Sh.I.				
	3	25	I. Tr.I.		9	04	II. Tr.E.		6	58	I. Oc.R.	29	2	48	I. Sh.I.
	4	38	II. Sh.E.		9	53	IV. Oc.R.		10	23	IV. Sh.E.		3	53	I. Tr.I.
	4	54	I. Sh.E.						15	53	IV. Tr.I.		4	09	II. Ec.D.
	5	41	I. Tr.E.	14	1	45	I. Ec.D.		19	55	IV. Tr.E.		5	04	I. Sh.E.
	6	14	II. Tr.E.		4	58	I. Oc.R.						6	08	I. Tr.E.
	23	51	I. Ec.D.		23	00	II. Ec.D.	22	0	54	I. Sh.I.		7	23	III. Sh.I.
					23	01	I. Sh.I.		1	35	II. Ec.D.		9	08	II. Oc.R.
7	2	57	I. Oc.R.		23	23	III. Sh.I.		1	54	I. Tr.I.		10	54	III. Sh.E.
	19	22	III. Sh.I.		23	55	I. Tr.I.		3	10	I. Sh.E.		11	50	III. Tr.I.
	20	26	II. Ec.D.						3	23	III. Sh.E.		15	18	III. Tr.E.
	21	07	I. Sh.I.	15	1	17	I. Sh.E.		4	10	I. Tr.E.		15	29	IV. Ec.D.
	21	55	I. Tr.I.		2	11	I. Tr.E.		6	24	II. Oc.R.		19	43	IV. Ec.R.
	22	40	III. Tr.I.		2	55	III. Sh.E.		6	55	III. Sh.E.				
	22	55	III. Sh.E.		3	05	III. Tr.I.		7	29	III. Tr.I.	30	0	03	I. Ec.D.
	23	23	I. Sh.E.		3	39	II. Oc.R.		10	59	III. Tr.E.		2	00	IV. Oc.D.
					6	37	III. Tr.E.		22	08	I. Ec.D.		3	27	I. Oc.R.
8	0	11	I. Tr.E.		20	14	I. Ec.D.						5	54	IV. Oc.R.
	0	53	II. Oc.R.		23	28	I. Oc.R.	23	1	28	I. Oc.R.		21	17	I. Sh.I.
	2	12	III. Tr.E.						19	23	I. Sh.I.		22	23	I. Tr.I.
	18	19	I. Ec.D.	16	17	29	I. Sh.I.		20	19	II. Sh.I.		22	56	II. Sh.I.
	21	27	I. Oc.R.		17	41	II. Sh.I.		20	24	I. Tr.I.		23	32	I. Sh.E.
					18	25	I. Tr.I.		21	39	I. Sh.E.				

I. Apr. 15	II. Apr. 14	III. Apr. 18	IV. Apr. 12–13
$x_1 = -1.8$, $y_1 = +0.1$	$x_1 = -2.2$, $y_1 = +0.2$	$x_1 = -3.1$, $y_1 = +0.2$	$x_1 = -4.2$, $y_1 = +0.5$
		$x_2 = -1.2$, $y_2 = +0.2$	$x_2 = -2.5$, $y_2 = +0.5$

NOTE.—I. denotes ingress; E., egress; D., disappearance; R., reappearance; Ec., eclipse; Oc., occultation; Tr., transit of the satellite; Sh., transit of the shadow.

SATELLITES OF JUPITER, 1986

CONFIGURATIONS OF SATELLITES I-IV FOR APRIL
UNIVERSAL TIME

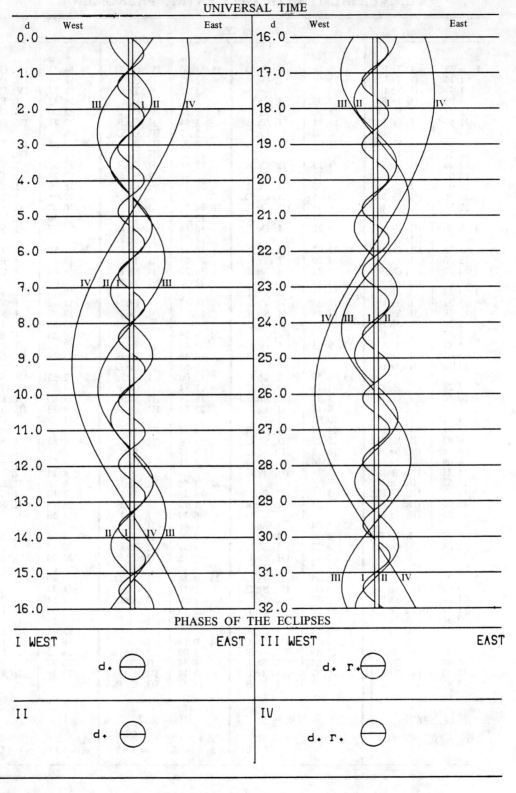

PHASES OF THE ECLIPSES

F24 SATELLITES OF JUPITER, 1986
UNIVERSAL TIME OF GEOCENTRIC PHENOMENA

MAY

d	h m		d	h m		d	h m		d	h m	
1	0 38	I. Tr.E.	8	20 26	I. Ec.D.	16	21 50	IV. Oc.D.	24	14 43	III. Oc.D.
	1 13	II. Tr.I.		23 56	I. Oc.R.		22 35	II. Ec.D.		18 09	III. Oc.R.
	1 48	II. Sh.E.					23 02	I. Tr.E.		18 37	IV. Sh.I
	4 03	II. Tr.E.	9	17 39	I. Sh.I.					18 42	I. Ec.D.
	18 31	I. Ec.D.		18 50	I. Tr.I.	17	1 24	IV. Oc.R.		22 20	I. Oc.R.
	21 57	I. Oc.R.		19 54	I. Sh.E.		3 54	II. Oc.R.		22 41	IV. Sh.E.
				20 00	II. Ec.D.		5 17	III. Ec.D.			
2	15 45	I. Sh.I.		21 05	I. Tr.E.		8 50	III. Ec.R.	25	7 43	IV. Tr.I.
	16 52	I. Tr.I.					10 31	III. Oc.D.		11 03	IV. Tr.E.
	17 26	II. Ec.D.	10	1 13	II. Oc.R.		13 58	III. Oc.R.		15 55	I. Sh.I.
	18 01	I. Sh.E.		1 17	III. Ec.D.		16 48	I. Ec.D.		17 13	I. Tr.I.
	19 07	I. Tr.E.		4 50	III. Ec.R.		20 23	I. Oc.R.		18 10	I. Sh.E.
	21 16	III. Ec.D.		6 15	III. Oc.D.					19 28	I. Tr.E.
	22 30	II. Oc.R		9 44	III. Oc.R.	18	14 01	I. Sh.I.		20 07	II. Sh.I.
				14 54	I. Ec.D.		15 17	I. Tr.I.		22 50	II. Tr.I.
3	0 50	III. Ec.R.		18 25	I. Oc.R.		16 16	I. Sh.E.		22 57	II. Sh.E.
	1 56	III. Oc.D.					17 30	II. Sh.I.			
	5 26	III. Oc.R.	11	12 07	I. Sh.I.		17 31	I. Tr.E.	26	1 36	II. Tr.E.
	13 00	I. Ec.D.		13 20	I. Tr.I.		20 07	II. Tr.I.		13 11	I. Ec.D.
	16 27	I. Oc.R.		14 23	I. Sh.E.		20 21	II. Sh.E.		16 49	I. Oc.R.
				14 53	II. Sh.I.		22 55	II. Tr.E.			
4	10 14	I. Sh.I.		15 34	I. Tr.E.				27	10 23	I. Sh.I.
	11 22	I. Tr.I.		17 23	II. Tr.I.	19	11 17	I. Ec.D.		11 42	I. Tr.I.
	12 16	II. Sh.I.		17 44	II. Sh.E.		14 52	I. Oc.R.		12 38	I. Sh.E.
	12 29	I. Sh.E.		20 11	II. Tr.E.					13 56	I. Tr.E.
	13 37	I. Tr.E.				20	8 29	I. Sh.I.		14 26	II. Ec.D.
	14 37	II. Tr.I.	12	9 23	I. Ec.D.		9 46	I. Tr.I.		19 53	II. Oc.R.
	15 07	II. Sh.E.		12 55	I. Oc.R.		10 45	I. Sh.E.		23 24	III. Sh.I.
	17 26	II. Tr.E.					11 52	II. Ec.D.			
			13	6 36	I. Sh.I		12 00	I. Tr.E.	28	2 53	III. Sh.E.
5	7 28	I. Ec.D.		7 49	I. Tr.I.		17 14	II. Oc.R.		4 52	III. Tr.I.
	10 56	I. Oc.R.		8 51	I. Sh.E.		19 24	III. Sh.I.		7 40	I. Ec.D.
				9 17	II. Ec.D.		22 54	III. Sh.E.		8 13	III. Tr.E.
6	4 42	I. Sh.I.		10 04	I. Tr.E.					11 18	I. Oc.R.
	5 51	I. Tr.I.		14 34	II. Oc.R.	21	0 41	III. Tr.I.			
	6 43	II. Ec.D.		15 23	III. Sh.I.		4 04	III. Tr.E.	29	4 52	I. Sh.I.
	6 58	I. Sh.E.		18 53	III. Sh.E.		5 45	I. Ec.D.		6 11	I. Tr.I.
	8 06	I. Tr.E.		20 26	III. Tr.I.		9 21	I. Oc.R.		7 07	I. Sh.E.
	11 23	III. Sh.I.		23 51	III. Tr.E.					8 25	I. Tr.E.
	11 52	II. Oc.R.				22	2 58	I. Sh.I.		9 26	II. Sh.I.
	14 54	III. Sh.E.	14	3 51	I. Ec.D.		4 15	I. Tr.I.		12 10	II. Tr.I.
	16 10	III. Tr.I.		7 24	I. Oc.R.		5 13	I. Sh.E.		12 15	II. Sh.E.
	19 36	III. Tr.E.					6 30	I. Tr.E.		14 56	II. Tr.E.
			15	1 04	I. Sh.I.		6 48	II. Sh.I.			
7	1 57	I. Ec.D.		2 18	I. Tr.I.		9 29	II. Tr.I.	30	2 08	I. Ec.D.
	5 26	I. Oc.R.		3 20	I. Sh.E.		9 39	II. Sh.E.		5 47	I. Oc.R.
	23 10	I. Sh.I.		4 11	II. Sh.I.		12 15	II. Tr.E.		23 20	I. Sh.I.
				4 33	I. Tr.E.						
8	0 21	I. Tr.I.		6 45	II. Tr.I.	23	0 14	I. Ec.D.	31	0 40	I. Tr.I.
	0 22	IV. Sh.I.		7 02	II. Sh.E.		3 51	I. Oc.R.		1 35	I. Sh.E.
	1 26	I. Sh.E.		9 33	II. Tr.E.		21 26	I. Sh.I.		2 54	I. Tr.E.
	1 34	II. Sh.I.		22 20	I. Ec.D.		22 44	I. Tr.I.		3 43	II. Ec.D.
	2 36	II. Tr.E.					23 42	I. Sh.E.		9 12	II. Oc.R.
	4 00	II. Tr.I.	16	1 53	I. Oc.R.					13 18	III. Ec.D.
	4 25	II. Sh.E.		9 41	IV. Ec.D.	24	0 59	I. Tr.E.		16 50	III. Ec.R.
	4 32	IV. Sh.E.		13 49	IV. Ec.R.		1 09	II. Ec.D.		18 53	III. Oc.D.
	6 49	II. Tr.E.		19 33	I. Sh.I.		6 34	II. Oc.R.		20 37	I. Ec.D.
	12 05	IV. Tr.I.		20 47	I. Tr.I.		9 18	III. Ec.D.		22 16	III. Oc.R.
	15 47	IV. Tr.E.		21 48	I. Sh.E.		12 50	III. Ec.R.			

I. May 15	II. May 16	III. May 17	IV. May 16
$x_1 = -2.0$, $y_1 = +0.1$	$x_1 = -2.6$, $y_1 = +0.2$	$x_1 = -3.7$, $y_1 = +0.3$	$x_1 = -5.6$, $y_1 = +0.6$
		$x_2 = -1.8$, $y_2 = +0.3$	$x_2 = -4.0$, $y_2 = +0.6$

NOTE.—I. denotes ingress; E., egress; D., disappearance; R., reappearance; Ec., eclipse; Oc., occultation; Tr., transit of the satellite; Sh., transit of the shadow.

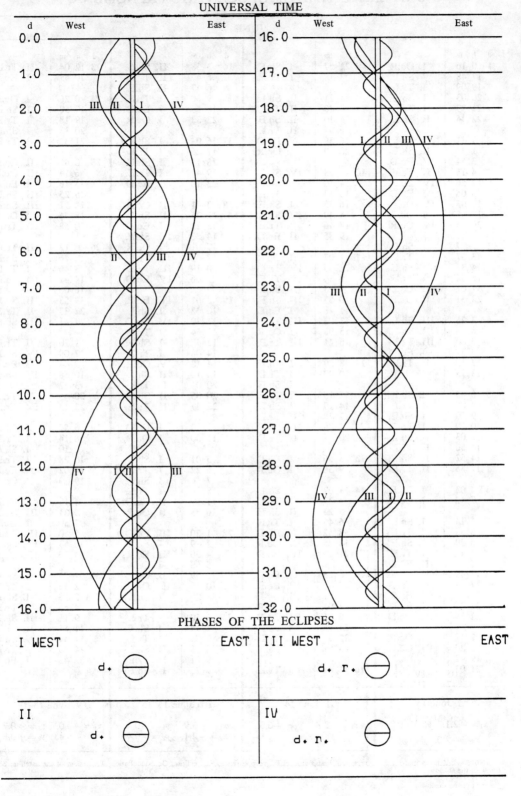

SATELLITES OF JUPITER, 1986

UNIVERSAL TIME OF GEOCENTRIC PHENOMENA

JUNE

d h m		d h m		d h m		d h m	
1 0 16	I. Oc.R.	8 21 57	I. Sh.E.	16 3 58	II. Sh.I.	23 12 04	II. Tr.E.
17 48	I. Sh.I.	23 18	I. Tr.E.	6 47	II. Tr.I.	20 47	I. Ec.D.
19 09	I. Tr.I.			6 47	II. Sh.E.		
20 03	I. Sh.E.	9 1 21	II. Sh.I.	9 30	II. Tr.E.	24 0 26	I. Oc.R.
21 23	I. Tr.E.	4 10	II. Tr.I.	18 53	I. Ec.D.	17 58	I. Sh.I.
22 44	II. Sh.I.	4 10	II. Sh.E.	22 33	I. Oc.R.	19 18	I. Tr.I.
		6 54	II. Tr.E.			20 13	I. Sh.E.
2 1 31	II. Tr.I.	16 59	I. Ec.D.	17 16 04	I. Sh.I.	21 32	I. Tr.E.
1 34	II. Sh.E.	20 39	I. Oc.R.	17 26	I. Tr.I.		
3 54	IV. Ec.D.			18 19	I. Sh.E.	25 0 45	II. Ec.D.
4 16	II. Tr.E.	10 12 53	IV. Sh.I.	19 40	I. Tr.E.	6 14	II. Oc.R.
7 56	IV. Ec.R.	14 10	II. Sh.I.	22 10	II. Ec.D.	15 16	I. Ec.D.
15 05	I. Ec.D.	15 32	I. Tr.I.			15 25	III. Sh.I.
17 03	IV. Oc.D.	16 25	I. Sh.E.	18 3 41	II. Oc.R.	18 51	III. Sh.E.
18 45	I. Oc.R.	16 49	IV. Sh.E.	11 25	III. Sh.I.	18 54	I. Oc.R.
20 15	IV. Oc.R.	17 46	I. Tr.E.	13 22	I. Ec.D.	20 58	III. Tr.I.
		19 35	II. Ec.D.	14 52	III. Sh.E.		
3 12 17	I. Sh.I.			17 01	I. Oc.R.	26 0 13	III. Tr.E.
13 37	I. Tr.I.	11 1 07	II. Oc.R.	17 02	III. Tr.I.	12 26	I. Sh.I.
14 32	I. Sh.E.	2 39	IV. Tr.I.	20 19	III. Tr.E.	13 46	I. Tr.I.
15 52	I. Tr.E.	5 34	IV. Tr.E.	22 06	IV. Ec.D.	14 41	I. Sh.E.
17 01	II. Ec.D.	7 25	III. Sh.I.			16 00	I. Tr.E.
22 31	II. Oc.R.	10 53	III. Sh.E.	19 2 01	IV. Ec.R.	19 53	II. Sh.I.
		11 28	I. Ec.D.	10 32	I. Sh.I.	22 37	II. Tr.I.
4 3 25	III. Sh.I.	13 03	III. Tr.I.	11 30	IV. Oc.D.	22 41	II. Sh.E.
6 53	III. Sh.E.	15 08	I. Oc.R.	11 54	I. Tr.I.		
9 00	III. Tr.I.	16 21	III. Tr.E.	12 47	I. Sh.E.	27 1 20	II. Tr.E.
9 34	I. Ec.D.			14 08	I. Tr.E.	7 09	IV. Sh.I.
12 19	III. Tr.E.	12 8 39	I. Sh.I.	14 18	IV. Oc.R.	9 44	I. Ec.D.
13 13	I. Oc.R.	10 00	I. Tr.I.	17 16	II. Sh.I.	10 58	IV. Sh.E.
		10 54	I. Sh.E.	20 04	II. Tr.I.	13 22	I. Oc.R.
5 6 45	I. Sh.I.	12 15	I. Tr.E.	20 05	II. Sh.E.	20 45	IV. Tr.I.
8 06	I. Tr.I.	14 39	II. Sh.I.	22 47	II. Tr.E.	23 13	IV. Tr.E.
9 00	I. Sh.E.	17 28	II. Tr.I.				
10 20	I. Tr.E.	17 28	II. Sh.E.	20 7 50	I. Ec.D.	28 6 54	I. Sh.I.
12 03	II. Sh.I.	20 12	II. Tr.E.	11 30	I. Oc.R.	8 14	I. Tr.I.
14 50	II. Tr.I.					9 10	I. Sh.E.
14 52	II. Sh.E.	13 5 56	I. Ec.D.	21 5 01	I. Sh.I.	10 28	I. Tr.E.
17 35	II. Tr.E.	9 36	I. Oc.R.	6 22	I. Tr.I.	14 02	II. Ec.D.
				7 16	I. Sh.E.	19 29	II. Oc.R.
6 4 02	I. Ec.D.	14 3 07	I. Sh.I.	8 36	I. Tr.E.		
7 42	I. Oc.R.	4 29	I. Tr.I.	11 27	II. Ec.D.	29 4 13	I. Ec.D.
		5 22	I. Sh.E.	16 58	II. Oc.R.	5 21	III. Ec.D.
7 1 14	I. Sh.I.	6 43	I. Tr.E.			7 50	I. Oc.R.
2 35	I. Tr.I.	8 52	II. Ec.D.	22 1 20	III. Ec.D.	8 50	III. Ec.R.
3 29	I. Sh.E.	14 25	II. Oc.R.	2 19	I. Ec.D.	10 53	III. Oc.D.
4 49	I. Tr.E.	21 19	III. Ec.D.	4 50	III. Ec.R.	14 10	III. Oc.R.
6 18	II. Ec.D.			5 58	I. Oc.R.		
11 49	II. Oc.R.	15 0 25	I. Ec.D.	6 59	III. Oc.D.	30 1 23	I. Sh.I.
17 18	III. Ec.D.	0 50	III. Ec.R.	10 18	III. Oc.R.	2 42	I. Tr.I.
20 49	III. Ec.R.	3 01	III. Oc.D.	23 29	I. Sh.I.	3 38	I. Sh.E.
22 31	I. Ec.D.	4 05	I. Oc.R.			4 56	I. Tr.E.
22 59	III. Oc.D.	6 21	III. Oc.R.	23 0 50	I. Tr.I.	9 11	II. Sh.I.
		21 36	I. Sh.I.	1 44	I. Sh.E.	11 53	II. Tr.I.
8 2 11	I. Oc.R.	22 57	I. Tr.I.	3 04	I. Tr.E.	11 59	II. Sh.E.
2 20	III. Oc.R.	23 51	I. Sh.E.	6 35	II. Sh.I.	14 36	II. Tr.E.
19 42	I. Sh.I.			9 21	II. Tr.I.	22 41	I. Ec.D.
21 03	I. Tr.I.	16 1 11	I. Tr.E.	9 23	II. Sh.E.		

I. June 15	II. June 14	III. June 14–15	IV. June 18–19
$x_1 = -2.1$, $y_1 = +0.2$	$x_1 = -2.8$, $y_1 = +0.3$	$x_1 = -3.9$, $y_1 = +0.4$	$x_1 = -6.0$, $y_1 = +0.7$
		$x_2 = -2.1$, $y_2 = +0.4$	$x_2 = -4.4$, $y_2 = +0.8$

NOTE.—I. denotes ingress; E., egress; D., disappearance; R., reappearance; Ec., eclipse; Oc., occultation; Tr., transit of the satellite; Sh., transit of the shadow.

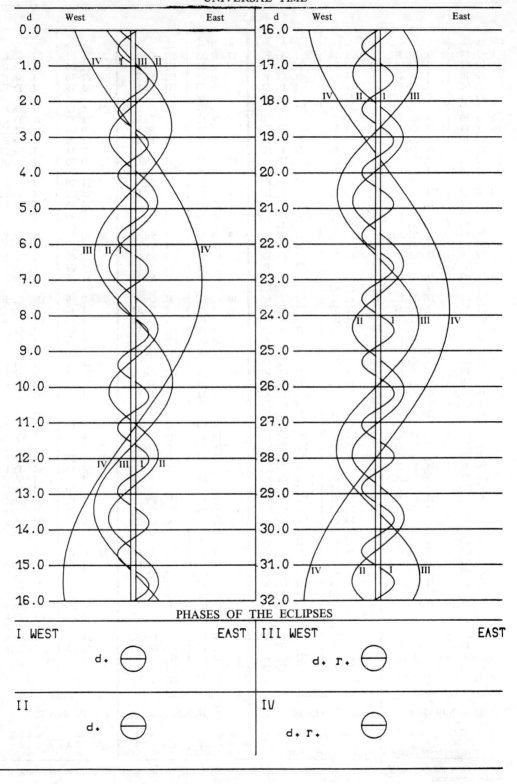

SATELLITES OF JUPITER, 1986

CONFIGURATIONS OF SATELLITES I-IV FOR JUNE
UNIVERSAL TIME

SATELLITES OF JUPITER, 1986
UNIVERSAL TIME OF GEOCENTRIC PHENOMENA

JULY

d	h	m		d	h	m		d	h	m		d	h	m	
1	2	18	I. Oc.R.	9	1	14	I. Tr.E.	17	0	25	I. Oc.R.	24	20	01	I. Sh.I.
	19	51	I. Sh. I.		5	55	II. Ec.D.		3	26	III. Sh.I.		21	05	I. Tr.I.
	21	10	I. Tr.I.		11	13	II. Oc.R.		6	51	III. Sh.E.		22	16	I. Sh.E.
	22	06	I. Sh.E.		19	04	I. Ec.D.		8	17	III. Tr.I.		23	19	I. Tr.E.
	23	24	I. Tr.E.		22	36	I. Oc.R.		11	28	III. Tr.E.				
					23	26	III. Sh.I.		18	07	I. Sh.I.	25	6	17	II. Sh.I.
2	3	20	II. Ec.D.						19	17	I. Tr.I.		8	27	II. Tr.I
	8	44	II. Oc.R.	10	2	52	III. Sh.E.		20	23	I. Sh.E.		9	04	II. Sh.E.
	17	10	I. Ec.D		4	35	III. Tr.I.		21	31	I. Tr.E.		11	08	II. Tr.E.
	19	25	III. Sh.I.		7	48	III. Tr.E.						17	21	I. Ec.D.
	20	46	I. Oc.R.		16	13	I. Sh.I.	18	3	41	II. Sh.I.		20	40	I. Oc.R.
	22	51	III. Sh.E.		17	28	I. Tr.I.		6	03	II. Tr.I.				
					18	29	I. Sh.E.		6	29	II. Sh.E.	26	14	29	I. Sh.I.
3	0	49	III. Tr.I.		19	42	I. Tr.E.		8	45	II. Tr.E.		15	32	I. Tr.I.
	4	02	III. Tr.E.						15	27	I. Ec.D.		16	45	I. Sh.E.
	14	20	I. Sh.I.	11	1	05	II. Sh.I.		18	52	I. Oc.R.		17	46	I. Tr.E.
	15	38	I. Tr.I.		3	37	II. Tr.I.								
	16	35	I. Sh.E.		3	53	II. Sh.E.	19	12	36	I. Sh.I.	27	0	24	II. Ec.D.
	17	51	I. Tr.E.		6	19	II. Tr.E.		13	44	I. Tr.I.		5	14	II. Oc.R.
	22	29	II. Sh.I.		13	33	I. Ec.D.		14	51	I. Sh.E.		11	49	I. Ec.D.
					17	03	I. Oc.R.		15	58	I. Tr.E.		15	07	I. Oc.R.
4	1	09	II. Tr.I.						21	48	II. Ec.D.		21	22	III. Ec.D.
	1	17	II. Sh.E.	12	10	42	I. Sh.I.								
	3	51	II. Tr.E.		11	55	I. Tr.I.	20	2	51	II. Oc.R	28	0	49	III. Ec.R.
	11	39	I. Ec.D.		12	57	I. Sh.E.		9	55	I. Ec.D.		1	38	III. Oc.D.
	15	13	I. Oc.R.		14	09	I. Tr.E.		13	19	I. Oc.R.		4	50	III. Oc.R.
					19	12	II. Ec.D.		17	22	III. Sh.I.		8	58	I. Sh.I.
5	8	48	I. Sh.I.						20	49	III. Ec.R.		9	59	I. Tr.I.
	10	05	I. Tr.I.	13	0	26	II. Oc.R.		22	04	III. Oc.D.		11	14	I. Sh.E.
	11	03	I. Sh.E.		8	01	I. Ec.D.						12	13	I. Tr.E.
	12	19	I. Tr.E.		11	31	I. Oc.R.	21	1	17	III. Oc.R.		19	35	II. Sh.I.
	16	19	IV. Ec.D.		13	21	III. Ec.D.		7	04	I. Sh.I.		21	38	II. Tr.I.
	16	37	II. Ec.D.		16	49	III. Ec.R.		8	11	I. Tr.I.		22	22	II. Sh.E.
	20	07	IV. Ec.R.		18	25	III. Oc.D.		9	19	I. Sh.E.				
	21	59	II. Oc.R.		21	39	III. Oc.R.		10	25	I. Tr.E.	29	0	19	II. Tr.E.
									16	59	II. Sh.I.		6	18	I. Ec.D.
6	5	04	IV. Oc.D.	14	1	25	IV. Sh.I.		19	16	II. Tr.I.		9	34	I. Oc.R.
	6	07	I. Ec.D.		5	06	IV. Sh.E.		19	47	II. Sh.E.				
	7	28	IV. Oc.R.		5	10	I. Sh.I.		21	57	II. Tr.E.	30	3	26	I. Sh.I.
	9	21	III. Ec.D.		6	23	I. Tr.I.						4	26	I. Tr.I.
	9	41	I. Oc.R.		7	26	I. Sh.E.	22	4	24	I. Ec.D.		5	42	I. Sh.E.
	12	50	III. Ec.R.		8	36	I. Tr.E.		7	46	I. Oc.R.		6	40	I. Tr.E.
	14	41	III. Oc.D.		13	51	IV. Tr.I.		10	33	IV. Ec.D.		13	42	II. Ec.D.
	17	57	III. Oc.R.		14	23	II. Sh.I.		14	13	IV. Ec.R.		18	25	II. Oc.R.
					15	53	IV. Tr.E.		21	39	IV. Oc.D.		19	42	IV. Sh.I.
7	3	17	I. Sh.I.		16	51	II. Tr.I.		23	41	IV. Oc.R.		23	14	IV. Sh.E.
	4	33	I. Tr.I.		17	11	II. Sh.E.								
	5	32	I. Sh.E.		19	32	II. Tr.E.	23	1	32	I. Sh.I.	31	0	46	I. Ec.D.
	6	47	I. Tr.E.						2	38	I. Tr.I.		4	00	I. Oc.R.
	11	47	II. Sh.I.	15	2	30	I. Ec.D.		3	48	I. Sh.E.		5	55	IV. Tr.I.
	14	23	II. Tr.I.		5	58	I. Oc.R.		4	52	I. Tr.E.		7	35	IV. Tr.E.
	14	35	II. Sh.E.		23	39	I. Sh.I.		11	06	II. Ec.D.		11	27	III. Sh.I.
	17	05	II. Tr.E.						16	03	II. Oc.R.		14	51	III. Sh.E.
				16	0	50	I. Tr.I.		22	52	I. Ec.D.		15	26	III. Tr.I.
8	0	36	I. Ec.D.		1	54	I. Sh.E.						18	36	III. Tr.E.
	4	08	I. Oc.R.		3	04	I. Tr.E.	24	2	13	I. Oc.R.		21	55	I. Sh.I.
	21	45	I. Sh.I.		8	30	II. Ec.D.		7	27	III. Sh.I.		22	52	I. Tr.I.
	23	00	I. Tr.I.		13	39	II. Oc.R.		10	52	III. Sh.E.				
					20	58	I. Ec.D.		11	54	III. Tr.I.				
9	0	00	I. Sh.E.						15	05	III. Tr.E.				

I. July 15	II. July 16	III. July 13	IV. July 22
$x_1 = -2.0$, $y_1 = +0.2$	$x_1 = -2.5$, $y_1 = +0.3$	$x_1 = -3.6$, $y_1 = +0.4$	$x_1 = -4.9$, $y_1 = +0.8$
		$x_2 = -1.7$, $y_2 = +0.4$	$x_2 = -3.4$, $y_2 = +0.8$

NOTE.—I. denotes ingress; E., egress; D., disappearance; R., reappearance; Ec., eclipse; Oc., occultation; Tr., transit of the satellite; Sh., transit of the shadow.

SATELLITES OF JUPITER, 1986

CONFIGURATIONS OF SATELLITES I-IV FOR JULY
UNIVERSAL TIME

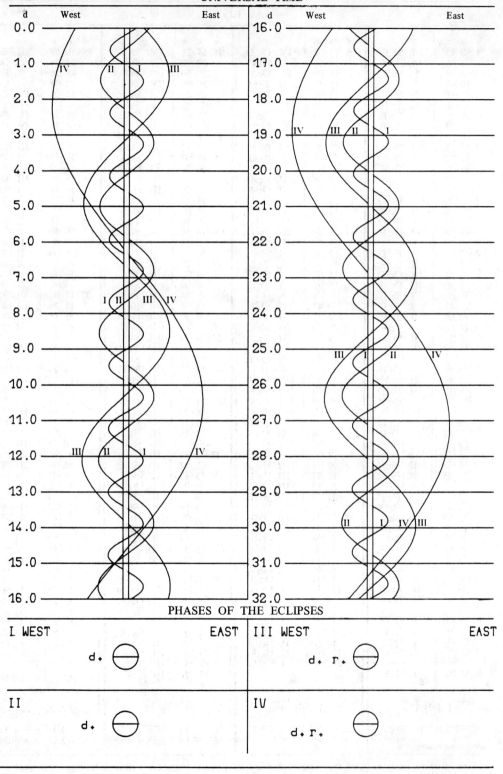

SATELLITES OF JUPITER, 1986

UNIVERSAL TIME OF GEOCENTRIC PHENOMENA

AUGUST

d	h	m		d	h	m		d	h	m		d	h	m	
1	0	11	I. Sh.E.	8	13	12	IV. Oc.D.	16	17	23	IV. Sh.E.	24	10	49	II. Ec.D.
	1	06	I. Tr.E.		14	15	II. Sh.E.		20	12	I. Sh.I.		14	29	II. Oc.R.
	8	53	II. Sh.I.		15	00	IV. Oc.R.		20	50	I. Tr.I.		19	26	I. Ec.D.
	10	49	II. Tr.I.		15	49	II. Tr.E.		20	58	IV. Tr.I.		22	08	I. Oc.R.
	11	40	II. Sh.E.		21	09	I. Ec.D.		22	28	I. Sh.E.		23	04	IV. Ec.D.
	13	30	II. Tr.E.						22	29	IV. Tr.E.				
	19	15	I. Ec.D.	9	0	13	I. Oc.R.		23	04	I. Tr.E.	25	2	24	IV. Ec.R.
	22	27	I. Oc.R.		18	17	I. Sh.I.						3	51	IV. Oc.D.
					19	05	I. Tr.I.	17	8	12	II. Ec.D.		5	39	IV. Oc.R.
2	16	23	I. Sh.I.		20	33	I. Sh.E.		12	12	II. Oc.R.		13	27	III. Ec.D.
	17	19	I. Tr.I.		21	19	I. Tr.E.		17	32	I. Ec.D.		16	35	I. Sh.I.
	18	39	I. Sh.E.						20	24	I. Oc.R.		17	00	I. Tr.I.
	19	33	I. Tr.E.	10	5	36	II. Ec.D.						18	26	III. Oc.R.
					9	55	II. Oc.R.	18	9	26	III. Ec.D.		18	51	I. Sh.E.
3	3	00	II. Ec.D.		15	38	I. Ec.D.		14	40	I. Sh.I.		19	15	I. Tr.E.
	7	36	II. Oc.R.		18	39	I. Oc.R.		15	07	III. Oc.R.				
	13	43	I. Ec.D.						15	16	I. Tr.I.	26	5	58	II. Sh.I.
	16	53	I. Oc.R.	11	5	24	III. Ec.D.		16	56	I. Sh.E.		6	48	II. Tr.I.
					11	45	III. Oc.R.		17	31	I. Tr.E.		8	44	II. Sh.E.
4	1	24	III. Ec.D.		12	46	I. Sh.I.						9	30	II. Tr.E.
	4	50	III. Ec.R.		13	31	I. Tr.I.	19	3	22	II. Sh.I.		13	55	I. Ec.D.
	5	08	III. Oc.D.		15	02	I. Sh.E.		4	33	II. Tr.I.		16	34	I. Oc.R.
	8	20	III. Oc.R.		15	46	I. Tr.E.		6	09	II. Sh.E.				
	10	52	I. Sh.I.						7	14	II. Tr.E.	27	11	03	I. Sh.I.
	11	45	I. Tr.I.	12	0	47	II. Sh.I.		12	01	I. Ec.D.		11	26	I. Tr.I.
	13	08	I. Sh.E.		2	17	II. Tr.I.		14	50	I. Oc.R.		13	19	I. Sh.E.
	14	00	I. Tr.E.		3	33	II. Sh.E.						13	41	I. Tr.E.
	22	11	II. Sh.I.		4	58	II. Tr.E.	20	9	09	I. Sh.I.				
	23	59	II. Tr.I.		10	06	I. Ec.D.		9	42	I. Tr.I.	28	0	07	II. Ec.D.
					13	05	I. Oc.R.		11	25	I. Sh.E.		3	36	II. Oc.R.
5	0	58	II. Sh.E.						11	57	I. Tr.E.		8	24	I. Ec.D.
	2	40	II. Tr.E.	13	7	14	I. Sh.I.		21	31	II. Ec.D.		11	00	I. Oc.R.
	8	12	I. Ec.D.		7	57	I. Tr.I.								
	11	20	I. Oc.R.		9	30	I. Sh.E.	21	1	20	II. Oc.R.	29	3	30	III. Sh.I.
					10	12	I. Tr.E.		6	29	I. Ec.D.		4	56	III. Tr.I.
6	5	20	I. Sh.I.		18	54	II. Ec.D.		9	16	I. Oc.R.		5	32	I. Sh.I.
	6	12	I. Tr.I.		23	04	II. Oc.R.		23	28	III. Sh.I.		5	52	I. Tr.I.
	7	36	I. Sh.E.										6	53	III. Sh.E.
	8	26	I. Tr.E.	14	4	35	I. Ec.D.	22	1	37	III. Tr.I.		7	48	I. Sh.E.
	16	18	II. Ec.D.		7	32	I. Oc.R.		2	52	III. Sh.E.		8	06	III. Tr.E.
	20	45	II. Oc.R.		19	27	III. Sh.I.		3	37	I. Sh.I.		8	07	I. Tr.E.
					22	17	III. Tr.I.		4	08	I. Tr.I.		19	16	II. Sh.I.
7	2	41	I. Ec.D.		22	51	III. Sh.E.		4	47	III. Tr.E.		19	55	II. Tr.I.
	5	46	I. Oc.R.						5	54	I. Sh.E.		22	02	II. Sh.E.
	15	27	III. Sh.I.	15	1	27	III. Tr.E.		6	23	I. Tr.E.		22	37	II. Tr.E.
	18	51	III. Sh.E.		1	43	I. Sh.I.		16	40	II. Sh.I.				
	18	53	III. Tr.I.		2	24	I. Tr.I.		17	41	II. Tr.I.	30	2	52	I. Ec.D.
	22	03	III. Tr.E.		3	59	I. Sh.E.		19	26	II. Sh.E.		5	26	I. Oc.R.
	23	49	I. Sh.I.		4	38	I. Tr.E.		20	22	II. Tr.E.				
					14	05	II. Sh.I.					31	0	01	I. Sh.I.
8	0	38	I. Tr.I.		15	25	II. Tr.I.	23	0	58	I. Ec.D.		0	18	I. Tr.I.
	2	05	I. Sh.E.		16	51	II. Sh.E.		3	42	I. Oc.R.		2	17	I. Sh.E.
	2	53	I. Tr.E.		18	06	II. Tr.E.		22	06	I. Sh.I.		2	33	I. Tr.E.
	4	48	IV. Ec.D.		23	03	I. Ec.D.		22	34	I. Tr.I.		13	26	II. Ec.D.
	8	18	IV. Ec.R.										16	44	II. Oc.R.
	11	29	II. Sh.I.	16	1	58	I. Oc.R.	24	0	22	I. Sh.E.		21	21	I. Ec.D.
	13	08	II. Tr.I.		14	00	IV. Sh.I.		0	49	I. Tr.E.		23	52	I. Oc.R.

I. Aug. 15	II. Aug. 17	III. Aug. 18	IV. Aug. 24–25
$x_1 = -1.5$, $y_1 = +0.2$	$x_1 = -1.8$, $y_1 = +0.3$	$x_1 = -2.2$, $y_1 = +0.4$	$x_1 = -2.3$, $y_1 = +0.9$
			$x_2 = -0.9$, $y_2 = +0.9$

NOTE.—I. denotes ingress; E., egress; D., disappearance; R., reappearance; Ec., eclipse; Oc., occultation; Tr., transit of the satellite; Sh., transit of the shadow.

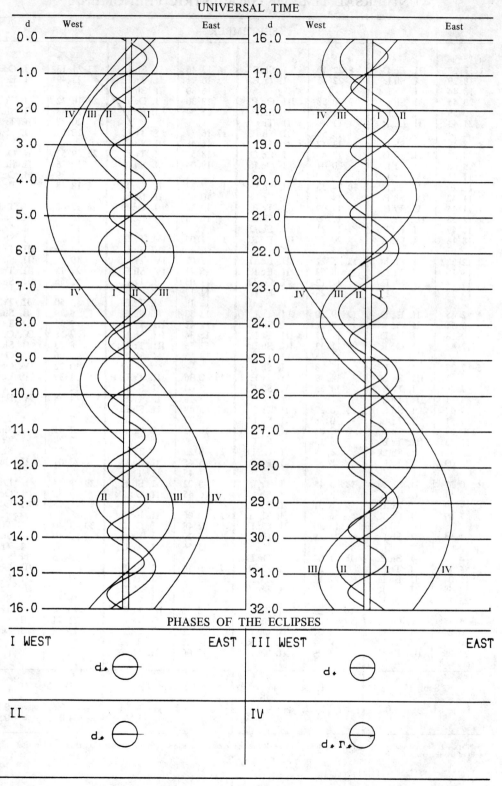

SATELLITES OF JUPITER, 1986

UNIVERSAL TIME OF GEOCENTRIC PHENOMENA

SEPTEMBER

d h m		d h m		d h m		d h m	
1 17 27	III. Ec.D.	8 22 40	I. Sh.E.	16 13 46	II. Sh.I.	23 21 13	I. Oc.D.
18 29	I. Sh.I.	22 43	I. Tr.E.	16 11	II. Tr.E.	23 49	I. Ec.R.
18 44	I. Tr.I.			16 30	II. Sh.E.		
20 46	I. Sh.E.	9 0 58	III. Oc.R.	19 30	I. Oc.D.	24 18 22	I. Tr.I.
20 59	I. Tr.E.	11 10	II. Sh.I.	21 54	I. Ec.R.	18 43	I. Sh.I.
21 43	III. Oc.R.	11 16	II. Tr.I.			20 37	I. Tr.E.
		13 55	II. Sh.E.	17 16 37	I. Tr.I.	20 59	I. Sh.E.
2 8 19	IV. Sh.I.	13 57	II. Tr.E.	16 48	I. Sh.I.		
8 34	II. Sh.I.	17 44	I. Ec.D.	18 53	I. Tr.E.	25 9 52	II. Oc.D.
9 02	II. Tr.I.	20 01	I. Oc.R.	19 04	I. Sh.E.	13 25	II. Ec.R.
11 11	IV. Tr.I.					15 39	I. Oc.D.
11 20	II. Sh.E.	10 14 53	I. Sh.I.	18 7 37	II. Oc.D.	18 18	I. Ec.R.
11 32	IV. Sh.E.	14 54	I. Tr.I.	10 47	II. Ec.R.		
11 44	II. Tr.E.	17 09	I. Tr.E.	13 56	I. Oc.D.	26 12 48	I. Tr.I.
12 53	IV. Tr.E.	17 09	I. Sh.E.	16 23	I. Ec.R.	13 12	I. Sh.I.
15 49	I. Ec.D.	17 21	IV. Ec.D.			15 03	I. Tr.E.
18 18	I. Oc.R.	20 31	IV. Ec.R.	19 1 05	IV. Tr.I.	15 28	I. Sh.E.
				2 40	IV. Sh.I.	17 59	III. Tr.I.
3 12 58	I. Sh.I.	11 5 22	II. Ec.D.	3 07	IV. Tr.E.	19 36	III. Sh.I.
13 10	I. Tr.I.	8 09	II. Ec.R.	5 41	IV. Sh.E.	21 13	III. Tr.E.
15 14	I. Sh.E.	12 12	I. Oc.D.	11 03	I. Tr.I.	22 56	III. Sh.E.
15 25	I. Tr.E.	14 28	I. Ec.R.	11 17	I. Sh.I.		
				13 19	I. Tr.E.	27 4 50	II. Tr.I.
4 2 45	II. Ec.D.	12 9 20	I. Tr.I.	13 33	I. Sh.E.	5 39	II. Sh.I.
5 51	II. Oc.R.	9 22	I. Sh.I.	14 42	III. Tr.I.	7 32	II. Tr.E.
10 18	I. Ec.D.	11 27	III. Tr.I.	15 34	III. Sh.I.	7 58	IV. Oc.D.
12 43	I. Oc.R.	11 33	III. Sh.I.	17 55	III. Tr.E.	8 23	II. Sh.E.
		11 35	I. Tr.E.	18 55	III. Sh.E.	10 06	I. Oc.D.
5 7 27	I. Sh.I.	11 38	I. Sh.E.			10 22	IV. Oc.R.
7 31	III. Sh.I.	14 39	III. Tr.E.	20 2 36	II. Tr.I.	11 39	IV. Ec.D.
7 36	I. Tr.I.	14 55	III. Sh.E.	3 04	II. Sh.I.	12 46	I. Ec.R.
8 11	III. Tr.I.			5 18	II. Tr.E.	14 38	IV. Ec.R.
9 43	I. Sh.E.	13 0 22	II. Tr.I.	5 48	II. Sh.E.		
9 51	I. Tr.E.	0 28	II. Sh.I.	8 22	I. Oc.D.	28 7 14	I. Tr.I.
10 54	III. Sh.E.	3 04	II. Tr.E.	10 52	I. Ec.R.	7 41	I. Sh.I.
11 23	III. Tr.E.	3 13	II. Sh.E.			9 29	I. Tr.E.
21 52	II. Sh.I.	6 38	I. Oc.D.	21 5 29	I. Tr.I.	9 57	I. Sh.E.
22 09	II. Tr.I.	8 57	I. Ec.R.	5 45	I. Sh.I.	23 01	II. Oc.D.
				7 45	I. Tr.E.		
6 0 37	II. Sh.E.	14 3 45	I. Tr.I.	8 02	I. Sh.E.	29 2 44	II. Ec.R.
0 51	II. Tr.E.	3 50	I. Sh.I.	20 45	II. Oc.D.	4 32	I. Oc.D.
4 47	I. Ec.D.	6 01	I. Tr.E.			7 15	I. Ec.R.
7 09	I. Oc.R.	6 07	I. Sh.E.	22 0 06	II. Ec.R.		
		18 30	II. Oc.D.	2 48	I. Oc.D.	30 1 40	I. Tr.I.
7 1 55	I. Sh.I.	21 28	II. Ec.R.	5 20	I. Ec.R.	2 10	I. Sh.I.
2 02	I. Tr.I.			23 56	I. Tr.I.	3 56	I. Tr.E.
4 12	I. Sh.E.	15 1 04	I. Oc.D.			4 26	I. Sh.E.
4 17	I. Tr.E.	3 26	I. Ec.R.	23 0 14	I. Sh.I.	7 35	III. Oc.D.
16 04	II. Ec.D.	22 11	I. Tr.I.	2 11	I. Tr.E.	12 54	III. Ec.R.
18 59	II. Oc.R.	22 19	I. Sh.I.	2 30	I. Sh.E.	17 58	II. Tr.I.
23 15	I. Ec.D.			4 17	III. Oc.D.	18 57	II. Sh.I.
		16 0 27	I. Tr.E.	8 53	III. Ec.R.	20 40	II. Tr.E.
8 1 35	I. Oc.R.	0 35	I. Sh.E.	15 43	II. Tr.I.	21 41	II. Sh.E.
20 24	I. Sh.I.	1 01	III. Oc.D.	16 21	II. Sh.I.	22 58	I. Oc.D.
20 28	I. Tr.I.	4 52	III. Ec.R.	18 25	II. Tr.E.		
21 29	III. Ec.D.	13 29	II. Tr.I.	19 06	II. Sh.E.		

I. Sept. 15	II. Sept. 14	III. Sept. 16	IV. Sept. 10
$x_2 = +1.1$, $y_2 = +0.2$	$x_2 = +1.1$, $y_2 = +0.3$	$x_2 = +1.2$, $y_2 = +0.4$	$x_1 = -0.6$, $y_1 = +0.9$
			$x_2 = +0.6$, $y_2 = +0.9$

NOTE.—I. denotes ingress; E., egress; D., disappearance; R., reappearance; Ec., eclipse; Oc., occultation; Tr., transit of the satellite; Sh., transit of the shadow.

SATELLITES OF JUPITER, 1986

CONFIGURATIONS OF SATELLITES I-IV FOR SEPTEMBER
UNIVERSAL TIME

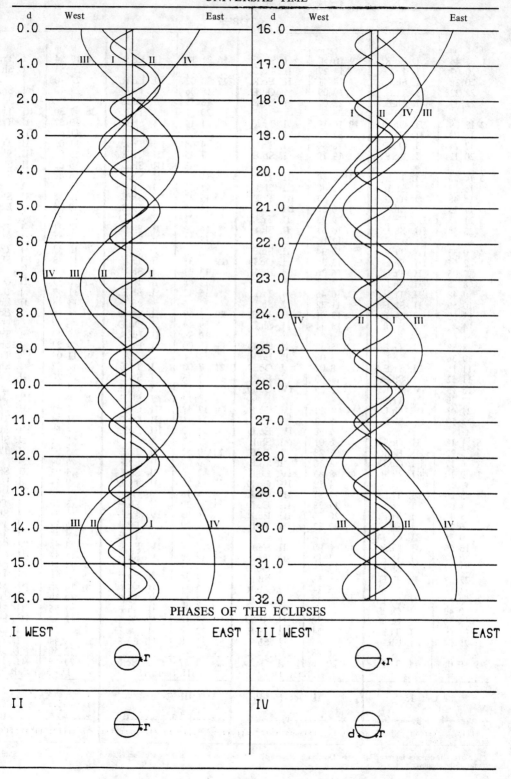

PHASES OF THE ECLIPSES

F34 SATELLITES OF JUPITER, 1986

UNIVERSAL TIME OF GEOCENTRIC PHENOMENA

OCTOBER

d	h	m		d	h	m		d	h	m		d	h	m	
1	1	44	I. Ec.R.	9	0	50	I. Sh.E.	16	21	19	II. Ec.R.	24	19	54	I. Tr.I.
	20	07	I. Tr.I.		14	27	II. Oc.D.	17	0	02	I. Ec.R.		20	54	I. Sh.I.
	20	38	I. Sh.I.		18	41	II. Ec.R.		18	06	I. Tr.I.		22	10	I. Tr.E.
	22	22	I. Tr.E.		19	09	I. Oc.D.		18	59	I. Sh.I.		23	10	I. Sh.E.
	22	54	I. Sh.E.		22	07	I. Ec.R.		20	21	I. Tr.E.	25	7	39	III. Tr.I.
2	12	09	II. Oc.D.	10	16	19	I. Tr.I.		21	14	I. Sh.E.		10	57	III. Tr.E.
	16	03	II. Ec.R.		17	03	I. Sh.I.	18	4	08	III. Tr.I.		11	45	III. Sh.I.
	17	24	I. Oc.D.		18	34	I. Tr.E.		7	25	III. Tr.E.		14	03	II. Tr.I.
	20	12	I. Ec.R.		19	19	I. Sh.E.		7	43	III. Sh.I.		15	01	III. Sh.E.
3	14	33	I. Tr.I.	11	0	40	III. Tr.I.		11	00	III. Sh.E.		16	03	II. Sh.I.
	15	07	I. Sh.I.		3	40	III. Sh.I.		11	42	II. Tr.I.		16	46	II. Tr.E.
	16	48	I. Tr.E.		3	57	III. Tr.E.		13	27	II. Sh.I.		17	10	I. Oc.D.
	17	23	I. Sh.E.		6	58	III. Sh.E.		14	25	II. Tr.E.		18	45	II. Sh.E.
	21	18	III. Tr.I.		9	23	II. Tr.I.		15	22	I. Oc.D.		20	26	I. Ec.R.
	23	38	III. Sh.I.		10	51	II. Sh.I.		16	09	II. Sh.E.	26	14	21	I. Tr.I.
					12	05	II. Tr.E.		18	31	I. Ec.R.		15	23	I. Sh.I.
4	0	33	III. Tr.E.		13	34	II. Sh.E.						16	37	I. Tr.E.
	2	57	III. Sh.E.		13	36	I. Oc.D.	19	12	33	I. Tr.I.		17	38	I. Sh.E.
	7	05	II. Tr.I.		16	36	I. Ec.R.		13	27	I. Sh.I.				
	8	15	II. Sh.I.						14	48	I. Tr.E.	27	8	23	II. Oc.D.
	9	48	II. Tr.E.	12	10	45	I. Tr.I.		15	43	I. Sh.E.		11	37	I. Oc.D.
	10	59	II. Sh.E.		11	32	I. Sh.I.						13	18	II. Ec.R.
	11	50	I. Oc.D.		13	01	I. Tr.E.	20	5	59	II. Oc.D.		14	55	I. Ec.R.
	14	41	I. Ec.R.		13	47	I. Sh.E.		9	49	II. Oc.D.				
									10	39	II. Ec.R.	28	8	49	I. Tr.I.
5	8	59	I. Tr.I.	13	3	38	II. Oc.D.		13	00	I. Ec.R.		9	52	I. Sh.I.
	9	36	I. Sh.I.		8	00	II. Ec.R.						11	04	I. Tr.E.
	11	15	I. Tr.E.		8	02	I. Oc.D.	21	7	00	I. Tr.I.		12	07	I. Sh.E.
	11	52	I. Sh.E.		11	05	I. Ec.R.		7	56	I. Sh.I.		21	20	III. Oc.D.
	15	13	IV. Tr.I.		22	29	IV. Oc.D.		9	15	I. Tr.E.				
	17	39	IV. Tr.E.						10	12	I. Sh.E.	29	0	40	III. Oc.R.
	21	03	IV. Sh.I.	14	1	13	IV. Oc.R.		17	47	III. Oc.D.		1	41	III. Ec.D.
	23	50	IV. Sh.E.		5	12	I. Tr.I.		21	06	III. Oc.R.		3	14	II. Tr.I.
					5	58	IV. Ec.D.		21	39	III. Ec.D.		4	58	III. Ec.R.
6	1	18	II. Oc.D.		6	01	I. Sh.I.						5	21	II. Sh.I.
	5	22	II. Ec.R.		7	28	I. Tr.E.	22	0	52	II. Tr.I.		5	57	II. Tr.E.
	6	17	I. Oc.D.		8	16	I. Sh.E.		0	57	III. Ec.R.		6	04	I. Oc.D.
	9	10	I. Ec.R.		8	45	IV. Ec.R.		2	45	II. Sh.I.		8	02	II. Sh.E.
					14	19	III. Oc.D.		3	35	II. Tr.E.		9	24	I. Ec.R.
7	3	26	I. Tr.I.		17	37	III. Oc.R.		4	16	I. Oc.D.				
	4	05	I. Sh.I.		17	38	III. Ec.D.		5	27	II. Sh.E.	30	3	16	I. Tr.I.
	5	41	I. Tr.E.		20	56	III. Ec.R.		6	05	IV. Tr.I.		4	21	I. Sh.I.
	6	21	I. Sh.E.		22	32	II. Tr.I.		7	29	I. Ec.R.		5	31	I. Tr.E.
	10	55	III. Oc.D.						8	52	IV. Tr.E.		6	36	I. Sh.E.
	16	56	III. Ec.R.	15	0	09	II. Sh.I.		15	26	IV. Sh.I.		13	53	IV. Oc.D.
	20	14	II. Tr.I.		1	15	II. Tr.E.		17	59	IV. Sh.E.		16	53	IV. Oc.R.
	21	33	II. Sh.I.		2	29	I. Oc.D.						21	35	II. Oc.D.
	22	57	II. Tr.E.		2	52	II. Sh.E.	23	1	27	I. Tr.I.				
					5	34	I. Ec.R.		2	25	I. Sh.I.	31	0	20	IV. Ec.D.
8	0	16	II. Sh.E.		23	39	I. Tr.I.		3	42	I. Tr.E.		0	32	I. Oc.D.
	0	43	I. Oc.D.						4	41	I. Sh.E.		2	36	II. Ec.R.
	3	39	I. Ec.R.	16	0	30	I. Sh.I.		19	10	II. Oc.D.		2	52	IV. Ec.R.
	21	52	I. Tr.I.		1	54	I. Tr.E.		22	43	I. Oc.D.		3	52	I. Ec.R.
	22	34	I. Sh.I.		2	45	I. Sh.E.		23	58	II. Ec.R.		21	44	I. Tr.I.
					16	48	II. Oc.D.						22	50	I. Sh.I.
9	0	08	I. Tr.E.		20	56	I. Oc.D.	24	1	57	I. Ec.R.		23	59	I. Tr.E.

I. Oct. 15	II. Oct. 16	III. Oct. 14	IV. Oct. 14
$x_2 = +1.7$, $y_2 = +0.2$	$x_2 = +2.1$, $y_2 = +0.3$	$x_1 = +0.9$, $y_1 = +0.4$ $x_2 = +2.7$, $y_2 = +0.4$	$x_1 = +2.5$, $y_1 = +0.8$ $x_2 = +3.6$, $y_2 = +0.8$

NOTE.—I. denotes ingress; E., egress; D., disappearance; R., reappearance; Ec., eclipse; Oc., occultation; Tr., transit of the satellite; Sh., transit of the shadow.

SATELLITES OF JUPITER, 1986

CONFIGURATIONS OF SATELLITES I-IV FOR OCTOBER
UNIVERSAL TIME

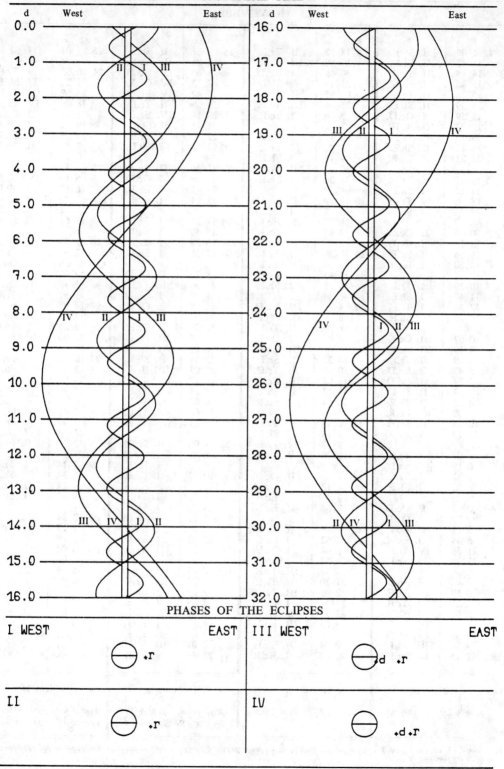

PHASES OF THE ECLIPSES

SATELLITES OF JUPITER, 1986

UNIVERSAL TIME OF GEOCENTRIC PHENOMENA

NOVEMBER

d	h	m		d	h	m		d	h	m		d	h	m	
1	1	05	I. Sh.E.	8	18	52	II. Tr.I.	16	2	31	II. Sh.E.	23	23	07	I. Sh.I.
	11	15	III. Tr.I.		19	50	III. Sh.I.		3	05	III. Sh.E.	24	0	03	I. Tr.E.
	14	34	III. Tr.E.		20	49	I. Oc.D.		6	20	IV. Oc.D.		1	22	I. Sh.E.
	15	48	III. Sh.I.		21	15	II. Sh.I.		9	32	IV. Oc.R.		14	59	IV. Tr.I.
	16	26	II. Tr.I.		21	35	II. Tr.E.		18	42	IV. Ec.D.		18	09	IV. Tr.E.
	18	39	II. Sh.I.		23	04	III. Sh.E.		19	55	I. Tr.I.		18	24	II. Oc.D.
	18	59	I. Oc.D.		23	56	II. Sh.E.		20	58	IV. Ec.R.		19	02	I. Oc.D.
	19	03	III. Sh.E.						21	11	I. Sh.I.		22	36	I. Ec.R.
	19	10	II. Tr.E.	9	0	16	I. Ec.R.		22	10	I. Tr.E.		23	53	II. Ec.R.
	21	20	II. Sh.E.		18	02	I. Tr.I.		23	26	I. Sh.E.				
	22	21	I. Ec.R.		19	15	I. Sh.I.	17	15	50	II. Oc.D.	25	4	19	IV. Sh.I.
					20	17	I. Tr.E.		17	09	I. Oc.D.		6	16	IV. Sh.E.
2	16	11	I. Tr.I		21	30	I. Sh.E.		20	41	I. Ec.R.		16	17	I. Tr.I.
	17	19	I. Sh.I.						21	14	II. Ec.R.		17	36	I. Sh.I.
	18	26	I. Tr.E.	10	13	18	II. Oc.D.						18	32	I. Tr.E.
	19	34	I. Sh.E.		15	17	I. Oc.D.	18	14	23	I. Tr.I.		19	51	I. Sh.E.
					18	35	II. Ec.R.		15	40	I. Sh.I.				
3	10	49	II. Oc.D.		18	45	I. Ec.R.		16	38	I. Tr.E.	26	12	23	III. Oc.D.
	13	27	I. Oc.D.						17	55	I. Sh.E.		13	07	II. Tr.I.
	15	56	II. Ec.R.	11	12	30	I. Tr.I.						13	30	I. Oc.D.
	16	50	I. Ec.R.		13	44	I. Sh.I.	19	8	29	III. Oc.D.		15	46	II. Sh.I.
					14	45	I. Tr.E.		10	36	II. Tr.I.		15	46	III. Oc.R.
4	10	39	I. Tr.I.		15	59	I. Sh.E.		11	37	I. Oc.D.		15	51	II. Tr.E.
	11	48	I. Sh.I.						11	52	III. Oc.R.		17	05	I. Ec.R.
	12	54	I. Tr.E.	12	4	41	III. Oc.D.		13	09	II. Sh.I.		17	51	III. Ec.D.
	14	03	I. Sh.E.		8	03	III. Oc.R.		13	19	II. Tr.E.		18	25	II. Sh.E.
					8	06	II. Tr.I.		13	49	III. Ec.D.		21	05	III. Ec.R.
5	0	57	III. Oc.D.		9	45	I. Oc.D.		15	09	I. Ec.R.				
	4	19	III. Oc.R.		9	46	III. Ec.D.		15	49	II. Sh.E.	27	10	45	I. Tr.I.
	5	39	II. Tr.I.		10	33	II. Sh.I.		17	03	III. Ec.R.		12	05	I. Sh.I.
	5	43	III. Ec.D.		10	49	II. Tr.E.						13	01	I. Tr.E.
	7	54	I. Oc.D.		13	02	III. Ec.R.	20	8	51	I. Tr.I.		14	20	I. Sh.E.
	7	57	II. Sh.I.		13	13	II. Sh.E.		10	09	I. Sh.I.				
	8	22	II. Tr.E.		13	14	I. Ec.R.		11	06	I. Tr.E.	28	7	41	II. Oc.D.
	9	00	III. Ec.R.						12	24	I. Sh.E.		7	59	I. Oc.D.
	10	38	II. Sh.E.	13	6	58	I. Tr.I.						11	34	I. Ec.R.
	11	19	I. Ec.R.		8	13	I. Sh.I.	21	5	06	II. Oc.D.		13	12	II. Ec.R.
					9	13	I. Tr.E.		6	05	I. Oc.D.				
6	5	07	I. Tr.I.		10	28	I. Sh.E.		9	38	I. Ec.R.	29	5	14	I. Tr.I.
	6	17	I. Sh.I.						10	33	II. Ec.R.		6	34	I. Sh.I.
	7	22	I. Tr.E.	14	2	33	II. Oc.D.						7	29	I. Tr.E.
	8	32	I. Sh.E.		4	13	I. Oc.D.	22	3	20	I. Tr.I.		8	49	I. Sh.E.
					7	43	I. Ec.R.		4	38	I. Sh.I.				
7	0	03	II. Oc.D.		7	54	II. Ec.R.		5	35	I. Tr.E.	30	2	24	II. Tr.I.
	2	22	I. Oc.D.						6	53	I. Sh.E.		2	27	I. Oc.D.
	5	15	II. Ec.R.	15	1	26	I. Tr.I.		22	33	III. Tr.I.		2	28	III. Tr.I.
	5	48	I. Ec.R.		2	42	I. Sh.I.		23	51	II. Tr.I.		5	04	II. Sh.I.
	21	58	IV. Tr.I.		3	42	I. Tr.E.						5	08	III. Tr.E.
	23	34	I. Tr.I.		4	57	I. Sh.E.	23	0	33	I. Oc.D.		5	49	III. Tr.E.
					18	42	III. Tr.I.		1	53	III. Tr.E.		6	02	I. Ec.R.
8	0	46	I. Sh.I.		21	20	II. Tr.I.		2	27	II. Sh.I.		7	43	II. Sh.E.
	0	59	IV. Tr.E.		22	02	III. Tr.E.		2	35	II. Tr.E.		7	58	III. Sh.I.
	1	50	I. Tr.E.		22	41	I. Oc.D.		3	55	III. Sh.I.		11	09	III. Sh.E.
	3	01	I. Sh.E.		23	51	II. Sh.I.		4	07	I. Ec.R.		23	43	I. Tr.I.
	9	52	IV. Sh.I.		23	53	III. Sh.I.		5	07	II. Sh.E.				
	12	08	IV. Sh.E.						7	07	III. Sh.E.				
	14	56	III. Tr.I.	16	0	04	II. Tr.E.		21	48	I. Tr.I.				
	18	15	III. Tr.E.		2	12	I. Ec.R.								

I. Nov. 16	II. Nov. 14	III. Nov. 12	IV. Nov. 16
$x_2 = +2.0$, $y_2 = +0.1$	$x_2 = +2.7$, $y_2 = +0.3$	$x_1 = +1.8$, $y_1 = +0.4$	$x_1 = +4.4$, $y_1 = +0.7$
		$x_2 = +3.6$, $y_2 = -0.3$	$x_2 = +5.3$, $y_2 = +0.7$

NOTE.—I. denotes ingress; E., egress; D., disappearance; R., reappearance; Ec., eclipse; Oc., occultation; Tr., transit of the satellite; Sh., transit of the shadow.

SATELLITES OF JUPITER, 1986

CONFIGURATIONS OF SATELLITES I-IV FOR NOVEMBER
UNIVERSAL TIME

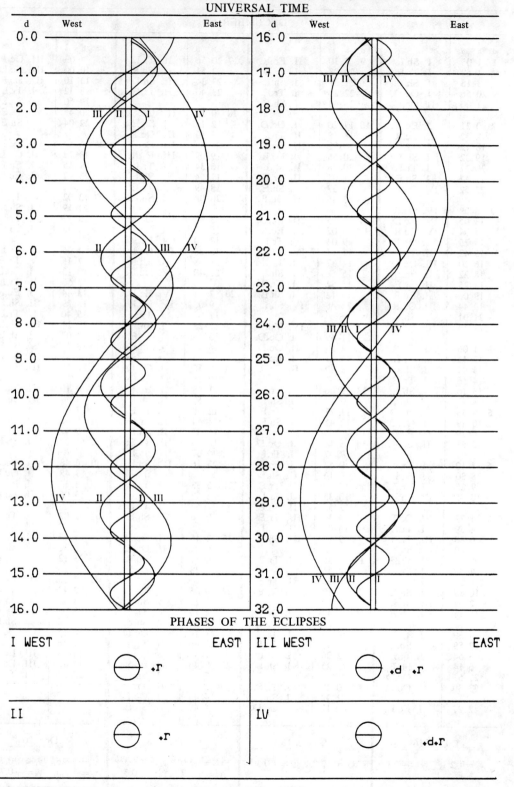

PHASES OF THE ECLIPSES

SATELLITES OF JUPITER, 1986
UNIVERSAL TIME OF GEOCENTRIC PHENOMENA

DECEMBER

d	h	m	Event	d	h	m	Event	d	h	m	Event	d	h	m	Event
1	1	03	I. Sh.I.	9	5	10	II. Ec.R.	17	20	56	II. Tr.I.	25	8	03	III. Oc.R.
	1	58	I. Tr.E.		20	08	I. Tr.I.		22	51	I. Ec.R.		10	00	III. Ec.D.
	3	18	I. Sh.E.		21	29	I. Sh.I.		23	34	II. Sh.I.		13	10	III. Ec.R.
	20	56	I. Oc.D.		22	23	I. Tr.E.		23	40	II. Tr.E.		18	32	I. Tr.I.
	21	00	II. Oc.D.		23	43	I. Sh.E						19	50	I. Sh.I.
								18	0	29	III. Oc.D.		20	48	I. Tr.E.
2	0	31	I. Ec.R.	10	17	20	I. Oc.D.		2	13	II. Sh.E.		22	04	I. Sh.E.
	2	32	II. Ec.R.		18	18	II. Tr.I.		3	53	III. Oc.R				
	18	12	I. Tr.I.		20	22	III. Oc.D.		5	58	III. Ec.D.	26	15	44	I. Oc.D.
	19	32	I. Sh.I.		20	55	I. Ec.R.		9	09	III. Ec.R.		18	25	II. Oc.D.
	20	27	I. Tr.E.		20	58	II. Sh.I.		16	34	I. Tr.I.		19	15	I. Ec.R.
	21	47	I. Sh.E.		21	01	II. Tr.E.		17	54	I. Sh.I.		23	47	II. Ec.R.
	23	52	IV. Oc.D.		23	37	II. Sh.E.		18	49	I. Tr.E.				
					23	46	III. Oc.R.		20	08	I. Sh.E.	27	13	02	I. Tr.I.
3	3	09	IV. Oc.R.										14	19	I. Sh.I.
	13	05	IV. Ec.D.	11	1	55	III. Ec.D.	19	13	46	I. Oc.D.		15	17	I. Tr.E.
	15	04	IV. Ec.R.		5	07	III. Ec.R.		15	41	II. Oc.D.		16	33	I. Sh.E.
	15	25	I. Oc.D.		9	04	IV. Tr.I		17	20	I. Ec.R.				
	15	42	II. Tr.I.		12	17	IV. Tr.E.		18	23	IV. Oc.D.	28	4	06	IV. Tr.I.
	16	20	III. Oc.D.		14	37	I. Tr.I.		21	08	II. Ec.R.		7	15	IV. Tr.E.
	18	22	II. Sh.I.		15	58	I. Sh.I.		21	40	IV. Oc.R.		10	13	I. Oc.D.
	18	25	II. Tr.E.		16	52	I. Tr.E.						12	57	II. Tr.I.
	19	00	I. Ec.R.		18	12	I. Sh.E.	20	7	31	IV. Ec.D.		13	44	I. Ec.R.
	19	44	III. Oc.R.		22	48	IV. Sh.I.		9	08	IV. Ec.R.		15	29	II. Sh.I.
	21	01	II. Sh.E.						11	04	I. Tr.I.		15	40	II. Tr.E.
	21	53	III. Ec.D.	12	0	22	IV. Sh.E.		12	23	I. Sh.I.		17	21	IV. Sh.I.
					11	49	I. Oc.D.		13	19	I. Tr.E.		18	07	II. Sh.E.
4	1	06	III. Ec.R.		12	59	II. Oc.D.		14	37	I. Sh.E.		18	25	IV. Sh.E.
	12	41	I. Tr.I.		15	24	I. Ec.R.						18	57	III. Tr.I.
	14	01	I. Sh.I.		18	29	II. Ec.R.	21	8	15	I. Oc.D.		22	18	III. Tr.E.
	14	56	I. Tr.E.						10	16	II. Tr.I.				
	16	16	I. Sh.E.	13	9	06	I. Tr.I.		11	48	I. Ec.R.	29	0	10	III. Sh.I.
					10	27	I. Sh.I.		12	52	II. Sh.I.		3	17	III. Sh.E.
5	9	53	I. Oc.D.		11	21	I. Tr.E		12	59	II. Tr.E.		7	32	I. Tr.I.
	10	19	II. Oc.D.		12	41	I. Sh.E.		14	44	III. Tr.I.		8	48	I. Sh.I.
	13	29	I. Ec.R						15	31	II. Sh.E.		9	47	I. Tr.E.
	15	51	II. Ec.R.	14	6	18	I. Oc.D.		18	05	III. Tr.E.		11	02	I. Sh.E.
					7	37	II. Tr.I.		20	07	III. Sh.I.				
6	7	10	I. Tr.I.		9	53	I. Ec.R.		23	16	III. Sh.E.	30	4	43	I. Oc.D.
	8	30	I. Sh.I.		10	16	II. Sh.I						7	48	II. Oc.D.
	9	25	I. Tr.E.		10	20	II. Tr.E.	22	5	33	I. Tr.I.		8	13	I. Ec.R.
	10	45	I. Sh.E.		10	35	III. Tr.I.		6	52	I. Sh.I.		13	06	II. Ec.R.
					12	55	II. Sh.E.		7	48	I. Tr.E.				
7	4	22	I. Oc.D.		13	56	III. Tr.E.		9	06	I. Sh.E.	31	2	02	I. Tr.I.
	4	59	II. Tr.I.		16	04	III. Sh.I.						3	17	I. Sh.I.
	6	30	III. Tr.I.		19	13	III. Sh.E.	23	2	45	I. Oc.D.		4	17	I. Tr.E.
	7	40	II. Sh.I.						5	03	II. Oc.D.		5	31	I. Sh.E.
	7	43	II. Tr.E.	15	3	35	I. Tr.I.		6	17	I. Ec.R.		23	12	I. Oc.D.
	7	58	I. Ec.R.		4	56	I. Sh.I.		10	28	II. Ec.R.				
	9	51	III. Tr.E.		5	51	I. Tr.E.					32	2	18	II. Tr.I.
	10	19	II. Sh.E.		7	10	I. Sh.E.	24	0	03	I. Tr.I.		2	42	I. Ec.R.
	12	02	III. Sh.I.						1	21	I. Sh.I.		4	47	II. Sh.I.
	15	11	III. Sh.E.	16	0	47	I. Oc.D.		2	18	I. Tr.E.		5	02	II. Tr.E.
					2	20	II. Oc.D.		3	35	I. Sh.E.		7	25	II. Sh.E.
8	1	39	I. Tr.I.		4	22	I. Ec.R.		21	14	I. Oc.D.		8	55	III. Oc.D.
	2	59	I. Sh.I.		7	49	II. Ec.R.		23	36	II. Tr.I.		12	18	III. Oc.R.
	3	54	I. Tr.E.		22	05	I. Tr.I.						14	03	III. Ec.D.
	5	14	I. Sh.E.		23	25	I. Sh.I.	25	0	46	I. Ec.R.		17	13	III. Ec.R.
	22	51	I. Oc.D.						2	11	II. Sh.I.		20	31	I. Tr.I.
	23	39	II. Oc.D.	17	0	20	I. Tr.E.		2	20	II. Tr.E.		21	46	I. Sh.I.
					1	39	I. Sh.E.		4	40	III. Oc.D.		22	47	I. Tr.E.
9	2	27	I. Ec.R.		19	17	I. Oc.D.		4	49	II. Sh.E.				

I. Dec. 16	II. Dec. 16	III. Dec. 18	IV. Dec. 20
$x_2 = +2.1$, $y_2 = +0.1$	$x_2 = +2.7$, $y_2 = +0.3$	$x_1 = +2.0$, $y_1 = +0.3$	$x_1 = +4.6$, $y_1 = +0.7$
		$x_2 = +3.7$, $y_2 = +0.3$	$x_2 = +5.3$, $y_2 = +0.7$

NOTE.—I. denotes ingress; E., egress; D., disappearance; R., reappearance; Ec., eclipse; Oc., occultation; Tr., transit of the satellite; Sh., transit of the shadow.

SATELLITES OF JUPITER, 1986

CONFIGURATIONS OF SATELLITES I-IV FOR DECEMBER
UNIVERSAL TIME

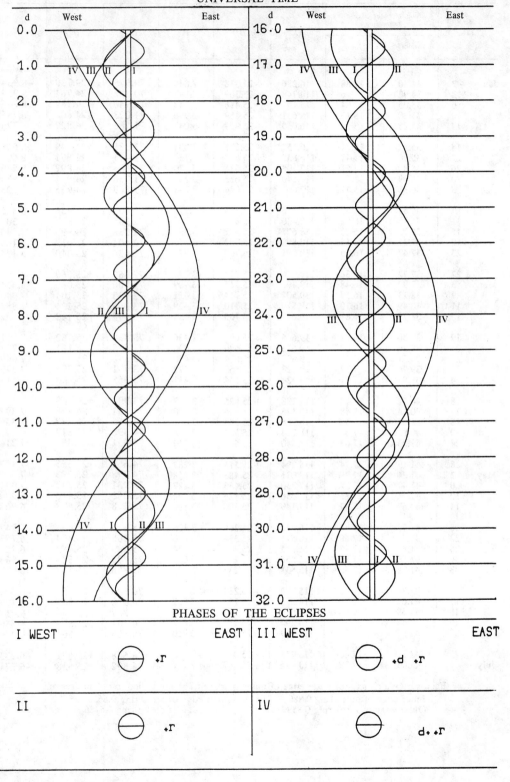

RINGS OF SATURN, 1986

FOR 0ʰ UNIVERSAL TIME

Date		Axes of outer edge of outer ring		U	B	P	U'	B'	P'
		Major	Minor						
		″	″	°	°	°	°	°	°
Jan.	−2	34.80	14.88	114.286	+25.318	+2.845	70.675	+24.739	−8.964
	2	34.92	14.96	114.748	25.369	2.897	70.808	24.761	8.905
	6	35.05	15.04	115.197	25.416	2.948	70.940	24.784	8.845
	10	35.20	15.13	115.631	25.459	2.996	71.073	24.806	8.785
	14	35.35	15.22	116.050	25.499	3.043	71.206	24.827	8.725
	18	35.52	15.31	116.452	+25.535	+3.088	71.338	+24.849	−8.665
	22	35.70	15.41	116.835	25.567	3.130	71.471	24.871	8.605
	26	35.89	15.51	117.198	25.596	3.170	71.604	24.892	8.546
	30	36.09	15.61	117.540	25.622	3.208	71.736	24.914	8.485
Feb.	3	36.30	15.71	117.861	25.644	3.243	71.869	24.935	8.425
	7	36.52	15.82	118.158	+25.664	+3.276	72.002	+24.956	−8.365
	11	36.75	15.92	118.430	25.679	3.305	72.135	24.977	8.305
	15	36.98	16.03	118.677	25.692	3.332	72.268	24.998	8.245
	19	37.22	16.14	118.898	25.702	3.356	72.401	25.019	8.185
	23	37.47	16.25	119.091	25.709	3.377	72.534	25.040	8.124
	27	37.72	16.36	119.256	+25.713	+3.395	72.667	+25.060	−8.064
Mar.	3	37.97	16.48	119.393	25.715	3.409	72.800	25.081	8.004
	7	38.23	16.59	119.501	25.714	3.421	72.933	25.101	7.943
	11	38.49	16.70	119.579	25.710	3.429	73.066	25.121	7.883
	15	38.75	16.81	119.627	25.705	3.434	73.199	25.142	7.822
	19	39.00	16.91	119.645	+25.696	+3.436	73.332	+25.162	−7.761
	23	39.26	17.02	119.633	25.686	3.434	73.465	25.181	7.701
	27	39.51	17.12	119.592	25.674	3.430	73.598	25.201	7.640
	31	39.76	17.22	119.523	25.660	3.422	73.731	25.221	7.579
Apr.	4	39.99	17.31	119.424	25.644	3.411	73.865	25.240	7.519
	8	40.22	17.40	119.298	+25.625	+3.397	73.998	+25.260	−7.458
	12	40.44	17.48	119.145	25.606	3.380	74.131	25.279	7.397
	16	40.65	17.56	118.966	25.584	3.361	74.265	25.298	7.336
	20	40.85	17.62	118.764	25.561	3.338	74.398	25.317	7.275
	24	41.03	17.69	118.540	25.536	3.314	74.531	25.336	7.214
	28	41.19	17.74	118.294	+25.511	+3.287	74.665	+25.355	−7.153
May	2	41.34	17.79	118.031	25.483	3.258	74.798	25.373	7.092
	6	41.47	17.82	117.750	25.455	3.227	74.931	25.392	7.031
	10	41.58	17.85	117.456	25.426	3.194	75.065	25.410	6.970
	14	41.67	17.87	117.149	25.396	3.160	75.198	25.428	6.908
	18	41.73	17.88	116.834	+25.365	+3.125	75.332	+25.446	−6.847
	22	41.78	17.88	116.511	25.334	3.090	75.465	25.464	6.786
	26	41.80	17.87	116.185	25.303	3.054	75.599	25.482	6.725
	30	41.80	17.85	115.858	25.273	3.017	75.733	25.500	6.663
June	3	41.78	17.82	115.531	25.242	2.981	75.866	25.518	6.602
	7	41.74	17.78	115.209	+25.213	+2.945	76.000	+25.535	−6.540
	11	41.67	17.73	114.893	25.184	2.909	76.133	25.553	6.479
	15	41.59	17.68	114.586	25.157	2.875	76.267	25.570	6.417
	19	41.48	17.62	114.290	25.131	2.842	76.401	25.587	6.356
	23	41.35	17.55	114.009	25.108	2.810	76.535	25.604	6.294
	27	41.21	17.47	113.743	+25.086	+2.780	76.668	+25.621	−6.233
July	1	41.05	17.39	113.496	+25.067	+2.752	76.802	+25.638	−6.171

Factor by which axes of outer edge of outer ring are to be multiplied to obtain axes of:
Inner edge of outer ring 0.8801 Inner edge of inner ring 0.6650
Outer edge of inner ring 0.8599 Inner edge of dusky ring 0.5486

RINGS OF SATURN, 1986

FOR 0ʰ UNIVERSAL TIME

Date		Axes of outer edge of outer ring		U	B	P	U'	B'	P'
		Major	Minor						
		"	"	°	°	°	°	°	°
July	1	41.05	17.39	113.496	+25.067	+2.752	76.802	+25.638	−6.171
	5	40.87	17.31	113.267	25.051	2.727	76.936	25.655	6.109
	9	40.68	17.22	113.061	25.038	2.703	77.070	25.671	6.047
	13	40.48	17.12	112.877	25.028	2.683	77.204	25.687	5.986
	17	40.26	17.03	112.718	25.022	2.665	77.337	25.704	5.924
	21	40.03	16.93	112.584	+25.019	+2.650	77.471	+25.720	−5.862
	25	39.80	16.83	112.476	25.020	2.638	77.605	25.736	5.800
	29	39.56	16.73	112.394	25.025	2.629	77.739	25.752	5.738
Aug.	2	39.31	16.63	112.341	25.033	2.623	77.873	25.768	5.676
	6	39.06	16.53	112.315	25.046	2.620	78.007	25.783	5.614
	10	38.80	16.44	112.318	+25.062	+2.620	78.141	+25.799	−5.552
	14	38.54	16.34	112.349	25.082	2.624	78.275	25.814	5.490
	18	38.29	16.25	112.408	25.106	2.631	78.409	25.830	5.428
	22	38.03	16.15	112.496	25.133	2.642	78.543	25.845	5.366
	26	37.78	16.06	112.611	25.164	2.655	78.677	25.860	5.304
	30	37.53	15.98	112.754	+25.198	+2.671	78.811	+25.875	−5.241
Sept.	3	37.28	15.89	112.924	25.236	2.691	78.946	25.890	5.179
	7	37.04	15.82	113.120	25.276	2.714	79.080	25.904	5.117
	11	36.80	15.74	113.343	25.319	2.739	79.214	25.919	5.055
	15	36.58	15.67	113.590	25.364	2.767	79.348	25.933	4.992
	19	36.35	15.60	113.862	+25.411	+2.799	79.482	+25.948	−4.930
	23	36.14	15.54	114.157	25.460	2.832	79.616	25.962	4.868
	27	35.94	15.48	114.474	25.511	2.868	79.751	25.976	4.805
Oct.	1	35.74	15.42	114.814	25.562	2.907	79.885	25.990	4.743
	5	35.55	15.37	115.174	25.615	2.947	80.019	26.003	4.680
	9	35.38	15.32	115.553	+25.669	+2.990	80.154	+26.017	−4.618
	13	35.21	15.28	115.951	25.723	3.035	80.288	26.031	4.555
	17	35.06	15.24	116.366	25.777	3.082	80.422	26.044	4.493
	21	34.91	15.21	116.798	25.830	3.130	80.557	26.057	4.430
	25	34.78	15.18	117.244	25.884	3.180	80.691	26.071	4.368
	29	34.66	15.16	117.704	+25.936	+3.231	80.825	+26.084	−4.305
Nov.	2	34.55	15.14	118.177	25.988	3.283	80.960	26.097	4.242
	6	34.45	15.12	118.661	26.038	3.336	81.094	26.109	4.180
	10	34.37	15.11	119.156	26.087	3.390	81.229	26.122	4.117
	14	34.30	15.11	119.658	26.134	3.445	81.363	26.135	4.054
	18	34.24	15.11	120.169	+26.179	+3.501	81.498	+26.147	−3.991
	22	34.19	15.11	120.685	26.222	3.557	81.632	26.159	3.929
	26	34.16	15.12	121.206	26.263	3.613	81.767	26.171	3.866
	30	34.14	15.13	121.731	26.302	3.669	81.901	26.183	3.803
Dec.	4	34.13	15.14	122.258	26.338	3.725	82.036	26.195	3.740
	8	34.13	15.16	122.785	+26.372	+3.781	82.170	+26.207	−3.677
	12	34.15	15.19	123.312	26.403	3.836	82.305	26.219	3.614
	16	34.18	15.22	123.836	26.431	3.891	82.439	26.230	3.551
	20	34.23	15.25	124.356	26.456	3.945	82.574	26.242	3.488
	24	34.28	15.29	124.872	26.479	3.999	82.709	26.253	3.425
	28	34.35	15.33	125.382	+26.499	+4.051	82.843	+26.264	−3.362
	32	34.44	15.37	125.883	+26.516	+4.102	82.978	+26.275	−3.299

Factor by which axes of outer edge of outer ring are to be multiplied to obtain axes of:
Inner edge of outer ring 0.8801   Inner edge of inner ring 0.6650
Outer edge of inner ring 0.8599   Inner edge of dusky ring 0.5486

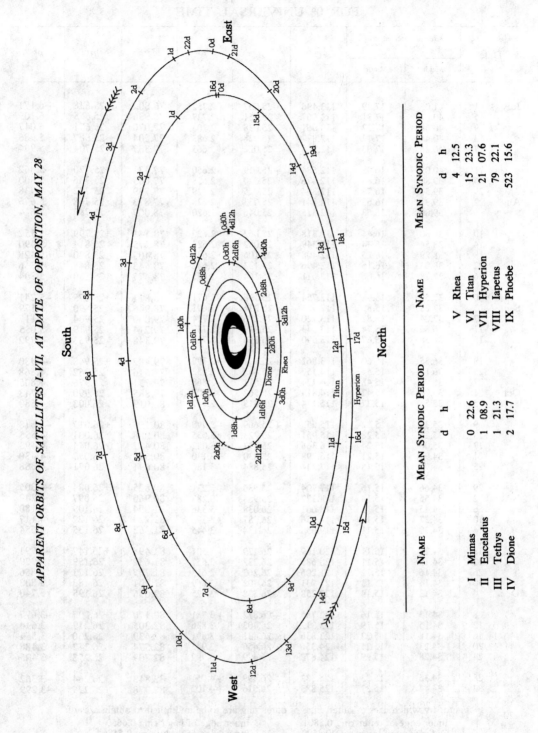

APPARENT ORBITS OF SATELLITES I–VII, AT DATE OF OPPOSITION, MAY 28

NAME		MEAN SYNODIC PERIOD	
		d	h
I	Mimas	0	22.6
II	Enceladus	1	08.9
III	Tethys	1	21.3
IV	Dione	2	17.7

NAME		MEAN SYNODIC PERIOD	
		d	h
V	Rhea	4	12.5
VI	Titan	15	23.3
VII	Hyperion	21	07.6
VIII	Iapetus	79	22.1
IX	Phoebe	523	15.6

SATELLITES OF SATURN, 1986 F43

UNIVERSAL TIME OF GREATEST EASTERN ELONGATION

MIMAS

Jan.	Feb.	Mar.	Apr.	May	June	July	Aug.	Sept.	Oct.	Nov.	Dec.
d h	d h	d h	d h	d h	d h	d h	d h	d h	d h	d h	d h
0 23.9	1 02.4	1 09.0	1 11.3	1 15.0	1 17.2	1 20.8	1 00.6	1 03.1	1 07.1	1 09.7	1 13.7
1 22.5	2 01.0	2 07.6	2 09.9	2 13.6	2 15.8	2 19.5	1 23.2	2 01.7	2 05.7	2 08.3	2 12.4
2 21.1	2 23.7	3 06.2	3 08.6	3 12.2	3 14.4	3 18.1	2 21.8	3 00.3	3 04.3	3 07.0	3 11.0
3 19.8	3 22.3	4 04.8	4 07.2	4 10.8	4 13.0	4 16.7	3 20.5	3 23.0	4 02.9	4 05.6	4 09.6
4 18.4	4 20.9	5 03.5	5 05.8	5 09.4	5 11.6	5 15.3	4 19.1	4 21.6	5 01.6	5 04.2	5 08.2
5 17.0	5 19.5	6 02.1	6 04.4	6 08.0	6 10.3	6 13.9	5 17.7	5 20.2	6 00.2	6 02.8	6 06.9
6 15.6	6 18.1	7 00.7	7 03.0	7 06.6	7 08.9	7 12.5	6 16.3	6 18.8	6 22.8	7 01.5	7 05.5
7 14.2	7 16.8	7 23.3	8 01.6	8 05.3	8 07.5	8 11.2	7 14.9	7 17.5	7 21.4	8 00.1	8 04.1
8 12.9	8 15.4	8 21.9	9 00.2	9 03.9	9 06.1	9 09.8	8 13.6	8 16.1	8 20.1	8 22.7	9 02.8
9 11.5	9 14.0	9 20.5	9 22.9	10 02.5	10 04.7	10 08.4	9 12.2	9 14.7	9 18.7	9 21.3	10 01.4
10 10.1	10 12.6	10 19.2	10 21.5	11 01.1	11 03.3	11 07.0	10 10.8	10 13.3	10 17.3	10 20.0	11 00.0
11 08.7	11 11.2	11 17.8	11 20.1	11 23.7	12 01.9	12 05.6	11 09.4	11 12.0	11 15.9	11 18.6	11 22.6
12 07.4	12 09.9	12 16.4	12 18.7	12 22.3	13 00.6	13 04.2	12 08.0	12 10.6	12 14.6	12 17.2	12 21.3
13 06.0	13 08.5	13 15.0	13 17.3	13 20.9	13 23.2	14 02.9	13 06.7	13 09.2	13 13.2	13 15.9	13 19.9
14 04.6	14 07.1	14 13.6	14 15.9	14 19.5	14 21.8	15 01.5	14 05.3	14 07.8	14 11.8	14 14.5	14 18.5
15 03.2	15 05.7	15 12.2	15 14.5	15 18.2	15 20.4	16 00.1	15 03.9	15 06.4	15 10.4	15 13.1	15 17.1
16 01.8	16 04.3	16 10.9	16 13.2	16 16.8	16 19.0	16 22.7	16 02.5	16 05.1	16 09.1	16 11.7	16 15.8
17 00.5	17 02.9	17 09.5	17 11.8	17 15.4	17 17.6	17 21.3	17 01.1	17 03.7	17 07.7	17 10.4	17 14.4
17 23.1	18 01.6	18 08.1	18 10.4	18 14.0	18 16.2	18 19.9	17 23.8	18 02.3	18 06.3	18 09.0	18 13.0
18 21.7	19 00.2	19 06.7	19 09.0	19 12.6	19 14.8	19 18.6	18 22.4	19 00.9	19 04.9	19 07.6	19 11.6
19 20.3	19 22.8	20 05.3	20 07.6	20 11.2	20 13.5	20 17.2	19 21.0	19 23.6	20 03.6	20 06.2	20 10.3
20 19.0	20 21.4	21 03.9	21 06.2	21 09.8	21 12.1	21 15.8	20 19.6	20 22.2	21 02.2	21 04.9	21 08.9
21 17.6	21 20.0	22 02.6	22 04.8	22 08.4	22 10.7	22 14.4	21 18.3	21 20.8	22 00.8	22 03.5	22 07.5
22 16.2	22 18.7	23 01.2	23 03.4	23 07.1	23 09.3	23 13.0	22 16.9	22 19.4	22 23.5	23 02.1	23 06.1
23 14.8	23 17.3	23 23.8	24 02.1	24 05.7	24 07.9	24 11.7	23 15.5	23 18.1	23 22.1	24 00.7	24 04.8
24 13.4	24 15.9	24 22.4	25 00.7	25 04.3	25 06.5	25 10.3	24 14.1	24 16.7	24 20.7	24 23.4	25 03.4
25 12.1	25 14.5	25 21.0	25 23.3	26 02.9	26 05.2	26 08.9	25 12.7	25 15.3	25 19.3	25 22.0	26 02.0
26 10.7	26 13.1	26 19.6	26 21.9	27 01.5	27 03.8	27 07.5	26 11.4	26 13.9	26 18.0	26 20.6	27 00.6
27 09.3	27 11.8	27 18.2	27 20.5	28 00.1	28 02.4	28 06.1	27 10.0	27 12.6	27 16.6	27 19.2	27 23.3
28 07.9	28 10.4	28 16.9	28 19.1	28 22.7	29 01.0	29 04.7	28 08.6	28 11.2	28 15.2	28 17.9	28 21.9
29 06.5		29 15.5	29 17.7	29 21.3	29 23.6	30 03.4	29 07.2	29 09.8	29 13.8	29 16.5	29 20.5
30 05.2		30 14.1	30 16.3	30 20.0	30 22.2	31 02.0	30 05.9	30 08.4	30 12.5	30 15.1	30 19.1
31 03.8		31 12.7		31 18.6			31 04.5		31 11.1		31 17.8
											32 16.4

ENCELADUS

Jan.	Feb.	Mar.	Apr.	May	June	July	Aug.	Sept.	Oct.	Nov.	Dec.
d h	d h	d h	d h	d h	d h	d h	d h	d h	d h	d h	d h
0 23.8	1 12.4	2 07.0	1 10.5	1 13.7	2 01.9	2 05.2	1 08.6	1 21.1	2 00.8	1 04.6	1 08.5
2 08.7	2 21.3	3 15.9	2 19.3	2 22.6	3 10.7	3 14.1	2 17.5	3 06.0	3 09.7	2 13.6	2 17.4
3 17.6	4 06.1	5 00.8	4 04.2	4 07.5	4 19.6	4 22.9	4 02.4	4 14.9	4 18.6	3 22.5	4 02.3
5 02.5	5 15.0	6 09.7	5 13.1	5 16.4	6 04.5	6 07.8	5 11.3	5 23.8	6 03.5	5 07.3	5 11.2
6 11.4	6 23.9	7 18.6	6 22.0	7 01.2	7 13.4	7 16.7	6 20.2	7 08.7	7 12.4	6 16.3	6 20.1
7 20.3	8 08.8	9 03.5	8 06.8	8 10.1	8 22.2	9 01.6	8 05.1	8 17.6	8 21.3	8 01.2	8 05.0
9 05.2	9 17.7	10 12.3	9 15.7	9 19.0	10 07.1	10 10.5	9 13.9	10 02.5	10 06.2	9 10.1	9 13.9
10 14.1	11 02.6	11 21.2	11 00.6	11 03.9	11 16.0	11 19.3	10 22.8	11 11.4	11 15.1	10 19.0	10 22.8
11 23.0	12 11.5	13 06.1	12 09.5	12 12.7	13 00.9	13 04.2	12 07.7	12 20.3	13 00.0	12 03.9	12 07.7
13 07.8	13 20.4	14 15.0	13 18.4	13 21.6	14 09.8	14 13.1	13 16.6	14 05.2	14 08.9	13 12.8	13 16.6
14 16.7	15 05.3	15 23.9	15 03.2	15 06.5	15 18.6	15 22.0	15 01.5	15 14.1	15 17.8	14 21.7	15 01.5
16 01.6	16 14.2	17 08.8	16 12.1	16 15.4	17 03.5	17 06.9	16 10.4	16 23.0	17 02.7	16 06.6	16 10.4
17 10.5	17 23.0	18 17.6	17 21.0	18 00.2	18 12.4	18 15.8	17 19.3	18 07.8	18 11.6	17 15.5	17 19.3
18 19.4	19 07.9	20 02.5	19 05.9	19 09.1	19 21.3	20 00.6	19 04.2	19 16.7	19 20.5	19 00.4	19 04.2
20 04.3	20 16.8	21 11.4	20 14.7	20 18.0	21 06.1	21 09.5	20 13.1	21 01.6	21 05.4	20 09.3	20 13.1
21 13.2	22 01.7	22 20.3	21 23.6	22 02.9	22 15.0	22 18.4	21 22.0	22 10.5	22 14.3	21 18.2	21 22.0
22 22.1	23 10.6	24 05.2	23 08.5	23 11.7	23 23.9	24 03.3	23 06.8	23 19.4	23 23.2	23 03.1	23 06.9
24 07.0	24 19.5	25 14.0	24 17.4	24 20.6	25 08.8	25 12.2	24 15.7	25 04.3	25 08.1	24 12.0	24 15.8
25 15.9	26 04.4	26 22.9	26 02.2	26 05.5	26 17.7	26 21.1	26 00.6	26 13.2	26 17.0	25 20.9	26 00.7
27 00.8	27 13.3	28 07.8	27 11.1	27 14.4	28 02.5	28 06.0	27 09.5	27 22.1	28 01.9	27 05.8	27 09.6
28 09.7	28 22.1	29 16.7	28 20.0	28 23.2	29 11.4	29 14.8	28 18.4	29 07.0	29 10.8	28 14.7	28 18.5
29 18.6		31 01.6	30 04.9	30 08.1	30 20.3	30 23.7	30 03.3	30 15.9	30 19.7	29 23.6	30 03.4
31 03.5				31 17.0			31 12.2				31 12.3
											32 21.2

SATELLITES OF SATURN, 1986

UNIVERSAL TIME OF GREATEST EASTERN ELONGATION

TETHYS

Jan.	Feb.	Mar.	Apr.	May	June	July	Aug.	Sept.	Oct.	Nov.	Dec.
d h	d h	d h	d h	d h	d h	d h	d h	d h	d h	d h	d h
0 14.3	1 16.9	2 00.6	1 05.5	1 10.2	2 12.1	2 16.8	1 21.6	1 02.7	1 07.9	2 10.6	2 16.0
2 11.7	3 14.2	3 22.0	3 02.8	3 07.5	4 09.4	4 14.1	3 18.9	2 24.0	3 05.2	4 07.9	4 13.4
4 09.0	5 11.5	5 19.3	5 00.1	5 04.8	6 06.7	6 11.3	5 16.2	4 21.3	5 02.6	6 05.3	6 10.7
6 06.3	7 08.9	7 16.6	6 21.4	7 02.1	8 04.0	8 08.6	7 13.5	6 18.6	6 23.9	8 02.6	8 08.0
8 03.7	9 06.2	9 13.9	8 18.7	8 23.3	10 01.2	10 05.9	9 10.8	8 16.0	8 21.2	9 24.0	10 05.4
10 01.0	11 03.5	11 11.2	10 16.0	10 20.6	11 22.5	12 03.2	11 08.2	10 13.3	10 18.6	11 21.3	12 02.7
11 22.3	13 00.8	13 08.5	12 13.3	12 17.9	13 19.8	14 00.5	13 05.5	12 10.6	12 15.9	13 18.6	14 00.0
13 19.7	14 22.1	15 05.8	14 10.6	14 15.2	15 17.1	15 21.9	15 02.8	14 07.9	14 13.2	15 16.0	15 21.4
15 17.0	16 19.5	17 03.1	16 07.9	16 12.5	17 14.4	17 19.2	17 00.1	16 05.3	16 10.6	17 13.3	17 18.7
17 14.3	18 16.8	19 00.4	18 05.2	18 09.8	19 11.7	19 16.5	18 21.4	18 02.6	18 07.9	19 10.7	19 16.1
19 11.6	20 14.1	20 21.7	20 02.4	20 07.1	21 09.0	21 13.8	20 18.7	19 23.9	20 05.2	21 08.0	21 13.4
21 09.0	22 11.4	22 19.0	21 23.7	22 04.4	23 06.3	23 11.1	22 16.1	21 21.2	22 02.6	23 05.3	23 10.7
23 06.3	24 08.7	24 16.3	23 21.0	24 01.6	25 03.6	25 08.4	24 13.4	23 18.6	23 23.9	25 02.7	25 08.1
25 03.6	26 06.0	26 13.6	25 18.3	25 22.9	27 00.9	27 05.7	26 10.7	25 15.9	25 21.2	27 00.0	27 05.4
27 00.9	28 03.3	28 10.9	27 15.6	27 20.2	28 22.2	29 03.0	28 08.0	27 13.2	27 18.6	28 21.3	29 02.7
28 22.3		30 08.2	29 12.9	29 17.5	30 19.5	31 00.3	30 05.3	29 10.6	29 15.9	30 18.7	31 00.1
30 19.6				31 14.8					31 13.3		32 21.4

DIONE

Jan.	Feb.	Mar.	Apr.	May	June	July	Aug.	Sept.	Oct.	Nov.	Dec.
d h	d h	d h	d h	d h	d h	d h	d h	d h	d h	d h	d h
−1 11.3	1 08.1	3 10.9	2 13.4	2 15.6	1 17.7	1 19.9	3 16.0	2 18.7	2 21.7	2 00.9	2 04.1
2 05.1	4 01.8	6 04.6	5 07.0	5 09.2	4 11.3	4 13.5	6 09.6	5 12.4	5 15.4	4 18.6	4 21.9
4 22.8	6 19.5	8 22.3	8 00.7	8 02.9	7 05.0	7 07.2	9 03.3	8 06.1	8 09.2	7 12.4	7 15.6
7 16.6	9 13.3	11 15.9	10 18.3	10 20.5	9 22.6	10 00.8	11 21.0	10 23.9	11 02.9	10 06.1	10 09.4
10 10.3	12 07.0	14 09.6	13 12.0	13 14.2	12 16.3	12 18.5	14 14.7	13 17.6	13 20.6	12 23.9	13 03.2
13 04.0	15 00.7	17 03.3	16 05.7	16 07.8	15 09.9	15 12.2	17 08.4	16 11.3	16 14.4	15 17.6	15 20.9
15 21.8	17 18.4	19 21.0	18 23.3	19 01.4	18 03.6	18 05.9	20 02.1	19 05.0	19 08.1	18 11.4	18 14.6
18 15.5	20 12.1	22 14.7	21 17.0	21 19.1	20 21.2	20 23.5	22 19.8	21 22.8	22 01.9	21 05.1	21 08.4
21 09.2	23 05.8	25 08.3	24 10.6	24 12.7	23 14.9	23 17.2	25 13.6	24 16.5	24 19.6	23 22.9	24 02.2
24 02.9	25 23.5	28 02.0	27 04.3	27 06.4	26 08.5	26 10.9	28 07.3	27 10.2	27 13.4	26 16.6	26 19.9
26 20.7	28 17.2	30 19.7	29 21.9	30 00.0	29 02.2	29 04.6	31 01.0	30 04.0	30.07.1	29 10.4	29 13.6
29 14.4						31 22.3					32 07.4

RHEA

Jan.	Feb.	Mar.	Apr.	May	June	July	Aug.	Sept.	Oct.	Nov.	Dec.
d h	d h	d h	d h	d h	d h	d h	d h	d h	d h	d h	d h
−2 03.3	3 07.6	2 10.5	3 01.4	4 15.7	5 05.9	2 07.9	2 22.6	3 13.9	5 05.6	1 09.0	3 01.2
2 15.9	7 20.1	6 23.0	7 13.7	9 04.1	9 18.2	6 20.3	7 11.0	8 02.4	9 18.1	5 21.6	7 13.8
7 04.4	12 08.6	11 11.4	12 02.1	13 16.4	14 06.6	11 08.6	11 23.5	12 14.9	14 06.7	10 10.2	12 02.4
11 17.0	16 21.1	15 23.8	16 14.4	18 04.7	18 18.9	15 21.0	16 11.9	17 03.4	18 19.3	14 22.8	16 15.0
16 05.5	21 09.6	20 12.2	21 02.8	22 17.0	23 07.2	20 09.4	21 00.4	21 15.9	23 07.9	19 11.4	21 03.6
20 18.1	25 22.1	25 00.6	25 15.1	27 05.3	27 19.6	24 21.8	25 12.9	26 04.5	27 20.4	23 24.0	25 16.2
25 06.6		29 13.0	30 03.4	31 17.5		29 10.2	30 01.4	30 17.0		28 12.6	30 04.7
29 19.1											34 17.3

SATELLITES OF SATURN, 1986

UNIVERSAL TIME OF CONJUNCTIONS AND ELONGATIONS

TITAN

Eastern Elongation			Inferior Conjunction			Western Elongation			Superior Conjunction		
	d	h		d	h		d	h		d	h
									Jan.	0	22.6
Jan.	4	18.8	Jan.	8	16.0	Jan.	12	20.0		16	23.0
	20	19.1		24	16.3		28	20.4	Feb.	1	23.2
Feb.	5	19.2	Feb.	9	16.4	Feb.	13	20.4		17	23.0
	21	18.8		25	15.9	Mar.	1	19.9	Mar.	5	22.3
Mar.	9	18.0	Mar.	13	15.0		17	18.9		21	21.1
	25	16.7		29	13.6	Apr.	2	17.3	Apr.	6	19.5
Apr.	10	14.9	Apr.	14	11.7		18	15.3		22	17.4
	26	12.8		30	09.4	May	4	12.8	May	8	14.9
May	12	10.3	May	16	06.8		20	10.1		24	12.3
	28	07.7	June	1	04.1	June	5	07.4	June	9	09.6
June	13	05.2		17	01.5		21	04.7		25	07.1
	29	02.8	July	2	23.1	July	7	02.3	July	11	04.9
July	15	00.6		18	21.0		23	00.3		27	03.1
	30	22.9	Aug.	3	19.4	Aug.	7	22.8	Aug.	12	01.7
Aug.	15	21.7		19	18.3		23	21.8		28	00.8
	31	20.9	Sept.	4	17.6	Sept.	8	21.3	Sept.	13	00.4
Sept.	16	20.5		20	17.4		24	21.2		29	00.3
Oct.	2	20.5	Oct.	6	17.5	Oct.	10	21.6	Oct.	15	00.6
	18	20.8		22	18.0		26	22.2		31	01.2
Nov.	3	21.3	Nov.	7	18.8	Nov.	11	23.1	Nov.	16	02.0
	19	22.1		23	19.7		28	00.1	Dec.	2	02.9
Dec.	5	22.9	Dec.	9	20.6	Dec.	14	01.2		18	03.8
	21	23.7		25	21.5		30	02.2		34	04.6

HYPERION

Eastern Elongation			Inferior Conjunction			Western Elongation			Superior Conjunction		
	d	h		d	h		d	h		d	h
									Jan.	−3	16.2
Jan.	1	23.7	Jan.	7	13.1	Jan.	14	02.1		19	02.3
	23	10.0		29	00.6	Feb.	4	13.0	Feb.	9	12.0
Feb.	13	19.9	Feb.	19	11.7		25	23.6	Mar.	2	21.4
Mar.	7	05.4	Mar.	12	21.8	Mar.	19	09.0		24	06.3
	28	14.3	Apr.	3	06.8	Apr.	9	17.5	Apr.	14	14.4
Apr.	18	22.2		24	14.6	May	1	01.2	May	5	22.0
May	10	05.7	May	15	21.6		22	07.9		27	05.2
	31	12.9	June	6	04.2	June	12	14.6	June	17	12.2
June	21	20.0		27	11.1	July	3	21.6	July	8	19.5
July	13	03.4	July	18	18.6		25	05.1		30	03.3
Aug.	3	11.6	Aug.	9	03.0	Aug.	15	13.4	Aug.	20	11.4
	24	20.2		30	12.5	Sept.	5	22.6	Sept.	10	20.1
Sept.	15	05.4	Sept.	20	22.7		27	08.2	Oct.	2	05.1
Oct.	6	15.1	Oct.	12	09.6	Oct.	18	18.2		23	14.1
	28	00.7	Nov.	2	20.8	Nov.	9	04.3	Nov.	13	23.0
Nov.	18	10.6		24	07.9		30	13.9	Dec.	5	07.6
Dec.	9	20.0	Dec.	15	18.7	Dec.	21	23.2		26	15.7
	31	04.9		37	04.7						

IAPETUS

Eastern Elongation			Inferior Conjunction			Western Elongation			Superior Conjunction		
	d	h		d	h		d	h		d	h
Jan.	−16	02.5	Jan.	3	10.2	Jan.	23	22.1	Feb.	14	01.9
Mar.	5	18.6	Mar.	24	16.4	Apr.	13	16.4	May	4	05.8
May	23	11.9	June	11	01.5	June	30	19.5	July	21	10.8
Aug.	10	00.9	Aug.	28	23.5	Sept.	18	05.5	Oct.	9	10.9
Oct.	29	11.1	Nov.	17	19.5	Dec.	8	12.6	Dec.	29	21.3
Dec.	49	18.4									

SATELLITES OF SATURN, 1986

APPARENT DISTANCE AND POSITION ANGLE

Time from Eastern Elongation	MIMAS		Time from Eastern Elongation	ENCELADUS		TETHYS		Time from Eastern Elongation	DIONE	
	F	p_1		F	p_1	F	p_1		F	p_1
h		°	d h		°		°	d h		°
0.0	1.000	92.0	0 00	1.000	93.0	1.000	92.0	0 00	1.000	93.0
0.5	0.992	95.5	0 01	0.985	97.7	0.992	95.3	0 02	0.985	97.7
1.0	0.969	99.2	0 02	0.941	102.7	0.968	98.7	0 04	0.941	102.8
1.5	0.932	103.0	0 03	0.871	108.4	0.930	102.4	0 06	0.871	108.4
2.0	0.881	107.3	0 04	0.780	115.3	0.878	106.4	0 08	0.780	115.3
2.5	0.818	112.1	0 05	0.674	124.1	0.813	111.0	0 10	0.674	124.2
3.0	0.747	117.8	0 06	0.566	136.4	0.740	116.5	0 12	0.566	136.5
3.5	0.670	124.8	0 07	0.475	153.9	0.660	123.2	0 14	0.475	154.1
4.0	0.593	133.6	0 08	0.429	177.3	0.580	131.8	0 16	0.429	177.6
4.5	0.523	144.9	0 09	0.447	202.3	0.505	143.1	0 18	0.448	202.6
5.0	0.469	159.3	0 10	0.523	222.6	0.447	157.8	0 20	0.524	222.8
5.5	0.442	176.4	0 11	0.626	237.0	0.417	175.8	0 22	0.628	237.1
6.0	0.448	194.3	0 12	0.734	247.1	0.423	194.7	1 00	0.736	247.3
6.5	0.487	210.5	0 13	0.833	254.8	0.465	211.7	1 02	0.835	254.8
7.0	0.549	223.7	0 14	0.913	260.9	0.530	225.1	1 04	0.915	261.0
7.5	0.623	234.0	0 15	0.969	266.1	0.607	235.4	1 06	0.970	266.2
8.0	0.700	242.0	0 16	0.997	270.9	0.688	243.3	1 08	0.997	271.0
8.5	0.775	248.5	0 17	0.995	275.6	0.766	249.5	1 10	0.995	275.7
9.0	0.843	253.8	0 18	0.964	280.5	0.837	254.7	1 12	0.963	280.6
9.5	0.902	258.4	0 19	0.905	285.8	0.897	259.0	1 14	0.904	285.9
10.0	0.948	262.5	0 20	0.823	292.0	0.945	262.9	1 16	0.820	292.2
10.5	0.980	266.3	0 21	0.722	299.9	0.978	266.5	1 18	0.719	300.1
11.0	0.997	269.8	0 22	0.613	310.4	0.997	269.8	1 20	0.611	310.8
11.5	0.999	273.3	0 23	0.512	325.4	0.999	273.1	1 22	0.510	325.9
12.0	0.985	276.9	1 00	0.442	346.4	0.986	276.5	2 00	0.441	347.1
12.5	0.957	280.6	1 01	0.431	11.6	0.957	280.0	2 02	0.432	12.4
13.0	0.914	284.6	1 02	0.484	34.4	0.913	283.7	2 04	0.487	35.1
13.5	0.858	289.0	1 03	0.578	51.3	0.857	287.9	2 06	0.582	51.7
14.0	0.792	294.2	1 04	0.687	63.0	0.789	292.8	2 08	0.691	63.4
14.5	0.718	300.3	1 05	0.791	71.6	0.713	298.6	2 10	0.795	71.9
15.0	0.641	307.9	1 06	0.881	78.3	0.632	306.0	2 12	0.884	78.5
15.5	0.565	317.6	1 07	0.948	83.9	0.553	315.4	2 14	0.950	84.1
16.0	0.500	330.1	1 08	0.988	88.8	0.483	327.8	2 16	0.989	89.0
16.5	0.455	345.6	1 09	1.000	93.5	0.433	343.7	2 18	1.000	93.7
17.0	0.440	3.3	1 10	0.982	98.3	0.415	2.4	2 20	0.980	98.5
17.5	0.460	20.8	1 11			0.434	20.9			
18.0	0.508	35.9	1 12			0.485	36.7			
18.5	0.576	47.9	1 13			0.556	49.0			
19.0	0.652	57.3	1 14			0.635	58.4			
19.5	0.729	64.6	1 15			0.716	65.6			
20.0	0.802	70.6	1 16			0.792	71.4			
20.5	0.867	75.6	1 17			0.859	76.2			
21.0	0.921	80.0	1 18			0.915	80.4			
21.5	0.962	84.0	1 19			0.958	84.2			
22.0	0.988	87.6	1 20			0.986	87.7			
22.5	1.000	91.2	1 21			0.999	91.0			
23.0	0.995	94.7	1 22			0.996	94.3			

Apparent distance of satellite is Fa/Δ

Position angle of satellite is $p_1 + p_2$

SATELLITES OF SATURN, 1986

APPARENT DISTANCE AND POSITION ANGLE

Time from Eastern Elongation	RHEA		Time from Eastern Elongation	TITAN		HYPERION		Time from Eastern Elongation	IAPETUS	
	F	p_1		F	p_1	F	p_1		F	p_1
d h		°	d h		°		°	d		°
0 00	1.000	93.0	0 00	0.972	93.0	0.939	94.0	0	0.976	105.0
0 03	0.988	97.3	0 10	0.961	97.2	0.945	97.3	2	0.961	107.5
0 06	0.951	101.8	0 20	0.927	101.7	0.938	100.6	4	0.922	110.1
0 09	0.893	106.8	1 06	0.872	106.6	0.918	104.0	6	0.860	113.0
0 12	0.815	112.6	1 16	0.800	112.2	0.888	107.5	8	0.778	116.4
0 15	0.723	119.8	2 02	0.714	119.2	0.847	111.4	10	0.677	120.8
0 18	0.624	129.2	2 12	0.622	128.1	0.799	115.7	12	0.564	126.8
0 21	0.530	142.1	2 22	0.532	140.1	0.745	120.6	14	0.445	136.0
1 00	0.457	159.9	3 08	0.460	156.5	0.687	126.3	16	0.333	151.8
1 03	0.427	182.2	3 18	0.425	177.1	0.628	133.1	18	0.259	179.5
1 06	0.453	204.6	4 04	0.439	198.9	0.572	141.2	20	0.267	215.0
1 09	0.524	222.8	4 14	0.497	217.3	0.523	151.0	22	0.349	240.6
1 12	0.617	236.0	5 00	0.581	231.2	0.486	162.5	24	0.464	254.9
1 15	0.716	245.6	5 10	0.676	241.3	0.466	175.5	26	0.583	263.5
1 18	0.809	252.9	5 20	0.769	248.9	0.466	189.1	28	0.697	269.1
1 21	0.888	258.8	6 06	0.853	255.0	0.487	202.1	30	0.799	273.3
2 00	0.948	263.9	6 16	0.924	260.0	0.524	213.6	32	0.884	276.5
2 03	0.986	268.4	7 02	0.978	264.4	0.574	223.4	34	0.951	279.3
2 06	1.000	272.7	7 12	1.013	268.3	0.632	231.4	36	0.997	281.7
2 09	0.989	277.0	7 22	1.028	272.1	0.693	238.1	38	1.021	284.0
2 12	0.955	281.5	8 08	1.022	275.9	0.755	243.7	40	1.022	286.2
2 15	0.898	286.4	8 18	0.995	279.8	0.815	248.5	42	1.001	288.4
2 18	0.821	292.2	9 04	0.948	284.0	0.870	252.6	44	0.959	290.8
2 21	0.730	299.2	9 14	0.882	288.7	0.920	256.3	46	0.897	293.5
3 00	0.631	308.5	10 00	0.802	294.3	0.963	259.6	48	0.816	296.7
3 03	0.536	321.1	10 10	0.711	301.3	0.998	262.6	50	0.719	300.6
3 06	0.461	338.5	10 20	0.615	310.4	1.024	265.5	52	0.610	305.9
3 09	0.427	360.6	11 06	0.524	322.7	1.040	268.2	54	0.495	313.5
3 12	0.449	23.2	11 16	0.453	339.7	1.045	270.9	56	0.382	325.8
3 15	0.518	41.7	12 02	0.421	360.9	1.039	273.6	58	0.291	347.0
3 18	0.610	55.2	12 12	0.440	22.8	1.022	276.3	60	0.259	19.2
3 21	0.709	65.0	12 22	0.502	41.0	0.993	279.2	62	0.308	49.5
4 00	0.803	72.5	13 08	0.589	54.5	0.952	282.3	64	0.406	68.3
4 03	0.883	78.5	13 18	0.683	64.4	0.901	285.7	66	0.520	79.3
4 06	0.944	83.5	14 04	0.772	71.9	0.839	289.5	68	0.633	86.3
4 09	0.984	88.1	14 14	0.850	77.9	0.767	294.0	70	0.737	91.3
4 12	1.000	92.4	15 00	0.911	83.0	0.688	299.6	72	0.826	95.0
4 15	0.991	96.7	15 10	0.952	87.6	0.605	306.6	74	0.896	98.2
			15 20	0.970	91.9	0.522	315.8	76	0.946	100.9
			16 06	0.966	96.1	0.448	328.4	78	0.972	103.4
			16 16			0.394	345.1	80	0.973	105.8
			17 02			0.374	5.3	82	0.951	108.3
			17 12			0.395	25.5			
			17 22			0.448	42.3			
			18 08			0.522	54.9			
			18 18			0.602	64.2			
			19 04			0.682	71.3			
			19 14			0.756	77.0			
			20 00			0.819	81.7			
			20 10			0.871	85.8			
			20 20			0.909	89.5			
			21 06			0.934	92.9			
			21 16			0.944	96.2			

Apparent distance of satellite is Fa/Δ

Position angle of satellite is $p_1 + p_2$

SATELLITES OF SATURN, 1986

APPARENT DISTANCE AND POSITION ANGLE

Date (0ʰ U.T.)		MIMAS		ENCELADUS		TETHYS		DIONE	
		$\frac{a}{\Delta}$	p_2	$\frac{a}{\Delta}$	p_2	$\frac{a}{\Delta}$	p_2	$\frac{a}{\Delta}$	p_2
		″	°	″	°	″	°	″	°
Jan.	−2	23.7	+1.7	30.4	−0.1	37.7	+0.6	48.3	−0.1
	2	23.8	1.6	30.5	−0.1	37.8	0.6	48.4	−0.1
	6	23.9	1.5	30.7	0.0	37.9	0.6	48.6	0.0
	10	24.0	1.5	30.8	0.0	38.1	0.7	48.8	0.0
	14	24.1	1.4	30.9	+0.1	38.3	0.7	49.0	+0.1
	18	24.2	+1.3	31.1	+0.1	38.5	+0.7	49.3	+0.1
	22	24.3	1.2	31.2	0.2	38.7	0.7	49.5	0.2
	26	24.5	1.1	31.4	0.2	38.9	0.7	49.8	0.2
	30	24.6	1.0	31.6	0.2	39.1	0.8	50.0	0.2
Feb.	3	24.7	0.9	31.7	0.3	39.3	0.8	50.3	0.3
	7	24.9	+0.9	31.9	+0.3	39.5	+0.8	50.6	+0.3
	11	25.1	0.8	32.1	0.3	39.8	0.8	51.0	0.3
	15	25.2	0.7	32.3	0.3	40.0	0.8	51.3	0.4
	19	25.4	0.6	32.6	0.4	40.3	0.8	51.6	0.4
	23	25.5	0.5	32.8	0.4	40.6	0.8	52.0	0.4
	27	25.7	+0.4	33.0	+0.4	40.8	+0.8	52.3	+0.4
Mar.	3	25.9	0.3	33.2	0.4	41.1	0.8	52.7	0.4
	7	26.1	0.3	33.4	0.4	41.4	0.8	53.0	0.4
	11	26.2	0.2	33.7	0.4	41.7	0.8	53.4	0.5
	15	26.4	+0.1	33.9	0.4	42.0	0.8	53.7	0.5
	19	26.6	0.0	34.1	+0.4	42.2	+0.8	54.1	+0.5
	23	26.8	0.0	34.3	0.4	42.5	0.7	54.4	0.5
	27	26.9	−0.1	34.6	0.4	42.8	0.7	54.8	0.5
	31	27.1	0.1	34.8	0.4	43.0	0.7	55.1	0.4
Apr.	4	27.3	0.2	35.0	0.4	43.3	0.7	55.5	0.4
	8	27.4	−0.2	35.2	+0.4	43.6	+0.7	55.8	+0.4
	12	27.6	0.3	35.4	0.4	43.8	0.6	56.1	0.4
	16	27.7	0.3	35.6	0.4	44.0	0.6	56.4	0.4
	20	27.8	0.3	35.7	0.3	44.2	0.6	56.6	0.4
	24	28.0	0.4	35.9	0.3	44.4	0.5	56.9	0.3
	28	28.1	−0.4	36.0	+0.3	44.6	+0.5	57.1	+0.3
May	2	28.2	0.4	36.2	0.3	44.8	0.5	57.3	0.3
	6	28.3	0.4	36.3	0.2	44.9	0.4	57.5	0.3
	10	28.3	0.4	36.4	0.2	45.0	0.4	57.7	0.2
	14	28.4	0.4	36.4	0.2	45.1	0.3	57.8	0.2
	18	28.5	−0.4	36.5	+0.1	45.2	+0.3	57.9	+0.2
	22	28.5	0.4	36.5	0.1	45.2	0.3	57.9	0.1
	26	28.5	0.4	36.6	+0.1	45.3	0.2	58.0	+0.1
	30	28.5	0.4	36.6	0.0	45.3	0.2	58.0	0.0
June	3	28.5	0.3	36.5	0.0	45.2	0.1	57.9	0.0
	7	28.5	−0.3	36.5	−0.1	45.2	+0.1	57.9	0.0
	11	28.4	0.3	36.4	0.1	45.1	0.0	57.8	−0.1
	15	28.4	0.2	36.4	0.1	45.0	0.0	57.7	0.1
	19	28.3	0.2	36.3	0.2	44.9	0.0	57.5	0.1
	23	28.2	0.1	36.2	0.2	44.8	−0.1	57.3	0.2
	27	28.1	−0.1	36.0	−0.2	44.6	−0.1	57.1	−0.2
July	1	28.0	0.0	35.9	−0.3	44.4	−0.1	56.9	−0.2

SATELLITES OF SATURN, 1986

APPARENT DISTANCE AND POSITION ANGLE

Date (0ʰ U.T.)		MIMAS $\frac{a}{\Delta}$	p_2	ENCELADUS $\frac{a}{\Delta}$	p_2	TETHYS $\frac{a}{\Delta}$	p_2	DIONE $\frac{a}{\Delta}$	p_2
		″	°	″	°	″	°	″	°
July	1	28.0	0.0	35.9	−0.3	44.4	−0.1	56.9	−0.2
	5	27.9	+0.1	35.7	0.3	44.3	0.2	56.7	0.2
	9	27.7	0.2	35.6	0.3	44.0	0.2	56.4	0.3
	13	27.6	0.3	35.4	0.3	43.8	0.2	56.1	0.3
	17	27.4	0.3	35.2	0.3	43.6	0.3	55.8	0.3
	21	27.3	+0.4	35.0	−0.4	43.3	−0.3	55.5	−0.3
	25	27.1	0.5	34.8	0.4	43.1	0.3	55.2	0.3
	29	27.0	0.6	34.6	0.4	42.8	0.3	54.9	0.3
Aug.	2	26.8	0.8	34.4	0.4	42.6	0.3	54.5	0.4
	6	26.6	0.9	34.2	0.4	42.3	0.4	54.2	0.4
	10	26.5	+1.0	33.9	−0.4	42.0	−0.4	53.8	−0.4
	14	26.3	1.1	33.7	0.4	41.7	0.4	53.5	0.3
	18	26.1	1.2	33.5	0.4	41.5	0.4	53.1	0.3
	22	25.9	1.3	33.3	0.4	41.2	0.4	52.7	0.3
	26	25.8	1.5	33.0	0.4	40.9	0.4	52.4	0.3
	30	25.6	+1.6	32.8	−0.3	40.6	−0.4	52.0	−0.3
Sept.	3	25.4	1.7	32.6	0.3	40.4	0.4	51.7	0.3
	7	25.3	1.8	32.4	0.3	40.1	0.3	51.4	0.3
	11	25.1	1.9	32.2	0.3	39.8	0.3	51.0	0.2
	15	24.9	2.1	32.0	0.2	39.6	0.3	50.7	0.2
	19	24.8	+2.2	31.8	−0.2	39.4	−0.3	50.4	−0.2
	23	24.6	2.3	31.6	0.2	39.1	0.3	50.1	0.1
	27	24.5	2.4	31.4	0.2	38.9	0.2	49.8	0.1
Oct.	1	24.4	2.5	31.3	0.1	38.7	0.2	49.6	−0.1
	5	24.2	2.5	31.1	−0.1	38.5	0.2	49.3	0.0
	9	24.1	+2.6	30.9	0.0	38.3	−0.1	49.1	0.0
	13	24.0	2.7	30.8	0.0	38.1	0.1	48.8	+0.1
	17	23.9	2.8	30.7	+0.1	38.0	−0.1	48.6	0.1
	21	23.8	2.8	30.5	0.1	37.8	0.0	48.4	0.2
	25	23.7	2.9	30.4	0.2	37.7	0.0	48.2	0.2
	29	23.6	+2.9	30.3	+0.2	37.5	+0.1	48.1	+0.3
Nov.	2	23.6	2.9	30.2	0.3	37.4	0.1	47.9	0.3
	6	23.5	3.0	30.1	0.3	37.3	0.1	47.8	0.4
	10	23.4	3.0	30.1	0.4	37.2	0.2	47.7	0.4
	14	23.4	3.0	30.0	0.4	37.1	0.2	47.6	0.5
	18	23.3	+3.0	29.9	+0.5	37.1	+0.3	47.5	+0.5
	22	23.3	2.9	29.9	0.5	37.0	0.3	47.4	0.6
	26	23.3	2.9	29.9	0.6	37.0	0.4	47.4	0.6
	30	23.3	2.9	29.9	0.6	37.0	0.5	47.3	0.7
Dec.	4	23.3	2.8	29.9	0.7	37.0	0.5	47.3	0.7
	8	23.3	+2.8	29.9	+0.8	37.0	+0.6	47.3	+0.8
	12	23.3	2.7	29.9	0.8	37.0	0.6	47.4	0.9
	16	23.3	2.7	29.9	0.9	37.0	0.7	47.4	0.9
	20	23.3	2.6	29.9	0.9	37.1	0.7	47.5	1.0
	24	23.4	2.5	30.0	1.0	37.1	0.8	47.5	1.0
	28	23.4	+2.5	30.0	+1.0	37.2	+0.8	47.6	+1.1
	32	23.5	+2.4	30.1	+1.1	37.3	+0.9	47.8	+1.1

SATELLITES OF SATURN, 1986
APPARENT DISTANCE AND POSITION ANGLE

Date (0ʰ U.T.)		RHEA		TITAN		HYPERION		IAPETUS	
		$\dfrac{a}{\Delta}$	p_2	$\dfrac{a}{\Delta}$	p_2	$\dfrac{a}{\Delta}$	p_2	$\dfrac{a}{\Delta}$	p_2
		"	°	"	°	"	°	"	°
Jan.	−2	67.4	−0.5	156	0.0	190	−0.3	455	−0.1
	2	67.6	0.5	157	+0.1	190	0.3	457	0.1
	6	67.9	0.4	157	0.1	191	0.2	458	0.1
	10	68.2	0.4	158	0.2	192	0.2	460	0.2
	14	68.5	0.3	159	0.2	193	0.1	462	0.2
	18	68.8	−0.3	159	+0.3	194	−0.1	465	−0.2
	22	69.1	0.2	160	0.3	195	−0.1	467	0.2
	26	69.5	0.2	161	0.4	196	0.0	469	0.3
	30	69.9	0.2	162	0.4	197	0.0	472	0.3
Feb.	3	70.3	0.1	163	0.4	198	0.0	475	0.3
	7	70.7	−0.1	164	+0.5	199	+0.1	478	−0.4
	11	71.2	−0.1	165	0.5	201	0.1	481	0.4
	15	71.6	0.0	166	0.5	202	0.1	484	0.4
	19	72.1	0.0	167	0.5	203	0.1	487	0.4
	23	72.6	0.0	168	0.5	205	0.2	490	0.4
	27	73.0	0.0	169	+0.6	206	+0.2	493	−0.5
Mar.	3	73.5	0.0	170	0.6	207	0.2	497	0.5
	7	74.0	+0.1	172	0.6	209	0.2	500	0.5
	11	74.5	0.1	173	0.6	210	0.2	503	0.5
	15	75.0	0.1	174	0.6	212	0.2	507	0.5
	19	75.5	+0.1	175	+0.6	213	+0.2	510	−0.5
	23	76.0	0.1	176	0.6	214	0.2	513	0.5
	27	76.5	0.1	177	0.6	216	0.2	517	0.5
	31	77.0	+0.1	178	0.6	217	0.2	520	0.5
Apr.	4	77.5	0.0	179	0.6	219	0.2	523	0.5
	8	77.9	0.0	181	+0.6	220	+0.2	526	−0.5
	12	78.3	0.0	181	0.5	221	0.2	529	0.5
	16	78.7	0.0	182	0.5	222	0.1	532	0.4
	20	79.1	0.0	183	0.5	223	0.1	534	0.4
	24	79.5	−0.1	184	0.5	224	0.1	537	0.4
	28	79.8	−0.1	185	+0.5	225	+0.1	539	−0.4
May	2	80.1	0.1	186	0.4	226	+0.1	541	0.4
	6	80.3	0.1	186	0.4	227	0.0	542	0.3
	10	80.5	0.2	187	0.4	227	0.0	544	0.3
	14	80.7	0.2	187	0.3	228	0.0	545	0.3
	18	80.8	−0.2	187	+0.3	228	−0.1	546	−0.3
	22	80.9	0.3	187	0.3	228	0.1	546	0.2
	26	81.0	0.3	188	0.2	228	0.1	547	0.2
	30	81.0	0.3	188	0.2	228	0.2	547	0.2
June	3	80.9	0.4	187	0.2	228	0.2	546	0.2
	7	80.8	−0.4	187	+0.1	228	−0.2	546	−0.1
	11	80.7	0.5	187	0.1	228	0.3	545	0.1
	15	80.5	0.5	187	+0.1	227	0.3	544	0.1
	19	80.3	0.5	186	0.0	227	0.3	542	0.1
	23	80.1	0.6	186	0.0	226	0.4	541	−0.1
	27	79.8	−0.6	185	0.0	225	−0.4	539	0.0
July	1	79.5	−0.6	184	0.0	224	−0.4	537	0.0

SATELLITES OF SATURN, 1986

APPARENT DISTANCE AND POSITION ANGLE

Date (0ʰ U.T.)		RHEA		TITAN		HYPERION		IAPETUS	
		$\frac{a}{\Delta}$	p_2	$\frac{a}{\Delta}$	p_2	$\frac{a}{\Delta}$	p_2	$\frac{a}{\Delta}$	p_2
		″	°	″	°	″	°	″	°
July	1	79.5	−0.6	184	0.0	224	−0.4	537	0.0
	5	79.2	0.6	183	−0.1	223	0.4	534	0.0
	9	78.8	0.7	183	0.1	222	0.5	532	0.0
	13	78.4	0.7	182	0.1	221	0.5	529	0.0
	17	78.0	0.7	181	0.1	220	0.5	526	0.0
	21	77.5	−0.7	180	−0.1	219	−0.5	524	0.0
	25	77.1	0.7	179	0.1	217	0.5	520	+0.1
	29	76.6	0.7	178	0.2	216	0.5	517	0.1
Aug.	2	76.1	0.7	176	0.2	215	0.5	514	0.1
	6	75.6	0.7	175	0.2	213	0.5	511	0.1
	10	75.1	−0.7	174	−0.2	212	−0.5	507	+0.1
	14	74.6	0.7	173	0.2	210	0.5	504	0.1
	18	74.1	0.7	172	0.2	209	0.5	501	0.1
	22	73.7	0.7	171	0.1	208	0.5	497	0.1
	26	73.2	0.7	170	0.1	206	0.5	494	+0.1
	30	72.7	−0.7	168	−0.1	205	−0.5	491	0.0
Sept.	3	72.2	0.7	167	0.1	203	0.5	488	0.0
	7	71.7	0.6	166	0.1	202	0.4	484	0.0
	11	71.3	0.6	165	−0.1	201	0.4	481	0.0
	15	70.8	0.6	164	0.0	199	0.4	478	0.0
	19	70.4	−0.6	163	0.0	198	−0.4	475	0.0
	23	70.0	0.5	162	0.0	197	0.3	473	0.0
	27	69.6	0.5	161	+0.1	196	0.3	470	−0.1
Oct.	1	69.2	0.5	160	0.1	195	0.3	467	0.1
	5	68.9	0.4	160	0.1	194	0.2	465	0.1
	9	68.5	−0.4	159	+0.2	193	−0.2	463	−0.1
	13	68.2	0.3	158	0.2	192	0.1	460	0.2
	17	67.9	0.3	157	0.3	191	0.1	458	0.2
	21	67.6	0.2	157	0.3	190	−0.1	457	0.2
	25	67.4	0.2	156	0.4	189	0.0	455	0.3
	29	67.1	−0.1	156	+0.4	189	0.0	453	−0.3
Nov.	2	66.9	−0.1	155	0.5	188	+0.1	452	0.3
	6	66.7	0.0	155	0.5	188	0.1	451	0.4
	10	66.6	0.0	154	0.6	187	0.2	449	0.4
	14	66.4	+0.1	154	0.6	187	0.2	449	0.5
	18	66.3	+0.1	154	+0.7	186	+0.3	448	−0.5
	22	66.2	0.2	153	0.7	186	0.3	447	0.6
	26	66.2	0.3	153	0.8	186	0.4	447	0.6
	30	66.1	0.3	153	0.8	186	0.4	446	0.7
Dec.	4	66.1	0.4	153	0.9	186	0.5	446	0.7
	8	66.1	+0.4	153	+0.9	186	+0.5	446	−0.8
	12	66.1	0.5	153	1.0	186	0.6	447	0.8
	16	66.2	0.5	153	1.0	186	0.6	447	0.9
	20	66.3	0.6	154	1.1	186	0.7	448	1.0
	24	66.4	0.6	154	1.1	186	0.7	448	1.0
	28	66.5	+0.7	154	+1.2	187	+0.8	449	−1.1
	32	66.7	+0.7	155	+1.2	187	+0.8	450	−1.1

SATELLITES OF SATURN, 1986

ORBITAL POSITIONS FOR 0ʰ UNIVERSAL TIME

Date	MIMAS			ENCELADUS		TETHYS		DIONE	
	L	M	θ	L	M	L	θ	L	M
	°	°	°	°	°	°	°	°	°
Jan. −2	164.039	98.9	233.7	155.155	274.8	81.106	191.7	18.993	239.7
2	252.030	182.9	229.7	126.080	244.4	123.897	190.9	185.132	45.5
6	340.020	266.8	225.7	97.006	214.0	166.688	190.2	351.272	211.3
10	68.011	350.8	221.7	67.932	183.5	209.478	189.4	157.411	17.2
14	156.002	74.8	217.7	38.858	153.1	252.269	188.6	323.551	183.0
18	243.992	158.8	213.7	9.784	122.7	295.060	187.8	129.690	348.8
22	331.983	242.8	209.7	340.709	92.3	337.850	187.0	295.830	154.6
26	59.973	326.8	205.7	311.635	61.8	20.641	186.2	101.969	320.4
30	147.964	50.8	201.7	282.561	31.4	63.432	185.4	268.109	126.2
Feb. 3	235.954	134.8	197.7	253.486	1.0	106.222	184.6	74.248	292.0
7	323.945	218.7	193.7	224.412	330.5	149.013	183.8	240.388	97.8
11	51.935	302.7	189.7	195.337	300.1	191.804	183.0	46.527	263.6
15	139.926	26.7	185.7	166.263	269.7	234.594	182.2	212.667	69.4
19	227.916	110.7	181.7	137.188	239.3	277.385	181.4	18.806	235.2
23	315.906	194.7	177.7	108.113	208.8	320.176	180.7	184.946	41.0
27	43.897	278.7	173.7	79.039	178.4	2.967	179.9	351.085	206.8
Mar. 3	131.887	2.7	169.7	49.964	148.0	45.757	179.1	157.225	12.6
7	219.877	86.7	165.7	20.889	117.6	88.548	178.3	323.364	178.4
11	307.867	170.6	161.7	351.814	87.1	131.339	177.5	129.504	344.2
15	35.857	254.6	157.7	322.739	56.7	174.129	176.7	295.643	150.0
19	123.847	338.6	153.7	293.664	26.3	216.920	175.9	101.783	315.8
23	211.837	62.6	149.7	264.589	355.9	259.711	175.1	267.922	121.6
27	299.827	146.6	145.7	235.515	325.4	302.502	174.3	74.062	287.4
31	27.817	230.6	141.7	206.439	295.0	345.292	173.5	240.201	93.2
Apr. 4	115.807	314.6	137.7	177.364	264.6	28.083	172.7	46.341	259.0
8	203.797	38.5	133.7	148.289	234.2	70.874	171.9	212.481	64.8
12	291.787	122.5	129.7	119.214	203.7	113.664	171.1	18.620	230.6
16	19.777	206.5	125.7	90.139	173.3	156.455	170.4	184.760	36.4
20	107.767	290.5	121.7	61.064	142.9	199.246	169.6	350.899	202.2
24	195.756	14.5	117.7	31.989	112.5	242.037	168.8	157.039	8.0
28	283.746	98.5	113.7	2.914	82.0	284.827	168.0	323.178	173.8
May 2	11.736	182.5	109.7	333.838	51.6	327.618	167.2	129.318	339.6
6	99.725	266.5	105.7	304.763	21.2	10.409	166.4	295.457	145.4
10	187.715	350.4	101.7	275.688	350.7	53.199	165.6	101.597	311.3
14	275.704	74.4	97.7	246.613	320.3	95.990	164.8	267.737	117.1
18	3.694	158.4	93.7	217.537	289.9	138.781	164.0	73.876	282.9
22	91.684	242.4	89.7	188.462	259.5	181.572	163.2	240.016	88.7
26	179.673	326.4	85.7	159.387	229.0	224.362	162.4	46.155	254.5
30	267.662	50.4	81.7	130.311	198.6	267.153	161.6	212.295	60.3
June 3	355.652	134.4	77.7	101.236	168.2	309.944	160.9	18.434	226.1
7	83.641	218.3	73.7	72.160	137.8	352.735	160.1	184.574	31.9
11	171.630	302.3	69.7	43.085	107.3	35.525	159.3	350.713	197.7
15	259.620	26.3	65.7	14.010	76.9	78.316	158.5	156.853	3.5
19	347.609	110.3	61.7	344.934	46.5	121.107	157.7	322.993	169.3
23	75.598	194.3	57.7	315.859	16.1	163.898	156.9	129.132	335.1
27	163.587	278.3	53.7	286.783	345.6	206.688	156.1	295.272	140.9
July 1	251.576	2.3	49.7	257.708	315.2	249.479	155.3	101.411	306.7
4ᵈ motion	1527.990	1524.0	−4.0	1050.925	1049.6	762.791	−0.8	526.140	525.8

SATELLITES OF SATURN, 1986

ORBITAL POSITIONS FOR 0^h UNIVERSAL TIME

Date		MIMAS			ENCELADUS		TETHYS		DIONE	
		L	M	θ	L	M	L	θ	L	M
		°	°	°	°	°	°	°	°	°
July	1	251.576	2.3	49.7	257.708	315.2	249.479	155.3	101.411	306.7
	5	339.566	86.2	45.7	228.632	284.8	292.270	154.5	267.551	112.5
	9	67.555	170.2	41.7	199.557	254.3	335.061	153.7	73.690	278.3
	13	155.544	254.2	37.7	170.481	223.9	17.851	152.9	239.830	84.1
	17	243.533	338.2	33.7	141.406	193.5	60.642	152.1	45.970	249.9
	21	331.522	62.2	29.7	112.331	163.1	103.433	151.4	212.109	55.7
	25	59.510	146.2	25.7	83.255	132.6	146.224	150.6	18.249	221.5
	29	147.499	230.2	21.7	54.180	102.2	189.014	149.8	184.388	27.3
Aug.	2	235.488	314.1	17.7	25.104	71.8	231.805	149.0	350.528	193.1
	6	323.477	38.1	13.7	356.029	41.4	274.596	148.2	156.667	358.9
	10	51.466	122.1	9.7	326.953	10.9	317.387	147.4	322.807	164.7
	14	139.455	206.1	5.7	297.878	340.5	0.177	146.6	128.947	330.5
	18	227.443	290.1	1.7	268.802	310.1	42.968	145.8	295.086	136.3
	22	315.432	14.1	357.7	239.727	279.7	85.759	145.0	101.226	302.1
	26	43.421	98.0	353.7	210.652	249.2	128.550	144.2	267.365	107.9
	30	131.409	182.0	349.7	181.576	218.8	171.341	143.4	73.505	273.7
Sept.	3	219.398	266.0	345.7	152.501	188.4	214.131	142.6	239.644	79.5
	7	307.386	350.0	341.7	123.426	157.9	256.922	141.9	45.784	245.3
	11	35.375	74.0	337.7	94.350	127.5	299.713	141.1	211.924	51.2
	15	123.363	158.0	333.7	65.275	97.1	342.504	140.3	18.063	217.0
	19	211.352	242.0	329.7	36.200	66.7	25.294	139.5	184.203	22.8
	23	299.340	325.9	325.7	7.124	36.2	68.085	138.7	350.342	188.6
	27	27.328	49.9	321.7	338.049	5.8	110.876	137.9	156.482	354.4
Oct.	1	115.317	133.9	317.7	308.974	335.4	153.667	137.1	322.621	160.2
	5	203.305	217.9	313.7	279.899	305.0	196.458	136.3	128.761	326.0
	9	291.293	301.9	309.7	250.824	274.5	239.248	135.5	294.900	131.8
	13	19.281	25.9	305.7	221.748	244.1	282.039	134.7	101.040	297.6
	17	107.269	109.9	301.7	192.673	213.7	324.830	133.9	267.180	103.4
	21	195.258	193.8	297.7	163.598	183.3	7.621	133.1	73.319	269.2
	25	283.246	277.8	293.7	134.523	152.8	50.412	132.4	239.459	75.0
	29	11.234	1.8	289.7	105.448	122.4	93.202	131.6	45.598	240.8
Nov.	2	99.222	85.8	285.7	76.373	92.0	135.993	130.8	211.738	46.6
	6	187.210	169.8	281.7	47.298	61.6	178.784	130.0	17.877	212.4
	10	275.198	253.8	277.7	18.223	31.1	221.575	129.2	184.017	18.2
	14	3.186	337.7	273.7	349.148	0.7	264.366	128.4	350.156	184.0
	18	91.173	61.7	269.7	320.073	330.3	307.156	127.6	156.296	349.8
	22	179.161	145.7	265.7	290.999	299.8	349.947	126.8	322.435	155.6
	26	267.149	229.7	261.7	261.924	269.4	32.738	126.0	128.575	321.4
	30	355.137	313.7	257.7	232.849	239.0	75.529	125.2	294.714	127.2
Dec.	4	83.124	37.7	253.7	203.774	208.6	118.320	124.4	100.854	293.0
	8	171.112	121.7	249.7	174.700	178.1	161.111	123.6	266.993	98.8
	12	259.100	205.6	245.7	145.625	147.7	203.901	122.9	73.133	264.6
	16	347.087	289.6	241.7	116.550	117.3	246.692	122.1	239.273	70.4
	20	75.075	13.6	237.7	87.476	86.9	289.483	121.3	45.412	236.2
	24	163.063	97.6	233.7	58.401	56.4	332.274	120.5	211.552	42.0
	28	251.050	181.6	229.7	29.327	26.0	15.065	119.7	17.691	207.8
	32	339.038	265.6	225.7	0.253	355.6	57.855	118.9	183.831	13.6
4^d motion		1528.444	1526.0	−8.9	1050.919	1049.7	769.359	−3.4	529.969	525.5

SATELLITES OF SATURN, 1986
ORBITAL POSITIONS FOR 0ʰ UNIVERSAL TIME

Date		RHEA				TITAN			
		L	M	θ	γ	L	M	θ	γ
		°	°	°	°	°	°	°	°
Jan.	−2	198.565	16.5	122.8	0.330	52.862	215.60	233.72	0.363
	2	157.324	335.3	122.7	0.330	143.170	305.91	233.73	0.363
	6	116.084	294.0	122.5	0.330	233.478	36.21	233.74	0.363
	10	74.844	252.7	122.4	0.330	323.785	126.51	233.75	0.363
	14	33.604	211.5	122.3	0.330	54.093	216.82	233.76	0.363
	18	352.364	170.2	122.2	0.330	144.401	307.12	233.77	0.363
	22	311.124	129.0	122.1	0.330	234.708	37.42	233.78	0.363
	26	269.883	87.7	122.0	0.330	325.016	127.72	233.79	0.363
	30	228.643	46.5	121.9	0.330	55.324	218.03	233.79	0.363
Feb.	3	187.403	5.2	121.7	0.330	145.631	308.33	233.80	0.363
	7	146.163	323.9	121.6	0.330	235.939	38.63	233.81	0.363
	11	104.923	282.7	121.5	0.330	326.246	128.94	233.82	0.364
	15	63.683	241.4	121.4	0.330	56.554	219.24	233.83	0.364
	19	22.443	200.2	121.3	0.330	146.862	309.54	233.84	0.364
	23	341.202	158.9	121.2	0.329	237.169	39.85	233.85	0.364
	27	299.962	117.7	121.0	0.329	327.477	130.15	233.86	0.364
Mar.	3	258.722	76.4	120.9	0.329	57.785	220.45	233.87	0.364
	7	217.482	35.1	120.8	0.329	148.092	310.75	233.88	0.364
	11	176.242	353.9	120.7	0.329	238.400	41.06	233.89	0.364
	15	135.002	312.6	120.6	0.329	328.708	131.36	233.90	0.364
	19	93.762	271.4	120.5	0.329	59.015	221.66	233.91	0.364
	23	52.521	230.1	120.3	0.329	149.323	311.97	233.92	0.364
	27	11.281	188.9	120.2	0.329	239.630	42.27	233.93	0.364
	31	330.041	147.6	120.1	0.329	329.938	132.57	233.94	0.364
Apr.	4	288.801	106.3	120.0	0.329	60.246	222.88	233.95	0.364
	8	247.561	65.1	119.9	0.329	150.553	313.18	233.96	0.364
	12	206.321	23.8	119.8	0.329	240.861	43.48	233.97	0.365
	16	165.081	342.6	119.6	0.329	331.169	133.79	233.98	0.365
	20	123.840	301.3	119.5	0.329	61.476	224.09	233.99	0.365
	24	82.600	260.0	119.4	0.329	151.784	314.39	234.01	0.365
	28	41.360	218.8	119.3	0.329	242.092	44.69	234.02	0.365
May	2	0.120	177.5	119.2	0.329	332.399	135.00	234.03	0.365
	6	318.880	136.3	119.1	0.328	62.707	225.30	234.04	0.365
	10	277.640	95.0	119.0	0.328	153.014	315.60	234.05	0.365
	14	236.400	53.8	118.8	0.328	243.322	45.91	234.06	0.365
	18	195.159	12.5	118.7	0.328	333.630	136.21	234.07	0.365
	22	153.919	331.2	118.6	0.328	63.937	226.51	234.08	0.365
	26	112.679	290.0	118.5	0.328	154.245	316.82	234.09	0.365
	30	71.439	248.7	118.4	0.328	244.553	47.12	234.10	0.365
June	3	30.199	207.5	118.3	0.328	334.860	137.42	234.11	0.365
	7	348.959	166.2	118.1	0.328	65.168	227.72	234.12	0.365
	11	307.719	124.9	118.0	0.328	155.476	318.03	234.13	0.365
	15	266.478	83.7	117.9	0.328	245.783	48.33	234.14	0.366
	19	225.238	42.4	117.8	0.328	336.091	138.63	234.15	0.366
	23	183.998	1.2	117.7	0.328	66.398	228.94	234.17	0.366
	27	142.758	319.9	117.6	0.328	156.706	319.24	234.18	0.366
July	1	101.518	278.6	117.4	0.328	247.014	49.54	234.19	0.366
4ᵈ motion		316.603	314.2	....	....	89.589	91.77	....	....

SATELLITES OF SATURN, 1986

ORBITAL POSITIONS FOR 0ʰ UNIVERSAL TIME

Date		RHEA				TITAN			
		L	M	θ	γ	L	M	θ	γ
		°	°	°	°	°	°	°	°
July	1	101.518	278.6	117.4	0.328	247.014	49.54	234.19	0.366
	5	60.278	237.4	117.3	0.328	337.321	139.85	234.20	0.366
	9	19.038	196.1	117.2	0.328	67.629	230.15	234.21	0.366
	13	337.797	154.9	117.1	0.328	157.937	320.45	234.22	0.366
	17	296.557	113.6	117.0	0.328	248.244	50.76	234.23	0.366
	21	255.317	72.3	116.9	0.327	338.552	141.06	234.24	0.366
	25	214.077	31.1	116.7	0.327	68.860	231.36	234.25	0.366
	29	172.837	349.8	116.6	0.327	159.167	321.66	234.27	0.366
Aug.	2	131.597	308.6	116.5	0.327	249.475	51.97	234.28	0.366
	6	90.357	267.3	116.4	0.327	339.783	142.27	234.29	0.366
	10	49.116	226.1	116.3	0.327	70.090	232.57	234.30	0.366
	14	7.876	184.8	116.2	0.327	160.398	322.88	234.31	0.366
	18	326.636	143.5	116.0	0.327	250.705	53.18	234.32	0.366
	22	285.396	102.3	115.9	0.327	341.013	143.48	234.33	0.367
	26	244.156	61.0	115.8	0.327	71.321	233.79	234.35	0.367
	30	202.916	19.8	115.7	0.327	161.628	324.09	234.36	0.367
Sept.	3	161.676	338.5	115.6	0.327	251.936	54.39	234.37	0.367
	7	120.435	297.2	115.5	0.327	342.244	144.69	234.38	0.367
	11	79.195	256.0	115.3	0.327	72.551	235.00	234.39	0.367
	15	37.955	214.7	115.2	0.327	162.859	325.30	234.40	0.367
	19	356.715	173.5	115.1	0.327	253.167	55.60	234.42	0.367
	23	315.475	132.2	115.0	0.327	343.474	145.91	234.43	0.367
	27	274.235	90.9	114.9	0.327	73.782	236.21	234.44	0.367
Oct.	1	232.994	49.7	114.8	0.327	164.090	326.51	234.45	0.367
	5	191.754	8.4	114.6	0.327	254.397	56.82	234.46	0.367
	9	150.514	327.1	114.5	0.326	344.705	147.12	234.47	0.367
	13	109.274	285.9	114.4	0.326	75.012	237.42	234.49	0.367
	17	68.034	244.6	114.3	0.326	165.320	327.72	234.50	0.367
	21	26.794	203.4	114.2	0.326	255.628	58.03	234.51	0.367
	25	345.554	162.1	114.1	0.326	345.935	148.33	234.52	0.367
	29	304.313	120.8	113.9	0.326	76.243	238.63	234.53	0.367
Nov.	2	263.073	79.6	113.8	0.326	166.551	328.94	234.55	0.368
	6	221.833	38.3	113.7	0.326	256.858	59.24	234.56	0.368
	10	180.593	357.1	113.6	0.326	347.166	149.54	234.57	0.368
	14	139.353	315.8	113.5	0.326	77.474	239.85	234.58	0.368
	18	98.113	274.5	113.4	0.326	167.781	330.15	234.59	0.368
	22	56.873	233.3	113.2	0.326	258.089	60.45	234.61	0.368
	26	15.632	192.0	113.1	0.326	348.397	150.75	234.62	0.368
	30	334.392	150.8	113.0	0.326	78.704	241.06	234.63	0.368
Dec.	4	293.152	109.5	112.9	0.326	169.012	331.36	234.64	0.368
	8	251.912	68.2	112.8	0.326	259.320	61.66	234.66	0.368
	12	210.672	27.0	112.6	0.326	349.627	151.97	234.67	0.368
	16	169.432	345.7	112.5	0.326	79.935	242.27	234.68	0.368
	20	128.192	304.4	112.4	0.326	170.242	332.57	234.69	0.368
	24	86.951	263.2	112.3	0.325	260.550	62.88	234.70	0.368
	28	45.711	221.9	112.2	0.325	350.858	153.18	234.72	0.368
	32	4.471	180.7	112.1	0.325	81.165	243.48	234.73	0.368
4ᵈ motion		318.663	314.8	....	....	88.543	92.84	.....	....

SATELLITES OF SATURN, 1986

ORBITAL POSITIONS FOR 0ʰ UNIVERSAL TIME

Date		HYPERION						IAPETUS		
		L	M	θ	γ	e	a	L	M	γ
		°	°	°	°		''	°	°	°
Jan.	−2	127.873	340.25	264.21	0.869	0.11797	2046.3	272.035	30.92	15.238
	2	195.461	48.01	264.19	0.869	0.11806	2046.6	290.187	49.07	15.238
	6	263.036	115.76	264.18	0.869	0.11814	2046.9	308.338	67.23	15.239
	10	330.598	183.49	264.16	0.869	0.11822	2047.1	326.490	85.38	15.239
	14	38.146	251.21	264.15	0.870	0.11830	2047.4	344.641	103.53	15.239
	18	105.682	318.91	264.14	0.870	0.11837	2047.6	2.793	121.68	15.239
	22	173.205	26.60	264.12	0.870	0.11844	2047.9	20.944	139.83	15.239
	26	240.715	94.28	264.11	0.870	0.11851	2048.1	39.096	157.98	15.239
	30	308.213	161.95	264.09	0.870	0.11858	2048.4	57.247	176.13	15.239
Feb.	3	15.700	229.60	264.08	0.870	0.11864	2048.6	75.399	194.28	15.240
	7	83.175	297.24	264.06	0.870	0.11870	2048.8	93.550	212.43	15.240
	11	150.638	4.87	264.05	0.870	0.11875	2049.0	111.702	230.58	15.240
	15	218.091	72.49	264.03	0.871	0.11880	2049.2	129.853	248.73	15.240
	19	285.533	140.10	264.02	0.871	0.11884	2049.4	148.005	266.88	15.240
	23	352.964	207.70	264.01	0.871	0.11888	2049.6	166.156	285.03	15.240
	27	60.386	275.28	263.99	0.871	0.11892	2049.8	184.308	303.18	15.241
Mar.	3	127.799	342.86	263.98	0.871	0.11895	2050.0	202.459	321.33	15.241
	7	195.202	50.43	263.96	0.871	0.11897	2050.2	220.611	339.48	15.241
	11	262.597	117.99	263.95	0.871	0.11899	2050.3	238.762	357.63	15.241
	15	329.983	185.54	263.93	0.872	0.11901	2050.5	256.914	15.78	15.241
	19	37.362	253.08	263.92	0.872	0.11902	2050.6	275.065	33.93	15.241
	23	104.734	320.61	263.90	0.872	0.11902	2050.7	293.217	52.08	15.241
	27	172.098	28.14	263.89	0.872	0.11902	2050.9	311.368	70.24	15.242
	31	239.457	95.66	263.88	0.872	0.11901	2051.0	329.520	88.39	15.242
Apr.	4	306.809	163.18	263.86	0.872	0.11900	2051.1	347.671	106.54	15.242
	8	14.157	230.69	263.85	0.872	0.11898	2051.2	5.823	124.69	15.242
	12	81.499	298.19	263.83	0.873	0.11895	2051.2	23.974	142.84	15.242
	16	148.837	5.69	263.82	0.873	0.11892	2051.3	42.126	160.99	15.242
	20	216.171	73.19	263.80	0.873	0.11888	2051.4	60.277	179.14	15.242
	24	283.502	140.68	263.79	0.873	0.11884	2051.4	78.429	197.29	15.243
	28	350.831	208.17	263.77	0.873	0.11878	2051.5	96.580	215.44	15.243
May	2	58.157	275.66	263.76	0.873	0.11873	2051.5	114.732	233.59	15.243
	6	125.481	343.15	263.75	0.873	0.11866	2051.5	132.883	251.74	15.243
	10	192.805	50.63	263.73	0.873	0.11859	2051.5	151.035	269.89	15.243
	14	260.128	118.12	263.72	0.874	0.11852	2051.5	169.186	288.04	15.243
	18	327.450	185.61	263.70	0.874	0.11844	2051.5	187.338	306.19	15.244
	22	34.774	253.09	263.69	0.874	0.11835	2051.4	205.489	324.34	15.244
	26	102.098	320.58	263.67	0.874	0.11825	2051.4	223.641	342.49	15.244
	30	169.425	28.07	263.66	0.874	0.11815	2051.4	241.792	0.64	15.244
June	3	236.753	95.56	263.65	0.874	0.11804	2051.3	259.944	18.79	15.244
	7	304.084	163.06	263.63	0.874	0.11793	2051.2	278.095	36.94	15.244
	11	11.418	230.56	263.62	0.875	0.11781	2051.1	296.247	55.09	15.244
	15	78.756	298.06	263.60	0.875	0.11768	2051.1	314.398	73.25	15.245
	19	146.099	5.57	263.59	0.875	0.11755	2051.0	332.550	91.40	15.245
	23	213.446	73.08	263.57	0.875	0.11741	2050.8	350.701	109.55	15.245
	27	280.799	140.60	263.56	0.875	0.11727	2050.7	8.853	127.70	15.245
July	1	348.157	208.12	263.54	0.875	0.11712	2050.6	27.004	145.85	15.245

SATELLITES OF SATURN, 1986

ORBITAL POSITIONS FOR 0ʰ UNIVERSAL TIME

Date		HYPERION						IAPETUS		
		L	M	θ	γ	e	a	L	M	γ
		°	°	°	°		''	°	°	°
July	1	348.157	208.12	263.54	0.875	0.11712	2050.6	27.004	145.85	15.245
	5	55.522	275.65	263.53	0.875	0.11696	2050.4	45.156	164.00	15.245
	9	122.893	343.19	263.52	0.875	0.11680	2050.3	63.307	182.15	15.246
	13	190.272	50.74	263.50	0.876	0.11664	2050.1	81.459	200.30	15.246
	17	257.659	118.30	263.49	0.876	0.11647	2050.0	99.610	218.45	15.246
	21	325.054	185.86	263.47	0.876	0.11629	2049.8	117.762	236.60	15.246
	25	32.457	253.43	263.46	0.876	0.11611	2049.6	135.913	254.75	15.246
	29	99.870	321.02	263.44	0.876	0.11593	2049.4	154.065	272.90	15.246
Aug.	2	167.292	28.61	263.43	0.876	0.11574	2049.2	172.216	291.05	15.246
	6	234.723	96.21	263.42	0.876	0.11554	2049.0	190.368	309.20	15.247
	10	302.166	163.83	263.40	0..877	0.11534	2048.8	208.519	327.35	15.247
	14	9.618	231.45	263.39	0.877	0.11514	2048.6	226.671	345.50	15.247
	18	77.082	299.09	263.37	0.877	0.11493	2048.3	244.822	3.65	15.247
	22	144.557	6.74	263.36	0.877	0.11472	2048.1	262.974	21.80	15.247
	26	212.044	74.40	263.34	0.877	0.11451	2047.9	281.125	39.95	15.247
	30	279.542	142.08	263.33	0.877	0.11429	2047.6	299.277	58.11	15.248
Sept.	3	347.053	209.77	263.31	0.877	0.11407	2047.4	317.428	76.26	15.248
	7	54.576	277.47	263.30	0.878	0.11385	2047.1	335.580	94.41	15.248
	11	122.112	345.18	263.29	0.878	0.11363	2046.8	353.731	112.56	15.248
	15	189.660	52.91	263.27	0.878	0.11340	2046.6	11.883	130.71	15.248
	19	257.222	120.65	263.26	0.878	0.11317	2046.3	30.034	148.86	15.248
	23	324.797	188.41	263.24	0.878	0.11294	2046.1	48.186	167.01	15.248
	27	32.386	256.18	263.23	0.878	0.11271	2045.8	66.337	185.16	15.249
Oct.	1	99.988	323.96	263.21	0.878	0.11247	2045.5	84.489	203.31	15.249
	5	167.604	31.76	263.20	0.878	0.11224	2045.2	102.640	221.46	15.249
	9	235.234	99.58	263.19	0.879	0.11200	2045.0	120.792	239.61	15.249
	13	302.877	167.41	263.17	0.879	0.11176	2044.7	138.943	257.76	15.249
	17	10.535	235.25	263.16	0.879	0.11153	2044.4	157.095	275.91	15.249
	21	78.206	303.11	263.14	0.879	0.11129	2044.1	175.246	294.06	15.250
	25	145.892	10.98	263.13	0.879	0.11105	2043.8	193.398	312.21	15.250
	29	213.591	78.87	263.11	0.879	0.11082	2043.6	211.549	330.36	15.250
Nov.	2	281.305	146.78	263.10	0.879	0.11058	2043.3	229.701	348.51	15.250
	6	349.032	214.70	263.08	0.880	0.11035	2043.0	247.852	6.66	15.250
	10	56.773	282.63	263.07	0.880	0.11011	2042.7	266.004	24.81	15.250
	14	124.528	350.58	263.06	0.880	0.10988	2042.5	284.155	42.96	15.250
	18	192.297	58.54	263.04	0.880	0.10965	2042.2	302.307	61.12	15.251
	22	260.079	126.51	263.03	0.880	0.10942	2041.9	320.458	79.27	15.251
	26	327.874	194.50	263.01	0.880	0.10919	2041.7	338.610	97.42	15.251
	30	35.682	262.51	263.00	0.880	0.10896	2041.4	356.761	115.57	15.251
Dec.	4	103.504	330.53	262.98	0.880	0.10874	2041.2	14.913	133.72	15.251
	8	171.338	38.56	262.97	0.881	0.10852	2040.9	33.064	151.87	15.251
	12	239.184	106.60	262.96	0.881	0.10830	2040.7	51.216	170.02	15.252
	16	307.043	174.66	262.94	0.881	0.10809	2040.5	69.367	188.17	15.252
	20	14.914	242.73	262.93	0.881	0.10788	2040.2	87.519	206.32	15.252
	24	82.796	310.82	262.91	0.881	0.10767	2040.0	105.670	224.47	15.252
	28	150.690	18.91	262.90	0.881	0.10746	2039.8	123.822	242.62	15.252
	32	218.595	87.02	262.88	0.881	0.10726	2039.6	141.973	260.77	15.252

SATELLITES OF SATURN, 1986
DIFFERENTIAL COORDINATES OF HYPERION FOR 0ʰ U.T.

Date		$\Delta\alpha$ (s)	$\Delta\delta$ (′)	Date		$\Delta\alpha$ (s)	$\Delta\delta$ (′)	Date		$\Delta\alpha$ (s)	$\Delta\delta$ (′)
Jan.	0	+ 9	+0.6	May	2	−15	+0.7	Sept.	1	− 6	−1.4
	2	+12	−0.2		4	− 9	+1.3		3	−12	−0.9
	4	+11	−1.0		6	+ 1	+1.4		5	−15	−0.2
	6	+ 5	−1.4		8	+10	+0.8		7	−13	+0.6
	8	− 2	−1.5		10	+15	−0.1		9	− 8	+1.2
	10	− 9	−1.1		12	+13	−1.1		11	+ 1	+1.2
	12	−13	−0.5		14	+ 7	−1.6		13	+ 9	+0.7
	14	−14	+0.2		16	− 1	−1.8		15	+13	−0.1
	16	−11	+0.9		18	− 9	−1.4		17	+12	−0.9
	18	− 4	+1.2		20	−15	−0.8		19	+ 7	−1.4
	20	+ 4	+1.1		22	−17	+0.1		21	− 1	−1.5
	22	+11	+0.4		24	−14	+0.9		23	− 8	−1.3
	24	+13	−0.5		26	− 6	+1.4		25	−13	−0.7
	26	+10	−1.2		28	+ 4	+1.3		27	−14	+0.1
	28	+ 3	−1.5		30	+13	+0.5		29	−12	+0.8
	30	− 4	−1.5	June	1	+15	−0.5	Oct.	1	− 5	+1.2
Feb.	1	−10	−1.0		3	+12	−1.3		3	+ 4	+1.1
	3	−14	−0.4		5	+ 4	−1.7		5	+11	+0.5
	5	−14	+0.4		7	− 4	−1.7		7	+13	−0.4
	7	−10	+1.1		9	−11	−1.2		9	+10	−1.1
	9	− 2	+1.3		11	−16	−0.5		11	+ 5	−1.5
	11	+ 7	+0.9		13	−16	+0.4		13	− 3	−1.5
	13	+13	+0.2		15	−11	+1.2		15	− 9	−1.1
	15	+13	−0.7		17	− 2	+1.4		17	−13	−0.4
	17	+ 8	−1.4		19	+ 8	+1.1		19	−14	+0.3
	19	+ 1	−1.6		21	+14	+0.2		21	−10	+1.0
	21	− 6	−1.4		23	+14	−0.8		23	− 2	+1.2
	23	−12	−0.9		25	+ 9	−1.5		25	+ 6	+0.9
	25	−15	−0.1		27	+ 1	−1.7		27	+12	+0.2
	27	−14	+0.7		29	− 7	−1.5		29	+13	−0.6
Mar.	1	− 8	+1.2	July	1	−13	−1.0		31	+ 9	−1.2
	3	+ 1	+1.3		3	−16	−0.1	Nov.	2	+ 3	−1.5
	5	+10	+0.8		5	−15	+0.7		4	− 4	−1.4
	7	+14	−0.1		7	− 8	+1.3		6	−10	−0.9
	9	+12	−1.0		9	+ 1	+1.4		8	−13	−0.2
	11	+ 7	−1.5		11	+10	+0.8		10	−13	+0.5
	13	− 1	−1.6		13	+15	−0.1		12	− 8	+1.1
	15	− 8	−1.3		15	+13	−1.0		14	+ 1	+1.2
	17	−14	−0.7		17	+ 7	−1.6		16	+ 8	+0.7
	19	−16	+0.1		19	− 1	−1.7		18	+12	0.0
	21	−13	+0.9		21	− 9	−1.3		20	+12	−0.8
	23	− 6	+1.4		23	−14	−0.7		22	+ 7	−1.3
	25	+ 4	+1.2		25	−16	+0.1		24	+ 1	−1.5
	27	+12	+0.5		27	−13	+0.9		26	− 6	−1.3
	29	+14	−0.4		29	− 5	+1.3		28	−11	−0.7
	31	+11	−1.3		31	+ 5	+1.2		30	−13	0.0
Apr.	2	+ 5	−1.7	Aug.	2	+12	+0.5	Dec.	2	−11	+0.7
	4	− 3	−1.6		4	+14	−0.4		4	− 5	+1.2
	6	−11	−1.2		6	+11	−1.2		6	+ 3	+1.1
	8	−15	−0.5		8	+ 4	−1.6		8	+10	+0.5
	10	−16	+0.4		10	− 4	−1.5		10	+13	−0.3
	12	−11	+1.1		12	−11	−1.1		12	+11	−1.0
	14	− 3	+1.4		14	−15	−0.4		14	+ 6	−1.4
	16	+ 7	+1.1		16	−15	+0.4		16	− 1	−1.5
	18	+14	+0.2		18	−10	+1.1		18	− 8	−1.1
	20	+14	−0.8		20	− 2	+1.3		20	−12	−0.5
	22	+10	−1.5		22	+ 7	+1.0		22	−13	+0.3
	24	+ 2	−1.8		24	+13	+0.2		24	−10	+0.9
	26	− 6	−1.6		26	+13	−0.7		26	− 2	+1.2
	28	−13	−1.0		28	+ 9	−1.3		28	+ 6	+1.0
	30	−17	−0.2		30	+ 2	−1.6		30	+12	+0.2
May	2	−15	+0.7	Sept.	1	− 6	−1.4		32	+13	−0.6

Differential coordinates are given in the sense "satellite minus planet."

SATELLITES OF SATURN, 1986

DIFFERENTIAL COORDINATES OF IAPETUS FOR 0ʰ U.T.

Date		Δα (s)	Δδ (′)	Date		Δα (s)	Δδ (′)	Date		Δα (s)	Δδ (′)
Jan.	0	+ 6	−2.3	May	2	− 4	+2.6	Sept.	1	−10	−1.5
	2	+ 1	2.1		4	+ 2	2.3		3	15	1.1
	4	− 4	1.8		6	8	1.9		5	20	0.6
	6	8	1.5		8	13	1.4		7	24	−0.2
	8	13	1.1		10	19	1.0		9	27	+0.3
	10	17	0.7		12	23	+0.5		11	30	0.7
	12	−21	−0.3		14	+28	0.0		13	−32	+1.2
	14	25	+0.1		16	31	−0.6		15	33	1.5
	16	28	0.6		18	34	1.1		17	33	1.9
	18	30	1.0		20	36	1.5		19	33	2.2
	20	32	1.4		22	37	2.0		21	32	2.5
	22	33	1.7		24	36	2.4		23	30	2.7
	24	−33	+2.0		26	+35	−2.7		25	−28	+2.8
	26	32	2.3		28	33	2.9		27	25	2.9
	28	31	2.5		30	30	3.1		29	21	2.9
	30	29	2.7	June	1	26	3.1	Oct.	1	17	2.8
Feb.	1	26	2.8		3	21	3.1		3	13	2.7
	3	23	2.9		5	16	3.0		5	8	2.6
	5	−19	+2.9		7	+10	−2.8		7	− 4	+2.3
	7	15	2.8		9	+ 4	2.6		9	+ 1	2.0
	9	10	2.6		11	− 2	2.2		11	6	1.7
	11	6	2.4		13	8	1.8		13	11	1.4
	13	− 1	2.2		15	14	1.4		15	15	1.0
	15	+ 5	1.8		17	20	0.9		17	19	0.6
	17	+10	+1.5		19	−24	−0.4		19	+22	+0.1
	19	14	1.1		21	29	+0.1		21	25	−0.3
	21	19	0.7		23	32	0.6		23	28	0.7
	23	23	+0.2		25	35	1.1		25	29	1.1
	25	27	−0.2		27	37	1.6		27	30	1.5
	27	29	0.7		29	37	2.0		29	30	1.8
Mar.	1	+32	−1.1	July	1	−37	+2.4		31	+30	−2.1
	3	33	1.5		3	36	2.7	Nov.	2	28	2.3
	5	33	1.9		5	35	3.0		4	26	2.5
	7	33	2.2		7	32	3.1		6	23	2.6
	9	32	2.5		9	29	3.3		8	20	2.6
	11	30	2.7		11	25	3.3		10	16	2.6
	13	+27	−2.8		13	−20	+3.2		12	+12	−2.5
	15	23	2.9		15	15	3.1		14	7	2.3
	17	18	2.8		17	10	2.9		16	+ 2	2.1
	19	13	2.7		19	− 4	2.6		18	− 2	1.8
	21	8	2.6		21	+ 1	2.3		20	7	1.5
	23	+ 3	2.3		23	7	1.9		22	12	1.1
	25	− 3	−2.0		25	+12	+1.5		24	−16	−0.8
	27	9	1.6		27	17	1.0		26	20	−0.4
	29	14	1.2		29	22	0.6		28	24	0.0
	31	19	0.8		31	26	+0.1		30	26	+0.4
Apr.	2	24	−0.3	Aug.	2	29	−0.4	Dec.	2	29	0.8
	4	28	+0.2		4	31	0.9		4	30	1.2
	6	−32	+0.7		6	+33	−1.4		6	−31	+1.5
	8	34	1.1		8	34	1.8		8	32	1.8
	10	36	1.6		10	34	2.1		10	31	2.1
	12	37	2.0		12	33	2.4		12	30	2.3
	14	37	2.3		14	31	2.7		14	28	2.4
	16	36	2.6		16	28	2.8		16	26	2.6
	18	−35	+2.9		18	+25	−2.9		18	−23	+2.6
	20	32	3.1		20	21	2.9		20	20	2.6
	22	29	3.2		22	16	2.9		22	16	2.6
	24	25	3.2		24	11	2.7		24	12	2.4
	26	20	3.2		26	+ 6	2.5		26	7	2.3
	28	15	3.1		28	0	2.2		28	− 3	2.1
	30	−10	+2.9		30	− 5	−1.9		30	+ 2	+1.8
May	2	− 4	+2.6	Sept.	1	−10	−1.5		32	+ 7	+1.5

Differential coordinates are given in the sense "satellite minus planet".

SATELLITES OF SATURN, 1986
DIFFERENTIAL COORDINATES OF PHOEBE FOR 0ʰ U.T.

Date		$\Delta\alpha$		$\Delta\delta$	Date		$\Delta\alpha$		$\Delta\delta$	Date		$\Delta\alpha$		$\Delta\delta$
		m	s	′			m	s	′			m	s	′
Jan.	0	+1	43	−7.2	May	2	−0	34	+2.0	Sept.	1	−2	08	+9.2
	2	1	43	7.1		4	0	37	2.3		3	2	07	9.2
	4	1	43	7.1		6	0	41	2.5		5	2	07	9.1
	6	1	43	7.0		8	0	44	2.7		7	2	06	9.1
	8	1	42	7.0		10	0	47	2.9		9	2	06	9.0
	10	1	42	6.9		12	0	50	3.1		11	2	05	8.9
	12	+1	41	−6.8		14	−0	53	+3.4		13	−2	05	+8.9
	14	1	41	6.8		16	0	56	3.6		15	2	04	8.8
	16	1	40	6.7		18	0	59	3.8		17	2	03	8.7
	18	1	39	6.6		20	1	02	4.0		19	2	02	8.6
	20	1	38	6.5		22	1	04	4.2		21	2	01	8.5
	22	1	37	6.4		24	1	07	4.4		23	2	00	8.4
	24	+1	36	−6.3		26	−1	10	+4.6		25	−1	59	+8.3
	26	1	35	6.2		28	1	13	4.8		27	1	58	8.2
	28	1	34	6.1		30	1	15	5.1		29	1	57	8.1
	30	1	33	6.0	June	1	1	18	5.3	Oct.	1	1	56	8.0
Feb.	1	1	31	5.9		3	1	20	5.5		3	1	55	7.9
	3	1	30	5.8		5	1	23	5.7		5	1	54	7.8
	5	+1	28	−5.7		7	−1	25	+5.8		7	−1	52	+7.7
	7	1	26	5.6		9	1	28	6.0		9	1	51	7.6
	9	1	25	5.5		11	1	30	6.2		11	1	50	7.4
	11	1	23	5.3		13	1	32	6.4		13	1	48	7.3
	13	1	21	5.2		15	1	34	6.6		15	1	47	7.2
	15	1	19	5.1		17	1	36	6.8		17	1	45	7.0
	17	+1	17	−4.9		19	−1	38	+6.9		19	−1	44	+6.9
	19	1	15	4.8		21	1	40	7.1		21	1	42	6.8
	21	1	12	4.6		23	1	42	7.3		23	1	40	6.6
	23	1	10	4.5		25	1	44	7.4		25	1	38	6.5
	25	1	08	4.3		27	1	46	7.6		27	1	37	6.3
	27	1	05	4.2		29	1	47	7.7		29	1	35	6.2
Mar.	1	+1	03	−4.0	July	1	−1	49	+7.8		31	−1	33	+6.1
	3	1	00	3.9		3	1	51	8.0	Nov.	2	1	31	5.9
	5	0	57	3.7		5	1	52	8.1		4	1	29	5.8
	7	0	55	3.5		7	1	54	8.2		6	1	27	5.6
	9	0	52	3.4		9	1	55	8.4		8	1	25	5.5
	11	0	49	3.2		11	1	56	8.5		10	1	23	5.3
	13	+0	46	−3.0		13	−1	58	+8.6		12	−1	21	+5.2
	15	0	43	2.9		15	1	59	8.7		14	1	19	5.0
	17	0	40	2.7		17	2	00	8.8		16	1	17	4.9
	19	0	37	2.5		19	2	01	8.8		18	1	15	4.7
	21	0	34	2.3		21	2	02	8.9		20	1	13	4.5
	23	0	31	2.1		23	2	03	9.0		22	1	10	4.4
	25	+0	28	−1.9		25	−2	04	+9.1		24	−1	08	+4.2
	27	0	25	1.7		27	2	04	9.1		26	1	06	4.1
	29	0	21	1.5		29	2	05	9.2		28	1	03	3.9
	31	0	18	1.3		31	2	06	9.2		30	1	01	3.8
Apr.	2	0	15	1.1	Aug.	2	2	06	9.3	Dec.	2	0	59	3.6
	4	0	12	0.9		4	2	07	9.3		4	0	56	3.5
	6	+0	08	−0.7		6	−2	07	+9.4		6	−0	54	+3.3
	8	0	05	0.5		8	2	08	9.4		8	0	51	3.2
	10	+0	02	0.3		10	2	08	9.4		10	0	49	3.0
	12	−0	02	−0.1		12	2	08	9.4		12	0	46	2.9
	14	0	05	+0.1		14	2	09	9.4		14	0	44	2.7
	16	0	08	0.3		16	2	09	9.4		16	0	41	2.6
	18	−0	11	+0.5		18	−2	09	+9.4		18	−0	39	+2.4
	20	0	15	0.7		20	2	09	9.4		20	0	36	2.3
	22	0	18	0.9		22	2	09	9.4		22	0	33	2.2
	24	0	21	1.2		24	2	09	9.4		24	0	31	2.0
	26	0	25	1.4		26	2	09	9.4		26	0	28	1.9
	28	0	28	1.6		28	2	08	9.3		28	0	25	1.7
	30	−0	31	+1.8		30	−2	08	+9.3		30	−0	23	+1.6
May	2	−0	34	+2.0	Sept.	1	−2	08	+9.2		32	−0	20	+1.5

Differential coordinates are given in the sense "satellite minus planet".

SATELLITES OF SATURN, 1986

TRUE ORBITAL LONGITUDE AND RADIUS VECTOR

The formulae and constants for obtaining the true orbital longitude u and the radius vector r of Satellites I–VIII (where γ is the inclination) follow. Quantities that change during the year are tabulated separately.

Mimas

$r/a = 1.0002 - 0.0201 \cos M - 0.0002 \cos 2M$ $a = 255''.9$ $\gamma = 1°31'.0$

$u = L + 2°.303 \sin M + 0°.029 \sin 2M$

Enceladus

$r/a = 1 - 0.0044 \cos M$ $a = 328''.3$ $\gamma = 1'.4$

$u = L + 0°.509 \sin M$ $u - \theta = 36° + 263°.15 \text{ (J.D.} - 243\ 6000.5)$

Tethys

$u = L$ $r/a = 1$ $a = 406''.4$ $\gamma = 1°05'.56$

Dione

$r/a = 1 - 0.0022 \cos M$ $a = 520''.5$ $\gamma = 1'.4$

$u = L + 0°.253 \sin M$ $u - \theta = 214° + 131°.62 \text{ (J.D.} - 243\ 6000.5)$

Rhea, Titan, Hyperion

$r/a = 1 + \frac{1}{2}e^2 - e \cos M - \frac{1}{2}e^2 \cos 2M - \ldots$ $u = L + 2e \sin M + \ldots$

Rhea

$a = 726''.9$ $e = 0.00109$ January 0—March 5

$= 0.00110$ March 6—May 24

$= 0.00111$ May 25—August 12

$= 0.00112$ August 13—November 4

$= 0.00113$ November 5—December 33

Titan

$a = 1684''.4$ $e = 0.02875$ January 0—December 33

Iapetus

$u = L + 3°.240 \sin M + 0°.057 \sin 2M + 0°.001 \sin 3M$ $a = 4908''.6$

$r/a = 1.0004 - 0.0283 \cos M - 0.0004 \cos 2M$

$\theta = 254.62$ January 0—February 13

$= 254.61$ February 14—May 12

$= 254.60$ May 13—August 8

$= 254.59$ August 9—November 4

$= 254.58$ November 5—December 33

SATELLITES OF SATURN
SATURNICENTRIC RECTANGULAR COORDINATES

Apparent rectangular coordinates, with the x-axis in the plane of the rings, positive toward the east, and the y-axis positive toward the north pole of Saturn, are given by

$$x = \xi/(1+\zeta) \qquad\qquad y = \eta/(1+\zeta)$$

$$\xi = \frac{a}{\Delta} \frac{r}{a} [\cos b \sin (l-U)]$$

$$\eta = \frac{a}{\Delta} \frac{r}{a} [\cos b \sin B \cos (l-U) + \sin b \cos B]$$

$$\zeta = \frac{a}{\Delta} \frac{r}{a} [\cos b \cos B \sin (l-U) + \sin b \cos B],$$

$$\sin b = \sin (u-\theta) \sin \gamma$$
$$\cos b \sin (l-\theta) = \sin (u-\theta) \cos \gamma$$
$$\cos b \cos (l-\theta) = \cos (u-\theta)$$

For Satellites I–V, apparent rectangular coordinates may be obtained with sufficient accuracy from

$$x = \frac{a}{\Delta} \frac{r}{a} \frac{1}{1+\zeta} \sin (u-U) = s \sin (p-P)$$

$$y = \frac{a}{\Delta} \frac{r}{a} \frac{1}{1+\zeta} [\sin B \cos (u-U) + \cos B \sin \gamma \sin (u-\theta)]$$

$$= s \cos (p-P)$$

and the tables given below. In critical cases ascend.

Mimas

$u-U$	$\frac{1}{1+\zeta}$	$u-U$
0.0°		360.0°
67.3	0.9999	292.7
112.6	1.0000	247.4
247.3	1.0001	112.7

Tethys

$u-U$	$\frac{1}{1+\zeta}$	$u-U$
0.0°		360.0°
43.4	0.9998	316.6
75.9	0.9999	284.1
104.0	1.0000	256.0
136.5	1.0001	223.5
223.4	1.0002	136.6

Rhea

$u-U$	$\frac{1}{1+\zeta}$	$u-U$
0.0°		360.0°
18.6	0.9996	341.4
47.4	0.9997	312.6
66.0	0.9998	294.0
82.2	0.9999	277.8
97.7	1.0000	262.3
113.9	1.0001	246.1
132.5	1.0002	227.5
161.3	1.0003	198.7
198.6	1.0004	161.4

Enceladus

$u-U$	$\frac{1}{1+\zeta}$	$u-U$
0.0°		360.0°
25.9	0.9998	334.1
72.5	0.9999	287.5
107.4	1.0000	252.6
154.0	1.0001	206.0
205.9	1.0002	154.1

Dione

$u-U$	$\frac{1}{1+\zeta}$	$u-U$
0.0°		360.0°
19.0	0.9997	341.0
55.4	0.9998	304.6
79.1	0.9999	280.9
100.8	1.0000	259.2
124.5	1.0001	235.5
160.9	1.0002	199.1
199.0	1.0003	161.0

SATELLITES OF URANUS, 1986

APPARENT ORBITS OF SATELLITES I–IV AT DATE OF OPPOSITION, JUNE 11

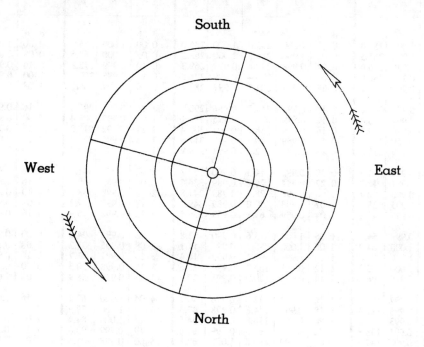

	Name	Sidereal Period	
		d	h
V	Miranda	1.4	
I	Ariel	2	12.489
II	Umbriel	4	03.460
III	Titania	8	16.941
IV	Oberon	13	11.118

RINGS OF URANUS

Ring	Semimajor Axis (km)	Eccentricity	Azimuth of Periapse (deg.)	Precession Rate (deg./day)
6	41870	0.0014	236	2.77
5	42270	0.0018	182	2.66
4	42600	0.0012	120	2.60
α	44750	0.0007	331	2.18
β	45700	0.0005	231	2.03
η	47210	.....	...	...
γ	47660	.....	...	...
δ	48330	0.0005	140	...
ϵ	51180	0.0079	216	1.36

Epoch: 1977 March 10, 20^h UT (J.D. 2443213.33)

SATELLITES OF URANUS, 1986

APPARENT DISTANCE AND POSITION ANGLE

Time from Northern Elongation	Miranda		Time from Northern Elongation	Ariel		Umbriel		Time from Northern Elongation	Titania		Time from Northern Elongation	Oberon	
	F	p_1		F	p_1	F	p_1		F	p_1		F	p_1
d h		°	d h		°		°	d h		°	d h		°
0 00	1.000	255.0	0 00	1.000	255.0	1.000	255.0	0 00	1.000	255.0	0 00	1.000	255.0
0 01	1.000	265.5	0 02	1.000	266.8	1.000	262.2	0 05	1.000	263.5	0 08	1.000	263.8
0 02	0.999	276.0	0 04	0.998	278.6	0.999	269.3	0 10	0.999	272.1	0 16	0.999	272.6
0 03	0.997	286.6	0 06	0.996	290.4	0.999	276.5	0 15	0.998	280.6	1 00	0.998	281.5
0 04	0.995	297.1	0 08	0.994	302.3	0.997	283.7	0 20	0.997	289.2	1 08	0.996	290.4
0 05	0.993	307.8	0 10	0.992	314.2	0.996	290.9	1 01	0.995	297.8	1 16	0.995	299.2
0 06	0.991	318.4	0 12	0.990	326.2	0.995	298.1	1 06	0.993	306.4	2 00	0.993	308.2
0 07	0.990	329.1	0 14	0.989	338.2	0.993	305.4	1 11	0.992	315.0	2 08	0.991	317.1
0 08	0.989	339.8	0 16	0.989	350.3	0.992	312.6	1 16	0.990	323.7	2 16	0.990	326.1
0 09	0.989	350.6	0 18	0.990	2.3	0.991	319.9	1 21	0.990	332.4	3 00	0.989	335.1
0 10	0.990	1.3	0 20	0.992	14.3	0.990	327.2	2 02	0.989	341.1	3 08	0.989	344.1
0 11	0.991	12.0	0 22	0.994	26.2	0.989	334.5	2 07	0.989	349.8	3 16	0.989	353.1
0 12	0.993	22.7	1 00	0.996	38.1	0.989	341.8	2 12	0.990	358.5	4 00	0.990	2.1
0 13	0.995	33.3	1 02	0.998	50.0	0.989	349.2	2 17	0.991	7.2	4 08	0.991	11.1
0 14	0.997	43.8	1 04	0.999	61.8	0.989	356.5	2 22	0.992	15.9	4 16	0.993	20.1
0 15	0.999	54.4	1 06	1.000	73.6	0.990	3.8	3 03	0.993	24.5	5 00	0.994	29.0
0 16	1.000	64.9	1 08	1.000	85.3	0.991	11.1	3 08	0.995	33.2	5 08	0.996	37.9
0 17	1.000	75.4	1 10	0.998	97.1	0.992	18.4	3 13	0.997	41.7	5 16	0.998	46.8
0 18	1.000	85.9	1 12	0.997	109.0	0.994	25.6	3 18	0.998	50.3	6 00	0.999	55.6
0 19	0.999	96.4	1 14	0.994	120.8	0.995	32.9	3 23	0.999	58.9	6 08	1.000	64.5
0 20	0.997	107.0	1 16	0.992	132.8	0.996	40.1	4 04	1.000	67.4	6 16	1.000	73.3
0 21	0.995	117.5	1 18	0.990	144.8	0.998	47.3	4 09	1.000	75.9	7 00	1.000	82.1
0 22	0.993	128.2	1 20	0.989	156.8	0.999	54.5	4 14	1.000	84.4	7 08	0.999	90.9
0 23	0.991	138.8	1 22	0.989	168.8	0.999	61.6	4 19	0.999	93.0	7 16	0.998	99.8
1 00	0.990	149.5	2 00	0.990	180.8	1.000	68.8	5 00	0.998	101.5	8 00	0.997	108.6
1 01	0.989	160.3	2 02	0.991	192.8	1.000	76.0	5 05	0.996	110.1	8 08	0.995	117.5
1 02	0.989	171.0	2 04	0.993	204.8	1.000	83.1	5 10	0.995	118.7	8 16	0.993	126.4
1 03	0.990	181.7	2 06	0.996	216.7	0.999	90.3	5 15	0.993	127.3	9 00	0.992	135.4
1 04	0.991	192.4	2 08	0.998	228.5	0.998	97.5	5 20	0.992	135.9	9 08	0.990	144.4
1 05	0.993	203.1	2 10	0.999	240.3	0.997	104.7	6 01	0.990	144.6	9 16	0.989	153.4
1 06	0.995	213.7	2 12	1.000	252.1	0.996	111.9	6 06	0.989	153.3	10 00	0.989	162.4
1 07	0.997	224.3	2 14	1.000	263.9	0.995	119.1	6 11	0.989	162.0	10 08	0.989	171.4
1 08	0.999	234.8	2 16			0.993	126.3	6 16	0.989	170.7	10 16	0.990	180.4
1 09	1.000	245.3	2 18			0.992	133.6	6 21	0.990	179.4	11 00	0.991	189.4
1 10	1.000	255.8	2 20			0.991	140.9	7 02	0.991	188.1	11 08	0.992	198.3
1 11	1.000	266.3	2 22			0.990	148.2	7 07	0.992	196.8	11 16	0.994	207.3
			3 00			0.989	155.5	7 12	0.994	205.4	12 00	0.996	216.2
			3 02			0.989	162.8	7 17	0.995	214.1	12 08	0.997	225.1
			3 04			0.989	170.1	7 22	0.997	222.7	12 16	0.999	233.9
			3 06			0.990	177.5	8 03	0.998	231.2	13 00	0.999	242.7
			3 08			0.990	184.8	8 08	0.999	239.8	13 08	1.000	251.6
			3 10			0.991	192.1	8 13	1.000	248.3	13 16	1.000	260.4
			3 12			0.992	199.3	8 18	1.000	256.8			
			3 14			0.994	206.6						
			3 16			0.995	213.8						
			3 18			0.997	221.1						
			3 20			0.998	228.3						
			3 22			0.999	235.4						
			4 00			0.999	242.6						
			4 02			1.000	249.8						
			4 04			1.000	256.9						

Apparent distance of satellite is Fa/Δ

Position angle of satellite is p_1+p_2

SATELLITES OF URANUS, 1986

APPARENT DISTANCE AND POSITION ANGLE

Date (0ʰ U.T.)		a/Δ					p_2	Date (0ʰ U.T.)		a/Δ					p_2
		Miranda	Ariel	Umbriel	Titania	Oberon				Miranda	Ariel	Umbriel	Titania	Oberon	
		"	"	"	"	"	°			"	"	"	"	"	°
Jan.	0	8.9	13.2	18.4	30.2	40.3	+ 6.6	July	9	9.8	14.5	20.2	33.1	44.3	+ 7.6
	10	9.0	13.2	18.4	30.3	40.5	+ 2.5		19	9.8	14.4	20.1	33.0	44.1	10.0
	20	9.0	13.3	18.5	30.4	40.7	− 1.1		29	9.7	14.3	20.0	32.8	43.8	11.9
	30	9.1	13.4	18.6	30.6	40.9	4.2	Aug.	8	9.6	14.2	19.8	32.5	43.5	13.4
Feb.	9	9.1	13.5	18.8	30.8	41.2	6.9		18	9.6	14.1	19.7	32.3	43.2	14.3
	19	9.2	13.6	18.9	31.0	41.5	− 9.0		28	9.5	14.0	19.5	32.0	42.8	+14.6
Mar.	1	9.3	13.7	19.1	31.3	41.9	10.6	Sept.	7	9.4	13.9	19.3	31.7	42.4	14.3
	11	9.3	13.8	19.2	31.6	42.2	11.7		17	9.3	13.8	19.2	31.4	42.0	13.3
	21	9.4	13.9	19.4	31.9	42.6	12.3		27	9.2	13.6	19.0	31.2	41.7	11.8
	31	9.5	14.1	19.6	32.1	43.0	12.4	Oct.	7	9.1	13.5	18.8	30.9	41.3	9.6
Apr.	10	9.6	14.2	19.8	32.4	43.3	−11.9		17	9.1	13.4	18.7	30.7	41.0	+ 7.0
	20	9.7	14.3	19.9	32.7	43.7	11.0		27	9.0	13.3	18.6	30.5	40.7	3.9
	30	9.7	14.4	20.0	32.9	44.0	9.7	Nov.	6	9.0	13.3	18.5	30.3	40.5	+ 0.6
May	10	9.8	14.5	20.1	33.1	44.2	7.9		16	8.9	13.2	18.4	30.2	40.3	− 3.0
	20	9.8	14.5	20.2	33.2	44.4	5.8		26	8.9	13.1	18.3	30.1	40.2	6.6
	30	9.9	14.6	20.3	33.3	44.5	− 3.3	Dec.	6	8.9	13.1	18.3	30.0	40.1	−10.2
June	9	9.9	14.6	20.3	33.3	44.6	− 0.6		16	8.9	13.1	18.3	30.0	40.1	13.7
	19	9.9	14.6	20.3	33.3	44.6	+ 2.2		26	8.9	13.1	18.3	30.0	40.1	16.9
	29	9.8	14.5	20.3	33.3	44.5	+ 5.0		36	8.9	13.2	18.3	30.1	40.2	−19.9

UNIVERSAL TIME OF GREATEST NORTHERN ELONGATION

Jan.	Feb.	Mar.	Apr.	May	June	July	Aug.	Sept.	Oct.	Nov.	Dec.

MIRANDA

d h	d h	d h	d h	d h	d h	d h	d h	d h	d h	d h	d h
0 18.9	2 06.1	1 02.1	1 04.2	2 06.7	2 09.6	2 02.8	2 05.7	2 08.3	2 00.4	2 02.0	1 17.5
2 04.8	3 16.0	2 12.0	2 14.1	3 16.7	3 19.6	3 12.7	3 15.7	3 18.2	3 10.3	3 11.9	3 03.4
3 14.6	5 01.9	3 21.9	4 00.0	5 02.6	5 05.5	4 22.7	5 01.6	5 04.1	4 20.2	4 21.8	4 13.2
5 00.5	6 11.8	5 07.8	5 10.0	6 12.6	6 15.5	6 08.6	6 11.6	6 14.1	6 06.1	6 07.7	5 23.1
6 10.4	7 21.6	6 17.3	6 19.9	7 22.5	8 01.5	7 18.6	7 21.5	8 00.0	7 16.0	7 17.5	7 09.0
7 20.3	9 07.5	8 03.6	8 05.8	9 08.4	9 11.4	9 04.6	9 07.5	9 09.9	9 01.9	9 03.4	8 18.9
9 06.1	10 17.4	9 13.5	9 15.8	10 18.4	10 21.4	10 14.5	10 17.4	10 19.8	10 11.8	10 13.3	10 04.8
10 16.0	12 03.3	10 23.4	11 01.7	12 04.3	12 07.3	12 00.5	12 03.3	12 05.7	11 21.7	11 23.2	11 14.7
12 01.9	13 13.2	12 09.4	12 11.6	13 14.3	13 17.3	13 10.4	13 13.3	13 15.6	13 07.6	13 09.1	13 00.5
13 11.8	14 23.1	13 19.3	13 21.5	15 00.2	15 03.2	14 20.4	14 23.2	15 01.6	14 17.5	14 18.9	14 10.4
14 21.6	16 09.0	15 05.2	15 07.5	16 10.2	16 13.2	16 06.3	16 09.1	16 11.5	16 03.4	16 04.8	15 20.3
16 07.5	17 18.9	16 15.1	16 17.4	17 20.1	17 23.2	17 16.3	17 19.1	17 21.4	17 13.3	17 14.7	17 06.2
17 17.4	19 04.8	18 01.0	18 03.3	19 06.1	19 09.1	19 02.2	19 05.0	19 07.3	18 23.1	19 00.6	18 16.1
19 03.3	20 14.7	19 10.9	19 13.3	20 16.0	20 19.1	20 12.2	20 14.9	20 17.2	20 09.0	20 10.5	20 01.9
20 13.1	22 00.6	20 20.8	20 23.2	22 02.0	22 05.0	21 22.1	22 00.9	22 03.1	21 18.9	21 20.3	21 11.8
21 23.0	23 10.5	22 06.8	22 09.1	23 11.9	23 15.0	23 08.1	23 10.8	23 13.0	23 04.8	23 06.2	22 21.7
23 08.9	24 20.4	23 16.7	23 19.1	24 21.9	25 01.0	24 18.0	24 20.7	24 22.9	24 14.7	24 16.1	24 07.6
24 18.8	26 06.3	25 02.6	25 05.0	26 07.8	26 10.9	26 04.0	26 06.7	26 08.8	26 00.6	26 02.0	25 17.5
26 04.7	27 16.2	26 12.5	26 15.0	27 17.8	27 20.9	27 13.9	27 16.6	27 18.7	27 10.5	27 11.9	27 03.4
27 14.6		27 22.4	28 00.9	29 03.8	29 06.8	28 23.9	29 02.5	29 04.6	28 20.4	28 21.7	28 13.2
29 00.4		29 08.4	29 10.8	30 13.7	30 16.8	30 09.8	30 12.4	30 14.5	30 06.2	30 07.6	29 23.1
30 10.3		30 18.3	30 20.8	31 23.7		31 19.8	31 22.4		31 16.1		31 09.0
31 20.2											32 18.9

SATELLITES OF URANUS, 1986

UNIVERSAL TIME OF GREATEST NORTHERN ELONGATION

ARIEL

Jan.	Feb.	Mar.	Apr.	May	June	July	Aug.	Sept.	Oct.	Nov.	Dec.
d h	d h	d h	d h	d h	d h	d h	d h	d h	d h	d h	d h
−1 08.3	1 00.8	3 05.6	2 11.2	2 17.5	2 00.4	2 07.6	1 14.6	3 09.4	1 02.2	2 19.2	2 23.4
1 20.6	3 13.2	5 18.1	4 23.7	5 06.1	4 13.0	4 20.2	4 03.2	5 21.8	3 14.6	5 07.5	5 11.7
4 09.0	6 01.5	8 06.5	7 12.2	7 18.6	7 01.6	7 08.8	6 15.7	8 10.3	6 03.0	7 19.9	8 00.1
6 21.3	8 13.9	10 19.0	10 00.7	10 07.2	9 14.2	9 21.4	9 04.3	10 22.8	8 15.4	10 08.2	10 12.4
9 09.6	11 02.3	13 07.4	12 13.2	12 19.8	12 02.8	12 10.0	11 16.8	13 11.2	11 03.8	12 20.6	13 00.8
11 22.0	13 14.7	15 19.9	15 01.8	15 08.3	14 15.4	14 22.6	14 05.3	15 23.7	13 16.2	15 08.9	15 13.1
14 10.3	16 03.1	18 08.3	17 14.3	17 20.9	17 04.0	17 11.2	16 17.8	18 12.1	16 04.6	17 21.3	18 01.5
16 22.6	18 15.5	20 20.8	20 02.8	20 09.5	19 16.6	19 23.8	19 06.4	21 00.5	18 17.0	20 09.6	20 13.8
19 11.0	21 03.9	23 09.3	22 15.3	22 22.1	22 05.2	22 12.3	21 18.9	23 13.0	21 05.4	22 22.0	23 02.2
21 23.3	23 16.4	25 21.8	25 03.9	25 10.6	24 17.8	25 00.9	24 07.4	26 01.4	23 17.7	25 10.3	25 14.6
24 11.7	26 04.8	28 10.2	27 16.4	27 23.2	27 06.4	27 13.5	26 19.9	28 13.8	26 06.1	27 22.7	28 02.9
27 00.1	28 17.2	30 22.7	30 05.0	30 11.8	29 19.0	30 02.0	29 08.4		28 18.5	30 11.0	30 15.3
29 12.4							31 20.9		31 06.8		33 03.7

UMBRIEL

Jan.	Feb.	Mar.	Apr.	May	June	July	Aug.	Sept.	Oct.	Nov.	Dec.
d h	d h	d h	d h	d h	d h	d h	d h	d h	d h	d h	d h
−3 18.3	3 21.9	4 20.7	2 20.5	1 21.4	4 03.0	3 05.4	1 07.3	3 11.6	2 10.9	4 12.1	3 09.7
1 21.3	8 01.1	9 00.0	7 00.0	6 01.1	8 06.8	7 09.1	5 10.9	7 15.0	6 14.1	8 15.2	7 12.7
6 00.3	12 04.3	13 03.4	11 03.5	10 04.8	12 10.6	11 12.9	9 14.5	11 18.4	10 17.3	12 18.3	11 15.8
10 03.3	16 07.6	17 06.8	15 07.1	14 08.4	16 14.3	15 16.6	13 18.1	15 21.7	14 20.5	16 21.4	15 18.9
14 06.4	20 10.8	21 10.2	19 10.6	18 12.1	20 18.1	19 20.3	17 21.7	20 01.1	18 23.6	21 00.4	19 22.0
18 09.5	24 14.1	25 13.6	23 14.2	22 15.8	24 21.9	24 00.0	22 01.2	24 04.4	23 02.8	25 03.5	24 01.1
22 12.5	28 17.4	29 17.1	27 17.8	26 19.6	29 01.6	28 03.7	26 04.7	28 07.6	27 05.9	29 06.6	28 04.3
26 15.7				30 23.3			30 08.2		31 09.0		32 07.4
30 18.8											

TITANIA

Jan.	Feb.	Mar.	Apr.	May	June	July	Aug.	Sept.	Oct.	Nov.	Dec.
d h	d h	d h	d h	d h	d h	d h	d h	d h	d h	d h	d h
−3 06.6	9 11.2	7 11.5	2 13.8	7 11.6	2 17.8	7 18.8	3 00.7	6 21.4	2 22.2	6 12.4	2 10.2
5 21.6	18 03.1	16 04.1	11 07.0	16 05.5	11 12.0	16 12.9	11 18.3	15 13.9	11 14.0	15 03.7	11 01.5
14 12.7	26 19.2	24 20.8	20 00.3	24 23.6	20 06.3	25 06.9	20 11.6	24 06.2	20 05.6	23 18.9	19 16.8
23 04.0			28 17.9		29 00.6		29 04.6		28 21.1		28 08.3
31 19.5											36 23.9

OBERON

Jan.	Feb.	Mar.	Apr.	May	June	July	Aug.	Sept.	Oct.	Nov.	Dec.
d h	d h	d h	d h	d h	d h	d h	d h	d h	d h	d h	d h
−2 13.8	7 11.4	6 05.6	2 02.9	12 16.4	8 20.3	6 00.9	2 04.1	11 14.7	8 09.0	4 00.4	13 21.8
11 20.3	20 20.1	19 15.9	15 14.7	26 06.1	22 10.6	19 14.8	15 16.6	25 00.3	21 17.0	17 07.5	27 05.3
25 03.5			29 03.2				29 04.1		30 14.6		40 13.2

SATELLITES OF NEPTUNE, 1986

APPARENT ORBIT OF TRITON AT DATE OF OPPOSITION, JUNE 26

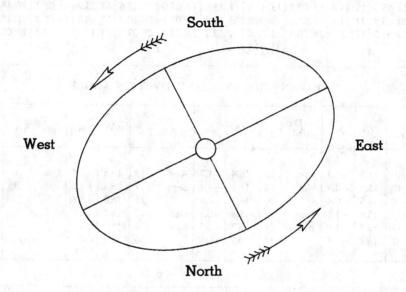

NAME	SIDEREAL PERIOD
I Triton	5^d 21^h.044
II Nereid	360^d.2

DIFFERENTIAL COORDINATES OF NEREID FOR 0^h U.T.

Date		Δα cosδ	Δδ	Date		Δα cosδ	Δδ	Date		Δα cosδ	Δδ
		′ ″	″			′ ″	″			′ ″	″
Jan.	0	+3 00.5	+45.3	May	10	−0 19.0	+27.2	Sept.	17	+3 28.7	+25.9
	10	2 50.9	45.8		20	0 39.7	23.5		27	3 40.1	30.1
	20	2 40.4	46.1		30	1 00.0	19.5	Oct.	7	3 46.2	33.7
	30	2 29.0	46.0	June	9	1 19.3	15.3		17	3 48.5	36.7
Feb.	9	2 16.7	45.6		19	1 36.6	10.8		27	3 47.9	39.3
	19	+2 03.4	+45.0		29	−1 50.6	+ 6.0	Nov.	6	+3 45.2	+41.5
Mar.	1	1 49.1	43.9	July	9	1 58.5	1.0		16	3 40.9	43.4
	11	1 33.7	42.6		19	1 54.8	− 4.0		26	3 35.2	44.9
	21	1 17.2	40.9		29	−1 23.0	7.8	Dec.	6	3 28.5	46.2
	31	0 59.7	38.8	Aug.	8	+0 13.3	− 4.3		16	3 20.8	47.2
Apr.	10	+0 41.1	+36.4		18	+1 46.1	+ 5.9		26	+3 12.3	+47.9
	20	0 21.7	33.6		28	2 38.5	14.2		36	3 02.9	48.3
	30	+0 01.6	+30.6	Sept.	7	+3 09.6	+20.7		46	+2 52.7	+48.4

SATELLITES OF NEPTUNE, 1986

TRITON

UNIVERSAL TIME OF GREATEST EASTERN ELONGATION

Jan.	Feb.	Mar.	Apr.	May	June	July	Aug.	Sept.	Oct.	Nov.	Dec.
d h	d h	d h	d h	d h	d h	d h	d h	d h	d h	d h	d h
−2 08.9	2 14.6	3 23.4	2 08.4	1 17.7	6 00.2	5 09.8	3 19.4	2 04.8	1 14.1	5 20.2	5 05.0
4 05.9	8 11.6	9 20.4	8 05.5	7 14.7	11 21.3	11 06.9	9 16.5	8 01.9	7 11.1	11 17.1	11 01.9
10 02.8	14 08.5	15 17.4	14 02.5	13 11.8	17 18.4	17 04.0	15 13.6	13 23.0	13 08.2	17 14.1	16 22.9
15 23.8	20 05.5	21 14.4	19 23.6	19 08.9	23 15.6	23 01.1	21 10.7	19 20.0	19 05.2	23 11.1	22 19.8
21 20.7	26 02.5	27 11.4	25 20.6	25 06.0	29 12.7	28 22.3	27 07.7	25 17.1	25 02.2	29 08.0	28 16.8
27 17.7				31 03.1					30 23.2		34 13.7

APPARENT DISTANCE AND POSITION ANGLE

Date (0^h U.T.)		a/Δ	p_2	Date (0^h U.T.)		a/Δ	p_2	Date (0^h U.T.)		a/Δ	p_2	Date (0^h U.T.)		a/Δ	p_2
		"	°			"	°			"	°			"	°
Jan.	−10	15.7	+1.3	Apr.	20	16.4	−1.7	Aug.	18	16.5	+1.4	Dec.	16	15.7	−0.8
	10	15.7	+0.4	May	10	16.6	−1.4	Sept.	7	16.4	+1.6		36	15.7	−1.7
	30	15.8	−0.4		30	16.7	−0.9		27	16.2	+1.6				
Feb.	19	15.9	−1.1	June	19	16.8	−0.3	Oct.	17	16.0	+1.3				
Mar.	11	16.1	−1.6	July	9	16.7	+0.3	Nov.	6	15.9	+0.8				
	31	16.2	−1.8		29	16.7	+0.9		26	15.8	+0.1				

Time from Eastern Elongation	F	p_1	Time from Eastern Elongation	F	p_1	Time from Eastern Elongation	F	p_1	Time from Eastern Elongation	F	p_1
d h		°	d h		°	d h		°	d h		°
0 00	1.000	117.0	1 12	0.664	209.8	3 00	0.999	299.5	4 12	0.667	35.5
0 03	0.995	122.1	1 15	0.675	221.2	3 03	0.989	304.6	4 15	0.685	46.6
0 06	0.980	127.3	1 18	0.699	232.0	3 06	0.970	309.9	4 18	0.715	57.0
0 09	0.956	132.7	1 21	0.734	241.9	3 09	0.942	315.5	4 21	0.754	66.5
0 12	0.924	138.4	2 00	0.776	250.9	3 12	0.906	321.4	5 00	0.797	74.9
0 15	0.886	144.6	2 03	0.820	258.9	3 15	0.865	327.9	5 03	0.842	82.5
0 18	0.843	151.4	2 06	0.865	266.0	3 18	0.821	335.0	5 06	0.885	89.3
0 21	0.798	159.0	2 09	0.906	272.5	3 21	0.776	343.0	5 09	0.924	95.5
1 00	0.754	167.4	2 12	0.941	278.4	4 00	0.735	351.9	5 12	0.956	101.2
1 03	0.716	176.8	2 15	0.969	284.0	4 03	0.699	1.8	5 15	0.980	106.6
1 06	0.685	187.2	2 18	0.989	289.3	4 06	0.675	12.6	5 18	0.995	111.8
1 09	0.667	198.3	2 21	0.999	294.4	4 09	0.664	24.0	5 21	1.000	116.9

Apparent distance of satellite is Fa/Δ
Position angle of satellite is p_1+p_2

SATELLITE OF PLUTO, 1986

UNIVERSAL TIMES OF GREATEST NORTHERN ELONGATION

	d h		d h		d h
Jan.	−6 18	May	2 12	Sept.	7 06
	1 04		8 22		13 15
	7 13		15 07		20 01
	13 22		21 16		26 10
	20 08		28 01	Oct.	2 19
	26 17	June	3 11		9 05
Feb.	2 02		9 20		15 14
	8 11		16 05		21 23
	14 21		22 15		28 08
	21 06		29 00	Nov.	3 18
	27 15	July	5 09		10 03
Mar.	6 01		11 18		16 12
	12 10		18 04		22 22
	18 19		24 13		29 07
	25 04		30 22	Dec.	5 16
	31 14	Aug.	6 08		12 01
Apr.	6 23		12 17		18 11
	13 08		19 02		24 20
	19 18		25 11		31 05
	26 03		31 21		

MINOR PLANETS AND COMETS, 1986

CONTENTS OF SECTION G

	PAGE
Notes	G1
Predicted perihelion passages of comets	G1
Geocentric ephemeris and time of ephemeris transit for:	
Ceres	G2
Pallas	G4
Juno	G6
Vesta	G8
Orbital elements and other data on selected minor planets	G10
Geocentric ephemeris for Halley's comet	G13

See also

Phenomena of the principal minor planets	A4
Visual magnitudes of the principal minor planets	A5

Notes

The geocentric ephemerides of the four principal minor planets (1 Ceres; 2 Pallas; 3 Juno; 4 Vesta) give, at an interval of 2 days, the astrometric right ascension and declination, referred to the mean equator and equinox of J2000·0, the geometric distance and the time of ephemeris transit. Linear interpolation is sufficient for the distance and ephemeris transit, but for the astrometric right ascension and declination second differences are significant. The tabulations are similar to those for Pluto, and the use of the data is similar to that for major planets.

Dates of opposition (in right ascension) and photographic magnitudes in 1986, and osculating elements for epoch 1986 June 19·0 TDT (JD 244 6600·5) and ecliptic and equinox J2000·0, for 145 of the larger minor planets are given on pages G10–G12; in these tabulations $B(1, 0)$ is the photographic magnitude reduced to a distance of 1 au from both the Sun and Earth and phase angle zero. The data were supplied by the Institute of Theoretical Astronomy, Leningrad; the minor planets, together with their diameters, were selected from a list by D. Morrison in *Icarus*, **31**, pp 185–220.

PREDICTED PERIHELION PASSAGES OF COMETS, 1986

Periodic Comet	Perihelion date	Revolution Period years	Perihelion Distance au
Boethin	Jan. 26	11·2	1·11
Ashbrook-Jackson	Jan. 24	7·5	2·31
Halley	Feb. 9	76·0	0·59
Holmes	Mar. 14	7·1	2·17
Wirtanen	Mar. 20	5·5	1·08
Kojima	Apr. 5	7·9	2·41
Spitaler	May 17	6·5	1·84
Shajn-Schaldach	May 27	7·5	2·33
Whipple	June 25	8·5	3·08
Wild 1	Oct. 1	13·3	1·98

CERES, 1986

GEOCENTRIC POSITIONS FOR 0ʰ DYNAMICAL TIME

Date	Astrometric J2000.0 R.A.	Dec.	True Distance	Ephemeris Transit	Date	Astrometric J2000.0 R.A.	Dec.	True Distance	Ephemeris Transit
	h m s	° ′ ″		h m		h m s	° ′ ″		h m
Jan. 0	11 23 57.6	+17 11 50	1.990	4 45.1	Apr. 2	10 44 28.1	+25 06 11	1.723	21 59.5
2	11 24 57.5	17 18 37	.966	4 38.2	4	10 43 33.7	25 02 24	.739	21 50.8
4	11 25 51.7	17 26 07	.944	4 31.2	6	10 42 45.3	24 57 41	.755	21 42.2
6	11 26 39.8	17 34 18	.921	4 24.2	8	10 42 03.3	24 52 05	.772	21 33.7
8	11 27 21.8	17 43 12	.899	4 17.0	10	10 41 27.7	24 45 38	.790	21 25.3
10	11 27 57.4	+17 52 48	1.878	4 09.7	12	10 40 58.5	+24 38 21	1.809	21 17.0
12	11 28 26.7	18 03 04	.857	4 02.3	14	10 40 35.9	24 30 15	.828	21 08.8
14	11 28 49.4	18 14 01	.836	3 54.8	16	10 40 19.8	24 21 24	.848	21 00.7
16	11 29 05.5	18 25 36	.816	3 47.2	18	10 40 10.2	24 11 49	.868	20 52.7
18	11 29 14.9	18 37 48	.797	3 39.5	20	10 40 07.1	24 01 32	.888	20 44.8
20	11 29 17.5	+18 50 36	1.779	3 31.7	22	10 40 10.4	+23 50 35	1.909	20 37.1
22	11 29 13.4	19 03 57	.761	3 23.7	24	10 40 19.9	23 39 01	.931	20 29.4
24	11 29 02.5	19 17 49	.744	3 15.7	26	10 40 35.6	23 26 50	.953	20 21.8
26	11 28 44.8	19 32 11	.727	3 07.5	28	10 40 57.3	23 14 04	.975	20 14.4
28	11 28 20.3	19 46 59	.711	2 59.2	30	10 41 24.9	23 00 46	1.998	20 07.0
30	11 27 49.0	+20 02 10	1.697	2 50.9	May 2	10 41 58.3	+22 46 57	2.021	19 59.8
Feb. 1	11 27 11.0	20 17 42	.683	2 42.4	4	10 42 37.5	22 32 37	.044	19 52.6
3	11 26 26.3	20 33 30	.669	2 33.7	6	10 43 22.1	22 17 48	.068	19 45.5
5	11 25 35.2	20 49 32	.657	2 25.0	8	10 44 12.2	22 02 32	.091	19 38.5
7	11 24 37.7	21 05 42	.646	2 16.2	10	10 45 07.6	21 46 50	.115	19 31.6
9	11 23 34.1	+21 21 57	1.635	2 07.3	12	10 46 08.0	+21 30 42	2.140	19 24.8
11	11 22 24.7	21 38 12	.626	1 58.3	14	10 47 13.5	21 14 11	.164	19 18.0
13	11 21 09.8	21 54 22	.617	1 49.2	16	10 48 23.7	20 57 17	.189	19 11.3
15	11 19 49.7	22 10 21	.610	1 40.0	18	10 49 38.6	20 40 02	.214	19 04.8
17	11 18 24.9	22 26 06	.604	1 30.7	20	10 50 57.9	20 22 26	.238	18 58.2
19	11 16 55.7	+22 41 30	1.598	1 21.4	22	10 52 21.5	+20 04 30	2.263	18 51.8
21	11 15 22.7	22 56 31	.594	1 11.9	24	10 53 49.2	19 46 17	.288	18 45.4
23	11 13 46.3	23 11 02	.591	1 02.5	26	10 55 20.9	19 27 45	.314	18 39.1
25	11 12 07.0	23 25 00	.589	0 53.0	28	10 56 56.3	19 08 57	.339	18 32.8
27	11 10 25.3	23 38 21	.587	0 43.4	30	10 58 35.5	18 49 52	.364	18 26.6
Mar. 1	11 08 41.8	+23 51 00	1.587	0 33.8	June 1	11 00 18.2	+18 30 32	2.389	18 20.5
3	11 06 56.9	24 02 54	.588	0 24.2	3	11 02 04.4	18 10 56	.415	18 14.4
5	11 05 11.3	24 13 59	.590	0 14.6	5	11 03 53.9	17 51 06	.440	18 08.4
7	11 03 25.6	24 24 13	.594	0 05.0	7	11 05 46.6	17 31 02	.465	18 02.4
9	11 01 40.3	24 33 31	.598	23 50.6	9	11 07 42.4	17 10 44	.490	17 56.5
11	10 59 56.1	+24 41 53	1.603	23 41.0	11	11 09 41.2	+16 50 14	2.516	17 50.6
13	10 58 13.5	24 49 15	.609	23 31.5	13	11 11 42.8	16 29 31	.541	17 44.8
15	10 56 33.2	24 55 36	.616	23 22.0	15	11 13 47.1	16 08 37	.566	17 39.0
17	10 54 55.7	25 00 54	.625	23 12.5	17	11 15 54.1	15 47 32	.591	17 33.3
19	10 53 21.5	25 05 10	.634	23 03.1	19	11 18 03.5	15 26 16	.616	17 27.6
21	10 51 51.0	+25 08 23	1.644	22 53.8	21	11 20 15.3	+15 04 51	2.640	17 21.9
23	10 50 24.7	25 10 34	.655	22 44.5	23	11 22 29.4	14 43 16	.665	17 16.3
25	10 49 03.0	25 11 42	.667	22 35.4	25	11 24 45.7	14 21 32	.690	17 10.7
27	10 47 46.2	25 11 48	.680	22 26.3	27	11 27 04.1	13 59 39	.714	17 05.1
29	10 46 34.6	25 10 55	.693	22 17.2	29	11 29 24.5	13 37 38	.738	16 59.6
31	10 45 28.5	+25 09 02	1.708	22 08.3	July 1	11 31 47.0	+13 15 29	2.762	16 54.1
Apr. 2	10 44 28.1	+25 06 11	1.723	21 59.5	3	11 34 11.4	+12 53 12	2.786	16 48.7

Second Transit: March 8ᵈ23ʰ55ᵐ4

CERES, 1986

GEOCENTRIC POSITIONS FOR 0^h DYNAMICAL TIME

Date	Astrometric J2000.0 R.A.	Dec.	True Distance	Ephemeris Transit	Date	Astrometric J2000.0 R.A.	Dec.	True Distance	Ephemeris Transit
	h m s	° ′ ″		h m		h m s	° ′ ″		h m
July 1	11 31 47.0	+13 15 29	2.762	16 54.1	Oct. 1	13 43 31.0	− 4 24 38	3.570	13 03.8
3	11 34 11.4	12 53 12	.786	16 48.7	3	13 46 42.6	4 46 25	.579	12 59.1
5	11 36 37.6	12 30 47	.810	16 43.2	5	13 49 54.8	5 08 03	.587	12 54.4
7	11 39 05.7	12 08 16	.834	16 37.8	7	13 53 07.6	5 29 32	.595	12 49.8
9	11 41 35.4	11 45 38	.857	16 32.5	9	13 56 21.0	5 50 52	.602	12 45.1
11	11 44 06.9	+11 22 54	2.880	16 27.1	11	13 59 34.9	− 6 12 02	3.609	12 40.5
13	11 46 39.9	11 00 04	.903	16 21.8	13	14 02 49.4	6 33 02	.615	12 35.8
15	11 49 14.4	10 37 08	.926	16 16.5	15	14 06 04.4	6 53 51	.621	12 31.2
17	11 51 50.5	10 14 08	.948	16 11.3	17	14 09 19.9	7 14 29	.627	12 26.6
19	11 54 27.9	9 51 04	.971	16 06.0	19	14 12 36.0	7 34 57	.632	12 22.0
21	11 57 06.6	+ 9 27 55	2.993	16 00.8	21	14 15 52.5	− 7 55 13	3.636	12 17.4
23	11 59 46.7	9 04 43	3.015	15 55.6	23	14 19 09.6	8 15 17	.640	12 12.8
25	12 02 28.1	8 41 27	.036	15 50.4	25	14 22 27.1	8 35 10	.643	12 08.2
27	12 05 10.7	8 18 08	.057	15 45.3	27	14 25 45.2	8 54 51	.646	12 03.6
29	12 07 54.5	7 54 46	.078	15 40.1	29	14 29 03.7	9 14 19	.649	11 59.1
31	12 10 39.6	+ 7 31 21	3.099	15 35.0	31	14 32 22.6	− 9 33 35	3.651	11 54.5
Aug. 2	12 13 25.8	7 07 54	.120	15 29.9	Nov. 2	14 35 42.0	9 52 37	.652	11 49.9
4	12 16 13.1	6 44 25	.140	15 24.8	4	14 39 01.7	10 11 26	.653	11 45.4
6	12 19 01.5	6 20 54	.160	15 19.8	6	14 42 21.8	10 30 01	.654	11 40.9
8	12 21 51.0	5 57 22	.179	15 14.7	8	14 45 42.3	10 48 22	.653	11 36.3
10	12 24 41.5	+ 5 33 48	3.198	15 09.7	10	14 49 03.0	−11 06 29	3.653	11 31.8
12	12 27 33.1	5 10 15	.217	15 04.7	12	14 52 24.1	11 24 21	.652	11 27.3
14	12 30 25.6	4 46 42	.236	14 59.7	14	14 55 45.4	11 41 58	.650	11 22.7
16	12 33 19.0	4 23 08	.254	14 54.7	16	14 59 06.9	11 59 20	.648	11 18.2
18	12 36 13.3	3 59 36	.272	14 49.7	18	15 02 28.7	12 16 27	.645	11 13.7
20	12 39 08.5	+ 3 36 05	3.290	14 44.8	20	15 05 50.7	−12 33 19	3.642	11 09.2
22	12 42 04.6	3 12 35	.307	14 39.8	22	15 09 12.9	12 49 54	.638	11 04.7
24	12 45 01.6	2 49 06	.324	14 34.9	24	15 12 35.3	13 06 15	.634	11 00.2
26	12 47 59.4	2 25 39	.340	14 30.0	26	15 15 57.8	13 22 19	.629	10 55.7
28	12 50 58.1	2 02 15	.357	14 25.1	28	15 19 20.4	13 38 06	.624	10 51.2
30	12 53 57.6	+ 1 38 52	3.372	14 20.2	30	15 22 43.0	−13 53 37	3.618	10 46.7
Sept. 1	12 56 57.9	1 15 33	.388	14 15.4	Dec. 2	15 26 05.7	14 08 52	.612	10 42.2
3	12 59 59.1	0 52 16	.403	14 10.5	4	15 29 28.4	14 23 49	.605	10 37.7
5	13 03 01.0	0 29 03	.417	14 05.7	6	15 32 51.0	14 38 30	.598	10 33.2
7	13 06 03.7	+ 0 05 54	.432	14 00.8	8	15 36 13.5	14 52 53	.590	10 28.7
9	13 09 07.2	− 0 17 10	3.446	13 56.0	10	15 39 35.9	−15 06 59	3.582	10 24.1
11	13 12 11.4	0 40 10	.459	13 51.2	12	15 42 58.0	15 20 47	.573	10 19.6
13	13 15 16.3	1 03 05	.472	13 46.4	14	15 46 20.0	15 34 18	.563	10 15.1
15	13 18 21.9	1 25 55	.485	13 41.6	16	15 49 41.7	15 47 31	.554	10 10.6
17	13 21 28.1	1 48 38	.497	13 36.9	18	15 53 03.1	16 00 27	.543	10 06.1
19	13 24 35.1	− 2 11 16	3.509	13 32.1	20	15 56 24.1	−16 13 05	3.532	10 01.5
21	13 27 42.7	2 33 47	.520	13 27.4	22	15 59 44.8	16 25 25	.521	9 57.0
23	13 30 51.1	2 56 12	.531	13 22.6	24	16 03 05.1	16 37 28	.509	9 52.5
25	13 34 00.0	3 18 29	.541	13 17.9	26	16 06 25.0	16 49 13	.497	9 47.9
27	13 37 09.7	3 40 40	.552	13 13.2	28	16 09 44.3	17 00 40	.484	9 43.4
29	13 40 20.0	− 4 02 43	3.561	13 08.5	30	16 13 03.0	−17 11 49	3.471	9 38.8
Oct. 1	13 43 31.0	− 4 24 38	3.570	13 03.8	32	16 16 21.1	−17 22 41	3.457	9 34.2

PALLAS, 1986

GEOCENTRIC POSITIONS FOR 0ʰ DYNAMICAL TIME

Date	Astrometric J2000.0 R. A.	Dec.	True Distance	Ephemeris Transit	Date	Astrometric J2000.0 R. A.	Dec.	True Distance	Ephemeris Transit
	h m s	° ′ ″		h m		h m s	° ′ ″		h m
Jan. 0	5 55 06.2	−32 36 27	1.483	23 12.5	Apr. 2	6 30 22.2	− 5 05 37	1.930	17 47.7
2	5 53 26.2	32 23 54	.482	23 03.0	4	6 33 27.3	4 31 20	.948	17 42.9
4	5 51 49.4	32 09 11	.482	22 53.6	6	6 36 35.9	3 57 51	.967	17 38.2
6	5 50 16.2	31 52 20	.482	22 44.2	8	6 39 48.1	3 25 09	1.986	17 33.6
8	5 48 47.3	31 33 24	.483	22 34.9	10	6 43 03.6	2 53 16	2.005	17 29.0
10	5 47 23.4	−31 12 25	1.484	22 25.7	12	6 46 22.4	− 2 22 13	2.024	17 24.4
12	5 46 04.8	30 49 29	.486	22 16.6	14	6 49 44.1	1 52 00	.044	17 19.9
14	5 44 52.1	30 24 38	.488	22 07.5	16	6 53 08.8	1 22 37	.063	17 15.5
16	5 43 45.8	29 57 59	.491	21 58.6	18	6 56 36.3	0 54 06	.083	17 11.1
18	5 42 46.2	29 29 37	.494	21 49.8	20	7 00 06.4	− 0 26 26	.103	17 06.7
20	5 41 53.6	−28 59 36	1.498	21 41.1	22	7 03 38.9	+ 0 00 22	2.123	17 02.4
22	5 41 08.3	28 28 04	.503	21 32.6	24	7 07 13.8	0 26 19	.143	16 58.1
24	5 40 30.4	27 55 05	.507	21 24.1	26	7 10 50.9	0 51 25	.164	16 53.8
26	5 40 00.2	27 20 45	.513	21 15.8	28	7 14 30.2	1 15 39	.184	16 49.6
28	5 39 37.8	26 45 10	.519	21 07.6	30	7 18 11.5	1 39 02	.205	16 45.4
30	5 39 23.2	−26 08 25	1.525	20 59.6	May 2	7 21 54.7	+ 2 01 35	2.225	16 41.3
Feb. 1	5 39 16.5	25 30 37	.532	20 51.7	4	7 25 39.7	2 23 16	.246	16 37.2
3	5 39 17.9	24 51 50	.539	20 43.9	6	7 29 26.5	2 44 07	.267	16 33.1
5	5 39 27.2	24 12 11	.547	20 36.2	8	7 33 15.0	3 04 08	.288	16 29.0
7	5 39 44.5	23 31 44	.555	20 28.7	10	7 37 05.0	3 23 18	.309	16 25.0
9	5 40 09.8	−22 50 36	1.563	20 21.3	12	7 40 56.4	+ 3 41 38	2.330	16 21.0
11	5 40 43.1	22 08 52	.573	20 14.0	14	7 44 49.2	3 59 08	.351	16 17.0
13	5 41 24.3	21 26 39	.582	20 06.9	16	7 48 43.2	4 15 50	.372	16 13.0
15	5 42 13.2	20 44 01	.592	19 59.9	18	7 52 38.4	4 31 43	.393	16 09.0
17	5 43 09.8	20 01 04	.603	19 53.0	20	7 56 34.6	4 46 48	.414	16 05.1
19	5 44 13.9	−19 17 53	1.614	19 46.3	22	8 00 31.7	+ 5 01 06	2.435	16 01.2
21	5 45 25.2	18 34 32	.625	19 39.6	24	8 04 29.7	5 14 37	.456	15 57.3
23	5 46 43.7	17 51 07	.637	19 33.1	26	8 08 28.5	5 27 23	.477	15 53.4
25	5 48 09.1	17 07 41	.649	19 26.7	28	8 12 28.0	5 39 24	.498	15 49.5
27	5 49 41.3	16 24 18	.662	19 20.4	30	8 16 28.2	5 50 40	.518	15 45.6
Mar. 1	5 51 20.1	−15 41 02	1.675	19 14.2	June 1	8 20 29.1	+ 6 01 12	2.539	15 41.7
3	5 53 05.4	14 57 56	.688	19 08.1	3	8 24 30.5	6 11 01	.560	15 37.9
5	5 54 56.9	14 15 05	.702	19 02.2	5	8 28 32.4	6 20 07	.581	15 34.0
7	5 56 54.6	13 32 30	.716	18 56.3	7	8 32 34.7	6 28 31	.601	15 30.2
9	5 58 58.2	12 50 16	.730	18 50.5	9	8 36 37.4	6 36 14	.622	15 26.4
11	6 01 07.6	−12 08 25	1.745	18 44.8	11	8 40 40.5	+ 6 43 17	2.642	15 22.5
13	6 03 22.7	11 27 01	.761	18 39.2	13	8 44 43.7	6 49 40	.662	15 18.7
15	6 05 43.2	10 46 06	.776	18 33.7	15	8 48 47.2	6 55 24	.682	15 14.9
17	6 08 09.0	10 05 42	.792	18 28.3	17	8 52 50.8	7 00 30	.702	15 11.1
19	6 10 39.8	9 25 53	.808	18 23.0	19	8 56 54.4	7 04 59	.722	15 07.3
21	6 13 15.5	− 8 46 41	1.825	18 17.7	21	9 00 58.1	+ 7 08 52	2.741	15 03.4
23	6 15 55.9	8 08 06	.842	18 12.6	23	9 05 01.8	7 12 10	.761	14 59.6
25	6 18 40.8	7 30 12	.859	18 07.4	25	9 09 05.4	7 14 53	.780	14 55.8
27	6 21 30.1	6 52 58	.876	18 02.4	27	9 13 08.9	7 17 03	.799	14 52.0
29	6 24 23.5	6 16 27	.894	17 57.4	29	9 17 12.4	7 18 39	.818	14 48.2
31	6 27 20.9	− 5 40 40	1.912	17 52.6	July 1	9 21 15.7	+ 7 19 44	2.837	14 44.3
Apr. 2	6 30 22.2	− 5 05 37	1.930	17 47.7	3	9 25 18.9	+ 7 20 17	2.855	14 40.5

PALLAS, 1986

GEOCENTRIC POSITIONS FOR 0ʰ DYNAMICAL TIME

Date	Astrometric J2000.0 R. A.	Dec.	True Distance	Ephemeris Transit	Date	Astrometric J2000.0 R. A.	Dec.	True Distance	Ephemeris Transit
	h m s	° ′ ″		h m		h m s	° ′ ″		h m
July 1	9 21 15.7	+ 7 19 44	2.837	14 44.3	Oct. 1	12 21 09.8	+ 2 24 57	3.348	11 41.7
3	9 25 18.9	7 20 17	.855	14 40.5	3	12 24 54.5	2 15 56	.349	11 37.6
5	9 29 22.0	7 20 20	.874	14 36.7	5	12 28 38.9	2 07 01	.350	11 33.4
7	9 33 24.8	7 19 52	.892	14 32.8	7	12 32 22.8	1 58 12	.350	11 29.3
9	9 37 27.4	7 18 56	.909	14 29.0	9	12 36 06.3	1 49 30	.350	11 25.1
11	9 41 29.7	+ 7 17 32	2.927	14 25.2	11	12 39 49.3	+ 1 40 56	3.350	11 21.0
13	9 45 31.7	7 15 40	.944	14 21.3	13	12 43 31.9	1 32 30	.349	11 16.8
15	9 49 33.4	7 13 23	.961	14 17.5	15	12 47 14.1	1 24 13	.347	11 12.6
17	9 53 34.7	7 10 40	.978	14 13.6	17	12 50 55.8	1 16 06	.345	11 08.4
19	9 57 35.7	7 07 32	2.994	14 09.7	19	12 54 37.1	1 08 09	.343	11 04.2
21	10 01 36.2	+ 7 04 01	3.011	14 05.9	21	12 58 18.0	+ 1 00 24	3.340	11 00.0
23	10 05 36.4	7 00 07	.026	14 02.0	23	13 01 58.4	0 52 50	.337	10 55.8
25	10 09 36.2	6 55 51	.042	13 58.1	25	13 05 38.3	0 45 29	.333	10 51.6
27	10 13 35.5	6 51 14	.057	13 54.2	27	13 09 17.9	0 38 21	.328	10 47.4
29	10 17 34.5	6 46 16	.072	13 50.3	29	13 12 56.9	0 31 27	.324	10 43.2
31	10 21 33.1	+ 6 40 59	3.087	13 46.4	31	13 16 35.4	+ 0 24 48	3.318	10 38.9
Aug. 2	10 25 31.2	6 35 22	.101	13 42.5	Nov. 2	13 20 13.5	0 18 24	.313	10 34.7
4	10 29 29.0	6 29 27	.115	13 38.6	4	13 23 51.0	0 12 17	.306	10 30.4
6	10 33 26.3	6 23 15	.129	13 34.7	6	13 27 27.9	0 06 27	.300	10 26.2
8	10 37 23.2	6 16 46	.142	13 30.7	8	13 31 04.3	+ 0 00 56	.293	10 21.9
10	10 41 19.6	+ 6 10 01	3.155	13 26.8	10	13 34 40.0	− 0 04 17	3.285	10 17.6
12	10 45 15.6	6 03 02	.167	13 22.8	12	13 38 15.1	0 09 11	.277	10 13.3
14	10 49 11.1	5 55 48	.180	13 18.9	14	13 41 49.5	0 13 45	.268	10 09.0
16	10 53 06.1	5 48 22	.191	13 14.9	16	13 45 23.3	0 17 58	.259	10 04.7
18	10 57 00.6	5 40 43	.203	13 10.9	18	13 48 56.4	0 21 49	.250	10 00.4
20	11 00 54.7	+ 5 32 52	3.214	13 07.0	20	13 52 28.7	− 0 25 19	3.240	9 56.0
22	11 04 48.3	5 24 50	.224	13 03.0	22	13 56 00.4	0 28 26	.230	9 51.7
24	11 08 41.4	5 16 39	.235	12 59.0	24	13 59 31.3	0 31 09	.219	9 47.3
26	11 12 34.1	5 08 17	.245	12 55.0	26	14 03 01.4	0 33 28	.208	9 42.9
28	11 16 26.4	4 59 47	.254	12 51.0	28	14 06 30.6	0 35 22	.197	9 38.5
30	11 20 18.3	+ 4 51 08	3.263	12 47.0	30	14 09 59.0	− 0 36 50	3.185	9 34.1
Sept. 1	11 24 09.7	4 42 22	.272	12 42.9	Dec. 2	14 13 26.4	0 37 52	.172	9 29.7
3	11 28 00.7	4 33 30	.280	12 38.9	4	14 16 52.9	0 38 26	.160	9 25.3
5	11 31 51.3	4 24 32	.288	12 34.9	6	14 20 18.3	0 38 32	.146	9 20.8
7	11 35 41.5	4 15 28	.295	12 30.8	8	14 23 42.6	0 38 09	.133	9 16.3
9	11 39 31.2	+ 4 06 21	3.302	12 26.8	10	14 27 05.8	− 0 37 17	3.119	9 11.8
11	11 43 20.4	3 57 10	.308	12 22.7	12	14 30 27.8	0 35 54	.105	9 07.3
13	11 47 09.3	3 47 57	.314	12 18.6	14	14 33 48.5	0 34 01	.090	9 02.8
15	11 50 57.6	3 38 42	.320	12 14.6	16	14 37 08.1	0 31 37	.075	8 58.2
17	11 54 45.6	3 29 26	.325	12 10.5	18	14 40 26.3	0 28 41	.060	8 53.6
19	11 58 33.1	+ 3 20 09	3.329	12 06.4	20	14 43 43.1	− 0 25 13	3.044	8 49.0
21	12 02 20.2	3 10 53	.334	12 02.3	22	14 46 58.5	0 21 11	.028	8 44.4
23	12 06 06.9	3 01 37	.337	11 58.2	24	14 50 12.4	0 16 36	3.012	8 39.8
25	12 09 53.2	2 52 23	.341	11 54.1	26	14 53 24.8	0 11 26	2.995	8 35.1
27	12 13 39.1	2 43 11	.343	11 50.0	28	14 56 35.5	− 0 05 41	.978	8 30.4
29	12 17 24.6	+ 2 34 02	3.346	11 45.8	30	14 59 44.6	+ 0 00 41	2.961	8 25.7
Oct. 1	12 21 09.8	+ 2 24 57	3.348	11 41.7	32	15 02 51.8	+ 0 07 39	2.944	8 20.9

JUNO, 1986
GEOCENTRIC POSITIONS FOR 0ʰ DYNAMICAL TIME

Date	Astrometric J2000.0 R.A.	Dec.	True Distance	Ephemeris Transit	Date	Astrometric J2000.0 R.A.	Dec.	True Distance	Ephemeris Transit
	h m s	° ′ ″		h m		h m s	° ′ ″		h m
Jan. 0	15 55 23.6	−11 01 56	4.018	9 16.1	Apr. 2	17 08 21.3	− 8 11 39	2.813	4 26.7
2	15 57 51.2	11 05 04	3.999	9 10.7	4	17 08 29.7	8 01 57	.787	4 19.0
4	16 00 17.6	11 07 53	.980	9 05.2	6	17 08 33.0	7 52 07	.762	4 11.2
6	16 02 42.8	11 10 24	.960	8 59.8	8	17 08 31.3	7 42 10	.737	4 03.3
8	16 05 06.7	11 12 37	.939	8 54.3	10	17 08 24.4	7 32 07	.712	3 55.3
10	16 07 29.2	−11 14 30	3.918	8 48.8	12	17 08 12.3	− 7 21 59	2.688	3 47.2
12	16 09 50.3	11 16 05	.897	8 43.3	14	17 07 55.1	7 11 47	.664	3 39.1
14	16 12 09.8	11 17 21	.875	8 37.7	16	17 07 32.8	7 01 33	.641	3 30.8
16	16 14 27.8	11 18 18	.852	8 32.1	18	17 07 05.3	6 51 17	.619	3 22.5
18	16 16 44.0	11 18 56	.829	8 26.5	20	17 06 32.8	6 41 00	.597	3 14.1
20	16 18 58.6	−11 19 15	3.806	8 20.9	22	17 05 55.3	− 6 30 45	2.577	3 05.6
22	16 21 11.3	11 19 15	.782	8 15.2	24	17 05 12.9	6 20 31	.556	2 57.0
24	16 23 22.1	11 18 55	.758	8 09.5	26	17 04 25.5	6 10 22	.537	2 48.4
26	16 25 31.0	11 18 17	.733	8 03.8	28	17 03 33.4	6 00 16	.519	2 39.7
28	16 27 37.9	11 17 20	.708	7 58.0	30	17 02 36.6	5 50 17	.501	2 30.9
30	16 29 42.7	−11 16 04	3.682	7 52.2	May 2	17 01 35.2	− 5 40 26	2.484	2 22.0
Feb. 1	16 31 45.3	11 14 29	.657	7 46.4	4	17 00 29.4	5 30 43	.468	2 13.0
3	16 33 45.6	11 12 35	.630	7 40.5	6	16 59 19.3	5 21 11	.453	2 04.0
5	16 35 43.6	11 10 22	.604	7 34.6	8	16 58 05.1	5 11 52	.439	1 54.9
7	16 37 39.1	11 07 49	.577	7 28.7	10	16 56 47.1	5 02 47	.426	1 45.7
9	16 39 32.0	−11 04 58	3.550	7 22.7	12	16 55 25.5	− 4 53 57	2.414	1 36.5
11	16 41 22.3	11 01 48	.522	7 16.6	14	16 54 00.5	4 45 25	.403	1 27.2
13	16 43 09.8	10 58 19	.494	7 10.5	16	16 52 32.4	4 37 11	.393	1 17.9
15	16 44 54.5	10 54 32	.467	7 04.4	18	16 51 01.5	4 29 17	.384	1 08.6
17	16 46 36.2	10 50 26	.438	6 58.2	20	16 49 28.2	4 21 46	.376	0 59.1
19	16 48 15.0	−10 46 02	3.410	6 52.0	22	16 47 52.7	− 4 14 37	2.369	0 49.7
21	16 49 50.6	10 41 20	.381	6 45.7	24	16 46 15.3	4 07 52	.364	0 40.2
23	16 51 23.0	10 36 21	.353	6 39.4	26	16 44 36.3	4 01 33	.359	0 30.7
25	16 52 52.2	10 31 03	.324	6 33.0	28	16 42 56.2	3 55 40	.356	0 21.2
27	16 54 17.9	10 25 29	.295	6 26.5	30	16 41 15.2	3 50 15	.353	0 11.7
Mar. 1	16 55 40.2	−10 19 37	3.266	6 20.0	June 1	16 39 33.6	− 3 45 19	2.352	0 02.1
3	16 56 59.0	10 13 28	.237	6 13.5	3	16 37 51.8	3 40 53	.352	23 47.8
5	16 58 14.0	10 07 03	.208	6 06.8	5	16 36 10.2	3 36 57	.353	23 38.3
7	16 59 25.2	10 00 21	.179	6 00.1	7	16 34 29.1	3 33 33	.355	23 28.7
9	17 00 32.5	9 53 22	.150	5 53.4	9	16 32 49.0	3 30 40	.358	23 19.2
11	17 01 35.8	− 9 46 08	3.121	5 46.6	11	16 31 10.1	− 3 28 21	2.363	23 09.7
13	17 02 34.9	9 38 39	.092	5 39.7	13	16 29 32.8	3 26 34	.368	23 00.3
15	17 03 29.9	9 30 55	.063	5 32.7	15	16 27 57.5	3 25 20	.375	22 50.8
17	17 04 20.5	9 22 57	.034	5 25.7	17	16 26 24.4	3 24 39	.382	22 41.4
19	17 05 06.8	9 14 44	3.006	5 18.6	19	16 24 53.9	3 24 30	.391	22 32.1
21	17 05 48.6	− 9 06 19	2.978	5 11.4	21	16 23 26.1	− 3 24 55	2.400	22 22.8
23	17 06 25.8	8 57 40	.950	5 04.1	23	16 22 01.5	3 25 51	.411	22 13.6
25	17 06 58.5	8 48 50	.922	4 56.8	25	16 20 40.1	3 27 19	.422	22 04.4
27	17 07 26.4	8 39 48	.894	4 49.4	27	16 19 22.3	3 29 19	.435	21 55.3
29	17 07 49.6	8 30 35	.867	4 41.9	29	16 18 08.2	3 31 49	.448	21 46.2
31	17 08 07.9	− 8 21 12	2.840	4 34.4	July 1	16 16 58.0	− 3 34 49	2.462	21 37.2
Apr. 2	17 08 21.3	− 8 11 39	2.813	4 26.7	3	16 15 51.9	− 3 38 19	2.477	21 28.3

Second Transit: June 1ᵈ23ʰ57ᵐ3.

JUNO, 1986

GEOCENTRIC POSITIONS FOR 0ʰ DYNAMICAL TIME

Date	Astrometric J2000.0 R. A.	Dec.	True Distance	Ephemeris Transit	Date	Astrometric J2000.0 R. A.	Dec.	True Distance	Ephemeris Transit
	h m s	° ′ ″		h m		h m s	° ′ ″		h m
July 1	16 16 58.0	− 3 34 49	2.462	21 37.2	Oct. 1	16 43 45.5	−10 26 38	3.523	16 03.3
3	16 15 51.9	3 38 19	.477	21 28.3	3	16 45 47.7	10 36 11	.545	15 57.5
5	16 14 50.1	3 42 18	.493	21 19.4	5	16 47 52.5	10 45 36	.567	15 51.7
7	16 13 52.7	3 46 45	.509	21 10.6	7	16 49 59.9	10 54 51	.589	15 46.0
9	16 12 59.9	3 51 40	.527	21 01.9	9	16 52 09.7	11 03 57	.610	15 40.3
11	16 12 11.8	− 3 57 00	2.545	20 53.3	11	16 54 22.0	−11 12 52	3.630	15 34.6
13	16 11 28.4	4 02 46	.563	20 44.8	13	16 56 36.6	11 21 36	.651	15 29.0
15	16 10 49.9	4 08 55	.583	20 36.3	15	16 58 53.4	11 30 10	.670	15 23.4
17	16 10 16.3	4 15 28	.603	20 27.9	17	17 01 12.5	11 38 32	.690	15 17.9
19	16 09 47.6	4 22 22	.623	20 19.6	19	17 03 33.7	11 46 42	.709	15 12.4
21	16 09 23.7	− 4 29 37	2.644	20 11.4	21	17 05 57.0	−11 54 40	3.727	15 06.9
23	16 09 04.8	4 37 11	.666	20 03.2	23	17 08 22.4	12 02 26	.745	15 01.4
25	16 08 50.8	4 45 04	.688	19 55.2	25	17 10 49.7	12 09 59	.763	14 56.0
27	16 08 41.8	4 53 14	.711	19 47.2	27	17 13 19.1	12 17 18	.780	14 50.7
29	16 08 37.6	5 01 41	.733	19 39.3	29	17 15 50.3	12 24 25	.796	14 45.3
31	16 08 38.3	− 5 10 23	2.757	19 31.5	31	17 18 23.4	−12 31 17	3.812	14 40.0
Aug. 2	16 08 43.8	5 19 20	.781	19 23.7	Nov. 2	17 20 58.3	12 37 55	.828	14 34.7
4	16 08 54.2	5 28 31	.805	19 16.1	4	17 23 35.0	12 44 18	.843	14 29.5
6	16 09 09.3	5 37 54	.829	19 08.5	6	17 26 13.3	12 50 27	.857	14 24.2
8	16 09 29.3	5 47 29	.853	19 01.0	8	17 28 53.3	12 56 20	.871	14 19.0
10	16 09 53.8	− 5 57 14	2.878	18 53.5	10	17 31 34.8	−13 01 58	3.885	14 13.8
12	16 10 23.1	6 07 08	.903	18 46.2	12	17 34 17.8	13 07 20	.897	14 08.7
14	16 10 56.8	6 17 11	.928	18 38.9	14	17 37 02.2	13 12 26	.910	14 03.6
16	16 11 35.0	6 27 22	.954	18 31.7	16	17 39 48.1	13 17 15	.921	13 58.5
18	16 12 17.6	6 37 38	.979	18 24.6	18	17 42 35.3	13 21 49	.932	13 53.4
20	16 13 04.4	− 6 48 01	3.005	18 17.5	20	17 45 23.9	−13 26 06	3.943	13 48.3
22	16 13 55.5	6 58 29	.030	18 10.5	22	17 48 13.7	13 30 06	.953	13 43.3
24	16 14 50.7	7 09 00	.056	18 03.6	24	17 51 04.7	13 33 49	.962	13 38.2
26	16 15 49.9	7 19 35	.082	17 56.7	26	17 53 56.9	13 37 14	.971	13 33.2
28	16 16 53.2	7 30 13	.107	17 50.0	28	17 56 50.3	13 40 23	.979	13 28.3
30	16 18 00.3	− 7 40 53	3.133	17 43.2	30	17 59 44.8	−13 43 13	3.986	13 23.3
Sept. 1	16 19 11.3	7 51 34	.159	17 36.6	Dec. 2	18 02 40.3	13 45 46	.993	13 18.4
3	16 20 26.1	8 02 16	.184	17 30.0	4	18 05 36.8	13 48 01	3.999	13 13.4
5	16 21 44.6	8 12 57	.210	17 23.4	6	18 08 34.2	13 49 58	4.005	13 08.5
7	16 23 06.8	8 23 37	.235	17 16.9	8	18 11 32.5	13 51 36	.010	13 03.6
9	16 24 32.4	− 8 34 16	3.260	17 10.5	10	18 14 31.6	−13 52 56	4.014	12 58.7
11	16 26 01.6	8 44 52	.285	17 04.1	12	18 17 31.4	13 53 58	.018	12 53.8
13	16 27 34.1	8 55 26	.310	16 57.8	14	18 20 32.0	13 54 41	.021	12 49.0
15	16 29 09.8	9 05 56	.335	16 51.6	16	18 23 33.3	13 55 06	.023	12 44.1
17	16 30 48.8	9 16 21	.359	16 45.4	18	18 26 35.2	13 55 12	.025	12 39.3
19	16 32 30.9	− 9 26 42	3.383	16 39.2	20	18 29 37.7	−13 54 59	4.026	12 34.5
21	16 34 16.1	9 36 57	.407	16 33.1	22	18 32 40.8	13 54 28	.027	12 29.6
23	16 36 04.2	9 47 07	.431	16 27.1	24	18 35 44.4	13 53 39	.027	12 24.8
25	16 37 55.3	9 57 10	.455	16 21.1	26	18 38 48.5	13 52 30	.026	12 20.0
27	16 39 49.2	10 07 07	.478	16 15.1	28	18 41 53.0	13 51 03	.024	12 15.2
29	16 41 46.0	−10 16 56	3.501	16 09.2	30	18 44 58.0	−13 49 17	4.022	12 10.4
Oct. 1	16 43 45.5	−10 26 38	3.523	16 03.3	32	18 48 03.2	−13 47 12	4.019	12 05.6

VESTA, 1986

GEOCENTRIC POSITIONS FOR 0ʰ DYNAMICAL TIME

Date	Astrometric J2000.0 R. A.	Dec.	True Distance	Ephemeris Transit	Date	Astrometric J2000.0 R. A.	Dec.	True Distance	Ephemeris Transit
	h m s	° ′ ″		h m		h m s	° ′ ″		h m
Jan. 0	19 16 15.8	−22 53 54	3.155	12 37.1	Apr. 2	22 31 18.8	−12 39 42	2.967	9 49.5
2	19 20 52.1	22 48 32	.159	12 33.8	4	22 35 02.8	12 21 54	.954	9 45.4
4	19 25 28.1	22 42 41	.163	12 30.5	6	22 38 45.4	12 04 06	.941	9 41.2
6	19 30 03.5	22 36 21	.167	12 27.2	8	22 42 26.6	11 46 18	.928	9 37.0
8	19 34 38.4	22 29 33	.170	12 23.9	10	22 46 06.2	11 28 32	.914	9 32.8
10	19 39 12.7	−22 22 17	3.173	12 20.6	12	22 49 44.3	−11 10 47	2.900	9 28.5
12	19 43 46.4	22 14 33	.175	12 17.3	14	22 53 20.9	10 53 06	.886	9 24.3
14	19 48 19.4	22 06 21	.178	12 14.0	16	22 56 56.0	10 35 28	.872	9 20.0
16	19 52 51.6	21 57 43	.179	12 10.6	18	23 00 29.6	10 17 54	.857	9 15.7
18	19 57 23.0	21 48 39	.181	12 07.2	20	23 04 01.5	10 00 25	.842	9 11.3
20	20 01 53.5	−21 39 09	3.182	12 03.9	22	23 07 32.0	− 9 43 02	2.826	9 06.9
22	20 06 23.2	21 29 14	.182	12 00.5	24	23 11 00.9	9 25 45	.811	9 02.5
24	20 10 51.9	21 18 55	.182	11 57.1	26	23 14 28.2	9 08 34	.795	8 58.1
26	20 15 19.7	21 08 11	.182	11 53.7	28	23 17 54.0	8 51 31	.778	8 53.7
28	20 19 46.5	20 57 04	.182	11 50.2	30	23 21 18.2	8 34 36	.762	8 49.2
30	20 24 12.3	−20 45 34	3.181	11 46.8	May 2	23 24 40.7	− 8 17 49	2.745	8 44.7
Feb. 1	20 28 37.1	20 33 42	.179	11 43.3	4	23 28 01.7	8 01 12	.728	8 40.1
3	20 33 00.8	20 21 28	.178	11 39.8	6	23 31 21.0	7 44 46	.710	8 35.6
5	20 37 23.5	20 08 53	.176	11 36.3	8	23 34 38.5	7 28 30	.693	8 31.0
7	20 41 45.1	19 55 57	.173	11 32.8	10	23 37 54.3	7 12 27	.675	8 26.4
9	20 46 05.5	−19 42 41	3.170	11 29.3	12	23 41 08.4	− 6 56 36	2.657	8 21.7
11	20 50 24.8	19 29 06	.167	11 25.7	14	23 44 20.6	6 40 58	.638	8 17.0
13	20 54 42.8	19 15 13	.164	11 22.1	16	23 47 31.0	6 25 34	.620	8 12.3
15	20 58 59.6	19 01 02	.160	11 18.5	18	23 50 39.5	6 10 25	.601	8 07.6
17	21 03 15.2	18 46 34	.155	11 14.9	20	23 53 46.1	5 55 32	.582	8 02.8
19	21 07 29.4	−18 31 50	3.150	11 11.2	22	23 56 50.8	− 5 40 54	2.562	7 58.0
21	21 11 42.4	18 16 50	.145	11 07.6	24	23 59 53.5	5 26 32	.543	7 53.2
23	21 15 54.1	18 01 35	.140	11 03.9	26	0 02 54.2	5 12 28	.523	7 48.3
25	21 20 04.5	17 46 05	.134	11 00.2	28	0 05 52.9	4 58 41	.503	7 43.4
27	21 24 13.6	17 30 22	.128	10 56.4	30	0 08 49.5	4 45 13	.483	7 38.5
Mar. 1	21 28 21.4	−17 14 26	3.121	10 52.7	June 1	0 11 43.9	− 4 32 04	2.463	7 33.5
3	21 32 27.8	16 58 18	.114	10 48.9	3	0 14 36.1	4 19 16	.442	7 28.5
5	21 36 33.0	16 41 57	.107	10 45.1	5	0 17 26.0	4 06 48	.422	7 23.4
7	21 40 36.8	16 25 26	.099	10 41.3	7	0 20 13.6	3 54 42	.401	7 18.4
9	21 44 39.3	16 08 45	.091	10 37.5	9	0 22 58.7	3 42 59	.380	7 13.2
11	21 48 40.4	−15 51 54	3.083	10 33.6	11	0 25 41.3	− 3 31 39	2.359	7 08.0
13	21 52 40.1	15 34 54	.074	10 29.7	13	0 28 21.2	3 20 43	.338	7 02.8
15	21 56 38.4	15 17 47	.065	10 25.8	15	0 30 58.5	3 10 12	.316	6 57.6
17	22 00 35.2	15 00 33	.055	10 21.9	17	0 33 33.1	3 00 05	.295	6 52.3
19	22 04 30.6	14 43 12	.045	10 17.9	19	0 36 04.9	2 50 25	.273	6 46.9
21	22 08 24.7	−14 25 45	3.035	10 13.9	21	0 38 33.8	− 2 41 12	2.251	6 41.5
23	22 12 17.2	14 08 13	.024	10 09.9	23	0 40 59.7	2 32 25	.230	6 36.1
25	22 16 08.4	13 50 37	.013	10 05.9	25	0 43 22.5	2 24 07	.208	6 30.6
27	22 19 58.1	13 32 58	3.002	10 01.8	27	0 45 42.2	2 16 17	.186	6 25.0
29	22 23 46.4	13 15 15	2.991	9 57.8	29	0 47 58.6	2 08 57	.164	6 19.4
31	22 27 33.3	−12 57 29	2.979	9 53.7	July 1	0 50 11.7	− 2 02 07	2.142	6 13.7
Apr. 2	22 31 18.8	−12 39 42	2.967	9 49.5	3	0 52 21.1	− 1 55 48	2.120	6 08.0

VESTA, 1986

GEOCENTRIC POSITIONS FOR 0ʰ DYNAMICAL TIME

Date	Astrometric J2000.0 R. A.	Dec.	True Distance	Ephemeris Transit	Date	Astrometric J2000.0 R. A.	Dec.	True Distance	Ephemeris Transit
	h m s	° ′ ″		h m		h m s	° ′ ″		h m
July 1	0 50 11.7	− 2 02 07	2.142	6 13.7	Oct. 1	0 57 32.0	− 6 54 15	1.447	0 19.1
3	0 52 21.1	1 55 48	.120	6 08.0	3	0 55 40.0	7 06 24	.448	0 09.4
5	0 54 26.9	1 50 02	.098	6 02.2	5	0 53 47.2	7 17 58	.451	23 54.8
7	0 56 28.9	1 44 48	.076	5 56.4	7	0 51 54.3	7 28 55	.455	23 45.0
9	0 58 27.0	1 40 08	.054	5 50.5	9	0 50 02.1	7 39 11	.460	23 35.3
11	1 00 21.0	− 1 36 02	2.032	5 44.5	11	0 48 10.9	− 7 48 44	1.466	23 25.6
13	1 02 10.9	1 32 32	2.010	5 38.4	13	0 46 21.5	7 57 30	.473	23 16.0
15	1 03 56.4	1 29 36	1.988	5 32.3	15	0 44 34.3	8 05 27	.481	23 06.4
17	1 05 37.4	1 27 16	.966	5 26.1	17	0 42 49.9	8 12 33	.490	22 56.8
19	1 07 13.9	1 25 33	.945	5 19.9	19	0 41 08.7	8 18 47	.500	22 47.3
21	1 08 45.7	− 1 24 27	1.923	5 13.5	21	0 39 31.2	− 8 24 09	1.512	22 37.8
23	1 10 12.7	1 23 58	.902	5 07.1	23	0 37 57.7	8 28 36	.524	22 28.4
25	1 11 34.6	1 24 08	.880	5 00.6	25	0 36 28.8	8 32 08	.537	22 19.1
27	1 12 51.4	1 24 56	.859	4 54.0	27	0 35 04.7	8 34 45	.551	22 09.9
29	1 14 02.8	1 26 23	.838	4 47.3	29	0 33 45.8	8 36 26	.565	22 00.8
31	1 15 08.7	− 1 28 30	1.818	4 40.5	31	0 32 32.4	− 8 37 12	1.581	21 51.8
Aug. 2	1 16 09.0	1 31 18	.797	4 33.6	Nov. 2	0 31 24.8	8 37 03	.598	21 42.8
4	1 17 03.3	1 34 46	.777	4 26.7	4	0 30 23.2	8 35 58	.615	21 34.0
6	1 17 51.7	1 38 55	.757	4 19.6	6	0 29 27.9	8 34 00	.633	21 25.2
8	1 18 33.9	1 43 44	.738	4 12.4	8	0 28 38.8	8 31 08	.652	21 16.6
10	1 19 09.9	− 1 49 14	1.719	4 05.1	10	0 27 56.2	− 8 27 25	1.671	21 08.1
12	1 19 39.5	1 55 23	.700	3 57.8	12	0 27 20.2	8 22 52	.692	20 59.7
14	1 20 02.6	2 02 13	.682	3 50.3	14	0 26 50.6	8 17 30	.713	20 51.4
16	1 20 19.1	2 09 41	.664	3 42.7	16	0 26 27.6	8 11 20	.734	20 43.2
18	1 20 28.9	2 17 48	.646	3 35.0	18	0 26 11.1	8 04 26	.756	20 35.1
20	1 20 32.0	− 2 26 32	1.630	3 27.1	20	0 26 01.1	− 7 56 47	1.779	20 27.1
22	1 20 28.3	2 35 53	.613	3 19.2	22	0 25 57.4	7 48 26	.802	20 19.2
24	1 20 17.7	2 45 49	.597	3 11.2	24	0 26 00.2	7 39 24	.825	20 11.4
26	1 20 00.2	2 56 20	.582	3 03.0	26	0 26 09.2	7 29 42	.849	20 03.8
28	1 19 35.8	3 07 24	.568	2 54.7	28	0 26 24.4	7 19 23	.874	19 56.2
30	1 19 04.4	− 3 18 59	1.554	2 46.3	30	0 26 45.7	− 7 08 26	1.899	19 48.7
Sept. 1	1 18 26.0	3 31 04	.541	2 37.8	Dec. 2	0 27 13.1	6 56 55	.924	19 41.4
3	1 17 40.9	3 43 35	.528	2 29.2	4	0 27 46.3	6 44 50	.950	19 34.1
5	1 16 49.1	3 56 30	.516	2 20.5	6	0 28 25.3	6 32 13	1.976	19 26.9
7	1 15 50.8	4 09 46	.505	2 11.7	8	0 29 09.9	6 19 05	2.002	19 19.8
9	1 14 46.1	− 4 23 20	1.495	2 02.7	10	0 30 00.0	− 6 05 29	2.028	19 12.8
11	1 13 35.4	4 37 09	.486	1 53.7	12	0 30 55.4	5 51 24	.055	19 05.9
13	1 12 18.9	4 51 07	.478	1 44.6	14	0 31 55.9	5 36 54	.082	18 59.1
15	1 10 56.9	5 05 13	.470	1 35.3	16	0 33 01.4	5 21 59	.109	18 52.3
17	1 09 29.9	5 19 22	.464	1 26.0	18	0 34 11.7	5 06 40	.136	18 45.7
19	1 07 58.1	− 5 33 30	1.458	1 16.6	20	0 35 26.7	− 4 50 59	2.163	18 39.1
21	1 06 21.9	5 47 33	.454	1 07.2	22	0 36 46.3	4 34 57	.191	18 32.6
23	1 04 41.8	6 01 28	.450	0 57.7	24	0 38 10.3	4 18 35	.219	18 26.1
25	1 02 58.3	6 15 09	.448	0 48.1	26	0 39 38.6	4 01 53	.246	18 19.8
27	1 01 11.8	6 28 34	.446	0 38.5	28	0 41 11.0	3 44 53	.274	18 13.4
29	0 59 22.9	− 6 41 37	1.446	0 28.8	30	0 42 47.5	− 3 27 36	2.302	18 07.2
Oct. 1	0 57 32.0	− 6 54 15	1.447	0 19.1	32	0 44 27.9	− 3 10 02	2.329	18 01.0

Second Transit: October 4ᵈ23ʰ59ᵐ6

MINOR PLANETS, 1986

OPPOSITION DATES MAGNITUDES AND OSCULATING ELEMENTS FOR EPOCH 1986 JUNE 19·0 TDT, ECLIPTIC AND EQUINOX J2000·0

Name	No.	$B(1,0)$	Opposition Date	Mag.	Diameter km	Inclination i °	Long of Asc. Node Ω °	Argument of Perihelion ω °	Mean Distance a	Daily Motion n °	Eccentricity e	Mean Anomaly M °
Ceres	1	4·5	Mar. 5	7·5	1003	10·605	80·709	72·584	2·7672	0·21411	0·0784	28·881
Juno	3	6·5	June 1	11·0	247	12·998	170·577	246·897	2·6677	0·22620	0·2580	203·843
Vesta	4	4·3	Oct. 7	7·1	538	7·138	104·069	150·792	2·3625	0·27143	0·0897	76·694
Hebe	6	7·0	Apr. 10	10·8	201	14·780	139·080	238·613	2·4253	0·26095	0·2019	195·934
Iris	7	6·8	Apr. 16	10·5	209	5·511	260·117	144·810	2·3862	0·26739	0·2293	171·246
Flora	8	7·7	Apr. 7	10·6	151	5·887	111·151	285·032	2·2014	0·30175	0·1563	173·985
Metis	9	7·8	Nov. 28	9·6	151	5·585	69·126	4·896	2·3869	0·26728	0·1218	310·516
Hygiea	10	6·5	Dec. 17	11·2	450	3·842	283·855	316·533	3·1342	0·17763	0·1202	179·481
Parthenope	11	7·8	Dec. 30	11·0	150	4·621	125·715	193·657	2·4515	0·25677	0·1003	81·899
Victoria	12	8·4	Dec. 3	11·4	126	8·376	235·877	68·822	2·3336	0·27647	0·2204	57·724
Egeria	13	8·1	Sept. 15	11·6	224	16·505	43·504	80·003	2·5777	0·23816	0·0870	207·976
Irene	14	7·5	Nov. 10	11·1	158	9·111	86·887	95·091	2·5872	0·23685	0·1651	203·842
Thetis	17	9·1	Dec. 16	12·6	109	5·586	125·694	136·017	2·4681	0·25419	0·1377	136·752
Melpomene	18	7·7	Jan. 2	9·7	150	10·134	150·750	227·391	2·2961	0·28329	0·2179	107·403
Fortuna	19	8·4	Nov. 21	10·2	215	1·568	211·789	181·570	2·4422	0·25825	0·1586	338·212
Massalia	20	7·7	July 23	11·1	131	0·699	207·163	254·737	2·4079	0·26378	0·1454	195·860
Kalliope	22	7·3	Dec. 3	10·5	177	13·699	66·490	354·967	2·9100	0·19855	0·0980	335·063
Thalia	23	8·2	May 5	11·2	111	10·155	67·357	59·513	2·6286	0·23126	0·2310	79·960
Themis	24	8·3	Feb. 5	11·6	234	0·763	36·077	111·140	3·1300	0·17798	0·1342	15·820
Phocaea	25	9·3	Jan. 28	13·4	72	21·581	214·418	90·404	2·4015	0·26484	0·2542	231·796
Euterpe	27	8·4	Nov. 4	10·2	108	1·584	94·828	355·936	2·3481	0·27392	0·1712	286·733
Bellona	28	8·2	Oct. 11	11·9	126	9·404	144·725	342·672	2·7817	0·21244	0·1480	239·875
Amphitrite	29	7·1	Aug. 31	10·0	195	6·113	356·658	62·659	2·5553	0·24129	0·0732	268·469
Euphrosyne	31	7·3	May 10	12·2	370	26·350	31·357	63·230	3·1461	0·17662	0·2276	128·642
Pomona	32	8·8	July 4	11·7	93	5·518	220·781	336·400	2·5857	0·23705	0·0844	72·769
Atalante	36	9·8	May 24	14·5	118	18·493	358·961	46·391	2·7446	0·21677	0·3050	224·239
Fides	37	8·4	Mar. 17	11·7	95	3·078	7·896	61·834	2·6420	0·22951	0·1771	108·210
Laetitia	39	7·4	May 27	11·2	163	10·373	157·508	209·163	2·7676	0·21406	0·1137	254·136
Harmonia	40	8·3	May 14	10·8	100	4·257	94·439	269·697	2·2669	0·28877	0·0467	243·187
Daphne	41	8·2	Sept. 11	12·2	204	15·779	178·528	45·663	2·7711	0·21366	0·2685	78·718
Isis	42	8·8	Aug. 12	9·9	97	8·542	84·797	235·887	2·4400	0·25860	0·2258	344·086
Nysa	44	7·8	Aug. 1	11·3	82	3·705	131·735	341·856	2·4225	0·26140	0·1513	189·490
Eugenia	45	8·3	Jan. 16	11·9	226	6·596	148·163	85·989	2·7208	0·21961	0·0836	285·191
Hestia	46	9·6	Nov. 17	11·8	133	2·328	181·352	175·419	2·5251	0·24563	0·1724	4·932
Nemausa	51	8·7	June 25	11·3	151	9·962	176·314	0·697	2·3654	0·27093	0·0662	87·568
Europa	52	7·6	Sept. 11	11·9	289	7·454	129·476	335·290	3·1076	0·17992	0·1031	237·883
Alexandra	54	8·9	Feb. 14	13·1	180	11·788	313·839	344·130	2·7122	0·22066	0·1965	248·706
Melete	56	9·5	Apr. 4	12·6	146	8·081	193·918	103·092	2·5994	0·23518	0·2322	302·302
Mnemosyne	57	8·4	May 14	13·1	109	15·221	199·596	217·045	3·1481	0·17646	0·1177	180·390
Concordia	58	9·9	Oct. 2	13·5	110	5·060	161·548	31·834	2·7028	0·22181	0·0433	151·384
Echo	60	10·0	Sept. 26	12·6	51	3·592	192·154	269·247	2·3953	0·26587	0·1828	256·348
Angelina	64	8·8	Sept. 26	12·5	56	1·313	310·134	178·286	2·6852	0·22399	0·1249	225·596
Maja	66	10·5	Apr. 8	14·4	85	3·055	8·125	43·131	2·6457	0·22903	0·1739	151·681
Asia	67	9·7	Oct. 11	11·7	58	6·008	203·091	105·508	2·4209	0·26167	0·1873	20·408
Leto	68	8·2	Apr. 7	12·5	126	7·968	44·593	304·509	2·7829	0·21230	0·1852	232·488
Niobe	71	8·3	Dec. 19	12·4	115	23·300	316·481	266·627	2·7535	0·21572	0·1751	198·102
Frigga	77	9·7	Feb. 8	12·7	67	2·434	1·677	61·057	2·6691	0·22603	0·1327	91·229
Sappho	80	9·2	June 27	11·2	83	8·656	219·094	138·885	2·2954	0·28341	0·2003	298·083
Alkmene	82	9·5	June 29	13·7	65	2·844	25·965	110·442	2·7590	0·21507	0·2234	120·145
Beatrix	83	9·8	Feb. 21	12·1	123	4·982	27·953	165·746	2·4314	0·25996	0·0842	354·190

MINOR PLANETS, 1986

OPPOSITION DATES, MAGNITUDES AND OSCULATING ELEMENTS FOR EPOCH 1986 JUNE 19·0 TDT, ECLIPTIC AND EQUINOX J2000·0

Name	No.	$B(1,0)$	Opposition Date	Mag.	Diameter km	Inclination i °	Long of Asc. Node Ω °	Argument of Perihelion ω °	Mean Distance a	Daily Motion n °	Eccentricity e	Mean Anomaly M °
Io	85	8·9	Sept. 30	11·1	147	11·957	203·579	122·781	2·6541	0·22794	0·1940	4·962
Thisbe	88	8·1	Aug. 27	10·6	210	5·218	277·170	35·803	2·7689	0·21391	0·1635	1·456
Aegina	91	10·0	July 18	13·5	104	2·123	11·058	73·200	2·5894	0·23654	0·1060	210·859
Minerva	93	8·7	Sept. 30	12·0	168	8·570	4·648	274·646	2·7570	0·21531	0·1408	50·238
Klotho	97	8·7	Apr. 9	12·6	95	11·756	160·236	267·907	2·6681	0·22615	0·2587	118·912
Hera	103	8·8	Feb. 19	12·6	96	5·411	136·501	188·105	2·7028	0·22181	0·0790	212·757
Artemis	105	9·4	Dec. 27	12·9	126	21·482	188·638	56·035	2·3719	0·26982	0·1782	172·761
Dione	106	8·8	Aug. 1	12·7	139	4·623	62·688	331·306	3·1602	0·17544	0·1822	286·834
Camilla	107	8·3	Dec. 26	12·6	211	9·926	174·198	295·445	3·4789	0·15190	0·0832	318·197
Felicitas	109	10·1	Mar. 15	13·6	75	7·886	3·574	56·426	2·6957	0·22269	0·2987	101·330
Amalthea	113	9·9	Oct. 16	12·9	47	5·035	123·697	79·715	2·3773	0·26889	0·0867	145·391
Kassandra	114	9·5	Nov. 19	12·8	136	4·939	164·537	351·964	2·6754	0·22523	0·1388	241·157
Sirona	116	8·9	Sept. 12	13·0	80	3·567	64·324	92·442	2·7743	0·21329	0·1377	176·823
Brunhild	123	10·1	May 16	14·0	47	6·416	308·343	124·403	2·6942	0·22288	0·1212	167·862
Alkeste	124	9·4	Mar. 24	12·3	67	2·951	188·601	59·814	2·6294	0·23116	0·0781	323·230
Antigone	129	7·8	July 19	10·6	115	12·222	137·151	107·226	2·8714	0·20256	0·2079	29·085
Elektra	130	8·5	Sept. 8	11·4	173	22·892	146·007	234·841	3·1140	0·17936	0·2197	321·701
Vala	131	11·0	Feb. 5	13·7	35	4·957	65·881	156·846	2·4319	0·25988	0·0681	314·682
Meliboea	137	9·1	Nov. 13	13·1	150	13·436	202·577	108·363	3·1106	0·17966	0·2240	46·646
Juewa	139	9·2	Nov. 23	12·8	163	10·940	2·254	166·013	2·7792	0·21273	0·1761	242·247
Siwa	140	9·6	May 17	12·3	103	3·186	107·497	196·306	2·7329	0·21816	0·2145	320·522
Lumen	141	9·6	Sept. 6	11·6	133	11·920	319·171	56·809	2·6658	0·22645	0·2157	322·989
Vibilia	144	9·1	Feb. 27	13·3	130	4·815	76·773	293·437	2·6566	0·22762	0·2327	154·726
Adeona	145	8·7	Nov. 17	11·5	195	12·620	77·760	44·614	2·6724	0·22560	0·1454	271·727
Lucina	146	9·3	Feb. 5	12·7	141	13·094	84·407	144·043	2·7188	0·21986	0·0665	302·793
Aemilia	159	9·3	Jan. 5	12·8	140	6·123	134·474	338·951	3·1038	0·18024	0·1073	23·211
Celuta	186	10·5	Jan. 10	13·6	49	13·190	15·053	315·044	2·3623	0·27145	0·1500	168·923
Phthia	189	10·8	Dec. 27	13·5	41	5·174	203·952	164·571	2·4498	0·25705	0·0364	33·869
Prokne	194	8·8	Sept. 28	10·6	191	18·526	159·697	163·313	2·6165	0·23287	0·2386	1·192
Philomela	196	7·7	Nov. 3	11·9	161	7·259	72·771	221·855	3·1135	0·17941	0·0273	76·675
Kallisto	204	10·1	Jan. 18	14·0	50	8·282	205·761	54·436	2·6703	0·22587	0·1757	268·310
Lacrimosa	208	10·5	July 5	14·2	42	1·763	5·048	113·200	2·8914	0·20046	0·0152	161·415
Oceana	224	9·8	July 6	12·7	71	5·857	353·435	281·273	2·6447	0·22916	0·0428	4·339
Hypatia	238	9·2	Mar. 3	13·2	154	12·390	184·442	209·663	2·9080	0·19875	0·0881	143·687
Germania	241	8·6	Dec. 11	12·6	200	5·508	271·362	73·602	3·0467	0·18534	0·1035	50·369
Eukrate	247	9·3	May 22	13·9	142	25·036	0·578	54·548	2·7389	0·21744	0·2447	207·143
Libussa	264	9·7	Jan. 13	13·0	63	10·430	50·069	339·913	2·7995	0·21042	0·1342	99·825
Unitas	306	10·0	July 3	11·6	43	7·267	142·164	167·304	2·3575	0·27229	0·1512	335·687
Polyxo	308	9·3	Jan. 16	12·9	138	4·349	182·261	110·384	2·7500	0·21612	0·0383	217·618
Chaldaea	313	10·1	Aug. 16	13·6	160	11·616	177·039	314·642	2·3768	0·26898	0·1804	183·463
Bamberga	324	8·1	May 29	11·9	246	11·148	328·582	43·428	2·6801	0·22463	0·3413	280·017
Tercidina	345	10·1	Mar. 12	12·6	99	9·738	212·960	230·570	2·3254	0·27795	0·0617	110·797
Dembowska	349	7·2	Aug. 18	10·7	144	8·260	32·869	345·119	2·9245	0·19707	0·0917	300·759
Liguria	356	9·3	May 31	13·9	150	8·244	355·582	77·316	2·7555	0·21548	0·2399	181·598
Carlova	360	9·4	Jan. 7	12·5	130	11·706	132·854	289·470	3·0035	0·18935	0·1768	62·531
Isara	364	11·1	Apr. 29	14·0	28	6·004	105·791	312·617	2·2204	0·29790	0·1495	166·935
Corduba	365	10·3	Jan. 5	13·4	99	12·783	185·672	215·577	2·8041	0·20990	0·1546	84·237
Amicitia	367	12·1	July 20	14·7	20	2·944	83·664	54·580	2·2191	0·29814	0·0961	145·937
Myrrha	381	9·7	Feb. 18	14·1	126	12·544	125·650	133·612	3·2115	0·17126	0·1099	282·249
Aquitania	387	8·4	Aug. 23	10·6	112	18·074	128·683	156·619	2·7403	0·21727	0·2362	12·939

MINOR PLANETS, 1986

OPPOSITION DATES, MAGNITUDES AND OSCULATING ELEMENTS FOR EPOCH 1986 JUNE 19.0 TDT, ECLIPTIC AND EQUINOX J2000.0

Name	No.	$B(1,0)$	Opposition Date	Mag.	Diameter km	Inclination i °	Long of Asc. Node Ω °	Argument of Perihelion ω °	Mean Distance a	Daily Motion n °	Eccentricity e	Mean Anomaly M °
Lampetia	393	9.3	July 18	10.5	129	14.874	213.431	89.737	2.7774	0.21294	0.3314	351.539
Vienna	397	10.5	Mar. 17	14.9	50	12.846	228.527	139.511	2.6363	0.23026	0.2455	188.938
Arsinoe	404	10.0	Jan. 21	12.9	102	14.115	92.823	120.991	2.5912	0.23629	0.2033	324.930
Chloris	410	9.5	Jan. 4	14.0	134	10.948	97.448	171.369	2.7250	0.21911	0.2408	240.816
Palatia	415	10.5	May 30	15.4	93	8.133	127.589	296.133	2.7883	0.21169	0.3048	191.305
Vaticana	416	9.2	Nov. 7	13.6	76	12.918	58.512	197.438	2.7879	0.21173	0.2206	101.528
Eros	433	12.4	Aug. 6	13.1	23	10.832	304.496	178.510	1.4582	0.55971	0.2229	170.451
Bathilde	441	9.4	July 22	13.4	66	8.128	254.262	200.560	2.8054	0.20975	0.0822	203.200
Gyptis	444	9.1	Feb. 19	13.4	165	10.259	196.206	154.291	2.7724	0.21351	0.1730	181.699
Bruchsalia	455	9.9	Apr. 8	14.3	105	12.030	76.827	272.494	2.6580	0.22745	0.2920	237.219
Papagena	471	7.8	Dec. 26	10.5	143	14.939	84.550	313.149	2.8896	0.20066	0.2296	358.834
Hedwig	476	9.8	Mar. 16	13.2	113	10.926	286.771	358.846	2.6499	0.22848	0.0733	285.090
Iva	497	10.7	Mar. 2	15.5	31	4.833	7.018	2.902	2.8558	0.20423	0.2976	153.304
Tokio	498	10.3	Feb. 14	14.6	71	9.523	97.797	240.240	2.6524	0.22816	0.2216	186.893
Amherstia	516	9.4	Sept. 8	13.1	63	12.989	329.751	256.927	2.6827	0.22431	0.2725	73.880
Pauly	537	9.9	Dec. 13	14.6	136	9.920	120.819	184.255	3.0580	0.18431	0.2396	81.335
Senta	550	10.5	Apr. 21	13.6	53	10.085	271.065	45.044	2.5914	0.23626	0.2178	296.915
Peraga	554	9.8	Mar. 28	12.8	101	2.940	295.993	127.153	2.3747	0.26933	0.1529	132.654
Carmen	558	10.1	July 11	14.0	64	8.365	144.334	312.195	2.9062	0.19893	0.0438	190.030
Suleika	563	10.0	June 2	14.5	51	10.230	85.667	335.716	2.7115	0.22074	0.2364	199.635
Scheila	596	10.0	Feb. 16	13.9	134	14.678	71.204	174.767	2.9285	0.19667	0.1642	300.122
Patroclus	617	9.1	June 17	15.6	147	22.048	44.430	306.063	5.2322	0.08235	0.1394	293.772
Hektor	624	8.6	Dec. 4	15.4	179	18.245	342.775	179.518	5.1723	0.08379	0.0230	260.887
Zelinda	654	9.5	Aug. 7	13.1	128	18.138	278.825	213.370	2.2974	0.28304	0.2309	178.290
Crescentia	660	10.6	July 14	13.0	51	15.250	157.431	104.926	2.5342	0.24431	0.1027	18.640
Rachele	674	8.6	May 29	13.2	102	13.546	58.845	40.746	2.9203	0.19750	0.1962	140.153
Pax	679	10.4	July 25	12.5	73	24.395	112.883	265.737	2.5855	0.23708	0.3122	307.546
Ekard	694	10.1	Mar. 18	14.8	101	15.845	230.846	110.688	2.6726	0.22559	0.3216	237.232
Arequipa	737	9.9	May 12	12.7	46	12.371	185.189	134.273	2.5926	0.23610	0.2413	306.923
Winchester	747	8.8	Apr. 3	13.7	205	18.164	130.318	275.976	2.9978	0.18989	0.3426	126.635
Montefiore	782	12.7	Oct. 13	14.9	15	5.261	80.690	81.240	2.1806	0.30607	0.0384	182.836
Zwetana	785	10.7	Oct. 26	14.8	49	12.698	72.619	129.048	2.5739	0.23868	0.2061	160.385
Hispania	804	8.9	Jan. 26	13.1	141	15.350	348.145	341.933	2.8404	0.20589	0.1382	173.663
Petropolitana	830	10.5	Dec. 13	14.5	51	3.830	342.093	67.963	3.2096	0.17140	0.0644	357.213
Benkoela	863	10.3	Feb. 16	14.5	33	25.441	117.281	99.119	3.1982	0.17233	0.0463	315.232
Alinda	887	15.1	Apr. 19	16.5	4	9.246	110.901	349.705	2.4931	0.25038	0.5581	54.866
Laodamia	1011	14.2	Dec. 24	14.5	7	5.473	132.803	353.150	2.3961	0.26573	0.3464	294.224
Grubba	1058	13.0	Feb. 18	16.1	13	3.686	222.184	93.741	2.1967	0.30272	0.1873	237.570
Aneas	1172	9.3	July 6	15.5	130	16.716	247.514	46.976	5.1606	0.08407	0.1039	352.259
Anchises	1173	10.2	July 11	16.3	92	6.913	284.039	37.409	5.3022	0.08073	0.1366	333.548
Irmela	1178	13.0	Oct. 26	16.9	20	6.962	170.455	356.779	2.6783	0.22486	0.1861	211.872
Icarus	1566	17.7	July 1	17.3	20	22.896	88.195	31.182	1.0779	0.88074	0.8268	72.091
Alikoski	1567	10.6	Jan. 10	14.7	72	17.262	51.921	119.101	3.2133	0.17111	0.0848	333.778
Geographos	1620	16.7	Dec. 25	17.0	3	13.327	337.441	276.556	1.2447	0.70976	0.3354	80.700
Toro	1685	14.7	Apr. 25	16.1	3	9.375	274.520	126.784	1.3672	0.61655	0.4359	205.230

COMET HALLEY, 1986

GEOCENTRIC POSITIONS FOR 0^h TDT

Date		Astrometric 1950·0 R.A.	Dec.	Distance	Mag.	Date		Astrometric 1950·0 R.A.	Dec.	Distance	Mag.
		h m	° ′					h m	° ′		
Jan.	0	22 17·450	− 2 18·48	1·14	5·9	July	4	10 34·641	− 4 59·99	2·83	10·3
	5	22 05·894	3 27·96	1·24	5·7		9	10 37·247	5 03·65	2·97	10·5
	10	21 55·823	4 28·18	1·32	5·4		14	10 39·981	5 10·15	3·11	10·6
	15	21 46·624	5 23·34	1·40	5·1		19	10 42·813	5 19·11	3·24	10·8
	20	21 37·828	6 16·92	1·47	4·8		24	10 45·720	5 30·22	3·37	11·0
	25	21 29·092	− 7 11·89	1·52	4·5		29	10 48·684	− 5 43·22	3·50	11·1
	30	21 20·203	8 10·67	1·55	4·2	Aug.	3	10 51·689	5 57·91	3·61	11·3
Feb.	4	21 11·099	9 15·00	1·56	4·0		8	10 54·720	6 14·12	3·73	11·4
	9	21 01·872	10 25·80	1·55	4·1		13	10 57·760	6 31·68	3·83	11·5
	14	20 52·711	11 43·21	1·51	4·1		18	11 00·793	6 50·41	3·93	11·7
	19	20 43·786	−13 07·21	1·45	4·2		23	11 03·807	− 7 10·18	4·02	11·8
	24	20 35·119	14 38·46	1·37	4·3		28	11 06·793	7 30·89	4·11	11·9
Mar.	1	20 26·520	16 19·06	1·27	4·4	Sept.	2	11 09·738	7 52·44	4·19	12·0
	6	20 17·556	18 13·12	1·16	4·5		7	11 12·629	8 14·73	4·26	12·1
	11	20 07·493	20 27·34	1·04	4·5		12	11 15·454	8 37·65	4·33	12·2
	16	19 55·140	−23 12·10	0·91	4·5		17	11 18·198	− 9 01·10	4·39	12·2
	21	19 38·451	26 42·86	0·79	4·4		22	11 20·851	9 24·98	4·44	12·3
	26	19 13·571	31 20·90	0·66	4·3		27	11 23·400	9 49·24	4·49	12·4
	31	18 32·573	37 24·52	0·55	4·1	Oct.	2	11 25·833	10 13·79	4·53	12·5
Apr.	5	17 19·738	44 11·82	0·46	4·0		7	11 28·134	10 38·53	4·56	12·5
	10	15 21·785	−47 23·82	0·42	4·0		12	11 30·286	−11 03·38	4·58	12·6
	15	13 20·433	42 03·87	0·44	4·3		17	11 32·274	11 28·21	4·60	12·7
	20	12 03·880	32 47·80	0·52	4·8		22	11 34·084	11 52·96	4·61	12·7
	25	11 21·967	24 53·98	0·64	5·4		27	11 35·699	12 17·54	4·62	12·8
	30	10 58·123	19 13·50	0·77	6·0	Nov.	1	11 37·100	12 41·84	4·62	12·8
May	5	10 43·812	−15 14·48	0·92	6·5		6	11 38·266	−13 05·74	4·61	12·8
	10	10 34·962	12 24·29	1·08	7·0		11	11 39·178	13 29·09	4·60	12·9
	15	10 29·490	10 20·70	1·24	7·4		16	11 39·815	13 51·77	4·58	12·9
	20	10 26·237	8 49·46	1·41	7·8		21	11 40·160	14 13·64	4·56	13·0
	25	10 24·516	7 41·35	1·57	8·2		26	11 40·190	14 34·56	4·53	13·0
	30	10 23·895	− 6 50·29	1·74	8·5	Dec.	1	11 39·884	−14 54·34	4·50	13·0
June	4	10 24·096	6 12·20	1·90	8·8		6	11 39·220	15 12·77	4·46	13·0
	9	10 24·926	5 44·24	2·06	9·1		11	11 38·178	15 29·65	4·43	13·1
	14	10 26·245	5 24·36	2·22	9·4		16	11 36·744	15 44·75	4·39	13·1
	19	10 27·946	5 11·04	2·38	9·6		21	11 34·902	15 57·87	4·35	13·1
	24	10 29·949	− 5 03·10	2·53	9·9		26	11 32·642	−16 08·74	4·31	13·1
	29	10 32·196	4 59·63	2·68	10·1		31	11 29·955	16 17·10	4·27	13·1
July	4	10 34·641	− 4 59·99	2·83	10·3		36	11 26·838	−16 22·66	4·24	13·1

The above ephemeris was supplied by D. K. Yeomans of JPL on 1983 April 5. It indicates that the coma will probably occult the star v' Centauri on April 13·4.

STARS AND STELLAR SYSTEMS
CONTENTS OF SECTION H

Bright Stars	H2
Notes	H31
Photometric Standards	
UBVRI Stardard Stars	H32
uvby and Hβ Standard Stars	H35
Radial Velocity Standard Stars	H42
Bright Galaxies	H44
Notes	H48
Selected Open Clusters	H49
Notes	H53
Globular Clusters	H54
Notes	H56
Radio Sources	
Position Standards	H57
Flux Calibration Standards	H61
Identified X-Ray Sources	H62
Notes	H66
Variable Stars	
RR Lyrae Variables	H67
Long-Period Cepheid Variables	H67
Mira Ceti Variables	H68
Semi-Regular Variables	H68
Irregular Variables	H69
Other Types of Variables	H70
Quasars	H70
Pulsars	H70

Except for the tables of radio sources, positions tabulated in Section H are referred to the mean equator and equinox of J1986.5 = 1986 July 2.625 = JD 244 6614.125. Positions of radio sources are referred to J2000.0 = 245 1545.0.

BRIGHT STARS, J1986.5

Name	B.S.	Right Ascension	Declination	Notes	V	B−V	Spectral Type
		h m s	° ′ ″				
θ Oct	9084	0 00 55.0	−77 08 25	F,V	4.78	+1.27	K2 III
30 Psc	9089	0 01 16.1	− 6 05 21	F,V	4.41	+1.63	M3 III
2 Cet	9098	0 03 02.9	−17 24 40	F,V	4.55	−0.05	B9 IV
33 Psc	3	0 04 38.7	− 5 46 59	F	4.61	+1.04	K1 III
21 α And	15	0 07 41.3	+29 00 57	F,D	2.06	−0.11	B9p
11 β Cas	21	0 08 27.1	+59 04 31	F,S,D	2.27	+0.34	F2 III-IV
ε Phe	25	0 08 43.8	−45 49 19	F	3.88	+1.03	K0 III
22 And	27	0 09 36.9	+45 59 50	F	5.03	+0.40	F2 II
θ Scl	35	0 11 02.9	−35 12 31	F	5.25	+0.44	dF4
88 γ Peg	39	0 12 32.4	+15 06 31	F,S,V	2.83	−0.23	B2 IV
89 χ Peg	45	0 13 54.2	+20 07 54	F,S	4.80	+1.57	M2 III
7 Cet	48	0 13 57.3	−19 00 27		4.44	+1.66	M1 III
25 σ And	68	0 17 37.2	+36 42 38	F	4.52	+0.05	A2 V
8 ι Cet	74	0 18 44.4	− 8 53 55	F	3.56	+1.22	K1.5 III
ζ Tuc	77	0 19 22.5	−64 57 15	F	4.23	+0.58	F9 V
41 Psc	80	0 19 54.1	+ 8 06 55	F	5.37	+1.34	gK3
27 ρ And	82	0 20 24.4	+37 53 38	F	5.18	+0.42	F6 IV
R And	90	0 23 19.0	+38 30 09	S,V	7.39	+1.97	S6.5 Zr6 Ti2
β Hyi	98	0 25 03.6	−77 19 49	F	2.80	+0.62	G1 IV
κ Phe	100	0 25 32.5	−43 45 17		3.94	+0.17	A5 Vn
α Phe	99	0 25 37.2	−42 22 45	F,D	2.39	+1.09	K0 IIIb
	118	0 29 42.2	−23 51 44	F	5.19	+0.12	A5 Vn
λ¹ Phe	125	0 30 46.1	−48 52 41	F,D	4.77	+0.02	A0 V
β¹ Tuc	126	0 30 55.9	−63 01 57	D	4.37	−0.07	B9 V
15 κ Cas	130	0 32 13.5	+62 51 27	F,S	4.16	+0.14	B1 Ia
29 π And	154	0 36 09.4	+33 38 43	F,D	4.36	−0.14	B5 V
17 ζ Cas	153	0 36 12.8	+53 49 22	F	3.66	−0.20	B2 IV
	157	0 36 37.6	+35 19 31	S	5.48	+0.88	G3 II
30 ε And	163	0 37 50.4	+29 14 19	F	4.37	+0.87	G8 IIIp
31 δ And	165	0 38 36.2	+30 47 14	F,S,D	3.27	+1.28	K3 III
18 α Cas	168	0 39 44.1	+56 27 49	F,V,D	2.23	+1.17	K0- IIIa
μ Phe	180	0 40 41.4	−46 09 32	F	4.59	+0.97	G8 III
η Phe	191	0 42 45.1	−57 32 13	F,D	4.36	0.00	B9 Vp
16 β Cet	188	0 42 54.7	−18 03 38	F	2.04	+1.02	K1 III
22 o Cas	193	0 43 58.1	+48 12 38	F,D	4.54	−0.07	B5 III
34 ζ And	215	0 46 37.3	+24 11 38	F,V,D	4.06	+1.12	K1 II
63 δ Psc	224	0 47 58.9	+ 7 30 42	F	4.43	+1.50	K5 III
λ Hyi	236	0 48 07.6	−74 59 48	F	5.07	+1.37	K4 III
64 Psc	225	0 48 16.0	+16 52 04	F	5.07	+0.51	F8 V
24 η Cas	219	0 48 16.6	+57 44 40	S,D	3.44	+0.57	G0 V
35 ν And	226	0 49 03.9	+41 00 20	F	4.53	−0.15	B5 V
19 φ² Cet	235	0 49 27.0	−10 43 01	F	5.19	+0.50	F8 V
	233	0 49 53.9	+64 10 27	F,C	5.39	+0.49	gG0 + A5
20 Cet	248	0 52 19.1	− 1 13 03	F	4.77	+1.57	M0- IIIa
λ² Tuc	270	0 54 30.3	−69 36 00	F	5.45	+1.09	K2 III
27 γ Cas	264	0 55 53.1	+60 38 38	F,V,D	2.47	−0.15	B0.5 Ive1
37 μ And	269	0 56 00.0	+38 25 35	F,D	3.87	+0.13	A5 V
38 η And	271	0 56 29.1	+23 20 42		4.42	+0.94	G8 III-IV
α Scl	280	0 57 57.4	−29 25 49	F,S	4.31	−0.16	B7 III (C II)
71 ε Psc	294	1 02 14.5	+ 7 49 04	F	4.28	+0.96	K0 III

Name		B.S.	Right Ascension	Declination	Notes	V	B−V	Spectral Type
			h m s	° ′ ″				
	β Phe	322	1 05 29.0	−46 47 27	2	3.31	+0.89	G8 III
		285	1 06 42.8	+86 11 07	F	4.25	+1.21	K2 III
	ι Tuc	332	1 06 46.8	−61 50 50	F	5.37	+0.88	G5 III
	υ Phe	331	1 07 10.9	−41 33 33	F,D	5.21	+0.16	A3 IV/V
30	μ Cas	321	1 07 22.0	+54 51 16	F	5.17	+0.69	G5 Vp
	ζ Phe	338	1 07 49.2	−55 19 04	V,D	3.92	−0.08	B7 V
31	η Cet	334	1 07 54.6	−10 15 13	F	3.45	+1.16	K3 III
42	φ And	335	1 08 42.9	+47 10 12	D	4.25	−0.07	B7 III
43	β And	337	1 08 58.4	+35 32 57	F,D	2.06	+1.58	M0 IIIa
33	θ Cas	343	1 10 16.5	+55 04 42		4.33	+0.17	A7 V
84	χ Psc	351	1 10 43.6	+20 57 47	F	4.66	+1.03	G8 III
83	τ Psc	352	1 10 54.9	+30 01 06	F	4.51	+1.09	K0 III-IV
86	ζ Psc	361	1 13 01.5	+ 7 30 15	F,D	4.86	+0.32	F0 Vn
	κ Tuc	377	1 15 18.8	−68 56 51	D	4.86	+0.47	F6 IV
89	Psc	378	1 17 06.1	+ 3 32 37	F	5.16	+0.07	A3 V
90	υ Psc	383	1 18 43.3	+27 11 36	F	4.76	+0.03	A2 V
34	φ Cas	382	1 19 13.5	+58 09 39	S,M,D	4.98	+0.68	F0 Ia
46	ξ And	390	1 21 32.4	+45 27 30	F	4.88	+1.08	K0 III-IV
45	θ Cet	402	1 23 20.9	− 8 15 10	F,D	3.60	+1.06	K0 IIIb
37	δ Cas	403	1 24 55.5	+60 09 56	F,S,V	2.68	+0.13	A5 III-IV
36	ψ Cas	399	1 24 58.0	+68 03 36	F,D	4.74	+1.05	K0 III
94	Psc	414	1 25 57.8	+19 10 15	F	5.50	+1.11	gK1
48	ω And	417	1 26 50.6	+45 20 15	F,D	4.83	+0.42	F5 V
	γ Phe	429	1 27 46.8	−43 23 14	F	3.41	+1.57	K5+ IIb-IIIa
48	Cet	433	1 28 57.3	−21 41 56	F,7	5.12	+0.02	A1 V
	δ Phe	440	1 30 41.4	−49 08 33	F	3.95	+0.99	K0 IIIb
99	η Psc	437	1 30 45.6	+15 16 35	F,3	3.62	+0.97	G8 III
50	υ And	458	1 36 00.0	+41 20 18	F	4.09	+0.54	F8 V
51	And	464	1 37 09.5	+48 33 37	F	3.57	+1.28	K3 III
	α Eri	472	1 37 12.8	−57 18 18	F	0.46	−0.16	B3 Vp
40	Cas	456	1 37 25.0	+72 58 18	F,D	5.28	+0.96	G8 II-III
106	ν Psc	489	1 40 43.7	+ 5 25 11	F	4.44	+1.36	K3 III
		490	1 41 16.5	+35 10 40	F	5.40	−0.09	B9 IV-V
	π Scl	497	1 41 32.0	−32 23 41	F,M	5.26	+1.04	gK0
		500	1 42 02.5	− 3 45 29	F	4.99	+1.38	K3 II-III
	φ Per	496	1 42 48.5	+50 37 16	F,V	4.07	−0.04	B2 Ve4p
52	τ Cet	509	1 43 26.5	−16 00 30	F	3.50	+0.72	G8 Vp
110	ο Psc	510	1 44 40.8	+ 9 05 24	F,S	4.26	+0.96	G8 III
	ε Scl	514	1 45 00.8	−25 07 11	F,D	5.31	+0.39	dF1
		513	1 45 18.5	− 5 48 02	S	5.34	+1.52	K4 III
53	χ Cet	531	1 48 55.3	−10 45 10	F,D	4.67	+0.33	F2 V
55	ζ Cet	539	1 50 47.6	−10 24 05	F	3.73	+1.14	K2 III
2	α Tri	544	1 52 18.5	+29 30 49	F	3.41	+0.49	F6 IV
111	ξ Psc	549	1 52 51.3	+ 3 07 17	F	4.62	+0.94	K0 III
	ψ Phe	555	1 53 06.4	−46 22 06	F	4.41	+1.59	M4 III
45	ε Cas	542	1 53 24.8	+63 36 15	F	3.38	−0.15	B3 Vp
	φ Phe	558	1 53 48.4	−42 33 47	F	5.11	−0.06	Ap
6	β Ari	553	1 53 53.5	+20 44 33	F	2.64	+0.13	A5 V
	η² Hyi	570	1 54 35.6	−67 42 49	F	4.69	+0.95	G8.5 III
	χ Eri	566	1 55 26.0	−51 40 33	F,D	3.70	+0.85	G8 IIIb CN-2

Name	B.S.	Right Ascension	Declination	Notes	V	B−V	Spectral Type
		h m s	° ′ ″				
α Hyi	591	1 58 20.8	−61 38 07	F	2.86	+0.28	F0 V
59 υ Cet	585	1 59 22.1	−21 08 34	F	4.00	+1.57	gM1
113 α Psc	596	2 01 20.8	+ 2 41 56	D	3.79	+0.03	A0p
4 Per	590	2 01 23.7	+54 25 22	F	5.04	−0.08	B8 III
50 Cas	580	2 02 15.7	+72 21 24	F,5	3.98	−0.01	A2 V
57 γ¹ And	603	2 03 04.0	+42 15 56	F,D	2.26	+1.37	K3- IIb
ν For	612	2 03 53.2	−29 21 41	F	4.69	−0.17	Ap
13 α Ari	617	2 06 24.6	+23 23 57	F	2.00	+1.15	K2 IIIab
4 β Tri	622	2 08 44.2	+34 55 26	F	3.00	+0.14	A5 III
65 ξ¹ Cet	649	2 12 17.0	+ 8 47 02	F	4.37	+0.89	G8 II CN-2
μ For	652	2 12 18.8	−30 47 13	F	5.28	−0.02	A2 Vn
	645	2 12 42.1	+51 00 13	F	5.31	+0.93	K0 III
	641	2 12 43.8	+58 29 54	S	6.44	+0.60	A3 Iab
φ Eri	674	2 16 01.7	−51 34 28	F,D	3.56	−0.12	B8.5 V
67 Cet	666	2 16 18.6	− 6 29 02	F	5.51	+0.96	G8 II
9 γ Tri	664	2 16 30.5	+33 47 07	F	4.01	+0.02	A1 Vnn
1 α UMi	424	2 17 48.6	+89 12 12	F,V,D	2.02	+0.60	F8 Ib
62 And	670	2 18 24.2	+47 19 06	F	5.30	−0.01	A1 V
68 ο Cet	681	2 18 39.8	− 3 02 19	V,D	2−10	+1.42	M5.5e
δ Hyi	705	2 21 30.5	−68 43 14	F	4.09	+0.03	A2 V
κ For	695	2 21 55.5	−23 52 38	F	5.20	+0.60	dG1
κ Hyi	715	2 22 47.1	−73 42 25	F	5.01	+1.09	K1 III
λ Hor	714	2 24 31.3	−60 22 20	F	5.35	+0.39	F2 III
72 ρ Cet	708	2 25 17.8	−12 21 03	F	4.89	−0.03	B9.5 Vn
κ Eri	721	2 26 29.5	−47 45 51	F	4.25	−0.14	B5 IV
12 Tri	717	2 27 22.3	+29 36 35	F,M	5.28		F0 III
73 ξ² Cet	718	2 27 26.4	+ 8 24 00	F	4.28	−0.06	B9 III
ι Cas	707	2 27 56.4	+67 20 33	V,D	4.52	+0.12	A5p
14 Tri	736	2 31 16.5	+36 05 17	F	5.15	+1.47	K5 III
76 σ Cet	740	2 31 26.8	−15 18 12	F	4.75	+0.45	F5 IV-Vs
μ Hyi	776	2 31 56.4	−79 10 06	F	5.28	+0.98	G8 III
78 ν Cet	754	2 35 09.9	+ 5 32 05	F,D	4.86	+0.87	G8 III
	753	2 35 20.3	+ 6 49 23	F,S	5.82	+0.98	K3 V
	743	2 36 43.7	+72 45 37	F	5.16	+0.88	G8 III
32 ν Ari	773	2 38 02.8	+21 54 13	F	5.30	+0.16	A7 V
82 δ Cet	779	2 38 47.3	+ 0 16 15	F,V	4.07	−0.22	B2 IV
ε Hyi	806	2 39 22.8	−68 19 28	F	4.11	−0.06	B9 V
ι Eri	794	2 40 08.1	−39 54 46	F	4.11	+1.02	K0 III
ζ Hor	802	2 40 14.5	−54 36 27	F	5.21	+0.40	F4 IV
86 γ Cet	804	2 42 36.0	+ 3 10 46	D	3.47	+0.09	A2 V
35 Ari	801	2 42 39.4	+27 39 01	F	4.66	−0.13	B3 V
14 Per	800	2 43 12.1	+44 14 25	F	5.43	+0.90	G0 Ib
13 θ Per	799	2 43 16.3	+49 10 19	F,D	4.12	+0.49	F7 V
89 π Cet	811	2 43 28.8	−13 54 56	F	4.25	−0.14	B7 V
87 μ Cet	813	2 44 12.6	+10 03 28	F	4.27	+0.31	F0 IV
1 τ¹ Eri	818	2 44 28.3	−18 37 45		4.47	+0.48	F5 V
β For	841	2 48 31.5	−32 27 44	F	4.46	+0.99	gG8
41 Ari	838	2 49 11.2	+27 12 20	F,1	3.63	−0.10	B8 Vn
15 η Per	834	2 49 42.3	+55 50 25	F,D	3.76	+1.68	K3- Ib-IIa
16 Per	840	2 49 43.6	+38 15 49		4.23	+0.34	F2 III

Name	B.S.	Right Ascension	Declination	Notes	V	B−V	Spectral Type
		h m s	° ′ ″				
2 τ² Eri	850	2 50 25.5	−21 03 33	F,D	4.75	+0.91	gK0
43 σ Ari	847	2 50 44.8	+15 01 37	F	5.49	−0.09	B7 V
18 τ Per	854	2 53 17.6	+52 42 29	F,C,D	3.95	+0.74	gG5: + A:
R Hor	868	2 53 25.9	−49 56 42	M,V	4.00		M6.5e:
3 η Eri	874	2 55 46.0	− 8 57 05	F	3.89	+1.11	K1 III-IV
	875	2 55 56.8	− 3 45 58	F	5.17	+0.08	A1 V
θ¹ Eri	897	2 57 45.0	−40 21 30	F,D	2.91	+0.12	A5 III
θ² Eri	898	2 57 45.6	−40 21 30	M,D	4.42		A1 V
24 Per	882	2 58 13.3	+35 07 47	F	4.93	+1.23	K2 III
91 λ Cet	896	2 58 59.4	+ 8 51 15	F	4.70	−0.12	B6 III
92 α Cet	911	3 01 34.3	+ 4 02 14	F	2.53	+1.64	M1.5 III
11 τ³ Eri	919	3 01 47.8	−23 40 37	F	4.09	+0.16	A5 V
θ Hyi	939	3 02 13.4	−71 57 18	F,D	5.53	−0.14	B8 III/IV
μ Hor	934	3 03 17.7	−59 47 23	F	5.11	+0.34	F0 IV
23 γ Per	915	3 03 48.7	+53 27 16	F,C,D	2.93	+0.70	G8 III: + A3:
	881	3 04 16.8	+79 22 00	F,D	5.49	+1.57	M2 IIIab
25 ρ Per	921	3 04 18.5	+38 47 19	F,V	3.39	+1.65	M4 IIb-IIIa
26 β Per	936	3 07 17.2	+40 54 16	F,V,D	2.12	−0.05	B8 V
ι Per	937	3 08 05.2	+49 33 45	F	4.05	+0.61	G0 V
27 κ Per	941	3 08 34.8	+44 48 25	D	3.80	+0.98	K0 III
57 δ Ari	951	3 10 51.3	+19 40 35	F	4.35	+1.03	K2 III
α For	963	3 11 29.8	−29 02 23	D	3.87	+0.52	F6 IV
94 Cet	962	3 12 05.0	− 1 14 46	F,D	5.06	+0.57	F8 V
	977	3 12 12.5	−57 22 19	F,S	5.74	+2.28	C6:,2.5 Ba2 Y4
58 ζ Ari	972	3 14 07.4	+20 59 42	F	4.89	−0.01	A1 V
13 ζ Eri	984	3 15 10.6	− 8 52 10	F,6	4.80	+0.23	A5m:
29 Per	987	3 17 39.8	+50 10 25	S,M	5.15	−0.05	B3 V
	961	3 18 34.7	+77 41 12	F,D	5.45	+0.19	A5 III:
96 κ Cet	996	3 18 39.1	+ 3 19 17	F,S	4.83	+0.68	G5 V
16 τ⁴ Eri	1003	3 18 54.9	−21 48 23	D	3.69	+1.62	gM3
	1008	3 19 23.3	−43 07 15	F	4.27	+0.71	G8 III
	999	3 19 31.2	+29 00 01		4.47	+1.55	K4 III
61 τ Ari	1005	3 20 26.7	+21 05 56	F	5.28	−0.07	B5 IV
33 α Per	1017	3 23 21.2	+49 48 50	F,S,M	1.80	+0.48	F5 Ib
	1009	3 23 29.6	+64 32 20	F	5.23	+2.08	M0 II
1 o Tau	1030	3 24 05.1	+ 8 58 55	F	3.60	+0.89	G8 III
	1029	3 24 59.6	+49 04 27	S,M	6.07	−0.08	B7 V
2 ξ Tau	1038	3 26 26.2	+ 9 41 11	F	3.74	−0.09	B9 Vn
	1035	3 27 58.1	+59 53 39	F,D	4.21	+0.41	B9 Ia
	1040	3 28 49.7	+58 49 58	S	4.54	+0.56	A0 Ia
κ Ret	1083	3 29 08.4	−62 59 06	F,D	4.72	+0.40	F5 IV-V
35 σ Per	1052	3 29 37.1	+47 56 58	F,M	4.35	+1.37	K3 III
17 Eri	1070	3 29 56.8	− 5 07 15	F	4.73	−0.09	B9 Vs
5 Tau	1066	3 30 07.6	+12 53 28	F	4.11	+1.12	K0 II-III
18 ε Eri	1084	3 32 17.6	− 9 30 12	F,S	3.73	+0.88	K2 V
19 τ⁵ Eri	1088	3 33 11.4	−21 40 40	F,M	4.26	−0.10	B8 V
37 ψ Per	1087	3 35 31.5	+48 08 55	M	4.23	−0.06	B5 Ve2
20 Eri	1100	3 35 40.4	−17 30 40	F	5.23	−0.13	B9p
10 Tau	1101	3 36 11.0	+ 0 21 34	F	4.28	+0.58	F8 V
	1106	3 36 36.5	−40 19 07	F	4.58	+1.04	K1 III

BRIGHT STARS, J1986.5

Name	B.S.	Right Ascension	Declination	Notes	V	B−V	Spectral Type
		h m s	° ′ ″				
	1105	3 40 58.5	+63 10 27	F	5.10	+1.63	S5,3
δ For	1134	3 41 42.7	−31 58 52	F	5.00	−0.16	B5 IV
39 δ Per	1122	3 41 57.5	+47 44 43	F	3.01	−0.13	B5 III
23 δ Eri	1136	3 42 36.0	− 9 48 31	F	3.54	+0.92	K0 IV
38 o Per	1131	3 43 28.2	+32 14 47	V,D	3.83	+0.05	B1 III
24 Eri	1146	3 43 49.3	− 1 12 18	F	5.25	−0.10	B7 V
β Ret	1175	3 44 01.7	−64 50 58	F	3.85	+1.13	K1 IV
17 Tau	1142	3 44 04.3	+24 04 18	F,M	3.70	−0.11	B6 III
41 ν Per	1135	3 44 16.4	+42 32 12	F,D	3.77	+0.42	F5 II
19 Tau	1145	3 44 24.1	+24 25 32	M	4.30	−0.11	B6 IV
29 Tau	1153	3 44 57.3	+ 6 00 30	F,D	5.35	−0.12	B3 V
20 Tau	1149	3 45 01.3	+24 19 35	S,M	3.88	−0.07	B7 III (Fe II)
26 π Eri	1162	3 45 30.1	−12 08 36		4.42	+1.63	M2- IIIab
23 Tau	1156	3 45 31.4	+23 54 25	M	4.18	−0.06	B6 IV
27 τ⁶ Eri	1173	3 46 16.0	−23 17 21	F	4.23	+0.42	F3 III
25 η Tau	1165	3 46 40.8	+24 03 51	F,M,D	2.87	−0.09	B7 III
γ Hyi	1208	3 47 26.4	−74 16 50	F	3.24	+1.62	M2 III
	1155	3 48 16.4	+65 29 08		4.47	+1.88	M2+ II
27 Tau	1178	3 48 21.4	+24 00 46	F,M,D	3.63	−0.08	B8 III
γ Cam	1148	3 48 55.0	+71 17 31	F	4.63	+0.03	A2 IVn
	1195	3 48 56.9	−36 14 26	F	4.17	+0.95	G5
44 ζ Per	1203	3 53 16.9	+31 50 39	F,S,D	2.85	+0.12	B1 Ib
45 ε Per	1220	3 56 56.7	+39 58 19	F,S,D	2.89	−0.18	B0.5 III
34 γ Eri	1231	3 57 23.9	−13 32 47	F,D	2.95	+1.59	M1 III
46 ξ Per	1228	3 58 05.2	+35 45 11	F	4.04	+0.01	O7.5
δ Ret	1247	3 58 31.8	−61 26 17	F	4.56	+1.62	M2 IIIab
35 λ Tau	1239	3 59 55.9	+12 27 11	F,V	3.47	−0.12	B3 IV
35 Eri	1244	4 00 50.9	− 1 35 13	F	5.28	−0.15	B5 V
38 ν Tau	1251	4 02 26.2	+ 5 57 09	F	3.91	+0.03	A1 V
37 Tau	1256	4 03 53.7	+22 02 45	F	4.36	+1.07	K0 III
47 λ Per	1261	4 05 34.4	+50 18 56	F	4.29	−0.01	A0 IVn
	1279	4 06 56.1	+15 07 38	S,M,D	6.01	+0.40	F3 V
48 Per	1273	4 07 40.6	+47 40 39	F	4.04	−0.03	B3 Ve1+
	1270	4 08 18.6	+59 52 23	S	6.28	+1.14	G8 II
43 Tau	1283	4 08 22.7	+19 34 27	F	5.50	+1.07	K1 III
44 Tau	1287	4 10 00.4	+26 26 47	F	5.41	+0.34	F2 IV-V
38 o¹ Eri	1298	4 11 12.3	− 6 52 20	F	4.04	+0.33	F3 V
α Hor	1326	4 13 33.2	−42 19 38	F	3.86	+1.10	K2 III
51 μ Per	1303	4 13 54.1	+48 22 34	F,D	4.14	+0.95	G0 Ib
α Ret	1336	4 14 15.0	−62 30 27	F,D	3.35	+0.91	G9 III
40 o² Eri	1325	4 14 39.0	− 7 40 24	D	4.43	+0.82	K0 V
49 μ Tau	1320	4 14 48.0	+ 8 51 33	F,M	4.29	−0.05	B3 IV
48 Tau	1319	4 15 00.2	+15 22 03	S,M	6.32	+0.40	F3 V
γ Dor	1338	4 15 40.4	−51 31 13	F	4.25	+0.30	F0 V
ε Ret	1355	4 16 14.9	−59 20 03	D	4.44	+1.08	K2 IVa
41 Eri	1347	4 17 23.0	−33 49 51	D	3.56	−0.12	Ap
54 γ Tau	1346	4 19 01.4	+15 35 45	F,M	3.63	+0.99	K0- IIIab
57 Tau	1351	4 19 12.0	+14 00 12	S,M	5.59	+0.28	F0 IV
	1327	4 19 23.6	+65 06 32	S	5.27	+0.81	G5 IIb
54 Per	1343	4 19 31.9	+34 32 06	F	4.93	+0.94	G8 III

Name	B.S.	Right Ascension	Declination	Notes	V	B−V	Spectral Type
		h m s	° ′ ″				
	1367	4 20 03.6	−20 40 17	F,M	5.38	−0.02	A1 V
η Ret	1395	4 21 44.5	−63 25 06	F,M	5.23	+0.95	G8 III
61 δ Tau	1373	4 22 09.3	+17 30 42	F,M	3.76	+0.98	K1 III
63 Tau	1376	4 22 38.5	+16 44 47	S,C,M	5.63	+0.30	kA2,mF3 III
42 ξ Eri	1383	4 23 00.4	− 3 46 34	F	5.17	+0.08	A2 V
43 Eri	1393	4 23 31.7	−34 02 52	F,M	3.95	+1.49	K5 III
65 κ Tau	1387	4 24 33.8	+22 15 49	M	4.22	+0.14	A7 V
68 Tau	1389	4 24 42.4	+17 53 53	M,D	4.30	+0.05	A3 V
69 υ Tau	1392	4 25 29.9	+22 47 01	M	4.29	+0.26	A8 Vn
71 Tau	1394	4 25 34.5	+15 35 18	M	4.49	+0.25	A8 Vn
77 θ¹ Tau	1411	4 27 48.1	+15 55 59		3.85	+0.96	G9 III
74 ε Tau	1409	4 27 49.6	+19 09 05	F	3.54	+1.02	K1 III
78 θ² Tau	1412	4 27 53.4	+15 50 30	S	3.42	+0.18	A7 III
δ Cae	1443	4 30 25.3	−44 58 56	F	5.07	−0.19	B2 IV-V
1 Cam	1417	4 30 57.4	+53 52 57	F,D	5.77	+0.18	B0 IIIn
50 ν¹ Eri	1453	4 32 58.8	−29 47 36		4.51	+0.98	gG6
86 ρ Tau	1444	4 33 04.9	+14 49 00	F,M	4.65	+0.24	A8 Vn
α Dor	1465	4 33 42.2	−55 04 21	F,1	3.27	−0.10	A0 IIIp
88 Tau	1458	4 34 54.7	+10 08 02	D	4.25	+0.18	A5m:
52 ν² Eri	1464	4 35 01.5	−30 35 22	F	3.82	+0.98	gG9
87 α Tau	1457	4 35 08.7	+16 28 58	F,S,D	0.85	+1.54	K5 III
48 ν Eri	1463	4 35 38.6	− 3 22 46	F,V	3.93	−0.21	B2 III
58 Per	1454	4 35 45.1	+41 14 17	C	4.25	+1.22	G5 Ib-II + A
R Dor	1492	4 36 36.1	−62 06 14	S,V,D	5.40	+1.58	M8 III
90 Tau	1473	4 37 24.1	+12 29 04	M	4.27	+0.13	A6 Vn
53 Eri	1481	4 37 33.7	−14 19 47	F,D	3.87	+1.09	K2 III
54 Eri	1496	4 39 51.0	−19 41 49	D	4.32	+1.61	gM4
α Cae	1502	4 40 07.5	−41 53 21	F,3	4.45	+0.34	F1 V
94 τ Tau	1497	4 41 26.0	+22 55 55	F	4.28	−0.13	B3 V
β Cae	1503	4 41 34.8	−37 10 13	F	5.05	+0.37	F1 V
57 μ Eri	1520	4 44 49.6	− 3 16 43	F	4.02	−0.15	B4 IV
4 Cam	1511	4 46 52.5	+56 44 04	F,M,D	5.26	+0.25	A3m
	1533	4 49 00.0	+37 27 55	F	4.88	+1.44	K4 II
1 π³ Ori	1543	4 49 06.4	+ 6 56 19	F	3.19	+0.45	F6 V
2 π² Ori	1544	4 49 52.5	+ 8 52 40		4.36	+0.01	A1 Vn
3 π⁴ Ori	1552	4 50 29.2	+ 5 34 58	F,S	3.69	−0.17	B2 III
97 Tau	1547	4 50 35.0	+18 49 04	F	5.13	+0.21	A9 IIIn
4 o¹ Ori	1556	4 51 46.1	+14 13 44	F,C	4.74	+1.84	M3- IIIaS
61 ω Eri	1560	4 52 13.8	− 5 28 29		4.39	+0.25	A9 IV
9 α Cam	1542	4 52 42.1	+66 19 16	F	4.29	+0.03	O9.5 Ia
8 π⁵ Ori	1567	4 53 32.8	+ 2 25 09	F,V	3.72	−0.18	B2 III
η Men	1629	4 55 34.1	−74 57 29	F	5.47	+1.52	K4 III
9 o² Ori	1580	4 55 36.7	+13 29 38	D	4.07	+1.15	K2 III
3 ι Aur	1577	4 56 06.8	+33 08 44	F	2.69	+1.53	K3 II
7 Cam	1568	4 56 12.0	+53 43 54	D	4.47	−0.02	A1 V
10 π⁶ Ori	1601	4 57 50.8	+ 1 41 39		4.47	+1.40	K2 II
7 ε Aur	1605	5 00 59.9	+43 48 15	F,D	2.99	+0.54	F0 Iap
8 ζ Aur	1612	5 01 31.9	+41 03 26	F,C,V	3.75	+1.22	K5 II + B
10 β Cam	1603	5 02 12.8	+60 25 26	F,D	4.03	+0.92	G0 Ib
102 ι Tau	1620	5 02 17.2	+21 34 17	F,M	4.64	+0.15	A7 V

Name	B.S.	Right Ascension	Declination	Notes	V	B−V	Spectral Type
		h m s	° ′ ″				
11 Ori	1638	5 03 47.8	+15 23 10	F	4.68	−0.06	A0p
η² Pic	1663	5 04 37.0	−49 35 45	F	5.03	+1.49	K5 III
2 ε Lep	1654	5 04 53.3	−22 23 19	F	3.19	+1.46	K5 III
ζ Dor	1674	5 05 16.7	−57 29 27	F	4.72	+0.52	F7 V
10 η Aur	1641	5 05 34.0	+41 13 02	F	3.17	−0.18	B3 V
67 β Eri	1666	5 07 11.1	− 5 06 12	F	2.79	+0.13	A3 III
69 λ Eri	1679	5 08 30.0	− 8 46 15	F	4.27	−0.19	B2 IVn
16 Ori	1672	5 08 35.0	+ 9 48 47	F,M	5.43	+0.24	A2m
3 ι Lep	1696	5 11 40.0	−11 53 05	D	4.45	−0.10	B9 V:
5 μ Lep	1702	5 12 19.4	−16 13 15	F,S	3.31	−0.11	B9 III (Mn II)
11 μ Aur	1689	5 12 30.2	+38 28 10	F	4.86	+0.18	A4m:
17 ρ Ori	1698	5 12 35.1	+ 2 50 45	D	4.46	+1.19	K3 III
4 κ Lep	1705	5 12 36.4	−12 57 25	D	4.36	−0.10	B9 V:
θ Dor	1744	5 13 45.9	−67 12 02	F	4.83	+1.28	K2.5 III
19 β Ori	1713	5 13 53.3	− 8 13 00	F,S,D	0.12	−0.03	B8 Ia
13 α Aur	1708	5 15 41.4	+45 59 07	F,C,D	0.08	+0.80	G8 III: + F
20 τ Ori	1735	5 16 57.0	− 6 51 30	F,S,D	3.60	−0.11	B5 III
o Col	1743	5 16 59.8	−34 54 29	F	4.83	+1.00	sgK0
15 λ Aur	1729	5 18 11.4	+40 05 17	F,D	4.71	+0.63	G0 V
6 λ Lep	1756	5 18 57.1	−13 11 24	F	4.29	−0.26	B0.5 IV
ζ Pic	1767	5 19 02.2	−50 37 13	F	5.45	+0.51	F7 III-IV
	1686	5 20 18.9	+79 13 05	F,D	5.05	+0.47	F6 V
22 Ori	1765	5 21 04.3	− 0 23 43	F	4.73	−0.17	B2 IV-V
29 Ori	1784	5 23 17.8	− 7 49 11		4.14	+0.96	G8 III
28 η Ori	1788	5 23 47.9	− 2 24 32	V,D	3.36	−0.17	B0.5 Vnn
24 γ Ori	1790	5 24 24.4	+ 6 20 18	F	1.64	−0.22	B2 III
112 β Tau	1791	5 25 26.3	+28 35 49	F,S	1.65	−0.13	B7 III
115 Tau	1808	5 26 22.8	+17 57 05	F,D	5.42	−0.10	B5 V
9 β Lep	1829	5 27 40.0	−20 46 11	F,D	2.84	+0.82	G5 III
	1856	5 29 47.2	−47 05 13	F,7,V	5.46	+0.62	G3 IV
32 Ori	1839	5 30 03.7	+ 5 56 19	D	4.20	−0.14	B5 V
ε Col	1862	5 30 44.0	−35 28 48		3.87	+1.14	gK1
34 δ Ori	1852	5 31 19.0	− 0 18 30	F,V,D	2.23	−0.22	O9.5 II
34 δ Ori	1851	5 31 19.0	− 0 17 38	S,D	6.85	−0.16	B2 Vh
119 Tau	1845	5 31 25.2	+18 35 06	V	4.38	+2.07	M2 Iab-Ib
25 χ Aur	1843	5 31 50.9	+32 10 59	F	4.76	+0.34	B5 Iab
11 α Lep	1865	5 32 08.0	−17 49 53	F,S,D	2.58	+0.21	F0 Ib
γ Men	1953	5 32 24.9	−76 21 04	F,D	5.19	+1.13	K2 III
β Dor	1922	5 33 30.5	−62 29 55	F,M,V	3.40	+0.80	F9 Ib
37 φ¹ Ori	1876	5 34 04.7	+ 9 28 52	F	4.41	−0.16	B0.5 IV-V
39 λ Ori	1879	5 34 23.6	+ 9 55 33	D	3.39	−0.18	O8
	1890	5 34 41.7	− 4 30 06	S,M	6.55	−0.14	B2 Vh
	1891	5 34 42.3	− 4 26 00	S,M,D	6.25	−0.16	B2.5 V
44 ι Ori	1899	5 34 46.3	− 5 55 05	F,S,M,D	2.76	−0.23	O9 III
46 ε Ori	1903	5 35 31.7	− 1 12 35	F,S	1.70	−0.19	B0 Ia
40 φ² Ori	1907	5 36 09.8	+ 9 17 03	S	4.09	+0.95	K0 IIIb CN-2 Fe-1
123 ζ Tau	1910	5 36 50.2	+21 08 07	F,S	3.00	−0.19	B1 IV:((e)) (shell)
48 σ Ori	1931	5 38 04.1	− 2 36 26	D	3.81	−0.24	O9.5 V
α Col	1956	5 39 09.6	−34 04 51	F,D	2.64	−0.12	B7 IV
50 ζ Ori	1948	5 40 04.6	− 1 56 57	D	1.77	−0.21	O9.5 Ib

Name	B.S.	Right Ascension	Declination	Notes	V	B−V	Spectral Type
		h m s	° ′ ″				
50 ζ Ori	1949	5 40 04.6	− 1 56 57	M,D	4.21		B3n
13 γ Lep	1983	5 43 54.0	−22 27 08	F,D	3.60	+0.47	F6 V
δ Dor	2015	5 44 45.0	−65 44 26	F	4.35	+0.21	A7 IV
27 o Aur	1971	5 44 51.2	+49 49 17	F	5.47	+0.03	A0p
14 ζ Lep	1998	5 46 20.6	−14 49 35	F	3.55	+0.10	A3 Vn
130 Tau	1990	5 46 38.9	+17 43 30	F	5.49	+0.30	F0 III
β Pic	2020	5 46 57.9	−51 04 16		3.85	+0.17	A5 V
53 κ Ori	2004	5 47 06.9	− 9 40 26	F	2.06	−0.17	B0.5 Ia
γ Pic	2042	5 49 34.9	−56 10 11	F	4.51	+1.10	K1 III
β Col	2040	5 50 29.0	−35 46 23	F	3.12	+1.16	K2 III
32 ν Aur	2012	5 50 33.2	+39 08 44	F,D	3.97	+1.13	K0 III
	2049	5 50 34.9	−52 06 42	F	5.17	+0.99	G8 III
15 δ Lep	2035	5 50 44.4	−20 52 47	F	3.81	+0.99	G8+ III CN-2
136 Tau	2034	5 52 28.7	+27 36 36	F,D	4.58	−0.02	A0 V
54 χ¹ Ori	2047	5 53 34.9	+20 16 28		4.41	+0.59	G0 V
30 ξ Aur	2029	5 53 42.8	+55 42 18	F	4.99	+0.05	A2 V
58 α Ori	2061	5 54 26.4	+ 7 24 19	F,V,D	0.50	+1.85	M2: Ia-Iab
16 η Lep	2085	5 55 47.3	−14 10 11	F	3.71	+0.33	F0 IV
γ Col	2106	5 57 03.5	−35 17 03	F,D	4.36	−0.18	B2.5 IV
60 Ori	2103	5 58 07.9	+ 0 33 09	F,6	5.22	+0.01	A1 Vs
33 δ Aur	2077	5 58 24.9	+54 17 05	F	3.72	+1.00	K0 III
34 β Aur	2088	5 58 32.3	+44 56 50	F,V,D	1.90	+0.03	A2 V
η Col	2120	5 58 44.0	−42 48 56	F	3.96	+1.14	G8/K1 II
37 θ Aur	2095	5 58 48.0	+37 12 45	D	2.62	−0.08	B9.5pv
35 π Aur	2091	5 58 56.0	+45 56 12		4.26	+1.72	M3 II
61 μ Ori	2124	6 01 38.4	+ 9 38 54	M,D	4.12	+0.15	A2m
62 χ² Ori	2135	6 03 07.1	+20 08 22	S	4.63	+0.28	B2 Ia
1 Gem	2134	6 03 18.0	+23 15 54	F,D	4.16	+0.82	G5 III-IV
17 Lep	2148	6 04 22.9	−16 28 58	S,V	4.93	+0.24	A(shell)
67 ν Ori	2159	6 06 48.0	+14 46 15	F	4.42	−0.17	B3 IV
	2180	6 08 23.8	−22 25 28	F	5.50	−0.01	A0 IV
ν Dor	2221	6 08 49.5	−68 50 26	F	5.06	−0.08	B8 V
δ Pic	2212	6 10 02.1	−54 57 55	F,6	4.81	−0.23	B0.5 IV
α Men	2261	6 10 38.7	−74 44 56	F	5.09	+0.72	G6 V
70 ξ Ori	2199	6 11 10.3	+14 12 45		4.48	−0.18	B3 IV
36 Cam	2165	6 11 29.6	+65 43 21	F,6	5.32	+1.34	K2 II-III
7 η Gem	2216	6 14 03.7	+22 30 42	V,D	3.28	+1.60	M3- IIIab
5 γ Mon	2227	6 14 11.8	− 6 16 12	D	3.98	+1.32	K3 III
44 κ Aur	2219	6 14 31.1	+29 30 14	F	4.35	+1.02	G8 III
74 Ori	2241	6 15 41.1	+12 16 36	F,D	5.04	+0.42	F5 IV-V
κ Col	2256	6 16 04.2	−35 08 08	F	4.37	+1.00	gK0
	2209	6 17 21.6	+69 19 34	F	4.80	+0.03	A0 Vn
2 Lyn	2238	6 18 26.0	+59 01 02	F	4.48	+0.01	A2 Vs
7 Mon	2273	6 19 03.7	− 7 49 00	F	5.27	−0.19	B2.5 V
1 ζ CMa	2282	6 19 47.7	−30 03 25	F	3.02	−0.19	B2.5 IV
δ Col	2296	6 21 37.2	−33 25 45		3.85	+0.88	gG4
2 β CMa	2294	6 22 06.3	−17 56 55	F,S	1.98	−0.23	B1 II-III
13 μ Gem	2286	6 22 08.6	+22 31 17	F,S,D	2.88	+1.64	M3 III
8 Mon	2298	6 23 03.1	+ 4 36 02	F,D	4.33	+0.20	A5 IV
	2305	6 23 32.5	−11 31 20	F	5.22	+1.24	K3 III

Name	B.S.	Right Ascension	Declination	Notes	V	B−V	Spectral Type
		h m s	° ′ ″				
α Car	2326	6 23 39.2	−52 41 17	F	−0.72	+0.15	F0 II
46 ψ¹ Aur	2289	6 23 51.5	+49 17 45	F,V	4.91	+1.97	K5-M0 Iab-Ib
10 Mon	2344	6 27 17.5	− 4 45 11	F,M	5.05	−0.18	B2 V
λ CMa	2361	6 27 40.1	−32 34 16		4.48	−0.17	B4 V
18 ν Gem	2343	6 28 09.7	+20 13 17	F,D	4.15	−0.13	B6 III
4 ξ¹ CMa	2387	6 31 17.6	−23 24 29	M,V,D	4.34	−0.25	B1 III
	2392	6 32 08.9	−11 09 21	S	6.24	+1.11	K0 III Ba 3
13 Mon	2385	6 32 10.4	+ 7 20 37	F	4.50	0.00	A0 Ib
	2395	6 32 56.8	− 1 12 33	F	5.10	−0.14	B5 Vn
5 ξ² CMa	2414	6 34 29.4	−22 57 13	F	4.54	−0.05	A0 V
	2435	6 34 40.7	−52 57 51		4.39	−0.02	A0 II
7 ν² CMa	2429	6 36 05.7	−19 14 38		3.95	+1.06	K1 IV
24 γ Gem	2421	6 36 55.9	+16 24 42	F	1.93	0.00	A0 IV
8 ν³ CMa	2443	6 37 17.7	−18 13 30		4.43	+1.15	K1 II-III
ν Pup	2451	6 37 20.8	−43 11 01	F	3.17	−0.11	B8 III
15 Mon	2456	6 40 14.1	+ 9 54 32	S,M,V,D	4.65	−0.25	O7 V
27 ε Gem	2473	6 43 06.1	+25 08 43	F,S,D	2.98	+1.40	G8 Ib
30 Gem	2478	6 43 13.6	+13 14 32	D	4.49	+1.16	K1 III
	2401	6 43 56.9	+79 34 54	F	5.45	+0.50	F8 V
31 ξ Gem	2484	6 44 31.9	+12 54 39	F	3.36	+0.43	F5 IV
9 α CMa	2491	6 44 33.2	−16 41 49	F,D,G	−1.46	0.00	A1 V
	2513	6 45 07.4	−52 11 11	S,M	6.32		G5 Iab
56 ψ⁵ Aur	2483	6 45 46.0	+43 35 31	F,D	5.25	+0.56	G0 V
57 ψ⁶ Aur	2487	6 46 37.9	+48 48 18	F	5.22	+1.12	K1 III
	2518	6 46 53.6	−37 54 52	F,D	5.26	−0.08	B9 IV
18 Mon	2506	6 47 09.4	+ 2 25 40	F	4.47	+1.11	K0 III
α Pic	2550	6 48 03.2	−61 55 36	F	3.27	+0.21	A7 Vn
13 κ CMa	2538	6 49 20.2	−32 29 33	F	3.96	−0.23	B1.5 IVne2
	2554	6 49 33.7	−53 36 22		4.40	+0.92	G3: III
τ Pup	2553	6 49 36.1	−50 35 54	F	2.93	+1.20	K1 III
	2534	6 50 03.3	− 8 01 29	S	6.29	0.00	A2: V:kn ((Sr II))
ι Vol	2602	6 51 36.4	−70 56 49	F	5.40	−0.11	B7 IV
34 θ Gem	2540	6 51 54.0	+33 58 42	F,D	3.60	+0.10	A3 III
43 Cam	2511	6 52 15.2	+68 54 20	F	5.12	−0.13	B7 III
14 θ CMa	2574	6 53 33.7	−12 01 16	F	4.07	+1.43	K4 III
16 o¹ CMa	2580	6 53 34.3	−24 10 00	S,M	3.86	+1.73	K2+ Iab
	2591	6 54 01.2	−42 20 52	S	6.32	+2.24	C5,2.5
20 ι CMa	2596	6 55 32.1	−17 02 10	M	4.38	−0.07	B3 II
15 Lyn	2560	6 56 06.6	+58 26 30	D	4.35	+0.85	G5 III-IV
21 ε CMa	2618	6 58 05.7	−28 57 11	F,4	1.50	−0.21	B2 II
	2527	6 58 06.7	+76 59 48	F	4.55	+1.36	K4 III
22 σ CMa	2646	7 01 10.9	−27 54 54	F,M,D	3.46	+1.73	K7 Ib
42 ω Gem	2630	7 01 35.5	+24 14 08	F,S	5.18	+0.94	G5 Ib-II
24 o² CMa	2653	7 02 27.6	−23 48 47	F,S,M	3.03	−0.09	B3 Iab
23 γ CMa	2657	7 03 08.8	−15 36 46	F	4.11	−0.12	B8 II
43 ζ Gem	2650	7 03 18.5	+20 35 27	F,V,D	3.79	+0.79	F9 Ib
	2666	7 03 37.1	−42 19 01	F	5.20	+0.20	A3m
	2683	7 04 03.2	−56 43 45	F,M	5.17	−0.04	Ap
25 δ CMa	2693	7 07 50.5	−26 22 16	F,S	1.86	+0.65	F8 Ia
γ¹ Vol	2735	7 08 49.3	−70 28 31	D	3.62	+0.91	F0/3

BRIGHT STARS, J1986.5

Name	B.S.	Right Ascension	Declination	Notes	V	B−V	Spectral Type
		h m s	° ′ ″				
γ² Vol	2736	7 08 52.0	−70 28 38	F,M,D	3.56	+0.90	G9 III
20 Mon	2701	7 09 33.4	− 4 12 55	F	4.92	+1.03	K0 III
46 τ Gem	2697	7 10 16.9	+30 16 06	D	4.41	+1.26	K2 III
63 Aur	2696	7 10 43.7	+39 20 37	F	4.90	+1.45	K4 II-III
22 δ Mon	2714	7 11 10.5	− 0 28 11	F,D	4.15	−0.01	A2 V
48 Gem	2706	7 11 37.2	+24 09 07	S	5.85	+0.36	F5 III-IV
	2740	7 12 10.5	−46 44 11	F	4.49	+0.32	F0 IV
51 Gem	2717	7 12 35.8	+16 10 58	F,V	5.00	+1.66	M4 IIIab
	2748	7 13 07.6	−44 37 02	V,D	5.10	+1.56	gM5e
27 CMa	2745	7 13 42.1	−26 19 43	6	4.66	−0.19	B3 IIIp
28 ω CMa	2749	7 14 15.8	−26 44 56		3.85	−0.17	B2 IV-Ve1+
π Pup	2773	7 16 39.9	−37 04 22	F	2.70	+1.62	K4 III
δ Vol	2803	7 16 50.4	−67 55 58	F	3.98	+0.79	F9 Ib
54 λ Gem	2763	7 17 19.0	+16 33 56	F,D	3.58	+0.11	A3 V
30 τ CMa	2782	7 18 08.8	−24 55 45	M,D	4.39	−0.15	O9 Ib
55 δ Gem	2777	7 19 19.0	+22 00 29	F,D	3.53	+0.34	F0 IV
66 Aur	2805	7 23 12.5	+40 41 57	F	5.19	+1.23	K0 III
31 η CMa	2827	7 23 33.6	−29 16 35	F,S,M	2.44	−0.07	B5 Ia
60 ι Gem	2821	7 24 53.3	+27 49 33	F	3.79	+1.03	G9 IIIb
3 β CMi	2845	7 26 25.1	+ 8 19 02	F	2.90	−0.09	B7 V
4 γ CMi	2854	7 27 25.7	+ 8 57 13	D	4.32	+1.43	K3 III
62 ρ Gem	2852	7 28 14.6	+31 48 43	F,D	4.18	+0.32	F0 V
σ Pup	2878	7 28 48.1	−43 16 25	F,D	3.25	+1.51	K5 III
6 CMi	2864	7 29 02.7	+12 02 07	F	4.54	+1.28	K2 III
	2906	7 33 28.5	−22 15 59	F	4.45	+0.51	F6 IV
66 α Gem	2890	7 33 44.4	+31 55 08	F,M,D,G	2.85	+0.04	A5m
66 α Gem	2891	7 33 44.4	+31 55 08	F,M,D,G	1.99	+0.03	A1 V
	2609	7 34 32.7	+87 03 05	F	5.07	+1.63	M2- IIIab
69 υ Gem	2905	7 35 05.5	+26 55 36	F	4.06	+1.54	M0 III
	2934	7 35 19.7	−52 30 13	F,6	4.94	+1.40	K3 III
25 Mon	2927	7 36 36.4	− 4 04 49	F,1	5.13	+0.44	F6 III
	2937	7 36 52.1	−34 56 16	F,D	4.53	−0.09	B8 V
	2948	7 38 16.1	−26 46 14	M,D	4.50	−0.17	B6 V
10 α CMi	2943	7 38 35.7	+ 5 15 37	F,S,D,G	0.38	+0.42	F5 IV-V
R Pup	2974	7 40 21.3	−31 37 44	S	6.65	+1.20	G2 0-Ia
26 α Mon	2970	7 40 36.1	− 9 31 09	F	3.93	+1.02	K0 III
24 Lyn	2946	7 41 52.2	+58 44 35	F,D	4.99	+0.08	A3 IVn
ζ Vol	3024	7 41 59.6	−72 34 26	F,7	3.95	+1.04	G9 III
75 σ Gem	2973	7 42 28.2	+28 55 01		4.28	+1.12	K1 III
3 Pup	2996	7 43 15.9	−28 55 20		3.96	+0.18	A2 Iab
77 κ Gem	2985	7 43 38.0	+24 25 52	F,2	3.57	+0.93	G8 IIIa
78 β Gem	2990	7 44 29.5	+28 03 35	F,D	1.14	+1.00	K0 IIIb
	3017	7 44 46.4	−37 56 08	M	3.59	+1.72	cK
4 Pup	3015	7 45 19.5	−14 31 50	F	5.04	+0.33	A6n
81 Gem	3003	7 45 20.6	+18 32 37	F	4.88	+1.45	K5 III
11 CMi	3008	7 45 31.7	+10 48 07	F	5.30	+0.01	A1 Vnn
	2999	7 45 45.3	+37 33 03	F,M	5.18	+1.58	M2+ IIIb
80 π Gem	3013	7 46 38.2	+33 26 59	F,D	5.14	+1.60	M1+ IIIa
	3037	7 47 07.0	−46 34 29	F,M	5.23	−0.14	B1.5 IV
ο Pup	3034	7 47 31.5	−25 54 11	D	4.50	−0.05	B1 IV:nne2

BRIGHT STARS, J1986.5

Name	B.S.	Right Ascension	Declination	Notes	V	B−V	Spectral Type
		h m s	° ′ ″				
7 ξ Pup	3045	7 48 43.6	−24 49 31	F,6	3.34	+1.24	G3 Ib
	3055	7 48 49.6	−46 20 20	D	4.11	−0.18	B0 III
13 ζ CMi	3059	7 51 00.0	+ 1 48 07	F	5.14	−0.12	B8
	3080	7 51 45.2	−40 32 26	F,C	3.73	+1.04	K1/2 II + A
	3084	7 52 10.0	−38 49 39	6	4.49	−0.19	B2.5 V
83 φ Gem	3067	7 52 40.3	+26 48 05	F,5	4.97	+0.09	A3 V
	3090	7 52 54.4	−48 04 03		4.24	−0.14	B0.5 Ib
11 Pup	3102	7 56 16.7	−22 50 37		4.20	+0.72	F8 II
χ Car	3117	7 56 26.1	−52 56 45	F	3.47	−0.18	B3 IVp
	3113	7 57 07.8	−30 17 52	F	4.79	+0.15	A2
V Pup	3129	7 57 51.1	−49 12 29	C,V,D	4.41	−0.17	B1 Vp + B2:
	3075	7 58 35.9	+73 57 20	F	5.41	+1.42	K3 III
27 Mon	3122	7 59 03.7	− 3 38 32	F	4.93	+1.21	K2 III
	3131	7 59 15.7	−18 21 42	F,M	4.62	+0.08	A2 Vn
	3153	7 59 23.8	−60 32 59	S,M	5.16	+1.72	M1.5 IIa
	3145	8 01 33.8	+ 2 22 20		4.39	+1.25	K2 III
χ Gem	3149	8 02 41.4	+27 49 59	F,6	4.94	+1.12	K2 III
ζ Pup	3165	8 03 06.6	−39 57 53	F,S	2.25	−0.26	O5 If
15 ρ Pup	3185	8 06 58.1	−24 15 53	F,V,D	2.81	+0.43	F5 IIp
27 Lyn	3173	8 07 26.7	+51 32 47	F,D	4.84	+0.05	A2 V
ε Vol	3223	8 07 53.5	−68 34 39	D	4.35	−0.11	B6 IV
29 ζ Mon	3188	8 07 54.9	− 2 56 38	D	4.34	+0.97	G2 Ib
16 Pup	3192	8 08 25.4	−19 12 18		4.40	−0.15	B5 IV
γ¹ Vel	3206	8 09 04.3	−47 18 20	D	4.27	−0.23	B1 IV
γ² Vel	3207	8 09 07.0	−47 17 47	F,C,D	1.78	−0.22	WC8
	3225	8 10 52.5	−39 34 41		4.45	+1.62	K3 Ib
	3182	8 11 28.9	+68 30 54	F	5.32	+1.04	G8 II
20 Pup	3229	8 12 42.7	−15 44 49	F	4.99	+1.07	G5 II
	3243	8 13 34.1	−40 18 23	D	4.44	+1.17	K1 II-III
17 β Cnc	3249	8 15 47.0	+ 9 13 40	F,3	3.52	+1.48	K4 III
	3270	8 18 03.0	−36 37 02	F	4.45	+0.22	A7 III
α Cha	3318	8 18 53.5	−76 52 38		4.07	+0.39	F4 IV
18 χ Cnc	3262	8 19 14.7	+27 15 44	F	5.14	+0.47	F6 V
	3282	8 20 51.1	−33 00 39	F	4.83	+1.45	K3- II
θ Cha	3340	8 21 04.0	−77 26 29	F,D	4.35	+1.16	K1 III/IV
31 Lyn	3275	8 21 54.9	+43 13 56	F	4.25	+1.55	K7 III
ε Car	3307	8 22 14.3	−59 27 57	F,C	1.86	+1.28	K3: III + B2: V
	3315	8 24 28.7	−24 00 07	F,M,D	5.28	+1.48	K5 III
	3314	8 24 59.2	− 3 51 43	F	3.90	−0.02	A0 V
β Vol	3347	8 25 35.6	−66 05 31	F	3.77	+1.13	K2 III
1 o UMa	3323	8 29 09.0	+60 45 51	F,S,D	3.36	+0.84	G5 IIIa
33 η Cnc	3366	8 31 55.7	+20 29 16	F	5.33	+1.25	K3 III
4 δ Hya	3410	8 36 56.5	+ 5 45 05	F	4.16	0.00	A1 Vnn
	3426	8 37 10.1	−42 56 30	F	4.14	+0.11	A7 II
5 σ Hya	3418	8 38 03.1	+ 3 23 22	F	4.44	+1.21	K2 III
6 Hya	3431	8 39 23.1	−12 25 38	F	4.98	+1.42	K4 III
β Pyx	3438	8 39 34.5	−35 15 36	D	3.97	+0.94	G4 III
o Vel	3447	8 39 54.4	−52 52 25	F,M	3.62	−0.18	B3 IV
34 Lyn	3422	8 40 05.3	+45 52 56	F	5.37	+0.99	G8 IV
	3445	8 40 10.7	−46 36 01	F,D	3.84	+0.71	F3 Ia

BRIGHT STARS, J1986.5

Name	B.S.	Right Ascension	Declination	Notes	V	B−V	Spectral Type
		h m s	° ′ ″				
	3457	8 40 19.2	−59 42 46	6	4.33	−0.11	B1.5 III
η Cha	3502	8 41 48.7	−78 54 53	F	5.47	−0.10	B8 V
43 γ Cnc	3449	8 42 30.4	+21 31 04	F,M	4.67	+0.01	A1 IV
7 η Hya	3454	8 42 31.2	+ 3 26 52		4.30	−0.20	B4 V
α Pyx	3468	8 43 02.9	−33 08 14	F	3.68	−0.18	B1.5 III
	3477	8 43 55.0	−42 36 00	1,M	4.05	+0.87	G5 III
47 δ Cnc	3461	8 43 55.1	+18 12 16	F,1	3.94	+1.08	K0 III
δ Vel	3485	8 44 19.9	−54 39 31	D	1.96	+0.04	A0 V
	3487	8 45 34.2	−45 59 31		3.91	0.00	A0 II
12 Hya	3484	8 45 44.2	−13 29 52	6	4.32	+0.90	G8 III
48 ι Cnc	3475	8 45 52.9	+28 48 36	F,D	4.02	+1.01	G8 II
11 ε Hya	3482	8 46 03.7	+ 6 28 08	C,D	3.38	+0.68	G1 III + A8 V
	3498	8 46 21.7	−56 43 11		4.49	−0.17	B3 Vne
13 ρ Hya	3492	8 47 43.1	+ 5 53 17	D	4.36	−0.04	A0 Vn
14 Hya	3500	8 48 41.0	− 3 23 33	F	5.31	−0.09	B9p
γ Pyx	3518	8 49 57.5	−27 39 34	F	4.01	+1.27	K3 III
16 ζ Hya	3547	8 54 40.8	+ 5 59 51	F	3.11	+1.00	G9 II-III
	3571	8 54 44.5	−60 35 34	F,D	3.84	−0.10	B7 II/III
	3582	8 56 38.6	−59 10 37	F,D	4.92	−0.19	B2 IV-V
65 α Cnc	3572	8 57 45.0	+11 54 38	F,D	4.25	+0.14	A3m
9 ι UMa	3569	8 58 17.3	+48 05 43	F,D	3.14	+0.19	A7 IV
64 σ³ Cnc	3575	8 58 43.0	+32 28 18	F	5.20	+0.93	G8 III
ζ Oct	3678	8 58 50.4	−85 36 38	F	5.42	+0.31	F0 III
	3591	8 59 35.1	−41 12 03	F,C	4.45	+0.65	G8/K1 III + A
	3579	8 59 46.0	+41 50 13	F,D,G	3.97	+0.44	F5 V
8 ρ UMa	3576	9 01 20.5	+67 40 59	F	4.76	+1.53	M3 IIIb
α Vol	3615	9 02 14.3	−66 20 32	F	4.00	+0.14	A3m
12 κ UMa	3594	9 02 42.5	+47 12 38	F,D	3.60	0.00	A1 Vn
	3614	9 03 41.3	−47 02 37	F	3.75	+1.20	K2 III
	3643	9 05 07.5	−72 32 54		4.48	+0.61	F8 II
	3612	9 05 40.4	+38 30 24	F	4.56	+1.04	G7 Ib-II
76 κ Cnc	3623	9 07 01.0	+10 43 23	F	5.24	−0.11	B8 IIIp
λ Vel	3634	9 07 29.9	−43 22 40	F,D	2.21	+1.66	K4 Ib-IIa
15 UMa	3619	9 07 55.4	+51 39 35		4.48	+0.27	A1m
77 ξ Cnc	3627	9 08 35.1	+22 06 02	F	5.14	+0.97	K0 III
13 σ² UMa	3616	9 09 12.7	+67 11 25	D	4.80	+0.49	F7 IV-V
a Car	3659	9 10 36.7	−58 54 41		3.44	−0.19	B2 IV-V
	3663	9 10 58.3	−62 15 41		3.97	−0.18	B3 III
36 Lyn	3652	9 12 55.4	+43 16 27	F	5.32	−0.14	B8 IIIp
β Car	3685	9 13 03.5	−69 39 42	F	1.68	0.00	A1 III
22 θ Hya	3665	9 13 39.8	+ 2 22 18	F,D	3.88	−0.06	A0p
	3696	9 15 49.3	−57 29 04		4.34	+1.63	K7 III
ι Car	3699	9 16 43.8	−59 13 06	F	2.25	+0.18	A9 Ib
38 Lyn	3690	9 18 00.4	+36 51 37	D	3.82	+0.06	A3 V
40 α Lyn	3705	9 20 14.1	+34 27 01	F	3.13	+1.55	K7 IIIab
θ Pyx	3718	9 20 53.7	−25 54 27	F	4.72	+1.63	gM1
κ Vel	3734	9 21 41.7	−54 57 10	F	2.50	−0.18	B2 IV-V
1 κ Leo	3731	9 23 52.2	+26 14 28	F,D	4.46	+1.23	K2 III
30 α Hya	3748	9 26 55.4	− 8 35 59	F	1.98	+1.44	K3 II-III
ε Ant	3765	9 28 41.2	−35 53 32	F	4.51	+1.44	gK4

Name	B.S.	Right Ascension	Declination	Notes	V	B−V	Spectral Type
ψ Vel	3786	9 30 10.0	−40 24 26	D	3.60	+0.36	F2 IV
23 UMa	3757	9 30 28.5	+63 07 18	F,D	3.67	+0.33	F0 IV
N Vel	3803	9 30 48.7	−56 58 29	F,V	3.13	+1.55	K5 III
4 λ Leo	3773	9 30 57.1	+23 01 41		4.31	+1.54	K5 III
5 ξ Leo	3782	9 31 13.1	+11 21 36	F	4.97	+1.05	K0 III
	3821	9 31 30.7	−73 01 16	F	5.47	+1.56	K4 III
R Car	3816	9 31 54.3	−62 43 44	M,D	4.00		M5e
25 θ UMa	3775	9 31 57.6	+51 44 22	F,2	3.17	+0.46	F6 IV
	3808	9 32 35.1	−21 03 20	F	5.01	+1.02	sgK0
24 UMa	3771	9 33 18.2	+69 53 26	F	4.56	+0.77	G4 III-IV
10 LMi	3800	9 33 23.9	+36 27 29	F	4.55	+0.92	G8.5 III
26 UMa	3799	9 33 54.3	+52 06 44		4.50	+0.01	A2 V
	3825	9 34 03.2	−59 10 09		4.08	+0.01	B5 II
	3751	9 35 14.1	+81 23 14	F	4.29	+1.48	K3 III
	3836	9 36 20.7	−49 17 40	D	4.35	+0.17	A5 V
	3834	9 37 45.1	+ 4 42 38	F	4.68	+1.32	K3 III
35 ι Hya	3845	9 39 10.0	− 1 04 52	F	3.91	+1.32	K3 III
38 κ Hya	3849	9 39 39.5	−14 16 15	F	5.06	−0.15	B5 V
14 o Leo	3852	9 40 25.9	+ 9 57 15	F,C,D	3.52	+0.49	F6 II + A2
16 ψ Leo	3866	9 42 59.9	+14 05 02	F	5.35	+1.63	M2+ IIIab
θ Ant	3871	9 43 36.0	−27 42 27	F,C,D	4.79	+0.51	A8 V + F7 II-III
l Car	3884	9 44 52.5	−62 26 44	F,M,V	3.40	+1.20	G8 Ia (CNII)
17 ε Leo	3873	9 45 05.2	+23 50 13	F	2.98	+0.80	G1 IIab
υ Car	3890	9 46 45.9	−65 00 33	D	2.97	+0.27	A8 Ib
R Leo	3882	9 46 50.0	+11 29 31	M,V	4.40		M7e
	3881	9 47 43.4	+46 05 04	F	5.09	+0.62	G1 V
29 υ UMa	3888	9 50 02.2	+59 06 10	F,3	3.80	+0.29	F0 IV
39 υ¹ Hya	3903	9 50 49.7	−14 46 59		4.12	+0.92	G8 III
24 μ Leo	3905	9 51 59.9	+26 04 15	F,S	3.88	+1.22	K2 IIIb CN1 Fe1
	3923	9 54 14.0	−18 56 42	F,6	4.94	+1.57	gM1
φ Vel	3940	9 56 23.3	−54 30 12	F,D	3.54	−0.08	B5 Ib
19 LMi	3928	9 56 51.6	+41 07 13	F	5.14	+0.46	F5 V
η Ant	3947	9 58 17.4	−35 49 34	F,3	5.23	+0.31	F1 III-IV
29 π Leo	3950	9 59 30.0	+ 8 06 34	F	4.70	+1.60	M2- IIIab
20 LMi	3951	10 00 14.1	+31 59 26	F	5.36	+0.66	G4 V
40 υ² Hya	3970	10 04 28.0	−12 59 56	F	4.60	−0.09	B9 III-IV
30 η Leo	3975	10 06 35.9	+16 49 44	F,S	3.52	−0.03	A0 Ib
21 LMi	3974	10 06 38.1	+35 18 39		4.48	+0.18	A7 V
31 Leo	3980	10 07 11.3	+10 03 51	3	4.37	+1.45	K4 III
15 α Sex	3981	10 07 14.8	− 0 18 19		4.49	−0.04	A0 III
32 α Leo	3982	10 07 39.2	+12 02 01	F,D	1.35	−0.11	B7 V
41 λ Hya	3994	10 09 55.8	−12 17 14	F,D	3.61	+1.01	K0 III
ω Car	4037	10 13 25.1	−69 58 15	F	3.32	−0.08	B8 III
	4023	10 14 10.1	−42 03 18	F,6	3.85	+0.05	A1 V
36 ζ Leo	4031	10 15 56.5	+23 29 06	F,S	3.44	+0.31	F0 III
33 λ UMa	4033	10 16 17.2	+42 58 56	F,S,M	3.45	+0.03	A2 IV
	4050	10 16 37.8	−61 15 53	F	3.40	+1.54	K3 IIa
22 ε Sex	4042	10 16 57.5	− 8 00 04	F	5.24	+0.31	F4 V:
	4049	10 17 30.4	−28 55 27	F,M	5.34	+0.24	B9
41 γ¹ Leo	4057	10 19 13.8	+19 54 37	M,D	2.61	+1.15	K0 III-

BRIGHT STARS, J1986.5

Name	B.S.	Right Ascension	Declination	Notes	V	B−V	Spectral Type
		h m s	° ′ ″				
41 γ² Leo	4058	10 19 14.1	+19 54 33	M,D	3.80	+1.10	G7 III+
	4074	10 20 24.6	−55 58 30	D	4.50	−0.12	B3 III
34 μ UMa	4069	10 21 31.7	+41 34 04	F	3.05	+1.59	M0 III
	4080	10 21 44.7	−41 34 55	F	4.83	+1.12	K1 III
	4086	10 22 53.7	−37 56 28	F	5.33	+0.25	A3
	4072	10 23 10.1	+65 38 06	F	4.97	−0.06	A0p
	4102	10 24 07.8	−73 57 46	F	4.00	+0.35	F3 V
42 μ Hya	4094	10 25 26.2	−16 46 02	F,M	3.81	+1.48	K5 III
α Ant	4104	10 26 32.0	−30 59 56	F	4.25	+1.45	K4.5 III
31 β LMi	4100	10 27 06.3	+36 46 36	F,D	4.21	+0.90	G9 IIIab
	4114	10 27 22.9	−58 40 13	F	3.82	+0.31	F0 Ib
29 δ Sex	4116	10 28 47.6	− 2 40 11	F	5.21	−0.06	B9.5 V
	4084	10 29 30.7	+82 37 41	F	5.26	+0.37	F4 V
36 UMa	4112	10 29 46.1	+56 03 01	F	4.84	+0.52	F8 V
	4140	10 31 32.5	−61 36 57	F	3.32	−0.09	B4 Vne2
47 ρ Leo	4133	10 32 06.1	+ 9 22 35	F	3.85	−0.14	B1 Iab
	4143	10 32 22.6	−46 56 01	F,D	5.02	+1.04	K1/2 III
44 Hya	4145	10 33 22.3	−23 40 31	F,D	5.08	+1.60	gK4
	4126	10 33 58.2	+75 46 59	F	4.84	+0.96	K0 III
37 UMa	4141	10 34 17.9	+57 09 09	F	5.16	+0.34	F1 V
	4159	10 35 04.0	−57 29 15		4.45	+1.62	K5 II
γ Cha	4174	10 35 19.0	−78 32 15	F	4.11	+1.58	M0 III
	4167	10 36 43.9	−48 09 20	D	3.84	+0.30	Am
37 LMi	4166	10 37 57.8	+32 02 48	F	4.71	+0.81	G3 II
	4180	10 38 46.0	−55 31 58	F,D	4.28	+1.04	G2 II
	4181	10 42 06.9	+69 08 50	F	5.00	+1.38	K3 III
θ Car	4199	10 42 28.4	−64 19 25	F,M	2.76	−0.23	B0.5 Vp
41 LMi	4192	10 42 41.0	+23 15 34	F	5.08	+0.04	A3 Vn
	4191	10 42 45.5	+46 16 30	F,D	5.18	+0.33	F5 III
η Car	4210	10 44 32.1	−59 36 47	M,V,D	6.22	+0.62	pec
42 LMi	4203	10 45 07.0	+30 45 13	F	5.24	−0.06	A1 Vn
δ² Cha	4234	10 45 39.8	−80 28 08	F	4.45	−0.19	B2.5 IV
51 Leo	4208	10 45 41.0	+18 57 47	F	5.49	+1.12	gK3
μ Vel	4216	10 46 11.2	−49 20 55	D	2.69	+0.90	G5 IIIa
53 Leo	4227	10 48 32.9	+10 37 01	F	5.25	+0.01	A2 V
ν Hya	4232	10 48 57.5	−16 07 22	F	3.11	+1.25	K3 III
46 LMi	4247	10 52 33.5	+34 17 16	F	3.83	+1.04	K0 III-IV
	4257	10 52 56.6	−58 46 53		3.78	+0.95	K0 IIIb
54 Leo	4259	10 54 53.0	+24 49 19	D	4.32	+0.02	A0 V
ι Ant	4273	10 56 05.2	−37 03 54	F	4.60	+1.03	gK0
47 UMa	4277	10 58 42.8	+40 30 09	F	5.05	+0.61	G0 V
7 α Crt	4287	10 59 06.9	−18 13 36	F	4.08	+1.09	K0 III
	4293	10 59 31.9	−42 09 12	F	4.39	+0.11	A3 IV
58 Leo	4291	10 59 51.8	+ 3 41 25	F	4.84	+1.16	K1 III
48 β UMa	4295	11 01 02.0	+56 27 18	F	2.37	−0.02	A1 V
60 Leo	4300	11 01 36.6	+20 15 08		4.42	+0.05	A1m:
50 α UMa	4301	11 02 54.2	+61 49 27	F,D	1.79	+1.07	K0- IIIa
63 χ Leo	4310	11 04 19.3	+ 7 24 33	F,2	4.63	+0.33	Fp
χ¹ Hya	4314	11 04 40.8	−27 13 14	F,D	4.94	+0.36	F3 IV
	4337	11 08 00.6	−58 54 06	F,C,6	3.91	+1.23	G0 Ia+

Name	B.S.	Right Ascension	Declination	Notes	V	B−V	Spectral Type
		h m s	° ′ ″				
52 ψ UMa	4335	11 08 54.5	+44 34 19	F	3.01	+1.14	K1 III
11 β Crt	4343	11 10 59.6	−22 45 07	F	4.48	+0.03	A2 III
	4350	11 11 56.0	−49 01 39	F,6	5.36	+0.18	A3 IV/V
68 δ Leo	4357	11 13 23.5	+20 35 52	F	2.56	+0.12	A4 V
70 θ Leo	4359	11 13 32.0	+15 30 13	F	3.34	−0.01	A2 V
74 φ Leo	4368	11 15 58.5	− 3 34 40	F	4.47	+0.21	A7 IVn
	4369	11 16 17.1	− 7 03 41	S,D	6.14	+0.20	A7: III:kn Sr II
53 ξ UMa	4375	11 17 27.9	+31 36 19	C,D	3.79	+0.59	G0 V
54 ν UMa	4377	11 17 45.1	+33 10 05	F,3	3.48	+1.40	K3 III Ba 0
55 UMa	4380	11 18 23.9	+38 15 35	F	4.78	+0.12	A2 V
12 δ Crt	4382	11 18 39.9	−14 42 20	F	3.56	+1.12	G8 III-IV
π Cen	4390	11 20 23.3	−54 25 01	F,D	3.89	−0.15	B5 Vn
77 σ Leo	4386	11 20 26.4	+ 6 06 13	F	4.05	−0.06	B9.5 Vs
78 ι Leo	4399	11 23 13.3	+10 36 13	D	3.94	+0.41	F2 IV
15 γ Crt	4405	11 24 12.4	−17 36 35	F,2	4.08	+0.21	A7 IV-V
84 τ Leo	4418	11 27 14.6	+ 2 55 50	F	4.95	+1.00	G8 II-III
1 λ Dra	4434	11 30 36.8	+69 24 21	F	3.84	+1.62	M0 III
ξ Hya	4450	11 32 20.2	−31 46 58	F,D	3.54	+0.94	gG7
λ Cen	4467	11 35 09.2	−62 56 42	F,D	3.13	−0.04	B9 III
	4466	11 35 16.1	−47 34 00	F	5.25	+0.25	A7m
21 θ Crt	4468	11 35 59.8	− 9 43 39	F	4.70	−0.08	B9.5 Vn
91 υ Leo	4471	11 36 15.4	− 0 44 57	F	4.30	+1.00	G9 III
ο Hya	4494	11 39 32.4	−34 40 11	F	4.70	−0.07	B8
61 UMa	4496	11 40 20.5	+34 16 40	F,S	5.33	+0.72	G8 V
3 Dra	4504	11 41 43.7	+66 49 11	F	5.30	+1.28	K3 III
	4511	11 42 52.3	−62 24 52	S	5.05	+0.80	F9 0-Ia
27 ζ Crt	4514	11 44 04.6	−18 16 33	F	4.73	+0.97	G8 III
λ Mus	4520	11 44 57.9	−66 39 14	F,D	3.64	+0.16	A7 V
3 ν Vir	4517	11 45 09.9	+ 6 36 18	F	4.03	+1.51	M1 IIIab
63 χ UMa	4518	11 45 20.5	+47 51 16	F	3.71	+1.18	K0 III
	4522	11 45 51.3	−61 06 12	F	4.11	+0.90	G3 II
93 Leo	4527	11 47 17.4	+20 17 38	F,C	4.53	+0.55	G III + A7 V
	4532	11 48 04.1	−26 40 29	F	5.11	+1.60	gM4
94 β Leo	4534	11 48 22.3	+14 38 51	F,D	2.14	+0.09	A3 V
	4537	11 49 01.3	−63 42 48		4.32	−0.15	B3 V
5 β Vir	4540	11 49 59.5	+ 1 50 27	F	3.61	+0.55	F9 V
	4546	11 50 27.9	−45 05 55	F	4.46	+1.30	K3 III
β Hya	4552	11 52 13.5	−33 49 58	2	4.28	−0.10	Ap
64 γ UMa	4554	11 53 07.5	+53 46 11	F	2.44	0.00	A0 V
95 Leo	4564	11 54 58.9	+15 43 19	F	5.53	+0.11	A3 V
30 η Crt	4567	11 55 19.6	−17 04 32	F	5.18	−0.02	A0 V
8 π Vir	4589	12 00 10.9	+ 6 41 23	F	4.66	+0.13	A5 V
θ¹ Cru	4599	12 02 20.0	−63 14 16	D	4.33	+0.27	A3m
	4600	12 02 57.4	−42 21 31	F	5.15	+0.41	F6 V
9 ο Vir	4608	12 04 31.3	+ 8 48 29	F,S	4.12	+0.98	G8 IIIa Ba1
η Cru	4616	12 06 10.2	−64 32 18	6	4.15	+0.34	F2 III
	4618	12 07 23.0	−50 35 10	D	4.47	−0.15	B2 IIIne3
δ Cen	4621	12 07 39.3	−50 38 50	F,D	2.60	−0.12	B2: IVne2+
1 α Crv	4623	12 07 42.9	−24 39 13		4.02	+0.32	F2 V
2 ε Crv	4630	12 09 25.7	−22 32 41	F	3.00	+1.33	K2 III

BRIGHT STARS, J1986.5

Name	B.S.	Right Ascension	Declination	Notes	V	B−V	Spectral Type
		h m s	° ′ ″				
ρ Cen	4638	12 10 56.5	−52 17 36		3.96	−0.15	B3 V
	4646	12 11 34.6	+77 41 29	F	5.14	+0.33	A5m
δ Cru	4656	12 14 25.3	−58 40 26	F	2.80	−0.23	B2 IV
69 δ UMa	4660	12 14 45.7	+57 06 27	F	3.31	+0.08	A3 V
4 γ Crv	4662	12 15 06.6	−17 28 01	F	2.59	−0.11	B8 IIIp
ε Mus	4671	12 16 50.0	−67 53 09		4.11	+1.58	M5 III
β Cha	4674	12 17 32.0	−79 14 14	F	4.26	−0.12	B5 Vn
ζ Cru	4679	12 17 41.9	−63 55 41	D	4.04	−0.17	B2.5 V
3 CVn	4690	12 19 09.0	+49 03 32	F	5.29	+1.66	M1+ IIIab
15 η Vir	4689	12 19 12.9	− 0 35 31	F	3.89	+0.02	A2 IV
16 Vir	4695	12 19 39.8	+ 3 23 16	F	4.96	+1.16	K1 III
ε Cru	4700	12 20 37.5	−60 19 36		3.59	+1.42	K3/4 III
12 Com	4707	12 21 49.7	+25 55 16	F,C,D	4.79	+0.49	G III + A2 V
6 CVn	4728	12 25 11.1	+39 05 36	F	5.02	+0.96	G8 III-IV
α¹ Cru	4730	12 25 50.5	−63 01 28	F,C,M,D	1.58		B0.5 IV
α² Cru	4731	12 25 51.1	−63 01 30	C,M,D	2.09		B1 V
15 γ Com	4737	12 26 16.0	+28 20 36	M	4.35	+1.13	K1 III-IV
σ Cen	4743	12 27 18.3	−50 09 22	F	3.91	−0.19	B2 V
	4748	12 27 39.2	−38 58 00	F,M	5.44	−0.08	B8
7 δ Crv	4757	12 29 09.8	−16 26 25	F,D	2.95	−0.05	B9.5 V:n
74 UMa	4760	12 29 19.7	+58 28 48	F,M	5.32	+0.20	δ Del
γ Cru	4763	12 30 24.7	−57 02 16	F,D	1.63	+1.59	M4− IIIb
8 η Crv	4775	12 31 22.4	−16 07 17		4.31	+0.38	F0 IV
γ Mus	4773	12 31 39.0	−72 03 31	F	3.87	−0.15	B5 V
5 κ Dra	4787	12 32 54.7	+69 51 45	F	3.87	−0.13	B6 IIIp
	4783	12 32 59.1	+33 19 19	F	5.42	+1.00	K0 III
8 β CVn	4785	12 33 06.2	+41 25 51	F,S	4.26	+0.59	G0 V
9 β Crv	4786	12 33 40.6	−23 19 20	F	2.65	+0.89	G5 III
23 Com	4789	12 34 10.7	+22 42 12	F,S	4.81	0.00	A0 IV
24 Com	4792	12 34 27.2	+18 27 05	F,D	5.02	+1.15	K2 III
α Mus	4798	12 36 22.1	−69 03 41	F,D	2.69	−0.20	B2 IV-V
τ Cen	4802	12 36 57.6	−48 28 01		3.86	+0.05	A2 V
26 χ Vir	4813	12 38 32.9	− 7 55 17	F	4.66	+1.23	K2 III
γ Cen	4819	12 40 46.1	−48 53 08	D	2.17	−0.01	A0 IV
29 γ Vir	4825	12 40 58.5	− 1 22 32	C,D	2.75	+0.36	F0 V
29 γ Vir	4826	12 40 58.5	− 1 22 32	C,M,D	3.68		F0 V
30 ρ Vir	4828	12 41 12.1	+10 18 36	F	4.88	+0.09	A0 V
	4839	12 43 17.2	−28 15 00	F,M	5.48	+1.34	gK4
Y CVn	4846	12 44 29.9	+45 30 50	F,V	4.99	+2.54	C5,5
32 d² Vir	4847	12 44 56.1	+ 7 44 49	F	5.22	+0.33	A8m
β Mus	4844	12 45 26.7	−68 02 04	2	3.05	−0.18	B2 V
β Cru	4853	12 46 55.6	−59 36 54	F,V,D	1.25	−0.23	B0.5 III
	4874	12 49 57.1	−33 55 33	F	4.91	−0.04	A0 IV
31 Com	4883	12 51 02.5	+27 36 50	F,S	4.94	+0.67	G0 III
	4888	12 52 20.7	−48 52 12		4.33	+1.37	K3/4 III
	4889	12 52 41.1	−40 06 21	F	4.27	+0.21	A7 III
77 ε UMa	4905	12 53 26.3	+56 01 59	F,V	1.77	−0.02	A0pv
ι Oct	4870	12 53 27.5	−85 03 01	F,D	5.46	+1.02	K0 III
40 ψ Vir	4902	12 53 39.0	− 9 27 57	F	4.79	+1.60	M3 III
μ¹ Cru	4898	12 53 47.6	−57 06 17	D	4.03	−0.17	B2 IV-V

BRIGHT STARS, J1986.5

Name	B.S.	Right Ascension	Declination	Notes	V	B−V	Spectral Type
		h m s	° ′ ″				
43 δ Vir	4910	12 54 55.4	+ 3 28 14	F	3.38	+1.58	M3 III
8 Dra	4916	12 54 56.4	+65 30 42	F	5.24	+0.28	F0 V
12 α² CVn	4915	12 55 23.9	+38 23 28	F,V,D	2.90	−0.12	B9.5pv
78 UMa	4931	13 00 09.2	+56 26 21	S,D	4.93	+0.36	F2 V
δ Mus	4923	13 01 19.8	−71 28 35	F	3.62	+1.18	K2 III
47 ε Vir	4932	13 01 30.3	+11 01 54	F,S	2.83	+0.94	G8 III
14 CVn	4943	13 05 06.6	+35 52 15	F	5.25	−0.08	B9 V
ξ² Cen	4942	13 06 07.0	−49 50 03	F,D	4.27	−0.19	B1.5 V
51 θ Vir	4963	13 09 15.0	− 5 28 02	F,D	4.38	−0.01	A1 V
43 β Com	4983	13 11 14.6	+27 56 47	F	4.26	+0.57	G0 V
η Mus	4993	13 14 19.4	−67 49 24	F,D	4.80	−0.08	B7 V
	5006	13 16 08.0	−31 26 06	F,M	5.10	+0.96	K1
60 σ Vir	5015	13 16 55.4	+ 5 32 27	F	4.80	+1.67	M2 IIIa
20 CVn	5017	13 16 56.3	+40 38 37	F,S	4.73	+0.30	F3 III
61 Vir	5019	13 17 41.8	−18 14 11	F	4.74	+0.71	G6 V
46 γ Hya	5020	13 18 11.1	−23 06 02	F	3.00	+0.92	G8 III
ι Cen	5028	13 19 50.1	−36 38 29	F	2.75	+0.04	A2 V
	5035	13 21 45.1	−60 55 04	F,D	4.53	−0.13	B3 V
79 ζ UMa	5054	13 23 23.0	+54 59 44	F,D	2.05	+0.02	A2 V
79 ζ UMa	5055	13 23 23.9	+54 59 31	M,D	3.95	+0.13	A1m
67 α Vir	5056	13 24 28.8	−11 05 28	F,M,V	0.97	−0.24	B1 IV
80 UMa	5062	13 24 41.1	+55 03 30		4.01	+0.16	A5 V
68 Vir	5064	13 26 00.3	−12 38 16	F	5.25	+1.52	M0 III
70 Vir	5072	13 27 46.2	+13 51 02	F	4.98	+0.71	G5 V
	5085	13 27 57.4	+60 00 55	F,M	5.40	−0.01	A1 Vn
	5089	13 30 15.5	−39 20 17	D	3.88	+1.17	G8 III
78 Vir	5105	13 33 26.8	+ 3 43 41	F	4.94	+0.03	A1p
79 ζ Vir	5107	13 34 00.3	− 0 31 38	F	3.37	+0.11	A3 Vn
	5110	13 34 11.7	+37 15 05	F	4.98	+0.40	F2 IV
ε Cen	5132	13 39 01.6	−53 23 53	F,D	2.30	−0.22	B1 III
	5134	13 39 09.3	−49 52 55	S,M	6.00	+1.50	M6 III
82 Vir	5150	13 40 54.2	− 8 38 07	F	5.01	+1.63	M2 IIIa
1 Cen	5168	13 44 55.0	−32 58 33	F	4.23	+0.38	F3 IV
	5171	13 46 13.7	−62 31 22	S,D	6.51	+1.98	K0 0-Ia
4 τ Boo	5185	13 46 37.2	+17 31 25	F,D	4.50	+0.48	F7 V
85 η UMa	5191	13 47 00.6	+49 22 50	F	1.86	−0.19	B3 V
2 Cen	5192	13 48 39.6	−34 23 02		4.19	+1.50	M4.5 IIIab
ν Cen	5190	13 48 41.5	−41 37 15		3.41	−0.22	B2 IV
μ Cen	5193	13 48 47.9	−42 24 25	F,S,V,D	3.04	−0.17	B2 V:e
5 υ Boo	5200	13 48 49.6	+15 51 52		4.06	+1.52	K5+ III
89 Vir	5196	13 49 08.2	−18 04 02	F	4.97	+1.06	K1 III
10 Dra	5226	13 51 02.2	+64 47 23	F,D	4.65	+1.58	M3 IIIaS
8 η Boo	5235	13 54 02.5	+18 27 54	F,S	2.68	+0.58	G0 IV
ζ Cen	5231	13 54 41.5	−47 13 20	F	2.55	−0.22	B2.5 IV
	5241	13 56 39.7	−63 37 16	F	4.71	+1.11	K0 III
φ Cen	5248	13 57 26.8	−42 02 07		3.83	−0.21	B2 IV
47 Hya	5250	13 57 45.6	−24 54 24	F,6	5.15	−0.10	B8n
υ¹ Cen	5249	13 57 50.5	−44 44 17		3.87	−0.20	B2 IV-V
υ² Cen	5260	14 00 52.6	−45 32 19		4.34	+0.60	F6 II
93 τ Vir	5264	14 00 57.5	+ 1 36 34	F,D	4.26	+0.10	A3 V

Name	B.S.	Right Ascension	Declination	Notes	V	B−V	Spectral Type
		h m s	° ′ ″				
	5270	14 01 52.1	+ 9 45 05	S	6.20	+0.90	K1 CN-5 Fe-4
β Cen	5267	14 02 51.8	−60 18 30	F,6,M	0.61	−0.23	B1 III
θ Aps	5261	14 03 59.1	−76 43 56	F,S,M,V	5.50		M6.5 III
11 α Dra	5291	14 04 01.4	+64 26 25	F,S	3.65	−0.05	A0 III
χ Cen	5285	14 05 13.1	−41 06 56		4.36	−0.19	B2 V
49 π Hya	5287	14 05 36.0	−26 37 04	F	3.27	+1.12	K2 III
5 θ Cen	5288	14 05 53.1	−36 18 15	F	2.06	+1.01	K0 III-IV
	5299	14 07 23.4	+43 55 06	F	5.27	+1.59	M4-4.5 III
4 UMi	5321	14 08 53.2	+77 36 39	F	4.82	+1.36	K3 III
12 d Boo	5304	14 09 47.0	+25 09 19	F	4.83	+0.54	F8 IV
98 κ Vir	5315	14 12 10.4	−10 12 41	F	4.19	+1.33	K3 III
16 α Boo	5340	14 15 02.7	+19 15 09	F	−0.04	+1.23	K2 IIIp
99 ι Vir	5338	14 15 18.3	− 5 56 11	F	4.08	+0.52	F7 III-IV
21 ι Boo	5350	14 15 41.2	+51 25 45	F,D	4.75	+0.20	A9 V
19 λ Boo	5351	14 15 52.2	+46 09 00	F	4.18	+0.08	A0p
	5361	14 17 25.6	+35 34 17	F	4.81	+1.06	K0 III
100 λ Vir	5359	14 18 22.6	−13 18 34	F	4.52	+0.13	A2m
ι Lup	5354	14 18 32.1	−45 59 46		3.55	−0.18	B2.5 IV
18 Boo	5365	14 18 37.1	+13 03 58	F	5.41	+0.38	F3 V
	5358	14 19 22.5	−56 19 30	F	4.33	+0.12	B6 Ib
ψ Cen	5367	14 19 43.9	−37 49 26	F,D	4.05	−0.03	B9.5 IV
	5378	14 22 12.1	−39 27 03		4.42	−0.18	B7 IIIp
	5392	14 23 31.0	+ 5 52 51	F,6	5.10	+0.12	A5 V
	5390	14 24 02.3	−24 44 44	F,M	5.32	+0.96	gG8
δ Oct	5339	14 24 38.2	−83 36 26		4.32	+1.31	K2 III
23 θ Boo	5404	14 24 44.2	+51 54 46	F	4.05	+0.50	F7 V
τ¹ Lup	5395	14 25 15.9	−45 09 39	F,V	4.56	−0.15	B2 IV
τ² Lup	5396	14 25 18.4	−45 19 08	C,D	4.35	+0.43	A7: + F4 IV
22 Boo	5405	14 25 49.7	+19 17 14	F	5.39	+0.23	F0m
52 Hya	5407	14 27 22.8	−29 25 53	F,3	4.97	−0.07	B8 IV
105 φ Vir	5409	14 27 30.3	− 2 10 04	F,S,D	4.81	+0.70	G2 IV
5 UMi	5430	14 27 32.5	+75 45 22	F,D	4.25	+1.44	K4 III
25 ρ Boo	5429	14 31 14.9	+30 25 49	F,D	3.58	+1.30	K3 III
27 γ Boo	5435	14 31 32.1	+38 22 01	F,1,V	3.03	+0.19	A7 III
σ Lup	5425	14 31 42.0	−50 23 52		4.42	−0.19	B2 III
28 σ Boo	5447	14 34 05.6	+29 48 12	F	4.46	+0.36	F2 V
η Cen	5440	14 34 38.7	−42 05 57	F,7	2.31	−0.19	B1.5 Vn
ρ Lup	5453	14 36 58.4	−49 22 03		4.05	−0.15	B5 V
33 Boo	5468	14 38 20.1	+44 27 45	F,6	5.39	0.00	A1 V
α¹ Cen	5459	14 38 40.7	−60 46 49	F,M,D,G	0.33		G2 V
α² Cen	5460	14 38 40.7	−60 46 49	F,M,D,G	1.70		K1 V
30 ζ Boo	5477	14 40 30.2	+13 47 09	C,D	3.78	+0.05	A3 IVn
30 ζ Boo	5478	14 40 30.2	+13 47 09	C,M,D	4.43		A3 IVn
α Lup	5469	14 41 01.6	−47 19 51	F,D	2.30	−0.20	B1.5 III
	5471	14 41 07.1	−37 44 10		4.00	−0.17	B3 V
α Cir	5463	14 41 24.3	−64 55 02	F,D	3.19	+0.24	F1 Vp
107 μ Vir	5487	14 42 20.9	− 5 36 00	F	3.88	+0.38	F3 IV
	5485	14 42 49.7	−35 06 58	F	4.05	+1.35	gK5
34 Boo	5490	14 42 49.8	+26 35 05	F,V	4.81	+1.66	M3 IIIa
36 ε Boo	5506	14 44 23.8	+27 07 51	M,D	2.40	+0.96	K0 II-III

BRIGHT STARS, J1986.5

Name	B.S.	Right Ascension	Declination	Notes	V	B−V	Spectral Type
		h m s	° ′ ″				
109 Vir	5511	14 45 33.9	+ 1 56 57	F	3.72	−0.01	A0 V
	5495	14 46 04.3	−52 19 38	F,M,D	5.21	+0.98	G8 III
α Aps	5470	14 46 08.4	−78 59 19	F	3.83	+1.43	K3 III
56 Hya	5516	14 46 57.4	−26 01 53	F	5.24	+0.94	gG5
58 Hya	5526	14 49 29.6	−27 54 17		4.41	+1.40	gK4
8 α¹ Lib	5530	14 49 56.3	−15 56 30	F,D	5.15	+0.41	F3 V
9 α² Lib	5531	14 50 07.8	−15 59 11	F,D	2.75	+0.15	A2 IV
7 β UMi	5563	14 50 44.1	+74 12 39	F	2.08	+1.47	K4 III
o Lup	5528	14 50 45.2	−43 31 13	D	4.32	−0.15	B5 IV
	5552	14 51 05.8	+59 20 55	F	5.46	+1.36	K4 III
	5558	14 54 54.8	−33 48 06	F,M,D	5.34		A0 V
15 ξ² Lib	5564	14 56 02.0	−11 21 21	F,M	5.46	+1.49	gK4
16 Lib	5570	14 56 28.6	− 4 17 31		4.49	+0.32	F0 IV
	5589	14 57 21.9	+65 59 10	F,V	4.60	+1.59	M5 III
β Lup	5571	14 57 38.6	−43 04 49	F	2.68	−0.22	B2 III
κ Cen	5576	14 58 16.7	−42 03 03	F,D	3.13	−0.20	B2 IV
19 δ Lib	5586	15 00 15.0	− 8 27 57	F,V	4.92	0.00	B9.5 V
42 β Boo	5602	15 01 26.2	+40 26 36	F	3.50	+0.97	G8 III
110 Vir	5601	15 02 13.1	+ 2 08 37		4.40	+1.04	K0 III
20 σ Lib	5603	15 03 16.7	−25 13 46	F	3.29	+1.70	M3.5 III
43 ψ Boo	5616	15 03 52.0	+26 59 59	F	4.54	+1.24	K2 III
	5635	15 05 53.5	+54 36 29	F	5.25	+0.96	G8 III
45 Boo	5634	15 06 42.5	+24 55 16	F	4.93	+0.43	F5 V
λ Lup	5626	15 07 55.8	−45 13 43	D	4.05	−0.18	B3 V
κ Lup	5646	15 10 59.4	−48 41 14	F,D	3.87	−0.05	B9.5 Vn
ζ Lup	5649	15 11 18.6	−52 02 55	F,D	3.41	+0.92	G8 III
24 ι Lib	5652	15 11 27.0	−19 44 29	F,D	4.54	−0.08	A0p
1 Lup	5660	15 13 47.5	−31 28 10	F	4.91	+0.37	F1 II
	5691	15 14 28.7	+67 23 53	F	5.13	+0.53	F8 V
3 Ser	5675	15 14 31.0	+ 4 59 20	F	5.33	+1.09	gK0
49 δ Boo	5681	15 14 57.5	+33 21 53	F,D	3.47	+0.95	G8 III CN-1
27 β Lib	5685	15 16 16.7	− 9 20 01	F	2.61	−0.11	B8 V
β Cir	5670	15 16 27.0	−58 45 06	F	4.07	+0.09	A3 V
2 Lup	5686	15 17 00.4	−30 05 59		4.34	+1.10	gK0
μ Lup	5683	15 17 35.3	−47 49 34	D	4.27	−0.08	B8 V
γ TrA	5671	15 17 38.2	−68 37 50	F	2.89	0.00	A0 IV
δ Lup	5695	15 20 28.9	−40 35 58	F	3.22	−0.22	B1.5 IV
13 γ UMi	5735	15 20 44.5	+71 52 56	F	3.05	+0.05	A3 II-III
φ¹ Lup	5705	15 20 56.8	−36 12 47	F,D	3.56	+1.54	gK5
ε Lup	5708	15 21 45.6	−44 38 30	D	3.37	−0.18	B2 IV-V
φ² Lup	5712	15 22 17.4	−36 48 39	F	4.54	−0.15	B4 V
γ Cir	5704	15 22 17.7	−59 16 23	C,2	4.51	+0.19	B5 IV
51 μ¹ Boo	5733	15 23 58.8	+37 25 27	F,D	4.31	+0.31	F2 III-IV
12 ι Dra	5744	15 24 37.6	+59 00 47	F	3.29	+1.16	K2 III
9 τ¹ Ser	5739	15 25 09.8	+15 28 30	F	5.17	+1.66	M1 IIIa
3 β CrB	5747	15 27 16.3	+29 09 06	F	3.68	+0.28	F0p
κ¹ Aps	5730	15 30 01.3	−73 20 39	F,D	5.49	−0.12	B1pne2
52 ν¹ Boo	5763	15 30 26.6	+40 52 43	F	5.02	+1.59	M0- IIIab
4 θ CrB	5778	15 32 23.1	+31 24 15	F	4.14	−0.13	B6 Vnn
37 Lib	5777	15 33 26.3	−10 01 08	F	4.62	+1.01	K1 IVa

BRIGHT STARS, J1986.5

Name	B.S.	Right Ascension	Declination	Notes	V	B−V	Spectral Type
		h m s	° ′ ″				
5 α CrB	5793	15 34 07.0	+26 45 35	F,V	2.23	−0.02	A0 V
13 δ Ser	5789	15 34 09.4	+10 35 01	M,D	4.23		F0 IV
γ Lup	5776	15 34 14.3	−41 07 20	D	2.78	−0.20	B2 IV
38 γ Lib	5787	15 34 46.2	−14 44 43	F,1	3.91	+1.01	G8 III CN-1
	5784	15 35 16.4	−44 21 08	F	5.43	+1.50	K4/5 III
ε TrA	5771	15 35 28.4	−66 16 22	F,D	4.11	+1.17	K1/2 III
39 υ Lib	5794	15 36 12.2	−28 05 28	F,D	3.58	+1.38	K3 III
ω Lup	5797	15 37 08.4	−42 31 26	D	4.33	+1.42	K4.5 III
54 φ Boo	5823	15 37 20.5	+40 23 49	F	5.24	+0.88	G8 III-IV
	5798	15 37 49.0	−52 19 45	F	5.44	0.00	B9 V
40 τ Lib	5812	15 37 49.5	−29 44 03		3.66	−0.17	B2.5 V
43 κ Lib	5838	15 41 10.0	−19 38 09	F,6	4.74	+1.57	K5 III
8 γ CrB	5849	15 42 10.5	+26 20 16	D	3.84	0.00	A0 IV
24 α Ser	5854	15 43 36.1	+ 6 28 03	F,D	2.65	+1.17	K2 III CN 1.5
16 ζ UMi	5903	15 44 31.2	+77 50 11	F	4.32	+0.04	A3 Vn
28 β Ser	5867	15 45 33.9	+15 27 49	F,D	3.67	+0.06	A2 IV
27 λ Ser	5868	15 45 47.2	+ 7 23 42		4.43	+0.60	G0 V
	5886	15 46 27.5	+62 38 28	F	5.19	+0.04	A2 IV
35 κ Ser	5879	15 48 07.9	+18 10 58	F	4.09	+1.62	M1- IIIab
32 μ Ser	5881	15 48 54.9	− 3 23 23	F,6	3.54	−0.04	A0 V
10 δ CrB	5889	15 49 01.7	+26 06 33	S	4.63	+0.80	G5 III-IV
5 χ Lup	5883	15 50 05.9	−33 35 13	F	3.95	−0.04	Ap
37 ε Ser	5892	15 50 08.5	+ 4 31 04	F	3.71	+0.15	A2m
11 κ CrB	5901	15 50 43.4	+35 41 56	F,S	4.82	+1.00	K1 IVa
1 χ Her	5914	15 52 12.5	+42 29 20	F	4.62	+0.56	F9 V
45 λ Lib	5902	15 52 32.9	−20 07 39	F	5.03	−0.01	B2.5 V
46 θ Lib	5908	15 53 03.3	−16 41 26		4.15	+1.02	K0 III-IV
β TrA	5897	15 53 56.7	−63 23 24	F	2.85	+0.29	F2 III
41 γ Ser	5933	15 55 49.7	+15 42 18	F	3.85	+0.48	F6 V
5 ρ Sco	5928	15 56 03.0	−29 10 31	D	3.88	−0.20	B2 IV-V
13 ε CrB	5947	15 57 01.7	+26 54 59	F,S,3	4.15	+1.23	K2 III
48 Lib	5941	15 57 25.9	−14 14 28	F,6	4.88	−0.10	B5 IIIp
	5960	15 57 28.1	+54 47 15	F	4.95	+0.26	F0 V
6 π Sco	5944	15 58 02.0	−26 04 33	F,C,D	2.89	−0.19	B1 V + B2
	5943	15 58 34.9	−41 42 23	F	4.99	+1.00	K0 II/III
T CrB	5958	15 58 56.2	+25 57 29	M,V	2−11		pec
η Lup	5948	15 59 13.4	−38 21 33	D	3.41	−0.22	B2.5 IV
7 δ Sco	5953	15 59 32.0	−22 35 02	F	2.32	−0.12	B0.3 IV
49 Lib	5954	15 59 34.0	−16 29 40	F,6	5.47	+0.52	F8 V
13 θ Dra	5986	16 01 38.0	+58 36 04	F	4.01	+0.52	F8 IV-V
ξ Sco	5977	16 03 37.5	−11 20 12	C,D	4.16	+0.45	F6 IV
8 β¹ Sco	5984	16 04 39.0	−19 46 09	F,D	2.62	−0.07	B0.5 V
8 β² Sco	5985	16 04 39.3	−19 45 57	S,D	4.92	−0.02	B2 V
δ Nor	5980	16 05 32.0	−45 08 15	F	4.72	+0.23	A1m
θ Lup	5987	16 05 42.2	−36 45 59	F	4.23	−0.17	B2.5 Vn
9 ω¹ Sco	5993	16 06 01.0	−20 38 00	S	3.96	−0.04	B1 V
10 ω² Sco	5997	16 06 36.7	−20 49 58		4.32	+0.84	gG2
7 κ Her	6008	16 07 27.9	+17 04 56	F,D	5.00	+0.95	G8 III
11 φ Her	6023	16 08 20.6	+44 58 12	F	4.26	−0.07	B9p
16 τ CrB	6018	16 08 28.6	+36 31 29	F,D	4.76	+1.01	K0 IIIb-IVa

BRIGHT STARS, J1986.5

Name	B.S.	Right Ascension	Declination	Notes	V	B−V	Spectral Type
		h m s	° ′ ″				
19 UMi	6079	16 11 11.8	+75 54 43	F	5.48	−0.15	B8 V
14 ν Sco	6027	16 11 12.6	−19 25 35	D	4.01	+0.04	B2 IVp
κ Nor	6024	16 12 24.6	−54 35 48	F,D	4.94	+1.04	G8 III
1 δ Oph	6056	16 13 38.2	− 3 39 37	F	2.74	+1.58	M0.5 III
δ TrA	6030	16 14 12.1	−63 39 08	F,D	3.85	+1.11	G2 II
2 ε Oph	6075	16 17 36.4	− 4 39 37	F	3.24	+0.96	K0- III
21 η UMi	6116	16 17 53.3	+75 47 12	F	4.95	+0.37	F5 V
δ¹ Aps	6020	16 18 17.9	−78 39 49	F,D	4.68	+1.69	M5 IIb
	6077	16 18 41.4	−30 52 30	F,D	5.49	+0.47	F6 III
γ² Nor	6072	16 18 49.6	−50 07 24	F,D	4.02	+1.08	K0 III
22 τ Her	6092	16 19 20.0	+46 20 43	F,3	3.89	−0.15	B5 IV
20 σ Sco	6084	16 20 22.0	−25 33 40	F,V,D	2.89	+0.13	B1 III
20 γ Her	6095	16 21 19.5	+19 11 03	F,D	3.75	+0.27	A9 III
50 σ Ser	6093	16 21 23.3	+ 1 03 36	F	4.82	+0.34	F3 V
4 ψ Oph	6104	16 23 18.7	−20 00 24		4.50	+1.01	K0 III
14 η Dra	6132	16 23 48.4	+61 32 41	D	2.74	+0.91	G8 III
24 ω Her	6117	16 24 47.5	+14 03 49	F,D	4.57	0.00	B9p
ε Nor	6115	16 26 11.5	−47 31 31	D	4.47	−0.07	B4 V
7 χ Oph	6118	16 26 14.4	−18 25 35	V	4.42	+0.28	B1.5 Ve4
ζ TrA	6098	16 27 00.4	−70 03 20	F	4.91	+0.55	F9 V
15 Dra	6161	16 28 00.3	+68 47 51	F	5.00	−0.06	A0 III
21 α Sco	6134	16 28 34.7	−26 24 10	F,V,D,G	0.96	+1.83	M1.5: Iab
27 β Her	6148	16 29 38.4	+21 31 06	F	2.77	+0.94	G8 III
10 λ Oph	6149	16 30 13.9	+ 2 00 46	D	3.82	+0.01	A2 V
8 φ Oph	6147	16 30 21.9	−16 35 03	D	4.28	+0.92	G8 III
	6143	16 30 29.9	−34 40 33	F	4.23	−0.16	B2 III
9 ω Oph	6153	16 31 20.0	−21 26 18		4.45	+0.13	Ap
γ Aps	6102	16 31 21.2	−78 52 07	F	3.89	+0.91	G8/K0 III
35 σ Her	6168	16 33 40.0	+42 27 52	F	4.20	−0.01	A1 Vn
23 τ Sco	6165	16 35 02.4	−28 11 20	F,S	2.82	−0.25	B0 V
	6166	16 35 29.1	−35 13 44		4.16	+1.57	gK6
13 ζ Oph	6175	16 36 24.9	−10 32 26	F	2.56	+0.02	O9.5 Vnn
42 Her	6200	16 38 22.8	+48 57 16	F,1	4.90	+1.55	M3- IIIab
40 ζ Her	6212	16 40 46.7	+31 37 37	D	2.81	+0.65	G1 IV
	6196	16 40 47.5	−17 43 01	F	4.96	+1.11	G8 II
β Aps	6163	16 41 07.7	−77 29 28	D	4.24	+1.06	K0 III
44 η Her	6220	16 42 26.0	+38 56 51	F	3.53	+0.92	G7 III-IV
	6237	16 45 02.3	+56 48 21	F	4.85	+0.38	F5 V
α TrA	6217	16 47 13.7	−69 00 16	F	1.92	+1.44	K2 IIb-IIIa
22 ε UMi	6322	16 47 19.0	+82 03 39	F,V,D	4.23	+0.89	G5 III
η Ara	6229	16 48 36.9	−59 01 07	F,D	3.76	+1.57	K5 III
20 Oph	6243	16 49 05.2	−10 45 36	F	4.65	+0.47	F7 III
26 ε Sco	6241	16 49 17.3	−34 16 11	F	2.29	+1.15	K2.5 III
μ¹ Sco	6247	16 50 57.2	−38 01 31	F,V,D	3.08	−0.20	B1.5 IV
51 Her	6270	16 51 11.7	+24 40 43	F	5.04	+1.25	K2 II-III
μ² Sco	6252	16 51 25.1	−37 59 44	D	3.57	−0.21	B2 IV
53 Her	6279	16 52 27.3	+31 43 25	F	5.32	+0.29	F2 V
25 ι Oph	6281	16 53 22.1	+10 11 13	F	4.38	−0.08	B8 V
ζ² Sco	6271	16 53 37.9	−42 20 21		3.62	+1.37	K4 III
27 κ Oph	6299	16 57 01.7	+ 9 23 43	F,S,V	3.20	+1.15	K2 III

BRIGHT STARS, J1986.5

Name	B.S.	Right Ascension	Declination	Notes	V	B−V	Spectral Type
		h m s	° ′ ″				
ζ Ara	6285	16 57 30.0	−55 58 12	F	3.13	+1.60	K3 III
ε¹ Ara	6295	16 58 30.3	−53 08 27	F	4.06	+1.45	K4 IIIab
58 ε Her	6324	16 59 46.4	+30 56 45	F	3.92	−0.01	A0 V
30 Oph	6318	17 00 20.8	− 4 12 11	F	4.82	+1.48	K4 III
59 Her	6332	17 01 06.4	+33 35 14	F	5.25	+0.02	A3 IV
60 Her	6355	17 04 45.1	+12 45 32	F,1	4.91	+0.12	A4 IV
22 ζ Dra	6396	17 08 44.7	+65 43 53	F	3.17	−0.12	B6 III
35 η Oph	6378	17 09 36.2	−15 42 32	D	2.43	+0.06	A2.5 V
η Sco	6380	17 11 11.1	−43 13 20	F	3.33	+0.41	F2 V
64 α¹ Her	6406	17 14 01.9	+14 24 18	S,V,D	3.08	+1.44	M5 Ib-II
65 δ Her	6410	17 14 28.6	+24 51 16	F,D	3.14	+0.08	A3 IV
67 π Her	6418	17 14 34.6	+36 49 26	F	3.16	+1.44	K3 II
	6452	17 19 43.1	+18 04 13	F	5.00	+1.62	M1+ IIIab
53 ν Ser	6446	17 20 04.0	−12 50 02	7	4.33	+0.03	A2 V
72 Her	6458	17 20 09.2	+32 29 04	F,D	5.39	+0.62	G0 V
40 ξ Oph	6445	17 20 11.6	−21 05 57	7	4.39	+0.39	F1 Vs
ι Aps	6411	17 20 35.3	−70 06 38	F,D	5.41	−0.04	B8/9 Vn
42 θ Oph	6453	17 21 10.8	−24 59 13	F	3.27	−0.22	B2 IV
β Ara	6461	17 24 10.6	−55 31 06	F	2.85	+1.46	K3 Ib-IIa
γ Ara	6462	17 24 15.3	−56 21 58	D	3.34	−0.13	B1 Ib
44 Oph	6486	17 25 32.7	−24 09 49	F	4.17	+0.28	A9m:
49 σ Oph	6498	17 25 50.7	+ 4 09 05	F,S	4.34	+1.50	K2 II
	6493	17 25 54.9	− 5 04 32	F	4.54	+0.39	F3 IIIs
45 Oph	6492	17 26 29.5	−29 51 21	F	4.29	+0.40	δ Del
34 υ Sco	6508	17 29 50.7	−37 17 10	F,6	2.69	−0.22	B2 IV
δ Ara	6500	17 29 52.7	−60 40 26	F,D	3.62	−0.10	B8 Vn
23 β Dra	6536	17 30 07.6	+52 18 40	F,S,D	2.79	+0.98	G2 Ib
76 λ Her	6526	17 30 11.6	+26 07 13	F	4.41	+1.44	K4 III
α Ara	6510	17 30 47.8	−49 52 00	F,D	2.95	−0.17	B2 Vne2
24 ν¹ Dra	6554	17 31 54.5	+55 11 36	F,D	4.88	+0.26	Am
25 ν² Dra	6555	17 32 00.0	+55 10 55	F,D	4.87	+0.28	Am
27 Dra	6566	17 32 01.0	+68 08 37	F,6	5.05	+1.08	K0 III
35 λ Sco	6527	17 32 41.5	−37 05 42	F	1.63	−0.22	B1.5 IV
55 α Oph	6556	17 34 18.5	+12 34 09	F	2.08	+0.15	A5 III
	6546	17 35 37.0	−38 37 36		4.29	+1.09	gK0
θ Sco	6553	17 36 20.9	−42 59 25	F	1.87	+0.40	F0 II
23 δ UMi	6789	17 36 32.2	+86 35 41	F	4.36	+0.02	A1 Vn
55 ξ Ser	6561	17 36 48.8	−15 23 27	F,D	3.54	+0.26	F0 IV
28 ω Dra	6596	17 37 01.7	+68 45 52	F	4.80	+0.43	F4 V
85 ι Her	6588	17 39 05.0	+46 00 47	F,S	3.80	−0.18	B3 IV
56 o Ser	6581	17 40 39.3	−12 52 08		4.26	+0.08	A2 V
κ Sco	6580	17 41 33.2	−39 01 27	F	2.41	−0.22	B1.5 III
31 ψ Dra	6636	17 42 10.6	+72 09 21	F,D	4.58	+0.42	F5 V
58 Oph	6595	17 42 37.2	−21 40 39	F	4.87	+0.47	F7 V:
84 Her	6608	17 42 48.3	+24 19 59	S	5.71	+0.65	G2 IIIb
60 β Oph	6603	17 42 48.3	+ 4 34 20	F	2.77	+1.16	K2 III
μ Ara	6585	17 43 04.3	−51 49 41	F	5.15	+0.70	G5 V
η Pav	6582	17 44 24.4	−64 43 07	F	3.62	+1.19	K2 II
86 μ Her	6623	17 45 55.8	+27 43 41	F,S,D	3.42	+0.75	G5 IV
ι¹ Sco	6615	17 46 38.4	−40 07 22	F,S,6	3.03	+0.51	F2 Ia

BRIGHT STARS, J1986.5

Name	B.S.	Right Ascension	Declination	Notes	V	B−V	Spectral Type
		h m s	° ′ ″				
3 X Sgr	6616	17 46 42.6	−27 49 36	F,M,V	4.20	+0.70	F3 II
62 γ Oph	6629	17 47 12.9	+ 2 42 42	F	3.75	+0.04	A0 V
	6630	17 48 56.4	−37 02 24	F	3.21	+1.17	gK1
35 Dra	6701	17 50 03.1	+76 57 55	F	5.04	+0.49	F7 IV
32 ξ Dra	6688	17 53 17.7	+56 52 28	F	3.75	+1.18	K2 III
89 Her	6685	17 54 52.5	+26 03 06	F,S,6,V	5.46	+0.34	F2 Ib
91 θ Her	6695	17 55 47.4	+37 15 07	F	3.86	+1.35	K1 IIa CN 2
33 γ Dra	6705	17 56 17.5	+51 29 25	F,S,D	2.23	+1.52	K5 III
92 ξ Her	6703	17 57 14.4	+29 14 56	F	3.70	+0.94	G8 III
94 ν Her	6707	17 57 59.2	+30 11 24		4.41	+0.39	F2 II
64 ν Oph	6698	17 58 17.0	− 9 46 22	F	3.34	+0.99	K0- IIIa CN-1
93 Her	6713	17 59 27.4	+16 45 04	F	4.67	+1.26	K0 II-III
67 Oph	6714	17 59 58.1	+ 2 55 53	F,S,D	3.97	+0.02	B5 Ib
68 Oph	6723	18 01 04.1	+ 1 18 17	D	4.45	+0.02	A2 Vn
W Sgr	6742	18 04 09.5	−29 34 54	M,V,D	4.30	+0.80	cG2v
70 Oph	6752	18 04 46.4	+ 2 30 07	D	4.03	+0.86	K0 V
10 γ Sgr	6746	18 04 56.4	−30 25 31	F,6	2.99	+1.00	K0 III
θ Ara	6743	18 05 34.8	−50 05 37	F	3.66	−0.08	B2 Ib
72 Oph	6771	18 06 42.6	+ 9 33 41	F,D	3.73	+0.12	A4 IVs
103 o Her	6779	18 07 00.9	+28 45 36	F,V	3.83	−0.03	B9.5 V
	6791	18 07 04.3	+43 27 35	S,6	5.00	+0.91	G8 III CH-3 CN-1
π Pav	6745	18 07 16.9	−63 40 13	6	4.35	+0.22	A7p
102 Her	6787	18 08 10.9	+20 48 42	2	4.36	−0.16	B2 IV
ε Tel	6783	18 10 13.6	−45 57 28	F,D	4.53	+1.01	K0 III
13 μ Sgr	6812	18 12 57.4	−21 03 48	F,V,D	3.86	+0.23	B9 Ia
36 Dra	6850	18 13 49.1	+64 23 33	F	5.03	+0.38	F5 V
	6819	18 15 59.3	−56 01 44	F,6	5.33	−0.05	B3 IIIep
η Sgr	6832	18 16 42.8	−36 46 00	F,2	3.11	+1.56	M3.5 III
1 κ Lyr	6872	18 19 23.3	+36 03 29	F	4.33	+1.17	K2 III CN 1
19 δ Sgr	6859	18 20 07.8	−29 50 05	F,D	2.70	+1.38	K2+ III
74 Oph	6866	18 20 11.6	+ 3 22 13	F,D	4.86	+0.91	G8 III
58 η Ser	6869	18 20 36.7	− 2 54 11	F	3.26	+0.94	K0 III-IV
43 φ Dra	6920	18 20 57.1	+71 19 51	D	4.22	−0.10	A0p
44 χ Dra	6927	18 21 18.0	+72 43 38	F,D	3.57	+0.49	F7 V
ξ Pav	6855	18 21 59.0	−61 30 05	F,D	4.36	+1.48	K4 III
109 Her	6895	18 23 07.4	+21 45 47	F,S	3.84	+1.18	K2.5 IIIab
20 ε Sgr	6879	18 23 16.6	−34 23 31	F,D	1.85	−0.03	A0 V
39 Dra	6923	18 23 42.7	+58 47 34	D	4.98	+0.08	A1 V
α Tel	6897	18 25 58.4	−45 58 36	F	3.51	−0.17	B3 IV
22 λ Sgr	6913	18 27 08.3	−25 25 48	F	2.81	+1.04	K2 III
ζ Tel	6905	18 27 47.6	−49 04 45		4.13	+1.02	G8/K0 III
γ Sct	6930	18 28 25.7	−14 34 31	F	4.70	+0.06	A3 Vn
60 Ser	6935	18 28 58.8	− 1 59 41	F	5.39	+0.96	K0 III
θ CrA	6951	18 32 32.4	−42 19 24	F	4.64	+1.01	G8 III
α Sct	6973	18 34 28.3	− 8 15 15	F	3.85	+1.33	K3 III
	6985	18 35 49.2	+ 9 06 40	F	5.39	+0.37	F5 IIIs
3 α Lyr	7001	18 36 28.9	+38 46 14	F,S,D	0.03	0.00	A0 Va
ζ Pav	6982	18 41 27.9	−71 26 29	F,D	4.01	+1.14	K2 III
δ Sct	7020	18 41 32.1	− 9 03 59	F,V,D	4.72	+0.35	F3 IIIp
ε Sct	7032	18 42 47.1	− 8 17 22	F,D	4.90	+1.12	G8 II

Name	B.S.	Right Ascension	Declination	Notes	V	B−V	Spectral Type
		h m s	° ′ ″				
6 ζ¹ Lyr	7056	18 44 18.5	+37 35 26	D	4.36	+0.19	A4m
27 φ Sgr	7039	18 44 48.8	−27 00 20	F	3.17	−0.11	B8 III
110 Her	7061	18 45 04.9	+20 31 58	F,D	4.19	+0.46	F6 V
	7064	18 45 31.8	+26 38 50	F	4.83	+1.20	K3 III
111 Her	7069	18 46 25.5	+18 09 57	F	4.36	+0.13	A5 III
β Sct	7063	18 46 27.5	− 4 45 47	F	4.22	+1.10	G4 IIa
R Sct	7066	18 46 45.7	− 5 43 13	S,V	5.20	+1.47	K0 Ib:p Ca-1
50 Dra	7124	18 46 48.7	+75 25 07	F,M	5.35	+0.05	A1 Vn
χ Oct	6721	18 47 04.4	−87 37 19	F	5.28	+1.28	K3 II
η¹ Cra	7062	18 47 52.1	−43 41 45	F	5.49	+0.13	A2 Vn
10 β Lyr	7106	18 49 34.9	+33 20 47	F,C,V,D	3.45	0.00	Bpe
λ Pav	7074	18 50 58.2	−62 12 16	F,D	4.22	−0.14	B2 II-III
47 o Dra	7125	18 51 00.1	+59 22 18	F,D	4.66	+1.19	K0 II-III
12 δ² Lyr	7139	18 54 01.9	+36 52 52	V,D	4.30	+1.68	M4 II
34 σ Sgr	7121	18 54 25.7	−26 18 52	F	2.02	−0.22	B2.5 V
52 υ Dra	7180	18 54 34.0	+71 16 46	F	4.82	+1.15	K0 III
13 R Lyr	7157	18 54 55.5	+43 55 41	F,S,V	4.04	+1.59	M5 IIIv
63 θ¹ Ser	7141	18 55 32.9	+ 4 11 07	F,D	4.06	+0.17	A5 V
κ Pav	7107	18 55 33.9	−67 15 07	M,V	3.90	+0.60	F5 I-II
37 ξ² Sgr	7150	18 56 55.5	−21 07 31	F	3.51	+1.18	gK1
λ Tel	7134	18 57 23.1	−52 57 26	F,6,M	5.03		A0 V
14 γ Lyr	7178	18 58 26.3	+32 40 14	F,1	3.24	−0.05	B9 III
13 ε Aql	7176	18 59 00.6	+15 02 58	F,6	4.02	+1.08	K2 III
12 Aql	7193	19 00 57.6	− 5 45 32		4.02	+1.09	K1 III
38 ζ Sgr	7194	19 01 45.2	−29 54 02	D	2.60	+0.08	A2 III
39 o Sgr	7217	19 03 52.5	−21 45 44	D	3.77	+1.01	gG8
17 ζ Aql	7235	19 04 47.4	+13 50 34	F,2	2.99	+0.01	A0 V:nn
γ Cra	7226	19 05 30.4	−37 05 01	D	4.21	+0.52	F7 IV-V
16 λ Aql	7236	19 05 32.0	− 4 54 13	F	3.44	−0.09	B9: V:n
40 τ Sgr	7234	19 06 05.9	−27 41 28	F,6	3.32	+1.19	K1 III
18 ι Lyr	7262	19 06 49.2	+36 04 43	F	5.28	−0.11	B6 IV
α Cra	7254	19 08 33.3	−37 55 35	F	4.11	+0.04	A2 IV
41 π Sgr	7264	19 08 57.7	−21 02 45	F,D	2.89	+0.35	F2 II-III
β Cra	7259	19 09 06.1	−39 21 47		4.11	+1.20	gG3
20 Aql	7279	19 11 56.8	− 7 57 46	F	5.34	+0.13	B3 V
57 δ Dra	7310	19 12 33.2	+67 38 16	F	3.07	+1.00	G9 III
20 η Lyr	7298	19 13 17.9	+39 07 20	D	4.39	−0.15	B2.5 IV
60 τ Dra	7352	19 15 49.0	+73 19 51	F,6	4.45	+1.25	K3 III
21 θ Lyr	7314	19 15 54.0	+38 06 33	F	4.36	+1.26	K0+ II
1 κ Cyg	7328	19 16 47.4	+53 20 36	F	3.77	+0.96	G9 III
43 Sgr	7304	19 16 50.7	−18 58 40	F,M	4.96	+1.02	G8 II
25 ω Aql	7315	19 17 11.0	+11 34 14	F	5.28	+0.20	F0 IV
44 ρ¹ Sgr	7340	19 20 53.4	−17 52 24		3.93	+0.22	F0 IV-V
46 υ Sgr	7342	19 20 57.3	−15 58 52	F,V	4.61	+0.10	Apep
β¹ Sgr	7337	19 21 40.2	−44 29 07	F,D	4.01	−0.10	B8 V
β² Sgr	7343	19 22 14.8	−44 49 34		4.29	+0.34	F2 III
α Sgr	7348	19 22 57.1	−40 38 32	F,6	3.97	−0.10	B8 V
31 Aql	7373	19 24 19.6	+11 54 53	F	5.16	+0.77	G8 IV
30 δ Aql	7377	19 24 49.1	+ 3 05 14	F	3.36	+0.32	F0 IV
6 α Vul	7405	19 28 08.6	+24 38 13	F	4.44	+1.50	M1 IIIb

Name	B.S.	Right Ascension	Declination	Notes	V	B−V	Spectral Type
		h m s	° ′ ″				
10 ι Cyg	7420	19 29 21.9	+51 42 02	F	3.79	+0.14	A5 Vn
36 Aql	7414	19 29 57.5	− 2 49 04	F	5.03	+1.75	M1 IIIab
6 β Cyg	7417	19 30 10.6	+27 55 51	F,C,D	3.08	+1.13	K3 II: + B:
8 Cyg	7426	19 31 16.2	+34 25 26	F	4.74	−0.14	B3 IV
61 σ Dra	7462	19 32 23.3	+69 38 18	S	4.68	+0.79	K0 V
38 μ Aql	7429	19 33 25.8	+ 7 20 59	F,D	4.45	+1.17	K3 IIIb
ι Tel	7424	19 34 13.0	−48 07 45	F	4.90	+1.09	K0 III
52 Sgr	7440	19 35 53.2	−24 54 51	F,3	4.60	−0.07	B9
41 ι Aql	7447	19 36 01.4	− 1 19 02	D	4.36	−0.08	B5 III
13 θ Cyg	7469	19 36 04.8	+50 11 22	F,D	4.48	+0.38	F4 V
39 κ Aql	7446	19 36 09.9	− 7 03 30	F	4.95	0.00	B0.5 IIIn
5 α Sge	7479	19 39 29.6	+17 58 56	D	4.37	+0.78	G1 IIab
54 Sgr	7476	19 39 57.0	−16 19 30	F,D	5.30	+1.13	K2 III
	7495	19 40 25.2	+45 29 33	S	5.06	+0.40	F5 II-III
6 β Sge	7488	19 40 26.6	+17 26 39	F	4.37	+1.05	G9 IIIa CN 2
16 Cyg	7503	19 41 27.4	+50 29 37	S,D	5.96	+0.64	G3 V
16 Cyg	7504	19 41 30.4	+50 29 09	S,D	6.20	+0.66	G5 V
55 Sgr	7489	19 41 44.8	−16 09 23	F,6	5.06	+0.33	F0 IVn:
10 Vul	7506	19 43 09.2	+25 44 21	F	5.49	+0.93	G8 III
15 Cyg	7517	19 43 47.4	+37 19 16	F	4.89	+0.95	G8 III
18 δ Cyg	7528	19 44 33.2	+45 05 51	D	2.87	−0.03	B9.5 III
56 Sgr	7515	19 45 34.5	−19 47 40	F,M	4.86	+0.93	K1 III
50 γ Aql	7525	19 45 37.1	+10 34 47	F	2.72	+1.52	K3 II
7 δ Sge	7536	19 46 47.2	+18 30 01	F,C	3.82	+1.41	M2 II: + B:
ν Tel	7510	19 46 55.3	−56 23 46	F	5.35	+0.20	A9 Vn
63 ε Dra	7582	19 48 13.4	+70 14 01	D	3.83	+0.89	G7 IIIb CN-1
χ Cyg	7564	19 50 02.7	+32 52 46	V	4.23	+1.82	S7,2e
53 α Aql	7557	19 50 07.5	+ 8 49 56	F,D	0.77	+0.22	A7 IV,V
	7552	19 50 55.8	−39 54 34	S,6	5.33	−0.06	A0: IV: (pec.metals)
	7589	19 51 34.6	+46 59 32	S	5.62	−0.07	O9.5 Iab
9 Sge	7574	19 51 45.6	+18 38 12	S	6.23	+0.01	O8 If
55 η Aql	7570	19 51 47.1	+ 0 58 13	F,V	3.90	+0.89	F7 Ibv
	7575	19 52 36.3	− 3 09 00	F,S	5.65	+0.20	A3: IV:kn Sr II
ι Sgr	7581	19 54 19.9	−41 54 17	F	4.13	+1.08	G8 III
60 β Aql	7602	19 54 39.0	+ 6 22 21	F,D	3.71	+0.86	G8 IV
21 η Cyg	7615	19 55 48.0	+35 02 49	F,D	3.89	+1.02	K0 III
61 Sgr	7614	19 57 11.1	−15 31 41	F,M	5.02	+0.05	A3 IV
12 γ Sge	7635	19 58 09.4	+19 27 18	F,S	3.47	+1.57	M0 III
θ¹ Sgr	7623	19 58 51.6	−35 18 49	F	4.37	−0.15	B2.5 IV
ε Pav	7590	19 59 02.9	−72 56 51	F	3.96	−0.03	A0 V
15 Vul	7653	20 00 32.7	+27 42 57	F	4.64	+0.18	A4 III
62 Sgr	7650	20 01 49.8	−27 44 53	F	4.58	+1.65	gM4
ξ Tel	7673	20 06 21.4	−52 55 13	F,6	4.94	+1.62	M1 IIab
δ Pav	7665	20 07 24.7	−66 13 04	F	3.56	+0.76	G6/8 IV
28 Cyg	7708	20 08 55.5	+36 47 58	F	4.93	−0.13	B2.5 V
1 κ Cep	7750	20 09 21.7	+77 40 16	F,2	4.39	−0.05	B9 III
65 θ Aql	7710	20 10 36.5	− 0 51 44	F	3.23	−0.07	B9.5 III
33 Cyg	7740	20 13 05.1	+56 31 34	F,6	4.30	+0.11	A3 IV-Vn
31 o¹ Cyg	7735	20 13 12.4	+46 42 00	F,C,V,D	3.79	+1.28	K2 II + B3 V
67 ρ Aql	7724	20 13 39.2	+15 09 21	F	4.95	+0.08	A2 V

BRIGHT STARS, J1986.5

Name	B.S.	Right Ascension	Declination	Notes	V	B−V	Spectral Type
		h m s	° ′ ″				
32 o² Cyg	7751	20 15 03.3	+47 40 21	C,V	3.98	+1.52	K3 Ib-II + B
24 Vul	7753	20 16 12.4	+24 37 44	F,M	5.32	+0.95	G8 III
5 α¹ Cap	7747	20 16 54.0	−12 33 02	F,D	4.24	+1.07	G3 Ib
34 P Cyg	7763	20 17 17.3	+37 59 26	S	4.81	+0.42	P Cyg
6 α² Cap	7754	20 17 18.4	−12 35 14	F,M,D	3.56	+0.94	G9 III
9 β Cap	7776	20 20 15.2	−14 49 29	F,C,D	3.08	+0.79	gK0: + late B
37 γ Cyg	7796	20 21 44.6	+40 12 47	F,S,D	2.20	+0.68	F8 Ib
	7794	20 22 30.6	+ 5 17 57	F	5.31	+0.97	G8 III-IV
39 Cyg	7806	20 23 19.2	+32 08 46	S	4.43	+1.33	K3 III
α Pav	7790	20 24 35.2	−56 46 45	F	1.94	−0.20	B2.5 V
41 Cyg	7834	20 28 50.6	+30 19 23	F	4.01	+0.40	F5 II
69 Aql	7831	20 28 56.7	− 2 55 52	F	4.91	+1.15	K2 III
2 θ Cep	7850	20 29 21.4	+62 56 55	F	4.22	+0.20	A7 III
73 Dra	7879	20 31 41.8	+74 54 31	F,V	5.20	+0.07	A0p
2 ε Del	7852	20 32 34.1	+11 15 25	F	4.03	−0.13	B6 III
α Ind	7869	20 36 37.3	−47 20 22	F,D	3.11	+1.00	K0 III CN-1
6 β Del	7882	20 36 55.0	+14 32 52	D	3.63	+0.44	F5 IV
71 Aql	7884	20 37 38.5	− 1 09 11	D	4.32	+0.95	G8 III
29 Vul	7891	20 37 55.1	+21 09 12	F	4.82	−0.02	A0 V
7 κ Del	7896	20 38 28.4	+10 02 17	F,D	5.05	+0.72	G5 IV
9 α Del	7906	20 39 00.7	+15 51 50	F,D	3.77	−0.06	B9 IV
15 ν Cap	7900	20 39 16.9	−18 11 13	F	5.10	+1.66	gM2
49 Cyg	7921	20 40 29.7	+32 15 32	S,D	5.51	+0.88	G8 IIb
50 α Cyg	7924	20 40 58.3	+45 13 54	F,S,D	1.25	+0.09	A2 Ia
11 δ Del	7928	20 42 49.7	+15 01 32	F,V	4.43	+0.32	F0 IVp
η Ind	7920	20 43 03.2	−51 58 12	F	4.51	+0.27	A9 III-IV
β Pav	7913	20 43 45.3	−66 15 09	F	3.42	+0.16	A7 III
3 η Cep	7957	20 45 01.0	+61 47 10	F,D	3.43	+0.92	K0 IV
	7955	20 45 01.0	+57 31 52	F	4.51	+0.54	F8 IV-V
52 Cyg	7942	20 45 06.3	+30 40 12	2	4.22	+1.05	K0 III
16 ψ Cap	7936	20 45 17.9	−25 19 12	F	4.14	+0.43	F4 V
53 ε Cyg	7949	20 45 39.9	+33 55 09	F,D	2.46	+1.03	K0- III
12 γ² Del	7948	20 46 01.9	+16 04 31	F,D	4.27	+1.04	K1 IV
54 λ Cyg	7963	20 46 52.9	+36 26 27	D	4.53	−0.11	B6 IV
2 ε Aqr	7950	20 46 56.8	− 9 32 45	F	3.77	0.00	A1 V
3 Aqr	7951	20 47 01.5	− 5 04 40	F	4.42	+1.65	M3 III
ι Mic	7943	20 47 34.5	−44 02 18	F,D	5.11	+0.35	F1 IV
55 Cyg	7977	20 48 28.7	+46 03 50	S,1	4.84	+0.41	B3 Ia
18 ω Cap	7980	20 51 01.1	−26 58 13	F	4.11	+1.64	K5 III
6 μ Aqr	7990	20 51 55.6	− 9 02 04	F	4.73	+0.32	A3m
β Ind	7986	20 53 45.8	−58 30 21	F	3.65	+1.25	K1 II
32 Vul	8008	20 53 59.1	+28 00 21	F	5.01	+1.48	K4 III
	8023	20 56 06.1	+44 52 22	S	5.96	+0.05	O6 V
σ Oct	7228	20 56 12.3	−89 00 37	F	5.47	+0.27	F0 III
58 ν Cyg	8028	20 56 40.2	+41 06 54	F,6	3.94	+0.02	A1 Vn
33 Vul	8032	20 57 40.1	+22 16 24	F	5.31	+1.40	gK4
20 Cap	8033	20 58 50.2	−19 05 17	S,M	6.23		A0 III (Si II)
59 Cyg	8047	20 59 22.0	+47 28 05	F,V,D	4.74	−0.05	B1.5 Ve2nn
γ Mic	8039	21 00 27.9	−32 18 40	F,D	4.67	+0.89	gG4
ζ Mic	8048	21 02 06.4	−38 41 06	F,M	5.35		F3 V

BRIGHT STARS, J1986.5

Name	B.S.	Right Ascension	Declination	Notes	V	B−V	Spectral Type
		h m s	° ′ ″				
α Oct	8021	21 03 07.0	−77 04 35	F,6	5.15	+0.49	F4 III
62 ξ Cyg	8079	21 04 26.4	+43 52 25	F,S,6	3.72	+1.65	K4.5 Ib-II
23 θ Cap	8075	21 05 11.4	−17 17 13	F	4.07	−0.01	A1 V
61 Cyg	8085	21 06 18.2	+38 40 45	F,S,D,G	5.21	+1.18	K5 V
61 Cyg	8086	21 06 18.2	+38 40 45	S,D,G	6.03	+1.37	K7 V
24 Cap	8080	21 06 20.4	−25 03 37	F,D	4.50	+1.61	gM1
13 ν Aqr	8093	21 08 51.6	−11 25 37	F	4.51	+0.94	G8 III
5 γ Equ	8097	21 09 41.1	+10 04 36	F,D	4.69	+0.26	F0pv
o Pav	8092	21 12 05.6	−70 10 57	F,6	5.02	+1.58	M1/2 III
64 ζ Cyg	8115	21 12 21.7	+30 10 16	F,S	3.20	+0.99	G8+ III-IIIa Ba 0.6
	8110	21 12 29.4	−27 40 30	F	5.42	+1.42	K5 III
7 δ Equ	8123	21 13 49.4	+ 9 57 07	D	4.49	+0.50	G1 V
65 τ Cyg	8130	21 14 15.1	+37 59 15	D	3.72	+0.39	F3 IV
8 α Equ	8131	21 15 09.0	+ 5 11 30	F,C,6	3.92	+0.53	G0 III + A5 V
67 σ Cyg	8143	21 16 53.1	+39 20 16	F	4.23	+0.12	B9 Ia
ε Mic	8135	21 17 07.3	−32 13 46	F	4.71	+0.06	A1 V
66 υ Cyg	8146	21 17 21.7	+34 50 23	F,D	4.43	−0.11	B2 Ve1+
5 α Cep	8162	21 18 15.5	+62 31 41	F,D	2.44	+0.22	A7 IV,V
θ Ind	8140	21 18 54.6	−53 30 24	2	4.39	+0.19	A5 V
θ¹ Mic	8151	21 19 54.0	−40 52 02	F	4.82	+0.02	Ap
1 Peg	8173	21 21 27.7	+19 44 47	F,D	4.08	+1.11	K1 III
32 ι Cap	8167	21 21 29.8	−16 53 33	F	4.28	+0.90	G8 III
18 Aqr	8187	21 23 27.3	−12 56 12	F	5.49	+0.29	F1 V
69 Cyg	8209	21 25 13.9	+36 36 32	S,D	5.94	−0.08	B0 Ib
γ Pav	8181	21 25 20.5	−65 25 41	F	4.22	+0.49	F6 Vp
34 ζ Cap	8204	21 25 53.9	−22 28 13	F,D	3.74	+1.00	G4 Ib:p
36 Cap	8213	21 27 57.3	−21 51 59		4.51	+0.91	gG5
8 β Cep	8238	21 28 29.4	+70 30 05	F,V,D	3.23	−0.22	B1 III
71 Cyg	8228	21 28 57.0	+46 28 51	F	5.24	+0.97	K0 III
2 Peg	8225	21 29 20.2	+23 34 45	F,D	4.57	+1.62	M1 III
22 β Aqr	8232	21 30 50.9	− 5 37 52	F,S,D	2.91	+0.83	G0 Ib
73 ρ Cyg	8252	21 33 28.3	+45 31 55	F	4.02	+0.89	G8 III CN-1
74 Cyg	8266	21 36 24.4	+40 21 09	F	5.01	+0.18	A5 V
23 ξ Aqr	8264	21 37 02.0	− 7 54 55	F	4.69	+0.17	A7 V
5 Peg	8267	21 37 07.5	+19 15 27	F	5.45	+0.30	F1 IV
9 Cep	8279	21 37 33.5	+62 01 15	S	4.73	+0.30	B2 Ib
40 γ Cap	8278	21 39 20.7	−16 43 26	F	3.68	+0.32	Am
75 Cyg	8284	21 39 39.2	+43 12 44	S,D	5.11	+1.60	M1 III
ν Oct	8254	21 40 00.9	−77 27 03	F,D	3.76	+1.00	K0 III
11 Cep	8317	21 41 43.7	+71 14 57	F	4.56	+1.10	K0 III
μ Cep	8316	21 43 05.6	+58 43 04	S,D	4.08	+2.35	M2 Ia
8 ε Peg	8308	21 43 31.4	+ 9 48 46	F,S,D	2.39	+1.53	K2 Ib
9 Peg	8313	21 43 52.3	17 17 15	S	4.34	+1.17	G5 Ib
10 κ Peg	8315	21 44 02.0	+25 34 58	D	4.13	+0.43	F5 IV
9 ι PsA	8305	21 44 08.7	−33 05 16	F,D	4.34	−0.05	Ap
10 ν Cep	8334	21 45 03.6	+61 03 30	F	4.29	+0.52	A2 Ia
81 π² Cyg	8335	21 46 17.6	+49 14 49	F	4.23	−0.12	B2.5 III
49 δ Cap	8322	21 46 17.8	−16 11 20	F,V,D	2.87	+0.29	Am
14 Peg	8343	21 49 14.8	+30 06 40	F	5.04	−0.03	A1 Vs
o Ind	8333	21 49 39.7	−69 41 35	F	5.53	+1.37	K2/3 III

Name	B.S.	Right Ascension	Declination	Notes	V	B−V	Spectral Type
		h m s	° ′ ″				
16 Peg	8356	21 52 26.9	+25 51 41	F	5.08	−0.17	B3 V
51 μ Cap	8351	21 52 33.7	−13 36 57	F	5.08	+0.37	F2 V
γ Gru	8353	21 53 06.9	−37 25 44	F	3.01	−0.12	B8 III
13 Cep	8371	21 54 25.8	+56 32 49	S	5.80	+0.73	B8 Ib
δ Ind	8368	21 57 00.4	−55 03 26	F,D	4.40	+0.28	F0 IV
ε Ind	8387	22 02 20.1	−56 50 32	F	4.69	+1.06	K5 V
17 ξ Cep	8417	22 03 23.9	+64 33 43	D	4.29	+0.34	A3m
20 Cep	8426	22 04 35.8	+62 43 11	F	5.27	+1.41	K4 III
19 Cep	8428	22 04 43.9	+62 12 51	S,D	5.11	+0.08	O9 Ib
34 α Aqr	8414	22 05 05.4	− 0 23 09	F,S	2.96	+0.98	G2 Ib
λ Gru	8411	22 05 18.3	−39 36 32	F	4.46	+1.37	K3 III
33 ι Aqr	8418	22 05 42.5	−13 56 08	F	4.27	−0.07	B9 IV-V
24 ι Peg	8430	22 06 22.9	+25 16 44	F	3.76	+0.44	F5 V
α Gru	8425	22 07 23.2	−47 01 37	F,D	1.74	−0.13	B7 IV
14 μ PsA	8431	22 07 35.9	−33 03 18	F	4.50	+0.05	A2 V
29 π Peg	8454	22 09 23.2	+33 06 42	F	4.29	+0.46	F3 II
26 θ Peg	8450	22 09 31.1	+ 6 07 52	F,5	3.53	+0.08	A2 V
24 Cep	8468	22 09 33.0	+72 16 29	F	4.79	+0.92	G8 III
21 ζ Cep	8465	22 10 23.1	+58 08 04	F,6	3.35	+1.57	K1.5 Ib
22 λ Cep	8469	22 11 03.1	+59 20 52	S	5.04	+0.25	O6 If
	8485	22 13 17.9	+39 38 51	F,D	4.49	+1.39	K3 III
16 λ PsA	8478	22 13 33.0	−27 50 03	F	5.43	−0.16	B8 III
	8546	22 14 26.0	+86 02 26	F	5.27	−0.03	B9.5 Vn
23 ε Cep	8494	22 14 32.1	+56 58 34		4.19	+0.28	F0 IV
1 Lac	8498	22 15 22.8	+37 40 53		4.13	+1.46	K3 II-III
43 θ Aqr	8499	22 16 07.3	− 7 51 03	F	4.16	+0.98	G8 III-IV
α Tuc	8502	22 17 35.2	−60 19 38	F,D	2.86	+1.39	K3 III
ε Oct	8481	22 18 34.1	−80 30 27	F	5.10	+1.47	M6 III
47 Aqr	8516	22 20 51.1	−21 39 59	F,M	5.13	+1.07	gK2
31 Peg	8520	22 20 51.2	+12 08 13	F	5.01	−0.13	B2 IV-V
48 γ Aqr	8518	22 20 57.6	− 1 27 20	F,D	3.84	−0.05	B9 III
3 β Lac	8538	22 23 01.6	+52 09 40	F	4.43	+1.02	G9 III
52 π Aqr	8539	22 24 35.3	+ 1 18 31	F	4.66	−0.03	B1 Vel
δ Tuc	8540	22 26 23.1	−65 02 08	D	4.48	−0.03	B9/A0 V
ν Gru	8552	22 27 51.9	−39 12 02	F,D	5.47	+0.95	gG9
55 ζ¹ Aqr	8558	22 28 08.0	− 0 05 22	C,D	3.65	+0.40	F3 IV
55 ζ² Aqr	8559	22 28 08.3	− 0 05 22	C,M,D	4.42		F3 IV
δ¹ Gru	8556	22 28 28.0	−43 33 54	F	3.97	+1.03	G6/8 III
27 δ Cep	8571	22 28 40.1	+58 20 45	F,V,D	3.75	+0.60	F5 Ibv
δ² Gru	8560	22 28 57.3	−43 49 07	D	4.11	+1.57	M4.5 IIIa
5 Lac	8572	22 28 58.0	+47 38 15	C,6	4.36	+1.68	M0 Iab + B
38 Peg	8574	22 29 24.7	+32 30 12	F	5.47	−0.10	B9.5 V
6 Lac	8579	22 29 54.2	+43 03 15		4.51	−0.09	B2 IV
57 σ Aqr	8573	22 29 56.0	−10 44 51	F	4.82	−0.06	A0 IVs
7 α Lac	8585	22 30 44.0	+50 12 46	F,1	3.77	+0.01	A1 V
17 β PsA	8576	22 30 44.5	−32 24 56	F,D	4.29	+0.01	A0 V
59 υ Aqr	8592	22 33 57.4	−20 46 40	F	5.20	+0.44	F5 V
62 η Aqr	8597	22 34 39.8	− 0 11 14	F	4.02	−0.09	B9 IV-V:n
31 Cep	8615	22 35 26.1	+73 34 23	F	5.08	+0.39	F3 III-IV
63 κ Aqr	8610	22 37 03.5	− 4 17 53	F	5.03	+1.14	K2 III

Name	B.S.	Right Ascension	Declination	Notes	V	B−V	Spectral Type
		h m s	° ′ ″				
30 Cep	8627	22 38 10.2	+63 30 51	F	5.19	+0.06	A3 IV
10 Lac	8622	22 38 39.2	+38 58 47	F,D	4.88	−0.20	O9 V
	8626	22 38 57.5	+37 31 20	S,1	6.03	+0.86	G3: Ib: CN-2 CH2
18 ε PsA	8628	22 39 54.7	−27 06 51	F	4.17	−0.11	B8 Ve
11 Lac	8632	22 39 55.2	+44 12 20		4.46	+1.33	K3 III
42 ζ Peg	8634	22 40 47.3	+10 45 38	F,D	3.40	−0.09	B8 V
β Gru	8636	22 41 52.0	−46 57 20	F	2.11	+1.62	M5 III
44 η Peg	8650	22 42 22.1	+30 09 02	F,C,D	2.94	+0.86	G8 II: + F:
13 Lac	8656	22 43 29.2	+41 44 54	F,4	5.08	+0.96	K0 III
β Oct	8630	22 44 44.1	−81 27 10	F,6	4.15	+0.20	A9 IV/V
47 λ Peg	8667	22 45 52.8	+23 29 40	F	3.95	+1.07	G8 II-III
46 ξ Peg	8665	22 46 01.1	+12 06 12	D	4.19	+0.50	F7 V
68 Aqr	8670	22 46 49.7	−19 41 02	F,M	5.26	+0.94	gG7
ε Gru	8675	22 47 44.7	−51 23 17	F	3.49	+0.08	A3 V
71 τ Aqr	8679	22 48 52.7	−13 39 51	F	4.01	+1.57	gM0
32 ι Cep	8694	22 49 11.8	+66 07 45	F,S	3.52	+1.05	K0 III
48 μ Peg	8684	22 49 21.0	+24 31 49	F,S	3.48	+0.93	G8 III
	8685	22 50 16.3	−39 13 43	F,M	5.42	+1.43	M0
22 γ PsA	8695	22 51 46.7	−32 56 51	D	4.46	−0.04	A0 V
73 λ Aqr	8698	22 51 54.6	− 7 39 06	F	3.74	+1.64	M2.5 IIIa L-1
76 δ Aqr	8709	22 53 56.1	−15 53 34	F	3.27	+0.05	A3 V
	8748	22 54 33.5	+84 16 27	F	4.71	+1.43	K4 III
23 δ PsA	8720	22 55 12.2	−32 36 43	D	4.21	+0.97	gG8
	8726	22 55 50.4	+49 39 41	S	4.95	+1.78	K5 Ib
24 α PsA	8728	22 56 54.4	−29 41 38	F	1.16	+0.09	A3 V
	8732	22 57 50.1	−35 35 43	S	6.13	+0.58	F8 III-IV
	8752	22 59 30.8	+56 52 23	S	5.00	+1.42	G5 0-Ia
ζ Gru	8747	23 00 05.3	−52 49 36	F,6	4.12	+0.98	G8/K0 III
1 o And	8762	23 01 17.9	+42 15 12	F,V	3.62	−0.09	B6pev
π PsA	8767	23 02 45.1	−34 49 21	F,6	5.11	+0.29	F0 III
53 β Peg	8775	23 03 07.1	+28 00 34	F,V,D	2.42	+1.67	M2.5 II-III
4 β Psc	8773	23 03 11.4	+ 3 44 50	F	4.53	−0.12	B6 Ve1
54 α Peg	8781	23 04 05.3	+15 07 57	F	2.49	−0.04	B9.5 III
86 Aqr	8789	23 05 57.5	−23 48 58	D	4.47	+0.90	gG9
θ Gru	8787	23 06 07.4	−43 35 37	2	4.28	+0.42	δ Del
55 Peg	8795	23 06 19.4	+ 9 20 11	F	4.52	+1.57	M1 IIIab
33 π Cep	8819	23 07 28.0	+75 18 52	D	4.41	+0.80	G2 III
88 Aqr	8812	23 08 43.7	−21 14 45	F	3.66	+1.22	K2 II
ι Gru	8820	23 09 35.9	−45 19 12	F	3.90	+1.02	K1 III
59 Peg	8826	23 11 03.3	+ 8 38 48	F	5.16	+0.13	A5 Vn
90 φ Aqr	8834	23 13 37.4	− 6 07 19	F	4.22	+1.56	M1.5 III
91 ψ¹ Aqr	8841	23 15 11.1	− 9 09 41	F,D	4.21	+1.11	K0 III
6 γ Psc	8852	23 16 27.9	+ 3 12 30	F,S	3.69	+0.92	K0- IIIb CN-1.5 Fe-1
γ Tuc	8848	23 16 38.9	−58 18 35	F	3.99	+0.40	F1 III
93 ψ² Aqr	8858	23 17 12.1	− 9 15 23		4.39	−0.15	B5 Vn
γ Scl	8863	23 18 05.9	−32 36 20	F	4.41	+1.13	sgG8
95 ψ³ Aqr	8865	23 18 15.6	− 9 41 05	F,D	4.98	−0.02	A0 V
62 τ Peg	8880	23 19 58.1	+23 39 59	F	4.60	+0.17	A5 V
98 Aqr	8892	23 22 15.7	−20 10 28	F	3.97	+1.10	gK0
4 Cas	8904	23 24 14.0	+62 12 31	F,M	4.97	+1.68	M2- IIIab

Name	B.S.	Right Ascension	Declination	Notes	V	B−V	Spectral Type
		h m s	° ′ ″				
68 υ Peg	8905	23 24 42.3	+23 19 47	F,S,M	4.41	+0.61	F8 III
99 Aqr	8906	23 25 20.3	−20 42 58	M	4.39	+1.48	K5 III
8 κ Psc	8911	23 26 14.4	+ 1 10 54	F	4.94	+0.03	A0p
τ Oct	8862	23 26 22.9	−87 33 24	F	5.49	+1.27	K2 III
10 θ Psc	8916	23 27 17.0	+ 6 18 17	F	4.28	+1.07	K1 III
70 Peg	8923	23 28 28.3	+12 41 10	F	4.55	+0.94	G8 III
	8924	23 28 50.2	− 4 36 23	S	6.25	+1.09	K2.5 III-IV CN 1
β Scl	8937	23 32 15.0	−37 53 36	F	4.37	−0.09	Ap
ι Phe	8949	23 34 21.2	−42 41 23	F,D	4.71	+0.08	Ap
	8952	23 34 23.6	+71 34 03	S	5.84	+1.80	K0 Ib
16 λ And	8961	23 36 54.0	+46 23 06	F,V	3.82	+1.01	G8 III-IV
	8959	23 37 07.6	−45 34 02	F	4.74	+0.08	A1/2 V
17 ι And	8965	23 37 28.3	+43 11 36	F	4.29	−0.10	B8 V
35 γ Cep	8974	23 38 47.1	+77 33 25	F,S	3.21	+1.03	K1 III-IV
17 ι Psc	8969	23 39 15.3	+ 5 33 11	F	4.13	+0.51	F7 V
19 κ And	8976	23 39 44.4	+44 15 33	F,D	4.14	−0.08	B9 IVn
μ Scl	8975	23 39 55.8	−32 08 52	F	5.31	+0.97	K0 III
18 λ Psc	8984	23 41 21.5	+ 1 42 21	F	4.50	+0.20	A7 V
105 ω² Aqr	8988	23 42 01.4	−14 37 11	F,D	4.49	−0.04	B9.5 V
106 Aqr	8998	23 43 30.1	−18 21 07	F	5.24	−0.08	B9 Vn
20 ψ And	9003	23 45 21.7	+46 20.43	F	4.95	+1.11	G5 Ib
20 Psc	9012	23 47 14.9	− 2 50 12	F	5.49	+0.94	gG8
	9013	23 47 15.6	+67 43 55	F	5.04	−0.01	A1 Vn
δ Scl	9016	23 48 13.5	−28 12 18	F,D	4.57	+0.01	B9 V
81 φ Peg	9036	23 51 48.0	+19 02 43	F	5.08	+1.60	M3- IIIb
82 Peg	9039	23 51 55.8	+10 52 20	F,M	5.29		A4 Vn
7 ρ Cas	9045	23 53 42.3	+57 25 28	F,V	4.54	+1.22	cF8v
84 ψ Peg	9064	23 57 04.2	+25 03 59	F,V	4.66	+1.59	M3 III
27 Psc	9067	23 57 58.9	− 3 37 51	F,2,V	4.86	+0.93	G9 III
π Phe	9069	23 58 14.0	−52 49 16	F,V	5.13	+1.13	K0 III
28 ω Psc	9072	23 58 37.1	+ 6 47 19	F,6,V	4.01	+0.42	F3 V
ε Tuc	9076	23 59 13.4	−65 39 08	F,V	4.50	−0.08	B9 IV

F FK4 position and proper motion
S MK standard
C composite or combined spectrum
V variable star
M magnitude and color from Yale Bright Star Catalog
D double star data given in Yale Bright Star Catalog
G position is for center of gravity
1 companion is optical
2 visual binary
3 common proper motion components
4 fixed-separation companion
5 two spectra are indicated on radial velocity plates
6 spectroscopic binary
7 magnitude and color refer to combined light of two or more stars

UBVRI STANDARD STARS, J1986.5

BS=HR No.	Name			Right Ascension h m s	Declination ° ′ ″	Standards Code	V	U−B	B−V	V−R	V−I	Spectral Type
21	11	β	Cas	0 08 27.1	+59 04 31		2.27	+0.12	+0.34	+0.31	+0.51	F2 III–IV
39	88	γ	Peg	0 12 32.4	+15 06 31	1	2.84	−0.86	−0.23	−0.10	−0.29	B2 IV
45	89	χ	Peg	0 13 54.2	+20 07 54	1	4.80	+1.93	+1.57	+1.34	+2.47	M2 III
63	24	θ	And	0 16 23.0	+38 36 24		4.61	+0.05	+0.06	+0.08	+0.09	A2V
113				0 29 34.3	+59 54 10		5.94	−0.36	+0.01			B9
130	15	κ	Cas	0 32 13.5	+62 51 27		4.16	−0.80	+0.14	+0.14	+0.20	B1 Ia
321	30	μ	Cas	1 07 22.0	+54 51 16		5.18	+0.09	+0.69	+0.63	+1.04	G5 Vp
437	99	η	Psc	1 30 45.6	+15 16 35		3.62	+0.74	+0.97	+0.72	+1.22	G8 III
493	107		Psc	1 41 45.7	+20 12 12	1	5.24	+0.49	+0.84	+0.69	+1.12	K1 V
553	6	β	Ari	1 53 53.5	+20 44 33		2.65	+0.10	+0.13	+0.14	+0.22	A5 V
617	13	α	Ari	2 06 24.6	+23 23 56	2	2.00	+1.13	+1.15	+0.84	+1.46	K2 IIIab
718	73	ξ²	Cet	2 27 26.4	+ 8 24 00	1	4.29	−0.11	−0.06	+0.02	−0.03	B9 III
753				2 35 20.3	+ 6 49 23	1	5.82	+0.79	+0.97	+0.83	+1.36	K3 V
875				2 55 56.8	− 3 45 58	2	5.17	+0.05	+0.08	+0.11	+0.16	A1–V
996	96	κ	Cet	3 18 39.1	+ 3 19 17		4.84	+0.19	+0.68	+0.57	+0.93	G5 V
1034				3 27 05.2	+49 01 00		4.98	−0.55	−0.10	+0.01	−0.09	B3 V
1046				3 28 58.0	+55 24 22		5.10	+0.05	+0.04	+0.09	+0.08	A1 V
1084	18	ε	Eri	3 32 17.6	− 9 30 12	1	3.73	+0.58	+0.88	+0.72	+1.19	K2 V
1131	38	o	Per	3 43 28.2	+32 14 47		3.83	−0.75	+0.05	+0.12	+0.12	B1 III
1144	18		Tau	3 44 21.3	+24 47 51	1	5.65	−0.36	−0.07	+0.03	−0.04	B8 V
1165	25	η	Tau	3 46 40.8	+24 03 51	1	2.87	−0.35	−0.09	+0.03	−0.01	B7 III
1172				3 47 32.8	+23 22 50		5.45	−0.32	−0.07	+0.05	−0.01	B8 V
1228	46	ξ	Per	3 58 05.2	+35 45 11		4.04	−0.93	+0.02	+0.16	+0.15	O7.5
1346	54	γ	Tau	4 19 01.4	+15 35 45		3.65	+0.81	+0.99	+0.73	+1.20	K0–IIIab
1373	61	δ	Tau	4 22 09.3	+17 30 42		3.76	+0.82	+0.99	+0.73	+1.20	K1 III
1409	74	ε	Tau	4 27 49.6	+19 09 04	1	3.54	+0.87	+1.01	+0.73	+1.23	K1 III
1411	77	θ¹	Tau	4 27 48.1	+15 55 59	1	3.83	+0.72	+0.95	+0.71	+1.18	A7 III
1412	78	θ²	Tau	4 27 53.4	+15 50 30	1	3.39	+0.12	+0.18	+0.18	+0.27	A7 III
1543	1	π³	Ori	4 49 06.4	+ 6 56 19	1	3.19	−0.01	+0.46	+0.42	+0.68	F6 V
1552	3	π⁴	Ori	4 50 29.2	+ 5 34 58		3.68	−0.81	−0.16	−0.05	−0.21	B2 III
1641	10	η	Aur	5 05 34.0	+41 13 02	1	3.18	−0.67	−0.18	−0.05	−0.22	B3 V
1666	67	β	Eri	5 07 11.1	− 5 06 12		2.79	+0.10	+0.13	+0.14	+0.22	A3 III
1781				5 23 00.8	+ 0 10 18	1	5.70	−0.88	−0.21	−0.08	−0.27	B2 V
1791	112	β	Tau	5 25 26.3	+28 35 49		1.65	−0.49	−0.13	−0.01	−0.11	B7 III
1855	36	υ	Ori	5 31 16.6	− 7 18 39	1	4.62	−1.07	−0.26	−0.12	−0.38	B0 V
1861				5 32 00.3	− 1 36 04	1	5.35	−0.93	−0.19	−0.05	−0.24	B1 V
1938				5 39 43.6	+31 21 07	1	6.04	−0.21	+0.05	+0.11	+0.16	B7 V
2010	134		Tau	5 48 47.4	+12 38 52		4.91	−0.16	−0.07	+0.02	−0.06	B9 IV
2047	54	χ¹	Ori	5 53 34.9	+20 16 28		4.41	+0.08	+0.59	+0.51	+0.82	G0 V
2382	12		Mon	6 31 36.2	+ 4 51 58		5.83	+0.78	+1.00	+0.72	+1.25	K0 III
2421	24	γ	Gem	6 36 55.9	+16 24 42		1.92	+0.05	0.00	+0.06	+0.05	A0 IV
2693	25	δ	Gem	7 07 50.5	−26 22 16		1.84	+0.54	+0.67	+0.51	+0.84	F8 Ia
2763	54	λ	Gem	7 17 19.0	+16 33 56		3.58	+0.09	+0.12	+0.12	+0.17	A3 V
2782	30	τ	CMa	7 18 08.8	−24 55 45		4.40	−0.99	−0.15	−0.04	−0.22	O9 Ib
2787				7 17 49.6	−36 42 32		4.67	−0.79	−0.10	+0.10	+0.05	B3 Ve

UBVRI STANDARD STARS, J1986.5

BS=HR No.	Name			Right Ascension	Declination	Standards Code	V	U−B	B−V	V−R	V−I	Spectral Type
				h m s	° ′ ″							
2852	62	ρ	Gem	7 28 14.6	+31 48 43	1	4.18	−0.02	+0.32	+0.32	+0.51	F0 V
2990	78	β	Gem	7 44 29.5	+28 03 34		1.14	+0.86	+1.00	+0.75	+1.25	K0 IIIb
3249	17	β	Cnc	8 15 47.0	+ 9 13 40	2	3.53	+1.77	+1.48	+1.12	+1.90	K4 III
3314				8 24 59.2	− 3 51 43		3.90	−0.03	−0.02	+0.03	−0.02	A0 V
3427	39		Cnc	8 39 19.9	+20 03 21	1	6.39	+0.83	+0.98	+0.72	+1.19	K0 III
3454	7	η	Hya	8 42 31.2	+ 3 26 51	2	4.30	−0.74	−0.20	−0.07	−0.26	B4 V
3569	9	ι	UMa	8 58 17.3	+48 05 43		3.14	+0.07	+0.19	+0.22	+0.29	A7 IV
3579				8 59 46.0	+41 50 13		3.97	+0.06	+0.43	+0.40	+0.62	F5 V
3815	11		LMi	9 34 51.2	+35 52 18	1	5.41	+0.44	+0.77	+0.62	+0.99	G8 IV-V
3974	21		LMi	10 06 38.1	+35 18 39	1	4.49	+0.07	+0.18	+0.18	+0.25	A7 V
3982	32	α	Leo	10 07 39.2	+12 02 01	1	1.35	−0.36	−0.11	−0.02	−0.12	B7 V
4031	36	ζ	Leo	10 15 56.5	+23 29 06		3.44	+0.19	+0.31	+0.31	+0.50	F0 III
4033	33	λ	UMa	10 16 17.2	+42 58 56		3.45	+0.06	+0.03	+0.08	+0.07	A2 IV
4054	40		Leo	10 19 00.1	+19 32 23		4.80	+0.01	+0.45	+0.45	+0.68	F6 IV
4112	36		UMa	10 29 46.1	+56 03 01		4.84	−0.01	+0.52	+0.48	+0.76	F8 V
4133	47	ρ	Leo	10 32 06.1	+ 9 22 35		3.85	−0.95	−0.14	−0.05	−0.21	B1 Iab
4456	90		Leo	11 34 00.4	+16 52 18	1	5.95	−0.65	−0.16	−0.06	−0.24	B3 V
4534	94	β	Leo	11 48 22.3	+14 38 51		2.14	+0.08	+0.08	+0.06	+0.08	A3 V
4550				11 52 12.2	+37 48 56	1	6.45	+0.17	+0.75	+0.66	+1.11	G8 Vp
4554	64	γ	UMa	11 53 07.5	+53 46 11		2.44	+0.03	0.00	0.00	−0.03	A0 V
4623	1	α	Crv	12 07 42.9	−24 39 13		4.02	−0.02	+0.32	+0.30	+0.48	F2 V
4660	69	δ	UMa	12 14 45.7	+57 06 27		3.31	+0.07	+0.08	+0.06	+0.06	A3 V
4662	4	γ	Crv	12 15 06.6	−17 28 01	1	2.58	−0.35	−0.11	−0.04	−0.13	B8 IIIp
4707	12		Com	12 21 49.7	+25 55 16	1	4.81	+0.27	+0.49	+0.47	+0.80	G III+A2 V
4751				12 28 04.2	+25 58 26	1	6.65	+0.08	+0.22	+0.15	+0.23	A0p
4752	17		Com	12 28 14.3	+25 59 15	1	5.29	−0.10	−0.06	+0.02	−0.06	A0p (Si)
4785	8	β	CVn	12 33 06.2	+41 25 51		4.27	+0.05	+0.59	+0.54	+0.85	G0 V
4983	43	β	Com	13 11 14.6	+27 56 47	1	4.26	+0.08	+0.58	+0.49	+0.79	G0 V
5019	61		Vir	13 17 41.8	−18 14 11	1	4.74	+0.26	+0.71	+0.58	+0.94	G6 V
5062	80		UMa	13 24 41.1	+55 03 30		4.02	+0.08	+0.16	+0.17	+0.24	A5 V
5185	4	τ	Boo	13 46 37.2	+17 31 25		4.50	+0.05	+0.48	+0.41	+0.65	F7 V
5235	8	η	Boo	13 54 02.5	+18 27 54		2.68	+0.20	+0.58	+0.44	+0.73	G0 IV
5264	93	τ	Vir	14 00 57.5	+ 1 36 34		4.26	+0.13	+0.10	+0.15	+0.21	A3 V
5340	16	α	Boo	14 15 02.7	+19 15 08		−0.05	+1.28	+1.23	+0.97	+1.62	K2 IIIp
5359	100	λ	Vir	14 18 22.7	−13 18 34		4.52	+0.09	+0.13	+0.10	+0.14	A2m
5447	28	σ	Boo	14 34 05.6	+29 48 12		4.47	−0.08	+0.37	+0.34	+0.53	F2 V
5511	109		Vir	14 45 33.9	+ 1 56 57		3.73	−0.03	−0.01	+0.07	+0.05	A0 V
5570	16		Lib	14 56 28.6	− 4 17 31		4.49	+0.04	+0.32	+0.32	+0.49	F0 IV
5634	45		Boo	15 06 42.5	+24 55 16		4.93	−0.02	+0.43	+0.40	+0.61	F5 V
5685	27	β	Lib	15 16 16.8	− 9 20 01	2	2.61	−0.37	−0.11	−0.04	−0.14	B8 V
5854	24	α	Ser	15 43 36.1	+ 6 28 03	2	2.64	+1.25	+1.17	+0.81	+1.37	K2 III CN 1.5
5868	27	λ	Ser	15 45 47.2	+ 7 23 42		4.43	+0.10	+0.60	+0.51	+0.83	G0 V
5933	41	γ	Ser	15 55 49.7	+15 42 18		3.86	−0.03	+0.48	+0.49	+0.73	F6 V
5947	13	ε	CrB	15 57 01.7	+26 54 59	2	4.15	+1.28	+1.23	+0.89	+1.51	K2 III
6092	22	τ	Her	16 19 20.1	+46 20 42	2	3.90	−0.57	−0.15	−0.09	−0.26	B5 IV

UBVRI STANDARD STARS, J1986.5

BS=HR No.	Name			Right Ascension	Declination	Standards Code	V	U−B	B−V	V−R	V−I	Spectral Type
				h m s	° ′ ″							
6175	13	ζ	Oph	16 36 24.9	−10 32 26		2.56	−0.85	+0.02	+0.10	+0.06	O9.5 Vnn
6603	60	β	Oph	17 42 48.3	+ 4 34 20	1	2.77	+1.24	+1.17	+0.82	+1.39	K2 III
6629	62	γ	Oph	17 47 12.9	+ 2 42 42	1	3.75	+0.04	+0.04	+0.04	+0.04	A0 V
6705	33	γ	Dra	17 56 17.5	+51 29 25		2.22	+1.88	+1.52	+1.14	+1.99	K5 III
7178	14	γ	Lyr	18 58 26.3	+32 40 14		3.24	−0.08	−0.05	−0.03	−0.04	B9 III
7235	17	ζ	Aql	19 04 47.4	+13 50 34		2.99	−0.01	+0.01	+0.01	+0.01	A0 V:nn
7377	30	δ	Aql	19 24 49.1	+ 3 05 14		3.36	+0.04	+0.32	+0.25	+0.41	F0 IV
7446	39	κ	Aql	19 36 09.9	− 7 03 30	1	4.96	−0.87	0.00	+0.06	+0.02	B0.5 IIIn
7602	60	β	Aql	19 54 39.0	+ 6 22 21	1	3.72	+0.49	+0.86	+0.66	+1.15	G8 IV
7906	9	α	Del	20 39 00.7	+15 51 50	1	3.77	−0.21	−0.06	0.00	−0.04	B9 IV
7950	2	ε	Aqr	20 46 56.8	− 9 32 45		3.77	+0.02	0.00	+0.07	+0.07	A1 V
8085	61		Cyg A	21 06 18.2	+38 40 45		5.22	+1.11	+1.17	+1.03	+1.68	K5 V
8086	61		Cyg B	21 06 18.2	+38 40 45		6.03	+1.23	+1.37	+1.17	+2.00	K7 V
8469	22	λ	Cep	22 11 03.1	+59 20 52		5.05	−0.74	+0.24	+0.28	+0.43	O6 If
8622	10		Lac	22 38 39.2	+38 58 47	2	4.88	−1.05	−0.20	−0.09	−0.30	O9 V
8781	54	α	Peg	23 04 05.3	+15 07 57		2.48	−0.06	−0.04	+0.01	−0.02	B9.5 III
8832				23 12 37.7	+57 05 37	2	5.57	+0.89	+1.00	+0.83	+1.36	K3 V

$uvby$ AND Hβ STANDARD STARS, J1986.5

BS=HR No.	Name			Right Ascension	Declination	Spectral Type	V	$b-y$	m_1	c_1	β	Type
				h m s	° ′ ″							
15	21	α	And	0 07 41.3	+29 00 57	B9p	2.06	−0.046	0.120	0.520		
21	11	β	Cas	0 08 27.1	+59 04 31	F2 III–IV	2.27	+0.216	0.177	0.785		
27	22		And	0 09 36.9	+45 59 50	F2 II	5.03	+0.273	0.123	1.082	2.666	AF
39	88	γ	Peg	0 12 32.4	+15 06 31	B2 IV	2.83	−0.106	0.093	0.116	2.629	B
63	24	θ	And	0 16 23.0	+38 36 24	A2 V	4.61	+0.026	0.180	1.050	2.879	AF
68	25	σ	And	0 17 37.2	+36 42 38	A2 V	4.52	+0.026	0.187	1.040		
100		κ	Phe	0 25 32.5	−43 45 17	A5 Vn	3.94	+0.100	0.192	0.915		
114	28		And	0 29 24.5	+29 40 38	Am	5.23	+0.169	0.165	0.869		
153	17	ζ	Cas	0 36 12.8	+53 49 22	B2 IV	3.66	−0.090	0.087	0.134	2.625	B
184	20	π	Cas	0 42 43.2	+46 57 03	A5 V	4.94	+0.087	0.221	0.902		
193	22	o	Cas	0 43 58.1	+48 12 38	B5 III	4.54	+0.007	0.076	0.479		
233				0 49 53.9	+64 10 27	G0+A5	5.39	+0.355	0.127	0.696		
269	37	μ	And	0 56 00.0	+38 25 35	A5 V	3.87	+0.068	0.194	1.056	2.863	AF
343	33	θ	Cas	1 10 16.5	+55 04 42	A7 V	4.33	+0.087	0.213	0.997		
373	39		Cet	1 15 55.1	− 2 34 16	G5	5.41*	+0.567	0.291	0.328		
413	93	ρ	Psc	1 25 31.5	+19 06 08	F2 V:	5.38	+0.256	0.148	0.485		
458	50	υ	And	1 36 00.0	+41 20 18	F8 V	4.09	+0.344	0.179	0.409	2.629	AF
493	107		Psc	1 41 45.7	+20 12 12	K1 V	5.24	+0.492	0.364	0.294		
531	53	χ	Cet	1 48 55.3	−10 45 10	F2 V	4.67	+0.209	0.184	0.648		
553	6	β	Ari	1 53 53.5	+20 44 33	A5 V	2.64	+0.064	0.211	0.983		
617	13	α	Ari	2 06 24.6	+23 23 56	K2 IIIab	2.00	+0.696	0.526	0.395		
622	4	β	Tri	2 08 44.2	+34 55 26	A5 III	3.00	+0.071	0.191	1.065		
623	14		Ari	2 08 39.1	+25 52 35	F2 III	4.98	+0.210	0.185	0.874	2.723	AF
660	8	δ	Tri	2 16 13.6	+34 09 47	G0 V	4.87	+0.386	0.191	0.254		
675	10		Tri	2 18 09.9	+28 34 51	A2 V	5.33	+0.011	0.161	1.145		
685	9		Per	2 21 24.5	+55 47 04	A2 Ia	5.17	+0.321	−0.038	0.753		
717	12		Tri	2 27 22.3	+29 36 35	F0 III	5.30	+0.178	0.211	0.780		
773	32	ν	Ari	2 38 02.8	+21 54 13	A7 V	5.30	+0.092	0.182	1.095		
801	35		Ari	2 42 39.4	+27 39 01	B3 V	4.66	−0.052	0.097	0.333	2.682	B
811	89	π	Cet	2 43 28.8	−13 54 56	B7 V	4.25	−0.048	0.096	0.607		
812	38		Ari	2 44 13.3	+12 23 22	A7 IV	5.18	+0.135	0.188	0.837	2.804	AF
813	87	μ	Cet	2 44 12.6	+10 03 28	F0 IV	4.27	+0.189	0.187	0.762		
937		ι	Per	3 08 05.2	+49 33 45	G0 V	4.05	+0.376	0.201	0.376		
1017	33	α	Per	3 23 21.2	+49 48 50	F5 Ib	1.80	+0.302	0.195	1.074	2.677	AF
1030	1	o	Tau	3 24 05.1	+ 8 58 55	G8 III	3.60	+0.547	0.335	0.424		
1140	16		Tau	3 43 59.9	+24 14 52	B7 IV	5.45	−0.001	0.105	0.647		
1144	18		Tau	3 44 21.3	+24 47 51	B8 V	5.64	−0.022	0.109	0.637	2.749	B
1178	27		Tau	3 48 21.5	+24 00 46	B8 III	3.62	−0.019	0.092	0.708	2.697	B
1201				3 52 23.6	+17 17 15	F4 V	5.97	+0.221	0.166	0.610		
1269	42	ψ	Tau	4 06 10.3	+28 57 56	F1 V	5.23	+0.226	0.159	0.588		
1292	45		Tau	4 10 37.1	+ 5 29 19	F1 IV–V	5.73	+0.231	0.163	0.592		
1303	51	μ	Per	4 13 54.1	+48 22 34	G0 Ib	4.14	+0.614	0.268	0.551		
1327				4 19 23.6	+65 06 32	G5 IIb	5.27	+0.510	0.289	0.405		
1329	50	ω	Tau	4 16 28.1	+20 32 46	A3m	4.94	+0.146	0.235	0.745		
1331	51		Tau	4 17 35.2	+21 32 49	A8 V	5.65	+0.175	0.185	0.787		

*V magnitude may be or is variable.

$uvby$ AND Hβ STANDARD STARS, J1986.5

BS=HR No.	Name	Right Ascension	Declination	Spectral Type	V	$b-y$	m_1	c_1	β	Type
		h m s	° ′ ″							
1346	54 γ Tau	4 19 01.4	+15 35 45	K0–IIIab	3.65	+0.596	0.427	0.388		
1373	61 δ Tau	4 22 09.3	+17 30 42	K1 III	3.76	+0.597	0.430	0.409		
1376	63 Tau	4 22 38.5	+16 44 47	kA2, mF3 III	5.64	+0.180	0.237	0.738		
1380	64 Tau	4 23 19.0	+17 24 48	A7 V	4.80	+0.081	0.210	0.981		
1387	65 κ Tau	4 24 33.8	+22 15 49	A7 V	4.22	+0.070	0.200	1.054		
1388	67 Tau	4 24 36.7	+22 10 11	A5n	5.28	+0.149	0.193	0.840		
1389	68 Tau	4 24 42.4	+17 53 53	A3 V	4.30	+0.020	0.193	1.046		
1394	71 Tau	4 25 34.5	+15 35 18	A8 Vn	4.48	+0.150	0.188	0.934		
1409	74 ε Tau	4 27 49.6	+19 09 04	K1 III	3.54	+0.616	0.448	0.422		
1411	77 θ¹ Tau	4 27 48.1	+15 55 59	G9 III	3.85	+0.580	0.390	0.389		
1412	78 θ² Tau	4 27 53.4	+15 50 30	A7 III	3.42	+0.099	0.202	1.013	2.830	AF
1414	79 Tau	4 28 04.8	+13 01 06	A5m	5.03	+0.114	0.225	0.912		
1430	83 Tau	4 29 51.7	+13 41 45	F0 Vn	5.43	+0.154	0.201	0.814		
1444	86 ρ Tau	4 33 04.9	+14 49 00	A8 Vn	4.66	+0.144	0.205	0.823		
1457	87 α Tau	4 35 08.7	+16 28 58	K5 III	0.85*	+0.955	0.814	0.373		
1543	1 π³ Ori	4 49 06.4	+ 6 56 19	F6 V	3.19	+0.298	0.164	0.412	2.654	AF
1552	3 π⁴ Ori	4 50 29.2	+ 5 34 58	B2 III	3.69	−0.055	0.070	0.131	2.606	B
1577	3 ι Aur	4 56 06.8	+33 08 44	K3 II	2.69	+0.937	0.775	0.307		
1620	102 ι Tau	5 02 17.3	+21 34 17	A7 V	4.64	+0.080	0.203	1.031		
1641	10 η Aur	5 05 34.0	+41 13 02	B3 V	3.17	−0.085	0.104	0.318	2.684	B
1656	104 Tau	5 06 39.1	+18 37 40	G4 V	5.00	+0.415	0.197	0.332		
1672	16 Ori	5 08 35.0	+ 9 48 47	A2m	5.43	+0.138	0.245	0.840		
1729	15 λ Aur	5 18 11.4	+40 05 17	G0 V	4.71	+0.389	0.206	0.363		
1861		5 32 00.3	− 1 36 04	B1 V	5.35	−0.077	0.074	−0.002	2.612	B
1865	11 α Lep	5 32 08.0	−17 49 53	F0 Ib	2.58	+0.139	0.148	1.504		
1905	122 Tau	5 36 16.7	+17 01 58	F0 V	5.54	+0.133	0.203	0.850		
1956	α Col	5 39 09.6	−34 04 51	B7 IV	2.64	−0.046	0.086	0.650		
2034	136 Tau	5 52 28.7	+27 36 36	A0 V	4.58*	0.000	0.136	1.153		
2047	54 χ¹ Ori	5 53 34.9	+20 16 28	G0 V	4.41	+0.378	0.194	0.307	2.599	AF
2056	λ Col	5 52 37.4	−33 48 14	B5 V	4.87	−0.076	0.121	0.408		
2106	γ Col	5 57 03.5	−35 17 03	B2.5 IV	4.36	−0.076	0.092	0.363		
2143	40 Aur	6 05 39.2	+38 29 05	A4m	5.35	+0.139	0.222	0.923		
2220	71 Ori	6 14 03.2	+19 09 42	F6 V	5.20	+0.293	0.163	0.448		
2241	74 Ori	6 15 41.1	+12 16 36	F5 IV–V	5.04	+0.284	0.153	0.438		
2264	45 Aur	6 20 40.4	+53 27 34	F5 III	5.36	+0.284	0.171	0.632		
2294	2 β CMa	6 22 06.3	−17 56 55	B1 II–III	1.98	−0.090	0.052	−0.002		
2375		6 31 03.1	+11 33 17	A4 V	5.23	+0.101	0.172	0.999		
2421	24 γ Gem	6 36 55.9	+16 24 42	A0 IV	1.93	+0.007	0.149	1.186	2.869	B
2473	27 ε Gem	6 43 06.1	+25 08 43	G8 Ib	2.98	+0.869	0.654	0.283		
2483	56 ψ⁵ Aur	6 45 46.0	+43 35 31	G0 V	5.25	+0.357	0.185	0.371		
2484	31 ξ Gem	6 44 31.9	+12 54 39	F5 IV	3.36	+0.288	0.167	0.552		
2585	16 Lyn	6 56 38.1	+45 06 46	A2 V	4.90	+0.011	0.163	1.101		
2590	19 π CMa	6 55 02.3	−20 07 07	gF2	4.68	+0.248	0.150	0.649		
2657	23 γ CMa	7 03 08.8	−15 36 46	B8 II	4.11	−0.045	0.097	0.560		
2707	21 Mon	7 10 42.2	− 0 16 44	A8n	5.45*	+0.184	0.187	0.878		

*V magnitude may be or is variable.

$uvby$ AND Hβ STANDARD STARS, J1986.5

BS=HR No.	Name			Right Ascension h m s	Declination ° ′ ″	Spectral Type	V	$b-y$	m_1	c_1	β	Type
2763	54	λ	Gem	7 17 19.0	+16 33 56	A3 V	3.58	+0.048	0.198	1.055		
2777	55	δ	Gem	7 19 19.0	+22 00 29	F0 IV	3.53	+0.221	0.156	0.696		
2845	3	β	CMi	7 26 25.1	+ 8 19 02	B7 V	2.90	−0.038	0.113	0.799	2.733	B
2852	62	ρ	Gem	7 28 14.6	+31 48 43	F0 V	4.18	+0.214	0.155	0.613	2.713	AF
2857	64		Gem	7 28 30.0	+28 08 49	A6 V	5.05	+0.062	0.202	1.013		
2880	7	δ^1	CMi	7 31 23.8	+ 1 56 38	F0 III	5.25	+0.131	0.173	1.203		
2886	68		Gem	7 32 50.3	+15 51 23	A1 V	5.25	+0.036	0.149	1.178		
2927	25		Mon	7 36 36.4	− 4 04 49	F6 III	5.13	+0.289	0.169	0.653		
2930	71	o	Gem	7 38 17.2	+34 36 58	F3 III	4.90	+0.266	0.176	0.660		
2948/9				7 38 16.1	−26 46 14	B6 Vn+B5 IV	3.82	−0.074	0.114	0.402		
2961				7 38 58.8	−38 16 36	B2.5 V	4.84	−0.082	0.100	0.304		
2985	77	κ	Gem	7 43 38.0	+24 25 52	G8 IIIa	3.57	+0.573	0.379	0.398		
2990	78	β	Gem	7 44 29.5	+28 03 34	K0 IIIb	1.14	+0.611	0.427	0.420		
3003	81		Gem	7 45 20.6	+18 32 37	K5 III	4.88	+0.893	0.743	0.444		
3084				7 52 10.0	−38 49 39	B2.5 V	4.49*	−0.083	0.097	0.247		
3131				7 59 15.7	−18 21 42	A2 Vn	4.61	+0.049	0.158	1.128		
3173	27		Lyn	8 07 26.7	+51 32 47	A2 V	4.84	+0.021	0.150	1.099		
3249	17	β	Cnc	8 15 47.0	+ 9 13 40	K4 III	3.52	+0.911	0.765	0.367		
3262	18	χ	Cnc	8 19 14.7	+27 15 44	F6 V	5.14	+0.314	0.146	0.384		
3314				8 24 59.2	− 3 51 43	A0 V	3.90	−0.005	0.158	1.024	2.897	B
3410	4	δ	Hya	8 36 56.5	+ 5 45 05	A1 Vnn	4.16	+0.008	0.153	1.091	2.851	B
3454	7	η	Hya	8 42 31.2	+ 3 26 51	B4 V	4.30	−0.088	0.092	0.240	2.653	B
3459				8 43 00.6	− 7 11 04	G2 Ib	4.62	+0.519	0.289	0.476		
3555	59	σ^2	Cnc	8 56 06.8	+32 57 47	A7 IV	5.45	+0.084	0.205	0.968		
3619	15		UMa	9 07 55.4	+51 39 35	A1m	4.48	+0.169	0.233	0.776		
3624	14	τ	UMa	9 09 48.9	+63 34 09	Am	4.67	+0.217	0.238	0.723		
3662	18		UMa	9 15 13.4	+54 04 42	A5 V	4.83	+0.113	0.196	0.892		
3757	23		UMa	9 30 28.5	+63 07 18	F0 IV	3.67	+0.211	0.180	0.752		
3759	31	τ^1	Hya	9 28 27.8	− 2 42 34	F6 V	4.60	+0.296	0.164	0.448		
3771	24		UMa	9 33 18.2	+69 53 26	G4 III-IV	4.56	+0.488	0.254	0.347		
3775	25	θ	UMa	9 31 57.6	+51 44 22	F6 IV	3.17	+0.314	0.153	0.463		
3800	10		LMi	9 33 23.9	+36 27 29	G8.5 III	4.55	+0.562	0.346	0.389		
3815	11		LMi	9 34 51.2	+35 52 18	G8 IV-V	5.41	+0.473	0.304	0.372		
3849	38	κ	Hya	9 39 39.5	−14 16 15	B5 V	5.06	−0.069	0.107	0.405	2.700	B
3852	14	o	Leo	9 40 25.9	+ 9 57 15	F6 II+A2	3.52*	+0.306	0.234	0.615		
3856				9 38 58.6	−61 16 00	B9 V	4.52	−0.042	0.143	0.818		
3881				9 47 43.4	+46 05 04	G1 V	5.09	+0.390	0.203	0.382		
3888	29	υ	UMa	9 50 02.2	+59 06 10	F0 IV	3.80	+0.196	0.162	0.830		
3928	19		LMi	9 56 51.6	+41 07 13	F5 V	5.14	+0.300	0.165	0.457		
3951	20		LMi	10 00 14.1	+31 59 26	G4 V	5.36	+0.416	0.234	0.388		
3974	21		LMi	10 06 38.1	+35 18 39	A7 V	4.48	+0.111	0.196	0.870	2.836	AF
3982	31	α	Leo	10 07 39.2	+12 02 01	B7 V	1.35	−0.041	0.102	0.712	2.723	B
4031	36	ζ	Leo	10 15 56.5	+23 29 06	F0 III	3.44	+0.196	0.169	0.986	2.722	AF
4054	40		Leo	10 19 00.1	+19 32 23	F6 IV	4.79	+0.297	0.171	0.459		
4057/8	41	γ	Leo	10 19 13.8	+19 54 37	K0 III$^-$, G7 III$^+$	1.99	+0.689	0.457	0.373		

*V magnitude may be or is variable.

$uvby$ AND Hβ STANDARD STARS, J1986.5

BS=HR No.	Name			Right Ascension	Declination	Spectral Type	V	$b-y$	m_1	c_1	β	Type
				h m s	° ′ ″							
4090	30		LMi	10 25 08.6	+33 51 54	F0 V	4.74	+0.151	0.195	0.956		
4112	36		UMa	10 29 46.1	+56 03 01	F8 V	4.84	+0.341	0.172	0.331		
4119	30	β	Sex	10 29 36.1	− 0 34 03	B6 V	5.09	−0.064	0.116	0.466	2.730	B
4133	47	ρ	Leo	10 32 06.1	+ 9 22 35	B1 Iab	3.85*	−0.025	0.033	−0.039	2.555	B
4141	37		UMa	10 34 17.9	+57 09 09	F1 V	5.16	+0.228	0.159	0.574		
4166	37		LMi	10 37 57.8	+32 02 48	G3 II	4.71	+0.512	0.297	0.477	2.594	AF
4199		θ	Car	10 42 28.4	−64 19 25	B0.5 Vp	2.78	−0.102	0.071	−0.075		
4277	47		UMa	10 58 42.8	+40 30 09	G0 V	5.05	+0.392	0.203	0.337		
4288	49		UMa	11 00 05.2	+39 17 05	F0m	5.08	+0.145	0.194	1.007		
4293				10 59 32.0	−42 09 12	A3 IV	4.39	+0.060	0.175	1.121		
4301	50	α	UMa	11 02 54.2	+61 49 26	K0-IIIa	1.79	+0.660	0.437	0.394		
4335	52	ψ	UMa	11 08 54.5	+44 34 19	K1 III	3.01	+0.703	0.524	0.396		
4343	11	β	Crt	11 10 59.6	−22 45 07	A2 III	4.48	+0.010	0.161	1.201		
4392	56		UMa	11 22 05.3	+43 33 25	G8 IIb	4.99	+0.609	0.405	0.401		
4405	15	γ	Crt	11 24 12.4	−17 36 35	A7 IV-V	4.08	+0.117	0.193	0.899	2.821	AF
4456	90		Leo	11 34 00.4	+16 52 18	B3 V	5.95	−0.070	0.104	0.319	2.688	B
4515	2	ξ	Vir	11 44 35.3	+ 8 20 00	A4 V	4.85	+0.091	0.198	0.919		
4527	93		Leo	11 47 17.4	+20 17 38	G III+A7 V	4.53	+0.352	0.186	0.725		
4534	94	β	Leo	11 48 22.3	+14 38 51	A3 V	2.14	+0.044	0.210	0.975	2.900	AF
4540	5	β	Vir	11 49 59.5	+ 1 50 27	F9 V	3.61	+0.354	0.187	0.414	2.628	AF
4550				11 52 12.2	+37 48 56	G8 Vp	6.45	+0.484	0.224	0.166		
4554	64	γ	UMa	11 53 07.5	+53 46 11	A0 V	2.44	+0.006	0.153	1.113	2.885	B
4618				12 07 23.0	−50 35 10	B2 IIIne3	4.47	−0.079	0.102	0.264		
4695	16		Vir	12 19 39.8	+ 3 23 16	K1 III	4.96	+0.720	0.485	0.513		
4707	12		Com	12 21 49.7	+25 55 16	G III+A2 V	4.79	+0.322	0.175	0.779		
4753	18		Com	12 28 46.5	+24 11 00	F5 III	5.48	+0.289	0.172	0.611		
4775	8	η	Crv	12 31 22.4	−16 07 17	F0 IV	4.31	+0.247	0.158	0.550		
4785	8	β	CVn	12 33 06.2	+41 25 51	G0 V	4.26	+0.385	0.182	0.296		
4802		τ	Cen	12 36 57.6	−48 28 01	A2 V	3.86	+0.021	0.159	1.087		
4883	31		Com	12 51 02.5	+27 36 50	G0 III	4.94	+0.435	0.193	0.411	2.594	AF
4889				12 52 41.1	−40 06 20	A7 III	4.27	+0.128	0.176	0.977		
4931	78		UMa	13 00 09.2	+56 26 20	F2 V	4.93	+0.244	0.168	0.578	2.708	AF
4983	43	β	Com	13 11 14.6	+27 56 47	G0 V	4.26	+0.370	0.191	0.337	2.609	AF
5011	59		Vir	13 16 06.3	+ 9 29 40	F8 V	5.22	+0.376	0.191	0.383		
5017	20		CVn	13 16 56.3	+40 38 37	F3 III	4.73	+0.180	0.231	0.913		
5062	80		UMa	13 24 41.1	+55 03 30	A5 V	4.01	+0.097	0.192	0.928	2.847	AF
5168	1		Cen	13 44 55.0	−32 58 33	F3 IV	4.23	+0.247	0.155	0.562		
5191	85	η	UMa	13 47 00.6	+49 22 50	B3 V	1.86	−0.080	0.106	0.296	2.694	B
5235	8	η	Boo	13 54 02.5	+18 27 54	G0 IV	2.68	+0.376	0.203	0.476	2.627	AF
5270				14 01 52.1	+ 9 45 05	K1 CN-5 Fe-4	6.20	+0.633	0.090	0.550	2.540	AF
5285		χ	Cen	14 05 13.1	−41 06 55	B2 V	4.36	−0.095	0.089	0.176		
5304	12	d	Boo	14 09 47.0	+25 09 19	F8 IV	4.83	+0.348	0.175	0.441		
5340	16	α	Boo	14 15 02.7	+19 15 08	K2 IIIp	−0.04	+0.755	0.526	0.491		
5435	27	γ	Boo	14 31 32.1	+38 22 01	A7 III	3.03	+0.116	0.191	1.008		
5447	28	σ	Boo	14 34 05.6	+29 48 12	F2 V	4.46	+0.253	0.132	0.488	2.681	AF

*V magnitude may be or is variable.

$uvby$ AND Hβ STANDARD STARS, J1986.5

BS=HR No.	Name			Right Ascension	Declination	Spectral Type	V	$b-y$	m_1	c_1	β	Type
				h m s	° ′ ″							
5511	109		Vir	14 45 33.9	+ 1 56 57	A0 V	3.72	+0.007	0.134	1.081	2.846	B
5530	8	α^1	Lib	14 49 56.3	−15 56 30	F3 V	5.15	+0.262	0.155	0.497	2.678	AF
5531	9	α^2	Lib	14 50 07.8	−15 59 10	A2 IV	2.75	+0.074	0.192	0.996	2.863	AF
5626		λ	Lup	15 07 55.8	−45 13 43	B3 V	4.05	−0.080	0.099	0.282		
5634	45		Boo	15 06 42.5	+24 55 16	F5 V	4.93	+0.285	0.165	0.449		
5660	1		Lup	15 13 47.6	−31 28 10	F1 II	4.91	+0.244	0.136	1.381		
5681	49	δ	Boo	15 14 57.5	+33 21 53	G8 III CN−1	3.47	+0.587	0.346	0.410		
5685	67	β	Lib	15 16 16.8	− 9 20 01	B8 V	2.61	−0.040	0.100	0.750	2.711	B
5744	12	ι	Dra	15 24 37.6	+59 00 47	K2 III	3.29	+0.711	0.567	0.429		
5793	5	α	CrB	15 34 07.0	+26 45 35	A0 V	2.23	0.000	0.144	1.060		
5825				15 40 15.4	−44 37 02	F5 IV−V	4.64	+0.264	0.150	0.470		
5854	24	α	Ser	15 43 36.1	+ 6 28 03	K2 III CN1.5	2.65	+0.715	0.572	0.445		
5868	27	λ	Ser	15 45 47.2	+ 7 23 42	G0 V	4.43	+0.385	0.199	0.354		
5885	1		Sco	15 50 09.9	−25 42 40	B1.5 Vn	4.64*	+0.005	0.068	0.127		
5933	41	γ	Ser	15 55 49.7	+15 42 18	F6 V	3.85	+0.319	0.151	0.401	2.633	AF
5936	12	λ	CrB	15 55 18.2	+37 59 08	F2	5.45	+0.233	0.161	0.662		
5944	6	π	Sco	15 58 02.0	−26 04 33	B1 V+B2	2.89	−0.066	0.058	0.028	2.614	B
5947	13	ϵ	CrB	15 57 01.7	+26 54 59	K2 III	4.15	+0.751	0.570	0.414		
5953	7	δ	Sco	15 59 32.0	−22 35 02	B0.3 IV	2.32	−0.019	0.038	−0.017	2.602	B
5968	15	ρ	CrB	16 00 31.7	+33 20 38	G2 V	5.41	+0.394	0.183	0.322		
5986	13	θ	Dra	16 01 38.0	+58 36 04	F8 IV−V	4.01	+0.354	0.174	0.460		
5993	9	ω^1	Sco	16 06 01.0	−20 38 00	B1 V	3.96	+0.033	0.041	0.022	2.621	B
5997	10	ω^2	Sco	16 06 36.7	−20 49 58	gG 2	4.32	+0.521	0.284	0.448	2.579	AF
6027	14	ν	Sco	16 11 12.6	−19 25 35	B2 IVp	4.01	+0.072	0.059	0.150		
6092	22	τ	Her	16 19 20.1	+46 20 42	B5 IV	3.89	−0.056	0.089	0.440	2.702	B
6095	20	γ	Her	16 21 19.5	+19 11 03	A9 III	3.75	+0.168	0.192	1.008		
6141	22		Sco	16 29 23.1	−25 05 10	B2 V	4.79	−0.046	0.085	0.202	2.662	B
6165	23	τ	Sco	16 35 02.4	−28 11 20	B0 V	2.82	−0.100	0.051	−0.065		
6175	13	ζ	Oph	16 36 24.9	−10 32 26	O9.5 Vnn	2.56	+0.085	0.012	−0.061		
6212	40	ζ	Her	16 40 46.7	+31 37 37	G1 IV	2.81	+0.415	0.207	0.408		
6243	20		Oph	16 49 05.2	−10 45 36	F7 III	4.65	+0.307	0.161	0.536		
6332	59		Her	17 01 06.4	+33 35 14	A3 III	5.25	+0.002	0.180	1.094		
6355	60		Her	17 04 45.1	+12 45 31	A4 IV	4.91	+0.070	0.203	0.988	2.878	AF
6378	35	η	Oph	17 09 36.2	−15 42 32	A2.5 V	2.43	+0.026	0.184	1.084		
6458	72		Her	17 20 09.2	+32 29 04	G0 V	5.39	+0.409	0.182	0.309		
6536	23	β	Dra	17 30 07.6	+52 18 40	G2 Ib	2.79	+0.610	0.323	0.423		
6581	56	o	Ser	17 40 39.3	−12 52 08	A2 V	4.26	+0.047	0.166	1.115		
6588	85	ι	Her	17 39 05.0	+46 00 47	B3 IV	3.80	−0.064	0.078	0.294	2.661	B
6595	58		Oph	17 42 37.2	−21 40 39	F7 V:	4.87	+0.301	0.150	0.413		
6603	60	β	Oph	17 42 48.3	+ 4 34 20	K2 III	2.77	+0.721	0.549	0.453		
6629	62	γ	Oph	17 47 12.9	+ 2 42 42	A0 V	3.75	+0.026	0.165	1.054	2.908	B
6705	33	γ	Dra	17 56 17.5	+51 29 25	K5 III	2.23	+0.943	0.811	0.374		
6714	67		Oph	17 59 58.1	+ 2 55 53	B5 Ib	3.97	+0.079	0.023	0.303	2.590	B
6723	68		Oph	18 01 04.1	+ 1 18 17	A2 Vn	4.45	+0.033	0.136	1.094		
6743		θ	Ara	18 05 34.8	−50 05 37	B2 Ib	3.66	+0.004	0.035	0.027		

* V magnitude may be or is variable.

$uvby$ AND Hβ STANDARD STARS, J1986.5

BS=HR No.	Name			Right Ascension h m s	Declination ° ′ ″	Spectral Type	V	$b-y$	m_1	c_1	β	Type
6930		γ	Sct	18 28 25.7	−14 34 31	A3 Vn	4.70	+0.044	0.141	1.219		
7001	3	α	Lyr	18 36 28.9	+38 46 14	A0 Va	0.03	+0.004	0.157	1.089		
7069	111		Her	18 46 25.5	+18 09 57	A5 III	4.36	+0.061	0.216	0.942	2.903	AF
7152		ϵ	CrA	18 57 48.8	−37 07 33	F0 V	4.87*	+0.255	0.149	0.633		
7178	14	γ	Lyr	18 58 26.3	+32 40 14	B9 III	3.24	+0.001	0.093	1.219	2.754	B
7235	17	ζ	Aql	19 04 47.4	+13 50 34	A0 V:nn	2.99	+0.012	0.147	1.080	2.878	B
7253				19 06 05.6	+28 36 25	F0 III	5.55	+0.176	0.190	0.752		
7254		α	CrA	19 08 33.3	−37 55 35	A2 IV	4.11	+0.018	0.185	1.062		
7328	1	κ	Cyg	19 16 47.5	+53 20 36	G9 III	3.77	+0.579	0.390	0.430		
7340	44	ρ^1	Sgr	19 20 53.4	−17 52 24	F0 IV–V	3.93	+0.129	0.188	0.955		
7377	30	δ	Aql	19 24 49.1	+ 3 05 14	F0 IV	3.36	+0.204	0.168	0.715	2.739	AF
7446	39	κ	Aql	19 36 09.9	− 7 03 30	B0.5 IIIn	4.95	+0.079	−0.014	−0.022	2.565	B
7447	41	ι	Aql	19 36 01.4	− 1 19 02	B5 III	4.36	−0.017	0.086	0.577	2.711	B
7462	61	σ	Dra	19 32 23.3	+69 38 18	K0 V	4.68	+0.472	0.320	0.261		
7469	13	θ	Cyg	19 36 04.8	+50 11 22	F4 V	4.48	+0.261	0.158	0.506		
7479	5	α	Sge	19 39 29.6	+17 58 56	G1 IIab	4.37	+0.497	0.260	0.466		
7503	16		Cyg	19 41 27.4	+50 29 37	G3 V	5.96	+0.410	0.214	0.375		
7504				19 41 30.4	+50 29 09	G5 V	6.20	+0.416	0.226	0.354		
7525	50	γ	Aql	19 45 37.1	+10 34 47	K3 II	2.72	+0.936	0.760	0.294		
7534	17		Cyg	19 45 54.8	+33 41 45	F5 V	4.99	+0.316	0.155	0.435		
7557	53	α	Aql	19 50 07.5	+ 8 49 55	A7 IV, V	0.77	+0.137	0.178	0.880		
7560	54	o	Aql	19 50 22.8	+10 22 53	F8 V	5.11	+0.356	0.188	0.404		
7602	60	β	Aql	19 54 39.0	+ 6 22 21	G8 IV	3.71	+0.521	0.306	0.341		
7610	61	ϕ	Aql	19 55 35.9	+11 23 14	A1 V	5.28	+0.002	0.174	1.020		
7730	30		Cyg	20 12 52.6	+46 46 28	A3 III	4.83	+0.068	0.150	1.310		
7747	5	α^1	Cap	20 16 54.0	−12 33 02	G3 Ib	4.24	+0.571	0.327	0.389		
7773	8	ν	Cap	20 19 55.0	−12 48 08	B9 V	4.76	−0.022	0.135	1.025		
7790		α	Pav	20 24 35.2	−56 46 45	B2.5 V	1.94	−0.092	0.087	0.271		
7796	37	γ	Cyg	20 21 44.6	+40 12 47	F8 Ib	2.20	+0.396	0.296	0.885	2.641	AF
7858	3	η	Del	20 33 18.7	+12 58 50	A2 V	5.38	+0.038	0.196	0.975		
7871	4	ζ	Del	20 34 40.7	+14 37 38	A3 V	4.68	+0.066	0.176	1.107		
7906	9	α	Del	20 39 00.7	+15 51 50	B9 IV	3.77	−0.019	0.125	0.893	2.802	B
7936	16	ψ	Cap	20 45 17.9	−25 19 12	F4 V	4.14	+0.271	0.157	0.481		
7949	53	ϵ	Cyg	20 45 39.9	+33 55 09	K0 III	2.46	+0.627	0.415	0.425		
7977	55		Cyg	20 48 28.7	+46 03 50	B3 Ia	4.84	+0.356	−0.067	0.153	2.530	B
7984	56		Cyg	20 49 36.1	+44 00 29	A4m	5.04	+0.108	0.209	0.897		
8060	22	η	Cap	21 03 38.3	−19 54 32	A5 V	4.84	+0.088	0.186	0.949		
8085	61		CygA	21 06 18.2	+38 40 45	K5 V	5.21	+0.656	0.677	0.134		
8086	61		CygB	21 06 18.2	+38 40 45	K7 V	6.03	+0.791	0.676	0.067		
8115	64	ζ	Cyg	21 12 21.7	+30 10 16	G8$^+$III–IIIa Ba0.6	3.20	+0.591	0.446	0.296		
8143	67	σ	Cyg	21 16 53.1	+39 20 16	B9 Ia	4.23	+0.138	0.027	0.571	2.584	B
8162	5	α	Cep	21 18 15.5	+62 31 41	A7 IV, V	2.44	+0.125	0.190	0.936		
8181		γ	Pav	21 25 20.5	−65 25 41	F6 Vp	4.22	+0.321	0.124	0.323		
8267	5		Peg	21 37 07.5	+19 15 27	F1 IV	5.45	+0.203	0.170	0.892		
8279	9		Cep	21 37 33.5	+62 01 15	B2 Ib	4.73	+0.275	−0.051	0.135	2.560	B

* V magnitude may be or is variable.

uvby AND Hβ STANDARD STARS, J1986.5

BS=HR No.	Name			Right Ascension	Declination	Spectral Type	V	b−y	m_1	c_1	β	Type
				h m s	° ′ ″							
8313	9		Peg	21 43 52.3	+17 17 15	G5 Ib	4.34	+0.709	0.468	0.354		
8344	13		Peg	21 49 30.1	+17 13 21	F2 III–IV	5.29	+0.263	0.156	0.545		
8353		γ	Gru	21 53 06.9	−37 25 44	B8 III	3.01	−0.048	0.104	0.734		
8425		α	Gru	22 07 23.2	−47 01 37	B7 IV	1.74	−0.061	0.105	0.576		
8430	24	ι	Peg	22 06 22.9	+25 16 44	F5 V	3.76	+0.296	0.159	0.446		
8431	14	μ	PsA	22 07 35.9	−33 03 18	A2 V	4.50	+0.024	0.172	1.084		
8454	29	π	Peg	22 09 23.2	+33 06 42	F3 II	4.29	+0.304	0.177	0.778		
8494	23	ε	Cep	22 14 32.1	+56 58 34	F0 IV	4.19	+0.169	0.192	0.787	2.757	AF
8551	35		Peg	22 27 10.5	+ 4 37 39	K0 III–IV	4.79	+0.638	0.426	0.404		
8585	7	α	Lac	22 30 44.0	+50 12 46	A1 V	3.77	+0.001	0.173	1.030	2.908	B
8613	9		Lac	22 36 49.0	+51 28 31	A7 IV	4.63	+0.142	0.174	0.948		
8622	10		Lac	22 38 39.2	+38 58 47	O9 V	4.88	−0.070	0.042	−0.110	2.590	B
8630		β	Oct	22 44 44.1	−81 27 10	A9 IV/V	4.15	+0.110	0.198	0.908		
8634	42	ζ	Peg	22 40 47.3	+10 45 38	B8 V	3.40	−0.035	0.114	0.867	2.770	B
8650	44	η	Peg	22 42 22.1	+30 09 02	G8 II:+F?	2.94	+0.535	0.296	0.499		
8665	46	ξ	Peg	22 46 01.1	+12 06 12	F7 V	4.19	+0.330	0.147	0.407		
8675		ε	Gru	22 47 44.7	−51 23 17	A3 V	3.49	+0.041	0.168	1.154		
8709	76	δ	Aqr	22 53 56.1	−15 53 34	A3 V	3.27	+0.034	0.162	1.176		
8728	24	α	PsA	22 56 54.5	−29 41 38	A3 V	1.16	+0.036	0.206	0.991		
8729	51		Peg	22 56 48.1	+20 41 46	G5 V	5.49*	+0.416	0.232	0.364		
8781	54	α	Peg	23 04 05.3	+15 07 57	B9.5 III	2.49	−0.012	0.130	1.128	2.841	B
8826	59		Peg	23 11 03.3	+ 8 38 48	A5 Vn	5.16	+0.075	0.165	1.090		
8830	7		And	23 11 55.7	+49 19 57	A8 III	4.52	+0.181	0.172	0.723		
8848		γ	Tuc	23 16 38.9	−58 18 35	F1 III	3.99	+0.262	0.146	0.579		
8880	62	τ	Peg	23 19 58.1	+23 39 59	A5 V	4.60	+0.104	0.166	1.013		
8905	68	υ	Peg	23 24 42.3	+23 19 47	F8 III	4.40	+0.390	0.186	0.461		
8965	17	ι	And	23 37 28.3	+43 11 36	B8 V	4.29	−0.031	0.100	0.784	2.728	B
8969	17	ι	Psc	23 39 15.3	+ 5 33 11	F7 V	4.13	+0.329	0.164	0.395	2.622	AF
8976	19	κ	And	23 39 44.4	+44 15 33	B9 IVn	4.14	−0.035	0.131	0.831	2.834	B
9039	82		Peg	23 51 55.8	+10 52 20	A4 Vn	5.32	+0.099	0.181	0.967		
9072	28	ω	Psc	23 58 37.1	+ 6 47 19	F3 V	4.01	+0.266	0.150	0.630		
9076		ε	Tuc	23 59 13.4	−65 39 08	B9 IV	4.50	−0.032	0.104	0.894		
9088	85		Peg	0 01 27.8	+27 00 38	G2 V	5.75	+0.428	0.189	0.215	2.563	AF
9091		ζ	Scl	0 01 38.5	−29 47 45	B5 V	5.02	−0.067	0.107	0.461		

*V magnitude may be or is variable.

STANDARD RADIAL VELOCITY STARS, J1986.5

HD No.	BS=HR No.	Name			Right Ascension	Declination	Vis. Mag.	Spectral Type	Radial Velocity
					h m s	° ′ ″			km./sec.
693	33	6		Cet	0 10 34.7	−15 32 31	4.89	F6 V	+ 14.7±0.2
3712	168	18	α	Cas	0 39 44.1	+56 27 48	2.23	K0 IIIa	− 3.9 0.1
3765					0 40 04.6	+40 06 56	7.36	dK5	− 63.0 0.2
4128	188	16	β	Cet	0 42 54.7	−18 03 38	2.04	K1 III	+ 13.1 0.1
4388					0 45 43.4	+30 52 41	7.51	K3 III	− 28.3 0.6
8779	416				1 25 45.8	− 0 28 07	6.41	gK0	− 5.0±0.6
9138	434	98	μ	Psc	1 29 28.6	+ 6 04 28	4.84	K4 III	+ 35.4 0.5
12029					1 57 55.4	+29 18 52	7.80	K2 III	+ 38.6 0.5
12929	617	13	α	Ari	2 06 24.6	+23 23 56	2.00	K2 IIIab	− 14.3 0.2
14969*					2 24 43.6	+29 49 12	7.67	K3 III	− 33.4 0.3
18884	911	92	α	Cet	3 01 34.4	+ 4 02 14	2.53	M1.5 III	− 25.8±0.1
20902*	1017	33	α	Per	3 23 21.2	+49 48 50	1.80	F5 Ib	− 2.3 0.2
22484	1101	10		Tau	3 36 11.0	+ 0 21 34	4.28	F8 V	+ 27.9 0.1
23169					3 43 04.2	+25 41 01	8.75	G2 V	+ 13.3 0.2
26162	1283	43		Tau	4 08 22.7	+19 34 27	5.50	K1 III	+ 23.9 0.6
29139	1457	87	α	Tau	4 35 08.7	+16 28 58	0.85	K5 III	+ 54.1±0.1
29587					4 40 38.8	+42 05 41	7.29	G2	+112.4 0.2
32963					5 07 05.6	+26 18 41	7.72	G2 V	− 63.1 0.4
35410*	1787	27		Ori	5 23 47.7	− 0 54 13	5.08	K0 III	+ 20.5 0.2
36079	1829	9	β	Lep	5 27 40.0	−20 46 11	2.84	G5 III	− 13.5 0.1
36673	1865	11	α	Lep	5 32 08.0	−17 49 53	2.58	F0 Ib	+ 24.7±0.2
42397					6 10 44.8	+25 00 48	8.03	G0 IV	+ 37.4 0.4
44131	2275				6 19 19.0	− 2 56 17	4.90	gM1	+ 47.4 0.3
45348*	2326		α	Car	6 23 39.2	−52 41 17	−0.72	F0 II	+ 20.5 0.1
51250	2593	18	μ	CMa	6 55 29.5	−14 01 31	5.00	K2 III+B9V	+ 19.6 0.5
62509	2990	78	β	Gem	7 44 29.5	+28 03 34	1.14	K0 IIIb	+ 3.3±0.1
65583					7 59 42.1	+29 15 16	7.00	dG7	+ 12.5 0.4
65934					8 01 21.8	+26 40 34	7.94	G8 III	+ 35.0 0.3
66141	3145				8 01 33.8	+ 2 22 20	4.39	K2 III	+ 70.9 0.3
75935					8 53 01.9	+26 57 54	8.63	G8 V	− 18.9 0.3
80170*	3694				9 16 25.4	−39 20 40	5.33	K5 III–IV	0.0±0.2
81797	3748	30	α	Hya	9 26 55.4	− 8 35 59	1.98	K3 II–III	− 4.4 0.2
84441	3873	17	ε	Leo	9 45 05.2	+23 50 13	2.98	G3 IIab	+ 4.8 0.1
86801					10 00 47.9	+28 37 55	8.88	G0 V	− 14.5 0.4
89449	4054	40		Leo	10 19 00.1	+19 32 23	4.79	F6 IV	+ 6.5 0.5
90861					10 29 08.4	+28 39 02	7.20	K2 III	+ 36.3±0.4
92588	4182	33		Sex	10 40 43.0	− 1 40 13	6.26	sgK1	+ 42.8 0.1
102494					11 47 14.5	+27 24 55	7.44	G8 IV	− 22.9 0.3
102870	4540	5	β	Vir	11 49 59.5	+ 1 50 27	3.61	F9 V	+ 5.0 0.2
103095	4550				11 52 12.2	+37 48 56	6.45	G8 Vp	− 99.1 0.3
107328	4695	16		Vir	12 19 39.8	+ 3 23 16	4.96	K1 III	+ 35.7±0.3
108903	4763		γ	Cru	12 30 24.7	−57 02 16	1.63	M4–IIIb	+ 21.3 0.1
109379	4786	9	β	Crv	12 33 40.6	−23 19 20	2.65	G5 III	− 7.0 0.0
112299					12 54 48.9	+25 48 41	8.66	F8 V	+ 3.4 0.5
114762					13 11 40.6	+17 35 18	7.31	dF7	+ 49.9 0.5

*Radial velocity is now known to vary.

STANDARD RADIAL VELOCITY STARS, J1986.5

HD No.	BS=HR No.	Name	Right Ascension	Declination	Vis. Mag.	Spectral Type	Radial Velocity
			h m s	° ′ ″			km./sec.
115521	5015	60 σ Vir	13 16 55.4	+ 5 32 27	4.80	M2 IIIa	− 26.8±0.3
122693			14 02 14.8	+24 37 36	8.21	F8 V	− 6.3 0.2
123782	5300	13 Boo	14 07 47.0	+49 31 18	5.25	M2 IIIab	− 13.4 0.3
124897	5340	16 α Boo	14 15 02.7	+19 15 08	−0.04	K2 IIIp	− 5.3 0.1
126053	5384		14 22 33.8	+ 1 18 16	6.27	G1 V	− 18.5 0.4
132737			14 59 17.6	+27 12 48	8.02	K0 III	− 24.1±0.3
136202	5694	5 Ser	15 18 37.4	+ 1 48 57	5.06	F8 IV–V	+ 53.5 0.2
140913			15 44 34.2	+28 30 43	8.21	G0 V	− 20.8 0.4
144579			16 04 28.8	+39 11 33	6.66	G8	− 60.0 0.3
145001	6008	7 κ Her	16 07 28.0	+17 04 56	5.00	G8 III	− 9.5 0.2
146051	6056	1 δ Oph	16 13 38.2	− 3 39 37	2.74	M0.5 III	− 19.8±0.0
149803			16 35 22.5	+29 46 20	8.40	F7 V	− 7.6 0.4
150798	6217	α TrA	16 47 13.7	−69 00 16	1.92	K2 IIb–IIIa	− 3.7 0.2
154417	6349		17 04 35.6	+ 0 43 18	6.01	G0 V	− 17.4 0.3
156014	6406	64 α¹ Her	17 14 01.9	+14 24 18	3.08	M5 Ib–II	− 32.5 0.0
157457	6468	κ Ara	17 24 56.7	−50 37 20	5.23	G8 III	+ 17.4±0.2
161096	6603	60 β Oph	17 42 48.3	+ 4 34 20	2.77	K2 III	− 12.0 0.1
168454	6859	19 δ Sgr	18 20 07.8	−29 50 05	2.70	K2⁺ III	− 20.0 0.0
171232			18 32 03.0	+25 28 43	7.73	G8 III	− 35.9 0.5
171391	6970		18 34 17.4	−10 59 19	5.14	G8 III	+ 6.9 0.2
182572	7373	31 Aql	19 24 19.6	+11 54 53	5.16	G8 IV	−100.5±0.4
184467*			19 30 54.2	+58 33 30	6.59	K5	+ 10.9 0.2
†			19 34 28.0	+29 03 24	9.05	F7 V	− 36.6 0.5
186791	7525	50 γ Aql	19 45 37.1	+10 34 47	2.72	K3 III	− 2.1 0.2
187691	7560	54 o Aql	19 50 22.8	+10 22 53	5.11	F8 V	+ 0.1 0.3
194071			20 22 04.0	+28 12 10	8.13	G8 III	− 9.8±0.1
203638	8183	33 Cap	21 23 23.8	−20 54 36	5.77	K0 III	+ 21.9 0.1
204867	8232	22 β Aqr	21 30 50.9	− 5 37 52	2.91	G0 Ib	+ 6.7 0.1
206778	8308	8 ε Peg	21 43 31.4	+ 9 48 46	2.39	K2 Ib	+ 5.2 0.2
212943	8551	35 Peg	22 27 10.5	+ 4 37 39	4.79	K0 III–IV	+ 54.3 0.3
213014			22 27 32.2	+17 11 39	7.70	gG8	− 39.7±0.0
213947			22 33 58.4	+26 31 41	7.53	K4 III	+ 16.7 0.3
222368	8969	17 ι Psc	23 39 15.3	+ 5 33 11	4.13	F7 V	+ 5.3 0.2
223094			23 45 44.5	+28 37 43	7.45	K5 III	+ 19.6 0.3
223311	9014		23 47 50.9	− 6 27 20	6.07	gK4	− 20.4 0.1
223647	9032	γ¹ Oct	23 51 21.0	−82 05 38	5.11	G5 III	+ 13.8±0.4

* Radial velocity is now known to vary.
† BD 28°3402

NGC or IC	Right Ascension	Declination	Revised Morphological Type	T	L	Log D_{25}	Log R_{25}	B_T^w	$(B-V)_T$	$(U-B)_T$	V (km/sec)	V_0 (km/sec)
	h m	° ′										
W-L-M	0 01.27	−15 32.4	IB(s)m	+10	8	2.01	0.39	11.27	0.40	−0.24	− 120	− 38
N7814	0 02.56	+16 04.2	SA(s)ab: sp	+ 2		1.80	0.38	11.49	0.90		+1047	+1249
N0045	0 13.38	−23 15.4	SA(s)dm	+ 8	8	1.91	0.15	11.11	0.69	−0.04	+ 468	+ 508
N0055	0 14.23	−39 15.8	SB(s)m: sp	+ 9		2.51	0.70	7.84			+ 131	+ 98
N0134	0 29.7	−33 20	SAB(s)bc	+ 4		1.91	0.50	11.05	0.88	+0.29	+1545	+1531
N0147	0 32.46	+48 25.9	E5p	− 5		2.11	0.20	10.24	0.94		− 263	− 11
N0185	0 38.21	+48 15.7	E3p	− 5		2.06	0.07	10.03	0.90		− 245	+ 4
N0205	0 39.63	+41 36.9	E5p	− 5		2.24	0.25	8.83	0.84		− 239	+ 1
N0221	0 41.97	+40 47.5	cE2	− 6		1.88	0.12	9.09	0.94	+0.47	− 217	+ 21
N0224	0 42.00	+41 11.7	SA(s)b	+ 3	2	3.25	0.45	4.37	0.91	+0.50	− 299	− 61
N0247	0 46.47	−20 50.0	SAB(s)d	+ 7	7	2.30	0.43	9.53	0.65		+ 150	+ 180
N0253	0 46.92	−25 21.8	SAB(s)c	+ 5	4	2.40	0.53	8.13	0.97		+ 249	+ 259
SMC	0 52.3	−72 54	SB(s)mp	+ 9	7	3.45	0.25	2.79	0.50		+ 150	− 30
N0300	0 54.25	−37 45.5	SA(s)d	+ 7	6	2.30	0.13	8.71			+ 145	+ 97
I1613	1 04.10	+ 2 02.7	IAB(s)m	+10	9	2.08	0.03	9.93	0.60		− 238	− 125
N0488	1 21.08	+ 5 11.3	SA(r)b	+ 3	1	1.72	0.11	11.15	0.86		+2180	+2292
N0578	1 29.83	−22 44.2	SAB(rs)c	+ 5	3	1.68	0.18	11.48	0.57	−0.14	+1696	+1689
N0598	1 33.11	+30 35.1	SA(s)cd	+ 6	4	2.79	0.20	6.27	0.55	−0.10	− 183	+ 2
N0613	1 33.67	−29 29.1	SB(rs)bc	+ 4	2	1.76	0.10	10.76	0.76	+0.15	+1500	+1462
N0628	1 35.97	+15 42.8	SA(s)c	+ 5	1	2.01	0.03	9.77	0.58		+ 655	+ 793
N0672	1 47.15	+27 22.0	SB(s)cd	+ 6	5	1.82	0.39	11.41	0.59	−0.11	+ 412	+ 578
N0772	1 58.60	+18 56.6	SA(s)b	+ 3	1	1.85	0.20	11.10	0.77		+2431	+2562
N0891	2 21.70	+42 17.2	SA(s)b? sp	+ 3		2.13	0.68	10.95	0.92	+0.27	+ 524	+ 706
N0908	2 22.46	−21 17.8	SA(s)c	+ 5	1	1.74	0.30	10.87	0.67		+1511	+1470
N0925	2 26.47	+33 31.2	SAB(s)d	+ 7	4	1.99	0.21	10.59	0.59		+ 560	+ 716
N0936	2 26.94	− 1 12.9	LB(rs)0$^+$	− 1		1.72	0.08	11.11	0.96	+0.55	+1317	+1350
FORNX	2 39.35	−34 35.0	E0p	− 5		2.30	0.16	9.04			+ 53	− 51
N1023	2 39.56	+39 00.3	LB(rs)0$^-$	− 3		1.94	0.42	10.38	1.00	+0.55	+ 614	+ 776
N1055	2 41.06	+ 0 23.0	SBb: sp	+ 3	4	1.88	0.40	11.42	0.85	+0.20	+1050	+1077
N1068	2 41.99	− 0 04.2	(R)SA(rs)b	+ 3		1.84	0.07	9.55	0.70	+0.08	+1109	+1134
N1073	2 42.97	+ 1 19.2	SB(rs)c	+ 5	3	1.69	0.03	11.50	0.53	−0.05	+1216	+1245
N1097	2 45.75	−30 19.9	SB(s)b	+ 3	2	1.97	0.15	10.21	1.00		+1320	+1227
N1232	3 09.15	−20 37.9	SAB(rs)c	+ 5	1	1.89	0.05	10.48	0.63		+1720	+1644
N1291	3 16.81	−41 10.5	(R)SB(s)0/a	0		2.02	0.06	9.45	0.93	+0.44	+ 824	+ 674
N1313	3 18.09	−66 32.8	SB(s)d	+ 7		1.93	0.11	9.77			+ 448	+ 241
N1300	3 19.07	−19 27.6	SB(rs)bc	+ 4	1	1.81	0.18	11.13	0.68	+0.13	+1502	+1422
N1316	3 22.17	−37 15.3	LAB(s)0p	− 2		1.85	0.11	9.75	0.90	+0.49	+1774	+1632
N1332	3 25.68	−21 22.9	L(s)0$^-$: sp	− 3		1.66	0.42	11.25	0.90		+1564	+1471
N1365	3 33.09	−36 11.0	SB(s)b	+ 3	2	1.99	0.25	10.20	0.62	+0.05	+1649	+1502
N1380	3 35.93	−35 01.2	LA0	− 2		1.69	0.41	11.21			+1809	+1664
N1398	3 38.29	−26 22.8	(R′)SB(r)ab	+ 2	1	1.82	0.10	10.62	0.95		+1419	+1299
N1433	3 41.60	−47 15.8	SB(r)a	+ 1		1.83	0.05	10.67	0.69	+0.23	+ 984	+ 802
N1448	3 44.08	−44 41.2	SAcd: sp	+ 6	5	1.91	0.65	11.38			+1182	+1005
I0342	3 45.50	+68 03.2	SAB(rs)cd	+ 6	2	2.25	0.01	9.16			+ 32	+ 228
I0356	4 06.37	+69 46.6	SA(s)abp	+ 2		1.72	0.11	11.43			+ 822	+1015

NGC or IC	Right Ascension h m	Declination °	Revised Morphological Type	T	L	Log D_{25}	Log R_{25}	B_T^w	$(B-V)_T$	$(U-B)_T$	V (km/sec)	V_0 (km/sec)
N1566	4 19.70	−54 58.2	SAB(s)bc	+ 4		1.88	0.09	10.23	0.85	0.00	+1394	+1178
N1617	4 31.36	−54 37.8	SB(s)a	+ 1		1.67	0.29	11.30	0.95	+0.42	+1000	+ 778
N1672	4 45.49	−59 16.3	SB(s)b	+ 3	2	1.68	0.09	11.02			+1309	+1076
N1808	5 07.24	−37 31.9	(R)SAB(s)a	+ 1		1.86	0.25	10.72	0.81	+0.30	+ 981	+ 769
LMC	5 23.7	−69 46	SB(s)m	+ 9	6	3.81	0.07	0.63	0.55		+ 260	+ 13
N2146	6 16.56	+78 21.8	SB(s)ab	+ 2		1.78	0.20	11.24	0.74		+ 838	+1028
N2217	6 21.12	−27 13.6	(R)LB(rs)0⁺	− 1		1.68	0.04	11.48	1.03	+0.54	+1476	+1243
N2336	7 24.76	+80 12.4	SAB(r)bc	+ 4	1	1.84	0.24	11.16	0.66		+2199	+2389
N2366	7 27.49	+69 14.7	IB(s)m	+10	8	1.88	0.33	11.46	0.55		+ 107	+ 252
N2403	7 35.57	+65 37.8	SAB(s)cd	+ 6	5	2.25	0.21	8.90	0.50		+ 131	+ 259
N2442	7 36.44	−69 30.0	SB(s)b	+ 3	2	1.78	0.04	11.12			+ 657	+ 384
HLMII	8 17.53	+70 45.5	Im	+10	8	1.88	0.09	11.11	0.52		+ 158	+ 305
N2613	8 32.78	−22 55.5	SA(s)b	+ 3	3	1.86	0.53	11.35	0.93	+0.36	+1712	+1444
N2683	8 51.85	+33 28.2	SA(rs)b	+ 3	4	1.97	0.57	10.61	0.89	+0.29	+ 284	+ 242
N2655	8 53.90	+78 16.5	SAB(s)0/a	0		1.71	0.07	10.95	0.86		+1445	+1623
N2775	9 09.62	+ 7 05.6	SA(r)ab	+ 2		1.65	0.10	11.20	0.87	+0.38	+1135	+ 965
N2768	9 10.58	+60 05.5	E6:	− 5		1.80	0.35	10.96	0.93		+1408	+1502
N2784	9 11.73	−24 06.9	LA(s)0:	− 2		1.71	0.35	11.35	1.15	+0.72	+ 708	+ 435
N2841	9 21.10	+51 02.0	SA(r)b:	+ 3	1	1.91	0.33	10.17	0.85	+0.41	+ 652	+ 700
N2903	9 31.41	+21 33.5	SAB(rs)bc	+ 4	2	2.10	0.28	9.56	0.64	+0.05	+ 569	+ 467
N2997	9 45.06	−31 07.7	SAB(rs)c	+ 5	1	1.91	0.10	10.36			+1089	+ 805
N2976	9 46.16	+67 58.8	SAcp	+ 5		1.69	0.29	10.86	0.70		+ 42	+ 175
N3031	9 54.50	+69 07.9	SA(s)ab	+ 2	2	2.41	0.26	7.86	0.93		− 44	+ 95
N3034	9 54.71	+69 44.5	I0 sp	0		2.05	0.39	9.28	0.87		+ 246	+ 388
N3079	10 01.05	+55 44.9	SB(s)c sp	+ 5	3	1.88	0.65	11.27	0.64		+1137	+1212
N3077	10 02.28	+68 47.9	I0p	0		1.66	0.10	10.67	0.80	+0.15	+ 10	+ 148
N3115	10 04.56	− 7 39.2	L0⁻ sp	− 3		1.92	0.42	10.00	0.95	+0.57	+ 698	+ 476
LEO I	10 07.73	+12 22.5	E3	− 5		2.03	0.11	10.81	0.97			
N3166	10 13.05	+ 3 29.6	SAB(rs)0/a	0		1.72	0.29	11.50	0.91		+1381	+1203
N3169	10 13.52	+ 3 32.3	SA(s)ap	+ 1		1.68	0.18	11.30	0.80		+1229	+1051
N3184	10 17.47	+41 29.0	SAB(rs)cd	+ 6	3	1.84	0.01	10.40	0.65		+ 589	+ 593
N3198	10 19.10	+45 37.0	SB(rs)c	+ 5	3	1.92	0.35	10.92	0.54		+ 665	+ 691
I2574	10 27.37	+68 28.9	SAB(s)m	+ 9	8	2.09	0.32	10.84	0.47		+ 46	+ 185
N3338	10 41.42	+13 49.1	SA(s)c	+ 5	3	1.74	0.17	11.34	0.55		+1316	+1191
N3344	10 42.78	+24 59.6	(R)SAB(r)bc	+ 4	3	1.84	0.03	10.51	0.55		+ 585	+ 513
N3351	10 43.25	+11 46.6	SB(r)b	+ 3	3	1.87	0.16	10.54	0.79	+0.20	+ 807	+ 673
N3359	10 45.75	+63 17.7	SB(rs)c	+ 5	3	1.83	0.20	11.02	0.55		+1007	+1124
N3368	10 46.06	+11 53.6	SAB(rs)ab	+ 2		1.85	0.14	10.11	0.86	+0.27	+ 905	+ 773
N3379	10 47.12	+12 39.2	E1	− 5		1.65	0.05	10.20	0.94	+0.52	+ 885	+ 756
N3384	10 47.57	+12 42.1	LB(s)0⁻:	− 3		1.77	0.35	10.91	0.91	+0.46	+ 770	+ 642
N3486	10 59.69	+29 02.8	SAB(r)c	+ 5	3	1.84	0.11	10.93	0.52		+ 720	+ 674
N3521	11 05.13	+ 0 02.4	SAB(rs)bc	+ 4	3	1.98	0.28	9.99	0.84		+ 815	+ 640
N3556	11 10.74	+55 44.8	SB(s)cd sp	+ 6		1.92	0.52	10.71	0.61	−0.01	+ 685	+ 772
N3623	11 18.22	+13 09.9	SAB(rs)a	+ 1	3	2.00	0.48	10.24	0.90	+0.41	+ 780	+ 666
N3627	11 19.54	+13 03.8	SAB(s)b	+ 3	3	1.94	0.30	9.74	0.70	+0.22	+ 697	+ 583

NGC or IC	Right Ascension	Declination	Revised Morphological Type	T	L	Log D_{25}	Log R_{25}	B_T^w	$(B-V)_T$	$(U-B)_T$	V (km/sec)	V_0 (km/sec)
	h m	° ′										
N3628	11 19.57	+13 40.1	Sbp sp	+ 3		2.17	0.61	10.31	0.80		+ 839	+ 728
N3631	11 20.28	+53 14.7	SA(s)c	+ 5	1	1.66	0.05	11.04	0.60		+1167	+1245
N3675	11 25.40	+43 39.7	SA(s)b	+ 3	3	1.77	0.26	11.09			+ 701	+ 735
N3718	11 31.84	+53 08.6	SB(s)ap	+ 1		1.94	0.29	11.21	0.73		+1014	+1095
N3726	11 32.61	+47 06.3	SAB(r)c	+ 5	2	1.78	0.13	10.95	0.51		+ 765	+ 818
N3938	11 52.12	+44 11.8	SA(s)c	+ 5	1	1.73	0.04	10.90	0.52		+ 792	+ 838
N3945	11 52.52	+60 45.1	LB(rs)0$^+$	− 1		1.74	0.18	11.44	0.92		+1220	+1340
N3953	11 53.13	+52 24.3	SB(r)bc	+ 4	1	1.82	0.26	10.81	0.70		+ 959	+1043
N3992	11 56.90	+53 27.1	SB(rs)bc	+ 4	1	1.88	0.19	10.64	0.79		+1059	+1149
N4036	12 00.76	+61 58.3	L0$^-$	− 3		1.65	0.34	11.48	0.90	+0.55	+1382	+1510
N4051	12 02.48	+44 36.5	SAB(rs)bc	+ 4	3	1.70	0.10	10.93	0.67	0.00	+ 674	+ 726
N4088	12 04.90	+50 37.0	SAB(rs)bc	+ 4	2	1.76	0.36	11.14	0.60		+ 742	+ 822
N4096	12 05.34	+47 33.2	SAB(rs)c	+ 5	3	1.81	0.50	11.13	0.44		+ 494	+ 561
N4125	12 07.40	+65 15.1	E6p	− 5		1.71	0.20	10.73	0.88		+1339	+1482
N4151	12 09.84	+39 28.7	(R′)SAB(rs)ab:	+ 2		1.77	0.13	11.12	0.75	0.00	+ 970	+1002
N4192	12 13.12	+14 58.6	SAB(s)ab	+ 2	2	1.98	0.48	10.91	0.79		− 129	− 206
N4214	12 14.97	+36 24.3	IAB(s)m	+10	6	1.90	0.10	10.22	0.46	−0.30	+ 289	+ 309
N4216	12 15.21	+13 13.2	SAB(s)b:	+ 3	3	1.92	0.58	10.97	0.99	+0.55	+ 15	− 69
N4236	12 16.05	+69 32.8	SB(s)dm	+ 8	7	2.27	0.43	10.09	0.40		− 1	+ 160
N4244	12 16.82	+37 53.0	SA(s)cd: sp	+ 6	7	2.21	0.81	10.60	0.44		+ 242	+ 270
N4254	12 18.14	+14 29.5	SA(s)c	+ 5	1	1.73	0.05	10.43	0.58	−0.02	+2400	+2324
N4258	12 18.29	+47 22.8	SAB(s)bc	+ 4		2.26	0.36	9.01	0.68		+ 465	+ 537
N4274	12 19.16	+29 41.1	(R)SB(r)ab	+ 2	4	1.84	0.39	11.30	0.93	+0.41	+ 722	+ 715
N4293	12 20.54	+18 27.6	(R)SB(s)0/a	0		1.78	0.31	11.22			+ 882	+ 825
N4303	12 21.23	+ 4 33.0	SAB(rs)bc	+ 4	1	1.78	0.04	10.17	0.54		+1599	+1483
N4314	12 21.88	+29 58.0	SB(rs)a	+ 1		1.68	0.05	11.32	0.84	+0.30	+ 883	+ 879
N4321	12 22.23	+15 53.9	SAB(s)bc	+ 4	1	1.84	0.05	10.11	0.73		+1610	+1543
N4365	12 23.79	+ 7 23.6	E3	− 5		1.79	0.13	10.51			+1177	+1074
N4374	12 24.37	+12 57.7	E1	− 5		1.70	0.06	10.26	0.97	+0.58	+ 933	+ 854
N4382	12 24.72	+18 15.9	LA(s)0$^+$p	− 1		1.85	0.13	10.09	0.88		+ 773	+ 718
N4395	12 25.14	+33 37.4	SA(s)m:	+ 9	8	2.11	0.07	10.39	0.54		+ 294	+ 307
N4406	12 25.51	+13 01.3	E3	− 5		1.87	0.13	10.07	0.93	+0.52	− 341	− 419
N4429	12 26.75	+11 11.0	LA(r)0$^+$	− 1		1.74	0.33	11.15	0.94	+0.54	+1114	+1029
N4438	12 27.08	+13 05.0	SA(s)0/ap:	0		1.97	0.38	10.91	0.83		+ 259	+ 182
N4442	12 27.38	+ 9 52.6	LB(s)0	− 2		1.66	0.37	11.40	0.92	+0.55	+ 580	+ 490
N4449	12 27.56	+44 10.2	IBm	+10	5	1.71	0.14	9.94	0.41	−0.30	+ 200	+ 262
N4450	12 27.81	+17 09.6	SA(s)ab	+ 2		1.68	0.14	10.93	0.82		+2048	+1990
N4472	12 29.10	+ 8 04.6	E2	− 5		1.95	0.08	9.30	0.94		+ 914	+ 817
N4473	12 29.13	+13 30.3	E5	− 5		1.65	0.24	11.07	0.88	+0.53	+2279	+2205
N4490	12 29.94	+41 42.8	SB(s)dp	+ 7	5	1.77	0.28	10.24	0.44	−0.18	+ 577	+ 629
N4486	12 30.14	+12 28.0	E$^+$0-1p	− 4		1.86	0.03	9.58	0.94	+0.57	+1257	+1180
N4494	12 30.73	+25 51.0	E1-2	− 5		1.68	0.10	10.73	0.89	+0.48	+1307	+1289
N4501	12 31.30	+14 29.6	SA(rs)b	+ 3	1	1.84	0.25	10.27	0.75	+0.25	+2057	+1989
N4517	12 32.07	+ 0 11.2	SA(s)cd: sp	+ 6		2.01	0.73	11.20	0.73		+1128	+1001
N4526	12 33.37	+ 7 46.4	LAB(s)0:	− 2		1.86	0.49	10.61	0.94	+0.54	+ 450	+ 355

BRIGHT GALAXIES, J1986.5

NGC or IC	Right Ascension	Declination	Revised Morphological Type	T	L	Log D_{25}	Log R_{25}	B_T^w	$(B-V)_T$	$(U-B)_T$	V (km/sec)	V_0 (km/sec)
	h m	°										
N4527	12 33.46	+ 2 43.6	SAB(s)bc	+ 4	3	1.80	0.44	11.33	0.88		+1730	+1614
N4535	12 33.65	+ 8 16.5	SAB(s)c	+ 5	1	1.83	0.13	10.52	0.70		+1946	+1853
N4536	12 33.77	+ 2 15.6	SAB(rs)bc	+ 4	3	1.87	0.33	11.01	0.60		+1927	+1810
N4548	12 34.76	+14 34.3	SB(rs)b	+ 3		1.73	0.09	10.98	0.79	+0.30	+ 468	+ 403
N4559	12 35.30	+28 02.0	SAB(rs)cd	+ 6	4	2.02	0.33	10.34	0.45		+ 807	+ 802
N4565	12 35.67	+26 03.6	SA(s)b? sp	+ 3	1	2.21	0.77	10.33	0.83		+1136	+1122
N4569	12 36.15	+13 14.4	SAB(rs)ab	+ 2		1.98	0.31	10.25	0.75	+0.30	− 312	− 382
N4579	12 37.04	+11 53.6	SAB(rs)b	+ 3		1.73	0.09	10.56	0.83	+0.32	+1805	+1730
N4594	12 39.28	−11 33.0	SA(s)a sp	+ 1		1.95	0.34	9.29	0.97		+1128	+ 963
N4605	12 39.40	+61 41.1	SB(s)cp	+ 5		1.74	0.38	10.95			+ 148	+ 286
N4621	12 41.36	+11 43.2	E5	− 5		1.71	0.18	10.80	0.96		+ 414	+ 341
N4631	12 41.46	+32 36.8	SB(s)d sp	+ 7	5	2.18	0.66	9.81	0.54		+ 620	+ 638
N4636	12 42.15	+ 2 45.7	E0-1	− 5		1.79	0.09	10.48	0.94	+0.50	+ 979	+ 869
N4649	12 42.99	+11 37.5	E2	− 5		1.86	0.07	9.82	1.00		+1200	+1128
N4654	12 43.28	+13 12.0	SAB(rs)cd	+ 6	3	1.67	0.20	11.14	0.64	−0.07	+1036	+ 970
N4656	12 43.31	+32 14.5	SB(s)mp	+ 9	7	2.14	0.62	10.86	0.43		+ 645	+ 662
N4697	12 47.90	− 5 43.6	E6	− 5		1.78	0.20	10.20	0.93	+0.39	+1308	+1170
N4725	12 49.79	+25 34.6	SAB(r)abp	+ 2	1	2.04	0.14	9.99	0.74		+1138	+1131
N4736	12 50.25	+41 11.7	(R)SA(r)ab	+ 2	3	2.04	0.08	8.90	0.75	+0.16	+ 269	+ 329
N4754	12 51.61	+11 23.2	LB(r)0⁻:	− 3		1.67	0.26	11.46	0.95	+0.50	+1461	+1393
N4753	12 51.67	− 1 07.6	I0	0		1.73	0.27	10.82	0.95	+0.48	+1255	+1137
N4762	12 52.25	+11 18.2	LB(r)0? sp	− 2		1.94	0.73	11.19	0.90	+0.40	+ 945	+ 878
N4826	12 56.07	+21 45.3	(R)SA(rs)ab	+ 2		1.97	0.24	9.37	0.84	+0.21	+ 397	+ 377
N4856	12 58.62	−14 58.1	SB(s)0/a	0		1.66	0.46	11.48	0.97		+1251	+1088
N4945	13 04.66	−49 23.7	SB(s)cd: sp	+ 6		2.30	0.66	9.63			+ 594	+ 356
N5005	13 10.31	+37 07.8	SAB(rs)bc	+ 4	3	1.73	0.30	10.68	0.82	+0.30	+1015	+1069
N5033	13 12.82	+36 40.2	SA(s)c	+ 5	2	2.02	0.27	10.63	0.54		+ 907	+ 961
N5055	13 15.23	+42 06.2	SA(rs)bc	+ 4	3	2.09	0.21	9.36	0.73		+ 509	+ 587
N5102	13 21.20	−36 33.6	LA0⁻	− 3		1.97	0.43	10.30	0.70	+0.27	+ 454	+ 247
N5128	13 24.67	−42 56.9	L0p	− 2		2.26	0.10	7.83	0.98		+ 541	+ 323
N5194	13 29.30	+47 16.0	SA(s)bcp	+ 4	1	2.04	0.15	9.00	0.60		+ 460	+ 565
N5195	13 29.41	+47 20.5	I0p	0		1.73	0.10	10.52	0.90	+0.40	+ 552	+ 658
N5236	13 36.23	−29 48.0	SAB(s)c	+ 5	2	2.05	0.04	8.21			+ 518	+ 337
N5248	13 36.87	+ 8 57.4	SAB(rs)bc	+ 4	1	1.81	0.12	10.67	0.63	0.00	+1146	+1102
N5247	13 37.33	−17 48.9	SA(s)bc	+ 4	2	1.73	0.06	11.13	0.59	−0.10	+1655	+1511
N5322	13 48.81	+60 15.5	E3-4	− 5		1.74	0.15	10.86	0.88	+0.44	+1902	+2061
N5364	13 55.53	+ 5 04.9	SA(rs)bcp	+ 4	1	1.85	0.15	11.05	0.65		+1393	+1349
N5457	14 02.75	+54 25.1	SAB(rs)cd	+ 6	1	2.43	0.01	8.16	0.46		+ 241	+ 388
N5474	14 04.56	+53 43.7	SA(s)cdp	+ 6	7	1.65	0.03	11.31	0.50		+ 270	+ 416
N5585	14 19.36	+56 47.5	SAB(s)d	+ 7	7	1.74	0.17	11.37	0.50		+ 300	+ 462
N5566	14 19.66	+ 3 59.7	SB(r)ab	+ 2	4	1.81	0.43	11.43	0.86	+0.42	+1518	+1489
N5643	14 31.82	−44 06.9	SAB(rs)c	+ 5	5	1.66	0.05	10.84			+1142	+ 962
N5866	15 06.12	+55 48.9	LA0⁺ sp	− 1		1.72	0.35	10.96	0.85	+0.40	+ 692	+ 874
N5907	15 15.56	+56 22.4	SA(s)c: sp	+ 5	3	2.09	0.84	11.15	0.77		+ 592	+ 780
N5921	15 21.27	+ 5 07.1	SB(r)bc	+ 4	2	1.69	0.07	11.47	0.63	+0.02	+1475	+1503

NGC or IC	Right Ascension	Declination	Revised Morphological Type	T	L	Log D_{25}	Log R_{25}	B_T^w	$(B-V)_T$	$(U-B)_T$	V (km/sec)	V_0 (km/sec)
	h m	° ′										
N6300	17 15.70	−62 48.3	SB(r)b	+ 3		1.73	0.18	11.13			+1140	+ 988
N6384	17 31.75	+ 7 04.3	SAB(r)bc	+ 4	1	1.78	0.15	11.32	0.73		+1660	+1801
N6503	17 49.58	+70 09.0	SA(s)cd	+ 6	5	1.79	0.42	10.94	0.67	+0.05	+ 62	+ 315
N6744	19 08.49	−63 52.8	SAB(r)bc	+ 4	3	2.19	0.18	9.26			+ 644	+ 519
N6822	19 44.19	−14 50.4	IB(s)m	+10	8	2.01	0.03	9.31			− 56	+ 65
N6946	20 34.57	+60 06.6	SAB(rs)cd	+ 6	1	2.04	0.05	9.68	0.80		+ 46	+ 338
N7331	22 36.46	+34 20.9	SA(s)bc	+ 4	2	2.03	0.43	10.39	0.84	+0.25	+ 826	+1105
N7410	22 54.25	−39 44.0	SB(s)a	+ 1		1.74	0.43	11.40	0.92	+0.49	+1638	+1634
I5267	22 56.46	−43 28.2	LA(rs)0:	− 2		1.70	0.09	11.35	0.93	+0.30	+1715	+1691
N7424	22 56.54	−41 08.7	SAB(rs)cd	+ 6	3	1.88	0.05	10.99			+ 862	+ 850
N7582	23 17.65	−42 26.7	(R′)SB(s)ab	+ 2		1.66	0.32	11.47	0.77	+0.16	+1452	+1427
N7640	23 21.47	+40 46.2	SB(s)c	+ 5	3	2.03	0.63	11.44	0.54		+ 369	+ 642
I5332	23 33.74	−36 10.5	SA(s)d	+ 7		1.82	0.11	11.25	0.66	−0.10	+ 702	+ 701
N7793	23 57.14	−32 39.9	SA(s)d	+ 7	6	1.96	0.14	9.64	0.59	−0.10	+ 209	+ 214

```
W–L–M   = A2359−15 = Wolf-Lundmark-Melotte neb. = DDO 221
SMC     = A0051−73 = Small Magellanic Cloud
FORNX   = A0237−34 = Fornax System
LMC     = A0524−69 = Large Magellanic Cloud
HLMII   = A0813+70 = Holmberg II = DDO 50
LEO I   = A1005+12 = Regulus System = DDO 74

NGC  224 = M31    = Andromeda Nebula
NGC  221 = M32
NGC  598 = M33    = Triangulum Nebula
NGC 5194 = M51    = Whirlpool Nebula
NGC 5457 = M101   = Pinwheel Nebula
NGC 4594 = M104   = Sombrero Nebula
NGC 5128          = Centaurus A
```

SELECTED OPEN CLUSTERS, J1986.5

IAU Desig.	Name	R.A.	Dec.	Ang. Diam.	Dist.	Trumpler Class	Tot. Mag.	Spectrum	Mag.*	Log age	Log Fe/H	A_v
		h m	° ′	′	pc							
C0001−302	Blanco 1	0 03.6	−30 01	70	250	IV 3 m		B5	8	7.70		0.30
C0022+610	N0103	0 24.5	+61 16	5	3000	II 1 m	5.8	B3	11	7.58		1.68
C0027+599	N0129	0 29.1	+60 09	12	1600	III 2 m	9.8	B3	11	8.18		1.83
C0029+628	King 14	0 31.1	+63 05	7	2600	III 1 p		B2	10	7.20		1.71
C0036+608	N0189	0 38.8	+61 00	5	1080	III 1 p	11.1	A0		7.30		1.68
C0039+850	N0188	0 43.0	+85 16	15	1550	I 2 r	9.3	F2	10	9.70	−0.06	0.15
C0040+615	N0225	0 42.6	+61 43	15	630	III 1 p	8.9	A2		8.15		0.87
C0112+585	N0436	1 14.8	+58 45	5	2200	I 2 m	9.3	B5	10	7.90		0.47
C0115+580	N0457	1 18.2	+58 16	20	2800	II 3 r	5.1	B2	6	7.40		1.47
C0126+630	N0559	1 28.6	+63 14	7	900	I 1 m	7.4		9	9.10	−1.00	2.81
C0129+604	N0581	1 32.3	+60 38	6	2600	II 2 m	6.9	B2	9	7.35		1.20
C0132+610	Tr 1	1 34.8	+61 13	3	2200	II 2 p	8.9	B2	10	7.41		1.35
C0140+616	N0654	1 43.1	+61 49	6	1600	II 2 r	8.2	B0	10	7.18		2.67
C0140+604	N0659	1 43.3	+60 38	6	2100	I 2 m	7.2	B0	10	7.30		1.82
C0142+610	N0663	1 45.1	+61 11	15	2200	II 3 r	6.4	B1	9	7.35		2.43
C0149+615	I0166	1 51.6	+61 46	8	3300	II 1 r			17	9.20		2.40
C0154+374	N0752	1 57.0	+37 37	75	400	II 2 r	6.6	F0	8	9.04	0.00	0.09
C0155+552	N0744	1 57.5	+55 25	5	1500	III 1 p	7.8	B7	10	7.59		1.20
C0211+590	Stock 2	2 14.0	+59 12	45	320	I 2 m		B8		8.00		1.32
C0215+569	N0869	2 18.1	+57 05	18	2200	I 3 r	4.3	B1	7	6.75		1.68
C0218+568	N0884	2 21.5	+57 03	18	2300	I 3 r	4.4	B1	7	6.50		1.68
C0228+612	I1805	2 31.7	+61 24	20	2100	II 3 m	4.8	O6	9	6.12		2.55
C0233+557	Tr 2	2 36.3	+55 56	17	600	II 2 p	9.0	B9		7.89		0.96
C0238+613	N1027	2 41.6	+61 29	15	1000	II 3 m	7.4	B3	9	8.54		1.02
C0238+425	N1039	2 41.2	+42 43	25	440	II 3 r	5.8	B8	9	8.29		0.15
C0247+602	I1848	2 50.1	+60 23	18	2200	I 3 p	7.0	O7		6.00		1.98
C0311+470	N1245	3 13.7	+47 12	10	2300	II 2 r	7.7	B9	12	9.04	+0.06	0.84
C0318+484	Mel 20	3 21.1	+48 34	300	170	III 3 m	2.3	B1	3	7.71		0.30
C0328+371	N1342	3 30.8	+37 17	17	550	III 2 m	7.2	A1	8	8.48	−0.41	0.84
C0344+239	Pleiades	3 46.2	+24 05	120	125	I 3 r	1.5	B5	3	7.89		0.18
C0403+622	N1502	4 06.5	+62 18	20	950	I 3 m	4.1	B0	7	7.30		2.22
C0411+511	N1528	4 14.4	+51 12	18	800	II 2 m	6.4	B8	10	8.43		0.90
C0417+501	N1545	4 19.9	+50 13	12	800	IV 2 p	4.6	B8	9	8.29		1.08
C0424+157	Hyades	4 26.1	+15 50	330	40	II 3 m	0.8	A2	4	8.82	+0.20	0.00
C0443+189	N1647	4 45.2	+19 03	40	550	II 2 r	6.2	B7	9	8.33		1.17
C0445+108	N1662	4 47.7	+10 55	12	400	II 3 m	8.0	A0	9	8.48	−0.18	1.02
C0447+436	N1664	4 50.1	+43 41	18	1200	III 1 p	7.2	A0	10	8.48		0.75
C0504+369	N1778	5 07.2	+37 02	8	1350	III 2 p	8.5	B6		8.20		0.99
C0509+166	N1817	5 11.3	+16 41	20	1750	IV 2 r	7.8	A0	9	8.90	+0.02	1.05
C0518−685	N1901	5 17.8	−68 28	40	300	III 3 m				8.70		0.18
C0519+333	N1893	5 21.8	+33 23	25	4000	II 3 r	7.8			6.00		1.68
C0524+352	N1907	5 27.1	+35 19	5	1380	I 1 m	10.2	B3	11	8.64	−0.18	1.41
C0525+358	N1912	5 27.8	+35 50	15	1320	II 2 r	6.8	B5	8	8.35	−0.50	0.72
C0532+341	N1960	5 35.2	+34 07	10	1270	I 3 r	6.5	B3	9	7.40		0.66
C0532−054	Trapez	5 34.7	− 5 24	48	450			O6		7.40		

*Magnitude of brightest cluster member.

SELECTED OPEN CLUSTERS, J1986.5

IAU Desig.	Name	R. A.	Dec.	Ang. Diam.	Dist.	Trumpler Class	Tot. Mag.	Spectrum	Mag.*	Log age	Log Fe/H	A_V
		h m	° ′	′	pc							
C0546+336	King 8	5 48.5	+33 38	4	4150	II 2 m		B0	15	9.10		2.58
C0549+325	N2099	5 51.5	+32 33	15	1350	I 2 r	6.2	B9	11	8.48	−0.07	1.02
C0600+104	N2141	6 02.3	+10 26	10	4400	I 2 r	10.8		15	9.60	−0.54	
C0604+241	N2158	6 06.6	+24 06	5	4900	II 3 r	12.1	F0	15	9.51	−0.64	1.29
C0605+139	N2169	6 07.7	+13 58	6	1100	III 3 m	7.0	B1		7.70		0.39
C0605+243	N2168	6 08.0	+24 21	25	870	III 3 r	5.6	B4	8	8.03		0.69
C0606+203	N2175	6 09.0	+20 20	22	1950	III 3 r	6.8	O6	8	6.00		1.20
C0611+128	N2194	6 13.1	+12 48	9	1600	II 2 r	10.0		13	8.90		
C0613−186	N2204	6 15.1	−18 39	10	4450	II 2 r	9.3		13	9.48	−0.38	
C0624−047	N2232	6 25.9	− 4 44	45	400	III 2 p	4.2	B3		7.35		0.03
C0627−312	N2243	6 29.3	−31 17	5	4600	I 2 r	10.5			9.59	−0.54	0.03
C0629+049	N2244	6 31.6	+ 4 52	30	1700	II 3 r	5.2	O5	7	6.48		1.41
C0634+094	Tr 5	6 36.0	+ 9 27	15	2400	III 1 r	10.9		17	9.10		2.10
C0638+099	N2264	6 40.3	+ 9 54	40	750	III 3 m	4.1	O8	5	7.30	−0.15	0.21
C0644−206	N2287	6 46.5	−20 43	40	700	I 3 r	5.0	B5	8	8.29	−0.02	0.00
C0645+411	N2281	6 48.4	+41 05	25	500	I 3 m	7.2	A0	8	8.48	−0.02	0.27
C0649+005	N2301	6 51.1	+ 0 29	15	750	I 3 r	6.3	B	8	8.03		0.13
C0700−082	N2323	7 02.6	− 8 19	15	910	II 3 r	7.2	B8	9	7.89		0.93
C0701+011	N2324	7 03.5	+ 1 05	8	2900	II 2 r	7.9	B9	12	8.82	−0.39	0.18
C0704−100	N2335	7 05.9	−10 03	7	1000	III 2 m	9.3	B9	10	8.20		1.20
C0705−105	N2343	7 07.6	−10 38	6	1000	II 2 p	7.5	A0	8	8.00		0.60
C0706−130	N2345	7 07.7	−13 09	12	1800	II 3 r	8.1	A2	9	7.90		1.80
C0712−102	N2353	7 13.9	−10 17	18	1100	III 3 p	5.2	B0	9	7.10		0.30
C0712−256	N2354	7 13.7	−25 43	18	1850	III 2 r	8.9			8.26		0.42
C0715−155	N2360	7 17.2	−15 36	14	1630	I 3 r	9.1	B8		9.11	−0.12	0.21
C0716−248	N2362	7 18.2	−24 55	6	1550	I 3 r	3.8	O8	8	7.40		0.36
C0717−130	Haf 6	7 19.5	−13 06	7	1100	IV 2 r			16	8.90		0.00
C0722−321	Cr 140	7 23.4	−32 10	30	300	III 3 m	4.2	B3		7.35	−0.10	0.00
C0724−476	Mel 66	7 25.9	−47 42	15	2500	II 1 r	10.7	A0		9.80	−0.49	0.51
C0734−205	N2421	7 35.7	−20 35	8	1900	I 2 r	9.0		11	7.40		1.41
C0734−143	N2422	7 36.0	−14 28	25	480	I 3 m	4.3	B3	5	7.89		0.24
C0734−137	N2423	7 36.5	−13 50	12	870	II 2 m	7.0	B5		8.55	+0.20	0.39
C0735−119	Mel 71	7 36.9	−12 02	8	2800	II 2 r	9.0			8.62	−0.37	0.00
C0735+216	N2420	7 37.7	+21 36	6	2500	I 1 r	10.0		11	9.60	−0.39	0.00
C0738−315	N2439	7 40.3	−31 37	9	1610	II 3 r	7.1	B1	9	7.82		0.75
C0739−147	N2437	7 41.2	−14 47	20	1660	II 2 r	6.6	B9	10	8.48		0.18
C0742−237	N2447	7 44.0	−23 50	10	1100	I 3 r	6.5	B9	9	7.99		0.18
C0743−378	N2451	7 44.9	−37 56	50	260	II 2 m	3.7	B7	6	7.56		0.15
C0750−384	N2477	7 51.8	−38 31	20	1300	I 2 r	5.7		12	8.85	+0.10	0.90
C0752−241	N2482	7 54.3	−24 16	10	800	IV 1 m	8.8			8.60	+0.20	0.12
C0754−299	N2489	7 55.7	−30 02	5	1200	I 2 m	9.3	B8	11	8.38		1.08
C0757−607	N2516	7 58.1	−60 50	22	400	I 3 r	3.3	B3	7	8.03		0.30
C0757−106	N2506	7 59.5	−10 45	12	2200	I 2 r	8.9		11	9.60	−0.54	0.30
C0805−297	N2533	8 06.5	−29 51	6	1700	II 2 r	10.0			8.26		0.78
C0808−126	N2539	8 10.1	−12 48	15	1280	III 2 m	8.0	A0	9	8.82		0.33

*Magnitude of brightest cluster member.

SELECTED OPEN CLUSTERS, J1986.5   H51

IAU Desig.	Name	R. A.	Dec.	Ang. Diam.	Dist.	Trumpler Class	Tot. Mag.	Spectrum	Mag.*	Log age	Log Fe/H	A_V
		h m	° '	'	pc							
C0809−491	N2547	8 10.3	−49 14	25	400	I 3 r	5.0	B3	7	7.87		0.09
C0810−374	N2546	8 11.9	−37 36	70	1000	III 2 m	5.2	B0	7	7.62		0.33
C0811−056	N2548	8 13.1	− 5 46	30	610	I 3 r	5.5	A0	8	8.48		0.18
C0816−295	N2571	8 18.4	−29 42	7	2100	II 3 m	7.4	B8		7.35		0.93
C0837+201	Praesepe	8 39.3	+20 02	70	160	II 3 m	3.9	A0	6	8.82	+0.08	0.00
C0838−528	I2391	8 39.8	−53 01	60	180	II 3 m	2.6	B5	4	7.56		0.12
C0839−480	I2395	8 40.7	−48 09	17	850	II 3 m	4.6	B5		7.20		0.39
C0840−469	N2660	8 41.8	−47 06	3	2100	I 1 r	10.8		13	9.20	+0.08	1.11
C0843−527	N2669	8 44.5	−52 55	20	1000	III 3 m	6.0	B9		7.80		0.57
C0846−423	Tr 10	8 47.3	−42 26	30	420	II 3 m	5.0	B3		7.67		0.15
C0847+120	N2682	8 49.7	+11 52	25	800	II 3 r	7.4	B8	9	9.51	+0.01	0.18
C1001−598	N3114	10 02.3	−60 03	35	900	II 3 r	4.5	B9	9	8.03	−0.07	0.03
C1025−573	I2581	10 26.9	−57 34	5	1660	II 2 p	5.3	B0		7.00		1.29
C1033−579	N3293	10 35.3	−58 09	6	2600	I 3 r	6.2	B0	8	7.00		0.90
C1040−588	Boc 10	10 41.7	−59 04	20		II 3 m				7.40		
C1041−597	Cr 228	10 42.5	−59 56	15	2600		4.9			6.00		1.50
C1041−641	I2602	10 42.7	−64 19	100	150	I 3 r	1.6	B0	3	7.56		0.12
C1041−593	Tr 14	10 43.4	−59 30	5	1660		6.8	O		7.00		1.56
C1042−591	Tr 15	10 44.2	−59 18	15	1500	III 2 p	9.0	O		6.78		1.59
C1043−594	Tr 16	10 44.6	−59 39	10	1700		6.7	O5		7.00		1.47
C1057−600	N3496	10 59.3	−60 16	7	1100	II 1 r	9.2			8.36		1.53
C1104−584	N3532	11 05.9	−58 36	50	410	II 3 r	3.4	B5	8	8.43		0.00
C1108−599	N3572	11 09.9	−60 10	7	2300	II 3 m	4.5	B0	7	7.10		1.50
C1109−600	Cr 240	11 10.7	−60 13	20		III 2 m		B2		6.00		
C1109−604	Tr 18	11 10.9	−60 36	6	2500	II 3 m	8.2	B2		7.40		1.05
C1115−624	I2714	11 17.3	−62 38	15	1200	II 2 r	8.2		10	8.30		1.35
C1117−632	Mel 105	11 18.9	−63 26	5	2100	I 2 r	9.4			7.77		1.14
C1123−429	N3680	11 25.1	−43 10	7	800	I 2 m	8.6		10	9.26	−0.06	0.12
C1133−613	N3766	11 35.5	−61 32	15	1700	I 3 r	4.6	B0	8	7.35		0.54
C1134−627	I2944	11 36.0	−62 57	35	2100	III 3 m	2.8	O6		7.00		1.05
C1148−554	N3960	11 50.2	−55 37	7		I 2 m	8.8			9.00	−0.39	
C1159−629	N4052	12 01.2	−63 07	10	1900	III 2 r	8.8	B3		8.14		0.90
C1204−609	N4103	12 06.0	−61 10	6	1200	I 2 m	7.4	B	10	7.35		0.84
C1221−616	N4349	12 23.7	−61 49	4	1700	II 2 m	8.0	B8	11	8.35		0.72
C1222+263	Coma Ber	12 24.4	+26 11	120	80	III 3 r	2.9	A0	5	8.60	−0.15	0.00
C1232+365	Upgren 1	12 34.4	+36 23	18	140	IV 2 p		F3				0.25
C1239−627	N4609	12 41.5	−62 54	6	1510	II 2 m	4.5	B4	10	7.56		0.90
C1250−600	κ Cru	12 52.8	−60 16	10	2340	I 3 r	5.2	B3	7	6.85		0.93
C1315−623	Stock 16	13 18.2	−62 30	20	2300	III 3 p		O6	10	7.45		1.59
C1327−606	N5168	13 30.3	−60 52	4	1400	I 2 m	11.5	O6		8.20		1.08
C1343−626	N5281	13 45.7	−62 50	8	1300	I 3 m	8.2	O6	10	7.71		0.78
C1350−616	N5316	13 53.0	−61 48	15	1120	II 2 r	8.8	B8	11	8.29	−0.07	0.54
C1404−480	N5460	14 06.7	−48 15	35	500	I 3 m	6.1	B8	9	8.03		0.42
C1420−611	Lyngå 2	14 23.0	−61 20	10	1100	II 3 m		B		7.50		0.57
C1424−594	N5606	14 26.8	−59 35	3	1700	I 3 p	10.0	O6		7.10		1.38

*Magnitude of brightest cluster member.

SELECTED OPEN CLUSTERS, J1986.5

IAU Desig.	Name	R. A.	Dec.	Ang. Diam.	Dist.	Trumpler Class	Tot. Mag.	Spectrum	Mag.*	Log age	Log Fe/H	A_v
		h m	° ′	′	pc							
C1426−605	N5617	14 28.7	−60 40	10	1200	I 3 r	8.5	B3	10	7.66	−0.25	1.53
C1431−563	N5662	14 34.2	−56 30	30		II 3 r	7.7	B8	10	7.80		
C1440+697	Ursa Maj	14 40.8	+69 38		20			A0	2	8.21		0.00
C1445−543	N5749	14 47.9	−54 28	10	900	II 2 m	8.8	B8		7.96		1.23
C1501−541	N5822	15 04.2	−54 18	35	550	II 2 r	6.5	B9	10	8.95	−0.06	0.42
C1502−554	N5823	15 04.7	−55 32	12	700	II 2 r	8.6	F0	13	8.30	−0.30	0.81
C1559−603	N6025	16 02.5	−60 28	15	840	II 3 r	6.0	B3	7	8.03		0.00
C1601−517	Lyngå 6	16 03.8	−51 53	5	1600			B		7.60		3.06
C1603−539	N6031	16 06.6	−54 02	3	3200	I 3 p	12.2	B3		7.34		1.29
C1609−540	N6067	16 12.2	−54 11	15	2100	I 3 r	6.5	B2	10	7.89	−0.13	1.11
C1614−577	N6087	16 17.7	−57 52	15	900	II 2 m	6.0	B5	8	7.74		0.39
C1622−405	N6124	16 24.7	−40 38	40	490	I 3 r	6.3	B8	9	7.71		2.16
C1623−261	Antares	16 25.2	−26 12	505		III 3 p	1.0					
C1624−490	N6134	16 26.7	−49 07	7	790	II 3 m	8.8	B8	11	8.80	+0.14	1.35
C1637−486	N6193	16 40.2	−48 44	15	1350	II 3 p	5.4	O7		6.00		1.56
C1642−469	N6204	16 45.5	−47 00	6	2600	I 3 m	8.4	O6		7.13		1.53
C1645−537	N6208	16 48.4	−53 48	18	1000	III 2 r	9.5			9.00		0.54
C1650−417	N6231	16 53.1	−41 47	15	1800	I 3 p	3.4	O9	6	6.50		1.26
C1652−394	N6242	16 54.7	−39 28	9	1200	I 3 m	8.2	B5		7.71		1.17
C1654−457	N6250	16 57.0	−45 55	10	1020	II 3 r	8.0	B8		7.15		
C1657−446	N6259	16 59.7	−44 39	15	770	II 2 r	8.6	F8	11	8.35	+0.21	1.95
C1714−429	N6322	17 17.5	−42 56	5	1200	I 3 m	6.5	B0		7.00		1.59
C1720−499	I4651	17 23.6	−49 56	10	780	II 2 r	8.0		10	9.38	−0.19	0.33
C1731−325	N6383	17 33.9	−32 33	20	1380	II 3 m	5.4	O7		6.65		0.78
C1732−334	Tr 27	17 35.3	−33 28	7	2100	III 3 m	9.1			7.00		4.20
C1736−321	N6405	17 39.2	−32 12	20	600	II 3 r	4.6	B5	7	7.71		0.51
C1743+057	I4665	17 45.6	+ 5 43	70	430	III 2 m	5.3	B4	6	7.56		0.51
C1747−302	N6451	17 49.8	−30 13	8	570	I 2 r	8.2		12	9.80		0.24
C1750−348	N6475	17 53.0	−34 48	80	240	I 3 r	3.3	B5	7	8.35		0.12
C1753−190	N6494	17 56.0	−19 01	30	660	II 2 r	5.9	B9	10	8.35		0.81
C1800−279	N6520	18 02.5	−27 54	5	1650	I 2 r	7.6	O	9	9.00		0.94
C1801−225	N6531	18 03.8	−22 30	15	1300	I 3 r	7.2	B0	8	6.66		0.90
C1801−243	N6530	18 03.9	−24 20	15	1600	II 2 m	5.1	O5	6	6.30		0.96
C1804−233	N6546	18 06.4	−23 20	15	830	II 1 r	8.2			7.60		
C1815−122	N6604	18 17.3	−12 14	6	700	I 3 m	7.5	O9		6.60		3.00
C1816−138	N6611	18 18.1	−13 47	7	2500	II 3 m	6.5	O7	11	6.74		2.22
C1825+065	N6633	18 27.1	+ 6 33	20	320	III 2 m	5.6	B6	8	8.82	−0.30	0.54
C1828−192	I4725	18 30.9	−19 15	30	580	I 3 m	6.2	B4	8	7.95		1.50
C1834−082	N6664	18 36.0	− 8 14	12	1300	III 2 m	8.5	B3	9	8.16		1.92
C1836+054	I4756	18 38.3	+ 5 26	40	400	II 3 r	5.4	B7	8	8.76	−0.11	0.66
C1840−041	Tr 35	18 42.2	− 4 09	6	1610	I 2 m	10.0	B4		7.62		3.54
C1842−094	N6694	18 44.5	− 9 25	8	1550	II 3 m	9.0	B8	11	7.95		2.22
C1848−052	N6704	18 50.1	− 5 13	6	1810	I 2 m	9.3	B2	12	7.30		3.18
C1848−063	N6705	18 50.4	− 6 17	14	1720	I 2 r	6.1	B8	11	8.35	+0.11	1.14
C1905+041	N6755	19 07.1	+ 4 12	15	1500	II 2 r	8.6	B2	11	7.55		3.55

*Magnitude of brightest cluster member.

SELECTED OPEN CLUSTERS, J1986.5

IAU Desig.	Name	R.A.	Dec.	Ang. Diam.	Dist.	Trumpler Class	Tot. Mag.	Spectrum	Mag.*	Log age	Log Fe/H	A_v
		h m	° ′	′	pc							
C1906+046	N6756	19 08.0	+ 4 40	4	1650	I 1 m	10.6	B3	13	7.67		4.41
C1919+377	N6791	19 20.3	+37 49	10	5100	I 2 r		F2	15	9.80		0.66
C1936+464	N6811	19 37.8	+46 32	15	900	III 1 r	9.0	A3	11	8.73		0.46
C1939+400	N6819	19 40.8	+40 09	5	2200	I 1 r	9.5	A0	11	9.54	−0.16	1.41
C1941+231	N6823	19 42.6	+23 16	7	2700	I 3 m		O7		6.30		2.55
C1948+229	N6830	19 50.5	+23 02	6	1470	II 2 p	8.9	B0	10	8.00		1.74
C1950+292	N6834	19 51.7	+29 23	6	2300	II 2 m	9.7	B2	11	7.90		1.83
C2002+438	N6866	20 03.3	+43 57	15	1200	II 2 r	9.1	A2	10	8.36		0.42
C2004+356	N6871	20 05.4	+35 44	30	1650	II 2 p	5.8	O9		7.00		1.20
C2009+357	N6883	20 10.8	+35 49	35	1380	IV 2 m	8.0	B3		7.17		1.29
C2014+374	I4996	20 16.0	+37 36	7	1620	II 3 p	7.1	B0	8	7.00		2.15
C2021+406	N6910	20 22.6	+40 44	10	1650	I 3 m	7.3	B0		7.00		2.89
C2022+383	N6913	20 23.4	+38 29	10	1250	II 3 m	7.5	B0	9	7.00		2.91
C2030+604	N6939	20 31.1	+60 35	10	1250	II 1 r	10.1	B8		9.26		1.50
C2032+281	N6940	20 34.0	+28 16	25	800	III 2 r	7.2	A2	11	9.04	+0.05	0.75
C2121+461	N7062	21 22.7	+46 19	5	1900	II 2 m	8.3	A1		8.80		1.35
C2122+478	N7067	21 23.7	+47 57	3	3500	II 1 p	8.3	B0		7.10		2.58
C2122+362	N7063	21 23.9	+36 26	9	660	III 1 p	8.9	B8		8.15		0.24
C2130+482	N7092	21 31.7	+48 23	30	270	II 2 m	5.3	A0	7	8.43		0.18
C2144+655	N7142	21 45.6	+65 44	12	1000	I 2 r	10.0	F3	11	9.60	−0.58	0.57
C2151+470	I5146	21 52.9	+47 12	20	1000	III 2 p	8.3	B1		8.36		2.05
C2152+623	N7160	21 53.3	+62 32	5	900	I 3 p	6.4	B2		7.00		1.62
C2203+462	N7209	22 04.7	+46 26	15	900	III 1 m	7.8	A0	9	8.48		0.63
C2210+570	N7235	22 12.1	+57 13	6	3800	II 3 m	9.2	B0		6.30		2.94
C2213+496	N7243	22 14.7	+49 49	30	880	II 2 m	6.7	B6	8	8.03		0.58
C2218+578	N7261	22 19.9	+58 01	6	900	II 3 m	9.8	B2		7.60	−0.70	3.00
C2245+578	N7380	22 46.5	+58 02	20	3600	III 2 m	8.8	O9	10	6.58		1.95
C2306+602	King 19	23 07.7	+60 27	5	1350	III 2 p		B6	12	7.60		2.46
C2309+603	N7510	23 11.0	+60 30	7	3160	II 3 r	9.3	B2	10	7.00		3.30
C2313+602	Mark 50	23 14.7	+60 24	2	2250	III 1 p		B0		7.00		2.58
C2322+613	N7654	23 23.6	+61 31	16	1600	II 2 r	8.2	B7	11	7.55		1.86
C2354+564	N7789	23 56.3	+56 39	25	1900	II 2 r	7.5	B9	10	9.20	−0.35	0.84
C2355+609	N7790	23 57.7	+61 08	5	3200	II 2 m	7.2	B4	10	7.89		1.60

*Magnitude of brightest cluster member.

C0001−302 = ζ Scl Cluster
C0129+604 = M103
C0215+569 = h Per
C0218+568 = χ Per
C0238+425 = M34
C0344+239 = M45
C0525+358 = M38
C0532+341 = M36
C0549+325 = M37
C0605+243 = M35
C0629+049 = Rosette Cluster
C0638+099 = S Mon Cluster
C0644−206 = M41
C0700−082 = M50
C0716−248 = τ CMa Cluster
C0734−143 = M47
C0739−147 = M46
C0742−237 = M93
C0811−056 = M48
C0837+201 = M44 = N2632
C0838−528 = o Vel Cluster
C0847+120 = M67
C1041−641 = θ Car Cluster
C1043−594 = η Car Cluster
C1239−627 = Coal-Sack Cluster
C1250−600 = N4755
C1736−321 = M6
C1750−348 = M7
C1753−190 = M23
C1801−225 = M21
C1816−138 = M16
C1828−192 = M25
C1842−094 = M26
C1848−063 = M11
C2022+383 = M29
C2130+482 = M39
C2322+613 = M52

Boc = Bochum; Cr = Collinder; Haf = Haffner; Mark = Markarian; Mel = Melotte; Tr = Trumpler

GLOBULAR CLUSTERS, J1986.5

IAU Desig.	Name	Right Ascension	Declination	Log d'	V	B−V	U−B	$(m-M)_v$	$E_{(B-V)}$	R	Type	v_r	No. Var.	Remarks
		h m	° '							kpc		km/sec		
C0021−723	N0104	0 23.4	−72 09	1.49	4.03	0.89	0.37	13.16	0.04	4.0	G	− 14.1	30	Xr
C0050−268	N0288	0 52.0	−26 40	1.14	8.10	0.66	0.09	14.70	0.03	8.3	F	− 48.2	2	
C0100−711	N0362	1 02.8	−70 55	1.11	6.58	0.76	0.14	14.90	0.04	9.0	F	+232.4	16	
C0149−447	SW−1	1 50.5	−44 31							100:				
C0310−554	N1261	3 11.9	−55 17	0.84	8.38	0.70	0.14	16.05	0.02	15.8	F	+ 55	14	
C0325+794	Pal 1	3 31.0	+79 35	0.25				20.1	0.12	87.7	F	+ 3	0	
C0353−497	ESO 1	3 54.7	−49 40	0.22						300:				AM−1
C0422−213	SW−2	4 24.2	−21 13					19.2	0.03	69.3	F	− 40.5		
C0435−589	Sersic	4 36.0	−58 52		12.7			18.57	0.02	50.3	F			
C0443+313	Pal 2	4 45.4	+31 27	0.28	13.20	1.9:	1.8:	20.9	1.20	19.1	F	−133		
C0512−400	N1851	5 13.6	−40 03	1.04	7.30	0.78	0.22	15.55	0.07	11.6	F	+318.6	26	Xrb
C0522−245	N1904	5 23.7	−24 31	0.94	8.00	0.63	0.03	15.60	0.01	13.0	F	+185.4	8	M79
C0647−359	N2298	6 48.5	−36 00	0.83	9.40	0.73	0.19	15.60	0.11	11.2	F	+ 44	3	
C0734+390	N2419	7 37.3	+38 55	0.61	10.37	0.66	0.07	19.90	0.03	91.4	F	− 20	41	
C0911−646	N2808	9 11.6	−64 48	1.14	6.30	0.93	0.29	15.60	0.22	9.5	F	+104.1	9	
C0921−770	ESO 3	9 21.2	−77 13	0.30	11.3:			15.45	0.28	8.1			0	
C1003+003	Pal 3	10 04.9	+ 0 07	0.44	14.7:			20.0	0.03	95.7	F	+ 22	1	
C1015−461	N3201	10 17.0	−46 20	0.26	6.75	0.98	0.37	14.15	0.21	5.0	F	+494.0	92	
C1126+292	Pal 4	11 28.5	+29 04	0.33	14.20	0.80		19.85	0.00	93.3	F	+168	2	
C1207+188	N4147	12 09.5	+18 37	0.60	10.26	0.60	0.07	16.25	0.02	17.3	F	+182	16	
C1223−724	N4372	12 25.1	−72 36	1.27	7.80	0.97:	0.32	14.90	0.45	4.9	F	+ 83	2	
C1236−264	N4590	12 38.7	−26 41	1.08	8.20	0.63	0.04	15.00	0.03	9.6	F	−116.5	42	M68
C1256−706	N4833	12 58.4	−70 48	1.13	7.35	0.96	0.28	14.85	0.38	5.3	F	+216.6	24	
C1310+184	N5024	13 12.3	+18 14	1.10	7.72	0.64	0.10	16.34	0.05	17.2	F	− 78.9	47	M53
C1313+179	N5053	13 15.7	+17 45	1.02	9.80	0.64	0.06	16.03	0.03	15.4			11	
C1323−470	N5139	13 26.0	−47 24	1.56	3.65	0.79	0.19	13.92	0.11	5.2	F	+228.3	200	
C1339+286	N5272	13 41.6	+28 27	1.21	6.35	0.69	0.10	15.00	0.01	9.9	F	−147.1	241	M3
C1343−511	N5286	13 45.3	−51 18	0.96	7.62	0.87	0.29	15.60	0.27	8.9	F	+ 48.6	22	
C1353−269	AM−4	13 55.1	−27 07	0.26						200				
C1403+287	N5466	14 04.8	+28 36	1.04	9.10	0.71	0.04	15.96	0.05	14.5	F	+119.9	23	
C1427−057	N5634	14 28.9	− 5 55	0.69	9.57	0.67	0.12	17.15	0.07	24.3	F	− 63	7	
C1436−263	N5694	14 38.8	−26 28	0.56	10.20	0.69	0.07	17.8	0.08	32.3	F	−183.8	0	
C1452−820	I4499	14 58.6	−82 11	0.88	10.60	0.88	0.36:	17.05	0.24	18.0	F		88	
C1500−328	N5824	15 03.1	−33 02	0.79	9.00	0.75	0.15	17.40	0.14	24.6	F	− 58	27	
C1513+000	Pal 5	15 15.4	− 0 03	0.84	11.75	0.70		16.75	0.03	21.4	F		5	
C1514−208	N5897	15 16.6	−20 58	1.10	8.55	0.75	0.08:	15.65	0.06	12.3	F		8	
C1516+022	N5904	15 17.8	+ 2 08	1.24	5.75	0.71	0.12	14.51	0.03	7.6	F	+ 51.9	97	M5
C1524−505	N5927	15 27.0	−50 37	1.08	8.33	1.31	0.84	15.80	0.55	6.4	G	− 78	11	
C1531−504	N5946	15 34.5	−50 37	0.85	9.65:	1.24	0.54	16.6	0.56	9.2	F		7	
C1542−376	N5986	15 45.2	−37 44	0.99	7.12	0.90	0.30	15.90	0.27	10.2	F	− 35	12	
C1608+150	Pal 14	16 10.5	+14 59	0.32				19.2	0.03	66.2	F	+ 81.0		
C1614−228	N6093	16 16.3	−22 57	0.95	7.20	0.85	0.24:	15.22	0.21	8.1	F	+ 12.9	8	M80
C1620−720	N6121	16 22.8	−26 29	1.42	5.93	1.03	0.44	12.75	0.35	2.1	F	+ 64.3	46	M4
C1620−264	N6101	16 24.2	−72 11	1.03	9.30	0.68:	0.10	15.7	0.08	12.3	F		15	
C1624−259	N6144	16 26.4	−26 01	0.97	9.12	1.01	0.45	15.90	0.36	8.9	G		2	
C1624−387	N6139	16 26.8	−38 49	0.74	9.18	1.39	0.73	16.9	0.68	8.8	F	+ 7.6	0	
C1629−129	N6171	16 31.7	−13 02	1.00	8.13	1.14	0.55	14.73	0.37	5.1	G	−147	25	M107
C1639+365	N6205	16 41.2	+36 29	1.22	5.86	0.69	0.03	14.35	0.02	7.2	F	−247.8	15	M13
C1644−018	N6218	16 46.5	− 1 56	1.16	6.60	0.82	0.21	14.30	0.19	5.5	F	− 43.5	2	M12
C1645+476	N6229	16 46.6	+47 33	0.65	9.43	0.71	0.05:	17.50	0.01	31.2	F	−154.2	22	

GLOBULAR CLUSTERS, J1986.5

IAU Desig.	Name	Right Ascension h m	Declination ° ′	Log d′	V	B−V	U−B	$(m-M)_v$	$E_{(B-V)}$	R kpc	Type	v_r km/sec	No. Var.	Remarks
C1650−220	N6235	16 52.6	−22 10	0.70	10.15:	1.04	0.40	16.15	0.38	9.7	F		5	
C1654−040	N6254	16 56.4	− 4 05	1.18	6.57	0.92	0.23	14.05	0.26	4.4	F	+ 70.1	4	M10
C1656−370	N6256	16 58.5	−37 03			1.68	1.04	16.3	(>1)	4?	G			Ter 1
C1657−004	Pal 15	16 59.5	− 0 31	0.92					0.09:				0	
C1658−300	N6266	17 00.4	−30 06	1.15	6.60	1.17	0.52	15.35	0.46	6.0	F	− 60.9	89	M62
C1659−262	N6273	17 01.8	−26 15	1.13	7.15	1.00	0.37	16.35	0.38	10.6	F	+121	7	M19
C1701−246	N6284	17 03.7	−24 44	0.75	8.95	0.95	0.37	15.95	0.27	10.4	F	+ 22	15	
C1702−226	N6287	17 04.3	−22 41	0.71	9.25	1.20:	0.65	15.62	0.36	7.8	G		3	
C1707−265	N6293	17 09.4	−26 33	0.90	8.20:	0.98	0.29	15.54	0.34	7.8	F	− 73	7	
C1711−294	N6304	17 13.7	−29 27	0.83	8.42	1.33	0.85	15.20	0.58	4.7	G	− 98	21	
C1713−280	N6316	17 15.7	−28 07	0.69	9.00:	1.27	0.66	16.9	0.48	11.8	G			
C1715+432	N6341	17 16.7	+43 09	1.05	6.52	0.62	0.00	14.50	0.01	7.8	F	−120.5	15	M92
C1714−237	N6325	17 17.2	−23 44	0.63	10.70	1.54:	0.88:	16.7	0.80	6.7	F			
C1716−184	N6333	17 18.3	−18 30	0.97	7.93	0.94	0.30	15.49	0.36	7.4	F	+224.7	13	M9
C1718−195	N6342	17 20.4	−19 34	0.47	9.9:	1.29	0.73	17.1	0.49	12.8	G			
C1720−177	N6356	17 22.8	−17 48	0.86	8.40	1.11	0.60	16.77	0.28	15.0	G	+ 31.6	10	
C1720−263	N6355	17 23.2	−26 21	0.70	9.6:	1.46	0.76	16.6	0.76	6.8	F			
C1721−484	N6352	17 24.4	−48 27	0.85	6.52	1.06	0.63	14.25	0.25	4.9	G		5	
C1724−307	Ter 2	17 26.6	−30 48	0.17										Xrb
C1725−050	N6366	17 27.0	− 5 04	0.92	10.0:	1.47	0.98	14.80	0.65	3.5	G		2	
C1727−315	Ter 4	17 29.8	−31 35	0.00										
C1727−299	HP 1	17 30.2	−29 59	0.46									15	
C1726−670	N6362	17 30.4	−67 03	1.03	8.30	0.85	0.28	14.70	0.12	7.3	F		33	
C1728−336	Gr 1	17 31.0	−33 50											Xrb
C1730−333	Lil 1	17 32.5	−33 23											Xrb
C1731−390	N6380	17 34.5	−39 03	0.59									1	Ton 1
C1732−304	Ter 1	17 34.9	−30 27	0.44										HP 2
C1733−390	Ton 2	17 35.2	−38 32	0.53									2	
C1732−447	N6388	17 35.3	−44 44	0.94	6.85	1.17	0.66	16.40	0.32	11.9	G	+ 83.8	12	
C1735−032	N6402	17 36.9	− 3 15	1.07	7.56	1.28	0.64	16.90	0.58	10.2	F	−123.4	93	M14
C1735−238	N6401	17 37.7	−23 54	0.75	9.5:	1.58	0.89	16.4	0.79	5.9	G		3	
C1736−536	N6397	17 39.8	−53 40	1.41	5.65	0.75	0.15	12.30	0.18	2.2	F	+ 19.0	3	
C1740−262	Pal 6	17 42.9	−26 13	0.86				18.5	1.8	3.5	F		0	
C1742+031	N6426	17 44.2	+ 3 11	0.50	11.20	1.03	0.34	17.4	0.40	16.7	F		13	
C1745−247	Ter 5	17 47.2	−24 47	0.32:		2.77	2.1:		1.8:				2	Xrb
C1746−203	N6440	17 48.1	−20 22	0.73	9.65	1.98	1.51	18.00	1.11	7.8	G	− 84		Xrb
C1746−370	N6441	17 49.3	−37 03	0.89	7.42	1.28	0.83	16.20	0.45	9.0	G	+ 13.9	10	Xrb
C1747−312	Ter 6	17 49.9	−31 17	0.07										HP 5
C1748−346	N6453	17 50.4	−34 38	0.54	9.9:	1.28:	0.65:	17.1	0.67	9.8	F		0	
C1755−442	N6496	17 58.2	−44 14	0.84	9.2	0.93	0.42:	14.0	0.07	5.7	G		0	
C1758−268	Ter 9	18 01.0	−26 52											
C1759−089	N6517	18 01.1	− 8 57	0.63	10.30:	1.79	0.94	17.4	1.14	5.6	F			
C1800−300	N6522	18 02.7	−30 02	0.75	8.60	1.22	0.67	15.65	0.50	6.5	F	+ 8	10	
C1801−003	N6535	18 03.2	− 0 18	0.56	10.60:	0.97	0.31	15.2	0.36	6.5	F		2	
C1801−300	N6528	18 03.9	−30 04	0.57	9.50	1.45	1.10	15.85	0.65	5.7	G	+101	0	
C1802−075	N6539	18 04.1	− 7 35	0.84	9.6:	1.89	1.10:	16.0	1.22	2.6	F		1	
C1804−250	N6544	18 06.5	−25 01	0.95	8.25	1.36	0.67:	15.2	0.63	4.3	F	− 12.0		
C1804−437	N6541	18 07.0	−43 44	1.12	6.64	0.77	0.14	14.60	0.13	6.9	F	−152.8	1	
C1806−259	N6553	18 08.6	−25 56	0.91	8.25	1.62	1.24	16.05	0.79	5.1	G	− 32.6	18	
C1807−317	N6558	18 09.4	−31 47	0.57		1.09	0.48:	15.8	0.40	8.0	G		9	

GLOBULAR CLUSTERS, J1986.5

IAU Desig.	Name	Right Ascension	Declination	Log d'	V	$B-V$	$U-B$	$(m-M)_V$	$E_{(B-V)}$	R	Type	v_r	No. Var.	Remarks
		h m	° ′							kpc		km/sec		
C1808−072	I1276	18 10.0	− 7 14	0.85		1.74	1.0:	17.6	0.92	8.5	G		5	
C1809−227	Ter 11	18 11.8	−22 45											
C1810−318	N6569	18 12.8	−31 49	0.76	8.70	1.34	0.63	16.2	0.63	6.9	G		5	
C1814−522	N6584	18 17.5	−52 13	0.90	9.18	0.79	0.17	16.2	0.11	14.8	F	+180	48	
C1820−303	N6624	18 22.8	−30 22	0.77	8.32	1.10	0.57	15.15	0.25	7.4	G	+ 69	5	Xrb
C1821−249	N6626	18 23.7	−24 52	1.05	6.93	1.10	0.45	15.01	0.33	6.2	F	+ 1.8	24	M28
C1827−255	N6638	18 30.2	−25 30	0.70	9.15	1.16	0.58	15.3	0.36	6.8	G	− 14	45	
C1828−323	N6637	18 30.5	−32 21	0.85	7.70	0.99	0.50	15.30	0.17	8.9	G	+ 50.1	8	M69
C1828−235	N6642	18 31.0	−23 28	0.65		1.08	0.50:	14.6	0.36	4.9	G	− 90		
C1832−330	N6652	18 34.9	−33 00	0.55	8.91	0.92	0.39	15.8	0.11	12.3	G	−124.2	0	
C1833−239	N6656	18 35.5	−23 56	1.38	5.10	0.99	0.30	13.60	0.35	3.1	F	−152.5	32	M22
C1838−198	Pal 8	18 40.7	−19 50	0.67	11.70	1.19	0.69:	18.6	0.40	28.8	G			
C1840−323	N6681	18 42.4	−32 19	0.89	8.08	0.71	0.14	15.40	0.07	10.8	F	+198	2	M70
C1850−087	N6712	18 52.3	− 8 44	0.86	8.21	1.16	0.56	15.21	0.35	6.6	G	−123.9	21	Xrb
C1851−305	N6715	18 54.2	−30 29	0.96	7.70	0.85	0.24	17.11	0.14	21.5	F	+131.0	80	M54
C1852−227	N6717	18 54.3	−22 44	0.59		0.93	0.37	15.1	0.25	7.2	G		1	Pal 9
C1856−367	N6723	18 58.7	−36 39	1.04	7.32	0.75	0.24	14.58	0.03	7.9	G	+ 35	31	
C1902+017	N6749	19 04.3	+ 1 45	0.80	8.6	1.76:	0.74:		1.40	10.0				
C1906−600	N6752	19 09.6	−60 00	1.31	5.40	0.65	0.07	13.20	0.03	4.2	F	− 32.2	2	
C1908+009	N6760	19 10.5	+ 1 01	0.82	9.10	1.66	1.00:	15.9	0.91	4.0	F		4	
C1914+300	N6779	19 16.0	+30 09	0.85	8.25	0.86	0.18	15.60	0.22	9.5	F	−138.1	12	M56
C1914−347	Ter 7	19 16.8	−34 41						0.12:					
C1916+184	Pal 10	19 17.6	+18 32	0.54					1.00	14.5	F		2	
C1925−304	Arp 2	19 27.9	−30 22	0.57					0.11:					
C1936−310	N6809	19 39.2	−30 58	1.28	6.95	0.69	0.10	13.80	0.07	5.2	F	+166.6	7	M55
C1942−081	Pal 11	19 44.6	− 8 04	0.50				16.1	0.35	9.9	G	− 68	0	
C1951+186	N6838	19 53.1	+18 45	0.86	8.30	1.13	0.54	13.55	0.28	3.4	G	− 19.3	5	M71
C2003−220	N6864	20 05.4	−21 58	0.78	8.55	0.87	0.28	16.85	0.17	18.2	F	−195.2	14	M75
C2031+072	N6934	20 33.5	+ 7 22	0.77	8.88	0.74	0.19	16.20	0.12	14.6	F	−379	51	
C2050−127	N6981	20 52.7	−12 36	0.77	9.35	0.72	0.13	16.25	0.03	17.0	F	−278	40	M72
C2059+160	N7006	21 00.8	+16 09	0.45	10.60	0.74	0.17	18.12	0.13	34.7	F	−384.8	71	
C2127+119	N7078	21 29.4	+12 07	1.09	6.35	0.68	0.06	15.26	0.12	9.4	F	−112.1	112	M15,Xr
C2130−010	N7089	21 32.8	− 0 53	1.11	6.50	0.67	0.08	15.45	0.06	11.3	F	− 6.1	21	M2
C2137−234	N7099	21 39.6	−23 15	1.04	7.50	0.58	0.03	14.60	0.01	8.2	F	−172.3	12	M30
C2143−214	Pal 12	21 45.7	−21 18	0.46	12.16	0.90	0.29:	16.20	0.02	16.9	G	+ 9	0	
C2304+124	Pal 13	23 06.0	+12 40	0.25	14.50	0.69:	−.14:	17.10	0.05	24.4	F	− 28	4	
C2305−159	N7492	23 07.6	−15 42	0.79	11.50	0.48	0.17:	16.40	0.00	19.1	F	−188.5	4	

AM = Arp-Madore
ESO = European Southern Obs.
Gr = Grindlay
HP = Haute Provence
Lil = Liller
Pal = Palomar
SW = Schuster-West
Ter = Terzan
Ton = Tonantzintla
N0104 = 47 Tucanae
N5139 = Omega Centauri
Sersic = Reticulum cluster
SW-2 = Eridanus cluster

RADIO SOURCE POSITIONS, J2000.0

IAU Designation	Name	Right Ascension	Declination	S_{5GHz}
		h m s	° ′ ″	Jy
0003−066		0 06 13.895	− 6 23 35.34	1.5
0016+731		0 19 45.787	73 27 30.07	1.7
0019−000	4C+00.02	0 22 25.43	0 14 56.2	1.1
0022−423		0 24 42.992	−42 02 03.58	1.5
0026+346		0 29 14.241	34 56 32.24	1.2
0056−001	4C−00.06	0 59 05.5143	0 06 51.74	1.4
0107+562	4C+56.02	1 10 57.559	56 32 16.93	0.8
0112−017		1 15 17.094	− 1 27 04.58	0.9
0116+319	4C+31.04	1 19 35.001	32 10 50.03	1.5
0119+041		1 21 56.861	4 22 24.72	1.1
0133+476		1 36 58.5954	47 51 29.114	2.0
0135−247		1 37 38.346	−24 30 53.82	0.7
0138−097		1 41 25.831	− 9 28 43.68	1.2
0146+056		1 49 22.38	5 55 53.5	0.9
0149+218		1 52 18.06	22 07 07.8	1.4
0153+744		1 57 34.976	74 42 43.26	1.1
0202+319		2 05 04.926	32 12 30.05	1.2
0202−172		2 04 57.675	−17 01 19.79	1.2
0212+735		2 17 30.8211	73 49 32.639	2.2
0235+164		2 38 38.928	16 36 59.19	1.4
0237−233		2 40 08.1770	−23 09 15.862	0.9
0256+075		2 59 27.08	7 47 39.6	0.8
0300+470	4C+47.08	3 03 35.2427	47 16 16.293	0.0
0316+161	3C83.1	3 18 57.804	16 28 32.68	2.9
0316+413	3C84	3 19 48.1614	41 30 42.115	56.0
0319+121		3 21 53.101	12 21 14.02	1.1
0332−403		3 34 13.654	−40 08 25.41	1.5
0333+321	4C+32.14	3 36 30.108	32 18 29.350	2.4
0336−019		3 39 30.938	− 1 46 35.859	2.6
0400+258		4 03 05.578	26 00 01.51	1.2
0414−189		4 16 36.546	−18 51 08.28	1.3
0420−014		4 23 15.8016	− 1 20 33.02	3.1
0428+205		4 31 03.753	20 37 34.25	2.3
0430+052	3C120	4 33 11.0959	5 21 15.601	3.3
0438−436		4 40 17.1795	−43 33 08.62	3.9
0440−003		4 42 38.6615	− 0 17 43.43	1.5
0454+844		5 08 42.335	84 32 04.56	1.6
0457+024		4 59 52.048	2 29 31.06	1.2
0458−020	4C−02.19	5 01 12.81	− 1 59 13.8	1.9
0528−250		5 30 07.965	−25 03 29.81	0.8
0552+398		5 55 30.806	39 48 49.16	4.7
0600+442		6 04 29.144	41 13 58.9	0.7
0607−157		6 09 40.9493	−15 42 40.68	2.4
0609+607		6 14 23.859	60 46 21.81	1.1
0615+820		6 26 03.00	82 02 25.64	1.0

RADIO SOURCE POSITIONS, J2000.0

IAU Designation	Name	Right Ascension	Declination	S_{5GHz}
		h m s	° ′ ″	Jy
0642+449		6 46 32.016	44 51 16.61	0.7
0710+439		7 13 38.19	43 49 17.0	1.6
0711+356		7 14 24.8194	35 34 39.777	1.2
0716+714		7 21 53.449	71 20 36.44	1.1
0727−115		7 30 19.1129	−11 41 12.616	3.0
0733−174		7 35 45.815	−17 35 48.40	1.9
0735+178		7 38 07.3945	17 42 18.993	2.1
0736+017		7 39 18.032	1 37 04.64	2.2
0738+313		7 41 10.7040	31 12 00.230	1.6
0742+103		7 45 33.0601	10 11 12.681	3.6
0748+126		7 50 52.043	12 31 04.70	1.5
0804+499		8 08 39.664	49 50 36.55	1.1
0814+425		8 18 16.0002	42 22 45.424	1.6
0823+033		8 25 50.333	3 09 24.45	1.0
0826−373		8 28 04.7811	−37 31 06.27	1.8
0828+493		8 32 23.217	49 13 21.02	1.5
0831+557	4C+55.16	8 34 54.9044	55 34 21.074	5.5
0833+585		8 37 22.406	58 25 01.88	1.2
0836+710	4C+71.4	8 41 24.367	70 53 42.206	2.5
0839+187		8 42 05.094	18 35 40.97	1.0
0851+202	3C287	8 54 48.8757	20 06 30.628	2.8
0859−140		9 02 16.8317	−14 15 30.895	2.1
0906+015	4C+01.24	9 09 10.11	1 21 34.8	1.4
0917+624		9 21 36.236	62 15 52.14	1.2
0919−260		9 21 29.356	−26 18 43.37	2.1
0923+392	4C+39.25	9 27 03.0149	39 02 20.849	7.6
0941−080		9 43 36.946	− 8 19 30.86	1.0
0954+658		9 58 47.248	65 33 54.813	0.6
1015−314		10 18 09.274	−31 44 14.11	1.3
1030+415		10 33 03.708	41 16 06.17	0.6
1031+567		10 35 07.047	56 28 46.77	1.2
1032−199		10 35 02.156	−20 11 34.35	0.9
1034−293		10 37 16.086	−29 34 02.79	1.9
1039+811		10 44 23.086	80 54 39.45	0.8
1117+146	4C+14.41	11 20 27.806	14 20 54.93	1.1
1127−145		11 30 07.053	−14 49 27.400	4.7
1145−071		11 47 51.558	− 7 24 41.17	1.0
1148−001	4C−00.47	11 50 43.8713	− 0 23 54.219	1.9
1150+812		11 53 12.516	80 58 29.09	1.2
1155+251		11 58 25.793	24 50 17.93	0.9
1213+350	4C+35.28	12 15 55.599	34 48 15.09	0.9
1216+487		12 19 06.421	48 29 56.09	1.0
1219+285		12 21 31.693	28 13 58.43	2.0
1226+023		12 29 06.700	2 03 08.581	45.8
1237−101		12 39 43.066	−10 23 28.76	1.0

IAU Designation	Name	Right Ascension	Declination	S_{5GHz}
		h m s	° ′ ″	Jy
1243−072		12 46 04.235	− 7 30 46.63	1.4
1245−197		12 48 23.8997	−19 59 18.70	2.3
1252+119		12 54 38.254	11 41 05.85	1.0
1255−316		12 57 59.071	−31 55 17.0	1.0
1302−102		13 05 33.018	−10 33 19.5	1.0
1308+326		13 10 28.66	32 20 43.7	2.5
1311+678	4C+67.22	13 13 27.985	67 35 50.368	0.9
1323+321	4C+32.44	13 26 16.514	31 54 09.40	2.3
1328+254	3C287	13 30 37.691	25 09 10.85	3.2
1328+304	3C286	13 31 08.2889	30 30 32.927	7.4
1334−127		13 37 39.784	−12 57 24.710	1.9
1345+125	4C+12.50	13 47 33.358	12 17 24.20	2.7
1354−152		13 57 11.241	−15 27 28.75	1.5
1354+195	4C+19.44	13 57 04.435	19 19 07.37	1.8
1358+624		14 00 28.650	62 10 38.53	1.7
1404+286		14 07 00.394	28 27 14.67	3.0
1418+546		14 19 46.594	54 23 14.72	0.7
1435+638		14 36 45.800	63 36 37.86	0.9
1442+101		14 45 16.462	9 58 36.03	1.1
1502+106	4C+10.39	15 04 24.9800	10 29 39.169	2.1
1504−166		15 07 04.788	−16 52 30.15	2.4
1511+238	4C+23.41	15 13 40.186	23 38 35.19	0.8
1514−241		15 17 41.819	−24 22 19.35	2.4
1519−273		15 22 37.683	−27 30 10.62	2.0
1546+027		15 49 29.436	2 37 01.14	1.3
1547+507		15 49 17.469	50 38 05.769	0.7
1555+001		15 57 51.4337	− 0 01 50.425	1.2
1600+355		16 02 07.262	33 26 53.08	2.1
1607+268		16 09 13.318	26 41 29.0	1.7
1611+343		16 13 41.065	34 12 47.907	2.2
1624+416	4C+41.32	16 25 57.669	41 34 40.58	1.1
1633+382	4C+38.41	16 35 15.494	38 08 04.47	1.9
1637+574		16 38 13.461	57 20 23.9	1.6
1638+124	4C+12.60	16 40 47.932	12 20 02.13	1.0
1638+398	MK501	16 40 29.633	39 46 46.02	0.8
1641+399	3C345	16 42 58.8084	39 48 36.965	7.8
1652+398	4C+39.49	16 53 52.23	39 45 36.5	1.2
1732+389		17 34 20.576	38 57 51.41	1.3
1739+522	4C+51.37	17 40 36.99	52 11 43.5	1.9
1741−038		17 43 58.8578	− 3 50 04.635	2.2
1748−253		17 51 51.263	−25 23 59.80	0.5
1749+701		17 48 32.841	70 05 50.760	1.2
1749+096		17 51 32.815	9 39 00.70	1.6
1751+441		17 53 22.650	44 09 45.68	0.8
1803+784		18 00 45.668	78 28 04.02	2.5

IAU Designation	Name	Right Ascension	Declination	S_{5GHz}
		h m s	° ′ ″	Jy
1821+107		18 24 02.849	10 44 23.77	1.1
1921−293		19 24 51.0577	−29 14 30.17	6.8
1928+738	4C+73.18	19 27 48.4908	73 58 01.557	3.0
1933−400		19 37 16.209	−39 58 00.9	0.7
1947+079		19 50 05.538	8 07 13.93	1.2
1958−179		20 00 57.091	−17 48 57.67	1.2
2007+776		20 05 31.002	77 52 43.22	1.0
2021+614		20 22 06.681	61 36 58.802	2.3
2106−413		21 09 33.183	−41 10 20.47	2.2
2113+293		21 15 29.42	29 33 38.2	0.8
2128+048	3CR433	21 30 32.873	5 02 17.47	2.1
2128−123		21 31 35.261	−12 07 04.76	2.4
2131−021	4C−02.81	21 34 10.303	− 1 53 17.27	1.9
2134+004		21 36 38.5851	0 41 54.22	10.3
2136+141		21 39 01.302	14 23 36.00	1.2
2144+092		21 47 10.159	9 29 46.65	0.7
2145+067	4C+06.65	21 48 05.458	6 57 38.614	2.5
2149+056		21 51 37.868	5 52 12.93	1.0
2150+173		21 52 24.813	17 34 37.81	0.7
2200+420		22 02 43.2903	42 16 39.982	2.4
2203−188		22 06 10.413	−18 35 38.76	4.1
2210−257		22 13 02.497	−25 29 30.17	0.9
2216−038	4C−03.79	22 18 52.034	− 3 35 36.91	3.2
2227−088		22 29 40.082	− 8 32 54.44	1.2
2227−399		22 30 40.271	−39 42 52.03	0.6
2230+114	4C+11.69	22 32 36.4089	11 43 50.905	3.6
2234+282		22 36 22.467	28 28 57.40	1.3
2243−123		22 46 18.232	−12 06 51.276	2.4
2245−328		22 48 38.687	−32 35 51.88	1.8
2251+158	3C454.3	22 53 57.748	16 08 53.561	10.2
2254+074		22 57 17.302	7 43 12.28	0.5
2255−282		22 58 05.86	−27 58 23.04	1.6
2318+049		23 20 44.853	5 13 49.96	0.8
2319+272		23 21 59.861	27 32 46.41	0.8
2328+107		23 30 40.851	11 00 18.69	1.1
2329−162		23 31 38.654	−15 56 56.98	0.9
2331−240		23 33 55.28	−23 43 41.9	1.0
2337+264		23 40 29.0281	26 41 56.829	0.8
2344+092		23 46 36.837	9 30 45.51	1.9
2345−167		23 48 02.6089	−16 31 12.037	2.7
2351+456		23 54 21.68	45 53 04.2	1.2
2352+495		23 55 09.458	49 50 08.30	1.6

RADIO FLUX CALIBRATORS, J2000.0

Source	Right Ascension			Declination			S_{400}	S_{750}	S_{1400}	S_{1665}	S_{2700}	S_{5000}
	h	m	s	°	′	″	Jy	Jy	Jy	Jy	Jy	Jy
3C48 [e]	1	37	41.244	+33	09	35.40	39.4	25.6	15.9	13.9	9.20	5.24
3C123	4	37	04.3	+29	40	15	119.2	77.7	48.7	42.4	28.5	16.5
3C147 [e,g]	5	42	36.073	+49	51	07.23	48.2	33.9	22.4	19.8	13.6	7.98
3C161	6	27	12.0	− 4	10	39	41.2	28.9	19.0	16.8	11.4	6.62
3C218	9	18	07.3	−10	19	33	134.6	76.0	43.1	36.8	23.7	13.5
3C227	9	47	46.4	+ 7	25	12	20.3	12.1	7.21	6.25	4.19	2.52
3C249.1	11	04	11.4	+76	59	01	6.1	4.0	2.48	2.14	1.40	0.77
3C274 [f]	12	30	49.5	+12	23	21	625	365	214	184	122	71.9
3C286 [e]	13	31	08.289	+30	30	32.93	25.1	19.7	14.8	13.6	10.5	7.30
3C295	14	11	20.6	+52	12	09	54.1	36.3	22.3	19.2	12.2	6.36
3C348	16	51	08.2	+04	59	26	168.1	86.8	45.0	37.5	22.6	11.8
3C353	17	20	29.4	− 0	57	02	131.1	88.2	57.3	50.5	35.0	21.2
DR 21	20	39	01.1	+42	19	45	—	—	—	—	—	—
NGC7027 [d]	21	07	01.5	+42	14	10	—	—	1.35	1.65	3.5	5.7

Source	S_{8000}	S_{10700}	S_{15000}	S_{22235}	Spec.	Ident.	Polarization (at 5 GHz)	Angular Size (at 1.4 GHz)
	Jy	Jy	Jy	Jy			%	″
3C48 [e]	3.31	2.46	1.72	1.11	C−	QSS	5	<1
3C123	10.6	7.94	5.63	3.71	C−	GAL	2	20
3C147 [e,g]	5.10	3.80	2.65	1.71	C−	QSS	<1	<1
3C161	4.18	3.09	2.14	—	C−	GAL	5	<3
3C218	8.81	6.77	—	—	S	GAL	1	core 25, halo 200
3C227	1.71	1.34	1.02	0.73	S	GAL	7	180
3C249.1	0.47	0.34	0.23	—	S	QSS	—	15
3C274 [f]	48.1	37.5	28.1	—	S	GAL	1	halo 400 [a]
3C286 [e]	5.38	4.40	3.44	2.55	C−	QSS	11	<5
3C295	3.65	2.53	1.61	0.92	C−	GAL	0.1	4
3C348	7.19	5.30	—	—	S	GAL	8	115 [b]
3C353	14.2	10.9	—	—	C−	GAL	5	150
DR 21	21.6	20.8	20.0	19.0	Th	HII	—	20 [c]
NGC7027 [d]	—	6.43	6.16	5.86	Th	PN	<1	10

a) Halo has steep spectral index, so for λ≤6 cm, more than 90% of the flux is in the core. Spectrum curves positively above 20 GHz.
b) Angular distance between the two components.
c) Angular size at 2 cm, but consists of 5 smaller components.
d) Data up to 5 GHz are the direct measurements, not calculated from fit.
e) Suitable for calibration of interferometers and synthesis telescopes.
f) Virgo A.
g) Indications of time variability above 5 GHz.

H62 SELECTED IDENTIFIED X-RAY SOURCES, J1986.5

Designation Discovery	4U	Right Ascension	Declination	Flux [1]	Mag [2]	Identified Counterpart	Type
		h m s	° ′ ″				
4U0005+20	0005+20	0 05 37.9	+20 07 41	5	14.0*	Mkn 335	G
Oep XR−1	0022+63	0 24 30	+64 04.0	16		Tycho's SNR	R
		0 28 31.7	+13 11 36		14.8	PG0026+129	Q
3U0026−09	0037−10	0 41 09.4	− 9 22.1	5	15.7	Abell 85	C
2U0022+42	0037+39	0 42 00	+41 11.7	4	4.8	M31	G
		0 48 03.3	+31 53 00		15.5*	Mkn 348	G
		0 52 52.5	+12 37 13		14.3*	I Zw 1	G
		0 59 08.6	+31 45 18		15.0*	Mkn 352	G
		1 02 31	+ 2 17.2		16.0	UMT301	Q
SMC X−1	0115−73	1 16 42	−73 31.0	66	13.2	Sanduleak 160	S
		1 21 18.4	− 1 06 38		15.1*	II Zw 1	G
2A0120−591	0106−59	1 23 14.9	−58 52 34	6	13.2	Fairall 9	G
		1 35 40.1	+20 53 20		18.1V	3CR47	Q
		2 13 51.7	− 0 49 53		14.5*	Mkn 590	G
		2 18	+62 35			HB3	R
4U0223+31	0223+31	2 27 27.2	+31 15 09	6	13.9*	NGC 931	G
4U0241+62	0241+62	2 43 53.4	+62 24 43	6	16.4		Q
GX146−15	0253+41	2 53.6	+41 32	9	14.5	NGC 1129	G+C
2U0528+13	0254+13	2 58.2	+13 32		15.6	Abell 401	C
2A0311−227		3 13 37.0	−22 38 41		14.8*		S
Per XR−1	0316+41	3 18.9	+41 26	86	12.7	NGC 1275	G+C
H0324+28		3 25 45.9	+28 40 11		6.5V	UX Ari	S
4U0336+01	0336+01	3 36 05.7	+ 0 32 39	180	6.0	HR 1099	S
2A0335+096	0344+11	3 37.1	+10 03	3	12.2	Zwo335.1+0956	C
H0349+17		3 49 38	+17 13.0		9.2V	V471 Tau	S
2U0352+30	0352+30	3 54 32.2	+31 00 25	55	6.4V	X Per	S
2U0410+10	0410+10	4 12 40.6	+10 26 11	6	17.4	Abell 478	C
H0405−08		4 14 39.0	− 7 40 24		4.4	40 Eri	S
H0415+38	0407+37?	4 17 27.0	+37 59 39	5	18.0	3C111	G
	0432+05	4 32 28.0	+ 5 19 35	5	14.2	3C120	G
2A0431−136		4 33.0	−13 16		15.3	Abell 496	C
		4 35 43.8	−10 24 11		14.5*	Mkn 618	G
H0457+46		5 00	+46 33			HB 9	R
MX0513−40	0513−40	5 13 40.8	−40 03 24	33	8.1	NGC 1851	A
H0523−00		5 15 30.0	− 0 09 52		14.6*	Akn 120	G
LMC X−2	0520−72	5 20 42.4	−71 58 22	29	17		S
		5 25 09	−69 39 11			N132D	R
		5 25 24	−65 59 50			(N49)	R
		5 25 58	−66 05 59			N49	R
2A0526−328		5 28 55.6	−32 49 39		13.5		S
		5 32 10	−71 01 08			N206	R
LMC X−4	0532−66	5 32 48	−66 22 46	7	14.0		S
Tau XR−1	0531+21	5 33 43	+22 00 21	1730	8.4	Crab Nebula	R+P
		5 34 26	−70 33 47			DEM 238	R
		5 35 42	−66 02 36			N63A	R

SELECTED IDENTIFIED X-RAY SOURCES, J1986.5 H63

Designation Discovery	4U	Right Ascension	Declination	Flux [1]	Mag [2]	Identified Counterpart	Type
		h m s	° ′ ″				
A0538−66		5 35 45.1	−66 50 33		12.8V		S
		5 36 23.9	−70 39 22			DEM 249	R
		5 37 54	−69 10 26			N157B	R
A0535+26	0538+26	5 38 04.2	+26 18 32	4	9.1	HDE 245770	S
LMC X−3	0538−64	5 38 51.9	−64 05 26	46	16.9		S
		5 40 18.5	−69 20 12			N158A	R
		5 45 29.8	−32 18 40		5.2	Mµ Col	S
		5 47 17	−69 42 39			N135	R
3U0545−32	0543−31	5 50 10.4	−32 16 33	7	16.1	PKS0548−322	G
2S0549−074		5 51 32.2	− 7 27 36		14.0	NGC 2110	G
MX0600+46	0558+46	5 53 53.4	+46 26 19	5	14.5	MCG 8−11−11	G
		6 14 54	+28 34.7		11.3V	KR Aur	S
2U0613+09	0614+09	6 16 22.8	+ 9 08 19	220	18.5		S
2U0601+21	0617+23	6 16.5	+22 33	6		IC 443	R
A0620−00		6 22 03	− 0 20 17		16.4V	V616 Mon	T
4U0720+55	0720+55	7 20 26	+55 47.9	5	13.6	Abell 576	C
		7 35 48.5	+55 48 11		14.5*	Mkn 9	G
		7 41 24.6	+65 12 38		15.0*	Mkn 78	G
		7 54 18	+22 02.4		8.8V	U Gem	S
		7 54 30.8	+39 13 23		15.5*	Mkn 382	G
	0821−42	8 22 33	−42 59.1	14		Puppis A	R
Vela XR−2	0833−45	8 34 53	−45 07 46	17	20.0	PSR0833−45	R+P
		8 50 07.2	+15 25 18		17.7	LB8755	Q
Vela XR−1	0900−40	9 01 36	−40 30 04	450	6.7	HD 77581	S
3U0901−09	0900−09	9 08.2	− 9 36	9	15.2	Abell 754	C
		10 30 49.1	+28 51 11		16.6	Ton 524A	G
		10 44 32.1	−59 36 47		6.6V	η Car	S+H
A1044−59	1053−58	10 46	−59 35	5		G287.8−0.5	R
2A1052+606		10 54 53.1	+60 32 30		8.8	SAO 015338	S
		11 03.0	+28 57		15.2	IC 3510	G
A1103+38		11 03 42.4	+38 16 54		13.5*	Mkn 421	G
Cen XR−3	1118−60	11 20 40	−60 33 01	360	13.3		S
H1122−59		11 23.9	−59 22			MSH 11−54	R
		11 24 51.4	+54 27 27		16.0*	Mkn 40	G
A1136−37	1136−37	11 38 21.6	−37 39 49	5	12.8*	NGC 3783	G
2U1134−61	1137−65	11 38 51.6	−65 19 23	17	5.1	HD 101379	S
2U1144+19	1143+19	11 44 02	+19 49.5	5	13.5	Abell 1367	G+C
Cen X−5	1145−61	11 47 21	−62 07 54	130	9.2	HD 102567	S
		12 04 00.8	+27 58 42		15.5V	GQ Com	Q
2U1207+39	1206+39	12 09 51	+39 28.7	8	11.2*	NGC 4511	G
H1209−52		12 11.5	−52 54			PKS1209−52	R
		12 17 45.7	+29 53 18		14.0*	Mkn 766	G
		12 21 09.0	+75 23 06		14.5	Mkn 205	Q
		12 24 22	+12 57.7		9.3	M84	G
		12 25.2	+12 44		12.7*	NGC 4388	G

H64 SELECTED IDENTIFIED X-RAY SOURCES, J1986.5

Designation Discovery	4U	Right Ascension	Declination	Flux [1]	Mag [2]	Identified Counterpart	Type
		h m s	° ′ ″				
		12 25 31	+13 01.3		9.7	M86	G
GX301−2	1223−62	12 25 51	−62 41 44	73	10.0	Wray 977	S
		12 26.5	+ 9 30		12.5	NGC 4424	G
		12 27 05	+13 05.0		11.3*	NGC 4438	G
		12 27 44.6	+31 33 06		15.9	B2 1225+317	Q
		12 28.3	+14 03		12.0	NGC 4459	G
	1226+02	12 28 25.2	+ 2 07 37	5	13.0	3C273	Q
1E1227.0+1403		12 28 52.8	+13 50 55		17.4		Q
		12 29 08	+13 30.3		11.6*	NGC 4473	G
		12 29.4	+13 43		11.5	NGC 4477	G
Vir XR−1	1228+12	12 30 08	+12 28.0	40	9.2	M87	G+C
		12 33 35	+11 09		15.2	IC 3510	G
		12 34 52.7	−39 50 06		12.9	NGC 4507	G
4U1240−05	1240−05	12 38.9	− 5 16	4	12.0	NGC 4593	G
2U1247−41	1246−41	12 48.1	−41 14	9	12.4*	NGC 4696	G+C
2U1253−28	1249−28	12 51 40	−29 11 11	8	11.5V	EX Hya	S
Coma XR−1	1257+28	12 59.3	+27 59.6	27	10.7	Coma Cluster	C
GX304−1	1258−61	13 00 25.9	−61 31 40	100	14.7		S
MX1313+29		13 15.7	+29 10		12.5*	HZ 43	S
	1322−42	13 24 40	−42 56.9	15	7.2*	Cen A	G
4U1326+11	1326+11	13 28.7	+11 49	4	14.2	NGC 5171	G+C
2U1348+24	1348+25	13 48 14.8	+26 39.5	8	16.0	Abell 1795	C
2A1347−300		13 48 33.0	−30 14 36		12.8*	IC 4329A	G+C
		13 52 51.7	+63 49 43		14.8	PG1351+640	Q
		14 11 11.5	+52 15 57		20.5	3C295	C
TWX−1	1410−03	14 12.6	− 3 08	3	13.6*	NGC 5506	G
2A1415+255	1414+25	14 17 23.0	+25 11 54	6	13.1*	NGC 5548	G
		14 28 48	−62 37.4		12.4V	Proxima Cen	S
		14 34 23.9	+48 43 17		16.5*	Mkn 474	G
Cen XR−4		14 57 32.7	−31 36 54		19.0		T
	1458−41	15 01 29	−41 40.7	4	19.9	SN 1006	R
GX9+50		15 10.3	+ 5 49		16.0	Abell 2029	C
Cir XR−1	1516−56	15 19 38.0	−57 07 07	1300	22.5*		S
2A1519+082		15 21 11.8	+ 7 45 16		15.5	NGC 5920	G+C
		15 26 07.1	+10 01 55		18.0	4C10.43	Q
A1524−61		15 27 08.6	−61 50 12		19.0	Nova TrA 1974	T
		15 35 35.1	+57 56 51		15.0*	Mkn 290	G
2U1537−52	1538−52	15 41 22.5	−52 20 37	33	14.5		S
		15 54 32.0	+19 14 00		15.0*	Mkn 291	G
		15 55 16	−37 53 46		12.0	Thé 12	S
3U1555+27		15 57.7	+27 16		16.0	Abell 2142	C
3U1551+15	1601+15	16 01 37.0	+16 03 27	6	13.8	Abell 2147	G+C
		16 04 20.6	+23 57 16		15.0	NGC 6051	G+C
MX1608−52	1608−52	16 11 40.6	−52 23 21	73	21		S
H1615−51		16 16 34.0	−51 00 28			RCW 103	R

SELECTED IDENTIFIED X-RAY SOURCES, J1986.5

Designation Discovery	4U	Right Ascension h m s	Declination ° ′ ″	Flux [1]	Mag [2]	Identified Counterpart	Type
Sco XR−1	1617−15	16 19 08.8	−15 36 28	31000	12.4V	V818 Sco	S
3U1639+40	1627+39	16 28.2	+39 33	7	13.9	Abell 2199	C
2U1626−67	1626−67	16 30 54.5	−67 25 59	33	18.5		S
2A1630+057		16 32.1	+ 5 36		17.1	Abell 2204	C
2U1637−53	1636−53	16 39 49.9	−53 23 30	460	17.5	V801 Ara	S
Ara XR−1	1642−45	16 44 51	−45 36	820		G339.6−0.1	H
4U1651+39	1651+39	16 53 25.2	+39 46 55	4	13.5*	Mkn 501	G
Her X−1	1656+35	16 57 21	+35 21 44	180	13.0V	HZ Her	S
		17 00 36.3	+29 25 40		17.0*	Mkn	G
2U1700−37	1700−37	17 03 02	−37 49 32	180	6.7	HD 153919	S
2U1706+78	1707+78	17 04 40.2	+78 39.5	7	15.3	Abell 2256	C
H1705−25		17 07 24.8	−25 04 28		21*	Nova Oph 1977	T
		17 22 07.9	+24 37 03		16.4V	V396 Her	Q
		17 22 09.3	+30 53 31		15.5*	Mkn 506	G
4U1722−30	1722−30	17 26 40.8	−30 47 30	13	17	Terzan 2	A
		17 29.8	−21 28.5		19	Kepler's SNR	R
GX9+9	1728−16	17 30 57.1	−16 57 11	470	16.6		S
GX1+4	1728−24	17 31 12.3	−24 44 20	110	18.7V		S
MXB1730−335		17 32 31	−33 22 48		17.5		A
GX346−7	1735−44	17 37 58.8	−44 26 33	380	17.5	V926 Sco	S
		17 48 42.7	+68 42 14		16.0*	Mkn 507	G
L10	1746−37	17 49 17.6	−37 02 51	73	8.4*	NGC 6441	A
2U1808+50	1813+50	18 15 53.2	+49 51 44	10	12.3	AM Her	S
Sgr XR−4	1820−30	18 22 48.3	−30 22 05	580	8.6*	NGC 6624	A
H1832+32		18 34 33.4	+32 41 06		14.7	3C382	G
Ser XR−1	1837+04	18 39 17.5	+ 5 01 31	510	15.1		S
2U1828+81	1847+78	18 43 06	+79 45 24	5	15.0	3C390.3	G
A1850−08	1850−08	18 52 20.1	− 8 43 23	16	8.9	NGC 6712	A
4U1849−31	1849−31	18 54 11	−31 11.0	7	14.7V	V1223 Sgr	S
2U1907+02	1901+08?	18 55 27	+ 1 17.9	160		Westerhout 44	R
	1907+09	19 08 59.9	+ 9 48 27	36	16.4		S
Aql XR−1	1908+80	19 10 34.7	+ 0 33 44	360	16.0	V1333 Aql	S
A1909+04	1908+05	19 11 09.6	+ 4 57 36	7	14.2V	SS433	S
2A1914−589	1924−59	19 20 04.9	−58 41 46	4	14.1	ESO 141−G55	G
2U1926+43	1919+44	19 20 48	+43 54.8	7	15.4	Abell 2319	C
		19 32	+31 15			G65.2+6.7	R
H1938+16		19 41 34	+17 03.9		14.7V	UU Sge	S
Cyg XR−1	1956+35	19 57 51.1	+35 09 52	2100	8.9	HDE 226868	S
3U1956+11	1957+11	19 58 45.7	+11 40 16	32	18.7		S
2U1957+40	1957+40	19 59 00	+40 42	7	16.2	Cyg A	C
1E2014.1+3702		20 15 33.4	+37 09 36			G74.9+1.2	R
Cyg X−3	2030+40	20 31 57	+40 54 42	700			S
2A2040−115		20 43 25.7	−10 46 21		13.0*	Mkn 509	G
Vul XR−1?	2046+31?	20 51 16	+31 01	3		Cygnus Loop	R
2U2134+11	2129+12	21 29 19.3	+12 06 26	8	6.0	M15=NGC 7078	A

H66 SELECTED IDENTIFIED X-RAY SOURCES, J1986.5

Designation Discovery	4U	Right Ascension	Declination	Flux [1]	Mag [2]	Identified Counterpart	Type
		h m s	° ′ ″				
2U2130+47	2129+47	21 30 56.5	+47 13 49	36	16.2V		S
		21 42 11	+43 31.3		8.2V	SS Cyg	S
Cyg XR−2	2142+38	21 44 08	+38 15 33	1000	15.5V		S
2A2151−316		21 58 04.8	−30 17 25		17.0	PKS2155−304	G
H2208−47		22 08.5	−47 14		11.8	NGC 7213	G
		22 16 32.3	+14 10 27		15.5*	Mkn 304	G
2S2251−178		22 53 22.7	−17 39 14		17.0	MR2251−178	Q
GF2259+586		23 00 33.9	+58 48 24		15.0	G109.1−1.0	R+S
2A2259+085	2300+08	23 02 34.9	+ 8 48 06	5	13.0*	NGC 7469	G
		23 03 23.1	+22 33 02		15.0*	Mkn 315	G
2A2302−088	2305−07	23 04 01.3	− 8 45 30	4	13.9	MCG−2−58−22	G
2A2315−428		23 17 39	−42 26.7		11.8	NGC 7582	G
Gas XR−1	2321+58	23 22 49	+58 44	97	19.6	Cas A	R
3U2346+26	2345+27	23 50 20	+27 04.8	4	13.8	Abell 2666	C
4U2351+06	2351+06	23 55 20.5	+ 7 26 52	7	15.5*	Mkn 541	G

[1] (2-6) kev flux, units are 10^{-11} ergs cm^{-2} s^{-1}.
[2] V mag. unless followed by *, then B mag.
V, magnitude is variable.

Type Designation: A—Globular Cluster
C—Cluster of Galaxies
G—Galaxy
H—HII Region
P—Pulsar
Q—Quasi-Stellar Object
R—Supernova Remnant
S—Stellar
T—Transient (Nova-like optically).

SELECTIONS OF VARIABLE STARS, 1986·5

RR LYRAE VARIABLES

Name	Right Ascension	Declination	Magnitude Max.	Magnitude Min.	Period	Spectral Type
	h m s	° ′			d	
SW And	0 23 01	+29 19·6	9·14	10·09	0·442 279 456	A7 III—F8 III
XZ Cet	1 59 37	−16 24·8	8·5	9·2	0·451	A
SS For	2 07 15	−26 55·7	9·45	10·60	0·495 432	A3—G0
X Ari	3 07 47	+10 23·8	8·97	9·91	0·651 152	A8—F4
AR Per	4 16 19	+47 22·1	9·93	10·80	0·425 549 4	A8—F6
AD CMi	7 52 05	+ 1 38·0	9·08	9·38	0·122 974	F0 III—F3 III
AI Vel	8 13 38	−44 32·1	6·4	7·13	0·111 573 96	A2p—F2p
SU Dra	11 37 12	+67 24·4	9·25	10·24	0·660 418 88	F0—F7
SV Hya	12 29 49	−25 58·4	9·78	11·00	0·478 543 95	F0—F8
RS Boo	14 32 59	+31 48·8	9·69	10·84	0·377 338 96	A7—F5
VY Ser	15 30 21	+ 1 43·7	9·74	10·44	0·714 093 84	F2—F6
UV Oct	16 29 13	−83 53·4	8·92	9·79	0·542 625	A6—F6
V703 Sco	17 41 24	−32 31·1	7·82	8·50	0·115 217 896	F0—F5
MT Tel	19 01 14	−46 40·2	8·68	9·28	0·316 897	A0
RR Lyr	19 25 02	+42 45·6	7·06	8·12	0·566 830	A8—F7
DX Del	20 46 50	+12 24·7	9·53	10·26	0·472 616 73	A9—F6
RS Gru	21 42 12	−48 15·1	7·93	8·49	0·147 011 21	A6—F0
DH Peg	22 14 45	+ 6 45·1	9·27	9·78	0·255 498	A1—A7
BS Aqr	23 48 04	− 8 13·3	9·39	10·00	0·197 822 776	A8—F3

LONG-PERIOD CEPHEID VARIABLES

Name	Right Ascension	Declination	Magnitude Max.	Magnitude Min.	Period	Spectral Type
	h m s	° ′			d	
α UMi	2 17 26	+89 12·2	1·92	2·07	4	F7 Ib—F8 Ib
RX Cam	4 03 51	+58 37·4	7·30	8·07	8	F6 Ib—G1
ζ Gem	7 03 19	+20 35·4	3·66	4·16	10	F7 Ib—G3 Ib
X Pup	7 32 11	−20 52·8	7·82	9·24	26	F6—G2
T Vel	8 37 15	−47 18·9	7·70	8·34	5	F6—F9
U Car	10 57 16	−59 39·6	5·72	6·94	39	F6 Ib—G7
R Mus	12 41 15	−69 20·0	5·93	6·73	7	F6—G2
V Cen	14 31 35	−56 49·7	6·43	7·21	5	F6—G0
RV Sco	16 57 26	−33 35·3	6·61	7·49	6	F5—G1
Y Oph	17 51 55	− 6 08·5	5·92	6·38	17	F8 Ib—G3 Ib
W Sgr	18 04 10	−29 34·9	4·30	5·08	8	F4—G1
η Aql	19 51 47	+ 0 58·2	3·50	4·30	7	F6 Ib—G4 Ib
X Cyg	20 42 52	+35 32·3	5·87	6·86	16	F7 Ib—G8 Ib
δ Cep	22 28 40	+58 20·7	3·48	4·34	5	F5 Ib—G1 Ib

SELECTIONS OF VARIABLE STARS, 1986·5

MIRA CETI VARIABLES

Name	Right Ascension	Declination	Magnitude Max.	Magnitude Min.	Period	Spectral Type
	h m s	° ′			d	
S Scl	0 14 42	−32 07·2	5·5	13·6	365	M3e—M8e
R Psc	1 29 57	+ 2 48·7	7·1	14·8	344	M3e—M6e
o Cet	2 18 40	− 3 02·2	2·0	10·1	332	gM5e—M9e
R Per	3 29 11	+35 37·5	8·1	14·8	210	M2e—M5e
R Cae	4 40 02	−38 15·7	6·7	13·7	391	M6e
R Aur	5 16 12	+53 34·3	6·7	13·7	458	gM6·5e—M9e
R Oct	5 30 07	−86 24·0	6·4	13·2	406	M5·5e
V Mon	6 22 03	− 2 11·3	6·0	13·7	334	M5e—M8e(Se)
R Gem	7 06 33	+22 43·5	6·0	14·0	370	S2, 9e—S8, 9e
S Pyx	9 04 29	−25 02·1	8·0	14·2	206	M3e—M5e
S Sex	10 34 15	− 0 16·3	8·2	13·6	261	M3e—M5e
R UMa	10 43 42	+68 50·8	6·7	13·4	302	M3e—M9e
R Crv	12 18 56	−19 10·8	6·7	14·4	317	M4·5e—M9e
R Cen	14 15 36	−59 51·1	5·3	11·8	546	M4e—M8 IIe
R Boo	14 36 36	+26 47·6	6·2	13·0	223	M3e—M8e
R Dra	16 32 38	+66 46·9	6·7	13·0	245	M5e—M9e
R Oph	17 06 59	−16 04·5	7·0	13·8	303	M4e—M6e
R Pav	18 11 36	−63 37·2	7·5	13·8	230	M4e—M5e
R Aql	19 05 43	+ 8 12·6	5·7	12·0	291	M5e—9e
S Cep	21 35 25	+78 33·9	7·4	12·9	487	N8e(C7, 4e)
S Lac	22 28 25	+40 14·8	7·6	13·9	242	M5e—M8e
R Peg	23 05 59	+10 28·2	6·9	13·8	378	M6e—M9e

SEMI-REGULAR VARIABLES

Name	Right Ascension	Declination	Magnitude Max.	Magnitude Min.	Period	Spectral Type
	h m s	° ′			d	
AC Scl	0 55 39	−25 37·6	7·92	8·26	47	M4 III
ψ Phe	1 53 07	−46 22·0	4·3	4·5	30	M4 III
W Tri	2 40 41	+34 27·5	8·5	9·7	108	M5 II
UX Hyi	3 49 00	−69 55·2	9·6	11·7	600	M2
DM Eri	4 39 51	−19 41·8	4·28	4·36	30	gM4
RV Col	5 35 13	−30 50·2	9·3	10·3	106	G5
α Ori	5 54 27	+ 7 24·3	0·40	1·3	2335	M2e Iab
S Lep	6 05 12	−24 11·6	7·1	8·9	90	M6
BC CMi	7 51 25	+ 3 18·9	6·14	6·42	35	gM4
BP Cnc	8 25 59	+12 42·1	5·41	5·75	40	M3 III
U Pyx	8 29 19	−30 16·7	8·6	9·4	345	K5
DF Leo	9 22 46	+ 7 46·3	6·74	6·95	70	gM4
RT Sex	10 11 39	−10 15·3	8·0	8·5	96	M6
RY UMa	12 19 49	+61 23·1	6·68	8·5	311	M2—3e III
V UMi	13 38 26	+74 22·7	8·8	9·9	72	M5 III
ET Vir	14 10 06	−16 14·3	4·80	5·00	80	gM3
Z Ser	15 15 21	+ 2 13·1	9·4	10·9	87	M5
R Lyr	18 54 56	+43 55·6	3·88	5·0	46	M5 III
V450 Aql	19 33 06	+ 5 26·2	6·30	6·65	40	M5—M5·5 III
X Sge	20 04 29	+20 36·5	7·0	8·36	196	N(C5, 5)
TW Peg	22 03 22	+28 16·9	7·0	9·2	956	M6—M7
ε Oct	22 18 34	−80 30·5	4·96	5·36	55	M6 III

SELECTIONS OF VARIABLE STARS, 1986·5

IRREGULAR VARIABLES

Name	Right Ascension h m s	Declination ° ′	Magnitude Max.	Magnitude Min.	Spectral Type
SW Cet	1 37 48	+ 1 17·6	9·8	10·9	gM7
Ψ^1 Aur	6 23 52	+49 17·7	6·6	7·2	K5—M0 Iab-Ib
VW Gem	6 41 17	+31 28·1	8·1	8·5	C3, 9
W CMa	7 07 26	−11 54·1	8·7	9·7	N(C6, 3)
UV Cnc	8 38 00	+21 12·5	9	10·5	M4
RT UMa	9 17 28	+51 27·5	8·6	9·6	C4, 4
RR Ant	9 35 07	−39 50·6	9·4	10·9	Mc
UV Boo	14 21 56	+25 36·7	8·5	9·2	F5 V
T Lyr	18 31 52	+36 59·3	7·8	9·6	R6($C5_3$)
T Cyg	20 46 38	+34 19·4	5·0	5·5	K3 III
RW Cep	22 22 36	+55 53·7	8·6	10·5	G8—M0; Ia—0
TZ Cas	23 52 16	+60 55·7	8·86	10·5	M2 Iab

OTHER TYPES OF VARIABLES

Type	Name	Right Ascension h m s	Declination ° ′	Magnitude Max.	Magnitude Min.	Period d	Spectral Type
α CVn	CG And	0 00 02	+45 10·7	6·32	6·42	3·739 75	A0 Vp
δ Sct	AI Scl	1 12 08	−37 55·6	5·93	5·98	0·05	A7 III
δ Sct	UV Ari	2 44 13	+12 23·4	5·18	5·22	0·06	A7 IV
α CVn	V396 Per	3 31 11	+47 58·8	5·45	5·53	2·476 1	B8 IIIp
α CVn	DO Eri	3 54 39	−12 08·3	5·97	6·00	12·448	Ap
δ Sct	o^1 Eri	4 11 12	− 6 52·4	4·00	4·05	0·081 5	F2 II—III
RVa Tau	TW Cam	4 19 41	+57 24·6	8·98	10·27	87·48	F8 Ib—G8 Ib
β Cep	β CMa	6 22 07	−17 56·9	1·93	2·00	0·250 0225	B1 II—III
δ Sct	V571 Mon	7 10 42	− 0 16·7	5·43	5·50	0·099 9081	A8n
δ Sct	ρ Pup	8 06 59	−24 15·9	2·68	2·78	0·140 88143	F6 IIp
RV Tau	RU Cen	12 08 42	−45 21·0	8·7	10·7	64·727	A7 Ib—G pe
β Cep	β Cru	12 46 55	−59 36·9	1·23	1·31	0·236 5072	B0·5 III—IV
α CVn	ε UMa	12 53 25	+56 01·9	1·76	1·79	5·088 7	A0 Vp
δ Sct	κ^2 Boo	14 12 59	+51 51·1	4·50	4·54	0·066 82	A8 IV
α CVn	β CrB	15 27 17	+29 09·0	3·65	3·69	18·487	A7—F0 IIIp
δ Sct	δ Ser	15 34 09	+10 34·9	4·20	4·25	0·134	F0 IV
β Cep	σ Sco	16 20 22	−25 33·7	2·94	3·06	0·246 8406	B1 III
RVa Tau	R Sct	18 46 45	− 5 43·2	4·45	8·20	140·05	G0e Ia—K0p Ib
δ Sct	ρ^1 Sgr	19 20 53	−17 52·4	3·90	3·93	0·050	F0 IV—V
RVb Tau	R Sge	20 13 27	+16 41·1	9·46	11·46	70·594	G0 Ib—G8 Ib
α CVn	θ^1 Mic	21 19 54	−40 52·0	4·77	4·87	2·121 9	A2 p
β Cep	β Cep	21 28 29	+70 30·1	3·16	3·27	0·190 4881	B2 III eV
α CVn	κ Psc	23 26 15	+ 1 10·9	4·91	4·96	0·580 5	A2p

QUASARS

Name	Right Ascension h m s	Declination ° ′ ″	V	B − V	Red shift z	$\log_{10} F_v$	Spectral Index
3C 2	0 05 41	− 0 08 55	19·35	+0·79	1·037	−25·18	+0·69
3C 9	0 19 43	+15 36 25	18·21	+0·23	2·012	−25·21	+1·03
3C 47	1 35 40	+20 53 26	18·10	+0·05	0·425	−25·00	+0·94
3C 48	1 36 55	+33 05 29	16·20	+0·42	0·367	−24·54	+0·70
PKS 0403 − 13	4 04 56	−13 10 24	17·17	+0·22	0·571	−25·22	+0·4
3C 138	5 20 23	+16 37 36	18·84	+0·53	0·759	−24·99	+0·50
3C 147	5 41 33	+49 50 46	17·80	+0·65	0·545	−24·48	+0·63
3C 191	8 04 04	+10 17 43	18·40	+0·25	1·952	−25·37	+0·98
3C 215	9 05 47	+16 49 28	18·27	+0·21	0·411	−25·39	+1·00
3C 245	10 42 02	+12 07 47	17·27	+0·46	1·029	−25·34	+0·67
3C 249·1	11 03 13	+77 03 21	15·72	−0·02	0·311	−25·29	+0·77
PKS 1127 − 14	11 29 27	−14 44 59	16·90	+0·27	1·187	−25·19	−0·1
3C 270·1	12 19 54	+33 47 41	18·61	+0·19	1·519	−25·29	+0·83
3C 273	12 28 25	+ 2 07 37	12·80	+0·21	0·158	−24·27	+0·11
3C 275·1	12 43 17	+16 27 20	19·00	+0·23	0·557	−25·16	+0·87
3C 277·1	12 51 51	+56 38 44	17·93	−0·17	0·320	−25·29	+0·66
3C 323·1	15 47 08	+20 54 45	16·69	+0·11	0·264	−25·32	+0·71
3C 345	16 42 32	+39 50 06	15·96	+0·29	0·594	−25·21	+0·14
3C 351	17 04 31	+60 45 35	15·28	+0·13	0·371	−25·22	+0·72
3C 454·3	22 53 18	+16 04 34	16·10	+0·47	0·859	−25·06	−0·15

PULSARS

Name	Right Ascension h m s	Declination ° ′ ″	Galactic Long. °	Lat. °	Period P(1969) s	$\dot{P}$ ns/d	Epoch of Period 244	Log τ y	Distance pc
PSR 0329 + 54	3 31 58	+54 32 00	145·0	− 1·2	0·714 5187	0·177	0621·50	6·74	2300
PSR 0531 + 21	5 33 43	+22 00 22	184·6	− 5·8	0·033 1340	36·499	1351·3894	3·09	2000
PSR 0655 + 64	6 59 20	+64 19 22	151·6	+25·2	0·195 6709	0·130	3987·43	6·31	280
PSR 0809 + 74	8 13 24	+74 31 36	140·0	+31·6	1·292 2413	0·014	0689·47	8·09	170
PSR 0820 + 02	8 22 28	+ 2 01 51	222·0	+21·2	0·864 8728	0·009	3419·3472	8·14	790
PSR 0833 − 45	8 34 53	−45 07 46	263·6	− 2·8	0·089 2473	10·773	3892·2341	4·05	500
PSR 0834 + 06	8 36 23	+ 6 13 05	219·7	+26·3	1·273 7642	0·587	1708·00	6·47	430
PSR 0950 + 08	9 52 26	+ 7 59 26	228·9	+43·7	0·253 0651	0·020	1501·00	7·24	90
PSR 1133 + 16	11 35 21	+15 55 34	241·9	+69·2	1·187 9115	0·323	1665·00	6·70	150
PSR 1508 + 55	15 09 04	+55 34 38	91·3	+52·3	0·739 6779	0·435	0625·96	6·37	730
PSR 1749 − 28	17 52 08	−28 06 29	1·5	− 1·0	0·562 5532	0·705	0128·19	6·04	1000
PSR 1913 + 16	19 14 51	+16 05 00	50·0	+ 2·1	0·059 0300	0·001	2321·4332	8·03	5200
PSR 1919 + 21	19 21 10	+21 51 28	55·8	+ 3·5	1·337 3012	0·116	0689·95	7·20	330
PSR 1933 + 16	19 35 11	+16 14 51	52·4	− 2·1	0·358 7362	0·519	2265·00	5·98	6000
PSR 1937 + 21	19 39 04	+21 33 05	57·5	− 0·3	0·001 5577	2·592	5237·5	2·92	>2000
PSR 2016 + 28	20 17 30	+28 37 21	68·1	− 4·0	0·557 9534	0·013	0689·00	7·77	1300
PSR 2045 − 16	20 47 50	−16 19 46	30·5	−33·1	1·961 5669	0·947	0695·01	6·45	380
PSR 2327 − 20	23 29 44	−20 09 59	49·4	−70·2	1·643 6197	0·400	3556·8157	6·75	290

The following pulsars are members of binary systems: PSR 0655+64, PSR 0820+62, PSR 1913+16.

OBSERVATORIES, 1986

CONTENTS OF SECTION J

Explanatory notes.. J1
Index List J2
General List
    Optical Observatories.. J7
    Radio Observatories... J16

Pages J7-J17 contain as complete a list as possible of optical and radio observatories that are currently engaged in professional programs of astronomical observations. Entries are in alphabetical order according to geographical location. If only the formal name of an observatory is known, its location can be found in the Index List (pp. J2-J6). In the General List the column labelled Ref. specifies the year in which an observatory appeared in the Instrumentation Lists that appeared in the 1981-1984 editions. East longitudes and north latitudes are considered to be positive.

OBSERVATORIES, 1986
INDEX LIST

Name	Place
Abastumani Astrophysical	Mount Kanobili
Aerospace Corporation, *R*	El Segundo
Agassiz Station, George R.	Harvard
Agassiz Station, George R., *R*	Harvard
Agnes Scott College	Decatur
Aguilar, Félix	San Juan
Alabama, Univ. of	University
Alabama, Univ. of, *R*	University
Alberta, Univ.of	Devon
Algiers	Bouzaréah
Algiers, Univ. of	Bouzaréah
Allegheny	Pittsburgh
Anglo-Australian	Siding Spring Mountain
Archenhold	Berlin
Argentine Institute, *R*	Villa Elisa
Arizona, Univ., Northern	Flagstaff
Arizona, Univ. of	Kitt Peak
Arizona, Univ. of	Mount Lemmon
Arizona, Univ. of	Tucson
Arizona, Univ. of	Tumamoc Hill
Armenian Academy of Sciences	Byurakan
Arthur J. Dyer	Nashville
Ast. and Astrophysical Institute	Brussels
Ast. and Geophysical Institute	Itatiba
Astronomical Latitude	Borowiec
Astrophotographic Station	Innerkirchen
Australian National, *R*	Parkes
Babes-Bolyai University	Cluj-Napoca
Balcones Research Center, *R*	Mount Locke
Barros, Profesor Manuel de	Vila Nova de Gaia
Basle, Univ. of	Binningen
Battelle-Northwest Labs.	Rattlesnake Mountain
Battelle-Northwest Labs., *R*	Rattlesnake Mountain
Bavarian	Munich
Behlen	Mead
Beijing (Branch)	Tianjing
Beijing (Branch)	Xing Long
Beijing (Branch), *R*	Miyun
Beijing (Branch), *R*	Shahe
Bell Telephone Labs., *R*	Holmdel
Bologna University (Branch)	Loiano
Bonn University	Hoher List
Bonn University, *R*	Eschweiler
Bordeaux University	Floirac
Bosscha	Lembang
Bowdoin College	Brunswick
Boyden	Mazelspoort
Bradley	Decatur
Brera-Milan	Milan
Brera-Milan (Branch)	Merate
Brevard Community College	Cocoa
Brevard Community College, *R*	Cocoa
British Columbia, Univ. of, *R*	Vancouver
Brown University	Providence
Cagigal	Caracas
Cagliari	Capoterra
Calern	Caussols
California Inst. of Tech.	Big Bear Lake
California Inst. of Tech., *R*	Big Pine
California State University	San Fernando
California State University, *R*	San Fernando
California, Univ. of	Lafayette
California, Univ. of	Mount Hamilton
California, Univ. of	Mount Lemmon
California, Univ. of, *R*	Cassel
Cantonal	Neuchâtel
Capodimonte	Naples
Capri	Anacapri
Carter (Branch)	Black Birch
Carter	Wellington
Catalina	Mount Bigelow
Catalina	Tumamoc Hill
Catania Astrophysical (Branch)	Serra la Nave
Catholic Univ. Ast. Institute	Nijmegen
Cavendish Laboratory, *R*	Cambridge
C. E. Kenneth Mees	Bristol Springs
Central	Kiev
Central Inst. for Earth Physics	Potsdam
Central Inst. for Solar-Terr. Physics, *R*	Tremsdorf
Central Methodist College	Fayette
Central Michigan University	Mount Pleasant
CERGA	Caussols
Cerro El Roble Station	Capilla De Caleu
Chabot	Oakland
Chalmers Univ. of Tech., *R*	Onsala
Chamberlin	Denver
Chamberlin (Branch)	Bailey
Charles Univ. Ast. Institute	Prague
Chicago, Univ. of	Williams Bay
Chinese Academy of Sciences	Lintong
Chinese Academy of Sciences	Purple Mountain
Chubu Inst. of Tech., *R*	Kasugai-Shi
City	Edinburgh
City	Irkutsk
Clark Lake, *R*	Borrego Springs
Cointe	Liège
Collurania	Teramo
Colorado, Univ. of	Boulder
Colombia, National Univ. of	Bogotá
Colorado, Univ. of, *R*	Nederland
Columbia University	Harriman
Columbia University	New York
Connecticut State College, Western	Danbury
Copenhagen University (Branch)	Brorfelde
Copernicus, Nicholas	Brno
Copernicus University, Nicholaus	Piwnice
Córdoba (Branch)	Bosque Alegre
Cornell University	Ithaca
Corralitos	Las Cruces
Crane, Zenas	Topeka
Crawford Hill, *R*	Holmdel
Crimean Astrophysical (Branch)	Simeis
Crimean Astrophysical, *R*	Partizanskoye
CSIRO, *R*	Narrabri
CSIRO, *R*	Parkes
Culgoora Solar, *R*	Narrabri
Dartmouth College	Hanover
David Dunlap	Richmond Hill
DDR Academy of Sciences	Potsdam
DDR Academy of Sciences	Sonneberg
DDR Academy of Sciences	Tautenburg
DDR Academy of Sciences, *R*	Tremsdorf
Dearborn	Evanston
Deep Space Station, *R*	Cebreros
Deep Space Station, *R*	Tidbinbilla
Denver, Univ. of	Bailey
Denver, Univ. of	Mount Evans
Dodaira	Mount Dodaira
Dominion Astrophysical	Victoria

Radio observatories are designated by *R*.

OBSERVATORIES, 1986

INDEX LIST

Name	Place	Name	Place
Dominion Astrophysical (Branch)	Mount Kobau	Harvard-Smithsonian Center	Cambridge
Dominion Astrophysical, R	Penticton	Harvard Station, R	Fort Davis
Dudley	Albany	Harvard University, R	Fort Davis
Dudley, R	Bolton Landing	Hat Creek, R	Cassel
Dunlap, David	Richmond Hill	Haute-Provence, Obs. of	St. Michel
Dunsink	Castleknock	Hawaii, Univ. of	Mauna Kea
Dyer, Arthur J.	Nashville	Haystack, R	Westford
		Heidelberg	Königstuhl
Ebro	Roquetas	Heliophysical	Debrecen
Ege University	Bornova	Heliophysical (Branch)	Gyula
Einstein Tower Solar	Potsdam	Helsinki, Univ. of	Kirkkonummi
Engelhardt	Kazan	Helsinki Univ. of Tech., R	Kirkkonummi
Erlangen-Nürnberg University	Bamberg	Helwân (Branch)	Kottamia
Erwin W. Fick	Boone	Herzberg Institute of Astrophysics	Ottawa
Estonian Academy of Sciences	Tartu	Hida	Kamitakara
European Southern	Cerro La Silla	High Alpine Research Station	Jungfraujoch
		Hiraiso Branch, R	Nakaminato-Shi
Fabra	Barcelona	Hopkins	Williamstown
Faculty of Physics	Barcelona	Horrocks, Jeremiah	Preston
Félix Aguilar	San Juan	Hungarian Academy of Sciences	Budapest
Fernbank	Atlanta		
Fick, Erwin W.	Boone	I. I. Mechnikov State University	Odessa
Figl Astrophysical, L.	St. Corona at Schopfl	Illinois, Univ. of (Branch)	Oakland
Fitzrandolph	Princeton	Illinois, Univ. of (Branch), R	Danville
Five College, R	New Salem	Indiana University	Brooklyn
Flammarion	Juvisy	Institute of Astrophysics	Dushanbe
Fleurs, R	Kemps Creek	Institute of Astrophysics	Kyoto
Florence and George Wise	Mitzpe Ramon	International Latitude	Carloforte
Florida, Univ. of	Bronson	International Latitude	Gaithersburg
Florida, Univ. of, R	Old Town	International Latitude	Hoshigaoka-Machi
Flower and Cook	Malvern	International Latitude	Kitab
Fort Skala Station	Cracow	International Latitude	Ukiah
Fort Skala Station, R	Cracow	Iowa State University	Boone
Foster Astrophysical, Manuel	Santiago	Iowa, Univ. of	Riverside
Franklin Institute	Philadelphia	Iowa, Univ. of, R	North Liberty
Fraunhofer Institute	Anacapri	Itapetinga, R	Atibaia
Fraunhofer Institute	Freiburg		
Fred Lawrence Whipple	Mount Hopkins	Jagellonian University	Cracow
Friedrich-Schiller University	Grosschwabhausen	Jagellonian University, R	Cracow
Fujigane Station, R	Kamikuisshiki-Mura	Javän Station	Björnstorp
		Jeremiah Horrocks	Preston
Geodetical Faculty	Zagreb	Joint Obs. for Cometary Research	Socorro
George R. Agassiz Station	Harvard		
George R. Agassiz Station, R	Harvard	Kagoshima Space Center	Uchinoura
George R. Wallace, Jr. Astrophys	Westford	Kagoshima Space Center, R	Uchinoura
Georgian Academy of Sciences	Mount Kanobili	Kandilli	Istanbul
German Hydrographic Institute	Hamburg	Kansas, Univ. of	Lawrence
Ghana, Univ. of, R	Legon	Kapteyn	Roden
Goddard Research	Greenbelt	Karl Schwarzschild	Tautenburg
Goddard Research, R	Greenbelt	Kazakh Academy of Sciences	Alma-Ata
Godlee	Manchester	Konkoly	Budapest
Goethe Link	Brooklyn	Konkoly (Branch)	Piszkéstető
Goldstone Complex, R	Fort Irwin	Kryonerion Station	Mount Killíni
Gravimetric	Poltava	Kuffner	Vienna
Graz, Univ. of	Kanzelhohe	Kvistaberg	Sigtuna
Graz, Univ. of (Branch)	Lustbühel	Kwasan	Kyoto
Griffith	Los Angeles	Kyoto, Univ. of	Takayama
Haig	Dehra Dun	Ladd	Providence
Hale	Mount Wilson	La Plata (Branch)	Punta Indio
Hale	Palomar Mountain	La Plata, National Univ. of	Punta Indio
Hall, Wilfred	Alston	La Posta Astrogeophysical, R	Campo
Hamburg	Bergedorf	Lausanne, Univ. of	Chavannes-des-Bois
Hamburg, Univ. of	Bergedorf	Leander McCormick	Charlottesville
Hartung-Boothroyd	Ithaca	Leander McCormick (Branch)	Fan Mountain
Harvard College	Cambridge	Leiden Obs. Southern Station	Broederstroom

Radio observatories are designated by R.

OBSERVATORIES, 1986

INDEX LIST

Name	Place	Name	Place
Leuschner	Lafayette	NASA, R	Cebreros
L. Figl Astrophysical	St. Corona at Schöpfl	NASA, R	Greenbelt
Lick	Mount Hamilton	Nassau Station	Montville
Lindheimer Ast. Research Center	Evanston	National Central University	Chung-Li
Link, Goethe	Brooklyn	National Obs. of Athens (Branch)	Mount Killíni
Llano del Hato	Mérida	National Obs. of Athens (Branch)	Pentele
Lohrmann	Dresden	National Obs. of Brazil	Rio de Janeiro
London, Univ. of	Mill Hill	National Obs. of Brazil (Branch)	Itajubá
Louisiana State University	Clinton	National Obs. of Colombia	Bogotá
Louis Pasteur University	Strasbourg	National Obs. of Cosmic Physics	San Miguel
Louisville, Univ. of	Brownsboro	National Obs. of Korea	Danyang
Lowell	Anderson Mesa	National Obs. of Mexico	Tonantzintla
Lowell	Flagstaff	National Obs. of Mexico (Branch)	San Pedro Martir
Lunar and Planetary Lab.	Mount Lemmon	National Obs. of Spain	Madrid
Lunar and Planetary Lab.	Tucson	National Obs. of Spain (Branch)	Calar Alto
Lunar and Planetary Lab.	Tumamoc Hill	National Obs. of Spain (Branch)	Yebes
Lund (Branch)	Björnstorp	National Obs. of Spain (Branch), R	Yebes
LURE	Haleakala	National Obs. of Uruguay	Montevideo
Lyon University	St. Genis Laval	National Radio, R	Green Bank
		National Radio, R	Kitt Peak
Mackenzie University, R	Atibaia	National Radio, R	Socorro
Maclean	Incline Village	National Research Council of Canada	Ottawa
Main	Pulkovo	National Research Council of Canada, R	Algonquin Prov. Park
Main, R	Pulkovo	National Research Council of Canada, R	Penticton
Manila	Quezon City	National Univ. of Colombia	Bogotá
Manuel Foster Astrophysical	Santiago	National Univ. of La Plata	Punta Indio
Maria Michell	Nantucket	National Univ. of Mexico	San Pedro Martir
Maryland Point, R	Riverside	Naval	Buenos Aires
Maryland, Univ. of	College Park	Naval	San Fernando
Massachusetts Inst. of Tech.	Westford	Naval Research Lab., R	Washington
Massachusetts Inst. of Tech., R	Westford	Naval Research Lab. (Branch), R	Riverside
Max Planck Institute, R	Effelsberg	Naval Research Lab. (Branch), R	Sugar Grove
McCormick, Leander	Charlottesville	Nebraska, Univ. of	Mead
McCormick, Leander (Branch)	Fan Mountain	New Mexico State Univ. (Branch)	Blue Mesa
McDonald	Mount Locke	New Mexico State Univ. (Branch)	Tortugas Mountain
McGraw-Hill	Kitt Peak	New Mexico, Univ. of	Capilla Peak
Mechnikov State University, I.I.	Odessa	Nice	Mont Gros
Mees, C. E. Kenneth	Bristol Springs	Nicholas Copernicus	Brno
Melton Memorial	Columbia	Nicholaus Copernicus Univ.	Piwnice
Metsähovi	Kirkkonummi	Nizamiah	Hyderabad
Metsähovi Research Station, R	Kirkkonummi	Nobeyama Solar, R	Minamimaki-Mura
Mexico, National Univ. of	San Pedro Martir	Norikura	Mount Norikura
Michigan State University	East Lansing	Northeast Radio Obs. Corp., R	Westford
Michigan, Univ. of	Lake Angelus	Northern Arizona University	Flagstaff
Michigan, Univ. of, R	Portage Lake	Northwestern University	Evanston
Millimeter Wave, R	Mount Locke	Northwestern University	Las Cruces
Mills	Dundee	Nuffield Radio Ast. Labs., R	Jodrell Bank
Millstone Hill Radar, R	Westford		
Minas Gerais, Federal Univ. of	Belo Horizonte	O'Brien	Marine-on-St. Croix
Minnesota, Univ. of	Marine-on-St. Croix	Ohio State-Ohio Wesleyan, R	Delaware
Minnesota, Univ. of	Mount Lemmon	Ohio State University	Delaware
Mitchell, Maria	Nantucket	Ohio State University, R	Delaware
Molongo, R	Hoskinstown	Ohio Wesleyan University	Delaware
Montreal, Univ. of	Mont Mégantic	Okayama Astrophysical	Mount Chikurin
Moore	Brownsboro	Oklahoma, Univ. of	Norman
Morrison	Fayette	Ole Rømer	Århus
Mountain	Alma-Ata	Open University	Brussels
Mountain Station	Kislovodsk	Oslo Solar	Harestua
Mount Cuba	Greenville	Oslo, Univ. of	Harestua
Mullard, R	Cambridge	Osmania University	Hyderabad
Multiple-Mirror Telescope	Mount Hopkins	Osmania University	Japal
		Osmania University, R	Japal
Nagoya University, R	Chiisagata-Gun	Ouloug-Beg	Samarkand
Nagoya University, R	Kamikuisshiki-Mura	Owens Valley, R	Big Pine
Nagoya University, R	Toyokawa		
NASA	Greenbelt	Padua University	Asiago

Radio observatories are designated by R.

OBSERVATORIES, 1986

INDEX LIST

Name	Place	Name	Place
Padua University	Mount Ekar	South African (Branch)	Sutherland
Pagasa	Quezon City	South Carolina, Univ. of	Columbia
Pan American University	Edinburg	South Gornergrat	Zermatt
Paris (Branch)	Meudon	Space Radio Systems Facility, R	El Segundo
Paris (Branch), R	Nançay	Special Astrophysical	Zelenchukskaya
Paris University	Mont Gros	Special Astrophysical, R	Zelenchukskaya
Pasteur University, Louis	Strasbourg	Sproul	Swarthmore
Paul Salsatier University	Pic du Midi	Stanford Research Institute, R	Chatanika
Pennsylvania, Univ. of	Malvern	Stanford Research Institute, R	Homer
Perkins	Stratford	State	Königstuhl
Perth	Bickley	Stellar Station	Serra La Nave
Piedade	Belo Horizonte	Sternberg State Ast. Institute	Moscow
Polish Academy of Sciences	Borowiec	Stevin, Simon	Hoeven
Pontifical Catholic Univ. of Chile	Santiago	Steward	Tucson
Porto University	Vila Nova de Gaia	Steward (Branch)	Kitt Peak
Prairie	Oakland	Steward (Branch)	Tumamoc Hill
Profesor Manuel de Barros	Vila Nova de Gaia	Stockert, R	Eschweiler
Pulkovo (Branch)	Kislovodsk	Stockholm	Saltsjöbaden
		Stockholm University	Saltsjöbaden
Québec	Dolbeau	Strawbridge	Haverford
Québec (Branch)	Mont Mégantic	Strawbridge, R	Haverford
		Struve Astrophysical, Wilhelm	Tartu
Radio Ast., R	Tremsdorf	Sugadaira Station, R	Chiisagata-Gun
Radio Ast., R	Washington	Swiss Federal	Zurich
Radio Ast. Center, R	Ootacamund	Swiss Federal (Branch)	Arosa
Radio Ast. Institute, R	Stanford	Sydney, Univ. of, R	Kemps Creek
Radio Ast. Laboratory, R	Nagoya		
Radio Research Labs., R	Kashima-Machi	Tadzhik Academy of Sciences	Dushanbe
Radio Research Labs., R	Nakaminato-Shi	Tasmania, Univ. of	Hobart
Remeis	Bamberg	Tasmania, Univ. of, R	Hobart
Research Inst. of Magnetosphere, R	Kasugai-shi	Tata Institute of Fund. Research, R	Ootacamund
Ritter	Toledo	Teide	Izana
Riverview College	Lane Cove	Tel Aviv University	Mitzpe Ramon
Rochester, Univ. of	Bristol Springs	Texas, Univ. of, R	Marfa
Rome	Mont Mario	Theoretical Geodesy Inst. Station	Hannover
Rømer, Ole	Århus	Thompson	Beloit
Roque de los Muchacho	La Palma	Tiara	South Park
Rosemary Hill	Bronson	Time Service Substation	Richmond
Rothney Astrophysical	Calgary	Tohoku University	Sendai
Royal Greenwich	Herstmonceux	Tokyo	Mitaka-shi
Royal Obs. of Belgium	Uccle	Tokyo (Branch)	Mount Dodaira
Royal Obs. of Belgium (Branch) R	Humain	Tokyo (Branch)	Mount Norikura
Royal Obs. of Scotland	Edinburgh	Tokyo R	Mitaka-shi
Royal Radar Establishment, R	Malvern	Tokyo, Univ. of	Mitaka-shi
Rutherfurd	New York	Tokyo, Univ. of	Uchinoura
		Tokyo, Univ. of	Mitaka-shi
Sacramento Peak	Sunspot	Tokyo, Univ. of, R	Uchinoura
Sagamore Hill, R	Hamilton	Toronto, Univ. of	Richmond Hill
St. Ignatius College	Lane Cove	Toronto, Univ. of, R	Richmond Hill
Salsatier University, Paul	Pic du Midi	Tromsø, Univ. of,	Skibotn
San Diego State University	Mount Laguna	Turin	Pino Torinese
San Vittore	Bologna	Turkmen Academy of Sciences	Ashkhabad
São Paulo, Univ. of	Itatiba	Turku-Tuorla	Piikkiö
Schauinsland	Freiburg	Turku, Univ. of	Piikkiö
Schwarzschild, Karl	Tautenburg		
Scott College, Agnes	Decatur	Ukrainian Academy of Sciences	Kiev
Shaanxi	Lintong	Ukrainian Academy of Sciences	Poltava
Shattuck	Hanover	Uppsala University	Sigtuna
Simon Stevin	Hoeven	Urania	Budapest
Slovak Academy of Sciences	Lomnický Štít	Urania	Vienna
Slovak Academy of Sciences	Skalnaté Pleso	U.S. Naval	Washington
Slovak Technical University	Bratislava	U.S. Naval (Branch)	Black Birch
Smithsonian Astrophysical	Cambridge	U.S. Naval (Branch)	Flagstaff
Sommers-Bausch	Boulder	U.S. Naval (Branch)	Richmond
Sonnenborgh	Utrecht	USSR Academy of Sciences	Pulkovo
South African	Cape Town	USSR Academy of Sciences	Simeis

Radio observatories are designated by *R*.

OBSERVATORIES, 1986
INDEX LIST

Name	Place	Name	Place
USSR Academy of Sciences, R	Partizanskoye	Washburn	Madison
USSR Academy of Sciences, R	Pulkovo	Washburn University	Topeka
Uttar Pradesh State	Manora Peak	Washington, Univ. of	Manastash Ridge
Uzbek Academy of Sciences	Samarkand	Wendelstein Solar	Brannenburg
Uzbek Academy of Sciences	Tashkent	Wesleyan University	Middletown
		Western Connecticut State College	Danbury
Valongo	Rio de Janeiro	Whipple, Fred Lawrence	Mount Hopkins
Vanderbilt University	Nashville	Whitin	Wellesley
Van Vleck	Middletown	Wilfred Hall	Alston
Vatican	Castel Gandolfo	Wilhelm-Foerster	Berlin
Vermilion River, R	Danville	Wilhelm Struve Astrophysical	Tartu
Vienna, Univ. of	St. Corona at Schöpfl	Williams College	Williamstown
Virginia, Univ. of	Charlottesville	Wisconsin, Univ. of	Pine Bluff
Virginia, Univ. of	Fan Mountain	Wise, Florence and George	Mitzpe Ramon
Wallace, Jr., Astrophysical, George R.	Westford	Yerkes	Williams Bay
Warner and Swasey (Branch)	Kitt Peak	Yunnan	Kunming
Warner and Swasey (Branch)	Montville		
Warsaw University	Ostrowik	Zenas Crane	Topeka

Radio observatories are designated by R.

OPTICAL OBSERVATORIES, 1986

Place	Description	East Longitude	Latitude	Ref.
		° ′	° ′	
Albany, New York	Dudley Observatory	− 73 46.8	+42 39.2	82
Alma-Ata, Kazakh S.S.R.	Mountain Observatory	+ 76 57.4	+43 11.3	84
Alston, England	Wilfred Hall Observatory	− 2 35.6	+53 48.1	82
Anacapri, Italy	Capri Observatory	+ 14 11.8	+40 33.5	82
Anderson Mesa, Arizona	Lowell Observatory Station	− 111 32.2	+35 05.8	
Ankara, Turkey	Ankara University Observatory	+ 32 46.8	+39 50.6	82
Arcetri, Italy	Arcetri Astrophysical Observatory	+ 11 15.3	+43 45.2	82
Århus, Denmark	Ole Rømer Observatory	+ 10 11.8	+56 07.7	82
Armagh, Northern Ireland	Armagh Observatory	− 6 38.9	+54 21.2	82
Arosa, Switzerland	Arosa Astrophysical Observatory	+ 9 40.1	+46 47.0	82
Ashkhabad, Turkmen S.S.R.	Ashkhabad Astrophysical Laboratory	+ 58 21.2	+37 57.4	84
Asiago, Italy	Asiago Astrophysical Observatory	+ 11 31.7	+45 51.7	81
Athens, Greece	National Observatory of Athens	+ 23 43.2	+37 58.4	81
Atlanta, Georgia	Fernbank Observatory	− 84 19.1	+33 46.7	81
Auckland, New Zealand	Auckland Observatory	+174 46.7	−36 54.4	82
Bailey, Colorado	Chamberlin Obs. Dick Mtn. Sta.	−105 26.2	+39 25.6	83
Bamberg, German Fed. Rep.	Remeis Observatory	+ 10 53.4	+49 53.1	82
Barcelona, Spain	Fabra Observatory	+ 2 07.6	+41 25.0	82
Barcelona, Spain	Faculty of Physics Observatory	+ 2 07.1	+41 23.2	82
Beijing (Peking), China	Beijing Normal University Obs.	+116 19.7	+40 06.1	84
Belo Horizonte, Brazil	Piedade Observatory	− 43 30.7	−19 49.3	82
Beloit, Wisconsin	Thompson Observatory	− 89 01.9	+42 30.3	82
Bergedorf, German Fed. Rep.	Hamburg Observatory	+ 10 14.5	+53 28.9	83
Berlin, German Dem. Rep.	Archenhold Observatory	+ 13 28.7	+52 29.2	81
Berlin, German Fed. Rep.	Wilhelm-Foerster Observatory	+ 13 21.2	+52 27.5	82
Besançon, France	Besançon Observatory	+ 5 59.2	+47 15.0	81
Bickley, Western Australia	Perth Observatory	+116 08.1	−32 00.5	83
Big Bear Lake, California	Big Bear Solar Observatory	−116 54.9	+34 15.2	82
Binningen, Switzerland	University of Basle Ast. Institute	+ 7 35.0	+47 32.5	82
Björnstorp, Sweden	Lund Observatory Jävan Station	+ 13 26.0	+55 37.4	82
Black Birch Mtn., New Zealand	U.S. Naval Observatory Station	+173 48.2	−41 44.9	
Black Birch Mtn., New Zealand	Carter Observatory Station	+173 48.2	−41 44.9	
Blue Mesa, New Mexico	N.M. State Observatory Station	−107 09.9	+32 29.5	82
Bochum, German Fed. Rep.	Bochum Observatory	+ 7 13.4	+51 27.9	82
Bogotá, Colombia	National Astronomical Observatory	− 74 04.9	+ 4 35.9	82
Bologna, Italy	San Vittore Observatory	+ 11 20.5	+44 28.1	83
Boone, Iowa	Erwin W. Fick Observatory	− 93 56.5	+42 00.3	82
Bornova, Turkey	Ege University Observatory	+ 27 16.5	+38 23.9	82
Borowiec, Poland	Astronomical Latitude Observatory	+ 17 04.5	+52 16.6	84
Bosque Alegre, Argentina	Córdoba Obs. Astrophys. Station	− 64 32.8	−31 35.9	81
Boulder, Colorado	Sommers-Bausch Observatory	−105 15.8	+40 00.2	82
Bouzaréah, Algeria	Algiers Observatory	+ 3 02.1	+36 48.1	82
Brannenburg, German Fed. Rep.	Wendelstein Solar Observatory	+ 12 00.8	+47 42.5	82
Bratislava, Czechoslovakia	Slovak Technical University Obs.	+ 17 07.2	+48 09.3	82
Bristol Springs, New York	C. E. Kenneth Mees Observatory	− 77 24.5	+42 42.0	82

OPTICAL OBSERVATORIES, 1986

Place	Description	East Longitude		Latitude		Ref.
		°	′	°	′	
Brno, Czechoslovakia	Nicholas Copernicus Observatory	+ 16	35.3	+49	12.3	81
Broederstroom, South Africa	Leiden Obs. Southern Station	+ 27	52.6	−25	46.4	81
Bronson, Florida	Rosemary Hill Observatory	− 82	35.2	+29	24.0	82
Brooklyn, Indiana	Goethe Link Observatory	− 86	23.7	+39	33.0	81
Brorfelde, Denmark	Copenhagen University Observatory	+ 11	39.9	+55	37.3	82
Brownsboro, Kentucky	Moore Observatory	− 85	31.8	+38	20.1	82
Brunswick, Maine	Bowdoin College Observatory	− 69	57.8	+43	54.6	82
Brussels, Belgium	Astronomical and Astrophys. Inst.	+ 4	23.0	+50	48.8	81
Bucharest, Romania	Bucharest Astronomical Observatory	+ 26	05.8	+44	24.8	82
Budapest, Hungary	Konkoly Observatory	+ 18	57.9	+47	30.0	82
Budapest, Hungary	Urania Observatory	+ 19	03.9	+47	29.1	82
Buenos Aires, Argentina	Naval Observatory	− 58	21.3	−34	37.3	82
Byurakan, Armenian S.S.R.	Byurakan Astrophysical Observatory	+ 44	17.5	+40	20.1	84
Calar Alto, Spain	National Observatory Station	− 2	32.2	+37	13.8	81
Calgary, Alberta	Rothney Astrophysical Observatory	− 114	17.3	+50	52.1	82
Cambridge, Massachusetts	Harvard College Observatory	− 71	07.8	+42	22.8	82
Cambridge, Massachusetts	Smithsonian Astrophysical Obs.	− 71	07.8	+42	22.8	82
Cape Town, South Africa	South African Astronomical Obs.	+ 18	28.7	−33	56.1	81
Capilla de Caleu, Chile	Cerro El Roble Astronomical Obs.	− 71	01.2	−32	58.9	81
Capilla Peak, New Mexico	Capilla Peak Observatory	− 106	24.3	+34	41.8	82
Capoterra, Sardinia	Cagliari Astronomical Observatory	+ 8	58.4	+39	08.2	82
Caracas, Venezuela	Cagigal Observatory	− 66	55.7	+10	30.4	82
Carloforte, Sardinia	International Latitude Observatory	+ 8	18.7	+39	08.2	82
Castel Gandolfo, Italy	Vatican Observatory	+ 12	39.1	+41	44.8	82
Castleknock, Ireland	Dunsink Observatory	− 6	20.3	+53	23.2	82
Catania, Sicily	Catania Astrophysical Observatory	+ 15	05.2	+37	30.2	82
Caussols, France	Calern Observatory, CERGA	+ 6	55.6	+43	44.9	84
Cerro Calán, Chile	Cerro Calán National Ast. Obs.	− 70	32.8	−33	23.8	82
Cerro La Silla, Chile	European Southern Observatory	− 70	43.8	−29	15.4	81
Cerro Tololo, Chile	Cerro Tololo Inter-American Obs.	− 70	48.9	−30	09.9	82
Charlottesville, Virginia	Leander McCormick Observatory	− 78	31.4	+38	02.0	82
Chavannes-des-Bois, Switzerland	University of Lausanne Observatory	+ 6	08.2	+46	18.4	83
Chung-Li, Taiwan	National Central Univ. Observatory	+ 121	11.2	+24	58.2	82
Cincinnati, Ohio	Cincinnati Observatory	− 84	25.4	+39	08.3	82
Clinton, Louisiana	Louisiana State University Obs.	− 90	58.1	+30	48.1	82
Cluj-Napoca, Romania	Cluj-Napoca Astronomical Obs.	+ 23	35.9	+46	45.6	82
Cocoa, Florida	Brevard Community College Obs.	− 80	45.7	+28	23.1	82
Coimbra, Portugal	Coimbra Astronomical Observatory	− 8	25.8	+40	12.4	82
College Park, Maryland	University of Maryland Observatory	− 76	57.4	+39	00.1	82
Columbia, South Carolina	Melton Memorial Observatory	− 81	01.6	+33	59.8	82
Copenhagen, Denmark	Copenhagen University Observatory	+ 12	34.6	+55	41.2	82
Córdoba, Argentina	Córdoba Astronomical Observatory	− 64	11.8	−31	25.3	82
Cracow, Poland	Jagellonian Obs. Fort Skala Station	+ 19	49.6	+50	03.3	81
Cracow, Poland	Jagellonian University Ast. Obs.	+ 19	57.6	+50	03.9	82
Danbury, Connecticut	Western Conn. State College Obs.	− 73	26.7	+41	24.0	82

OPTICAL OBSERVATORIES, 1986

Place	Description	East Longitude		Latitude		Ref.
		°	′	°	′	
Danyang, South Korea	National Astronomical Observatory	+ 128	27.4	+36	56.0	82
Debrecen, Hungary	Heliophysical Observatory	+ 21	37.4	+47	33.6	84
Decatur, Georgia	Bradley Observatory	− 84	17.6	+33	45.9	82
Dehra Dun, India	Haig Observatory	+ 78	02.9	+30	18.9	82
Denver, Colorado	Chamberlin Observatory	− 104	57.2	+39	40.6	83
Devon, Alberta	Devon Astronomical Observatory	− 113	45.5	+53	23.4	82
Dolbeau, Quebec	Quebec Astronomical Observatory	− 72	15.3	+48	50.2	82
Dresden, German Dem. Rep.	Lohrmann Observatory	+ 13	52.3	+51	03.0	83
Dundee, Scotland	Mills Observatory	− 3	00.7	+56	27.9	82
Dushanbe, Tadzhik S.S.R.	Institute of Astrophysics	+ 68	46.9	+38	33.7	83
East Lansing, Michigan	Michigan State University Obs.	− 84	29.0	+42	42.4	82
Edinburg, Texas	Pan American University Obs.	− 98	10.4	+26	18.3	82
Edinburgh, Scotland	City Observatory	− 3	10.8	+55	57.4	82
Edinburgh, Scotland	Royal Observatory	− 3	11.0	+55	55.5	81
Evanston, Illinois	Dearborn Observatory	− 87	40.5	+42	03.4	82
Evanston, Illinois	Lindheimer Ast. Research Center	− 87	40.3	+42	03.6	82
Fan Mountain, Virginia	McCormick Observatory Station	− 78	41.6	+37	52.7	82
Fayette, Missouri	Morrison Observatory	− 92	41.8	+39	09.1	82
Flagstaff, Arizona	U.S. Naval Observatory Station	− 111	44.4	+35	11.0	81
Flagstaff, Arizona	Lowell Observatory	− 111	39.9	+35	12.2	81
Flagstaff, Arizona	Northern Arizona University Obs.	− 111	39.2	+35	11.1	82
Floirac, France	Bordeaux University Observatory	− 0	31.7	+44	50.1	82
Freiburg, German Fed. Rep.	Schauinsland Observatory	+ 7	54.3	+47	54.8	82
Gaithersburg, Maryland	International Latitude Observatory	− 77	12.0	+39	08.2	82
Glasgow, Scotland	Glasgow University Observatory	− 4	18.3	+55	54.1	81
Gorki, R.S.F.S.R.	Gorki Latitude Observatory	+ 43	59.0	+56	15.5	82
Graz, Austria	University of Graz Observatory	+ 15	26.9	+47	04.6	82
Greenbelt, Maryland	Goddard Research Observatory	− 76	49.6	+39	01.3	81
Greenville, Delaware	Mount Cuba Astronomical Obs.	− 75	38.0	+39	47.1	82
Grosschwabhausen, German D.R.	Friedrich-Schiller University Obs.	+ 11	29.0	+50	55.8	82
Gyula, Hungary	Heliophysical Observing Station	+ 21	16.2	+46	39.2	84
Haleakala, Hawaii	LURE Observatory	− 156	15.5	+20	42.6	82
Hamburg, German Fed. Rep.	German Hydrographic Institute	+ 10	00.9	+53	35.8	82
Hannover, German Fed. Rep.	Theor. Geodesy Inst. Ast. Observatory	+ 9	42.8	+52	23.3	82
Hanover, New Hampshire	Shattuck Observatory	− 72	17.0	+43	42.3	82
Harestua, Norway	Oslo Solar Observatory	+ 10	45.0	+60	12.6	82
Harriman, New York	Harriman Observatory	− 74	06.9	+41	18.2	82
Harvard, Massachusetts	Harvard Obs. Agassiz Station	− 71	33.5	+42	30.3	81
Haverford, Pennsylvania	Strawbridge Observatory	− 75	18.2	+40	00.7	82
Helsinki, Finland	University of Helsinki Observatory	+ 24	57.3	+60	09.7	82
Helwân, Egypt	Helwân Observatory	+ 31	22.8	+29	51.5	82
Herstmonceux, England	Royal Greenwich Observatory	+ 0	20.3	+50	52.2	83
Hobart, Tasmania	University of Tasmania Observatory	+ 147	32.0	−42	50.0	81
Hoeven, Netherlands	Simon Stevin Observatory	+ 4	33.8	+51	34.0	82
Hoher List, German Fed. Rep.	Hoher List Observatory	+ 6	51.0	+50	09.8	81

OPTICAL OBSERVATORIES, 1986

Place	Description	East Longitude	Latitude	Ref.
		° ′	° ′	
Hoshigaoka-Machi, Japan	International Latitude Observatory	+ 141 07.9	+39 08.1	82
Hyderabad, India	Nizamiah Observatory	+ 78 27.2	+17 25.9	82
Incline Village, Nevada	Maclean Observatory	− 119 55.7	+39 17.7	82
Innerkirchen, Switzerland	Astrophotographic Observatory	+ 8 14.2	+46 42.5	82
Irkutsk, R.S.F.S.R.	City Astronomical Observatory	+ 104 16.8	+52 16.5	84
Irkutsk, R.S.F.S.R.	Irkutsk Astronomical Observatory	+ 104 20.7	+52 16.7	83
Istanbul, Turkey	Istanbul University Observatory	+ 28 58.0	+41 00.8	82
Istanbul, Turkey	Kandilli Observatory	+ 29 03.7	+41 03.8	82
Itajubá, Brazil	National Obs. Astrophysical Station	− 45 33.9	−22 31.1	82
Itatiba, Brazil	Astronomical and Geophysical Inst.	− 46 58.0	−23 00.1	82
Ithaca, New York	Hartung-Boothroyd Observatory	− 76 23.1	+42 27.5	82
Izana, Tenerife Is., Canaries	Teide Observatory	− 16 29.8	+28 17.5	
Japal, India	Japal-Rangapur Observatory	+ 78 43.7	+17 05.9	83
Jungfraujoch, Switzerland	High Alpine Research Observatory	+ 7 59.1	+46 32.9	81
Juvisy, France	Flammarion Observatory	+ 2 22.3	+48 41.6	82
Kaliningrad, R.S.F.S.R.	Kaliningrad University Observatory	+ 20 29.7	+54 42.8	83
Kamitakara, Japan	Hida Observatory	+ 137 18.5	+36 14.9	84
Kanzelhöhe, Austria	Kanzelhöhe Solar Observatory	+ 13 54.4	+46 40.7	82
Kazan, R.S.F.S.R.	Engelhardt Astronomical Obs.	+ 48 48.9	+55 50.3	81
Kazan, R.S.F.S.R.	Kazan University Observatory	+ 49 07.3	+55 47.4	83
Kharkov, Ukrainian S.S.R.	Kharkov University Ast. Obs.	+ 36 13.9	+50 00.2	82
Kiev, Ukrainian S.S.R.	Kiev University Observatory	+ 30 29.9	+50 27.2	83
Kiev, Ukrainian S.S.R.	Central Astronomical Observatory	+ 30 30.5	+50 21.9	83
Kirkkonummi, Finland	Metsahövi Observatory	+ 24 23.8	+60 13.2	81
Kislovodsk, R.S.F.S.R.	Pulkovo Obs. Mountain Station	+ 42 31.8	+43 44.0	84
Kiso, Japan	Kiso Observatory	+ 137 37.7	+35 47.6	81
Kitab, Uzbek S.S.R.	International Latitude Observatory	+ 66 52.9	+39 08.0	83
Kitt Peak, Arizona	Kitt Peak National Observatory	− 111 36.0	+31 57.8	81
Kitt Peak, Arizona	Steward Observatory Station	− 111 36.0	+31 57.8	81
Kitt Peak, Arizona	Warner and Swasey Obs. Station	− 111 35.9	+31 57.6	83
Kitt Peak, Arizona	McGraw-Hill Observatory	− 111 37.0	+31 57.0	81
Kodaikanal, India	Kodaikanal Astronomical Obs.	+ 77 28.1	+10 13.8	
Königstuhl, German Fed. Rep.	State Observatory	+ 8 43.3	+49 23.9	82
Kottamia, Egypt	Kottamia Observatory	+ 31 49.5	+29 55.9	81
Kunming (K'un-ming), China	Yunnan Observatory	+ 102 47.3	+25 01.5	82
Kurashiki, Japan	Kurashiki Hydrographic Obs.	+ 133 46.3	+34 35.4	
Kutztown, Pennsylvania	Kutztown State College Observatory	− 75 47.1	+40 30.9	82
Kyoto, Japan	Institute of Astrophysics	+ 135 47.0	+35 01.8	81
Kyoto, Japan	Kwasan Observatory	+ 135 47.6	+34 59.7	84
Lafayette, California	Leuschner Observatory	− 122 09.4	+37 55.1	82
Lane Cove, New South Wales	Riverview College Observatory	+ 151 09.5	−33 49.8	82
La Palma Island, Canaries	Roque de los Muchacho Obs.	− 17 52.8	+28 45.5	
La Plata, Argentina	La Plata Astronomical Observatory	− 57 55.9	−34 54.5	81
Las Cruces, New Mexico	Corralitos Observatory	− 107 02.6	+32 22.8	82
Lawrence, Kansas	University of Kansas Observatory	− 95 15.0	+38 57.6	82

OPTICAL OBSERVATORIES, 1986

Place	Description	East Longitude	Latitude	Ref.
		° '	° '	
Leiden, Netherlands	Leiden Observatory	+ 4 29.1	+52 09.3	81
Lembang, (Java), Indonesia	Bosscha Observatory	+107 37.0	− 6 49.5	84
Leningrad, R.S.F.S.R.	Leningrad University Observatory	+ 30 17.7	+59 56.5	83
Liège, Belgium	Cointe Observatory	+ 5 33.9	+50 37.1	81
Lintong, China	Shaanxi Astronomical Observatory	+109 33.1	+34 56.7	
Lisbon, Portugal	Lisbon Astronomical Observatory	− 9 11.2	+38 42.7	82
Loiano, Italy	Bologna University Observatory	+ 11 20.2	+44 15.5	81
Lomnický Štít, Czechoslovakia	Lomnický Štít Coronal Station	+ 20 13.2	+49 11.8	82
Los Angeles, California	Griffith Observatory	−118 18.1	+34 06.8	82
Lund, Sweden	Lund Royal University Observatory	+ 13 11.2	+55 41.9	82
Lustbühel, Austria	University of Graz Observatory	+ 15 29.7	+47 03.9	82
Lvov, Ukrainian S.S.R.	Lvov Polytechnic Inst. Observatory	+ 24 00.9	+49 50.2	83
Lvov, Ukrainian S.S.R.	Lvov University Ast. Institute	+ 24 01.8	+49 50.0	83
Madison, Wisconsin	Washburn Observatory	− 89 24.5	+43 04.6	82
Madrid, Spain	National Astronomical Observatory	− 3 41.1	+40 24.6	82
Malvern, Pennsylvania	Flower and Cook Observatory	− 75 29.6	+40 00.0	81
Manastash Ridge, Washington	Manastash Ridge Observatory	−120 43.4	+46 57.1	82
Manchester, England	Godlee Observatory	− 2 14.0	+53 28.6	82
Manora Peak, India	Uttar Pradesh State Observatory	+ 79 27.4	+29 21.7	82
Marine-on-St. Croix, Minnesota	O'Brien Observatory	− 92 46.6	+45 10.9	82
Mauna Kea, Hawaii	Mauna Kea Observatory	−155 28.3	+19 49.6	81
Mazelspoort, South Africa	Boyden Observatory	+ 26 24.3	−29 02.3	81
Mead, Nebraska	Behlen Observatory	− 96 26.8	+41 10.3	82
Merate, Italy	Brera-Milan Astronomical Obs.	+ 9 25.7	+45 42.0	81
Mérida, Venezuela	Llano del Hato Observatory	− 70 52.0	+ 8 47.4	81
Meudon, France	Meudon Observatory	+ 2 13.9	+48 48.3	84
Middletown, Connecticut	Van Vleck Observatory	− 72 39.6	+41 33.3	82
Milan, Italy	Brera-Milan Astronomical Obs.	+ 9 11.5	+45 28.0	82
Mill Hill, England	University of London Observatory	− 0 14.4	+51 36.8	82
Mitaka-Shi, Japan	Tokyo Astronomical Observatory	+139 32.5	+35 40.3	81
Mitzpe Ramon, Israel	Florence and George Wise Obs.	+ 34 45.8	+30 35.8	81
Monte Mario, Italy	Rome Observatory	+ 12 27.1	+41 55.3	82
Montevideo, Uruguay	National Observatory	− 56 12.8	−34 54.6	84
Mont Gros, France	Nice Observatory	+ 7 18.1	+43 43.4	81
Mont Mégantic, Quebec	Quebec Astronomical Observatory	− 71 09.2	+45 27.3	81
Montville, Ohio	Nassau Astronomical Station	− 81 04.5	+41 35.5	83
Moscow, R.S.F.S.R.	Sternberg State Astronomical Inst.	+ 37 32.7	+55 42.0	83
Mount Bigelow, Arizona	Catalina Observatory	−110 43.9	+32 25.0	81
Mount Chikurin, Japan	Okayama Astrophysical Observatory	+133 35.8	+34 34.4	81
Mount Dodaira, Japan	Dodaira Observatory	+139 11.8	+36 00.2	81
Mount Ekar, Italy	Mount Ekar Observatory	+ 11 34.3	+45 50.8	81
Mount Evans, Colorado	Mount Evans Observatory	−105 38.4	+39 35.2	82
Mount Hamilton, California	Lick Observatory	−121 38.2	+37 20.6	84
Mount Hopkins, Arizona	Fred Lawrence Whipple Observatory	−110 53.1	+31 41.3	84
Mount John, New Zealand	Mount John University Observatory	+170 27.9	−43 59.2	83

OPTICAL OBSERVATORIES, 1986

Place	Description	East Longitude ° '	Latitude ° '	Ref.
Mount Kanobili, Georgian S.S.R.	Abastumani Astrophysical Obs.	+ 42 49.5	+41 45.3	83
Mount Killíni, Greece	Kryonerion Astronomical Station	+ 22 37.3	+37 58.4	82
Mount Kobau, British Columbia	Dominion Astrophysical Observatory	− 119 30.0	+49 07.0	82
Mount Laguna, California	Mount Laguna Observatory	− 116 25.6	+32 50.4	82
Mount Lemmon, Arizona	Mount Lemmon Infrared Observatory	− 110 47.5	+32 26.5	81
Mount Lemmon, Arizona	Lunar and Planetary Lab. Station	− 110 47.3	+32 26.6	81
Mount Locke, Texas	McDonald Observatory	− 104 01.3	+30 40.3	84
Mount Norikura, Japan	Norikura Solar Observatory	+ 137 33.3	+36 06.8	82
Mount Pleasant, Michigan	Central Michigan University Obs.	− 84 46.5	+43 35.3	82
Mount Stromlo, Austl. Cap. Ter.	Mount Stromlo Observatory	+ 149 00.5	−35 19.2	83
Mount Wilson, California	Mount Wilson Observatory	− 118 03.6	+34 13.0	82
Munich, German Fed. Rep.	Bavarian Observatory	+ 11 36.5	+48 07.4	82
Munich, German Fed. Rep.	Munich University Observatory	+ 11 36.5	+48 08.7	82
Nantucket, Massachusetts	Maria Mitchell Observatory	− 70 06.3	+41 16.8	82
Naples, Italy	Capodimonte Astronomical Obs.	+ 14 15.3	+40 51.8	81
Nashville, Tennessee	Arthur J. Dyer Observatory	− 86 48.3	+36 03.1	82
Neuchâtel, Switzerland	Cantonal Observatory	+ 6 57.5	+46 59.9	82
New York, New York	Rutherfurd Observatory	− 73 57.5	+40 48.6	82
Nijmegen, Netherlands	Catholic University Ast. Institute	+ 5 52.1	+51 49.5	82
Nikolaev, Ukrainian S.S.R.	Nikolaev Astronomical Observatory	+ 31 58.5	+46 58.3	83
Norman, Oklahoma	University of Oklahoma Observatory	− 97 26.6	+35 12.1	82
Oakland, California	Chabot Observatory	− 122 10.6	+37 47.2	82
Oakland, Illinois	Prairie Observatory	− 88 03.2	+39 42.1	81
Odessa, Ukrainian S.S.R.	Odessa Observatory	+ 30 45.5	+46 28.6	83
Ondrejov, Czechoslovakia	Ondrejov Observatory	+ 14 47.0	+49 54.6	
Ostrowik, Poland	Warsaw University Observatory	+ 21 25.2	+52 05.4	82
Ottawa, Ontario	Ottawa River Solar Observatory	− 75 53.6	+45 23.2	82
Oxford, England	Oxford University Observatory	− 1 15.1	+51 45.6	82
Padua, Italy	Padua Astronomical Observatory	+ 11 52.3	+45 24.0	82
Palermo, Sicily	Palermo University Ast. Obs.	+ 13 21.5	+38 06.7	82
Palomar Mountain, California	Palomar Observatory	− 116 51.8	+33 21.4	81
Paris, France	Paris Observatory	+ 2 20.2	+48 50.2	81
Pentele, Greece	National Observatory Station	+ 23 51.8	+38 02.9	82
Philadelphia Pennsylvania	The Franklin Institute Observatory	− 75 10.4	+39 57.5	82
Pic du Midi, France	Pic du Midi Observatory	+ 0 08.7	+42 56.2	82
Piikkio, Finland	Turku-Tuorla University Obs.	+ 22 26.8	+60 25.0	83
Pine Bluff, Wisconsin	Pine Bluff Observatory	− 89 41.1	+43 04.7	82
Pino Torinese, Italy	Turin Astronomical Observatory	+ 7 46.5	+45 02.3	83
Piszkéstető, Hungary	Konkoly Obs. Mountain Station	+ 19 54.0	+47 55.0	81
Pittsburgh, Pennsylvania	Allegheny Observatory	− 80 01.3	+40 29.0	82
Piwnice, Poland	Piwnice Astronomical Observatory	+ 18 33.3	+53 05.8	82
Poltava, Ukrainian S.S.R.	Gravimetric Observatory	+ 34 32.8	+49 36.3	84
Potsdam, German Dem. Rep.	Astrophysical Observatory	+ 13 04.0	+52 22.9	
Potsdam, German Dem. Rep.	Central Inst. for Earth Physics	+ 13 04.0	+52 22.9	82
Potsdam, German Dem. Rep.	Einstein Tower Solar Observatory	+ 13 03.9	+52 22.8	83

OPTICAL OBSERVATORIES, 1986

Place	Description	East Longitude	Latitude	Ref.
		° ′	° ′	
Poznań, Poland	Poznań University Ast. Obs.	+ 16 52.7	+52 23.8	82
Prague, Czechoslovakia	Charles University Ast. Institute	+ 14 23.7	+50 04.6	82
Preston, England	Jeremiah Horrocks Observatory	− 2 42.2	+53 46.0	82
Princeton, New Jersey	FitzRandolph Observatory	− 74 38.8	+40 20.7	81
Prostějov, Czechoslovakia	Prostějov Observatory	+ 17 09.8	+49 29.2	83
Providence, Rhode Island	Ladd Observatory	− 71 24.0	+41 50.3	82
Pulkovo, R.S.F.S.R.	Main Astronomical Observatory	+ 30 19.6	+59 46.4	83
Punta Indio, Argentina	La Plata Astronomical Observatory	− 57 17.2	−35 20.7	82
Purple Mountain, China	Purple Mountain Observatory	+118 49.3	+32 04.0	83
Quezon City, Philippines	Manila Observatory	+121 04.6	+14 38.2	82
Quezon City, Philippines	Pagasa Astronomical Observatory	+121 04.3	+14 39.2	82
Quito, Ecuador	Quito Astronomical Observatory	− 78 29.9	− 0 13.0	82
Rattlesnake Mtn., Washington	Rattlesnake Mountain Observatory	−119 35.7	+46 23.7	82
Richmond, Florida	U.S. Naval Obs. Time Station	− 80 23.1	+25 36.8	81
Richmond Hill, Ontario	David Dunlap Observatory	− 79 25.3	+43 51.8	81
Riga, Latvian S.S.R.	Riga Polytechnic Inst. Observatory	+ 24 07.0	+56 57.1	84
Rio de Janeiro, Brazil	National Observatory	− 43 13.4	−22 53.7	81
Rio de Janeiro, Brazil	Valongo Observatory	− 43 11.2	−22 53.9	82
Riverside, Iowa	University of Iowa Observatory	− 91 33.6	+41 30.9	82
Roden, Netherlands	Kapteyn Observatory	+ 6 26.6	+53 07.8	82
Roquetas, Spain	Ebro Observatory	+ 0 29.6	+40 49.2	82
Rostov on Don, R.S.F.S.R.	Rostov University Ast. Observatory	+ 39 40.0	+47 15.0	82
St. Andrews, Scotland	St. Andrews University Observatory	− 2 48.9	+56 20.2	82
St. Corona at Schöpfl, Austria	L. Figl Astrophysical Observatory	+ 15 55.4	+48 05.0	82
St. Genis Laval, France	Lyon University Observatory	+ 4 47.1	+45 41.7	82
St. Michel, France	Observatory of Haute-Provence	+ 5 42.8	+43 55.9	81
Saltsjöbaden, Sweden	Stockholm Observatory	+ 18 18.5	+59 16.3	82
Samarkand, Uzbek S.S.R.	Ouloug-Beg Observatory	+ 67 01.5	+39 40.6	83
San Fernando, California	San Fernando Observatory	−118 29.5	+34 18.5	81
San Fernando, Spain	Naval Observatory	− 6 12.2	+36 28.0	81
San Juan, Argentina	Félix Aguilar Observatory	− 68 37.2	−31 30.6	82
San Miguel, Argentina	National Obs. of Cosmic Physics	− 58 43.9	−34 53.4	82
San Pedro Martir, Mexico	National Astronomical Observatory	−115 27.8	+31 02.6	81
Santiago, Chile	Manuel Foster Astrophysical Obs.	− 70 37.8	−33 25.1	82
Santiago de Compostela, Spain	Santiago de Comp. Univ. Ast. Obs.	− 8 33.6	+42 52.5	82
Sendai, Japan	Sendai Astronomical Observatory	+140 51.9	+38 15.4	82
Sendai, Japan	Tohoku University Observatory	+140 50.6	+38 15.4	82
Serra La Nave, Sicily	Catania Observatory Stellar Station	+ 14 58.4	+37 41.5	81
Shahe, China	Beijing Observatory Station	+116 19.7	+40 06.1	84
Shanghai, China	Shanghai Obs. Sheshan Station	+121 11.2	+31 05.8	
Shanghai, China	Shanghai Obs. Xujiahui Station	+121 25.6	+31 11.4	
Siding Spring Mountain, N.S.W.	Anglo-Australian Observatory	+149 04.0	−31 16.6	83
Sigtuna, Sweden	Kvistaberg Observatory	+ 17 36.4	+59 30.1	81
Simeis, Ukrainian S.S.R.	Crimean Astrophysical Observatory	+ 34 01.0	+44 32.1	84
Simosato, Japan	Simosata Hydrographic Observatory	+135 56.4	+33 34.5	

OPTICAL OBSERVATORIES, 1986

Place	Description	East Longitude ° ′	Latitude ° ′	Ref.
Sirahama, Japan	Sirahama Hydrographic Observatory	+ 138 59.3	+34 42.8	
Skalnaté Pleso, Czechoslovakia	Skalnaté Pleso Observatory	+ 20 14.7	+49 11.3	82
Skibotn, Norway	Skibotn Observatory	+ 20 21.9	+69 20.9	82
Socorro, New Mexico	Joint Obs. for Cometary Research	− 107 11.3	+33 59.1	82
Sonneberg, German Dem. Rep.	Sonneberg Observatory	+ 11 11.5	+50 22.7	81
South Park, Colorado	Tiara Observatory	− 105 31.0	+38 58.2	82
Strasbourg, France	Strasbourg Observatory	+ 7 46.2	+48 35.0	81
Stratford, Ohio	Perkins Observatory	− 83 03.3	+40 15.1	81
Sunspot, New Mexico	Sacramento Peak Observatory	− 105 49.2	+32 47.2	82
Sutherland, South Africa	South African Ast. Obs. Station	+ 20 48.7	−32 22.7	81
Swarthmore, Pennsylvania	Sproul Observatory	− 75 21.4	+39 54.3	82
Sydney, New South Wales	Sydney Observatory	+ 151 12.2	−33 51.7	82
Syracuse, New York	Syracuse University Observatory	− 76 08.3	+43 02.2	82
Table Mountain, California	Table Mountain Observatory	− 117 40.8	+34 22.9	82
Taipei, Taiwan	Taipei Observatory	+ 121 31.6	+25 04.7	
Tartu, Estonian S.S.R.	Wilhelm Struve Astrophysical Obs.	+ 26 43.3	+58 22.8	83
Tashkent, Uzbek S.S.R.	Tashkent Observatory	+ 69 17.6	+41 19.5	83
Tautenburg, German Dem. Rep.	Karl Schwarzschild Observatory	+ 11 42.8	+50 58.9	83
Teramo, Italy	Collurania Astronomical Obs.	+ 13 44.0	+42 39.5	82
Thessaloniki, Greece	University of Thessaloniki Obs.	+ 22 57.5	+40 37.0	82
Tianjing (T'ien-Ching), China	Beijing Obs. Latitude Station	+ 117 03.5	+39 08.0	84
Tokyo, Japan	Tokyo Hydrographic Observatory	+ 139 46.2	+35 39.7	
Toledo, Ohio	Ritter Observatory	− 83 36.8	+41 39.7	81
Tomsk, R.S.F.S.R.	Tomsk University Observatory	+ 84 56.8	+56 28.1	84
Tonantzintla, Mexico	National Astronomical Observatory	− 98 18.8	+19 02.0	82
Topeka, Kansas	Zenas Crane Observatory	− 95 41.8	+39 02.2	82
Tortugas Mountain, New Mexico	N.M. State Univ. Obs. Station	− 106 41.8	+32 17.6	82
Toulouse, France	Toulouse University Observatory	+ 1 27.8	+43 36.7	82
Trieste, Italy	Trieste Astronomical Observatory	+ 13 52.5	+45 38.5	81
Tübingen, German Fed. Rep.	Tübingen University Ast. Obs.	+ 9 03.5	+48 32.3	82
Tucson, Arizona	Steward Observatory	− 110 56.9	+32 14.0	81
Tumamoc Hill, Arizona	Catalina Observatory	− 111 00.3	+32 12.8	82
Tumamoc Hill, Arizona	Steward Observatory Station	− 111 00.3	+32 12.8	81
Uccle, Belgium	Royal Observatory of Belgium	+ 4 21.5	+50 47.9	81
Uchinoura, Japan	Kagoshima Space Center	+ 131 04.0	+31 13.7	82
Ukiah, California	International Latitude Observatory	− 123 12.6	+39 08.2	82
U.S. Air Force Academy, Col.	U.S. Air Force Academy Observatory	− 104 52.5	+39 00.4	82
University, Alabama	University of Alabama Observatory	− 87 32.5	+33 12.6	82
Uppsala, Sweden	Uppsala University Ast. Obs.	+ 17 37.5	+59 51.5	82
Utrecht, Netherlands	Sonnenborgh Observatory	+ 5 07.8	+52 05.2	82
Valašské Meziříčí, Czech.	Valašské Meziříčí, Observatory	+ 17 58.5	+49 27.8	82
Victoria, British Columbia	Dominion Astrophysical Observatory	− 123 25.0	+48 31.2	84
Victoria, British Columbia	University of Victoria Observatory	− 123 18.5	+48 27.8	82
Vienna, Austria	Kuffner Observatory	+ 16 17.8	+48 12.8	82
Vienna, Austria	Urania Observatory	+ 16 23.1	+48 12.7	82

OPTICAL OBSERVATORIES, 1986

Place	Description	East Longitude		Latitude		Ref.
		°	′	°	′	
Vienna, Austria	Vienna University Observatory	+ 16	20.2	+48	13.9	82
Vila Nova de Gaia, Portugal	Prof. Manuel de Barros Ast. Obs.	− 8	35.3	+41	06.5	82
Villanova, Pennsylvania	Villanova University Observatory	− 75	20.5	+40	02.4	82
Vilnius, Lithuanian S.S.R.	Vilnius Astronomical Observatory	+ 25	17.2	+54	41.0	83
Washington, D.C.	U.S. Naval Observatory	− 77	04.0	+38	55.3	81
Wellesley, Massachusetts	Whitin Observatory	− 71	18.2	+42	17.7	82
Wellington, New Zealand	Carter Observatory	+174	46.0	−41	17.2	83
Westford, Massachusetts	George R. Wallace, Jr., Aph. Obs.	− 71	29.1	+42	36.6	82
Williams Bay, Wisconsin	Yerkes Observatory	− 88	33.4	+42	34.2	81
Williamstown, Massachusetts	Hopkins Observatory	− 73	12.1	+42	42.7	82
Wroclaw, Poland	Wroclaw University Ast. Obs.	+ 17	05.3	+51	06.7	82
Xinglong (Hsing-Lung), China	Beijing Observatory Station	+117	34.5	+40	23.7	84
Yebes, Spain	National Observatory Station	− 3	06.0	+40	31.5	82
Zagreb, Yugoslavia	Geodetical Faculty Observatory	+ 16	01.3	+45	49.5	82
Zelenchukskaya, R.S.F.S.R.	Special Astrophysical Observatory	+ 41	26.5	+43	39.2	81
Zermatt, Switzerland	South Gornergrat Observatory	+ 7	47.1	+45	59.1	81
Zimmerwald, Switzerland	Zimmerwald Observatory	+ 7	27.9	+46	52.6	81
Zürich, Switzerland	Swiss Federal Observatory	+ 8	33.1	+47	22.6	81

RADIO OBSERVATORIES, 1986

Place	Description	East Longitude ° '	Latitude ° '	Ref.
Algonquin Prov. Park, Ontario	Algonquin Radio Observatory	− 78 04.4	+45 57.3	81
Arcetri, Italy	Arcetri Astrophysical Observatory	+ 11 15.3	+43 45.2	81
Arecibo, Puerto Rico	Arecibo Observatory	− 66 45.2	+18 20.6	81
Atibaia, Brazil	Itapetinga Radio Observatory	− 46 33.8	−23 11.0	83
Beijing (Peking), China	Beijing Normal University Obs.	+116 19.7	+40 06.1	84
Big Pine, California	Owens Valley Radio Observatory	−118 16.9	+37 13.9	81
Bochum, German Fed. Rep.	Bochum Observatory	+ 7 11.6	+51 25.7	81
Bolton Landing, New York	Dudley Observatory	− 73 40.3	+43 36.9	81
Borrego Springs, California	Clark Lake Radio Observatory	−116 17.4	+33 20.5	81
Cambridge, England	Mullard Radio Astronomy Obs.	+ 0 02.6	+52 10.2	81
Campo, California	La Posta Astrogeophysical Obs.	−116 26.1	+32 40.7	81
Cassel, California	Hat Creek Radio Astronomy Obs.	−121 28.4	+40 49.1	81
Cebreros, Spain	Deep Space Station 62	− 4 22.0	+40 27.3	84
Chatanika, Alaska	Chatanika Incoherent Scatter Fac.	−147 27.1	+65 06.2	81
Chiisagata-Gun, Japan	Nagoya Univ. Sugadaira Station	+138 19.2	+36 31.3	81
Chilbolton, England	Chilbolton Observatory	− 1 26.2	+51 08.7	81
Cocoa, Florida	Brevard Community College Obs.	− 80 45.7	+28 23.1	81
Cracow, Poland	Jagellonian Obs. Fort Skala Station	+ 19 49.8	+50 03.2	81
Danville, Illinois	Vermilion River Observatory	− 87 33.4	+40 03.9	81
Delaware, Ohio	Ohio State-Ohio Wesl. Radio Obs.	− 83 02.9	+40 15.1	81
Dwingeloo, Netherlands	Dwingeloo Radio Observatory	+ 6 23.8	+52 48.8	81
Effelsberg, German Fed. Rep.	Max Planck Inst. for Radio Ast.	+ 6 53.0	+50 31.5	81
El Segundo, California	Space Radio Systems Facility	−118 22.6	+33 54.8	81
Eschweiler, German Fed. Rep.	Stockert Radio Observatory	+ 6 43.4	+50 34.2	81
Fort Davis, Texas	Harvard Radio Astronomy Station	−103 56.7	+30 38.2	82
Fort Irwin, California	Goldstone Complex	−116 50.9	+35 23.4	81
Green Bank, West Virginia	National Radio Astronomy Obs.	− 79 50.5	+38 25.8	83
Greenbelt, Maryland	Goddard Research Observatory	− 76 49.6	+39 01.3	81
Hamilton, Massachusetts	Sagamore Hill Radio Observatory	− 70 49.3	+42 37.9	81
Harvard, Massachusetts	Harvard Obs. Agassiz Station	− 71 33.5	+42 30.2	81
Haverford, Pennsylvania	Strawbridge Observatory	− 75 18.0	+40 00.6	81
Hobart, Tasmania	University of Tasmania Observatory	+147 32.0	−42 50.0	81
Holmdel, New Jersey	Crawford Hill Observatory	− 74 11.2	+40 23.5	81
Homer, Alaska	Homer Radar Observatory	−151 32.1	+59 42.8	81
Hoskinstown, New South Wales	Molongo Radio Observatory	+149 25.4	−35 22.3	84
Humain, Belgium	Royal Obs. Radio Astronomy Station	+ 5 15.3	+50 11.5	84
Japal, India	Japal-Rangapur Observatory	+ 78 43.7	+17 05.9	83
Jodrell Bank, England	Nuffield Radio Astronomy Labs.	− 2 18.4	+53 14.2	81
Kamikuisshiki-Mura, Japan	Nagoya Univ. Fujigane Station	+138 36.7	+35 26.6	81
Kashima-Machi, Japan	Kashima Space Commun. Center	+140 39.8	+35 57.3	81
Kasugai-Shi, Japan	Research Inst. of Magnetosphere	+137 00.6	+35 16.6	81
Kemps Creek, New South Wales	Fleurs Radio Observatory	+150 46.5	−33 51.8	81
Kirkkonummi, Finland	Metsähovi Radio Research Station	+ 24 23.6	+60 13.1	81
Kiruna, Sweden	Kiruna Geophysical Institute	+ 20 24.8	+67 50.4	82
Kisarazu, Japan	Kisarazu Technical College Obs.	+139 57.6	+35 22.8	81

RADIO OBSERVATORIES, 1986

Place	Description	East Longitude ° ′	Latitude ° ′	Ref.
Kitt Peak, Arizona	National Radio Astronomy Obs.	− 111 36.9	+31 57.2	81
Legon, Ghana	University of Ghana Observatory	− 0 11.4	+ 5 38.9	81
Maipu, Chile	Maipu Radio Astronomy Observatory	− 70 51.5	−33 30.1	81
Malvern, England	Royal Radar Establishment	− 2 20.0	+52 08.1	81
Marfa, Texas	Univ. of Texas Radio Ast. Obs.	− 103 54.5	+30 06.5	82
Minamimaki-Mura, Japan	Nobeyama Solar Radio Observatory	+ 138 28.8	+35 56.3	81
Mitaka-Shi, Japan	Tokyo Astronomical Observatory	+ 139 32.2	+35 40.3	81
Miyun (Mi-Yün), China	Beijing Observatory Station	+ 116 45.9	+40 33.4	84
Mount Locke, Texas	Millimeter Wave Observatory	− 104 01.7	+30 40.3	81
Nagoya, Japan	Nagoya Univ. Radio Astronomy Lab.	+ 136 58.4	+35 08.9	81
Nakaminato-Shi, Japan	Hiraiso Radio Wave Observatory	+ 140 37.5	+36 21.9	82
Nançay, France	Paris Obs. Radio Astronomy Station	+ 2 11.8	+47 22.8	81
Narrabri, New South Wales	Culgoora Solar Radio Observatory	+ 149 33.7	−30 18.9	81
Nederland, Colorado	Univ. of Colorado Radio Ast. Obs.	− 105 30.7	+39 56.8	81
New Salem, Massachusetts	Five College Radio Astronomy Obs.	− 72 20.7	+42 23.6	81
North Liberty, Iowa	North Liberty Radio Observatory	− 91 34.5	+41 46.3	81
Old Town, Florida	University of Florida Radio Obs.	− 83 02.1	+29 31.7	81
Onsala, Sweden	Onsala Space Observatory	+ 11 55.2	+57 23.6	81
Ootacamund, India	Radio Astronomy Center	+ 76 40.0	+11 22.9	81
Parkes, New South Wales	Australian Natl. Radio Ast. Obs.	+ 148 15.7	−33 00.0	81
Partizanskoye, Ukrainian S.S.R.	Crimean Astrophysical Observatory	+ 34 01.0	+44 43.7	84
Penticton, British Columbia	Dominion Radio Astrophysical Obs.	− 119 37.2	+49 19.2	81
Portage Lake, Michigan	Univ. of Michigan Radio Ast. Obs.	− 83 56.2	+42 23.9	81
Pulkovo, R.S.F.S.R.	Main Astronomical Observatory	+ 30 19.4	+59 46.1	83
Rattlesnake Mtn., Washington	Rattlesnake Mountain Observatory	− 119 35.1	+46 23.4	81
Riverside, Maryland	Maryland Point Observatory	− 77 13.9	+38 22.4	81
San Fernando, California	San Fernando Observatory	− 118 29.5	+34 18.5	81
Socorro, New Mexico	National Radio Astronomy Obs.	− 107 37.1	+34 04.7	81
Stanford, California	Radio Astronomy Institute	− 122 11.3	+37 23.9	81
Sugar Grove, West Virginia	Naval Research Laboratory	− 79 16.4	+38 31.2	81
Tidbinbilla, Austl. Cap. Terr.	Deep Space Sta. CDSCC-Tidbinbilla	+ 148 58.8	−35 24.1	82
Toyokawa, Japan	Toyokawa Observatory	+ 137 22.3	+34 50.2	81
Tremsdorf, German Dem. Rep.	Radio Astronomy Observatory	+ 13 08.2	+52 17.1	83
Trieste, Italy	Trieste Astronomical Observatory	+ 13 45.0	+45 38.0	81
Uchinoura, Japan	Kagoshima Space Center	+ 131 04.8	+31 15.0	81
University, Alabama	Unversity of Alabama Observatory	− 87 32.5	+33 12.6	81
Vancouver, British Columbia	Univ. of British Columbia Obs.	− 123 13.9	+49 15.2	81
Villa Elisa, Argentina	Argentine Inst. of Radio Astronomy	− 58 08.2	−34 52.1	81
Washington, D.C.	Radio Astronomy Observatory	− 77 01.6	+38 49.3	81
Westerbork, Netherlands	Westerbork Radio Observatory	+ 6 36.3	+52 55.0	81
Westford, Massachusetts	Haystack Observatory	− 71 29.3	+42 37.4	81
Westford, Massachusetts	Millstone Hill Radar Observatory	− 71 29.5	+42 37.0	81
Yebes, Spain	National Observatory Station	− 3 06.0	+40 31.5	81
Zelenchukskaya, R.S.F.S.R.	Special Astrophysical Observatory	+ 41 35.4	+43 49.5	81

TABLES AND DATA
CONTENTS OF SECTION K

Julian Day Numbers
    A.D. 1950–2000.. K2
    A.D. 2000–2050.. K3
Julian Dates of Gregorian Calendar Dates.................................. K4
Astronomical Constants
    Former System: IAU (1964)... K5
    IAU (1976) System... K6
Reduction of Time Scales
    1620–1819.. K8
    1820 to present... K9
Coordinates of the Celestial Pole... K10
Interpolation Methods.. K11
    Coefficients for Bessel's interpolation formula.................... K13
    Coefficients for subtabulation with Bessel's formula............... K14

JULIAN DAY NUMBER

DAYS ELAPSED AT GREENWICH NOON, A.D. 1950–2000

Year	Jan. 0	Feb. 0	Mar. 0	Apr. 0	May 0	June 0	July 0	Aug. 0	Sept. 0	Oct. 0	Nov. 0	Dec. 0
1950	243 3282	3313	3341	3372	3402	3433	3463	3494	3525	3555	3586	3616
1951	3647	3678	3706	3737	3767	3798	3828	3859	3890	3920	3951	3981
1952	4012	4043	4072	4103	4133	4164	4194	4225	4256	4286	4317	4347
1953	4378	4409	4437	4468	4498	4529	4559	4590	4621	4651	4682	4712
1954	4743	4774	4802	4833	4863	4894	4924	4955	4986	5016	5047	5077
1955	243 5108	5139	5167	5198	5228	5259	5289	5320	5351	5381	5412	5442
1956	5473	5504	5533	5564	5594	5625	5655	5686	5717	5747	5778	5808
1957	5839	5870	5898	5929	5959	5990	6020	6051	6082	6112	6143	6173
1958	6204	6235	6263	6294	6324	6355	6385	6416	6447	6477	6508	6538
1959	6569	6600	6628	6659	6689	6720	6750	6781	6812	6842	6873	6903
1960	243 6934	6965	6994	7025	7055	7086	7116	7147	7178	7208	7239	7269
1961	7300	7331	7359	7390	7420	7451	7481	7512	7543	7573	7604	7634
1962	7665	7696	7724	7755	7785	7816	7846	7877	7908	7938	7969	7999
1963	8030	8061	8089	8120	8150	8181	8211	8242	8273	8303	8334	8364
1964	8395	8426	8455	8486	8516	8547	8577	8608	8639	8669	8700	8730
1965	243 8761	8792	8820	8851	8881	8912	8942	8973	9004	9034	9065	9095
1966	9126	9157	9185	9216	9246	9277	9307	9338	9369	9399	9430	9460
1967	9491	9522	9550	9581	9611	9642	9672	9703	9734	9764	9795	9825
1968	9856	9887	9916	9947	9977	*0008	*0038	*0069	*0100	*0130	*0161	*0191
1969	244 0222	0253	0281	0312	0342	0373	0403	0434	0465	0495	0526	0556
1970	244 0587	0618	0646	0677	0707	0738	0768	0799	0830	0860	0891	0921
1971	0952	0983	1011	1042	1072	1103	1133	1164	1195	1225	1256	1286
1972	1317	1348	1377	1408	1438	1469	1499	1530	1561	1591	1622	1652
1973	1683	1714	1742	1773	1803	1834	1864	1895	1926	1956	1987	2017
1974	2048	2079	2107	2138	2168	2199	2229	2260	2291	2321	2352	2382
1975	244 2413	2444	2472	2503	2533	2564	2594	2625	2656	2686	2717	2747
1976	2778	2809	2838	2869	2899	2930	2960	2991	3022	3052	3083	3113
1977	3144	3175	3203	3234	3264	3295	3325	3356	3387	3417	3448	3478
1978	3509	3540	3568	3599	3629	3660	3690	3721	3752	3782	3813	3843
1979	3874	3905	3933	3964	3994	4025	4055	4086	4117	4147	4178	4208
1980	244 4239	4270	4299	4330	4360	4391	4421	4452	4483	4513	4544	4574
1981	4605	4636	4664	4695	4725	4756	4786	4817	4848	4878	4909	4939
1982	4970	5001	5029	5060	5090	5121	5151	5182	5213	5243	5274	5304
1983	5335	5366	5394	5425	5455	5486	5516	5547	5578	5608	5639	5669
1984	5700	5731	5760	5791	5821	5852	5882	5913	5944	5974	6005	6035
1985	244 6066	6097	6125	6156	6186	6217	6247	6278	6309	6339	6370	6400
1986	6431	6462	6490	6521	6551	6582	6612	6643	6674	6704	6735	6765
1987	6796	6827	6855	6886	6916	6947	6977	7008	7039	7069	7100	7130
1988	7161	7192	7221	7252	7282	7313	7343	7374	7405	7435	7466	7496
1989	7527	7558	7586	7617	7647	7678	7708	7739	7770	7800	7831	7861
1990	244 7892	7923	7951	7982	8012	8043	8073	8104	8135	8165	8196	8226
1991	8257	8288	8316	8347	8377	8408	8438	8469	8500	8530	8561	8591
1992	8622	8653	8682	8713	8743	8774	8804	8835	8866	8896	8927	8957
1993	8988	9019	9047	9078	9108	9139	9169	9200	9231	9261	9292	9322
1994	9353	9384	9412	9443	9473	9504	9534	9565	9596	9626	9657	9687
1995	244 9718	9749	9777	9808	9838	9869	9899	9930	9961	9991	*0022	*0052
1996	245 0083	0114	0143	0174	0204	0235	0265	0296	0327	0357	0388	0418
1997	0449	0480	0508	0539	0569	0600	0630	0661	0692	0722	0753	0783
1998	0814	0845	0873	0904	0934	0965	0995	1026	1057	1087	1118	1148
1999	1179	1210	1238	1269	1299	1330	1360	1391	1422	1452	1483	1513
2000	245 1544	1575	1604	1635	1665	1696	1726	1757	1788	1818	1849	1879

JULIAN DAY NUMBER

DAYS ELAPSED AT GREENWICH NOON, A.D. 2000–2050

Year	Jan. 0	Feb. 0	Mar. 0	Apr. 0	May 0	June 0	July 0	Aug. 0	Sept. 0	Oct. 0	Nov. 0	Dec. 0
2000	245 1544	1575	1604	1635	1665	1696	1726	1757	1788	1818	1849	1879
2001	1910	1941	1969	2000	2030	2061	2091	2122	2153	2183	2214	2244
2002	2275	2306	2334	2365	2395	2426	2456	2487	2518	2548	2579	2609
2003	2640	2671	2699	2730	2760	2791	2821	2852	2883	2913	2944	2974
2004	3005	3036	3065	3096	3126	3157	3187	3218	3249	3279	3310	3340
2005	245 3371	3402	3430	3461	3491	3522	3552	3583	3614	3644	3675	3705
2006	3736	3767	3795	3826	3856	3887	3917	3948	3979	4009	4040	4070
2007	4101	4132	4160	4191	4221	4252	4282	4313	4344	4374	4405	4435
2008	4466	4497	4526	4557	4587	4618	4648	4679	4710	4740	4771	4801
2009	4832	4863	4891	4922	4952	4983	5013	5044	5075	5105	5136	5166
2010	245 5197	5228	5256	5287	5317	5348	5378	5409	5440	5470	5501	5531
2011	5562	5593	5621	5652	5682	5713	5743	5774	5805	5835	5866	5896
2012	5927	5958	5987	6018	6048	6079	6109	6140	6171	6201	6232	6262
2013	6293	6324	6352	6383	6413	6444	6474	6505	6536	6566	6597	6627
2014	6658	6689	6717	6748	6778	6809	6839	6870	6901	6931	6962	6992
2015	245 7023	7054	7082	7113	7143	7174	7204	7235	7266	7296	7327	7357
2016	7388	7419	7448	7479	7509	7540	7570	7601	7632	7662	7693	7723
2017	7754	7785	7813	7844	7874	7905	7935	7966	7997	8027	8058	8088
2018	8119	8150	8178	8209	8239	8270	8300	8331	8362	8392	8423	8453
2019	8484	8515	8543	8574	8604	8635	8665	8696	8727	8757	8788	8818
2020	245 8849	8880	8909	8940	8970	9001	9031	9062	9093	9123	9154	9184
2021	9215	9246	9274	9305	9335	9366	9396	9427	9458	9488	9519	9549
2022	9580	9611	9639	9670	9700	9731	9761	9792	9823	9853	9884	9914
2023	9945	9976	*0004	*0035	*0065	*0096	*0126	*0157	*0188	*0218	*0249	*0279
2024	246 0310	0341	0370	0401	0431	0462	0492	0523	0554	0584	0615	0645
2025	246 0676	0707	0735	0766	0796	0827	0857	0888	0919	0949	0980	1010
2026	1041	1072	1100	1131	1161	1192	1222	1253	1284	1314	1345	1375
2027	1406	1437	1465	1496	1526	1557	1587	1618	1649	1679	1710	1740
2028	1771	1802	1831	1862	1892	1923	1953	1984	2015	2045	2076	2106
2029	2137	2168	2196	2227	2257	2288	2318	2349	2380	2410	2441	2471
2030	246 2502	2533	2561	2592	2622	2653	2683	2714	2745	2775	2806	2836
2031	2867	2898	2926	2957	2987	3018	3048	3079	3110	3140	3171	3201
2032	3232	3263	3292	3323	3353	3384	3414	3445	3476	3506	3537	3567
2033	3598	3629	3657	3688	3718	3749	3779	3810	3841	3871	3902	3932
2034	3963	3994	4022	4053	4083	4114	4144	4175	4206	4236	4267	4297
2035	246 4328	4359	4387	4418	4448	4479	4509	4540	4571	4601	4632	4662
2036	4693	4724	4753	4784	4814	4845	4875	4906	4937	4967	4998	5028
2037	5059	5090	5118	5149	5179	5210	5240	5271	5302	5332	5363	5393
2038	5424	5455	5483	5514	5544	5575	5605	5636	5667	5697	5728	5758
2039	5789	5820	5848	5879	5909	5940	5970	6001	6032	6062	6093	6123
2040	246 6154	6185	6214	6245	6275	6306	6336	6367	6398	6428	6459	6489
2041	6520	6551	6579	6610	6640	6671	6701	6732	6763	6793	6824	6854
2042	6885	6916	6944	6975	7005	7036	7066	7097	7128	7158	7189	7219
2043	7250	7281	7309	7340	7370	7401	7431	7462	7493	7523	7554	7584
2044	7615	7646	7675	7706	7736	7767	7797	7828	7859	7889	7920	7950
2045	246 7981	8012	8040	8071	8101	8132	8162	8193	8224	8254	8285	8315
2046	8346	8377	8405	8436	8466	8497	8527	8558	8589	8619	8650	8680
2047	8711	8742	8770	8801	8831	8862	8892	8923	8954	8984	9015	9045
2048	9076	9107	9136	9167	9197	9228	9258	9289	9320	9350	9381	9411
2049	9442	9473	9501	9532	9562	9593	9623	9654	9685	9715	9746	9776
2050	246 9807	9838	9866	9897	9927	9958	9988	*0019	*0050	*0080	*0111	*0141

JULIAN DATES OF GREGORIAN CALENDAR DATES

The Julian date (JD) corresponding to any instant is the interval in mean solar days elapsed since 4713 BC January 1 at Greenwich mean noon (12^h). To determine the JD at 0^h for a given Gregorian calendar date, sum the values from Table A for century, Table B for year and Table C for month; then add the day of the month. Julian dates for the current year are given on page B4. More extensive tables of Julian dates are given on pages 437–439 in the *Explanatory Supplement*.

A. Julian date at January $0^d 0^h$ of centurial year

Year	1600†	1700	1800	1900	2000†	2100
Julian date	230 5447.5	234 1971.5	237 8495.5	241 5019.5	245 1544.5	248 8068.5

†Centurial years that are exactly divisible by 400 and hence are leap years in the Gregorian calendar. To determine the JD for any date in such a year, subtract 1 from the JD in Table A and use the leap year portion of Table C. (For 1600 and 2000 the JD tabulated in Table A are actually for January $1^d 0^h$.)

B. Addition to give Julian date for January $0^d 0^h$ of year

Year	Add	Year	Add	Year	Add	Year	Add
0	0	25	9131	50	18262	75	27393
1	365	26	9496	51	18627	76*	27758
2	730	27	9861	52*	18992	77	28124
3	1095	28*	10226	53	19358	78	28489
4*	1460	29	10592	54	19723	79	28854
5	1826	30	10957	55	20088	80*	29219
6	2191	31	11322	56*	20453	81	29585
7	2556	32*	11687	57	20819	82	29950
8*	2921	33	12053	58	21184	83	30315
9	3287	34	12418	59	21549	84*	30680
10	3652	35	12783	60*	21914	85	31046
11	4017	36*	13148	61	22280	86	31411
12*	4382	37	13514	62	22645	87	31776
13	4748	38	13879	63	23010	88*	32141
14	5113	39	14244	64*	23375	89	32507
15	5478	40*	14609	65	23741	90	32872
16*	5843	41	14975	66	24106	91	33237
17	6209	42	15340	67	24471	92*	33602
18	6574	43	15705	68*	24836	93	33968
19	6939	44*	16070	69	25202	94	34333
20*	7304	45	16436	70	25567	95	34698
21	7670	46	16801	71	25932	96*	35063
22	8035	47	17166	72*	26297	97	35429
23	8400	48*	17531	73	26663	98	35794
24*	8765	49	17897	74	27028	99	36159

Example: 14 November 1981

0 Jan. 1900	241	5019.5
+Table B	+2	9585
0 Jan. 1981	244	4604.5
+Table C	+	304
0 Nov. 1981	244	4908.5
+Day of Month	+	14
14 Nov. 1981	244	4922.5

* Leap years

C. Addition to give Julian date for beginning of month ($0^d 0^h$)

	Jan.	Feb.	Mar.	Apr.	May	June	July	Aug.	Sept.	Oct.	Nov.	Dec.
Normal year	0	31	59	90	120	151	181	212	243	273	304	334
Leap year	0	31	60	91	121	152	182	213	244	274	305	335

ASTRONOMICAL CONSTANTS (FORMER SYSTEM)

IAU (1964) System of Astronomical Constants

This system of constants was replaced for the 1984 edition of the *Astronomical Almanac* by the IAU (1976) System of Astronomical Constants given on pages K6 to K7.

Defining constants

Number of ephemeris seconds in one tropical year (1900)	$s = 31\,556\,925.974\,7$
Gaussian gravitational constant	$k = 0.017\,202\,098\,950\,000$
	$= 3\,548\overset{\prime\prime}{.}187\,606\,965\,1$

Primary constants

Astronomical unit	$149\,600 \times 10^6$ m
Velocity of light	$299\,792.5 \times 10^3$ m/sec
Equatorial radius of the Earth	$6\,378\,160$ m
Dynamical form-factor for Earth	$0.001\,082\,7$
Geocentric gravitational constant	$398\,603 \times 10^9$ m^{3}s^{-2}
Mass ratio: Earth/Moon	81.30
General precession in longitude per tropical century (1900)	$5025\overset{\prime\prime}{.}64$
Constant of nutation (1900)	$9\overset{\prime\prime}{.}210$

Derived constants

Solar parallax	$8\overset{\prime\prime}{.}794$
Light-time for unit distance	$499^s\!.012$
Constant of aberration	$20\overset{\prime\prime}{.}496$
Flattening factor for Earth	$1/298.25$
	$= 0.003\,352\,89$
Heliocentric gravitational constant	$132\,718 \times 10^{15}$ m^{3}s^{-2}
Mass ratio: Sun/Earth	$332\,958$
Mass ratio: Sun/(Earth+Moon)	$328\,912$
Mean distance of the Moon	$384\,400 \times 10^3$ m
Constant of sine parallax for Moon	$3\,422\overset{\prime\prime}{.}451$

Figure of the Earth

Equatorial radius (primary)	$a = 6\,378\,160$ m
Polar radius	$a(1-f) = 6\,356\,774.7$ m
Square of eccentricity	$e^2 = 0.006\,694\,54$

Reduction from geodetic latitude ϕ to geocentric latitude ϕ'
$$\phi' - \phi = -11'\,32\overset{\prime\prime}{.}743\,0 \sin 2\phi + 1\overset{\prime\prime}{.}163\,3 \sin 4\phi - 0\overset{\prime\prime}{.}002\,6 \sin 6\phi$$

Radius vector
$$\rho = a(0.998\,327\,073 + 0.001\,676\,438 \cos 2\phi - 0.000\,003\,519 \cos 4\phi$$
$$+ 0.000\,000\,008 \cos 6\phi)$$

One degree of latitude (m)
$$111\,133.35 - 559.84 \cos 2\phi + 1.17 \cos 4\phi \quad (\phi = \text{mid-latitude of arc})$$

One degree of longitude (m)
$$111\,413.28 \cos \phi - 93.51 \cos 3\phi + 0.12 \cos 5\phi$$

The complete system of astronomical constants is given in *Supplement to the A.E. 1968* (pages 4s–7s).

Old Constants

The printed ephemerides of the Sun and inner planets are based on the following values of the constants that were in use immediately prior to the introduction of the IAU (1964) System.

Solar parallax	$8\overset{\prime\prime}{.}80$
Light-time for unit distance	$498^s\!.38$
Constant of aberration	$20\overset{\prime\prime}{.}47$
Mass ratio	
Sun/(Earth+Moon)	$329\,390$
Earth/Moon (planetary theory)	81.45

ASTRONOMICAL CONSTANTS

IAU (1976) System of Astronomical Constants

Units:

The units meter (m), kilogram (kg), and second (s) are the units of length, mass, and time in the International System of Units (SI).

The astronomical unit of time is a time interval of one day (D) of 86400 seconds. An interval of 36525 days is one Julian century.

The astronomical unit of mass is the mass of the Sun (S).

The astronomical unit of length is that length (A) for which the Gaussian gravitational constant (k) takes the value 0.017 202 098 95 when the units of measurement are the astronomical units of length, mass, and time. The dimensions of k^2 are those of the constant of gravitation (G), i.e., $L^3 M^{-1} T^{-2}$. The term "unit distance" is also used for the length A.

In the preparation of the ephemerides and the fitting of the ephemerides to all the observational data available, it was necessary to modify some of the constants and planetary masses. The modified values of the constants are indicated in brackets following the (1976) System values.

Defining constants:

1. Gaussian gravitational constant $\qquad k = 0.017\ 202\ 098\ 95$
2. Speed of light $\qquad c = 299\ 792\ 458\ \text{m s}^{-1}$

Primary constants:

3. Light-time for unit distance $\qquad \tau_A = 499.004\ 782\ \text{s}$
   $[499.004\ 7837\ \ldots]$
4. Equatorial radius for Earth $\qquad a_e = 6378\ 140\ \text{m}$
   [IUGG value $\qquad a_e = 6378\ 137\ \text{m}]$
5. Dynamical form-factor for Earth $\qquad J_2 = 0.001\ 082\ 63$
6. Geocentric gravitational constant $\qquad GE = 3.986\ 005 \times 10^{14}\ \text{m}^3\text{s}^{-2}$
   $[3.986\ 004\ 48\ \ldots \times 10^{14}]$
7. Constant of gravitation $\qquad G = 6.672 \times 10^{-11}\ \text{m}^3\text{kg}^{-1}\text{s}^{-2}$
8. Ratio of mass of Moon to that of Earth $\qquad \mu = 0.012\ 300\ 02$
   $[0.012\ 300\ 034]$
9. General precession in longitude, per Julian century, at standard epoch 2000 $\qquad p = 5029''\!.0966$
10. Obliquity of the ecliptic, at standard epoch 2000 $\qquad \epsilon = 23°26'\ 21''\!.448$
    $[23°26'21''\!.4119]$

Derived constants:

11. Constant of nutation, at standard epoch 2000 $\qquad N = 9''\!.2025$
12. Unit distance $\qquad c\tau_A = A = 1.495\ 978\ 70 \times 10^{11}\ \text{m}$
    $[1.495\ 978\ 706\ 6 \times 10^{11}]$
13. Solar parallax $\qquad \arcsin(a_e/A) = \pi_\odot = 8''\!.794\ 148$
14. Constant of aberration, for standard epoch 2000 $\qquad \kappa = 20''\!.49\ 552$
15. Flattening factor for the Earth $\qquad f = 0.003\ 352\ 81$
    $= 1/298.257$
16. Heliocentric gravitational constant $\qquad A^3 k^2/D^2 = GS = 1.327\ 124\ 38 \times 10^{20}\ \text{m}^3\ \text{s}^{-2}$
    $[1.327\ 124\ 40\ \ldots \times 10^{20}]$
17. Ratio of mass of Sun to that of the Earth $\qquad (GS)/(GE) = S/E = 332\ 946.0$
    $[332\ 946.038\ \ldots]$
18. Ratio of mass of Sun to that of Earth + Moon $\qquad (S/E)/(1+\mu) = 328\ 900.5$
    $[328\ 900.55]$
19. Mass of the Sun $\qquad (GS)/G = S = 1.9891 \times 10^{30}\ \text{kg}$

ASTRONOMICAL CONSTANTS

20. System of planetary masses
    Ratios of mass of Sun to masses of the planets

Mercury	6 023 600	Jupiter	1 047.355	[1 047.350]
Venus	408 523.5	Saturn	3 498.5	[3 498.0]
Earth+Moon	328 900.5	Uranus	22 869	[22 960]
Mars	3 098 710	Neptune	19 314	
		Pluto	3 000 000	[130 000 000]

Other Quantities for Use in the Preparation of Ephemerides

It is recommended that the values given in the following list should normally be used in the preparation of new ephemerides.

21. Masses of minor planets

Minor planet	Mass in solar mass
(1) Ceres	5.9×10^{-10}
(2) Pallas	1.1×10^{-10} [1.081×10^{-10}]
(4) Vesta	1.2×10^{-10} [1.379×10^{-10}]

22. Masses of satellites

Planet	Satellite	Satellite/Planet
Jupiter	Io	4.70×10^{-5}
	Europa	2.56×10^{-5}
	Ganymede	7.84×10^{-5}
	Callisto	5.6×10^{-5}
Saturn	Titan	2.41×10^{-4}
Neptune	Triton	2×10^{-3}

23. Equatorial radii in km

Mercury	2 439	Jupiter	71 398	Pluto	2 500
Venus	6 052	Saturn	60 000		
Earth	6 378.140	Uranus	25 400	Moon	1 738
Mars	3 397.2	Neptune	24 300	Sun	696 000

24. Gravity fields of planets

Planet	J_2	J_3	J_4
Earth	$+0.001\,082\,63$	-0.254×10^{-5}	-0.161×10^{-5}
Mars	$+0.001\,964$	$+0.36 \times 10^{-4}$	
Jupiter	$+0.014\,75$		-0.58×10^{-3}
Saturn	$+0.016\,45$		-0.10×10^{-2}
Uranus	$+0.012$		
Neptune	$+0.004$		

(Mars: $C_{22} = -0.000\,055$, $S_{22} = +0.000\,031$, $S_{31} = +0.000\,026$)

25. Gravity field of the Moon

$\gamma = (B-A)/C = 0.000\,2278$ $C/MR^2 = 0.392$
$\beta = (C-A)/B = 0.000\,6313$ $I = 5552\overset{"}{.}7 = 1°32'32\overset{"}{.}7$
$C_{20} = -0.000\,2027$ $C_{30} = -0.000\,006$ $C_{32} = +0.000\,0048$
$C_{22} = +0.000\,0223$ $C_{31} = +0.000\,029$ $S_{32} = +0.000\,0017$
                           $S_{31} = +0.000\,004$ $C_{33} = +0.000\,0018$
                                                    $S_{33} = -0.000\,001$

REDUCTION OF TIME SCALES, 1620–1819

$$\Delta T = ET - UT$$

Year	ΔT s	Year	ΔT s	Year	ΔT s	Year	ΔT s	Year	ΔT s
1620·0	+124	1660·0	+37	1700·0	+ 9	1740·0	+12	1780·0	+17
1621	119	1661	36	1701	9	1741	12	1781	17
1622	115	1662	35	1702	9	1742	12	1782	17
1623	110	1663	34	1703	9	1743	12	1783	17
1624	106	1664	33	1704	9	1744	13	1784	17
1625·0	+102	1665·0	+32	1705·0	+ 9	1745·0	+13	1785·0	+17
1626	98	1666	31	1706	9	1746	13	1786	17
1627	95	1667	30	1707	9	1747	13	1787	17
1628	91	1668	28	1708	10	1748	13	1788	17
1629	88	1669	27	1709	10	1749	13	1789	17
1630·0	+ 85	1670·0	+26	1710·0	+10	1750·0	+13	1790·0	+17
1631	82	1671	25	1711	10	1751	14	1791	17
1632	79	1672	24	1712	10	1752	14	1792	16
1633	77	1673	23	1713	10	1753	14	1793	16
1634	74	1674	22	1714	10	1754	14	1794	16
1635·0	+ 72	1675·0	+21	1715·0	+10	1755·0	+14	1795·0	+16
1636	70	1676	20	1716	10	1756	14	1796	15
1637	67	1677	19	1717	11	1757	14	1797	15
1638	65	1678	18	1718	11	1758	15	1798	14
1639	63	1679	17	1719	11	1759	15	1799	14
1640·0	+ 62	1680·0	+16	1720·0	+11	1760·0	+15	1800·0	+13·7
1641	60	1681	15	1721	11	1761	15	1801	13·4
1642	58	1682	14	1722	11	1762	15	1802	13·1
1643	57	1683	14	1723	11	1763	15	1803	12·9
1644	55	1684	13	1724	11	1764	15	1804	12·7
1645·0	+ 54	1685·0	+12	1725·0	+11	1765·0	+16	1805·0	+12·6
1646	53	1686	12	1726	11	1766	16	1806	12·5
1647	51	1687	11	1727	11	1767	16	1807	12·5
1648	50	1688	11	1728	11	1768	16	1808	12·5
1649	49	1689	10	1729	11	1769	16	1809	12·5
1650·0	+ 48	1690·0	+10	1730·0	+11	1770·0	+16	1810·0	+12·5
1651	47	1691	10	1731	11	1771	16	1811	12·5
1652	46	1692	9	1732	11	1772	16	1812	12·5
1653	45	1693	9	1733	11	1773	16	1813	12·5
1654	44	1694	9	1734	12	1774	16	1814	12·5
1655·0	+ 43	1695·0	+ 9	1735·0	+12	1775·0	+17	1815·0	+12·5
1656	42	1696	9	1736	12	1776	17	1816	12·5
1657	41	1697	9	1737	12	1777	17	1817	12·4
1658	40	1698	9	1738	12	1778	17	1818	12·3
1659·0	+ 38	1699·0	+ 9	1739·0	+12	1779·0	+17	1819·0	+12·2

This table is based on an adopted value of $-26''/\text{cy}^2$ for the tidal term ($\dot{n}$) in the mean motion of the Moon from the results of analyses of observations of lunar occultations of stars, eclipses of the Sun, and transits of Mercury. (See F. R. Stephenson and L. V. Morrison, 1984, *Phil. Trans. R. Soc. London*, in press.)

To calculate the values of ΔT for a different value of the tidal term ($\dot{n}'$), add
$$-0 \cdot 000\,091\,(\dot{n}' + 26)(\text{year} - 1955)^2 \text{ seconds}$$
to the tabulated values of ΔT.

REDUCTION OF TIME-SCALES FROM 1820

1820–1983, $\Delta T = ET - UT$.   FROM 1984, $\Delta T = TDT - UT$.

Year	ΔT (s)	Year	ΔT (s)	Year	ΔT (s)	Year	ΔT (s)	Year	ΔT (s)
1820.0	+12.0	1860.0	+7.88	1900.0	− 2.72	1940.0	+24.33	1980.0	+50.54
1821	11.7	1861	7.82	1901	1.54	1941	24.83	1981	51.38
1822	11.4	1862	7.54	1902	− 0.02	1942	25.30	1982	52.17
1823	11.1	1863	6.97	1903	+ 1.24	1943	25.70	1983	52.96
1824	10.6	1864	6.40	1904	2.64	1944	26.24	1984.0	+53.79
1825.0	+10.2	1865.0	+6.02	1905.0	+ 3.86	1945.0	+26.77	Extrapolated	
1826	9.6	1866	5.41	1906	5.37	1946	27.28		
1827	9.1	1867	4.10	1907	6.14	1947	27.78	1985.0	+54.6
1828	8.6	1868	2.92	1908	7.75	1948	28.25	1986	55.5
1829	8.0	1869	1.82	1909	9.13	1949	28.71	1987.0	+56.3
1830.0	+ 7.5	1870.0	+1.61	1910.0	+10.46	1950.0	+29.15		
1831	7.0	1871	+0.10	1911	11.53	1951	29.57		
1832	6.6	1872	−1.02	1912	13.36	1952	29.97		
1833	6.3	1873	1.28	1913	14.65	1953	30.36		
1834	6.0	1874	2.69	1914	16.01	1954	30.72		
1835.0	+ 5.8	1875.0	−3.24	1915.0	+17.20	1955.0	+31.07		
1836	5.7	1876	3.64	1916	18.24	1956	31.35		
1837	5.6	1877	4.54	1917	19.06	1957	31.68		
1838	5.6	1878	4.71	1918	20.25	1958	32.18		
1839	5.6	1879	5.11	1919	20.95	1959	32.68		
1840.0	+ 5.7	1880.0	−5.40	1920.0	+21.16	1960.0	+33.15		
1841	5.8	1881	5.42	1921	22.25	1961	33.59		
1842	5.9	1882	5.20	1922	22.41	1962	34.00		
1843	6.1	1883	5.46	1923	23.03	1963	34.47		
1844	6.2	1884	5.46	1924	23.49	1964	35.03		
1845.0	+ 6.3	1885.0	−5.79	1925.0	+23.62	1965.0	+35.73		
1846	6.5	1886	5.63	1926	23.86	1966	36.54		
1847	6.6	1887	5.64	1927	24.49	1967	37.43		
1848	6.8	1888	5.80	1928	24.34	1968	38.29		
1849	6.9	1889	5.66	1929	24.08	1969	39.20		
1850.0	+ 7.1	1890.0	−5.87	1930.0	+24.02	1970.0	+40.18		
1851	7.2	1891	6.01	1931	24.00	1971	41.17		
1852	7.3	1892	6.19	1932	23.87	1972	42.23		
1853	7.4	1893	6.64	1933	23.95	1973	43.37		
1854	7.5	1894	6.44	1934	23.86	1974	44.49		
1855.0	+ 7.6	1895.0	−6.47	1935.0	+23.93	1975.0	+45.48		
1856	7.7	1896	6.09	1936	23.73	1976	46.46		
1857	7.7	1897	5.76	1937	23.92	1977	47.52		
1858	7.8	1898	4.66	1938	23.96	1978	48.53		
1859.0	+ 7.8	1899.0	−3.74	1939.0	+24.02	1979.0	+49.59		

Difference TAI−UTC

Date	ΔAT
1972 Jan. 1	+10ˢ.00
1972 July 1	+11.00
1973 Jan. 1	+12.00
1974 Jan. 1	+13.00
1975 Jan. 1	+14.00
1976 Jan. 1	+15.00
1977 Jan. 1	+16.00
1978 Jan. 1	+17.00
1979 Jan. 1	+18.00
1980 Jan. 1	+19.00
1981 July 1	+20.00
1982 July 1	+21.00
1983 July 1	+22.00
1985 Jan. 1	

In critical cases descend

$$\frac{\Delta ET}{\Delta TT} = \Delta AT + 32^s.184$$

See page B4 for a summary of the notation for time-scales.

COORDINATES OF THE CELESTIAL POLE

1979 BIH SYSTEM

Date	x	y	Date	x	y	Date	x	y
1970	"	"	1975	"	"	1980	"	"
Jan. 1	−0·140	+0·144	Jan. 1	−0·055	+0·281	Jan. 1	+0·129	+0·251
Apr. 1	−0·097	+0·397	Apr. 1	+0·027	+0·344	Apr. 1	+0·014	+0·189
July 1	+0·139	+0·405	July 1	+0·151	+0·249	July 1	−0·044	+0·280
Oct. 1	+0·174	+0·125	Oct. 1	+0·063	+0·115	Oct. 1	−0·006	+0·338
1971			1976			1981		
Jan. 1	−0·081	+0·026	Jan. 1	−0·145	+0·204	Jan. 1	+0·056	+0·361
Apr. 1	−0·199	+0·313	Apr. 1	−0·091	+0·399	Apr. 1	+0·088	+0·285
July 1	+0·050	+0·523	July 1	+0·159	+0·390	July 1	+0·075	+0·209
Oct. 1	+0·249	+0·263	Oct. 1	+0·227	+0·158	Oct. 1	−0·045	+0·210
1972			1977			1982		
Jan. 1	+0·045	+0·050	Jan. 1	−0·065	+0·076	Jan. 1	−0·091	+0·378
Apr. 1	−0·180	+0·174	Apr. 1	−0·226	+0·362	Apr. 1	+0·093	+0·431
July 1	−0·031	+0·409	July 1	+0·085	+0·500	July 1	+0·231	+0·239
Oct. 1	+0·142	+0·344	Oct. 1	+0·281	+0·230	Oct. 1	+0·036	+0·060
1973			1978			1983		
Jan. 1	+0·129	+0·139	Jan. 1	+0·007	+0·015	Jan. 1	−0·211	+0·249
Apr. 1	−0·035	+0·129	Apr. 1	−0·231	+0·240	Apr. 1	−0·069	+0·538
July 1	−0·075	+0·286	July 1	−0·042	+0·483	July 1	+0·269	+0·436
Oct. 1	+0·035	+0·347	Oct. 1	+0·236	+0·353	Oct. 1	+0·235	+0·069
1974			1979			1984		
Jan. 1	+0·115	+0·252	Jan. 1	+0·140	+0·076	Jan. 1	−0·125	+0·089
Apr. 1	+0·037	+0·185	Apr. 1	−0·107	+0·133	Apr. 1	−0·211	+0·410
July 1	+0·014	+0·216	July 1	−0·117	+0·351			
Oct. 1	+0·002	+0·225	Oct. 1	+0·092	+0·408			

The angles x, y are defined on page B59.

INTERPOLATION METHODS

The direct methods of this section are consistent with the tabulations of ephemeris data in this volume, and satisfy the most frequently encountered needs for interpolated coordinates. For special requirements, the user may refer to methods and extensive tabulations of interpolation coefficients in the literature of numerical analysis. Finite difference interpolation of the Moon's right ascension, declination and horizontal parallax on pages D6–D20 (even pages), to full precision, is impractical. Coordinates at intermediate times may be derived from the polynomials provided for this purpose on pages D23–D45.

NOTATION

Arg.	Function	\multicolumn{4}{c}{Differences}
		1st	2nd	3rd	4th
t_{-2}	f_{-2}		δ^2_{-2}		
		$\delta_{-3/2}$		$\delta^3_{-3/2}$	
t_{-1}	f_{-1}		δ^2_{-1}		δ^4_{-1}
		$\delta_{-1/2}$		$\delta^3_{-1/2}$	
t_0	f_0		δ^2_0		δ^4_0
		$\delta_{1/2}$		$\delta^3_{1/2}$	
t_{+1}	f_{+1}		δ^2_1		δ^4_1
		$\delta_{3/2}$		$\delta^3_{3/2}$	
t_{+2}	f_{+2}		δ^2_2		

$p \equiv$ the interpolating argument $= (t-t_0)/(t_1-t_0) = (t-t_0)/h$

$$f_p = f(t_0 + ph) \qquad \delta_{1/2} = f_1 - f_0$$
$$\delta^2_0 = \delta_{1/2} - \delta_{-1/2} = f_1 - 2f_0 + f_{-1}$$
$$\delta^3_{1/2} = \delta^2_1 - \delta^2_0 = f_2 - 3f_1 + 3f_0 - f_{-1}$$
$$\delta^4_0 = \delta^3_{1/2} - \delta^3_{-1/2} = f_2 - 4f_1 + 6f_0 - 4f_{-1} + f_{-2}$$

FORMULAS AND TABLES

Bessel's formula may be written

$$f_p = f_0 + p\delta_{1/2} + B_2(\delta^2_0 + \delta^2_1) + B_3\delta^3_{1/2} + B_4(\delta^4_0 + \delta^4_1) + \ldots$$

The maximum truncation error of f_p from neglecting each order of difference is less than 0.5 in the unit of the end figure of the tabular function if

$$\delta^2 < 4 \qquad \delta^3 < 60 \qquad \delta^4 < 20 \qquad \delta^5 < 500.$$

A Critical Table for B_2 provides a rapid means of interpolating where higher order differences are negligible or full precision is not required. The Subtabulation Table gives coefficients B_2 through B_4; it is arranged for the convenience of subtabulating from the intervals used in this volume to smaller intervals. The table may be entered with the interpolating argument expressed in decimal form or as a simple fraction. The number of terms to be retained in the formula, and the number of decimals in the coefficients, may be decided by inspection of the difference table. For inverse interpolation,

$$p = (f_p - f_0)/\delta_{1/2} - B_2(\delta^2_0 + \delta^2_1)/\delta_{1/2} - \ldots$$

An initial estimate is obtained by taking the first term alone. The computed value of p is then used to enter the Critical Table to find B_2, which enables the calculation of the second term, and hence an improved value for p. When further approximations are necessary, repeat the above calculation using the latest value of p.

INTERPOLATION METHODS

Where the tables are inconvenient, the coefficients may be calculated directly:

$$B_2 = \frac{p(p-1)}{2 \cdot 2!}, \qquad B_3 = \frac{p(p-1)(p-1/2)}{3!}, \qquad B_4 = \frac{(p+1)p(p-1)(p-2)}{2 \cdot 4!}.$$

Alternatively, a polynomial representation may be constructed and applied as

$$f_p = f_0 + ap + bp^2 + cp^3 + dp^4 + \ldots$$

or

$$f_p = f_0 + (a + (b + (c + dp)p)p)p.$$

Expressions for the coefficients $a, \ldots d$ are provided by Stirling's interpolation formula:

$$a = \frac{\delta_{1/2} + \delta_{-1/2}}{2} - \frac{\delta^3_{1/2} + \delta^3_{-1/2}}{12}, \qquad c = \frac{\delta^3_{1/2} + \delta^3_{-1/2}}{12}$$

$$b = \frac{\delta^2_0}{2} - \frac{\delta^4_0}{24}, \qquad d = \frac{\delta^4_0}{24}$$

The resultant polynomial is neither unique nor optimal and, in general, should not be used beyond the range spanned by the highest order difference retained.

PRECEPTS FOR USING THE TABLES

Critical Table. Round the interpolating factor p to 4 decimals. The required value of B_2 is the tabular value opposite the *interval* in which p lies, or if p exactly equals a tabular argument, the value above and to the right of p. B_2 is always negative. The effects of third and fourth differences can be estimated from the values of B_3 and B_4 in the last column.

Subtabulation. The ratio of the ephemeris tabulation interval to the required interval is an integer which is the horizontal index of the coefficient table. Entering arguments are multiples of this ratio, and are found in the column directly under the index. Take out p, which is exact, the additional digit in smaller type denoting a repeating decimal, and B_2 through B_4 to the required number of decimals. B_2 is always negative.

EXAMPLES

To find (a) the declination of the Sun at $16^h23^m14^s\!.8$ on 1984 January 19, (b) the right ascension of Mercury at $17^h21^m16^s\!.8$ on 1984 January 8, and (c) the time on January 8 when Mercury's right ascension is exactly 18^h04^m. The tabular values, and their differences in units of the end figure of the functions are:

1984 Jan.	Dec. of Sun	δ	δ^2	1984 Jan.	R. A. of Mercury	δ	δ^2	δ^3	δ^4
	° ′ ″				h m s				
18	−20 44 48.3			7	18 07 03.03		+4299		
		+7212				−14410		−16	
19	−20 32 47.1		+233	8	18 04 38.93		+4283		−104
		+7445				−10127		−120	
20	−20 20 22.6		+230	9	18 02 57.66		+4163		−76
		+7675				−5964		−196	
21	−20 07 35.1			10	18 01 58.02		+3967		

INTERPOLATION METHODS

(a) The tabular interval is one day; the interpolating factor is therefore 0.68281. From the Critical Table, $B_2 = -0.054$, and

$$f_p = -20°32'47''.1 + 0.68281(+744''.5) - 0.054(+23''.3 + 23''.0) = -20°24'21''.2.$$

(b) The coefficients for a polynomial are

$$c = (-1^s.20 - 0^s.16)/12 = -0^s.113 \qquad a = (-101^s.27 - 144^s.10)/2 + 0^s.113 = -122^s.572$$
$$d = -1^s.04/24 = -0^s.043 \qquad b = +42^s.83/2 + 0^s.043 = +21^s.458$$

Then, $\quad f_p = 18^h04^m38^s.93 - 122^s.572 p + 21^s.458 p^2 - 0^s.113 p^3 - 0^s.043 p^4,$

with the additional decimals as guard figures. Evaluating this polynomial with the interpolating factor $p = 0.72311$, $f_p = 18^h03^m21^s.46$.

(c) As a first approximation,

$$p = (18^h04^m - 18^h04^m38^s.93)/(-101^s.27) = 0.38442.$$

From the Critical Table, with $p = 0.3844$, $B_2 = -0.059$ so that

$$B_2(\delta_0^2 + \delta_1^2) = -0.059(+84^s.46) = -4^s.98.$$

A better approximation is then $p = (-38^s.93 + 4^s.98)/(-101^s.27) = 0.33524$, which gives $t = 8^h02^m45^s$. As a check, using the polynomial found above with $p = 0.33524$,

$$f_p = 18^h04^m38^s.93 - 122^s.572(0.33524) + 21^s.458(0.1124) - 0^s.113(0.04) - 0^s.043(0.01)$$
$$= 18^h04^m00^s.25.$$

An additional iteration gives $t = 8^h06^m19^s$, corresponding to $p = 0.33772$. Interpolating with this last value of p produces $f_p = 18^h03^m59^s.98$.

CRITICAL TABLE FOR B_2

p	B_2	p	B_2	p	B_2	p	B_2	p	B_2	p	B_3
0.0000	.000	0.1101	.025	0.2719	.050	0.7280	.049	0.8898	.024	0.0	0.000
.0020	.001	.1152	.026	.2809	.051	.7366	.048	.8949	.023	.1	+ .006
.0060	.002	.1205	.027	.2902	.052	.7449	.047	.9000	.022	.2	.008
.0101	.003	.1258	.028	.3000	.053	.7529	.046	.9049	.021	.3	.007
.0142	.004	.1312	.029	.3102	.054	.7607	.045	.9098	.020	.4	+ .004
.0183	.005	.1366	.030	.3211	.055	.7683	.044	.9147	.019	0.5	0.000
.0225	.006	.1422	.031	.3326	.056	.7756	.043	.9195	.018	.6	− .004
.0267	.007	.1478	.032	.3450	.057	.7828	.042	.9242	.017	.7	.007
.0309	.008	.1535	.033	.3585	.058	.7898	.041	.9289	.016	.8	.008
.0352	.009	.1594	.034	.3735	.059	.7966	.040	.9335	.015	.9	− .006
.0395	.010	.1653	.035	.3904	.060	.8033	.039	.9381	.014	1.0	0.000
.0439	.011	.1713	.036	.4105	.061	.8098	.038	.9427	.013		
.0483	.012	.1775	.037	.4367	.062	.8162	.037	.9472	.012	p	B_4
.0527	.013	.1837	.038	.5632	.061	.8224	.036	.9516	.011	0.0	0.000
.0572	.014	.1901	.039	.5894	.060	.8286	.035	.9560	.010	.1	+ .004
.0618	.015	.1966	.040	.6095	.059	.8346	.034	.9604	.009	.2	.007
.0664	.016	.2033	.041	.6264	.058	.8405	.033	.9647	.008	.3	.010
.0710	.017	.2101	.042	.6414	.057	.8464	.032	.9690	.007	.4	.011
.0757	.018	.2171	.043	.6549	.056	.8521	.031	.9732	.006		
.0804	.019	.2243	.044	.6673	.055	.8577	.030	.9774	.005	0.5	+0.012
.0852	.020	.2316	.045	.6788	.054	.8633	.029	.9816	.004	.6	.011
.0901	.021	.2392	.046	.6897	.053	.8687	.028	.9857	.003	.7	.010
.0950	.022	.2470	.047	.7000	.052	.8741	.027	.9898	.002	.8	.007
.1000	.023	.2550	.048	.7097	.051	.8794	.026	.9939	.001	.9	+ .004
.1050	.024	.2633	.049	.7190	.050	.8847	.025	0.9979	.000	1.0	0.000
0.1101		0.2719		0.7280		0.8898		1.0000			

In critical cases ascend.

B_2 is always negative.

K14 SUBTABULATION TABLE

2	3	4	5	6	8	10	12	20	24	40	p	B_2	B_3	B_4
										1	0.025	0.006094	0.001930	0.001028
									1		.0416	.009983	.003050	.001697
								1		2	.050	.011875	.003562	.002026
										3	.075	.017344	.004914	.002991
							1		2		.0833	.019097	.005305	.003304
						1		2		4	.100	.022500	.006000	.003919
					1				3	5	.125	.027344	.006836	.004807
								3		6	.150	.031875	.007437	.005651
				1			2		4		.1666	.034722	.007716	.006189
										7	.175	.036094	.007820	.006450
			1			2		4		8	.200	.040000	.008000	.007200
									5		.2083	.041233	.008017	.007439
										9	.225	.043594	.007992	.007899
		1			2		3	5	6	10	.250	.046875	.007813	.008545
										11	.275	.049844	.007477	.009135
									7		.2916	.051649	.007174	.009497
						3		6		12	.300	.052500	.007000	.009669
										13	.325	.054844	.006398	.010143
	1			2			4		8		.3333	.055556	.006173	.010288
					3			7		14	.350	.056875	.005687	.010557
			2			4			9	15	.375	.058594	.004883	.010910
								8		16	.400	.060000	.004000	.011200
							5		10		.4166	.060764	.003376	.011358
										17	.425	.061094	.003055	.011426
								9		18	.450	.061875	.002063	.011589
									11		.4583	.062066	.001724	.011628
										19	.475	.062344	.001039	.011686
1		2		3	4	5	6	10	12	20	.500	.062500	.0	.011719
										21	.525	.062344	−.001039	.011686
									13		.5416	.062066	−.001724	.011628
								11		22	.550	.061875	−.002062	.011589
										23	.575	.061094	−.003055	.011426
							7		14		.5833	.060764	−.003376	.011358
		3			6			12		24	.600	.060000	−.004000	.011200
			3						15	25	.625	.058594	−.004883	.010910
					5			13		26	.650	.056875	−.005687	.010557
	2		4				8		16		.6666	.055556	−.006173	.010288
										27	.675	.054844	−.006398	.010143
						7		14		28	.700	.052500	−.007000	.009669
									17		.7083	.051649	−.007174	.009497
										29	.725	.049844	−.007477	.009135
		3			6		9	15	18	30	.750	.046875	−.007813	.008545
										31	.775	.043594	−.007992	.007899
									19		.7916	.041233	−.008017	.007439
			4			8		16		32	.800	.040000	−.008000	.007200
										33	.825	.036094	−.007820	.006450
				5			10		20		.8333	.034722	−.007716	.006189
								17		34	.850	.031875	−.007437	.005651
					7				21	35	.875	.027344	−.006836	.004807
						9		18		36	.900	.022500	−.006000	.003919
							11		22		.9166	.019097	−.005305	.003304
										37	.925	.017344	−.004914	.002991
								19		38	.950	.011875	−.003563	.002026
									23		.9583	.009983	−.003050	.001697
										39	0.975	.006094	−.001930	.001028
2	3	4	5	6	8	10	12	20	24	40	1.000	0.0	0.0	0.0

B_2 is always negative.

EXPLANATION

This explanation specifies the sources for the theories and data used in constructing the ephemerides in this volume, explains basic concepts required to use the ephemerides, and where appropriate states the precise meaning of tabulated quantities. Definitions of individual terms are given in the Glossary (Section M).

The IAU (1976) System of Astronomical Constants was adopted by the General Assembly of the IAU at Grenoble. These constants are given on page K6 of this volume. Additional resolutions concerning time scales and the astronomical reference system were adopted by the IAU in 1979 at Montreal and in 1982 at Patras. A complete list of these resolutions, with constants, formulae and explanatory notes, is given in the *Supplement to the Astronomical Almanac for 1984*.

Fundamental ephemerides of the Sun, Moon and planets were calculated by a simultaneous numerical integration at the Jet Propulsion Laboratory in a cooperative effort with the U.S. Naval Observatory. Optical, radar, laser, and spacecraft observations were analyzed to determine starting conditions for the numerical integration. In order to obtain the best fit of the ephemerides to the observational data, some modifications to the IAU (1976) System of Astronomical Constants were necessary. These modifications of the constants are listed on page K7. A satisfactory ephemeris for Uranus for the 1980's could be computed only by excluding observations made before 1900. This integration, designated DE200/LE200, is available on magnetic tape for the period 1800–2050. Additional information about the new ephemerides is included in the *Supplement to the Astronomical Almanac for 1984*.

Reference Frame

Beginning in 1984 the standard epoch of the fundamental astronomical coordinate system is 2000 January 1, 12^h TDB (JD 2451545.0), which is denoted J2000.0. The numerical integration used as the basis for ephemerides in this volume is in a reference frame defined by the mean equator and dynamical equinox of J2000.0. Rigorous reduction methods presented in Section B were used to construct the published tabular ephemerides.

In practice, the dynamical equinox, defined by the ascending node of the ecliptic on the mean equator at epoch J2000.0, differs from the origin of right ascension (the catalog equinox) of the FK5 star catalog. Although the exact value of the difference is uncertain, it is thought to be less than $0''\!.04$ at the current time.

Time Scales

Terrestrial dynamical time (TDT) is the tabular argument of the fundamental geocentric ephemerides. For ephemerides referred to the barycenter of the solar system, the argument is barycentric dynamical time (TDB). In the terminology of the general theory of relativity, TDT corresponds to a proper time, while TDB corresponds to a coordinate time. These scales are defined so that the difference between them is purely periodic. Like their predecessor, ephemeris time (ET), TDT and TDB are independent of the Earth's rotation.

In the astronomical system of units, the unit of time is the day of 86400 seconds of barycentric dynamical time (TDB). For long periods, however, the Julian century of 36525 days is used. Use of the tropical year and Besselian epochs was discontinued in 1984.

International atomic time (TAI) is the most precisely determined time scale that is now available for astronomical use. This scale results from analyses by the Bureau International de l'Heure in Paris of data from atomic time standards of many countries. Although TAI was not introduced until 1972 January 1, atomic time scales have been available since 1956. Therefore, TAI may be extrapolated backwards for the period 1956–1971. The fundamental unit of TAI is the unit of time in the international system of units, the SI second; it is defined as the duration of 9 192 631 770 periods of the radiation corresponding to the transition between two hyperfine levels of the ground state of the cesium 133 atom.

Universal time (UT), which serves as the basis of civil timekeeping, is formally defined by a mathematical formula which relates UT to Greenwich mean sidereal time. Thus UT is determined from observations of the diurnal motions of the stars. It implicitly contains nonuniformities due to variations in the rotation of the Earth. A UT scale determined directly from stellar observations is dependent on the place of observation; these scales are designated UT0. A time scale that is independent of the location of the observer is established by removing from UT0 the effect of the variation of the observer's meridian due to the observed motion of the geographic pole; this time scale is designated UT1. A tabulation of the quantity $\Delta T = \text{TDT} - \text{UT1}$ is given on page B5.

Since 1972 January 1, the time scale distributed by most broadcast time services has been based on the redefined coordinated universal time (UTC), which differs from TAI by an integral number of seconds. UTC is maintained within $0\overset{s}{.}90$ of UT1 by the introduction of one second steps (leap seconds) when necessary, normally at the end of June or December. DUT1, an approximation to the difference UT1 minus UTC, is transmitted in code on broadcast time signals. Beginning in 1962, an increasing number of broadcast time services cooperated to provide a consistent time standard, until most broadcast signals were synchronized to the redefined UTC in 1972. For a while prior to 1972, broadcast time signals were kept within $0\overset{s}{.}1$ of UT2 (UT1 corrected by an adopted formula for the seasonal variation) by the introduction of step adjustments, normally of $0\overset{s}{.}1$, and occasionally by changes in the duration of the second. Since the table on page K9 is based on the signals broadcast by WWV, special corrections may be required to derive UT1 times from other signals broadcast prior to 1972.

Universal time and UT are commonly used to mean UT0, UT1 or UTC, according to context. In this volume, UT1 is always implied where the differences are significant.

Greenwich mean sidereal time (GMST) is defined as the Greenwich hour angle of the mean equinox of date. The defining relation between sidereal and universal time is:

$$\text{GMST of } 0^h \text{ UT1} = 6^h 41^m 50\overset{s}{.}54841 + 8640\,184\overset{s}{.}812\,866\,T + 0\overset{s}{.}093\,104\,T^2 - 6\overset{s}{.}2 \times 10^{-6}\,T^3$$

where T is measured in Julian centuries of 36525 days of UT1 from 2000 January 1, 12^h UT1 (JD 2451545.0 UT1). (S. Aoki *et al.*, *Astron. Astrophys.*, **105**, 359, 1982).

To provide continuity with pre-1984 practices, the difference between TDT and TAI was set to the current estimate of the difference between ET and TAI:

EXPLANATION

$$TDT = TAI + 32\overset{s}{.}184.$$

Thus procedures analogous to those used with ephemerides tabulated as functions of ET are generally applicable to ephemerides based on TDT. The tabulations for 0^h TDT may be converted to 0^h UT1 by interpolation to ΔT ($\delta_{1/2}/h$) a, where h is the tabular interval and $\delta_{1/2}$ is the first difference of the tabular values.

Beginning in 1984, the ephemeris meridian is defined to be 1.002738 ΔT east of the Greenwich meridian. Only when ΔT is specified can quantities be referred to the Greenwich meridian.

Section A: Summary of Principal Phenomena

The lunations given on page A1 are numbered in continuation of E. W. Brown's series, of which No. 1 commenced on 1923 January 16 (*Mon. Not. Roy. Astr. Soc,* **93,** 603, 1933).

The planet diagram on page A7 provides a general picture of the availability of planets and stars for observations. Notes on its use are given on page A6.

Times tabulated on page A3 for the stationary points of the planets are the instants at which the planet is stationary in apparent geocentric right ascension; but for elongations of the planets from the Sun, the tabular times are for the geometric configurations. From inferior conjunction to superior conjunction for Mercury or Venus, or from conjunction to opposition for a superior planet, the elongation from the Sun is west; from superior to inferior conjunction, or from opposition to conjunction, the elongation is east. Because planetary orbits do not lie exactly in the ecliptic plane, elongation passages from west to east or from east to west do not in general coincide with oppositions and conjunctions.

Heliocentric phenomena for which dates are given on page A3 are based on the actual perturbed motion. Hence, these dates generally differ from dates obtained by using the elements of the mean orbit. The date on which the radius vector is a minimum may differ considerably from the date on which the heliocentric longitude of a planet is equal to the longitude of perihelion of the mean orbit. Similarly, when the heliocentric latitude of a planet is zero, the heliocentric longitude may not equal the longitude of the mean node.

Configurations of the Sun, Moon and Planets (pages A9–A11) is a chronological listing, with times to the nearest hour, of geocentric phenomena. Included are eclipses; lunar perigees, apogees and phases; phenomena in apparent geocentric longitude of the planets and of the minor planets Ceres, Pallas, Juno and Vesta; times when the planets and minor planets are stationary in right ascension and when the geocentric distance to Mars is a minimum; and geocentric conjunctions in apparent right ascension of the planets with the Moon, with each other, and with the bright stars Aldebaran, Pollux, Regulus, Spica and Antares, provided these conjunctions are considered to occur sufficiently far from the Sun to permit observation. Thus conjunctions in right ascension are excluded if they occur within 15° of the Sun from the Moon, Mars and Saturn; within 10° for Venus and Jupiter; and within approximately 10° for Mercury, depending on Mercury's brightness. Geocentric phenomena differ from the actually observed configurations by the effects of the geocentric parallax at the place of observation, which for configurations with the Moon may be quite large.

The explanation for the tables of sunrise and sunset, twilight, moonrise and moonset is given on page A12; examples are given on page A13.

Eclipses

The elements and circumstances are computed according to Bessel's method from apparent right ascensions and declinations of the Sun and Moon. Semidiameters of the Sun and Moon used in the calculation of eclipses do not include irradiation. The adopted semidiameter of the Sun at unit distance is $15'59''\!.63$. (A. Auwers, *Astronomische Nachrichten,* No. 3068, 367, 1891), the same, except for irradiation, as in the ephemeris of the Sun. The apparent semidiameter of the Moon is equal to arcsin ($k \sin \pi$), where π is the Moon's horizontal parallax and k is an adopted constant. In 1982, to be consistent with the System of Astronomical Constants (1976) and the ephemeris based on DE200/LE200, the IAU adopted $k = 0.272\,5076$, corresponding to the mean radius of Watts' datum as determined by observations of occultations and to the adopted radius of the Earth. This value is introduced for 1986 onwards. Corrections to the ephemerides, if any, are noted in the beginning of the eclipse section.

In calculating lunar eclipses the radius of the geocentric shadow of the Earth is increased by one-fiftieth part to allow for the effect of the atmosphere. Refraction is neglected in calculating solar and lunar eclipses. Because the circumstances of eclipses are calculated for the surface of the ellipsoid, refraction is not included in Besselian elements. For local predictions, corrections for refraction are unnecessary; they are required only in precise comparisons of theory with observation in which many other refinements are also necessary.

The solar eclipse maps show the path of the eclipse, beginning and ending times of the eclipse, and the region of visibility, including restrictions due to rising and setting of the Sun.

Besselian elements characterize the geometric position of the shadow of the Moon relative to the Earth. The exterior tangents to the surfaces of the Sun and Moon form the umbral cone; the interior tangents form the penumbral cone. The common axis of these two cones is the axis of the shadow. To form a system of geocentric rectangular coordinates, the geocentric plane perpendicular to the axis of the shadow is taken as the xy-plane. This is called the fundamental plane. The x-axis is the intersection of the fundamental plane with the plane of the equator; it is positive toward the east. The y-axis is positive toward the north. The z-axis is parallel to the axis of the shadow and is positive toward the Moon. The tabular values of x and y are the coordinates, in units of the Earth's equatorial radius, of the intersection of the axis of the shadow with the fundamental plane. The direction of the axis of the shadow is specified by the declination d and hour angle μ of the point on the celestial sphere toward which the axis is directed.

The radius of the penumbral cone on the fundamental plane is denoted by l_1. The radius of the umbral cone, regarded as positive for an annular eclipse and negative for a total eclipse, is denoted by l_2. The angles f_1 and f_2 are the angles at which the tangents that form the penumbral and umbral cones, respectively, intersect the axis of the shadow.

EXPLANATION

Section B: Time Scales and Coordinate Systems

Calendar

Over extended intervals, civil time is ordinarily reckoned according to conventional calendar years and adopted historical eras; in constructing and regulating civil calendars and fixing ecclesiastical calendars, a number of auxiliary cycles and periods are used.

To facilitate chronological reckoning, the system of Julian day (JD) numbers maintains a continuous count of astronomical days, beginning with JD 0 on 1 January 4713 B.C., Julian proleptic calendar. Julian day numbers for the current year are given on page B4 and in the Universal and Sidereal Times table, pages B8–B15. To determine JD numbers for other years on the Gregorian calendar, consult the Julian Day Number tables, pages K2–K4.

Note that the Julian day begins at noon, whereas the calendar day begins at the preceding midnight. Thus the Julian day system is consistent with astronomical practice before 1925, with the astronomical day being reckoned from noon. For critical applications, the Julian date should include a specification as to whether UT, TDT or TDB is used.

Universal and Sidereal Times

The tabulations of Greenwich mean sidereal time (GMST) at 0^h UT are calculated from the defining relation between sidereal time and universal time (see the introductory discussion of Time Scales in this Explanation). The tabulation of Greenwich apparent sidereal time (GAST) is calculated by adding the equation of the equinoxes (the total nutation in longitude, multiplied by the cosine of the obliquity of the ecliptic) to GMST. Following the general practice of this volume, UT implies UT1 in critical applications. Useful formulae and examples are given on pages B6–B7.

Reduction of Astronomical Coordinates

Formulae and tables for a variety of methods of apparent place reduction are presented. Choice of a particular method should be made according to accuracy requirements.

Reduction to apparent place from mean place for standard epoch J2000.0 is most accurately accomplished by formulae given on pages B36–B41. These require the rectangular position and velocity components of the Earth with respect to the solar system barycenter (even pages B42–B56) and the precession and nutation matrix (odd pages B43–B57). The Earth's position and velocity components are derived from the simultaneous numerical integration that is the basis of all planetary ephemerides of this volume. In critical applications the tabular argument of the barycentric ephemeris is barycentric dynamical time (TDB).

Beginning in 1984 the standard epoch of the stellar data tabulations (Section H) is the middle of the Julian year, rather than the beginning of the Besselian year. Thus the Besselian and second-order day numbers are referred to the mean equator and equinox of the middle of the current Julian year. Formulae for precessing positions from the standard epoch J2000.0 to the current year are given on page B18. These formulae are based on expressions for annual rates of precession given by J. H. Lieske *et al.* (*Astron. Astrophys.*, **58**, 1–16, 1977), in conformance with the IAU (1976) value of the constant of precession.

Section C: The Sun

Apparent geocentric coordinates of the Sun are given on even pages C4–C18; geocentric rectangular coordinates referred to the mean equator and equinox of J2000.0 are given on pages C20–C23. These ephemerides are based on the simultaneous numerical integration of the planets described on page L1. The tabular argument of the solar ephemerides is terrestrial dynamical time (TDT). Although the apparent right ascension and declination are antedated for light-time, the true geocentric distance in astronomical units is the geometric distance at the tabular time.

The rotation elements listed on page C3 are due to R. C. Carrington (*Observations of the Spots on the Sun,* 1863). The synodic rotation numbers are in continuation of Carrington's Greenwich photoheliographic series, of which Number 1 commenced on 1853 November 9. However, the daily tabulations of rotational parameters (odd pages C5–C19) are based on the pole of D. Stark and H. Wöhl (*Astron. Astrophys.,* **93,** 241–244, 1981). In calculating the tabular values of the semidiameter, the arc sine of the IAU solar radius is divided by the true distance, then $1''\!.15$ is added to account for irradiation.

Formulae for geocentric and heliographic coordinates are given on pages C1–C3.

Section D: The Moon

The geocentric ephemerides of the Moon are based on the numerical integration of solar system bodies described on page L1. The tabular argument is terrestrial dynamical time (TDT).

For high precision calculations the polynomial ephemeris on pages D23–D45 should be used; procedures for evaluating the polynomials are given on page D22. A daily geocentric ephemeris to lower precision is given on the even numbered pages D6–D20. Although the tabular apparent right ascension and declination are antedated for light-time, the horizontal parallax is the geometric value for the tabular time. It is derived from $\sin^{-1}(1/r)$, where r is the true distance in units of the Earth's equatorial radius. The semidiameter s is computed from $s = 0''\!.0799 + 0.272\,453\pi$, where π is the horizontal parallax in seconds of arc. This formula is based on $15'32''\!.58$ as the semidiameter at mean distance. No correction is made for irradiation.

Beginning in 1985 the physical ephemeris (odd pages D7–D21) is based on the formulae and constants for physical librations given by D. Eckhardt (*The Moon and the Planets,* **25,** 3, 1981; *High Precision Earth Rotation and Earth-Moon Dynamics,* ed. O. Calame, pages 193–198, 1982), but with the IAU value of $1°32'32''\!.7$ for the inclination of the mean lunar equator to the ecliptic. Although values of Eckhardt's constants differ slightly from those of the IAU, this is of no consequence to the precision of the tabulation. Optical librations are first calculated from rigorous formulae; then the total librations (optical and physical) are calculated from the rigorous formulae by replacing I with $I+\rho$, Ω with $\Omega+\sigma$ and ☾ with ☾$+\tau$. Included in the calculations are perturbations for all terms greater than $0°\!.0001$ in solution 500 of the first Eckhardt reference and in Table I of the second reference. Since apparent coordinates of the Sun and Moon are used in the calculations, aberration is fully included, except for the inappreciable difference between the light-time from the Sun to the Moon and from the Sun to the Earth.

The selenographic coordinates of the Earth and Sun specify the point on the lunar surface where the Earth and Sun are in the selenographic zenith. The selenographic longitude and latitude of the Earth are the total geocentric, optical and physical librations in longitude and latitude, respectively. When the longitude is positive, the mean central point of the disk is displaced eastward on the celestial sphere, exposing to view a region on the west limb. When the latitude is positive, the mean central point is displaced toward the south, exposing to view the north limb. If the principal moment of inertia axis toward the Earth is used as the origin for measuring librations, rather than the traditional origin in the mean direction of the Earth from the Moon, there is a constant offset of $214\rlap{.}''2$ in τ, or equivalently a correction of $-0\rlap{.}°059$ to the Earth's selenographic longitude.

The tabulated selenographic colongitude of the Sun is the east selenographic longitude of the morning terminator. It is calculated by subtracting the selenographic longitude of the Sun from 90° or 450°. Colongitudes of 270°, 0°, 90° and 180° correspond to New Moon, First Quarter, Full Moon and Last Quarter, respectively.

The position angles of the axis of rotation and the midpoint of the bright limb are measured counterclockwise around the disk from the north point. The position angle of the terminator may be obtained by adding 90° to the position angle of the bright limb before Full Moon and by subtracting 90° after Full Moon.

For precise reductions of observations, the tabular data should be reduced to topocentric values. Formulae for this purpose by R. d'E. Atkinson (*Mon. Not. Roy. Astr. Soc.*, **111**, 448, 1951) are given on page D5.

Additional formulae and data pertaining to the Moon are given on pages D2–D5, D46.

Section E: Major Planets

The heliocentric and geocentric ephemerides of the planets are based on the numerical integration described on page L1. Terrestrial dynamical time (TDT) is the tabular argument of the geocentric ephemerides. The argument of the heliocentric ephemerides is barycentric dynamical time (TDB).

Although the apparent right ascension and declination are antedated for light-time, the true geocentric distance in astronomical units is the geometric distance for the tabular time. For Pluto the astrometric ephemeris results from adding planetary aberration to the geometric ephemeris, referred to the mean equator and equinox of J2000.0, and then subtracting stellar aberration. As a result the astrometric ephemeris is comparable with observations referred to catalog mean places of comparison stars (corrected for proper motion and annual parallax, if significant, to the epoch of observation), provided the catalog is referred to the J2000.0 reference frame and the observations are corrected for geocentric parallax.

Ephemerides for Physical Observations of the Planets

The physical ephemerides of the planets have been calculated from the fundamental solar system ephemerides used elsewhere in this volume. Except where otherwise noted, physical data are based on the "Report of the IAU Working Group on Cartographic Coordinates and Rotational Elements of the Planets and Satellites" (M. E. Davies *et al.*, *Celest. Mech.*, **29**, 309–321, 1983; hereafter referred to as the IAU Report on Cartographic Coordinates).

EXPLANATION

All tabulated quantities are corrected for light-time, so the given values apply to the disk that is visible at the tabular time. Except for planetographic longitudes, all tabulated quantities vary so slowly that they remain unchanged if the time argument is considered to be universal time rather than dynamical time. Conversion from dynamical to universal time affects the tabulated planetographic longitudes by several tenths of a degree for all planets except Mercury, Venus and Pluto.

The tabulated light-time is the travel time for light arriving at the Earth at the tabular time. Expressions for the visual magnitudes of the planets are due to D. L. Harris (*Planets and Satellites*, ed. G. P. Kuiper and B. L. Middlehurst, page 272, 1961), except that values for $V(1,0)$, the visual magnitude at unit distance, are those given on page E88 of this volume. The tabulated surface brightness is the average visual magnitude of an area of one square arc-second of the illuminated portion of the apparent disk. For a few days around inferior and superior conjunctions, the tabulated magnitude and surface brightness of Mercury and Venus are only approximate; surface brightness is not tabulated near inferior conjunction. For Saturn the magnitude includes the contribution due to the rings, but the surface brightness applies only to the disk of the planet.

The apparent disk of an oblate planet is always an ellipse, with an oblateness less than or equal to the oblateness of the planet itself, depending on the apparent tilt of the planet's axis. For planets with significant oblateness, the apparent equatorial and polar diameters are separately tabulated.

The phase is the ratio of the apparent illuminated area of the disk to the total area of the disk, as seen from the Earth. The phase angle is the planetocentric elongation of the Earth from the Sun. In the accompanying diagram of the apparent disk of a planet, the defect of illumination is designated by q. It is the length of the unilluminated section of the diameter passing through the sub-Earth point e (the center of the disk) and the sub-solar point s. The position angle of the defect of illumination can be computed by adding 180° to the tabulated position angle of the sub-solar point. Calculations of phase and defect of illumination are based on the geometric terminator, which is defined by the plane crossing through the planet's center of mass, orthogonal to the direction of the Sun.

The tabulated quantity L_s is the planetocentric longitude of the Sun, measured eastward in the planet's orbital plane from the planet's vernal equinox. Instantaneous orbital and equatorial planes are used in computing L_s. Values of L_s of 0°, 90°, 180°, and 270° correspond to the beginning of spring, summer, autumn and winter, respectively, for the planet's northern hemisphere.

The orientation of the pole of a planet is specified by the right ascension α_o and declination δ_o of the north pole, with respect to the Earth's mean equator and equinox of J2000.0. According to the IAU definition, the north pole is the pole that lies on the north side of the invariable plane of the solar system. Because of precession of a planet's axis, α_o and δ_o may vary slowly with time; values for the current year are given on page E87.

The position angle W of the prime meridian is measured counterclockwise (when viewed from above the planet's north pole) along the planet's equator from the ascending node of the planet's equator on the Earth's mean equator of J2000.0. For a planet with direct rotation (counterclockwise as viewed from the planet's north pole), W increases with time. Values of W and its rate of change are given on page E87.

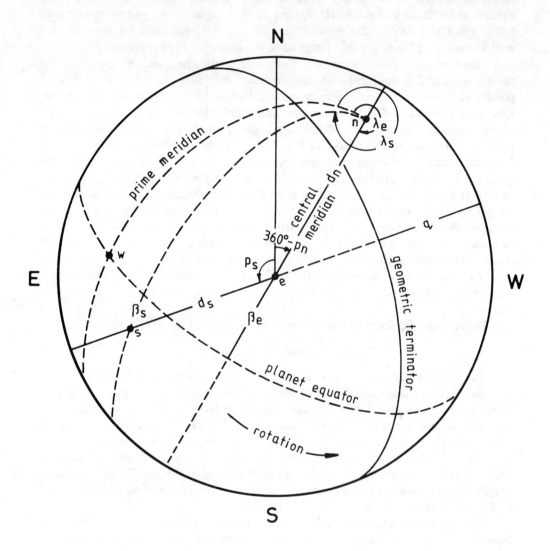

Except for Saturn and Pluto, expressions for the pole and prime meridian of each planet are based on the IAU Report on Cartographic Coordinates. The rotation of Saturn was provided by M. D. Desch and M. L. Kaiser. For Pluto the pole and rotation are due to R. S. Harrington and J. W. Christy (*Astr. Jour.*, **86**, 442, 1981), under the assumptions that the orbital motion of Pluto's satellite is synchronous with Pluto's rotation and that the satellite's orbital plane is coincident with Pluto's equatorial plane.

Tabulated longitudes and latitudes of the sub-Earth and sub-solar points are in planetographic coordinates. Planetographic longitude is reckoned from the prime meridian and increases from 0° to 360° in the direction opposite rotation. The planetographic latitude of a point is the angle between the planet's equator and the normal to the reference spheroid at the point. Latitudes north of the equator are positive. For Jupiter and Saturn multiple longitude systems are defined, each system corresponding to a different apparent rate of rotation. System I applies to the visible cloud layer in the equatorial region of each planet. System

II applies to the visible cloud layer at higher latitudes of Jupiter; there is no System II for Saturn. System III applies to the origin of the radio emissions of both Jupiter and Saturn. Since rotational periods of Uranus and Neptune are not well known, no planetographic longitudes are given for these planets.

Planetographic coordinates are illustrated in the diagram. At the center of the apparent disk is the sub-Earth point e; other reference points are the sub-solar point s and the north pole n. Planetocentric longitudes of the sub-Earth and sub-solar points are λ_e and λ_s with corresponding latitudes β_e and β_s. Also indicated are the apparent distances d and position angles p of the north pole and sub-solar point with respect to the center of the disk e. Position angles are measured east from the north on the celestial sphere, with north defined in this case by the great circle on the celestial sphere passing through the center of the planet's apparent disk and the true celestial pole of date. Tabulated distances are positive for points on the visible hemisphere of the planet and negative for points on the far side. Thus, as point n or s passes from the visible hemisphere to the far side, or vice versa, the sign of the distance changes abruptly, but the position angle varies continuously. However, when the point passes close to the center of the disk, the sign of the distance remains unchanged, but both distance and position angle vary rapidly and may appear to be discontinuous in the fixed interval tabulations.

Useful data and formulae are given on pages E43, E87, E88.

Section F: Satellites of the Planets

The ephemerides of the satellites are intended only for search and identification, not for the exact comparison of theory with observation; they are calculated only to an accuracy sufficient for the purpose of facilitating observations. These ephemerides are corrected for light-time. The value of ΔT used in preparing the ephemerides is given on page F1. Orbital elements and constants are given on pages F2, F3. Reference planes for the satellite orbits are defined by the north poles of rotation given in the "Report of the IAU Working Group on Cartographic Coordinates and Rotational Elements of the Planets and Satellites" (M. E. Davies et al., Celest. Mech., **29**, 309–321, 1983).

The apparent orbit of a satellite is an ellipse on the celestial sphere, with semimajor axis a/Δ, where a is the apparent semimajor axis at unit distance in seconds of arc and Δ is the geocentric distance of the primary. In calculating the tables for finding the position angle and apparent angular distance with respect to the primary, the value of the eccentricity of the apparent orbit at opposition is used. The apparent geocentric distance s is measured from the central point of the geometric disk of the primary, and the position angle p is measured eastward from the north celestial pole. Neglected in the calculations are the effect of the eccentricity of the actual orbit upon its projection onto the apparent orbit and the variation of the eccentricity of the apparent orbit. Approximately, therefore, $s = F(a/\Delta)$, where F is the ratio of s to the apparent distance at greatest elongation. At greatest elongations $p = P \pm 90°$, where P is the position angle of the extremity of the minor axis of the apparent orbit that is directed toward the pole of the orbit from which motion appears counterclockwise. With P_0 denoting an arbitrary fixed integral number of degrees, usually the approximate value of P at opposition, the value of p at any time is expressed in the form $p_1 + p_2$, where p_1 is the sum of $P_0 + 90°$ plus the amount of motion in position angle since elongation, and p_2 denotes the correction $P-P_0$. In the tables of p_1 the tabular entry for argument 0^h00^m is the value of $P_0+90°$.

Approximate formulae for calculating differential coordinates of satellites are given with the relevant tables.

Satellites of Mars

The ephemerides of the satellites of Mars are computed from the orbital elements given by H. Struve (*Sitzungsberichte der Königlich Preuss. Akad. der Wiss.,* p. 1073, 1911).

Satellites of Jupiter

The ephemerides of Satellites I–IV are based on tables by R. A. Sampson (*Tables for the Four Great Satellites of Jupiter,* 1910), but they are computed in accordance with the procedures developed by H. Andoyer (*Bul. Astr.,* **32,** 177, 1915), in which a number of approximations and modifications of the tabular procedures are made.

The elongations of Satellite V are computed from circular orbital elements determined by A. J. J. Van Woerkom (*Astr. Pap. Amer. Eph.,* Vol. XIII, Part I, pp. 8, 14 and 16, 1950). The differential coordinates of Satellites VI and VII are computed from J. Bobone's tables (*Astr. Nach.,* **262,** 321, 1937, and **263,** 401, 1937), Satellites VIII–XII from the integration of P. Herget (*Pub. Cincinnati Obs.,* No. 23, 1968), and Satellite XIII from the ephemeris of K. Aksnes (*Astr. Jour.,* **83,** 1249, 1978).

The actual geocentric phenomena of Satellites I–IV are not instantaneous. Since the tabulated times are for the middle of the phenomena, a satellite is usually observable after the tabulated time of eclipse disappearance (EcD) and before the time of eclipse reappearance (EcR). In the case of Satellite IV the difference is sometimes quite large. Light curves of eclipse phenomena are discussed by D. L. Harris (*Planets and Satellites,* ed. G. P. Kuiper and B. M. Middlehurst, pages 327–340, 1961).

To facilitate identification, approximate configurations of Satellites I–IV are shown in graphical form on pages facing the tabular ephemerides of the geocentric phenomena. Time is shown by the vertical scale, with horizontal lines denoting 0^h UT. For any time the curves specify the relative positions of the satellites in the equatorial plane of Jupiter. The width of the central band, which represents the disk of Jupiter, is scaled to the planet's equatorial diameter.

For eclipses the points d of immersion into the shadow and points r of emersion from the shadow are shown pictorially at the foot of the right-hand pages for the superior conjunctions nearest the middle of each month. At the foot of the left-hand pages rectangular coordinates of these points are given in units of the equatorial radius of Jupiter. The x-axis lies in Jupiter's equatorial plane, positive toward the east; the y-axis is positive toward the north pole of Jupiter. The subscript 1 refers to the beginning of an eclipse, subscript 2 to the end of an eclipse.

Satellites and Rings of Saturn

The ephemeris of the rings of Saturn is computed from the elements of the plane of the rings determined by G. Struve (*Veröff. der Universitätssternwarte zu Berlin-Babelsberg,* Vol. VI, Pt. 4, p. 49, 1930). The apparent outer dimensions of the outer ring are according to H. Struve (*Pub. de l'Obs. Central Nicolas,* XI, p.

226, 1898); factors for computing relative dimensions of the rings are from F. W. Bessel (*Abhandlungen,* I, pp. 110, 150, 319, 1875), except those for the dusky ring which are based on the observations of various astronomers.

Since the appearance of the rings depends upon the Saturnicentric positions of the Earth and Sun, the following quantities are tabulated in the ephemeris:

U, the geocentric longitude of Saturn, measured in the plane of the rings eastward from its ascending node on the mean equator of the Earth; the Saturnicentric longitude of the Earth, measured in the same way, is $U+180°$.

B, the Saturnicentric latitude of the Earth, referred to the plane of the rings, positive toward the north; when B is positive the visible surface of the rings is the northern surface.

P, the geocentric position angle of the northern semiminor axis of the apparent ellipse of the rings, measured eastward from north.

U', the heliocentric longitude of Saturn, measured in the plane of the rings eastward from its ascending node on the ecliptic; the Saturnicentric longitude of the Sun, measured in the same way, is $U'+180°$.

B', the Saturnicentric latitude of the Sun, referred to the plane of the rings, positive toward the north; when B' is positive the northern surface of the rings is illuminated.

P', the heliocentric position angle of the northern semiminor axis of the rings on the heliocentric celestial sphere, measured eastward from the great circle that passes through Saturn and the poles of the ecliptic.

The ephemeris of the rings is corrected for light-time.

The ephemerides of Satellites I–VI and of Iapetus are computed from the orbital elements determined by G. Struve (*Veröff. der Universitätssternwarte zu Berlin-Babelsberg,* Vol. VI, Pt. 4, 1930, and Pt. 5, 1933). The ephemeris of Hyperion is computed from the elements given by J. Woltjer, Jr. (*Annalen van de Sterrewacht te Leiden,* Vol. XVI, Pt. 3, p. 64, 1928), and of Phoebe from the theory by F. E. Ross (*Annals of Harvard College Obs.,* Vol. LIII, No. VI, 1905).

For Satellites I–V times of eastern elongation are tabulated; for Satellites VI–VIII times of all elongations and conjunctions are tabulated. Tables for finding approximate distance s and position angle p are given for Satellites I–VIII. On the diagram of the orbits of Satellites I–VII, points of eastern elongation are marked "0". From the tabular times of these elongations the apparent position of a satellite at any other time can be marked on the diagram by setting off on the orbit the elapsed interval since last eastern elongation. For Hyperion and Iapetus ephemerides of differential coordinates are also included. An ephemeris of differential coordinates is given for Phoebe.

Solar perturbations are not included in calculating the tables of elongations and conjunctions, distances and position angles for Satellites I–VIII. For Satellites I–IV, the orbital eccentricity e is neglected. However, the 4-day tabulations of mean orbital longitude L and mean anomaly M for Satellites I–VIII are calculated from accurate values of the orbital elements; in the case of Titan, solar perturbations are included. Also tabulated are values of the elements that have large variations. The tabular values of the elements can thus be used to obtain perturbed orbital positions. Therefore, using the Saturnicentric position of the Earth, referred to the orbital plane of the satellite, one can calculate the perturbed apparent distance and position angle, and hence differential coordinates in right ascension and declination.

The ascending node of the ring-plane on the mean equator of the Earth serves as the origin for measuring mean orbital longitude L, true longitude u, and the longitude of the ascending node θ of the orbit on the plane of the rings. L and u are reckoned along the ring-plane to the node of the orbit, then along the orbit. Tabulated values of L and M are geometric values at the tabular times, not corrected for light-time.

Satellites and Rings of Uranus

Data for the Uranian Rings are from the analysis of J. L. Elliot et al. (*Astr. Jour.*, **86**, 444, 1981). The ephemerides of Ariel and Umbriel are calculated from orbital elements determined by Newcomb (*Washington Obs. for 1873*, App. I). For Titania and Oberon elements of H. Struve (*Abhand. der Königlich Preuss. Akad. der Wiss.*, 1912) are used. For all four of these satellites Struve's elements of the plane of the orbits are adopted. Elements determined by D. W. Dunham (Dissertation, Yale U., 1971) are used for calculating the ephemeris of Miranda. On 11 December 1985 the Earth passes through the plane defined by the celestial pole and the planetocentric perpendicular to the orbital plane of the satellites. During a revolution of Uranus, the Earth passes twice through this plane, at which time the apparent orbits of the satellites are most nearly circular. At this time the major axes of the apparent orbits are parallel to the celestial equator, and the point of northern elongation switches sides between east and west. Thus at the instant of passage, the position angle of northern elongation changes by 180°. However, since the tables of apparent distance and position angle (F, p_1) are based on the date of opposition, the times of elongation and values of p_2 are computed relative to the original elongation for all of 1985. The new configuration is taken into account in the 1986 edition, resulting in an abrupt discontinuity in the tables of p_1, p_2 and the times of northern elongation. Computation of distance and position angle is unaffected by these changes and should be performed as before.

Satellites of Neptune

The ephemeris of Triton is calculated from elements by W. S. Eichelberger and A. Newton (*Astr. Pap. Amer. Eph.*, Vol. IX, Pt. III, 1926). Elements and theory by F. Mignard (*Astr. Jour.*, **86**, 1728, 1981) are used for Nereid.

Satellite of Pluto

The ephemeris of the satellite of Pluto is calculated from the elements of R. S. Harrington and J. W. Christy (*Astr. Jour.*, **86**, 442, 1981).

Section G: Minor Planets

The ephemerides of Ceres, Pallas, Juno and Vesta give astrometric right ascensions and declinations, referred to the mean equator and equinox of J2000.0, geometric distances from the Earth, and times of ephemeris transit. Astrometric positions are obtained by adding planetary aberration to the geometric positions, referred to the origin of the FK5 system, and then subtracting stellar aberration. Thus these positions are comparable with observations that are referred to catalog mean places of reference stars on the FK5 system, provided the observations are corrected for geocentric parallax and the star positions are corrected for proper motion and annual parallax, if significant, to the epoch of observation. These ephemerides are based on the heliocentric ephemerides of R. L. Duncombe (*Astr. Pap. Amer. Ephem.*, Vol. XX, Pt. II, 1969).

Orbital elements for the larger minor planets are based on data from the Minor Planet Center and the Institute of Theoretical Astronomy. Data concerning physical characteristics are from D. Morrison (*Icarus*, **31**, 185, 1977).

Section H: Stellar Data

Except for the positions of radio sources (pages H57–H61) all positions in this section are mean places for the middle of the current Julian year, referred to the origin of the FK5 system. The positions of radio sources are mean places for J2000.0.

Bright Stars

Included in the list of bright stars are 1482 stars chosen according to the following criteria:

all stars of visual magnitude 4.5 or brighter, as listed in the third revised edition of the *Yale Bright Star Catalog* (BSC);

all FK4 stars brighter than 5.5;

all MK standards (W. W. Morgan et al., *Revised MK Spectral Atlas for Stars Earlier Than the Sun*, 1978; and P. C. Keenan and R. C. McNeil, *Atlas of Spectra of the Cooler Stars: Types G, K, M, S, and C*, 1976) in the BSC.

Flamsteed and Bayer designations are given with the constellation name and the BSC number. The positions are derived from the *Fourth Fundamental Catalog* (FK4) or else from the *Third Fundamental Catalog* (FK3) or *Albany General Catalog* (GC) as reduced to the FK4 system. Finally they are reduced to the origin of the FK5 system. Whenever possible visual magnitudes V and color indices $B-V$ are due to B. Nicolet (*Astron. Astrophys. Supp.*, **34**, 1, 1978); otherwise these data are taken from the BSC. Spectral types for MK standards are taken from the spectral catalogs cited above. For all other stars spectral types were provided by W. P. Bidelman. Codes in the Notes column are explained at the end of the table (p. H31).

Photometric Standards

A selection of 107 stars to serve as standards of the *UBVRI* photometric system was supplied by H. L. Johnson. Photometric data for these stars are due to Johnson et al. (*Comm. Lunar Planetary Lab.*, Vol. 4, Pt. 3, Table 2, 1966). Primary standards of the *UBVRI* and *UBV* systems are specified by 1 and 2, respectively, in the Standards Code column. As given in the above reference, the filter bands have the following effective wavelengths: U, 3600 Å; B, 4400 Å; V, 5500 Å; R, 7000 Å; I, 9000 Å.

The selection and photometric data (except V magnitudes) for standards for the Strömgren four-color system are those of D. L. Crawford and J. V. Barnes (*Astr. Jour.*, **75**, 978, 1970). The u band is centered at 3500 Å; v at 4100 Å; b at 4700 Å; and y at 5500 Å. Three indices are tabulated: $b-y$, $m_1 = (v-b) - (b-y)$, and $c_1 = (u-v) - (v-b)$. The column labelled β gives photometric standards on the Hβ system as given by Crawford and J. Mander (*Astr. Jour.*, **71**, 114, 1966), except for 56 Tauri which was dropped because of variability in Hβ. V magnitudes and variability notes were supplied by W. H. Warren, Jr.

In both photometric tables, star names and numbers are taken from the *Yale Bright Star Catalog*. Spectral types are taken from the Bright Stars list (pp. H2–H31) or from the photometric references cited above.

Radial Velocity Standards

The selection and data for radial velocity standards are taken from the report of IAU Sub-Commission 30a On Standard Velocity Stars (*Trans. IAU,* **IX**, 442, 1957). A list of fainter stars (*Trans. IAU,* **XVA**, 409, 1973) is also included. V magnitudes are due to B. Nicolet (*Astron. Astrophys. Supp.,* **34**, 1, 1978) when possible; otherwise they are estimated from the given photographic magnitudes and spectral types. The spectral types are from the Bright Stars list (pp. H2–H31), the *Yale Bright Star Catalog,* or the original IAU list, in that order of preference.

Bright Galaxies

The list of galaxies is comprised of the brightest ($B_T^w \leqslant 11.50$) and largest (log $D_{25} \geqslant 1.65$) galaxies, as compiled by G. de Vaucouleurs from the *Second Reference Catalog of Bright Galaxies* (G. de Vaucouleurs *et al.*, 1976), hereafter referred to as RC2. In addition to serving as an identification list, the precision of the diameters, photometric data and velocities makes these data suitable for calibration purposes.

Identification numbers from the *New General Catalog* (NGC) have the prefix N; those from the *Index Catalog* (IC) have the prefix I. Other abbreviations are interpreted at the end of the table (page H48). Morphological types are based on the revised Hubble system (see G. de Vaucouleurs, *Handbuch der Physik,* **53**, 275, 1959; *Astrophys. Jour. Supp.,* **8**, 31, 1963).

The column headed T gives a numerical index to the stages of the Hubble sequence:

T	−6	−5	−4	−3	−2	−1	0	+1	+2	+3	+4	+5	+6	+7	+8	+9	+10	+11
type	cE	E	E$^+$	L$^-$	L	L$^+$	S0/a	Sa	Sab	Sb	Sbc	Sc	Scd	Sd	Sdm	Sm	Im	cI

where E=elliptical, L=lenticular, S=spiral, I=irregular, c=compact.

The column headed L gives the luminosity class in the David Dunlap Observatory system:

L	1	2	3	4	5	6	7	8	9
class	I	I-II	II	II-III	III	III-IV	IV	IV-V	V

Columns headed Log D_{25} and Log R_{25} give logarithms to base 10 of the apparent isophotol diameter (D_{25}) and the ratio of the major diameter to the minor diameter ($R_{25}=D_{25}/d_{25}$), measured at or reduced to the surface brightness level $\mu_s = 25.0$ mag/arcsec^2.

The total magnitude in the B system is given in the column headed B_T^w. This quantity is a revision of B_T in RC2 (see G. de Vaucouleurs and G. Bollinger, *Astrophys. Jour. Supp.,* **34**, 469, 1977). Total (asymptotic) color indices in the standard $B-V$, $U-B$ system are given in the columns $(B-V)_T$ and $(U-B)_T$. The tabulated values are derived by extrapolation from photoelectric color-aperture data or from precise photographic surface photometry with photoelectric zero point.

Observed radial velocities V in km/s are weighted means, corrected for systematic errors, of all optical and radio observations. A few values not listed in RC2 are from new or revised determinations. Radial velocities, corrected for solar motion relative to the Local Group of galaxies, are calculated from $V_0 = V + 300 \cos b \sin l$, as recommended by IAU Commission 28 (*Trans, IAU,* **XVIB,** 201, 1977).

Star Clusters

The list of 213 open clusters was supplied by G. Lyngå. It is a selection from the 3rd edition of the Lund-Strasbourg catalogue, originally described by G. Lyngå (*Astron. Data Cen. Bul.,* 2, 1981). For each cluster, two identifications are given. First is the designation adopted by the IAU, while the second is the traditional name (G. Alter *et al., Catalogue of Star Clusters and Associations,* 2nd ed., 1970).

Positions are referred to the mean equator and equinox of the middle of the Julian year. The tabulated angular diameter of a cluster pertains to the cluster's nucleus. Trumpler classification is defined by R. S. Trumpler (*Lick Obs. Bul.,* **XIV,** 154, 1930).

The total magnitude of the cluster usually refers to the integrated blue magnitude. The tabulated spectrum refers to the hottest member of the cluster. Under the heading Mag. is tabulated the magnitude of the brightest cluster member.

The logarithm to the base 10 of the cluster age is determined from the turn-off point on the main sequence. Log (Fe/H) is mostly determined from photometric narrow band or intermediate band studies.

Extinction in V is tabulated under A_V. This is determined using the assumption that $A_V = 3E_{(B-V)}$, where the color excess $E_{(B-V)}$ is derived from some of the brightest cluster members.

The list of 137 globular clusters was supplied by H. Sawyer Hogg. It is based on the compilations of B. V. Kukarkin (*The Catalogue of Globular Star Clusters of Our Galaxy,* 1974) and W. E. Harris and R. Racine (*Annual Rev. of Astron. Astrophys.,* **17,** 241–274, 1979). Included in the list are clusters currently considered to be both globular and members of our galaxy, plus a few that are more distant but not yet shown to be associated with other galaxies.

All clusters are identified by their IAU designations. In addition, most clusters are identified by their number in the *New General Catalogue*; these are denoted with the prefix N. The prefix I refers to the *Index Catalogue*. Designations of clusters newly recognized as globular are explained at the end of the table (page H56).

Positions are referred to the mean equator and equinox of the middle of the Julian year. Logarithms to base 10 of the apparent diameters (Log d') in minutes of arc are taken mainly from Kukarkin's catalog.

Apparent integrated visual magnitudes V and integrated color indices on the UBV system are taken mainly from the compilation of Harris and Racine cited above. The V magnitudes are taken as $(m-M)_V + M_V$, where $(m-M)_V$ is the tabulated apparent distance modulus. Values of the distance modulus are based on the assumption that the ratio of visual absorption A_V to color excess $E_{(B-V)}$ is 3.2. Heliocentric distances are tabulated under R.

The column headed Type gives spectral types, taken from the compilation of Harris and Racine cited above. Radial velocities V_r with respect to the Sun are due to R. F. Webbink (*Astrophys. Jour. Supp.*, **45**, No. 2, 259, 1981), from all available data.

No. Var. is the number of stars found to vary in light within the apparent region of sky occupied by the cluster. These data, which may include field stars, are from Sawyer Hogg's *Third Catalogue* (*David Dunlap Obs. Pub.*, **3**, No. 6, 1973) or her unpublished files.

In the Remarks column are included other designations of the clusters. Clusters having X-ray sources within their error boxes, according to W. H. G. Lewin and P. C. Joss (*Space Science Rev.*, **28**, 3, 1981), are denoted by Xr or, for a burst source, Xrb. Data for Gr 1 are due to J. E. Grindlay and P. Hertz (*Astrophys. Jour.*, **247**, L 17, 1981).

Radio Source Standards

The list of 177 radio source positions is that of A. Witzel and K. J. Johnston (*Abhand. aus der Hamberger Sternwarte*, **X**, h. 3, 151, 1982). This list is complete north of declination $-40°$ for sources with a flux density greater than 1 Jansky at a frequency of 5 GHz (wavelength 6 cm). Positions were compiled from a number of previously published catalogs, most of which referred the source positions to the equator and equinox of B1950.0. The tabulated positions, referred to the equator and equinox of J2000.0, were calculated using the procedure given by G. H. Kaplan (*U.S. Naval Obs. Circ.* 163, 1981). The origin of right ascension is defined by the tabulated right ascension of 1226+023 (3C 273B), which is based on the B1950.0 position determined for the source by C. Hazard *et al.* (*Nature Phys. Sci.*, **233**, 89, 1971). An indication of the uncertainty of a position is given by the number of digits in the tabulated coordinates; the end figures may be subject to revision. The column headed $S_{5\,\text{GHz}}$ gives the flux density in Janskys at 5 GHz. Fluxes of many of the sources vary, however, and the tabulated flux is meant to serve only as a rough guide.

Data for the list of flux standards are due to J. W. M. Baars *et al.* (*Astron. Astrophys.*, **61**, 99, 1977), as updated by the authors. Flux densities S, measured in Janskys, are given for ten frequencies ranging from 400 to 22235 MHz. Positions are referred to the mean equinox and equator of J2000.0. For flux calibration of interferometers, positions of three sources are given with increased precision. Positions of 3C 48 and 3C 147 are due to B. Elsmore and M. Ryle (*Mon. Not. Roy. Astr. Soc.*, **174**, 411, 1976); the position of 3C 286 is from the list of astrometric radio sources, pages H57–H60. Positions of the other sources are due to Baars *et al.*, as cited above.

Identified X-Ray Sources

The X-ray sources were selected by J. F. Dolan from his unpublished survey file. Two common designations of X-ray sources are tabulated: the discovery designation, usually taken from the first published detection of the source, and the designation in the *Fourth Uhuru Catalog* (4U) of W. Forman *et al.* (*Astrophys. Jour. Supp.*, **38**, 357, 1978). When no discovery designation is listed, the source is consistently referred to by the common name of the identified counterpart. Although the listed counterparts are usually optical, the common designation of the radio or infrared counterpart is given in the absence of an optical counterpart. When no identified counterpart is listed, the counterpart has no common designation.

EXPLANATION

Tabulated positions are based on published positions of identified counterparts. The (2–6) kev flux, in units of 10^{-11} erg cm^{-2} s^{-1} (10^{-14} watts m^{-2}), is taken from the 4U catalog. For sources with variable X-ray intensities, the maximum observed flux from the 4U catalog is tabulated. The tabulated magnitude is the optical magnitude of the counterpart in the V filter, unless marked by an asterisk, in which case the B magnitude is given. Variable magnitude objects are denoted by V; for these objects the tabulated magnitude pertains to maximum brightness. Codes specifying the type of the identified counterpart are explained at the end of the table (page H66).

Variable Stars

Each list contains representatives of a particular class of variable star. The distribution in right ascension and declination is approximately uniform, and the magnitude at maximum brightness is always less than 10.0. The data were taken from the Moscow Catalog of Variable Stars (third edition). For the Mira Ceti variables, the tabulated magnitudes correspond to the brightest maximum and the faintest minimum. The last list contains four types of variable stars: Canum Venaticorum, δ Scuti, RV Tauri and β Cephei.

Quasars

The list contains a selection of northern hemisphere quasars that is roughly uniformly distributed in right ascension and declination. In the tabulations F_ν is the flux at 500 MHz.

Pulsars

The list is based on the one published in *Astrophysical Quantities* by C. W. Allen (third edition). In the tabulations P is the period at epoch 1969 approximately, $\dot{P}$ is the rate of period increase in ns/d, and $T = P/\dot{P}$ is the time characteristic in 10^6 years.

GLOSSARY

aberration: the apparent angular displacement of the observed position of a celestial object from its **geometric position**, caused by the finite velocity of light in combination with the motions of the observer and of the observed object. (See **aberration, planetary**.)

aberration, annual: the component of stellar aberration (see **aberration, stellar**) resulting from the motion of the Earth about the Sun.

aberration, diurnal: the component of stellar aberration (see **aberration, stellar**) resulting from the observer's diurnal motion about the center of the Earth.

aberration, E-terms of: terms of annual aberration (see **aberration, annual**) depending on the **eccentricity** and longitude of perihelion (see **longitude of pericenter**) of the Earth.

aberration, elliptic: see **aberration, E-terms of**.

aberration, planetary: the apparent angular displacement of the observed position of the celestial body produced by motion of the observer (see **aberration, stellar**) and the actual motion of the observed object (see **light-time**).

aberration, secular: the component of stellar aberration (see **aberration, stellar**) resulting from the essentially uniform and rectilinear motion of the entire solar system in space. Secular aberration is usually disregarded.

aberration, stellar: the apparent angular displacement of the observed position of a celestial body resulting from the motion of the observer. Stellar aberration is divided into diurnal, annual and secular components (see **aberration, diurnal; aberration, annual; aberration, secular**).

altitude: the angular distance of a celestial body above or below the **horizon**, measured along the great circle passing through the body and the **zenith**. Altitude is 90° minus **zenith distance**.

aphelion: the point in a planetary **orbit** that is at the greatest distance from the Sun.

apparent place: the position on a **celestial sphere**, centered at the Earth, determined by removing from the directly observed position of a celestial body the effects that depend on the **topocentric** location of the observer, i.e., **refraction**, diurnal aberration (see **aberration, diurnal**) and geocentric (diurnal) **parallax**, thus the position at which the object would actually be seen from the center of the Earth, displaced by planetary aberration (except the diurnal part — see **aberration, planetary; aberration, diurnal**) and referred to the true equator and equinox.

apparent solar time: the measure of time based on the diurnal motion of the true Sun. The rate of diurnal motion undergoes seasonal variation because of the **obliquity** of the **ecliptic** and because of the **eccentricity** of the Earth's **orbit**. Additional small variations result from irregularities in the rotation of the Earth on its axis.

astrometric ephemeris: an ephemeris of a solar system body in which the tabulated positions are essentially comparable to the catalog **mean places** of stars at a **standard epoch**. An astrometric position is obtained by adding to the **geometric position**, computed from gravitational theory, the correction for **light-time**. Prior to 1984, the E-terms of annual aberration (see **aberration, annual; aberration, E-terms of**) were also added to the geometric position.

astronomical coordinates: the longitude and latitude of a point on the Earth relative to the **geoid**. These coordinates are influenced by local gravity anomalies. (See **zenith**.)

astronomical day: the mean solar day beginning at noon, 12 hours after the midnight of the beginning of the same civil day. A continuous count of astronomical days on the Greenwich meridian is the **Julian day number**.

astronomical unit (au): a unit of length, originally defined as the length of the **semimajor axis** of the Earth's **orbit**. It is now defined dynamically through Kepler's third law:

$$n^2 a^3 = k^2 (1+m),$$

where a is the semimajor axis of an elliptic orbit (in au), n is the sidereal **mean motion** (in radians per **day**), m is the mass (in solar masses), and the value of the **Gaussian gravitational constant** k is defined to be exactly 0.01720209895. As determined from this definition the semimajor axis of the Earth's orbit is 1.000000031 au.

atomic second: see **second, Système International**.

augmentation: the amount by which the apparent **semidiameter** of a celestial body, as observed from the surface of the Earth, is greater than the semidiameter that would be observed from the center of the Earth.

azimuth: the angular distance measured clockwise along the **horizon** from a specified reference point (usually north) to the intersection with the great circle drawn from the **zenith** through a body on the **celestial sphere**.

barycenter: the center of mass of a system of bodies; e.g., the center of mass of the solar system or the Earth-Moon system.

barycentric dynamical time (TDB): the independent argument of ephemerides and equations of motion that are referred to the **barycenter** of the solar system. A family of time scales results from the transformation by various theories and metrics of relativistic theories of **terrestrial dynamical time** (TDT). TDB differs from TDT only by periodic variations. In the terminology of the general theory of relativity, TDB may be considered to be a coordinate time. (See **dynamical time**.)

catalog equinox: the intersection of the **hour circle** of zero **right ascension** of a star catalog with the **celestial equator**. (See **dynamical equinox; equator**.)

celestial ephemeris pole: the reference pole for **nutation** and **polar motion**. The axis of figure for the mean surface of a model Earth in which the free motion has zero amplitude. This pole has no nearly-diurnal nutation with respect to a space-fixed or Earth-fixed coordinate system.

celestial equator: the projection onto the **celestial sphere** of the Earth's **equator**. (See **mean equator and equinox; true equator and equinox**.)

celestial pole: either of the two points projected onto the **celestial sphere** by the extension of the Earth's axis of rotation to infinity.

celestial sphere: an imaginary sphere of arbitrary radius upon which celestial bodies may be considered to be located. As circumstances require, the celestial sphere may be centered at the observer, at the Earth's center, or at any other location.

conjunction: the phenomenon in which two bodies have the same apparent celestial longitude (see **longitude, celestial**) or **right ascension** as viewed from a third body. Conjunctions are usually tabulated as **geocentric** phenomena, however. For Mercury and Venus, geocentric inferior conjunction occurs when the planet is between the Earth and Sun, and superior conjunction occurs when the Sun is between the planet and Earth.

constellation: a grouping of stars, usually with pictorial or mythic associations, that serves to identify an area of the **celestial sphere**. Also one of the precisely defined areas of the celestial sphere, associated with a grouping of stars, that the International Astronomical Union has designated as a constellation.

coordinated universal time (UTC): the time scale available from broadcast time signals. UTC differs from TAI (see **international atomic time**) by an integral number of seconds; it is maintained within ±0.90 seconds of UT1 (see **universal time**) by the introduction of one-second steps (leap seconds).

culmination: passage of a celestial object across the observer's **meridian**, also called "meridian passage". More precisely, culmination is the passage through the point of greatest **altitude** in the diurnal path. Upper culmination (also called "culmination above pole" for circumpolar stars and the Moon) or **transit** is the crossing closer to the observer's **zenith**. Lower culmination (also called "culmination below pole" for circumpolar stars and the Moon) is the crossing farther from the zenith.

day: an interval of 86400 SI seconds (see **second, Système International**), unless otherwise indicated.

day numbers: quantities, depending solely on the Earth's position and motion, that facilitate the reduction of **mean place** to **apparent place**. Besselian day numbers and independent day numbers are commonly tabulated at daily intervals. Second order day numbers, which are used in high precision reductions, depend on the positions of both the Earth and the star.

declination: angular distance on the **celestial sphere** north or south of the **celestial equator**. It is measured along the **hour circle** passing through the celestial object. Declination is usually given in combination with **right ascension** or **hour angle**.

defect of illumination: the angular amount of the observed lunar or planetary disk that is not illuminated as seen by an observer on the Earth.

deflection of light: the angle by which the apparent path of a photon is altered from a straight line by the gravitational field of the Sun. The path is deflected radially away from the Sun by up to $1\overset{''}{.}75$ at the Sun's limb. Correction for this effect, which is independent of wavelength, is included in the reduction from **mean place** to **apparent place**.

deflection of the vertical: the angle between the astronomical vertical and the normal to the geodetic ellipsoid. (See **zenith**; **astronomical coordinates**; **geodetic coordinates**.)

Delta T (ΔT): the difference between **dynamical time** and **universal time**; specifically the difference between **terrestrial dynamical time** (TDT) and UT1: $\Delta T = \text{TDT} - \text{UT1}$.

direct motion: for orbital motion in the solar system, motion that is counterclockwise in the orbit as seen from the north pole of the **ecliptic**; for an object observed on the **celestial sphere**, motion that is from west to east, resulting from the relative motion of the object and the Earth.

DUT1: the predicted value of the difference between UT1 and UTC transmitted in code on broadcast time signals: $\text{DUT1} = \text{UT1} - \text{UTC}$. (See **universal time**; **coordinated universal time**.)

dynamical equinox: the ascending **node** of the Earth's mean **orbit** on the Earth's **equator**; i.e., the intersection of the **ecliptic** with the **celestial equator** at which the Sun's **declination** is changing from south to north. (See **catalog equinox**; **equinox**.)

dynamical time: the family of time scales introduced in 1984 to replace **ephemeris time** as the independent argument of dynamical theories and ephemerides. (See **barycentric dynamical time**; **terrestrial dynamical time**.)

eccentric anomaly: in undisturbed elliptic motion, the angle measured at the center of the ellipse from **pericenter** to the point on the circumscribing auxiliary circle from which a perpendicular to the major axis would intersect the orbiting body. (See **mean anomaly**; **true anomaly**.)

eccentricity: a parameter that specifies the shape of a conic section; one of the standard elements used to describe an elliptic **orbit** (see **elements, orbital**).

eclipse: the obscuration of a celestial body caused by its passage through the shadow cast by another body.

eclipse, annular: a solar **eclipse** (see **eclipse, solar**) in which the solar disk is never completely covered but is seen as an annulus or ring at maximum eclipse. An annular eclipse occurs when the apparent disk of the Moon is smaller than that of the Sun.

eclipse, lunar: an **eclipse** in which the Moon passes through the shadow cast by the Earth. The eclipse may be total (the Moon passing completely through the Earth's **umbra**), partial (the Moon passing partially through the Earth's umbra at maximum eclipse) or penumbral (the Moon passing only through the Earth's **penumbra**).

eclipse, solar: an **eclipse** in which the Earth passes through the shadow cast by the Moon. It may be total (observer in the Moon's **umbra**), partial (observer in the Moon's **penumbra**) or annular (see **eclipse, annular**).

ecliptic: the mean plane of the Earth's **orbit** around the Sun.

elements, Besselian: quantities tabulated for the calculation of accurate predictions of an **eclipse** or **occultation** for any point on or above the surface of the Earth.

elements, orbital: parameters that specify the position and motion of a body in orbit. (See **osculating elements**; **mean elements**.)

elongation, greatest: the instants when the **geocentric** angular distances of Mercury and Venus are at a maximum from the Sun.

elongation (planetary): the **geocentric** angle between a planet and the Sun, measured in the plane of the planet, Earth and Sun. Planetary elongations are measured from 0° to 180°, east or west of the Sun.

elongation (satellite): the **geocentric** angle between a satellite and its primary, measured in the plane of the satellite, planet and Earth. Satellite elongations are measured from 0°, east or west of the planet.

ephemeris hour angle: an **hour angle** referred to the **ephemeris meridian**.

ephemeris longitude: longitude (see **longitude, terrestrial**) measured eastward from the **ephemeris meridian**.

ephemeris meridian: the fictitious terrestrial **meridian** that rotates independently of the Earth at the uniform rate implicitly defined by **terrestrial dynamical time** (TDT). The ephemeris meridian is $1.002738\Delta T$ east of the Greenwich meridian, where $\Delta T = \text{TDT} - \text{UT1}$.

ephemeris time (ET): the time scale used prior to 1984 as the independent variable in gravitational theories of the solar system. Beginning in 1984, ET is replaced by **dynamical time**.

ephemeris transit: the passage of a celestial body or point across the **ephemeris meridian**.

equation of center: in elliptic motion, the **true anomaly** minus the **mean anomaly**. It is the difference between the actual angular position in the elliptic **orbit** and the position the body would have if its angular motion were uniform.

equation of the equinoxes: the **right ascension** of the mean **equinox** (see **mean equator and equinox**) referred to the **true equator and equinox**; apparent **sidereal time** minus mean sidereal time. (See **apparent place; mean place**.)

equation of time: the **hour angle** of the true Sun minus the hour angle of the **fictitious mean sun**; alternatively, **apparent solar time** minus **mean solar time**.

equator: the great circle on the surface of a body formed by the intersection of the surface with the plane passing through the center of the **body** perpendicular to the axis of rotation. (See **celestial equator**.)

equinox: either of the two points on the **celestial sphere** at which the **ecliptic** intersects the **celestial equator**; also the time at which the Sun passes through either of these intersection points; i.e., when the apparent longitude (see **apparent place; longitude, celestial**) of the Sun is 0° or 180°. (See **catalog equinox; dynamical equinox** for precise usage.)

fictitious mean sun: an imaginary body introduced to define **mean solar time**; essentially the name of a mathematical formula that defined mean solar time. This concept is no longer used in high precision work.

flattening: a parameter that specifies the degree by which a planet's figure differs from that of a sphere: the ratio $f = (a-b)/a$ where a is the equatorial radius and b is the polar radius.

Gaussian gravitational constant ($k = 0.01720209895$): the constant defining the astronomical system of units of length (**astronomical unit**), mass (**solar mass**) and time (**day**), by means of Kepler's third law. The dimensions of k^2 are those of Newton's constant of gravitation: $L^3 M^{-1} T^{-2}$.

geocentric: with reference to, or pertaining to, the center of the Earth.

geocentric coordinates: the latitude and longitude of a point on the Earth's surface relative to the center of the Earth; also celestial coordinates given with respect to the center of the Earth. (See **zenith; latitude, terrestrial; longitude, terrestrial.**)

geodetic coordinates: the latitude and longitude at a point on the Earth's surface determined from the geodetic vertical (normal to the specified spheroid). (See **zenith; latitude, terrestrial; longitude, terrestrial.**)

geoid: an equipotential surface that coincides with mean sea level in the open ocean. On land it is the level surface that would be assumed by water in an imaginary network of frictionless channels connected to the ocean.

geometric position: the **geocentric** position of an object on the **celestial sphere** referred to the **true equator and equinox**, but without the displacement due to planetary aberration. (See **apparent place; mean place; aberration, planetary.**)

Greenwich sidereal date (GSD): the number of **sidereal days** elapsed at Greenwich since the beginning of the Greenwich sidereal day that was in progress at **Julian date** 0.0.

Greenwich sidereal day number: the integral part of the **Greenwich sidereal date.**

Gregorian calendar: the calendar introduced by Pope Gregory XIII in 1582 to replace the **Julian calendar**; the calendar now used as the civil calendar in most countries. Every year that is exactly divisible by four is a leap year, except for centurial years, which must be exactly divisible by 400 to be leap years. Thus 1600 and 2000 are leap years; 1700, 1800 and 1900 are not leap years.

heliocentric: with reference to, or pertaining to, the center of the Sun.

horizon: a plane perpendicular to the line from an observer to the **zenith.** The great circle formed by the intersection of the **celestial sphere** with a plane perpendicular to the line from an observer to the zenith is called the astronomical horizon.

horizontal parallax: the difference between the **topocentric** and **geocentric** positions of an object, when the object is on the astronomical **horizon**.

hour angle: angular distance on the **celestial sphere** measured westward along the **celestial equator** from the **meridian** to the **hour circle** that passes through a celestial object.

hour circle: a great circle on the **celestial sphere** that passes through the **celestial poles** and is therefore perpendicular to the **celestial equator**.

inclination: the angle between two planes or their poles; usually the angle between an orbital plane and a reference plane; one of the standard elements (see **elements, orbital**) that specifies the orientation of an **orbit**.

international atomic time (TAI): the continuous scale resulting from analyses by the Bureau International de l'Heure in Paris of atomic time standards in many countries. The fundamental unit of TAI is the SI second (see **second, Système International**), and the epoch is 1958 January 1.

invariable plane: the plane through the center of mass of the solar system perpendicular to the angular momentum vector of the solar system.

irradiation: an optical effect of contrast that makes bright objects viewed against a dark background appear to be larger than they really are.

Julian calendar: the calendar introduced by Julius Caesar to replace the Roman calendar. In the Julian calendar a common year is defined to comprise 365 days, and every fourth year is a leap year comprising 366 days. The Julian calendar was superseded by the **Gregorian calendar.**

Julian century: a period of 36525 days; 100 **Julian years.**

Julian date (JD): the interval in days and fractions of a day since 1 January 4713 BC, Greenwich noon, **Julian proleptic calendar.** In precise work the time scale, e.g., **dynamical time** or UT1, should be specified.

Julian date, modified (MJD): the Julian date minus 2400000.5.

Julian day number (JD): the integral part of the **Julian date.**

Julian proleptic calendar: the calendric system employing the rules of the **Julian calendar,** but extended and applied to dates preceding the introduction of the Julian calendar.

Julian year: a period of 365.25 days. This period served as the basis for the **Julian calendar.**

Laplacian plane: for planets see **invariable plane;** for a system of satellites, the fixed plane relative to which the vector sum of the disturbing forces has no orthogonal component.

latitude, celestial: angular distance on the **celestial sphere** measured north or south of the **ecliptic** along the great circle passing through the poles of the ecliptic and the celestial object.

latitude, terrestrial: angular distance on the Earth measured north or south of the **equator** along the **meridian** of a geographic location.

librations: variations in the orientation of the Moon's surface with respect to an observer on the Earth. Physical librations are due to variations in the rate at which the Moon rotates on its axis. The much larger optical librations are due to variations in the rate of the Moon's orbital motion, the **obliquity** of the Moon's **equator** to its orbital plane, and the diurnal changes of geometric perspective of an observer on the Earth's surface.

light-time: the interval of time required for light to travel from a celestial body to the Earth. During this interval the motion of the body in space causes an angular displacement of its **apparent place** from its geometric place (see **aberration, planetary**).

light year: the distance that light traverses in a vacuum during one year.

local sidereal time: the local **hour angle** of a **catalog equinox.**

longitude, celestial: angular distance on the **celestial sphere** measured eastward along the **ecliptic** from the **dynamical equinox** to the great circle passing through the poles of the ecliptic and the celestial object.

longitude of pericenter: an orbital element (see **elements, orbital**) that specifies the orientation of an **orbit.** It is a broken angle consisting of the angular distance in the **ecliptic** from the **dynamical equinox** to the ascending **node** of the orbit plus the angular distance in the orbital plane from the ascending node to the **pericenter.**

longitude, terrestrial: angular distance measured along the Earth's **equator** from the Greenwich **meridian** to the meridian of a geographic location.

lunar phases: cyclically recurring apparent forms of the Moon. New Moon, First Quarter, Full Moon and Last Quarter are defined to occur when the excess of the apparent celestial longitude (see **longitude, celestial**) of the Moon over that of the Sun is 0°, 90°, 180° and 270°, respectively.

lunation: the period of time between two consecutive New Moons.

magnitude, stellar: a measure on a logarithmic scale of the brightness of a celestial object considered as a point source.

magnitude of a lunar eclipse: the fraction of a lunar diameter obscured by the shadow of the Earth at the greatest phase of a lunar eclipse (see **eclipse, lunar**), measured along the common diameter.

magnitude of a solar eclipse: the fraction of the solar diameter obscured by the Moon at the greatest phase of a solar eclipse (see **eclipse, solar**), measured along the common diameter.

mean anomaly: in undisturbed elliptic motion, the product of the **mean motion** of an orbiting body and the interval of time since the body passed **pericenter**. Thus the mean anomaly is the angle from pericenter of a hypothetical body moving with a constant angular speed that is equal to the mean motion. (See **true anomaly; eccentric anomaly**.)

mean distance: the **semimajor axis** of an elliptic **orbit**.

mean elements: elements of an adopted reference **orbit** (see **elements, orbital**) that approximates the actual, perturbed orbit. Mean elements may serve as the basis for calculating **perturbations**.

mean equator and equinox: the celestial reference system determined by ignoring small variations of short period in the motions of the **celestial equator**. Thus the mean equator and equinox are affected only by **precession**. Positions in star catalogs are normally referred to the mean catalog equator and equinox (see **catalog equinox**) of a **standard epoch**.

mean motion: in undisturbed elliptic motion the constant angular speed required for a body to complete one revolution in an **orbit** of a specified **semimajor axis**.

mean place: the coordinates, referred to the **mean equator and equinox** of a **standard epoch**, of an object on the **celestial sphere** centered at the Sun. A mean place is determined by removing from the directly observed position the effects of **refraction**, geocentric and stellar **parallax**, and stellar aberration (see **aberration, stellar**), and by referring the coordinates to the mean equator and equinox of a standard epoch. In compiling star catalogs it has been the practice not to remove the secular part of stellar aberration (see **aberration, secular**). Prior to 1984 it was additionally the practice not to remove the elliptic part of annual aberration (see **aberration, annual; aberration, E-terms of**).

mean solar time: a measure of time based conceptually on the diurnal motion of the **fictitious mean sun**, under the assumption that the Earth's rate of rotation is constant.

meridian: a great circle passing through the **celestial poles** and through the **zenith** of any location on Earth. For planetary observations a meridian is half of the great circle passing through the planet's poles and through any location on the planet.

moonrise, moonset: the times at which the apparent upper limb of the Moon is on the astronomical **horizon**, i.e., when the true **zenith distance**, referred to the center of the Earth, of the central point of the disk is $90°34' + s - \pi$, where s is the Moon's **semidiameter**, π is the **horizontal parallax**, and $34'$ is the adopted value of horizontal **refraction**.

nadir: the point on the **celestial sphere** diametrically opposite to the **zenith**.

node: either of the points on the **celestial sphere** at which the plane of an **orbit** intersects a reference plane. The position of a node is one of the standard orbital elements (see **elements, orbital**) used to specify the orientation of an orbit.

nutation: the short-period oscillations in the motion of the pole of rotation of a freely rotating body that is undergoing torque from external gravitational forces. Nutation of the Earth's pole is discussed in terms of components in **obliquity** and longitude (see **longitude, celestial**.)

obliquity: in general the angle between the equatorial and orbital planes of a body or, equivalently, between the rotational and orbital poles. For the Earth the obliquity of the **ecliptic** is the angle between the planes of the **equator** and the ecliptic.

occultation: the obscuration of a celestial body by another of greater apparent diameter; especially the passage of the Moon in front of a star or planet, or the disappearance of a satellite behind the disk of its primary. If the primary source of illumination of a reflecting body is cut off by the occultation, the phenomenon is also called an **eclipse**. The occultation of the Sun by the Moon is called a solar eclipse (see **eclipse, solar**).

opposition: a configuration of the Sun, Earth and a planet in which the apparent **geocentric** longitude (see **longitude, celestial**) of the planet differs by 180° from the apparent geocentric longitude of the Sun.

orbit: the path in space followed by a celestial body.

osculating elements: a set of parameters (see **elements, orbital**) that specifies the instantaneous position and velocity of a celestial body in its perturbed **orbit**. Osculating elements describe the unperturbed (two-body) orbit that the body would follow if **perturbations** were to cease instantaneously.

parallax: the difference in apparent direction of an object as seen from two different locations; conversely the angle at the object that is subtended by the line joining two designated points. Geocentric (diurnal) parallax is the difference in direction between a **topocentric** observation and a hypothetical **geocentric** observation. Heliocentric or annual parallax is the difference between hypothetical geocentric and **heliocentric** observations; it is the angle subtended at the observed object by the **semimajor** axis of the Earth's **orbit**. (See also **horizontal parallax**.)

parsec: the distance at which one **astronomical unit** subtends an angle of one second of arc; equivalently the distance to an object having an annual **parallax** of one second of arc.

penumbra: the portion of a shadow in which light from an extended source is partially but not completely cut off by an intervening body; the area of partial shadow surrounding the **umbra**.

pericenter: the point in an orbit that is nearest to the center of force (see **osculating elements**). (See **perigee; perihelion**.)

perigee: the point at which a body in **orbit** around the Earth most closely approaches the Earth. Perigee is sometimes used with reference to the apparent orbit of the Sun around the Earth.

perihelion: the point at which a body in **orbit** around the Sun most closely approaches the Sun.

period: the interval of time required to complete one revolution in an **orbit** or one cycle of a periodic phenomenon, such as a cycle of **phases**.

perturbations: deviations between the actual motion of a celestial body and an assumed reference **orbit**; also the forces that cause deviations between the actual and reference motions. Perturbations, according to the first meaning, are usually calculated as quantities to be added to the coordinates of the reference orbit to obtain precise coordinates.

phase: the ratio of the illuminated area of the apparent disk of a celestial body to the area of the entire apparent disk taken as a circle. For the Moon, phase designations (see **lunar phases**) are defined by specified configurations of the Sun, Earth and Moon. For eclipses, phase designations (total, partial, penumbral, etc.) provide general descriptions of the phenomena (see **eclipse, solar; eclipse, annular; eclipse, lunar**.)

phase angle: the angle measured at the center of an illuminated body between the light source and the observer.

polar motion: the irregularly varying motion of the Earth's pole of rotation with respect to the Earth's crust. (See **celestial ephemeris pole**.)

precession: the uniformly progressing motion of the pole of rotation of a freely rotating body undergoing torque from external gravitational forces. In the case of the Earth, the component of precession caused by the Sun and Moon acting on the Earth's equatorial bulge is called lunisolar precession; the component caused by the action of the planets is called planetary precession; the sum of lunisolar and planetary precession is called general precession. (See **nutation**.)

proper motion: the projection onto the **celestial sphere** of the space motion of a star relative to the solar system; thus the transverse component of the space motion of a star with respect to the solar system. Proper motion is usually tabulated in star catalogs as changes in **right ascension** and **declination** per year or century.

quadrature: a configuration in which two celestial bodies have apparent longitudes (see **longitude, celestial**) that differ by 90° as viewed from a third body. Quadratures are usually tabulated with respect to the Sun as viewed from the center of the Earth.

radial velocity: the rate of change of the distance to an object.

refraction, astronomical: the change in direction of travel (bending) of a light ray as it passes obliquely through an atmosphere. As a result of refraction the observed **altitude** of a celestial object is greater than its geometric altitude. The amount of refraction depends on the altitude of the object and on atmospheric conditions.

GLOSSARY

retrograde motion: for orbital motion in the solar system, motion that is clockwise in the **orbit** as seen from the north pole of the **ecliptic**; for an object observed on the **celestial sphere**, motion that is from east to west, resulting from the relative motion of the object and the Earth. (See **direct motion**.)

right ascension: angular distance on the **celestial sphere** measured eastward along the **celestial equator** from the **equinox** to the **hour circle** passing through the celestial object. Right ascension is usually given in combination with **declination**.

second, Système International (SI): the duration of 9 192 631 770 cycles of radiation corresponding to the transition between two hyperfine levels of the ground state of cesium 133.

selenocentric: with reference to, or pertaining to, the center of the Moon.

semidiameter: the angle at the observer subtended by the equatorial radius of the Sun, Moon or a planet.

semimajor axis: half the length of the major axis of an ellipse; a standard element used to describe an elliptical **orbit** (see **elements, orbital**).

sidereal day: the interval of time between two consecutive **transits** of a **catalog equinox**. (See **sidereal time**.)

sidereal hour angle: angular distance on the **celestial sphere** measured westward along the **celestial equator** from a **catalog equinox** to the **hour circle** passing through the celestial object. It is equal to 360° minus **right ascension** in degrees.

sidereal time: the measure of time defined by the apparent diurnal motion of a **catalog equinox**; hence a measure of the rotation of the Earth with respect to the stars rather than the Sun.

solstice: either of the two points on the **ecliptic** at which the apparent longitude (see **longitude, celestial**) of the Sun is 90° or 270°; also the time at which the Sun is at either point.

standard epoch: a date and time that specifies the reference system to which celestial coordinates are referred. Prior to 1984 coordinates of star catalogs were commonly referred to the **mean equator and equinox** of the beginning of a Besselian year (see **year, Besselian**). Beginning with 1984 the **Julian year** is used, as denoted by the prefix J, e.g., J2000.0.

stationary point (of a planet): the position at which the rate of change of the apparent **right ascension** (see **apparent place**) of a planet is momentarily zero.

sunrise, sunset: the times at which the apparent upper limb of the Sun is on the astronomical **horizon**, i.e., when the true **zenith distance**, referred to the center of the Earth, of the central point of the disk is 90°50′, based on adopted values of 34′ for horizontal **refraction** and 16′ for the Sun's **semidiameter**.

surface brightness (of a planet): the visual magnitude of an average square arc-second area of the illuminated portion of the apparent disk.

synodic period: for planets, the mean interval of time between successive **conjunctions** of a pair of planets, as observed from the Sun; for satellites, the mean interval between successive conjunctions of a satellite with the Sun, as observed from the satellite's primary.

terrestrial dynamical time (TDT): the independent argument for apparent geocentric ephemerides. At 1977 January $1^d00^h00^m00^s$ TAI, the value of TDT is exactly 1977 January $1^d\!.0003725$. The unit of TDT is 86400 SI seconds at mean sea level. For practical purposes TDT=TAI+$32^s\!.184$. (See **barycentric dynamical time; dynamical time; international atomic time**.)

terminator: the boundary between the illuminated and dark areas of the apparent disk of the Moon, a planet or a planetary satellite.

topocentric: with reference to, or pertaining to, a point on the surface of the Earth, usually with reference to a coordinate system.

transit: the passage of a celestial body or point (e.g., the **equinox**) across a **meridian**; also the passage of one celestial body in front of another of greater apparent diameter (e.g., the passage of Mercury or Venus across the Sun or Jupiter's satellites across its disk). However, the passage of the Moon in front of the larger apparent Sun is called an annular eclipse (see **eclipse, annular**). The passage of a body's shadow across another body is called a shadow transit; however, the passage of the Moon's shadow across the Earth is called a solar eclipse (see **eclipse, solar**).

true anomaly: the angle, measured at the focus nearest the **pericenter** of an elliptical **orbit**, between the pericenter and the radius vector from the focus to the orbiting body; one of the standard orbital elements (see **elements, orbital**). (See also **eccentric anomaly; mean anomaly**.)

true equator and equinox: the celestial coordinate system determined by the instantaneous positions of the **celestial equator** and **ecliptic**. The motion of this system is due to the progressive effect of **precession** and the short-term, periodic variations of **nutation**. (See **mean equator and equinox**.)

twilight: the interval of time preceding sunrise and following sunset (see **sunrise, sunset**) during which the sky is partially illuminated. Civil twilight comprises the interval when the true **zenith distance**, referred to the center of the Earth, of the central point of the Sun's disk is between 90°50′ and 96°, nautical twilight comprises the interval from 96° to 102°, astronomical twilight comprises the interval from 102° to 108°.

umbra: the portion of a shadow cone in which none of the light from an extended light source (ignoring **refraction**) can be observed.

universal time (UT): a measure of time that conforms, within a close approximation, to the mean diurnal motion of the Sun and serves as the basis of all civil timekeeping. UT is formally defined by a mathematical formula as a function of **sidereal time**. Thus UT is determined from observations of the diurnal motions of the stars. The time scale determined directly from such observations is designated UT0; it is slightly dependent on the place of observation. When UT0 is corrected for the shift in longitude of the observing station caused by **polar motion**, the time scale UT1 is obtained. Whenever the designation UT is used in this volume, UT1 is implied.

vernal equinox: the ascending **node** of the **ecliptic** on the **celestial equator**; also the time at which the apparent longitude (see **apparent place; longitude, celestial**) of the Sun is 0°. (See **equinox**. See **catalog equinox; dynamical equinox** for precise usage.)

vertical: apparent direction of gravity at the point of observation (normal to the plane of a free level surface.)

year: a period of time based on the revolution of the Earth around the Sun. The calendar year (see **Gregorian calendar**) is an approximation to the tropical year (see **year, tropical**). The anomalistic year is the mean interval between successive passages of the Earth through **perihelion**. The sidereal year is the mean period of revolution with respect to the background stars. (See **Julian year; year, Besselian**.)

year, Besselian: the period of one complete revolution in **right ascension** of the **fictitious mean sun**, as defined by Newcomb. The beginning of a Besselian year, traditionally used as a **standard epoch**, is denoted by the suffix ".0". Beginning in 1984 the **Julian year** supersedes the Besselian year for defining standard epochs. For distinction the beginning of a Besselian year is now identified by the prefix B (e.g., B1950.0).

year, tropical: the period of one complete revolution of the mean longitude of the Sun with respect to the **dynamical equinox**. The tropical year is longer than the Besselian year (see **year, Besselian**) by $0\overset{s}{.}148T$, where T is centuries from B1900.0.

zenith: in general, the point directly overhead on the **celestial sphere**. The astronomical zenith is the extension to infinity of a plumb line. The geocentric zenith is defined by the line from the center of the Earth through the observer. The geodetic zenith is the normal to the **geoid** at the observer's location. In common usage astronomical zenith is implied. (See **deflection of the vertical**.)

zenith distance: angular distance on the **celestial sphere** measured along the great circle from the **zenith** to the celestial object. Zenith distance is 90° minus **altitude**.

INDEX

Aberration, constant of	K6
differential	B21
diurnal	B60
reduction	B17, B60
Altitude & azimuth formulae	B60
Ariel	F63, L13
apparent distance & position angle	F64
elongations	F66
orbital elements	F2
physical & photometric data	F3
Ascending node, major planets	A3, E3, E4
minor planets	G10
Moon	D2
Astrometric position	B21, L7, L13
Astronomical constants	L1
current, IAU (1976) System	K6
old, IAU (1964) System	K5
Astronomical unit	K6
Atomic time	L2
Barycentric dynamical time (TDB)	B5, B6, L2
Besselian day numbers	B22, B24, L5
Besselian elements	L4
Calendar	B2, K2, L5
religious	B3
Callisto	F10, L11
conjunctions	F15
orbital elements	F2
phenomena	F16
physical & photometric data	F3, K7
Cepheid variable stars	H67, L18
Ceres, geocentric ephemeris	G2, L13
geocentric phenomena	A4, A9
magnitude	A5, G10
mass	K7
opposition	A4, G10
orbital elements	G10
Charon	L13
elongations	F69
orbital elements	F2
physical & photometric data	F3
Chronological cycles & eras	B2
Color indices, major planets	E88
Moon	E88
planetary satellites	F3
stars	H2, H32, H35, L14
Comet Halley	G13
Comets, perihelion passage	G1
Conjunctions, major planets	A3, A9
minor planets	A4
Constants, astronomical	K5, K6, L1
Coordinates, geocentric	D3, L7
heliocentric	L7
planetocentric	E87, L8
planetographic	E87, L9
reductions between apparent & mean places	B16, B36, B39, L5
reference frame	L1
selenographic	D4, L7
topocentric	D3
Day numbers, Besselian	B22, B24, L5
Julian	B4, K2, L5
second order	B32, L5
Deimos	F4, L11
apparent distance & position angle	F8
elongations	F4
orbital elements	F2
physical & photometric data	F3
ΔT, definition	B5, L2
table	K8
Differential aberration	B21
Differential nutation	B21
Differential precession	B21
Dione	F42, L12
apparent distance & position angle	F46, F48
elongations	F44
orbital elements	F2, F52, F61
physical & photometric data	F3
rectangular coordinates	F62
DUT	B4, L2
Dynamical time	B5, L1
Earth, aphelion and perihelion	A1
barycentric coordinates	B42, L6
ephemeris, basis of	L1, L7
equinoxes and solstices	A1
heliocentric coordinates	E3
orbital elements	E3, E4
physical & photometric data	E88, K6
rotation elements	E87
Saturnicentric latitude	L12
selenographic coordinates	D4, D7, L7
Eclipses, lunar and solar	A1, A79, L4
satellites of Jupiter	F16, L11
Ecliptic, obliquity	B18, B24, C1, C24, K6
rotation	B18
Enceladus	F42, L12
apparent distance & position angle	F46, F48
elongations	F43
orbital elements	F2, F52, F61
physical & photometric data	F3
rectangular coordinates	F62
Ephemerides, fundamental	L1
Ephemeris meridian	L3
Ephemeris time	L1
reduction to universal time	K8
relation to other time scales	B5

INDEX

Ephemeris transit, major planets... E43, E44
    minor planets G2
    Moon D3, D6
    Sun C2, C5
Equation of the equinoxes B6, B8, L5
Equation of time C2, C24
Equinox, catalog L1
    dynamical L1
Equinoxes, dates of A1
Eras, chronological B2
Europa F10, L11
    conjunctions F15
    orbital elements F2
    phenomena F16
    physical & photometric data F3, K7

Flattening, major planets & Moon E88
Flux standards, radio telescope ... H61, L17

Galaxies, bright H44, L15
    X-ray sources H62
Ganymede F10, L11
    conjunctions F15
    orbital elements F2
    phenomena F16
    physical & photometric data F3, K7
Gaussian gravitational constant K6
General precession, annual rate B19
    constant of B19, K6
Geocentric planetary phenomena . A3, A9, L3
Globular star clusters H54, L16
Gravitational constant K6
Greenwich meridian L3
Greenwich sidereal date B8

Heliocentric coordinates,
    calculation of E2, E4
    major planets E3, E6, E42, L7
Heliocentric planetary phenomena ... A3, L3
Heliographic coordinates C3, C5, L6
Horizontal parallax, major planets ... E43
    Moon D3, D6, D22, D23, L6
    Sun C5, C24
Hour angle B6
    topocentric, Moon D3
Hubble sequence L15
Hyperion F42, L12
    apparent distance & position
      angle F47, F50
    conjunctions & elongations F45
    differential coordinates F58
    orbital elements F2, F56, F61
    physical & photometric data F3
Iapetus F42, L12
    apparent distance & position
      angle F47, F50
    conjunctions & elongations F45

    differential coordinates F59
    orbital elements F2, F56, F61
    physical & photometric data F3
International Atomic Time (TAI) L2
Interpolation K11
Io F10, L11
    conjunctions F14
    orbital elements F2
    phenomena F16
    physical & photometric data F3
Irregular variable stars H69, L18
Isophotol diameter, bright galaxies ... L15

Julian date B4, K2, L5
    modified B4
Julian day numbers K2, L5
Juno, geocentric ephemeris G6, L13
    geocentric phenomena A4, A9
    magnitude A5, G10
    opposition A4, G10
    orbital elements G10
Jupiter, central meridian E79, E87, L9
    elongations A5
    ephemeris, basis of L1, L8
    geocentric coordinates E26, L7
    geocentric phenomena A3, A9, L3
    heliocentric coordinates E3, E13, L7
    heliocentric phenomena A3, L3
    magnitude A5, E68, E88, L8
    opposition A3
    orbital elements E3, E5
    physical & photometric data ... E88, K7
    physical ephemeris E68, L8
    rotation elements E87
    satellites F2, F10, L11
    semidiameter E26, E43
    transit times A7, E43, E44
    visibility A8

Latitude, terrestrial, from observations
    of Polaris B59, B64
Leap second L2
Librations, Moon D5, D7, L6
Light, deflection of B17
    speed of K6
Local hour angle B6
Local mean solar time B6, C2
Local sidereal time B6
Luminosity class, bright galaxies ... H44, L15
Lunation A1, D1, L3
Lunar eclipses A1, A79, L4
Lunar phases A1, D1, L7
Lunar phenomena A2

Magnitude, bright galaxies H44, L15
    bright stars H2, L14
    globular clusters H54, L16

INDEX

Magnitude, major planets (see
    individual planets)....... A4, A5, L8
  minor planets.............. A5, G10
  open clusters H49, L16
  photometric standard stars H32, H35, L14
  radial velocity standard stars ... H42, L15
  variable stars............. H67, L18
Mars, central meridian E79, E87, L9
  elongations................ A5
  ephemeris, basis of............ L1, L7
  geocentric coordinates E22, L7
  geocentric phenomena A3, A9, L3
  heliocentric coordinates E3, E12, L7
  heliocentric phenomena A3, L3
  magnitude A5, E64, E88, L8
  opposition................ A3
  orbital elements E3, E4
  physical & photometric data E88, K7
  physical ephemeris........ E64, L8
  rotation elements E87
  satellites F2, F4, L11
  transit times........... A7, E43, E44
  visibility A8
Mean distance, major planets.... E3, E4, E5
  minor planets.............. G10
Mean solar time................ B6, C2
Mercury, elongations.......... A3, A4
  ephemeris, basis of............ L1, L7
  geocentric coordinates E14, L7
  geocentric phenomena A3, A9, L3
  heliocentric coordinates E3, E6, L7
  heliocentric phenomena A3, L3
  magnitude A4, E52, E88, L8
  orbital elements E3, E4
  physical & photometric data E88, K7
  physical ephemeris.......... E52, L8
  rotation elements E87
  semidiameter E14, E43
  transit across solar disk......... A86
  transit times........... A7, E43, E44
  visibility A8
Mimas.................... F42, L12
  apparent distance & position
    angle................ F46, F48
  elongations............... F43
  orbital elements F2, F52, F61
  physical & photometric data F3
  rectangular coordinates......... F62
Minor planets................ L13
  geocentric coordinates G2
  geocentric phenomena A4, A9
  occultations............... A3
  opposition dates G10
  orbital elements G10
Mira Ceti variable stars H68, L18
Miranda.................. F63, L13
  apparent distance & position

    angle................. F64
  elongations................ F65
  orbital elements F2
  physical & photometric data F3
Modified Julian date B4
Month, lengths D2
Moon, age D4, D7
  apogee & perigee............ A2, D1
  appearance................ D4
  eclipses A1, A79, L4
  ephemeris, basis of............ L1, L6
  latitude & longitude....... D3, D6, D46
  librations............. D5, D7, L7
  lunations............. A1, D1, L3
  occultations................ A2
  orbital elements D2, F2
  phases............. A1, D1, L7
  phenomena A9, L3
  physical & photometric data . E83, F3, K7
  physical ephemeris........ D4, D7, L6
  polynomial ephemeris D22, D23, L6
  right ascension & declination .....
    D3, D6, D22, D23, D46, L6
  rise & set A12, A46
  selenographic coordinates D4, D7, L7
  semidiameter D6, L4, L6
  topocentric reductions D3, D46, L7
  transit times............ D3, D6
Moonrise & moonset A12, A46
  examples................ A13

Nautical twilight A12, A30
Neptune, elongations A5
  ephemeris, basis of............ L1, L7
  geocentric coordinates E38, L7
  geocentric phenomena A3, A9, L3
  heliocentric coordinates E3, E13, L7
  heliocentric phenomena A3, L3
  magnitude A5, E77, E88, L8
  opposition................ A3
  orbital elements E3, E5
  physical & photometric data E88, K7
  physical ephemeris........... E77, L8
  rotation elements E87
  satellites F2, F67, L13
  semidiameter E38, E43
  transit times........... E43, E44
  visibility A8
Nereid................... F67, L13
  differential coordinates.......... F67
  orbital elements F2
  physical & photometric data F3
Nutation, constant of............ K6
  differential............... B21
  in longitude & obliquity B24
  reduction formulae B20, B22, B37
  rotation matrix............... B43

INDEX

Oberon F63, L13
   apparent distance & position
      angle. F64
   elongations. F66
   orbital elements F2
   physical & photometric data F3
Obliquity of the ecliptic . . . B24, C1, C24, K6
Observatories J1, J7
   index of names J2
Occultations. A2, A3
Open star clusters H49, L16

Pallas, geocentric ephemeris. G4, L13
   geocentric phenomena A4, A9
   magnitude A5, G10
   mass K7
   opposition A4, G10
   orbital elements G10
Parallax, annual. B16
   diurnal (geocentric) B60
   equatorial horizontal, planets. E43
   equatorial horizontal, Moon D6, L6
Phobos F4, L11
   apparent distance & position angle . F6
   elongations. F5
   orbital elements F2
   physical & photometric data F3
Phoebe F42, L12
   differential coordinates. F60
   orbital elements F2
   physical & photometric data F3
Photometric standards, stars . . . H32, L14
   UBVRI H32
   uvby & Hβ H35
Planetocentric coordinates E87, L8
Planetographic coordinates E87, L9
Planets L7
   elongations. A3, A4, A5
   ephemerides, basis of L1, L7
   geocentric phenomena A3, A9, L3
   heliocentric phenomena A3, L3
   magnitudes. A4, A5, L8
   orbital elements E2, E3, E4
   physical & photometric data E88, K7
   rise & set E43
   rotation elements E87
   satellites F2, L10
   transit times. A7, E43, E44
   visibility A6, A8
Pluto, elongations A5
   ephemeris, basis of. L1, L7
   geocentric coordinates E42, L7
   geocentric phenomena A3, A9, L3
   heliocentric coordinates E3, E42, L7
   heliocentric phenomena A3, L3
   magnitude A5, E78, E88, L8

opposition A3
orbital elements E3, E5
physical & photometric data E88, K7
physical ephemeris. E78, L8
rotation elements E87
satellite F2, F69, L13
transit times. E43, E44
Polaris. B61, B62, B66
Polar motion B59, K10
Precession, annual rates B19, L6
   differential. B21
   general, constant of K6
   reduction, day number formulae . . B22
   reduction, rigorous formulae B18
   rotation matrix. B43
Proper motion reduction. B16, B39
Pulsars. H70, L18
   X-ray sources H62, L17

Quasars H70, L18
   X-ray sources H62, L17

Radial velocity standard stars. H42, L15
Radio observatories J16
Radio sources. L17
   astrometric standards. H57
   flux standards. H61
Refraction, correction formula. B61
   rising & setting phenomena A12
Rhea. F42, L12
   apparent distance & position
      angle. F47, F50
   elongations. F44
   orbital elements F2, F54, F61
   physical & photometric data F3
   rectangular coordinates. F62
Right ascension, origin of L1
Rising & setting phenomena A12
   major planets E43
   Moon A12, A46
   Sun. A12, A14
RR Lyrae variable stars. H67, L18

Saturn, central meridian E79, E87, L9
   elongations. A5
   ephemeris, basis of. L1, L7
   geocentric coordinates E30, L7
   geocentric phenomena A3, A9, L3
   heliocentric coordinates E3, E13, L7
   heliocentric phenomena A3, L3
   magnitude A5, E72, E88, L8
   opposition A3
   orbital elements E3, E5
   physical & photometric data E88, K7
   physical ephemeris. E72, L8
   rings E40, L11

Saturn, rotation elements	E87
satellites	F2, F42, L11
semidiameter	E30, E43
transit times	A7, E43, E44
visibility	A8
Second-order day numbers	B22, B32
Semi-regular variable stars	H68, L18
Sidereal time	B6, L2
relation to universal time	B6, B8, L5
SI second	L2
Solstices	A1
Star clusters	L16
globular	H54
open	H49
Stars, bright	H2, L14
occultations of	A2, A3
photometric standards	H32, H35, L14
radial velocity standards	H42, L15
reduction of coordinates	B16, B39, B58, L5
variable	H67, H68, H69, L18
Sun, apogee & perigee	A1
eclipses	A1, A79, L4
ephemeris, basis of	L1, L6
equation of time	C2, C24
equinoxes and solstices	A1
geocentric rectangular coordinates	C2, C20
heliographic coordinates	C3, C5, L6
latitude & longitude, apparent	C2, C24
latitude & longitude, geometric	C4
orbital elements	C1
phenomena	A1, A9
physical ephemeris	C3, C5, L6
right ascension & declination	C4, C24, L6
rise & set	A12, A14
rotation elements	C3
synodic rotation numbers	C3, L6
transit times	C2, C5
twilight	A12, A22, A30, A38
Sunrise & sunset	A12, A14
Supernovae remnants, X-ray sources	H62, L17
Surface brightness, planets	L8
TAI (International Atomic Time)	L2
Terrestrial dynamical time (TDT)	B5, B6, L2, L3
Tethys	F42, L12
apparent distance & position angle	F46, F48
elongations	F44
orbital elements	F2, F52, F61
physical & photometric data	F3
rectangular coordinates	F62
Time scales	B4, L1
reduction tables	B5, K8
Titan	F42, L12
apparent distance & position angle	F47, F50
conjunctions & elongations	F45
orbital elements	F2, F54, F61
physical & photometric data	F3, K7
Titania	F63, L13
apparent distance & position angle	F64
elongations	F66
orbital elements	F2
physical & photometric data	F3
Topocentric coordinates, Moon	D3, D5, D46, L7
Transit, Moon	D3, D6
planets	E43
Sun	C2, C5
Triton	F67, L13
apparent distance & position angle	F68
elongations	F68
orbital elements	F2
physical & photometric data	F3, K7
Tropical year, length	C1
Twilight	A12
astronomical	A38
civil	A22
nautical	A30
$UBVRI$ photometric standards	H32, L14
Umbriel	F63, L13
apparent distance & position angle	F64
elongations	F66
orbital data	F2
physical & photometric data	F3
Universal time (UT)	B5, L2
conversion of ephemerides to	L3
definition	L2
relation to dynamical time	B5
relation to ephemeris time	B5, K8
relation to local mean time	B6
relation to sidereal time	B6, B8, L3, L5
Uranus, elongations	A5
ephemeris, basis of	L1, L7
geocentric coordinates	E34, L7
geocentric phenomena	A3, A9, L3
heliocentric coordinates	E3, E13, L7
heliocentric phenomena	A3, L3
magnitude	A5, E76, E88, L8
opposition	A3
orbital elements	E3, E5
physical & photometric data	E88, K7
physical ephemeris	E76, L8
rings	F63, L13
rotation elements	E87
satellites	F2, F63, L13
semidiameter	E34, E43

Uranus, transit times E43, E44
    visibility A8
UTC B4, L2
    table B5
uvby & Hβ photometric standards. . H35, L14

Variable stars L18
    irregular H69
    long-period Cepheids H67
    Mira Ceti stars H68
    RR Lyrae stars H67
    semi-regular H68
Venus, elongations A4
    ephemeris, basis of L1, L7
    geocentric coordinates E18, L7
    geocentric phenomena A3, A9, L3
    heliocentric coordinates E3, E10, L7
    heliocentric phenomena A3, L3
    magnitude A4, E60, E88, L8
    orbital elements E3, E4
    physical & photometric data E88, K7
    physical ephemeris E60, L8
    rotation elements E87
    semidiameter E18, E43
    transit times A7, E43, E44
    visibility A8
Vesta, geocentric ephemeris G8, L13
    geocentric phenomena A4, A9
    magnitude A5, G10
    mass K7
    opposition A4, G10
    orbital elements G10

X-ray sources H62, L17
    occultations of A2

Year, length C1